Handbuch der Bildtelegraphie und des Fernsehens

Grundlagen, Entwicklungsziele und Grenzen der elektrischen Bildfernübertragung

Im Verein mit

Postrat Dr. phil. F. Banneitz, Dr. phil. F. Biedermann, Dr. phil. W. Ilberg, Professor Dr. phil. A. Karolus, Dr. techn. H. Lux, Dr. phil. F. Michelssen, Ingenieur H. Muth, Dr. phil. O. Schriever und Dr. phil. F. Tuczek

sowie unter besonderer Mitwirkung des

Laboratoriums Karolus in Leipzig

bearbeitet und herausgegeben von

Dr. phil. **Fritz Schröter**,

Professor an der Technischen Hochschule Berlin, Direktor der Forschungsabteilung der Telefunken-Gesellschaft für drahtlose Telegraphie m. b. H., Berlin

Mit 365 Textabbildungen

Berlin
Verlag von Julius Springer
1932

ISBN 978-3-642-50375-7 ISBN 978-3-642-50684-0 (eBook)
DOI 10.1007/978-3-642-50684-0

Softcover reprint of the hardcover 1st edition 1932

Geleitwort.

Die im vorliegenden Buche gegebene Darstellung eigener und fremder Arbeiten auf dem Gebiete der elektrischen Bildübertragung baut sich restlos auf der Grundlage der punktweise erfolgenden Abtastung und Wiedergabe auf, dem einzigen heute durchführbaren und bewährten Prinzip. Dieses Prinzip wird ohne Zweifel die Technik der Fernbildschrift und des Fernsehens auf dem Draht- wie auf dem Funkwege noch lange Zeit beherrschen. Die Wahrscheinlichkeit, daß eine neue, bedeutende Erfindung die Bemühungen der Spezialisten plötzlich in eine andere, größere und schnellere Erfolge versprechende Richtung lenken könnte, halte ich für sehr gering. Es gibt nichts Wunderbares. Ich möchte auf ein bekanntes Beispiel hinweisen: In der Frequenzbandfrage war vor einiger Zeit durch sensationelle Meldungen bis weit in die Fachkreise hinein die Hoffnung auf eine neue Ära im Bau drahtloser Empfänger erweckt worden. Sie sollte die in der Anwendung ausgedehnter Modulationsfrequenzbänder wurzelnden Schwierigkeiten mit einem Schlage beseitigen. Auch für die Bildübertragung wäre eine solche Erfindung von äußerster Tragweite gewesen. Heute ist diese Hoffnung, die dem Wissenden von Anfang an im Widerspruch mit gesicherten Naturgesetzen und Erfahrungen zu stehen schien, auch von allen denen aufgegeben, die sich mit vollem Enthusiasmus, aber ohne viel Kritik, für die Neuerung begeistert hatten. Von der großartigen Verheißung, die Ausnutzung sowohl des Äthers als auch der Leitungswege für die Übertragung von Signalen in ungeahntem Maße zu steigern, ist nichts übrig geblieben, was die Grenzen des bisher für möglich Gehaltenen, wenn schon vielleicht noch nicht völlig Erreichten, überschritte. Ähnlich wird es vermutlich in anderen aufsehenerregenden Fällen kommen, wie sie uns das neue, auch im Erfinden übereifrige Zeitalter hin und wieder beschert.

In dieser Einstellung zum Problem des Fernsehens erblicke ich die Notwendigkeiten der kommenden Jahre in dem fortgesetzten Ausbau der Grundlagen durch stille Forschung und Entwicklung im Laboratorium, beginnend bei den lichtelektrischen Zellen des Senders, endigend beim beleuchteten Bildschirm des Empfängers. Eine Fülle von Kleinarbeit bleibt zu leisten, bei der zwar kaum noch erfinderischer Ruhm zu ernten sein dürfte, die aber darum nicht weniger verdienstlich zu sein braucht, ja vielleicht sogar als ein Höchstmaß menschlicher Hingabe und Unterordnung im Dienste des Fortschrittes zu werten ist. Dieses Buch soll dem Ingenieur, dem Physiker, dem Techniker, der die noch ungelösten Aufgaben angreifen möchte, eine Handhabe bieten, um auf dem Fundament des bisher Erreichten und Durchdachten weiterzubauen.

A. Karolus.

Vorwort des Herausgebers.

In diesem Buche über elektrische Bildübertragung sind die Hauptergebnisse zusammengestellt, die in den letzten Jahren an den bedeutendsten Forschungs- und Entwicklungsstätten dieses Gebietes in der Welt erzielt wurden. Vorzugsweise, jedoch im Geiste strenger Objektivität, sind die Arbeiten der seit 1925 in enger Fühlung stehenden Laboratorien des Leipziger Physikers Professor Dr. August Karolus, der Siemens & Halske A.G., Berlin-Siemensstadt, und der Telefunken G. m. b. H., Berlin, berücksichtigt. Diese Betonung rechtfertigt sich nicht allein durch den tieferen Einblick des Herausgebers und seiner Mitarbeiter in die Untersuchungsreihen der eigenen Entwicklung, sondern auch durch die bereits weitgehende praktische Verwendung des Bildtelegraphiesystems, das in der offiziellen Kennzeichnung durch die Namen Karolus, Siemens und Telefunken den Stempel seiner Herkunft trägt. Wir finden Geräte dieses Systems heute an den Enden der wichtigsten zwischenstaatlichen Fernkabellinien Europas und eines im Werden begriffenen innerdeutschen Netzes von Bildverbindungen. In nicht geringer Zahl arbeiten sie im Dienste von Zeitungsorganisationen in England und in Japan, neuerdings auch in Australien. Auf dem transozeanischen Funkwege verkehren unsere Anlagen zwischen Deutschland und Argentinien, zwischen Holland und seinen Kolonien; weitere Beziehungen sind durch Versuche mit Bildapparaten unseres Systems in Nordamerika, China und Siam angebahnt. Besonders die Länder des fernen Ostens, deren Bilderschrift heute nach einer schwerfälligen Methode in telegraphierbare Zahlenkombinationen übersetzt wird, sind an der unmittelbar arbeitenden Faksimileübertragung stark interessiert.

Neben den Laboratorien Karolus, Siemens und Telefunken mußten hier die anderen wichtigen Forschungsstätten der Wissenschaft und der Industrie im In- und Auslande gebührend zu Worte kommen. Hervorgehoben seien auch an dieser Stelle die Untersuchungen des deutschen Reichspostzentralamtes über die Grundlagen des Rundfunkfernsehens. Ihr Leiter, Postrat Dr. phil. F. Banneitz, wurde vom Herausgeber für dieses Buch als Mitarbeiter (Kap. XI, 2) gewonnen. Ferner sind die wertvollen Ergebnisse planmäßiger Ingenieurarbeit der mit Telefunken befreundeten Radio Corporation of America, New York, und Marconi's Wireless Telegraph Ltd., London, so weitgehend wie möglich berücksichtigt.

In der elektrischen Fernschrift unveränderlicher Bildvorlagen kann man heute fast von einem Abschluß der prinzipiellen und konstruktiven Entwicklung sprechen. Bestimmte Grundsätze, wie z. B. die Reflexionsabtastung und die sog. örtliche Gleichlaufregelung, darf man bereits als allgemeinen Stand der Technik betrachten. Wichtige Normalisierungsarbeiten sind unter Leitung der postalischen Behörden durch das C.C.I.T. (Comité Consultatif International pour les Communications Télégraphiques) in Angriff genommen worden. Die Faksimiletelegraphie muß aber, um wirtschaftlich zu bestehen, ständig nach Erweiterung ihrer Anwendungen streben. Sie muß darauf abzielen, nicht nur eigentliche Bilder, wie Photographien oder Zeichnungen, zu übertragen, sondern in gewissem Umfange auch Worttelegramme. Im Falle besonderer Schriftarten, z. B. in Stenographie oder in den figürlichen Symbolen der östlichen Sprachen, ist auf diese Weise schon jetzt eine beachtliche Leistung in Wörtern je Minute erreichbar. Bei der Übermittlung im normalen Alphabet besitzt jedoch die Fernbildschrift kein nachrichtentechnisches Monopol; sie tritt hier mit den bestehenden Code-Methoden (Morse-, Fünferzeichen) in Wettbewerb. Grundsätzlich ist sie diesen gegenüber durch die 10- bis 30mal so große Zahl von Stromschritten, die zur Darstellung eines Buchstabens benötigt werden, im Nachteil. Inwieweit ein solcher Nachteil durch praktische Vorzüge der Abbildungsmethode, z. B. das Wegfallen von menschlichen Irrtümern, wettgemacht werden kann, wird die Erfahrung lehren, sobald einmal mit dem Fortschreiten der Technik und mit der Klärung der Anwendungen der Aufbau und der Betrieb der Geräte nahe an der Grenze der Vereinfachungsmöglichkeiten angelangt sein werden. Daß der Frequenzbandaufwand, der mit der Stromschrittzahl zusammenhängt, für die Bewertung eines Nachrichtenmittels nicht immer entscheidend ist, beweisen der Siegeszug der Telephonie und der außerordentlich starke Rückgang der Telegraphie, obwohl deren Frequenzbedarf, bezogen auf gleiche Wortleistung, im Verhältnis zu demjenigen der Sprache nur geringen Umfang hat. Wie bei der Telephonie, so dürfte auch bei der Faksimiletelegraphie die individuelle Eigenart in Zukunft den Ausschlag geben, wenn auch ihr Einfluß auf die Gestaltung des Nachrichtenverkehrs sich nicht so rasch bemerkbar machen wird, wie bei jener.

Bei Versuchen Telefunkens, die in den Jahren 1927 und 1928 zwischen Berlin und Wien stattfanden, konnten auf der Welle 1250 m des Königswusterhausener Deutschlandsenders über 500 Wörter/min fernphotographisch übertragen werden. Auch Freileitungen gestatten nach den in Japan gewonnenen Erfahrungen Arbeitsgeschwindigkeiten dieser Größenordnung. Für einen allgemeinen Nachrichtenverkehr haben jedoch weder die mittleren drahtlosen Wellen noch die in den meisten Ländern (mit Ausnahme der Vereinigten Staaten von Nordamerika) aussterbenden Freileitungen Bedeutung. Zur Verfügung stehen für diejenigen kontinentalen und transkontinentalen Verbindungen, auf denen die erörterte Problemstellung einen wirtschaftlichen Sinn hat, praktisch nur die Fernkabel und die Kurzwellen-Strahllinien. Hier hemmen einstweilen die in der elektrischen Eigenart des Fortpflanzungsmediums begründeten Tempobegrenzungen die Verwertung des Bildtelegraphen als Schnellschreiber.

Zur eigentlichen Bildübertragung zurückkehrend, finden wir heute folgende technische Aufgaben, die im Wirtschaftlichen und Organisatorischen wurzeln, noch unerledigt vor: die Anpassung des drahtlosen Betriebes an den Leitungsbetrieb im Hinblick auf die in Zukunft zwangsläufige Beförderung der Bilder auf einem aus Fernkabel und Funklinie zusammengesetzten Wege und die Verringerung der für die Faksimiletelegraphie gänzlich untragbaren gegenwärtigen Beförderungsgebühren durch die Methoden der Mehrfachtelegraphie. Hierbei soll das Bild neben einem oder mehreren gewöhnlichen Codetelegrammen, gewissermaßen als Abfallprodukt, auf der gleichen Trägerwelle mitbefördert werden. Auch das Chiffrieren von Bildern zum Zwecke der Geheimhaltung muß studiert werden; brauchbare Ansätze hierfür hat Belin gemacht.

Die praktischen Aussichten des Fernsehens sind noch nicht völlig geklärt. Die einzige, wirtschaftlichen Erfolg versprechende Ausnutzung liegt offenbar im Rundfunk. Spezielle Verwertungen zum Zwecke der Tiefseeforschung, insbesondere aber zur lichtstarken Darstellung von bewegten Röntgenbildern, wurden von A. Dauvillier vorgeschlagen, der die Photozelle durch eine Ionisationskammer ersetzte, die Nipkow-Scheibe aus Blei verfertigte und mit den verstärkten Strömen eine Kerr-Optik steuerte. Als Versuch lehrreich und interessant, aber wirtschaftlich kaum durchführbar, erscheint die Benutzung des Fernsehers zur Sichtbarmachung des Partners bei Telephongesprächen (Arbeiten des Bell-Laboratoriums und des deutschen Reichspostzentralamtes). Erwähnt seien noch der Gedanke eines einfachen, grob zerlegenden Flugzeuggerätes zur optischen Übertragung bestimmter Landungsfiguren bei Nebel, endlich rein wissenschaftliche Anwendungen des Prinzips der Bildpunktabtastung, z. B. für Ultraviolett-Mikroskopie oder für die Registrierung der Empfindlichkeitsverteilung lichtelektrischer Flächen. Es ist nicht der Zweck dieses Buches, dergleichen Sonderfälle zu behandeln, da sie keine grundsätzlich neuen Anforderungen an die benutzten Hilfsmittel stellen.

Noch steht dahin, ob es mit Hilfe der kurzen Hertzschen Wellen im Bereiche von etwa 15 m bis 50 m jemals möglich sein wird, ein regelmäßiges transozeanisches Fernsehen durchzuführen. Die Mehrfachwege und Echos dieser Wellen lassen bisher keinen Weg dazu gangbar erscheinen. Ein Fernsehen mit interkontinentalen Reichweiten wäre bei mäßigen Ansprüchen an die Bildgüte auf Wellenlängen des Rundfunkbereiches physikalisch nicht unmöglich, bliebe aber von zwischenstaatlichen Verständigungen über die Freigabe genügend breiter Modulationsfrequenzbänder abhängig und dürfte daher auf lange Sicht ausgeschlossen sein. Aus technischen, wirtschaftlichen und organisatorischen Gründen scheint sich demnach die Nutzbarmachung der heute vorhandenen Mittel auf das Fernsehen mittels kurzer und ultrakurzer Wellen innerhalb großstädtischer Horizonte zu beschränken, d. h. auf eine Art zentralisierter Verbreitung von lebenden Bildern und Filmen zur Unterhaltung größerer Menschenansiedlungen. Natürlich ist es denkbar — und in dieser Richtung muß gearbeitet werden — die einzelnen Sendezentren über hochwertige Leitungen (in späterer Zukunft vielleicht einmal über Ultrakurzwellen-Strahllinien) miteinander zu verbinden und an die großen Mittelpunkte des Weltgeschehens anzuschließen. Aber bis zu dem ursprünglichen Ziele, das den Erfindern seit Careys erstem Fernsehprojekt vom Jahre 1880 stets vorgeschwebt hat, der Übertragung optischer Ereignisse über beliebige terrestrische Weiten, der unbeschränkten Loslösung des Sehens von den Grenzen des Raumes, ist der Weg noch unbekannt und sicherlich weit und mühsam.

Die historische Entwicklung ist in diesem Buche bewußt vernachlässigt worden, weil darüber erschöpfende Darstellungen bereits vorliegen, z. B. das bekannte Werk von Korn-Glatzel, Handbuch der Phototelegraphie und Telautographie. Leipzig: Otto Nemnich 1911. Veraltete Hilfsmittel der Technik konnten nur insofern nähere Berücksichtigung finden, als sie grundlegende oder verbesserungsfähige Elemente enthalten. Überhaupt nicht bezw. sehr summarisch behandelt sind in den folgenden Kapiteln zwei besondere Arten von Fernbildgeräten: die sog. Koordinatenschreiber (Telewriter) und die Bildtelegraphen, die mit Zwischenklischee arbeiten. Zur Rechtfertigung dieser Unterlassung seien dem Herausgeber einige Worte gestattet. Die Entwicklung der Koordinatenschreiber, die nicht im eigentlichen Sinne selbsttätige Einrichtungen sind, gehört der Zeit vor dem Entstehen der Verstärkertechnik an (vgl. die zusammenfassende Darstellung bei Korn-Glatzel). Die Notwendigkeit, das Verhältnis zweier Stromwerte exakt zu übertragen, hat die Anwendung jener Geräte auf den Kurzstreckenbetrieb in größeren Raumkomplexen beschränkt, wo die Verlegung getrennter Leitungen technisch und wirtschaftlich durchführbar ist. Daß in jüngerer Zeit niemals ernstlich versucht wurde, die Koordinatenschreiber funktionell den modernen Verkehrsadern, z. B. den Tonfrequenzkanälen der Fernkabel oder der drahtlosen Trägerwelle, anzupassen, weist auf die großen praktischen Schwierigkeiten hin, die dieser Aufgabe entgegenstehen. Mangels solcher Fortschritte soll hier die Besprechung der Telewriter unterbleiben, zumal sie auch in konstruktiver Hinsicht seit der genannten Epoche keine wesentlichen Vervollkommnungen erfahren haben.

Die Bildübertragung mittels Zwischenklischee, die bei Korn-Glatzel ebenfalls ausführlich behandelt ist, stellt ein nicht unbedeutendes Entwicklungsfeld dar, das außer von Walter, Fortong und Korn von vielen anderen Erfindern, so auch von H. E. Ives vom Bell-Laboratorium und seinen Mitarbeitern, beschritten wurde. In der Praxis wird dieses Prinzip heute in Gestalt des Bartlane-Systems (zusammengezogen aus den Namen Bartholomew und Farlane) für die Beförderung von Bildtelegrammen über das Ozeankabel Europa—Nordamerika benutzt. Das grundsätzliche Verfahren besteht darin, die verschiedenen Hell-Dunkel-Tönungen durch Codezeichen auszudrücken, die, zum Empfänger telegraphiert, mittels besonderer, unabhängiger Schreibeinrichtungen die Zusammensetzung des entsprechenden Schwärzungsmosaiks ermöglichen. Die koordinatenrichtige Zuweisung der Bildpunkte wird durch ein verabredetes Ordnungssystem gesichert, bei Anwendung gestanzter Maschinengeber-Lochstreifen am einfachsten durch ein bestimmtes Geschwindigkeitsverhältnis derselben zu den beiderseits vorhandenen Übersetzern. Die Zwischenklischeemethode hat außer den in Kap. VIII gewürdigten betriebsmäßigen Vorteilen einen grundsätzlichen, bisher aber bei vollautomatischen Einrichtungen noch unausgenutzten Vorzug: Jede beliebig lange, fortlaufende Reihe von Rasterelementen übereinstimmender Helligkeit läßt sich durch nur 2 Codezeichen übertragen, die Tönung und Punktzahl angeben, und dadurch unter Umständen viel Zeit ersparen. Die künftige Auswertung dieser Möglichkeit erscheint um so notwendiger, als man heute beim Bartlane-Verfahren im Interesse der Gebührenverringerung darauf angewiesen ist, die Zahl der Telegraphierzeichen durch ziemlich grobe Rasterung des Bildes auf ein Minimum herabzudrücken (rund 60000 auf 1 dm^2).

Legen wir diesen Auflösungsgrad der Lochstreifenmethode für einen Vergleich zugrunde, so arbeitet heute der direkte transozeanische Bildfunk ohne Zwischenklischee unter den nämlichen Verhältnissen (1 Kurzwellenkanal) etwa 22mal so schnell und 20mal so billig, falls das Dokument halbtonfrei ist. Ließe man sich die Zeit, jedes Flächenelement 5- bis 6mal in genügenden Intervallen abzutasten und die Impulse am Empfänger zu integrieren, so könnten Amplitudenfälschungen ausgemerzt und dadurch auch Photographien mit guter Gradation wiedergegeben werden. Es bliebe also in jedem Falle ein Plus an Geschwindigkeit und Wirtschaftlichkeit zugunsten der direkten Kurzwellenbildübermittlung übrig, und neuere Arbeiten des Telefunken-Laboratoriums berechtigen in dieser Hinsicht sogar zu gesteigerten Erwartungen.

Trotzdem behält das Lochstreifenklischee seine große Bedeutung als ein Mittel, um den Endpunkten der überseeischen Nachrichtenkanäle Bilder auf zahlreichen vorhandenen Telegraphenlinien in bequemer Weise zuzuführen bezw. abzunehmen. Es soll jedoch nicht die Aufgabe dieses Buches sein, sich mit einer Zukunftsentwicklung näher zu befassen, die von der direkten Methode abgeht und im Gegensatz zu dem weiter vorn erwähnten Ziele, das Prinzip der Phototelegraphie in den Dienst des Fernschreibverkehrs zu stellen, den umgekehrten Weg einschlägt, indem sie die Übermittlungsweise eines Bildpunktmosaiks den Verfahren und Einrichtungen einer extremen maschinellen Schnelltelegraphie anpaßt. Wir würden uns dadurch zu weit von der Einheitlichkeit des Stoffes entfernen. Die Technik des Zwischenklischees ist gewiß ausbaufähig und von großem wirtschaftlichen Interesse, sie gehört aber aus den genannten Gründen mit mehr Berechtigung in eine Abhandlung über die Anwendungen der telegraphischen Schnelldruckersysteme.

Durch das Voraufgehende dürfte geklärt sein, in welchem Rahmen die Darstellung des Themas gehalten werden soll. Wir beschränken uns auf diejenigen unmittelbaren Formen der elektrischen Fernbildübertragung, die, mit vollkommen selbsttätigen Einrichtungen auf der Grundlage der modernen Verstärkerröhrentechnik arbeitend, in der neueren Ära des Nachrichtenwesens wirtschaftlich auswertbare Fortschritte erbracht haben.

Der berücksichtigte Zeitraum schließt ab mit dem Frühjahr 1931; später bekannt gewordene Einzelheiten konnten stellenweise bei der Korrektur noch eingefügt oder in Form von Anmerkungen verzeichnet werden. Der Leser bedenke, daß die Forschung und Entwicklung unaufhaltsam weitergeht. In der Form der Zitierung von Autorennamen wurde dem Wunsche des Verlages entsprochen.

Der Herausgeber dankt seinen Mitarbeitern an diesem Buche für ihre hingebenden Bemühungen um eine zweckentsprechende Behandlung der Einzelgebiete. Bei der Ordnung des Stoffes, bei der Durchführung verschiedener Berechnungen und bei mancherlei Besorgungsgeschäften der Drucklegung hat W. Ilberg aufopfernd mitgewirkt. Die weitaus meisten Zeichenvorlagen für die Druckstöcke hat Konstrukteur W. Schneider vom Telefunken-Laboratorium angefertigt. Beiden Herren gebühren Dank und Anerkennung in besonderem Maße. Ferner ist der Herausgeber der Verlagsbuchhandlung Julius Springer für die würdige Ausstattung des Werkes, hauptsächlich aber dafür verbunden, daß weder Kosten noch Arbeit gescheut wurden, um die technische Beschreibung durch zahlreiche Illustrationen zu verbessern. Gedankt sei endlich allen denen, die wertvolle Unterlagen für Text und Bild zur Verfügung stellten, insbesondere Herrn Direktor Storch von der Siemens & Halske A.G., Herrn Prof. Dr. A. Korn im Verein mit der C. Lorenz A.G., Berlin, Herrn E. F. W. Alexanderson von der General Electric Company in Schenectady, den Herren R. H. Ranger, A. N. Goldsmith und J. Weinberger von der Radio Corporation of America bezw. R. C. A.-Victor Company in New York und Camden, sowie endlich Herrn G. M. Wright von der Marconi's Wireless Telegraph Company Ltd. in London-Chelmsford. Möge dieses Buch in den Kreisen der an elektrischer Fernbildschrift und Fernsehübertragung Interessierten zahlreiche Freunde finden!

Berlin, im Mai 1932. **Der Herausgeber.**

Inhaltsverzeichnis.

Viertes Kapitel. Seite

Lichtelektrische Zellen. Von Fritz Michelssen.

Fünftes Kapitel.

Bildaufzeichnung und Lichtsteuerung. Von Waldemar Ilberg.

Sechstes Kapitel.

Der Gleichlauf bei Fernbildgeräten. Von Friedrich Biedermann.

Siebentes Kapitel.

Die Bildverstärker. Von Heinz Lux.

Seite

Achtes Kapitel.

Drahtlose Bildsendung. Von Otto Schriever.

Neuntes Kapitel.

Drahtloser Bildempfang. Von Herbert Muth.

Zehntes Kapitel.

Leitungsbildübertragung. Von Franz Tuczek.

Elftes Kapitel.

Die Formen und Anwendungen der Geräte. Von Fritz Schröter und Fritz Banneitz.

Anhang.

Abkürzungen der Maßeinheiten.

Geometrische Maßgrößen.

m	Meter
km	Kilometer $= 10^3$ m
dm	Dezimeter $= 10^{-1}$ m
cm	Zentimeter $= 10^{-2}$ m
mm	Millimeter $= 10^{-3}$ m
μ	Mikron $= 10^{-6}$ m
$\mu\mu$[1]	Millimikron $= 10^{-9}$ m
ÅE	Ångström-Einheit $= 10^{-10}$ m
m^2, cm^2	usw. Quadratmeter, Quadratzentimeter usw.
m^3, cm^3	usw. Kubikmeter, Kubikzentimeter usw.
″	Zoll engl. = 25,401 mm

Elektrische Maßgrößen.

A	Ampere
mA	Milliampere $= 10^{-3}$ A
F	Farad $= 9 \cdot 10^{11}$ cm c. g. s. elektrostat.
μF	Mikrofarad $= 10^{-6}$ F
$\mu\mu$F	Mikro-Mikrofarad $= 10^{-12}$ F
H	Henry $= 10^9$ cm c. g. s. elektromagn.
Hz	Hertz (Periodenzahl/s)
kHz	Kilohertz $= 10^3$ Hz
V	Volt
kV	Kilovolt $= 10^3$ V
W	Watt
kW	Kilowatt $= 10^3$ W
Ω	Ohm
MΩ	Megohm $= 10^6$ Ω

Sonstige Maßgrößen.

°C	Grad Celsius
°K	Grad absoluter Temperatur
gr.cal.	Gramm-Kalorie
HK	Hefnerkerze
Lumen	Einheit des Lichtstromes, bezogen auf HK und m^2
Lux	Einheit der Beleuchtungsstärke, bezogen auf HK und cm^2
min	Minute (Zeiteinheit)
s	Sekunde (Zeiteinheit)
° ′ ″	Grad, Minute, Sekunde (Winkeleinheiten)

Buchstaben-Bezeichnungen.

Lateinische Buchstaben.

A	Amplitude
B	Kerr-Konstante, Leuchtdichte, Betrag der max. Phasenänderung bei Frequenzmodulation, Bodenterm (bei Strahlwerfer-Antennen)
C	Kapazität, Proportionalitätsfaktor
D	Durchmesser, Durchgriff, Dipolterm (bei Strahlwerfer-Antennen)
E	Spannung, Elastizitätsmodul, Beleuchtung, Empfindungsstärke (physiologisch), Ebenenterm (bei Strahlwerfer-Antennen)
F	Funktionszeichen, Flächeninhalt, Brennweite
G	Leitwert, Glimmspannung
H	Helligkeit
I, J	Stromstärke, Leuchtdichte, Reiz (physiologisch)
J_0	Besselsche Zylinderfunktion reellen Argumentes nullter Ordnung
K	Konstante, absolute Temperatur, Stromstärkenamplitude der Modulation
K_a, K_n	Kathodenfälle, anomal und normal
L	Induktivität, Leistung, Beleuchtungsstärke
M	Konstante

[1] Die neuere, vorzuziehende Schreibweise mμ konnte in diesem Werk mit Rücksicht auf die vorhandenen Druckstöcke leider nicht einheitlich benutzt werden.

N Konstante, Rasterzahl, Frequenz
P Seitenlänge eines Bildes
Q Elektrizitätsmenge, Austrittsarbeit, Wärmetönung
R Radius, Ohmscher Widerstand, Reflektorterm (bei Strahlwerfer-Antennen)
S Steilheit
T Zeitintervall
U Trommelumfang, Betrachtungswinkel
V Spannung (Potentialdifferenz)
Z Scheinwiderstand, Zeilenterm (bei Strahlwerfer-Antennen)

a Länge, Konstante, unbenannte Zahl
b Länge, Konstante, Breite eines Spiegelrades, Zeilenbreite, prozentuale Verstimmung bei Frequenzmodulation.
c lineare Geschwindigkeit, Lichtgeschwindigkeit
d Durchmesser, logarithmisches Dekrement
e $= 2,71828\ldots$, Spannung
f Funktionszeichen, Spaltweite
g unbenannte Zahl
h Plancksches Wirkungsquantum, Helligkeit
i Stromstärke
j imaginäre Einheit, Stromdichte
k unbenannte Zahl, Zeilenzahl
l Länge, Zeilenlänge
m Konstante, unbenannte Zahl, Masse, Verschmelzfrequenz
n Umlaufszahl/s, Bildwechselzahl/s
p unbenannte Zahl, Gasdruck
q Bildfeldabmessung senkrecht zur Zeilenrichtung
r Radius, Abstand
r_d diffuses Reflexionsvermögen
s Länge, Dichte
t Zeitkoordinate
$ü$ Übersetzungsverhältnis
v lineare Geschwindigkeit

Frakturbuchstaben.

$\mathfrak{E}$ Wechselspannung, elektrische Feldstärke
$\mathfrak{H}$ magnetische Feldstärke
$\mathfrak{J}$ Wechselstromstärke
$\mathfrak{R}$, $\mathfrak{r}$ komplexer Widerstand

Griechische Buchstaben.

Θ Temperatur
Φ Lichtstrom
Ω Kreisfrequenz $= 2\,\pi \cdot$ Periodenzahl/s
α Winkel, Faktor, linearer Ausdehnungskoeffizient
β Winkel, Absorptionskoeffizient, Temperaturkoeffizient der Frequenz
γ Winkel, Phasenwinkel
δ Winkel
ε Winkel, Elektronenladung, thermoelastischer Koeffizient
η Schwächungsfaktor, Steigerungsfaktor
ϑ Aussteuerung
$\varkappa$ Verhältniswert
λ Wellenlänge
μ Materialkonstante, Kreisfrequenz $= 2\,\pi \cdot$ Periodenzahl/s
ν Umlaufszahl/s, Periodenzahl/s
π $= 3,14159\ldots$
ϱ Rasterzahl
σ Raumwinkel, Empfindlichkeitsmaß, Synchronismusabweichung
τ bestimmter Zeitabschnitt, Periodendauer
φ Faktor, Phasenwinkel, Funktionszeichen
ω Flächenwinkel, Raumwinkel, Winkelgeschwindigkeit, Kreisfrequenz $= 2\,\pi \cdot$ Periodenzahl/s

Abkürzungen der häufiger angeführten Zeitschriften.

Titel:	Abkürzung:
Physikalische Zeitschrift	Phys. ZS.
Zeitschrift für Physik	ZS. f. Phys.
Annalen der Physik	Ann. d. Phys.
Elektrische Nachrichtentechnik	Elektr. Nachr.-Techn.
Elektrotechnische Zeitschrift	ETZ.
Elektrotechnik und Maschinenbau	Elektrot. u. Maschinenb.
Archiv für Elektrotechnik	Arch. f. Elektrot.
Zeitschrift für Hochfrequenztechnik (Jahrbuch der drahtlosen Telegraphie)	ZS. f. Hochfrequenztechn.
Zeitschrift für technische Physik	ZS. f. techn. Phys.
Fernsehen	Ferns.
Telefunken-Zeitung	Telef.-Ztg.
Zeitschrift des Vereins deutscher Ingenieure	ZS. d. Ver. d. Ing.
Physical Review	Phys. Rev.
Proceedings of the Institute of Radio Engineers	Proc. Inst. Radio Eng.
Journal of the Institute of Electrical Engineers	Journ. Inst. Electr. Eng.
Journal of the Optical Society of America	Journ. Opt. Soc. Amer.
The Bell System Technical Journal	Bell Syst. Techn. Journ.

Erstes Kapitel.

Die Zerlegungsmethoden der Fernbildschrift.

Von

Fritz Schröter.

1. Die Notwendigkeit der Bildzerlegung.

Die hohe Sehschärfe des Auges, d. h. seine Fähigkeit, das Netzhautbild bis zu 1′ Sehwinkel aufzulösen, hängt mit der mikroskopischen Kleinheit der lichtempfindlichen Stäbchen und Zapfen zusammen. Millionen solcher photochemisch wirksamen Zellen, durch Einzelfasern des Sehnervenstranges mit dem Wahrnehmungszentrum im Großhirn verbunden, täuschen ein optisches Kontinuum vor. Der wirkliche primäre Gesichtseindruck ist jedoch ein Mosaik aus meßbar großen Flächenelementen, die in sich weder nach Helligkeit noch nach Farbe differenziert sind[1]. Sie entsprechen etwa den Rasterpunkten eines Klischeedruckes oder den Silberkörnern einer Photographie.

Erfahrungsgemäß bedarf es zur befriedigenden Abbildung der meisten Gegenstände keineswegs so weitgehender Auflösung, wie sie das Auge selbst zu leisten vermag. Für die Herstellung von Autotypie-Druckstöcken nach Photographien sind Kreuzraster mit 20 bis 70 Linien auf 1 cm gebräuchlich; sie ergeben 400 bis 4900 mehr oder weniger große quadratische Bildpunkte auf 1 cm^2. Die bei telegraphischer Bildübertragung entstehenden Punktnetze sind, obwohl von anderer Struktur, in bezug auf die Feinheit mit den mittleren Druckrastern vergleichbar. Beim Fernsehen müssen wir uns aus später zu erörternden Gründen mit viel gröberen Unterteilungen begnügen.

Der im Auge wirksame Mechanismus zur Übermittlung des Sehreizes von der Netzhaut zum Gehirn hat den Erfindern seit jeher als Vorbild gedient. Ein Beispiel dafür ist der Zellenraster-Fernseher von Rignoux und Fournier (1909)[2]. Das zu übertragende Bild wird mittels eines Objektivs auf die mit N genügend kleinen Selenzellen (Kap. IV) möglichst lückenlos bedeckte Gebertafel entworfen. Jede dieser Sendezellen beeinflußt, ihrer Belichtung entsprechend, durch eine eigene elektrische Verbindung nur die ihr lagengleiche Leuchtzelle des analog dem Geber zusammengesetzten, N-teiligen Empfangsbildschirmes. Es werden so die Helligkeitswerte des ganzen Rasters gleichzeitig übermittelt. Da für die Wiedergabe von Bewegungen nicht mehr als $n \sim 10$ Neueinstellungen der Hell-Dunkel-Verteilung in der Sekunde notwendig sind, kann eine ziemlich große Trägheit der zur Lichtstärkeregelung dienenden Organe (seinerzeit als elektromechanisch gesteuerte Blenden, Spiegel oder dergl. ausgeführt) in Kauf genommen werden.

---

[1] Im „gelben Fleck" der Netzhaut endigen 13000 Nervenfasern auf 1 mm^2.

[2] Korn-Glatzel, Handbuch der Phototelegraphie und Telautographie, S. 477. Leipzig 1911.

Die in der Praxis aus wirtschaftlichen Gründen unmögliche Anordnung ebenso vieler Einzelleitungen wie Rasterzellen kann man sich durch die Mittel der auf dem Resonanzprinzip beruhenden Mehrfachtelegraphie ersetzt denken. Diese Lösung hatte schon F. Lux[1] bei seinem 1906 beschriebenen Fernsehermodell angebahnt: Jede der N Selenzellen ist durch eine von N hinreichend verschiedenen Frequenzen der ihr lagengleichen Resonatorzelle der Empfängertafel eindeutig zugeordnet. Als Resonatoren dienen elektromagnetisch zum Schwingen gebrachte Stahlfedern nach Art der heutigen Zungenfrequenzmesser. Eine solche Einrichtung erfordert grundsätzlich nur eine einzige Leitungs- oder Trägerwellenverbindung, die das Gemisch aller vom Sender ausgelösten Frequenzen in ungestörter Superposition übertragen muß. Aber sie hat gleichfalls nur theoretisches Interesse. In der Praxis wäre sie, da die notwendigen Bildpunktzahlen schon für gröbstes Fernsehen $N = 1000$ überschreiten, durch die Vielheit der interferenzfrei abzustimmenden mechanischen oder elektrischen Resonatoren unerträglich kompliziert und für Fernempfang sicher unausführbar.

Die Entwicklung hat daher frühzeitig den allein brauchbaren Weg, das Verfahren der Bildzerlegung, eingeschlagen und ist dadurch nicht nur zu genügend einfachen Geräten, sondern auch zur sparsamsten Ausnutzung der Frequenzdurchlässigkeit des Telegraphierkanals gelangt (vgl. Kap. VIII und X)[2]. Statt zahlreiche Flächenelemente unter Inanspruchnahme ebenso vieler benachbarter Resonanzintervalle gleichzeitig zu übermitteln, wird in jedem Augenblick nur der Helligkeitswert eines einzigen Elementes übertragen. Die Breite des hindurchgelassenen bezw. des im Äther durch die Nachbarwellen begrenzten Schwingungsbandes bestimmt dann die Zahl der in 1 s möglichen Wechsel von Hell und Dunkel und damit die in der Zeiteinheit zu telegraphierende Bildpunktzahl. Steht ein Kanal von $\Delta\nu$ Hz beiderseits der Trägerwelle zur Verfügung, so ist die Leistung $2\,\Delta\nu$ Bildpunkte/s. Sie gestattet beim Fernsehen die Aufteilung des Bildfeldes in $2\,\Delta\nu/n$ Rasterelemente, während nach dem Prinzip der abgestimmten Resonatoren nicht einmal die halbe Feinheit erwartet werden könnte.

Bei dem Verfahren der Bildzerlegung wird die Sendevorlage durch „Abtastung“ in eine Punktreihe aufgelöst. Durch ein geeignetes Organ, am unmittelbarsten durch eine lichtelektrische Zelle (Kap. IV), werden die durchlaufenen Helligkeitswerte in entsprechende Amplituden (bisweilen auch Frequenzen) des Telegraphierstromes übersetzt. Beim Empfänger findet die Rückumwandlung dieser elektrischen Schwankungen in Tönungsstufen statt (Kap. V), die zugleich durch einen zur Abtastung reziproken Vorgang zum Fernbilde zusammengesetzt werden. Der verzerrungsfreie Aufbau desselben wird durch genauen Gleichlauf des sender- und des empfängerseitigen Zerlegers gesichert (Kap. VI); dieser „synchrone“ Gang bewirkt, daß der abgetastete und der nachgebildete Punkt sich in jedem Augenblick in ihrer Lage relativ zum Bildfelde decken.

In diesem und dem folgenden Kapitel werden nur die Elemente für das Durchlaufen der Bildfläche (beim Sender „Bildpunktabtaster“, beim Empfänger

---

[1] Korn-Glatzel, S. 474f.

[2] Die Grenze des anwendbaren Frequenzbandes wird gewöhnlich aus der Dämpfungscharakteristik des übertragenden Systems bestimmt als diejenige Schwingungszahl, bei welcher die Amplitude auf das 0,7fache des Höchstwertes gesunken ist, entsprechend dem Halbwert der Energie.

„Bildpunktverteiler" genannt) in ihren grundsätzlichen Eigenschaften, Funktionen und Verkettungen behandelt. Wir beschränken uns dabei auf die bisher bewährten oder als entwicklungsfähig erkannten Anordnungen [1]. Die elektrisch-optischen Energiewandler, die Mittel zur Gleichlaufregelung, die Praxis der Verstärkung und Übertragung, die Bauarten der Geräte, ihre Anwendungen und Betriebsergebnisse bilden den Inhalt späterer Kapitel.

Entsprechend den verschiedenen Voraussetzungen und Anforderungen der Fernbildschrift einerseits, des Fernsehens andererseits weichen auch die Zerleger wesentlich voneinander ab. Die Kopiertelegraphie und die Fernphotographie unveränderlicher Bildvorlagen lassen, rein technisch betrachtet, beliebigen Zeitverbrauch und daher beliebig feine Raster zu. Je schmaler das verfügbare Frequenzband, desto größer ist natürlich die Telegraphierdauer. Dementsprechend sind die heutigen Bildlinien, die innerhalb der Kontinente vorwiegend über Fernsprechkabel, im transozeanischen Verkehr über Kurzwellen-Strahlwerferanlagen arbeiten, in bezug auf die wirtschaftlich entscheidende Übertragungsgeschwindigkeit nur von den elektrischen Eigentümlichkeiten und den dadurch bedingten Grenzen des Verbindungskanals abhängig. Gegenwärtig ist sowohl auf dem Kabel- als auch auf dem Funkwege, wenn auch aus ganz verschiedenen, später zu behandelnden Gründen, etwa der gleiche Wert, $\sim 1/4$ dm^2/min, bei einem allen Ansprüchen genügenden Raster erreichbar. Die Zerlegung erfolgt also ziemlich langsam, in der Größenordnung von 1000 Bildpunkten/s, und wir brauchen daher bei der Wahl der mechanischen Mittel auf Trägheitsmomente, Reibungswiderstände usw. erst in zweiter Linie Rücksicht zu nehmen.

Beim Fernsehen muß zur Erzielung eines zeitlich beständigen, flimmerfreien Gesichtseindruckes die Gesamtheit aller Flächenelemente mehr als 10mal innerhalb 1 s abgetastet bezw. aufgebaut werden. Dadurch ist, im Gegensatz zur Fernbildschrift, a) eine von der Durchlaßweite des Wellenkanals abhängende Grenze der Auflösung, b) die Notwendigkeit besonders leistungsfähiger mechanisch-optischer Vorrichtungen für schnelle Zerlegung gegeben. Bei deren Formgebung spricht wesentlich der Umstand mit, daß das Feld eines im Raume ruhenden Bildrahmens abzutasten und die bei Kopier- und Phototelegraphen bevorzugte Umkehrung dieses Verfahrens, die Bewegung der Bildfläche gegenüber einem feststehenden Lichtpunkt, ausgeschlossen ist.

2. Die Zerleger für Kopiertelegraphie und Fernphotographie.

A. Definitionen.

In diesem Abschnitt wird unter „Bild" ein in der Regel biegsamer, blatt- oder bandförmiger Nachrichtenträger verstanden, der als Sendevorlage mit beliebigen schriftlichen oder bildlichen Mitteilungen gegeben bezw. als Empfangsfläche für die mechanische, chemische oder photographische Auftragung der

[1] Eine erschöpfende Zusammenstellung der in der Patentliteratur genannten Vorrichtungen, ohne Rücksicht auf deren praktische Verwendbarkeit, gibt das Buch von W. Friedel, Elektrisches Fernsehen, Fernkinematographie und Bildfernübertragung. Berlin 1925.

übermittelten Helligkeitswerte vorbereitet ist. Gleiche Abmessungen von Original und Fernbild sind üblich, aber grundsätzlich nicht vonnöten, da das Rasterelement für beide verschieden groß gewählt werden kann. Zur Vermeidung linearer Verzerrung in einer Koordinatenrichtung muß jedoch das Verhältnis Höhe/Breite in der Übertragung gewahrt bleiben.

Die gleichlaufende Auflösung und Zusammensetzung der Helligkeitsverteilung wird durch ein die Bildfläche in dicht benachbarten Zeilen überfahrendes Organ bewirkt, welches senderseits als Abtast-, empfängerseits als Schreibspitze dient. Die hierfür gebräuchlichen Mittel, Lichtkegel, Metallstifte usw., auf deren individuelle Bedeutung später eingegangen wird, wollen wir einstweilen unter der Sammelbezeichnung „Taster" zusammenfassen, gleichviel, ob sie das Bild auswerten oder erzeugen. Die vom Taster „punktförmig" berührte Stelle hat in Wirklichkeit endliche Ausdehnung. Ihr Flächeninhalt bestimmt die Größe des Rasterelementes. Dieses kann rund oder eckig gestaltet sein. Bei den heute vorherrschenden optischen Zerlegern pflegt man die als Lichtpunkt auf das Bild projizierte bezw. die vor die Photozelle geschaltete Blende quadratisch oder rechteckig (spaltförmig) zu machen. Wir definieren als „Spaltweite" f die Abmessung des Lichtpunktes oder seines Äquivalentes in der Richtung der Bildzeile. Senkrecht dazu messen wir die „Zeilenbreite" b. Sie wird zwischen $^3/_{16}$ mm und $^1/_2$ mm gewählt, je nach der gewünschten Feinheit, der Übertragungsmethode und der absoluten Flächengröße. Nähere Angaben s. Kap. XI. Längs der Bildzeile schreitet die Zerlegung bei synchronem Gang des Senders und des Empfängers um die gleiche Zahl von Rasterelementen in der Zeiteinheit fort. Entwickeln diese Punktreihen sich beiderseits „gleichphasig" vom Bildrande aus, so werden alle Koordinatenwerte richtig übermittelt. In Abb. 1 bedeuten L_s und L_e die mit übereinstimmender Geschwindigkeit und Phase bewegten Lichtpunkte. In die gestrichelte Verbindungslinie $\ddot{U}$ sind die Übertragungsanlagen eingeschaltet zu denken. Die in die Zeilenrichtung fallende Längsgeschwindigkeit v_1 (Geschwindigkeit der Bildpunktauflösung) ist naturgemäß ein hohes Vielfaches der Quergeschwindigkeit v_2, die dem allmählichen Weiterrücken der Zerlegung von einer Zeile zur nächsten entspricht: $v_1/v_2 = l/b =$ Zeilenlänge/Zeilenbreite. Wir nennen v_1 die „Umlaufkomponente",

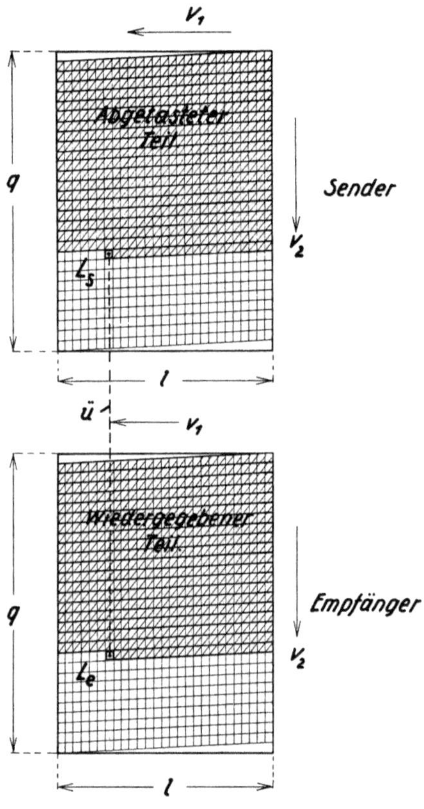

Abb. 1. Veranschaulichung der Zerlegung in Bildzeilen.

v_2 die „Vorschubkomponente". Die in der Praxis unmerklich schräge Linienführung der Abb. 1 ergibt sich, wenn das Bild auf einen rotierenden Zylinder vom Durchmesser l/π gewickelt ist, dessen Achse parallel zur Seite q steht und sich während jeder Umdrehung um eine Zeilenbreite relativ zum Lichtpunkt fortschraubt. Eine Verzerrung der Wiedergabe bedeutet die so entstehende Schräglage nicht, sofern sender- und empfängerseits die „Steigung" der Schraubenlinie übereinstimmt, d. h. im gleichen Augenblick stets Flächenelemente identischer Koordinaten bestrichen werden.

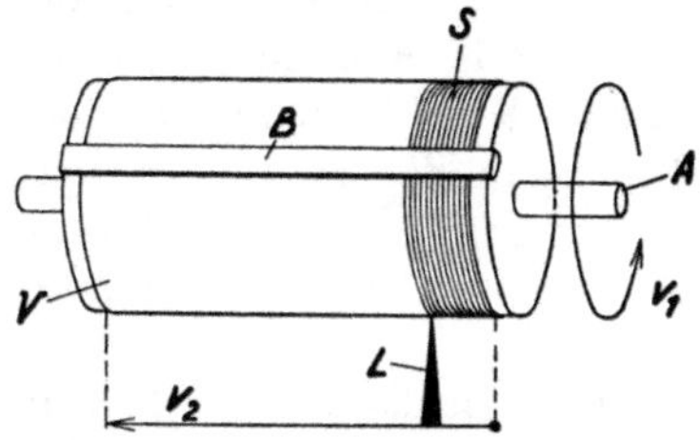

Abb. 2. Normale Schraubenlinienzerlegung. Modus 1: V verschiebbar, Modus 2: L verschiebbar.

Man denke sich in Abb. 1 alle linearen Dimensionen beim Sender oder beim Empfänger mit dem konstanten Faktor a multipliziert, so daß die Bildfläche und das Rasterelement den a^2-fachen Betrag annehmen. Werden dann an der gleichen Stelle statt v_1 und v_2 die Tastergeschwindigkeiten $a \cdot v_1$ und $a \cdot v_2$ angewandt, so bleibt die Winkelgeschwindigkeit der Zerlegung beiderseits in Übereinstimmung und dadurch die Übertragung aller Bildpunkte koordinatengetreu.

B. Systematik der Zerleger.

In den Abb. 2 bis 12 sind die wichtigsten Anordnungen zur Hervorbringung einer gleichmäßigen Relativbewegung von Taster und Bild zusammengestellt. Art und Sinn dieser Bewegung sind durch Pfeile ohne weiteres verständlich gemacht; v_1 bedeutet stets die schnelle Umlaufkomponente, v_2 die langsame Vorschubkomponente. A ist die Drehachse, B die Haltefeder für das Bild V, F eine kreisförmige Führung desselben, L der Taster. Man kann diese Vorrichtungen nach mehreren Gesichtspunkten unterscheiden:

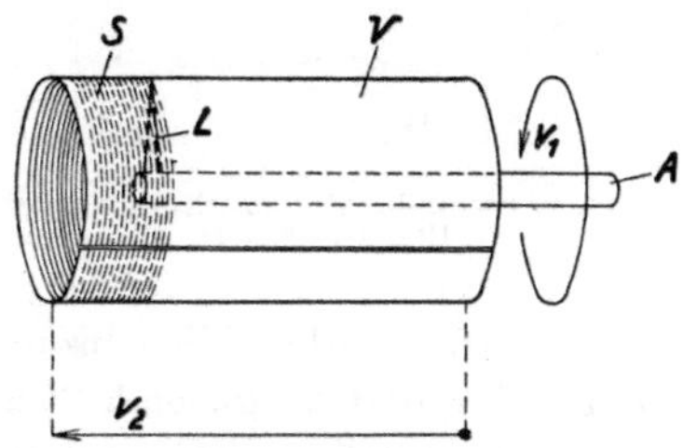

Abb. 3. Schraubenlinienzerlegung durch rotierenden Taster.

1. Das Bild ist nur in einer oder in beiden Dimensionen begrenzt, d. h. ein endloses Band oder ein Einzelblatt. Zerleger, bei denen ein Bild der zweiten Art als geschlossener Mantel auf einer rotierenden Trommel liegt, wie in den Abb. 2 und 7, setzen ein durch die Länge und den Durchmesser des zylindrischen Trägers begrenztes Format voraus. Dieses Verfahren bedingt daher Betriebspausen für das Auswechseln der Bildflächen; die Unterbrechung ist aber durch die Methode der austauschbaren, fertig beschickten Trommeln auf einige Sekunden vermindert worden und daher bei den heutigen Arbeitsgeschwindigkeiten, gemessen an der Übertragungsdauer, belanglos. In mechanisch-optischer Hinsicht arbeitet die Schraubenlinienzerlegung nach Abb. 2 unübertroffen genau. Sie ist daher bis jetzt überwiegend im Gebrauch (s. Kap. XI).

Die in den Abb. 3 bis 6 und 8 bis 12 dargestellten Anordnungen ermöglichen das Hindurchführen fortlaufender bandförmiger Bilder. Zum Teil bezwecken diese Systeme die Vereinfachung der Konstruktion oder der Bedienung, zum

Teil sind sie in der Erwartung einer ausgiebigen Verwendung der drahtlosen Kopiertelegraphie im allgemeinen Nachrichtenschnellverkehr erdacht worden. Hierfür sind jedoch die tatsächlichen Leistungen des Bildfunks in Wörter/min auf den praktisch fast allein in Betracht kommenden Kurzwellenlinien noch viel zu klein [1], abgesehen von den im Vorwort erwähnten grundsätzlichen Einwänden gegen die Berechtigung dieser Methode (Frequenzbandbedarf).

2. Das Bild erhält für den Zweck der Zerlegung entweder eine stetige, zylindrische Krümmung (Abb. 2 bis 8) oder eine Knickung über die geradlinige Kante *M* (Abb. 10 bis 12) oder eine völlig ebene Führung (Abb. 8, II und 9). Die Bahn des Tasters (v_1) ist entweder eine Kreislinie (Abb. 2 bis 6 und 9) oder eine Gerade (Abb. 7, 8 und 10 bis 12). Bei geschlossenem Umlauf genügt ein einziges, das Bild punktförmig berührendes Organ (Abb. 2 bis 5 und 7 bis 8).

Die kinematische Umkehrung des normalen Bildtrommelgerätes nach Abb. 2 entsteht, wenn der Taster selbst rotiert und sich zugleich relativ zum ruhenden

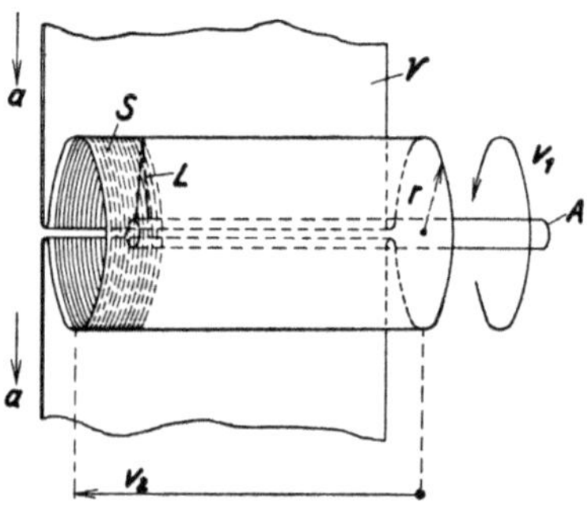

Abb. 4. Schraubenlinienzerlegung eines endlosen Bildstreifens in Absätzen.

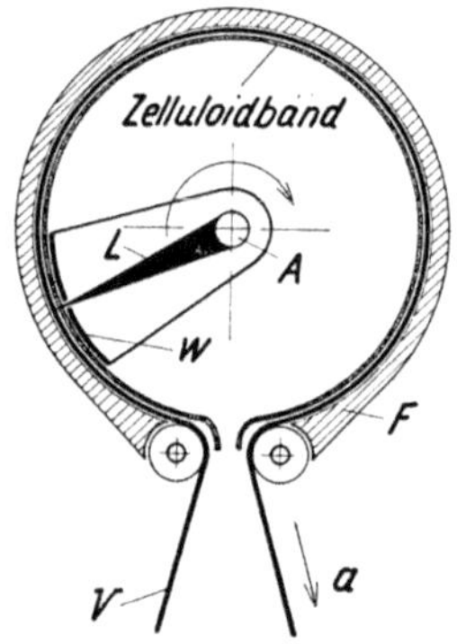

Abb. 4a. Führung des Bildstreifens für absatzweise erfolgende Schraubenlinienzerlegung.

Bilde fortschraubt. Eine brauchbare Lösung zeigt Abb. 3. Der von der Drehachse *A* radial ausgehende Taster *L* bestreicht die Innenseite des zylindrisch zusammengerollten Bildes *V* in enger Schraubenlinie *S*. Ist *L* ein Lichtkegel, so kann man *V* auf eine durchsichtige Trommel aus Glas, Zelluloid oder dergl. wickeln, um die richtige Krümmungsfläche zu erhalten. Hierbei treten aber störende Reflexionen am transparenten Zwischenmedium auf. Deshalb bevorzugt die Praxis folgenden Weg: Man schiebt das röhrenartig zusammengebogene Bild parallel zu sich selbst — mit der durch v_2 bestimmten Geschwindigkeit — über eine die Zylinderform sichernde, feststehende Metallführung mit ausgespartem Kreisschlitz, in welchem die Spitze des Lichtkegels umfährt. Die grundsätzlichen Vorteile des Prinzips der Abb. 3 sind: 1. Es laufen nur Teile von geringer Massenträgheit um; daher genügen schwache Kräfte zur Herstellung des Synchronismus. 2. Das Bild kann bei ruhendem Bildträger gewechselt werden, ohne die mit der Gegenstation in Tritt gehaltene Rotation des Tasters zu unterbrechen. 3. Belastungsänderungen des Gleichlaufmotors, wie sie in

[1] Auf der Kurzwellen-Bildlinie Nauen—Buenos Aires werden gegenwärtig ~ 30 Wörter/min erreicht; unter selten eintretenden, besonders günstigen Bedingungen bis zu 60 Wörter/min.

Geräten nach Abb. 2 beim Ankuppeln der ruhenden Trommel an die Antriebswelle eintreten, fallen weg. 4. Das Verfahren gestattet die Anwendung endloser Bildstreifen.

Bei solchen bandförmigen Nachrichtenträgern ist schrittweise erfolgender[1] oder stetiger Transport durch den Zerleger möglich. Abb. 4 veranschaulicht den erstgenannten Fall. Das Band wird durch Friktionsrollen in Abschnitten von der Länge $a = 2\,r\pi$ in die optisch abgetastete Zerlegerschleife hineinbefördert, wo es während der Übertragungsdauer stehen bleibt. Es umspannt hier die Außenseite einer durchsichtigen Trommel oder schmiegt sich der Innenwand eines Metallzylinders an, indem z. B. ein an den Rändern geführtes biegsames Stützband aus transparentem Zelluloid für ringsum gleichmäßiges Anliegen sorgt. Diese Hilfsmaßnahme ist in Abb. 4a angedeutet; Störreflexe müssen dabei empfängerseits durch einen geschwärzten, mit dem Lichtpunkt umlaufenden

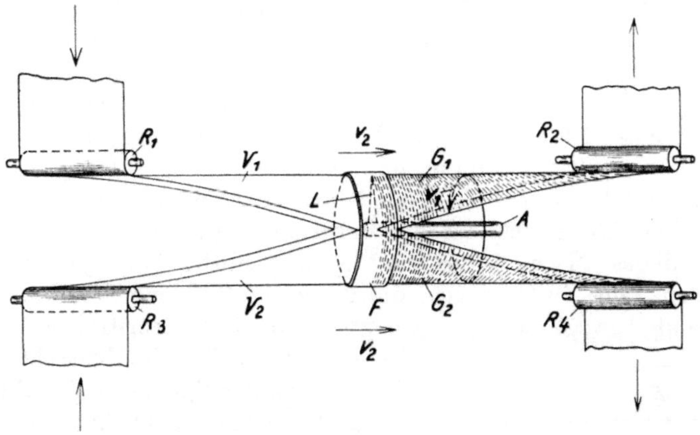

Abb. 5. Schraubenlinienzerlegung für kontinuierlichen Bildstreifenvorschub.

Schirm W für den Film unschädlich gemacht werden. Der Ersatz des übertragenen Streifenabschnittes durch den nächsten beansprucht nur wenige Sekunden. Der Vorschub v_2 ist senkrecht zum Transport a gerichtet und stetig. Die Schraubenbewegung des Tasters L (Abb. 4) kann im Vor- und Rücklauf ausgenutzt werden. Eine derartige Anordnung ermöglicht in mechanisch einfacher und sicherer Weise die Übermittlung nicht allzu breiter Vorlagen[2].

Im Gegensatz zur schrittweise erfolgenden wird bei der gleichförmigen Wanderung des Nachrichtenbandes die Bildzeile nicht längs, sondern quer zur Transportrichtung durchmessen (Abb. 5 und 6)[3]. Vorschub und Transport fallen zusammen. Das Band schreitet durch die Umlaufebene des Tasters, senkrecht zu dieser, mit konstanter Geschwindigkeit hindurch. In der Anordnung nach

[1] Dtsch. Patentanmeldung T 33333 VIII/21a vom 7. IV. 1927, Erf. F. Schröter, O. Schriever und P. Schnitzeler.

[2] Ein Modell ist im Telefunken-Laboratorium für 10 cm Papierbreite ausgeführt worden.

[3] Anordnungen, bei denen die Bildzeile schräg zur Transportrichtung steht (in der Hauptsache, um eine mechanisch durchführbare Lösung des geschlossenen Umlaufes bei nur einem Lichtpunkt und nur einem Bande zu ermöglichen), haben sich bisher nicht bewährt.

Abb. 5 werden zwei über Rollen R_1 bis R_4 geführte Bildstreifen V_1, V_2 gleichzeitig übertragen. Man braucht dann jeden derselben in der Tasterzone nur halbzylindrisch zusammenzubiegen — was bei steifem Material (Film) mit Rücksicht auf die mechanischen Schwierigkeiten der Schubbewegung, die Reibungsverhältnisse usw. erwünscht ist — und nutzt trotzdem den vollen Umlauf des Tasters aus. So entstehen auf beiden Streifen im Empfange die Querzeilen G_1, G_2. Will man das Gerät für ein einziges Band einrichten, ohne dieses in der Zone der Zerlegung übermäßig krümmen zu müssen, so sind zwei oder mehr in zyklischer Folge über die Breite der Fläche hinwegstreichende Taster notwendig, und zwar, wenn das Bild $1/p$ Kreisumfang einnimmt, p Taster, die miteinander Winkel von $360^0/p$ einschließen (Abb. 6).

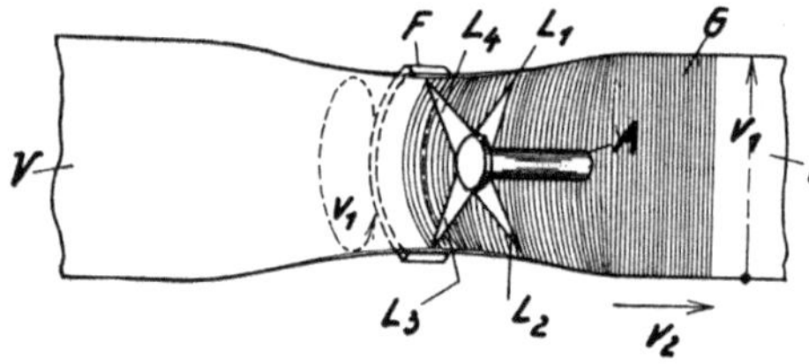

Abb. 6. Anwendung mehrerer Taster.

Der Vorschub (v_2) wird in den Anordnungen nach Abb. 2 bis 4 meist durch eine Schraubenspindel bewirkt, die von der Achse A oder deren Antriebswelle her über Zahnräder mit stark herabgeminderter Geschwindigkeit in Drehung versetzt wird. Die Spindelmutter überträgt den Transport entweder auf den Taster oder auf die Bildtrommel (näheres s. Kap. X und XI). An Stelle dieses Mechanismus sind auch Schlittenführungen des parallelverschobenen Teiles in Gebrauch, die durch ein auf eine Trommel auflaufendes Zugband bewegt werden (entsprechend dem Schrittmechanismus der Papierwalze bei Schreibmaschinen). Das Wirkschema der Spindel ist in Abb. 14, dasjenige des Schlittens in Abb. 15 dargestellt. In beiden Fällen wird der Taster L längs der Bildtrommel verschoben. Man kann den Schlitten auch mittels Spindel antreiben. Bei den Anordnungen nach Abb. 5 und 6 wird der Zug auf den Bildstreifen durch Friktionsrollen übertragen, die mit der Triebwelle des Tasters gekuppelt sind. Grundsätzlich braucht aber der Vorschub nicht zwangsläufig mit der Umlaufkomponente verbunden zu werden. Es genügt, ihn durch einen selbständigen, gleichmäßigen Antrieb herzustellen, z. B. mittels eines in seiner Drehzahl geregelten Motors. Wird dann die Bildzeile bei Sender und Empfänger streng synchron und konphas durchmessen, so kann ein Unterschied der beiderseitigen Werte von v_2 das Fernbild nur in der einen Dimension verzerren. Dieser Fehler läßt sich auf unmerklichen Beträgen halten, sicherlich $< 1\%$. Da jedoch die Leistungsentnahme durch den mit der Umlaufkomponente mechanisch gekuppelten langsamen Vorschub geringfügig ist, zieht man letztere Lösung meist vor.

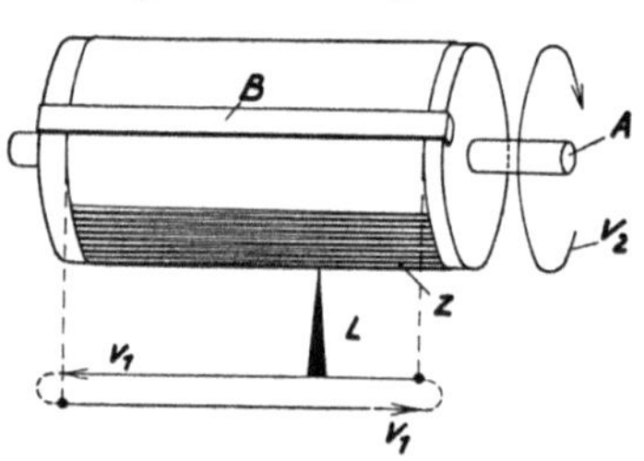

Abb. 7. Zeilenbewegung parallel zur Trommelachse.

In der Abb. 7 ist das der Abb. 2 zugrunde liegende Geschwindigkeitsverhältnis der Dreh- und der Schubbewegung umgekehrt, d. h. v_1 fällt nunmehr in die Richtung der Rotationsachse A, v_2 in den Mantel des Zylinders. Demgemäß entsteht die Zeile durch rasche Parallelverschiebung des Tasters L relativ zur Trommel, und zwar gewöhnlich unter Ausnutzung des Hin- und des Herganges. Der Vorschub wird durch langsamen Umlauf der Achse A bewirkt. Zur Vermeidung der Zickzackbahn Z und der damit verbundenen ungleichen Dichte des Rasters ersetzt man die kontinuierliche Drehung der Trommel durch eine während jeder Umkehr des Tasters um eine Zeilenbreite springende Ruckbewegung, etwa mit Hilfe eines Sperrades. Die Übertragung des Prinzips der Abb. 7 auf Geräte für endlose Bänder zeigt Abb. 8. Das Bild ist mit gelinder Spannung über eine feststehende zylindrische Führung gewickelt (Nebenabbildung I) oder liegt auf einer ebenen Unterlage straff auf (Nebenabbildung II). Die geradlinige Hin- und Herbewegung des Tasters geschieht mit Hilfe eines Schlittens, dessen Verschiebung durch eine Kurvenscheibe gesteuert wird, und zwar so, daß die Geschwindigkeit v_1 auf der ganzen Strecke zwischen den Bildrändern gleich bleibt.

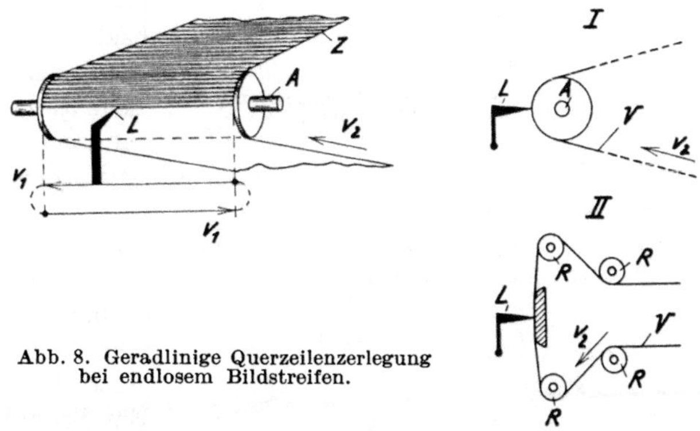

Abb. 8. Geradlinige Querzeilenzerlegung bei endlosem Bildstreifen.

Ebenso schnelle Übertragungen wie mit rotierend auflösenden Systemen sind nach der vorstehenden Methode infolge der Trägheit umkehrend bewegter mechanischer Teile undurchführbar. Grundsätzlich ist es nun allerdings möglich, ja naheliegend, einen masselosen Lichtzeiger anzuwenden. Man erhält diesen z. B. mit Hilfe eines schwenkbaren Spiegels, der den spitzen Strahlenkegel eines Systems mit langer Brennweite längs der Zeile hin- und herführt. Derartige Mittel sind in Kap. II beschrieben. In Anbetracht ihrer praktischen Mängel, auf deren Natur wir zurückkommen, hat man aber bisher für hochwertige Fernbildschrift ausschließlich parallelverschobene Optiken, etwa solche nach Abb. 17, benutzt, obwohl deren Trägheit, wie gesagt, nur mäßige Beschleunigungen zuläßt. Immerhin erreicht man damit eine Größenordnung der Umlaufkomponente v_1 von ~ 2 dm/s. Da diese Leistung für die heute auf Pupinkabel- oder Kurzwellenlinien möglichen Übertragungsgeschwindigkeiten genügt, könnte das in Abb. 8 veranschaulichte Arbeitsprinzip durch die Einfachheit der Funktion und des Betriebes den weiter vorn behandelten Anordnungen gegenüber wettbewerbsfähig erscheinen. Dagegen spricht nun aber ein entscheidender Mangel aller hin- und hergehenden Bildzerleger, den Abb. 13 verdeutlicht. Wird, wie in den Abb. 2 bis 6, die Zeile stets in demselben Sinne durchlaufen, so macht bei genau synchronem Gang ein kleiner Winkelunterschied (Phasenfehler) der beiderseitigen Taster sich lediglich in entsprechender Verschiebung des Fernbildes relativ zu seiner Lage in der senderseitigen Bildfläche bemerkbar. Diesen Fall illustriert im oberen Teile (a) der Abb. 13 das Empfangsergebnis E_1. Der Abstand s' des übertragenen Querstriches vom Papierrande ist verschieden von demjenigen (s) beim Sender (S). Das Bild ist also nur als Ganzes ein wenig gegen den ursprünglichen Rahmen verschoben, aber unverzerrt. Bei hin- und hergehender Zeile dagegen entsteht das Empfangsergebnis E_2, eine Wellenlinie, die sich als Unschärfe der Wiedergabe äußert. Wird der Phasenfehler größer angenommen, so ist das Fernbild in zwei Einzelstriche aufgelöst. Der untere Teil (*b*) der Abb. 13 veranschaulicht den Unterschied der gleichgerichteten und der hin- und hergehenden Zerlegung für nicht genau synchronen Gang, d. h. stetig wachsenden Phasenwinkel. Bei jener (E_1) erscheint der Querstrich ein wenig schräg, jedoch deutlich, bei dieser (E_2) bringt, vom Phasenwinkel Null der Taster ausgehend, die zunehmende Abweichung von der richtigen Lage eine Gabelung hervor, die das Gesamtbild schließlich unerkennbar macht. Diese Verschiedenheit der beiden Zerlegungsmöglichkeiten ist im Fernsehen von ebenso grundsätzlicher Bedeutung. Ihr Vorhandensein macht verständlich, daß bei den praktisch durchgeführten Formen der Bildübertragung die gleichgerichtete Zeilenauflösung fast ausschließlich in Gebrauch ist.

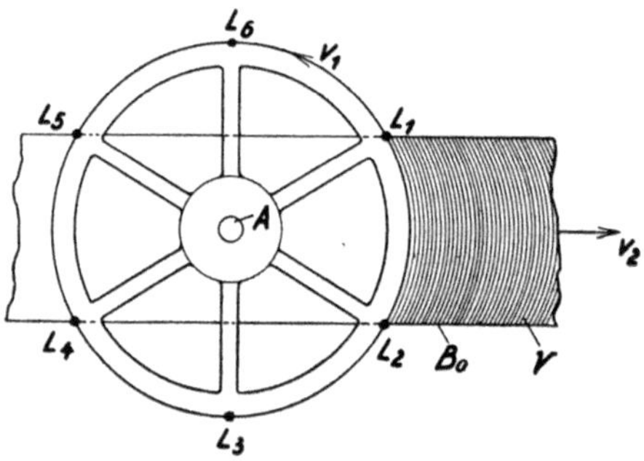

Abb. 9. Bogenförmige Querzeilenzerlegung bei endlosem Bildstreifen.

Abb. 9 zeigt die Zerlegung durch kreisende Bewegung von p Tastern L_1, L_2 . . . in einer zum Bilde parallelen Ebene. Die gleiche Zentriwinkel einschließenden Taster werden in zyklischer Folge über die Breite des plan gestreckten Bandes V hinweggeführt. Ein Schönheitsfehler ist hierbei die Bogenform *Bo* der Zeile, der zufolge die Dichte des Rasters nach den Rändern hin zunimmt. Dies tritt um so stärker in Erscheinung, je kleiner man p zu halten wünscht, im Bestreben, die beträchtlichen Justierungsschwierigkeiten eines derartigen Mehrfachsystems in bezug auf völlige Gleichheit der Winkel und Radien der Taster zu verringern.

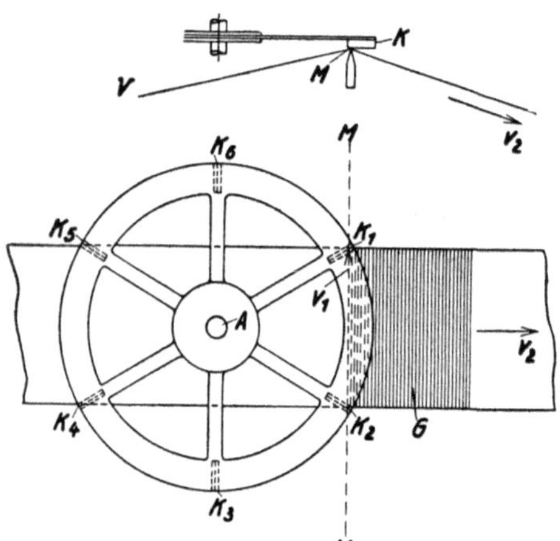

Abb. 10. Querzeilenzerlegung längs der Kreissehne.

Die in den Abb. 10 bis 12 dargestellten Anordnungen liefern g e r a d l i n i g e Querzeilen G. Der Winkel, den diese Zeilen mit der Normalen auf der Transportrichtung v_2 bilden, und der vom Vorschub des Bandes V während der Durchmessung seiner Breite herrührt, ist in der Praxis unmerklich klein (vgl. die Ausführungen zu Abb. 1). Er könnte übrigens in den Abb. 11 und 12 durch eine minimale kompensierende Schrägstellung der Schneide M auf Null reduziert werden. Eine solche Maßnahme wäre aber am sendenden und am empfangenden Apparat identisch zu treffen. In Ansehung der später zu erörternden optischen Schwierigkeiten sind die Systeme der Abb. 10 bis 12 für das Arbeiten mit Licht ungeeignet, insbesondere beim Geber. Sie kommen praktisch nur für elektrochemische Kontaktbildschreiber (Kap. V) in Betracht und sind für diesen

Gebrauch in den Laboratorien von Telefunken und Siemens & Halske als Modelle eingehend studiert, entwickelt und in ihren Leistungen verglichen worden. Näheres über das Konstruktionsergebnis s. Kap. XI.

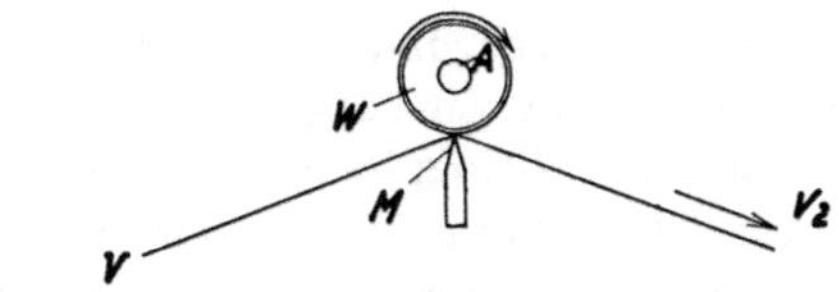

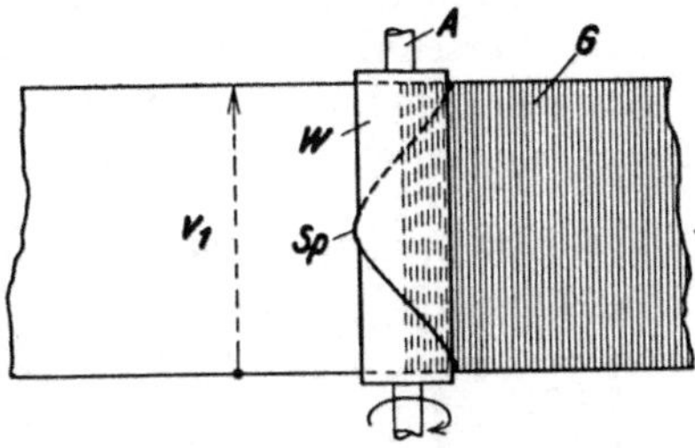

Abb. 11. Zerlegung mittels Spiraltasters.

Um die kreisförmig gekrümmte Bildzeile der Abb. 9 zu vermeiden, ist in Abb. 10 (vgl. Nebenabbildung) das Band *V* mit geringer Knickung über die feste, geradlinige Schneide *M* gezogen. Es gleitet über diese mit der Geschwindigkeit v_2 hinweg. Das um die Achse *A* rotierende Rad trägt auf seinem Umfange radial gerichtete, auf genau gleichen Abstand eingestellte Keile K_1, K_2 ... die mit ihren Schneiden auf der von *M* gebildeten scharfen Kante des Papiers entlangfahren, so daß der Kontaktpunkt eine Sehne des Kreisbogens beschreibt. Das Rasterelement wird durch den Übergangsquerschnitt an der Kreuzungsstelle der Schneiden *M* und K_1, K_2 ... bestimmt[1]. Man kann bei dieser Methode zunächst nur von einer mittleren Umlaufgeschwindigkeit v_1 sprechen. Denn bei konstanter Winkelgeschwindigkeit der Drehachse *A* wachsen die längs der Sehne in gleichen Zeiträumen zurückgelegten Strecken von der Mitte des Bandes aus nach den Rändern zu proportional mit $1/\cos^2\alpha$, wenn α der Winkel ist, den der Radius an dem betrachteten Orte mit der Mittellinie des Bandes einschließt.

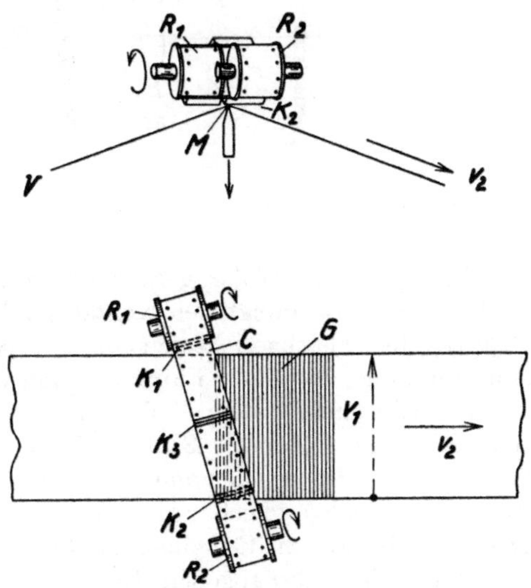

Abb. 12. Querzeilenbildschrift mittels mehrerer, an einem Bande geführter Taster.

Wäre es möglich, die korrespondierenden Apparate beiderseits nach diesem Zerlegungsprinzip einzurichten, so würde die Änderung der Geschwindigkeit längs der Bildzeile sich nicht in einer Verzerrung, sondern lediglich in ungleicher Dichte des Rasters quer zum Bande äußern. Damit wäre natürlich ein entsprechender Intensitätsverlauf der Schwärzung im Empfangsbilde verbunden. Da jedoch, wie gesagt, ein System nach Abb. 10 allein als Empfänger in Frage kommt, während die Geber ausschließlich mit konstanter Zeilengeschwindigkeit arbeiten, bleibt nur die Wahl zwischen zwei Möglichkeiten:

---

[1] D.R.P. Nr. 495718 vom 23. XII. 1928; Erf. F. Schröter.

Entweder macht man die Anzahl p der Keile ziemlich groß, d. h. den Sektor $360^0/p$ sehr spitz und demnach im ganzen Winkelbereich $1/\cos^2\alpha \sim 1$, was seine Grenze in unerwünschten Abmessungen der rotierenden Scheibe und in wachsenden Justierungsschwierigkeiten findet, oder man sucht mit Hilfe von kompensierend gekrümmten Keilschneiden[1] oder Kurvenscheibengetrieben[2] einen Geschwindigkeitsausgleich über die ganze Bildzeile herbeizuführen. Beide Wege sind mit Erfolg beschritten worden.

Abb. 11 zeigt eine konstruktiv einfachere und von den Justierungsschwierigkeiten der vorhergehenden Anordnung freie Lösung. Auch hier läuft das Bildband mit der Vorschubkomponente v_2 über eine scharfe Kante M. Parallel zu dieser steht die Achse A einer Walze W. Sie trägt eine erhabene Schneide, einen Draht oder dergl. in Form einer Spirale Sp von so großer Steigung, daß

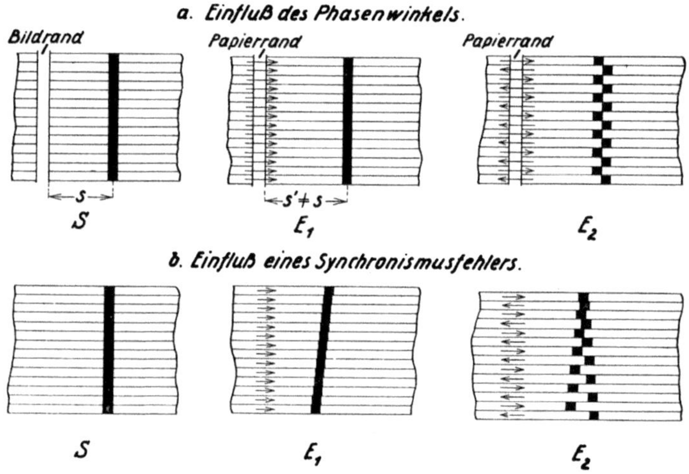

Abb. 13. Unterschied der gleichsinnigen und der wechselsinnigen Zerlegerbewegung.

auf die Länge der Walze gerade ein voller Schraubengang entfällt. Bei der Drehung von W bewegt der Kontaktpunkt zwischen Sp und M sich auf der Papierkante in gleichgerichteten Zeilen G über die Bildbreite mit der Geschwindigkeit v_1 hinweg. Ist dieser Empfänger mit einem Geber nach Abb. 2 verbunden, so entspricht einem vollen Umlauf der Sendetrommel vom Radius r eine Querzeile G von der Länge $l = 2\, r\pi$. D. h. die Breite des Fernbildstreifens muß mit dem Umfang der Sendetrommel übereinstimmen und die Drehzahlen beider Achsen A müssen gleich sein. Das Prinzip dieser Anordnung wurde schon 1864 von B. Meyer für einen mechanischen Kopiertelegraphen angegeben[3]. Ein durch den empfangenen Bildimpuls erregter Elektromagnet preßte das Papierband gegen die mit Druckfarbe versehene Spiralschneide S (vgl. Kap. V). Heute ist diese durch die Trägheit der Hubvorrichtung in ihrer Übertragungsleistung begrenzte Methode durch das ohne Massenbewegung arbeitende chemographische Verfahren weit überholt.

[1] D.R.P. Nr. 532 312 vom 13. III. 1929, Erf. H. Lux.

[2] Modell von W. Renner, Berlin.

[3] Korn-Glatzel, S. 79.

Die letzte erwähnenswerte Möglichkeit der gleichgerichteten Querzeilenbeschriftung beliebig langer Bänder zeigt Abb. 12. Das Prinzip der gekreuzten Keile ist hier in verbesserter Form verwirklicht. Eine über zwei Stiftrollen R_1, R_2 mittels Randperforation geführte Bronzebandschleife trägt federnde Schneiden K_1, K_2, K_3, die in zyklischer Folge längs der Kante M unter leichtem Aufdrücken die Bildzeile durchlaufen. Infolge der Schrägstellung des Schreibsystems wechselt der Kontaktpunkt an der jeweils wirksamen Schneide (in der gezeichneten Lage K_2) entlang, so daß dieselbe auf ihrer ganzen Ausdehnung gleichmäßig beansprucht und ihre Neigung, abgeschiedenen Farbstoff durch Schaufelwirkung mitzuführen, für das Bild unschädlich gemacht wird. (Im Rücklauf streifen die Schneiden einen Wischer, der sie für ihren nächsten Arbeitsgang reinigt.) Die Gleichmäßigkeit und Schärfe des mit diesem Verfahren erhältlichen Rasters stellt im Verein mit der Eleganz der konstruktiven Lösung das bis heute bei Chemographen erzielte Optimum dar.

C. Die Technik der Anwendungen.

Die Abb. 2 bis 12 erschöpfen nicht alle für Fernbildschrift denkbaren Möglichkeiten. Grundsätzlich kommen dafür auch die im folgenden Kapitel beschriebenen Zerlegungsmethoden des Fernsehens in Frage. So hat man versucht, schwingende Spiegel oder rotierende Spiegelräder (s. d.) zur optischen Abtastung ebener oder nur leicht gekrümmter Bildflächen zu benutzen, in der Absicht, das Aufwickeln der Vorlage auf eine Trommel zu ersparen und die Anwendung fortlaufender Bänder zu erleichtern. Es hat sich aber immer wieder gezeigt, daß durch den langen Hebelarm des bewegten Strahlenbündels selbst bei peinlichster mechanischer Ausführung Bahnfehler des Lichtpunktes entstehen, die das für Fernbildschrift zulässige Maß überschreiten. Während man sich im Fernsehen heute mit der Übertragung eines Mosaiks von insgesamt 900 bis höchstens 10000 Rasterelementen, also 30 bis 100 Zeilen auf die ganze Breite des quadratischen Bildes, begnügt, verlangt die registrierende Fernphotographie viel feinere Grade der Auflösung. Die gebräuchlichsten Werte sind in der folgenden Tabelle zusammengestellt:

Tabelle 1.

Linien/mm	Linien/dm	Quadratische Rasterelemente/dm²	Seitenlänge in cm eines Quadrats mit 10000 Rasterelementen
3	300	90000	$3^1/_3$
4	400	160000	$2^1/_2$
5	500	250000	2
$5^1/_3$	533	284444	$1^7/_8$

Die im Fernsehen erlaubten Fehlergrenzen der Bildpunktverteilung sind hiernach für Bildphotogramme auf stark reduzierte Maße umzurechnen. Wir betrachten in diesem Sinne die Abweichung einer Lichtpunktzeile von der richtigen Bahn. Die hierdurch entstehende Überlappung mit der Nachbarzeile soll hinsichtlich der resultierenden Helligkeitsstruktur des Fernbildes als unschädlich angenommen werden, wenn die seitliche Verschiebung 10% der Zeilenbreite nicht übersteigt. Bei einem mittleren Raster von 4 Linien/mm würde diese Toleranz eine Genauigkeit der Lichtpunkteinstellung von $^{25}/_{1000}$ mm bedingen. Berücksichtigt man nun den langen Hebelarm des Strahlenbündels, so kommt man zu einer für Betriebsgeräte undiskutablen Präzision der Justierung und der Bewegung des schwingenden oder rotierenden Spiegelsystems. Die Spindel- oder Getriebefehler der Anordnungen nach Abb. 14 oder 15 lassen sich dagegen so klein halten, daß die von der Überlappung der Schwärzungen herrührende Zeilenrasterung im Bildphotogramm mit bloßem Auge kaum zu erkennen ist.

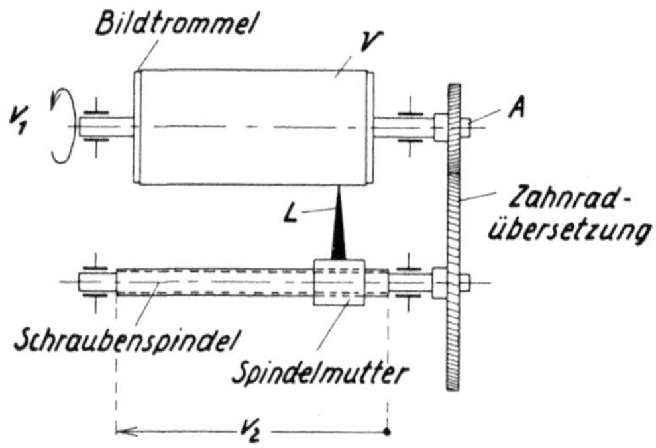

Abb. 14. Tastervorschub durch Spindelantrieb.

Übrigens wäre bei den heute noch sehr geringen Verkehrsdichten der Fernbildlinien die Problemstellung des ebenen Abtasttisches nur im Hinblick auf stoßartige Belastungsspitzen begründet. Es sind jedoch für diesen Fall auch Auswege beschritten worden. Die am Sender primär stets als einzelne Blätter vorliegenden Telegramme können z. B. auf eine Trommel wie in Abb. 2 automatisch aufgewickelt werden (R. H. Ranger, s. Kap. XI). Dieses wenige Sekunden beanspruchende Verfahren dürfte in Zukunft allen Anforderungen gewachsen bleiben. Auf der Empfangsseite ist dagegen die weitere Ausbildung der Geräte für fortlaufende Bildstreifen mit gleichgerichteten Zeilen aus Betriebs- und Bedienungsgründen von größerem Interesse und daher auch ständig im Gange. Die für photographische Bilderzeugung geeigneten Vorrichtungen nach Abb. 4 bis 6 ermöglichen den Anbau von Gefäßen mit Entwicklungs- und Fixierungsbädern, die das Film- oder Bromsilberpapierband nach der Belichtung selbsttätig durchläuft. Zweckdienlich wäre allerdings eine solche Komplikation der Apparatur nur bei kontinuierlichem Arbeiten. Dazu dürfte es jedoch in dieser Form kaum noch kommen; denn die photographische Schreibmethode ist im Begriff, durch die chemographische ersetzt zu werden. Die sofort sichtbare Entstehung des Bildes, bei befriedigender Schärfe und guter Wiedergabe von Halbtönen, die Einfachheit der konstruktiven Lösung für endlose Bänder (Abb. 10 bis 12) lassen den elektrochemischen Schreiber heute schon für die meisten Gebrauchszwecke überlegen erscheinen.

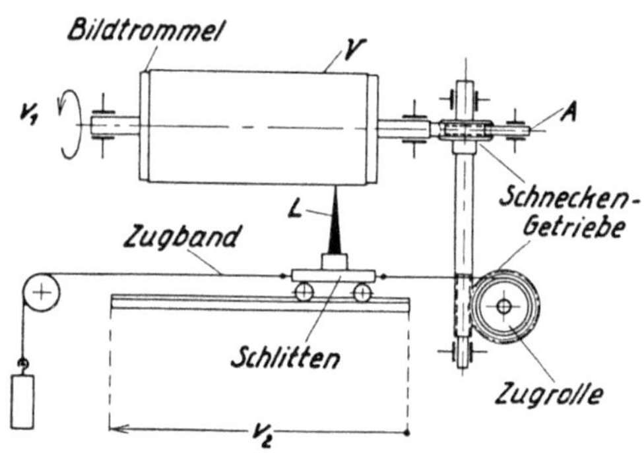

Abb. 15. Tastervorschub durch Zugband und Schlittenführung.

Die höchsten Anforderungen in bezug auf Feinheit des Rasters und unverzerrte Tönungsskala stellt das Zeitungswesen. Für diese Anwendung bedeutet das empfangene Fernbild, auch wenn es photographisch übertragen ist, niemals das Endergebnis. Es muß vielmehr zum Zwecke der Reproduktion durch Abphotographieren mit zwischengeschaltetem Strichraster nochmals umgeformt werden. Die chemographische Methode wird in absehbarer Zeit imstande sein, hierfür einwandfreie Vorlagen zu liefern. Der chemisch erzeugte Bildpunkt ist zwar infolge der Diffusion des Farbstoffes im feuchten Papier etwas unschärfer, d. h. ausgedehnter, als der mittels Licht auf trockener Bromsilberemulsion erzeugte. Dieser Nachteil ließe sich aber durch Vergrößerung des Formates der Empfangsfläche (linear etwa 5 : 3) ausgleichen; die Reduktion der Abmessungen für die Wiedergabe wäre dann mit dem nachfolgenden Abphotographieren an Ort und Stelle zu verbinden. In konstruktiver Hinsicht birgt die reichliche Dimensionierung eines Chemographen nach Abb. 12 keine prinzipiellen Schwierigkeiten. — Weiteres über die im Vorstehenden gekennzeichnete Entwicklungslinie s. in Kap. XI.

Die in den Abb. 2 bis 4 und 6 dargestellten Anordnungen können als Sender oder Empfänger in beliebiger Kombination zusammenarbeiten, sofern beiderseits die gleiche Anzahl Bildzeilen in der Zeiteinheit konphas durchlaufen wird. Ferner können unter dieser Voraussetzung die Systeme nach Abb. 11 und 12 als Empfänger mit jedem der soeben genannten als Sender korrespondieren. Dagegen würde ein Gerät nach Abb. 9 in Verbindung mit einer der übrigen Anordnungen für gleichbleibenden Umlaufsinn eine regelmäßige Verzerrung ergeben, die der Umformung der bogenförmigen Zeile in eine geradlinige oder umgekehrt entspräche. Grundsätzlich, d. h. von den durch Abb. 13 veranschaulichten Schwierigkeiten abgesehen, kann natürlich auch ein hin- und hergehender Zerleger nach Abb. 7 mit einem rotierenden nach Abb. 3 in Verkehr treten, falls der Taster bei letzterem seinen Drehsinn am Ende jeder Zeile wie ein Pendel umkehrt und die Bewegungen bei beiden Vorrichtungen synchron und phasenrichtig verlaufen.

Wird ein elektrischer Abtast- oder Schreibkontakt mechanisch am Bilde entlang geführt, so ist das Rasterelement überall durch den Querschnitt des Stromüberganges gleichmäßig definiert. Im Gegensatz dazu sind die Scheitel von Lichtkegeln keine materiellen Gebilde, sondern Projektionen einer unabhängigen Strahlenquelle (beleuchtete Blende) auf die Bildfläche. Diese Projektionen sollen längs ihrer ganzen Zeilenbahn konstante Größe, Schärfe und Leuchtdichte haben. Eine weitere Aufgabe besteht bei der optischen Abtastung am Sender darin, unabhängig von der Lage des jeweils belichteten Rasterelementes den Energiestrom der von ihm zur Photozelle gelangenden Strahlung möglichst unveränderlich zu machen. Dies ist notwendig zur Erzielung eines gleichbleibenden elektrischen Übertragungsfaktors. Der auf die Bildfläche gerichtete Lichtkegel steht bei der Anordnung nach Abb. 2 im Raume völlig still, wenn die Trommel selbst zum Vorschub in der Richtung ihrer Achse A eingerichtet ist (Modus 1); bei nicht verschiebbarer Trommel braucht er nur in der langsamen Komponente v_2 parallel zu A beweglich zu sein (Modus 2). In beiden Fällen kann die Photozelle leicht in konstanter Lage zum belichteten Bildpunkt erhalten werden, insbesondere, wenn man sie für Reflexionsabtastung in Ringform mit zentralem Strahlendurchtritt ausbildet (s. später, Abb. 18). Daher die allgemeine Bevorzugung des Bildgebers mit rotierender Trommel.

Bei den Geräten nach den Abb. 3 bis 6 ist die Bedingung gleichbleibender Größe, Schärfe und Intensität des abtastenden bezw. schreibenden Lichtpunktes durch die Rotationssymmetrie, d. h. durch die unveränderliche optische Weglänge, erfüllt. Das Strahlenbündel wird gewöhnlich wie in Abb. 16 erzeugt. Von der feststehenden Blende H gelangt der Lichtstrom über Linsen O_1 und O_2 in der hohlen Achse A zu einem Spiegelprisma P, welches den Kegel L radial auf die Bildfläche V ablenkt. Es ist dann $v_1 = 2\, r\pi n$, wenn r den Krümmungsradius des Bildes und n die Umlaufzahl/s des Lichtpunktes bezeichnet. Beim Geber kann nun ein schräggestellter Flach- oder Hohlspiegel mitrotieren, der die vom abgetasteten Rasterelement reflektierten Strahlen unter konstantem Raumwinkel erfaßt und in der Achsenrichtung auf eine ruhende Photozelle wirft (M. Wright, Marconi-Comp., s. Kap. XI). Während bei dieser Anordnung die radiale Bewegung des Lichtzeigers fast beliebige Werte der Umlaufkomponente v_1 zu erreichen gestattet, ist eine schnelle Zeilenauflösung bei trotzdem hoher optischer Präzision für die streng geradlinigen Lichtpunktbahnen der Abb. 7 und 8, wie wir bereits feststellten, noch nicht befriedigend gelungen[1]. Unter Verzicht auf größere Übertragungsgeschwindigkeiten hat man sich hierbei bisher nach dem Schema der Abb. 17 durch eine in Richtung und Größe der Komponente v_1 erfolgende Longitudinalverschiebung von optischen Systemen im parallelen Strahlengang beholfen. Die von der feststehenden Lichtquelle H ausgehenden Strahlen werden durch die Linse O_1 parallel gemacht, durch das total reflektierende Prisma P rechtwinklig umgelenkt und danach durch eine zweite, mit P starr verbundene Linse O_2 auf der Bildfläche V vereinigt. Der Teil P—O_2 ist längs der Achse s—t parallel mit sich selbst beweglich. Wird er auf dieser mit der Umlaufgeschwindigkeit v_1 hin und her verschoben, so entsteht ein auf der ganzen Strecke der Zeile scharf definierter Lichtpunkt von konstanter Größe und Helligkeit, da es für die Abbildung von H auf V nicht darauf ankommt, an welcher Stelle des

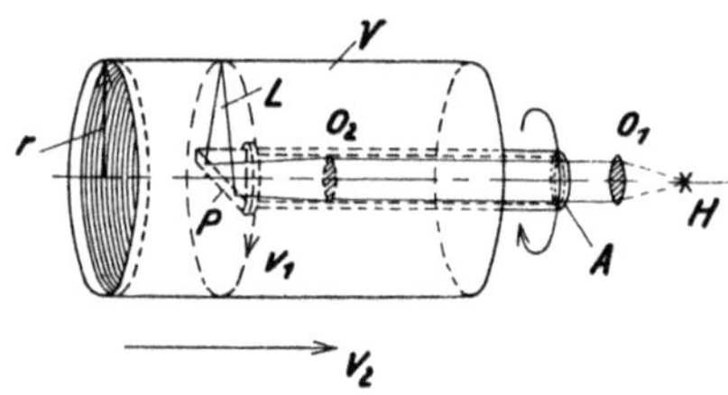

Abb. 16. Optische Innenabtastung durch rotierendes Prisma.

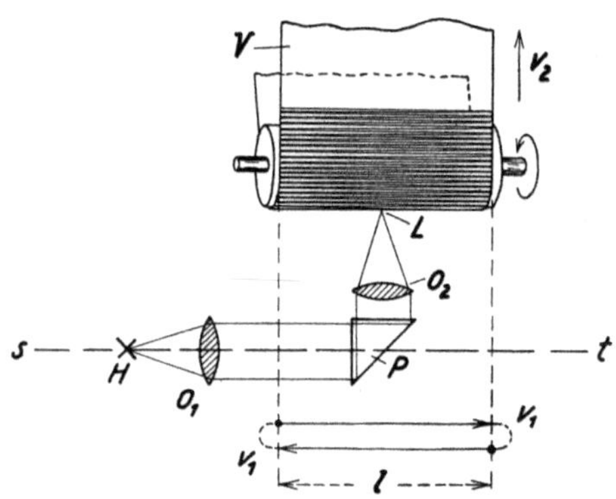

Abb. 17. Optische Zeilenzerlegung durch Verschiebung eines Prismas im parallelen Strahlengange.

[1] Die bereits erwähnte Schwenkbewegung eines langen Strahlenhebels um seinen festen Drehpunkt erfüllt die Bedingung der Lichtpunktschärfe längs der ganzen Zeile nur bei sehr großer Brennweite des optischen Systems. Damit sinkt aber die Ausnutzung des Lichtstromes, wenn man nicht zu unbequemen Maßen sowohl der Objektive als auch des Schwenkspiegels kommen will. Die Abtastung durch einen pendelnden Lichtstrahl ist im Fernsehen für die Zerlegung eines Kinofilms anwendbar, weil bei der Kleinheit des Ausschlages über den nur 24 mm breiten Bildstreifen hinweg die Schwankungen der Lichtpunktschärfe und des photoelektrischen Übertragungsfaktors in den zulässigen Grenzen bleiben. Für die weit höheren Anforderungen der Fernbildschrift reicht diese Methode jedoch nicht aus.

Parallelbündels P sich befindet. Die Grenze der mit dieser Einrichtung erreichbaren, aus Trägheitsgründen mäßigen Abtastgeschwindigkeiten liegt, wie schon bemerkt, bei ~ 2 dm/s. Die Anordnung ermöglicht aber eine vollkommen gleichmäßige lichtelektrische Auswertung, da man die Photozelle oder einen vermittelnden Spiegel in fester Lage zu $P—O_2$, also auch zum belichteten Rasterelement, mit verschieben kann (Prinzip der ersten Apparatur von R. H. Ranger, Radio Corporation of America).

Ein System von grundsätzlich derselben Art wie in Abb. 17 kann in viel glücklicherer Weise für den gleichläufigen langsamen Vorschub v_2 des Lichtkegels L bei der Schraubenlinienabtastung nach Abb. 2, Modus 2, verwendet werden. Es wirkt dabei, im Gegensatz zu seiner vorstehend beschriebenen raschen Umkehrbewegung, nicht als mechanisches Hindernis für hohe Übertragungsgeschwindigkeiten, da ja die Umlaufkomponente v_1 durch die Rotation der Trommel hergestellt wird (Abb. 18, Anordnung von F. Tuczek, Siemens & Halske A.G.).

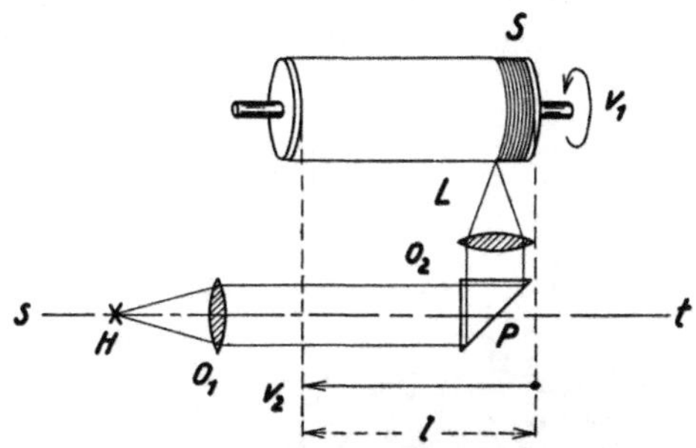

Abb. 18. Lichtpunktvorschub durch Verschiebung eines Prismas im parallelen Strahlengange.

Dienen die in Abb. 16 und 17 dargestellten Optiken zur Bewegung des photographischen Schreiblichtpunktes in einem Bildempfangsgerät, so tritt natürlich an die Stelle der konstanten Strahlenquelle H eine von den ankommenden Telegraphierimpulsen in ihrer Helligkeit modulierte, z. B. der Spalt eines Lichtrelais oder eine punktförmig konzentrierte Glimmentladung.

Für optisch wirkende Zerleger nach den Abb. 6 und 9 gelten übereinstimmende Bedingungen. Die hierbei vorgesehene Mehrzahl zyklisch wechselnder Taster bedingt stets erhöhte Justierungsschwierigkeiten und Komplikationen in der Lichtführung, wie z. B. umschaltende Vielkantprismen und verlängerte Strahlenwege mit entsprechend größeren Verlusten. Beim Geberapparat liegen diese Verhältnisse besonders ungünstig. Da aus übertragungstechnischen Gründen nur eine einzige Photozelle in Frage kommt (die saubere elektrische Abgleichung von p alternierenden Zellen, die man sich etwa mit p abtastenden Lichtkegeln starr verbunden umlaufend denken könnte, erscheint undurchführbar), so ergibt sich die Notwendigkeit des zentralen, festen Einbaues jener einen Zelle und die Forderung, ihr aus jeder Lage des kreisenden Lichtpunktes innerhalb des wirksamen Sektors einen gleichbleibenden Raumkegel der durchgelassenen oder reflektierten Strahlung zuzuführen. Eine voll befriedigende Lösung dieser Aufgabe ist noch nicht gefunden worden. Wohl aber hat M. H. Petersen[1] einen photographischen Bildfunkschreiber nach dem Prinzip der Abb. 9 entwickeln können.

Die Anordnungen nach Abb. 10 bis 12 sind nicht nur als Sender, sondern auch als Empfänger für die Anwendung von Lichtmethoden ungeeignet; es wurde aber bereits bemerkt, daß sie sich für elektrochemische Registrierung als sehr brauchbar erwiesen haben.

[1] D.R.P. Nr. 462156 vom 2. II. 1922.

D. Abtastung.

a) Kontaktabtastung.

Die ortsfesten Bildgeberstationen benutzen heute ausschließlich das optische Verfahren. Nur bei einfachen, insbesondere bei beweglichen Geräten geringen Umfanges und Gewichtes, wie sie z. B. für Luftfahrzeuge allein zulässig sind, hat die galvanische Abtastung des in Leitfähigkeitsverteilung ausgedrückten oder übersetzten Bildes Bedeutung behalten[1]. Sie beansprucht ein Mindestmaß an mechanischen und elektrischen Mitteln sowie an sachkundiger Handhabung und genügt für alle Anwendungen, die sich auf reine Schwarz-Weiß-Darstellungen, im einfachsten Falle Wetterkarten, militärische Krokis und dergl., beschränken. Denn ein Mosaik von leitenden und isolierenden Flächenelementen kann lediglich Wechsel von Strich und Pause im Sinne der gewöhnlichen Telegraphie und damit im Empfangsbilde nur eintönige Hell- und Dunkelwerte liefern. Die gebräuchlichsten Formen der Kontaktabtastung sind folgende:

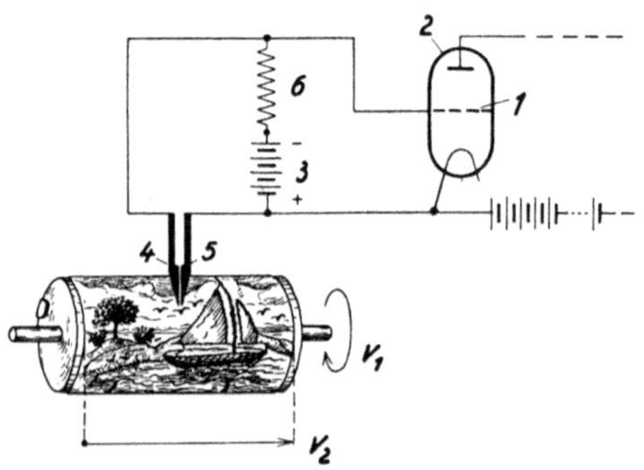

Abb. 19. Kontaktabtastung einer Graphitzeichnung.

1. Das mit Graphitstift auf Papier aufgetragene Bild wird ohne weiteres von zwei dicht nebeneinander stehenden Metallspitzen bestrichen. Abb. 19 zeigt eine hierfür passende Schaltung: Das Steuergitter 1 einer Verstärkerröhre 2 von großem Durchgriff wird von der Gitterbatterie 3 über den sehr hohen Widerstand 6 negativ aufgeladen und dadurch der Anodenstrom verriegelt. Sobald aber die beiden Hälften 4, 5 des Tasters beim Überfahren eines graphitierten Punktes leitend überbrückt werden und somit die Strecke Gitter-Kathode mehr oder weniger kurzschließen, setzt der Anodenstrom ein. Die Unterscheidung von Schwarz und Weiß ist hierdurch für die Übermittlung primär gegeben; die entsprechenden Stromstöße können für die Sendung in beliebiger Weise weiter verwendet werden. Ein sehr geeigneter, das leitende Material gut annehmender Bildträger für dieses Abtastverfahren ist das Indikatorpapier der Firma Maihak A.G., Hamburg. Es verhindert auch das im Fernbilde störend in Erscheinung tretende Mitnehmen (Schmieren) des weichen Graphites beim Abgleiten des Tasters von den damit bedeckten Stellen.

2. Man zeichnet oder überträgt die Figur oder Schrift mit isolierender Tinte (Schellacklösung) auf eine Metallfläche (die für das Herumwickeln um eine Trommel biegsam sein muß, z. B. eine Zinnfolie). Diese Vorlage wird durch eine einfache Drahtstiftelektrode abgetastet, die beim Berühren leitender Gebiete den Stromkreis über die metallische Unterlage schließt und ihn auf nichtleitenden Flächenteilen unterbricht. Aus verstärkertechnischen Gründen empfiehlt sich dabei die Anwendung von tonfrequentem Wechselstrom (Trägerfrequenz)

[1] Die Entwicklungsgeschichte dieser in ihren Anfängen weit zurückreichenden kopiertelegraphischen Verfahren (Bakewell 1848, Caselli 1855) ist in der bereits angeführten Literatur behandelt.

sowohl für Leitungs- als auch für drahtlose Übertragung durch einen Sender mit Telephoniemodulation. In Umkehrung des Verfahrens werden die Linienzüge des Bildes in die isolierende einseitige Lackschicht eines Metallblattes eingeritzt und dadurch leitende Flächen freigelegt.

Für die Wiedergabe von Zwischenstufen der Helligkeit mittels galvanischer Abtastung kann man wie folgt verfahren: Man kopiert die Vorlage photographisch durch eine fein geteilte Strichrasterplatte auf eine mit Chromgelatine überzogene Kupferfolie. Auf diese projiziert sich das Bild durch den optischen Beugungseffekt des Strichgitters als System von vielen parallelen Lichtzeilen, deren Spurbreite mit der Helligkeit des Originals an der betr. Stelle zu- und

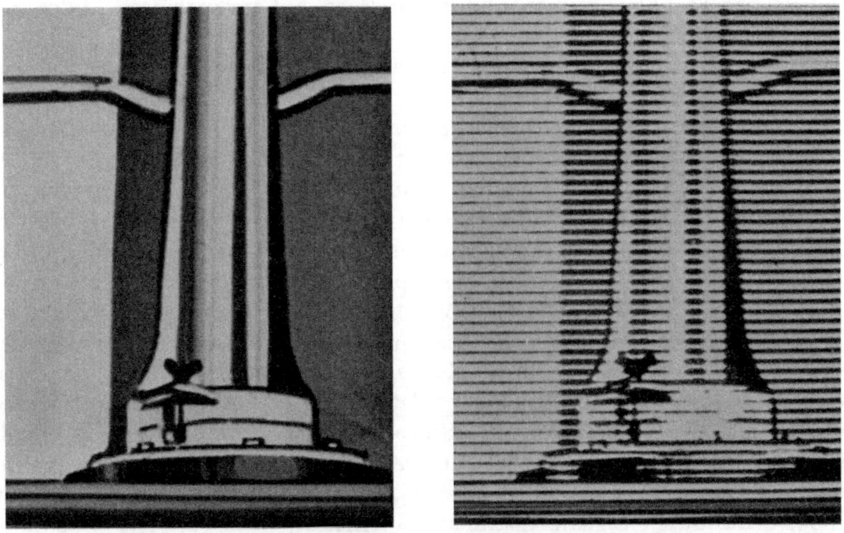

Abb. 20. Halbtonwiedergabe durch Strichrasterung der Vorlage. Links Original, rechts Abtastvorlage.

abnimmt. Die Chromgelatine verliert unter dem Einfluß des Lichtes ihre Quellfähigkeit und wird dadurch in Wasser unlöslich. Infolgedessen bleiben beim Abwaschen der Folie isolierende Schichten zurück, die das besagte Beugungsbild der zu übertragenden Helligkeitsverteilung darstellen (Abb. 20). Wird dieses Klischee senkrecht zur Richtung der Rasterlinien abgetastet, so variiert das Zeitverhältnis von Strich und Pause konform mit der örtlichen Tönung im Original. Bei der Betrachtung des Fernbildes wird dann der ursprüngliche Eindruck verschiedener Schattierungen erweckt, obwohl es doch nur aus schwarzen und weißen Elementen zusammengesetzt ist.

Jede derartige Kontaktabtastung ergibt beim Übergang von Leitfähigkeit zu Nichtleitfähigkeit und umgekehrt ein sprunghaftes Öffnen bezw. Schließen des Stromes, sobald ein kritischer Wert der elektrischen Feldstärke (wirksame Spannung in Volt/Dicke der Isolierschicht in Zentimeter) erreicht ist. Das Gleiche gilt für Graphitbilder; denn auch hierbei fällt bezw. steigt die Stromstärke plötzlich, nachdem der letzte Stromfaden abgerissen bezw. der erste hergestellt ist. Diese Eigentümlichkeit unterscheidet die galvanische Zerlegung wesentlich von der optischen. Der Lichtpunkt läuft infolge seiner endlichen Spaltweite auf den Helligkeitsübergang allmählich auf. Dementsprechend ändert sich die auf die Photozelle wirkende Intensität und mit ihr der Photostrom stetig. Abb. 21 zeigt die Verschiedenheit des Anstieges; Kurve *a* bezieht sich auf den galvanisch geschlossenen, Kurve *b* auf den lichtelektrisch ausgelösten Strom[1]. Die in der Steilheit von *a* enthaltenen Harmonischen können bei der drahtlosen Übertragung durch Ausstrahlung unzulässig breiter Seitenbänder der modulierten Trägerwelle (die bei einem für Rundfunkzwecke erprobten Kontaktbildgeber bis zu 15000 Hz hinauf nachgewiesen wurden) in den benachbarten Wellenbereichen merklich stören. Die zur Abhilfe notwendige Einschaltung von abflachenden Impedanzen beseitigt zugleich gewisse im Kap. VII behandelte Verstärkereffekte, die sich als „Plastik" oder gar Zerstörung der Konturen im Fernbilde äußern und in der Regel auf sprunghaften Änderungen einer Gleichstromkomponente beruhen.

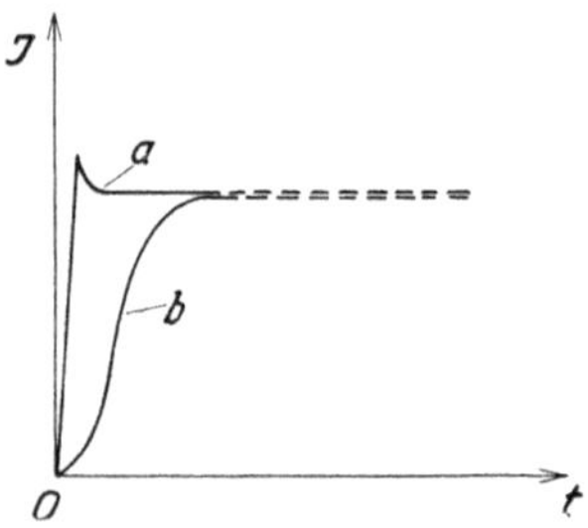

Abb. 21. Unterschied zwischen Kontaktabtastung (a) und Lichtpunktabtastung (b).

Die soeben beschriebene Rastermethode zur Übertragung von Zwischentönungen durch reine Strich-Pausen-Geber ist heute — zumeist allerdings in Verbindung mit photoelektrischer Abtastung — in Gebrauch a) bei Anwendung von Bildschreibern, die außerstande sind, abgestufte Helligkeitswerte zu erzeugen (mechanische und gewisse Formen der chemographischen Registrierung, s. Kap. V); b) im Falle drahtloser Sendung zur Unterdrückung von atmosphärischen Störimpulsen im Empfangsbilde: Überträfe im Falle der Amplitudenmodulation die der abgetasteten Helligkeit proportionale Zeichenstärke den „Störpegel" des Empfängers nur bei den oberen Lichtwerten, so würden die unteren Graustufen verlorengehen. Es hilft dann allein die Rastermethode weiter, da sie es ermöglicht, die gesamte Tönungsskala durch Signale maximaler Intensität, aber variabler Dauer, unverfälscht zu übertragen. Es werden dann, z. B. mittels Oszillograph oder Saitengalvanometer (Kap. V), Strichlängen voller Aufhellung geschrieben, solange die Antennenströme einen über dem Störpegel liegenden, einstellbaren Schwellwert überschreiten; c) bei Übertragungswegen, auf denen die vom Sender ausgehenden Amplituden durch zeitlich schwankende Dämpfung fortgesetzt und unkontrollierbar gefälscht werden, wie es z. B. in Gestalt der charakteristischen Schwunderscheinungen der kurzen Wellen der Fall ist. Man hat hier jedoch Verfahren gefunden, um den zeitraubenden Umweg über besondere Sendeklischees zu vermeiden, indem die bei direkter photoelektrischer Abtastung des abgetönten Originals entstehende Amplitudenmodulation fortlaufend in eine Modulation konstanter Stromstärke nach der Zeit oder nach der Frequenz umgewandelt wird (Kap. VIII).

b) Lichtabtastung.

Die lichtelektrische Sendemethode hat auch die vornehmlich von Amstutz und von Belin entwickelte Reliefabtastung[2] verdrängt, die gleichfalls ein Zwischenklischee, und zwar in plastischer Form, erforderte. Wir dürfen über

---

[1] Die Behandlung dieser Verhältnisse bei optischer Abtastung wird in Kap. III fortgesetzt. [2] Korn-Glatzel, S. 309—329.

dieses veraltete Verfahren hinweggehen. Solange die Phototelegraphie für den Zweck der optischen Zerlegung auf die Herstellung einer transparenten Filmkopie des Originalbildes angewiesen war, standen demgegenüber die technischen Aussichten der Reliefmethode nicht ungünstig. Besiegelt wurde jedoch der Umschwung zugunsten des lichtelektrischen Verfahrens, als die Verbesserungen der edelgasgefüllten Alkalimetallphotozellen und vor allem die fortgeschrittene Beherrschung des Elektronenröhrenverstärkers die unmittelbare Abtastung der ursprünglichen Vorlage mit reflektiertem Lichte durchführbar gemacht hatten. Das Entfallen jedweder Vorbereitung wie auch jeder Veränderung am Original erbrachte die große technische und wirtschaftliche Überlegenheit der phototelegraphischen Zerlegungsweise, wobei die weitgehende Trägheitlosigkeit der Elster- und Geitelschen Zelle und die strenge Proportionalität von Lichtstrom und Photostrom im Falle von Halbtönen integrierende Wertfaktoren sind.

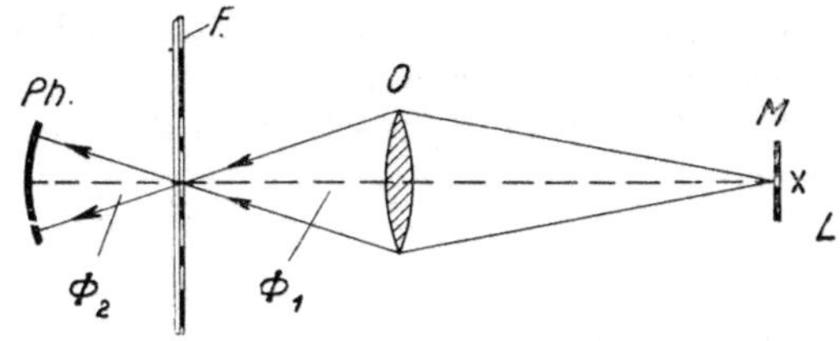

Abb. 22. Durchleuchtungsmethode bei photoelektrischer Bildabtastung.

E. und O. Buss erfanden 1902[1] die Abtastung eines auf durchsichtigem Träger rotierenden oder gleitenden Transparents durch die Spitze eines Lichtkegels, der im weiteren Verlauf eine Selenzelle trifft. Die praktische Durchführung dieses Verfahrens glückte aber erst A. Korn im Jahre 1904. Der bereits in der Patentschrift von E. und O. Buss gegebene Hinweis auf die Reflexionsmethode gewann in der Ära der Verstärkertechnik neue Bedeutung durch die Anwendung der Gesetze der diffusen Zurückstrahlung auf die Gestaltung der Abtastoptik und der Alkalimetallphotozelle. Durch die von O. Schriever, Telefunken, erdachte Ringform dieser Zelle[2] wurde es zum erstenmal möglich, ihr beträchtliche Anteile des vom weißen Papier der Vorlage zurückgeworfenen Lichtes zuzuführen und damit eine für saubere Verstärkung ausreichende Größenordnung des Photostromes zu erhalten. Hierdurch war die Reflexionsabtastung in brauchbarer Form gelöst. Die Wichtigkeit ihrer Problemstellung, die in ähnlicher Form beim Fernsehen wiederkehrt, läßt näheres Eingehen auf den Wirkungsgrad der lichtelektrischen Zerlegung wünschenswert erscheinen.

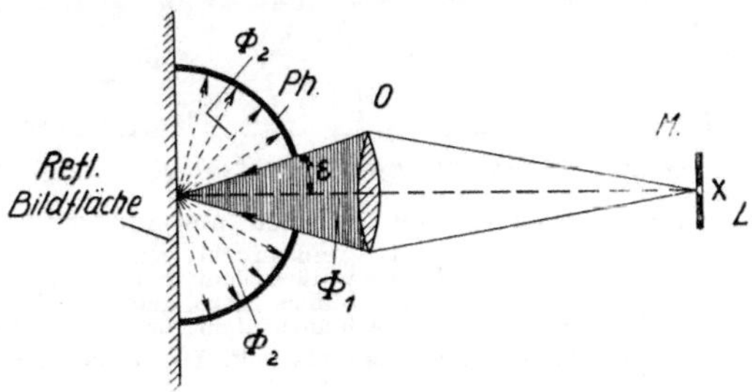

Abb. 23. Reflexionsmethode bei photoelektrischer Bildabtastung.

Die Abb. 22 und 23 zeigen den physikalischen Unterschied der Durchleuchtungs- und der Reflexionsmethode. Wir setzen in beiden die Leuchtdichte der Lampe L, die Fläche und Lage der Blende M und die Lichtstärke des Objektivs O,

[1] Franz. Pat. Nr. 319425 vom 8. III. 1902. [2] D.R.P. Nr. 447363 vom 8. X. 1925.

das die Strahlen im Bildpunkt vereinigt, als gleich voraus. F stellt den transparenten Film, Ph den für die aktive Fläche der Photozelle zur Verfügung stehenden Raumwinkel dar. Zunächst ist es klar, daß das Verhältnis des photoelektrisch ausgenutzten Lichtstromes zum zugeführten Lichtstrom (Φ_2/Φ_1) im Falle der Abb. 22 günstiger wird. Denn für diese gilt bei vernachlässigter Streuung:

$$\Phi_2 = \Phi_1 \cdot (1 - a),$$

wenn a den vom ungeschwärzten Zelluloid teils absorbierten, teils reflektierten Bruchteil angibt; während die Anordnung nach Abb. 23 bei Annahme völlig diffuser Rückstrahlung mattweißen Papiers eine Beziehung von folgender Form liefert:

$$\Phi_2 = \Phi_1 \cdot (1 - \beta) \cdot \varkappa .$$

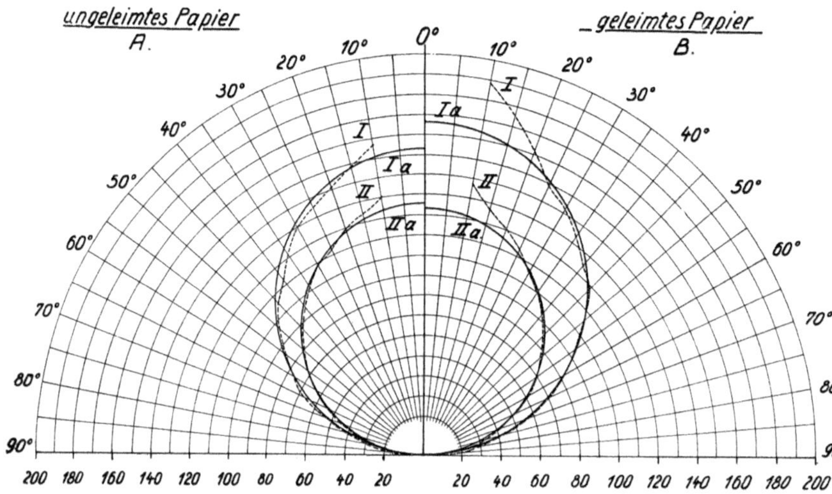

Abb. 24. Richtungsverteilung der Intensität der diffusen Reflexion von weißem Papier.

A. Ungeleimtes Papier (völlig diffuse Reflexion): I weißes Licht, gem.; Ia weißes Licht, ber.; II blaues Licht, gem.; IIa blaues Licht, ber.

B. Geleimtes Papier (Reste von regulärer Reflexion vorhanden): I weißes Licht, gem.; Ia weißes Licht, ber.; II blaues Licht, gem.; IIa blaues Licht, ber.

Messung mit Photozelle, ausgeführt von F. Michelssen. Berechnung nach dem Lambertschen Gesetz.

Darin bedeutet β den von einer Stelle maximaler Helligkeit in der Bildvorlage verschluckten Bruchteil des zugeführten Lichtes. Der Faktor $\varkappa < 1$ hängt ab: 1. von dem Verhältnis des auffallenden Lichtkegels Φ_1, innerhalb dessen alle vom Bildpunkt zurückgeworfenen Strahlen unausgenutzt zur Lichtquelle L zurückkehren, zum Halbkugelraum, 2. von der Verteilung des diffusen Reflexionsvermögens ($r_d = 1 - \beta$) innerhalb der Halbkugel, 3. von der Ausnutzung der erfaßbaren Rückstrahlung durch den mehr oder weniger günstigen Aufbau der Optik. Ein Beispiel für die räumliche Verteilung der reflektierten Intensität von weißem Papier bei senkrecht einfallender Beleuchtung durch eine Wolfram-Punktlampe, direkt mittels Photozelle gemessen, gibt Abb. 24. Da a wenige Hundertstel, β dagegen 0,3 bis 0,35 beträgt, während $\varkappa$ Werte von etwa 0,5 bis 0,6 besitzt, wird der optische Wirkungsgrad bei Reflexionsabtastung zwar merklich geringer als bei Durchleuchtungsabtastung; er kann aber im praktischen Grenzfalle das 0,4fache der letzteren erreichen. Ein solches Defizit ist durch erhöhte Verstärkung leicht zu decken, ohne den Aufbau der Röhrenkaskade zu vergrößern.

Bei ideal mattweißem Papier ist die Leuchtdichte des belichteten Bildpunktes vom Beobachtungswinkel unabhängig, d. h. die Fläche reflektiert nach dem Lambertschen Gesetz. Der zurückgestrahlte Anteil des auffallenden Lichtstromes ist $\Phi_1 \cdot r_d$. Er muß sich nach dem Cosinussatz verteilen, d. h. wenn er auf dem getroffenen Flächenelement vom Inhalt F eine Leuchtdichte B hervorruft, muß die in einen Kegel von unendlich kleiner Öffnung $d\omega$ im Winkel γ gegen die Normale entsandte Leistung sein:

$$B \cdot F \cdot \cos\gamma \cdot d\omega.$$

Das Integral über die Halbkugel ist dann

$$\Phi_1 \cdot r_d = \pi \cdot B \cdot F \cdot \sin^2 \pi/2 = \pi \cdot B \cdot F,$$

und in den zugeführten Strahlenkegel von der halben Öffnung ε nach Abb. 23 fällt der reflektierte Lichtstrom

$$\Phi_1 \cdot r_d \cdot \sin^2\varepsilon$$

unausnutzbar zurück[1]. Demnach kann zur photoaktiven Fläche Ph höchstens die Differenz

$$\Phi_2 = \Phi_1 \cdot r_d \cdot (1 - \sin^2\varepsilon)$$

gelangen. ε erreicht niemals Werte über 20^0, wobei $\sin^2\varepsilon = 0{,}12$ ist. Es lassen sich also theoretisch mehr als 88% des reflektierten Lichtes erfassen, so daß dann für $r_d = 0{,}7$ die Beziehung bestände:

$$\Phi_2 = 0{,}62 \cdot \Phi_1.$$

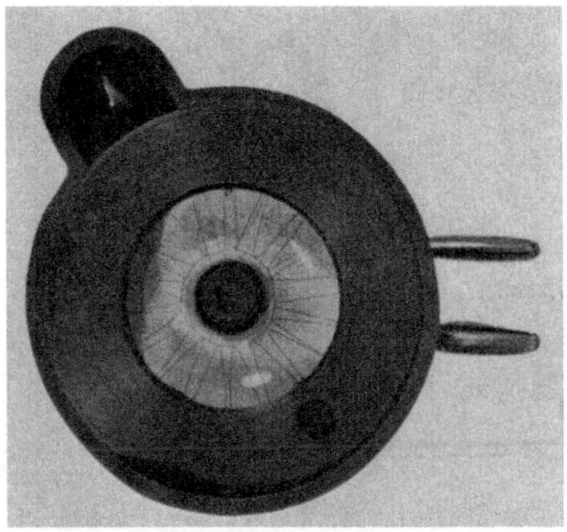

Abb. 25. Ringphotozelle nach O. Schriever.

Für die Praxis gilt es, da man r_d nicht ändern kann, die Zufuhr des erfaßbaren Bruchteiles $(1 - \sin^2\varepsilon)$ zur photoaktiven Fläche Ph so vollständig wie möglich zu machen. Hierzu stellte O. Schriever die Zelle als Ring her, durch dessen Öffnung der Abtastlichtkegel von rückwärts auf die Sendevorlage fällt. Man kann dann die dem Bilde zugekehrte Alkalimetallschicht sehr nahe an das beleuchtete Rasterelement heranrücken und dadurch einen großen räumlichen Winkel der von ihm diffus zurückgeworfenen Strahlen abfangen. Eine solche Telefunken-Photozelle neuester Bauart zeigt Abb. 25. Sie läßt die Maschenform der einem Kaliumspiegel gegenüberstehenden geflochtenen Drahtanode und die Ringgestalt deutlich erkennen (näheres s. Kap. IV).

Eine Ausführung des beschriebenen Prinzips mit besonderen optischen Mitteln ist in Abb. 26 veranschaulicht. Diese Anordnung geht von Photozellen normaler Bauart aus, die einfacher und billiger anzufertigen sind als Ringzellen und der Nutzbarmachung neuer Ergebnisse der lichtelektrischen Forschung (einatomige Alkalimetallschichten u. a.) weniger konstruktive Schwierigkeiten bereiten. Die Lösung besteht in einem Rotationsellipsoid, dessen Innenwand poliert und sorgfältig verspiegelt ist und in dessen einem Brennpunkt das beleuchtete Rasterelement — gewissermaßen als sekundäre Strahlenquelle — liegt. Bei der in Abb. 26 schematisch veranschaulichten Apparatur schneidet

[1] Vgl. Schröter, F.: ZS. f. techn. Phys. Bd. 10 (1929) S. 323—327.

die Blende einen Kreis von 0,8 mm Durchmesser aus dem Lichtstrom einer Nitralampe (Kinox, 6 V; 4,5 A) heraus. Eine schnell rotierende Lochscheibe unterbricht die Strahlen mit hoher Frequenz, die als Träger der Hell-Dunkel-Modulation wirkt. Das Objektiv (Plasmat 1 : 1,5; $F = 35$ mm) bildet die Blende mit der linearen Verkleinerung 4 : 1, d. h. mit 0,2 mm Durchmesser, auf die Trommel ab. Die dem Winkel ε in Abb. 23 entsprechende halbe Öffnung beträgt 15^0. Der bildseitige Lichtkegel tritt durch eine seitliche Aussparung des Ellipsoides hindurch, das mit einem gebogenen Ausschnitt auf der Trommel nahezu aufsitzt. Alle vom belichteten Rasterelement reflektierten Strahlen werden, wo immer sie die spiegelnde Wand des Hohlkörpers treffen, direkt nach dem zweiten Brennpunkt desselben gelenkt. Ehe sie sich aber in diesem schneiden können, fallen sie auf die Alkalimetallfläche der Photozelle (weiteres s. Kap. IV).

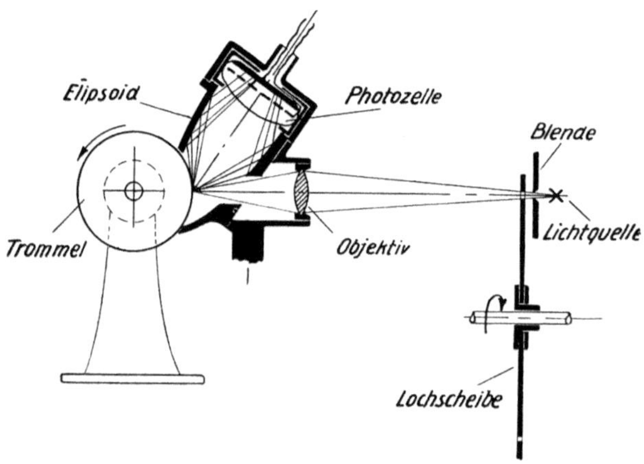

Abb. 26. Anordnung des Reflexionsellipsoides.

Bei den bisherigen Betrachtungen wurde stets ein scharfer Bildpunkt angenommen, auf den der gesamte Lichtstrom der Strahlenquelle konzentriert ist. Das Rasterelement war also auf der abgetasteten Fläche selbst durch Ausdehnung und Form des Blendenbildes geometrisch festgelegt. Ein zweiter Weg zu seiner Definition besteht in folgendem Verfahren: Eine etwas größere Stelle der Vorlage wird intensiv beleuchtet und durch ein lichtstarkes System vergrößert auf eine vor der Photozelle angebrachte regelbare Mikrometerblende abgebildet, deren Öffnung nunmehr den ,,Bildpunkt" exakt bestimmt. Es läßt sich leicht zeigen, daß der optische Wirkungsgrad hierbei geringer sein muß als bei scharfer Einstellung des Strahlenkegels auf die abzutastende Fläche im Sinne der Abb. 23. Denn selbst wenn die Leuchtdichte auf dem Papier im ersteren Falle derjenigen beim Verfahren nach Abb. 23 vergleichbar würde, wäre doch der zur Photozelle gelangende Lichtstrom beträchtlich kleiner, da ein exakt abbildendes System niemals auch nur annähernd den maximalen Öffnungswinkel $2\pi \cdot (1 - \sin^2\varepsilon)$ der beschriebenen Ringzellen- oder Hohlspiegelanordnung erreichen bezw. ausnutzen kann. Eine Verringerung dieses Defizits durch Beleuchten der gleichen Stelle von mehreren Lichtquellen her ist aus räumlichen Gründen nur in begrenztem Maße durchführbar und ergäbe für den Betrieb eine durch nichts zu rechtfertigende Komplikation.

Die Anwendung des vorstehend erwähnten Verfahrens zur Ausblendung des Rasterelementes vor der Photozelle beschränkt sich auf Einrichtungen, bei denen alle maßgebenden optischen Teile (belichtete Papierstelle, Objektiv, Mikrometerspalt und Zelle) längs der ganzen Bildzeile in völlig konstanter Lage zueinander erhalten werden können, in der Praxis auf solche nach Abb. 2 (neuer Geberapparat von R. H. Ranger, s. Kap. XI).

Ein geringer Nachteil der Reflexionsabtastung ist ihr Unvermögen, die dunkelsten Helligkeitsstufen einer getönten Vorlage quantitativ wiederzugeben. Während die Durchlässigkeit eines Diapositivs praktisch Null werden kann, strahlt eine „tiefschwarze" Stelle matten Papiers immer noch zu etwa 10% zurück. Diese Eigenschaft bedingt eine Verminderung der photographischen Gradation in den Schattenpartien, ein Mangel, dessen Beseitigung bei besonders hohen Ansprüchen durch elektrische Entzerrung in den nachfolgenden Übertragungsmitteln zu versuchen wäre.

Gegenüber dem durch die geringe Nutzleistung des Photoeffektes bei der Reflexionsabtastung hervorgerufenen Problem des maximalen optischen Wirkungsgrades bedeutet der reziproke Fall, die Auswertung der von der Empfangslichtquelle hergegebenen Lichtströme für die Schwärzung des Bildpunktes, keine schwierige Aufgabe. Hier genügt bei der heute erreichten Empfindlichkeit der Bromsilberemulsion die normale, durch bewährte Objektive des Handels bewirkte Sammlung der Strahlen auf das Rasterelement, um selbst bei mehreren m/s Filmgeschwindigkeit noch volle Exposition zu erhalten. Näheres darüber s. im Kap. V, während Kap. IV sich mit der Umwandlung beschäftigt, die der abtastende Lichtstrom nach seinem Eintreffen in der Photozelle erfährt.

Zweites Kapitel.

Die Zerlegungsmethoden des Fernsehens (Fernkinematographie).

Von

Fritz Schröter.

A. Grundsätzliche Unterschiede gegenüber der Fernbildschrift.

Wie bereits in Kap. I bemerkt wurde, unterscheidet sich die Aufgabenstellung der Fernseher von derjenigen der Kopier- oder Phototelegraphen in folgenden wesentlichen Punkten: 1. Zur Erzielung eines unmittelbaren und ständigen Gesichtseindruckes müssen sämtliche Rasterelemente des Bildes $n \geqq 10$mal in 1 s mit ihrem Helligkeitswerte leuchtend übertragen werden. 2. Da es in der Regel ausgeschlossen ist, die Bildfläche relativ zum Zerlegerorgan zu verschieben, muß letzteres zur Auflösung eines im Raume ruhenden Gesichtsfeldes nach seinen beiden Dimensionen geeignet sein. Eine Ausnahme hiervon machen diejenigen fernkinematographischen Sender, bei welchen ein gleichförmiger Transport des Filmstreifens die Vorschubkomponente von selbst herstellt und die Bewegung des Lichttasters sich infolgedessen auf die schnelle Überquerung der Streifenbreite in einer festen, stets wiederholten Bahn beschränkt. Zu beachten ist ferner, daß innerhalb des Gesichtsfeldes meist keine ebenen, sondern kompliziert gekrümmte Flächen mit wechselnder räumlicher Tiefe (z. B. der menschliche Körper) gegeben sind. Wird also der fernzusehende Gegenstand nicht in die Zerlegerebene abgebildet, wie auf die Mattscheibe einer Kamera, sondern in der später zu behandelnden Weise von einem wandernden Blendenbilde Zeile für Zeile überstrichen, so müssen die Schwankungen des optischen Strahlenweges innerhalb gewisser Grenzen bleiben, weil sonst die allzu veränderliche Schärfe des Abtastlichtpunktes die Güte der Wiedergabe mindert.

Alle diese Bedingungen erfordern grundsätzlich andere Zerlegeranordnungen als die mit beweglichen und zylindrisch biegsamen Flächen arbeitende Phototelegraphie. Angenommen, es sei ein ruhendes ebenes Bildfeld in k gleichsinnig zu durchlaufende Zeilen aufzulösen. Auf mechanischem Wege ist dies nur durch schnelle, kontinuierliche Rotation optischer Mittel mit konstanter Winkelgeschwindigkeit ausführbar. Zur Vermeidung von Leerlaufzeiten muß dabei der Beginn jeder Zeile an die Beendigung der vorhergehenden anschließen. Diese Aufgabe wird am einfachsten durch Umlauf von $p = k$ zyklisch wechselnden Tastern, also für jede Zeile einen, gelöst[1]. Die Tangentialgeschwindigkeit

[1] Einen Sonderfall stellt die Braunsche Röhre dar. Bei dieser ist es infolge der fehlenden Trägheit des masselosen Kathodenbündels möglich, die Zeilen ohne merklichen Zeitverlust für das Zurückspringen des Bündels durch einen und denselben Elektronenstrahl in gleichbleibendem Sinne durchlaufen zu lassen, z. B. mittels Steuerung durch eine konstante Kippschwingung. S. unter L.

der Taster ergibt die Umlaufkomponente v_1. Sie erreicht beträchtliche Werte; z. B. ist bei 5 cm Zeilenlänge des Bildes, $k=48$ und $n=20$, $v_1=48$ m/s. Um die Komplikation eines zweiten Organes zur Herstellung der Vorschubkomponente v_2 zu ersparen, werden außerdem die Taster in radialer Richtung, d. h. senkrecht zu v_1, um je eine Zeilenbreite gegeneinander versetzt. So kommt man zu den Spiralanordnungen, deren ältester Vertreter die in Abb. 27 veranschaulichte Nipkowsche Lochscheibe[1] ist. Will man die Zahl der Lichttaster $p < k$ machen, also $p = k/g$, wo $g = 2, 3, 4 \ldots$, so ist ein zusätzliches Verteilungssystem unvermeidlich, da nunmehr jedem Taster g verschiedene Zeilen zugeordnet werden müssen. Arbeiten die Zerleger mit hin- und hergehender Bewegung, deren Nachteile in bezug auf die Phaseneinstellung schon in Kap. I, 2 (S. 9) betont wurden, so genügt grundsätzlich ein einziger, im Zickzack gesteuerter Lichtpunkt.

Wirtschaftliche Rücksichten zwingen neben rein technischen Gründen dazu, die Auswahl der Zerlegermittel auf eine im Vergleich zur Gesamtheit aller bekannt gewordenen „Systeme" sehr kleine Zahl zu beschränken. Kein anderes Gebiet der Nachrichtentechnik hat die menschliche Phantasie seit der Entdeckung der Lichtempfindlichkeit des Selens in solchem Maße zum Erfinden angeregt wie das Fernsehen. Aber auch nach Ausschluß aller physikalisch verkehrten oder technisch undurchführbaren Entwürfe bleibt von den realisierbar erscheinenden Vorschlägen nur ein geringer Teil mit den entscheidenden praktischen Gesichtspunkten vereinbar. Fernsehen ist als Gegenstand industrieller Betätigung allein für Rundfunkzwecke lohnend. Die übrigen denkbaren Anwendungen (z. B. Gegensehen bei Telephonie) sind in kommerzieller Hinsicht von untergeordneter Bedeutung. Im Rundfunk aber kommen als Empfänger für den Einzelgebrauch nur einfach und billig herzustellende Geräte in Betracht. Für diese scheiden komplizierte Mechanismen, hochwertige Optiken u. dergl. von vornherein aus, während der Sender im Prinzip verwickelt und teuer sein darf.

Die stärkste Beschränkung der Auswahl ergibt sich aus den Erfahrungen in bezug auf die Güte des Fernbildes. Auf Grund solcher durch kostspielige Konstruktionsarbeit erkauften Erfahrungen müssen wir z. B. alle kombinierten Zerleger mit Zahnradübersetzung verwerfen, soweit bei ihnen die Lage des Bildpunktes von einer peinlich genauen Relativbewegung zweier (mechanisch gekuppelter) Systeme mit verschiedener Drehzahl abhängt. Wir wollen derartige Einrichtungen „komplexe" Zerleger nennen. Ein typisches Beispiel ist die Anordnung zweier gekreuzter Polyederspiegel, die in einem bestimmten Geschwindigkeitsverhältnis rotieren. Die konstruktiven und fabrikatorischen Unvollkommenheiten der hierfür geeigneten Getriebe, Spindeln, Schnecken usw., insbesondere der immer wieder sich einstellende „tote Gang", rufen nämlich erhebliche Fehler in der Lage der übertragenen Rasterelemente und damit systematische Verzerrungen hervor. Lästig ist ferner das allen derartigen Antrieben eigene Störgeräusch. Mit Rücksicht auf die vorstehenden Erfahrungstatsachen werden wir hier unter den mechanischen Geräten mit rotierender Bewegung grundsätzlich nur solche näher behandeln, bei denen die beiden Koordinaten der Zerlegung durch den Umlauf einer einzigen Achse definiert werden.

[1] D.R.P. Nr. 30105 vom 6. I. 1884, Erf. P. Nipkow.

Eingeschlossen sind Apparate mit Geschwindigkeitsübersetzung, sofern letztere nur zur Steuerung einer Hilfsblende oder eines äquivalenten Organes dient, zum Zwecke, einen bestimmten Lichtpunkt unter mehreren gleichzeitig in der Bildzone befindlichen auszuwählen (Fall der Wechselblende zur „Grobzerlegung" bei Mehrfachspiralscheiben). Dann nämlich handelt es sich lediglich um einen optischen oder elektrischen Umschalter, der nichts mit der Präzisierung der Bildpunktkoordinaten zu tun hat.

Im Interesse vollständiger Kongruenz der Bewegungen beider Lichttaster wird beim Sender gern das gleiche Zerlegungsverfahren angewandt wie beim Empfänger, jedoch gewöhnlich unter proportionaler Vergrößerung der geometrischen Verhältnisse. Grundsätzlich können natürlich auch Sender und Empfänger verschiedener Art zusammenarbeiten, vorausgesetzt, daß sie in bezug auf Geschwindigkeit und Koordinatenfolge der Punktreihe zueinander passen.

Die Zahl der Bilder in 1 s, die „Bildwechselfrequenz" n, ist ein physiologisch bestimmter Mindestwert von ähnlicher Bedeutung und Größe wie in der Kinotechnik; er hängt von der Dauer des Nachbildes auf der Netzhaut ($\sim {}^1/_{10}$ s) und von der Leuchtdichte B des Empfangsschirmes ab. In der wissenschaftlichen Kinematographie ist die sog. Verschmelzungsfrequenz $m = f\,(a,\, B)$, also die Grenzfrequenz, bei welcher das Flimmern in einen stetigen Lichteindruck übergeht, eine Funktion des Hell-Dunkel-Zeitverhältnisses oder „Sektorverhältnisses" a und bei gegebenem a proportional log B. Der Höchstwert von m liegt bei $a = 1$. Für $a \gtrless 1$ ist m kleiner, und es fällt dann in Abhängigkeit von B von 38 bei 10 Lux auf 10 bei 1 Lux Beleuchtungsstärke der Bildfläche[1]. Bei Geräten, die nicht mit abwechselnder Freigabe und Verdunkelung des ruckartig bewegten Filmes arbeiten („optischer Bildausgleich") verliert der ursprüngliche Begriff des Sektorverhältnisses a seinen Sinn, da die Einzelbilder sich durch einen Überblendungsvorgang ablösen. Für solche Geräte kann $m < 10$ werden. Sie sind in Form des Mechau-Projektors für Fernkinematographie bereits versuchsweise in Gebrauch und werden darin voraussichtlich eine wichtige Rolle spielen.

Beim elektrischen Fernsehen entsteht freilich das Bild auf dem Empfangsschirm in ganz anderer Weise als in der Kinematographie, wo die Fläche nach jedem Wechsel als Ganzes beleuchtet wird. Infolge der Verwendung eines schnell bewegten Lichtpunktes werden die einzelnen Rasterelemente nacheinander und nur für ungewöhnlich kurze Zeit erhellt (Größenordnung 10^{-4} bis 10^{-5} s). Demnach hätte a, wenn unter diesen Umständen überhaupt ein Sektorverhältnis maßgebend wäre, sehr kleine Werte. Ferner ist die äquivalente Beleuchtungsstärke des Fernsehbildes im Vergleich zur Kinoleinwand gering. Sie beträgt bei letzterer 40 Lux bis 120 Lux, dagegen z. B. beim Nipkow-Scheiben-Fernseher mit Neon-Flächenglimmlampe nur etwa 1 Lux bis 3 Lux. Entsprechend ist die auf das Auge wirkende Leuchtdichte B vermindert. Führt dieser quantitative Unterschied theoretisch, bei Zugrundelegung der physiologischen Gesetze des Kinos, zu niedrigen Verschmelzungsfrequenzen, so bedingt erfahrungsgemäß die sukzessive Bilderzeugung durch einen wandernden Lichtpunkt im Gegenteil hohe Werte von n. Auf den Einfluß von künstlich hervorgerufenen

[1] Vgl. Marbe, Theorie der kinematographischen Projektionen. Leipzig: Joh. A. Barth 1910.

Nachleuchteffekten des Bildschirmes kommen wir bei der Braunschen Röhre und im Kap. III zurück. Normalerweise liegt n für wirklich flimmerfreies Arbeiten über der untersten Grenze der Kinotechnik ($n = 16$). Bei roheren Versuchen sind allerdings Werte von $n = 8$ bis $n = 10$ erträglich.

Die den w. o. gegebenen Richtlinien genügenden Zerleger lassen sich vorteilhaft in 3 Gruppen behandeln. Das Mittel zur zeilenförmig fortschreitenden Abtastung oder Wiedergabe kann sein: 1. eine das Bildfeld durchwandernde Lochblende, deren Querschnitt das Rasterelement bestimmt, 2. ein das Bildfeld überstreichendes Strahlenbündel, welches in der Ebene der optischen Abbildung auf die Größe des Rasterelementes zusammengezogen ist, 3. der Kommutator einer Zellentafel: Jedem Bildpunkt ist eine eigene Abtast- oder Leuchtzelle von entsprechender Kleinheit zugeordnet; die lagengleichen Zellen der Sende- und der Empfangsfläche werden der Reihe nach mittels eines synchronen Umschaltvorganges (z. B. durch sukzessive Resonanz verschieden abgestimmter Oszillatoren, durch bewegte Kontakte oder Kathodenstrahlenbündel) elektrisch verbunden. Aus wirtschaftlichen Gründen kommt diese Methode jedoch für den Empfänger nur in gewissen Ausführungsformen und Spezialfällen in Frage, so etwa als Glimmlichttafel zur gleichzeitigen Betrachtung durch eine größere Zahl von Zuschauern.

Die Breite des Bildfeldes ist im folgenden, wie in Abb. 1, stets mit l, seine Höhe mit q bezeichnet. Die Gesamtzahl der auf q entfallenden Zeilen von der Länge l sei k. Wird das Bild n mal in 1 s übertragen, so ist die Umlaufkomponente, d. h. die Geschwindigkeit in der Richtung der Zerlegung, $v_1 = n \cdot k \cdot l$, die Vorschubkomponente quer dazu $v_2 = n \cdot q$. Das quadratisch aufgefaßte Rasterelement hat die Seitenlänge $f = q/k$, also den Inhalt $f^2 = (q/k)^2$. In dem Felde $q \cdot l$ sind $\varrho = k^2 \cdot l/q$ derartige Elemente enthalten. Wir wollen ϱ die Rasterzahl nennen.

B. Die Nipkow-Scheibe.

Auf dem Umfange einer ebenen Kreisscheibe (Abb. 27) ist ein ganzer Spiralgang von Löchern 1, 2, 3 ... ausgebohrt, ausgestanzt oder aus dem undurchsichtigen Überzuge eines transparenten Trägers ausgespart. Am einfachsten ist die Ausführung mit konstantem Zentriwinkel der durch benachbarte Löcher gezogenen Radien. Die Zeilenlänge nimmt dann nach dem Mittelpunkt zu etwas ab, und das Bild erscheint sektorförmig begrenzt[1]. Ist aber, wie üblich, die Ganghöhe q der Spirale sehr klein gegenüber dem Scheibendurchmesser, so ist der Lochabstand l praktisch unveränderlich, daher die zerlegte Fläche annähernd rechteckig und $\sim q \cdot l$. Bei der Drehung wandern die als optische Blenden wirkenden Löcher 1, 2, 3 ... in aneinander anschließenden Zeilen über das Bildfeld hinweg, wobei sich jeweils nur ein einziges Loch innerhalb des letzteren befindet. Auf diese Weise wird die gesamte Fläche mit einem vollen Umlauf der Spirale zerlegt bezw. zusammengesetzt, und es sind für die Erzielung eines

[1] Die zweite Ausführungsform, die „logarithmische" Lochspirale, hat gleichbleibende Zeilenlänge, so daß bei konstanter Winkelgeschwindigkeit die Zeilendauer von außen nach innen zunehmen muß. Eine derartige Anordnung ist nur anwendbar, wenn sie sowohl beim Sender als auch beim Empfänger benutzt wird. Sie kann aber nicht mit einem Gegenapparat für konstante Zentriwinkel zusammenarbeiten, weil dabei Bildpunkte in falsche Zeilen übertragen werden würden.

ständigen Gesichtseindruckes nur $n \geqq 16$ Touren/s erforderlich. Abb. 28 zeigt verschiedene Phasen a bis i des fortschreitenden Durchganges der Löcher; die schwarz ausgezogenen Bahnen stellen den bereits abgetasteten bezw. aufgebauten Bruchteil des Bildes dar. Bei k Zeilen und n Umdrehungen in 1 s wird die Längsgeschwindigkeit der Zerlegung $v_1 \sim n \cdot k \cdot l$. Für Rundfunkversuche wurde in Deutschland zunächst $k = 30$ normalisiert; in Amerika überwiegt der Fall $k = 48$ (vgl. Kap. XI). Bei quadratischem Bildfelde ($q = l$) würde $k = 30$ der Rasterzahl $\varrho = 900$, $k = 48$ der Rasterzahl $\varrho = 2304$ entsprechen.

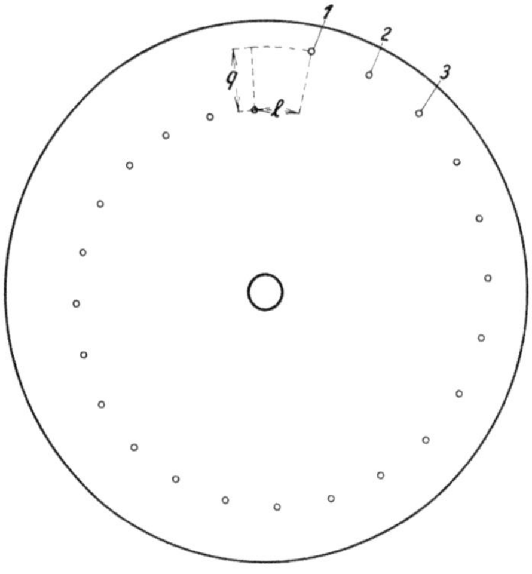

Abb. 27. Nipkow-Scheibe.

Am vorteilhaftesten in bezug auf die homogene Ausfüllung des Lichtpunktmosaiks und die Ausnutzung der verfügbaren Beleuchtungsstärke ist die quadratische Lochform. Sie wurde zuerst von W. Stephan angegeben[1]. Um eine möglichst vollkommene Zerlegungsebene zu erhalten, verfertigt man die Nipkow-Scheibe aus papier-

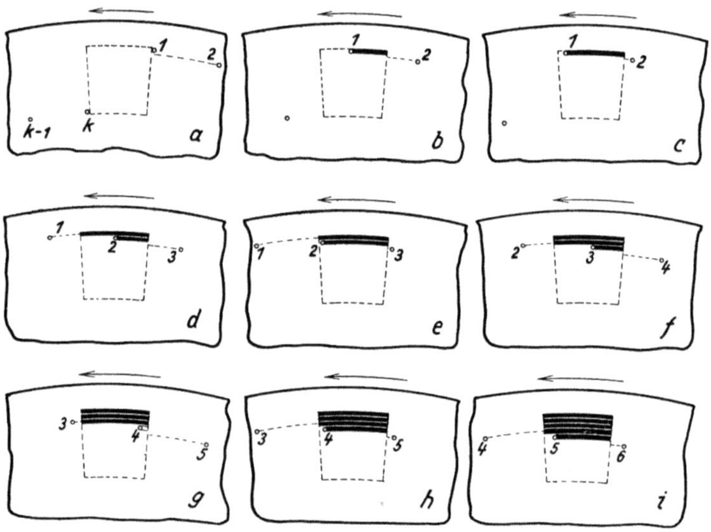

Abb. 28. Funktion der Nipkow-Scheibe.

dünnem Blech (Dicke < 0,2 mm), welches sich bei der schnellen Rotation durch die Fliehkraftwirkung von selbst streckt. Der tragende Mittelteil muß dann

[1] D.R.P. Nr. 214473 vom 27. II. 1908. Bei dickeren Scheiben pflegt man die Lochbohrung — gleichviel, ob eckiger oder runder Querschnitt — pyramidal bezw. konisch abzuschrägen, um den optischen Kanal an der engsten Stelle so kurz wie möglich zu machen, oder man kittet dünne gestanzte Folien über weitere Aussparungen.

natürlich aus stärkerem Material bestehen. Ein glatter Lacküberzug vermindert die Luftreibung. Mit Rücksicht auf die waagerechte Achsenlage der meist zum Antriebe benutzten Elektromotoren ist die Vertikalstellung der Scheibenebene üblich; jedoch haben v. Mihály in Deutschland und Moore in Amerika gezeigt, daß die horizontale Anordnung in Verbindung mit einem Umlenkspiegel für das Bild durch vorteilhafte Anbringung aller Teile weniger Platz verbraucht[1].

Das Schema der Abb. 29 veranschaulicht das heute vorherrschende Übertragungssystem für Bastlerfernsehen, von dem die fortgeschrittenen Sendeverfahren und die industriell hergestellten Empfänger (Telehor A.G., Baird u. a.) sich nur durch gewisse technische Verfeinerungen sowie durch die Möglichkeit der Fernsichtbarmachung von Filmen und lebenden Personen unterscheiden. In Abb. 29 sitzen die Nipkow-Scheiben beider Stationen auf den Achsen von Synchronmotoren, die am gleichen Wechselstromnetz betrieben werden (zwangsläufiger Synchronismus[2]). Das zu übertragende Bild sei ein Diapositiv, welches unmittelbar hinter die Geberscheibe gestellt wird. Diese durchschneidet ein gleichmäßig dichtes, paralleles Lichtbündel vom Querschnitt $q \cdot l$, aus dem das gerade wirksame Loch einen seiner Größe entsprechenden kleinen Bruchteil ausblendet. So entsteht ein die Bildzeile durcheilender Taststrahl, dessen Lichtstrom durch den örtlichen Wechsel der Durchlässigkeit des Diapositivs in zeitlich veränderlichem Grade geschwächt wird, ehe er mit Hilfe einer Sammellinse auf die Photozelle gelangt. Während nun die Abbildung des betr. Loches über die lichtempfindliche Fläche der Zelle wandert, erfolgt

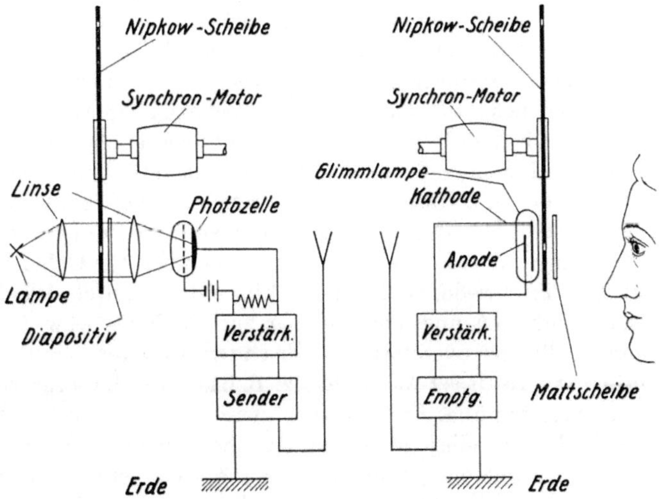

Abb. 29. Einfaches Schema eines Fernsehers.

[1] Nisco hat in seinem Franz. Pat. Nr. 589425 vom 4. XII. 1923 die flache Scheibe durch einen Zylinder ersetzt, in dessen Mantel ein Schraubengang von Löchern eingelassen ist. — Zu erwähnen ist noch eine Ausführung der normalen Nipkow-Scheibe mit 2 vollen Spiralgängen von Löchern, zum Zwecke, im Empfang die richtige Bildphase bei beliebiger gegenseitiger Lage der synchron laufenden Zerleger einfach durch Höhen- und Seitenverschiebung der (wie in Abb. 29 benutzten) Kathodenglimmlampe einzustellen, deren homogene Leuchtfläche die Bildfeldgröße nicht überschreitet [vgl. Ferns. Bd. 1 (1930) S. 441. Modell der Telehor A.G.]. Die Wirkung kommt darauf hinaus, in der Serie der 2 k Löcher diejenige Folge zu belichten, die mit den k Löchern der Senderscheibe in Phase ist.

[2] D.R.P. Nr. 498415 vom 9. XII. 1924, Erf. P. Nipkow.

die momentane Umwandlung ihrer Helligkeitsschwankungen in Stromschwankungen. Diese modulieren nach gehöriger Verstärkung den gedachten drahtlosen Sender. Der resultierende Amplitudenverlauf der ausgestrahlten Hochfrequenz ist sonach das fernübertragene elektrische Abbild der im Diapositiv abgetasteten Hell-Dunkel-Verteilung. Die vom Demodulator des Wellenempfängers gelieferten, verstärkten Spannungen wirken auf eine Neonglimmlampe, deren Kathode ein ebenes Metallblech von der Größe der Bildfläche ist. Die das ganze Blech gleichmäßig überziehende rötliche Lichthaut vermag den schwankenden Potentialunterschieden bis zu mehreren 10000 Hz mit nur unmerklich verzögerten Änderungen ihrer Helligkeit zu folgen. Blickt man also durch das von den Löchern der Empfangsscheibe bestrichene Feld auf die Glimmlampe, so sieht man bei synchronem und phasengleichem Umlauf beider Zerleger jeden Bildpunkt mit der ihm augenblicklich zukommenden Leuchtdichte vom Sender gesteuert. Das Auge verschmilzt die rasch nacheinander entstehenden Eindrücke zu einem ununterbrochenen Gesamtbilde.

Mit der Anordnung nach Abb. 29 haben auch die meisten Forscher und Erfinder auf dem Gebiete des Fernsehens ihre Untersuchungen begonnen. Sie ist, solange die Rasterzahl ϱ Beträge von 1000 bis 2500 nicht übersteigt, mit erträglichen Scheibendurchmessern ausführbar, ohne das Bildfeld allzusehr verkleinern zu müssen. Setzt man zwei Scheiben für Geben und Empfangen auf die gleiche Triebwelle, so ist diese Einrichtung durch Wegfallen aller Gleichlaufschwierigkeiten und Phasenfehler zur Prüfung bezw. Entwicklung von Photozelle, Bildstromverstärker, Übertragungssystem und Lichtrelais besonders geeignet. In dieser Weise hat z. B. das Bell-Laboratorium für seine Fernsehvorführungen über Freileitungen zwischen New York und Washington (330 km, 1927) die grundlegenden Vorversuche gemacht, indem zwischen Geber- und Empfängerteil eine künstliche Leitung von entsprechenden Daten geschaltet wurde. Karolus benutzte bei der Durchbildung der Kerr-Optik (Kap. V) ebenfalls Nipkow-Scheiben auf gleicher Achse.

C. Die Mehrfach-Lochspirale.

Oberhalb der Größenordnung $k = 50$, entsprechend $\varrho = 2500$, wird die einfache Nipkow-Scheibe lästig raumbeanspruchend und unbequem, weil mit wachsendem Durchmesser die für Antrieb und Intritthaltung aufzubringenden Wattleistungen bedeutend steigen. Unabhängig voneinander sind daher verschiedene Erfinder[1] zur Mehrfachlochspirale gelangt, deren Wesen Abb. 30 zeigt. Statt eines einzigen ist hier eine Mehrzahl (N) 1, 2, 3 ..., 1′, 2′, 3′ ..., 1″, 2″, 3″ ... von Lochgängen vorhanden und so die Rasterzahl ϱ vervielfacht.

Von konstantem Scheibendurchmesser ausgehend, können wir auf diese Weise 1. bei unverändertem Bildfelde die Rasterzahl auf das N^2fache erhöhen, indem wir die Blenden linear im Verhältnis $1/N$ verkleinern, 2. bei unveränderter Blendenöffnung das Bildfeld in beiden Dimensionen l und q gleichmäßig erweitern und so ebenfalls zu einem N^2fach vergrößerten

[1] S. z. B. Brit. Pat. Nr. 240463 vom 23. IX. 1924, Erf. C. A. Hoxie (The British Thomson-Houston Co.), Abb. 15; U.S.A.-Pat. Nr. 1683137 (Reissue 17784) vom 2. VI. 1926, Erf. C. F. Jenkins.

Auflösungsvermögen gelangen. Ferner kann die Ausdehnung der zerlegten Fläche auch nur in einer der beiden Richtungen erfolgen. Allgemein gilt, solange die Form des Bildes noch angenähert als ein Rechteck mit den Seiten l und q aufgefaßt werden darf, folgende Beziehung: Hat die einfache Nipkow-Scheibe k Öffnungen, die Mehrfachscheibe dagegen N Spiralen zu je k' Öffnungen, so wächst die Rasterzahl der ersteren auf

$$\varrho_M = \varrho_N \cdot \left(\frac{N \cdot k'}{k}\right)^2 \cdot \frac{l}{q}.$$

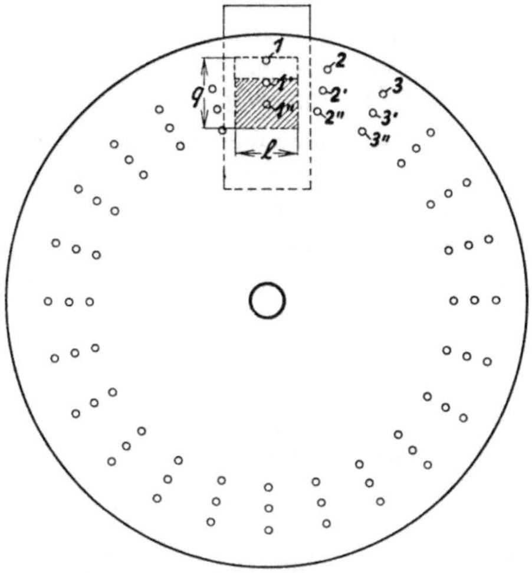

Abb. 30. Mehrfach-Lochspirale mit Wechselblende.

In der Praxis wird ϱ ohne Vergrößerung des Scheibendurchmessers leicht bis zum Vierfachen der einfachen Nipkow-Scheibe heraufgesetzt. Da sich aber nunmehr in jedem Augenblick N Löcher im Bildfelde befinden, entsteht eine neue Forderung: Entweder ist jedem der N Lochgänge ein selbständiges Übertragungssystem (Photozelle + Telegraphierkanal + Lichtrelais) zuzuordnen, so daß N Bildpunkte zur gleichen Zeit übermittelt werden (Baird), oder man muß zur Vermeidung

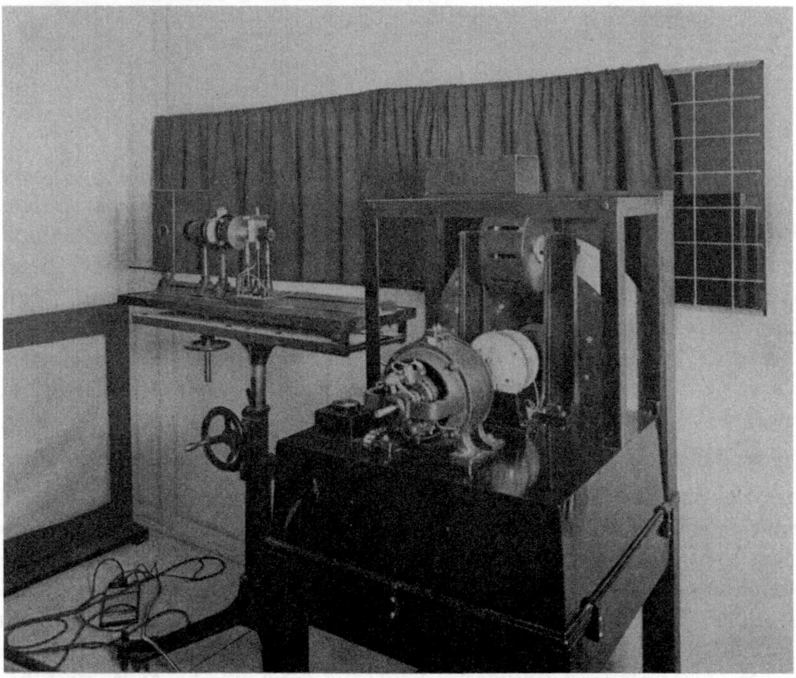

Abb. 31. Fernsehempfänger nach A. Karolus mit Mehrfach-Lochspirale, rotierender Wechselblende und Kerr-Optik. (5. Große Deutsche Funkausstellung Berlin 1928.)

dieses großen technischen Aufwandes eine Hilfseinrichtung vorsehen, die in zyklischer Vertauschung immer nur eines der N Löcher auf die Photozelle bezw. auf das Auge zur Wirkung gelangen läßt. Hierfür hat Hoxie ein optisches Wechselorgan angegeben, das später von Karolus ausgeführt wurde. Eine Trommel mit als Grobblenden dienenden Ausschnitten, die dem in Abb. 30 nicht schraffierten Teile des Feldes $q \cdot l$ entsprechen, gibt alternierend niemals mehr als die Höhe eines einzigen Spiralganges frei. Abb. 31 zeigt die praktische Lösung bei einem Empfängermodell. Quer zur elektromotorisch angetriebenen Vierfach-Spiralscheibe steht eine langsam umlaufende Schlitztrommel, deren Innerem das gesteuerte Licht aus der seitlich aufgestellten Kerr-Optik zugeführt wird. Ein unter 45^0 gegen die Scheibe geneigter Spiegel wirft die Strahlen

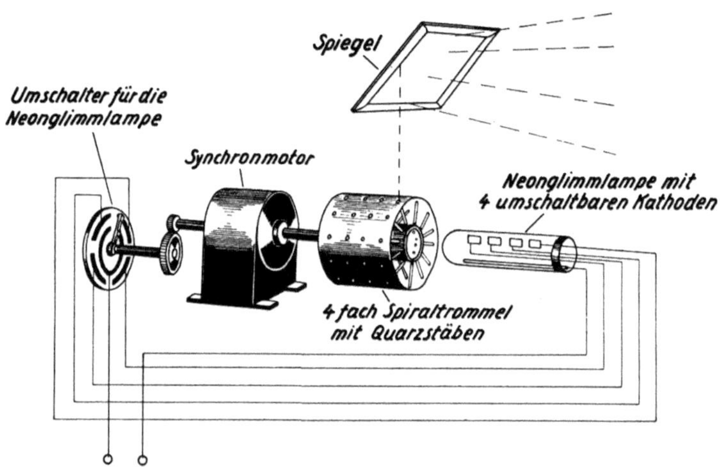

Abb. 32. Fernsehempfänger nach C. F. Jenkins.

durch den im Bildfelde wandernden Schlitz auf den jeweils richtigen Lochgang; da der Schlitz nur einen Streifen von $< q/N$ Höhe (hier $N = 4$) zu erhellen gestattet, sind die übrigen 3 in Frage kommenden Löcher abgeblendet. Die Geberanordnung arbeitet entsprechend; hier läßt die Schlitztrommel immer nur den Lichtstrom eines einzigen Bildpunktes zur Photozelle durch. Jenkins steuert bei seinem Bildempfänger (Abb. 32) elektrisch um: In einen schnell rotierenden Zylinder mit 4 in den Mantel gebohrten Schraubengängen von Löchern ragt konaxial stehend eine Neonglimmlampe mit 4 Kathoden hinein, deren jede nur den Abschnitt eines einzigen Lochganges, d. h. das Feld $\frac{q \cdot l}{4}$, auszuleuchten braucht. Ein mitumlaufender Schalter wechselt die Kathoden in der richtigen zyklischen Vertauschung. Die Lichtausbeute der zugeführten Verstärkerleistung wird dadurch viermal so groß wie bei Verteilung derselben auf die vierfache Kathodenfläche. Durch Quarzstäbe, die in dem rotierenden Zylinder so gehaltert sind, daß ihre eine Endfläche nahe bei der Glimmlampe, ihre andere Endfläche in einem Loch des Spiralganges endigt, will Jenkins die durch die große radiale Entfernung zwischen Achse und Zylindermantel bedingte Lichteinbuße vermindern. Es wird hierbei eine bekannte physikalische Erscheinung ausgenutzt: Die Strahlen werden in den Quarzstäben durch Totalreflexion weitergeleitet und können erst an der anderen Endfläche wieder austreten; die Absorptionsverluste des Neonlichtes sollen dabei gering sein. Man könnte die Unterteilung und Kommutierung des Glimmlichtfeldes noch weiter treiben und so immer hellere Bilder erzielen. Vorteilhafter geschieht dies jedoch mittels optischer Sammlung der Strahlen in der Form der wandernden Abbildung einer einzigen ungeteilten Lichtquelle, z. B. indem man mit Hilfe einer Zylinderlinsentrommel, die in passender Übersetzung zur Mehrfachspirale mit umläuft, den Lichtstrom einer Leuchtröhre von der Länge l auf die jeweils zerlegte Zeile konzentriert[1] (vgl. Abb. 33).

Die Umlaufzahl einer N-fach-Lochspiralscheibe ist bei N unabhängigen Übertragungskanälen derjenigen der einfachen Nipkow-Scheibe gleich, da dann ebenfalls sämtliche Bildzeilen mit einer einzigen Umdrehung zerlegt werden. Bei der üblichen, heutzutage technisch allein in Betracht kommenden Anwendung eines einzigen Kanals in Verbindung mit Umschaltung der Lochgänge ist jedoch eine N-mal so schnelle Rotation erforderlich, weil ja die vollständige einmalige Übermittlung des Gesamtbildes nunmehr N Umläufe verlangt. Diese notwendige Steigerung der Scheibengeschwindigkeit setzt der Ausnutzung des Prinzips der Mehrfachspirale zum Zwecke immer feinerer Auflösung eine mechanische Grenze. Karolus hat bei 40 Umdrehungen/s eine Rasterzahl $\varrho = 10000$ und damit, trotz der durch die Kleinheit der Löcher stark vergrößerten Lichtverluste, mit Hilfe der Kerr-Optik recht befriedigende Bildwirkungen erhalten.

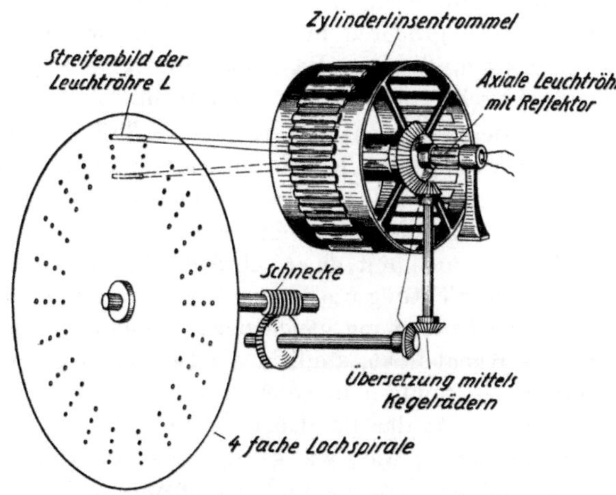

Abb. 33. Umschaltung der Beleuchtung einer Mehrfach-Lochspirale durch rotierende Zylinderlinsen.

D. Gekreuzte Blenden.

Einige Zerleger beruhen auf der Verschiebung der Schnittfläche von gegeneinander bewegten feinen Schlitzen, die meist von getrennt rotierenden Scheiben getragen werden (Brillouin, Majorana u. a.[2]). Während der eine Schlitz die quadratisch, rhombisch oder ähnlich gestaltete Bildfläche verhältnismäßig langsam durchläuft (v_2), wird er der Länge nach durch schnell darüber hinstreichende schmale Ausschnitte der zweiten Scheibe zeilenweise aufgelöst (v_1). Derartige Anordnungen haben noch keine praktische Bedeutung erlangt und dürften auch in Zukunft aus folgenden Gründen wenig Aussichten besitzen: 1. Es ist eine mechanische Geschwindigkeitsübersetzung von der einen zur

[1] D.R.P. Nr. 490578 vom 23. XI. 1928, Erf. F. Schröter.

[2] S. Korn-Glatzel, S. 450—454.

anderen Scheibe erforderlich. Da die Koordinaten der Übertragung von der genauen Relativbewegung beider abhängen, bestehen die bereits unter A erwähnten Schwierigkeiten. 2. Die meisten Entwürfe ergeben für den einen Teil mechanisch undurchführbare Drehzahlen. Will man diese herabsetzen, so kommt man zu unvorteilhaft spitzen Schnittwinkeln der sich überkreuzenden Spalte. 3. Ein bedeutender optischer Nachteil ist die Bestimmung des Rasterelementes aus der Schnittfigur zweier in endlichem Abstande voneinander befindlicher Schlitzblenden. Hierbei spielen die geringe Apertur und die Beugung des Lichtes als „Kanaleffekt" eine schädliche Rolle, indem durch Abdrosseln aller nicht im Öffnungswinkel des Systems liegenden Strahlrichtungen und durch Störung des geradlinigen Strahlenganges an den Rändern der Ausschnitte beträchtliche, mit der Verkleinerung der Öffnungen schnell wachsende Lichtverluste entstehen. Zweifellos sind daher die genannten Zerleger, zumal infolge des viel größeren mechanischen Aufwandes, denjenigen Lochscheiben weit unterlegen, die das Rasterelement mittels einer einzigen Öffnung von geringer optischer Kanallänge bestimmen.

Statt rotierender Scheiben können als Träger der sich kreuzenden Schlitze grundsätzlich auch über Rollen laufende endlose Metall- oder Filmbänder verwendet werden. Doch zeigt eine einfache Überlegung, daß dieser Gedanke für die eine Komponente zu unmöglichen Geschwindigkeiten führt. Man hat solche Bänder auch mit einer schrägen Folge von Löchern herstellen wollen, die in der Querrichtung um je eine Zeilenbreite versetzt sind und in der Längsrichtung eine Entfernung gleich der Zeilenlänge haben. Die Zerlegung erfolgt dann ohne Kanaleffekt, ähnlich wie bei der Nipkow-Scheibe, jedoch nicht in bogenförmigen, sondern in geraden Bahnen. Wäre deren Anzahl k beispielsweise 50, so müßte das Band bei $n = 16$ und $l = 4$ cm bereits die Geschwindigkeit 32 m/s haben, was, wie gesagt, eine unerfüllbare Forderung hinsichtlich der Festigkeit des Trägers und der einwandfreien, geräuschlosen Ausführung des Antriebes bedeutet.

E. Lochspiralen mit vergrößertem Lichtstrom.

Alle bisher betrachteten Zerleger blenden aus einem Strahlenbündel von größerem Querschnitt den durch die Fläche des Rasterelementes gegebenen sehr geringen Bruchteil aus. Hiermit sind sowohl bei der Abtastung als auch bei der Wiedergabe des Bildes erhebliche Lichtverluste verknüpft, die eine nur durch erhöhte Verstärkung wieder einzubringende Zusatzdämpfung darstellen. Bei der einfachen Nipkow-Scheibe z. B. beträgt unter Annahme von 2000 Bildpunkten der Verlustfaktor bereits $2{,}5 \cdot 10^{-7}$ gegenüber einer Anordnung, die es erlauben würde, die ganze nutzbare Emission der Abtastlichtquelle und des Empfangslichtrelais auf die Fläche eines Rasterelementes zu konzentrieren. Die Verschlechterung des optischen Wirkungsgrades durch das Verfahren der Ausblendung tritt in der geringen Lichtstärke derartiger Fernsehempfänger in Erscheinung. Um uns eine Vorstellung von den quantitativen Verhältnissen zu machen, denken wir uns die selbstleuchtende Fläche, die wir in der Ebene der Nipkow-Scheibe beim Anvisieren der dahinter befindlichen Glimmkathode (Abb. 29) wahrnehmen, durch einen mattweißen, von vorn her fremdbeleuchteten Bildschirm ersetzt. Wir können dann nach der Anzahl Lux fragen, die dieser letztere erhalten müßte, um ebenso hell zu wirken wie das Glimmlichtfeld. Hat die den Schirm in der gedachten Weise bestrahlende Lampe, der einfachen Rechnung halber, gerade 1 m Abstand von ihm und ist ihre Intensität x HK, so empfängt der Schirm x Lux und auf 1 cm^2 den Lichtstrom $\Phi = 10^{-4} \cdot x$. Hiervon wird der Bruchteil $0{,}7 \cdot \Phi$ nach dem Lambertschen Cosinusgesetz reflektiert. Er verleiht der Fläche eine erborgte Helligkeit h. Dann ist $0{,}7 \cdot \Phi = h \cdot \pi$; also

$$x = \frac{h \cdot \pi \cdot 10^4}{0{,}7}.$$

Die normal belastete Neon-Flächenglimmlampe liefert etwa 0,05 HK/cm^2 (Stilb). Wird ihr Leuchtfeld mittels Nipkow-Scheibe in beispielsweise 2000 Rasterelemente zerlegt, so sinkt nach dem Talbotschen Gesetz die resultierende Leuchtdichte auf $^1/_{2000}$, d. h. $h = 0{,}025 \cdot 10^{-3}$ HK. Also wird die äquivalente Beleuchtungsstärke

$$x = \frac{0{,}25 \cdot \pi}{0{,}7} \sim 1{,}1 \text{ Lux}.$$

Sie steigt mit der spezifischen Belastung der Glimmkathode und mit der Vergröberung des Bildrasters auf entsprechend höhere Werte.

Zur Erhöhung des Wirkungsgrades der Glimmlampe bei Zerlegern nach Art der Nipkow-Scheibe hat man versucht, den ins Auge gelangenden Anteil des gesamten Lichtstromes zu vergrößern, ohne das Prinzip der Definition des Bildpunktes durch Lage und Größe des Blendenausschnittes zu verlassen. Jenkins[1] sieht zu diesem Zweck wiederum die schon erwähnten lichtleitenden Quarzglasstäbe vor, die mit ihren ebenen Endflächen einerseits in den Löchern der Scheibe, andererseits, nach 90° Umbiegung, dicht bei einer im Drehpunkt angeordneten Glimmlampe endigen, in welcher die verfügbare Leistung auf einer kleinen Kathodenfläche mit großer Leuchtdichte umgesetzt wird. D. v. Mihály[2] schlägt vor, in die Löcher der Scheibe kleine, als Linsen wirkende Glaskugeln (Glasperlen) einzusetzen, um den Öffnungswinkel des Systems zu vergrößern. Geffcken und Richter[3] bringen hinter jedem Loch einen kleinen, unter 45° geneigten, nach dem Rotationszentrum gekehrten Spiegel an, der das Licht einer in der Nähe der Drehachse sitzenden, strichförmigen und daher intensiver leuchtenden Glimmlampe durch die Blendenöffnung wirft (Schwierigkeiten durch variable Entfernung der Lichtquelle von dem jeweils wirksamen Spiegel!).

Von diesen Erfindungsgedanken erscheint nur derjenige von D. v. Mihály leidlich begründet (obwohl auch hierbei der Gewinn an Lichtstärke leicht durch die Absorptionsverluste in den Glasperlen aufgehoben werden könnte). Der vergrößerte Kostenaufwand der übrigen Vorschläge würde zweckmäßiger für die direkte Verstärkung der Empfangslichtquelle benutzt werden.

Eine sehr erhebliche Zunahme der Bildhelligkeit läßt sich nach Jenkins erzielen, wenn man die Löcher der Nipkow-Scheibe durch punktförmige trägheitlose Selbstleuchter ersetzt, von denen immer nur der das Bildfeld durchlaufende in den Stromkreis des Empfangsverstärkers eingeschaltet ist[4]. Dessen

---

[1] U.S.A.-Pat. Nr. 1683136 vom 22. IV. 1926.
[2] D.R.P. Nr. 494779 der Telehor A.G. vom 13. X. 1928.
[3] D.R.P. Nr. 495546 vom 2. IX. 1928.
[4] U.S.A.-Pat. Nr. 1650361 vom 22. IV. 1926.

gesamte Modulationsleistung wird damit auf die Fläche des jeweils belichteten Rasterelementes konzentriert. Der Verfasser hat winzige Neon-Glimmlampen angegeben, die dank ihrem geringen Herstellungspreis die Verfolgung dieses Prinzips ermöglicht haben. Der Umschalter führt den Lampen kurz vor ihrem Eintritt in das Bildfeld einen schwachen Zündstrom zu, um etwaigen Entladeverzug zu beseitigen. Ein Modell ist von A. Karolus entwickelt worden. Die Bildhelligkeit war, wie zu erwarten, außerordentlich gesteigert, aber die Kontaktfehler des Kommutators und die bei so kleinen Leuchtröhrchen unvermeidbare Verschiedenheit in bezug auf Art und Menge von fremden Gasspuren, die störende Farbsprünge des Neonlichtes hervorruft, stellen die praktische Durchführung in Frage.

F. Linsenspiralen.

Die zuletzt beschriebene Vorrichtung leitet über zu den Methoden, die dem unökonomischen Ausblenden des Bildpunktes in bezug auf den optischen Wirkungsgrad prinzipiell überlegen erscheinen. Hierbei hat man die Löcher der einfachen Nipkow-Scheibe durch Linsen (Brillengläser) ersetzt, die mit ihren Mittelpunkten auf einer Spirale liegen und daher beim Umlaufen eine in größerem Abstande befindliche ruhende Punktlichtquelle auf die Fläche der Abtastung bezw. auf den Wiedergabeschirm in aneinandergereihten Bogenzeilen abbilden. Der Bildraster gleicht also demjenigen der Nipkow-Scheibe; die Lichtstärke ist aber in dem Maße erhöht, wie die Linsen in bezug auf den Ausgangspunkt der Strahlen ein vorteilhafteres Öffnungsverhältnis aufweisen als die Löcher. Die Erfindung rührt im Prinzip von Nipkow selbst her[1]. Er wollte die Leuchtdichte in den Löchern seiner Scheibe durch mitrotierende Sammelobjektive verstärken. Die moderne Form, bei welcher der Bildpunkt außerhalb der Scheibenebene entsteht und seine Lage und Schärfe allein von der Justierung der ihm zugeordneten Linse abhängen, stammt von J. L. Baird und W. E. L. Day[2]. Die optische Einstellung muß hierbei trotz der hohen Drehzahl sehr konstant bleiben; denn der Fehler multipliziert sich mit der Länge des Strahlenweges zwischen der Linse und dem Bilde der Lichtquelle (Blende). Die in die Scheibe nahe an der Peripherie eingepaßten Glaskörper und Fassungen erzeugen durch ihre zusätzliche Masse erhebliche Trägheitsmomente, ein Umstand, der die Entstehung langsamer Pendelungen im Gleichlauf begünstigt.

Aus diesen und anderen Gründen (Kostenfrage beim Empfänger!) hat die Linsenspirale sich in der Fernseherentwicklung nur für große, mit vielem Aufwand arbeitende Projektionsanlagen durchsetzen können. Zur Verbilligung ist angeregt worden, die Scheibe mit ihren k Linsenwölbungen als Ganzes aus durchsichtigem Material zu gießen oder zu pressen. Doch dürfte auf diesem Wege die mindest erforderliche Schärfe des Blendenbildes nicht gleichmäßig zu erreichen sein. Auf den Vorschlag, aus einer vorgeformten Metallscheibe als Hohlspiegel wirkende Vertiefungen herauszuschleifen, die an die Stelle der Linsen treten, kommen wir im Abschnitt H zurück. Über rotierende Zylinderlinsen s. W. Friedel, l. c., S. 41.

---

[1] D.R.P. Nr. 30105 vom 6. I. 1884.

[2] Brit. Pat. Nr. 230576 vom 29. XII. 1923; vgl. ferner U.S.A.-Pat. Nr. 1679086 vom 2. I. 1925, Erf. C. F. Jenkins.

G. Rotierende Prismen, Bildausgleichsvorrichtungen.

Im Prinzip läßt die Funktion der Linsenspirale sich mit ebenso gutem optischen Nutzeffekt durch umlaufende Prismensysteme nachbilden, welche die Bewegung des Lichtbündels durch periodische Variation des brechenden Winkels hervorrufen [1]. Man benutzt hierfür z. B. Glasringe mit keilförmigem Querschnitt, bei denen der Keilwinkel sich längs des Umfanges stetig ändert und nach 360^0 auf den Anfangswert zurückspringt (Ringprisma). Zur Darstellung beider Koordinaten des Bildes sind stets zwei derartige, mit verschiedener Geschwindigkeit gekreuzt rotierende Organe erforderlich, da das Schleifen eines Körpers für gleichzeitige Längs- und Querzerlegung äußerst kompliziert und teuer wäre. Es muß daher auf die gegen komplexe Zerleger bestehenden Bedenken (Getriebefehler in der Drehzahlübersetzung, im speziellen Falle undurchführbare Geschwindigkeiten des einen Teiles) verwiesen werden. Diese Bedenken gelten auch in bezug auf die zahlreichen Vorschläge der Patentliteratur, die Rotation eines lediglich die Vorschubkomponente (v_2) erzeugenden Prismas (Glasvielkant, Ringprisma, Hansensches Prisma) [2] mit der schnelleren Umlaufbewegung eines Kreisringes von gleichabständigen Linsen oder Hohlspiegeln für die Zeilenauflösung (v_1) zu kuppeln [3].

Unabhängig von der besonderen Kombination ist das Verfahren der prismatischen Strahlenablenkung infolge seiner spezifischen optischen Eigentümlichkeiten stets problematischer als andere Zerlegermethoden. Auch muß bei Ringprismen und Vielkantprismen der hohe Preis des umständlich zu schleifenden Glasteiles in Betracht gezogen werden. Die Dispersion und die Ungleichförmigkeit der Lichtpunktgeschwindigkeit, die sich aus dem Snelliusschen Brechungsgesetz ergibt, verbieten die Ausnutzung größerer Ablenkwinkel, und der stärker ins Gewicht fallende Einfluß von Inhomogenitäten des Glases erschwert beim Zusammenarbeiten mit Gegenapparaten anderer Art die Erzielung scharfer und unverzerrter Bilder erheblich. Für normale Empfangsgeräte hat daher die Zerlegung durch prismatische Körper keine Bedeutung. Wir haben sie nur deswegen kurz kritisiert, weil sie in der einschlägigen technischen und patentrechtlichen Literatur eine hervorragende Rolle spielt, die aber weder mit den experimentellen Erfahrungen noch mit den wirtschaftlichen Notwendigkeiten in Einklang zu bringen ist [4].

Es erscheint angebracht, an dieser Stelle auf die Bildausgleichsvorrichtungen der Kinotechnik hinzuweisen; denn sie stellen in ihrer Anwendung als Bildpunktverteiler ähnlich hohe Anforderungen an die Beherrschung der optischen Verhältnisse wie die prismatischen Zerleger und arbeiten zum Teil auch mit den gleichen Mitteln (Ringprisma von Jenkins, U.S.A.-Pat.

[1] Vgl. z. B. U.S.A.-Pat Nr. 1659736 vom 14. III. 1925, Erf. C. F. Jenkins.

[2] S. W. Friedel, l. c., S. 33ff.

[3] S. z. B. U.S.A.-Pat. Nr. 1530463 (Reissue 16882) vom 23. IV. 1924, Erf. C. F. Jenkins; Nr. 1695924 vom 15. X. 1926, Erf. S. M. Kintner.

[4] Die Sache liegt hier nicht so wie bei Erzeugnissen, für deren Herstellung ein hoher Grad von optischer Präzision aufgewandt werden kann, z. B. bei wissenschaftlichen oder anderen teuer bezahlten Geräten. Wir müssen den Fernsehempfänger stets unter dem Gesichtspunkt der billigen Serienanfertigung betrachten, soweit er nicht für Spezialzwecke oder als Theatermaschine gebaut wird. Aber auch für solche Sonderfälle haben die Prismenzerleger aus den oben genannten, rein technischen Gründen mehr Nachteile als Vorteile, desgleichen für die Anwendung auf der Senderseite.

Nr. 1385325 vom 23. X. 1919, Vielkantprisma von Wehler). Die genannten Geräte ermöglichen den wichtigen Fortschritt vom ruckartigen zum stetigen Filmantrieb, der das Material weit weniger abnutzt und überdies die Bilderzahl in der Zeiteinheit und damit den Längenbedarf bedeutend herabzusetzen gestattet. Die Aufgabe des Ausgleichers besteht in der Aufhebung der Bildwanderung, die auf dem Schirm infolge der gleichförmigen Bewegung des Filmes durch die Beleuchtungszone des Projektors eintreten müßte. Zu diesem Zwecke sind in den Strahlengang optische Organe eingeschaltet, die durch Kupplung mit dem Vortrieb des Bildstreifens eine gegenläufige, die Verschiebung gerade kompensierende Ablenkung oder Rückdrehung des abbildenden Lichtbündels bewirken. Der Bildwechsel vollzieht sich flimmerfrei, als eine Art von Überblendung, lediglich durch die Fortpflanzung der Helligkeit über die Einzelbildphasen beim Durchqueren des Kondensorfeldes. Durch das Wegfallen der periodischen Verdunkelung steigt die Lichtstärke der Projektion. Bei dem bereits zu hoher Vollkommenheit entwickelten Mechau-Apparat wird der Ausgleich durch einen rotierenden Kranz von Kippspiegeln bewerkstelligt. Diese kostspielige Einrichtung eignet sich wenig für die nachstehend besprochene Anwendung als Zerleger. Sie ist jedoch als normaler Projektor für elektrische Fernkinematographie sehr zweckmäßig; denn sie gestattet, das zu übertragende Wandelbild mit großer Leuchtdichte auf einen in seiner Tourenzahl vom gerade gewählten Filmvorschub gänzlich unabhängigen Flächenabtaster (z. B. eine Nipkow-Scheibe) zu entwerfen. Eine wesentlich einfachere Bildausgleichsvorrichtung rührt von Büchner her[1]: Ein Kreisring von untereinander gleichen Linsen, deren gemeinsame äußere Begrenzung eine Kugelschale vom Radius des Ringes ist, während auf ihre ebenen Innenflächen plankonvexe Gläser passender Krümmung und Brechung gekittet sind, die das System zugleich achromatisch machen, hat ein im Mittelpunkt gelegenes Abbildungszentrum. Dort, wo die Peripherie des Linsenkranzes bei der Rotation das Lichtbündel des Projektors durchquert, läuft der Bildstreifen tangential anliegend mit gleicher Geschwindigkeit an ihm vorbei, und zwar ist die Einrichtung so getroffen, daß die Höhe eines Filmbildes gerade dem Sektor einer Linse entspricht. Da die Strahlen sich sämtlich im Drehpunkt vereinigen, kommen hier die von aufeinanderfolgenden Linsen erzeugten, stationären Bildchen zur Deckung. Sie werden dann über ein Ablenkprisma vergrößert auf den Schirm entworfen.

Die Arbeitsweise einer solchen Vorrichtung ist umkehrbar. Blendet man aus dem Strahlenbündel in der Ebene des Filmstreifens einen feststehenden Lichtpunkt aus, so durchwandert dessen Projektion bei der Drehung des Linsenkranzes in gleichsinnig wiederholter Zeilenbahn die Höhe des Schirmes. Wir haben damit die Längszerlegung gewonnen. Ihre Leistungsfähigkeit erreicht bei erschütterungsfreiem Gange $>$ 1000 Bildzeilen/s. Um die zweite Koordinate, die Querzerlegung, zu erhalten, können wir den im Abbildungszentrum sitzenden (sehr klein und leicht zu wählenden) Ablenkspiegel eine mechanisch oder elektrisch gesteuerte periodische Kippbewegung mit der Bildwechselfrequenz n

[1] Für die Anwendung des weiter vorn genannten Wehlerschen Vielkantprismas als Bildzerleger gelten die allgemeinen Ausführungen über rotierende Prismen; es könnte allenfalls für die Projektion des Empfangsbildes auf größere Schirmflächen herangezogen werden, aber auch hierbei keinesfalls mit dem unter H beschriebenen Weillerschen Spiegelrad in Wettbewerb treten.

ausführen lassen. Die einfachste Lösung ergibt sich, wenn die Anzahl der Linsen gleich derjenigen der Bildzeilen (k) gemacht wird, also 1 Umlauf = 1 Bild ist. Unter dieser Voraussetzung kann man die aus dem Drehpunkt kommenden Strahlen nach erneuter Umlenkung über einen spiegelnden Ring leiten, der in starrer Verbindung mit dem Linsenkranze rotiert und eine längs seinem Umfange stetig zunehmende Neigung hat, die nach der vollen Umdrehung auf den Anfangswert zurückspringt (Abb. 34). Wir sind so in der Lage, am Sender das Bildfeld durch einen Lichtfleck von konstanter Intensität flächenhaft in Parallelzeilen abtasten zu lassen und in gleicher Weise am Empfänger die Projektion eines in seiner Helligkeit gesteuerten punktförmigen Strahlers zum Aufbau des Fernbildes über den Schirm zu bewegen.

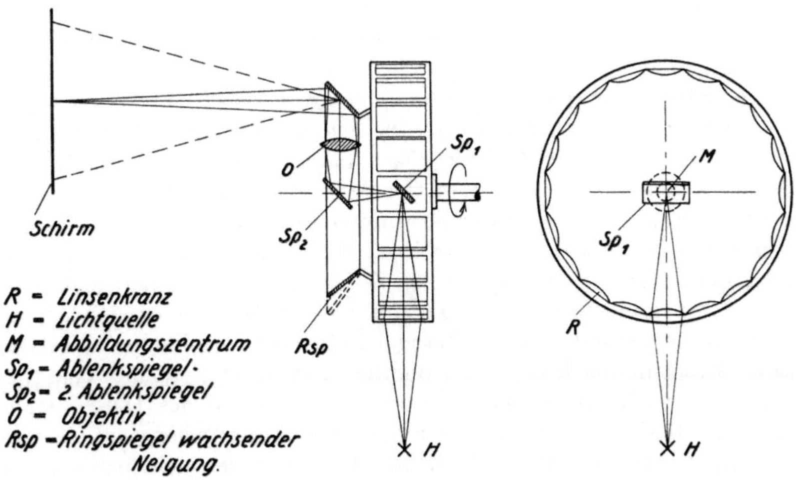

Abb. 34. Bildzerlegung mittels Ringlinse.

Die Aussichten eines solchen Projektors würden durch die Möglichkeit, den Linsenring hauptsächlich für gewöhnliche Kinematographie zu entwickeln, in technischer und wirtschaftlicher Beziehung (Preisniveau) erheblich gefördert werden. Es ist jedoch noch ungeklärt, ob dieses System für den normalen Kinogebrauch ausreichende Lichtstärken zu liefern vermag. Zweifellos aber könnte es den Mechau-Apparat vertreten, solange es sich, wie in dem weiter vorn erwähnten Falle, um die nur wenig vergrößernde Projektion des Filmbildes auf einen flächenhaft zerlegenden Fernsehabtaster handelt. Wir kommen auf dieses Gebiet im Abschnitt M zurück.

H. Spiegelräder.

Die Erhöhung des optischen Wirkungsgrades durch rotierende Linsen an Stelle von Lochblenden kann, solange man gewisse Grenzen von ϱ nicht überschreitet (vgl. Kap. III, S. 120), mittels Vielkantspiegelrädern gesteigert werden, da diese noch größere Werte der Apertur zu erreichen gestatten. Zudem sind gute Planspiegel weit billiger als Brillengläser (die gewöhnliche, auf der Rückseite versilberte Form ist durchaus verwendbar, da das von der Vorderseite erzeugte zweite Bild des Lichtpunktes seiner geringen Intensität wegen nicht stört). Die Spiegelung am rotierenden Vielkant dient zur stets in gleicher Richtung wiederholten Bewegung des bildseitigen Strahlenkegels eines Objektivs von langer Brennweite, welches die von der Abtast- bezw. von der Empfangslichtquelle ausgeleuchtete Blende in die Ebene der Zerlegung abbildet. Es wird also der ganze, den wirksamen Spiegel treffende Lichtstrom auf das Rasterelement gesammelt, und der optische Nutzeffekt wächst mit der bestrahlten reflektierenden Fläche. Die in dieser Weise praktisch erzielbaren spezifischen Helligkeiten begründeten die Überlegenheit des Spiegelrades nicht nur auf der Senderseite, als Verteiler eines wandernden Abtastlichtpunktes (s. später), sondern auch auf der Empfängerseite, als Fernbildprojektor. Man erhält bei 48 Zeilen mittels Kohlebogenlampe und Kerr-Zellen-Optik (s. Kap. V) noch auf Schirmen von 1 m^2 genügend lichtstarke Eindrücke.

Zu unterscheiden sind einfach und doppelt zerlegende Systeme. Bei ersteren haben sämtliche, auf dem Umfange des Rades nach Art eines regulären Polyeders angeordneten Spiegel die gleiche Neigung zur Welle, und zwar stehen sie meist parallel zu ihr (Prismenform). Die Schnittfigur senkrecht zur Drehachse ist stets ein regelmäßiges Vieleck. Zur Auswertung bezw. Darstellung einer Fläche müssen demnach zwei derartige Vorrichtungen (primärer und sekundärer Zerleger) um zu einander senkrechte Achsen rotieren, und zwar mit verschiedener Geschwindigkeit, entsprechend der schnellen Auflösung längs und der langsamen Verschiebung quer zur Zeile. Wir haben schon mehrmals auf die bei solchen komplexen Systemen durch Getriebefehler entstehenden Bildverzerrungen hingewiesen. Diese Mängel treten bei dem langen Hebelarm des bewegten Strahlenbündels besonders deutlich hervor. Dazu kommt eine störende Krümmung der Lichtpunktbahn, die von der während des Durchlaufens der Bildzeile stattfindenden Drehung der optischen Einfallsebene auf dem sekundären Spiegel herrührt. Wir wollen uns daher mit den gekreuzten Systemen nicht weiter beschäftigen.

Vielfach dient das einfache Spiegelrad nur als sekundärer Zerleger (v_2), während die Primärzerlegung (v_1) durch irgendeine andere schnell wirkende Vorrichtung erfolgt. Hierbei hat es die Aufgabe, Zeile für Zeile der abzutastenden Bildfläche in die Linie der Auflösung hineinzurücken bezw. umgekehrt eine vom Empfangsstrom gesteuerte Lichtpunktreihe zum zweidimensionalen Fernbilde auszuziehen. Man denke sich als Primärzerleger eine rasch umlaufende Scheibe mit radialen Einschlitzungen am Rande[1], die zyklisch abwechselnd an einem Spalt von Zeilenlänge (l) mit der Geschwindigkeit v_1 vorbeiwandern, wobei sie aus diesem das Rasterelement ausblenden. Hinter dem Spalt befindet sich eine lineare Photozelle bezw. Empfangslichtquelle. Genügt die Leuchtdichte der letzteren nicht zur Projektion, so muß man, um das Bild wahrzunehmen, die bewegte Blende bezw. die gesteuerte Lichtpunktreihe über die Spiegel anvisieren (subjektive Betrachtung). Eine derartige Anwendung des

[1] Diese Schlitze können, wenn der Spalt geradlinig verläuft, d. h. eine Sehne des Kreises der Scheibe bildet, zur Konstanthaltung der Zerlegungsgeschwindigkeit kompensierend gekrümmt sein (vgl. die Ausführungen zu Abb. 10). Vom optischen „Kanaleffekt“ und vom komplexen mechanischen Charakter der gedachten Anordnung sei hier abgesehen, da ihre Ablehnung sich aus einem noch triftigeren Grunde ergibt, den wir mit Hilfe des vorgestellten Aufbaues entwickeln wollen. Prinzipiell könnte übrigens an die Stelle des von der Schlitzblende zerlegten Spaltes eine elektrisch umschaltbare Reihe von kleinen lichtelektrischen Zellen oder Glimmzellen treten. Vgl. S. 54.

gewöhnlichen Vielkantspiegels hat aber trotz ihrer scheinbaren Einfachheit große optische Mängel, hauptsächlich das Bestehen eines „toten Winkels" der Zerlegerbewegung, verbunden mit entsprechendem Verlust an Übertragungszeit. Man ersieht dies aus Abb. 35. Hier sind für den Fall der Zusammensetzung des Empfangsbildes die vom ortsfesten Auge A des Betrachters wahrgenommenen, die resultierende Bildhöhe einschließenden Grenzlagen, Spiegelbilder I und II, konstruiert, die dem Sichtbarwerden der Leuchtzeile L an der einen Spiegelkante b und ihrem Verschwinden an der anderen Spiegelkante a entsprechen, nachdem diese letztere inzwischen um den Winkel β in die Stellung a' weitergerückt ist. Die maßgebenden Lote sind I und II; an beiden müssen der einfallende und der zurückgeworfene Strahl gleiche Winkel bilden, um das Reflexionsgesetz zu erfüllen. Eine volle Ausnutzung des von den Spiegeln eingenommenen Zentriwinkels α wäre hiernach bei einem solchen Vielkant nur in dem theoretischen Grenzfalle möglich, daß das Auge der reflektierenden Fläche unendlich genähert ist.

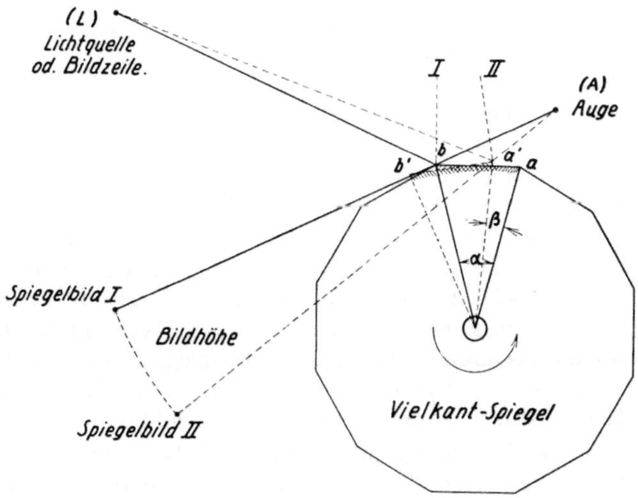

Abb. 35. Visueller Bildempfang mittels Vielkantspiegel.

Der „tote Winkel" (α—β) des Spiegelpolyeders entfällt indessen bei einem System von wendeltreppenartig übereinander gestellten schmalen Spiegelflächen, die fortlaufend von Zeile zu Zeile um den Winkel $\frac{360^0}{k}$ gegeneinander geneigt sind und sich dabei, wie in Abb. 338 ersichtlich, mit ihren Ebenen überkreuzen. Eine solche Anordnung entsteht z. B. durch Polieren der Schnittflächen von zentral durchbohrten Nirosta-Stahlplatten, die mit konstant fortschreitender Verdrehung auf die Rotationsachse aufgesteckt werden. Für diese Spiegelschraube nach F. v. Okolicsányi ist eine lineare Lichtquelle (Leuchtkapillare oder strichförmige Kathodenglimmlampe) erforderlich, deren scheinbare Länge die Bildhöhe bestimmt. Die Winkellage der schmalen spiegelnden Streifen zueinander bedingt jedoch bei fester Lage des Auges, daß jeweils nur eine dieser Zonen den ihrer Höhe entsprechenden Abschnitt der Lichtquelle ($= 1/k$ der gesamten Bildhöhe) wahrzunehmen gestattet. Die Spiegel wirken also zugleich als Blenden. Durch die Rotation wird nun das gerade sichtbare Stück der Leuchte zum Zeilenbande ausgezogen, und da die reflektierenden Flächen sich fächerförmig überschneiden, bleibt es sichtbar, bis der nächste Spiegel das Bild des anschließenden Höhenabschnittes ins Auge wirft und damit die neue Zeile beginnt. Der tote Winkel des normalen Spiegelvielkants ist beseitigt.

Die Spiegelschraube ist, abgesehen von dem hohen Preise der Nirostaplatten, verhältnismäßig einfach. Bei der mindest notwendigen Zeilenzahl werden jedoch die reflektierenden Flächen aus räumlichen Gründen stets sehr schmal und somit klein, selbst im Falle ziemlich großer Bildfelder. Die Anwendung für Projektion ist daher praktisch ausgeschlossen; es kommt nur die subjektive Betrachtung des Bildes in Frage. Hierbei können allerdings mit Hilfe strichförmiger Natriumdampflampen (vgl. Kap. V) recht befriedigende Helligkeitswerte erzielt werden; dies sogar noch bei scheinbaren Bildgrößen von etwa 30 cm × 30 cm. Kürzere Lichtquellen lassen sich durch Zylinderlinsen mit Lupenwirkung unter Erhaltung ihrer Leuchtdichte im Spiegelbilde verlängern. Bei Anwendung von Glimmröhren mit positiver Lichtsäule (Neon, Natriumdampf) treten durch Schichtenbildung und -wanderung bezw. Selbstschwingen (Kap. V) leicht störende Rasterungen (Schachbrettmuster, stroboskopische Figuren) auf. Zweifelhaft erscheint auch die Erhaltung gleichen Reflexionsvermögens sämtlicher Spiegel, d. h. die Vermeidbarkeit mehr oder weniger blinder Zeilen, da ein Putzen oder Nachpolieren dieser schmalen Flächen kaum durchführbar sein dürfte.

Bei halber Winkelgeschwindigkeit relativ zum senderseitigen Zerleger liefert die Spiegelschraube zwei aneinander stoßende, um q/k gegeneinander in der Höhe verschobene Empfangsbilder, das erste aus den Zeilen 1, 3, 5, 7 . . ., das zweite aus den Zeilen 2, 4, 6, 8 . . . des gesendeten Bildes aufgebaut. Das ursprüngliche Formatverhältnis kann durch passenden Betrachtungsabstand wieder hergestellt werden. Auf Grund dieser Eigenschaft ist es möglich, eine für ein bestimmtes k eingerichtete Spiegelschraube bei senderseitiger Verdopplung dieser Zahl weiter zu verwenden, natürlich unter Inkaufnahme der halben Rasterfeinheit in der übertragenen Abbildung.

Eine Vorrichtung, um Längs- und Querzerlegung mit einem einzigen Vielkantspiegel auszuführen, wurde zuerst von Weiller im Jahre 1889 beschrieben (doppelter Zerleger). Die Wirkungsweise der später verbesserten Ausführungsform werde hier an Hand der Abb. 36 entwickelt. Auf dem Umfange des Rades R sitzt eine größere Zahl (k) von untereinander gleichen, ebenen Spiegeln 1, 2, 3 . . ., deren Mittellinien ein regelmäßiges Polygon bilden (linker Teil a). Der konstante Neigungswinkel zwischen den Mittellinien beträgt von Spiegel zu Spiegel, z. B. von 12 zu 13,

$$\alpha = \frac{360^0}{k}.$$

In der dargestellten Phase der Rotation wird ein Teil des von der Sammellinse O konvergent gemachten Lichtstromes über Spiegel 12 in I, ein anderer Teil über Spiegel 13 in II zu einem scharfen Blendenbilde vereinigt. Da im Bildfelde in jedem Augenblick nur ein einziges Rasterelement beleuchtet sein darf, ist bereits ersichtlich, daß die nutzbare Bahnlänge l des Lichtpunkthubes, die bei jedem Umlauf des Rades $k$mal in der Richtung des Pfeiles c durchmessen wird, ein wenig kürzer sein muß als der Abstand I—II. D. h. ein Blendenbild soll das zerlegte Feld verlassen haben, kurz bevor das nächste am anderen Ende eintritt. Der unausgenutzte Teil seiner Bahn muß abgeschirmt werden. Winkel α und die Entfernung der Bildfläche vom Spiegelkranz bestimmen den Betrag von l und damit zunächst die eine Dimension der Zerlegung. Nun liegen aber die reflektierenden Ebenen nicht sämtlich parallel zur Rotationsachse; sie sind vielmehr gegen diese, von Spiegel zu Spiegel um den gleichen geringen Winkel β/k springend, geneigt (rechter Teil b Abb. 36). Infolgedessen wird pro Umdrehung die Zeilenkoordinate l nicht $k$mal längs einer und derselben Linie durchlaufen, sondern in k parallelen Nachbarbahnen, die sich in der Richtung des Pfeiles d fortpflanzen und bei geeigneter Wahl von β (im Verhältnis zur Lichtpunktbreite) lückenlos aneinanderschließen. So entsteht senkrecht zu l die zweite Dimension q der Bildpunktverteilung. Die gesamte Fläche wird demnach bei jedem Umlauf des Weillerschen Rades vollständig zerlegt, und die Drehzahl ist gleich der Bildwechselfrequenz n. Die Querabmessung q von der

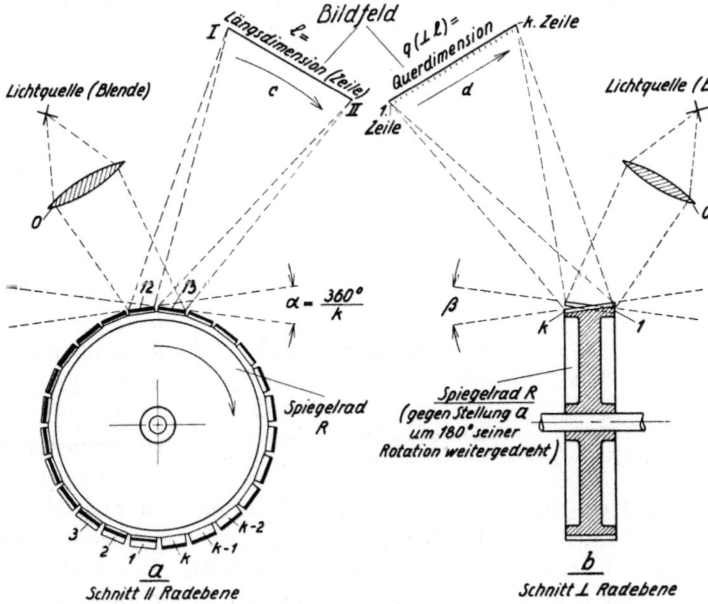

Abb. 36. Wirkungsweise des Weillerschen Spiegelrades.

1. bis zur k ten Zeile (die Zeilen müssen hier vertikal zur Zeichnungsebene verlaufend gedacht werden) hängt vom Neigungswinkel β zwischen den beiderseits der Sprungstelle liegenden Spiegeln Nr. 1 und Nr. k und wiederum von der Entfernung des Bildfeldes vom Spiegelkranze ab; sie ist andererseits dadurch bestimmt, daß $q = k$ Lichtpunktbreiten sein muß[1].

Wie Abb. 36a zeigt, ist der vom reflektierten Strahlenbündel durchlaufene Ablenkwinkel ω gleich dem doppelten Zentriwinkel α, den die Spiegel einnehmen. An der Stoßstelle K zweier Spiegel sind auf beiden die Lote I und II errichtet; die Einfallswinkel des zentralen Strahles sind γ und δ, die Reflexionswinkel $\gamma' = \gamma$ und $\delta' = \delta$. Daher ist $\omega = 2 \cdot (\delta - \gamma)$. Nun muß aber $\delta - \gamma$, der Winkel zwischen den beiden Loten, gleich α sein, da der Vielkantwinkel FKO gleich dem Zentriwinkel ist. Also folgt $\omega = 2\,\alpha$. Ist der Abstand

[1] Über die quantitativen optischen Gesetze des Weillerschen Rades s. ferner Kap. II, S. 91 und Kap. V, S. 242. Eingehende Studien über die Lichtstrom- und Helligkeitsverhältnisse dieses Zerlegers findet der Leser in folgenden Veröffentlichungen: Möller, R.: Das Weillersche Spiegelrad. Ferns. Bd. 2 (1931) S. 80f.; Kirschstein, F.: Nipkow-Scheibe oder Spiegelrad? Ebenda Bd. 2 (1931) S. 98f.

der Bildmitte von der Spiegelkante K gleich r und ferner l die Zeilenlänge auf dem Schirm (abgesehen von dem geringen Betrage, der für die Abblendung des zweiten Lichtpunktes entfällt), so wird für genügend kleine Werte von α:

$$tg\,\alpha = \frac{l}{2r} \text{ und } l = 2r \cdot tg\,\alpha.$$

Bei $r = 2$ m und $\alpha = 7{,}5^0$ (48 Spiegel) ist $l = 4\text{ m} \cdot tg\ 7{,}5^0$ oder, da bei so kleinen Winkeln statt des Tangens der Bogen eingesetzt werden kann,

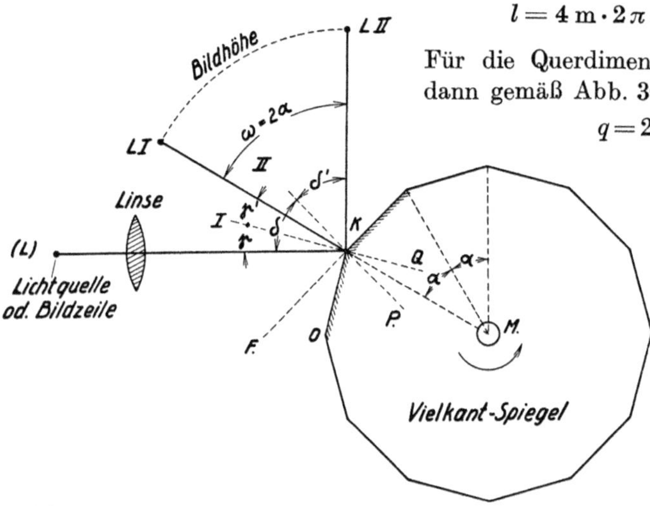

Abb. 36a. Objektiver Bildempfang (Projektion) mittels Vielkantspiegel.

$$l = 4\text{ m} \cdot 2\pi \cdot \frac{7{,}5^0}{360^0} \sim 52 \text{ cm}.$$

Für die Querdimension q des Bildes gilt dann gemäß Abb. 36:

$$q = 2\,r \cdot tg\,\beta.$$

Soll also in dem gewählten Beispiel $q = l$, d. h. das Bildformat quadratisch werden, so muß $\beta = 7{,}5^0$ sein.

Der praktischen Verwendung des Weillerschen Rades standen früher die bei dem langen Lichtwege besonders großen Schwierigkeiten genauer und beständiger Einstellung der Spiegel entgegen. Die durch die Fliehkraft hervorgerufene Durchbiegung der reflektierenden Flächen gab Anlaß zu Verzerrungen und zu Verlagerungen des Lichtpunktes und damit zu erheblichen Unschärfen im Bilde, zumal diese Abweichungen sich bei Sender und Empfänger additiv auswirken. Schmierer[1] gab eine Ausführung an, bei welcher die auf Gummipuffern federnd aufliegenden Spiegel nach außen gegen drei fest justierte Anschläge drücken. Karolus hat eine einfachere, erfolgreich erprobte Anordnung entwickelt[2]: Die Spiegel sind auf massive, in abgestufter Schrägung hergestellte Präzisionskeile aufgekittet, die auf einem als Planflächenprisma gefrästen Radkranz mit je zwei Schrauben befestigt werden. Dadurch ist die (optisch kontrollierte) Einstellarbeit auf leichtes Nachschleifen der Auflageflächen reduziert und eine auch bei hohen Drehzahlen unveränderliche Konstruktion erzielt, bei welcher die Spiegel den biegenden Kräften widerstehen. Ein solches 100teiliges Weillersches Rad wurde auf der Großen Deutschen Funkausstellung, Berlin, Herbst 1928, als Fernsehempfangsgerät zum Entwerfen des Bildes auf eine Mattscheibe von $^3/_4$ m $\times$ $^3/_4$ m vorgeführt. Bei einer späteren Lösung sind die Spiegel auf die längeren Schenkel kräftiger Flachbandwinkel aus Elektronmetall gekittet, deren kürzere Schenkel auf der Stirnseite des Rades mittels Rohrnieten gehaltert werden. Die Winkelgrade der Biegung sind entsprechend abgestuft. Ein in Löcher der Stirnseite einsetzbarer Exzenterschlüssel justiert

[1] D.R.P. Nr. 234601 vom 8. VII. 1910.
[2] D.R.P. Nr. 487797 vom 30. VIII. 1928; Erf. A. Karolus und E. Neubauer.

die Lage der reflektierenden Ebenen in der einen Koordinate; im Radkranz sitzende Stellschrauben korrigieren nötigenfalls die Biegungswinkel der Spiegelträger und damit die Ablenkung des Lichtbündels in der anderen Koordinate. Neuerdings sind die Spiegelträger als Doppelgelenkstücke aus Leichtmetall ausgebildet, wodurch jegliche Verziehung der reflektierenden Flächen bei der Justierung auf vollkommenste Weise vermieden ist.

Auch von anderer Seite sind in jüngster Zeit Ausführungsvorschläge gemacht worden. Z. B. will A. H. Watson[1] strahlenförmige Lappen in eine Kreisscheibe von Monell-Metall einstanzen, eine hochreflektierend polierfähige, ihren Glanz bewahrende Legierung. Nach dem Polieren werden die in Spiegel verwandelten Lappen durch Pressen mittels hineingedrückter Formringe konisch herumgebogen, und zwar mit gleichmäßig abgestuft wachsender Neigung zur Rotationsachse. Die notwendige optische Genauigkeit dürfte bei dem Fehlen jeder mechanischen Halterung der freien Spiegelenden und deren geringer Materialdicke kaum zu erhalten sein. Der Verfasser hat angeregt, Nirosta-Stahlspiegel (von der Firma Krupp A.G., Essen), die in eine widerstandsfähige Form eingesetzt sind, durch Einpressen von Bakelit zwischen Spiegelanker und Tragrad zentrifugal gegen justierte Anschläge zu legen und durch Erstarrenlassen der Bindemasse zu fixieren[2].

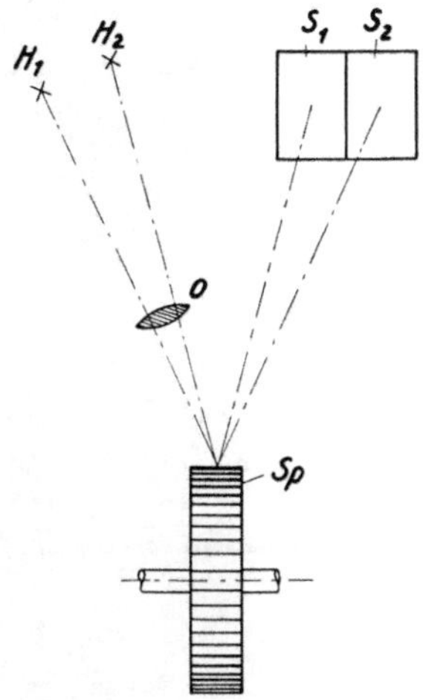

Abb. 37. Halbierung der Spiegelzahl des Weillerschen Rades durch Benutzung zweier Lichtquellen.

Grundsätzlich könnte man die ebenen reflektierenden Flächen des Weillerschen Rades durch Hohlspiegel ersetzen, die heute in guter optischer Beschaffenheit wohlfeil käuflich sind. Dadurch, daß die Hohlspiegel die Lichtquelle selber abbilden, würde das groß dimensionierte, lichtstarke und daher kostspielige Abbildungsobjektiv erspart (vgl. Kap. III, Teil I, S. 119). Dieser Vorschlag kommt der in Abschnitt F erwähnten Spiralanordnung von eingeschliffenen Spiegelhöhlungen auf der Stirnseite einer rotierenden Scheibe nahe. Der Tragkranz des Weillerschen Rades kann auf der Innenseite durch Einfräsen oder Einpassen einer eisernen Verzahnung zugleich als Rotor einer Synchronmaschine ausgebildet werden, wodurch eine weitere Ersparnis an Konstruktionsteilen erzielt wird[3].

Vorschläge zur Verringerung der Spiegelzahl bei gleichbleibender Zeilenzahl sind nicht allein aus Kostengründen für die Empfängerseite wichtig, sondern auch im Hinblick auf die Verbesserung des optischen Wirkungsgrades für Sender und Empfänger von großer Bedeutung. Näheres darüber in Kap. III, S. 120. Praktisch erprobt ist die in Abb. 37 dargestellte Lösung von W. Ilberg[4]: Von den beiden Lichtquellen H_1 und H_2, deren durch das gemeinsame Objektiv O gesammelte Strahlen das Spiegelrad Sp unter etwas verschiedenen Winkeln treffen, ist H_1 bei der 1. Umdrehung, H_2 bei der 2. Umdrehung optisch oder

[1] Radio-News, Bd. 11 (1930) S. 816.
[2] D.R.P. Nr. 509192 vom 30. V. 1929, Erf. F. Schröter.
[3] D.R.P. Nr. 508896 vom 2. V. 1929, Erf. A. Karolus.
[4] Dtsch. Patentanmeldung T 37054 VIII/21a vom 8. VI. 1929.

elektrisch eingeschaltet, und so abwechselnd weiter. Der 1. Umlauf zerlegt daher die linke Hälfte S_1, der 2. Umlauf die anschließende rechte Hälfte S_2 des Bildes. Für k Zeilen ist somit die Zahl der Spiegel $k/2$. Die Rotationsgeschwindigkeit muß hierbei natürlich verdoppelt werden. Um die Abgleichung der Lichtquellen nicht zu sehr zu erschweren, wird man sich in der Durchführung dieses Prinzips mit der Halbierung der Spiegelzahl begnügen; zumal darüber hinaus mechanische und optische Schwierigkeiten an anderer Stelle der Apparatur auftreten. Der Vorschlag von Ilberg erscheint auch für den Fall geeignet, daß

Abb. 38. Großer Projektionsempfänger nach A. Karolus mit Weillerschem Spiegelrad und Kerr-Optik.

p Rasterelemente unabhängig voneinander auf ebenso vielen getrennten Trägerwellen oder Zwischenfrequenzen übermittelt, d. h. p bildabtastende bezw. bilderzeugende Lichtquellen gleichzeitig betrieben werden. Jeder Spiegel entwirft dann p Lichtpunkte. Die Drehzahl des Weillerschen Rades bleibt hierbei gleich der Bildwechselfrequenz, da jetzt mit einem einzigen Umlauf sämtliche Zeilen übertragen werden.

Zur Abtastung des fernzusehenden Bildes nach der Methode des wandernden Lichtpunktes (s. später) dient im Bereich $\varrho < 2500$ vorteilhaft ein Rad mit möglichst großen Spiegeln. Man führt so dem Objekt einen wesentlich stärkeren Lichtstrom zu als durch die Löcher der Nipkow-Scheibe, die für denselben Zweck vom Bell-Laboratorium benutzt wird (s. Abschnitt M). Dieser Vorteil erleichtert die Aufgabe sauberer Verstärkung des photoelektrisch erzeugten Stromes bedeutend. Die Empfangsanordnung für Projektionszwecke zeigt Abb. 38. Das von einer Bogenlampe ausgehende Strahlenbündel wird zunächst in seiner Intensität durch den Kerr-Kondensator gesteuert und dessen leuchtender Elektrodenspalt sodann durch ein Objektiv von langer Brennweite über das Spiegelrad auf den Schirm abgebildet. Die Zusammensetzung der Rasterelemente variabler Helligkeit liefert das Fernbild.

Um ein Abfallen der Lichtstärke in der Zeilenrichtung nach den Rändern des Bildes hin zu vermeiden, muß der auf das Weillersche Rad fallende Strahlenkegel mindestens zwei benachbarte Spiegel voll ausleuchten. In der Praxis ist die Entfernung zwischen Schirm und Spiegelkranz stets so groß, daß die sphärisch gekrümmte Abbildungsfläche von einer Ebene nur wenig abweicht und daher der Lichtpunkt an allen Stellen genügend scharf bleibt. Korrektionsoptiken sind überflüssig.

I. Schwingende Spiegel.

Schon Szczepanik[1] wollte die Zerlegung durch zwei senkrecht zueinander schwingende, elektromagnetisch gesteuerte Planspiegel bewirken. Beim Hin- und Hergange derselben sollte die Bildfläche in einer engen Sinuslinie abwechselnd von beiden Rändern her durchlaufen werden. Diese Bewegung ist allen umkehrend schwingenden Zerlegern eigen, und auf die dabei bestehende Schwierigkeit der empfangsseitigen Phaseneinstellung wurde bereits im Kap. I hingewiesen. Es liegt in der Natur des Verfahrens, daß die Schwingfrequenz für die Zeilenzerlegung ein ganzzahliges Vielfaches derjenigen für die Querzerlegung sein muß; bei $k = 50$ und $n = 20$ würde die erstere 500 Hz, die letztere 10 Hz betragen. Die Mängel der Szczepanikschen Konstruktion wurden durch spätere Vorschläge in mancher Hinsicht beseitigt, teilweise jedoch die kinematischen Anforderungen erst spät erkannt. Jenkins dachte noch im Jahre 1927 daran, durch Zahnräder übersetzte zwangsläufige Antriebe zur Steuerung der Spiegelbewegungen zu benutzen[2]. F. W. Reynolds wollte zum Ersatz der senkrecht aufeinander stehenden Schwingachsen durch parallele das Bild zwischen dem ersten und dem zweiten Spiegel durch das bekannte Aufrichtprisma um 90^0 drehen[3]. Allmählich sah man in Anbetracht der hohen Frequenz der Zeilenauflösung die Notwendigkeit ein, die Massen und Dimensionen der Spiegel weitgehend zu reduzieren und zur Verringerung der optischen Schwierigkeiten Längs- und Querzerlegung gleichzeitig durch einen und denselben Spiegel ausführen zu lassen, wie es M. Leblanc[4] ursprünglich vorgeschlagen hatte. Der Spiegel wurde auf leichtbeweglichen Rahmen gelagert, die ähnlich wie bei einer kardanischen Aufhängung das unabhängige Schwingen um die beiden senkrecht zueinander stehenden Achsen gestatteten[5]. Für den elektromagnetischen Antrieb sollten konstante Wechselstromerzeuger dienen. Die Entwicklung führte schließlich zur Heranziehung der in der Meßtechnik schon weit durchgebildeten Spiegeloszillographen mit elektrodynamisch bewegter Stromschleife.

---

[1] Korn-Glatzel, l. c. S. 459.
[2] U.S.A.-Pat. Nr. 1537087 vom 20. X. 1922 (Reissue 16790 vom 13. IV. 1927).
[3] U.S.A.-Pat. Nr. 1593639 vom 1. XII. 1925.
[4] Leblanc, M.: La Lumière Electrique vom 1. XII. 1880.
[5] Derartige Konstruktionen finden sich z. B. bei A. Sinding-Larsen und J. H. L'Abbée, D.R.P. Nr. 260901 vom 14. VI. 1911; H. C. Egerton, U.S.A.-Pat. Nr. 1605930 vom 24. VIII. 1920; R. D. Parker, U.S.A.-Pat. Nr. 1648058 vom 25. XI. 1925.

Der bekannteste Vorschlag dieser Art rührt von D. von Mihály[1] her: Die schnelle Längszerlegung sollte durch einen mit Wechselstrom von 500 Hz betriebenen Schleifenoszillographen erfolgen, die langsame Querzerlegung durch mechanisches Wippen dieser Vorrichtung und damit der Schwingebene des Spiegels mit der Frequenz 10 Hz. Bei Sender und Empfänger waren Stimmgabeln von genau abgeglichener Periodenzahl vorgesehen, um den Gleichlauf La Courscher Sirenen und der von diesen abgeleiteten elektrischen und mechanischen Steuerung der doppelten Spiegelbewegung zu regeln. Ein großer Mangel des v. Mihályschen Entwurfes, dem der praktische Erfolg versagt blieb, waren die schwachen Lichtströme, eine Folge der geringen Abmessungen des Oszillographenspiegels. Der in dem Buche des Erfinders (Abb. 69) gezeichnete Strahlenverlauf scheint dieser Auffassung zu widersprechen, ist jedoch irrtümlich konstruiert. Wird nämlich der fernzusehende Gegenstand auf das dort dargestellte Schwingspiegelchen E abgebildet, so kann auf dem Diaphragma F ohne Zwischenschaltung eines weiteren Objektivs kein neues Bild entstehen. Bei Einführung eines solchen Objektivs würde aber nur ein unbewegtes sekundäres Abbild des auf E entworfenen primären Bildes zustandekommen. Um als Zerleger zu wirken, muß die reflektierende Fläche im Lichtkegel der Sammellinse stets vor dem Punkte liegen, wo die Strahlen sich zum Bilde vereinigen, und zwar zur Erzielung eines hinreichenden Ausschlages des Lichtzeigers (bei langer Brennweite des Systems) nahe genug zum Objektiv hin, d. h. an einer Stelle, wo der konvergierende Strahlengang noch größeren Querschnitt hat (vgl. Abb. 36). Die Ausnutzung des Lichtstromes wächst dann bis zur vollen Erfassung durch den Spiegel proportional mit dessen Fläche.

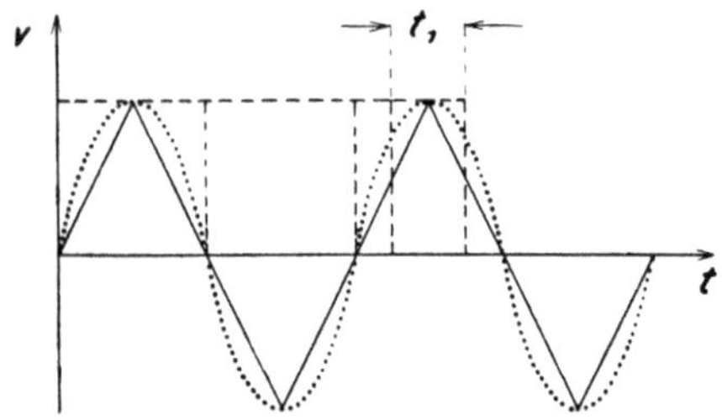

Ablenkende Stromkurve für Bildzerleger mit Richtungsumkehr.

Abb. 39. Unterschied zwischen sinus- und dreieckförmiger Ablenkbewegung.

Soll die Bildzerlegung mittels umkehrend schwingender Spiegel im Fernsehen noch eine Zukunft haben, so sind die nachstehenden Bedingungen zu erfüllen: 1. Der Spiegel muß n. O. zur Erzielung guter optischer Wirkungsgrade eine genügend große Fläche besitzen; 2. seine Dämpfung muß so stark sein, daß er einer zickzackförmigen Erregerstromkurve des Ablenkfeldes verzerrungsfrei zu folgen vermag; 3. die Beschleunigungskräfte, die das schwingende System erfordert, dürfen nicht zu hoch werden; 4. der Wirkleistungsbedarf und das Störgeräusch, welches von der höheren Frequenz der Vibration herrührt, müssen in erträglichen Grenzen bleiben. In Abb. 39 ist der gewünschte zeitliche Verlauf der Spiegelbewegung V im Vergleich mit einer Sinusschwingung (punktierte Linie) dargestellt. Die spitze Kurve liefert an allen Orten der Lichtpunktbahn gleichbleibende Zerlegungsgeschwindigkeit und vermeidet die störende Verdichtung der Helligkeit infolge längeren Verweilens nahe bei den Umkehrpunkten (Zeitintervall t_1). Unter dieser Voraussetzung ist natürlich die naheliegende Ausnutzung von Resonanzamplituden nicht möglich und bei

[1] D.R.P. Nr. 422995 vom 25. XII. 1923; vgl. auch D. von Mihály: Das elektrische Fernsehen und das Telehor. Berlin 1923, S. 106f.

der erzwungenen, stark gedämpften Schwingung in Anbetracht der Mindestgröße und -masse des Spiegels eine erhebliche Antriebsleistung erforderlich, in deren Gefolge optisch nachteilige Deformationen vorkommen können. Die Länge des Lichtzeigers läßt leicht auch geringe Kurvenverzerrung im Bilde deutlich hervortreten. In Sonderfällen aber, wie bei der Abtastung eines Filmstreifens, wo ein minder starker Lichtstrom, ein kürzerer Hebelarm des Strahlenbündels und meist nur lineare Zerlegung (Querzeile) benötigt werden, erscheint die Anwendung eines hin- und herschwingenden Spiegels kleinerer Abmessung, d. h. größerer Biegungsfestigkeit, mit einer für die Auflösungsschärfe solcher Übertragungen ausreichenden Genauigkeit kinematisch und konstruktiv durchführbar. Überlagerte Zitterbewegungen und geringe Differenzen der beiden Halbschwingungen sind dann bei dem groben Fernsehraster (im Gegensatz zur hochwertigen photographischen Fernbildschrift) noch nicht nachteilig bemerkbar. Der Schwingspiegelzerleger hat daher für solche Zwecke eine gewisse technische Bedeutung. Hauptsächlich eignet er sich für das Zusammenarbeiten mit einer Braunschen Röhre als Empfänger (Abschnitt L). Der bilderzeugende, den Leuchtschirm erregende Elektronenstrahl wird dann in der einen Koordinatenrichtung (v_1) durch Ablenkspulen beeinflußt, die mit der gleichen Frequenz gespeist werden wie am Geber die Spiegelschleife; für die Querzerlegung (v_2) wird der Takt des Bildwechsels auf das zweite, um 90^0 verdrehte Ablenkfeld in besonderer Weise zur Einwirkung gebracht. Das Prinzip einer solchen Kombination wurde zuerst von M. Dieckmann[1] angegeben und in jüngerer Zeit von V. K. Zworykin[2] für Fernkinematographie verwertet.

Mit Rücksicht auf die betrachteten kinematischen Verhältnisse (Dämpfung und Leistungsbedarf) erscheint es technisch leichter, von der am Ende jeder Zeile plötzlich umkehrenden Bewegung des Spiegels zu einer Art von Kreisschwingung mit geringeren Änderungen der Beschleunigung überzugehen, wie sie zuerst von A. Mc. L. Nicolson in seinem U.S.A.-Pat. Nr. 1470696 vom 7. XII. 1917 beschrieben wurde[3]. Ein runder, die Blende direkt abbildender Hohlspiegel mit Eisenanker ist in einem magnetischen Drehfeld gelagert und erzeugt durch eine mit hoher Frequenz auf seiner Peripherie umlaufende Kippung von langsam und stetig abnehmender Amplitude eine eng gewundene, spiralförmige Bahn des Blendenbildes auf der abzutastenden Fläche. Vom Zentrum dieser (archimedischen) Spirale springt der Lichtpunkt unter der Wirkung eines neuen Ablenkimpulses auf die äußerste Windung zurück, um seinen Weg wie vorstehend zu wiederholen. Als Empfänger hat Nicolson eine Braunsche Röhre vorgeschlagen, deren Elektronenstrahl bezw. Fluoreszenzfleck die gleiche Kurve zeichnet. Hierzu dienen 4 Ablenkspulen, die senkrecht zueinander stehende, um 90^0 phasenverschobene Magnetfelder liefern, entsprechend den für die Beeinflussung des Senderspiegels benutzten. Für die Synchronisierung hat Nicolson geistvoll erdachte Mittel erfunden; sein im ganzen verwickelter Entwurf ist aber wohl niemals zur Ausführung gelangt. Der

[1] D.R.P. Nr. 420567 vom 29. VIII. 1924.

[2] Radio-Engineering, Dezemberheft 1929, S. 38. Stetiger Filmtransport, Querzeilenzerlegung durch schwingenden Hohlspiegel mit 480 Hz, der die Blende einer 6 V-Glühlampe unmittelbar auf den Film abbildet; Empfänger s. Abschnitt L.

[3] S. auch die erste Andeutung der Spiralzerlegung bei A. Ekström, Schwed. Pat. Nr. 32220 vom 24. I. 1910.

Gedanke der Spiralzerlegung ist jedoch später in verschiedenen Formen wiedergekehrt. Zum Teil handelt es sich dabei um Optiken, in denen prismatische Körper oder gekreuzte Schlitze mit verschiedener Geschwindigkeit rotieren[1]. Gegen diese Vorrichtungen bestehen die in den Abschnitten D und G erhobenen Bedenken. Statt solcher erzwungenen Bewegungen des optischen Systems benutzt A. von Codelli[2], um trotz großer spiegelnder Flächen mit geringer Antriebsleistung auszukommen, die freie, gedämpft abklingende Kreisschwingung des zuvor von einem Drehfelde mittels Resonanz aufgeschaukelten Hohlspiegels (von 80 mm Durchmesser!). Da dieses aus Nachdenken über die Eigentümlichkeiten des scharfen Sehens entstandene Verfahren unter allen derartigen Zerlegermethoden am weitesten durchgearbeitet worden ist, wollen wir sein Wesen kurz beschreiben: Der mit Eisenanker versehene Spiegel wird von einer ihn axial durchsetzenden Darmsaite getragen, deren Spannung (und mit ihr die Eigenfrequenz des Systems) regulierbar ist. Er befindet sich in einem magnetischen Drehfelde, welches aus einer Gleichstromkomponente und zwei um 90° phasenverschobenen Wechselstromkomponenten zusammengesetzt ist. Durch den resultierenden Kraftlinienverlauf erfährt der Spiegel eine periodische Kippung, die auf seiner Peripherie mit der Frequenz des Wechselfeldes umläuft. Beim Einschalten der Erregung nimmt infolge Resonanz des abgestimmten Spiegelrotors die Ablenkung aufschwingend bis zum Maximum zu, wodurch die gleiche Spiralbewegung des Lichtpunktes wie bei Nicolson eingeleitet wird. Jedoch läßt von Codelli den in dieser Weise periodisch aufgeschaukelten Spiegel bei kurzgeschlossenen Feldwindungen frei ausschwingend in die Ruhestellung zurückkehren; eine im Kurzschlußkreise liegende, das Abklingen des Gleichstromes verlangsamende Selbstinduktion regelt bei leichter Verstimmung den resultierenden Dämpfungsverlauf so, daß die Kippamplitude zwar noch bei den äußeren Spiralwindungen stärker, bei den inneren weniger abnimmt, immerhin aber nach einer einstellbaren Zahl von Ringen (~ 25) die Bildmitte erreicht wird. Die Zerlegung wird dadurch nach innen zu im richtigen Verhältnis feiner, in Übereinstimmung mit dem Vorsatz, den besonders gut sichtbar zu machenden Teil des Bildes in die im Zentrum liegende Zone deutlichster Übertragung zu rücken (genau so, wie das Auge nur in der Blickrichtung wirklich scharf sieht). In den Randgebieten ist die Auflösung bewußt gröber, um möglichst wenig Bildpunkte zu verschwenden. Dieser Gedanke wurde übrigens schon früher von Blackwell (l. c.) ausgesprochen. Eine Blende von rhythmisch gesteuerter Weite hält die Lichtstärke während der Wiedergabe auf der ganzen Fläche konstant und deckt den Aufschaukelvorgang ab[3].

Eine prinzipielle Schwierigkeit der mit Spiralzerlegung arbeitenden Fernseher besteht darin, daß ein kleiner Phasenfehler Teile des Bildes, die an den äußeren Rand gehören, in den Mittelpunkt verschiebt, oder umgekehrt, während bei der normalen Zerlegung in gleichgerichteten Zeilen eine solche Phasendifferenz sich lediglich dahingehend auswirkt, daß ein schmaler Streifen an

---

[1] U.S.A.-Pat. Nr. 1647631 vom 20. VIII. 1925, Erf. H. E. Ives, Nr. 1624918 vom 7. V. 1925, Erf. O. B. Blackwell und J. Herman, D.R.P. Nr. 479173 vom 11. V. 1927, Erf. V. K. Zworykin (Westinghouse Electric and Manufacturing Co.).

[2] Ferns. Bd. 1 (1930) S. 107f. S. auch J. H. Hammond, U.S.A.-Pat. Nr. 1725710 vom 15. VIII. 1923, referiert in Ferns. Bd. 1 (1930) S. 183.

[3] Näheres ist aus der Beschreibung in Ferns. Bd. 1 (1930) S. 107 ersichtlich.

dem einen Ende abgeschnitten und am anderen Ende angesetzt erscheint, was für die Erkennbarkeit des Bildinhaltes nichts ausmacht. Bei den mit Spiegelbewegung im Drehfelde arbeitenden Verfahren (Nicolson, von Codelli) kommt dazu die bisher nicht einfach gelöste Einstellung des Bildrasters, ein Handgriff, der bei den übrigen mechanisch-optischen Zerlegern völlig wegfällt. Die Dämpfungen und die Frequenzen der freien Spiegelschwingung müssen hierfür beim Codelli-System sender- und empfängerseits genau übereinstimmen. Durch diese Anforderungen wird die Bedienung zu schwierig, um bei dem heutigen Stande der Technik an eine praktische Anwendung denken zu können.

K. Zellenraster.

Die bisher betrachteten Bildzerleger mechanisch-optischer Art beruhen auf dem schnellen Ortswechsel von Blenden oder Lichtpunkten. Für das gesamte Bildfeld (oder einen größeren Teil desselben) ist **grundsätzlich** nur ein einziges lichtelektrisches Organ bezw. Lichtrelais erforderlich, das der Reihe nach sämtliche Rasterelemente überträgt (zur Erzielung eines höheren optischen Wirkungsgrades parallelgeschaltete Bildwandler können als Einheit gelten). Im Gegensatz dazu sind bei dem im folgenden behandelten Verfahren jedem Rasterelement eine eigene lichtelektrische Zelle (Selen- oder Photozelle) am Geber und eine eigene Leuchtzelle am Empfänger zugeordnet, und die Bildpunktverteilung geschieht durch elektrische Umschaltung, indem beiderseits lagengleiche Zellen der Reihe nach über den telegraphischen Kanal miteinander verbunden werden [1]. Dieses Verfahren der „Zellenraster" ist in Abb. 40 schematisch dargestellt. Der Sender sei eine Tafel mit ϱ kleinen Selenelementen, der Empfänger eine solche mit ϱ entsprechenden Glimmlampen. Synchron und phasengleich umlaufende Schnellschalter *I* und *II* mit je ϱ Kontakten (von denen der Übersichtlichkeit halber nur je 3 gezeichnet sind) bewirken die Zerlegung. Die notwendigen Verstärker und Übertrager sind zwischen *I* und *II* eingefügt zu denken. Das fernzusehende Bild wird als Ganzes auf die Fläche des Gebers entworfen, so daß der Verlauf der Leitfähigkeit von Zelle zu Zelle durch die vorliegende, bei bewegten Szenen zeitlich schwankende Verteilung von Hell und Dunkel bestimmt ist. Die Trägheit des Selens begrenzt hierbei die Abtast-

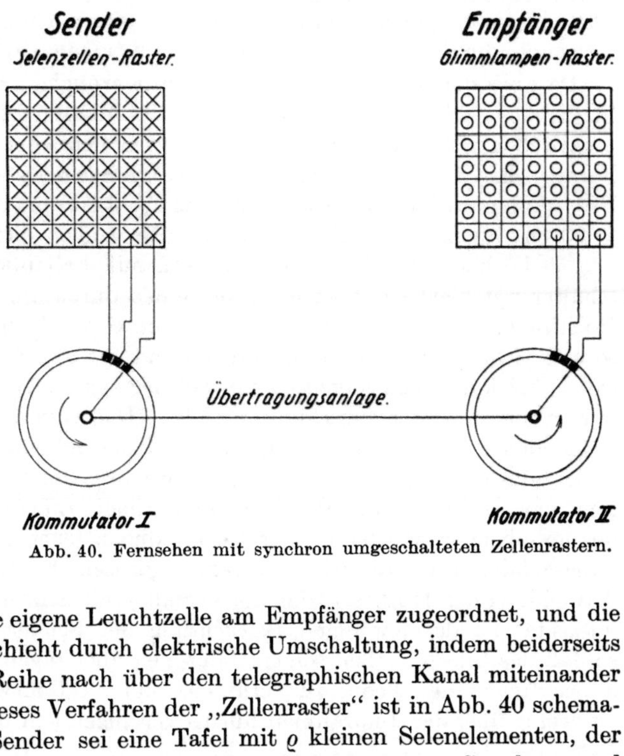

Abb. 40. Fernsehen mit synchron umgeschalteten Zellenrastern.

[1] Der Gedanke geht zurück auf A. de Paiva, 1878, und Senlecq, 1879.

geschwindigkeit nicht, da z. B. bei 16 Bildern/s der Zeitraum von $^1/_{16}$ s zur Widerstandsänderung jeder Zelle zur Verfügung steht. Strahlen die Glimmlampen des Empfängers proportional der Beleuchtungsstärke des zugeordneten Flächenelementes am Geber, so ist neben der Verzerrungsfreiheit, die durch den Synchronlauf gewährleistet wird, auch die Wiedergabe aller Helligkeitsstufen gesichert.

Die umschaltbaren Zellenraster sind frühzeitig aufgetaucht (Ruhmer, Lux, von Bronk, Schmierer u. a.[1]). Ihre grundsätzlichen Mängel sind: 1. Kommutierungsschwierigkeiten bei dem schnellen Wechsel der zahlreichen Kontakte, 2. ungleiche Verteilung der Zellenempfindlichkeit, insbesondere am Sender, 3. komplizierte, gegenseitiger elektrischer Beeinflussung ausgesetzte Leitungsverbindungen zwischen Zellentafel und Umschalter. Vielfach hat man sich daher mit der eindimensionalen Anwendung des Verfahrens in Form der „Punktzeile" begnügt, längs welcher die Zerlegung durch konphase elektrische Fortschaltung lagengleicher Selen- bezw. Glimmzellen erfolgt, während die Querzerlegung durch ein optisches Mittel, z. B. einen Drehspiegel, geschieht[2].

Da aber die Schwankungen und Veränderungen der lichtelektrischen Empfindlichkeit selbst bei wenigen Selen- oder Alkalimetallzellen schon zu ernsten praktischen Schwierigkeiten führen, sind Zellenraster in leidlich brauchbarer Form bisher nur für den Empfangszweck hergestellt worden. So hat z. B. das Bell-Laboratorium[3] im Jahre 1927 das Fernbild auf einer Tafel von etwa 60 cm × 80 cm objektiv sichtbar gemacht. Als Geber dient eine Nipkow-Scheibe mit 50 Löchern (Abschnitt B); synchron mit ihr läuft empfängerseits ein Umschalter mit 2500 Kontakten (!), der einen durch die Bildimpulse modulierten Hochfrequenzstrom auf 2500 kleine Neon-Glimmflächen verteilt. Diese sind so angeordnet, daß das aufleuchtende und das am Sender abgetastete Rasterelement sich in jedem Augenblick in gleicher Lage relativ zum Bildfelde befinden, d. h. Kongruenz der Zerlegung besteht. Die Glimmflächen sind als Außenelektroden 1, 2, 3 . . . (Abb. 41) auf die Glaswand einer in 50 eng benachbarten Zeilen hin- und hergewundenen Neonröhre aufgeklebt, durch deren ganze Länge sich eine Drahtspirale als gemeinschaftliche Innenelektrode erstreckt[4]. An der jeweiligen Eintrittstelle der Hochfrequenz leuchtet das Gas im Wirkspannungsgefälle des kapazitiven Stromes (dessen Frequenzabhängigkeit infolge Anwendung der Trägerschwingung wegfällt) mit hellroter Farbe auf. Die Lichtintensität ist der jeweiligen Beleuchtung der Senderphotozellen proportional, so daß das Bild mit allen seinen Halbtönen übertragen wird. Um etwaige Zündungsträgheit des Neons zu verhüten, sind die Rohrwindungen nach Abb. 41 ein wenig über den Bildrahmen hinaus verlängert; in diesen Teilen wird, durch

---

[1] D.R.P. Nr. 283165 vom 6. III. 1913, Erf. M. Schmierer; Brit. Pat. Nr. 222604 vom 26. VII. 1923, Erf. J. L. Baird und W. E. L. Day; U.S.A.-Pat. Nr. 1673828 vom 20. V. 1926, Erf. H. E. Ives; letztere beiden Patente mit Nipkow-Scheibe als Sender, Leuchtzellentafel als Empfänger.

[2] Vgl. D.R.P. Nr. 155528 vom 12. VI. 1902, Erf. O. von Bronk, Abb. 1.

[3] Symposium on Television (H. E. Ives, Frank Gray, I. W. Horton, R. C. Mathes, H. M. Stoller, E. R. Morton, D. K. Gannett, E. J. Green, E. L. Nelson), Juni 1927, als Monographie herausgegeben vom American Institute of Electrical Engineers.

[4] Der erste Vorschlag eines Zellenrasters von Neonröhren mit punktartigen, zu Zeilen aneinandergereihten Innenelektroden stammt von M. Schmierer, D.R.P. Nr. 283165 vom 6. III. 1913.

die Einfassung der Tafel verdeckt, eine konstante schwache Hilfsentladung unterhalten, die für das ständige Vorhandensein von Elektronen sorgt.

Schon bei 2500 Rasterelementen stellt aber die Glimmlichttafel des Bell-Laboratoriums eine teuere und wenig betriebsichere Vorrichtung dar (Kontaktfehler, gegenseitige Beeinflussung der hochfrequenzführenden Leitungen). Bei 16 Bildern/s sind 40000 Stromschlüsse/s zu machen. Die mechanischen und elektrischen Schwierigkeiten dieser Anordnung würden bei weiterer Verfeinerung des Rasters schnell ins Ungemessene wachsen[1]. Immerhin muß man, da der Empfang von Projektionsbildern ein als notwendig erkanntes Ziel der Entwicklung und andererseits die Zahl der denkbaren Lösungen klein ist, die Möglichkeiten der Glimmzellen im Auge behalten[2]. Hält man hierbei zunächst an der mechanischen Kommutierung von Gasentladungsstrecken fest, so ist zu prüfen, welche Grundlagen für weitere Fortschritte vorhanden sind.

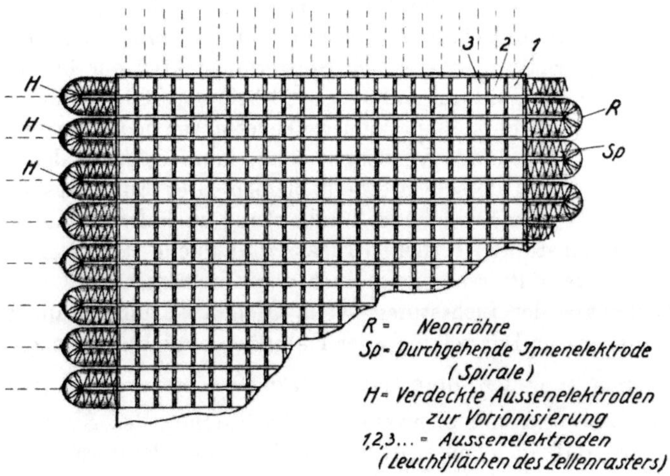

Abb. 41. In Zellen unterteilte Bildschirm-Glimmröhre des Bell-Laboratoriums.

Ruhmer dachte frühzeitig an eine flächenartige Quecksilberdampflampe, deren ebener Rückwand ein Raster von kleinen Elektromagneten genähert ist. Diese werden über einen Synchronverteiler vom Empfangsstrom erregt. Dort, wo die Kraftlinien die Entladung durchsetzen, steigt durch schraubenförmige Aufrollung der Elektronenbahnen und infolgedessen erhöhte Raumdichte der lichterzeugenden Zusammenstöße die Helligkeit ungefähr proportional mit den Amperewindungen, die ihrerseits der momentanen Bildstromamplitude proportional sind. Es ist denkbar, daß diese Methode später wieder aufgegriffen

[1] Man vergleiche hiermit die Leichtigkeit, mit der ein Weillersches Rad das masselose Lichtbündel über die Schirmfläche bewegt.

[2] J. L. Baird hat im Sommer 1930 eine Zellentafel, bestehend aus 30 Zeilen zu je 70 Miniatur-Glühlampen, vorgeführt. Diese insgesamt 2100 punktförmigen Lichtquellen wurden durch einen mit der Nipkow-Scheibe des Senders synchron laufenden Kommutator umgeschaltet. Die Helligkeitsmodulation erfolgte mittels Variation der den Lampen zugeführten Überspannung durch den Empfangsverstärker. Zur Übertragung diente eine Drahtleitung. Die Einrichtung lieferte große Lichtstärke in einen beträchtlichen Raumwinkel hinein, dürfte jedoch bei der angegebenen Zellenzahl infolge der Wärmeträgheit der Glühfäden schon nahe an der Grenze der Entwicklungsfähigkeit angelangt sein.

wird, um sie auf Grund erweiterter Einsicht in die Anregungserscheinungen bei Gasen und Dämpfen vollkommener durchzuführen. Zur Steigerung der Helligkeit (bezw. zur Verringerung der bisherigen elektrischen Momentanüberlastung der Glimmzellen) hat der Verfasser folgenden Vorschlag gemacht[1]:

Es handele sich zunächst nur um Schwarz-Weiß-Bilder. Die den einzelnen Rasterelementen entsprechenden Glimmzellen liegen sämtlich mit Anode und Kathode an einer Gleichspannung, die zwar nicht zu ihrer Zündung hinreicht, wohl aber groß genug ist, um nach Zuführung eines ionisierenden Stromstoßes über eine dritte Elektrode die gezündete Entladung aufrechtzuerhalten. Ein mit dem Geber synchron und konphas laufender Bildpunkt-Verteilungsschalter führt die Spannungsimpulse, die der Empfänger bei hellen Stellen des gesendeten Bildes erhält, den Zündelektroden zu. Die so angefachten Zellen fahren n. V. fort, zu glimmen. Erst kurz vor der nächsten Übertragung des Mosaiks unterbricht ein Gruppenschalter die Entladung vorübergehend, worauf eine neue Verteilung von Hell und Dunkel eingestellt werden kann. Bezogen auf gleiche Leistungszufuhr, erhält man so einen Steigerungsfaktor der Leuchtdichte von 2000 bei $\varrho = 2500$ Bildpunkten und von 8000 bei $\varrho = 10000$ Bildpunkten. Denn während bei dem hergebrachten Wiedergabeverfahren jedes Rasterelement nur $^1/_{2500}$ bezw. $^1/_{10000}$ der Bilddauer belichtet ist, kann es nach dem neuen Vorschlage bis zu etwa $^4/_5$ derselben erhellt bleiben. Der Empfangsverstärker hat dabei nurmehr die verschwindende Zündleistung zu liefern; die Lichtemission wird aus einer konstanten örtlichen Elektrizitätsquelle bestritten. Infolge des günstigen Sektorverhältnisses dürfte auch der Flimmereindruck verringert sein.

Zur Wiedergabe der Lichtstufen Weiß, Hellgrau, Dunkelgrau und Schwarz (die im Fernsehen zur Darstellung aller Halbtöne leidlich ausreichen) wird beim Geber die Verstärkung der Photoströme mit der Periode $\tau = \frac{3}{n}$ s (n Bildwechselfrequenz) variiert und eine Schwelle für die Tastung des Senderstromes eingeführt, derart, daß in jedem Intervall τ ein weißes Rasterelement 3mal, ein hellgraues 2mal, ein dunkelgraues 1mal und ein schwarzes 0mal zur Zündung der Glimmzellen führt. Geeignete Werte von n sind hierfür 18, 21 oder 24. Da das Auge bei der Verschmelzung auf das Zeitintegral der Beleuchtung reagiert, entsteht die gewünschte Helligkeitsskala. Es ist aber fraglich, ob die Ausbildung der notwendigen Schaltmittel glücken wird.

Sieht man von kapazitiver Erregung der Glimmzellen mit ihren aus der hohen Frequenz und Spannung resultierenden schaltungstechnischen Schwierigkeiten ab, werden also z. B. die Bildimpulse als Gleichstromstöße variabler Stärke über Innenelektroden geleitet, so kann der Aufwand an Mitteln zur Kommutierung und Leitungsverbindung, der bei der Anordnung des Bell-Laboratoriums mit ihren 2500 Kontakten äußerst unbequem erscheint, in mechanischer Hinsicht bedeutend vermindert werden. Den Weg hierzu hat schon M. Schmierer in seinem D.R.P. Nr. 229916 vom 30. IV. 1910 gewiesen. Denken wir uns das Bildfeld aus k Zeilen zu je k Rasterelementen bestehend, so genügen 2 Umschalter (*I* und *II*) zu je k Segmenten und mit je k Drähten zur Zellentafel statt eines einzigen Umschalters mit k^2 Segmenten und Zuleitungen. Es ist hierzu nach Abb. 42 nur notwendig, die Anoden der Glimmstrecken in Vertikalreihen, die Kathoden dagegen in Horizontalreihen zusammenzufassen und die

[1] D.R.P. Nr. 482800 vom 5. V. 1927 und Nr. 491104 vom 22. V. 1927, Erf. F. Schröter.

so gebildeten *k* Gruppen beider Arten an die Segmente von *I* und *II* anzuschließen. *I* steuert den zyklischen Wechsel der senkrechten Kolonnen (v_2), *II* das schnelle Wandern der Erregung über die *k* einzelnen Zellen dieser Kolonnen (v_1). Das Verhältnis der Drehzahlen muß also sein: $\nu_{II}/\nu_I = k$. Hiernach käme jedoch für den Kommutator *II* der mechanisch unmögliche Wert $\nu_{II} = n \cdot k$ heraus. Zur Abhilfe ersann Schmierer[1] den sternförmigen Rotor des Umschalters nach Abb. 43. Er hat z. B. eine Bürste weniger als der Stator Segmente aufweist (allgemein gesprochen, darf kein gemeinsamer Teiler beider Zahlen bestehen). Bei *x* Segmenten und $(x - 1)$ Bürsten genügt, wie ohne weiteres ersichtlich ist, $1/(x - 1)$ Umdrehung, um ringsherum *x* Kontakte zu machen. Ein Kommutator dieser Art an Stelle von *II* in Abb. 42 gestattet, zu normalen Tourenzahlen zu gelangen. Damit beide Umschalter zwecks Vermeidung von Übersetzungsgetrieben auf gleicher Achse sitzen können, müßte der umlaufende Stern *k* Bürsten, der Ständer $(k + 1)$ Segmente erhalten, so daß jetzt jede Vertikalreihe aus $(k + 1)$ Zellen bestände. Ein einwandfreier, keiner Abnutzung der Kontakte unterworfener Kommutator ist nach Schmierer mit Hilfe von Quecksilberstrahlen ausführbar. Solche rotierenden Schaltvorrichtungen würden natürlich auch für die Durchbildung des w. o. beschriebenen Nachleuchtverfahrens mittels Glimmzellen in Betracht kommen[2].

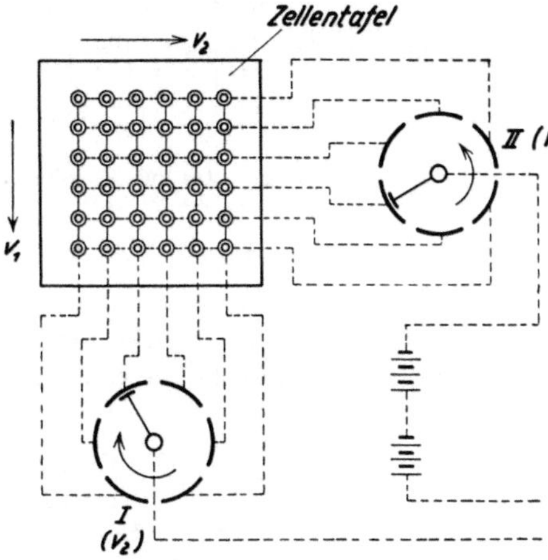

Abb. 42. Zellentafel-Gruppenschalter nach M. Schmierer.

Die Anwendung eines trägheitslosen Kathodenstrahl-Verteilers liegt nahe, in erster Linie für den schnelleren der beiden Umschaltvorgänge. Sie ist jedoch bei dem heutigen Stande der Technik noch nicht diskutabel. Ferner käme sie allein für die Kommutierung wattlos steuerbarer Lichtrelais, z. B. Kerr-Zellen, in Frage, da das Elektronenbündel, das die Rolle der umlaufenden Bürste spielt, nur sehr kleine Stromstärken zu transportieren und daher auch nur mäßige Wirkleistungen zuzuführen vermag.

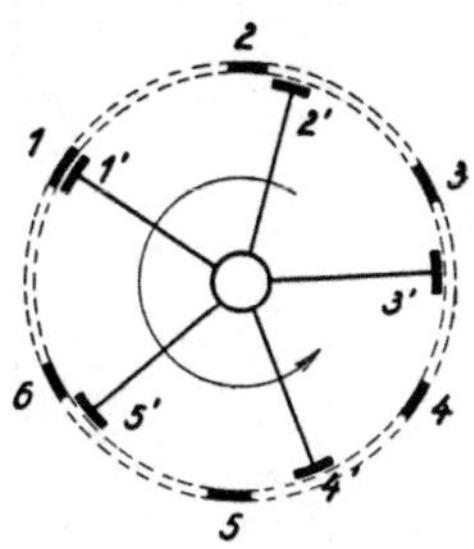

Abb. 43. Schnellschalter mit geringer Drehzahl nach M. Schmierer.

Zur Vermeidung der motorischen Kommutierung mit ihren Kontaktfehlern und Grenzen in bezug auf die Zahl der möglichen Rasterelemente will O. von Bronk[3] die Bildpunktverteilung auf rein elektrischem Wege durch sukzessive Öffnung von trägheitslosen Lichtventilen steuern, die in ihrer Gesamtheit eine Zellenreihe oder Zellentafel bilden. Nach Ansicht des Erfinders kann dieses Weiterwandern der Erregung mit definierter Zerlegungsgeschwindigkeit durch Fortpflanzung eines kurzen Impulses über Impedanzen von passend abgestufter

[1] D.R.P. Nr. 264275 vom 3. XI. 1912.
[2] Weitere Anweisungen s. in dem genannten Patent. [3] D.R.P. Nr. 450454 vom 8. VII. 1925.

Größe — etwa Kombinationen aus Ohmschem Widerstand und Kapazität — erhalten werden. Die so erzeugte Spannungswelle möge z. B. eine Zeile von aneinanderstoßenden punktförmigen Kerr-Zellen (Kap. V) durchlaufen, die nacheinander in gleichen Zeitabständen den Durchtritt für ein polarisiertes Strahlenbündel freigeben. Am Sender fällt dieses Bündel, nach Maßgabe der jeweils abgetasteten Helligkeit mehr oder weniger geschwächt, auf eine Photozelle, am Empfänger wird seine Intensität vor dem Passieren der Kerr-Zellen-Reihe durch die ankommende Modulation mittels eines zusätzlichen Lichtrelais gesteuert[1]. Für die zweite Komponente der Zerlegung käme ein rotierendes Spiegelprisma in Frage. Die Kerr-Zellen können einfach als ein vielpoliger Elektrodenkamm von der Länge der Bildzeile ausgeführt werden (Abb. 44; $\mathfrak{R}_1$, $\mathfrak{R}_2$, $\mathfrak{R}_3$ ... sind komplexe Widerstände abgestufter Größe; 1, 2, 3 ... die den einzelnen Rasterelementen der Bildpunktreihe entsprechenden elektrostatischen Felder, deren Spitzenwerte der Feldstärke sich mit der Geschwindigkeit v_1 längs der Zeile fortpflanzen sollen).

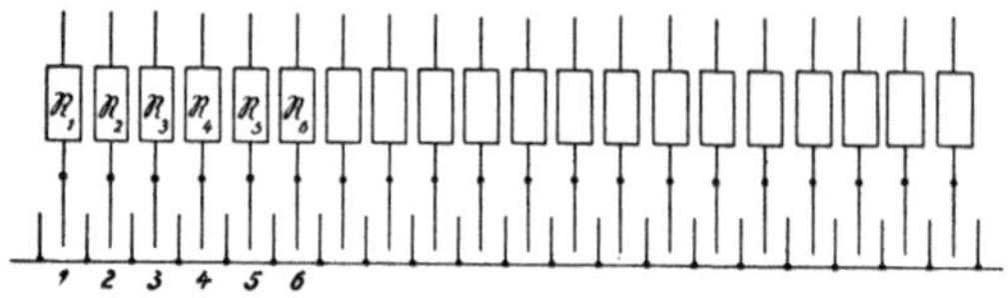

Abb. 44. Zeilenraster aus Kerr-Zellen nach O. von Bronk.

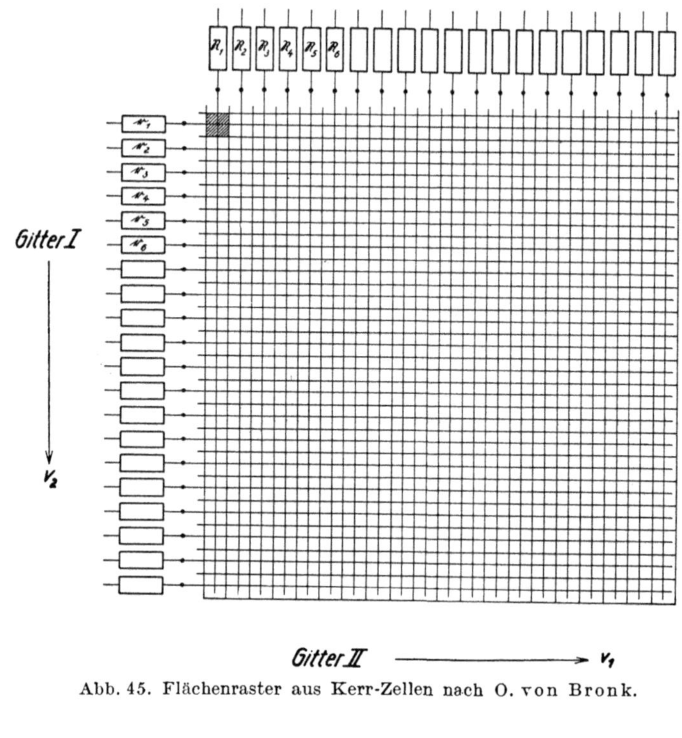

Abb. 45. Flächenraster aus Kerr-Zellen nach O. von Bronk.

Auf der Empfängerseite sind die Kerr-Zellen in einem späteren Vorschlage v. Bronks durch folgende Anordnung ersetzt worden: Der Wanderimpuls bestimmt die phasenverschobenen Zündmomente einer Reihe von punktförmigen Glimmlampen (Kap. V), deren Entladungsstrom und Helligkeit von der Sendermodulation, d. h. von der jeweils herrschenden Spannung am Ausgange des Verstärkers, geregelt wird.

Grundsätzlich kann das Verfahren der rein elektrischen Zeitsteuerung auch für zweidimensionale Zerlegung, d. h. für flächenhafte Zellenraster, angewandt

[1] Ein zusätzliches Lichtrelais wäre entbehrlich, wenn die den einzelnen Kerr-Zellen zugeführten phasenverschobenen Aufhellungsimpulse selber in ihrer Amplitude vom Sender her moduliert werden könnten.

werden. Man kann z. B. die Kerr-Elektroden gemäß Abb. 45 als rechtwinklig gekreuzte Gitter *I* und *II* mit den abgestuften Serienimpedanzen $\mathfrak{R}_1$, $\mathfrak{R}_2$, $\mathfrak{R}_3$ . . ., $\mathfrak{r}_1$, $\mathfrak{r}_2$, $\mathfrak{r}_3$ . . . ausbilden. Da diese Gitter im optischen Strahlengange hintereinander geschaltet sind, ist Aufhellung nur in der Schnittfläche der gerade erregten Felder möglich. Gitter *I* gibt den Durchtritt des gesteuerten Lichtes längs der ganzen übertragenen Zeile frei, Gitter *II* schneidet aus dieser der Reihe nach die einzelnen Rasterelemente aus (der schraffierte Teil stellt die Fläche eines Bildpunktes dar). Die elektrische Spannungswelle liefert vermittels Gitter *II* die Komponente der Zeilenauflösung (v_1), vermittels Gitter *I* die Komponente des Zeilenwechsels (v_2). Wir haben hier das vollständige Analogon des motorisch kommutierten Zellenfeldes nach Abb. 42 vor uns.

So geistvoll diese Erfindung der elektrisch erzeugten Zeitverschiebungen ist, so wenig Aussichten bestehen für ihre Verwirklichung. Nach dem heutigen Stande der Technik ist eine genügend scharfe und invariante Festlegung so vieler abgestufter Impedanzen ausgeschlossen; abgesehen hiervon ist die Gesamtschaltung in ihrer Funktion ungeheuer kompliziert und problematisch. Im Falle eines Glimmlampenrasters tritt dazu die Veränderlichkeit der Gasstrecken in bezug auf Zündspannung und Entladeverzug, eine charakteristische Eigenart, die selbst die vollkommenste elektrische Abgleichung der Impedanzglieder illusorisch machen würde.

Die Helligkeit polarisierten Lichtes kann in durchsichtigen Körpern nicht nur durch magnetische und elektrische Felder (Kap. V), sondern auch durch elastische Spannungen gesteuert werden. Gewisse Kristalle, die von Natur aus nicht doppelbrechend sind, werden es durch Dehnung oder Zusammendrückung. Hierzu gehört der Bergkristall oder Quarz. Aus diesem Stoff in bestimmter kristallographischer Orientierung geschliffene Stäbe oder Platten werden piëzoelektrisch zu stehenden elastischen Schwingungen von hoher Frequenz angeregt, wenn der Takt des auf sie wirkenden elektrischen Wechselfeldes mit einer der mechanischen Eigenfrequenzen des Kristalls übereinstimmt[1]. Infolge der dabei auftretenden Doppelbrechung (die an schwingenden amorphen Körpern, z. B. Glas, schon von Biot beobachtet wurde) hellt der zwischen gekreuzten Nicols eingeschaltete Quarz ein Lichtbündel um so mehr auf, je kräftiger seine elektrische Erregung ist. Diese Erscheinung wurde von Hartley zur Modulation polarisierten Lichtes ausgenutzt[2].

O. von Bronk will nun auch derartige Zeilen- oder Kreuzgitterraster aus Quarzleisten zur ein- oder zweidimensionalen Bildzerlegung benutzen[3]. Er führt die aufhellende Frequenz nacheinander den einzelnen Kristallen zu, so daß das Bildfeld mit Hilfe der wandernden Durchlässigkeit genau wie bei den früher besprochenen Verteilern abgetastet bezw. zusammengesetzt werden kann. Die Fortpflanzung der Aufhellung soll ferner bei Anwendung der piëzoelektrischen Zerlegungsmethode noch auf eine zweite Art möglich sein: Die

---

[1] Cady, A Piezo-Electric Method for Generating Electric Oscillations of Constant Frequency; Phys. Rev. (2), Bd. 19 (1922) S. 381.

[2] U.S.A.-Pat. Nr. 1565566 vom 25. VI. 1923. Das natürliche optische Drehungsvermögen des Quarzes kann dabei nach F. Michelssen durch einen zweiten, unerregten Kristall mit entgegengesetzter Drehung aufgehoben werden, um störende Farbumschläge bei weißem Lichte zu vermeiden.

[3] D.R.P. Nr. 451304 vom 19. III. 1926 und spätere Zusatzpatente (Clausen und von Bronk).

Quarzstäbe sind, in ihren Eigenfrequenzen (und damit in ihren Längen) gleichmäßig abgestuft, zu einem Zeilengitter aneinandergefügt und sämtliche zur Erregung dienenden Elektrodenpaare parallelgeschaltet. Diesem System wird — vom Sender übertragen oder am Empfänger selbständig erzeugt — eine schnell und beiderseits synchron veränderliche Frequenz zugeführt. Hierdurch läuft der Punkt der Aufhellung in gleicher Phase über die gerade abgetastete bezw. nachgebildete Zeile, indem die Kristalle der Reihe nach in Resonanz geraten. Polarisator und Analysator können — wie übrigens auch bei dem weiter vorn beschriebenen Kerr-Zellen-Raster — sämtlichen Elementen der Bildfläche gemeinsam sein.

Zur gedanklichen Verwirklichung des vorstehenden Entwurfes könnte nun z. B. ein Kreuzraster aus je k parallelen Quarzleisten dienen, deren piëzoelektrische Erregung durch 2 k verschiedene Frequenzen bewirkt wird[1]. Das eine System hellt das Bildfeld wiederum in ganzen Zeilen auf, das senkrecht dazu stehende zerlegt diese Zeilen in Rasterelemente. Ein weiteres Kennzeichen dieses Fernsehers ist die Entbehrlichkeit eines getrennten Lichtrelais zur Hell-Dunkel-Steuerung im Empfangsbilde. Grundsätzlich kann nämlich die Erregerwechselspannung des Kristallrasters selbst in ihrer Amplitude durch den Photostrom moduliert werden, wodurch sich die örtlich veränderliche Helligkeit unmittelbar ergibt, wenn man durch die Zerlegeranordnung gegen ein gleichmäßig leuchtendes Feld blickt.

Das sämtlichen Vorschlägen von O. v. Bronk gemeinsame Ziel, Beseitigung aller mechanischen Maschinen zum Betreiben von Strom- oder Lichtverteilern,

---

[1] Der Anwendung derartiger Zerlegermethoden steht das geringe natürliche Dekrement der elastischen Quarzschwingung entgegen, dem die außerordentliche Resonanzschärfe $\sim 0{,}1\,‰$ entspricht. Dies bedeutet, daß die Resonanzamplitude im Abstande $\Delta\nu_r = \nu_r \cdot 10^{-4}$ von der Eigenfrequenz ν_r auf das 0,7fache, die Intensität der Erregung also auf das $0{,}7^2$fache (den Halbwert) sinkt. Nach einem allgemeinen Gesetz ist dann die Einschwingzeit des Kristalls

$$t = \frac{1}{2\,\Delta\,\nu_r}.$$

Bei Quarzstäben von einigen cm Länge ist die Größenordnung für ν_r 10^5 Hz; also die Einschwingzeit $\sim {}^1/_{20}$ s. Bei $\varrho = 2500$ und 16 Bildern/s sind aber zur unverfälschten Auswertung jedes Rasterelementes nur ${}^1/_4 \cdot 10^{-4}$ s Durchlaßdauer zulässig. Innerhalb dieser kurzen Zeit wäre selbst mit den höchsten Spannungen, die die Vorrichtung verträgt (abgesehen von der Notwendigkeit, die vom Sender übertragenen Wechselspannungen am Empfänger soweit zu verstärken), nur eine sehr geringe Doppelbrechung des Kristalls zu erzwingen. Nun kann man dessen Schwingung mechanisch oder elektrisch dämpfen. Damit wächst die Resonanzbreite und sinkt die Einschwingdauer. Muß die Amplitude der Erregerfrequenz ν_r des Kristalls innerhalb $< {}^1/_4 \cdot 10^{-4}$ s eingeschaltet werden, so bedeutet dies eine Modulation mit $> \pm 2 \cdot 10^4$ Hz. Für eine Zeile mit 50 Quarzen müßte somit ein Frequenzbereich $> 2 \cdot 10^6$ Hz in Anspruch genommen werden, um durch genügende Trennung der Resonanzgebiete zu verhindern, daß mehr als 1 Element zu gleicher Zeit merklich erregt wird, d. h. die Aufhellungszone infolge Mitschwingens von Nachbarelementen unscharf und verbreitert erscheint. In Anbetracht des Wellenmangels wäre es ausgeschlossen, ein solches Frequenzband für eine einzige drahtlose Übertragung auszustrahlen. Ferner würde hierfür eine Mehrzahl von verschieden abgestimmten Sendern und Empfängern unumgänglich nötig sein. Eine naheliegende Möglichkeit zur Ausschaltung dieser Hindernisse bestände freilich darin, das breite Band der wechselnden Erregerfrequenzen des Kristallrasters nicht selbst zu übermitteln, sondern es in der Empfangsvorrichtung durch einen eigenen Generator örtlich zu erzeugen, wobei lediglich dafür zu sorgen wäre, daß die Variation der Abstimmung synchron mit derjenigen beim Geber erfolgt. Die dazu notwendigen Mittel erscheinen jedoch bei dem heutigen Stande der Technik zu verwickelt und teuer.

würde natürlich nur bei zweidimensionaler Zerlegung erreicht werden. Denn bei der Punktreihenmethode muß ja für die zweite Koordinate ein motorisch gedrehter Spiegel oder ein äquivalentes optisches Mittel vorhanden sein, um Zeile nach Zeile des Sendebildes in die Abtastlinie zu entwerfen bezw. die Lichtpunktlinie am Empfänger zu einer Fläche auszuziehen.

Die letzte hier zu besprechende Möglichkeit zur Kommutierung eines Zellenrasters bietet das durch elektrische oder magnetische Ablenkwechselfelder bewegliche Kathodenstrahlenbündel der Braunschen Röhre. In der normalen Ausführung dieser Röhre, deren Anwendung als Fernsehempfänger im folgenden Abschnitt behandelt wird, erregt der Elektronenstrahl beim Aufprallen auf die Phosphorschicht das seinem Querschnitt entsprechende Rasterelement unmittelbar zum Leuchten; hierdurch erübrigt sich eine zellenartige Unterteilung der Bildfläche. Dient die Röhre dagegen, wie nachstehend gedacht, als Sendegerät, so tritt an die Stelle des Leuchtschirmes ein photoaktives Zellenmosaik, welches im Prinzip die darauf entworfene, zu übertragende Hell-Dunkel-Verteilung mit Hilfe der kleinsten diskreten Wandlerorgane in ein elektrisches Abbild überzuführen und letzteres durch den Punkt für Punkt abtastenden Kathodenstrahl zur Modulation der Trägerschwingung auszuwerten gestattet.

Das erste Projekt dieser Art rührt von Campbell-Swinton[1] her: Das zu sendende Bild wird auf eine aus winzigen, isolierten Kaliumphotozellen zusammengesetzte Rasterfläche entworfen, der eine gemeinsame Absaugelektrode gegenübersteht. Die lichtelektrische Wirkung erzeugt eine Raumladung von emittierten Elektronen, deren Dichte von Zelle zu Zelle entsprechend der einfallenden örtlichen Bildhelligkeit schwankt. Die zwischen der Absaugelektrode und der gerade vom Kathodenstrahl getroffenen, stark negativ aufgeladenen Zelle entstehende Potentialdifferenz bringt einen der Belichtung des betr. Punktes proportionalen Photostrom zum Fließen. Er steuert die Lumineszenz auf dem Leuchtschirm einer als Empfänger dienenden Braunschen Röhre nach Rosing[2], deren Elektronenbündel synchron und konphas mit demjenigen am Sender über die Bildfläche bewegt wird.

Diesem weder in elektrischer noch in quantentheoretischer Beziehung einwandfreien, übrigens niemals verwirklichten Vorschlage sind später ähnliche gefolgt (Schoultz, Séguin, Zworykin, Sabbah, von Codelli, von Tihanyi u. a.)[3]. Der gemeinsame Gedanke ist, das zu übertragende Bild als Ganzes auf die lichtelektrische Fläche zu projizieren und dort in eine konforme Verteilung elektrischer Größen, wie Leitfähigkeit oder Aufladepotential, umzuwerten (die Entwürfe der letztgenannten Art, bei denen die gegeneinander isolierten Zellen selber als Kapazitäten wirken oder mit solchen verbunden sind, lassen außer Acht, daß die schließlich resultierende Spannungsdifferenz eine Funktion der Wellenlänge, nicht der Intensität des einwirkenden Lichtes ist). Durch den wandernden Elektronenstrahl wird nun die von ihm Punkt für Punkt abgetastete Leitfähigkeits- oder Potentialverteilung in Schwankungen des inneren

---

[1] Nature, Heft vom 18. VI. 1908. [2] S. folgenden Abschnitt.

[3] Vgl. Ferns. Bd. 1 (1930) S. 175—179 u. S. 296—302 (Aufsätze von A. Neuburger und W. Friedel); Franz. Pat. Nr. 539613 vom 23. VIII. 1921, Erf. E. G. Schoultz; Brit. Pat. Nr. 255057 vom 13. VII. 1925, Erf. V. K. Zworykin; Franz. Pat. Nr. 577530 vom 8. II. 1924, Erf. M. M. Séguin; U.S.A.-Pat. Nr. 1694982 und 1706185 vom 27. V. 1925, Erf. C. Sabbah; U.S.A.-Pat. Nr. 1691324 vom 13. VII. 1925, Erf. V. K. Zworykin.

Widerstandes — des Kathodenbündels selbst oder einer besonderen Entladestrecke — umgeformt. Diese Schwankungen dienen nach gehöriger Verstärkung zur Modulation der Trägerschwingung. Man kann die genannten Vorrichtungen in zwei Arten unterteilen: 1. Zellenraster mit Ausnutzung der lokalen Emission von Photoelektronen, insbesondere in Form von Kaliumflächen; 2. Zellenraster aus lichtempfindlichem Widerstandsmaterial (Selen, Metallsulfide) mit Ausnutzung der von Ort zu Ort veränderlichen Leitfähigkeit (Sabbah, Pollak, Rieger)[1].

Eine Umkehrung der Einrichtungen gemäß 1. rührt von M. Dieckmann und R. Hell her[2]: Das von der Projektion des Bildes auf eine zusammenhängende Kaliumfläche ausgehende Elektronenbündel wird als Ganzes abgesaugt. Lenkt man es durch gekreuzte elektrische oder magnetische Felder in einer engen Zickzacklinie hin und her, so wird eine in seinen Weg gestellte punktförmige Anode nacheinander von Querschnittsteilen veränderlicher Stromdichte getroffen, die der örtlich verschiedenen, vom Lichte ausgelösten Elektronenmenge entsprechen. Auf diese Weise wird die Helligkeitsverteilung durch den Verlauf der im Anodenstromkreise auftretenden Entladungsstärke elektrisch wiedergegeben. Allerdings bleibt die Diffusion der Elektronen in gashaltigen Röhren hierbei unberücksichtigt. Im Hochvakuum wäre die exakte „Abbildung" der bildgetreuen Emissionsverteilung in die Ebene der Abtastanode nach dem heutigen Stande der Technik wohl denkbar. Man würde sich dazu der in Abschnitt L unter 2 genannten Mittel („Elektronenlinsen") bedienen, müßte aber angesichts der geringen Elektronenströme sekundäre Verstärkungseffekte zu Hilfe nehmen.

Keine der genannten Kathodenstrahl-Abtastvorrichtungen hat in absehbarer Zeit Aussicht auf Verwirklichung, da die vakuumtechnischen Schwierigkeiten außerordentlich groß und die Mittel zu ihrer Überwindung noch nicht entwickelt sind. Weder die Kalium-, noch die Selenraster sind bei der hohen Zahl einzelner Zellen mit homogen verteilter Anfangsempfindlichkeit geschweige denn gleichförmiger zeitlicher Veränderlichkeit derselben herstellbar, abgesehen von der den meisten Entwürfen anhaftenden technischen Komplikation oder mangelnden physikalischen Stichhaltigkeit. Wir können das Eingehen auf diese Vorschläge dennoch durch Hervorheben einer Möglichkeit von außerordentlicher Bedeutung rechtfertigen: Diejenigen Anordnungen, die eine Speicherung der Lichtwirkung mit Hilfe der Kapazität der Einzelzellen einwandfrei gestatten, bei denen also die Steuerwirkung das Zeitintegral des Lichteffektes über $1/n$ s ist (z. B. $n = 16$), stellen für die Übertragung von Bildern normaler Helligkeit mit feinem Raster vielleicht die einzige erreichbare Zukunftslösung dar. Sie sind für den Sendevorgang grundsätzlich überlegen, sobald angesichts der großen räumlichen Abmessungen bezw. der Tiefe des Bildfeldes der wandernde Abtastlichtpunkt (s. später) nicht mehr anwendbar ist, sondern eine verkleinerte, flächenhafte optische Abbildung der Szene zerlegt werden muß. In diesem

[1] Ferns. Bd. 1 (1930) S. 296—302 und Dtsch. Patentanmeldung R 74351, VIII/21a vom 14. IV. 1928, Erf. O. Rieger.

[2] D.R.P. Nr. 450187 vom 5. IV. 1925; sehr ähnlich von G. E. Roberts vorgeschlagen, Ferns. Bd. 1 (1930) S. 296—302, ferner von T. Farnsworth, Ferns. Bd. 2 (1931) S. 125 bis 127, der die „Abbildung" der von den einzelnen Flächenelementen emittierten Elektronenbündel in die Ebene der Zerlegung durch eine Sammelspule erreichen will.

Falle läßt sich zwar die Lochscheibenmethode (etwa wie in Abb. 53) bei hellem Tageslicht bis zu $\varrho \sim 2500$ noch durchführen; aber die in der Photozelle erhaltenen elektrischen Signalamplituden liegen dann bereits an der Grenze der Verstärkungsmöglichkeit. Bei weitergehender Unterteilung des maximal erfaßbaren Lichtstromes ($\varrho > 2500$) und besonders bei künstlicher Beleuchtung der Szene versagt jedoch die gedachte Abtastung mittels Lochscheiben und selbst diejenige mittels Spiegelrädern. Das Zellenrasterverfahren mit kommutierendem Kathodenstrahl und Speicherung eröffnet hier einen neuen Weg, der vielleicht einmal beschritten werden muß, falls es nicht gelingt, den photoelektrischen Wirkungsgrad der anderen Methoden durch Ausnutzung neuer Erscheinungen beträchtlich heraufzusetzen.

L. Die Braunsche Röhre als Fernsehempfänger.

Die physikalischen Prinzipien der Braunschen Röhre dürfen als bekannt vorausgesetzt werden, da sie zur Registrierung der Kurvenform schnell veränderlicher Ströme oder Spannungen weitgehende Anwendung und Durchbildung erfahren hat. Bei den modernen Typen mit hochgradiger Gasleere werden die Elektronen von einer Glühkathode geliefert. Sie bedürfen dann nur einiger 100 V bis weniger 1000 V Beschleunigungsspannung, um durch die kanal- oder blendenartig ausgebildete Anode hindurch als scharf begrenztes, dünnes Bündel in das Ablenkfeld zu treten. Beim Auftreffen auf den Leuchtschirm erzeugen sie durch Umsatz ihrer kinetischen Energie in Strahlung einen sehr intensiven Lichtfleck. Dieser läßt sich zu einer gleichmäßig hellen Fläche ausbreiten, wenn man die unter 90^0 gekreuzten Ablenkplatten oder -spulen mit Wechselspannungen bezw. -strömen verschiedener Frequenz und geeigneter Kurvenform beschickt, die den Kathodenstrahl in beiden Koordinaten in Pendelungen versetzen und ihn so nach Abb. 46 periodisch in engen Wellenlinien oder besser in gleichsinnigen Zeilen über den Leuchtschirm wandern lassen. Das Verhältnis jener Frequenzen ist gleich der Zeilenzahl k. Gelingt es außerdem, z. B. durch elektrostatische Felder, die Helligkeit des Lichtflecks von Punkt zu Punkt trägheitsfrei zu verändern, ohne seine Schärfe und Phase relativ zum Sender in Mitleidenschaft zu ziehen, so stellt die Braunsche Röhre in der gedachten Ausführung ein ideales Bildpunktverteilungsorgan und zugleich ein Lichtrelais dar, das mit einem Mindestmaß von Leistung für beide Vorgänge, räumliche Zuordnung und Intensitätsbeeinflussung der Rasterelemente, zu arbeiten erlaubt.

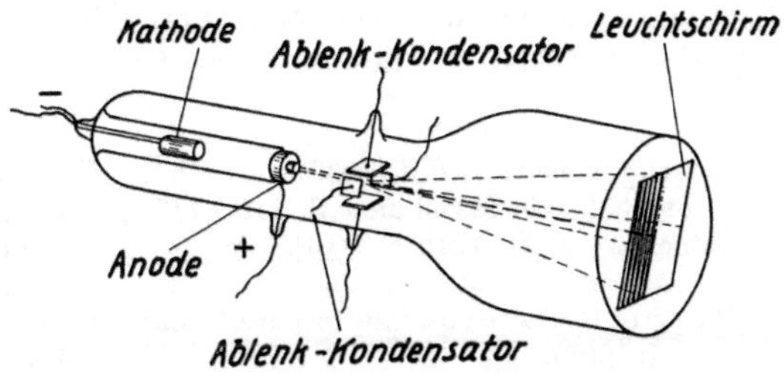

Abb. 46. Prinzip des Fernsehempfanges mit Braunscher Röhre.

Die offenbaren, grundsätzlichen Vorzüge dieser masselos gesteuerten Einrichtung zur Bildsynthese sind: 1. Wegfallen aller mechanischen Antriebsvorrichtungen, daher völlig lautloser Betrieb; 2. geringster Leistungsverbrauch für Bewegung und Modulation des Kathodenstrahlenbündels, daher kleinster Verstärkeraufwand; 3. Möglichkeit, die Lage- und die Helligkeitssteuerung des

Bildpunktes in einem einzigen Apparat zu vereinigen; 4. keine Reflexions-, Absorptions- und Aperturverluste durch kombinierte Optiken; 5. ideale räumliche Lichtverteilung des Schirmbildes; 6. Aufbau der Röhre aus durchweg einfachen und billigen Elementen; 7. begründete Aussicht, durch nachleuchtende Schirmsubstanzen die sekundliche Bildfolge — unter Verzicht auf die Fernsichtbarmachung allzu schneller Bewegungen — flimmerfrei bis auf $n < 16$ herabzusetzen und dadurch bei gegebenem Frequenzbande die Bildpunkte zu vermehren (die höchste zu übertragende Modulationsfrequenz ist $n \cdot \varrho/2$); 8. Möglichkeit beliebiger Änderung der Rasterzahl ϱ bei einer und derselben Röhre, daher größte Anpassungsfähigkeit an die weitere Entwicklung.

Aus diesen Gründen hat die Braunsche Röhre in den Fernseherfindungen seit jeher eine bedeutende Rolle gespielt. Wenn auch die meisten Patentvorschläge niemals verwirklicht worden sind, haben doch einige Forscher, vor allen A. Dauvillier und in neuerer Zeit V. K. Zworykin, M. von Ardenne, A. Karolus u. a., praktische Erfolge erzielt, die zu positiven Erwartungen berechtigen. Die Mannigfaltigkeit der die Kathodenstrahlenröhre als Empfänger verwendenden Systeme geht aus der nachstehenden Übersicht hervor. Sie zeigt, welche verschiedenen Wege zu diesem Zwecke am Sender eingeschlagen wurden.

System:	Sender:
1. Rosing [s. Ferns. Bd. 1 (1930) S. 5; Chr. Ries: Sehende Maschinen S. 115—117. München: J. C. Huber 1916].	Unter 90° gekreuzte Spiegelpolyeder, die das zu übertragende Bild über eine vor der Photozelle befindliche Punktblende bewegen.
2. Campbell-Swinton (Nature, Heft vom 18. VI. 1908).	Photozellenraster mit Abtastung durch einen Kathodenstrahl, der die Fläche synchron und konphas mit dem Empfänger überfährt.
3. Nicolson (U.S.A.-Pat. Nr. 1470696 vom 7. XII. 1917).	Durch magnetisches Drehfeld bewegter Spiegel, der das abzutastende Bild in einer Spirale über die Photozellenblende führt.
4. Dauvillier (s. Die Radiotechnik Bd. 5, Heft 10, S. 93—94. Wien 1928).	Zwei durch Stimmgabeln bewegte, senkrecht zueinander schwingende Spiegel steuern die Wanderung eines abtastenden Lichtpunktes über die Bildfläche.
5. Dieckmann (D.R.P. Nr. 420567 vom 29. VIII. 1924).	In beiden Koordinaten schwingender Spiegel (gekippter Oszillographenspiegel nach von Mihály).
6. Valensi (Franz. Pat. Nr. 577762 vom 29. XII. 1922 und Nr. 572716 vom 3. I. 1923). (Einrichtung zum Gegensehen.)	Zwei gegenläufig rotierende Schlitzscheiben, deren eine mit einem Zickzackspalt, deren andere mit einem exzentrischen Kreisspalt versehen ist[1].
7. Sabbah (U.S.A.-Pat. Nr. 1694982 und Nr. 1706185 vom 27. V. 1925).	Ähnlich wie Campbell-Swinton.
8. Zworykin (Radio Engineering, Dezemberheft 1929, S. 38).	Nur für Filmabtastung. Schwingender Oszillographen-Hohlspiegel, der den Abtastlichtpunkt in der gleichen Zeile hin- und herbewegt.
9. Belin u. Holweck [Comptes Rendus Bd. 184 (1927) S. 518—530].	Ähnlich wie Dauvillier.

[1] Die Scheibenpaare werden auf beiden Stationen durch je einen Synchronmotor angetrieben, auf dessen Achse ferner ein Generator für die beiden Ablenkfrequenzen der eigenen Braunschen Empfängerröhre sitzt. Hierdurch ist die Phasenübereinstimmung der beiderseitigen Bildzerlegungen für Senden und Empfangen bei Gleichphasigkeit der beiden Synchronmotoren von selbst gesichert.

Die mechanisch-optischen Bildsender werden für die Anwendung der Braunschen Röhre als Empfänger ihre Bedeutung lange Zeit bewahren, da ihr Ersatz durch einen Kathodenstrahlenabtaster vorläufig nur beschränkt in Frage kommt. Für die Übertragung eines Filmes kann man allenfalls den bewegten Lichtfleck vom Schirm der Röhre optisch verkleinernd, und daher mit ausreichender Wirkung, auf die zu zerlegende Fläche von nur 18 mm × 24 mm abbilden, hinter der sich die Photozelle befindet[1]. Aber für die Abmessungen räumlich-lebender Sendeobjekte ist die mit Bogenlampe und vergrößernder Projektion arbeitende, durch Abb. 54 veranschaulichte Methode des wandernden Lichtpunktes aus Intensitätsgründen heute noch unentbehrlich; sie macht die Beibehaltung der Lochscheiben oder Spiegelräder notwendig. Die hiermit verbundene Auflösung des Bildfeldes in gleichsinnig durchlaufenen Zeilen läßt die Herstellung einer entsprechenden synchronen Bewegung des Kathodenstrahles als ein wichtiges, später zu behandelndes Problem erscheinen.

Die planmäßige Entwicklung der Braunschen Röhre als Fernsehempfänger wurde durch Dauvillier vor wenigen Jahren begonnen. Die ersten brauchbaren lebenden Bilder erhielt V. K. Zworykin. Er verwendet ein Rohr mit Oxydkathode (H in Abb. 356), die von einem zur elektrostatischen Helligkeitssteuerung dienenden Metallzylinder (C) umschlossen ist. Vor der axialen Austrittsöffnung sitzt eine röhrenförmige Sauganode (A_1). Die Elektronen gelangen durch diese als Bündel mit 300 V bis 400 V Geschwindigkeit in die Ablenkfelder (SS, MM) und danach in einen größeren Raum, in welchem sich außer einer ringähnlichen, der Wand anliegenden Beschleunigungsanode (A_2) der Fluoreszenzschirm (L) von etwa 4″ × 5″ Fläche befindet. Er ist mit grün leuchtendem Willemit (mineralischem Zinksilikat) bedeckt und durch ein besonderes Verfahren leitend gemacht, um die statischen Ladungen abzuführen. Die konstante Zusatzspannung der zweiten Anode beträgt 3000 V bis 4000 V, um gute Helligkeiten zu erzielen. Zworykin benutzt für die eine Koordinate der Verschiebung ein elektrisches, für die andere ein magnetisches Feld. Die Bildpunktfrequenz sowie die beiden Ablenkungsfrequenzen werden über den gleichen Kanal gesendet und empfangsseitig durch Filterketten voneinander getrennt. Der Schirm luminesziert kräftig genug, um das Fernbild selbst in einem mäßig beleuchteten Raume erkennen zu lassen. Im Vergleich zu einem mittels Nipkow-Scheibe erzeugten Bilde soll das Flimmern gering sein.

Für die Weiterentwicklung zu einer auch bei größeren Flächen noch ausreichende Helligkeit liefernden und der Verfeinerung des Rasters weiten Spielraum lassenden Empfangsröhre bestehen im wesentlichen drei Aufgabenkomplexe:

1. Erhöhung der Lumineszenzintensität.
2. Einengung und scharfe Begrenzung des Lichtfleckes.
3. Präzise Lagen- und Helligkeitssteuerung des Bildpunktes.

1. Die Erhöhung der Lumineszenzintensität: Der Bildpunktverteilungsmechanismus der Braunschen Röhre gestattet in idealer Weise die Konzentration der gesamten gesteuerten Leistung auf das einzelne Rasterelement. Zwischen dieser Leistung und der erzeugten Leuchtdichte B besteht nach P. Lenard die Beziehung:

[1] Vgl. M. von Ardenne: Ferns. Bd. 2 (1931) S. 67.

$$B = \mu \cdot j \cdot (V - V_0) \text{ Stilb},[1]$$

(μ Materialkonstante, j Stromdichte des Strahls, V Anodenspannung, V_0 Schwellspannung der Fluoreszenz). Hiernach kann B sowohl durch höhere Spannungen als auch durch stärkere Emission (j) heraufgesetzt werden. Indessen ist bei Phosphoren, in Anbetracht der begrenzten Zahl erregbarer Zentren des Leuchtstoffes, jene Beziehung über gewisse Sättigungswerte der Helligkeit hinaus nicht mehr gültig, abgesehen von der Gefahr rascher Zerstörung des Materials bei so heftiger Elektronenbeschießung. Dieser Gefahr könnte man allerdings begegnen, indem man den Kathodenstrahl niemals an einer einzigen Stelle verharren, d. h. die Beschleunigungsspannung immer erst auftreten läßt, nachdem die Ablenkwechselspannungen eingeschaltet sind.

Für einen *ZnS-Cu*-Phosphor (Gieselsches Zinksulfid) fand M. Knoll[2] bei $V = 80$ kV und $j = 0{,}0072$ mA/cm² $B = 3$ Stilb und $\mu = 5{,}2$ HK/W.

Infolge der Sättigung der Kathodolumineszenz gilt, wie M. von Ardenne[3] gezeigt hat, nicht ohne weiteres das arithmetische Verdünnungsgesetz der Helligkeit

$$B_1 \cdot a_2^2 = B_2 \cdot a_1^2,$$

worin a_1 und a_2 die Seitenlängen der als quadratisch vorausgesetzten Felder bezeichnen, über die der Lichtfleck auf dem Schirm durch die Ablenkspannungen verstreut wird, und B_1, B_2 die entsprechend zugeordneten Leuchtdichten. Vielmehr nimmt die Fluoreszenzintensität, von den bei kleiner Fläche gemessenen Werten ausgehend, langsamer ab, als man nach vorstehendem Gesetz erwarten sollte, ein für die Erzielung größerer und trotzdem heller Bilder günstiger Umstand.

Während für oszillographische Zwecke eine nicht merklich nachleuchtende Schirmsubstanz erforderlich ist — meist wird dafür das blau lumineszierende, zugleich photographisch sehr wirksame Kalziumwolframat (im arsenfreien Zustande) verwendet — kommen für den okularen Fernsehempfang bevorzugt solche Stoffe in Frage, deren Erregung verlangsamt abklingt und hauptsächlich im Gelbgrün, der Gegend optimaler Reizempfindlichkeit des Auges (555 $\mu\mu$), liegt. Manganhaltiges Zinksilikat, Borstickstoff, Kadmiumwolframat sowie andere, komplexe Radikale enthaltende Verbindungen der Metalle in den hinteren Gruppen des periodischen Systems liefern in diesem Spektralbereich besonders intensive Leuchterscheinungen, ohne Ermüdung zu zeigen, sofern der Wasserdampf aus der Röhre völlig entfernt ist. Das Nachleuchten darf bis zu $1/n$ s währen. Durch Vermengen mit komplementär phosphoreszierenden Materialien läßt sich eine fast weiße Lichtfarbe hervorrufen. Z. B. verwendet M. von Ardenne hierzu Kalziumwolframat mit geringen Zusätzen von Zinksilikat, Schleede und Körner blau leuchtendes kupferfreies Zinksulfid in Mischkristallen mit orangefarben leuchtendem Kadmiumsulfid. Man kann ferner die primäre Strahlung einer zwar blau oder violett, aber mit hohem energetischen Wirkungsgrade leuchtenden Substanzschicht zur Anregung eines dicht dahinter gestellten sekundären Schirmes benutzen, der aus einer durchsichtigen, grün bis gelb phosphoreszierenden Masse (z. B. einem Tiedeschen Borsäureluminophor

[1] Ann. d. Phys. Bd. 12 (1903) S. 466; Ernst, H. W.: Ann. d. Phys. Bd. 82 (1927) S. 1051—1076.

[2] Vgl. ZS. f. techn. Phys. Bd. 12 (1931) S. 61.

[3] Ferns. Bd. 1 (1930) S. 193—202.

mit passender Abklingdauer) besteht. Dadurch findet unter gleichzeitiger Farbkorrektur eine teilweise Umwandlung des dem Auge weniger hell erscheinenden Lichtes in solches von stärkerer photometrischer Reizwirkung statt[1].

Einen quantitativen Anhaltspunkt für die auf dem Bildschirm erzielbaren Lichtstärken geben Messungen, die A. Schleede 1928 mit Unterstützung von Telefunken an einer Oxydkathodenröhre durchgeführt hat. Die Leuchtdichte einer normalen Kinoprojektionsfläche ist ungefähr 0,001 Stilb. Ein Zinksulfid-Kupfer-Phosphor, der eine Abklingzeit von weniger als $^1/_{100}$ s hatte, ergab für ein Feld von 25 cm^2 den 20. Teil der genannten Leuchtdichte, wenn die Stromstärke 10^{-4} A und die Beschleunigungsspannung 400 V betrug. Da es möglich gewesen wäre, auf $0{,}5 \cdot 10^{-3}$ A und 2000 V hinaufzugehen, so hätte die Helligkeit einer Kinoleinwand erreicht werden können. Dies bestätigen spätere photometrische Untersuchungen von M. von Ardenne, der an Kadmiumwolframat zwischen 2300 V und 4000 V noch vielfach größere Werte erhielt. Er fand bei Anwendung dieses Schirmpräparates die Gesamtintensität des Lichtflecks zu maximal 3 HK[2], was unter Zugrundelegung eines Quadrates von 5 cm Seitenlänge einer Leuchtdichte von 0,12 Stilb entspräche. Schleede konnte neuerdings mit Hilfe der w. o. genannten Zink-Kadmiumsulfidgemische die Lumineszenzstärke des Kadmiumwolframates fast verzehnfachen. Es ist also möglich, das Schirmbild sogar erheblich vergrößert zu projizieren, ohne die Helligkeit der Wiedergabe auf zu geringe Beträge herabzusetzen.

Höhere Wirkungsgrade der Umwandlung von Kathodenstrahlenergie in Licht (bisher bei den in Betracht kommenden Spannungen maximal etwa 3 bis 10%) sind zwar theoretisch möglich, praktisch ist aber noch kein Weg dazu erschlossen. Man könnte z. B. beim Studium der in Betracht kommenden Präparate die Erfahrungen aus verwandten Gebieten, z. B. aus der Chemilumineszenz, heranziehen (gekoppelte Anregungsvorgänge). Ferner ist eine Steigerung des lokalen Leistungsumsatzes durch hochfrequentes „Auslöschen" oder „Ausleuchten" der Lichtsumme[3] des Phosphors mittels elektrischer Felder vorstellbar. Der Zeitbedarf für die weitgehende Anregung einer äußerst dünnen Oberflächenschicht des Materials scheint bei höheren Beschleunigungsspannungen von der Größenordnung $< 10^{-6}$ s zu sein. Es wäre also theoretisch denkbar, während der für den einzelnen Bildpunkt zur Verfügung stehenden Dauer sein Flächenelement bis zu einer gewissen Eindringtiefe mehrmals abwechselnd zu erregen und auszuleuchten, wodurch mit dem Leistungsumsatz auch die Helligkeit steigen müßte[4].

---

[1] Schröter, F.: Ferns. Bd. 1 (1930) S. 8. [2] Ferns. Bd. 2 (1931) S. 65f.

[3] Die Lichtsumme ist die gesamte bei der Erregung gespeicherte, während der Abklingdauer vom Phosphor abgegebene Strahlung. Sie wird beim Ausleuchten momentan unter hellem Aufblitzen ausgetrieben.

[4] Die Anwendung infraroter Strahlen zur Ausleuchtung eines gespeicherten Phosphoreszenzbildes ist in dem U.S.A.-Pat. Nr. 1648058 vom 25. XI. 1925, Erf. R. D. Parker, beschrieben. Parker bezweckt damit die Beseitigung des Flimmerns, das bei der visuellen Verfolgung des normalen Aufbaues eines Fernsehbildes aus aneinandergereihten Zeilen entsteht. Durch eine mit dem senderseitigen Abtaster identische, synchrone Spiegelzerlegeroptik wird das Empfangsbild unsichtbar auf eine endlose Bandschleife, die mit einer phosphoreszierenden Schicht überzogen ist, aufgeprägt. Zur Belichtung dient dabei eine vom Sender gesteuerte Quecksilberdampflampe. Die Bandschleife wandert schrittweise an einem Betrachtungsfenster vorbei, das in einem späteren Zeitpunkt geöffnet

2. Einengung und scharfe Begrenzung des Lichtflecks. Das durch die kanal- oder blendenartig gestaltete Sauganode austretende Elektronenbündel kann durch ein magnetisches Feld, dessen Achse mit dem Strahl gleichgerichtet ist, scharf fokusiert werden. Dieses von E. Wiechert eingeführte Hilfsmittel der Magnetostriktion ist bei den modernen Hochleistungsröhren zur Untersuchung von extrem schnellen Ausgleichsvorgängen, Wanderwellen u. dergl. von W. Rogowski und seinen Mitarbeitern, ferner von L. Binder, von M. Knoll u. a. mit großem Erfolge weiter entwickelt worden. Der Effekt beruht auf den elektrodynamischen Kraftwirkungen und wurde in letzter Zeit von H. Busch[1] eingehend untersucht. Busch wies nach, daß die Elektronenaustrittsblende durch die Konzentrationsspule auf den Schirm nach Gesetzen „abgebildet“ wird, die mit den Linsenformeln der geometrischen Optik übereinstimmen. Neben der Magnetostriktion kann man die Elektrostriktion mittels einer die Kathode zylindrisch umgebenden Wehnelt-Jentzschschen Bündelungselektrode, die auf einem bestimmten negativen Potential gehalten wird, zur Strahlbildung heranziehen. Die Technik der elektrostatischen Bündelung, für welche, analog der magnetischen, die geometrisch-optischen Sätze sinngemäß gültig sind, befindet sich noch in der experimentellen und theoretischen Entwicklung und dürfte in Zukunft für die scharfe Abbildung punktförmiger Elektronenquellen auf den Leuchtschirm wichtig werden. In jüngster Zeit bedient man sich bei den mit relativ langsamen Elektronen arbeitenden Oxydkathodenröhren der Raumladungsstriktion, die durch Hineinbringen von schweren Edelgasen unter $^1/_{100}$ mm bis $^1/_{1000}$ mm Druck oder durch Quecksilberdampf unter etwa $^1/_{1000}$ mm bis $^3/_{1000}$ mm hervorgerufen wird (bisweilen als „van der Bijl-Effekt“ bezeichnet). In dieser Weise hat Johnson[2] den Kathodenstrahloszillographen der Western Electric Co. ausgebildet. Das ohne magnetische oder elektrische Hilfsfelder in der Schirmebene völlig scharfe Elektronenbündel (Knotenstrahl) bewahrt seine Form dank der Raumladung der im Gase erzeugten, wenig beweglichen positiven Ionen, die der natürlichen Diffusion der Elektronen elektrostatisch entgegenwirken. Dauvillier verwendete Xenon, dessen schwere positive Ionen noch träger sind als diejenigen des meist gebräuchlichen Argons. Er erkannte auch zuerst die Notwendigkeit, freiwerdende Gasreste zu entfernen, da diese den Striktionseffekt leicht zerstören, und brachte zu diesem Zweck metallisches Kalzium in die Röhre ein. Im D.R.P. Nr. 488933 vom 9. VIII. 1925, Erf. W. Espe (Siemens-Schuckert-Werke A.G.) wird angegeben, daß schon $^1/_{2000}$ mm Teildruck von nachträglich auftretenden Verunreinigungen schädlich wirkt: zur Beseitigung derselben und zur Konstanthaltung des Gesamtdruckes wird ein Wandbelag von Kalzium oder Magnesium vorgeschlagen. Daß durch den Raumladungseffekt des Argons

wird. Hierbei wird die Gesamtheit aller Bildpunkte durch Infrarotbestrahlung gleichzeitig zum Aufhellen gebracht. Dieses Verfahren könnte für die normale Fernsehübertragung in der Weise modifiziert werden, daß man ein Intervall einführt, nach welchem das auf einem feststehenden Schirm in Zeilen aufgebaute Phosphoreszenzbild durch kurzzeitige Infrarotexposition ausgelöscht wird. Es entsteht dann jedes Bild gewissermaßen zweimal, wodurch das Flimmern ebenfalls vermindert werden könnte (vgl. Kap. III).

[1] Busch, H.: Phys. ZS. Bd. 26 (1925) S. 509; Ann. d. Phys. Bd. 81 (1926) S. 974; Arch. f. Elektrot. Bd. 18 (1927) S. 583.

[2] Johnson, J. B.: Phys. Rev. Bd. 17 (1920) S. 420; Journ. Opt. Soc. Amer. Bd. 6 (1922) S. 701; ferner Buchta, J. W.: Journ. Opt. Soc. Amer. Bd. 10 (1925) S. 581.

eine völlig scharfe Konzentration des Kathodenstrahls erreichbar ist, die über die lange Laufstrecke zwischen Anode und Fluoreszenzschirm auch bei großer Stromdichte unvermindert fortbesteht und ebensowenig durch schnelle Hin- und Herlenkung aufgehoben wird, beweisen die modernen, für Meßzwecke konstruierten Röhren, z. B. diejenigen von M. von Ardenne (vertrieben von der Firma E. Leybolds Nachf., Köln a. Rh.), mit denen die Aufnahmen der Abb. 47 und 48 erhalten wurden[1]. Besonders überzeugend aber wirken in jener Hinsicht die gashaltigen Fadenstrahlenröhren von E. Brüche und W. Ende, denen es gelang, mit Elektronen zwischen 50 V und 300 V Geschwindigkeit

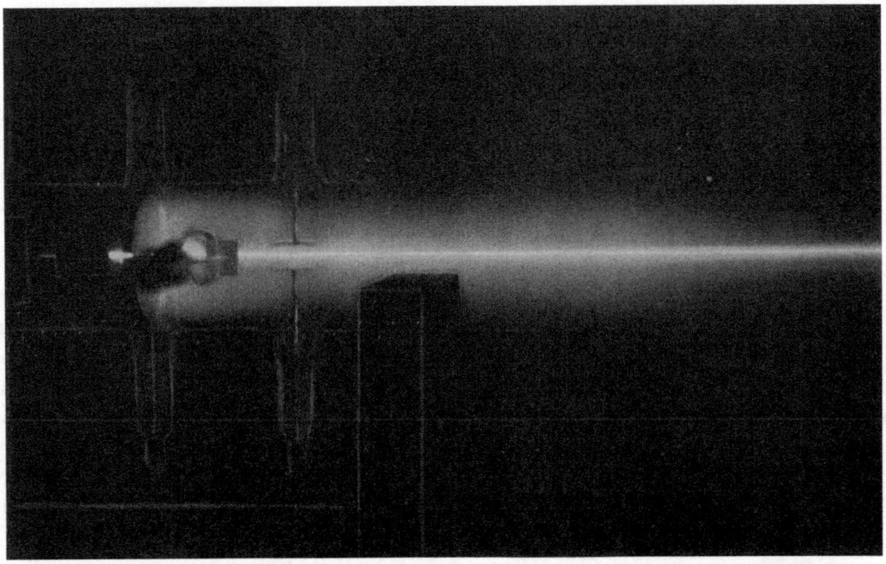

Abb. 47. Kathodenstrahl einer gashaltigen Braunschen Röhre nach M. von Ardenne.

bei beliebigen Krümmungen scharf bleibende Strahlenbündel von nur $^1/_2$ mm bis 1 mm Durchmesser auf Längen über 1,5 m herzustellen. Brüche erklärt die Formbeständigkeit des Strahls mit Hilfe einer ihn schlauchartig umgebenden negativen Raumladung ausgewanderter Elektronen[2]. Um einen für lichtstarke Bilder genügend hellen Lichteffekt zu liefern, müßte ein solcher Fadenstrahl mit mehr als 300 V beschleunigt werden, z. B. durch ein zweites Feld in Reihe mit dem ersten. Dies tritt bei einer Röhre nach Abb. 356 ein, wenn sie mit richtigem Gasdruck arbeitet. Da die nachstehend unter 3. behandelte elektrostatische Helligkeitsmodulation dann im schwächeren Vorfelde stattfindet, sinkt ihr Spannungsbedarf. Alternativ müßte man gemäß der Lenardschen Gleichung bei mäßiger Spannung und erhöhtem Gasdruck die Stromstärke des abgesaugten Elektronenbündels möglichst groß zu machen suchen. Der

[1] Mit freundlicher Genehmigung von M. von Ardenne dessen Aufsatz in Ferns. Bd. 1 (1930) S. 193—202 entnommen.

[2] Vgl. Forschung und Technik, im Auftrage der Allgemeinen Elektricitäts-Gesellschaft herausgegeben von Prof. Dr. W. Petersen. Berlin: Julius Springer 1930, S. 23—46. Dort findet der Leser auch eine ausgezeichnete Literaturzusammenstellung über das ganze Gebiet der Erforschung und technischen Verwendung langsamer Elektronenstrahlen.

Knoten wird mit wechselnder Teilchendichte zwar verlagert; doch gelingt es bis zu einigen 1000 V, bei Verwendung groß dimensionierter Schirme ein Verhältnis von $^1/_{10000}$ und darunter zwischen dem lumineszierenden Fleck und der gesamten bestrichenen Fläche zu wahren. Eventuell wäre für die Modulation die Zuhilfenahme magnetischer Fokusierung zur Erzwingung eines scharfen Lichtpunktes in Betracht zu ziehen.

Für die Bündelung des Elektronenstromes scheint in den gashaltigen Röhren der Kathodenfall eine maßgebende Rolle zu spielen. Es steht fest, daß in der Bahn des schwach leuchtenden Strahles sich ein dichter Strom positiver Ionen auf die Emissionsquelle der Elektronen zu bewegt; die vor der Kathode liegende Doppelschicht liefert durch das hohe elektrische Gefälle eine starke Richtkraft längs der Achse der Entladung, der die Teilchen folgen. Obwohl die Kraftlinienkonfiguration in dem gesamten Elektrodensystem noch ungeklärt ist, haben zahlreiche Versuche eindeutig bestätigt, daß es für die Erzielung eines scharfen Bündels auf genaue Dimensionierung und Lage der Konzentrationselektrode relativ zur Kathode ankommt, womit zugleich der Durchgriff des Anodenfeldes festgelegt ist. Die hierfür geltenden quantitativen Bedingungen sind empirisch bekannt. Ferner ist, insbesondere bei fremdbeheizter Kathode, die Vermeidung störender Emissionsflächen, die sich auf Kathodenpotential befinden, von ausschlaggebender Bedeutung. Diese Elektronenquellen werden nämlich auf den Leuchtschirm mit „abgebildet“ und verhindern dadurch die Erzielung eines scharfen Lichtfleckes. Gut bewährt hat sich eine über die erhitzte Oxydschicht gestellte Blende, die durch geschickte Anbringung auf so niedriger Temperatur bleibt, daß ihre metallische Oberfläche trotz der Aktivierung durch zerstäubtes Oxyd nicht merklich emittieren kann.

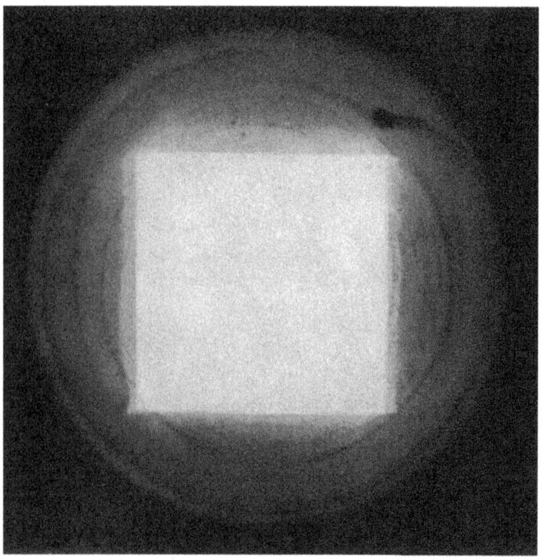

Abb. 48. Lumineszierende Bildfläche auf dem Leuchtschirm einer Braunschen Röhre.

Auf Grund dieses Standes der Entwicklung darf als gesichert gelten, daß die notwendige Definition des Rasterelementes in der Kathodenstrahlenröhre auch bei sehr feinen Auflösungen ($\varrho \gtreqless 10000$) und bei großen Anregungsenergien beherrscht wird.

3. Steuerung von Helligkeit und Lage des Lichtpunktes. A. Für die Helligkeitsmodulation allein bestehen verschiedene Möglichkeiten. Bei den älteren, wenig evakuierten Röhren mit selbständiger Entladung von einer kalten Kathode aus variierte man die elektrostatische Ablenkung oder die magnetische Striktion des Strahls vor dem Passieren einer Blende, so daß der Elektronenschwarm mehr oder weniger zurückgehalten wurde. Der jeweils durchkommende

Teil sollte dann eine entsprechende Intensität auf dem Leuchtschirm erzeugen. Bei den neueren Braunschen Röhren mit höherem Vakuum und Glühelektronenemission kann die Stromstärke des Bündels durch das von F. Skaupy (D.R.P. Nr. 349838 vom 28. XI. 1919) zwischen Kathode und Anode eingefügte Steuergitter beeinflußt werden, das wie bei einer Verstärkerröhre wirkt. Dieser Steuerelektrode sollen die Spannungen der empfangenen Bildströme zugeführt werden, um die gewünschten Schwankungen in der Helligkeit des Lichtflecks hervorzurufen[1]. An ihre Stelle tritt neuerdings ein den Glühfaden zylinderartig umgebendes, auf passendem Ruhepotential befindliches Metallrohr (Wehnelt-Zylinder).

Die vorstehende Steuerung erfüllt jedoch ihren Zweck nicht vollständig: Der auf die Anode mit variabler Ladungsdichte (j) zufliegende Elektronenschwarm erhält nämlich, vermutlich infolge sekundärer Effekte im Gase und im Felde, keinen absolut konstanten Potentialzuwachs. Er verändert dementsprechend auch seine endgültige Geschwindigkeit (v) merklich. (Die Stromdichte ist $j \cdot v$.) Besonders gilt dies für große Saugspannungen, die man im Interesse heller Leuchteffekte anwendet. Die räumliche Ablenkung des Bündels und damit die Bewegung des Lichtpunktes auf dem Schirm ist nun aber von v abhängig. Senkrecht zur Richtung x des Strahles ist sie bei elektrischem Felde und Eintritt parallel zu den Platten gegeben durch:

$$y = \frac{\varepsilon \cdot \mathfrak{E}}{m} \cdot (x/v)^2 ,$$

(ε Ladung, m Masse, v Geschwindigkeit des Elektrons, $\mathfrak{E}$ Betrag der elektrischen Feldstärke), während unter dem Einfluß einer magnetischen Feldstärke vom Betrage $\mathfrak{H}$ die Elektronen einen Kreis vom Radius

$$r = mv/\varepsilon\mathfrak{H}$$

beschreiben. Es sind also y und r Funktionen von v. In der genannten Weise ist es also nicht möglich, die Helligkeit des Lichtflecks durch eine Art Gitter zu steuern, ohne infolge einer gewissen Inkonstanz von v zugleich seine Lage und seine durch die Streuung von v bedingte Gestalt und Ausdehnung merkbar zu ändern; d. h. die Zuordnung der Bildpunkte ist dann nicht mehr völlig eindeutig und scharf[2]. Es gilt also, j, aber möglichst nicht v zu beeinflussen. Man hat hierzu die Anwendung von elektrischen Hilfsfeldern wie auch von speziellen Anordnungen mit sekundärer Elektronenemission vorgeschlagen. Eine brauchbare Lösung ist auf diesem Wege jedoch noch nicht gelungen. Es muß nämlich zugleich die Bedingung erfüllt werden, daß im Gesamteffekt zwischen der

---

[1] Nach den hier angegebenen Methoden sind Röhren hergestellt worden, die lediglich als trägheitsloses Lichtrelais, d. h. zur Beeinflussung der Helligkeit eines Lichtpunktes konstanter räumlicher Lage dienen sollen. Z. B. arbeitet M. Schmierer in seinem D.R.P. Nr. 234583 vom 10. IV. 1910 mit elektrischer oder magnetischer Bewegung des Kathodenstrahls, der nur dann den Leuchtschirm an der vorgesehenen Stelle erreicht, wenn ein ankommendes Signal ihn an einem Auffänger vorbeilenkt. O. Bothe (D.R.P. Nr. 470239 vom 29. III. 1925) verwendet die Kathodolumineszenz einer mit Steuergitter nach Skaupy versehenen Röhre für Tonfilmaufnahmen, wobei die Elektronen den Leuchtschirm durch eine schlitzförmige Anode hindurch erregen. Praktische Bedeutung haben diese Vorschläge jedoch bisher für Bildübertragung nicht erlangt; sie sind daher auch in Kap. V unberücksichtigt geblieben.

[2] Vgl. von Ardenne, M.: Ferns. Bd. 1 (1930) S. 193—202; Bd. 2 (1931) S. 173—178; Bd. 3 (1932) S. 18—29.

Gitterspannung und der Helligkeit eine lineare Beziehung besteht, um alle Zwischenstufen der Intensität unverzerrt wiederzugeben.

M. von Ardenne (l. c.), V. K. Zworykin u. a. haben daher zunächst die Unvollkommenheiten der einfachen elektrostatischen Raumladungssteuerung in Kauf genommen und versucht, die Bildfehler durch geschickte Anordnungen zu verkleinern. In der Ardenne-Röhre wird der abgesaugte Elektronenstrom durch Variation der negativen Vorspannung des Wehnelt-Zylinders dosiert, der die Glühkathode umgibt. Hierbei wirkt der Zylinder teilweise als Auffänger für positive Ionen und schützt so die emittierende Oxydschicht gegen zerstörendes Bombardement. Die positiven Ionen, die durch Anprall der zur Anode fliegenden Elektronen gegen die Moleküle des Füllgases entstehen, halten das Bündel elektrostatisch zusammen, und da ihre Konzentration mit der Stärke des gesteuerten Elektronenstromes schwankt, ändert sich auch der Bündelungsquerschnitt und dementsprechend der die Anodenöffnung passierende Querschnittsanteil. Die Ergebnisse dieser Anordnung sind bei den einzelnen Röhren verschieden; die scharfe Einstellung des Lichtpunktes auf dem Leuchtschirm bleibt nicht immer gewahrt, sobald die Spannung am Wehnelt-Zylinder moduliert wird. Ein weiterer Mangel besteht darin, daß das Intervall der Modulationsspannung infolge enger Grenzen der richtigen Ionendichte beschränkt ist. M. von Ardenne hat deshalb die Raumladungssteuerung schließlich aufgegeben und ist zu einer besonderen Form der Ausblendsteuerung mittels elektrostatischer Querablenkung übergegangen.

Der zur Vorkonzentration dienende Wehnelt-Zylinder hat jetzt ein konstantes negatives Potential in bezug auf die Kathode. Der infolgedessen stets scharf gebündelte Strahl wird durch eine zwischen Kathode und Anode seitlich angebrachte Modulationselektrode schräg abgebogen und dadurch relativ zur Anodenöffnung ein wenig verschoben. Eine sehr geringe elektrische Kraft (Größenordnung der Spannung einige 10 V) genügt, um den die Blende passierenden Anteil zwischen Null und Maximum zu steuern. Zugleich kann man den Steuersinn, je nach Wahl der Ruhelage des Strahles zur Durchlaßöffnung, willkürlich positiv oder negativ machen. Da die Schrägstellung des in den Verteilerraum eintretenden Bündels Koordinatenfehler des Lichtpunktes hervorrufen würde, durchläuft es hinter der Anode noch einen „Nachkonzentrationszylinder", dessen Potential in bezug auf die letztere negativ ist. Die elektrostatische Kraftwirkung dieser Anordnung biegt den Strahl wieder in die Achse zurück. Noch vollkommener wird die Richtungskorrektur neuerdings mit Hilfe einer zweiten Querfeldelektrode erreicht, die zwischen Anode und Nachkonzentrationszylinder, jedoch auf der anderen Seite des Strahles, eingeschaltet ist und zum Zwecke der Kompensation der ersten Ablenkung ebenfalls und in gleicher Phase mit der Steuerspannung beschickt wird. Den Gesamtaufbau der Elektroden zeigt Abb. 49; ganz rechts ist der die Kathode umhüllende Wehnelt-Zylinder sichtbar, dann folgen nach links anschließend die Modulationselektrode, die Anode mit kleinem Rohransatz, die Kompensationselektrode in diametraler Stellung zur ersten Querfeldplatte, der Nachkonzentrationszylinder und endlich die Plattenpaare für die Bildpunktverteilung. Diese Anordnung arbeitet so genau, daß bei 10000 Rasterelementen keine Lagenfehler (Zeilenausbuchtungen) mehr zu erkennen sind. Eine Übertragungsprobe, die $\varrho = 9000$ entsprechen soll, gibt Abb. 359 wieder.

Ähnlich der vorstehend beschriebenen Methode verwendet W. Schütz bei seinem Fernseh-Kathodenoszillographen ein zwischen zwei Blenden eingeführtes Querfeld. Zur Konzentration des Bündels dienen eine Vor- und eine Hauptstriktionsspule. Die Helligkeitssteuerung soll völlig linear sein.

Von weiteren Vorschlägen zur Umgehung oder Beseitigung der durch den funktionellen Zusammenhang zwischen Helligkeits- und Lagensteuerung bedingten Schwierigkeiten führen wir nachstehend eine Auslese an, welche die Mannigfaltigkeit der Erfinderarbeit auf diesem Gebiete zeigen soll:

a) A. Karolus benutzt die Braunsche Röhre lediglich als Bildpunktverteiler. Die Bewegung des Strahls erfolgt synchron mit der Zerlegung am Sender. Bei konstanter Beschleunigungsspannung werden sämtliche Flächenelemente des Leuchtschirmes gleichmäßig intensiv erregt. Zwischen Schirm und Auge ist ein trägheitsfreies Lichtrelais, z. B. eine Kerr-Zelle, eingeschaltet, die vom Empfangsstrom gesteuert wird. Durch diese hindurch sieht man dann jeden Bildpunkt mit der ihm zukommenden Helligkeit (D.R.P. Nr. 478864 vom 1. I. 1928). Die Einbuße an Licht ist jedoch infolge der Verluste in der Kerr-Optik erheblich.

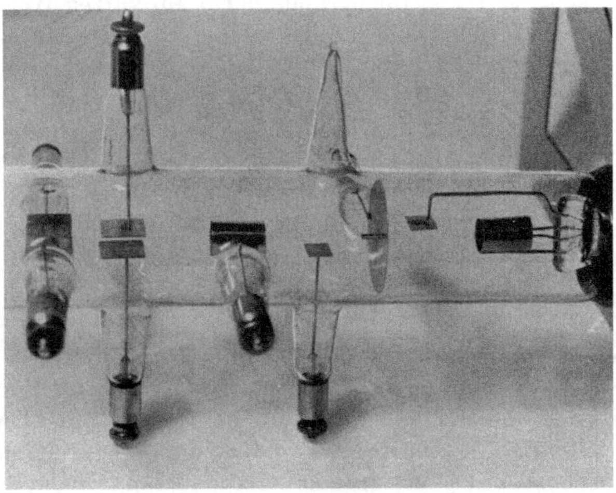

Abb. 49. Ansicht der Kathodenstrahlröhre nach M. von Ardenne.

b) O. Scheller und C. Lorenz A.G. wollten für Meßzwecke, zur Erzielung guter Helligkeit ohne Minderung der Ablenkempfindlichkeit, die Röhre so ausführen, daß die mit mäßiger, konstanter Spannung angetriebenen Elektronen zunächst die ablenkenden Felder durchlaufen und erst ganz dicht vor dem Schirm einem stärkeren Beschleunigungsfelde ausgesetzt werden, das ihre kinetische Endenergie und damit die ausgelöste Lichtintensität vergrößert, ohne die Lage des Auftreffpunktes noch merklich beeinflussen zu können. Unmittelbar vor der leitfähig gemachten Leuchtfläche ist eine Netzelektrode angeordnet, deren Potentialdifferenz in bezug auf die erstere die Helligkeit regelt und im Falle des Fernsehens vom Empfangsverstärker zu steuern wäre (D.R.P. Nr. 349334 vom 10. II. 1920). Der Vorschlag von Scheller-Lorenz erscheint nur realisierbar, wenn man das Durchgreifen des zwischen Netz und Schirmfläche angelegten Modulationsfeldes in den Raum zwischen Netz und Strahlanode durch ein Schirmgitter verhütet, da anderenfalls die Striktion des Strahles zerstört wird.

c) W. Ilberg will die Elektronen mit konstantem Felde beschleunigen, aber die auf den einzelnen Bildpunkt entfallende Einschaltzeit des Feldes variieren, so daß das Bombardement jedes Rasterelementes einen größeren oder kleineren Bruchteil der höchsten dafür verfügbaren Dauer währt. Im Auge muß dann nach dem Talbotschen Gesetz, wonach die Intensität durch das Zeitintegral der Helligkeit bestimmt ist, eine entsprechende Abschattierung resultieren (Dtsch. Patentanmeldung T 37990 VIII/21a vom 11. XII. 1929). Zur Durchführung dieses Verfahrens muß natürlich eine Umformung der von der Photozelle gelieferten Amplitudenmodulation vorhergehen (s. Kap. VIII). Dies läßt sich beim Empfänger durch Überlagerungsschaltungen, ähnlich der in Kap. VIII auf S. 341 beschriebenen, erreichen; wenn jedoch die mit der gedachten Methode verbundene Verbreiterung des Frequenzbandes nicht als störend angesehen wird, kann die Umsetzung gleich am Sender erfolgen. Der maximale Antennenstrom wird dann während der für einen Bildpunkt durch ϱ und n gegebenen Zeitspanne $1/n\varrho$ auf kürzere oder längere Dauer getastet. Die dazu notwendige Schaltung wird von der Ausgangsspannung des Bildstromverstärkers gesteuert. Dieses für Fernbildschrift auf kurzen Wellen mit Rücksicht auf deren Schwunderscheinungen entwickelte Sendeverfahren findet hier nach Ilberg sinngemäß Anwendung, um die Ungenauigkeiten der Helligkeitsmodulation zwischen Kathode und Anode zu umgehen („Zeitmodulation").

d) Nicht mit dem vorstehenden Entwurf zu verwechseln ist derjenige von R. Thun, der einen ganz neuen, jedoch für die Empfängerseite bereits von B. Rosing in seinem D.R.P. Nr. 244746 vom 2. III. 1911 vorgezeichneten Weg im Fernsehen beschreiten will („Liniensteuerung"[1]; s. auch Kap. III). Nach Thun wird zur Variation der Helligkeit ein Lichtpunkt von konstanter Intensität mit veränderlicher Geschwindigkeit über die Bildfläche geführt, so daß, wiederum nach dem Talbotschen Gesetz, an Stellen schneller Bewegung dunklere Gesichtseindrücke resultieren als an Stellen langsamer Bewegung. Für die Durchführung dieses Verfahrens ist auf der Empfängerseite die Braunsche Röhre wohl allein geeignet, weil im Gegensatz zu allen mechanischen Bildpunktverteilern die Ablenkgeschwindigkeit des masselosen Kathodenstrahlenbündels beliebig sprunghaft geändert werden kann. Dadurch nun, daß die Beschleunigungsspannung der Elektronen zwischen Anode und Kathode und mit ihr die Helligkeit des Lichtflecks stets konstant bleiben soll, würde der Thunsche Gedanke die hier zur Rede stehende Problemstellung der Braunschen Röhre als Fernsehempfänger glatt ausschalten.

e) D. Prinz (Telefunken) will die Röhre durch amplitudenverkehrten (negativen) Bildstrom wie folgt steuern: Ein Strahl von konstanter Elektronengeschwindigkeit wird, ehe er durch die zentrale Öffnung einer Blende in die Ablenkfelder und weiterhin zum Leuchtschirm gelangt, zwischen zwei unmittelbar mit der modulierten Hochfrequenz beschickten Querfeldplatten in transversale Schwingungen versetzt. Er kann infolgedessen nur während des Durchlaufens seiner Mittellage die Blendenöffnung passieren und die Bildfläche treffen. Stellt $A \sin \omega t$ die Pendelung dar, so ist $A\,\omega \cos \omega t$ die Schnelligkeit der Hin- und Herbewegung, die ihr Maximum $A\,\omega$ im Augenblick der axialen Lage des Strahles erreicht. Die Zeitdauer seines Hindurchtretens durch die Blende und damit die in dem betr. Punkte wahrgenommene Helligkeit sind also der vom Sender ausgestrahlten Amplitude umgekehrt proportional, und es entsteht ein positives Bild (Sonderausführung der Zeitmodulation nach c), Dtsch. Patentanmeldung 21g T 1437.30 vom 15. XII. 1930). Schwierigkeiten sind von der

[1] Thun, R.: Ferns. Bd. 1 (1930) S. 267–273.

endlichen Apertur der Blende zu erwarten, die zu Verzerrungen der kleinen Ausschläge, d. h. der hellsten Tönungen, führen könnte. Eine spätere Abänderung der Erfindung geht daher vom positiv gesendeten Bilde aus und regelt die Durchlaßdauer des Kathodenstrahles durch Gegeneinanderschaltung der gleichgerichteten Hochfrequenzspannung mit einer einseitig zickzackförmigen Hilfsspannung im Querfelde. Die Zeitschritte, während deren die resultierende Ablenkung so gering ist, daß der Strahl den Bildschirm trifft, wachsen dann proportional der jeweiligen Amplitude der ankommenden Hochfrequenz.

f) Ein komplizierteres Prinzip, die sog. „Kompensationsmethode", ist von K. Schlesinger angegeben worden[1]. Schlesinger setzt veränderliche Strahlgeschwindigkeiten in einer mittels Gitter zwischen Kathode und Anode gesteuerten Röhre voraus. Die dadurch bei der Helligkeitsbeeinflussung bedingte Punktverschiebung wird durch Zusatzspannungen an den Ablenkplatten ausgeglichen. Diese Zusatzspannungen können durch Kollektorpotentiometer oder durch Gegentaktröhrenschaltungen gewonnen werden. Über die zu erfüllenden mathematischen Beziehungen s. die Originalabhandlung.

B. Die Lagensteuerung des Bildpunktes erfolgt in der Braunschen Röhre, wie schon w. o. erwähnt, entweder durch eine sinus-, besser zickzackförmig hin- und hergehende Lichtfleckbewegung (etwa nach Abb. 39) oder nach dem praktisch bedeutend wichtigeren Schema der stets im gleichen Sinne durchlaufenen Zeilen. Für letzteren Fall gilt folgendes:

Mit Rücksicht auf die konstante Winkelgeschwindigkeit des beim Sender vorausgesetzten Zerlegers (Lochscheibe, Spiegelrad) muß die Lichtfleckverschiebung auf dem Bildempfangsschirm in beiden Koordinaten der Zeit t proportional sein. D. h., die Spannung muß von einem Anfangswert E_1 ausgehend linear mit t zunehmen und bei einem dem Ende der Zeile bezw. der Querablenkung entsprechenden Höchstwert E_2 auf E_1 zurückspringen. Dieses Spiel muß sich im richtigen Takte wiederholen. E_1 und E_2 definieren also die Randlagen des Lichtflecks: für beide Richtungen besteht ein solches Wertepaar (im speziellen Falle kann E_1 Null sein). Die Erfüllung dieser Bedingungen ist auf zweierlei Weise möglich:

a) durch rotierende Synchrongeneratoren,

b) durch ruhende elektrische Schaltungen.

Bei Methode a) wird ein mit der Senderseite in Tritt gehaltener Motor, wenn auch nur von kleinster Leistung und Abmessung, benötigt. Dieckmann und Glage schlagen z. B. in ihrem D.R.P. Nr. 190102 vom 12. IX. 1916 eine Potentiometeranordnung vor, die mit Hilfe der Rotation eines Kontaktes über einen ringförmigen Spannungsteiler jene periodischen, mit der Zeit linear verlaufenden Spannungsanstiege hervorbringen soll. Streng genommen erhält man dabei infolge der Diskontinuität des Schaltvorganges eine treppenförmige Ablenkkurve. Eleganter ist eine Lösung von A. Karolus (Dtsch. Patentanmeldung 21a K 273.30 vom 15. VII. 1930): Eine synchron umlaufende Scheibe enthält nahe am Rande einen Kranz von ebensoviel dreieckförmigen Ausschnitten, wie das Bild Zeilen hat. Beim Vorbeirotieren dieser Durchbrechungen vor einer linearen Lichtquelle (beleuchteter Spalt) wächst von der Spitze nach der Basis des Dreiecks zu die durchgelassene, auf eine Photozelle wirkende

[1] Ferns. Bd. 1 (1930) S. 202—209.

Lichtmenge proportional mit der Zeit. Dann fällt die Belichtung plötzlich für die Dauer eines kurzen Abblendungsintervalls auf Null, bis der nächste Ausschnitt beginnt. Folglich ist der erzeugte Photostrom die gewünschte Zeitfunktion. An einem im Zellenkreise liegenden Widerstande kann also die richtige Form der Ablenkspannung abgegriffen und unmittelbar, ohne notwendigerweise der Verstärkung durch Elektronenröhren zu bedürfen, dem Plattenpaar der Braunschen Röhre zugeführt werden. Zur Kompensation des mit dem Strome nicht linear veränderlichen Spannungsabfalls in der Photozelle selbst können die Seiten der Blendenausschnitte eine schwache Krümmung erhalten[1]. In gleicher Weise läßt sich die Ablenkung in der zweiten Koordinate steuern. Macht man nämlich die Drehzahl/s des Synchronmotors gleich n (Bildzahl/s), so ist durch Gestaltung des Scheibenrandes als archimedische Spirale mit Hilfe einer zweiten Photozelle der zeitlineare, periodisch von der Anfangslage aus wiederholte Zeilenvorschub ohne weiteres erreichbar.

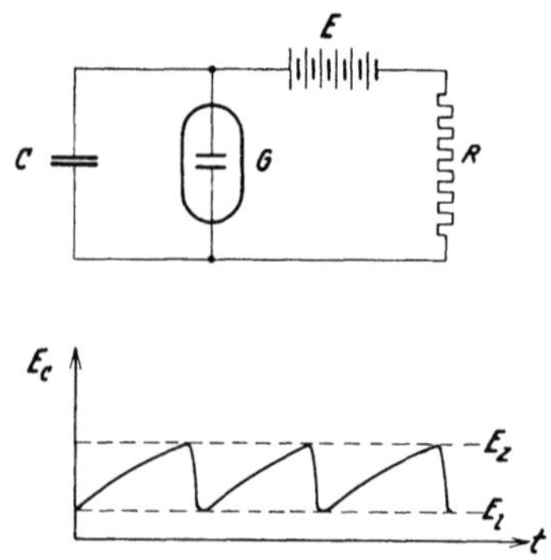

Abb. 50. Kippschwingschaltung mit Glimmlampe.

Methode b) versucht die gleichförmige Koordinatensteuerung durch rein elektrische, ruhende Schaltungen zu erzielen. In erster Linie kommen hierfür die bekannten Kipp- oder Relaxationsschwingungen in Betracht, wie man sie z. B. in der einfachen Anordnung einer Glimmlampe (G) im Nebenschluß zu einem Kondensator (C) erhält, der von einer konstanten Spannungsquelle (E) über einen genügend hohen Widerstand (R) aufgeladen wird. Die Kippfrequenz ist dann durch die Größen von E, C und R, sowie ferner durch die Zünd- und die Löschspannung von G (E_z und E_l) bestimmt, und zwar gilt für die Periodendauer τ angenähert:

$$\tau \sim C \cdot R \cdot ln \frac{E - E_l}{E - E_z}.$$

Abb. 50 zeigt das Schema und die resultierende Spannungskurve an den Klemmen des Kondensators (Endwerte E_l und E_z). Ähnliche Formen lassen sich durch Glühkathodenröhren herstellen, z. B. in der bekannten Kallirotronschaltung oder in einer Dynatronschaltung[2]. Gut bewährt hat sich neuerdings das Thyratron[3]. Da alle derartigen Anordnungen nur die Funktion eines Schalters erfüllen, können sie im Frequenzgebiet der Fernseh-Zeilenabtastung durch mechanische Kontakte ersetzt werden. Diese lassen sich auch in einfacher Weise motorisch mit dem Sender synchronisieren.

[1] Die Spannung am Widerstand ist gleich der konstanten E.M.K. der Stromquelle, vermindert um den Spannungsabfall der Photozelle.

[2] Hudec, E.: Arch. f. Elektrot. Bd. 22 (1929) S. 459f.; ZS. f. Hochfrequenztechn. Bd. 34 (1929) S. 207—219.

[3] Das Thyratron ist ein quecksilberdampfgefülltes Glühkathodenrohr mit Anode und Gitterelektrode, die das Einsetzen der Entladung nur bei hinreichend positiver Spannung freigibt; vgl. A. W. Hull, Hot Cathode Thyratrons, Gen. Electr. Rev. Bd. 32 (1929) S. 213—223 u. 390—399.

Die nach Abb. 50 erzeugten „freien" Kippschwingungen kann man in ihrem Takte durch Superposition einer gegebenen Frequenz so steuern, daß eine ganzzahlige Demultiplikation der letzteren eintritt. Das Schema der Anordnung zeigt Abb. 51. Hudec nennt die so entstehenden periodischen Intermittenzen, deren Phasenlage in bezug auf die synchronisierende Frequenz konstant ist, „erzwungene" Kippschwingungen. Soll aus der Frequenz ω die Frequenz $\frac{\omega}{p}$ gewonnen werden, so muß allgemein die Einstellung der Schaltungsgrößen so erfolgen, daß ihre freie Kippschwingung zwischen $\frac{\omega}{p}$ und $\frac{\omega}{p-1}$ liegt. Dies ist leicht mit hinreichender Genauigkeit möglich. Zur Lichtfleckablenkung in beiden Koordinaten genügt es daher, allein die Zeilenfrequenz vom Sender zum Empfänger zu übertragen oder örtlich zu erzeugen; sie liefert die Bildwechselfrequenz n, wie beschrieben, durch Demultiplikation. Umgekehrt kann man natürlich auch mit Hilfe von Periodenvervielfachung, z. B. durch wiederholte Gleichrichtung oder besser durch selektive Verstärkung von Oberschwingungen, aus der Bildwechselfrequenz oder einem Multiplum derselben die Zeilenfrequenz herstellen und hierbei die passende Form und richtige Phase der Ablenkspannungen durch taktmäßiges Erzwingen eines Kippvorganges erhalten. Benutzt man zur Synchronisierung eine zentrale Stromverteilungsanlage, z. B. das städtische Netz mit 50 Hz, so läßt sich daraus die Zeilenfrequenz in der angegebenen Weise durch Vervielfachung, die Bildwechselfrequenz durch Demultiplikation gewinnen[1]. Die Phasenlage beider resultierenden Schwingungen bleibt fest. Am meisten nähert man sich bei der betrachteten Glimmlampenschaltung einem mit der Zeit proportionalen Spannungsanstieg, wenn man den Kondensator sich statt über einen Ohmschen Widerstand R über eine im Gebiete des Sättigungsstromes (i_s = konst.) arbeitende Hochvakuum-Elektronenröhre aufladen läßt, da dann wegen $i_s \cdot dt = C \cdot dE_c$ der Differentialquotient $dE_c/dt = i_s/C$ unveränderlich ist (Schaltung von A. Karolus und Prinz Reuß)[2].

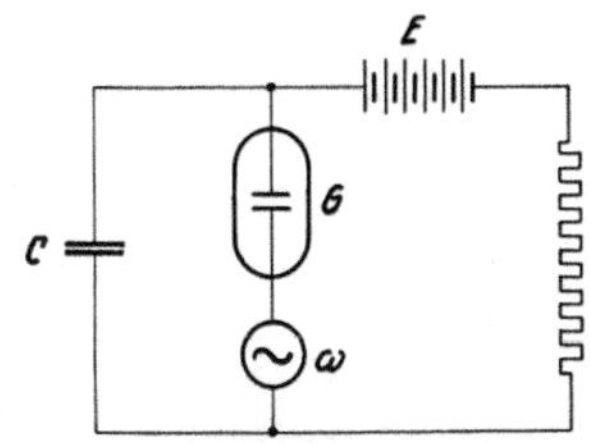

Abb. 51. Gesteuerte Kippschwingschaltung mit Glimmlampe nach E. Hudec.

Abb. 52 zeigt das Prinzip einer Anordnung zur Verwertung der vom Sender übertragenen Zeilenfrequenz. Die Braunsche Röhre R enthalte die Sauganode A, die Glühkathode K, die Ablenkplattenpaare K_1 und K_2 sowie zur Helligkeitsmodulation beispielsweise die auf S. 71 vorgeschlagene Zylinderelektrode B, deren Potentialdifferenz in bezug auf die Kathode vom Bildstromverstärker gesteuert wird. Die Zeilenfrequenz ω wird durch ein Wellenfilter F ausgesiebt. Sie synchronisiert über eine im Sättigungsgebiet arbeitende Verstärkerröhre R_1 und über die im Anodenkreise derselben aus Kondensator C_1 und Glimmlampe G_1 gebildete Kippschaltung die mit der Zeit proportionale Lichtfleckverschiebung längs der Zeile mittels der Platten K_1. Durch eine zweite, über die Röhre R_2 gesteuerte Kippschaltung C_2, G_2 wird die Demultiplikation von ω im Verhältnis $k : 1$, d. h. bei 50 Zeilen im Verhältnis 50 : 1, bewirkt; die so gewonnene

[1] Dtsch. Patentanmeldung 21a T. 130.30 vom 3. IV. 1930, Erf. D. Prinz, Telefunken.

[2] Schröter, F.: Die Glimmlampe, ein vielseitiges Werkzeug des Elektrikers. 2. Aufl., S. 37. Leipzig: Hachmeister u. Thal 1928.

Spannungskurve nach Abb. 50 mit der Bildwechselfrequenz $n = \omega/k$ wird den Platten K_2 zugeführt.

Schließlich erscheint auch eine Art Selbststeuerung der Bildpunktverteilung auf dem Leuchtschirm durchführbar[1]. Der Kathodenstrahl berührt nach Durchlaufen jeder Zeile einen zum Bildrande parallelen, isolierten Draht, über den er durch konstanten Ladungszuwachs des Querablenkungskondensators jeweils seine eigene Verschiebung um eine Zeilenbreite bewirkt. Natürlich muß die Strahlintensität für diese Funktion, die sich ja außerhalb des Bildfeldes abspielt, auf einen definierten Wert geregelt sein. Hat der Lichtfleck so in Form von aneinanderschließenden Bahnen die ganze Fläche beschrieben, so wird der summierte Potentialunterschied der Querfeldplatten durch Ansprechen eines Ventils oder Relais kurzgeschlossen, und der Vorgang beginnt von neuem. Längs der Zeilen wird die Zerlegungsgeschwindigkeit durch eine Kippschaltung

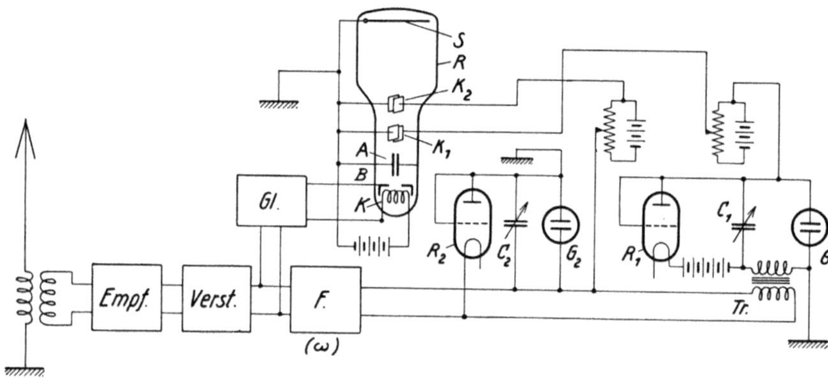

Abb. 52. Schaltungsbeispiel der Braunschen Röhre als Fernsehempfänger.

gesteuert, deren phasenrichtiger periodischer Einsatz vom Sender her durch taktmäßige Impulse von konstanter Amplitude (heller Bildrand) erzwungen werden kann.

Die konstruktiven Zukunftsaufgaben der Braunschen Röhre als Fernsehempfänger betreffen in erster Linie die Vereinfachung und Verbilligung des glastechnischen Aufbaues unter Heranziehung der in der Glühlampen- und Verstärkerröhrenfabrikation gewonnenen Erfahrungen. Für die Kathode erscheint die bei den modernen Radioröhren bekannte „indirekte Heizung"[2] in einer vom Magnetroneffekt freien Anordnung zweckmäßig, weil dadurch neben der Bequemlichkeit der Speisung aus dem Lichtnetz eine größere Lebensdauer und Sicherheit gegen Zerstörung bei Überlastung erzielt werden kann (Oxydvorrat). Zugleich erhält man damit eine Emissionsquelle von konstanter Form, Ausdehnung und Ergiebigkeit; die Elektronenentladung ist von den Heizleitungen und damit gegen Netzstörungen elektrisch isoliert, und die Kathode stellt eine Äquipotentialfläche dar, die das Zustandekommen eines regelmäßigen und scharfen Strahls erleichtert. Weitere, noch unübersehbare Aufgaben dürften

[1] D.R.P. Nr. 550923 vom 24. V. 1930, Erf. W. Ilberg, Telefunken.

[2] Dtsch. Patentanmeldung T 36984 VIII/21e vom 29. V. 1929, Erf. F. Schröter, Telefunken.

sich bei der Durchbildung der Steuerschaltungen aus der Notwendigkeit elektrischer und magnetischer Abschirmung des Elektronenbündels gegen äußere Störfelder ergeben. Für den Aufbau des Elektrodensystems wird man die Richtlinien aus der Entwicklung der Glühkathodenröhren entnehmen, um zu immer empfindlicheren Beeinflussungsmethoden für die Modulation der Helligkeit zu gelangen (Hilfsgitter). Ferner erscheinen beträchtliche Verbesserungen unerläßlich, soweit es sich um die Beständigkeit der Leuchtschirmsubstanzen, der Gasfüllung (Quecksilbertropfen) und aller anderen für die Formung des Strahles wesentlichen Faktoren handelt. Bis die Technik diese Fragen, vom Standpunkt der rationellen Fabrikation aus gesehen, völlig meistert, wird der Fernsehempfang mittels Braunscher Röhre ein interessantes und hoffnungsvolles Laboratoriumsexperiment bleiben, aber noch keine eigentliche praktische Bedeutung haben.

M. Besondere Merkmale der Abtastung am Sender.

Für die Übertragung kommen in Betracht:

1. Ebene Flächen, und zwar a) undurchsichtige (Zeichnungen, Photos u. dergl.); b) durchsichtige (Diapositive, Kinofilme);

2. Körper in Ruhe oder Bewegung (insbesondere Personen).

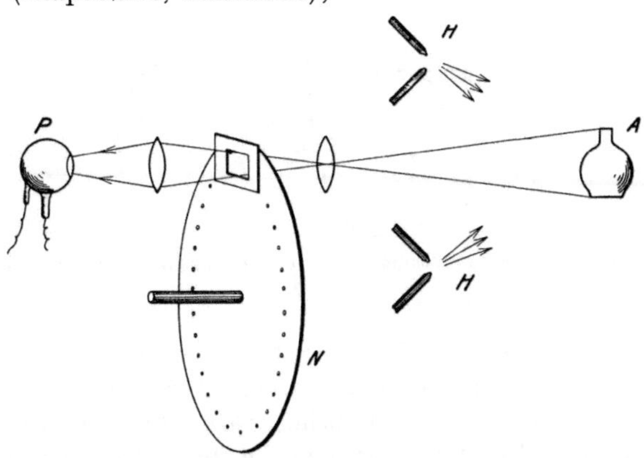

Abb. 53. Lichtabtastung beim Sender, Abbildungsmethode.

Bilder der 2. Art können in solche der 1. Art dadurch übergeführt werden, daß die hell beleuchtete Szenerie durch optische Mittel, wie in der photographischen Kamera auf die Platte, so hier auf die Ebene des Zerlegers abgebildet wird, z. B. auf eine Nipkow-Scheibe. Bis zur Erfindung der bereits erwähnten Methode des wandernden Lichtpunktes war dies der einzig bekannte Weg. Seinem Vorzug weitergehender Unabhängigkeit von der dritten Dimension, d. h. der Raumtiefe des Objektes, die der Anwendung des bewegten Abtastlichtflecks engere Grenzen zieht, steht jedoch der entscheidende Nachteil zu geringer wirksamer Leuchtdichte des Rasterelementes gegenüber, der bisher die Abbildungsmethode nur bei relativ grober Zerlegung und bei hellem Tageslicht zuließ.

Der Unterschied beider Abtastarten geht aus den Abb. 53 und 54 hervor, die der 1927 erschienenen Schrift des Bell-Laboratoriums, betitelt Symposium on Television[1], entnommen sind. Gemäß Abb. 53 wird der ganze fernzusehende Gegenstand *A* durch die Bogenlampen *H* intensiv beleuchtet; sein Bild wird durch ein Objektiv auf das Zerlegerfeld der Nipkow-Scheibe *N* entworfen und der von dem abtastenden Loch hindurchgelassene, variable Lichtstrom des

[1] Vgl. S. 54, wo die Verfasser genannt sind.

Rasterelementes auf die Photozelle P gesammelt. Diese empfängt dann bei genügender Gegenstandsweite den Lichtstrom

$$\Phi \sim \frac{7{,}5\,B}{\varrho^2} \cdot \left(\frac{d}{F}\right)^2 \cdot D^2 \text{ Lumen,}$$

wenn B die vom beleuchteten Objekt zurückgestrahlte Leuchtdichte in Stilb, d den Durchmesser des abbildenden Objektivs, F seine Brennweite und D den mittleren Durchmesser der abtastenden Lochspirale in Zentimetern bedeutet. Zur Durchführung dieses optisch unwirtschaftlichen Verfahrens bei künstlicher Beleuchtung müßte angesichts des geringen Reflexionsvermögens der meisten Objekte, z. B. der menschlichen Haut, über die für das Auge erträgliche Helligkeit hinausgegangen werden, um Photoströme von verwertbarer Amplitude zu erhalten. Das Bell-Laboratorium hat daher auf das von Ekström[1] angegebene, später von Dauvillier verbesserte Prinzip des wandernden Lichtpunktes zurückgegriffen, welches von den genannten Forschern allerdings unter Verwendung schwingender Spiegel und ursprünglich nur zur Abtastung durchsichtiger Bildvorlagen benutzt worden war. In der Anordnung von H. E. Ives und seinen Mitarbeitern wird nach Abb. 54 dasjenige Loch der Nipkow-Scheibe N, welches gerade das parallel gemachte Strahlenbündel der Bogenlampe H durchquert, als intensiver Lichtfleck auf den im Dunkeln befindlichen Gegenstand A projiziert, dessen Bildfeld somit bei der Rotation der Scheibe in aneinanderschließenden Bogenzeilen von sehr geringer Krümmung zerlegt wird. Auf diese Weise empfängt das Rasterelement einen vielfach stärkeren Lichtstrom als nach Abb. 53. Möglichst dicht gegenüber A sind eine oder mehrere großflächige, elektrisch parallelgeschaltete Photozellen P angebracht, zum Zwecke, insgesamt einen weiten Raumwinkel der diffusen Rückstrahlung des jeweils beleuchteten Elementes zu erfassen. Ives hat hierfür Kaliumzellen von zylindrischer Form entwickelt, deren Länge 36 cm, deren Durchmesser 8 cm und deren wirksame Fläche etwa 250 cm² beträgt. Bei einer neueren Einrichtung des Bell-Laboratoriums für Gegensehen bei Telephongesprächen sind 12 derartige Photozellen um die fernzusehende Person teils frontal, teils rechts und links auf Seitenwänden einer Koje verteilt[2]. Dank der so erzielten guten Ausnutzung des reflektierten Lichtes erhält man kräftige, ohne Schwierigkeiten verstärkbare Photoströme. Dieses Verfahren des Bell-Laboratoriums hat in der Fernsehtechnik große Fortschritte ermöglicht, da nur für die wenigsten Darbietungen Tageslicht zur Verfügung steht.

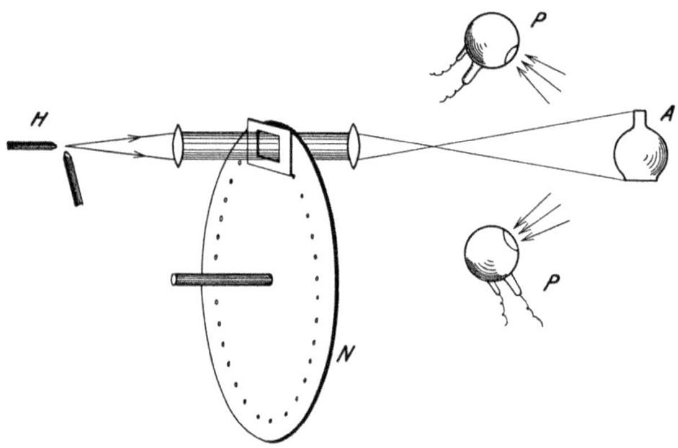

Abb. 54. Lichtabtastung beim Sender, Methode des bewegten Lichtflecks.

[1] Schwed. Pat. Nr. 32220 vom 24. I. 1910. [2] Electronics, Maiheft 1930.

Eine bedeutende Steigerung des Effektes der Anordnung nach Abb. 54 hat die Einführung eines großen Weillerschen Spiegelrades an Stelle der Nipkow-Scheibe durch A. Karolus gebracht, und zwar durch Vermehrung der dem beleuchteten Rasterelement primär zugeführten Lichtmenge. Der Krater einer Kohlebogenlampe (neuerdings kommt man bei $\varrho \leqq 2500$ sogar mit einer Wolframpunktlampe aus) wird durch ein Objektiv über das Spiegelrad unmittelbar auf den Gegenstand projiziert. Die Ausführung des Gerätes zeigt Abb. 345, die das Spiegelrad und auf der Frontplatte vier Auffangephotozellen erkennen läßt; s. Kap. XI. Die Berechnung des optisch-elektrischen Wirkungsgrades s. S. 91, Abschnitt O. Die von dem wandernden Lichtfleck bewirkte Blendung ist erträglich, weil die Spitze des Strahlenkegels sich mit großer Geschwindigkeit über die Augenpupille hinwegbewegt, man also nur während sehr kurzer Zeiträume in die Lichtquelle hineinsieht[1].

Eine Verbindung dieser Methode mit dem Abbildungsverfahren wurde zuerst von J. L. Baird[2] angegeben und ist vom Erfinder (unter Weglassung der Linsen) wie in Abb. 55 schematisch dargestellt worden. Die Projektion der Löcher der rotierenden Nipkow-Scheibe beschreibt, entsprechend Abb. 54, die den Übertragungsgegenstand bestreichenden Lichtpunktzeilen. Das so erhellte Feld wird durch ein Objektiv verkleinert auf die Ebene der Scheibe entworfen, und zwar in solcher Lage und Größe, daß in dem gewählten Augenblick die optische Abbildung 1″ des von 1 herrührenden Lichtpunktes 1′ längs ihrer ganzen Zeilenbahn in das Loch 2 hineinfällt. Für alle übrigen Löcher mit Ausnahme des letzten, das für die Übertragung verlorengeht (Sprungstelle), gilt in gleicher Weise, daß stets das Bild der Projektion des $x$ten mit dem $(x+1)$ten koinzidiert. Es wird also die Strahlung der Lichtquelle gerade immer auf das jeweils von der Scheibe abgetastete Rasterelement gesammelt. Das zur Lochfolge gegenläufige Fortschreiten der Lichtpunktzeilen über das beleuchtete Feld wird beim Entwerfen desselben auf die Nipkow-Scheibe wieder rechtläufig, da die Umkehrwirkung des Projektionsobjektivs sich gegen diejenige der abbildenden Linse aufhebt. Der vom jeweils zerlegenden Loch durchgelassene Lichtstrom fällt auf die Photozelle. Dieses Verfahren gestattet, zusätzlich zur vorhandenen oder möglichen Allgemeinbeleuchtung dem abgetasteten Bildpunkt eine intensive verstärkende Hilfsbeleuchtung zu erteilen und die Summe beider Helligkeiten lichtelektrisch auszuwerten. Bei schwankender Raumtiefe begegnet die Methode jedoch besonderen optischen Schwierigkeiten, weil dann nämlich der

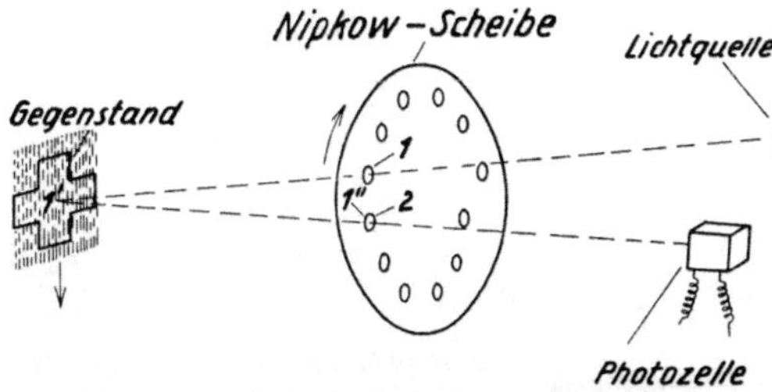

Abb. 55. Lichtabtastung unter Kombination von Abbildung und punktförmiger Beleuchtung nach J. L. Baird.

[1] Diejenige Anwendung des Weillerschen Spiegelrades, bei welcher das von ihm entworfene Bild des als Ganzes beleuchteten Gegenstandes über eine feste, vor der Photozelle befindliche Punktblende hinweggeführt und durch diese in Zeilen zerlegt wird, ist bei den heute verlangten Rasterzahlen der nach dem Schema von Abb. 53 arbeitenden Nipkow-Scheibe unterlegen. Vgl. hierzu eine Berechnung von Möller, R.: Ferns. Bd. 3 (1932) S. 33—41.

[2] Brit. Pat. Nr. 269658 vom 20. I. 1926.

Fall eintreten kann, daß die Abbildung des wandernden Lichtfleckes auf die Zerlegerscheibe nicht überall mit dem zugeordneten Loch zusammenfällt. Kleinere Deckungsfehler lassen sich zwar unschädlich machen, indem die Ausdehnung der belichteten Zone erheblich größer eingestellt wird als das Rasterelement; weicht aber der Gegenstand zu sehr von der Normalebene des abtastenden Strahles ab, so wird die Koinzidenzbedingung für die Bewegungen und Bahnlängen des Lichtfleckbildes und des Loches nach den Gesetzen der geometrischen Optik schließlich unerfüllbar.

Durchsichtige Flächen gewähren die Möglichkeit, einer dahinter befindlichen Photozelle wesentlich stärkere Lichtströme zuzuführen, als sie im Falle der Reflexionsabtastung undurchsichtiger Bilder oder Gegenstände zur Verfügung stehen. Vgl. die diesbezüglichen Ausführungen in Kap. I. Der dort im Hinblick auf die Fernbildschrift behandelte quantitative Unterschied zwischen der

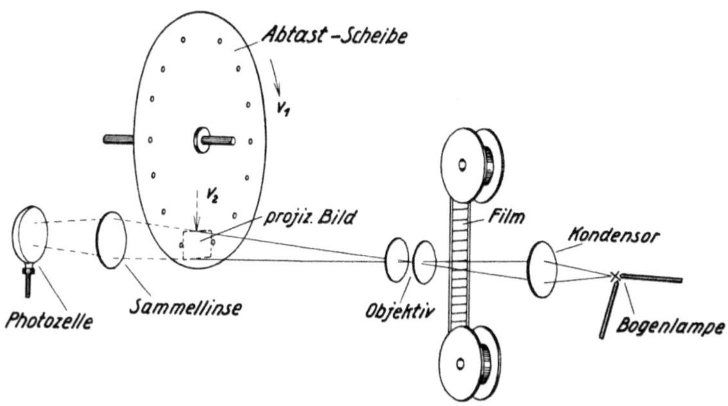

Abb. 56. Filmzerlegung mit kreisförmigem Lochkranz.

Durchleuchtungs- und der Reflexionsmethode ist beim Fernsehen deswegen viel größer, weil hierbei die Photozellenanordnung zum Auffangen der zurückgeworfenen Strahlen Rücksicht auf die räumliche Bewegungsfreiheit des Abtastlichtkegels nehmen muß und daher auch bei günstiger Ausnutzung nur einen relativ kleinen Bruchteil der Hemisphäre erfassen kann. Ist die transparente Vorlage ein Kinofilm, so ist die Führung des Lichttasters in zweierlei Weise möglich:

a) lediglich nach einer Koordinate, und zwar in der Richtung der Zeilenauflösung senkrecht zum Filmtransport, wobei die gleichförmige Wanderung des Bildstreifens die zweite Komponente der Zerlegung, den Zeilenvorschub, von selbst herstellt;

b) nach beiden Koordinaten, indem ein stationäres Filmbild auf einen zweidimensional arbeitenden Abtaster entworfen wird.

Für die Methode a) sind verschiedene Vorrichtungen in Gebrauch. Die Anwendung eines in fester Ebene hin- und herschwingenden Hohlspiegels nach Zworykin wurde bereits in den Abschnitten I und L erwähnt. Von größerer Bedeutung sind jedoch Zerleger mit gleichgerichteter Zeilenauflösung. Die mechanisch einfachste und optisch genaueste Ausführungsform veranschaulicht Abb. 56. Der kontinuierlich, nicht ruckweise bewegte Bildstreifen wird durch eine Kinooptik stark vergrößert auf eine Abtastscheibe entworfen, die einen Kranz von gleichabständigen Löchern mit konstanter radialer Entfernung vom Drehpunkt trägt. Infolgedessen wird das Bildfeld stets längs einer und derselben Bogenlinie schwacher Krümmung analysiert, über welche die Projektion des Filmes mit konstanter Geschwindigkeit v_2 hinwegwandert. v_2 muß zur Auflösungsgeschwindigkeit v_1 im richtigen Verhältnis stehen (S. 29). Die durch das abtastende Loch gelangenden Strahlen werden auf die Photozelle gesammelt. Eine zweite Lösung des gleichen Zerlegungsmodus ist mit größeren konstruktiven Schwierigkeiten verknüpft: Die Lichtquelle (Blende) wird über ein

Abb. 57. Anwendung des Mechau-Projektors für Filmübertragung. (5. Große Deutsche Funkausstellung Berlin 1928.)

prismatisches Spiegelrad, dessen Flächen sämtlich parallel zur Drehachse liegen, als scharfer, in geradliniger Querzeile bewegter Punkt auf den Film abgebildet; die von der Silberschicht mehr oder weniger geschwächten Strahlen treffen nach dem Durchgang die Photozelle.

Die bei diesen Anordnungen unvermeidliche Zahnradübersetzung zur Herstellung des richtigen Verhältniswertes v_1/v_2 entfällt bei der Methode b): Auf eine zweidimensional zerlegende Scheibe, z. B. eine Nipkow-Scheibe, wird das Filmbild mittels eines Gerätes für optischen Bildausgleich (s. Abschnitt G) in stationärer Lage und passendem Format entworfen. Abb. 57 zeigt die hierfür von Telefunken und Karolus eingeführte Kombination. Im Vordergrunde erblickt man den bekannten Mechau-Projektor, links davon den durch einen Synchronmotor angetriebenen, mit einer Mehrfachlochspirale arbeitenden Bildzerleger. Der Vorzug des kinematographischen Bildausgleichs, das Wegfallen der bei ruckweise erfolgendem Filmtransport unumgänglichen Abblendungsintervalle, ermöglicht im Fernsehen die Beibehaltung der normalen, pausenlosen

Abtastung und macht zugleich die mechanische Kupplung zwischen dem Projektor und dem Zerleger entbehrlich (bei Schrittbewegung des Streifens würden ohne solche Kupplung die Dunkelzeiten beider Vorrichtungen sich gegeneinander verschieben und dadurch Teile des Gesichtsfeldes ausfallen können). Hinzu kommt beim optischen Ausgleich der Vorteil willkürlicher Filmgeschwindigkeit, die ja nach Vorstehendem von der sekundlichen Bildzahl n der elektrischen Fernübertragung ganz unabhängig ist.

Beim Entwerfen auf das Zerlegerfeld der Abtastscheibe kann man durch Abstandsänderung des Projektors und Korrektur der Objektiveinstellung denjenigen Abschnitt des ganzen Filmbildes auswählen, für dessen deutliche Wiedergabe man die gegebene, beschränkte Zahl von Rasterelementen voll auszunutzen wünscht. Wird der Film eigens für Fernsehzwecke hergestellt, so sorgt man natürlich besser schon bei der Aufnahme dafür, daß wichtige Einzelheiten vorübergehend in Großformat erscheinen. Auf der Möglichkeit, dergleichen regietechnische Anforderungen einer optischen Rundfunkunterhaltung vom eigentlichen lichtelektrischen Sendevorgange zu trennen und bereits vorher die günstigsten szenischen Bedingungen und Beleuchtungsverhältnisse festzuhalten, beruht ebenso wie auf der höheren Abtastschärfe der ebenen Bildfläche und dem besseren Wirkungsgrade der Durchleuchtungsmethode die besondere Bedeutung des Films als Zwischenklischee beim Fernsichtbarmachen lebender und bewegter Objekte (Filmspiele, Filmreportage)[1].

Bei der Anwendung des wandernden Lichtpunktes kann man nach dem Vorgange des Bell-Laboratoriums zur Schonung des in die Strahlenquelle hineinblickenden Auges Blaufilter einschalten, die den physiologischen Helligkeitsreiz beträchtlich herabsetzen, ohne die Beeinflussung der praktisch nur auf kurzwelliges Licht reagierenden Kaliumphotozelle (vgl. Abb. 103) erheblich zu vermindern. Die spektrale Selektivität des Kaliums ruft jedoch infolge des geringen Reflexionsvermögens der menschlichen Haut für die wirksamen blauen Wellenlängen leicht eine gewisse Untersteuerung des Fernbildes hervor („Negereindruck“). Früher mußte man hiergegen weiße Schminke anwenden. Die neueren Zäsiumphotozellen, insbesondere diejenigen mit einatomiger Schicht (s. Kap. IV), sind dank ihrer Gelb- und Rotempfindlichkeit (vgl. Abb. 103) für die Wiedergabe von Fleischtönen im richtigen Intensitätsverhältnis, wie man es etwa beim Photographieren auf einer panchromatischen Platte erhalten würde, viel geeigneter; ja bisweilen sind sie bei heller Beleuchtung durch die Gesichtspartien im Vergleich zum Hintergrunde schon übersteuert. Seitdem es gelungen ist, durch Behandeln von Zäsiumschichten mit Sauerstoff das Maximum der selektiven Empfindlichkeit solcher Zellen noch weiter zu den längsten sichtbaren Wellen bezw. ins Infrarot zu verschieben, hat sich als günstigstes Kompromiß die gemischte Benutzung von *Cs*- und *K*-Zellen (Kap. IV) unter Abschwächung der merklich auf keine von beiden, wohl aber stark auf das Auge wirkenden gelben und gelbgrünen Strahlen erwiesen[2]. Das hierzu dienende Purpurfilter läßt nur das tiefrote bezw. das blaue Licht und somit die beiden

---

[1] Die erste Anregung für die Fernsehübertragung von Filmen (Fernkino) gab N. Langer, Wireless World Bd. 11 (November 1922) S. 197 in einem Aufsatz, betitelt The Development in the Problem of Television. Später wurden die technischen Vorzüge des transparenten, beweglichen Bildklischees von C. A. Hoxie und von W. Friedel erkannt und hervorgehoben.

[2] Ives, H. E.: Bell Syst. Techn. Journ. Bd. 10 (1931) S. 265—272.

photoelektrisch verwertbaren, physiologisch unwirksamen Spektralgebiete durch. Diese nunmehr ohne jede Blendung arbeitende Methode ermöglichte dank der *Cs*-Zelle auch den Ersatz der bisher zur Abtastung notwendigen Bogenlampe durch eine für Kinoprojektion geeignete Halbwattglühlampe. Letztere hat den Vorteil, ohne Wartung zu funktionieren, und brennt völlig konstant.

Einen anderen Weg zur Ausschaltung der Blendung hat J. L. Baird im Jahre 1926 in Form der Abtastung durch infrarote, dem Auge unsichtbare Strahlen vorgeschlagen („Noctovision“). Mit Hilfe einer besonders präparierten Selenzelle gelang ihm so die Übertragung eines Bildes von 28 Zeilen. Die Trägheit des Selens setzt aber der Nutzbarmachung dieses Verfahrens für feinere Zerlegungsraster eine Grenze, zumal mit wachsender Frequenz der Intensitätsschwankungen die keineswegs geringe Zellenkapazität immer störender in Erscheinung tritt (s. Kap. III). Die von Nisco im Franz. Pat. Nr. 589425 vom 4. XII. 1923 empfohlene Anwendung ultravioletten Lichtes dürfte, abgesehen von der Gefahr gesundheitlicher Schädigung des Auges, an dem verzerrenden Verlauf des Reflexionsvermögens der meisten Objekte in diesem Spektralgebiet sowie an dem Fehlen einer genügend empfindlichen Photozelle (Kadmiumzelle?) scheitern.

Eine von der Schnelligkeit der Helligkeitswechsel unabhängige Endamplitude des verstärkten Fernsehsignals ist bei höheren Bildpunktzahlen nur durch Einführung einer Hilfsträgerfrequenz zu erzielen, deren Intensität vom Photostrom moduliert wird (vgl. Kap. III und VII). Man unterscheidet hierbei das elektrische und das optische Verfahren. Bei ersterem entsteht die Trägerschwingung durch Überlagerung einer hochfrequenten Wechselspannung im Kreise der Photozelle selbst oder am Steuergitter einer nachfolgenden Verstärkerröhre. Die Behandlung dieser rein schaltungstechnischen Maßnahmen bleibt Kap. VII vorbehalten. Die Hilfsmittel des optischen Verfahrens sollen dagegen hier zusammengestellt werden, weil sie integrierende Bestandteile der Zerleger sind. Man ordnet sie in:

1. Überlagerte Linienraster. Der in der Laufrichtung möglichst schmale Lichtspalt oder -fleck wird beim Überqueren eines auf die Bildfläche aufgelegten oder projizierten Strichgitters periodisch verdunkelt und erzeugt so in der Photozelle einen mit konstanter Frequenz zerhackten, der abgetasteten Helligkeit proportionalen Gleichstrom (vgl. Abb. 189). Wirkt dieser auf die Steuerelektrode einer Verstärkerröhre, so fließt in deren Anodenkreis die modulierte Trägerschwingung. Die Grenzen dieser Methode liegen in der Schwierigkeit, die geringen Spaltweiten zu realisieren, die man anwenden müßte, um eine allzu grobe Zusatzrasterung längs der Zeile im Empfangsbilde zu vermeiden.

2. Lochscheibenunterbrecher. Diese von der Fernbildschrift übernommene Methode besteht im periodischen Abschneiden des Lichtstromes an einer Konzentrationsstelle desselben durch eine schnell umlaufende Folge von Löchern oder Spalten[1]. Bei gröberen Rastern lassen sich so für jedes Element mehrere Unterbrechungen erzielen. Der Modulationsgrad 1 wird erhalten durch Erfüllen der Bedingung: Spaltweite = Zwischenraum = durchschnittene Strahldicke. Zu Frequenzen über $6 \cdot 10^4$ Hz gelangt man nach A. Karolus mit Hilfe der in Abb. 58 dargestellten, vorteilhaft in entlüftetem Raume rotierenden Schlitzscheibe, die über 6000 Touren/min machen kann. Die Schlitze bewegen sich an einem kongruenten feststehenden Spaltsystem vorüber, das von einem

[1] D.R.P. Nr. 244746 vom 2. III. 1911, Abb. 5, Erf. B. Rosing.

Bündel paralleler Lichtstrahlen durchsetzt wird. Da die Schlitzweite gleich dem Zwischenraume ist, entfällt auf eine Drehung der Scheibe vom doppelten Betrage des vom Schlitz eingenommenen Zentriwinkels ein voller Zyklus von Verdunkelung und Aufhellung. Obwohl ständig 50% des Querschnittes abgeblendet sind, ergibt der parallele Strahlengang durch das Spaltsystem im Gesamteffekt ein Minimum an Lichtverlusten, und da die Schlitze hierbei sehr schmal und deshalb in großer Zahl auf dem Umfange vorhanden sein können, liefert die Anordnung hohe Frequenzen. In der Abb. 345 (Kap. XI) sieht man das flache Schutzgehäuse dieser in den Lichtweg vor dem Projektionsobjektiv und dem Spiegelrad eingeschalteten Unterbrecherscheibe, die durch eine Stopfbuchse hindurch angetrieben wird.

Abb. 58. Schlitzscheibe nach A. Karolus zur hochfrequenten Unterbrechung des Abtastlichtstrahles.

3. Hochfrequente Strahlenquellen. Gewisse Formen des Kohlelichtbogens, Glimmbögen in Gasen und Metalldampfbögen folgen in ihrer Helligkeit raschen Schwankungen des Entladungsstromes trägheitsfrei. Für die Fernsehabtastung kann man derartige Lampen sowohl im Sinne der Abb. 53 als auch nach dem Schema der Abb. 54 benutzen. Im letzteren Falle sind jedoch nur Strahlungsquellen mit großer spezifischer Intensität anwendbar. Als solche kommen außer dem unter normalem oder erhöhtem Druck brennenden Hochfrequenzlichtbogen neuerdings Röhren mit verdünnten Gasen oder Dämpfen in Betracht, deren positive Lichtsäule durch enge Metallrohre oder -schläuche hindurchgezwängt wird, so daß extreme Strom- und Leuchtdichten entstehen („Lichtspritze", M. Pirani und H. Ewest[1]). Es sind damit in Neon 600 Stilb erreicht worden. Dies erscheint zwar immer noch gering im Verhältnis zu den Werten der bisher zur Abtastung dienenden Temperaturstrahler (gasgefüllte Wolframlampe 1870 Stilb, positiver Krater der Reinkohlebogenlampe 18000 Stilb); man muß aber bedenken, daß es bei der Anwendung des Photoeffektes (z. B. bei einer Kaliumzelle) nicht auf die Gesamtleuchtdichte, sondern auf die Leuchtdichte in dem ausgenutzten Spektralgebiet, im gedachten Falle also im Blau, ankommt. Hier könnten Gase oder Dämpfe (Stickstoff, Quecksilber, Kadmium u. a.), die für das Auge nicht besonders hell zu erscheinen brauchen, dennoch genügende spezifische Intensitäten ergeben. Bei dem Abtastverfahren nach Abb. 53 sind hohe Leuchtdichten überhaupt nicht erforderlich, da die ausstrahlende Gesamtfläche der Lampe beliebig groß sein darf. Dies ist sogar wünschenswert zur Vermeidung der Blendung. Solche Lichtquellen in Form längerer Geißler-Röhren mit hochfrequent intermittierendem Glimmstrom lassen günstige spektrale Kombinationen zu; z. B. ist die Strahlung des Neons sehr geeignet in Verbindung mit Zäsiumphotozellen.

---

[1] Vgl. Pirani, M.: ETZ Bd. 51 (1930) S. 889—895, sowie Ewest, H.: ZS. f. techn. Phys. Bd. 12 (1931) S. 645—647.

Entladungen mit fallender Stromspannungskennlinie können bekanntlich, als hinreichend negativer Widerstand wirkend, ungedämpfte Schwingungen bis zu 10^5 Hz selber erzeugen, wenn sie in einen aus Kapazität und Induktivität gebildeten Kreis eingeschaltet werden[1]. Wo dieser einfachste Weg zur Gewinnung hochfrequent pulsierender Lichtemission nicht gangbar ist, muß ein besonderer Schwingungsgenerator zu Hilfe genommen werden, dessen Wechselspannung dem Gleichstrom der Lampe induktiv überlagert wird. Die Entwicklung vorstehender Methode ist noch nicht abgeschlossen.

4. Konstanter Strahler in Verbindung mit trägheitsfreiem Lichtventil. Bei der Filmzerlegung kommt man mit mäßigen Leuchtdichten des Abtastlichtpunktes aus. Hier sind beliebige Unterbrechungszahlen desselben durch Zwischenschaltung einer mit Hochfrequenz gesteuerten Kerr-Optik im Strahlenwege zu erzielen.

Die Anwendung des intermittierend zugeführten Lichtes läßt eine konstante Zusatzbeleuchtung der abgetasteten Szene innerhalb gewisser, durch die Photozellencharakteristik gezogener Grenzen zu. Schaltet man nämlich vor das Gitter der ersten Verstärkerröhre einen Blockkondensator, so steuert nur die Wechselamplitude, die allein durch den modulierten Lichtanteil bedingt ist. Wird dagegen die hochfrequente Trägerschwingung auf elektrischem Wege erst in der Photozelle oder in den anschließenden Kreisen erzeugt, so ist die Aufhellung im Empfangsbilde der Summe der die Zelle jeweils treffenden Strahlung proportional und darum die Notwendigkeit gegeben, alles fälschende Nebenlicht auszuschließen.

Die universelle Bedeutung der unter 1 bis 3 erörterten Prinzipien für jede Art von Bildübertragung wurde zuerst von B. Rosing, später von C. A. Hoxie[2] erkannt und beschrieben.

Die Trägheit argon- oder wasserstoffgefüllter Photozellen (Kap. IV) ist so gering, daß bei der optischen Einführung der Trägerschwingung die Amplitude derselben bis über 10^5 Hz hinaus noch genügend durchgesteuert wird[3]. Anordnungen, wie sie von C. F. Jenkins angegeben wurden, um die erwartete Nachwirkung durch mehrere, in hochfrequentem Zyklus optisch kommutierte Zellen zu beseitigen, sind somit überflüssig[4].

Das Verfahren der Parallelschaltung von großflächigen Photozellen findet seine Grenze in dem schädlichen Einfluß der zunehmenden Kapazität auf die Schärfe des abgebildeten Helligkeitsüberganges (s. Kap. III). Dieser Nachteil kann bei gleich gutem optischen Wirkungsgrade vermieden werden, indem das Reflexlicht des abgetasteten Objektes durch einen oder mehrere sammelnde

---

[1] Vgl. z. B. Schröter, F.: ZS. f. techn. Phys. Bd. 6 (1925) S. 404—423. Die Grenze der erreichbaren Schwingungszahlen ist hauptsächlich durch die Hysterese der dynamischen Entladungscharakteristik gegeben, die mit der Trägheit der Ionenrekombination zusammenhängt.

[2] D.R.P. Nr. 244746 vom 2. III. 1911 und Brit. Pat. Nr. 240463 vom 23. IX. 1924.

[3] Schröter, F. u. G. Lubszynski: Phys. ZS. Bd. 31 (1930) S. 897—904; Kirschstein, F.: Ferns. Bd. 1 (1930) S. 145—152.

[4] U.S.A.-Pat. Nr. 1642733 vom 21. III. 1925 und Nr. 1641633 vom 1. IV. 1925 (Umschaltung durch Gegentakt-Lochscheibe oder rotierenden Spiegel; für sehr hohe Bildpunktzahlen aus mechanischen Gründen undurchführbar). Man kann heute überdies die völlig trägheitslosen Hochvakuum-Photozellen heranziehen, da deren Empfindlichkeit derjenigen älterer Zellen mit Gasfüllung bereits nahekommt.

Spiegel erfaßt und auf eine entsprechende Zahl von Zellen mäßiger Größe und Kapazität konzentriert wird (Karolus, Alexanderson u. a.).

N. Farbiges und plastisches Fernsehen.

Wie in der Reproduktionstechnik und beim Buntfilm analysiert man das fernzusehende Bild nach zwei oder drei Grundfarben, deren Helligkeitsverhältnis beim Empfänger gesteuert wird. Auch durch Zusammensetzung von nur zwei Komplementärfarben läßt sich ein breiter, meist genügender Bereich der Farbskala wiedergeben. Der Gehalt des Rasterelementes an Intensität jener zwei oder drei Komponenten kann unter Inanspruchnahme von ebensoviel getrennten Telegraphierkanälen (Wellenbändern) gleichzeitig übertragen werden. Dieses schon von O. von Bronk[1] angegebene Prinzip ist in jüngster Zeit vom Bell-Laboratorium[2] erfolgreich weiterentwickelt worden. Liegt aber, wie in der Praxis der drahtlosen Sendung, das verfügbare Frequenzband fest, so zieht man vor, unter Vergrößerung des Rasterelementes auf das Doppelte oder Dreifache, also bei entsprechend gröberer Zerlegung, die in den Bildpunkten enthaltenen Helligkeitsanteile der Grundfarben nacheinander am Sender abzutasten und im Empfänger wiederzugeben, wo sie sich im Auge additiv vermischen. Diese letztere Methode liegt den meisten älteren und neueren Vorschlägen zugrunde; sie erscheint jedoch nur unter bestimmten Voraussetzungen durchführbar, wenn man die physiologischen Verhältnisse bei der kinematischen Mehrfarbenprojektion beachtet. Einen Sonderfall bilden hiernach diejenigen Systeme, welche das ganze Bildpunktmosaik zunächst vollständig in der einen Komponente, dann in der zweiten und eventuell in der dritten übertragen[3]. Wie nämlich

[1] Vgl. D.R.P. Nr. 155528 vom 12. VI. 1902. Es werden synchron und konphas kommutierte Punktzeilen von Selenzellen im Sender und von Glimmzellen im Empfänger in Verbindung mit rotierenden Vielkantspiegeln für die zweite Koordinate (Abschnitt K) benutzt. Zum Zwecke des farbigen Fernsehens passieren die durch halbdurchlässige Spiegel in drei Bündel aufgeteilten Strahlen Dreiergruppen von Rot-, Grün- und Blaufiltern, denen entsprechende Dreiergruppen von Sendezellen bezw. weißleuchtenden Empfangszellen zugeordnet sind. Der Vorschlag läßt u. a. das völlige Fehlen der Blauempfindlichkeit des Selens außer acht.

[2] Ives, H. E. u. A. L. Johnsrud: Journ. Opt. Soc. Amer. Bd. 20 (1930) S. 11—22.

[3] J. L. Baird z. B. benutzt eine Nipkow-Scheibe mit 3 Lochspiralen *A*, *B*, *C* von je 120^0 auf dem Umfange. Durch Abdecken mit Farbfiltern läßt *A* nur rotes, *B* nur gelbes, *C* nur blaues Licht zur Photozelle gelangen. Ein auf die Scheibe entworfenes buntes Bild wird sonach bei jeder ganzen Umdrehung nach besagten Grundfarben analysiert. Für die Abgleichung der Zellenempfindlichkeit auf diese Komponenten bestehen verschiedene Möglichkeiten. Empfängerseitig rotiert in gleicher Phase eine identisch geteilte Scheibe mit 3 Lochspiralen *A'*, *B'*, *C'*. Durchläuft *A'* das Bildfeld, so ist als gesteuerte Empfangslichtquelle eine rot leuchtende Neonlampe eingeschaltet, während im Sektor *B'* ein gelb leuchtendes Heliumrohr und im Sektor *C'* eine blau leuchtende Quecksilberdampflampe betrieben wird. Optisch zur Deckung gebracht, sollen diese drei Lichtquellen sich zu Weiß ergänzen. — Für Zweifarbenübertragung wurde ein ähnlicher Vorschlag von Kell gemacht. Die Umschaltung verschiedener Empfangslampen fällt weg, wenn man mit der weißes Licht liefernden Kerr-Optik und Wechselfiltern w. o. arbeitet. Ein Entwurf zur Benutzung synchron und konphas laufender Spiegelräder, die mit dreiteiligen Farbsektorscheiben gekuppelt sind, stammt von E. Andersén [Ferns. Bd. 1 (1930) S. 179—180]. Jeder vollen Umdrehung des Spiegelrades entspricht ein ganzes einfarbiges Bild, von Umlauf zu Umlauf wird ein neuer Sektor zyklisch wechselnd eingeschaltet. Senderseitig wird die Anwendung von drei im Rhythmus des Farbwechsels vertauschten Photozellen empfohlen, die auf die verschiedenen Lichtarten selektiv reagieren, empfängerseitig die Kerr-Zelle.

beim Buntfilm festgestellt wurde, sind zur flimmerfreien Vermischung zweier Farben mehr als 50 Bilder/s erforderlich. Der bei Unterschreitung dieses Minimums auftretende Eindruck ist viel störender als das Frequenzflimmern einfarbiger Bilder. Rechnen wir daher für das zweifarbige Fernsehen in gedachter Art mit 50 mal in der Sekunde notwendigem Durchlaufen des Bildfeldes, so wird zwar die Rasterung grob, aber der bei $n < 25$ auftretende Flackereffekt, der vom Zeilenaufbau des Bildes herrührt, ist beseitigt. Ein anderer Vorschlag besteht darin, bei normaler Bildwechselzahl jedes Rasterelement innerhalb des ihm zukommenden Zeitintervalls unmittelbar nacheinander in seinen zwei oder drei Farbkomponenten auszuwerten und darzustellen[1]. Die Mischung würde dann flimmerfrei erfolgen. Bei konstantem Frequenzbande wäre die Rasterzahl ϱ bezgl. $^1/_2$ oder $^1/_3$ derjenigen des nicht farbigen Fernsehens. Nun ist es jedoch mit Rücksicht auf die natürlichen Pendelungen des Gleichlaufs undenkbar, die Lichttaster sender- und empfängerseits so genau in Tritt zu halten, daß ihr Phasenfehler in jedem Augenblick klein bleibt gegenüber dem Betrage eines halben bezw. eines drittel Rasterelementes. Größere Abweichungen aber würden die tönungsrichtige Farbübertragung durch beträchtliche Verschiebung des Intensitätsverhältnisses der Komponenten vollkommen verfälschen (Farbumschläge, Farbenpendelungen). Daher erscheinen die Aussichten der punktweise durchgeführten Farbanalyse bezw. -synthese sehr schwach. Eine brauchbare Lösung dürfte hingegen das neue Verfahren von R. Thun bieten[2]. Bei diesem wird die ganze Bildzeile erst in der einen, unmittelbar danach in der zweiten und gegebenenfalls anschließend in der dritten Komponente übermittelt. Hier liegt die Frequenz des Farbenwechsels noch weit oberhalb der Flimmergrenze, während die Phasenschwierigkeiten eliminiert sind.

Bei dem erwähnten Verfahren des Bell-Laboratoriums sind auf den Wänden der Koje, in welcher das Übertragungsobjekt durch einen wandernden Lichtpunkt abgetastet wird, 24 Photozellen verteilt. Hiervon sind durch Farbfilter 14 für Rot, 8 für Gelbgrün und 2 für Blau selektiv gemacht. Diese Zahlen entsprechen dem reziproken Verhältnis der absoluten photoelektrischen Empfindlichkeiten der drei auswählenden Systeme gegenüber weißem Licht von normaler Zusammensetzung. Die Zellen enthalten Natrium, das nach einem Verfahren von Olpin und Stillwell mittels Schwefeldampf (unter Mitwirkung von Sauerstoff) für längere Wellen besonders sensibilisiert wurde. Empfängerseits werden 3 über getrennte Kanäle gesteuerte Glimmlampen benutzt, davon 1 mit Neon für rotes Licht, 2 mit Argon für die beiden anderen Komponenten, die eine mit gelbgrünem, die andere mit blauem Filter. Die Strahlen dieser drei Lampen werden mittels halbdurchlässiger Spiegel optisch gemischt und das Intensitätsverhältnis der Teilfarben so gewählt, daß eine als Sendevorlage dienende weiße Fläche im Fernbilde ebenfalls weiß erscheint (vgl. Abb. 352). Zur Zerlegung dienen normale Nipkow-Scheiben.

Der Vorschlag von Thun läßt sich für Zweifarbenfernsehen besonders einfach verwirklichen. Um sämtliche Elemente einer Zeile zuerst in der Rotkomponente,

[1] Zworykin, V. K.: U.S.A.-Pat. Nr. 1691324 vom 13. VII. 1925, arbeitet mit synchron bewegten Kathodenstrahlen für Abtastung bezw. Aufbau der Bildfläche. Jedem Element derselben sind in beiderseits identischer Weise 3 Farbfilterzellen (Paget-Filter) vorgeschaltet. Der Empfangsschirm muß daher weiß leuchten. Zur Lagenabgleichung der Farbenraster soll man am Sender monochromatisch beleuchten und am Empfänger auf Erscheinen der betr. Farbe einstellen.

[2] Persönliche Mitteilung des Erfinders.

sodann in der Grünkomponente zu übertragen, wird bei normalen Nipkow-Scheiben oder Weiller-Rädern die Loch- oder Spiegelanordnung so getroffen, daß je zwei aufeinanderfolgende Lichtpunktzeilen sich decken, von denen die eine durch ein Rotfilter, die andere durch ein Grünfilter gefärbt wird. Es genügt dazu, die Löcher bezw. Spiegel mit farbiger Gelatine, Zellophan oder dergl., zu bekleben. Man kommt dann empfängerseits mit einer einzigen gesteuerten Weißlichtquelle aus (Kerr-Optik). Besonders geeignet ist dieses Verfahren für Farbenfernkinematographie, da hierfür in Form des für normale Zweifarbenprojektion aufgenommenen Streifens (z. B. nach dem Verfahren der Firma Emil Busch, Rathenow) ein ohne weiteres passendes Sendeklischee vorliegt. Derartige Filme enthalten nämlich bereits zwei im richtigen Intensitätsverhältnis der Komponenten geschwärzte Teilbilder nebeneinander. Man tastet diese direkt mittels weißen Lichtes ab, das auf eine und dieselbe Photozelle wirkt, und hat dann nur die Winkelgeschwindigkeit der Zerlegung so einzurichten, daß in dem Zeitabschnitt des Durchgangs zweier aufeinander folgender Lichtpunkte (Rot und Grün) durch das Gesichtsfeld des Empfängers die beiden zugeordneten Teilbilder des Sendestreifens unmittelbar nacheinander vom Zeilenhub überstrichen werden.

Der Vorschlag, beim Fernsehen Farben durch kontinuierliche Frequenzmodulation zu übertragen, führt, so einfach er auf den ersten Blick erscheint, zu außerordentlichen Komplikationen prinzipieller und praktischer Art. Um den relativen Anteil der Grundfarben in einer natürlichen Mischfarbe auszudrücken, bedarf es mehrerer unabhängiger Frequenzen, deren Änderungen vom Sender gesteuert werden. Man kann das Schema einer solchen Anordnung dem Maxwellschen Farbendreieck oder ähnlichen Systemen entlehnen. Neuerdings soll die Aufgabe von der General Electric Company in Schenectady aufgegriffen worden sein; über praktische Ergebnisse hat man noch nichts gehört.

Beim plastischen Fernsehen dient nach Baird als Bildvorlage eine stereoskopische Doppelaufnahme, deren beide Hälften nacheinander oder gleichzeitig abgetastet und zusammengesetzt werden. Für das erstere Verfahren besitzt z. B. eine mit doppelter Drehzahl ($2\,n$) rotierende Nipkow-Scheibe 2 je 180^0 des Umfanges einnehmende Lochspiralen mit verschiedenen Radien, deren Löcher abwechselnd die Felder beider Bildhälften durchlaufen. Es sind dann senderseits nur 1 Photozelle und empfängerseits nur 1 Lichtquelle erforderlich. Im Falle gleichzeitiger Übertragung können beide Spiralen sich über den ganzen Umfang der Scheibe erstrecken. Es müssen dann natürlich 2 unabhängige Telegraphierkanäle vorgesehen und jeder Bildhälfte senderseits ihre eigene Photozelle, empfängerseits ihre eigene Lichtquelle zugeordnet werden, während die Drehzahl der Zerlegerscheibe die normale bleibt (n). Das Empfangsbild wird durch eine Stereoskopoptik bekannter Art betrachtet.

Die Sektorform des Bildfeldes der Nipkow-Scheibe eignet sich jedoch wenig für die stereoskopische Methode, da beide Bildhälften in ihrer Form und Begrenzung zu ungleich erscheinen. Günstigere Verhältnisse würden sich bei Lochtrommeln oder Spiegelrädern ergeben, die kongruente Teilbilder liefern.

Die Entwicklung wird voraussichtlich das farbige Fernsehen vor dem plastischen bevorzugen, weil nach den Erfahrungen des Buntfilms allein schon durch die Farbwirkung der körperliche Eindruck des Gesehenen bedeutend verbessert wird. Die im Hinblick auf die Frequenzbandbeschränkung naheliegende

Befürchtung, daß ein farbiges Fernbild infolge seines gröberen Rasters ärmer an Einzelheiten sein müsse als ein schwarz-weißes mit doppelter (bezw. dreifacher) Punktzahl, dürfte kaum zutreffen, denn die Differenzierung nach Farben liefert dem geübten Auge neue Erkennungsmöglichkeiten, die den verringerten Auflösungsgrad vermutlich überkompensieren werden. Man kann auch hier aus den Beobachtungen beim Farbenfilm schließen, der nach Thun (besonders bei den subtraktiven Methoden) eine 5 bis 20mal gröbere Struktur aufweist, als der Schwarz-Weiß-Film, und dennoch an Schärfe wenig zu wünschen übrig läßt. Ein Wettmachen des Ausfalls an Rasterelementen durch Herabsetzung der Bildzahl/s kommt mit Rücksicht auf das Farbenflimmern nicht in Frage. Bestehen in bezug auf den Frequenzbereich der Übertragung keine technischen oder konventionellen Grenzen (Ultrakurzwellen), so wird man natürlich, ungeachtet der Anwendung eines Zwei- oder Dreifarbensystems, die Rasterzahl so hoch wie möglich wählen.

O. Beispiel für die Berechnung des Wirkungsgrades der lichtelektrischen Abtastung mittels Weillerschen Spiegelrades und Bogenlampe.

Das nach der Methode des bewegten Lichtpunktes vom Projektionsbilde der Bogenlampenblende abzutastende Feld sei ein Quadrat von P^2 cm². Das Weillersche Rad habe k Spiegel. Die Funktion der Anordnung ist in Abb. 36 veranschaulicht; in der Praxis sollen jedoch Einfalls- und Ausfallswinkel der Reflexion möglichst klein sein. Der Abstand zwischen der abgetasteten Fläche und dem zustrahlenden Spiegel ist:

$$r_1 = \frac{P}{2 \cdot tg \left(\frac{360}{k}\right)^0} \sim \frac{P \cdot k}{4\pi}. \tag{1}$$

Für die Übertragung des menschlichen Gesichtes genügt P = 40 cm. Bei $k = 48$ wird dann $r_1 = 153$ cm. Die Entfernung r_2 zwischen dem projizierenden Objektiv und dem Spiegelrade muß, um bei je 20° Einfalls- und Ausfallswinkel des Lichtbündels keine Strahlen abzuschneiden, etwa das dreifache des halben Objektivdurchmessers d betragen. Die Bildweite $r_1 + r_2$ ist also $(153 + 3\,d/2)$ cm. Es hat sich als zweckmäßig erwiesen, ein lichtstarkes System mit $d : F = 1 : 3$ (F = ca. 30 cm Brennweite) anzuwenden. Demnach ist $r_1 + r_2 = 168$ cm. Hieraus finden wir den Abstand r_3 zwischen der Kraterblende und dem Objektiv nach der Linsenformel:

$$\frac{1}{r_3} = \left(\frac{1}{30} - \frac{1}{168}\right) \text{cm}^{-1}$$

zu $r_3 = 36{,}5$ cm.

Die Öffnung s^2 der Blende ist bestimmt durch die Fläche des Rasterelementes in der Abtastebene, multipliziert mit dem Quadrat des reziproken Vergrößerungsverhältnisses, d. h.:

$$s^2 = \frac{P^2}{k^2} \cdot \frac{r_3^2}{(r_1 + r_2)^2} = \frac{1600 \cdot 36{,}5^2}{48^2 \cdot 168^2} \text{ cm}^2 = 0{,}033 \text{ cm}^2. \tag{2}$$

Von den durch diese Öffnung austretenden Strahlen der Bogenlampe wird ein Raumkegel ausgenutzt, der durch die Öffnungsweite des Objektivs, bezogen auf die Blende, d. h. $\frac{\pi \cdot d^2}{4 \cdot r_3^2}$, gegeben ist. Demnach wäre der auf das Spiegelrad gelangende Lichtstrom bei Berücksichtigung der in der Optik entstehenden Verluste:

$$\Phi = B \cdot a \cdot s^2 \cdot \frac{\pi \cdot d^2}{4 \cdot r_3^2} \text{ Lumen.} \tag{3}$$

B, die Leuchtdichte der Lichtquelle, beträgt beim Reinkohlebogen 18000 Stilb. Der Faktor a gibt die durch Reflexion und Absorption im Strahlenwege bedingte Gesamteinbuße an. Es werden der Reihe nach durchgelassen:

1. Von der in Abb. 58 dargestellten, zur hochfrequenten Unterbrechung der Strahlen (Hilfsträgerfrequenz) dienenden Schlitzscheibe, die man sich zwischen Blende und Objektiv eingeschaltet zu denken hat, 50%.

2. Von den Glasfenstern des Gehäuses der Schlitzscheibe, zusammengefaßt 92%.

3. Von dem Objektiv 85%.

4. Bei der Reflexion an der Spiegelfläche 80%.

5. Infolge der Zerteilung des Lichtstromes, die der Bedingung kreisförmiger Ausleuchtung zweier aneinander grenzender Spiegel entspringt, der Bruchteil $1/\pi$, d. h. ungefähr 30%.

Hiernach wird $a = 0{,}094$ und $\Phi = 3{,}26$ Lumen.

Von diesem das Feld P^2 abtastenden Lichtstrome wird auf die Photozelle ein Teil zurückgeworfen, der vom Reflexionsvermögen des fernzusehenden Objektes, von der Winkelverteilung der Rückstrahlung, von der maßgebenden Öffnungsweite der sie auffangenden Fläche der Photozelle bezw. des ihr vorgeschalteten Strahlensammlers sowie von der Lage der Zelle zum Einfallslot abhängt.

Der belichtete Gegenstand (Gesicht) kann als diffus und nach dem Lambertschen Gesetz reflektierend betrachtet werden. Die Photozelle bezw. -optik habe eine kreisförmige Nutzfläche vom Radius $r_4 = 5$ cm und befinde sich im mittleren Abstande $r_5 = 50$ cm von der Ebene, in welche die Kraterblende scharf abgebildet wird. Da die Zelle bezw. ihr Auffänger außerhalb des Spielraumes des bewegten Abtastlichtkegels liegen müssen, um keinen Schatten auf das Objekt zu werfen, nehmen wir für sie eine seitliche Stellung an, in der die zur photoelektrischen Umwandlung gelangenden Strahlen im Mittel unter dem Austrittswinkel $\beta = 30^0$ von der reflektierenden Fläche ausgehen. Die Schwankungen, die der Übertragungsfaktor durch den Wechsel des Einfallsortes des Lichtkegels und durch die Variation der Neigung unebener Objekte erleiden kann, sind in der Wirklichkeit so erheblich, daß man mit einer einzigen Photozelle nicht auskommt und zum Ausgleich der Belichtungsänderungen mindestens 2, besser noch 3 oder mehr Zellen mit möglichst großer auffangender Fläche in verschiedener Lage zum Abtastfelde anordnet. Damit wächst auch der optische Nutzeffekt, allerdings infolge der vermehrten schädlichen Kapazität in geringerem Grade als die Zahl der Zellen, falls man nicht unmittelbar an jede derselben eine eigene Verstärkerröhre heransetzen will. Die Raumtiefe, d. h. die Abweichung von der Projektionsebene der Blende, geht in den Übertragungsfaktor nur wenig ein, sehr beträchtlich dagegen in die Abbildungsschärfe.

Über das Reflexionsvermögen der menschlichen Haut liegen folgende grob orientierende Messungen mittels Galvanometer vor:

1. Zäsiumphotozelle: weißes Papier 31,2 Skalenteile, Handfläche 16,5 Skalenteile;

2. Kaliumphotozelle: weißes Papier 24,7 Skalenteile, Handfläche 8,3 Skalenteile.

Das Reflexionsvermögen der Haut beträgt also, wenn man dasjenige des weißen Papieres in beiden Fällen zu 0,9 annimmt, im Spektralgebiet der Zäsiumzelle $\sim 0,5$, im Spektralgebiet der Kaliumzelle $\sim 0,3$. Wir wollen im folgenden mit dem letzteren Werte rechnen, weil dann der Umsatzfaktor der Lumen in Mikroampere aus den Kurven der Abb. 105, die sich auf eine hydrierte Kaliumoberfläche beziehen, unmittelbar entnommen werden kann. Ist nun Φ der auftreffende Lichtstrom, so wird nach Vorstehendem der Bruchteil $0,3\,\Phi$ zurückgeworfen, und bei Gültigkeit des Lambertschen Gesetzes ist die erborgte Leuchtdichte der auf einer Fläche von P^2/k^2 cm² bestrahlten Hautstelle

$$B_r = \frac{0,3\,\Phi}{\pi} \cdot \frac{k^2}{P^2} \text{ Stilb.}$$

Da die Achse des zur photoelektrischen Schicht gelangenden Reflexionskegels mit dem Einfallslot auf der Abtastebene den mittleren Winkel β einschließt und der Kegel sehr spitz ist, d. h. die Strahlungsdichte innerhalb desselben praktisch als konstant angesehen werden darf, so empfängt die Zelle den Lichtstrom:

$$\Phi_p = B_r \cdot \frac{P^2}{k^2} \cdot \frac{\pi \cdot r_4^2}{r_5^2} \cdot \cos\beta = 0,3\,\Phi \cdot \left(\frac{r_4}{r_5}\right)^2 \cdot \cos\beta = 8,5 \cdot 10^{-3} \text{ Lumen.}$$

Um hieraus den Photostrom zu ermitteln, bedienen wir uns der Abb. 105. Wir wählen eine genügend unterhalb des Glimmeinsatzes liegende und hinreichend lineare Übertragung im ganzen Helligkeitsbereich gewährleistende Saugspannung. Die Kurve für 121 V entspricht diesen Anforderungen. Durch Extrapolieren finden wir dann für $8,5 \cdot 10^{-3}$ Lumen den Scheitelwert $\bar{J} \sim 3 \cdot 10^{-7}\,A$. (Streng genommen, müßte berücksichtigt werden, daß die Kurven der Abb. 105 mit einer überspannten gasgefüllten Glühlampe erhalten wurden, während wir hier mit dem Reinkohlebogen rechnen, dessen Strahlung bei gleicher Lumenzahl mehr Blau enthält, d. h. stärker auf die Kaliumzelle einwirkt. Wir wollen diesen Unterschied jedoch vernachlässigen, da er das Ergebnis nicht erheblich beeinflußt.) Verläuft die Modulation des Lichtes durch die rotierende Schlitzscheibe annähernd sinusförmig und wird die Photozelle dieser Frequenz gegenüber als trägheitsfrei betrachtet, so ist der von ihr abgegebene effektive Wechselstrom:

$$\mathfrak{J}_{\text{eff.}} = \frac{\bar{J}}{4} \cdot \sqrt{2} \sim 1,06 \cdot 10^{-7}\,A.$$

Weißes Papier würde nach den w. o. angeführten Messungen die 3fache Stromstärke hervorrufen. Gerötete oder gebräunte Gesichtshaut liefert andererseits nur $^1/_5$ bis $^1/_{20}$ des vorstehenden Wertes („Negereffekt").

Zur Berechnung der vom Photostrom hervorgebrachten Steuerspannung müssen wir bedenken, daß der Belastungswiderstand der Photozelle kein rein Ohmscher Widerstand ist, sondern eine Impedanz $\mathfrak{R}_a$, zusammengesetzt aus dem Wirkwiderstand R_a, der zur Kopplung des Zellenkreises mit der Eingangsröhre des Bildstromverstärkers dient, und der zu ihm parallel liegenden schädlichen Kapazität C der Schaltungselemente (Elektrodenkapazitäten usw.). Es ist:

$$\mathfrak{R}_a = \frac{R_a}{\sqrt{1 + (R_a \cdot \omega C)^2}},$$

wenn ω die Kreisfrequenz der schnellen periodischen Änderung des Lichtes bedeutet. Um eine genügende Verzerrungsfreiheit für die Amplituden des Photozellenstromes bei den verschiedenen Schwingungszahlen zu sichern, muß man den Widerstand R_a im Verhältnis zum niedrigsten Blindwiderstande $1/\omega C$ klein genug wählen. Die Erfahrung lehrt, daß bei der Lochscheibenmethode, die eine konstante Lichtperiode ω_h liefert, zweckmäßig gewählt wird:

$$R_a = \frac{1}{2\,\omega_h C}\,.$$

Hiernach wird bei Annahme von $C = 100\ \mu\mu F$ und $\omega_h = 2\pi \cdot 50000\ \mathrm{s}^{-1}$ der Kopplungswiderstand R_a = rund $16000\ \Omega$. Der Effektivstrom $\mathfrak{J}_{\text{eff.}}$ der Photozelle bringt an den Klemmen dieses Widerstandes die Gitterwechselspannung $\mathfrak{J}_{\text{eff.}} \cdot \mathfrak{R}_a = \mathfrak{J}_{\text{eff.}} \cdot \frac{R_a}{\sqrt{1{,}25}} = \frac{1{,}7 \cdot 10^{-3}\,\mathrm{V}}{1{,}12}$ = rund $1{,}5 \cdot 10^{-3}$ V hervor, einen Wert, dessen Größenordnung mit der Erfahrung übereinstimmt. Dieser Wert würde mit der Zahl der Zellen, wenn auch dieser gegenüber durch den Einfluß des zunehmenden C verlangsamt, ansteigen. Um für die Übertragung einer der menschlichen Haut entsprechenden Helligkeitsstufe eine modulierende Spannung von beispielsweise 150 V zur Steuerung des Senders zu erhalten, wäre bei einer einzigen Photozelle von der angenommenen Öffnungsweite und Lage eine 10^5fache Amplitudenverstärkung bezw. 10^{10}fache Leistungsverstärkung erforderlich. Man ersieht aus der Höhe dieser Zahlen, daß ähnliche Probleme vorliegen, wie beim drahtlosen Fernempfang, und daß es in gleicher Weise wie dort erforderlich ist, den Eingang des Verstärkers gegen Störfelder sorgfältigst abzuschirmen.

Die in Kap. III, S. 120 abgeleitete Steigerung des Wirkungsgrades des einfachen Weillerschen Rades durch Aufteilung der Zerlegung auf mehrere gleichartige Spiegelkränze (vgl. auch Abb. 37) bedeutet im Lichte der vorstehenden Berechnung einen wesentlichen Fortschritt, dessen Ausnutzung insbesondere im Hinblick auf die Beherrschung des 100zeiligen Bildes anzustreben ist.

Die Durchleuchtungsabtastung von Filmen oder Diapositiven liefert ein Vielfaches an Photostrom im Vergleich mit der hier behandelten Reflexionsabtastung. Dieser Umstand begünstigt die Anwendung der in Kap. IV, S. 191 und Kap. VII, S. 293 beschriebenen Methoden zur Einführung der Trägerfrequenz der Bildzeichen auf elektrischem Wege an Stelle des optischen, der auf S. 85 erörtert wurde. Denn infolge des weit stärkeren nutzbaren Lichtstromes erreicht das Verhältnis des in der Photozelle erzeugten Wirkstromes zu dem über ihre Elektrodenkapazität fließenden Blindstrom Werte, bei denen die Abgleichung der Neutralisierungsschaltung (Abb. 112) nicht mehr kritisch ist. Besonders gute Bilder erhält man nach dem elektrischen Verfahren, wenn man die Bogenlampe als Lichtquelle beibehält; die Hochfrequenzamplitude kann dann so klein gehalten werden, daß die auf S. 192 betrachtete Verzerrung der Trägerstromkurve (nicht der Tönungswerte des Bildes!) minder ausgesprochen auftritt.

Drittes Kapitel.

Gesetze, Probleme und Grenzen des Fernbildrasters.

Von

Fritz Schröter.

1. Die Abbildungsgesetze der optischen Zerleger. Das Helligkeitsproblem.

A. Vorbemerkungen.

Wir betrachten im folgenden die quantitativen Bedingungen, die für die Schärfe der optischen Abbildung durch zeilenweise auflösende Zerleger maßgebend sind und unabhängig von dem benutzten System gelten (auch im Falle des Zellenrasters, der mit Rücksicht auf die grundsätzliche Übereinstimmung der Ergebnisse hier nicht weiter behandelt wird). Am wichtigsten ist diese Untersuchung für das Fernsehen. Bei der mit unveränderlichen Vorlagen arbeitenden Fernbildschrift ist es prinzipiell möglich, die Transmissionsgeschwindigkeit und die Abmessungen der Taster soweit zu verringern, daß nicht nur die Trägheiten der elektrischen Übertragungsmittel, sondern auch die konstante Verzerrung, die in der Natur des Zerlegungsvorganges selbst begründet ist, verschwindend klein werden. Dieser Ausweg ist beim Fernsehen in Anbetracht des Lichtbedarfs der Abtastung und der Bildwiedergabe, ferner angesichts der physiologischen Notwendigkeit einer Mindestzahl (n) von Bildern in 1 s ungangbar. Hier sind daher die nachstehend erörterten Einflüsse für die resultierende Feinheit des Rasters von wesentlicher praktischer Bedeutung. Da ferner in die telegraphische Bildschrift komplizierende nichtlineare Schwärzungsfunktionen eingehen würden, von denen das logarithmische Gesetz der Photographie bekannt, die für die elektrochemische Schreibmethode maßgebende Beziehung aber noch ungeklärt ist, sollen unsere Überlegungen stets auf den einfachsten Fall, die optische Sichtbarmachung am Empfänger, das Fernsehen, zugeschnitten werden. Sinngemäß angewandt, gelten die Ergebnisse natürlich auch für die Fernbildschrift und für alle anderen „gespeicherten" Übertragungen, z. B. den Klangfilm.

Sofern nicht ausdrücklich eine andere Einrichtung herangezogen wird, legen wir als Zerleger die Nipkow-Scheibe zugrunde. Der Antrieb sei völlig frei von Pendelungen des Synchronismus, d. h. die Umlaufbewegung der Taster bei Sender und Empfänger ideal konphas. Die Kette der Energiewandler von der Photozelle bis zum Lichtrelais arbeite zunächst linear und trägheitslos, so daß die zweiten Differentialquotienten aller Steuerfunktionen Null werden. Damit reduzieren die Abbildungsverzerrungen sich auf den gesuchten Anteil der Zerleger. Deren maßgebender Einfluß beruht nun auf der endlichen

Ausdehnung des abtastenden und des schreibenden Lichtspaltes oder -punktes parallel und senkrecht zur Zeilenrichtung (Maße f und b in Abb. 59). Ihr zufolge verfließt eine bestimmte Öffnungs- bezw. Auflaufzeit in bezug auf einen festen mathematischen Punkt im Bildfelde, deren Wirkung sich beim Sende- und beim Empfangsvorgang multipliziert. Ohne weiteres ergibt sich aus der Endlichkeit der Dimensionen, daß eine innerhalb der Tasterfläche $b \cdot f$ im Original vorhandene Differenzierung der Hell-Dunkel-Verteilung (Abb. 59, oberer Teil, S) durch Mittelwertbildung in der Übertragung verschwinden muß; der Senderstrom steuert beim Empfänger (E) einen entsprechenden homogenen Grauton. Der Querschnitt $b \cdot f$ des Tasters muß also hinreichend klein gewählt werden, wenn Feinheiten wiedergegeben werden sollen. Einleuchtend ist ferner, daß der unscharfe Rand der Fernabbildung eines dunklen Rasterelementes auf hellem Grunde gegen den scharfen Grenzverlauf in der Vorlage erst dann konvergieren könnte, wenn die Spaltweite f in der Zeilenrichtung unendlich klein würde (unterer Teil von Abb. 59, S Original, E_1 und E_2 Fernbild).

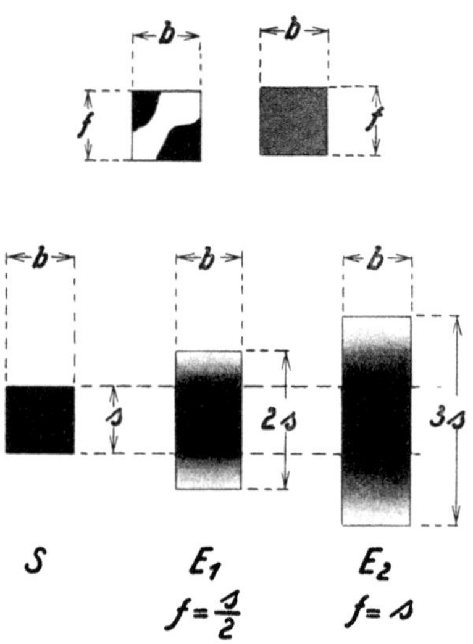

Abb. 59. Zur Definition des Rasterelementes.

Über die Wirkung der endlichen Lichtpunktgröße, die wir im folgenden genauer untersuchen wollen, lagert sich in der Praxis der Einfluß der elektrischen Zeitkonstanten, der nichtlinearen Charakteristiken und der Frequenzabhängigkeit der übertragenden Systeme. Im wesentlichen gehört die Betrachtung dieser Einflüsse in die späteren Kapitel über Verstärker, drahtlose Bildsendung und Leitungsbildtelegraphie. Eine scharfe Trennung zwischen den Anteilen der optischen Zerleger und der elektrischen Übertragungsmittel an der Gesamtverzerrung ist jedoch nicht durchführbar; denn das elektrische Frequenzband der Modulation wird nicht nur durch die Lichtspaltabtastung in der Senderphotozelle erzeugt, sondern dient auch umgekehrt zur Rekonstruktion des Bildes am Empfänger. Es ist deshalb wissenswert, welche Toleranzen nach quantitativer Erfassung der Abbildungsfehler des Zerlegers für den elektrischen Teil zulässig erscheinen. Hierbei kann man unterscheiden:

1. Nichtlineare Vorgänge in den Verstärkern;
2. Frequenzdurchlässigkeit der in den Übertragungsweg eingeschalteten Schwingkreise, Wellenfilter oder sonstigen Impedanzen;
3. Amplitudenverzerrungen und selektive Frequenzauslöschungen im Fortpflanzungsmedium (Kurzwellenschwund, Mehrfachwegeffekte).

B. Die optischen Abbildungsgesetze der Zerleger[1].

Das idealisierte Zerlegerfeld sei geradlinig begrenzt und quadratisch. Die Nipkow-Scheibe erzeugt zwar Kreisbogenzeilen; ist aber ihr Radius genügend

[1] Vgl. Schröter, F.: Elektr. Nachr.-Techn. Bd. 6 (1929) S. 439—453.

groß im Verhältnis zu den Bildmaßen l und q, so darf die Krümmung vernachlässigt werden. Die Auflösungsgeschwindigkeit (Umlaufkomponente v_1) längs der k Zeilen ist gemäß den früheren Definitionen $v_1 = v = n \cdot k \cdot l$, die Vorschubgeschwindigkeit $v_2 = n \cdot q$. Das quadratische Rasterelement hat die Seitenlänge $f = q/k$.

a) Ruhende Bilder.

1. Schärfe der Konturen. Gemäß Abb. 60 laufe beim Sender der Lichtfleck mit der Geschwindigkeit v von einer schwarzen Stelle auf eine weiße. Der Tönungsübergang sei völlig scharf, so daß der Helligkeitssprung $dH/dt = \infty$ ist. Infolge der endlichen Ausdehnung f des Lichtflecks steigt aber die Beleuchtung, die bei seinem Übertritt auf Weiß durch Reflexion auf die Photozelle entsteht, nicht sprunghaft, sondern allmählich und geradlinig an, bis er gänzlich auf der hellen Zone liegt, d. h. sich gegen die gestrichelt gezeichnete Anfangsstellung um den Weg f nach rechts verschoben hat. Die hierzu gehörende „Übergangsdauer" nennen wir T. Von dem Zeitpunkt $t = T$ ab ändert sich nichts mehr. Es gilt dann:

$$T = f/v = q/n k^2 l\,.$$

Der Photostrom folgt dem auslösenden Lichtstrom vollkommen proportional. Abb. 60 stellt daher zugleich den Stromanstieg in der Photozelle dar, für den die Beziehungen gelten:

a) $J = 0$ für $t \leqq 0$,

b) $J = it$ für $0 < t < T$, wenn i die Photostromstärke bei $t = 1$ ist,

c) $J = iT$ für $t \geqq T$.

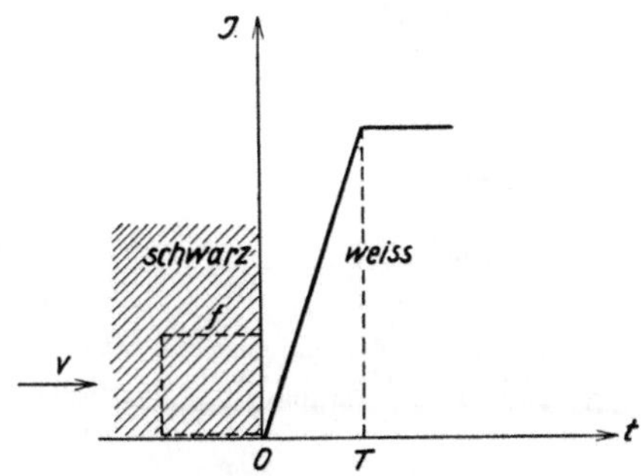

Abb. 60. Photostromanstieg bei der Abtastung eines Schwarz-Weiß-Sprunges.

Die vom Lichtrelais des Empfängers hervorgerufene momentane Helligkeit H_m ist nach Voraussetzung dem Augenblickswert J des Photostromes proportional, also $H_m = C \cdot J$, wenn C den Proportionalitätsfaktor des Umsatzes bedeutet. Der auf das Auge ausgeübte photometrische Eindruck einer bestimmten, vom gesteuerten Lichtfleck überstrichenen Stelle des Empfangsbildes kann nach dem Talbotschen Gesetz, das für so kurze Zeiten zweifellos gültig ist[1], durch das Zeitintegral der veränderlichen Helligkeit ausgedrückt werden. Der Sehapparat empfindet also deren über die Sichtbarkeitsdauer der betr. Stelle genommenen Mittelwert. Abb. 60 entspricht daher der in Abb. 61 phänomenologisch veranschaulichte Verlauf der Übergangszone, deren Abschattierung sich als Integraleffekt aus den Momentanwerten der Helligkeit in den verschiedenen Lagen des Lochspaltes oder Lichtflecks zusammensetzt. Diese Abschattierung erstreckt sich auf die doppelte Breite des Rasterelementes.

Die Berechnung der H-Kurve in Abb. 61 kann auf zweierlei Weise erfolgen. Grundsätzlich läßt sich die im nächsten Unterabschnitt für den Fall periodisch veränderlicher Helligkeit angegebene Methode auch zur Ableitung der Verwischung scharfer Ränder im Empfangsbilde benutzen. Man stellt die unstetige

[1] Geiger-Scheel: Handbuch der Physik Bd. 19, S. 487; Abschnitt „Photometrie" von E. Brodhun.

Übergangsstelle als Fourier-Integral dar, berechnet für die wesentlichen Harmonischen die aus der endlichen Spaltweite resultierenden Amplitudendämpfungen und superponiert die erhaltenen Helligkeitsverläufe. Einfacher und anschaulicher ergibt sich jedoch die Unschärfe der Wiedergabe solcher Hell-Dunkel-Sprünge durch den Empfänger aus folgender Betrachtung: Sind die Lochspalte der Zerlegerscheiben beiderseits genau in Phase, so entsprechen dem Zeitpunkt $t = 0$ in Abb. 60 die Koordinaten der Spaltränder $x_1 = 0$, $x_2 = -f$ in Abb. 61 und dem Zeitpunkt $t = T$ die Koordinaten $x_1 = f$, $x_2 = 0$. Für eine Stelle des Empfangsbildes, die im negativen Gebiet der X-Achse in einer Entfernung $|x| < |f|$ von der H-Achse liegt, findet nur während eines Teiles der Übergangsdauer T Aufhellung durch das Lichtrelais statt. Betritt der Spalt die gedachte Stelle im Zeitpunkt $-\tau$, bezogen auf die Nullinie der Abb. 60, so resultiert dort die photometrische Helligkeit:

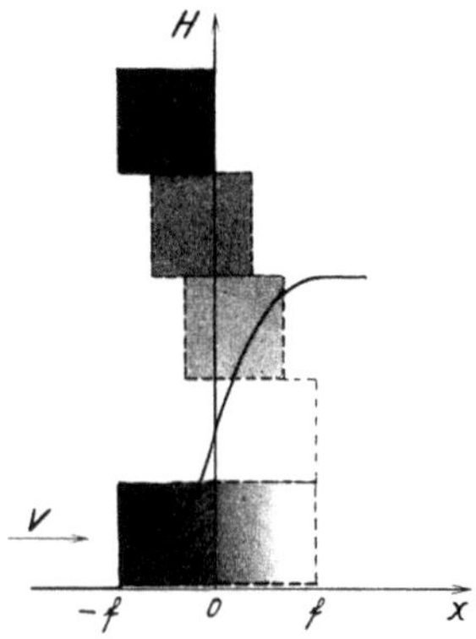

Abb. 61. Wirkung der endlichen Lichtpunktbreite auf die Übergangsschärfe im Fernbild.

$$H = C \cdot i \cdot \int_0^{T-\tau} t \cdot dt = \frac{C \cdot i}{2} \cdot (T - \tau)^2. \tag{1}$$

Für alle auf der positiven Seite der H-Achse der Abb. 61 innerhalb des Abstandes f gelegenen Orte, die im Zeitpunkt τ in den Spalt eintreten mögen, ist zunehmende Aufhellung von τ bis T vorhanden; hernach bleibt ihre Beleuchtung konstant $C \cdot iT$, so daß sich ergibt:

$$H = C \cdot i \cdot \int_\tau^T t \cdot dt + C \cdot i \cdot \tau T = \frac{C \cdot i}{2} \cdot (T^2 - \tau^2 + 2\tau T). \tag{2}$$

Setzt man in die Beziehungen (1) und (2) für τ verschiedene Werte, z. B. $-T$, $-T/2, 0, T/2, T$, ein und schreibt für $C \cdot iT^2$ den Maximalbetrag der Erhellung H_s, so folgt für die den gewählten Zeitpunkten entsprechenden Stellen des Empfangsbildes die nachstehende, in Abb. 61 eingetragene Verteilung, die den unscharfen Verlauf der Wiedergabe von Sprungstellen der Leuchtdichte im Original kennzeichnet:

Tabelle 2.

Ort im Empfangsbildfeld, $x =$	$-f$	$-f/2$	0	$f/2$	f
Aufhellung für das Auge, $H_s \times$	0	1/8	1/2	7/8	1

Die Anwendung dieser Betrachtungsweise auf die Frage der Abbildungsschärfe eines hellen Striches von der Dicke eines Rasterelements (f) ergibt eine Verwaschungszone von der Breite $3f$ (Abb. 62). Die ausgezogene Linie stellt die unstetige Helligkeitsverteilung im Original, die strichpunktierte den An- und Abstieg des Photostromes, die punktierte die verschwommene Wiedergabe durch den Empfangsapparat dar. In der Mittellinie BC ist die Beleuchtungsstärke das Integral über die Übergangsdauer des Lichtspaltes aus Lage 1 in Lage 2. Da der Photostrom während dieser Zeit seine höchsten Werte ($\geqq J/2$) durchläuft, liegt in BC das Helligkeitsmaximum, dessen Betrag gegeben ist durch

$$2C \cdot i \cdot \int_{T/2}^{T} t \cdot dt = C \cdot i \cdot T^2 \cdot \left(1 - \frac{1}{4}\right) = \frac{3H_s}{4}. \tag{3}$$

Es findet also keine volle Aufhellung statt (der Steuerstrom des Lichtrelais hat nicht während des ganzen Überganges seinen Höchstwert).

Eine Folge scharfer Striche (Linienraster) von der Dicke f wird wie in Abb. 63 wiedergegeben. Die Zuordnung der Kurven ist die gleiche wie in Abb. 62. Die Lichtstärkemaxima des Empfangsbildes vom Betrage 3 $H_s/4$ liegen in Phase mit den Mittellinien der hellen Striche des Originals, die Minima vom Betrage $H_s/4$ in Phase mit den Mittellinien der dunklen Striche. Es tritt also auch keine vollständige Verdunkelung ein. Diese Amplitudendämpfungen sind beachtenswert im Zusammenhange mit der Frage, welche Modulationsfrequenzen beim Fernsehen übertragen werden müssen. Angesichts des Wellenmangels liegt es nahe, das Schwingungsband möglichst zu begrenzen. Im allgemeinen rechnet man als Höchstfrequenz (in Hz) den Wert:

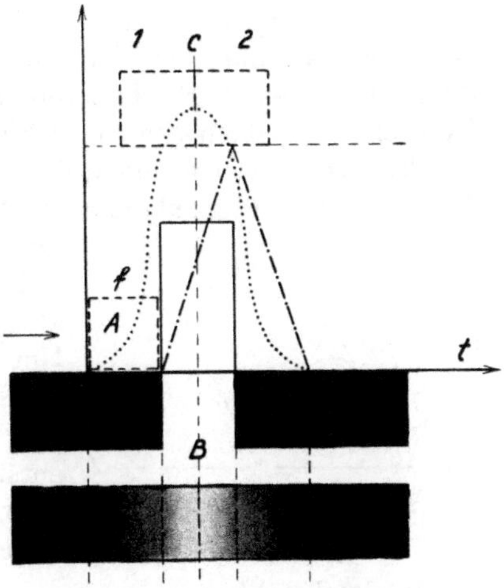

Abb. 62. Wiedergabe eines hellen Striches.

$$\frac{\text{Bildzahl/s} \cdot \text{Zahl der quadratischen Rasterelemente}}{2} = \frac{n \cdot k^2 \cdot l}{2q},$$

indem man als schnellsten Wechsel, der bei der Abtastung auftreten kann, die Aufeinanderfolge eines hellen und eines dunklen Elementes ansieht. Die Dauer der höchsten Periodenzahl ist hiernach die Zeit für das Durchlaufen zweier Bildpunktweiten $= 2\,T$. Es wird dabei aber formal übersehen, daß die Helligkeit im Originalbilde nach Annahme sprunghaft verläuft, die sinusförmige Grundfrequenz $\nu_m = (v/2f)$ des Linienrasters nach Abb. 63 also eine unendliche Reihe von Harmonischen überlagert enthalten müßte, die mit veränderten Amplituden in der zickzackförmigen Photostromkurve nach Abb. 64 wiederkehren[1]. In

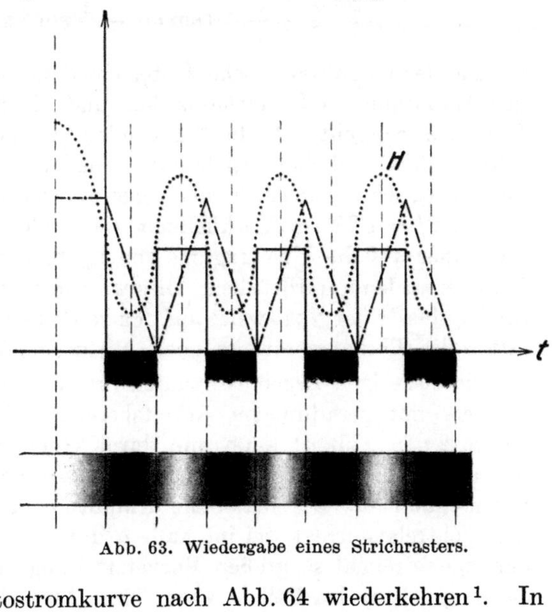

Abb. 63. Wiedergabe eines Strichrasters.

[1] Amplitudenspektrum eines Spaltes s. Küpfmüller, K.: ZS. f. techn. Phys. Bd. 8 (1927) S. 475. Es hat die Form:

$$i = \int_{-\infty}^{+\infty} A_\omega \cdot \sin(\omega t - \varphi)\, d\omega, \text{ wobei } A_\omega = \frac{J}{\pi\omega} \cdot \sin\frac{\omega\tau}{2} \text{ und } \tau = f/v, \ J \text{ Maximalwert.}$$

Wirklichkeit zeigt jedoch die Abschattierung im Empfangsbilde, daß selbst bei der in Abb. 63 vorausgesetzten Mitübertragung aller Oberfrequenzen durch das als trägheitsfrei vorgestellte System weder von einer scharfen Wiedergabe der Helligkeitssprünge noch von einer vollständigen Aussteuerung der Intensität zwischen Maximum und Minimum die Rede sein kann. Die Definition des Rasterelementes als Flächengröße des zerlegenden Lichtflecks ist also, in dessen Laufrichtung gedacht, mehr oder minder willkürlich. Die tatsächlich erhaltene Randschärfe würde einem gröberen Raster entsprechen, besonders, wenn man die in der Praxis hinzukommende Wirkung der Einschwingzeiten berücksichtigt.

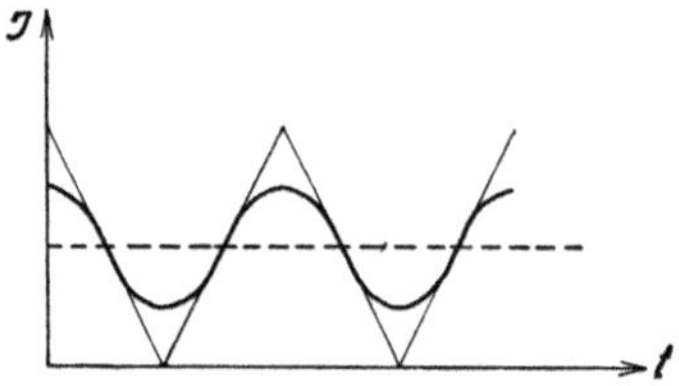

Abb. 64. Grundfrequenz des Bildrasters im Photostrom.

Der maßgebende Einfluß der endlichen Spaltweite f und ihres Verhältnisses zur Breite der abzubildenden Übergangszone wird im folgenden Unterabschnitt noch allgemeiner behandelt.

Stellt man die rechteckige Helligkeitsverteilung des Originals und die bei ihrer Abtastung entstehende zickzackförmige Photostromkurve in Abb. 63 bezw. 64 durch Fouriersche Reihen dar, so lauten diese

für die Rechteckkurve:

$$i = \frac{J}{2} + \frac{2J}{\pi} \cdot \left(\sin \omega t + \frac{1}{3} \sin 3\,\omega t + \frac{1}{5} \sin 5\,\omega t \ldots\right),$$

für die Zickzackkurve:

$$i = \frac{J}{2} + \frac{4J}{\pi^2} \cdot \left(\sin \omega t - \frac{1}{9} \sin 3\,\omega t + \frac{1}{25} \sin 5\,\omega t \ldots\right),$$

woraus der charakteristische Unterschied in bezug auf Betrag und Vorzeichen der Amplitude der 3. Harmonischen und die Bedeutungslosigkeit der weiteren Glieder hervorgeht. Da die Amplituden im empfangsseitigen Helligkeitsverlauf infolge der endlichen Spaltweite quadriert auftreten (s. folgenden Unterabschnitt), wird ersichtlich, wie wenig die Oberfrequenzen der Grundschwingung $\nu_m = v/2f = 1/2T$ in Wirklichkeit zur Bildschärfe beisteuern. Wir dürfen uns daher auf die Übertragung von ν_m beschränken und können die höheren Periodenzahlen unterdrücken. Dies wird in Unterabschnitt 3 durch Betrachtung des Einflusses der Spaltweite auf den zeitlichen Spannungsanstieg am Eingangsgitter des Photoverstärkers noch überzeugender dargetan werden.

Die bisherigen Ergebnisse gelten für den Fall eines schwellenwertfreien Verstärkers mit geradlinigem Arbeitsbereich. Der verwaschene Rand von der Breite $2f$ in Abb. 61 kann nun durch einen Kunstgriff verschmälert werden, der eine Verringerung der Zeitkonstanten herbeiführt. Dies ist in Abb. 65 veranschaulicht. Die maximale Amplitude des Stromes, der das Steuerrohr des Lichtrelais erregt, sei im Falle a durch J (ausgezogene Linie), im Falle b, der einer dreimal so großen Vorverstärkung entspricht, durch J' (gestrichelte Linie) gegeben. Im Falle a werde ohne Abriegelung gearbeitet (normale Richtverstärker-Schaltung); es entsteht so die gleiche Kurve für H wie in Abb. 61. Die resultierende Unschärfe reicht von $x = -f$ bis $x = +f$. Im Falle b sei, z. B. durch negative Vorspannung am Gitter des Steuerrohres, eine Schwelle N für die beginnende Aufhellung eingeführt. Das Lichtrelais fängt dann erst in einem Zeitpunkt an zu wirken, der durch die Lage A' des Abtastspaltes in bezug auf die H-Achse gekennzeichnet ist, erreicht jedoch die für Fall a angenommene Endintensität im gleichen Augenblick wie dort ($x_1 = f$, $x_2 = 0$), wofern die Vorverstärkung genügt, um $J' - N = J$ zu machen. Somit ergibt sich die steilere Aufhellungskurve H'. Der Vergleich der eingetragenen Abschattierungen zeigt, daß die Übergangszone jetzt bedeutend schärfer und schmaler hervortritt. Ferner aber erkennt man, daß alle Halbtonwerte, die Steuerstromstärken von geringerem Betrage als N liefern, empfangsseitig wegbleiben, d. h. als Schwarz erscheinen müssen. Beispielsweise würde der halben Maximalamplitude J_h im Falle a diejenige $J_h' < N$ im Falle b äquivalent sein, d. h. ein entsprechendes Grau nicht übertragen werden. Um Halbtöne quantitativ und gleichzeitig Konturen hinreichend scharf wiederzugeben, ist also ein in der Laufrichtung möglichst enger Spalt oder Lichtfleck in Verbindung mit unabgeriegelten Verstärkern unumgänglich.

Die vorstehenden Untersuchungen über die Randschärfe sind auch für die Grenzen der bildtelegraphischen Schriftübertragung maßgebend. P. Arendt[1] ließ für eine diesbezügliche Studie den gleichen Text, der 5 verschiedene Letterngrößen zwischen etwa 1 mm und 3 mm Höhe enthielt, in 10 abgestuften Proportionen bis zu 1 : 0,33 hinunter photographisch verkleinern. Diese insgesamt 11 Vorlagen wurden mit 5, 4 und 3 Zeilen/mm übertragen. Tab. 3 zeigt, bis zu welcher Grenze die Schrift lesbar blieb.

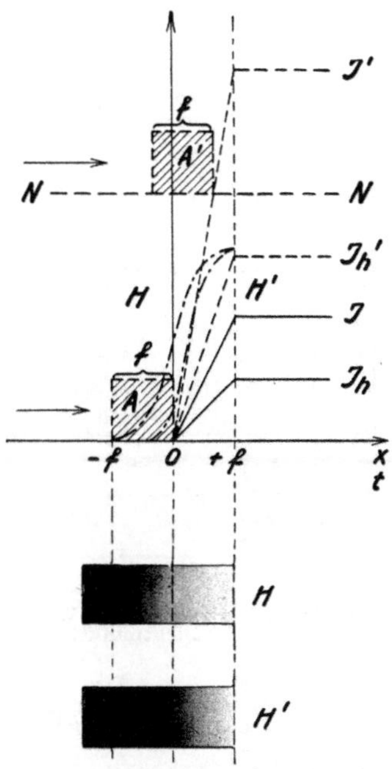

Abb. 65. Wirkung der Verriegelung des Verstärkers.

Tabelle 3.

Letterngröße in mm, angenähert	Noch zulässige Verkleinerung		
	5 Zeilen/mm	4 Zeilen/mm	3 Zeilen/mm
1	1: 1	—	—
1,2	1: 0,78	1: 1	—
1,5	1: 0,67	1: 0,83	—
2	1: 0,61	1: 0,72	1: 1
3	1: 0,44	1: 0,56	1: 0,72

Durch die Verkleinerung vor der Abtastung wird die Telegraphierdauer einer bestimmten Wörterzahl verringert. Man könnte hieraus eine Ersparnis an Zeit und an Kosten für die Inanspruchnahme der Verbindungsleitung erwarten, falls es gangbar wäre, durch Vergrößerung des Empfangsbildes das ursprüngliche Letternformat zurückzugewinnen. Die Verwaschung des Hell-Dunkel-Überganges zieht diesem Verfahren jedoch eine Grenze. Arendt hat aus der Tabelle berechnet, wieviel Wörter/min bei der eben noch zulässigen Verkleinerung erzielt werden. Zugrunde gelegt wurden die Leistungen 4 min/dm² bei 5 Zeilen/mm, 2,6 min/dm² bei 4 Zeilen/mm und 1,4 min/dm² bei 3 Zeilen/mm. Für die leserliche Übertragung einer gegebenen Nachrichtenmenge erwies sich stets die gleiche Zeit als notwendig, unabhängig vom Vorschub, sofern die kleinstmögliche

[1] Arendt, P.: Über den Einfluß des Rasters bei der Bildtelegraphie. Elektr. Nachr.-Techn. Bd. 7 (1930) S. 72—78.

Schriftgröße angewandt wurde. Man kommt auf maximal etwa 220 Wörter/min (1 Wort zuzüglich Zwischenraum = 7 Buchstaben). Dieses Ergebnis besagt, daß zur erkennbaren Wiedergabe eines bestimmten Textumfanges eine Mindestzahl von Rasterelementen erforderlich ist. Ähnliches gilt sinngemäß für eigentliche Bilder. Nach Arendt sind für ein Porträt nicht mehr als 10^5, für Landschaften oder Gruppenaufnahmen über $2 \cdot 10^5$ Bildpunkte erforderlich. Für die Herstellung von Druckstöcken muß der telegraphische Raster feiner bleiben als der Klischee-Raster, weil sonst leicht ein störender Moiré-Effekt entsteht ($\varrho \sim 5 \cdot 10^5$ für Format 13 cm×18 cm).

2. Dämpfung periodisch verlaufender Helligkeit[1]. Ein Loch der senderseitigen Nipkow-Scheibe überstreiche in der Abtastrichtung (X) die durch Abb. 66 dargestellte sinusförmige Lichtstärkeverteilung $H_x = H_0 \cdot \left(1 + \sin \frac{2\pi x}{s}\right)$ von der Periodenlänge s. Infolge der endlichen Spaltweite f wirkt auf die Photozelle jeweils die Lichtmenge

$$H_0 \cdot \int \left(1 + \sin \frac{2\pi x}{s}\right) dx, \tag{4}$$

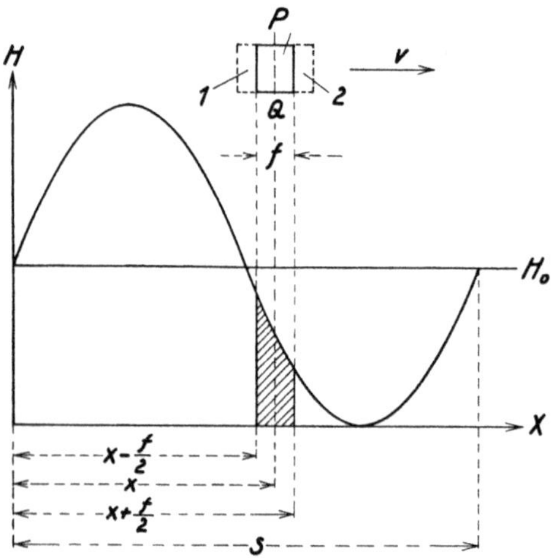

Abb. 66. Zur Ableitung der Wirkung der endlichen Lichtpunktbreite.

wobei das Integral über die Begrenzungen des Spaltes zu erstrecken ist. Befindet sich dessen Mitte z. B. in der Linie PQ, so haben die Ränder die Koordinaten $x + f/2$ und $x - f/2$, und der Photostrom wird daher der schraffierten Fläche proportional sein. D. h. im Augenblick, wo die Spaltmitte die Strecke x zurückgelegt hat, ist

$$i_x = \text{const} \cdot f \cdot H_0 \cdot \left(1 + \frac{s}{\pi f} \cdot \sin \frac{\pi f}{s} \cdot \sin \frac{2\pi x}{s}\right). \tag{5}$$

Der Sendestrom folgt also den Helligkeitsänderungen des abgetasteten Bildes in gleicher Kurvenform und Frequenz. Die Größe seiner Schwankung („Aussteuerung") erreicht jedoch nicht den Wert 1; sie ist vielmehr mit dem Dämpfungsfaktor $\frac{s}{\pi f} \sin \frac{\pi f}{s}$ multipliziert, dessen Betrag von s/f abhängt und erst bei $s \gg f$ gegen 1 konvergiert. Für $s/f = 1$, $1/2$, $1/3$ usw. verschwindet die Stromänderung und damit die Übertragung der entsprechenden Bildfrequenzen (der Mittelwert über eine oder mehrere ganze Perioden der Lichtschwankung muß selbstverständlich Null sein!), und für die Bereiche $\frac{1}{2} < \frac{s}{f} < 1$, $\frac{1}{4} < \frac{s}{f} < \frac{1}{3}$ usw. wird $\sin \frac{\pi f}{s}$ negativ, d. h. die Änderung der Helligkeit am Ort der Spaltmitte ist in Gegenphase zur gleichzeitigen Änderung des Photostromes.

[1] Vgl. Horton, J. W.: 4. Annual Convention of the Institute of Radio Engineers. Mai 1929, S. 5f. Rechnungen dieser Art wurden unabhängig vom Verf. von K. Küpfmüller (Siemens-Zentrallaboratorium) und H. Ch. Wohlrab (Dissertation Leipzig 1929) im besonderen Hinblick auf den Klangfilm ausgeführt.

Für die Entstehung des Empfangsbildes gelte wieder das Talbotsche Gesetz und völlige Linearität der Steuerung des Lichtrelais (z. B. Glimmlampe). Schwankt der Photostrom i_x nach dem Zeitgesetz (5), so wird unter Voraussetzung phasengleichen Laufes beider Lochscheiben und übereinstimmender Weiten f die längs der Linie PQ resultierende Helligkeit ein Integraleffekt sein, der sich aus den Momentanwerten der Intensität des abbildenden Spaltes beim Übergang aus der Lage 1 in die Lage 2 summiert. Unter Einsatz einer neuen Konstanten für den Umsatz des Photostromes in Licht können wir also die empfangsseitig in PQ wahrgenommene Helligkeit ausdrücken durch:

$$\begin{aligned} H_x' &= \text{const}' \cdot f \cdot H_0 \cdot \int\limits_{x-f/2}^{x+f/2} \left(1 + \frac{s}{\pi f} \cdot \sin \frac{\pi f}{s} \cdot \sin \frac{2\pi x}{s}\right) dx \\ &= \text{const}' \cdot f^2 \cdot H_0 \cdot \left[1 + \left(\frac{s}{\pi f} \cdot \sin \frac{\pi f}{s}\right)^2 \cdot \sin \frac{2\pi x}{s}\right]. \qquad (6) \end{aligned}$$

Wir erhalten demnach eine sinusförmige Verteilung der Lichtstärke von gleicher Frequenz und Phase wie im Sendebilde. Die Leuchtdichte wächst mit f^2. Da der Faktor $\frac{s}{\pi f} \cdot \sin \frac{\pi f}{s}$ im Quadrat erscheint, ist eine Phasenumkehr, wie sie nach dem Voraufgehenden beim Photostrom auftreten kann, für keinen Wert von s/f möglich. Abb. 67 veranschaulicht die resultierende Verflauung der Aussteuerung unter Annahme verschiedener Größen für f/s; zum Vergleich ist die vollkommen durchgesteuerte Helligkeitsverteilung im Original (ausgezogene Linie) mit richtiger Phase eingetragen. Die Beziehung für H_x' enthält, worauf hier nur hingewiesen werden soll, die Übertragungscharakteristik $e^{-b} = \varphi\ (s/f)$ aller bei der Abtastung durch die bildliche Konfiguration gegebenen Intensitätsperioden.

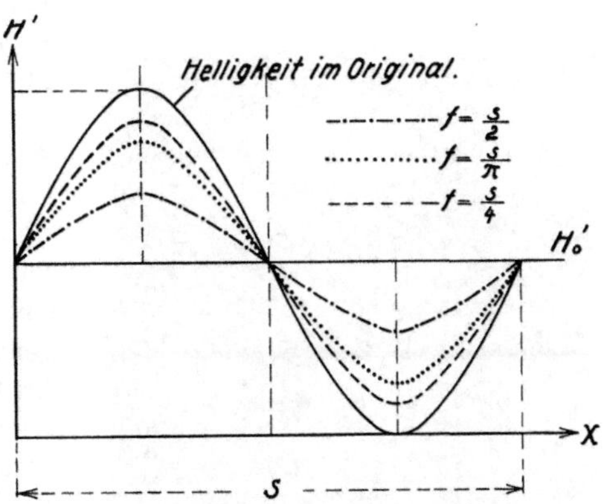

Abb. 67. Dämpfung verschiedener Helligkeitsperioden durch die Wirkung der endlichen Lichtpunktbreite.

Die Schärfe der Wiedergabe quer zur Bewegungsrichtung des Lochspaltes oder Lichtflecks ist lediglich eine Funktion der Zeilenzahl k. Sehr deutlich geht dies aus den Abb. 68 bis 70 hervor, von denen 68 das Original, 69 und 70 die mittels Kerr-Optik photographisch hergestellten Fernbilder mit 40 bezw. 75 Linien bedeuten. Längsschärfe (grad $H \parallel$ Zeile) und Querschärfe (grad $H \perp$ Zeile) müssen jedoch im richtigen Verhältnis zueinander stehen. Diese Notwendigkeit läßt den Nutzen einer Steigerung von k so lange gering erscheinen, als die Übergänge und Konturen in der Laufrichtung des Lichtflecks nicht auch entsprechend markanter werden. Man muß hierbei bedenken, daß in der Querzerlegung ein Helligkeitssprung von Zeile zu Zeile auf der Empfangsseite unvermindert scharf wiedergegeben wird, da weder die Spaltweite noch die Zeitkonstanten der elektrischen Übertragung einen Einfluß darauf ausüben. Die Erhöhung der Linienzahl k hätte sich daher in Abb. 70 minder auffällig

Abb. 68.

Abb. 69.

Abb. 70.

Abb. 68 bis 70. Schärfe des Fernbildes bei verschiedenem Raster. Oben Original, in der Mitte Fernbild mit ca. 40 Zeilen, unten Fernbild mit ca. 75 Zeilen.

ausgewirkt, wenn der Lichtfleck in der Zeilenrichtung die gleiche Ausdehnung wie im Falle der Abb. 69 besessen hätte. In Wirklichkeit war er im Verhältnis k_1/k_2 verengt worden. Betrachtet man die Abb. 69 und 70 aus größerem Abstande, so scheint das in normaler Sehweite kraß empfundene Mißverhältnis ihrer Deutlichkeiten verringert zu sein. Die heute erhältlichen Fernsehbilder bedürfen solcher physiologischen Nachhilfen (Verhütung richtiger Akkommodation des Auges und dergl.), um befriedigend zu wirken. Dieser Weg ist allerdings nur für Gegenstände berechtigt, die unser Gesichtssinn auf Grund vielfacher Erfahrung aus einem Minimum an Einzelheiten bildlich zu erfassen vermag, z. B. das menschliche Antlitz. Auf psychologische Einschläge kommen wir später zurück.

3. Zeitkonstante des Verstärkers. Die Vernachlässigung von Zeitkonstanten soll nunmehr für diejenige Stelle aufgehoben werden, an der sich der störende Einfluß der Schaltungskapazität auf die Übertragungscharakteristik des Frequenzbandes besonders geltend macht. Dies ist das Eingangsgitter des Photoverstärkers. Abb. 71 zeigt im linken Teile die normale Verbindung zwischen der Photozelle 1 und der Röhre, die durch Gitter 4, Kathode 5 und Anode 6 dargestellt ist. 2 bezeichnet die Saugbatterie, 3 die Gitterleitung. Der koppelnde Widerstand ist R. Die Kopplung mit den weiteren Röhren ist für das folgende ohne Bedeutung. Wir beschränken uns auf den Fall nicht intermittierenden Abtastlichtes und reiner Gleichspannung im Kreise der Zelle, die somit einen der einfallenden Lichtintensität proportionalen Gleichstrom i liefere. Dabei soll das Gitter 4 so weit negativ vorgespannt sein, daß kein Gitterstrom fließt.

Der Idealfall einer rein Ohmschen Belastung der als Generator dienenden Zelle ist nun in Wirklichkeit nicht erfüllbar, denn die unvermeidbare Kapazität zwischen Gitter 4 und Glühdraht 5, zwischen den Elektroden der Photozelle und den verbindenden Leitern stellt ein zu R parallelgeschaltetes C von nicht zu vernachlässigendem Betrage dar. Wir haben also mit Verhältnissen zu rechnen, wie sie im rechten Teile der Abb. 71 angedeutet sind. Solange nun das Loch der senderseitigen Zerlegerscheibe eine vollkommen dunkle Stelle überquert, ist kein Spannungsabfall an den Enden von R vorhanden. Beim Übergang von Hell zu Dunkel ($t = 0$ in Abb. 60) beginnt in der Zelle 1 Strom zu fließen, der während der Zeit $T = f/v$ auf seinen Höchstwert J' steigt und zu einem beliebigen Zeitpunkt $t < T$ die Stärke $J' \cdot t/T$ hat. Von diesem Strome fließt ein Teil i durch R, unter Erzeugung der Steuerspannung $R \cdot i$, der Rest über die Kapazität C, die in der Zeit dt die Ladung erhält:

$$dQ = \left(\frac{J' \cdot t}{T} - i\right) dt = R \cdot C \cdot di\,,$$

da $R \cdot di = dV$. Die Integration ergibt für i:

$$i = \frac{J' \cdot t}{T} \cdot \left[1 - \frac{R \cdot C}{t} \cdot \left(1 - e^{-\frac{t}{R \cdot C}}\right)\right]. \tag{7}$$

Zur Zeit $t = T$ (Ende des vollständigen Spaltüberganges) ist also i gewachsen auf:

$$i = J' \cdot \left[1 - \frac{R \cdot C}{T} \cdot \left(1 - e^{-\frac{T}{R \cdot C}}\right)\right], \tag{8}$$

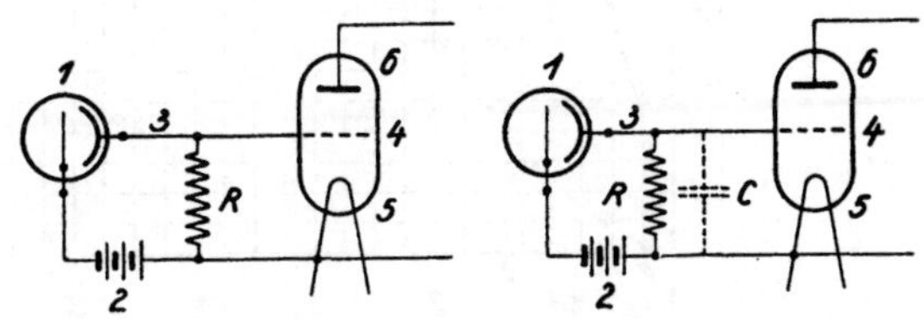

Abb. 71. Widerstandskopplung der Photozelle mit dem Verstärker; Einfluß der schädlichen Kapazität.

d. h. nur auf einen Bruchteil seines in Abb. 60 angenommenen Endwertes.

Setzen wir für R und C der Praxis entsprechende Beträge ein, z. B. $R = 2 \cdot 10^5\ \Omega$ und $C = 5 \cdot 10^{-11}$ F (bei sehr kurzen Leitungen!), so wird $R \cdot C = 10^{-5}$ s. Das Loch der Nipkow-Scheibe sei q/k mm im Quadrat. Seine Laufgeschwindigkeit ist (unter Vernachlässigung der Krümmung) $v = n \cdot k \cdot l$. Nehmen wir an: $n = 16$/s, $k = 50$, $q = 50$ mm, $l = 40$ mm, also $f = 1$ mm, so wird $T = f/v = q/n k^2 l = 3{,}13 \cdot 10^{-5}$ s. Lassen wir nun t von 0 an zunehmen, so ist nach $^1/_4 \cdot 10^{-5}$ s Dauer $t/RC = {}^1/_4$ usw., und bei den Kurven der Abb. 72 entspricht ein Teilstrich der Zeiteinheit 10^{-5} s. Man erhält die Werte für i in der Kurve II dann aus der folgenden Zusammenstellung:

Tabelle 4.

Zeitpunkt $t = 10^{-5}$ s $\times$	$^1/_4$	$^1/_3$	$^1/_2$	1	2	3
$i = 10^{-4} \times$	96	169	352	1184	3648	6528

Kurve II stellt also den Verlauf des Stromanstieges und damit das Anwachsen der Steuerspannung $R \cdot i$ am Gitter der Eingangsröhre des Photoverstärkers dar und kennzeichnet die durch das Zusammenwirken von endlicher Spaltweite und schädlicher Kapazität entstehende Verzögerung. Zum Vergleich diene die Kurve I, die dem hypothetischen Falle entspricht, daß der Photostrom sein

Maximum im Augenblick der beginnenden Aufhellung sprunghaft erreichen würde, wobei die bekannte Funktion

$$i = J' \cdot \left(1 - e^{-\frac{t}{R \cdot C}}\right)$$

einzusetzen wäre.

Vergleicht man den Anstieg der Gitterspannung $R \cdot i$ im Idealfalle der Abb. 60, wo sie ihren Höchstwert bereits am Ende der Übergangszeit T besäße, mit dem tatsächlichen Verlauf nach Abb. 72, Kurve II, so bestätigt sich die im Unterabschnitt 1 gezogene Folgerung, daß die Übertragung höherer Harmonischer der Grundfrequenz $\nu_m = v/2f$ keine Rolle spielt. Denn diese Harmonischen fehlen in der Gitterspannungskurve schon primär in merklichem

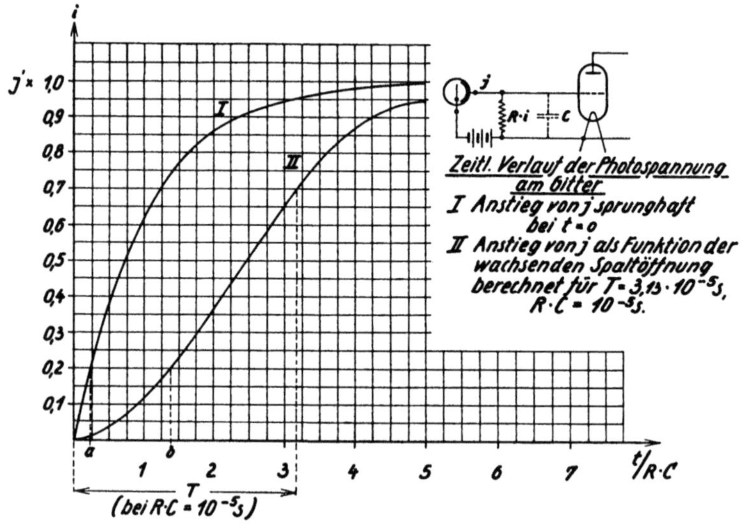

Abb. 72. Einfluß der endlichen Lichtpunktbreite auf den Anstieg der Photospannung am Steuergitter.

Betrage, abgesehen von der Dämpfung ihrer Amplituden durch die endliche Spaltweite auf der Empfangsseite. Die schädliche Kapazität C der Photoverstärker-Schaltung wirkt eben in der Praxis als hinreichender Kurzschluß für jene Oberfrequenzen.

Man kann die Kurve II in der vorstehend beschriebenen Weise für alle möglichen Werte von $R \cdot C$ berechnen. Stets wird dann vom Zeitpunkt T an der weitere Verlauf mit demjenigen der entsprechend gezogenen Kurve I identisch, da der Spalt bei $t = T$ vollständig auf der hellen Zone angelangt ist, d. h. der Photostrom sein Maximum erreicht hat.

Aus den Gleichungen (7) und (8) wird ferner der entscheidende Einfluß von R ersichtlich. Da C durch die angewandten Mittel gegeben ist, darf R nicht beliebig groß gewählt werden. In der folgenden Tabelle sind die Bruchteile der maximalen Gitterspannung $J' \cdot R$ angegeben, die für verschiedene Werte von RC/T am Ende der Übergangsdauer erhalten werden. Um den in der Zelle ausgelösten Photostrom möglichst weitgehend für die Steuerung auszunutzen, sollte grundsätzlich die Bedingung $R \cdot C < T$ erfüllt sein.

Tabelle 5.

$RC/T =$	3	2	1	$^1/_2$	$^1/_3$	$^1/_4$
$J' \cdot R \times$	0,15	0,21	0,37	0,57	0,68	0,76

Diese Erkenntnis steht in Übereinstimmung mit den Schlußfolgerungen hinsichtlich der Grenzwerte von R, die aus der Betrachtung der vektoriellen Verzweigung des Photostromes über die Widerstände R und $1/\omega C$ hervorgehen. Die Anpassung von R an den inneren Zellenwiderstand (Größenordnung beim Fernsehen z. B. $10^{10}\ \Omega$) ist mit Rücksicht auf die Parallelschaltung des kapazitiven Widerstandes $1/\omega C$ bei den durch f und v gegebenen ω-Werten ganz undenkbar, da C nicht beliebig herabgesetzt werden kann. Für ein bestimmtes C ist R einerseits so klein zu wählen, daß die Bedingung $R \cdot C < T$ erfüllt wird, andererseits so groß, daß möglichst $R > 1/\omega C$ bleibt; also

$$T > R \cdot C > 1/\omega\,.$$

Man ersieht hieraus sofort, daß die durch die Variation der Helligkeit bedingten Schwankungen von ω eine stark frequenzabhängige Übertragung durch den Verstärker hervorrufen müssen. Dies weist auf die mit der Feinheit der Zerlegung wachsende Unentbehrlichkeit einer Trägerfrequenzmethode und induktiver Ausgleiche für die Bildstromverstärkung hin (vgl. Kap. VII).

b) Bewegliche Fernsehbilder.

1. Geometrische Gesetze. Wir betrachten hier nur solche Längsbewegungen ($\| v_1$) und Querbewegungen ($\perp v_1$) des zu übertragenden Objektes im Bildfelde, deren Geschwindigkeitskomponenten c_1 bezw. c_2 gegen v_1 bezw. v_2 nicht verschwinden. Jedoch dürfen Werte von c_1, die ihrer Größenordnung nach mit der Laufgeschwindigkeit v_1 des Lochspaltes oder Lichtflecks übereinstimmen, mangels realer Bedeutung für die Anwendungen des Fernsehens unberücksichtigt bleiben. Von praktischem Interesse ist nur der Fall $c_1 < v_1$. Die Bildzeile von der Länge l wird als geradlinig und $v_1 \perp v_2$ angenommen. Die konstante Laufzeit des Signals (drahtlose Welle) darf im folgenden vernachlässigt werden.

Abb. 73 gibt ein Beispiel für die Bewegungsverzerrung bei der Übertragung eines im abgetasteten Bildfelde in der Zeilenrichtung (v_1) verschobenen Striches PQ, der im linken Teile der Zeichnung dargestellt ist[1]. Zu irgendeinem Zeitpunkt erfahre PQ eine mit konstanter Geschwindigkeit in der Pfeilrichtung vor sich gehende Parallelverschiebung, die nach weniger als $1/n$ s endigen möge. Wie sieht diese Verrückung im Empfänger aus? Laufen die Zerleger beiderseits pendelungsfrei, so wird der Photostromstoß, der bei jedesmaligem Überqueren von PQ in Zeile 1, 2, 3 . . . entsteht, während der Verlagerung des Striches eine etwas größere Periode als l/v_1 haben. Das im Empfangsblickfelde erscheinende Übergangsstadium, das die beiden mit der Senderseite konform und ortsgleich abgebildeten Stillstandsphasen verbindet, zeigt uns der rechte Teil der Zeichnung. An Stelle der Parallelbewegung glaubt man ein Schrägumklappen des Striches

[1] Die während der Verschiebung einer Querlinie nach Abb. 73 aus dem gleichen Grunde erscheinende Verdickung bezw. Verdünnung derselben wird hier als weniger auffälliges Phänomen vernachlässigt.

in die Punktreihe $P'Q'$ wahrzunehmen. Da jedes Element derselben nur einmal übertragen wird, ist dieser Eindruck flüchtig im Gegensatz zu den deutlichen Ruhelagen, die in ständiger Wiederholung abgebildet werden.

Ist die Verrückungsdauer von PQ im Bildfelde $> 1/n$ s, hält also die Bewegung während mehrerer Abtastungen an, so vervielfacht sich das im rechten Teile der Abb. 73 dargestellte Verzerrungsphänomen, d. h. man sieht zwischen den Stillstandsphasen eine flüchtige Folge schräger, paralleler Punktreihen, die zum kinematographischen Effekt des in gekippter Haltung verschobenen Striches verschmelzen.

Wie Abb. 73 erkennen läßt, hat sich der Strich PQ während der Ablaufzeit l/v_1 einer Bildzeile um die kleine Strecke $< q/k$ verlagert, so daß $c_1 < \frac{q}{k \cdot l} \cdot v_1 < v_1$ ist. Soll die Verzerrung der Bewegung unmerklich werden, so wird man fordern müssen, daß die gemäß Abb. 73 empfundene Schiefe, auf die gesamte Höhe des Fernbildes gerechnet, höchstens von der Breite q/k eines Rasterelementes sei. Der Strich PQ dürfte also in der Zeit $\frac{k \cdot l}{v_1}$ nur die Strecke q/k zurücklegen, d. h. es wäre $c_1 \leqq \frac{q}{k^2 \cdot l} \cdot v_1$. Unter dieser Voraussetzung verbinden sich die einzelnen, von Bild zu Bild gesehenen Phasen der Verrückung zu dem „natürlichen“ Eindruck des parallel zu sich selbst verschobenen Striches. Für größere Werte von c_1 dagegen beginnt der Übergang durch die Verzerrung der Bildpunktverteilung in der Wiedergabe irreführend zu werden.

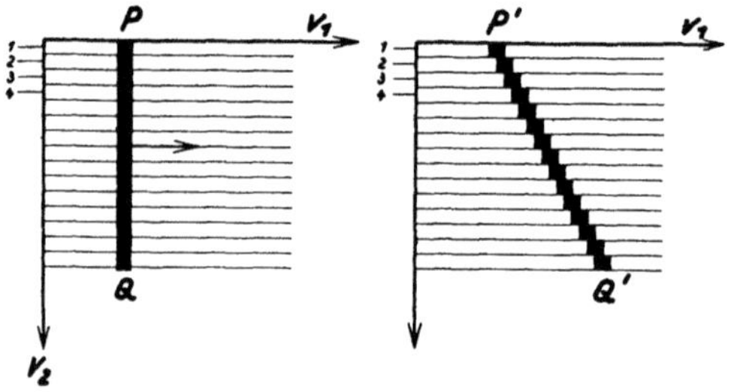

Abb. 73. Verzerrte Wiedergabe eines bewegten Striches.

Wenden wir diese Überlegung auf die w. o. zugrunde gelegten Nipkow-Scheiben an (a, 3), so wird

$$c_1 \leqq \frac{v_1}{2000} \text{ mm s}^{-1}.$$

Für $f = 1$ mm und $n = 16 \text{ s}^{-1}$ ergibt sich v_1 aus der Grenzfrequenz der Übertragung $\nu_m = v_1/2f$ wie folgt: Die Bildpunktzahl ist 2000, somit $\nu_m = 16000$ Hz und $v_1 = 32000$ mm s^{-1}. Demnach ist

$$c_1 \leqq 16 \text{ mm s}^{-1}.$$

Unter den angenommenen Verhältnissen wäre also die gedachte Bewegung im Empfangsapparat praktisch unverzerrt sichtbar, falls der Strich in 1 s weniger als die halbe Bildfeldbreite zurücklegte.

Es erscheint wichtig, diese Sachlage zur Unterscheidung gegenüber der Kinematographie zu betonen. Bei letzterer erblicken wir kurzzeitig feststehende Einzelbilder in der jeweils richtigen räumlichen Anordnung. Auf Grund des stroboskopischen Phänomens empfinden wir dann die Bahn jedes Bildpunktes als kontinuierlich und koordinatengetreu. Beim Fernsehen und Fernkino treten dagegen zwischen Anfangs- und Endlage der Verrückung die aus der endlichen Abtastgeschwindigkeit resultierenden Koordinatenverzerrungen auf, die den Eindruck unnatürlicher Übergangsstellungen erwecken.

Bei gegenläufiger Verschiebung des Striches PQ in Abb. 73 würde, wie ohne weiteres verständlich, die Schräglage der Übergangsfigur $P'Q'$ die entgegengesetzte sein, da dann die Periode der abbildenden Stromstöße während der Bewegung $< l/v_1$ wäre. Ein Hin- und Hergang von PQ wird daher im allgemeinen einen geknickten Linienzug im Empfangsbilde liefern, wobei, je nach dem Zeitpunkt bezw. der Periode der Bewegungsumkehr, einfach oder mehrfach gebrochene Striche (Punktreihen) in der Ein- oder in der Mehrzahl auftreten. Wenn hierbei außerdem die Geschwindigkeit stetig wechselt, erscheinen derartige Linien gekrümmt. Abb. 74 erläutert dies für den speziellen Fall, daß die Parallelverschiebung eines Striches AB in der Richtung von v_1 zwischen den Grenzlagen $A'B'$ und $A''B''$ periodisch nach einer Sinusfunktion erfolgt und daß ferner die Bildzahl/s (n) in einer ganzzahligen Beziehung zur Frequenz ν jenes Hin- und Herganges steht. Die größte Entfernung von der Mittellage sei r, und die Abtastung beginne in der obersten Zeile bei $t = 0$. In der Funktion

$$x_t = r \cdot \sin 2\pi\nu t$$

entspricht ν im linken Teile der Abb. 74 der Wert $\nu = n$, im mittleren $\nu = n/2$, im rechten $\nu = n/4$. Die im Empfänger wahrgenommenen, punktiert dargestellten Sinuslinien entstehen demgemäß aus einem vollen Hin- und Hergange des Striches AB im Senderbildfelde während genau $1/n$ bezw. $2/n$ bezw. $4/n$ s. Den vier Viertelperioden I—IV dieser Verschiebung entspricht die durch I, II, III, IV bezeichnete Verteilung der auf dem Bildschirm sichtbar werdenden Bahnabschnitte. Derartige Figuren treten natürlich besonders deutlich in Erscheinung, da die übertragenen Punktreihen bei der gewählten Beziehung zwischen n und ν stehende Eindrücke sind. Haben n und ν kein passendes Wertverhältnis, so ergeben sich kompliziert, ja grotesk verzerrte Fernbilder der einfachen Parallelverschiebung des Striches, insbesondere wenn man die bisher vernachlässigte Bewegungskomponente $\parallel v_2$ berücksichtigt und die Geschwindigkeit von Ort zu Ort nach weniger einfachen Gesetzen variieren läßt.

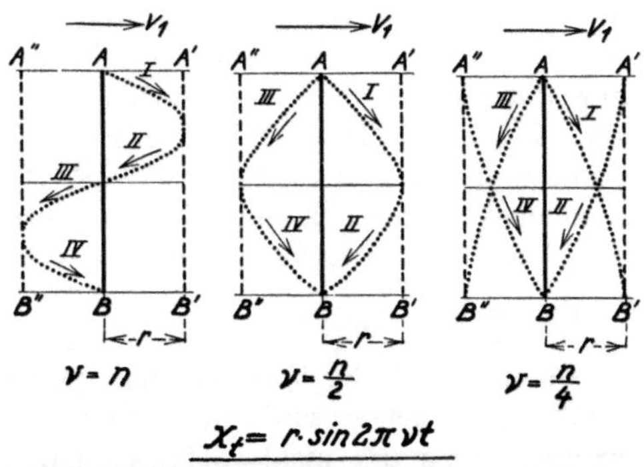

Abb. 74. Verzerrte Wiedergabe eines periodisch bewegten Striches.

Die Verrückung einer Figur $\parallel v_2$ kann, da sie rechtwinkelig zum Laufe des Zerlegerspaltes erfolgt, keine Formverzerrung nach dem Beispiel der Abb. 73 liefern. Dagegen sind nunmehr die im nachstehenden angegebenen Bildfehler möglich. c_2 und v_2 seien zunächst gleichgerichtet:

a) $c_2 > v_2$.

Keine Übertragung, falls der Gegenstand der Zerlegung vorauseilt. Eilt er ihr nach, so wird derjenige Teil einen Lichteindruck im Empfänger liefern, welcher den Spalt einholt. Eine Abbildung kann jedoch nicht zustande kommen, da der Gegenstand in der Zeiteinheit eine größere Zahl von Zeilen durchquert, als der Abtaster währenddessen aufzulösen vermag, d. h. es werden mehr oder weniger Rasterelemente unerkennbar ausgefüllt.

b) $c_2 = v_2$.

Es wird ein und dieselbe Zeile des Originals in sämtliche Zeilen des Empfangsbildfeldes übertragen.

c) $v_2 > c_2 > \frac{1}{k} \cdot v_2$.

Dieser für die Praxis wichtigste Bereich soll hier an Hand zweier typischer Fälle sowohl für Gleich- wie für Gegensinnigkeit von c_2 und v_2 diskutiert werden.

Fall 1: Die abzubildende Figur sei ein Strich $\parallel v_2$. Er wird in der Bewegungsphase verlängert oder verkürzt wiedergegeben, je nachdem, ob er sich mit oder entgegen der Fortschreitungsrichtung der Zerlegung verschiebt.

Fall 2: Die abzubildende Figur sei ein Strich $\parallel v_1$. Er rückt nach jeder Übertragung um mehr als eine Zeilenbreite nach oben oder nach unten weiter, ehe er vom Zerlegerspalt erneut abgetastet wird. So entsteht ein System von Strichbildern, das bei der Verschmelzung den normalen stroboskopischen Bewegungseffekt ohne Lage- oder Formverzerrung liefert, d. h. der Beobachter nimmt die Parallelverschiebung des Originals im Empfänger in natürlicher Form wahr. Ist die Figur statt des Striches eine mehrere Zeilenbreiten einnehmende Fläche, so können sich die Einzelbilder überlappen, was in phänomenologischer Hinsicht nichts ändert.

d) $c_2 \leqq \frac{1}{k} \cdot v_2$.

Die während der Verschiebung vorgetäuschte Längenänderung eines zu v_2 parallelen Striches wird unmerklich, da nach Voraussetzung die Bewegung während $1/n$ s um nicht mehr als eine Zeilenbreite fortschreitet. Ein zu v_1 paralleler Strich wird demgemäß in jeder Zeile neu abgebildet; seine Verrückung somit als völlig geschlossene Ortsveränderung, d. h. flimmerfrei, wahrgenommen.

2. Schlußfolgerungen aus 1. Die Mehrzahl der speziell die Fernsichtbarmachung eines lebenden menschlichen Antlitzes bezweckenden Geräte gröberen Rasters arbeitet in der Weise, daß die Laufrichtung des Lichtspaltes parallel zur längeren Achse des Gesichtsovals liegt (vgl. Abb. 69 und 70). Hierbei können nur die Vertikalbewegungen ($\parallel v_1$) im Sinne der Abb. 73 Verzerrungen herbeiführen, indem alle Querlinien in den Verschiebungsphasen deformiert wiedergegeben werden; solche Bewegungen erfolgen aber in der Regel seltener und langsamer als die natürlichen, horizontalen Kopfdrehungen, die nach obigem von keinerlei Formverzerrung begleitet sind. Man erzielt also bei der Zerlegung entsprechend Abb. 69 und 70 eine größere bildliche Schärfe der bevorzugt auftretenden Lagenänderungen.

Geräte mit höheren Bildzahlen/s (die naturgemäß die Übertragung eines breiteren Frequenzbandes bedingen) sind in dieser Hinsicht unabhängiger, da bei ihnen die Werte von v_1 zunehmen. Denn die im Sinne von Abb. 73 zu verstehende Koordinatenverzerrung (Schiefe) kann man proportional zu c_1/v_1 setzen; sie wird also bei gleichbleibendem c_1, das ja durch die natürliche Bewegung des Objektes gegeben ist, um so geringer sein, je schneller der Zerlegerspalt sich selbst längs der Zeile verschieben muß, um die größere Zahl von Wiederholungen auszuführen.

Im Hinblick auf die Wirkung der Bewegungsverzerrung sei noch die sog. „Zeilensprung"-Zerlegung gestreift. Sie bezweckte ursprünglich eine physiologisch begründete Verminderung des Flimmerns, indem die Aufhellung das Bildfeld in $1/n$ s mehrmals durchläuft (vgl. Teil 3 dieses Kapitels). Statt der stetigen Abtastung (Zeilen 1, 2, 3 ... nacheinander) sind hierfür z. B. die Folgen 1, 3, 5 ... $(k-1)$, 2, 4, 6 ... k (Fall I) oder 1, k, 2, $(k-1)$, 3, $(k-2)$, 4, $(k-3)$ ... (Fall II) vorgeschlagen worden. Während der Bewegung einer glatten Kante, die quer zur Richtung von v_1 steht und parallel zu sich selbst verschoben wird, zeigt nun der Empfänger im Falle I eine stark ausgefranste Kontur von cet. par. halber Schiefe wie in Abb. 73, während man im Falle II eine in der Mitte der Bildhöhe geknickte Begrenzungslinie erblickt. Die Unbestimmtheit der Koordinaten ist daher in den Übergängen im Vergleich zur fortlaufenden Zerlegung, wie sie eine gewöhnliche Scheibe liefert, entschieden verschlimmert, und die Anwendung des Zeilensprunges erscheint somit für bewegte Übertragungen weniger nützlich als für starre Bilder (s. indessen Teil 3 dieses Kapitels).

3. Physiologische und psychologische Faktoren. Wie die Erfahrung im Gegensatz zu allen früheren Annahmen gelehrt hat, wirkt die Wiedergabe bewegter Darstellungen bei gleichem Raster befriedigender als diejenige ruhender Objekte. Teilweise läßt sich dies darauf zurückführen, daß bei der visuellen Verfolgung von Verschiebungen im Bildfelde die Empfindung der Mosaikstruktur, die sich bei stationärer Hell-Dunkel-Verteilung der Wahrnehmung aufdrängt, in den Hintergrund des Bewußtseins tritt. Hierbei dürften vorwiegend physiologische und psychologische Faktoren mitsprechen: Die dauernden Akkommodationsbewegungen des Auges und die Verbindung der nach Lage und Helligkeit wechselnden Rasterelemente durch den Gesichtssinn, der mit der geistigen Erfassung des Gesehenen beschäftigt ist, machen die starre Lokalisierung eines störenden Punktgitters unmöglich.

Eine weitere, rein psychologische Deutung der günstigen Wirkung lebender Bilder ist folgende: Das grobe Mosaik einer örtlich und zeitlich unveränderlichen Konfiguration verschieden lichtstarker Rasterelemente empfinden wir deutlich, sobald unsere Blickachse in eine feste Lage relativ dazu eingestellt ist. Die Unschärfe eines bewegten Motivs wird dagegen vom Sinnesapparat als „natürlicher" Gesichtseindruck hingenommen, weil dabei auf Grund unseres Wissens die Akkommodation und die detaillierte Wahrnehmung einzelner Phasen von Natur ausgeschlossen sind. Eine lange Übung benutzend, verbinden wir die flüchtigen, im Blickfelde erscheinenden Lichteffekte durch einen psychologischen Akt um so vollständiger und befriedigender zum Gesamtbilde, je näher der betreffende Gegenstand unserer sinnlichen Erfahrungswelt liegt. Daher sind für die heutigen Apparate die lebenden Züge und mimischen Veränderungen des menschlichen Antlitzes das dankbarste Übertragungsobjekt, das schon bei 1000 bis 2000 Rasterelementen hohe Grade von Erkennbarkeit zu liefern vermag. Wenn dadurch auch die fundamentale Tatsache, daß die Güte des Fernbildes mit der Feinheit des Rasters ständig zunimmt, gänzlich unberührt bleibt, so stellt doch die Entdeckung der praktischen Ausnutzbarkeit relativ kleiner Bildpunktzahlen, besonders für Übertragungskanäle mit beschränkter Modulationsbandbreite, ein wichtiges Ergebnis dar. Wir müssen uns aber darüber klar sein, daß Illusion und Ergänzungsvermögen hierbei eine bedeutende Rolle spielen und daß diese Faktoren uns im Stiche lassen werden, wenn ungeeignete Gegenstände zur Übertragung gelangen.

Bisweilen wird die Abbildungsschärfe von Linien, die in der Abtastrichtung schmaler sind als die Spaltweite f, aus einer gewissen Summation der Gesichtseindrücke über mehrere Einzelbilder erklärt. Von dem in Abb. 65 veranschaulichten Einfluß der Gitterabriegelung wollen wir absehen, d. h. lineare Übertragung aller Amplituden annehmen. Ist die Strichdicke $< f$, so findet bei der Abtastung keine völlige Verdunkelung der Photozelle statt. Im Empfänger muß daher objektiv ein verwaschenes und gemäß Abb. 62 verbreitertes Fernbild der Linie entstehen, dessen Schwärzungsmaximum einen geringeren Betrag hat als im Original. Denkt man sich mehrere solche Helligkeitskurven durch die Persistenz des Eindrucks einander superponiert, so würde innerhalb einer Zone von unveränderter Breite ein verstärkter Intensitätskontrast zwischen Rändern und Mitte resultieren. Diese Hypothese könnte die „Sichtbarkeit" feiner Striche, die in Wirklichkeit gar nicht als optisches Bild übertragen werden, begreiflich machen.

Für die gute Wiedergabe des menschlichen Antlitzes sind die charakteristischen Querlinien (Augenbrauen, Nasenabsatz, Mundpartie) besonders wichtig. Aus den vorstehenden Betrachtungen erhellt daher von neuem der Vorteil einer senkrecht zum Verlauf dieser Linienzüge gerichteten Abtastung. Sie liefert durch andeutende Intensitätsschwankungen eine Lokalisierung der Konturen noch bei erheblicher Feinheit des Originalstriches. Die Empfindlichkeit des Auges für geringe Lichtstärkeunterschiede ermöglicht hierbei die Folgerung der Lage aus den Zonen steilster Helligkeitsänderung, und zwar um so exakter, je ruhiger das Urbild in der zur Lichtpunktbahn parallelen Richtung verharrt.

C. Bildzeilenraster, Verteilung und Größe der Bildhelligkeit.

Zu den wichtigsten konstruktiven Aufgaben des Fernsehempfängers gehört die Beseitigung des in den Abb. 69 und 70 hervortretenden Zeilenrasters. Dieser meist erheblich störende Effekt kann, abgesehen von ungeklärten physiologischen Wirkungen, im wesentlichen auf 6 voneinander unabhängige Ursachen zurückgeführt werden, die in optischen und mechanischen Mängeln des Gerätes begründet sind: A. Regelmäßige Fehler, die bei sämtlichen k Lichtpunkten identisch wiederkehren und daher einen $k$fach periodischen Wechsel der resultierenden Helligkeit senkrecht zur Laufrichtung bedingen, nämlich 1. ungleiche Intensität innerhalb des belichteten Fleckes; 2. ungünstig gestaltete Begrenzung desselben; 3. falsch bemessene Überlappung der Zeilen. B. Unregelmäßige oder mit niedrigeren Periodenzahlen auftretende Fehler, die sich den unter A. genannten überlagern, nämlich 4. bei der bewegten Projektion einer Blende (Weillersches Rad) Verzerrungen ihrer Abbildung auf den Schirm durch Verbiegung von Spiegeln unter dem Einfluß der Fliehkraft oder durch andere optische Unvollkommenheiten; 5. Abweichung einzelner Zeilen von der richtigen Lage (Spindelfehler oder Zahnradfehler des Bildtelegraphen, Bohrungsfehler der Nipkow-Scheibe, falsche Einstellung oder Dejustierung von Spiegeln des Weillerschen Rades); 6. variable optische Zeilenkrümmung.

Nach den Erfahrungen der mit durchweg ruhendem Strahlengange arbeitenden Phototelegraphie wird der Eindruck des Zeilenrasters bis zur praktischen Unterdrückung abgeschwächt, wenn die Lichtpunktbahn um nicht mehr als 5% ihrer Breite aus der richtigen Spur verschoben und das quadratisch oder rechteckig gestaltete Rasterelement genügend homogen erhellt ist. Diese Forderung dürfte auch für den Fernseher erfüllbar sein, falls Zahnradgetriebe vermieden und bei Spiegelrädern die reflektierenden Ebenen gegen Durchbiegung und Dejustierung infolge rascher Umdrehung gesichert werden.

Solange diese Präzision nicht erreicht wird, bemüht man sich, den Rastereffekt durch eine nach Form und Betrag zweckmäßige Überlappung der Bildzeilen so unauffällig wie möglich zu machen. Hierzu gibt man dem Loch oder Lichtfleck z. B. eine trapez- oder vieleckartige Begrenzung, wobei die Weite, senkrecht zur Richtung der Zerlegung gemessen, zum Teil größer ist als der Abstand der Zeilenmitten. Abb. 75 zeigt, in welcher Weise sich einerseits Bahnfehler, andererseits beabsichtigte Überdeckungen der Lichttaster in der resultierenden Helligkeitsverteilung auswirken. Es sind hier Quadrate, Kreise und Dreiecke homogener Intensität angenommen: d ist der Kreisdurchmesser, a der Vorschub, H_m die mittlere Helligkeit, die für den Fall des quadratischen Lichtflecks den Wert 1 hat. In dem dritten Beispiel von oben überschneiden die Kreise sich zu 15%, wobei $d = a \cdot \frac{2}{3} \cdot \sqrt{3}$ ist, im vierten greifen die Dreiecke mit 50% ihrer Basislänge übereinander. Durchweg ist für die Taster 1 und 2 die normale Entfernung a ihrer Mittelpunkte innegehalten, während 3 um den Betrag $a/6$ nach links abweicht. Die so entstandenen Kurven des Lichtstärkeverlaufes (H) lassen folgendes erkennen: Die Dreieckform ist günstig sowohl

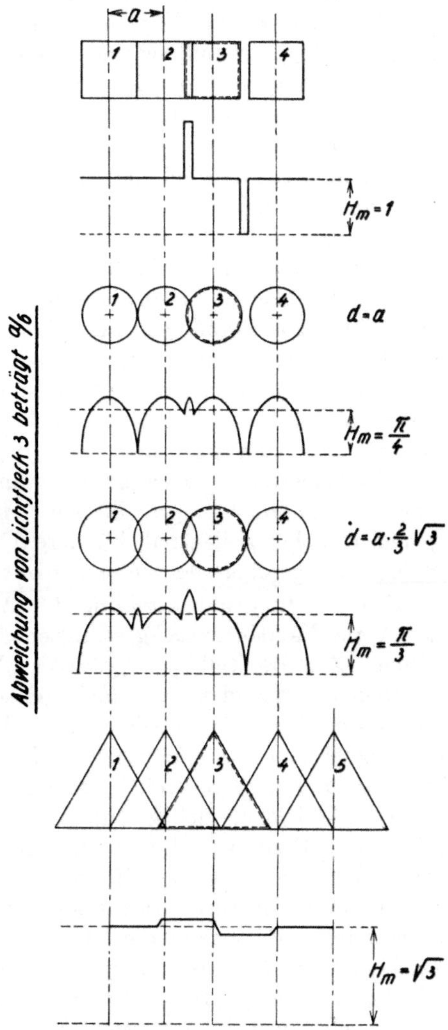

Abb. 75. Hervortreten der Zeilenstruktur bei verschiedenen Lichtpunktformen und -überlappungen.

für die mittlere Helligkeit ($H_m = \sqrt{3}$) als auch für die Verwischung des Zeilenrasters; denn die in den ungestörten Lagen (1,2) völlig homogene Verteilung der Leuchtdichte wird in der gestörten Lage (3) nicht einschneidend geändert, insbesondere nicht, solange die Verschiebung $< a/6$ ist. Aber leider nimmt in diesem Falle die Bildpunktschärfe infolge der erheblichen Überlappung der Lichtwerte schon bedeutend ab. In weit geringerem Maße tritt dies ein bei den Kreisen mit $d = a \cdot \frac{2}{3} \cdot \sqrt{3}$ (Bedingung von W. Ilberg). Hier ist bei normaler Bahn die Helligkeitsverteilung genügend ausgeglichen, und erst Fehler $\gtreqless a/6$ liefern merklich dunklere Lücken zwischen den Zeilen 3 und 4. Grundsätzlich vereinigen homogen beleuchtete, einander gerade berührende Quadrate oder Rechtecke (oberstes Beispiel) am besten die Forderungen höchstmöglicher Lichtausnutzung und Kontrastschärfe einerseits und verschwindender Linienrasterung andererseits. Diese Anordnung wird daher zu allgemeiner Einführung kommen, sobald die w. o. genannte Toleranz von maximal 5% Abweichung des Lichtpunktes von der richtigen Spur unterschritten ist.

Bei der Braunschen Röhre läßt sich heute weder die Querschnittsform des Elektronenbündels, noch die Intensitätsverteilung im Fluoreszenzfleck beliebig beeinflussen. E. Hudec[1] hat darauf hingewiesen, daß in diesem Falle die Wiedergabe eines Bildpunktes durch Änderung der Zeilenrichtung nach jeder Übertragung der Fläche verbessert werden könnte. Die Zerlegung müßte natürlich bei Sender und Empfänger stets gleich orientiert sein; man würde hierzu vielleicht ein Drehfeld benutzen, das auf den Kathodenstrahl einwirkt, während die Aufgabe am Geber mit synchron umlaufenden optischen Mitteln zu lösen wäre. Es ist jedoch fraglich, ob dem Vorschlage praktische Bedeutung zukommt, da mit störenden physiologischen Begleiteffekten zu rechnen ist (Eindruck einer überlagerten Rotation oder, bei um 90^0 hin- und zurückgekippten Rastern, einer Schüttelbewegung). Zudem erscheint eine solche Komplikation bei genügend hoher Zeilenzahl, für deren Verwirklichung ja gerade die Braunsche Röhre herangezogen werden soll, nicht vonnöten.

Eine zweite Problemstellung der Abbildungsfläche betrifft das Diagramm des Verlaufes der zurückgestrahlten Leuchtdichte innerhalb größerer Nutzwinkel. Zur Darstellung objektiver Fernbilder dient meistens eine schwach zerstreuende Mattglas- oder Milchglasscheibe, auf welche die Bildpunktblende der gesteuerten Lichtquelle durch einen Strahlenkegel von relativ kleiner Öffnung (5^0 bis 15^0) projiziert wird. Nur an solchen Orten jenseits der Scheibe, die innerhalb der divergierenden Fortsetzung jenes Kegels liegen, empfindet man das Gesichtsfeld als hell genug. Die Streuung ist also zu gering, um in einen erheblichen Raumwinkel, d. h. für eine größere Zahl gleichzeitig beobachtender Personen, ausreichende spezifische Intensität zu entsenden. Sucht man diesen Effekt durch Entwerfen des Bildes auf eine mattweiße reflektierende Fläche zu erhalten, so erscheint die letztere in jeder Richtung der nunmehr diffusen Rückstrahlung bedeutend dunkler als im durchfallenden Lichtkegel der Mattscheibenanordnung. Dies rührt davon her, daß der verfügbare Lichtstrom sich jetzt nach dem Lambertschen Cosinusgesetz auf die Hemisphäre π verteilt. Eine solche Verdünnung ist jedoch unwirtschaftlich. Günstigere Diagramme der erborgten Leuchtdichte liefert die seitlich beschränkte Streuung der in der Kinematographie gebräuchlichen Aluminiumschirme. Diese Flächen werfen das auftreffende Strahlenbündel mit Hilfe einer feinkörnigen, teils spiegelnd, teils matt reflektierenden Metallisierung ziemlich gleichmäßig in einen Winkel $< \pi/2$ beiderseits der Normalen zurück, der eine größere Menge von Betrachtern

[1] Ferns. Bd. 2 (1931) S. 27—28. Eine ausführliche theoretische Arbeit hat Hudec neuerdings in Elektr. Nachr.-Techn. Bd. 8 (1931) S. 229 über die gleiche Frage veröffentlicht.

zuläßt. Bei Zellenrastern, die aus einzelnen Lampen zusammengesetzt sind, läßt sich die Verteilung der Ausstrahlung innerhalb des gewünschten Winkels durch Reflektoren leicht ermöglichen. Sehr günstig streut der Lumineszenzfleck der Braunschen Röhre.

Sendet im Idealfalle ein quadratischer Mattglas- oder Reflexionsschirm von P^2 cm² alles auf ihn fallende Licht, abzüglich 20% Absorptionsverlust, mit konstanter Leuchtdichte in einen Nutzkegel hinein, dessen Mantel mit der Normalen den Winkel $U < \pi/2$ bildet, so können wir als „äquivalente" Beleuchtungsstärke E_U des Bildes diejenige definieren, welche einer mattweißen, nach dem Lambertschen Gesetz mit dem Reflexionsvermögen 0,8 in die volle Hemisphäre zurückstrahlenden Fläche die gleiche Leuchtdichte erteilen würde. Zur Bildpunktverteilung diene ein Weillersches Rad vom Durchmesser D mit k Spiegeln der Breite b (Abmessung $\|$ Drehachse), entsprechend k Zeilen. Bei günstigstem Aufbau der Optik werde die Leuchtdichte B (in Stilb) der Lichtquelle mit dem Faktor a ausgenutzt, der die Gesamteinbuße durch Reflexion und Absorption im Strahlengange berücksichtigt. Dann ergibt die am Ende von Kap. V durchgeführte Berechnung:

$$E_U = \frac{12{,}8 \cdot \pi^3 \cdot a \cdot B \cdot D \cdot b}{P^2 \cdot k^5 \cdot \sin^2 U} \cdot 10^4 \text{ Lux}.$$

Die Schirmhelligkeit ist also nicht von der verfügbaren Lichtstärke, d. h. von der absoluten Zahl der HK, sondern von der Leuchtdichte, den HK/cm², abhängig. Wir finden hier einen allgemeinen Satz der Optik abbildender Systeme wieder. Es ist daher nicht möglich, das Helligkeitsproblem mittels größer dimensionierter Strahlenquellen zu lösen; eine Verbesserung könnte dabei höchstens insoweit eintreten, als solche Lampen mit steigender Belastung auch zunehmende Eigenleuchtdichten aufweisen. In der Tabelle 1 des Anhangs sind die Werte von B für die wirksamsten Lichtquellen, die beim Fernsehen in Betracht kommen, zusammengestellt.

Legen wir als Beispiel zunächst eine Reinkohlebogenlampe zugrunde, deren Leuchtdichte durch eine Kerr-Zelle gesteuert wird, so ist $B = 18000$ Stilb und $a = 0{,}1$. Es seien ferner $k = 48$, $p = 30$ cm, $D = 50$ cm, $b = 7$ cm und $U = 45^0$. Dann wird $E_U = 21{,}8$ Lux. D. h. der gedachte Schirm würde innerhalb 45^0 beiderseits der Normalen ebenso hell erscheinen, wie eine mit 21,8 Lux beleuchtete Kinowand (was ausreichend wäre, um das Bild auch in einem nicht völlig verdunkelten Raume wahrnehmen zu lassen). Eine Glimmröhre mit Neonfüllung und eingeschnürter positiver Lichtsäule (Kap. V) könnte im Vergleichsfalle bei einer Belastung bis zu $B = 600$ Stilb, trotz wesentlich kleinerer Absorptions- und Reflexionsverluste der dann in Frage kommenden Optik ($a \sim 0{,}68$), nur etwa das 0,23fache der Kombination Lichtbogen — Kerr-Zelle liefern.

In der vorstehenden Gleichung für E_U kommen weder das Öffnungsverhältnis noch die Brennweite des abbildenden Systems vor. Trotzdem ist der Einfluß dieser Größen in der Berechnung enthalten. Die Optik muß so beschaffen sein, daß mindestens zwei aufeinanderfolgende Spiegel des Weillerschen Rades voll ausgeleuchtet sind. Damit sind, wie in Kap. V, S. 242f. gezeigt wird, bei gegebenem P, k, b und D auch die Daten des Objektivs eingegrenzt. Von größter Bedeutung ist endlich der Faktor k^5 im Nenner des Ausdrucks für E_U. Er läßt die Schwierigkeiten erkennen, die der Vermehrung der Zeilenzahl k bezw. Rasterzahl ϱ in lichttechnischer Hinsicht entgegenstehen. Die Verdoppelung von k reduziert die Schirmhelligkeit bei im übrigen unveränderten Verhältnissen auf $^1/_{32}$! Man käme also bei $\varrho \sim 10000$ auf $E_U \sim 0{,}67$ Lux (vgl. indessen S. 120). In der Filmtheaterprojektion arbeitet man mit Werten zwischen 50 Lux und 200 Lux. Beachtet man noch den Unterschied in der Feinheit des Punktmosaiks, so wird der Abstand zwischen dem elektrischen Fernkino und dem gewöhnlichen Kino offenbar.

In jüngster Zeit hat R. Thun Berechnungen über die technischen Grenzen der Bildgüte durchgeführt, bei denen das Helligkeitsproblem in seiner Verbindung mit den Möglichkeiten der Rasterung im Vordergrunde steht[1]. Auf Grund plausibler Annahmen über die für verschiedene Qualitätsstufen erforderlichen Beleuchtungsstärken, Bildzahlen/s und Punktzahlen (vgl. die Tabellen im Anhang) ermittelt Thun, ausgehend von der Eigenleuchtdichte der in Betracht kommenden Lichtquellen, die unter günstigsten optischen Verhältnissen sich ergebenden Leuchtdichten im Fernbildraster bei bestimmten Vergrößerungen. Hierzu dient der Näherungssatz: Die Beleuchtungsstärke (E in HK/cm²) der Schirmfläche ist $B_s \cdot \sigma$, wenn B_s die Leuchtdichte des „erzeugenden“ Bildes und σ den Raumwinkel bedeutet, unter dem das projizierende Objektiv von der Bildebene aus erscheint[2]. Als erzeugendes Bild ist das bei direkter Betrachtung der Lichtquelle im Bildpunktverteiler sichtbare zu verstehen; es ist darin die tatsächliche Leuchtdichte B_L der Austrittsblende durch den Zerlegungsvorgang auf einen von der Rasterzahl ϱ abhängigen Bruchteil verdünnt. Für die Projektion ist das erzeugende Bild der „Gegenstand“ der Abbildung auf den Schirm. Also gilt:

$$E = \frac{\pi}{4} \cdot B_s \cdot \frac{\text{Quadrat des Objektivdurchmessers}}{\text{Quadrat der Bildweite}} = \frac{\pi}{4} \cdot B_s \cdot \left(\frac{d}{r}\right)^2.$$

Bei gegebener Brennweite F des Objektivs ist die Linearvergrößerung

$$m = \frac{\text{Bildweite}}{\text{Gegenstandsweite}} = \frac{r}{a}$$

nach der bekannten Beziehung

$$\frac{1}{a} + \frac{1}{r} = \frac{1}{F}$$

mit F und r durch die Gleichung

$$r = (m + 1) \cdot F$$

verknüpft. Dies für r eingesetzt, ergibt schließlich:

$$E = \frac{\pi}{4} \cdot \frac{B_s}{(m+1)^2} \cdot \left(\frac{d}{F}\right)^2.$$

Mit Hilfe dieser Formel hat Thun die möglichen Vergrößerungen für verschiedene Rasterzahlen berechnet unter Zugrundelegung eines voll ausgenutzten Objektivs mit $d/F = 1:1{,}2$, was allerdings an der Grenze des heutzutage in bezug auf Lichtstärke Erreichbaren liegen dürfte (unter Nichtbeachtung wirtschaftlicher wie auch gewisser konstruktiver Schranken). Einige orientierende Angaben, die aus den Zusammenstellungen von Thun gewonnen werden können, lassen wir hier folgen. Sie geben im allgemeinen die Größenordnung der heute möglichen Bild- bezw. Schirmabmessungen leidlich wieder:

---

[1] Ferns. Bd. 1 (1930) S. 488—495.

[2] Reeb, O.: Lichttechnische Grundbegriffe und ihre Bedeutung für die Kinotechnik. Die Kinotechnik Bd. 12 (1930) S. 61—65 u. 92—96.

1. Nipkow-Scheibe von 500 mm Durchmesser: Sie ist in Verbindung mit Flächenglimmlampen von genügend kleiner Steuerleistung (Größenordnung 1 W, vgl. Kap. V) nur für subjektive Bildbetrachtung brauchbar. Hierbei kann $\varrho = 2400$ kaum überschritten werden, da die Leuchtdichte dann bereits auf $0{,}57 \cdot 10^{-4}$ Stilb gesunken ist. Gasentladungsröhren mit konzentrierter positiver Säule, insbesondere Natrium- und Quecksilberdampflampen, lassen bis zu den Grenzen ihrer Trägheit zwar bedeutend höhere Bildpunktzahlen zu, gestatten dabei aber keine für objektive Darstellung auf einer Projektionsfläche ausreichenden Vergrößerungen.

2. Weillersches Spiegelrad von 250 mm Durchmesser: Mit Kerr-Optik und Beck-Bogenlampe liefert diese Anordnung bei $\varrho = 8000$ eine scheinbare Leuchtdichte von 1,2 Stilb in der Gegenstandsebene des Objektivs (Lichtquelle über die rotierenden Spiegel gesehen!). Demzufolge besteht die Möglichkeit einer 30fachen Linearvergrößerung mit einem Bildfelde von etwa 480 mm $\times$ 640 mm und einer Leuchtdichte von $2 \cdot 10^{-4}$ Stilb (Größenordnung des Heimkinos). Vgl. die Berechnung am Ende von Kap. V.

3. Braunsche Röhre mit Leuchtschirm von 75 mm $\times$ 100 mm: Aus der von M. von Ardenne (l. c.) gemessenen Lichtstärke von 6 HK bei 1 mm^2 emittierender Fläche errechnen sich Werte, die bei $\varrho = 8000$ eine 12fache Linearvergrößerung, also eine Projektion auf 900 mm $\times$ 1200 mm bei etwa $2 \cdot 10^{-4}$ Stilb, zulassen würden. Die später behandelte Thunsche Liniensteuerung soll infolge der besseren Ausnutzung des verteilten Lichtstromes dann sogar ein Bild von 2200 mm $\times$ 3000 mm ermöglichen! Da aber die angenommene Lichtpunktintensität ungewöhnlich hoch [1] und in der Praxis ihre Erhaltung über längere Gebrauchsdauer zweifelhaft ist, dürften die wirklich erreichbaren Zahlen im besonderen Falle der Braunschen Röhre erheblich niedriger sein.

Die quantitative Seite des Helligkeitsproblems beim Fernsehempfang wurde zuerst von F. Aigner [2] hervorgehoben. Sie gehört neben dem in Teil 3 dieses Kapitels behandelten Frequenzbandproblem zu den Kardinalfragen der Fernsehtechnik. Bei ihrer Erörterung dürfen jedoch die physiologischen und psychologischen Eigentümlichkeiten des Gesichtssinnes nicht unbeachtet bleiben, und zwar in erster Linie die Gesetze der Erfassung des im Bilde gegebenen Kontrastes. Der Weber-Fechnersche Ausdruck, der den Empfindungsunterschied dE mit dem Reiz J und seinem Zuwachs dJ durch die Beziehung

$$dE = K \cdot \frac{dJ}{J}$$

verknüpft, besagt in seiner integralen Form: Der Reiz nimmt in geometrischer, die Empfindung in arithmetischer Progression zu. Es entstehen nämlich gleiche Differenzen $E_1 - E_2$, $E_2 - E_3, \ldots$, wenn $ln \frac{J_1}{J_2} = ln \frac{J_2}{J_3} \ldots$ ist. Hierauf hat bekanntlich Wilhelm Ostwald seine Grauleiter begründet. Auf die vorliegende Frage angewandt, würde obiger Satz zu der Annahme führen, daß die Kontrastskala nicht von der absoluten Helligkeit H der Rasterelemente, sondern von den Verhältniswerten H_1/H_2, $H_2/H_3, \ldots$ abhängt. Das absolute

[1] Sie wurde später von M. von Ardenne berichtigt zu etwa 2 HK; entsprechend wären die obigen Angaben zu reduzieren.

[2] ZS. f. Hochfrequenztechn. Bd. 23 (1925) S. 56—61.

Niveau von minimaler bis maximaler Aufhellung, und damit auch die mittlere Beleuchtungsstärke, wären beliebig, solange der Bildschirm kein konstantes ungesteuertes Nebenlicht erhält, das die Empfindungsunterschiede gemäß den Ungleichungen:

$$ln\frac{J_1 + J'}{J_2 + J'} \neq ln\frac{J_1}{J_2};\quad ln\frac{J_2 + J'}{J_3 + J'} \neq ln\frac{J_2}{J_3};\ \ldots$$

verschiebt.

Dieses Ergebnis widerspricht jedoch der Erfahrung. Die Fähigkeit des adaptierten Auges zur Wahrnehmung von geringen Helligkeitskontrasten, die „Unterschiedsempfindlichkeit", wächst zwischen 0,1 Lux und 200 Lux Beleuchtungsstärke einer weißen Fläche allmählich im Verhältnis 1: 9, um dann bis zu 20000 Lux konstant zu bleiben und darüber hinaus infolge der Blendung wieder zu fallen[1]. Die Größe K des Weber-Fechnerschen Gesetzes ist also nur innerhalb bestimmter Grenzen unveränderlich und nimmt gerade in dem für Fernsehbilder in Frage kommenden Gebiete, 1 Lux bis 50 Lux, mit der Leuchtdichte beträchtlich zu. Muß schon aus diesem Grunde ein Maximum an Lichtstärke des Schirmes angestrebt werden, so zeigen die Untersuchungen der Psychologen, daß auch andere Komponenten der visuellen Leistungsfähigkeit, z. B. die „Formempfindlichkeit" (Sehschärfe) und die für den stroboskopischen Effekt maßgebenden Funktionen der „Unterschiedsempfindungsgeschwindigkeit" und der „Formempfindungsgeschwindigkeit", mit wachsender Leuchtdichte günstigere Werte erreichen. Aus diesen für die Fernseherentwicklung bisher noch nicht erschlossenen Forschungen geht u. a. hervor, daß zur Wahrnehmung der Schwelle des Helligkeitskontrastes um so kürzere Reizdauern genügen, je größer die Helligkeit selbst ist. Steigt diese linear an, so sinkt die Reizdauer scheinbar nach einem Exponentialgesetz. Der Zeitbedarf für die Erfassung (das Bewußtwerden) eines Formenunterschiedes wird geringer beim Zunehmen a) der Beleuchtungsstärke, b) des Kontrastes mit dem Umfelde, c) der Abmessungen des Objektes (Versuche von C. E. Ferree und G. Rand). Abb. 76 veranschaulicht die Abhängigkeiten a) und b). Es wäre lehrreich, die Beobachtungen, die hier in einem Bereiche hellerer Belichtung angestellt wurden, auf das ganze w. o. angegebene Intervall des Fernsehbildschirmes auszudehnen

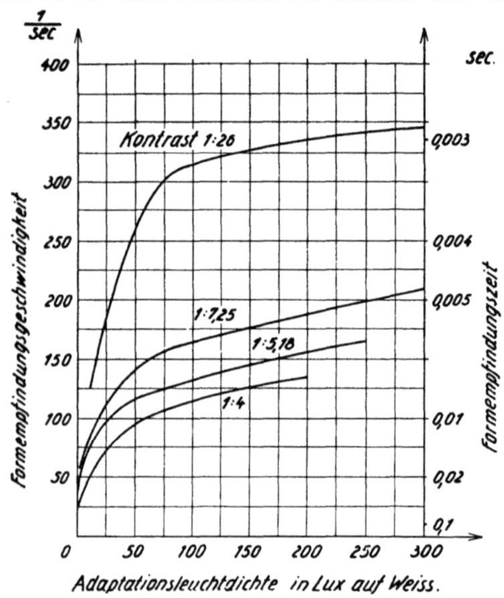

Abb. 76. Beziehung zwischen Formempfindungsgeschwindigkeit und Leuchtdichte.

[1] Vgl. für das Folgende die Ausführungen von Schneider, L.: Der Einfluß der Beleuchtung auf die Leistungsfähigkeit des Menschen. Licht und Lampe Bd. 16 (1927) S. 803—806 u. S. 842—846; abgedruckt in Technisch-wissenschaftliche Abhandlungen aus dem Osram-Konzern Bd. 1 (1930) S. 25—41. Berlin: Julius Springer.

und die Meßmethoden dem Prinzip der punktweise erfolgenden Zerlegung anzupassen. Es könnten dadurch wertvolle Fingerzeige für die Aufnahmetechnik fernkinematographischer Filme und klare Erkenntnisse der psychologischen Grenzen des Fernsehens gewonnen werden. Man würde z. B. die Beziehung zwischen der höchstzulässigen Bewegungsgeschwindigkeit im Bildfelde und der Leuchtdichte auf dem Empfangsschirm, das Mittel der Kontraststeigerung zum Zwecke beschleunigter Formerfassung und dergl. Zusammenhänge mehr erforschen können. In diesem Sinne erscheint die Heranziehung der experimentellen Psychologie für die künftige Entwicklung und Auswertung des Fernsehens unentbehrlich.

Um ein Beispiel hierfür zu geben, sei auf die umstrittene Frage der zweckmäßigsten Lochgröße bei der Nipkow-Scheibe hingewiesen. Verdoppelt man in Abb. 67 die Spaltweite $f = \frac{s}{4}$, so sinkt die Durchsteuerung von H auf die Hälfte, während die mittlere Helligkeit sich vervierfacht (unter Voraussetzung gleicher f bei Sender und Empfänger). Die entsprechend wachsende Flauheit des Überganges wird jedoch zum Teil kompensiert durch die mit der Leuchtdichte erhöhte Kontrastempfindlichkeit. Nach L. Schneider (l. c.) nimmt diese z. B. zwischen 1 Lux und 4 Lux von ~ 16 auf ~ 24 zu ($B/\Delta B$, wobei B die Beleuchtungsstärke auf Weiß bedeutet). Die physikalische Verschlechterung wird also durch die psychologische Verbesserung bis zu einem gewissen Grade wieder aufgehoben, und die Erfahrung lehrt sogar, daß das ungeübte Auge den Helligkeitszuwachs überbewertet. Es kann also zweckmäßig sein, die Lichtpunktgröße bezw. Spaltweite (f_2) beim Empfänger im Verhältnis zu derjenigen beim Sender (f_1) zu übertreiben. Letztere muß natürlich im Interesse scharfer Übertragung so klein sein, wie es das verfügbare Frequenzband irgend gestattet. Für die empfangseitige Abbildung scheint dann in dem genannten Bereich der Beleuchtungsstärke das Optimum etwa bei $f_2 = 3\,f_1/2$ zu liegen.

D. Möglichkeiten der Erzielung hellerer Bilder.

Unter den weiteren, rein physikalischen Mitteln und Wegen zur Helligkeitssteigerung kann man nun, von dem bereits betrachteten Spezialfalle des Glimmzellenrasters mit künstlich verlängerter Einschaltung (Kap. II, K) und von den Möglichkeiten der Braunschen Röhre (Kap. II, L) absehend, folgende unterscheiden:

1. Verbesserung des optischen Aufbaus. Wie die Tabelle 2 des Anhangs zeigt, wachsen die Lichtverluste durch Reflexion und Absorption mit der Zahl der in den Strahlengang eingeschalteten Linsen oder Spiegel. Denkt man sich z. B. bei dem in Abb. 36 dargestellten Zerlegerprinzip das Objektiv dadurch vermieden, daß ein rotierender Kranz hohl geschliffener Spiegel selbst die Projektion der Lichtquelle bewirkt, so fällt nicht nur der durch die Linsenkombination hinzugefügte Reduktionsfaktor ($\sim 0{,}85$) weg, sondern es ergibt sich gleichzeitig eine Verkürzung der Entfernung (r) des Schirmes vom abbildenden System. Dadurch ist es wiederum möglich, weniger Vergrößerung, d. h. vor der Strahlenquelle eine weitere Blende anzuwenden und so dem in seinen Abmessungen unveränderten Lichtfleck einen stärkeren Lichtstrom zuzuführen. Denn nach der Beziehung $\frac{1}{a} + \frac{1}{r} = \frac{1}{F}$ (a Abstand der Blende vom abbildenden System, F Brennweite) vermindert sich die

notwendige Linearvergrößerung $\frac{r}{a} = \frac{r}{F} - 1$ mit abnehmendem r. Es kann somit der Querschnitt der Blende und mit ihm die Leuchtdichte auf dem Schirm im Verhältnis $\frac{1}{0{,}85} \cdot \left(\frac{r_1}{r_2}\right)^2$ wachsen. War der verfügbare Lichtstrom schon durch die kleinere Blendenöffnung voll erfaßt, z. B. bei einer in Richtung ihrer Achse ausgenutzten Leuchtkapillare, so wird dann natürlich eine Strahlungsquelle von größerer Austrittsfläche erforderlich, die im gedachten Falle eine entsprechend zunehmende Steuerleistung bedingen würde.

Erhebliche Verbesserungen des Öffnungsverhältnisses sind möglich bei Aufteilung der Bildsynthese auf mehrere gleichartige, abwechselnd wirksame und entsprechend schneller rotierende Spiegelräder, die durch eine mitlaufende Blende optisch umgeschaltet werden. In der Tabelle 6 ist stets nur 1 Strahlenbündel vorhanden, dessen Austrittsblende von Fall zu Fall variiert. Geht man für $k = 48$ ($\sim$ 2300 Bildpunkte) unter Konstanthaltung des Raddurchmessers, der Brennweite des Objektivs und der Spiegelbreite von 1×48 zu 2×24 Spiegeln über, so verdoppelt sich der Vieleckwinkel. Um die Zeilenlänge wieder auf den früheren Wert zu verkürzen, muß jetzt der Schirm auf halbe Entfernung an das Rad herangerückt werden. Nach der Linsenformel sinkt damit die lineare Vergrößerung praktisch ebenfalls auf die Hälfte. Dies bedeutet für die gegebenen Maße des Lichtflecks die Anwendung des vierfachen Blendenquerschnittes. Allerdings muß nun die Breite zweier benachbarter Spiegelkränze ausgeleuchtet werden; aber dieser Verlust wird bei unverändertem Raddurchmesser durch die Verdopplung der Spiegellänge und damit der reflektierenden Fläche kompensiert. Es ergibt sich also die vierfache Leuchtdichte bezw. bei Konstanthaltung der Leuchtdichte die vierfache Bildgröße. Im Falle von 4×24 Spiegeln ($k = 96$, $\varrho \sim 9200$) wäre bei gleichbleibendem Bildfelde die Blende auf $^1/_4$ ihrer vorherigen Öffnung zu verkleinern, ferner der Querschnitt des Lichtstromes nochmals zu verdoppeln, um sämtliche 4 Spiegelkränze auszuleuchten. Es resultiert daher eine Verminderung der Helligkeit bezw. der Fläche im Verhältnis 1 : 8. In dieser Weise erklären sich die Zahlen der Horizontalreihen 2 bis 5 der Tabelle 6. Es fällt auf, daß die Nipkow-Scheibe bei $\varrho = 9200$ das Weiller-Rad überflügelt. Dies erklärt sich aus den bei wachsendem k immer ungünstiger werdenden Öffnungsverhältnissen der Projektionsanordnung.

Bei sorgfältiger Justierung schließen die von den getrennten Spiegelkränzen erzeugten Zeilenraster sich lückenlos aneinander. Zur einwandfreien optischen Umschaltung ist eine Blende erforderlich, die bei p Weiller-Rädern mit $1/p$ der Winkelgeschwindigkeit dieser letzteren umläuft und den $p$fachen Durchmesser aufweist. An der vom Strahlenkegel getroffenen Stelle sollen Blende und Spiegelkranz sich fast berühren, so daß hier die Tangentialgeschwindigkeiten beider Teile praktisch gleich sind. Der Wechsel erfolgt dann momentan, unter Vermeidung allmählicher Abdeckung bezw. Freigabe der an die Stoßstelle beider Raster angrenzenden Zeilen. Elektrische Umschaltung s. S. 47, Abb. 37.

Tabelle 6 enthält noch zwei weitere Möglichkeiten: Bei einem 24teiligen prismatischen Spiegelrade, dessen Umdrehung die Zeilenbahn des Lichtpunktes erzeugt, werde die Querverschiebung desselben durch einen periodisch arbeitenden Kippspiegel an Stelle eines zweiten rotierenden Prismas bewirkt (vgl. S. 49). Wir sehen bei dieser nur theoretisch zu betrachtenden Anordnung von dem Nachteil des toten Bildwinkels, von den Antriebsschwierigkeiten

Tabelle 6. Bildfeldgrößen gleicher Beleuchtungsstärke bei Projektionsfernsehern mit Kerr-Optik. (Nach A. Karolus.)

Die für die Größe der Bildfläche angegebenen Zahlen sind dm^2. Es wurde eine Beleuchtungsstärke von 5 Lux zugrunde gelegt. ϱ ist in Vertikalreihe I: 30×40; in II: $\sim 48 \times 48$; in III: $\sim 96 \times 96$.

Zahl der Rasterelemente ϱ =	1200	2300	9200
Nipkow-Scheibe	4	2	0,5
Weiller-Rad mit 1 Spiegelkranz	100	10—12,5	0,3
Weiller-Rad, 2 Kränze zu je 24 Sp. . . .	—	40	—
Weiller-Rad, 4 Kränze zu je 24 Sp. . . .	—	—	5
Weiller-Rad, 2 Kränze zu je 48 Sp. . . .	—	—	1,25
Vielkantprisma mit 24 Spiegeln, Querzerlegung durch Kippspiegel	—	80	20
Kerr-Zellen-Zeile mit Speicherung, Querzerlegung durch Vielkantprisma von geringer Spiegelzahl	~ 120	~ 96	~ 48

Der Durchmesser des Weiller-Rades bezw. des Vielkantprismas wurde gleichbleibend zu 30 cm, die Spiegelbreite (Abmessung parallel zur Drehachse) zu 7 cm angenommen. Grundlegend sind die experimentell gefundenen Helligkeitsverhältnisse:

$$\frac{\text{Nipkow-Scheibe}}{\text{Weiller-Rad}} \text{ bei 1200 Rasterelementen} = \frac{1}{25}$$

$$\frac{\text{30teiliges Weiller-Rad}}{\text{48teiliges Weiller-Rad}} = \frac{8}{1}.$$

und von den Koordinatenverzerrungen, die durch Fehler der mechanischen Übersetzung zwischen beiden Organen entstehen können, ab[1]. Da jetzt für die ganze Fläche nur ein umlaufender Spiegelkranz benötigt wird, entfällt die Ausleuchtung seiner zweifachen Breite. Es ergibt sich daher bei gleicher Punktzahl und Leuchtdichte die Möglichkeit der doppelten Bildgröße, bezogen auf die Kombination zweier 24teiliger Weiller-Räder. Der Übergang zur $m$fachen Punktzahl bedingt dann die Verkleinerung der projizierten Blende im Verhältnis $1/m$, und entsprechend vermindert sich bei Zugrundelegung konstanter Beleuchtungsstärke das nutzbare Bildfeld.

Die vorstehenden Überlegungen gelten grundsätzlich auch für die Senderseite, wo ja die Vermehrung des dem Darbietungsobjekt zugeführten Lichtstromes in Anbetracht des geringen Wirkungsgrades der photoelektrischen Abtastung besonders erwünscht ist.

Die in der Tabelle 6 zuletzt genannte Vorrichtung bezieht sich auf einen Fernseher mit einer Punktreihe von getrennten kleinen Kerr-Zellen, deren kammartig aneinanderschließende Elektrodenspalte über ein Spiegelprisma als ganze Bildzeile gleichzeitig auf den Schirm projiziert werden. Das Prinzip ist in Kap. II, Abschnitt K, erläutert. Jedoch soll hier die den einzelnen Kerr-Kondensatoren zugeführte Steuerspannung für die volle Dauer der Zerlegung einer Zeile isoliert, d. h. der Aufhellungseffekt gespeichert werden. Dies ist

[1] Beiläufig sei erwähnt, daß im Falle des um seine feststehende Mittelachse kippenden Spiegels die ausgeprägte hyperbelartige Krümmung der Bildzeilen, die beim Zusammenwirken zweier Prismen aus der doppelten Translations- und Rotationsbewegung der reflektierenden Flächen resultiert, nicht in Erscheinung tritt.

dank der außerordentlich geringen Leitfähigkeit des Nitrobenzols durchaus möglich. Zur Fortpflanzung der Erregung längs der Zellen könnte ein Kathodenstrahlverteiler dienen, der sukzessive ihre aufladende oder entladende Parallelschaltung zum Anodenwiderstande der Verstärkerröhre herstellt. Bei einer solchen Anordnung wird die Verdünnung des sonst für einen einzigen Bildpunkt verfügbaren Lichtstromes auf die ganze Zeilenlänge nach dem Talbotschen Gesetz dadurch kompensiert, daß jedes Rasterelement während der gesamten Zeilendauer beleuchtet bleibt. Nunmehr kann aber zur Projektion ein langsam umlaufendes Prisma mit fast beliebig großen Spiegeln benutzt werden. Wäre deren Zahl z. B. 16, so würde die Verdreifachung des Polygonwinkels gegenüber einem 48teiligen Weiller-Rade sich in bezug auf Bildabstand und Blendenöffnung so auswirken, daß für $\varrho = 2300$ die neunfache Leuchtdichte bezw. Bildgröße resultierte. Die zur Erhöhung von ϱ bei konstanter Zeilenlänge erforderliche Verengung der Blende braucht nur in der Laufrichtung berücksichtigt zu werden, da senkrecht zu dieser die auf den Schirm fallende Lichtmenge unabhängig von der Unterteilung der Zellenreihe stets dieselbe sein muß. Das Verhältnis der Rasterzahlen geht daher in der Tabelle 6 reziprok mit k ein, soweit das Format quadratisch bleibt.

Eine Ausnutzung dieser Art von Nachleuchten zur Verringerung von n (Bildzahl/s) erscheint nicht möglich, da die Aufhellung hierfür zu kurzdauernd ist $\left(\text{maximal}\ \frac{1}{k \cdot n}\ \text{s}\right)$. Sie müßte, um das von der Verschiebung der Lichtpunktbahn herrührende Flimmern abzudämpfen, von der Größenordnung $\frac{1}{n}$ s sein.

2. Optisches Zusammenwirken mehrerer Lichtströme. Wird die Ausbeute der Strahlungsquelle mittels eines einzigen lichtstarken Systems durch geometrische Verhältnisse (verfügbare Linsendurchmesser, Öffnungsweite des oder der Steuerrelais) beschränkt, so ist es theoretisch zwar leicht denkbar, praktisch aber nur mit großen Schwierigkeiten möglich, den Lichtstrom mehrerer Lampen bezw. mehrerer Raumkegel oder Ausschnitte eines und desselben Leuchtkörpers durch getrennte Optiken im Bildpunkt zu vereinigen. Diese Vereinigung müßte bereits in der vom abbildenden Objektiv auf den Schirm projizierten Blende erfolgen, da sie später, in den bewegten Teilen der Strahlenkegel, bei der heute erreichbaren Genauigkeit der Spiegeljustierung undurchführbar erscheint. In jedem Falle hätte das Verfahren wirtschaftliche Grenzen, die durch den großen Aufwand an Mitteln gezogen werden.

Die Anwendung von mehreren Lichtströmen, die über getrennte Steuerkanäle verschiedenen Bildpunkten zugeordnet sind, ist in Teil 2 dieses Kapitels besprochen. Sie wird dort durch die Trägheitseinflüsse der Wandler- und Übertragerorgane begründet, könnte aber unabhängig davon aus rein lichttechnischen Erwägungen vertreten werden, da die von ihr erbrachte Steigerung der Beleuchtungsstärke des Bildfeldes dank günstiger werdender Öffnungsverhältnisse mehr als das Nfache beträgt, wenn N die Zahl der Kanäle bezeichnet. Hinzuweisen ist in diesem Zusammenhange auf den in Kap. II, Abschnitt H und in Abb. 37 dargestellten Vorschlag zur Verringerung der Spiegelzahl des Weillerschen Rades auf die Hälfte. Hiermit würde durch die Möglichkeit, die Apertur der Blenden und der reflektierenden Flächen zu erhöhen, bei gleicher Schirmgröße cet. par. 8fache bezw. 16fache Helligkeit erzielt werden, je nachdem, ob die beiden Lichtquellen alternierend oder — bei 2 Übertragungskanälen — gleichzeitig zur Wirkung kommen.

3. Elektrische Fokusierung. Bei praktisch wattloser Steuerung kann die örtliche Überlagerung von Lichtimpulsen auch durch elektrische Verzögerung bewirkt werden. Abb. 77 veranschaulicht das von E. F. W. Alexanderson angegebene Prinzip. Die dem Auge zeitlich verschoben zuzuführenden Lichtströme durchsetzen drei nach der Art des Mehrplattenkondensators gebaute, nebeneinander liegende Kerr-Zellen 1, 2, 3, die sich zweckmäßig in einem gemeinschaftlichen Flüssigkeitstroge befinden (Kap. V). Dieses dreiteilige System wird über das Spiegelrad als bewegliches Tripel von Blendenbildern 1′, 2′, 3′ auf den Schirm projiziert. Der vom Sender kommende Stromstoß erregt zunächst mit der seiner Amplitude entsprechenden Stärke die Zelle 3, deren Lichtstrom das Flächenelement 3′ in der gezeichneten Lage aufleuchten läßt. Zwischen 3 und 2 und 2 und 1 sind nun elektrische Kettenleiter V_1, V_2 als Verzögerungsglieder eingeschaltet, die bei lückenloser Folge der Zellen bezw. Lichtpunkte gerade $\frac{1}{\varrho \cdot n}$ s Laufdauer des Steuerimpulses erfordern (dargestellt sind der Einfachheit halber bifilar aufgewickelte Drahtlängen). Das Kondensatorfeld 2 kann sich daher erst in dem Augenblick erhellen, wo seine Projektion 2′ an die Stelle 3′ gerückt ist. Nach weiteren $\frac{1}{\varrho \cdot n}$ s wird 1 erregt, und da seine Abbildung 1′ dann ebenfalls auf 3′ fällt, wird das gleiche Rasterelement dreimal belichtet [1]. Die resultierende Leuchtdichte ist also, wenn die Verluste in den Ketten vernachlässigt werden, verdreifacht. A. Karolus hat den Versuch mit einer zweiteiligen Zelle durchgeführt. Der Gewinn an Helligkeit entsprach der Erwartung. Eine vernünftige Dimensionierung und elektrische Anpassung der Kettenleiter ist jedoch nur erhältlich, wenn man getrennte Endverstärkerröhren verwendet und die Verzögerungsglieder einzeln auf deren Gitterseite einschaltet. Dies bedeutet aber eine durch die Größe des Steigerungsfaktors der Leuchtdichte nicht gerechtfertigte Komplikation.

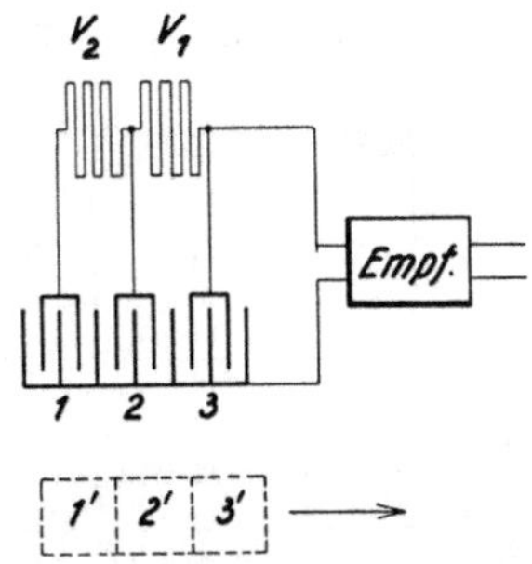

Abb. 77. Prinzip der elektrischen Fokusierung nach E. F. W. Alexanderson.

4. Variation der Lichtpunktgeschwindigkeit. Die bereits bei der Besprechung der Braunschen Röhre in Kap. II, Abschnitt L, erwähnte Liniensteuerung nach R. Thun ist im Prinzip geeignet, das Problem der Helligkeitssteigerung von einer neuen Seite aufzugreifen. Für das Verständnis dieses Vorschlages sind jedoch einige Untersuchungen wesentlich, die in den Teil 3 dieses Kapitels gehören. Diesem sei daher auch die Erörterung der Helligkeitsfrage des Thunschen Fernsehers vorbehalten.

---

[1] Beiläufig bemerkt, käme dieses Prinzip auch für farbiges Fernsehen in Betracht. Man denke sich Sender und Empfänger durch getrennte elektrische Kanäle für Rot, Grün und Blau verbunden und die gleichzeitig übertragenen Amplituden dieser Komponenten mit konstanter Phasenverschiebung auf ein dreifaches Zellensystem nach Art der Abb. 77, mit entsprechenden Farbfiltern davor, einwirkend. Die bewegte Projektion dieses Systems würde dann jedem Bildpunkt unmittelbar nacheinander seinen Rot-, Grün- und Blaugehalt zuzuordnen gestatten.

2. Die Abbildungsgüte im Zusammenhang mit der elektrischen Übertragung. Die Anpassung der Zerleger an die Grenzen des Telegraphierkanals.

A. Dämpfung, Bandbreite und Einschwingvorgang.

Wir hatten im Teil 1, B, a 3 bereits den verwischenden Einfluß der Schaltungskapazität auf den empfangseitigen Helligkeitsübergang bei endlicher Spaltbreite kennengelernt. Die hinzukommenden Verzerrungsmöglichkeiten des elektrischen Telegraphierkanals sind im einzelnen in den Kap. VII bis X erörtert. Hier soll nur auf einige allgemeine Zusammenhänge hingewiesen werden, die in der Trägheit und in der Frequenzabhängigkeit der Steuer- und Übertragermittel gegeben sind. Die Abweichung der Amplitudengesetze dieser Glieder vom zeitkonstantenfreien und linearen Verlauf muß sich im Empfangsbilde als weitere Verflauung der Konturen bezw. als Verzerrung oder Störung in den Sprunggebieten optisch auswirken. So ist z. B. die Überlagerung der vom Bildpunktverteiler zusammengesetzten Hell-Dunkel-Konfiguration durch Einschwingvorgänge, die sog. „Plastik“, eine den Praktikern der Fernbildübertragung geläufige Schwierigkeit (Kap. VII).

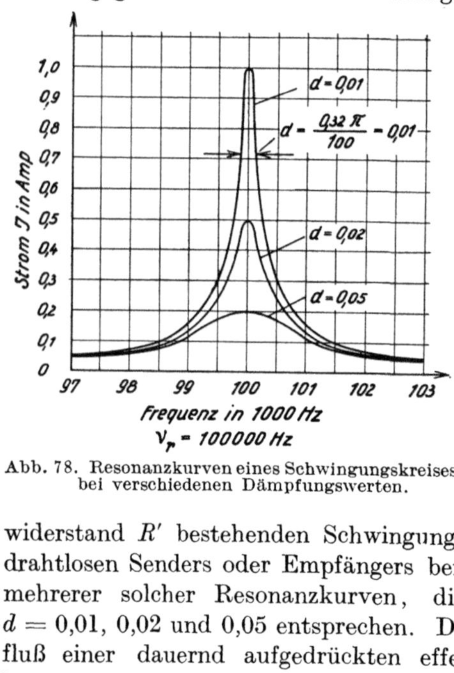

Abb. 78. Resonanzkurven eines Schwingungskreises bei verschiedenen Dämpfungswerten.

Die Frequenzabhängigkeit der Stromamplitude eines resonanzfähigen Systems übersieht man am einfachsten bei einem einzelnen, aus Kapazität C', Induktivität L' und Wirkwiderstand R' bestehenden Schwingungskreise, wie er zur Abstimmung jedes drahtlosen Senders oder Empfängers benutzt wird. Abb. 78 zeigt den Verlauf mehrerer solcher Resonanzkurven, die den logarithmischen Dekrementen $d = 0{,}01$, $0{,}02$ und $0{,}05$ entsprechen. Der Effektivstrom, der unter dem Einfluß einer dauernd aufgedrückten effektiven Wechselspannung $\mathfrak{E}$ zustandekommt, erreicht bei der Resonanzfrequenz ν_r den höchsten, im Scheitel der Kurve liegenden Wert:

$$\mathfrak{J}_r = \mathfrak{E} \cdot 2\pi\nu_r \cdot C' \cdot \frac{\pi}{d} = \mathfrak{E} \cdot \omega_r \cdot C' \cdot \frac{\pi}{d}, \qquad (1)$$

wobei das Verhältnis der Wattleistung zur leerschwingenden Leistung, das „Dämpfungsmaß“, gegeben ist durch:

$$\frac{d}{\pi} = \frac{R'}{\omega_r \cdot L'} = R' \cdot \omega_r \cdot C'.$$

Für eine von ν_r verschiedene Frequenz ν_s gilt bei der Effektivspannung $\mathfrak{E}$:

$$\mathfrak{J}_s = \mathfrak{E} \cdot \omega_r \cdot C' \cdot \frac{\pi}{d} \cdot \frac{1}{\sqrt{1 + \left[\frac{\pi}{d} \cdot \left(\frac{\nu_s}{\nu_r} - \frac{\nu_r}{\nu_s}\right)\right]^2}} \qquad (2)$$

Bei kleiner „Verstimmung" $\left(\frac{\nu_s}{\nu_r} - \frac{\nu_r}{\nu_s}\right)$ wird $\nu_s + \nu_r \sim 2\,\nu_s$ und

$$\frac{\mathfrak{J}_r}{\mathfrak{J}_s} \sim \sqrt{1 + \left[\frac{2\,\pi}{d} \cdot \frac{\nu_s - \nu_r}{\nu_r}\right]^2}. \tag{3}$$

Nach diesem Ausdruck sind die Kurvenbeispiele der Abb. 78 berechnet. Sie stellen den Verlauf des Schwingstromes sowohl für die Effektivwerte $\mathfrak{J}$ als auch für die Scheitelwerte $\overline{\mathfrak{J}}$ dar.

Wie man aus diesen Kurven unmittelbar ersieht, wächst $\mathfrak{J}$ mit verringertem d vorzugsweise bei der Resonanzfrequenz ν_r und in ihrem Nachbarbereich, viel weniger dagegen bei den weiter ab gelegenen Frequenzen. Die Amplitudenverzerrung eines im Intervall der Kurven empfangenen Spektrums nimmt also mit der Entdämpfung des Kreises zu. Andererseits bedeutet das Steilerwerden der Resonanzcharakteristik größere Trennschärfe gegenüber angrenzenden Frequenzbändern (Störern).

Solange beim Bildsender ein gleichbleibender Helligkeitswert auf die Photozelle einwirkt, ist lediglich die ungedämpfte Trägerwelle mit entsprechender konstanter Amplitude vorhanden. Stimmt man den Empfangskreis auf Resonanz mit dieser Welle ab, so erreicht der Strom in ihm den Höchstbetrag $\mathfrak{J}_r = \mathfrak{E} \cdot \omega_r \cdot C' \cdot \frac{\pi}{d} = \mathfrak{E}/R'$, wenn für $\mathfrak{E}$ die Spannung eingesetzt wird, die durch die örtliche Feldstärke des Senders, die Antennenhöhe und die Ankopplungsverhältnisse gegeben ist. Bei allen Änderungen der abgetasteten Helligkeit wird jedoch die Trägerschwingung moduliert (Kap. VII und VIII). Es treten die jedem derartigen Vorgange eigentümlichen Seitenbandfrequenzen $(\nu_r + \nu_m)$ und $(\nu_r - \nu_m)$ auf. Mindestens eines dieser Seitenbänder muß übertragen werden, da die ursprüngliche Signalfrequenz nur durch Interferenz von $(\nu_r + \nu_m)$ oder $(\nu_r - \nu_m)$ mit ν_r wieder entstehen kann (Demodulation). Es ist daher wichtig, zu wissen, in welchem Grade die Amplituden verschiedener, seitlich von ν_r liegender Schwingungszahlen vor der Gleichrichtung im Audion durch den Verlauf der Resonanzkurve nach Abb. 78 verzerrt werden und wie sich dies im Fernbilde auswirkt.

Ein wesentlicher Unterschied gegenüber der Telephonie besteht bei dieser Betrachtung darin, daß die höchste zu übertragende Frequenz eines definierten Bildpunktrasters, $\nu_m = v/2f$ (s. Teil 1, B), im Falle starker Helligkeitssprünge die Senderamplitude entsprechend weit aussteuert, bei extremem Schwarz-Weiß-Kontrast sogar bis zur Grenze des zulässigen Modulationsgrades, der durch die dynamische Modulationskennlinie des Generators bestimmt wird. Bei den akustischen Vorgängen ist die Energie der für klanggetreue Wiedergabe unentbehrlichen Obertöne bezw. deren Anteil an der Gesamtintensität stets relativ klein. Das Ohr, für die höherfrequenten Schallschwingungen an sich wenig empfindlich, nimmt Lautstärkedifferenzen unterhalb 25% überhaupt nicht wahr. Die durch Resonanzabstimmung bewirkte relative Verminderung der Amplituden am oberen Ende des übertragenen Spektrums ist daher weitgehend unschädlich. Fernbildschrift und Fernsehen erlauben eine derartige Benachteiligung der äußersten Seitenbandfrequenzen nur in erheblich geringerem Maße, und zwar nicht allein, weil auch die schnellsten Intensitätswechsel, wie soeben betont wurde, im Interesse der Konturenschärfe voll durchsteuerbar sein müssen, sondern auch, weil für das Auge von Natur aus viel kleinere Schwellwerte der Kontrastempfindung (Größenordnung 1% !) bestehen, als für das Ohr.

Diesem physiologischen Unterschiede Rechnung tragend, müssen wir vermeiden, daß die Skala der verschiedenen Helligkeitsperioden des Bildes infolge stark frequenzabhängiger Beeinflussung des Empfangslichtrelais mit allzu ungleichen Modulationsgraden der Leuchtdichte wiedergegeben wird. Das ist aber bei einer und derselben Wellenlänge nur zu erreichen durch Anwendung bedeutend größerer logarithmischer Dekremente, als sie für die Abstimmung auf einen Telephoniesender zulässig wären. D. h. die im drahtlosen Empfang übliche Praxis, bei geringen Feldstärken zwecks Ausnutzung der Resonanzüberhöhung weitgehend rückzukoppeln, hat im Falle der Bildübertragung relativ enge Grenzen.

Um bei fest gegebenen Werten für die Trägerfrequenz, die Rasterung und die Bildzahl/s innerhalb einer möglichst ausgedehnten Empfangszone genügende Aufhellung und zugleich scharfe Steuerung der Übergänge zu erhalten, bleiben wir also darauf angewiesen, 1. sehr reichliche Senderleistung aufzuwenden, 2. die Röhrenverstärkung der aufgenommenen Zeichen in einer praktisch frequenzunabhängigen (aperiodischen) Schaltung so groß wie möglich zu machen. Diese Regel gilt ungleich zwingender als für Telephonie. Eine niederfrequente Amplitudenentzerrung der im Hochfrequenzresonanzkreise benachteiligten Modulationen dürfte bei den optischen Übertragungen, angesichts der Empfindlichkeit des Auges für Helligkeitsunterschiede und Laufzeiteffekte, auf erhebliche, mit der Bandbreite wachsende Schwierigkeiten stoßen.

Zur Beurteilung der Konturenschärfe des Fernbildes setzen wir in die Gleichung (3) der Resonanzkurve an Stelle von ν_s die Grenzfrequenz $\nu_m = v/2f$ ein. Es folgt:

$$\frac{\mathfrak{J}_r}{\mathfrak{J}_s} \sim \sqrt{1 + \left(\frac{2\pi}{d} \cdot \frac{\nu_m}{\nu_r}\right)^2}. \tag{4}$$

Dieser Ausdruck liefert die Verzerrung eines beliebigen Modulationsbandes in Abhängigkeit vom Dämpfungsmaß, wenn man für ν_m und d verschiedene Werte annimmt:

1. Für $\nu_m/\nu_r < d/2\pi$ wird $\mathfrak{J}_r/\mathfrak{J}_s < \sqrt{2}$ und $\mathfrak{J}_s/\mathfrak{J}_r > 0{,}71$;
2. „ $\nu_m/\nu_r = d/2\pi$ „ $\mathfrak{J}_r/\mathfrak{J}_s = \sqrt{2}$ „ $\mathfrak{J}_s/\mathfrak{J}_r = 0{,}71$;
3. „ $\nu_m/\nu_r \gg d/2\pi$ „ $\mathfrak{J}_r/\mathfrak{J}_s \gg \sqrt{2}$ „ $\mathfrak{J}_s/\mathfrak{J}_r \sim d \cdot \nu_r/2\pi\nu_m$.

Als „Breite" der Resonanzkurve gilt der doppelte Frequenzabstand $(2\nu_m)$ zwischen ν_r und derjenigen Seitenschwingung $(\nu_r \pm \nu_m)$, deren Amplitude nach der vorstehenden Beziehung den $1/\sqrt{2}$ fachen Betrag der Amplitude von ν_r, deren Energie also den halben Wert hat. Für $\nu_r = 100 \cdot 10^3$ Hz und $d = 0{,}01$ wird so in Übereinstimmung mit der Abb. 78 (Pfeilhöhe) die Breite $0{,}32 \cdot 10^3$ Hz, entsprechend der Gleichung:

$$d = 2\nu_m \cdot \pi/\nu_r = 0{,}32\,\pi/100 = 0{,}01.$$

Nach dem Voraufgehenden verhält sich bei dem logarithmischen Dekrement $d = 2\pi\nu_m/\nu_r$ die Strom- bezw. Spannungsamplitude einer sehr nahe bei ν_r gelegenen Seitenbandfrequenz $(\nu_r \pm \Delta\nu_r)$ zu derjenigen einer Seitenbandfrequenz $(\nu_r \pm \nu_m)$ wie 1 zu 0,71, gleiche effektive Wechselspannung bezw. gleicher Modulationsgrad dieser Schwingungen vorausgesetzt. Bei der Demodulierung durch Richtverstärkung (gekrümmte Kennlinie, kleine Amplituden) wird die Verzerrung quadriert, d. h. die niederfrequenten Ströme bezw. Spannungen verhalten sich wie 2 zu 1. In welchem Maße dieser Effekt sich in der resultierenden Ungleichheit der Aussteuerung der $\Delta\nu_r$ bezw. ν_m zugeordneten Hell-Dunkel-Verteilungen bemerkbar macht, hängt von der Charakteristik der Lichtsteuervorrichtung ab. Bei der Kerr-Zelle gilt für den praktisch benutzten Arbeitsbereich $H_\Delta/H_m = (\mathfrak{J}_\Delta/\mathfrak{J}_m)^2$ (nochmalige Quadrierung!), bei der Glimmlampe, deren innerer Widerstand mit wachsendem Strome stark abfällt und deren Klemmenspannung für eine gröbere Betrachtung als konstant angenommen werden darf, wird $H_\Delta/H_m \sim \mathfrak{J}_\Delta/\mathfrak{J}_m$. Dieser Vorteil der Glimmlampe fällt jedoch weniger ins Gewicht, wenn aus Gründen unverzerrter Verstärkung eine Hilfsträgerfrequenz ν_h für die Bildzeichen angewendet und mitausgestrahlt wird. Die Variation im Seitenbande beschränkt sich dann nämlich auf ein relativ schmales Intervall, sofern zwischen der Sendefrequenz ν_r, der Hilfsfrequenz ν_h und der höchsten zu übertragenden Bildpunktfrequenz $\nu_m = v/2f$ die Beziehung besteht:

$$\nu_r \gg \nu_h \gg \nu_m ,$$

d. h. der Wert des Bruches

$$\frac{\nu_r \pm (\nu_h + \nu_m)}{\nu_r \pm (\nu_h - \nu_m)}$$

nicht sehr weit von 1 verschieden ist. (Schema eines solchen Spektrums siehe in Kap. VII.)

Nach den weiter vorn gemachten Ausführungen über die Kontrastempfindlichkeit des Auges ist es im Fernsehempfang ratsam, mit logarithmischen Dekrementen $d > 2\pi\nu_m/\nu_r$ zu arbeiten. Diese Bedingung zeigt den Vorzug möglichst kurzer Trägerwellen; denn mit zunehmendem ν_r kann auch die Entdämpfung weiter getrieben, die Resonanzverstärkung besser ausgenutzt, der Wirkungsradius des Senders vergrößert werden. Die Modifikation, daß die Trägerfrequenz nicht im Resonanzpunkte liegt und hierbei durch vermehrte Dämpfungsreduktion und entsprechend schmalere Abstimmung des Empfangskreises das eine Seitenband (+ Träger) allein aufgenommen und verwertet wird, bedeutet zwar eine grundsätzliche Verbesserung durch die Ermöglichung höherer Selektion und kleinerer Dekremente; eingeschränkt wird der Gewinn jedoch durch die Einbuße der halben nutzbaren Strahlungsleistung. Im Prinzip kann natürlich von der Tatsache, daß ein Seitenband zur Übertragung aller notwendigen Schwingungen genügt, auf der Empfängerseite stets im vorstehenden Sinne Gebrauch gemacht werden. Von weitergehender Bedeutung aber wäre es besonders für das Fernsehen, wenn die Unterdrückung des zweiten Seitenbandes schon am Sender gelänge; denn auf diese Weise würde ja nicht nur der Leistungsverlust erspart, sondern außerdem noch der Frequenzbereich jedes Übertragungskanals sofort auf die halbe Breite reduziert werden. Leider ist die Technik gerade hierin noch nicht weit vorgeschritten. Mindestens gilt die Abschneidung des einen Seitenbandes bei den allein in Frage kommenden Kurzwellen- und Ultrakurzwellensendern bisher als indiskutabel angesichts der allen bekannten Schaltungen unter den Bedingungen der Fernsehmodulation innewohnenden Instabilitäten. Deswegen sehen wir auch davon ab, dieses Problem hier weiter zu behandeln[1].

[1] Für weitere Folgerungen hinsichtlich der Bandbreitenfrage, der mindest notwendigen Empfangsfeldstärke, der Dimensionierung der Hochfrequenzverstärkung usw. seien empfohlen Barkhausen, H.: Elektronenröhren, Bd. 3, S. 57f. Leipzig: S. Hirzel 1929; ferner Runge, W.: Der abgestimmte Hochfrequenzverstärker. TZ. Bd. 47 (1927) S. 50f.

Die bisherigen Betrachtungen gelten für einen einzigen hochfrequenten Abstimmkreis. Koppeln wir mehrere solche miteinander, so multiplizieren sich die Gleichungen ihrer Resonanzkurven, der Abfall beiderseits ν_r wird steiler, die Selektion, selbst bei etwas höherer Dämpfung der Kreise, schärfer. Bei leichter Verstimmung derselben gegeneinander entsteht durch die Mehrwelligkeit des Systems eine Frequenzcharakteristik mit verbreiterter Scheitelgegend und steileren Flanken (vgl. Barkhausen, l. c. S. 226). Wir erhalten die Filterwirkung einer mehrgliedrigen Siebkette nach K. W. Wagner. Für solche Gebilde läßt sich die Halbwertbreite genau wie für den einzelnen Resonanzkreis definieren. Sind die entsprechenden Frequenzen $\omega_1 = 2\pi\nu_1$ und $\omega_2 = 2\pi\nu_2$, so ist die Einschwingdauer der Kette, gemessen zwischen $^1/_{10}$ und $^9/_{10}$ der Endamplitude, unabhängig von der Zahl der Glieder:

$$T' = \frac{5{,}5}{\omega_1 - \omega_2}\,\mathrm{s} \sim \frac{0{,}9}{\nu_1 - \nu_2}\,\mathrm{s} = \frac{0{,}9}{\Delta\nu}\,\mathrm{s} \qquad (\omega_2 < \omega_1)\,.$$

Die Filterwirkung gekoppelter Kreise hat für die breiten, durch Raster und Bildzahl/s eindeutig bestimmten Modulationsbänder der Fernbildschrift und des Fernsehens große praktische Bedeutung, da sie schärfste Trennung von Fremdwellen, weitestgehende Ausscheidung von Störspiegelkomponenten und geringste Verzerrung des zu empfangenden Frequenzspektrums liefert. Die Siebkurve kann in vielerlei Form schaltungsmäßig verwirklicht werden. Ihre Halbwertbreite läßt sich durch die Dimensionierung von Kopplung und Dämpfung in den Einzelgliedern oder -kreisen den gegebenen Daten so anpassen, daß neben dem hochfrequenten bezw. dem durch Überlagerung gebildeten zwischenfrequenten Träger ν_r eines oder beide Seitenbänder gut durchkommen, nur wenig außerhalb gelegene Schwingungszahlen jedoch schon erheblich geschwächt werden. Im ersten Falle ist $\Delta\nu \sim \nu_m$, im zweiten Falle $\Delta\nu \sim 2\,\nu_m$.

Die Praxis des Betriebes zwingt meist zu Kompromissen zwischen Bandbreite und Entdämpfung in Abhängigkeit von den für die Verstärkung der Bildzeichen bestehenden Grenzen. Vollkommen aperiodische Übertragung ist nur innerhalb des Laboratoriums möglich. Im drahtlosen Fernempfang ist für die Ausdehnung bezw. Einengung des vom Resonanzkreise durchgelassenen Frequenzspektrums in erster Linie die Forderung befriedigender Aufhellung maßgebend. Die Endamplitude des Verstärkers ist durch den Höchst- und den Mindestwert der Bildfeldbeleuchtung bedingt. Bedarf es zu ihrer Erreichung weitgehender Rückkopplung, die eine Abnahme der Konturenschärfe durch Benachteiligung der äußersten Seitenbandfrequenzen und durch entsprechend verlängerte Einschwingdauer zur Folge haben muß, so ist das Optimum ein Kompromiß zwischen physikalischer Verschlechterung durch Verflauung der Übergänge und psychologischer Verbesserung durch die mit der Aufhellung zunehmende Unterschiedsempfindlichkeit.

Steht die im Lichtrelais des Empfängers zur Wirkung gelangende Grenzfrequenz fest, so kann daraus die günstigste Weite f des bilderzeugenden Lichtspaltes oder -flecks bestimmt werden. Aus den in Teil 1, B, a dieses Kapitels entwickelten Funktionen läßt sich leicht ausrechnen, welche Verminderung der Aussteuerung eine im Fernbilde wiedergegebene sinusförmige Helligkeitsverteilung von der Periodenlänge s im Vergleich zum Urbilde aufweisen wird. Ist $f/2\,v = f'$, so hat der Schwächungsfaktor die Form:

$$\eta = \frac{1}{\omega f'} \cdot \sin \omega f',$$

wobei ω die elektrische Modulationsfrequenz bedeutet. η ist für ein bestimmtes s konstant, solange das Produkt $\omega \cdot f'$ unverändert bleibt. f kann also in demselben Verhältnis erweitert werden, wie ω durch Beschränkung des empfangenen Frequenzbandes abnimmt. Die Wahl von η unterliegt einem Kompromiß zwischen genügender Durchmodulierung der kürzesten, noch rastermäßig differenzierten Helligkeitswechsel und befriedigender mittlerer Leuchtdichte des Schirmes. In Abb. 79 ist die Verflauung der Aussteuerung ϑ als $\varphi(f/s)$ aufgetragen. Wie man sieht, wird auch eine Periode, deren Länge kleiner ist als f oder sogar $f/2$, vom Bildpunktverteiler noch andeutend wiedergegeben (vgl. die Ausführungen zu Abb. 67, S. 103).

Die Dämpfungscharakteristik der Abb. 79 ist ferner maßgebend für die Frage der Frequenz und der Sichtbarkeit einer Hilfsmodulation ν_h, die bei feinerem Raster zur verzerrungsfreien Verstärkung unentbehrlich erscheint. Je größer ν_h/ν_m, desto gleichmäßiger die Übertragung aller Perioden des Bildes, desto breiter aber auch das im Äther beanspruchte Spektrum. Der Vorschlag, den Hilfsträger vor der Modulation des Senders auszufiltern und ihn empfängerseits neu einzuführen, bedeutet im Falle des Fernsehers einen technischen Aufwand, der mit der wirtschaftlichen Voraussetzung des Gerätes schwer vereinbar ist. Übrigens führt der dann notwendige Überlagerungsempfang auf das gleiche Problem. Stets wird man ν_h so niedrig wie möglich wählen, dabei jedoch beachten müssen, daß die resultierende Periodizität der Helligkeit längs der Zeile die Trägerfrequenz nach unten hin beschränkt. Innerhalb des üblichen, sehr kleinen Flächenelementes der Fernbildschrift ist zwar eine überlagerte Modulation der Schwärzung mit dem unbewaffneten Auge kaum noch wahrnehmbar. Die untere Grenze von ν_h ist in diesem Falle lediglich bestimmt durch die bei $\nu_h \leqq 2\,\nu_m$ infolge zeitweilig ungünstiger Phasenlagen des Hell-Dunkel-Überganges zum Wechsel des Hilfsträgers schon erheblichen Ausfälle der photographischen Markierung. Bei der gröberen Struktur des Fernsehbildes dagegen ist neben derartigen Erwägungen die Frage des Hervortretens einer durch ν_h verursachten, optisch störenden Rasterung von Bedeutung. Nun zeigt die Übertragungscharakteristik der Abb. 79, daß für $f/s = 1, 2, 3$ usw. die Helligkeitsvariation verschwindet ($\vartheta = 0$) und daß sie für $f > 2\,s$ unauffällig wird. Für das Zustandekommen einer Periodizität innerhalb der betrachteten Ausdehnung f des Flächenelementes ist es aber gleichgültig, ob die das Empfangslichtrelais steuernde Frequenz beim Sender durch die abgetastete Tönungsverteilung erzeugt wird oder durch zusätzliche Unterbrechungen im Licht- bezw. im Stromwege, die zur Gewinnung der Hilfsmodulation dienen. Es ist also in bezug auf den Wert von ϑ das Verhältnis $\nu_h/2\,\nu_m$ dem Verhältnis f/s analog. Ein Unterschied besteht nur darin, daß die Durchsteuerung von ν_h senderseits nicht dem dämpfenden Einfluß der

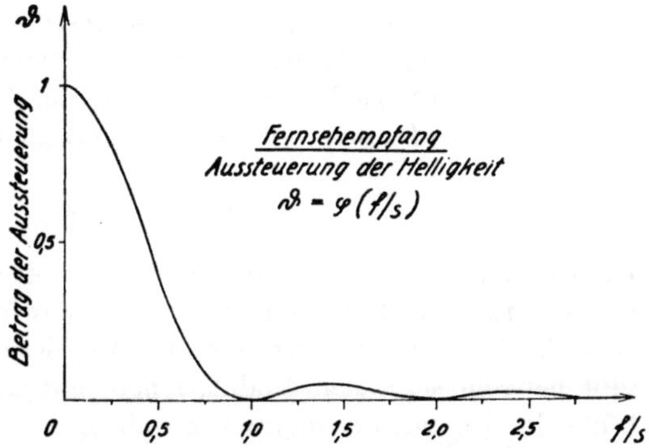

Abb. 79. Beziehung zwischen Lichtpunktbreite, Helligkeitsperiode und Aussteuerung im Fernbilde.

endlichen Lichtfleckgröße unterliegt, d. h. zu 100% erfolgen kann. Dementsprechend ist für die Verwischung ϑ der Hilfsmodulation im Empfangsbilde nicht der aus Abb. 79 ersichtliche Quotient, sondern dessen Quadratwurzel anzunehmen. Man ersieht, daß bei dem mit Rücksicht auf die Phasenlage von Bild und Träger denkbaren Minimum $\nu_h = 2\,\nu_m$ (äquivalent $f/s = 1$) die Modulation mit der Periode ν_h erstmalig Null wird, desgleichen bei $\nu_h = 4\,\nu_m$ usw. Durch passende Wahl von ν_h, wobei Schwankungen von einigen Prozent unschädlich sind, läßt sich also eine zusätzliche Rasterung durch den Hilfsträger gänzlich vermeiden. Sie tritt nur in den Zwischengebieten $2\,\nu_m > \nu_h > \nu_m$, $4\,\nu_m > \nu_h > 2\,\nu_m$ usw. in Erscheinung (entsprechend $1 > f/s > 0{,}5$; $2 > f/s > 1$ usw.), wird hier aber von $\nu_h \sim 3{,}5\,\nu_m$ ab aufwärts für jeden beliebigen Wert optisch unerheblich.

Wir kommen nun zur verzerrenden Wirkung des Einschwingvorganges. Bekanntlich entsteht beim Auftreten einer Hochfrequenzwechselspannung die Resonanzstromstärke $\mathfrak{J}_r$ in dem abgestimmten Kreise nicht augenblicklich; sie steigt vielmehr in der bekannten Exponentialfunktion an, die man sich vorzustellen hat als Resultierende aus der konstanten ungedämpften Zeichenschwingung und einer abklingenden Ausgleichsschwingung von der Form:

$$\bar{A} \cdot e^{-d \cdot \frac{t}{\tau}} \cdot \sin(\omega t - \gamma) \qquad (5)$$

($\bar{A}$ Endwert der Amplitude, d logarithmisches Dekrement, τ Periodendauer der Eigenfrequenz des Kreises, γ Phasenwinkel). Ein analoger Vorgang tritt beim Aufhören des Zeichens ein. Infolge dieser elektrischen Trägheitserscheinung gibt bei sehr schnellen Modulationen und sehr geringen Dämpfungen die Einhüllende des hochfrequenten Empfängerstromes das zu übertragende Signal nicht mehr kurvengetreu wieder, da die Zeit zum amplitudengerechten An- und Abschwingen fehlt. Die Impulse verfließen ineinander. Man kann diese Erscheinung auch so auffassen, als seien die Seitenbänder durch zu starke Entdämpfung benachteiligt; die das Signal ergebende Interferenz mit ν_r muß dann verflachte Schwankungen des Niederfrequenzstromes liefern. Im Falle der Bildzerlegung kommt nun ein erschwerender Umstand hinzu: Infolge der endlichen Ausdehnung des abtastenden Lichtflecks im Zusammenwirken mit der Zeitkonstante des Photoverstärkers steigt das Senderzeichen selbst schon bedeutend verzögert an, verglichen mit der unendlichen Steilheit des optischen Überganges. Als Einhüllende der in der Antenne schwingenden bezw. der zum Empfänger gelangenden Hochfrequenz können wir, von einer etwa vorhandenen Hilfsmodulation absehend (deren Frequenz genügend groß sein müßte im Verhältnis zur Grundfrequenz des Rasters), die Kurve II der Abb. 72 annehmen. Dies setzt allerdings voraus, daß weder das Modulationsverfahren des Senders, noch die Resonanzabstimmung seines Zwischen- und Antennenkreises die Form des Zeichenanstieges wesentlich verändern, was erfahrungsgemäß sehr annähernd erfüllt ist, solange ν_m/ν_r in der Größenordnung $^1/_{100}$ oder weniger bleibt. Wir wollen demnach mit verzerrenden Einschwingvorgängen nur empfängerseits rechnen.

Zur quantitativen Erfassung der Konturenschärfe im Fernbilde genügt die Betrachtung der Einhüllenden des im Empfangskreise sich einschwingenden Resonanzstromes, da der hochfrequente Wechsel vom Niederfrequenzverstärker nicht mitübertragen wird. Ebenso ist nach den vorausgehenden Betrachtungen eine etwa vorhandene Hilfsmodulation bei richtig gewählter Frequenz unerheblich. Denkt man sich nun auf den Abstimmkreis (L', C', R') mit der Resonanzfrequenz ν_r eine konstante Wechselspannung $\mathfrak{E} = \overline{\mathfrak{E}} \cdot \sin \omega_r t = \overline{\mathfrak{E}} \cdot \sin 2\pi \nu_r t$ während der Zeitdauer t einwirkend, so kann die Einhüllende des über zahlreiche Perioden exponentiell anwachsenden Schwingstromes ohne Rücksicht auf die Phasenlage einfach dargestellt werden durch:

$$\overline{\mathfrak{J}}_t = \overline{\mathfrak{E}} \cdot \omega_r C' \cdot \frac{\pi}{d} \cdot \left(1 - e^{-\frac{d}{\tau} \cdot t}\right), \tag{6}$$

wo $\overline{\mathfrak{J}}_t$ und $\overline{\mathfrak{E}}$ die Scheitelwerte bedeuten. Da im Resonanzfalle

$$d/\pi = R'/\omega_r L' = R' \omega_r C'$$

ist, geht die vorstehende Gleichung über in:

$$\overline{\mathfrak{J}}_t = \frac{\overline{\mathfrak{E}}}{R'} \cdot \left(1 - e^{-\frac{d}{\tau} \cdot t}\right). \tag{7}$$

Diese Beziehung gilt auch für unendlich kleine Amplituden. Da es sich indessen bei der Bildübertragung nach obigem nicht um plötzlich in voller Höhe auftretende Hochfrequenzspannungen handelt, vielmehr senderseits der Scheitelwert $\overline{\mathfrak{E}}_t$ der Wellen proportional dem im Gitterwiderstande R verzögert zunehmenden lichtelektrischen Strome i_t ansteigt (wie Kurve II in Abb. 72), so müssen wir ein Integrationsverfahren zur Ermittlung des hieraus resultierenden zeitlichen Schwingstromverlaufes zu Hilfe nehmen. Ist $R \cdot i_t$ die der ersten Röhre des Photoverstärkers zugeführte Steuerspannung, C die Kapazität der Schaltung im Sinne der Abb. 71, J' der maximale Photostrom bei voller Aufhellung, $T = f/v$ die Übergangsdauer des abtastenden Lichtpunktes und M eine Konstante, die von der zwischen Sender und Empfänger bestehenden Kopplung, von der im Übertragungswege aufgewendeten Verstärkung usw. abhängt und deren Größe für das Folgende belanglos ist, so gilt:

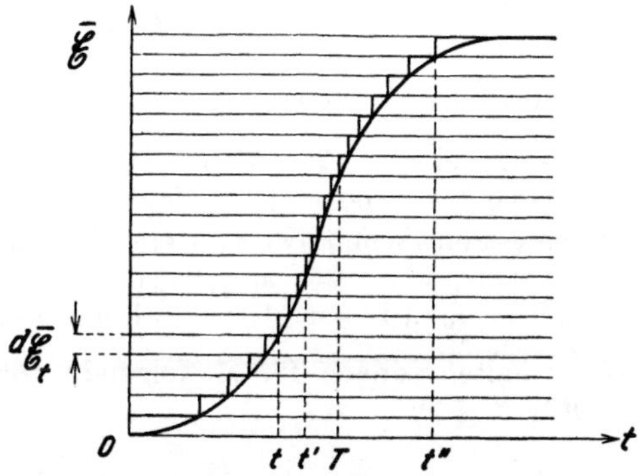

Abb. 80a. Hilfsfigur zur Berechnung des Einschwingungsvorganges im Hell-Dunkel-Übergang.

$$\overline{\mathfrak{E}}_t = M \cdot R \cdot i_t = \frac{M \cdot R \cdot J'}{T} \cdot f(t, RC)$$

und

$$\overline{\mathfrak{E}}_{\max} = M \cdot R \cdot J',$$

demnach

$$\overline{\mathfrak{J}}_r = \overline{\mathfrak{J}}_{\max} = \frac{M \cdot R \cdot J'}{R'}. \tag{8}$$

Das Verhältnis $\overline{\mathfrak{J}}_t/\overline{\mathfrak{J}}_r$ soll nun für beliebige Zeitpunkte des Einschwingvorganges, der beim Übertritt des abtastenden Lichtflecks von Schwarz zu Weiß durch die ausgesandte Welle im Empfänger hervorgerufen wird, berechnet werden. Mit Hilfe der gefundenen Beziehungen ist sodann der Helligkeitsanstieg, d. h. die Konturenschärfe, im Fernbilde zu ermitteln. Zu diesem Zwecke zerlegen wir die mit $M \cdot R$ multipliziert gedachte Kurve II der Abb. 72 treppenartig in sehr kleine Spannungsstufen $d\overline{\mathfrak{E}}$ und summieren die Strombeiträge $d\overline{\mathfrak{J}}_t$ der verschieden lange wirkenden $d\overline{\mathfrak{E}}$ zu dem am Ende der gewählten Zeitdauer aufgeschaukelten Hochfrequenzstrom $\overline{\mathfrak{J}}_t$. Das Verfahren ist in Abb. 80a veranschaulicht. Für $\overline{\mathfrak{E}}_t$ gelten hierbei folgende Gleichungen:

$$\text{Im Bereich } t' \leqq T: \quad \overline{\mathfrak{E}}_t = \overline{\mathfrak{E}}_{\max} \cdot \frac{1}{T} \cdot \left[t - RC \cdot \left(1 - e^{-\frac{t}{RC}}\right)\right]. \tag{9}$$

$$\text{Im Bereich } t'' > T: \quad \overline{\mathfrak{E}}_t = \overline{\mathfrak{E}}_{\max} \cdot \frac{1}{T} \cdot \left[T - RC \cdot \left(e^{-\frac{t-T}{RC}} - e^{-\frac{t}{RC}}\right)\right]. \tag{10}$$

Ausdruck (10) wird für $t = T$ (Lichtfleck ganz auf Weiß) identisch mit (9). Durch Bildung des Differentialquotienten $d\overline{\mathfrak{E}}/dt$ läßt sich leicht beweisen, daß die Funktion 1 im Zeitpunkt T, von dem ab der Strom in der Photozelle nicht weiter zunimmt, stetig in die Funktion 2 übergeht.

Hieraus erhalten wir:

$$\text{Für } t' \leqq T: \qquad d\overline{\mathfrak{E}}_t = \overline{\mathfrak{E}}_{\max} \cdot \frac{1}{T} \cdot \left(1 - e^{-\frac{t}{RC}}\right) \cdot dt. \tag{11}$$

$$\text{Für } t'' > T: \qquad d\overline{\mathfrak{E}}_t = \overline{\mathfrak{E}}_{\max} \cdot \frac{1}{T} \cdot \left(e^{\frac{T}{RC}} - 1\right) \cdot e^{-\frac{t}{RC}} \cdot dt. \tag{12}$$

(12) wird bei $t'' = T = t'$ mit (11) identisch. Jedes $d\overline{\mathfrak{E}}_t$ wirkt nun während der Dauer $t' - t$ bezw. $t'' - t$ auf den Aufschaukelvorgang ein, so daß für den Schwingstrom-Scheitelwert $\overline{\mathfrak{J}}$ ein Zuwachs entsteht:

$$d\overline{\mathfrak{J}} = \frac{1}{R'} \cdot \left(1 - e^{-\frac{d}{\tau} \cdot (t'-t)}\right) \cdot d\overline{\mathfrak{E}}_t \text{ bezw. } \frac{1}{R'} \cdot \left(1 - e^{-\frac{d}{\tau} \cdot (t''-t)}\right) \cdot d\overline{\mathfrak{E}}_t.$$

Wir erhalten sonach für $\overline{\mathfrak{J}}_t$ folgende Gleichungen:

Für $t' \leqq T$:

$$\overline{\mathfrak{J}}_t = \frac{\overline{\mathfrak{E}}_{\max}}{R' \cdot T} \cdot \int_0^{t'} \left(1 - e^{-\frac{t}{RC}}\right) \cdot \left(1 - e^{-\frac{d}{\tau} \cdot (t'-t)}\right) \cdot dt. \tag{13}$$

Für $t'' > T$:

$$\overline{\mathfrak{J}}_t = \frac{\overline{\mathfrak{E}}_{\max}}{R' \cdot T} \cdot \int_0^{T} \left(1 - e^{-\frac{t}{RC}}\right) \cdot \left(1 - e^{-\frac{d}{\tau} \cdot (t''-t)}\right) \cdot dt +$$

$$\frac{\overline{\mathfrak{E}}_{\max}}{R' \cdot T} \cdot \left(e^{\frac{T}{RC}} - 1\right) \cdot \int_T^{t''} e^{-\frac{t}{RC}} \cdot \left(1 - e^{-\frac{d}{\tau} \cdot (t''-t)}\right) \cdot dt. \tag{14}$$

Die Lösungen sind nach Einführung der Vereinfachungen:

$$A = RC + \frac{\tau}{d} \text{ und } B = -\frac{RCd}{\frac{\tau}{RC} - d}.$$

Für $t \leqq T$:

$$\overline{\mathfrak{J}}_t = \frac{\overline{\mathfrak{E}}_{\max}}{R' \cdot T} \cdot \left(t - A + B \cdot e^{-\frac{t}{RC}} + (A - B) \cdot e^{-\frac{d}{\tau} \cdot t}\right) = \frac{\overline{\mathfrak{E}}_{\max}}{R'} \cdot f_1(t). \tag{15}$$

Für $t > T$:

$$\overline{\mathfrak{J}}_t = \frac{\overline{\mathfrak{E}}_{\max}}{R' \cdot T} \cdot \left[T - (A - B) \cdot \left(e^{-\frac{d}{\tau} \cdot (t-T)} - e^{-\frac{d}{\tau} \cdot t}\right) - \right.$$

$$\left. B \cdot \left(e^{-\frac{1}{RC} \cdot (t-T)} - e^{-\frac{1}{RC} \cdot t}\right)\right] = \frac{\overline{\mathfrak{E}}_{\max}}{R'} \cdot f_2(t). \tag{16}$$

[$f_2(t)$ geht, wie erforderlich, für $t = T$ in $f_1(t)$ über und nimmt bei $t = \infty$ den Wert 1 an (vollständig eingeschwungener Strom)].

Um mit Hilfe der vorstehenden Gleichungen die an einem beliebigen Punkte des Fernbildes resultierende Helligkeit zu berechnen, müssen wir eine bestimmte Charakteristik des Lichtsteuerorganes annehmen[1]. Wir wählen den Fall der Glimmentladung, der bereits auf S. 127 erörtert wurde, und setzen demgemäß die Leuchtintensität dem jeweiligen effektiven Hochfrequenzstrom $\mathfrak{J}_t$ proportional. Zwischen diesem und der effektiven Hochfrequenzwechselspannung $\mathfrak{E}_{\max}$ bestehen naturgemäß die gleichen zeitlichen Beziehungen, wie zwischen den Scheitelwerten $\overline{\mathfrak{J}}_t$ und $\overline{\mathfrak{E}}_{\max}$. Wir erhalten dann nach Einführung einer Konstanten C für den Umsatz von Strom in Licht:

$$H = C \cdot \int_{t_1}^{t_2} \mathfrak{J}_t \cdot dt,$$

worin $t_2 - t_1$ die Dauer der Einwirkung endlicher veränderlicher Schwingstromstärke auf den betrachteten Punkt des Empfangsbildes ist. Sonach gilt:

Für $t_2 \leqq T$:

$$H = C \cdot \frac{\mathfrak{E}_{\max}}{R'} \cdot \int_{t_1}^{t_2} f_1(t) \cdot dt \,. \tag{16}$$

Für $t_2 > T > t_1$:

$$H = C \cdot \frac{\mathfrak{E}_{\max}}{R'} \cdot \left[\int_{t_1}^{T} f_1(t) \cdot dt + \int_{T}^{t_2} f_2(t) \cdot dt \right]. \tag{17}$$

Für $t_2 > 2T$:

$$H = C \cdot \frac{\mathfrak{E}_{\max}}{R'} \cdot \int_{t_1}^{t_2} f_2(t) \cdot dt \,. \tag{18}$$

Im voll eingeschwungenen Zustande herrscht die maximale Effektivstromstärke während der ganzen Übergangszeit T; an solchen Stellen entsteht die Helligkeit:

$$H_{\max} = C \cdot \frac{\mathfrak{E}_{\max}}{R'} \cdot T \,.$$

Für die Berechnung der Konturenschärfe müssen wir von Punkt zu Punkt das Verhältnis der mit der Zunahme der Zeilenkoordinate (x) von Null ab ansteigenden Aufhellung zur größtmöglichen einsetzen. Wir erhalten:

[1] Man kann die Lichtsteuervorrichtungen in lineare und quadratische einteilen. Die Aufhellung beider folgt, sofern sie genügend trägheitsfrei sind, der modulierten Hochfrequenzamplitude unmittelbar. Beispiele der ersten Art sind die Glimmlampe und für kleine Änderungen die Faraday-Zelle (s. Kap. V). Die Größe des Steuereffektes ist bei ihnen von der Lage des Arbeitspunktes auf der Charakteristik unabhängig. Zur zweiten Art gehören die elektrostatischen Lichtrelais mit der Aufhellungsfunktion $H = K \cdot \mathfrak{E}^2$ (H Helligkeit, K Konstante, $\mathfrak{E}$ Feldstärke). Das bekannteste Beispiel ist die Kerr-Zelle. Hier ist (wiederum für geringe Amplituden) die Steuerempfindlichkeit $dH/d\mathfrak{E} = 2K \cdot \mathfrak{E}$ von dem durch Vorspannung festgelegten $\mathfrak{E}$ abhängig. Der günstigste Wirkungsgrad ergibt sich infolgedessen, wenn man die modulierte Hochfrequenz gleichrichtet und die erhaltene, den abgetasteten Helligkeitsverlauf darstellende Gleichspannung einer konstanten Dauergleichspannung an den Klemmen des Lichtrelais überlagert.

Für $t_2 \leqq T$:

$$H/H_{\max} = \frac{1}{T} \cdot \int_{t_1}^{t_2} f_1(t) \cdot dt \,. \tag{19}$$

Für $t_2 > T > t_1$:

$$H/H_{\max} = \frac{1}{T} \cdot \left[\int_{t_1}^{T} f_1(t) \cdot dt + \int_{T}^{t_2} f_2(t) \cdot dt \right] . \tag{20}$$

Für $t_2 > 2T$:

$$H/H_{\max} = \frac{1}{T} \cdot \int_{t_1}^{t_2} f_2(t) \cdot dt \,. \tag{21}$$

Die allgemeine Form der Integrale von $f_1(t)$ und $f_2(t)$ lautet:

$$\int_{t_1}^{t_2} f_1(t) \cdot dt = \frac{1}{T} \cdot \left[\frac{t_2^2 - t_1^2}{2} - A \cdot (t_2 - t_1) - B \cdot RC \cdot \left(e^{-\frac{t_2}{RC}} - e^{-\frac{t_1}{RC}} \right) - \right.$$
$$\left. (A - B) \cdot \frac{\tau}{d} \cdot \left(e^{-\frac{d}{\tau} \cdot t_2} - e^{-\frac{d}{\tau} \cdot t_1} \right) \right] ; \tag{22}$$

$$\int_{t_1}^{t_2} f_2(t) \cdot dt = \frac{1}{T} \cdot \left[T \cdot (t_2 - t_1) - (A - B) \cdot \frac{\tau}{d} \cdot \left(e^{-\frac{d}{\tau} t_2} - e^{-\frac{d}{\tau} t_1} - \right. \right.$$
$$\left. e^{-\frac{d}{\tau} \cdot (t_2 - T)} + e^{-\frac{d}{\tau} \cdot (t_1 - T)} \right)$$
$$\left. - B \cdot RC \cdot \left(e^{-\frac{t_2}{RC}} - e^{-\frac{t_1}{RC}} - e^{-\frac{t_2 - T}{RC}} + e^{-\frac{t_1 - T}{RC}} \right) \right] . \tag{23}$$

Im folgenden wird, entsprechend der Betrachtung auf S. 95, wiederum angenommen, daß die zerlegenden Nipkow-Scheiben bei Sender und Empfänger völlig synchron, konphas und pendelungsfrei umlaufen, Urbild und Fernbild also innerhalb ihrer Felder in genauer Deckung sind. Zugrundegelegt werden die gleichen Daten, die in dem Berechnungsbeispiel auf S. 105 für die Ermittlung des zeitlichen Anstiegs der den Photoverstärker steuernden Gitterspannung maßgebend waren: $RC = 10^{-5}$ s und $T = 3{,}13 \cdot 10^{-5}$ s.

An einem im Abstande $-x$ von der Grenzlinie eines sprunghaften Schwarz-Weiß-Überganges abzubildenden Punkte gilt nach den vorstehenden Beziehungen:

$$H/H_{\max} = \frac{1}{T} \cdot \int_{0}^{T \cdot \frac{f - x}{f}} f_1(t) \cdot dt \,. \tag{24}$$

Für einen Punkt im Abstande $+x' < f$ von der gedachten Grenzlinie lautet der Ausdruck:

$$H/H_{\max} = \frac{1}{T} \cdot \left[\int_{T \cdot \frac{x'}{f}}^{T} f_1(t) \cdot dt + \int_{T}^{T \cdot \frac{f + x'}{f}} f_2(t) \cdot dt \right] . \tag{25}$$

Für einen Punkt im Abstande $+ x'' > f$ endlich gilt:

$$H/H_{\max} = \frac{1}{T} \cdot \int\limits_{T \cdot \frac{x''}{f}}^{T \cdot \frac{f + x''}{f}} f_2(t) \cdot dt \,. \tag{26}$$

Zur Berechnung wählen wir die Koordinaten:

$$- x = - f/2$$
$$+ x' = + f/2 \text{ und } + f$$
$$+ x'' = + 3\,f/2,\ 2f,\ 3f,\ 4f.$$

Aus den Gleichungen des Einschwingvorganges geht der maßgebende Einfluß des logarithmischen Dekrementes d im Empfangskreise, der Periodenlänge τ des hochfrequenten Trägers, der Übergangsdauer T des Lichtflecks und der Zeitkonstanten $R\,C$ des senderseitigen Photozellenkreises klar hervor. Um diesen Einfluß ziffernmäßig zu übersehen, variieren wir d und τ gemäß folgender Zusammenstellung:

d	τ	λ
0,01	10^{-6} s	300 m
0,02	$3 \cdot 10^{-7}$ s	90 m
0,05	$3 \cdot 10^{-8}$ s	9 m

Die Ergebnisse sind in Abb. 80b dargestellt, und zwar entsprechen die Kurven:

$$\left.\begin{array}{l} \text{Nr. 1} \ldots d = 0{,}01 \\ \text{Nr. 2} \ldots d = 0{,}02 \\ \text{Nr. 3} \ldots d = 0{,}05 \end{array}\right\} \tau = 10^{-6}\ \text{s};\ \lambda = 300\ \text{m}$$

$$\left.\begin{array}{l} \text{Nr. 4} \ldots d = 0{,}01 \\ \text{Nr. 5} \ldots d = 0{,}02 \\ \text{Nr. 6} \ldots d = 0{,}05 \end{array}\right\} \tau = 3 \cdot 10^{-7}\ \text{s};\ \lambda = 90\ \text{m}$$

$$\text{Nr. 7} \ldots d = 0{,}05 \quad \tau = 3 \cdot 10^{-8}\ \text{s};\ \lambda = 9\ \text{m}.$$

Nr. 8 und Nr. 9, die für $d = 0{,}01$ und $0{,}02$ bei $\tau = 3 \cdot 10^{-8}$ s und $\lambda = 9$ m berechnet wurden, sind der Übersichtlichkeit halber weggelassen. Sie würden zwischen Nr. 6 und Nr. 7 liegen. Die Grenzkurve, die den Verlauf für ein unendlich großes $\frac{d}{\tau}$ darstellt, weicht nur unmerklich von Nr. 7 ab. Die ultrakurzen Wellen kommen also bei genügenden Dekrementen der idealen Übertragung, d. h. dem erreichbaren Höchstmaß an Schärfe der Konturen, schon sehr nahe, und auch für $\lambda = 90$ m ist der Übergang im Vergleich mit Abb. 61 nur wenig verzögert, wogegen bei $\lambda = 300$ m und $d = 0{,}01$ das Einschwingen der Aufhellung sich bereits über unzulässig viele Bildpunktbreiten f verteilt. Demnach wäre unter den Verhältnissen der Kurven Nr. 1 und Nr. 2 eine brauchbare Wiedergabe schneller Wechsel zwischen Schwarz und Weiß, wie sie z. B. in Abb. 63 dargestellt sind, unmöglich, da der Schwingstrom sich im Resonanzkreise des Empfängers innerhalb so kurzer Zeiträume zu wenig ändern würde. Ferner ersieht man aus den Kurven die mit der Wellenlänge und mit der Entdämpfung wachsende Phasenverschiebung des Helligkeitssprunges im Vergleich zum Urbilde, wo er bei Null liegt.

Für den Abschwingvorgang kann auf die umständliche Berechnung des Verlaufes verzichtet werden. Da die Exponentialfunktionen des Anstiegs und des Abfalls sich zueinander stets spiegelbildlich verhalten, ist die Abklingung von H/H_{max} in Abhängigkeit von den sender- und empfängerseitigen Zeitkonstanten leicht vorstellbar. Die Verflauung erstreckt sich auf die gleiche Breite wie beim Aufschaukeln. Ist der Übergang kein extremer, von dunkelstem Schwarz zu hellstem Weiß, erfolgt er vielmehr sprunghaft von einem Zwischenwert auf einen anderen, so bleibt die Ausdehnung der Verwaschungszone trotzdem dieselbe; denn die Kurven der Abb. 80b gelten für jedes beliebige Energieintervall zwischen zwei eingeschwungenen Zuständen, von denen der eine im besonderen Falle die Amplitude Null haben kann.

Stimmt die Trägerfrequenz nicht mit der Resonanzfrequenz des Empfangskreises überein, so ist das Einschwingphänomen grundsätzlich komplizierter. Im Ausgleichsvorgange kann dann nämlich durch Zusammensetzung der aufgedrückten und der abklingenden freien Schwingung eine Schwebung entstehen, die in Abhängigkeit vom anfänglichen Phasenwinkel beider Schwingungen bildlich als mehr oder weniger deutliche „Plastik“ der Ränder in Erscheinung tritt. Liegen die beiden Seitenbänder des modulierten Trägers symmetrisch zur Resonanzkurve des Kreises, so hebt für sie der genannte Effekt sich phasenmäßig auf. Er kann aber störend wahrnehmbar werden, wenn bei weitgehender Entdämpfung des Kreises das eine Seitenband durch die Abstimmung des Empfängers bevorzugt wird. Der Schwingstrom bildet sich in solchen Fällen analog dem Phänomen einer Überspannungswelle aus (Einschaltstoß).

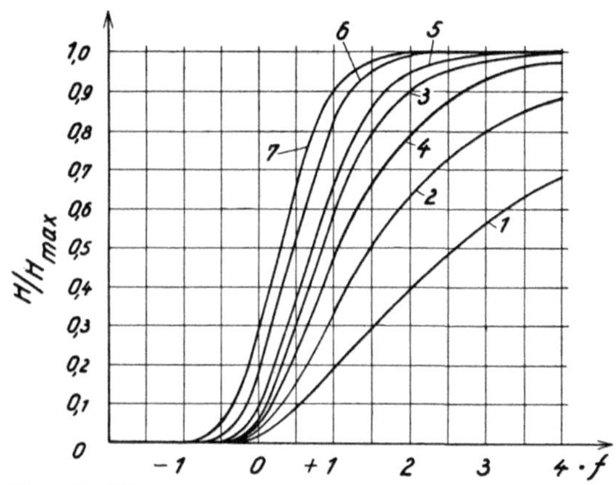

Abb. 80b. Übergangsschärfe im Fernbilde als Funktion von Lichtpunktbreite, Zeitkonstanten der Übertragung und Wellenlänge.

Aigner[1] kommt zu ähnlichen Werten für die notwendigen Trägerfrequenzen. Er berechnet nach einer Formel von Joos und Zenneck[2] die hinter dem Audion resultierenden Aufhellungsunterschiede für die höchste und die niedrigste Modulationsfrequenz als Funktion der Dämpfung des Antennenkreises und erhält daraus nach Einführung eines auf physiologische Erfahrungen gestützten Toleranzwertes die Mindestdekremente sowie die Wellenlängen, die hierbei noch die Ausnutzung der Resonanz gestatten würden. Für den Bildpunktraster $\varrho = 100000$ (!) und $n = 10$ findet Aigner:

$$d \cdot \nu = \frac{20\,\pi}{\sqrt{10}} \cdot 10^5\,\mathrm{s}^{-1} = 2 \cdot 10^6\,\mathrm{s}^{-1}\,.$$

Um ein $d = 0{,}05$ anzuwenden, müßte also $\nu = 40 \cdot 10^6\,\mathrm{s}^{-1}$ sein, entsprechend einer Welle von 7,5 m. Die von Aigner gestellten Anforderungen sind jedoch hinsichtlich des Rasters sehr weitgehend, und seine Berechnungsweise wäre mit

[1] Aigner, F.: ZS. f. Hochfrequenztechn. Bd. 25 (1925) S. 56 f.
[2] Joos u. Zenneck: ZS. f. Hochfrequenztechn. Bd. 22 (1923) S. 93 f.

Rücksicht auf die in Teil 1, B, a abgeleiteten Erkenntnisse über den Einfluß der endlichen Lichtpunktgröße auf die Dämpfung der höheren Frequenzen zu modifizieren.

B. Mehrfachzerlegung, Einfluß des Übertragungsmediums.

Die Breite des für Schnellfernschrift und besonders des für Fernsehen notwendigen Modulationsfrequenzbandes bedingt im drahtlosen Empfang ein erhebliches Anschwellen des Störspiegels, da alle im Durchlässigkeitsbereich des Filters liegenden Störkomponenten zum Lichtrelais gelangen. Auch aus diesem Grunde ist stets ein großer Feldstärkeüberschuß des Senders erforderlich. In Anbetracht des hohen Störspiegels ist vorgeschlagen worden, die Gesamtheit der Bildpunkte auf eine Mehrzahl N von gleichzeitig vorhandenen Trägerwellen aufzuteilen, deren jede demnach mit einem Nmal schmäleren Zeichenfrequenzbande moduliert und durch ein Nmal engeres Filter zu empfangen wäre, entsprechend dem Absinken der Zerlegungsgeschwindigkeit auf v_1/N. Hierin liegt jedoch ein Trugschluß. Für die Übertragungsgüte ist stets das Verhältnis der Signalintensität zur Störintensität maßgebend. Würde man die gesamte Sendeleistung der N Kanäle für einen einzigen, das ungeteilte Frequenzband übermittelnden Kanal aufwenden, so wäre an dem entscheidenden Quotienten nichts geändert.

Begründeteren Anlaß zu einer solchen abschnittweise erfolgenden Zerlegung der Bildfläche gaben seinerzeit die bei einigen 1000 Hz schon merkbare Trägheit der Energiewandler, der Selenzelle und der mechanischen Lichtrelais, sowie die Zeitkonstanten der abgestimmten Kreise. Aus Erwägungen dieser Art vertritt A. Korn die Methode der N simultanen Trägerwellen heute noch. Besondere Vorschläge machten für ihre Durchführung B. Freund (gleichzeitige Zerlegung von N Zeilen in konstanten Abständen k/N), J. L. Baird (Übermittlung beider Bildhälften auf verschiedenen Hilfsmodulationsfrequenzen, s. Kap. II, C)[1], E. F. W. Alexanderson (Übertragung von N benachbarten Lichtpunkten durch N parallel arbeitende Kanäle)[2]. Die hierzu benutzten Optiken (Weillersche Räder, Linsenspiralen) können bei geeigneter Anordnung der N Photo- bezw. Lichtsteuerzellen zur gleichzeitigen räumlichen Bewegung sämtlicher N Strahlenbündel dienen. Es sind also für k Bildzeilen nur mehr k/N Spiegel bezw. Linsen erforderlich. Dieser Umstand ermöglicht beträchtlich größere Aperturen, d. h. die Erfassung stärkerer Lichtströme. Im Falle des Spiegelrades z. B. wächst mit N auch der Vieleckwinkel; bei unveränderten Bildmaßen gelten dann für die Querschnittserweiterung der Blende und für die Flächenvergrößerung der Spiegel die gleichen Bedingungen wie bei den Betrachtungen auf S. 120[3]. Kann jedem der N Abschnitte eine eigene Lichtquelle zugeordnet werden, so vervielfacht sich der Gewinn nochmals mit dem Faktor N. Die Anforderungen eines interferenzfreien und konstanten Betriebes von

[1] Brit. Pat. Nr. 266591 vom 1. IX. 1925.

[2] Brit. Pat. Nr. 279457 und D.R.P. Nr. 510214 vom 19. X. 1926.

[3] Die British Grammophone Co. hat kürzlich ein System mit 5 Kanälen vorgeführt, das empfängerseits Bogenlampe, Spiegelrad und 5teilige Kerr-Zelle benutzt. Man erhält auf diese Weise große und lichtstarke Projektionsbilder mit feinem Raster, die Übertragung wird aber nur auf dem Drahtwege und auf kurze Entfernungen beherrscht, und die Gesamtapparatur ist sehr verwickelt (Radio-Industries, März 1931).

N unabhängigen Telegraphierkanälen hätten jedoch eine solche Komplikation der Anlage zur Folge, daß sie heute weder vom wirtschaftlichen noch vom bedienungstechnischen Standpunkte aus durchführbar erscheint. Hieran würde sich im Prinzip nichts ändern, wenn man anstelle von N getrennten Wellen N verschiedene Zwischenfrequenzen anwenden wollte, die, jede mit der Hell-Dunkel-Verteilung des zugehörigen Bildabschnittes moduliert, einem gemeinsamen Träger aufgedrückt werden. Da die Empfangsstärke hierbei für den einzelnen Kanal mit dem Quadrat der für ihn verfügbaren Teilamplitude der Aussteuerung abfiele, käme man bei den Kurzwellen- und Ultrakurzwellensendern bald zu einem Kilowattbedarf, der das Können der heutigen Technik übersteigt. In bezug auf die insgesamt erforderliche Frequenzbandbreite wird durch den Vorschlag simultaner Übertragung von N Rasterelementen nichts gewonnen. Das beanspruchte Intervall bleibt auch in diesem Falle $\pm \frac{\varrho \cdot n}{2}$; ja, streng genommen, müßten hierbei zugunsten interferenzfreier Demodulation der einzelnen Träger zusätzliche Trennungslücken eingeschoben werden, der Frequenzbedarf würde also nicht unbeträchtlich steigen.

H. E. Ives[1] beschreibt eine Experimentalanordnung, die mit 3 getrennten Kanälen arbeitet. Die Zerleger sind Nipkow-Scheiben mit 108 Löchern, von denen jeweils 3 im Bildfelde liegen. Durch Prismen werden die 3 durchfallenden Abtastlichtströme 3 verschiedenen Photozellen zugeführt bezw. empfangsseitig die von einer 3teiligen wassergekühlten Intensiv-Neonlampe ausgehenden Strahlenkegel den entsprechenden Stellen des okularen Bildes zugeordnet. Die Apparatur ist in dieser Form nur für Filmübertragung geeignet. Sie liefert 13608 Rasterelemente bei 18 Bildern/s. Jeder Kanal umfaßt ein Frequenzband von 40000 Hz. Ives weist auf die Schwierigkeiten genauen Abgleichens der getrennten Übermittlungswege hin.

Die Anordnung war zu dem Zwecke entwickelt worden, um genügend lichtstarke Fernsehbilder von feinem Raster zu erhalten. Der Qualitätseindruck der Übertragung hing stark von der Art des Filmes ab.

Telefunken hat 1930 bei erfolgreichen Fernsehversuchen von Nauen nach Geltow, über etwa 32 km, gezeigt, daß die unverzerrte Modulation einer Wellenlänge von 70 m (4286 kHz) mit 70 kHz ($\pm$ 1,7% der Trägerfrequenz) sowie ein hinreichend selektiver Empfang ihres vollständigen Seitenbandspektrums mittels eines einzigen Abstimmkreises wohl möglich sind. Die ultrakurzen Schwingungen lassen noch 10mal ausgedehntere Frequenzbänder zu. Daher können mit diesen Wellen — unter Voraussetzung sehr starker Sender[2] und störungsfreier Ausbreitung — sowie mit Hilfe der praktisch trägheitslosen Energiewandler, die wir heute in Gestalt der Photozelle, der Kerr-Zelle oder der

---

[1] Ives, H. E.: Bell Syst. Techn. Journ. Bd. 10 (1931) S. 33 f.

[2] Sollte für die Steigerung der Senderleistung eine praktische Grenze bestehen, so wäre die Notwendigkeit weitgehender Rückkopplung des Empfangsaudions gegeben. In diesem Falle könnte die Aufteilung des Bildes auf $N = 2$ Sendekanäle mit Frequenzbändern von halber Breite vielleicht in Betracht gezogen werden. Damit wäre dann auch die w. v. abgeleitete Helligkeitszunahme des Schirmes verbunden, zugleich aber der Nachteil verdoppelter Empfangs- und Verstärkungsmittel und schwieriger Bedienung. Bei langen Wellen ($\lambda = 500$ m bis 1000 m) könnte dieselbe Maßnahme mit den hohen Zeitkonstanten der Schwingungskreise und der Antenne begründet werden, denen zufolge man eine bestimmte Modulationsbandbreite nicht überschreiten dürfte.

Braunschen Röhre besitzen, relativ feine Raster ($\varrho > 10000$) erreicht werden, ohne daß die komplizierte Methode der Übermittlung des Bildes in N gleichzeitig zerlegten Teilabschnitten erforderlich wäre.

Eine Rechtfertigung könnte für diesen Vorschlag nur aus den Mehrfachwegeffekten der Raumstrahlung hergeleitet werden, die im Fernempfang kurzer Wellen des Bereiches von etwa 15 m bis 100 m auftreten (Kap. VIII und IX). Die genannte Erscheinung übt durch Aufeinanderfolgen und Ineinanderfließen einer Reihe von Nachhallamplituden am Ende jedes Bildzeichens stark verbreiternde Wirkungen auf die Wiedergabe dünner Striche bezw. scharfer Ränder aus. Die im Interesse deutlicher Übertragung von Einzelheiten, z. B. schmalen Linien oder kleinen Buchstaben, bestehende Notwendigkeit, die Verdickungszone etwa auf die Breite eines Rasterelementes zu beschränken, begrenzt die heutige Tastgeschwindigkeit der Kurzwellen-Faksimiletelegraphie auf die schon w. v. angegebenen Werte. Um trotzdem innerhalb der für jeden Sender verfügbaren Frequenzbandbreite eine befriedigende Gesamtübertragungsleistung zu erzielen bezw. um der theoretisch möglichen Zahl von Bildpunkten/s nahe zu kommen, erscheint der Weg der Simultanübermittlung von N Abschnitten der Vorlage nach dem Verfahren der Tontelegraphie grundsätzlich gangbar. Jedem Frequenzkanal ist eines der N Zeilenpakete (oder eines von N gleichzeitig ununterteilt abgetasteten Bildern) zugeordnet; es müssen also stets N Zerlegerorgane in Tätigkeit sein. Die Abtastgeschwindigkeit ist dabei so groß zu wählen, wie der Nachhalleffekt es eben zuläßt. Die mindest notwendige Gesamtbandbreite aller Kanäle bleibt dann die gleiche wie bei N fach schnellerer Zerlegung mittels eines einzigen Lichtpunktes; naturgemäß sinkt aber die Signalintensität, bezogen auf eine bestimmte Gesamtleistung des Senders, für jeden einzelnen Kanal im Verhältnis $1/N^2$ herab. Auf Einrichtungen zur Durchführung dieses Verfahrens kommen wir in Kap. XI zurück [1].

Während nun für die kommerzielle transozeanische Fernbildschrift derart verwickelte Anlagen zur Unschädlichmachung des Mehrwegeffektes wirtschaftlich tragbar erscheinen, würden sie für Fernsehen im Sinne eines Rundfunks viel zu kostspielig sein. Gleichwohl wären sie, rein technisch betrachtet, auf einer hochwertigen Telegraphierlinie für überseeische Vermittlung wohl denkbar. Da in dem gegebenen Kurzwellenbereich allein die Raumstrahlung, d. h. die aus der Kennelly-Heaviside-Schicht reflektierte Wellenfront, als Trägerin des Bildsignals in Betracht kommt, kann für eine orientierende Annahme über N mit eindeutig definierten und empirisch bekannten Impulsversetzungen gerechnet werden. Bei Fernsehübertragungen mit einfacher Abtastung zwischen Schenectady (U.S.A.) und Beelitz bei Berlin, Herbst 1930, wurden im Bildfelde Sprünge bis zu 10 mm und ebenso breite Verwaschungen dünner Striche, gelegentlich auch die Überlappung mehrerer gegeneinander verschobener Abbildungen beobachtet [2]. Da mit 12,5 Umdrehungen der Nipkow-Scheiben in 1 s und mit 30 Zeilen von 40 mm Länge gearbeitet wurde, der Lichtspalt sich also in $(^1/_{15}) \cdot 10^{-3}$ s um 1 mm bewegte, betrug die plötzliche Wegänderung des Strahles 200 km,

---

[1] Dtsch. Patentanmeldung T 36295/VIIIa, 21a[1], vom 16. I. 1929, Erf. F. Schröter.

[2] Diese Versuche dienten lediglich zur Erforschung der Ausbreitungsverhältnisse; in bezug auf die Frage der Durchführbarkeit eines transozeanischen Fernsehens wurde von ihnen keine Bejahung erwartet, da mit brauchbarer Bildwiedergabe von vornherein nicht zu rechnen war.

ein Wert, der mit sonstigen Erfahrungen (z. B. im Bildfunk Berlin-Buenos Aires) übereinstimmt. Gegen Verlagerungen und Verdickungen solchen Ausmaßes kann die Methode der Simultanzerlegung mehrerer Bildteile keine Abhilfe bringen, da das entsprechende N selbst bei mäßigen Rasterzahlen zu groß würde. Ließe man etwa unter Beibehaltung vorstehender Betriebsdaten Unschärfen und Einsatzfehler von 0,5 mm zu, so ergäbe dies bereits $N = 20$, d. h. eine unerträgliche Komplikation der technischen Anlage.

Eher erscheinen Verfahren angängig, die, auf den Amplitudenunterschieden des Nachhalls beruhend, mit Hilfe von Begrenzungs- und Sperrschaltungen nur den ersten und in der Regel stärksten Empfangsimpuls registrieren. Für Halbtonwiedergabe kommt dieser Vorschlag nicht in Betracht; hierfür ist, soweit es sich um Fernsehen handelt, auch theoretisch noch keine Abhilfe gegen die Verbreiterung gefunden worden. Bei reinen Schwarz-Weiß-Vorlagen aber hat die angedeutete Maßnahme sich als Mittel gegen Strichverdickung in der Fernbildschrift bereits gut bewährt (vgl. Kap. IX). Nur derjenige zusammenhängende Teil des im Verhältnis zum Originalstrich mehr oder weniger verlängerten Wellenzuges wird zum Lichtrelais zugelassen, der eine gewisse, vom Pegel der jeweiligen Empfangsintensität geregelte Schwelle überschreitet. Ferner erscheint für den gedachten Zweck das Prinzip der Verstimmungstastung in Verbindung mit Sperrwirkungen nicht aussichtslos (vgl. Kap. VIII).

Beim Kurzwellenfernsehen auf geringe Entfernungen stören hauptsächlich die Nahechos (Kap. VIII). Die bereits erwähnten, mit $\lambda = 70$ m durchgeführten Versuche zwischen Nauen und Geltow haben jedoch erwiesen, daß die Übertragung durch weitgehende Verhinderung der Abstrahlung unter größeren Elevationswinkeln sowie durch passend bündelnde, nach oben hin genügend abschirmende Empfangsantennen im wesentlichen auf die Oberflächenwelle beschränkt werden kann, die von reflektierten Zeichen frei ist. Da indessen die kurze Oberflächenwelle mit wachsendem Abstande vom Sender rasch abklingt, würde man auch für kleine Radien des zu versorgenden Umkreises sehr beträchtliche Leistungen benötigen. Für λ besteht ein Optimum, da mit dem Zunehmen der Wellenlänge zwar die Ausbreitungsdämpfung sinkt, die Bündelung der Strahlung aber durch die vergrößerten Dimensionen der schwingenden Luftleiter erschwert wird.

Nachechos mit etwa $(^1/_{15}) \cdot 10^{-2}$ s Nacheilung und gelegentlicher Wiederholung im Abstande von $\sim 10^{-4}$ s sind auch bei $\lambda = 530$ m beobachtet worden. G. Goubau und J. Zenneck haben sie mit Hilfe der Braunschen Röhre als stehende Bilder sehr genau registriert[1]. Die Entfernung vom Sender betrug zwischen 3 km und 126 km, die Dauer der ausgestrahlten Impulse 10^{-4} s. Die Amplituden der empfangenen Echos waren im Vergleich mit dem direkten Zeichen erheblich (etwa $^2/_3$). Demnach wären auch beim Fernsehen auf solchen längeren Wellen, für welche eine passende Bündelung nicht mehr durchführbar ist, Störungen zu erwarten.

Als Abhilfe gegen Schwunderscheinungen stehen erprobte Mittel zur Verfügung, wie sie im überseeischen Kurzwellenbildfunk bereits in Gebrauch sind (vgl. Kap. IX). Da das Auge im Gegensatz zum Ohr geringe Intensitätsschwankungen sehr deutlich wahrnimmt — bei Bildphotogrammen werden Dämpfungs-

---

[1] Goubau, G. u. J. Zenneck: Phys. ZS. Bd. 31 (1930) S. 333—334; ZS. f. Hochfrequenztechn. Bd. 37 (1931) S. 207—218.

unterschiede von 0,1 Neper bereits als störend empfunden — so ist ein hochwertiger Fernsehempfänger ohne eine derartige Vorkehrung zum Fadingausgleich undenkbar, außer im Falle der konstanten direkten Zustrahlung ultrakurzer, echofreier Wellen. Im darüberliegenden Bereich gewöhnlicher Kurzwellen erscheint die automatische Verstärkungsregelung auch in der Nähe des Senders geboten mit Rücksicht auf die zur Oberflächenstrahlung in wechselnder Phase hinzukommenden Reflexionen aus dem Raume, deren Beitrag zur Steueramplitude durch die w. o. genannten Abschirmungsmaßnahmen zwar beträchtlich, aber doch nicht genügend vermindert werden kann.

Die Zerlegung in N gleichzeitig abgetastete bezw. aufgebaute Zeilen ist im Hinblick auf die Trägheit und Frequenzabhängigkeit der Wandlerorgane auch in der Weise modifiziert worden, daß sie lediglich zur örtlichen Leistungssteigerung dient, im Übertragungswege dagegen sämtliche Bildpunkte zeitlich hintereinander geschaltet sind. Dieses Prinzip wurde bereits von O. von Bronk angegeben, später von J. L. Baird[1] weiter verfolgt. So sollen z. B. die von den N-Zeilen gelieferten photoelektrischen Stromschwankungen, also N gleichzeitige Ereignisse, nach dem Poulsen-Verfahren auf N parallel laufenden Stahldrähten magnetisch gespeichert und von diesen zur Tastung des Senders in Reihe abgegriffen werden. Die Folge der beim Empfänger eintreffenden Impulse kann wiederum unter sinngemäßer Umkehrung der Methode in N Abschnitte aufgeteilt werden, die für den simultanen Zeilenaufbau N Lichtrelais phasenrichtig steuern. Grundsätzlich könnte eine solche, keineswegs einfache Einrichtung bei sehr hohen Rasterzahlen zu besseren photoelektrischen Wirkungsgraden der Abtastung bezw. zu gesteigerter Helligkeit im Fernbilde führen. Einstweilen fehlt dazu jedoch ein brauchbarer Speicher. Die Eisenverluste werden im Stahldraht bei den immer noch recht hohen Frequenzen selbst für die leistungsfähigsten Verstärker zu groß. Das beschriebene Verfahren dürfte daher auf längere Sicht weder für das Senden noch für das Empfangen praktische Bedeutung gewinnen.

3. Das Frequenzbandproblem bei punktweise erfolgender Zerlegung.

A. Die Möglichkeiten der Verringerung des Frequenzbandes bei den klassischen Verfahren.

Der Raummangel im Intervall der ausnutzbaren drahtlosen Trägerwellen und die begrenzte Frequenzdurchlässigkeit von Leitungen, insbesondere längeren Kabelstrecken, lassen die Schwierigkeiten und die Bedeutung der Frequenzbandfrage ohne weiteres erkennen. In welcher Mindestbreite das bei der Abtastung erzeugte elektrische Schwingungsspektrum unter Beachtung der Abbildungsgesetze des optischen Zerlegers übertragen werden muß, haben wir in Teil 1 und 2 klargestellt[2]. Es fragt sich nun, ob dieses Minimum von $\frac{\varrho \cdot n}{2}$ Hz durch besondere Verfahren weiter vermindert werden kann, ohne das Fernbild

[1] Dtsch. Patentanmeldung B 135548 VIII/21a vom 26. I. 1927.

[2] Man erinnere sich der in Teil 2 berührten Einseitenbandmethode, deren etwaige künftige Möglichkeiten jedem der im folgenden erörterten Vorschläge zugute kommen.

hinsichtlich Rasterung und Flimmern zu beeinträchtigen. Man kann hierbei an folgende Wege denken:

1. Verzicht auf Bilder mit scharfen Konturen, d. h. Beschränkung auf „weiche" Zeichnung (Porträts oder dergleichen). Die in Teil 1 abgeleiteten wesentlichen Höchstfrequenzen der Modulation entstehen mit größeren Amplituden nur bei schroffen Helligkeitsübergängen. Ist deren Wiedergabe nicht vonnöten, also eine gewisse Unschärfe — etwa aus künstlerischen Gründen — statthaft, so kann man das Übertragungsband unterhalb der Grundfrequenz $v/2f$ des Rasters abschneiden. Orientierende Untersuchungen über die Periodenverteilung im Abtastspektrum von Filmbildern hat F. Kirschstein im Reichspostzentralamt durchgeführt[1]. Die Aussiebung der wegzulassenden Schwingungen kann durch elektrische Wellenfilter erfolgen. Als solche wirken oft schon die Steuerkabel zwischen dem Fernsehgeber und dem Hochfrequenzsender durch den Verlauf ihrer Dämpfungscharakteristik. Vorteilhafter erscheint es jedoch, das Auftreten der den starken Helligkeitssprüngen entsprechenden Frequenzen durch Anwendung größerer Spaltöffnungen oder Lichtflecke in den Abtastern von vornherein zu verhindern, weil auf diese Weise zugleich ein wertvoller Lichtgewinn für die Photozelle erzielt wird (vgl. Abb. 79). Im ganzen hat das vorstehende Verfahren freilich nur beschränkte Bedeutung.

2. Herabsetzung der Bildzahl/s durch Nachleuchteffekte. Der Vorschlag, eine phosphoreszierende Bildfläche zur flimmerfreien Herabsetzung von n anzuwenden, wurde schon bei der Braunschen Röhre (Kap. II, L) erwähnt. Luftbeständige Phosphore, die sich durch Lichtwellen, insbesondere Blau und Violett, anregen lassen, würden die Ausnutzung dieses Kunstgriffes auch auf einem gewöhnlichen, nicht im Vakuum befindlichen Schirme ermöglichen[2]. Der Bildpunktverteiler bleibt dann im Prinzip unverändert (Nipkow-Scheibe, Weillersches Spiegelrad usw.); soll jedoch vorhandene Ultraviolettemission mitverwertet werden, so darf der gesamte Strahlenweg nur solche Medien enthalten, die diese Wellen nicht wesentlich absorbieren (Quarzgefäße, Quarzoptik, Chrommanganspiegel, Magnaliumspiegel). Zur Auslösung der Phosphoreszenz sind trägheitslos modulierbare, stark aktinische Intensivlichtquellen, z. B. Metalldampfbögen oder kräftige Glimmbögen mit kleinem Querschnitt in Stickstoff, Quecksilberdampf, Zirkonchloriddampf usw. geeignet, während als Schirmsubstanzen Zinksilikat, Zinksulfid oder Borsäureluminophore in Frage kommen. Bei Sulfidphosphoren kann die richtige Abklingdauer von der Größenordnung $1/n$ s durch die Art und Konzentration der im Kristallgitter eingeschlossenen Schwermetallatome erreicht werden, bei Borsäureluminophoren wird sie durch organische Zusätze dosiert, die Helligkeit und Farbe des Leuchtens gleichfalls stark beeinflussen. Zu beachten ist, daß die spektrale Erregungsverteilung und der zeitliche Intensitätsabfall bei Kathodenstrahlen und bei kurzwelligem Licht durchaus nicht identisch sind[3].

Die quantitative Seite der Ausnutzung von Phosphoreszenz zur Herabsetzung der Bildzahl/s ist angesichts der Mitwirkung von psychologischen und physio-

[1] Kirschstein, F.: Ferns. Bd. 1 (1930) S. 76—83.

[2] Vgl. D.R.P. Nr. 441275 vom 6. I. 1925, Erf. A. Brunn.

[3] Zusammenfassende Literatur über Phosphoreszenzerscheinungen: Pringsheim, P., Fluoreszenz und Phosphoreszenz im Lichte der neueren Atomtheorie, II. Aufl. Berlin: Julius Springer 1923.

logischen Momenten schwer erfaßbar. Der schlechthin als ,,Flimmern" bezeichnete Eindruck hat beim Fernsehen zwei verschiedene Komponenten, die hier 1. als ,,Zerlegungsflimmern" und 2. als ,,Verschmelzungsflimmern" bezeichnet werden sollen. Die erstgenannte Erscheinung ist die Folge der Zeilen-Bildsynthese. Bei ungenügenden Werten von n empfindet unser Auge ein deutliches Abklingen der Helligkeit innerhalb $\frac{1}{n}$ s; es sieht die Grenze zwischen der hellsten und der dunkelsten Zeile mit der Periode n in der Richtung der Querzerlegung wandern (,,Flackereffekt") und folgt ihr unwillkürlich. Ferner flimmert jedes Rasterelement in sich, weil die Frequenz der auftreffenden Lichtimpulse zu gering und infolgedessen die Verschmelzung unvollständig ist. Abb. 81 gibt eine ungefähre qualitative Vorstellung der einschlägigen Verhältnisse, ohne Anspruch auf exakte Darstellung zu erheben. Bei der normalen Zerlegung empfängt das betrachtete Rasterelement die kurzen Lichtblitze 1, 2, 3 usw. von $\frac{1}{\varrho \cdot n}$ s Dauer mit der Periode $1/n$ s. Die ideale physiologische Verwertung dieser stoßartigen Aufhellungen wird durch die Mittelwertlinie a dargestellt, die eine vollständig flimmerfreie Beleuchtung des Bildpunktes mit der Stärke h_m bedeuten würde. Die zwischen der Abszissenachse und a eingeschlossene Fläche hat pro Periode den Inhalt $h_m \cdot 1/n$. Nach dem Talbotschen Gesetz ist $h_m \cdot 1/n = h \cdot 1/\varrho\, n$, woraus die empirisch bestätigte Verdünnung der Leuchtdichte des Lichtflecks mit dem Faktor $1/\varrho$ hervorginge. Der wirkliche zeitliche Verlauf der Sinnesempfindung entspricht nun keineswegs h_m, sondern etwa der Kurve b in Abb. 81 [1], und das Flimmern hängt vermutlich mit dem Kontrast der Empfindungsgrößen vor und nach der Neubelichtung des Rasterelementes zusammen. Die schraffierte Fläche beträgt pro Periode $h/\varrho\, n$.

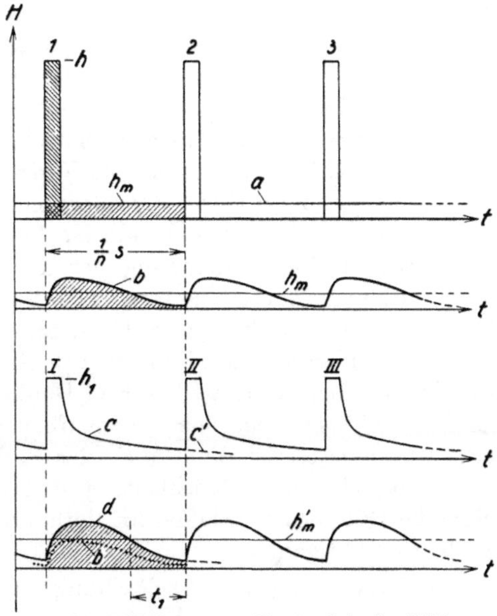

Abb. 81. Hilfsfigur zum Verständnis der Wirkung nachleuchtender Schirmsubstanzen.

Für diese Erscheinungen ist nun das Sektorverhältnis a (Hellzeit : Dunkelzeit) maßgebend. Wie wir auf S. 28 sahen, nimmt die Verschmelzungsfrequenz m oberhalb und unterhalb von $a = 1$ ab. Indessen sind sehr hohe Werte von a günstiger, als die extrem niedrigen des gewöhnlichen Fernsehens, da die Bedingungen sich im ersten Falle denjenigen einer kontinuierlichen Beleuchtung nähern. Die flimmervermindernde Wirkung, die Zworykin bei einer Braunschen Röhre mit Zinksilikatschirm beobachtete, könnte demnach durch Verschiebung des Sektorverhältnisses von Werten $\ll 1$ zu solchen $\gg 1$ erklärt werden; sie

---

[1] Vgl. König, A.: Physiologische Optik; im Handbuch der Experimentalphysik (Wien-Harms), Bd. 20, I, S. 88—89.

wäre dann aber nur bei Phosphoren zu erwarten, die so langsam abklingen, daß der größere Teil von $1/n$ s mit Licht von merklicher Intensität erfüllt ist[1]. In der Kurve c der Abb. 81 ist dieser Fall angenommen. Der Kurvenzug setzt sich zusammen aus zwei Vorgängen: 1. aus der Fluoreszenz des Phosphors unter dem Einfluß der erregenden Bestrahlung („Momentanprozeß"), d. h. aus Blitzen I, II, III ... von $\frac{1}{\varrho \cdot n}$ s; 2. aus dem „Dauerprozeß", dem Nachleuchten, dessen Stärke nach Aufhören der Erregung in einer Summe von Exponentialfunktionen abfällt. Im Falle der Auslösung durch ein bewegtes Lichtbündel addieren die Blitze 1, 2, 3 ... und I, II, III .... sich fast quantitativ zur Momentanintensität $\sim (h + h_1)$, weil der Summand h durch den absorbierenden Phosphor nur seiner kurzwelligen, photometrisch kaum mitzählenden Anteile beraubt wird. Man hat also einen Endeffekt zu erwarten, der aus der Superposition der Kurve c über 1, 2, 3 ... resultiert, und entsprechend wächst auch der Mittelwert der nach dem Talbotschen Gesetz zu berechnenden Helligkeit von h_m auf h_m'. Der tatsächliche Verlauf des psychisch Empfundenen dürfte dann etwa durch die Kurve d wiedergegeben werden, die zum Ausdruck bringen soll, wie das real fortbestehende Nachleuchten des betrachteten Punktes der verblassenden Nachempfindung der kurzen Lichtblitze entgegenwirkt. Ohne die Bedeutung anderer Faktoren zu leugnen, könnte man also folgern, daß der Dauerreiz der Phosphoreszenz durch Erhöhung der mittleren Helligkeitsempfindung in dem kritischen Zeitintervall t_1 einem Sektorverhältnis $a \gg 1$ äquivalent ist. Da nun der Kontrast der Hell-Dunkel-Grenze und das Verhältnis Dunkelfläche : Hellfläche bei dem Zeilenaufbau des Bildes gemäß der Kurve c ebenfalls vermindert sind, muß auch das Zerlegungsflimmern abnehmen. Infolgedessen besteht die Möglichkeit, n und demnach $\nu_m = \varrho \cdot n/2$ herabzusetzen, ohne die Güte des Fernbildes im Verhältnis zu derjenigen ohne Phosphoreszenz zu beeinträchtigen.

Die Verwertung der „Auslöschung" wurde schon bei der Braunschen Röhre erwähnt. Ein innerhalb $\frac{1}{n}$ s nur wenig abklingender Phosphor werde $\frac{1}{2n}$ s nach der Erregung jedes Rasterelementes durch ein mit entsprechender Phasenverschiebung nacheilendes infrarotes Strahlenfeld ausgeleuchtet, d. h. die noch vorhandene Lichtsumme unter gesteigerter Helligkeit beschleunigt emittiert[2]. Die Wirkung muß dann einer Verdoppelung der Bildzahl/s entsprechen, sofern die Substanz eine für diesen Effekt genügende Energiemenge zu speichern vermag. Demgemäß könnte n wiederum erniedrigt werden, möglicherweise auf < 16, vorausgesetzt, daß keine zu raschen Bewegungen übertragen werden sollen. Die Folge der verringerten Zahl von senderseitigen Abtastungen in 1 s wäre eine proportionale Verschmälerung des elektrischen Frequenzbandes. Da es weder auf die Schärfe des Infrarotflecks noch auf genaue Phasenlage desselben zum Erregerlichtpunkt ankommt, dürfte die Durchführung dieses Vorschlages ohne besondere Komplikation des Gerätes möglich sein. Beim Weillerschen Rade z. B. wäre auf die Achse ein zweiter Kranz von billigen Reflektoren aufzusetzen, die keiner subtilen Einstellung bedürfen; ihre Sprungstelle ist gegen

[1] Bei zu rasch abklingenden Phosphoren würde das resultierende a in die ungünstige Größenordnung 1 fallen können.

[2] Vgl. D.R.P. Nr. 364387 vom 12. V. 1921, Erf. F. Schröter.

diejenige des zur Bildpunktverteilung dienenden Spiegelkranzes um 180° verdreht. Da man aber auch ganze Zeilen mit einem Male löschen dürfte, würde wohl eine noch einfachere Lösung zu finden sein, z. B. ein mitrotierendes, als Schraubenspiegel wirkendes Metallblech, welches einen Infrarotstreifen von der Länge l mit einer Nacheilung von $k/2$ Zeilen in Richtung der Querzerlegung über das Bild zu bewegen gestattet. Durch Variation der Intensität und der Breite, d. h. der Einwirkungsdauer, des auslöschenden Wärmestrahlenbündels kann dann der zeitliche Verlauf des superponierten Nachleuchtens weitgehend beeinflußt werden.

3. Ausnutzung der Augenträgheit bei springender Zerlegung. Im Hinblick auf die Persistenz des Netzhauteindruckes ist bisweilen vorgeschlagen worden, abwechselnd nur die Zeilen gerader oder ungerader Ordnung auszuwerten, z. B. bei der 1. Übertragung 1, 3, 5 . . ., bei der 2. Übertragung 2, 4, 6 . . ., bei der 3. Übertragung wiederum 1, 3, 5 . . . usw. Auch andere Arten alternierender Zerlegung wären denkbar. In jedem Falle soll der Lichtimpuls im Auge so lange nachwirken, daß die zeitlich aufeinanderfolgenden, um eine Zeilenbreite gegeneinander verschobenen Raster sich zum lückenlosen Gesamtbilde ergänzen können. Die in $1/n$ s photoelektrisch abgetastete Strecke bezw. Bildpunktzahl sänke dann auf den halben Betrag, also auch das entstehende Frequenzband. Die Erfahrung lehrt aber, daß die Lichtempfindung zu rasch abklingt; so etwa, wie dies die Kurve b in Abb. 81 veranschaulicht. Das dadurch bedingte Hin- und Herspringen des Eindruckes größerer Helligkeit, dem das Auge folgen will, zwischen je zwei Nachbarzeilen ruft die äußerst störende Illusion einer Zitterbewegung hervor. Diese wird bei weiter gewählten Abtastintervallen zwar langsamer, aber nicht erträglicher. Ebenso versagt jedes andere diskontinuierliche Zeilenschema (gekreuzte oder gegenläufige Raster); auch bei Zeilenüberlappung, die obendrein stets die Bildschärfe vermindert.

Hier könnten aber vielleicht die unter Ziffer 2 erörterten Möglichkeiten durch Ausnutzung der richtig dosierten Phosphoreszenz Abhilfe bringen.

4. Variation der Lichtpunktgeschwindigkeit. Die im Kap. II, I erwähnten Vorschläge von Blackwell und von A. von Codelli, die von A. Nicolson herrührende Spiralzerlegung zur feineren Rasterung im Bildzentrum anzuwenden, knüpfen an die Eigentümlichkeiten des Auges an. Die Dichte der Zapfen und Stäbchen und mit ihr die Sehschärfe ist bekanntlich im „gelben Fleck“ der Netzhaut, auf den der angeblickte Gegenstand abgebildet wird, am größten. Analog hierzu soll die Auflösung nach dem Inneren der Spirale hin zunehmen und der jeweils interessierende Teil des abzutastenden Bildes in die Mitte gerückt werden. Bei der Ausführung dieses Prinzips bleibt die Winkelgeschwindigkeit des Lichtflecks konstant, während seine Laufgeschwindigkeit, seine Größe und sein Radialabstand nach bestimmten Gesetzen variiert werden, und zwar so, daß die Rasterung im Blickzentrum ohne erhöhte Frequenzbandbreite lediglich auf Kosten der gröberen Zerlegung der peripheren Bildteile dichter wird. Grundsätzlich können die betr. Daten sogar so gewählt werden, daß das zu übertragende Schwingungsspektrum an Ausdehnung abnimmt.

Um eine quantitative Vorstellung von diesen Möglichkeiten zu gewinnen, denken wir uns die Spiralen durch Kreise von stetig wachsendem Radius R_{ind} ersetzt, und zwar seien:

$$R_1 = a$$
$$R_2 = 2a + d$$
$$R_3 = 3a + 3d$$
$$R_4 = 4a + 6d$$
$$\cdot\ \cdot\ \cdot\ \cdot\ \cdot\ \cdot\ \cdot$$
$$R_k = ka + \frac{k \cdot (k-1)}{2} d,$$

wo a und d konstante Größen sind und k die Anzahl der Kreise bezw. Spiralen bezeichnet. d ist der Zuwachs der Radiendifferenzen. Die Winkelgeschwindigkeit des Lichtflecks ist, unter Vernachlässigung des Rückkehrintervalls zwischen Endpunkt und Anfangspunkt der Spiralbahn, bei n Bildern/s gegeben durch:

$$\omega = 2\pi \cdot k \cdot n; \tag{1}$$

daher die Fortbewegungsgeschwindigkeit auf dem x-ten Kreise, von innen aus gerechnet:

$$v_x = 2\pi \cdot k \cdot n \cdot R_x. \tag{2}$$

Mit Rücksicht auf die notwendige Homogenität der Leuchtdichte im Bildfelde muß die variable Weite f des Lichtflecks in der Laufrichtung dem Radius proportional sein:

$$f_x = b \cdot R_x. \tag{3}$$

Die Grundfrequenz des Rasters und zugleich die höchste zu übertragende Frequenz, die bei der normalen Abtastweise $\nu_m = v/2f$ beträgt, wird dann, unabhängig von der Ordnungszahl des Kreises:

$$\nu_m = \frac{\pi k n}{b}. \tag{4}$$

Um nun eine Aussage über b zu erhalten, nehmen wir an, das veränderliche Rasterelement sei auf dem x-ten Kreise gegeben durch die Beziehung:

Quadrat der Zeilenzahl $\times$ Größe des Rasterelementes $=$ Bildfeld.

Diese Festlegung entspricht der für eine quadratische, in k' geradlinige Zeilen zerlegte Fläche geltenden Gleichung:

$$k'^2 \cdot f^2 = P^2, \tag{5}$$

wenn $k' = 2k$ gesetzt wird (jede Spirale erzeugt auf einem Durchmesser des kreisförmigen Bildes 2 Rasterpunkte!). Der Querschnitt des Lichtflecks kann auf dem x-ten Kreise angenähert werden durch:

$$f_x \cdot g_x = b \cdot R_x \cdot \frac{R_{(x+1)} - R_{(x-1)}}{2}, \tag{6}$$

wobei g_x die Abmessung senkrecht zur Weite $f_x = b \cdot R_x$ bezeichnet. Führen wir für die Radien ihre durch die Indizes bestimmten Werte ein, so wird

$$f_x \cdot g_x = b \cdot R_x \cdot \left[\frac{R_x}{x} + \frac{x \cdot d}{2}\right]. \tag{7}$$

Das Bildfeld ist πR_k^2; also gilt für die Vergleichung der Rasterung

$$4k^2 \cdot f_x \cdot g_x = \pi R_k^2 = 4k^2 \cdot b \cdot R_x \cdot \left[\frac{R_x}{x} + \frac{x \cdot d}{2}\right] \tag{8}$$

und hiernach

$$\nu_m = \frac{\pi k n}{b} = \frac{4k^3 \cdot n \cdot R_x \cdot \left[\frac{R_x}{x} + \frac{x \cdot d}{2}\right]}{R_k^2}. \tag{9}$$

Wir nehmen an: $k = 25$, $n = 20$, $a = 0{,}3$ mm, $d = 0{,}15$ mm. Dann ist $R_k = 52{,}5$ mm. Die Vergleichbarkeit der Rasterung sei auf dem 15. Kreise erreicht, d. h. $x = 15$, $R_x = 20{,}25$ mm und

$$R_x \cdot \left[\frac{R_x}{x} + \frac{x \cdot d}{2}\right] = 50{,}12\ \text{mm}^2 .$$

Damit finden wir schließlich:

$$\nu_m \sim 22\,700\ \text{Hz} ,$$

während für das in gewöhnlicher Weise zerlegte quadratische Bild $k' = 50$, also $\varrho = k'^2$ und

$$\nu_m = \frac{\varrho \cdot n}{2} = 25000\ \text{Hz}$$

betragen würde.

Die Ersparnis an Frequenzbandbreite würde demnach unter den gewählten Verhältnissen sehr gering sein, zumal wenn man bedenkt, daß der Zeitbedarf für die Rückkehr des Lichtflecks zum Ausgangspunkt unberücksichtigt geblieben ist, die Spiralen daher in Wirklichkeit etwas schneller durchlaufen werden müßten, um die angenommene Zahl von Übertragungen/s zu erhalten. Man kann aber natürlich die Radien der Ersatzkreise nach anderen Gesetzen wachsen, insbesondere die äußersten Bahnen sich rascher erweitern lassen und so größere Vorteile in bezug auf den Frequenzbedarf erzielen. Der Gewinn an Rasterfeinheit ist nach der Bildmitte zu außerordentlich hoch. Bei dem durchgerechneten Beispiel ist das Rasterelement auf dem 15. Kreise $\pi R_k^2/2500 = 3{,}465$ mm². Auf dem 1. (innersten) Kreise beträgt es nur $\sim 0{,}0078$ mm², auf dem 2. Kreise $\sim 0{,}0272$ mm², auf dem 3. Kreise $\sim 0{,}0630$ mm² usw. In dieser Beziehung wäre also die Spiralzerlegung sehr leistungsfähig, falls sie sich optisch fehlerfrei durchführen ließe.

B. Liniensteuerung.

Bei dem vorstehend analysierten Verfahren, das mit normaler Intensitätssteuerung des umlaufenden Lichtpunktes arbeitet, fällt die Bahngeschwindigkeit dx/dt desselben nach innen zu längs jeder Spiralwindung stetig um eine kleine Größe ab, unabhängig von der auf dieser Bahn im Urbilde vorgefundenen Helligkeitsverteilung. Im Gegensatz hierzu beruht eine neue, von R. Thun erfundene Bewegungssteuerung des bilderzeugenden Strahles auf der Möglichkeit, dx/dt von Punkt zu Punkt als Funktion der abgetasteten örtlichen Lichtintensität trägheitslos zu variieren. Die grundsätzliche Bedeutung dieses Vorschlages soll hier, soweit der Raum es zuläßt, gewürdigt werden; experimentelle Erfahrungen bleiben abzuwarten [1].

[1] Vorschläge zur Verwirklichung des Gedankens wurden unabhängig von tastenden Vorversuchen des Erfinders von E. Hudec gemacht [Ferns. Bd. 2 (1931) S. 22—27]. Neuerdings hat Thun verhältnismäßig einfache Sende- und Empfangsschaltungen entworfen, die bis zum Erscheinen dieses Buches voraussichtlich schon erprobt sein werden [Ferns. Bd. 2 (1931) S. 161—167]. Eine teilweise durchgeführte Lösung hat M. v. Ardenne Ende 1931 demonstriert; sie erweist bereits die weitgehende Vereinfachung des Empfängers hinsichtlich Aufbau und Bedienung, verglichen mit dem heutigen Verfahren der Helligkeitssteuerung. Die in Kap. II auf S. 74 erwähnte Vorwegnahme der Liniensteuerung durch B. Rosing beschränkt sich auf den Empfänger, wogegen beim Sender noch an die Abtastung mit konstanter Geschwindigkeit gedacht war. Es wäre demnach eine Umformung

Das Wesen der Thunschen Liniensteuerung[1] wurde bereits in Kap. II, L, angedeutet. Sie beruht auf gewissen Erfahrungen der Kinematographie, die indessen keinesfalls als Axiome zu betrachten sind, nämlich:

1. Der Dunkelgehalt des Bildes ist erheblich, gewöhnlich sogar überwiegend;
2. An den dunklen Stellen ist die Modulation dH/dx (H Helligkeit, x Zeilenkoordinate) meist gering und für die Wiedergabe von minderer Bedeutung;
3. Die Wirkung und die Schärfe des Bildes beruhen auf guter Abstufung der Tönung in den lichten Teilen (dH/dx groß).

Hiervon ausgehend, ersetzte Thun die bisherige Abtastung mit konstanter Geschwindigkeit, die für jede Flächeneinheit ohne Rücksicht auf Differenzierung und Schwärzungsgrad die gleiche Zeit beansprucht, durch eine bei Sender und Empfänger konphase Bewegung von Lichtpunkten konstanter Intensität und variabler Schnelligkeit (v). Die Zerlegung erfolgt auch hierbei in parallelen, gleichsinnig durchlaufenen, aneinanderschließenden Zeilen. Der bei der Wiedergabe im Auge entstehende momentane Lichtreiz ist dann proportional $1/v$, und für zwei verschiedene Werte der nach dem Talbotschen Gesetz resultierenden Helligkeit, H_1, H_2, gilt:

$$H_1/H_2 = v_2/v_1 .$$

Die Bildzeilen werden demnach um so rascher zurückgelegt, je tiefer und lückenloser die Schwärzung ist. Das bedeutet Zeitgewinn für die Zerlegung an den lichten Stellen, wo es nach Thun auf Feinheit der Rasterung besonders ankommt. Theoretisch ist damit also ein Weg eröffnet, für die gegebene Zahl der den wesentlichen Bildinhalt erzeugenden Aufhellungsperioden einen größeren Bruchteil der Übertragungsdauer aufzuwenden, als diesen Punktgruppen nach ihrem Verhältnis zur Gesamtfläche bei konstanter Abtastgeschwindigkeit zukäme; und es erscheint daher möglich, das benötigte elektrische Frequenzband schmaler zu machen bezw. bei unverändertem Frequenzbande eine bessere Detaillierung der optisch wichtigen Gebiete zu erhalten.

Ein geeignetes Verhältnis der größten zur kleinsten Lichtpunktgeschwindigkeit v_1/v_2 wäre z. B. 20, also $H_1/H_2 = H_{\min}/H_{\max} = {}^1/_{20}$. Die Zerlegung einer homogen leuchtenden Fläche erfordert hiernach bei größter Helligkeit (Weiß) die 20fache Dauer t_2 wie im Falle kleinster Helligkeit (Schwarz) t_1. Mit Rücksicht auf den Flimmereffekt ist nun die Bildfolge an gewisse Bereiche gebunden; z. B. $\frac{1}{t_2} = 2{,}5/\text{s}$, $\frac{1}{t_1} = 50/\text{s}$. Bei normaler Hell-Dunkel-Mischung ergeben sich dann physiologisch günstige Wiederholungszahlen. Jedoch treten bei allzu gleichmäßiger Intensität des Feldes Schwierigkeiten auf, sobald man die resultierende Lichtstärke nach dem Gesetz von Talbot als Integral über die Nachwirkungsdauer des Netzhauteindruckes berechnet. Nach Annahme entspräche $n = 10/\text{s}$ dem Betrage $\frac{1}{4} \cdot H_{\max}$, $n = 50/\text{s}$ dem Betrage $\frac{1}{20} \cdot H_{\max}$. Da im letzteren Falle innerhalb der Visionspersistenz von ${}^1/_{10}$ s insgesamt 5 Aufhellungen erfolgen,

des empfangenen Stromes unter Zwischenschaltung eines Speichers erforderlich gewesen. Eine solche Anordnung hätte naturgemäß nur mit konstanter Zeilendauer arbeiten können. Dadurch wären die Vorteile entfallen, die sich hinsichtlich Frequenzbandbreite und Ausnutzung der Leuchtdichte des Schreiblichtpunktes ergeben, wenn man nach Thun die Variation der Abtastgeschwindigkeit auf dem Wege der Selbststeuerung schon beim Zerlegerorgan des Senders einführt und dasjenige des Empfängers hierzu parallel schaltet.

[1] Ferns. Bd. 1 (1930) S. 267—273.

die sich zu $\frac{5}{20} \cdot H_{\max} = \frac{1}{4} \cdot H_{\max}$ summieren, würde die Intensitätsänderung des Bildschirmes im Gegensatz zum Original, wo der Unterschied Hellfeld : Dunkelfeld 5 : 1 beträgt, verschwinden. Man kommt diesem Beispiel für die eintretende Kontrastnivellierung in der Praxis ziemlich nahe, wenn das steuernde Negativ aus wenigen Punkten oder Strichen auf homogen durchlässigem Hintergrunde besteht (etwa kurze Filmtitel). Die einschränkende Voraussetzung für die Verwirklichung der Liniensteuerung ist offenbar eine gewisse Dichte der Helligkeitsmodulation, die beide Extremfälle v_1 und v_2 und die angrenzenden Geschwindigkeitswerte für längere Zeiten ausschließt.

Die experimentelle Durchführung des Thunschen Gedankens erfordert beim Geber eine Art von Selbststeuerung der Abtastgeschwindigkeit. Zur besseren Vorstellung ihrer Wirkung werde als Sendeklischee ein Filmnegativ angenommen, dessen positives Abbild im Empfänger erscheinen soll. Läuft der Lichtpunkt von einer Zone geringerer Durchlässigkeit (I) des Films auf eine solche höherer Durchlässigkeit (II), so wächst die Belichtung der Photozelle. Der zunehmende Photostrom wirkt nun beschleunigend auf das Steuerorgan für die Zeilenverschiebung des Lichtpunktes ein, bis die vergrößerte Beleuchtungsstärke der Zelle wieder stationär geworden ist. Ein synchron mitbewegter Empfängerlichtpunkt erzeugt dann in der Phase der langsameren Bewegung (I) größere Helligkeit, in der Phase der rascheren Bewegung (II) geringere Helligkeit, also das gewünschte Positiv. Zur Änderung der Abtastgeschwindigkeit könnte z. B. ein Oszillographenspiegel dienen, über den eine punktförmige Lichtquelle auf den Film abgebildet wird. Der periodischen Bewegung der Schleife, deren Grundfrequenz durch eine Kippschaltung bestimmt ist, wird die positive oder negative Beschleunigung vom Photostromverstärker aufgedrückt. Besondere Bedeutung als Mittel zur sprunghaften Geschwindigkeitsvariation des abtastenden oder abbildenden Lichtflecks hat die Braunsche Röhre, deren Elektronenstrahl plötzlichen Änderungen des Ablenkfeldes ohne Trägheit folgt. Sie gestattet allerdings bisher nur die Abtastung von Filmen im Durchleuchtungsverfahren.

Einige prinzipielle Unterschiede dieses Systems gegenüber dem Verfahren der Abtastung mit gleichbleibender Geschwindigkeit (v_1) sollen noch erörtert werden. Wir hatten in Teil 1 dieses Kapitels gefunden, daß bei konstantem v_1 die Harmonischen der Grundfrequenz des Bildpunktrasters (Abb. 63 u. 64) ohne wesentlichen Einfluß auf die Schärfe der Wiedergabe sind. Sie können deshalb fortbleiben oder beliebige Dämpfungen erleiden. Wir wollen hier für den analogen Fall bei der Thunschen Liniensteuerung drei Punkte getrennt untersuchen:

1. Welchen Einfluß hat die variable Übertragung der Harmonischen auf die Koordinatentreue des Empfangsbildes?

2. Was leistet die Liniensteuerung in bezug auf die Schärfe der Konturen im Sinne der Abb. 61 und 62?

3. Welche Ausnutzungsgrade ermöglicht die Liniensteuerung für die Leuchtdichte des Empfängerlichtpunktes?

Frage 1. Bei dem klassischen Verfahren sichert der Gleichlauf die Deckung des sender- und des empfängerseitigen Punktrasters. Unkompensierte Schwankungen des Übertragungsfaktors der elektrischen Steuergröße fälschen daher nur die Tönung der betroffenen Rasterelemente. Bei dem Thunschen System dagegen, das die Geschwindigkeit v_x des bilderzeugenden Lichtpunktes regelt, müssen Abweichungen der Steuergröße vom Sollwert sowohl die Helligkeitsamplitude als auch die laufende Koordinate (x) verzerren. Dadurch aber werden alle folgenden Punkte der Zeile zwangsweise mitverschoben, auch bei wieder normal gewordenem Dämpfungsmaß der Übertragung. Wir wollen versuchen, den Grad der möglichen Verzeichnung zu erfassen:

Infolge der Selbststeuerung des Gebers wird für jedes abgetastete Rasterelement die gleiche Elektrizitätsmenge $i \cdot \Delta t$ in der Photozelle ausgelöst. Je größer nämlich i, desto schneller wird der Lichtpunkt über die Elementarstrecke Δx hinweggeführt (Negativ!), desto kleiner seine Durchgangszeit Δt. Die steuernde Modulation entsteht durch Integration, d. h. Speicherung jener Ladungsmengen $i \cdot \Delta t$ auf einem Kondensator. Es ist dann $i \cdot \Delta t = C \cdot \Delta E_c$ (C Kapazität, E_c Spannung), d. h. E_c wächst mit der Auflösung der Bildzeile pro durchlaufene Elementarstrecke Δx um den konstanten Betrag ΔE_c. Die Geschwindigkeit dieses Anstieges, $\frac{d E_c}{dt}$, ändert sich mit der Helligkeitsverteilung. Man könnte sich nun die Steuerung des Empfängers so vorstellen, daß die Ablenkplatten einer Braunschen Röhre mit konstanter Strahlintensität über einen idealisierten Draht- oder Funkweg an die Klemmen des Kondensators angeschlossen sind.

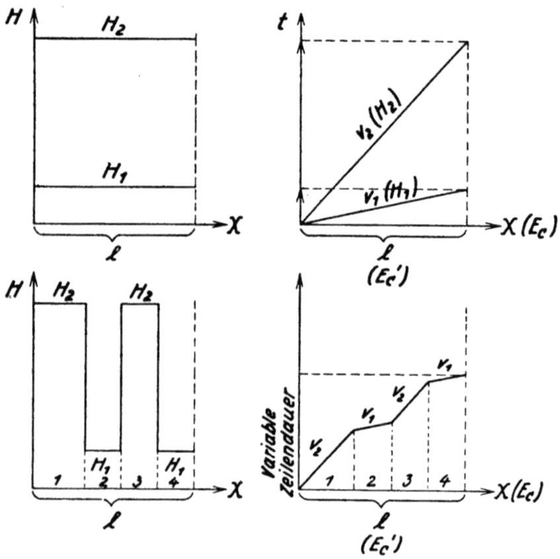

Abb. 82. Zur Veranschaulichung der Liniensteuerung nach R. Thun.

Die Spannung E_c erreicht am Ende jeder Zeile den gleichen, zum Kippen der Schaltung (etwa mit Hilfe einer Glimmlampe gemäß Abb. 50) notwendigen Betrag E_c'. Dieser Vorgang löst den Beginn der folgenden Zeile aus, regelt also den Vorschub. Da es grundsätzlich möglich ist, zwischendurch eine Phasenkorrektur der Lichtpunkte vorzunehmen, beschränkt sich unsere Fragestellung darauf, welche Koordinatenverschiebungen im Verlauf einer einzigen Zeile auftreten können. Hierzu betrachten wir die Abb. 82. Die linke Seite gibt einige Beispiele der Helligkeitsverteilung (H) längs der X-Achse (Bildzeile) und somit der bei dem klassischen Verfahren übertragenen Modulation, während der rechte Teil die entsprechende Funktion der Liniensteuerung veranschaulicht. Helligkeitsschwankungen werden bei diesem Verfahren durch Neigungsänderungen der Zeitlinie des Lichtpunktes wiedergegeben. l bedeutet die Zeilenlänge bezw. die Kondensatorspannung. Die Differentialquotienten $\frac{dx}{dt}$ bezw. $\frac{d E_c}{dt}$ haben größere Werte bei der kleineren Intensität und umgekehrt. Entwickeln wir nun die pendelnde Geschwindigkeit v des über eine periodische Schwärzungsverteilung des Sendernegativs hinweglaufenden Lichtpunktes in einer Fourierreihe, so ist die Kondensatorspannung E_c das Zeitintegral dieser Fourierreihe:

$$E_{c\,(t)} = \frac{1}{C}\int_0^t i \cdot dt = \frac{K}{C}\int_0^t v \cdot dt\,, \tag{10}$$

da bei der Abtastung des negativen Bildes $K \cdot v = i$ gesetzt werden kann. Wir wählen als Beispiel die Helligkeitsverteilung der Abb. 63. Infolge der endlichen Ausdehnung des Lichtpunktes entsteht dann eine zickzackförmige Schwankung von v um den Mittelwert $v_m/2$, die der Kurve des Photostromes in jener Abbildung entspricht; d. h. es gilt:

$$v_t = \frac{v_m}{2} + \frac{4\,v_m}{\pi^2} \cdot \left(\sin\omega t - \frac{1}{9}\sin 3\,\omega t + \frac{1}{25}\sin 5\,\omega t - \cdots\right), \tag{11}$$

worin der in der Klammer stehende Faktor für beide Scheitelwerte von v gegen $\pm\,\pi^2/8$ konvergiert. Hieraus erhalten wir:

$$E_{c\,(t)} = \frac{K}{C}\int_0^t v \cdot dt = \frac{K}{C} \cdot \left[\frac{v_m t}{2} - \frac{4\,v_m}{\pi^2\omega} \cdot \left(\cos\omega t - \frac{1}{27}\cos 3\,\omega t + \frac{1}{125}\cos 5\,\omega t - \cdot\cdot\right)\right]. \tag{12}$$

Diese Reihe zeigt, daß die Amplitudenkoeffizienten der Harmonischen bedeutend kleiner werden. Ihr Beitrag zur Steuergröße, d. h. zu der jeweils erreichten Kondensatorspannung bezw. zu der vom Lichtpunkt durchmessenen Strecke, ist also dank der Integration weit unerheblicher, als in der ursprünglichen Funktion, wie sie das klassische Übertragungsverfahren benutzt. In dem Ausdruck für v_t wird der Klammerwert, dessen Maximum bei $\omega t = \pi/2$ eintritt, $\sim 1{,}23$. Analog finden wir durch Einsetzen von $\omega t = \pi$ in die Gleichung für $E_c(t)$ die Summe $1 - \frac{1}{27} + \frac{1}{125} - \ldots \sim 0{,}97$. Daraus folgt, daß die Oberschwingungen von etwa 19% Anteil am Scheitelwert in der Zickzackkurve auf nur etwa 3% im Zeitintegral derselben zurückgegangen sind. Die im Interesse schmaler Frequenzbänder anzustrebende Unterdrückung jener höheren Schwingungskomponenten ist also hinsichtlich der Koordinatenverzerrung praktisch unbedenklich, zumal die Abweichung über das ganze Bild regelmäßig verteilt ist.

Setzen wir in der Beziehung für $E_{c\,(t)}$

$$\omega\, t = n\pi\,,$$

so sagt die Gleichung:

$$E_{c\,(t)} = \frac{K}{C} \cdot \left[\frac{v_m t}{2} - \frac{4\,v_m t}{n\,\pi^3} \cdot \left(\cos n\,\pi - \frac{1}{27}\cos 3\,n\,\pi + \frac{1}{125}\cos 5\,n\,\pi - \cdots\right)\right] \tag{13}$$

aus, daß die Kondensatorspannung mit der Zeit t ständig, jedoch in periodisch veränderlicher Steilheit, zunimmt. Abb. 82, rechte Seite, gibt einen Begriff davon. Ferner wird ersichtlich, daß der Wechselspannungsanteil, der in dem Reihengliede zum Ausdruck kommt und dessen Scheitelwerte bei $n = 1, 2, 3 \ldots$ eintreten, gegenüber der ursprünglichen Funktion (v_t) im Verhältnis $1/\pi$ reduziert ist. Wie Thun bereits in seiner angeführten Veröffentlichung betont hat, würde dies für die Technik der Übertragung, insbesondere hinsichtlich des Modulationsgrades und der zu überwindenden Trägheiten mechanischer oder elektrischer Art, einen erheblichen Vorteil bedeuten[1].

[1] Vgl. Ferns. Bd. 1 (1930) S. 273.

Merkliche Koordinatenfehler könnten n. o. bei der Liniensteuerung nur durch Dämpfungsschwankungen der Amplitude der Grundfrequenz ω des Rasters entstehen. Solche Schwankungen erreichen in der drahtlosen Übertragung auch bei längeren Wellen (Rundfunkbereich) die Größenordnung >1 Neper. Aber schon die dauernden Änderungen bis zu 30% der Amplitude, die das relativ unempfindliche Ohr im akustischen Rundfunk überhaupt nicht wahrnimmt, würden durch die entsprechenden Koordinatenverzerrungen, die von Zeile zu Zeile variieren können, das Fernbild zerstören. Ohne ständige Regelung des Verstärkungsgrades am Empfänger wäre also das Thunsche Verfahren undurchführbar. Für eine solche Regelung sind Mittel vorhanden. Sie arbeiten nach dem bei Trommelbildschreibern angewandten Prinzip, während des Durchganges der Bildbefestigungsleiste durch die Abtastzone den elektrischen Wert einer bestimmten Helligkeit auszusenden, dessen schwankende Empfangsstärke durch Vergleich mit einer örtlichen Normalintensität zur Korrektur der Verstärkung für die folgende Zeile ausgenutzt wird.

Frage 2. Die Helligkeit H_x eines vom bilderzeugenden Lichtfleck überlaufenen Punktes setzt sich nach dem Talbotschen Gesetz aus Einzeleindrücken $J \cdot dt$ zusammen. J ist die beim Thunschen Verfahren konstante Leuchtdichte. Solange die Geschwindigkeit v unverändert bleibt, wird:

$$H_x = \int_0^t J \cdot dt = \frac{J}{v} \int_0^f dx = \frac{J \cdot f}{v}\,, \tag{14}$$

wo f die endliche Ausdehnung des Lichtflecks in der Zeilenrichtung bedeutet. An Übergangstellen der Helligkeit enthält die Wirkungsdauer von J einen Anteil:

$$\varDelta t = \int_{x_1}^{x_2} \frac{dx}{v}\,, \tag{15}$$

worin $x_2 - x_1 < f$ die mit variabler Geschwindigkeit durchmessene Strecke darstellt. Wir wollen analog zum Falle der Abb. 60 und 61 die Randschärfe berechnen, mit welcher ein unendlich steiler Helligkeitssprung nach dem Verfahren der Liniensteuerung auf der Empfangsseite wiedergegeben wird. Die Übertragung werde auch hier als ideal trägheitslos und linear vorausgesetzt; sie soll der Anschaulichkeit halber wiederum vom Filmnegativ aus erfolgen (natürlich läßt sich die Abtastung ebensogut mit einem Positivbilde durchführen, wenn man die Steuerwirkung des Photostromes umkehrt).

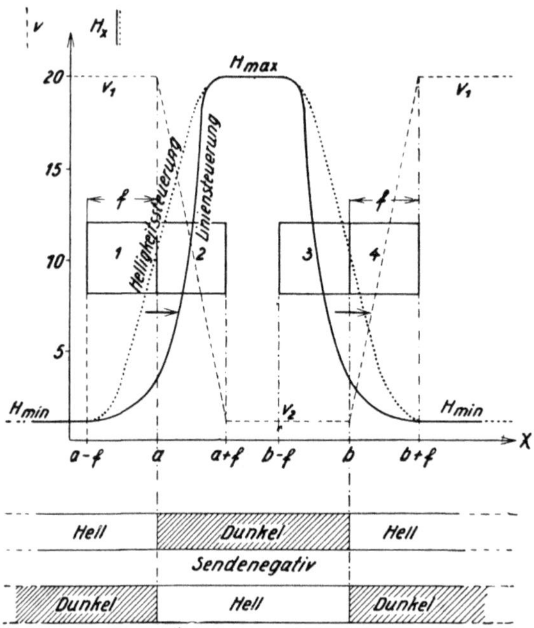

Abb. 83. Übergangsschärfe der Liniensteuerung im Vergleich mit der Helligkeitssteuerung.

In der Abb. 83 ist der plötzliche Übergang von H_x durch die reziproken Werte v_1, v_2 der bei Sender und Empfänger genau gleichphasigen Lichtfleckbewegung eingegrenzt. Der Pfeil gibt die Laufrichtung an, die mit der X-Achse zusammenfällt. Die erste Sprungstelle liege bei a. Infolge der endlichen Breite f des Lichtflecks nimmt v_1 allmählich, und zwar proportional dem Photostrome ab, während der Lichtfleck von der Lage 1 zur Lage 2 fortschreitet, d. h. sein rechter Rand (Abszissenwert x) von $x = a$ nach $x = a + f$ übergeht (vgl. Abb. 60). Es gelten dann am Sender die nachstehenden Beziehungen für v:

X-Koordinate des rechten Lichtfleckrandes:	Lichtfleckgeschwindigkeit:
$x \leqq a$	v_1
$a + f > x > a$	$v_1 \cdot \left(1 - \frac{A \cdot (x - a)}{f}\right)$
$x \geqq a + f$	v_2

wenn $v_2 = v_1 \cdot (1 - A)$ gesetzt wird. Demnach muß der beim Empfänger gleichphasig mitlaufende, in seiner spezifischen Intensität J unveränderliche Lichtfleck eine Helligkeitsverteilung hervorrufen, die n. o. durch folgende Gleichungen definiert ist:

Betrachteter Punkt der Zeile (X-Achse):	Resultierender Helligkeitseindruck H_x:
$x \leqq a - f$	$\frac{J \cdot f}{v_1} = H_{\min}$
$a > x > a - f$	$J \cdot \left(\frac{a - x}{v_1} + \int_a^{x+f} \frac{dx}{v}\right)$
$a + f > x > a$	$J \cdot \left(\int_x^{a+f} \frac{dx}{v} + \frac{x - a}{v_2}\right)$
$x \geqq a + f$	$\frac{J \cdot f}{v_2} = H_{\max} = \frac{J \cdot f}{v_1 \cdot (1 - A)}$.

Es gilt also in Übereinstimmung mit den Grundannahmen:

$$\frac{H_{\max}}{H_{\min}} = \frac{v_1}{v_2} = \frac{1}{1 - A} . \tag{16}$$

Das in den vorstehenden Ausdrücken auftretende Integral hat die Form:

$$\int_{x_1}^{x_2} \frac{dx}{v_1 \cdot \left(1 - \frac{A \cdot (x - a)}{f}\right)} = - \frac{f}{v_1 \cdot A} \cdot ln \frac{1 - \frac{A \cdot (x_2 - a)}{f}}{1 - \frac{A \cdot (x_1 - a)}{f}} . \tag{17}$$

Setzen wir z. B. $A = 19/20$, so erhalten wir für den Helligkeitsanstieg in einer Randzone von der doppelten Breite f des Lichtpunktes den in Tabelle 7 dargestellten und in Abb. 83 eingetragenen Verlauf.

Die dritte Horizontalreihe enthält zum Vergleich die nach Tabelle 2, S. 98 umgerechnete Abschattierung beim klassischen Verfahren (Helligkeitsmodulation und konstante Zerlegungsgeschwindigkeit). Diese Kurve ist in Abb. 83 ebenfalls wiedergegeben (punktierte Linie).

Tabelle 7.

Ort in der Zeile, x = . .	$a-f$	$a-f/2$	a	$a+f/2$	$a+f$
Helligkeit, $H_{\min}$ × . . .	1	1,18	3,15	12,47	20
Helligkeit beim klassischen Verfahren, umgerechnet $H_{\min}$ ×	1	3,37	10,50	17,62	20

In entsprechender Weise läßt sich der umgekehrte Übergang 3 — 4 am Orte $x = b$ quantitativ erfassen. Für die gleiche Größe von v_1/v_2 ergibt sich mit Hilfe des Integrals:

$$\int_{x_1}^{x_2} \frac{dx}{v_1 \cdot \left[1 - A \cdot \left(1 - \frac{x-b}{f}\right)\right]} = \frac{f}{v_1 \cdot A} \cdot \ln \frac{1 - A \cdot \left(1 - \frac{x_2 - b}{f}\right)}{1 - A \cdot \left(1 - \frac{x_1 - b}{f}\right)} \tag{18}$$

der aus Tabelle 8 und Abb. 83 ersichtliche Helligkeitsabfall:

Tabelle 8.

Ort in der Zeile, $x =$ . .	$b-f$	$b-f/2$	b	$b+f/2$	$b+f$
Helligkeit, $H_{\min}$ × . . .	20	12,47	3,15	1,18	1
Helligkeit beim klassischen Verfahren, umgerechnet $H_{\min}$ ×	20	17,62	10,50	3,37	1

Die mittlere Steilheit der Sprünge ist hiernach bei der Liniensteuerung merklich größer, als bei der Intensitätssteuerung. Das Thunsche Verfahren liefert also schärfere Konturen. Bei gleichem Frequenzbande ist daher eine bessere Wiedergabe von Einzelheiten längs der Bildzeile möglich, und umgekehrt kann bei gleicher Schärfe das Frequenzband erheblich schmaler werden. Damit tritt zu der w. o. behandelten Möglichkeit, das beschleunigte Durchlaufen der Schattenzonen zur Einengung des Schwingungsspektrums auszunutzen, eine zweite, in gleicher Weise wirkende Eigentümlichkeit der Liniensteuerung, die grundsätzlicher Art und von der zufälligen Natur des Bildes unabhängig ist. Dieser Unterschied gegenüber der klassischen Übertragungsweise bleibt in der Praxis, d. h. bei Unterdrückung der Oberschwingungen, voll erhalten. Denn hiervon wird der Randschärfeverlauf der Abb. 61 in demselben Maße betroffen, wie derjenige in Abb. 83, weil für den Anstieg und Abfall der Helligkeit auch bei der Liniensteuerung der Differentialquotient der übertragenen Steuergröße nach t maßgebend ist, der die gleiche Form hat wie die zur Berechnung der Abb. 61 dienende Funktion. In dieser günstigeren Beziehung zwischen Konturenschärfe und Frequenzbandbreite liegt ein Anreiz, trotz der außerordentlichen Schwierigkeiten, die der Durchführung des neuen Prinzips entgegenstehen, kein Mittel zu seiner Verwirklichung unversucht zu lassen.

Frage 3. Da bei der klassischen Helligkeitssteuerung des bilderzeugenden Lichtflecks die Änderung seiner Koordinate (dx/dt) konstant gehalten wird, ergibt sich auf Grund des Talbotschen Gesetzes für jeden Punkt der gleiche Reduktionsfaktor $1/\varrho$ der Leuchtdichte. Hierbei ist die Rasterzahl $\varrho = \frac{\text{Bildfläche}}{\text{Querschnitt des Lichtflecks}}$. Berücksichtigen wir noch den optischen Wirkungsgrad der Gesamtanordnung durch Einführung eines besonderen Faktors φ, der von dem Öffnungsverhältnis und von den Verlusten durch Absorption und Reflexion sowie durch das Lichtrelais abhängt und nur in dem günstigen Falle der Braunschen Röhre ~ 1 ist, so wird an Orten maximaler Aufhellung der gesteuerten Strahlenquelle, deren Leuchtdichte in diesem Zustande h sei, die resultierende spezifische Bildschirmintensität $L_{\max} = \frac{h \cdot \varphi}{\varrho}$. Die Schwächung φ/ϱ gilt gleichmäßig für das ganze Feld. Anders liegt dies bei der Liniensteuerung. Wie Abb. 84 zeigt, fällt bei geradlinig ansteigender Lichtfleckgeschwindigkeit v die wahrgenommene Helligkeit H in einer Hyperbel ab, von welcher jedoch nur der zwischen den Achsen $A - A$, $B - B$ liegende Teil reale Bedeutung hat, da nach obigem die Grenzen von H und v endlich bleiben. Der steile Anstieg von H bei den untersten v-Werten entspricht dem Verlauf des Zuwachses der Beleuchtungsdauer des betrachteten Punktes. Eine Vorstellung von der ökonomiesteigernden Wirkung dieser Ungleichförmigkeit der Lichtfleckbewegung (aus der Thun den Begriff des „Gleichmäßigkeitsfaktors" ableitet) gibt folgendes:

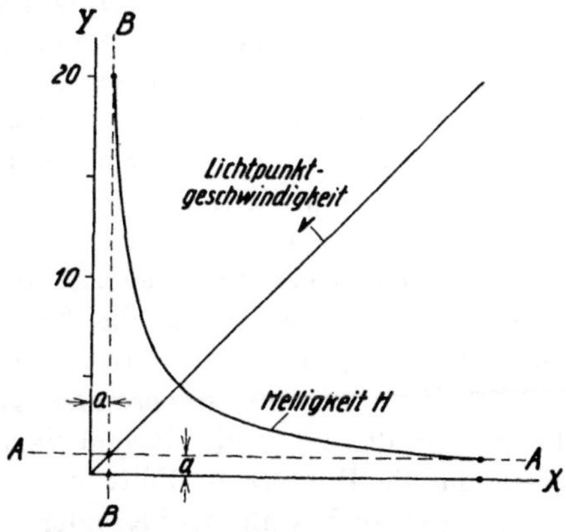

Abb. 84. Beziehung zwischen Helligkeit und Lichtpunktgeschwindigkeit bei Liniensteuerung.

Nach den Erfahrungen der Photographie und der Kinematographie überwiegt im normalen Bilde der Dunkelgehalt erheblich. Die mittlere Helligkeit ist etwa $^1/_6$ der maximalen. Angenommen, es bestehe diese Verteilung homogen über die ganze Fläche, so kann man sich die Länge l jeder Zeile zu $^5/_6$ aus Punkten geringster Helligkeit und zu $^1/_6$ aus solchen größter Helligkeit zusammengesetzt denken. Wie diese Punkte in Wirklichkeit durcheinander gemischt sind, ist bei Voraussetzung trägheitsloser Änderungen von v gleichgültig. Von der Minimalgeschwindigkeit $v_{\min} = {}^1/_{20} \cdot v_{\max}$ ausgehend, können wir daher für die Zurücklegung der Strecke l die Zeitdauer

$$\Delta t = \frac{l}{v_{\min}} \cdot \left(\frac{5}{6 \cdot 20} + \frac{1}{6}\right) \text{ s} \qquad (19)$$

ansetzen. Bei dem klassischen Verfahren gilt analog:

$$\Delta t = l/v_k \text{ s},$$

wenn v_k die konstante Zerlegungsgeschwindigkeit längs der Zeile bedeutet.

Setzen wir die beiden vorstehenden l und Δt einander gleich, was übereinstimmenden Werten für Format, Linienraster und Bildzahl/s entspricht, so ergibt sich:

$$v_{\min}/v_k = 5/24 = 1/\eta .$$

Da die Leuchtdichten auf dem Schirme den Geschwindigkeiten umgekehrt proportional sind, besagt das vorstehende Berechnungsbeispiel, daß die Liniensteuerung unter den angenommenen Verhältnissen, denen die gewählten Größen von v_{min} und v_{max} angepaßt sind, die $\sim$ 5fache maximale Bildhelligkeit des klassischen Verfahrens liefert. Dieser Steigerungsfaktor η ist im Hinblick auf die geringe Lichtstärke der heutigen Fernsehempfänger besonders hoch zu bewerten, zumal für die Ermöglichung feinerer Raster. Hinzu kommt beim Schwingspiegel-Empfänger, daß φ durch Wegfallen des Lichtrelais mit seinen zusätzlichen optischen Verlusten und Grenzen bezüglich des Aperturwinkels wesentlich verbessert wird, also die maximale Leuchtdichte h des Lichtflecks primär vergrößert werden kann. Die günstigeren Öffnungsverhältnisse gestatten nämlich eine viel weitergehende Ausnutzung hoher spezifischer Intensitäten (Lichtbogenkrater, gasgefüllte Glühlampe) als bisher. Für die Anwendung der Braunschen Röhre als Empfänger ist der Steigerungsfaktor η neben der in Kap. II, S. 74 besprochenen Vereinfachung von grundlegender Wichtigkeit, weil an Orten langsamer Verschiebung des Kathodenstrahls die Erregung des Leuchtschirmes im Verhältnis zur klassischen Bewegungssteuerung vervielfacht und die Helligkeit um so sicherer auf hinreichende Werte gebracht wird.

Es sei daher wiederholt betont, daß das Thunsche Verfahren die Beachtung der Fachleute verdient, zumal im Hinblick auf weitere Vorteile technischer und wirtschaftlicher Art, wie z. B. das Entfallen eines besonderen Gleichlaufantriebes (an dessen Stelle die Koordinatensteuerung tritt), die Möglichkeit, ohne Änderungen des Gerätes später feinere Zeilenraster einzuführen, die Beseitigung des mit wachsender Bildpunktzahl immer größer werdenden Leistungsbedarfs für die Helligkeitsmodulation im Empfänger. Für $\varrho \gtreqless 10^4$ erscheint die Braunsche Röhre mit konstanter Lichtpunktintensität im Sinne des Thunschen Verfahrens besonders aussichtsreich, da der Empfangsverstärker lediglich die mäßigen Spannungen für die praktisch leistungslose räumliche Ablenkung des Elektronenbündels zu liefern hat. Bei alledem darf aber nicht verschwiegen werden, daß die Durchbildung dieses Fernsehers, vornehmlich des Senders und des drahtlosen Teiles, eine der schwierigsten Aufgaben der elektrischen Nachrichtentechnik darstellen dürfte. Beim Sender würde hauptsächlich die Abtastung größerer Bildfelder und -räume problematisch sein, da sie auf die Benutzung des Schwingspiegels mit ausreichender Fläche, also bedeutender Masse, angewiesen bleibt, falls man nicht grundsätzlich zur Einführung des Films als Zwischenklischee gelangt. Es scheint allerdings, daß dieser letztere Ausweg — auch in der Form des unmittelbar nacheinander aufgenommenen, entwickelten und abgetasteten Bildstreifens — ohnehin immer stärker in Betracht gezogen werden muß, je mehr die Rasterzahl sich Werten nähert, bei denen der direkte Weg aus Gründen des optisch-photoelektrischen Wirkungsgrades unserer heutigen Zerleger ungangbar wird. Dies vorausgesetzt, hat die Braunsche Röhre, die unabhängig von der Steigerung von ϱ die volle Strahlintensität stets auf den abgetasteten Bildpunkt zu konzentrieren gestattet, als Sender des Thunschen Systems besondere Bedeutung für dessen Verwertbarkeit und umgestaltende Rolle in der Fernsehtechnik. Vgl. Kap. XI, 2. Teil.

Viertes Kapitel.

Lichtelektrische Zellen.

Von

Fritz Michelssen.

1. Allgemeine Grundlagen und Ergebnisse der Entwicklung.

A. Einteilung der Effekte.

Die Experimentalphysik unterscheidet drei verschiedene lichtelektrische Wirkungen[1]:

1. Innerer Photoeffekt = Änderung der Leitfähigkeit;
2. Äußerer Photoeffekt = Durchtritt von Elektronen durch Grenzflächen;
3. Photoeffekt in Gasen = Beeinflussung des Entladungswiderstandes.

Jahrzehnte hindurch hat in der optisch-elektrischen Übertragungstechnik nur die unter 1. fallende Selenzelle eine Rolle gespielt. Die Anwendung der unter 2. gehörenden Alkalimetallphotozelle blieb auf wissenschaftliche Arbeiten (Strahlungsmessungen) und auf die Photometrie von Glühlampen beschränkt. Ihre weitgehende Trägheitslosigkeit als Wandler von Helligkeitsänderungen in proportionale Stromänderungen konnte für die hier behandelten Zweige des Nachrichtenwesens die heutige überragende Bedeutung erst erlangen, nachdem die Entwicklung des Elektronenröhrenverstärkers in bezug auf Leistung, Stabilität und Bedienbarkeit genügend fortgeschritten war.

B. Innerer Photoeffekt in Kristallen und Verwandtes.

Die lichtelektrische Leitfähigkeit des chemischen Elementes Selen wurde 1873 von Smith und May entdeckt. Trotz zahlloser Untersuchungen sind ihre physikalischen Grundlagen noch nicht völlig geklärt worden. Von den mindestens vier Modifikationen des Selens (zwei isolierende amorphe und zwei leitfähige kristalline) entsteht die ausgesprochen lichtempfindliche, im Dunkeln schlecht leitende, schwarzgraue Art, wenn man glasiges amorphes Selen mehrere Stunden lang auf 100^0 bis 150^0, aber nicht höher, erhitzt. Die gesetzmäßige Widerstandsabnahme dieser Modifikation mit der Belichtung ist die Grundlage der technischen Ausführungsformen[2], deren Dunkelwerte $10^4\ \Omega$ bis $10^8\ \Omega$ betragen.

---

[1] Eine ausführliche Behandlung dieser Erscheinungen s. bei Ries, Chr.: Das Selen. Diessen vor München: Huber 1918; bei Hallwachs, W.: Die Lichtelektrizität. Handbuch der Radiologie, herausgegeben von E. Marx, Bd. IIIb (1916) und bei Gudden, B.: Die lichtelektrischen Erscheinungen. Berlin: Julius Springer 1928. Die hier angezogene Literatur ist in den genannten Büchern systematisch zusammengestellt.

[2] S. z. B. Korn - Glatzel: l. c., S. 231f.

Wenn man auch stets durch möglichst kleine Elektrodenabstände (0,1 mm bis 0,001 mm) und große Flächen (1 cm^2) versucht, geringe Ohmzahlen zu sichern, so hängen in der Praxis der Widerstand und die Empfindlichkeit der Selenzellen doch in erster Linie von der Wärmebehandlung ab. Je niedriger die „Formierungstemperatur", desto schwächer die Dunkelleitfähigkeit, desto stärker aber deren Zunahme im beleuchteten Zustande.

Die Reaktion der Selenzelle auf Bestrahlung hat eine lichtelektrische Ursache, hängt aber auch von „Kohärerwirkungen" (Übergangswiderständen) und anderen Umständen ab. Der reine innere Effekt der Elektronenablösung ist durch B. Gudden und R. Pohl[1] physikalisch geklärt worden. Sie haben gezeigt, daß der lichtelektrische Primärstrom in der roten isolierenden Modifikation linear mit der Beleuchtungsstärke ansteigt und trägheitsfrei einsetzt. Seine Größenordnung von nur 10^{-12} A schließt jedoch technische Verwendung aus. Nur die Sekundärwirkung, die einen vielfach stärkeren Strom liefert, ist verwertbar. Bei dieser besteht aber kein geradliniger Zusammenhang mehr zwischen Beleuchtung (E) und Widerstand (R_i). Die gleiche Anzahl Lumen, auf verschiedene Flächen verteilt, ergibt, da $1/R_i \sim \text{const}\ \sqrt{E}$ gesetzt werden kann, nicht dieselbe Stromstärke. Hierauf muß geachtet werden, wenn eine Amplitudenverzerrung durch die Selenzelle vermieden werden soll. Ihr größter Nachteil ist jedoch die charakteristische Trägheit, insbesondere das langsame Abklingen der Leitfähigkeit nach dem Verdunkeln. Daß trotzdem eine Widerstandsänderung noch unterhalb 10^{-3} s eintritt, zeigt eine vom Verfasser bei intermittierender Beleuchtung bis zu 5000 Hz mittels Röhrenvoltmeter aufgenommene Kurve (Abb. 85). Immerhin ruft die Trägheit einen ausgesprochenen, scheinbar hyperbolischen Abfall der Empfindlichkeit mit wachsender Frequenz hervor. Die in dieser Hinsicht bestehende Überlegenheit der Alkalimetallphotozelle hat der Verwendung der Selenzelle eine Grenze gesetzt, seitdem es möglich ist, die schwachen Photoströme weitgehend und dennoch amplitudengetreu zu verstärken. Das Selen hatte aber den Vorzug der Rotempfindlichkeit. Seine Widerstandsänderung erreicht ihr Maximum bei ungefähr 700 $\mu\mu$, sie ist noch im Infrarot ($\sim$ 900 $\mu\mu$) nachzuweisen und kann in diesem Gebiete durch Beimengung von etwa 10 Atomprozenten und mehr des verwandten Elementes Tellur erheblich gesteigert werden[2]. Da die Beeinflussung der Leitfähigkeit sich in einer Oberflächenhaut von nur etwa $5 \cdot 10^{-5}$ mm Dicke vollzieht, macht der durch das Tellur bedingte geringe Nebenschlußwiderstand tieferer Lagen sich störend bemerkbar. Die Zellen müssen deshalb mit äußerst dünnen,

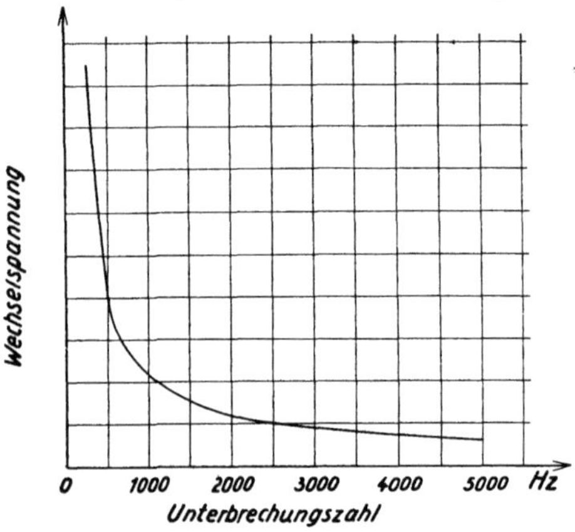

Abb. 85. Wechselspannung einer Selenzelle in Abhängigkeit von der Frequenz der intermittierenden Beleuchtung.

[1] S. z. B. Gudden, B.: l. c., S. 197f.

[2] Schröter, F. u. F. Michelssen: Bericht über infrarotempfindliche Zellen für die Junitagung der Britischen Physikalischen und Optischen Gesellschaften, London 1930.

zur Absorption der Strahlung gerade hinreichenden Schichten hergestellt werden, wie man sie z. B. durch kathodische Zerstäubung einer Selentellurlegierung gewinnen kann. Abb. 86, Kurve III, zeigt die so erhaltene Empfindlichkeitsverteilung im Vergleich mit gewöhnlichen Selenzellen (*I* und *II*), bezogen auf ein energiekonstantes Spektrum. Die Ordinatenwerte der Maxima sind willkürlich gleichgesetzt.

Ähnlich wie Selen verhalten sich zahlreiche Mineralien, die durchweg Sulfide sind, z. B. Antimonit, Argentit, Proustit usw. Jedoch sind auch andere chemische Verbindungen, wie Kupferoxyd oder Schwermetalljodide, als lichtempfindliche kristalline „Halbleiter" bekannt. Die Sulfide sind in den letzten Jahren von Th. W. Case, W. W. Coblentz und ihren Mitarbeitern systematisch untersucht worden[1]. Wie beim Selen fehlt auch hier die Proportionalität zwischen Strom und Beleuchtungsstärke sowie die Trägheitslosigkeit. Die Empfindlichkeit liegt im langwelligen Teile des Spektrums; es sind Kristalle (Molybdänit, MoS_2) gefunden worden, die noch auf 2000 $\mu\mu$ ansprechen. Jedoch hängt diese Eigenschaft in ausgesprochenem Maße vom Fundort des Minerals, also von zufälligen Verunreinigungen, ab, so daß die praktische Verwendung auf Schwierigkeiten stoßen würde.

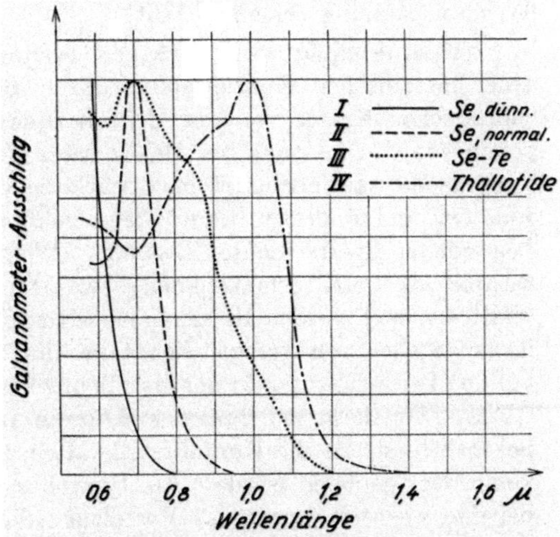

Abb. 86. Spektrale Empfindlichkeitsverteilung des inneren Photoeffektes verschiedener Zellen. I: Selenzelle (dünne Schicht), II: normale Selenzelle, III: dünnschichtige Selentellurzelle, IV: Thallofidezelle. Der Ordinatenmaßstab für die 4 Kurven ist nicht derselbe.

Reproduzierbar ist dagegen die von Case angegebene Thallofidezelle, die aus einem künstlich hergestellten Gemisch von Thalliumsulfid mit dessen Oxydationsprodukten besteht. Ihre größte Empfindlichkeit liegt zwischen 800 $\mu\mu$ und 1200 $\mu\mu$ mit einem Maximum bei 1000 $\mu\mu$ (Abb. 86, Kurve IV)[2]. Eine gewisse Trägheit zeigt das genannte Material ebenfalls, doch scheint die Leitfähigkeit sich erheblich schneller zu ändern als beim Selen[3]. Nach Versuchen des Verfassers ist es möglich, auch die wirksame Substanz der Thallofidezelle in sehr dünnen Schichten zu erhalten (durch Verdampfung)[4]; es ergeben sich so Widerstände von wenigen Megohm und damit beträchtliche nutzbare Stromänderungen. Solche Zellen erscheinen für Infrarotabtastung beim Fernsehen (Kap. II) geeignet[5].

[1] S. z. B. Gudden, B.: l. c., S. 174f.

[2] Ein zweites, fast ebenso hohes Maximum tritt zwischen 400 $\mu\mu$ und 600 $\mu\mu$ auf.

[3] Vgl. auch Sewig, R.: ZS. f. techn. Phys. Bd. 11 (1930) S. 269—273.

[4] Michelssen, F.: ZS. f. techn. Phys. Bd. 11 (1930) S. 511—515.

[5] Gänzlich aus der Praxis verschwunden sind die sicherlich recht trägen Rußzellen, deren Widerstandsänderung bei Belichtung Sumner Tainter nachgewiesen hat, während Graham Bell die durch absorbierte Strahlung bewirkte Ausdehnung von berußter Gaze benutzte, um auf dem Wege über eine mechanisch angekoppelte Mikrophonmembran intermittierendes Licht in Stromschwankungen zu verwandeln.

Die älteste, chemisch und physikalisch noch immer ungeklärte lichtelektrische Erscheinung ist der Becquerel-Effekt (1839). Beleuchtet man eine von zwei in den gleichen Elektrolyten tauchenden Elektroden aus geeigneten Stoffen, so treten Potentialdifferenzen von 0,01 V, ja von 0,1 V auf. Die aktinisch wirksame Elektrode kann z. B. aus einer dünnen Selenschicht auf Platinblech bestehen (Selenelement), doch zeigen den Effekt auch andere Metalle (Kupfer, Silber, Zinn u. a. mit ihren jodierten, oxydierten oder sulfidierten Oberflächen). Die statische Beobachtung dieser Erscheinung täuscht weitgehende Trägheitslosigkeit (plötzliches Auftreten und Verschwinden der Spannung) vor, während die Untersuchung mit periodisch unterbrochenem Licht schon bei wenigen 100 Hz einen für die hier vorschwebenden Zwecke viel zu starken Abfall der Wechselspannung erkennen läßt.

Verhältnismäßig wenig Trägheit besitzen die zwischen einem Kristall und einer metallischen Kontaktspitze durch Bestrahlung hervorgerufenen elektromotorischen Kräfte von der Größenordnung 10^{-6} V bis 10^{-2} V. Sie wurden schon von J. Ch. Bose um 1905 herum zur Lichttelephonie benutzt. Die hier vorliegende „aktinoelektrische" Wirkung dürfte zu den Grenzfällen zwischen innerem und äußerem Photoeffekt gehören und vorwiegend auf den später behandelten Sperrschichten beruhen. Wieder sind es die in der Hochfrequenztechnik als Detektormaterialien bewährten Sulfide [Molybdänglanz, Bleiglanz (Galena) usw.], welche die genannte Eigenschaft aufweisen. Die Empfindlichkeit ist auf Stellen von wenigen Zehntelmillimeter Durchmesser und durchaus nicht auf den Berührungspunkt der Metallspitze beschränkt. Sie kann sogar in einigem Abstand von dieser zunehmen, was für die Anwendung zur Bildabtastung insofern beachtlich ist, als die Kontaktstelle allein zur Definition eines Rasterelementes keineswegs genügen würde! Ein typisches Beispiel hierfür ist der Molybdänit; bei ihm wechselt ferner das Vorzeichen der lichtelektrischen E.M.K. gelegentlich von Ort zu Ort. Die entstehende Potentialdifferenz steigt nach einigen Forschern linear mit der Beleuchtungsstärke, nach anderen proportional der dritten Potenz derselben. Wenn auch beim aktinoelektrischen Effekt Rot und besonders Infrarot sehr wirksam sind, so haben doch bisher die Schwankungen und die Ermüdungserscheinungen, die nach fortgesetzter Einwirkung des Lichtes auftreten, seine Einführung in die Technik verhindert. Sie wäre aber bei weiteren Fortschritten denkbar. Neuere Versuche von Grützmacher deuten in diese Entwicklungsrichtung.

C. Äußerer Photoeffekt im Vakuum.

In der heutigen optisch-elektrischen Übertragungstechnik herrscht die Alkalimetallphotozelle vor. Sie hat folgende Grundlagen: Angeregt durch eine Beobachtung von H. Hertz (1884) über die Beseitigung des Entladeverzuges einer Funkenstrecke durch ultraviolette Bestrahlung fand W. Hallwachs, daß eine Zinkplatte unter der Einwirkung dieses Lichtes negative Ladungen abgibt. Wie später (1899) von P. Lenard durch Untersuchungen im Vakuum nachgewiesen wurde, treten aus der Oberfläche sämtlicher festen Stoffe, insbesondere aber der Metalle, beim Auftreffen hinreichend kurzwelliger Strahlung Elektronen in den angrenzenden luftleeren Raum aus. Eine isolierte, neutrale Metallplatte kann sich also durch Belichten bis zu kleinen positiven Potentialen

(1 V bis 3 V) aufladen. Von einer zweiten, stärker positiven Elektrode werden die befreiten negativen Elementarquanten angesaugt; es fließt ein lichtelektrischer Strom (Photostrom). Seine Stärke, d. h. bei genügender Spannungsdifferenz sämtliche in 1 s ausgelösten Elektronen (Sättigungsstrom), ist streng proportional der Lichtintensität. Wirksam ist jedoch allein die absorbierte Strahlungsenergie. Zwischen Photostrom und einfallendem Lichtstrom besteht daher die Proportionalität nur soweit, wie die Absorption konstant ist. Diese Bedingung ist in der Praxis schwer zu erfüllen, zumal auf größeren Alkalimetallflächen.

Einen wichtigen Einfluß hat die Wellenlänge λ der Strahlung. Für jedes Metall besteht nach dem roten Ende des Spektrums hin eine feste Grenze λ_0 des Effektes. Sie entspricht einer Mindestfrequenz $\nu_0 = c/\lambda_0$, wenn c die Lichtgeschwindigkeit, $3 \cdot 10^{10}\,\mathrm{cm\,s^{-1}}$, bedeutet. Im Gegensatz zu den meisten Metallen, die nur im Ultraviolett photoelektrisch empfindlich sind, erweisen die Alkalimetalle sich im ganzen sichtbaren Gebiete als wirksam (Elster und Geitel, 1890). Hier ist die Grenzwellenlänge bis ins Infrarot ($\sim 1000\,\mu\mu$) gerückt.

Während die Intensität des anregenden Lichtes die in 1 s ausgelöste Elektronenmenge regelt, ist sie ohne Einfluß auf die Elektronengeschwindigkeit, d. h. die kinetische Energie, mit der die negativen Ladungsträger aus dem Metall entweichen. Letztere Größe wird allein bestimmt durch die Farbe des Lichtes. Je kürzer die Wellenlänge, desto mehr Bewegungsenergie erteilt sie dem Elektron. Nur bei den Alkalimetallen ist diese Energie auch im sichtbaren Spektrum ausreichend zum Verlassen der Oberfläche.

Die Höhe des positiven Potentials, auf welches eine isolierte Metallplatte sich beim Belichten im Vakuum auflädt, ist dadurch begrenzt, daß die Geschwindigkeit der emittierten Elektronen schließlich nicht mehr genügt, um die auf sie ausgeübte zurücktreibende Anziehungskraft zu überwinden. Sie können nicht mehr entweichen, die Ladung der Platte sich daher auch nicht weiter ändern. Das Aufladepotential ist also ein Maß der Elektronengeschwindigkeit. Auf der fundamentalen Entdeckung Lenards, daß diese Größe von der Lichtintensität unabhängig ist, daß sie aber mit kürzer werdender Wellenlänge zunimmt, beruht die berühmte Einsteinsche Gleichung (1905):

$$\frac{m v^2}{2} = \varepsilon \cdot V = h \nu - Q = h \cdot (\nu - \nu_0)\,,$$

worin m die Masse, ε die Ladung und v die Geschwindigkeit des Elektrons, V das Aufladepotential, h das Plancksche Wirkungsquantum und ν die mit $1/\lambda$ proportionale einfallende Lichtfrequenz bedeutet. $Q = h \cdot \nu_0 = \varepsilon \cdot V_0$ ist die zur Auslösung eines Elektrons aus der Metallfläche notwendige Mindestarbeit. Für $Q > h \cdot \nu$ ist daher keine Emission möglich. So ist z. B. Natrium nur für $\lambda_0 < 600\,\mu\mu$, Kalium für $\lambda_0 < 700\,\mu\mu$, Rubidium für $\lambda_0 < 900\,\mu\mu$ und Zäsium für $\lambda_0 < 1000\,\mu\mu$ empfindlich. Man kann die vorstehende Gleichung etwa folgendermaßen aussprechen: Die kinetische Energie der Photoelektronen ist gleich dem Energiequantum des wirksamen Lichtes, vermindert um die Austrittsarbeit. Sie fußt auf der von Planck aufgestellten Hypothese, nach welcher Strahlung beliebiger Frequenz nur in ganzen Vielfachen eines elementaren Energiequantums absorbiert und emittiert werden kann. Ihre Gültigkeit ist experimentell geprüft und von Millikan[1] endgültig bestätigt worden.

[1] Millikan, R. A.: Phys. Rev. Bd. 7 (1916) S. 356.

Über die vorstehend beschriebene „normale“ lichtelektrische Wirkung lagert sich bei den Alkali- und Erdalkalimetallen der technischen Photozellen die „selektive“ (Elster und Geitel). Auch hierfür gilt die Einsteinsche Gleichung, d. h. mit abnehmender Wellenlänge steigt die Energie der ausgelösten Elektronen. Aber deren Zahl, der Photostrom, ändert sich bei gleicher Lichtintensität in charakteristischer Weise mit λ; er zeigt in den Kurven seines spektralen Verlaufes sehr ausgeprägte Maxima. Die Alkalimetalle, Lithium, Natrium, Kalium, Rubidium und Zäsium, sowie die Erdalkalimetalle sind für gewisse λ, die man als Resonanzwellenlängen ansprechen könnte, besonders empfindlich. Den grundsätzlichen Gang dieser Selektivität gibt die Abb. 87 wieder. Die Lage und die Höhe der Resonanzmaxima sind jedoch wesentlich von der Herstellungsweise und von der Vorgeschichte der Metalloberfläche abhängig, und es ist auch bei dem heutigen, über die alte Wasserstoffbehandlung (Hydrierung) längst hinausgewachsenen Stande der Versuchstechnik praktisch sehr schwierig, die spektrale Verteilung willkürlich zu reproduzieren. Immerhin sind in neuerer

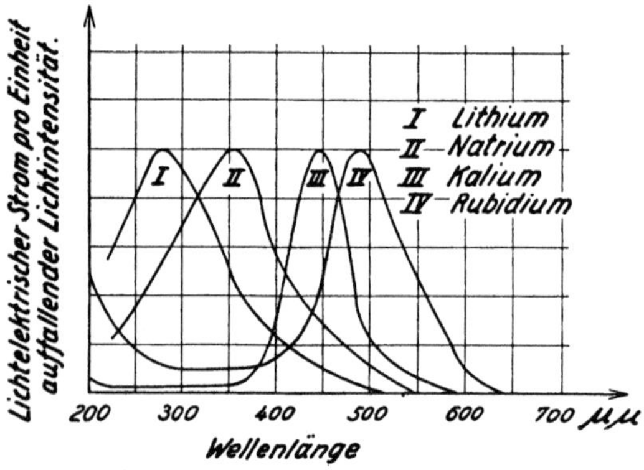

Abb. 87. Selektiver lichtelektrischer Effekt von Alkalimetallen (nach Gudden, Lichtelektrische Erscheinungen). Die Maxima sind willkürlich gleichgesetzt.

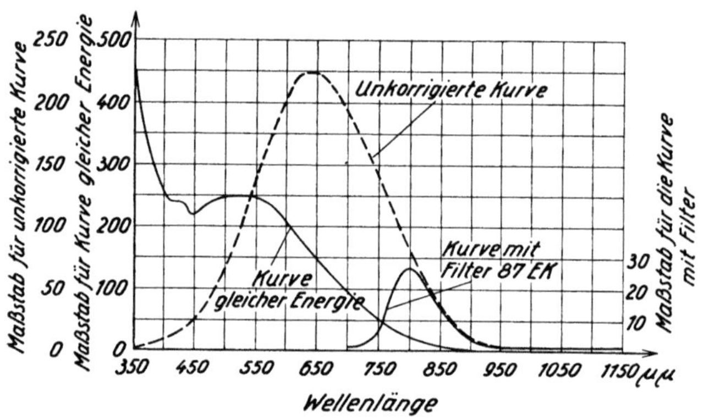

Abb. 88. Spektrale Verteilung der Empfindlichkeit einer Na-S-O-Photozelle nach A. R. Olpin.

Zeit Wege gefunden worden, um sie durch ganz geringe oberflächliche Veränderungen der Metalle eindeutig zu beeinflussen. So hat z. B. Selényi[1] durch schwache Oxydierung eine selektive Empfindlichkeit des sonst nur in Violett und Blau ansprechenden Natriums für rotes Licht erhalten, und von A. R. Olpin[2] ist die Einwirkung anorganischer und organischer Dielektrika, wie von Schwefel, Benzin und gewissen aromatischen Farbstoffen, auf die Entstehung bezw. Erhöhung der Rot- und Infrarotempfindlichkeit von Natrium und Kalium

[1] Phys. ZS. Bd. 30 (1929) S. 933—935.
[2] Phys. Rev. Bd. 33 (1929) S. 1081.

beschrieben worden[1]. Abb. 88 zeigt die Überlagerung des bei 650 $\mu\mu$ liegenden selektiven Maximums einer Olpinschen Zelle, deren Natriumschicht zuerst mit Schwefeldampf, sodann mit Sauerstoff behandelt wurde. Das Filter 87 *EK* läßt nur den infraroten Teil hindurch. Die unkorrigierte Kurve bezieht sich auf weißes Licht von 2848^0 *K* Farbtemperatur. Den Einfluß verschiedener Elemente der Sauerstoffgruppe auf die Empfindlichkeit von Kaliumkathoden beschreibt W. Kluge[2].

D. Photozellen mit Gasfüllung.

Die bei konstanter Belichtung gemessene Abhängigkeit des Stromes einer hochevakuierten Kaliumzelle von der Saugspannung zeigt Abb. 89. Es liegt eine ausgesprochene Sättigungscharakteristik vor; schon bei 30 V erreichen mehr als 90% aller emittierten Elektronen die Anode. 0,7 Lumen ergeben rund

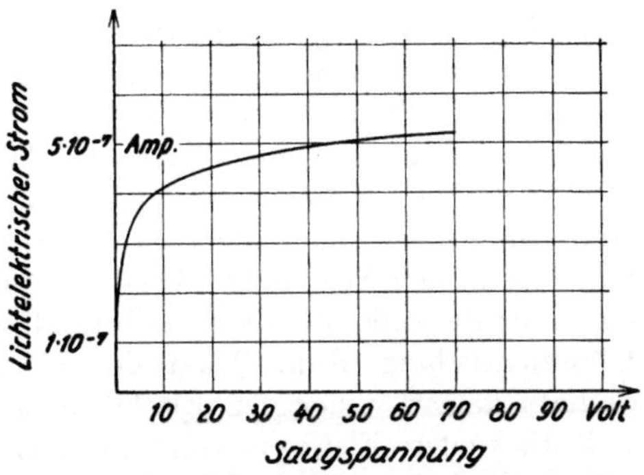

Abb. 89. Kennlinie einer Hochvakuumphotozelle (Kalium). Lichtstrom = 0,7 Lumen.

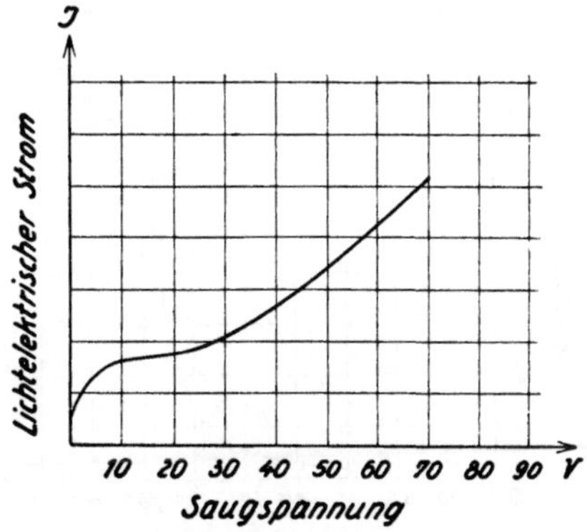

Abb. 90. Kennlinie einer Photozelle mit Gasfüllung (Neon-Helium).

$5 \cdot 10^{-7}$ A. Für wissenschaftliche Photometrie haben solche Zellen große Bedeutung. In der Technik der Bildübertragung sind jedoch stärkere Ströme erwünscht. Um diese zu erhalten, füllt man die Zelle mit einem Edelgase, meist Neon-Heliumgemisch oder Argon unter 0,5 mm bis 1 mm Quecksilbersäule Druck. Die durch den Anprall der Photoelektronen bewirkte Ionisierung der Gasmoleküle bezw. -atome verstärkt dann den primären Strom, indem die neugebildeten Ladungsträger unter dem Einfluß des elektrischen Feldes zu den Elektroden entgegengesetzten Vorzeichens wandern. In Abb. 90, die sich auf eine Zelle

[1] Die rein physikalische Betrachtungsweise versteht unter dem „selektiven“ Photoeffekt die Abhängigkeit der Elektronenemission nicht allein von der Wellenlänge, sondern auch von der Polarisation des Lichtes. Besonders deutlich tritt nämlich die bisher besprochene Selektivität in Erscheinung, wenn der elektrische Vektor der Lichtquelle in der Einfallsebene liegt. Bei einem derart polarisierten Strahl ändert sich die Emission einer sauberen (spiegelblanken) Fläche mit dem Einfallswinkel, und zwar zeigt sich ein ganz scharfes Maximum der Empfindlichkeit bei 70^0. Steht jedoch der elektrische Vektor senkrecht zur Einfallsebene, so ist keine Abhängigkeit vom Einfallswinkel vorhanden. Es hat nicht an Vorschlägen gefehlt, diese selektive Empfindlichkeit einer Photozelle für technische Zwecke auszunutzen. Doch ist das im allgemeinen nur bei Anordnungen denkbar, die konstante Orientierung eines parallelen Strahlenbündels zur wirksamen Fläche gestatten, nicht aber bei den hier vorliegenden Problemstellungen (vgl. Pohl, R. u. P. Pringsheim: Die lichtelektrischen Erscheinungen. Sammlung Vieweg, Nr. 1. Braunschweig 1914, ferner Gudden, B.: l. c.).

[2] ZS. f. Phys. Bd. 67 (1931) S. 497.

mit Neon-Helium bezieht, ist unterhalb etwa 12 V durchlaufener Potentialdifferenz noch kein Unterschied gegenüber Abb. 89 zu erkennen. Die Kennlinie biegt in den Sättigungsverlauf ein. Die Photoelektronen besitzen noch nicht genügend kinetische Energie zur Abgabe der Ionisierungsarbeit[1]. Bei weiter erhöhter Spannung aber beginnen die Zusammenstöße einen Teil der Moleküle in positive und negative Ionen zu spalten (letztere unter den in der Photozelle gegebenen Verhältnissen durchweg in der Form freier Elektronen). Der so entstehende Stromzuwachs prägt sich in Abb. 90 deutlich im zunehmend steileren Wiederansteigen der Stromstärke oberhalb der Ionisierungsspannung des Füllgases aus. Man kann den Verstärkungseffekt bis zum 100fachen der auslösenden Emission treiben. Gewöhnlich läßt sich jedoch nur der Faktor 10 bis 20 ausnutzen, da der im Betriebe anzuwendenden Potentialdifferenz eine genügend weit unterhalb des Glimmens zu wählende Grenze gesetzt ist. Wird nämlich die Vermehrung der positiven Ionen zu stark, so machen sie beim Aufprallen auf die kathodische Alkalimetallschicht so viele neue Elektronen aus dieser frei, daß der Vorgang sich lawinenartig (vgl. Abb. 91) zum Durchbruch einer auch im Dunklen fortbestehenden Strömung steigert. Auf diese für die Zelle schädliche selbständige Glimmentladung (Kap. V) hat das Licht deshalb keinen steuernden Einfluß mehr, weil die weitere Elektronenablösung nicht photoelektrisch, sondern durch die kinetische Energie im Gase gebildeter positiver Ionen, d. h. vom angelegten Felde selbst, unterhalten wird. Der Glimmeinsatz ist also die obere physikalische Grenze der anwendbaren Saugspannung[2]. Die technische Grenze liegt mit Rücksicht auf stabiles Arbeiten, insbesondere im Hinblick auf die Schwankungen der Glimmspannung, tiefer.

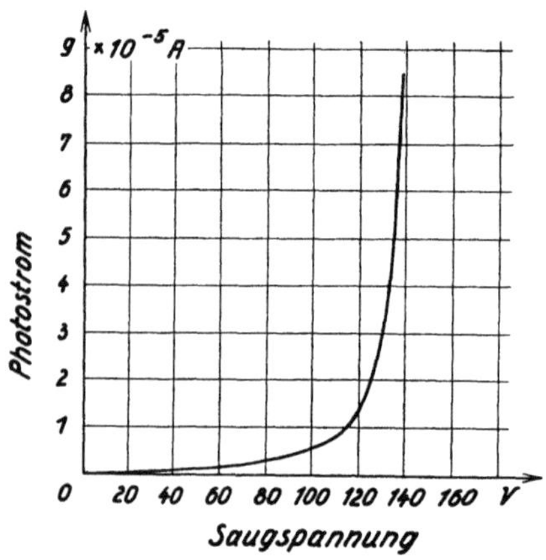

Abb. 91. Kennlinie einer Photozelle mit Gasfüllung (Argon, p = 0,75 mm Hg); Lichtstrom = 0,7 Lumen.

Die bei der selbständigen Entladung die Kathode bedeckende „negative“ Glimmschicht hat ein Vorstadium, das z. B. bei Neon in der Dunkelheit deutlich sichtbare Vorglimmlicht[3]. Es umgibt die Anode, klingt von dieser aus stetig an Helligkeit ab und scheint durch Zusammenstöße von Elektronen mit neutralen Molekülen (also nicht durch Wiedervereinigung von Ionen, wie in der kathodischen Lichthaut) verursacht zu werden. Voraussetzung für das Auftreten dieses Phänomens ist ein zur Ionisation und Aussendung des normalen Linienspektrums genügender Energieinhalt der Elektronen, der erst dicht unterhalb der Durchbruchspannung unmittelbar vor der Anode erreicht wird. Das

[1] Der Energieinhalt bewegter Elektronen wird allgemein nicht in Erg angegeben, sondern durch die beschleunigende Spannungsdifferenz ausgedrückt, die ein Maß der erreichten Geschwindigkeit ist: $\frac{1}{2} m v^2 = \varepsilon \cdot V$. Die Ionisierungsarbeit ist $\varepsilon \cdot V_i$. Für Neon ist $V_i = 21{,}5$ V, für Argon $V_i = 15{,}4$ V.

[2] Vgl. Timofeev, P. W. u. N. S. Chlebnikow, ZS. f. Phys. Bd. 72 (1931) S. 658f.

[3] Eine genauere Beschreibung findet sich in den Arbeiten von Watson, E. H.: Proc. Cambridge Phil. Soc. Bd. 17 (1913) S. 100 und Schmierer, J. M.: ZS. f. techn. Phys. Bd. 6 (1925) S. 370.

Vorglimmlicht entsteht auch ohne Beleuchtung der Alkalimetallkathode, nimmt aber proportional der vom Photoeffekt erhöhten Elektronenzahl zu. Wird dabei ein Umschlagen in normales Kathodenglimmlicht durch besondere, später erwähnte Mittel vermieden, so können in diesem Stadium sehr starke und dennoch durch Licht vollkommen steuerbare Ströme (bis zu 1 mA) durch die Zelle fließen.

Störend machen sich bei der Wiedergabe hoher Belichtungsfrequenzen ($>$ 2000 Hz) die metastabilen Atomzustände gewisser Gase bemerkbar. Sie werden durch Stoß von Elektronen angeregt, deren Wucht noch nicht zur Ionisierung, wohl aber dazu ausreicht, das Atom auf ein energiereiches Niveau (höherquantige Elektronenbahnen) zu heben, welches auf Grund eines Übergangsverbotes nicht sofort wieder unter Lichtausstrahlung verlassen werden kann. Infolge dieser erhöhten Lebensdauer ($> 10^{-3}$ s) ist die Wahrscheinlichkeit sehr groß, daß metastabile Atome durch nochmaligen Elektronenstoß vollends ionisiert werden. Ihr bedeutender Energievorrat (bei Neon z. B. 16,5 V) genügt ferner, um gewisse unvermeidliche Fremdgasatome (z. B. Wasserstoff, Ionisierungsspannung 16,1 V) beim Aufprallen unmittelbar in Ionen zu spalten. Diese auch im Dunklen bestehenden Wirkungen verlangsamen das Absinken der Stromstärke nach Aufhören der Belichtung. Infolgedessen tritt bei der Umsetzung hochfrequenter Helligkeitsschwankungen eine mit der Frequenz und mit der Saugspannung zunehmende Trägheit auf. Näheres unter 3. „Die Zelle als lichtelektrischer Generator“, Unterabschnitt D.

E. Sperrschichtphotoeffekt, Halbleiterzellen.

Auf einer besonderen Art „photomotorischer“ Wirkung, die sich an der Grenze zwischen Metall und Halbleiter abspielt, beruht die moderne Sperrschichtzelle. Ihre Grundphänomene sind schon länger bekannt, ihr spezieller Mechanismus ist aber erst neuerdings durch W. Schottky und seine Mitarbeiter[1] geklärt worden. Die Technik verdankt die Nutzbarmachung des Sperrschichtphotoeffektes den Bemühungen des Forschungs- und des Zentrallaboratoriums der Siemens & Halske A.G., sowie den davon unabhängigen Untersuchungen von B. Lange[2]. Abb. 92 bezieht sich auf das Musterbeispiel Kupfer/Kupferoxydul in der Form des einfachen, unipolar leitenden Systems, bestehend aus Metallplatte und aufgewachsenem Halbleiterüberzug (Cu_2O) von möglichst geringer Dicke, das als Bauelement des Cuprox-Trockengleichrichters bekannt ist. Die durch die Maschen der oberen Elektrode bis zur Tiefe der Kupferoxydulhaut dringende Strahlung löst im Halbleiter Elektronen aus, die zum Mutterkupfer übertreten und dieses negativ aufladen. Infolgedessen entsteht zwischen den beiden Metallbelägen der Zelle eine lichtelektrische E.M.K., die ohne Hilfsspannung einen Strom durch den äußeren Schließungskreis treibt.

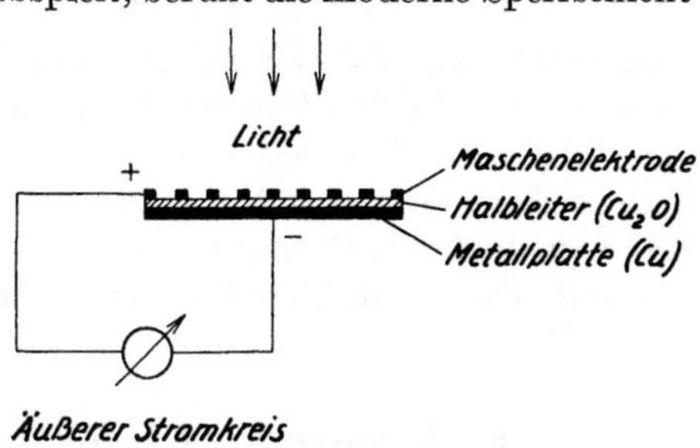

Abb. 92. Prinzip der Sperrschicht-Photozelle.

[1] Vgl. zusammenfassenden Bericht von Schottky, W.: Phys. ZS. Bd. 31 (1930) S. 913 bis 925, wo die früheren Veröffentlichungen dieses Kreises, sowie auch fremde Arbeiten über den Sperrschichtphotoeffekt angegeben sind. [2] Lange, B.: Phys. ZS. Bd. 31 (1930) S. 139.

Schottky sieht die Ursache dieser E.M.K. in einer submikroskopisch dünnen Schicht hohen Übergangswiderstandes zwischen dem Oxydulüberzug und der metallischen Fläche. Die durch die absorbierte Strahlungsenergie beschleunigten Elektronen erzeugen beim Durchlaufen der gedachten „Sperrschicht“ ein Gefälle, das einen gewissen Kurzschlußstrom unmittelbar zum Oxydul zurückzutreiben sucht. Aus der theoretischen Betrachtung und der empirischen Messung der Verzweigung des Elektronenflusses zwischen dem äußeren Nutz- und dem inneren Kurzschlußwiderstande wurden mit Hilfe geistvoller Methoden, deren Erörterung hier zu weit führen würde, tiefgehende Aufschlüsse über die Natur des Effektes gewonnen.

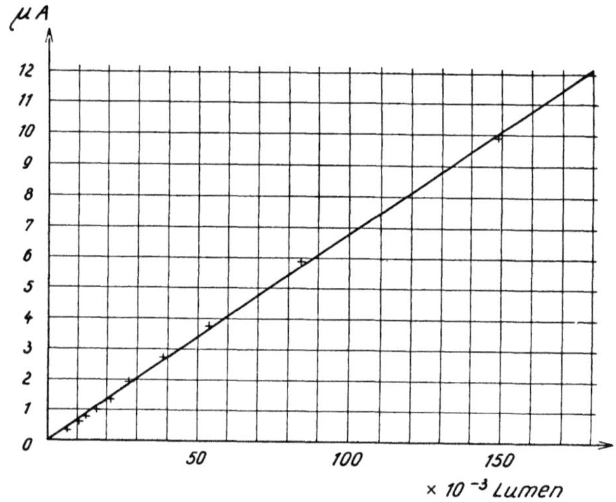

Abb. 93. Photostrom-Lichtstrom-Charakteristik einer Sperrschicht-Photozelle.

Nach neueren Mitteilungen von B. Lange und anderen Forschern scheinen noch leistungsfähigere Kombinationen von Metall und Halbleiter, als das System Cu/Cu_2O, zu bestehen. Daß die Austrittsarbeit P der Einsteinschen Gleichung bei diesen Zellen im Vergleich zu den Alkalimetallphotozellen wesentlich vermindert ist, beweist die Verschiebung der Empfindlichkeit bis weit ins infrarote Gebiet hinein. Lange gibt 6600 $\mu\mu$ als Grenze an. Die Ausführungsform, deren Möglichkeiten wir im Abschnitt 2 dieses Kapitels besprechen werden, bedingt jedoch in spektraler Hinsicht Unterschiede. Die technischen Merkmale, die für Fernbildübertragung wesentlich sind, finden sich im Abschnitt 3. Abb. 93 zeigt die vollkommene Geradlinigkeit der Charakteristik im Gebiete schwacher Belichtungen (Vorderwandzelle).

F. Neuere lichtelektrische Erscheinungen.

Bei den vielen Untersuchungen zur Klärung der bisher beschriebenen Tatsachen haben sich neue Wirkungen gezeigt, deren künftige technische Ausnutzung in Betracht gezogen werden kann. Auf ihnen beruhen daher auch zahlreiche Patentanmeldungen, die zum Teil einleuchtende Erfindungsgedanken enthalten. Es würde hier zu weit führen, auf alle verwertbar erscheinenden Möglichkeiten einzugehen. Wir können nur eine Auswahl geben, gegliedert nach der physikalischen Natur der benutzten Effekte.

1. Temperatursteigerung. Die Austrittsarbeit P der Elektronen sinkt durch Erhitzen des emittierenden Körpers; der gleiche Lichtstrom löst einen stärkeren Photostrom aus[1].

[1] Ives, E. H. u. A. L. Johnsrud: The influence of temperature on the photoelectric effect of the alkali metals. Journ. Opt. Soc. Amer. Bd. 11 (1925) S. 565—579.

2. Oberflächenbeladung. P wird vermindert durch gleichzeitige Beleuchtung und Beschießung der wirksamen Schicht mit Elektronen. H. Dember hat auf diese Weise die Verschiebung der Grenzwellenlänge des Aluminiums von Ultraviolett nach Rot erzwungen[1].

3. Adsorptionswirkung. Elster und Geitel, Ives u. a. Forscher zeigten, daß äußerst dünne Alkalimetallhäute, die sich optisch nicht nachweisen lassen, lichtelektrisch empfindlich sind. Das ist auch durchaus verständlich. Die Schicht muß zwar so stark sein, daß die eindringende Strahlung merklich absorbiert wird; andererseits kann nur ein Teil der Elektronen, die in den tiefer gelegenen Atomgitterebenen frei werden, auf dem Wege zur Oberfläche die zum Austritt notwendige Energie behalten. Das Optimum liegt anscheinend bei ganz wenigen Atomen Schichtdicke (vgl. 2, C). Man darf aber die maßgebenden Verhältnisse wohl noch nicht als völlig geklärt ansehen, zumal die Substanz des Trägers, an welchem die wirksame Atomhaut durch Dipolbindung adsorbiert ist, einen bedeutenden Einfluß auf die spektrale Verteilung der Emissionsfähigkeit ausübt. Neuerdings haben J. H. de Boer und M. C. Teves auf diesem Wege durch Kondensation von Zäsium an Salz- oder Oxydflächen hohe Empfindlichkeiten erzielt[2]. Der am Zäsiumoxyd als „monoatomare" Schicht adsorbierte Metallüberzug lieferte im Hochvakuum beim Licht einer mit 12,6 Lumen/W brennenden Wolframglühlampe $12 \cdot 10^{-6}$ A/Lumen. Für reines (nicht aktiviertes) Zäsium wird als Vergleichswert $0{,}17 \cdot 10^{-6}$ A/Lumen angegeben. Die Steigerung ist also 70fach. Die Grenzwellenlänge ist bis zu 1150 $\mu\mu$, das selektive Maximum des Zäsiums bis zu 607 $\mu\mu$ verschoben.

4. Reflexionseffekt. I. Langmuir[3] beobachtete 1923 die Reflexion von Elektronen an einer Alkalimetallanode unter dem Einfluß des Lichtes. Die fadenförmige Elektronenquelle arbeitete unterhalb sichtbarer Glut. Von zwei in verschiedener Lage zu ihr befindlichen zäsiumüberzogenen Zylindern gleichen positiven Potentials empfing naturgemäß der nähere in der Dunkelheit den überwiegenden Anteil des Raumladungsstromes. Wurde er nun belichtet, so wanderte die Elektronenzufuhr infolge der eintretenden Reflexion zur unbelichteten Anode ab. Die Bedeutung dieses Phänomens liegt in der großen Anfangssteilheit der Änderung des Verzweigungsverhältnisses.

5. Energieverstärkung. In einer gasgefüllten Zelle begrenzen der Glimmeinsatz und die Trägheit die Vervielfachung des primären Photoeffektes durch Ionisation. Theoretisch kann man die gewünschte Stromverstärkung auch im Hochvakuum erhalten, indem man die Photoelektronen nach Durchlaufen starker Felder an geeigneten Prallflächen Sekundärelektronen auslösen läßt. Die auf diesem Wege tatsächlich erreichbaren Ausbeuten sind jedoch nicht so erheblich, daß die Entwicklung derartiger Anordnungen lohnend erscheint. In

---

[1] Dember, H.: Über eine Beeinflussung der lichtelektrischen Elektronenemission durch Bestrahlung mit Kathodenstrahlen. ZS. f. Phys. Bd. 33 (1925) S. 529—532. Eine hierher gehörende Zelle mit konstanter Beladung der Kaliumfläche durch langsame Glühelektronen ist das „Luminotron" von Th. H. Nakken, das für den Klangfilm bereits verwendet worden sein soll, aber nicht näher bekannt geworden ist. Vgl. D.R.P. Nr. 371 764 vom 21. I. 1921, Erf. Th. H. Nakken.

[2] Boer, J. H. de u. M. C. Teves: ZS. f. Phys. Bd. 65 (1930) S. 489—505. Kürzlich veröffentlichte Versuche von R. Sewig haben in der gleichen Richtung noch weiter geführt.

[3] Langmuir, I.: Science Bd. 58 (1923) S. 398—400.

der „Zweikammerphotozelle“ von F. Schröter und O. Schriever[1] werden die Primärelektronen zunächst im Hochvakuumraume durch eine Gleichspannung von mehreren 1000 V beschleunigt. Sie durchdringen dann eine äußerst dünne Metallfolie[2] (nach Art der von Lenard bei der Kathodenstrahlenröhre benutzten) und treten in die mit Wasserstoff unter geringem Druck gefüllte zweite Kammer. Die noch immer sehr schnellen Korpuskeln durchfliegen hier das Gas in geradlinigen Bahnen unter Bildung einer großen Zahl neuer Ladungsträger, die durch ein schwaches Querfeld abgefangen werden. Der so gewonnene Sekundärstromkreis von kleinem Widerstande soll die Lichtschwankungen trägheitslos und hochgradig verstärkt wiedergeben. Es steht aber noch dahin, ob die experimentellen Schwierigkeiten der Anordnung überwunden werden können.

G. Photoeffekt in gasförmigen Medien.

Hier besteht die Wirkung des absorbierten Lichtes in der Änderung der elektrischen Entladungsbedingungen. Bei den von Natur aus vollkommen durchsichtigen Gasen würde die unmittelbare Abspaltung von Photoelektronen aus neutralen Atomen oder Molekülen in Anbetracht der Größe der Ionisierungsarbeit äußerst hohe Frequenzen, d. h. extrem kurzwelliges Ultraviolett, erfordern. Auf die Anwendung solcher Strahlen läßt sich jedoch keine Bildübertragungstechnik gründen. Man bleibt darauf angewiesen, mit sichtbarem Lichte abzutasten, und um dieses durch gasförmige Körper photoelektrisch umzusetzen, d. h. zunächst primär zur Absorption zu bringen, kommen nur die im elektrischen Felde durch stoßende Elektronen oberhalb des Resonanzpotentials angeregten, energiereichen Atome in Frage. Das einfallende Lichtquantum hätte also lediglich eine gewisse Arbeitsdifferenz zuzuführen, und so sind Systeme mit ratenweise erfolgender Lockerung der im Atomverbande kreisenden Elektronen denkbar, bei denen schon die 1,7 V bis 3 V des optischen Wellenbereiches genügen, um den Ionisations- und Leitfähigkeitszustand der Zelle merklich zu beeinflussen (Krypton-, Xenon-, Alkalimetalldampfzellen). Das Beispiel eines zweiten, etwas anders gearteten Mechanismus ist der violett durchscheinende Joddampf[3]. Seine Färbung beweist, daß er im sichtbaren Spektrum schon als neutrales Molekül absorbiert. Die Strahlung der Quarzlampe regt ihn daher unmittelbar zu gelbgrüner Fluoreszenz an, d. h. die Emissionselektronen der Dampfteilchen werden durch die einfallenden Lichtquanten auf die Ausgangsbahn eines Systems von Lumineszenzbanden gehoben (entsprechend den Vorstellungen des Bohrschen Atommodells, wobei die Kern- und Rotationsschwingungen des Jodmoleküls das Phänomen erheblich komplizieren)[4]. Sind nun die absorbierenden Zentren der Fluoreszenz gleichzeitig einer Glimmentladung ausgesetzt, so besteht eine, wenn auch geringe, Wahrscheinlichkeit dafür, daß sie während der kurzen Verweildauer zwischen Aufnahme und Wieder-

---

[1] Dtsch. Patentanmeldung T/21 g, 1429/30 vom 11. XII. 1930.

[2] Hergestellt von C. Müller, Physikalisch-Technische Reichsanstalt, Berlin-Charlottenburg, bis zu $< 0{,}02\ \mu$ Dicke. Vgl. „Metallwirtschaft“, Heft 16, April 1928.

[3] Franck, J. u. W. Westphal: Über eine Beeinflussung der Stoßionisation durch Fluoreszenz. Verh. d. D. Phys. Ges. Bd. 14 (1912) S. 159.

[4] Pringsheim, P.: Fluoreszenz und Phosphoreszenz im Lichte der neueren Atomtheorie, 2. Aufl., S. 35f. Berlin: Julius Springer.

abgabe ihrer Energie durch Stöße schneller Elektronen vollends ionisiert werden. Für eine kleine Zahl von Dampfmolekülen ist also die Ionisierungsarbeit durch die Belichtung vermindert, und es muß daher eine entsprechende Änderung der Leitfähigkeit erwartet werden. Daß die technische Ausnutzung dieses Effektes bisher nicht beschritten worden ist, dürfte weniger auf experimentelle Schwierigkeiten als auf die geringe Größe der Wirkung zurückzuführen sein.

Wie F. M. Penning gezeigt hat[1], wird das Zündpotential einer mit verdünntem Neon gefüllten Glimmentladungszelle durch Spuren ($\ll 1\%$) von Argon bedeutend erniedrigt. Zum Verständnis dieser Erscheinung nehmen wir zunächst die Beimengung als nicht vorhanden an. Die Gasstrecke enthält stets schon weit unterhalb der kritischen Spannung durch Elektronenstoß entstandene metastabile Neonatome, deren Energievorrat der Anregung mit 16,5 V und 16,6 V entspricht (vgl. S. 165). Jedes derartige Gebilde kann dank seiner Langlebigkeit eine große Zahl von Kollisionen (i. M. 10^5) durchmachen[2], ehe es zugrunde geht. Ein Teil dieser Stöße wird, wenn man sich jetzt das Argon hinzugefügt denkt, dessen Atome treffen. Da deren Ionisierung nur 15,4 V erfordert, reicht die Arbeitszufuhr des metastabilen Neons zur Bildung neuer Träger aus. Auf diese Weise gibt also die Gegenwart der Argonspuren den Anstoß zur Zündlawine bereits bei Spannungen, die im anderen Falle unzulänglich wären. Wird nun aber das Entladungsgefäß intensiv von der positiven Lichtsäule eines Neonrohres beleuchtet, so können die mit 16,5 V und 16,6 V angeregten Neonatome gewisse sichtbare Wellenlängen des einfallenden Spektrums absorbieren und von der dadurch erreichten höheren Quantenstufe aus sofort unter Strahlung in den Ruhezustand zurückkehren. Ein solcher beschleunigter Abbau der Ionisatoren durch das Licht wird der Erniedrigung der Zündspannung E_z entgegenwirken, wenn die Konzentration des Argons so klein ist, daß ein erheblicher Teil der metastabilen Neonatome vor dem Zusammentreffen mit einem Argonatom die zeitliche Möglichkeit zu dem gedachten Übergange und damit zum Verlust der mitgeführten Anregungsenergie findet. E_z steigt dann proportional mit der Lichtintensität an. Liegt die Zelle in einer Kippschaltung nach Abb. 50, so äußert die Abnahme der Differenz zwischen der Spannung E der Stromquelle und E_z sich in einer Verlängerung der Schwingperiode, die man auf elektrischem Wege weiter verwerten kann. Für die Technik hat aber der von Penning gefundene Effekt bisher ebensowenig Bedeutung erlangt wie die übrigen photoelektrischen Erscheinungen in Gasen oder Dämpfen.

2. Aufbau, Formgebung und Verhalten der wichtigsten Photozellen (Gashaut-, Einatomschicht- und Sperrschicht-Typus).

A. Vakuumtechnische Erfordernisse.

Nur durch Arbeiten in gutem Vakuum ist es möglich, saubere, oxydfreie, lichtempfindliche Oberflächen der Alkalimetalle zu erhalten. Die Strom-

[1] Penning, F. M.: ZS. f. Phys. Bd. 57 (1929) S. 723—738.

[2] Der Zusammenstoß zweier metastabiler Neonatome untereinander, der zur Ionisation des einen führen könnte, ist natürlich ein äußerst seltenes Ereignis und vermutlich ohne meßbaren Einfluß auf die Daten des Systems.

zuführungen durch die Glaswand der Zelle müssen völlig dicht sein. Benötigt wird eine Luftleere von mindestens 10^{-6} mm Quecksilber. Man erreicht sie mittels einer mehrstufigen Pumpanlage. Über den Aufbau einer solchen siehe z. B. S. Dushman[1] oder A. Goetz[2]. Die erste Druckstufe (760 mm bis etwa 1 mm) wird in der Regel durch eine rotierende Ölpumpe, die zweite (etwa 5 mm bis 10^{-3} mm) z. B. durch eine Gaedesche Quecksilberpumpe mit Drehtrommel, die dritte ($< 10^{-6}$ mm) durch eine Diffusionspumpe (Gaede, Langmuir, Volmer) aufrechterhalten. Auf die vielen sonstigen Einzelheiten der Vakuumtechnik (Druckmessung, Entgasung der Wände und Elektroden, Absorption und Okklusion, Trockenmittel usw.) einzugehen, verbietet der Raum, und es muß dieserhalb auf die vorstehend angeführte Literatur verwiesen werden.

Die oxydfreie Einführung des Alkalimetalles in die Zelle kann auf vier verschiedenen Wegen erfolgen: 1. Destillation, 2. Einschmelzung, 3. Elektrolyse, 4. Chemische Reaktionen im Inneren des Elektrodengefäßes selbst. Methode 1 wurde schon von Elster und Geitel benutzt. Die Zelle besaß einen mehrfach eingeschnürten, abschmelzbaren Ansatz, in welchem das bei Gegenwart von Wasserstoff übergehende Metall wiederholter Destillation unterworfen werden konnte, ehe es als letzte Fraktion an den Bestimmungsort gelangte. Dieses Verfahren ist in mancherlei Hinsicht verbessert worden; eine geschickte Ausführung desselben stammt von J. Kunz[3]. Bei Methode 2 wird völlig reines, mehrere Male destilliertes Kalium, in Glasampullen aufgesaugt, verwendet. Der Inhalt einer solchen Ampulle fließt beim Erhitzen aus einem später abzuschmelzenden Füllstutzen in die Zelle hinab, wo er sich auf dem Elektrodenträger oder in der dazu vorgesehenen Ausbuchtung des Gefäßes sammelt. Die Technik dieser Einfüllungsweise ist von F. Schröter durchgebildet worden. Nach O. Preßler[4] wird hierbei besonders wenig Alkalimetall benötigt, wenn man die von diesem zu überziehende Wandfläche mit Kupfergaze gut anliegend bedeckt. Das Gewebe benetzt sich dann infolge der Wirkung der Oberflächenspannung rasch und gleichmäßig mit der stark adhärierenden Schmelze.

Methode 3 beruht auf der Elektrolyse des Natriumsilikates der Zellenwand. Taucht man diese zum Teil in eine Schmelze von Natronsalpeter und legt zwischen letzterer und einer im Inneren des evakuierten Gefäßes glühenden Wolframspirale 200 V bis 300 V Gleichspannung an, so fließt ein Strom; die Natriumionen wandern durch die Glaswand in die Zelle hinein, wo sich ihr Dampf auf einer luftgekühlten Zone als matter Beschlag kondensiert. Dieses elegante Prinzip wurde 1890 von E. Warburg angegeben und in neuerer Zeit von Burt, von Márton und Rostás, sowie von Selényi zur Herstellung von Photozellen benutzt. Es ist aber bisher nur für Natrium brauchbar; macht man zwecks Einführung von Kalium den Versuch mit einer Schmelze von Kalisalpeter, so wird das Glas durch Verdrängung seiner Natriumionen brüchig[5]. Abgesehen

[1] Dushman, S.: Die Grundlagen der Hochvakuumtechnik. Deutsche Ausgabe von R. S. Berthold und E. Reimann. Berlin: Julius Springer 1926.

[2] Goetz, A.: Physik und Technik des Hochvakuums. Sammlung Vieweg, Braunschweig 1922. [3] Kunz, J.: U.S.A.-Pat. Nr. 1381474 vom 24. VIII. 1918.

[4] Preßler, O.: D.R.P. Nr. 497993 vom 25. X. 1927.

[5] Neuerdings ist es M. Forró und E. Patai gelungen, die Ionen der anderen Alkalimetalle von innen her elektrolytisch in das Glas einzuführen und dann im normalen Verfahren durch verdrängende Na-Ionen und Kontakt mit Elektronen als freies Metall (*K, Rb, Cs*) auf der inneren Wand abzuscheiden. [ZS. f. techn. Phys. Bd. 12 (1931) S. 256].

hiervon, scheint der elektrolytische Weg ebenso wie die Methoden 1 und 2 in der modernen Technik durch die Methode 4 überholt zu sein. Diese beruht auf der thermisch ausgelösten Reaktion von Alkaliverbindungen mit starken Reduktionsmitteln, z. B. Aluminium oder Kalzium. Das in Freiheit gesetzte Alkalimetall kann aus einem Ansatz in die Zelle hinüberdestilliert oder auch unmittelbar innerhalb derselben entwickelt werden. Hierfür wird ein die Reaktionsmasse enthaltender kleiner Vorratsbehälter an geeigneter Stelle, etwa an einem Elektrodenträger, befestigt und durch eine Glühspirale oder durch ein hochfrequentes elektrisches Feld angewärmt. Erst dieses sinnreiche Verfahren hat die einwandfreie Herstellung von Zellen mit Rubidium oder Zäsium ermöglicht, Metallen, deren Verarbeitung infolge ihrer Oxydierbarkeit und leichten Entflammbarkeit früher äußerst mißlich war. Zäsium wird z. B. aus einem gepreßten Gemisch seines Chlorides mit Kalzium oder seines Chromates mit Zirkonium durch Wirbelstromerhitzung der die „Pille" einschließenden Metallkapsel erhalten. Ein Arbeitsprozeß, um unter Ausnutzung dieses leicht vor sich gehenden chemischen Umsatzes Zäsium (wie natürlich auch die anderen Alkali- und die Erdalkalimetalle) in brauchbaren Mengen zu gewinnen und aufzubewahren, ist von D. H. Brophy und W. A. Ruggles beschrieben worden[1]. Seiner Anwendung kommt der außerordentlich geringe Substanzbedarf der neuesten Zellenformen (Einatomschichtzellen, s. später) zugute.

B. Alkalimetallfläche und Gasfüllung.

Die Lichtempfindlichkeit blanker Alkalimetallflächen kann durch Behandeln mit Wasserstoff, durch „Hydrieren", wesentlich vergrößert werden. Elster und Geitel ließen das Metall bei seiner Destillation mit reinem Wasserstoff reagieren. Das entstandene weiße Hydrid wurde sodann durch Bombardement mit Kathodenstrahlen wieder zersetzt und freies, kolloidales, im Überschuß der Verbindung fein verteiltes Alkalimetall zurückgebildet. In diesem Zustande zeigt die Photokathode eine typische Färbung. Sie ist bei Natrium braungelb, bei Kalium und Rubidium blauviolett, bei Zäsium schwach grün. Die gleichen Anlauffarben erhält man auf bequemere Weise, wenn das in reiner Beschaffenheit in die Zelle eingebrachte Alkalimetall kurze Zeit einer Glimmentladung in Wasserstoff ausgesetzt wird. Die Photoströme derart sensibilisierter Flächen betragen etwa das 5- bis 10fache derjenigen von nicht hydrierten Kathoden. Diese Empfindlichkeitserhöhung geht aber allmählich durch Umwandlung des wirksamen Substrates in eine weniger aktive, farblose Form wieder zurück [2]. Jedenfalls besteht eine derartige Tendenz bei dicken Metallschichten. Bei ganz dünnen bleibt die Empfindlichkeit länger erhalten. Nach Beobachtungen des Verfassers an Kaliumelektroden ist es jedoch möglich, eine höhere Beständigkeit auch bei größeren Schichtdicken zu erzielen, wenn durch die Glimmentladung statt einer blauvioletten eine grünlichblaue Färbung der Oberfläche erzeugt wird. Letztere scheint überdies aktiver zu sein. In der Abb. 94 sind die für 0,7 Lumen geltenden Kennlinien von zwei im gleichen Arbeitsgange hergestellten Kaliumzellen mit Heliumfüllung von 1,65 mm Druck wiedergegeben; *A* entspricht

[1] Brophy, D. H. u. W. A. Ruggles: U.S.A.-Pat. Nr. 1685666 vom 29. VIII. 1927.

[2] Am Lichte erfolgt dies nicht, wie oft irrtümlich angenommen wird, rascher als in der Dunkelheit, wohl aber liegen gegenteilige Erfahrungen vor.

der grünblau, *B* der blauviolett hydrierten. Eine bestimmte Stromstärke wird mit Zelle *A* schon bei kleinerer Saugspannung erreicht. Das Ergebnis ist reproduzierbar.

Voraussetzung für das Entstehen der grünlichen Färbung ist hohe Reinheit, insbesondere völlige Sauerstofffreiheit des hierzu verwandten Wasserstoffs. Als zuverlässiges Kriterium für die richtige Beschaffenheit des Hydrierungsgases benutzt der Verfasser die Zündspannung des Glimmstromes in der Zelle. Je niedriger diese Spannung bei gleichem Druck und Elektrodenabstand liegt, um so reiner ist der Wasserstoff, um so sicherer wird die richtige Anlauffarbe des Kaliums erhalten. Bei 1 mm bis 1,2 mm Quecksilbersäule und etwa 8 mm bis 9 mm Entfernung zwischen Kaliumspiegel und Anode soll die Entladung vor Beginn der Hydrierung mit weniger als 200 V einsetzen. Der Wasserstoff wird am besten elektrolytisch hergestellt und nach der Trocknung über Chlorkalzium und Phosphorpentoxyd durch nachhaltigen Kontakt mit flüssiger Kalium-Natrium-legierung von mitgerissenem Sauerstoff befreit.

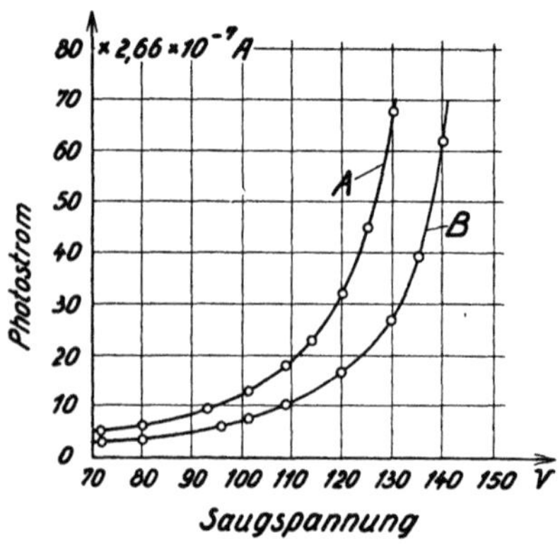

Abb. 94. Abhängigkeit des Photostromes von der Behandlung der Kathode. Kurve *A*: grünblau hydrierte Photozelle; Kurve *B*: blauviolett hydrierte Photozelle. Gasfüllung beider Zellen: Helium p = 1,65 mm Hg, Lichtstrom 0,7 Lumen.

Die Behandlung der Alkalimetalloberfläche mit Schwefeldampf (der die Einwirkung anderer Gase, wie z. B. Sauerstoff, folgen kann, vgl. Abb. 88) wurde hauptsächlich von E. H. Ives und seinen Mitarbeitern durchgebildet. Die Tatsache, daß hierbei im Vergleich mit der Hydrierung eine fast 7fache Steigerung der Empfindlichkeit erzielbar ist (A. R. Olpin sowie W. Kluge, l. c.) zeigt, daß neue Wege der Sensibilisierung eröffnet worden sind, die bei weiterer Entwicklung zur völligen Preisgabe der alten Wasserstoffmethode führen dürften. Vorläufig ist aber noch wenig über die experimentelle Seite der neuen Technik bekannt.

Elster und Geitel führten in ihre Zellen Wasserstoff oder Argon ein. Ersteres Gas hat den Nachteil, auch im Ruhezustande vom überschüssigen Alkalimetall aufgezehrt zu werden, wodurch die Empfindlichkeit der Zelle rasch nachläßt. Man ging daher später von seiner Verwendung ganz ab. In jüngster Zeit wird aber dem Wasserstoff wieder mehr Bedeutung beigemessen, da er im Gegensatz zu allen anderen in Betracht kommenden Gasen bei den Aufhellungsfrequenzen eines leistungsfähigen Fernsehers ($> 10^5$ Hz) noch praktisch trägheitsfrei ist (s. Abschnitt 3). Es wird versucht, durch Anwendung sehr geringer Mengen von Alkalimetall und durch vollständige Sättigung desselben mit dem Gase Zellen zu erhalten, die durch Regeneration der blauen Schicht immer wieder optimal empfindlich gemacht werden können. Der Gebrauch derartiger Anordnungen setzt natürlich sachverständige Behandlung und Überwachung voraus, die indessen bei einem Fernsehsender ohnehin benötigt werden.

Im Gegensatz zu Wasserstoff sind Helium, Neon und Argon chemisch neutrale und daher dauernd beständige Gasfüllungen. Neuerdings wird auch Krypton vorgeschlagen, da es am wenigsten zur Bildung störender Doppelschichten an der Kathode neigen soll. Abgesehen von den Grenzen und wichtigen individuellen Unterschieden, die im Abschnitt 3 behandelt werden, bewährt sich das heute wohlfeil erhältliche Neon-Heliumgemisch (3 : 1 Vol.) ebensogut wie Argon, das vor dem Zeitalter der industriellen Luftverflüssigung allein in Frage kam. Für die Einführung von Edelgasen in Photozellen ist auch bei den reinsten Fraktionen des Handels die vollständige Befreiung von Fremdgasspuren, insbesondere Stickstoff, unumgänglich. Hierfür hat G. Gehlhoff[1] eine Methode angegeben. Sie beruht auf der Eigenschaft von Alkalimetalldämpfen, sich unter dem Einfluß einer elektrischen Entladung mit allen unedlen Gasen chemisch zu verbinden, ohne dabei merkliche Mengen des Edelgases zu okkludieren. Am wirksamsten ist der Lichtbogen bei einigen Millimetern Gesamtdruck des zu behandelnden Gemisches.

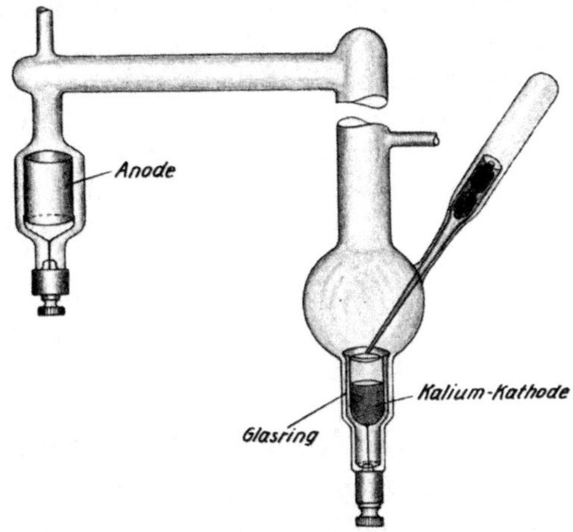

Abb. 95. Gehlhoffsche Zelle, modifiziert von F. Schröter.

In der ursprünglichen Gehlhoffzelle bedeckt das Kalium, als Kathode eines Lichtbogens wirkend, unmittelbar den Boden des auf 200° erwärmten Glasgefäßes. Stickstoff und Wasserstoff werden hierbei als Nitrid bezw. Hydrid auf der Innenwand des Kolbens niedergeschlagen. Es besteht nun die Gefahr, daß sie durch die überhitzende Wirkung des unstet umherwandernden Bogenansatzpunktes teilweise wieder in Freiheit gesetzt werden; ferner neigt die Zelle, hauptsächlich an der Einschmelzstelle der Stromdurchführung, zum Springen. Um diese Mängel zu vermeiden, hat F. Schröter der Gehlhoffschen Anordnung die heute viel benutzte, in Abb. 95 dargestellte Form gegeben (1914). Ihr Zweck ist: 1. einen Lichtbogen von definierter Länge zu erhalten, damit der Reinigungsprozeß durch Messung von Spannung und Stromstärke der Entladung dauernd bequem verfolgt werden kann; 2. den erreichten Reinheitsgrad durch spektrale Beobachtung der positiven Lichtsäule kontrollieren zu können; 3. das Gas für das zu füllende Gefäß in der Nähe der Anode zu entnehmen, wo die Konzentration etwaiger allerletzter Fremdgasspuren am geringsten sein muß; 4. das Kalium, welches lediglich durch den Bogenansatzpunkt verdampft wird, elektrisch und mechanisch von der Gefäßwand und den auf ihr gebundenen Verunreinigungen zu isolieren; 5. bei Hitzesprüngen des Kaliumtroges

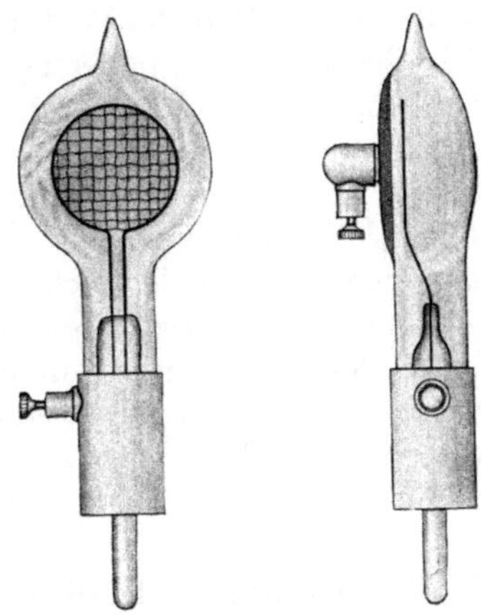

Abb. 96. Maschenphotozelle. Hergestellt von O. Preßler, Leipzig.

[1] Gehlhoff, G.: Verh. d. D. Phys. Ges. Bd. 13 (1911) S. 271.

die Zelle ungestört weiter benutzen zu können. Schröters Konstruktion wurde später von J. Richter, Telefunken, in wesentlichen Punkten verbessert. Sie ermöglicht die reibungslose Abwicklung langer Versuchsreihen, bei denen die Reinheit des Edelgases dauernd sichergestellt und nachgewiesen werden soll.

Eine nach den vorstehend berührten Erfahrungen und Erkenntnissen hergestellte Alkalimetallzelle zeigt die Abb. 96 in Vorder- und Seitenansicht. Dieses Fabrikat stammt von O. Preßler, Leipzig. Auffallend sind die flachgedrückte, linsenartige Form des Glasgefäßes — für Ultraviolettarbeiten kann die Zelle ebenso in Quarz ausgeführt werden — und die dem Spiegel des Kaliumkörpers planparallel gegenüberstehende Drahtmaschenanode. Sie liefert ein sehr homogenes Saugfeld und verringert dadurch im Stadium der Vorglimmentladung (S. 164) die Gefahr vorzeitigen Durchschlages[1]. Die von anderer Seite (Telefunken, Bell-Laboratorium u. a.) angefertigten Zellen mit massiver Alkalimetallschicht und Hydrierung stimmen mit dem Preßlerschen Aufbau grundsätzlich überein.

C. Zellen mit monoatomaren Schichten.

In neuester Zeit haben die auf S. 167 erwähnten einatomigen Alkalimetallschichten für die Herstellung konstanter gelb- und rotempfindlicher Photozellen große Bedeutung gewonnen. Bei dem bisher betrachteten Bautypus wirkte die Anwesenheit solcher unsichtbaren Häute oft störend durch die mangelhafte elektrische Isolation zwischen Anode und Kathode. Dies galt besonders für den Fall des Zäsiums, das durch niedrigen Schmelzpunkt und hohen Dampfdruck ausgezeichnet ist, und erschwerte die Ausnutzung seiner günstigen Grenzwellenlänge. Von N. R. Campbell und L. R. Koller sowie von anderen Forschern sind aber in den letzten Jahren Adsorptionsmethoden durchgearbeitet worden, die den Nebenschluß auch bei Zäsium- oder Rubidiumkathoden zu vermeiden gestatten[2]. Das Alkalimetall wird auf ein anderes, als Träger dienendes Metall in blankem, besser in oxydiertem Zustande, z. B. Magnesium, Kupfer, Silber, Wolfram, hindestilliert und darauf die ganze Zelle an der Pumpe so lange geheizt, bis der nicht adsorbierte Überschuß verflüchtigt ist. Nur die einatomige, die Oberfläche des Trägers gleichmäßig überziehende Schicht bleibt unter dem bindenden Einfluß der elektrischen Molekularkräfte fest haftend zurück, trotz der hohen Temperatur. Ist das Grundmetall blau anoxydiertes Silberblech und wird dieses bei etwa 200° C vorsichtig der Wirkung von Zäsiumdampf ausgesetzt, so läßt der Vorgang sich an der Braunfärbung des Bleches gut verfolgen.

Bisher scheint es allerdings, als seien die monoatomaren Alkalimetallschichten nur in ziemlich hohem Vakuum haltbar, während sie bei Gegenwart von viel Gas durch das Bombardement der positiven Ionen häufig rasch zerstört werden. Infolge dieser beschränkenden Bedingung für die Ausführung reicht die praktische Leistung der neuen Zellen nicht durchweg an diejenige gasgefüllter, hydrierter Zellen mit massiver Kaliumelektrode heran. Bedenkt man aber,

[1] D.R.P. Nr. 475 113 vom 9. I. 1926, Erf. A. Karolus und F. Schröter.

[2] Vgl. z. B.: Campbell, N. R.: Phil. Mag. Bd. 6, Ser. 7 (1928) S. 633—648; Zworykin, V. K. u. E. D. Wilson: Journ. Opt. Soc. Amer. Bd. 19 (1929) S. 81—89 und Ives, H. E.: Astrophys. Journ. Bd. 64 (1926) S. 128—135.

welchen Verstärkungsfaktor bei den letzteren die weitergehend ausgenutzte Ionisation liefert, so erkennt man die bedeutende Steigerung des primären Photoeffektes der monoatomaren Zäsiumüberzüge, eine Folge der relativ zum Kalium vergrößerten Gelb- und Rotempfindlichkeit. Obwohl die Methode der extrem dünnen Schichten das selektive Maximum im speziellen Falle zu kürzeren Wellen verschieben kann — bei Zäsium-Magnesiumzellen rückt es z. B. in die Gegend 490 $\mu\mu$, während es für reines Zäsium etwa bei 540 $\mu\mu$, dagegen bei Zäsium-Silberoxydzellen bei 600 $\mu\mu$ liegt — fällt doch die Grenzwellenlänge unbedingt in den Hauptenergiebereich des weißen Lichtes.

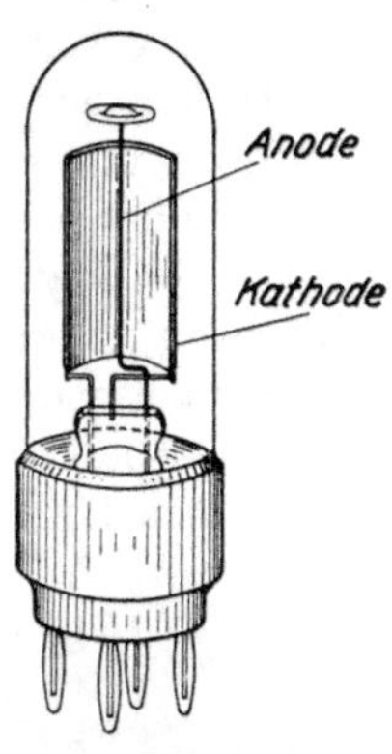

Abb. 97. Photozelle mit einatomiger Zäsiumschicht (Typ General Electric Co.).

Abb. 97 zeigt eine von englischen und amerikanischen Firmen in verschiedenen Typen und Größen angefertigte Einatomschichtzelle. Die Zäsiumhaut befindet sich auf der als halboffener Zylinder gebogenen Blechelektrode, die meist aus oxydiertem Silber besteht. Die Anode ist ein zentraler Stab und trägt am oberen Ende eine Kapsel, die zur Entwicklung des Alkalimetalles durch Wirbelstromerhitzung im Hochvakuum dient (vgl. S. 171). Die Zelle wird evakuiert oder mit Argonfüllung unter sehr geringem Drucke benutzt. Ihre maximale Empfindlichkeit liegt in der Regel nahe bei 600 $\mu\mu$. Etwas anders geartete Modelle wurden in Deutschland von W. Kluge (A.E.G.) für das Klangfilmverfahren[1] entwickelt. Bei ihnen ist die einatomige Kalium- bezw. Zäsiumschicht an der Innenwand des Kolbens auf einem oxydierten Silberspiegel aufgebracht und durch dessen Sauerstoffgehalt für langwelliges Licht aktiviert. Abb. 98 gibt die Ansicht der von O. Preßler, Leipzig, hergestellten „Zäsopreßzelle" mit Maschenelektrode. Sie gehört zum gleichen Typus wie die Zelle nach Abb. 97. Die Empfindlichkeit für Glühlampenlicht kommt im hochevakuierten Zustande derjenigen der gasgefüllten Kaliumzelle bereits ziemlich nahe. Neuerdings ist es ferner gelungen, etwas Neon einzuführen und dadurch den Photostrom noch zu verstärken.

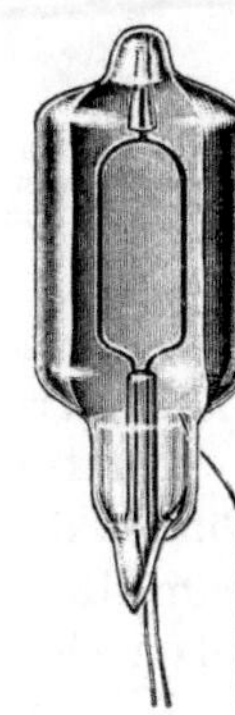
Abb. 98. „Zäsopreß"-Zelle der Fa. O. Preßler, Leipzig.

D. Sperrschichtphotozellen.

In ihrer ursprünglichen Form[2] ist die Kupfer-Kupferoxydulzelle, deren Grundlagen auf S. 165 erörtert wurden, als „Hinterwandzelle" charakterisiert. Der Halbleiterüberzug ist hierbei so dünn, daß er von der Strahlung durchdrungen wird; der Effekt spielt sich in der Sperrschicht zwischen dem Oxydul und der rückwärtigen Mutterkupferplatte ab, die sich infolgedessen negativ auflädt. Als positive Gegenelektrode dient z. B. eine das Licht zwischen ihren Windungen durchlassende Drahtspirale, die mittels einer aufgeschraubten Glasplatte auf den Halbleiter gepreßt wird, alternativ ein Metallnetz, ein die Fläche umschließender Ring oder dergl. Zur Erzeugung der Cu_2O-Haut wird das oxydfreie

[1] Kluge, W.: ZS. f. techn. Phys. Bd. 12 (1931) S. 649—661.
[2] Brit. Pat. Nr. 277610 vom 14. IX. 1926 (The Westinghouse Brake and Saxby Signal Co.), Erf. P. H. Geiger.

Kupferblech in einer sauerstoffhaltigen Atmosphäre auf geeignete Temperatur erhitzt. Einige der im Handel erhältlichen Hinterwandzellen benutzen einfach das Material der Trockengleichrichter. Um den Übergangswiderstand zwischen der positiven Elektrode und dem Halbleiter zu verringern, kann die Cu_2O-Haut nach ihrer Bildung auf der Außenfläche wieder etwas reduziert werden.

Da von der einfallenden Strahlung ein erheblicher Teil des Spektrums durch Absorption in den oberen Schichten des Kupferoxyduls verloren geht, wird die Empfindlichkeit des Hinterwandeffektes nicht optimal ausgenutzt. Eine glücklichere Lösung stellt in dieser Hinsicht die von Schottky und Duhme angegebene „Vorderwandzelle" nach Abb. 99 dar. Der auf dem Mutterkupfer aufgewachsene halbleitende Überzug ist hier wesentlich dicker, da er vom Lichte nicht durchdrungen zu werden braucht, und im Wege der Kathodenzerstäubung mit einem äußerst feinen, durchsichtigen Niederschlage von Gold bedeckt. Die Sperrschicht liegt jetzt zwischen der Goldhaut und der Oberfläche („Vorderwand") des Oxyduls. Da die Elektronen unter dem Einfluß der photomotorischen Wirkung stets vom Halbleiter zum Metall übertreten — entgegen ihrer Durchlaßrichtung beim Gleichrichtereffekt dieser Kombination —, so wird beim Vorderwandtypus die Goldelektrode negativ, die Zelle also umgekehrt polarisiert wie beim Hinterwandtypus. Zugleich ist, dank der verbesserten Ausnutzung des Lichtes, die Empfindlichkeit etwa verzehnfacht. Sie hat ein breites Maximum im Grün (540 $\mu\mu$), während die Hinterwandzelle, bei der die Kupferoxydulschicht als Rotfilter wirkt, vom Spektrum der künstlichen Temperaturstrahler nur Wellen oberhalb 600 $\mu\mu$ verwertet. Am kräftigsten spricht die Hinterwandzelle im Infrarot bei $\sim$ 900 $\mu\mu$ an.

Abb. 99. Sperrschicht-Photozelle (Vorderwandtype Gold-Kupferoxydul) von Siemens & Halske.

Der Innenwiderstand dieser Systeme hängt von der Dicke der Oxydulhaut ab. Da die halbleitende Zwischenschicht beim Vorderwandtypus stärker ist als beim Hinterwandtypus, so muß bei dem ersteren auch der innere Widerstand R_i entsprechend höher sein. Nach Angaben von Schottky bezw. von Lange können für 1 cm² wirksame Fläche im Mittel 15000 Ω bezw. 2000 Ω angenommen werden. Diese Ohmwerte fallen cet. par. proportional der Zahl der Quadratzentimeter, so daß bei einer Vorderwandzelle von 50 cm² mit $R_i = \sim 300\ \Omega$ gerechnet werden kann. Andererseits ist die schädliche Kapazität der Sperrschichtzellen infolge ihres kleinen Elektrodenabstandes beträchtlich. Wir kommen auf die Bedeutung dieser Verhältnisse im Abschnitt 3 zurück.

Die Herstellungstechnik dieser neuen Zellen befindet sich heute noch in den ersten Anfängen. Von der systematischen Erforschung der in Betracht kommenden Halbleitersubstanzen, der günstigsten Schichtdicken, der Struktureinflüsse, der präparativen Fragen usw. sind bedeutende Fortschritte zu erwarten. Als Entwicklungsergebnisse der jüngsten Zeit sind eine Selen-Sperrschichtzelle von Bergmann[1] und eine sehr leistungsfähige Zelle von Falkenthal zu nennen. Über die letztgenannte sind jedoch Einzelheiten noch nicht bekannt geworden.

[1] Bergmann, L.: Phys. ZS. Bd. 32 (1931) S. 286.

E. Spezialformen und -ausführungen.

Wie weiter vorn erwähnt, ist die lichtelektrische Wirkung nur durch den absorbierten Anteil der einfallenden Strahlung bedingt. Um diesen zu erhöhen, ist die Ausbildung der Zelle als Hohlraum mit spiegelnden Innenwänden, nach Art des „schwarzen Körpers", vorgeschlagen worden. Das durch eine kleine Öffnung hineingelangende Licht wird viele Male hin- und herreflektiert und so schließlich vollständig verschluckt. Bei der Schraubenlinienabtastung des Phototelegraphen ist die Anwendung einer solchen Zelle denkbar, falls der Lichtkegel feststeht. Das von ihm beleuchtete Rasterelement kann dann nämlich durch eine Optik auf die Eintrittsstelle der Gefäßwand abgebildet werden. Man könnte diese Stelle auch in den zweiten Brennpunkt eines vervollständigten Ellipsoides nach Abb. 26 rücken und so, im Gegensatz zur erstgedachten Anordnung, fast alle vom Bilde diffus zurückgeworfenen Strahlen ausnutzen. Beim Fernsehen dagegen macht die räumliche Bewegung des abtastenden Lichtbündels eine entsprechende Vorkehrung unmöglich.

Die Hohlraumform hat für die Einatomschichtzellen vermutlich größere Bedeutung, als für die Kaliumhydridzellen mit blau gefärbter Oberfläche nach Abb. 96, da die Kathoden der ersten Art stärker spiegeln. Der kolloidale Kaliumhydridüberzug reflektiert weniger, und der Gewinn, den die wiederholte Zurückwerfung des Lichtes hier bringen könnte, wäre so gering, daß er in der Praxis durch den schlechteren Wirkungsgrad der Optik wettgemacht würde. Die beste Lösung bleibt in jedem Falle die auf vollständigste Erfassung des Reflexionskegels abzielende Ringzelle, die bereits in Kap. I (Abb. 25) beschrieben wurde, bezw. deren Äquivalent nach Abb. 26.

Um Photoströme unverzerrt und betriebsicher verstärken zu können, arbeitet man heute gern mit einer Hilfsträgerfrequenz, welche durch die Bildhelligkeit moduliert wird (s. Kap. II und VII). Die Einführung einer solchen Frequenz auf elektrischem Wege ist möglich durch Anordnung eines Steuergitters zwischen Anode und Kathode der Zelle. Sie wurde für Fernbildschrift von O. Schriever, für Fernsehen von V. K. Zworykin angegeben[1]. Sämtliche Elektroden müssen gut gegeneinander isoliert sein. Legt man zwischen Gitter und Kathode eine Wechselspannung, so hat diese bei Belichtung im Anodenkreise einen Wechselstrom gleicher Frequenz zur Folge, dessen Amplitude sich entsprechend der Beleuchtungsstärke ändert. Bei hohen Schwingungszahlen würde dann jedoch ein ungesteuerter Blindstrom über die Gitteranodenkapazität der Zelle fließen und ein schädliches, auch im verdunkelten Zustande auftretendes Wechselpotential am Eingange des Verstärkers hervorrufen. Dieses kann weitgehend beseitigt werden durch ein zwischen den beiden genannten Elektroden eingefügtes, wie bei den gewöhnlichen Verstärkerröhren arbeitendes Schirmgitter (Zworykin). Vollständiger, bei sorgfältiger Ausführung und Abgleichung sogar quantitativ, wirkt die in Abb. 113 dargestellte, auf S. 192 besprochene Neutralisationsschaltung.

Bei einer Photozelle mit Steuergitter kann die Anodenspannung E_a — entsprechend dem bekannten, für die Technik der Glühelektronenröhren grundlegenden Gesetz — nur mit einem von den geometrischen Verhältnissen, dem Durchgriff D, abhängigen Teilbetrage $D \cdot E_a$ auf die an der Kathodenoberfläche

[1] Dtsch. Patentanmeldung T 32502 VIII/21a vom 15. X. 1926, Erf. O. Schriever.

ausgelösten Ladungen einwirken. Es ist also möglich, durch eine auf schwach negativem Potential gegenüber der Kathode befindliche, engmaschige Netzelektrode, die sich über den ganzen Querschnitt der Entladungsbahn erstreckt, eine zu große Beschleunigung der Elektronen unmittelbar nach ihrem Austritt zu vermeiden, so daß sie erst nach dem Durchfliegen der Gitterlücken, in dem Raume zwischen Netz und Anode, die zur Stoßionisation nötige Energie erlangen. Als Ionenfänger wirkend, erlaubt das Netz, die Bildung einer selbständigen Entladung zu begrenzen und höhere Stromstärken (Vorglimmentladung) nutzbar zu machen[1]. Einer solchen Elektrode kann natürlich außer der passend gewählten Gleichspannung auch die zur Einführung der Hilfsträgerfrequenz dienende Wechselspannung zugeführt werden.

Eine andere Zellenform wird zur Erzielung möglichst kräftiger Photoströme von L. Dunoyer [2] angewandt. Durch Verteilen der lichtempfindlichen Schicht auf einer Halbkugel und zentrale Anordnung eines Drahtes als Anode wird zwar kein homogenes elektrisches Feld, wohl aber eine nach allen Richtungen gleichmäßige Divergenz der Kraftlinien erhalten. Auch bei dieser Anordnung soll der frühzeitige Einsatz des Glimmens vermieden werden.

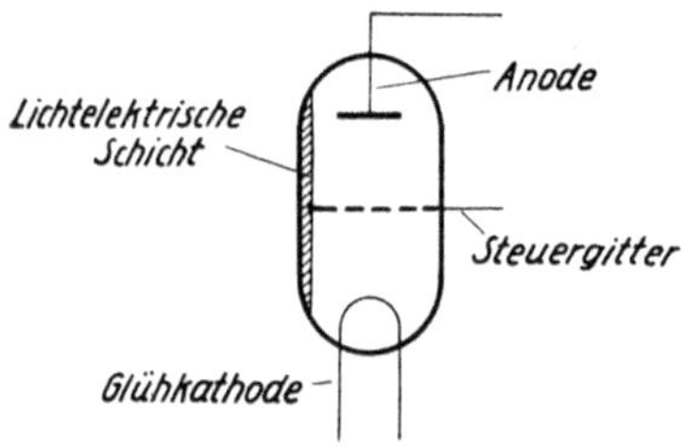

Abb. 100. Kombination von Photozelle und Elektronenröhre in einem Glaskörper.

Auf der Steuerung einer Vorglimmentladung (vgl. S. 164) durch Photoelektronen dürfte die im Vergleich zu normalen Zellen um eine Größenordnung höhere Empfindlichkeit der von Patin entwickelten Type beruhen. Über ihren Aufbau sind Einzelheiten noch nicht bekannt geworden; überraschenderweise sollen sich dabei trotz Vorglimmlicht und trotz hoher Betriebsspannung (sehr geringer Gasdruck!) die neueren monoatomaren Zäsiumkathoden als haltbar erweisen.

Die Verbindung von Photo- und Verstärkereffekt in einer einzigen, hoch evakuierten Röhre liegt beim Phototron vor (Zworykin). Abb. 100 zeigt das Schema eines solchen Dreielektrodenrohres mit Glühkathode und photoelektrisch beeinflußtem oder aktiviertem Gitter[3]. Der Elektronenaustritt an der lichtempfindlichen Schicht lädt das Gitter stärker positiv auf, was ein durch Steilheit, Durchgriff und Anodenspannung bestimmtes Ansteigen des Anodenstromes zur Folge hat. Die eleganteste Durchführung dieses Prinzips rührt von Jobst, Richter und Wehnert (Telefunken) her, die den Photoeffekt einer äußerst dünnen Schicht von Erdalkalimetalloxyd ausnutzen[4]. Die Zelle ist nach Art der für Verstärkerzwecke entwickelten Flachröhren mit Außensteuerung gebaut (Abb. 101). Der bei kaum sichtbarer Rotglut schon genügend emittierende Oxydfaden, dessen schwaches Eigenlicht die gewünschte Funktion nicht stört, befindet sich nahe der Glaswand des Rohres. Mit dieser Anordnung sind die günstigsten Durchgriffsverhältnisse für den Verstärkungsvorgang geschaffen.

---

[1] D.R.P. Nr. 475 113 vom 9. I. 1926, Erf. A. Karolus und F. Schröter.

[2] Dunoyer, L.: Journ. de Phys. et le Radium Bd. 10 (1929) S. 89—90; Bull. Soc. Franç. de Phys. Nr. 278.

[3] D.R.P. Nr. 492 338 vom 10. VII. 1926, Erf. V. K. Zworykin.

[4] Dtsch. Patentanmeldung T 35 386 VIII/21 g vom 4. VII. 1928, Erf. G. Jobst, J. Richter und W. Wehnert.

Die durch spurenweise zerstäubtes Oxyd vom Faden aus aktivierte Wandung steuert mit ihrem bei Belichtung sich verändernden Potential den zur Anode übergehenden Glühelektronenstrom. Daher die Bezeichnung Wandladungsphotozelle.

Die genannten Zellen dürften hauptsächlich für langsame Schaltvorgänge Anwendung finden. Ein wesentlicher Einwand gegen sie ist das Wegfallen der Vervielfachung des primären lichtelektrischen Effektes durch Gasionisation, da mit Rücksicht auf die Verstärkerstrecke ein hoher Entlüftungsgrad erforderlich ist. In dieser Hinsicht bietet die Trennung von Photozelle und Verstärkerröhre Vorteile, ohne die störende Kapazität beträchtlich zu vermehren. Ferner bereitet bei den Kombinationszellen die Wahl des richtigen Durchgriffes Schwierigkeiten. Nach dem identisch für Glühelektronenröhren geltenden Gesetz ist die Spannungsverstärkung:

$$\frac{1}{D} \cdot \frac{\mathfrak{R}_a}{R_i + \mathfrak{R}_a},$$

wo D den Durchgriff, $\mathfrak{R}_a$ den Außenwiderstand, R_i den Innenwiderstand bedeutet. Macht man D zugunsten hoher Verstärkungsgrade klein, so bedingt dies eine soweit positive Vorspannung des Gitters, daß die Potentialverlagerung infolge lichtelektrischer Emission sofort durch neuen Elektronenzutritt von der Glühkathode her kompensiert, d. h. bei Anwendung modulierten Lichtes die sich ausbildende Steuerwechselspannung beträchtlich verflacht wird. Wählt man hingegen D so groß, daß mit stark negativen Gitterspannungen gearbeitet werden kann, so muß man nicht nur mit geringen Verstärkungen zufrieden sein, sondern auch einen äußeren Ausgleichswiderstand zwischen Kathode und Gitter einführen, um die Ausbildung eines steuernden Wechselpotentials überhaupt zu ermöglichen. In diesem Sinne wirkt bei der Wandladungsphotozelle die Leitfähigkeit des Glases. Mit der Notwendigkeit der Gitterableitung ergibt sich aber eine Grenze für die Ausnutzung der Zellen bei höheren Frequenzen durch die Zeitkonstante $R \cdot C$, die durch das Produkt aus dem Ausgleichswiderstand und der Kapazität Gitter/Kathode definiert ist. Mit Rücksicht auf diese Verhältnisse erscheint der Wert der Kombinationszellen für die schnellen Formen der Bildübertragung fraglich, trotz ihrer nach Abb. 101 bestechend einfachen Bauart. Die für stoßartigen Stromeinsatz bei Überschreitung von Schwellspannungen entwickelten lichtelektrischen Anordnungen, die keine amplitudengetreue Wiedergabe der steuernden Stromkurve ermöglichen, sind für die hier in Rede stehenden Zwecke nach dem heutigen Stande der Technik uninteressant (Photozellen in Zusammenschaltung mit Glimmrelais nach Geffcken und Richter, Knowles u. a., photoelektrisch gesteuertes Thyratron u. dergl.).

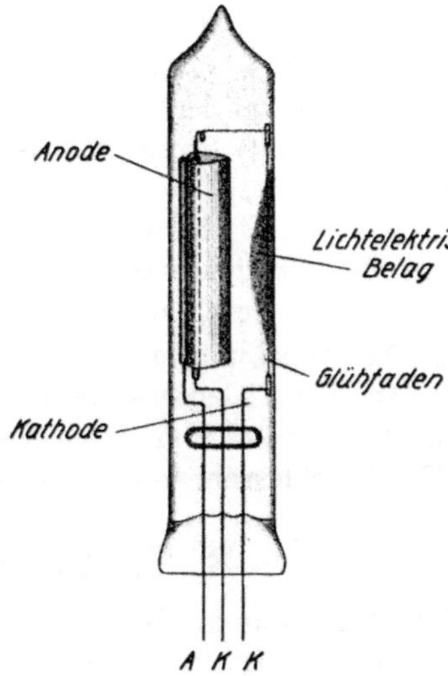

Abb. 101. Telefunken-Wandladungs-Photozelle.

3. Die Zelle als lichtelektrischer Generator.

A. Allgemeines.

Bei der Belichtung, die während der Abtastung eines Bildes unregelmäßig schwanken und alle Frequenzen zwischen 0 und ∞ enthalten kann (übertragen wird das Intervall von $n \cdot k$ bis $v/2f$), arbeitet die Zelle als Generator auf einen Außenwiderstand, dessen variabler Spannungsabfall den Photoverstärker steuert. Es treten daher alle für diese Generatorfunktion wichtigen Fragen auf; in erster Linie folgende:

1. Der technische Wirkungsgrad des Lichtumsatzes in Abhängigkeit von der spektralen Empfindlichkeitsverteilung der Zelle und von der Zusammensetzung der einfallenden Strahlung.

2. Die statische Charakteristik, die den Verlauf der Stromstärke als Funktion der Belichtung bei der Frequenz Null darstellt. Hierfür ist z. B. beim Elster- und Geitelschen Typus maßgebend, ob die Zelle hoch evakuiert oder gasgefüllt ist.

3. Die dynamische Charakteristik, die Abhängigkeit der Amplitude von der Frequenz der Belichtung, bedingt durch die störende Eigenkapazität der Zelle und besonders durch materielle Trägheitseffekte.

4. Die Anpassung an den Außenwiderstand zum Zwecke möglichst guter Ausnutzung der Generatorleistung.

5. Die Kopplung mit dem Verstärker unter Beachtung von Blindströmen und Nebenschlüssen.

B. Technischer Wirkungsgrad.

Ist Q die von der lichtelektrisch empfindlichen Schicht in der Zeiteinheit umgesetzte Energiemenge (gr.cal/s) und N die Zahl der darin enthaltenen Strahlungsquanten $h \cdot \nu$, deren jedes ein Elektron auslöst, so wird der „energetische Wirkungsgrad" des Photoeffektes nach der Gleichung:

$$N \cdot h \cdot \nu = Q$$

ausgedrückt durch:

$$N/Q = 1/h\nu = \lambda/hc \quad \text{(vgl. S. 161).}$$

Demnach ist N/Q der Wellenlänge proportional. Je länger die Grenzwelle λ_0, desto größer der Ertrag des Energieumsatzes.

Diese Beziehung wirkt sich besonders bei den neuen Sperrschichtzellen aus, die bis ins Infrarot hinein empfindlich sind und daher vielleicht für die Bildabtastung mit solchen unsichtbaren Wärmestrahlen Bedeutung haben, soweit für diese das Reflexionsvermögen der zu übertragenden Objekte demjenigen im sichtbaren Spektrum ähnlich ist. Von nicht minderer Wichtigkeit ist der vorstehende Satz für den Elster- und Geitelschen Zellentypus.

Wie bereits in Abschnitt 1 erwähnt wurde, verschiebt sich bei den Alkalimetallen das selektive Empfindlichkeitsmaximum mit steigendem Atomgewicht zu längeren Wellen (vgl. Abb. 87). Gleichzeitig wandert auch λ_0 immer mehr zum infraroten Ende, da die Austrittsarbeit der Elektronen abnimmt. Beide Einflüsse erhöhen die Kalorienausbeute N/Q der Zelle. Vergleicht man nun ferner die auf energiekonstantes Spektrum bezogenen Kurven der Abb. 87 mit der Emissionsverteilung der für Bildabtastung gebräuchlichen Temperaturstrahler (Bogenlampe, Glühlampe), bei denen nach Abb. 102 das Maximum der Strahlung in das rote bezw. infrarote Gebiet fällt, so wird ohne weiteres verständlich, daß bei Zäsium oder Rubidium als Photokathode der resultierende Primärstrom pro Lumen erheblich stärker sein muß, als bei Kalium oder Natrium (abgesehen vom Einfluß spezieller Oberflächenbehandlung, der den Unterschied vermindern kann). Die Zellen mit Alkalimetallen höheren Atomgewichtes haben also bei Voraussetzung der genannten „weißen" Lichtquellen grundsätzlich auch einen günstigeren „praktischen" Wirkungsgrad, weil ihre Spektralkurve der Zusammensetzung der einfallenden Strahlung besser angepaßt ist. Der „technische" Wirkungsgrad ist das Produkt des „energetischen" und des „praktischen" Wirkungsgrades. Er ist auch bei den Halbleiter-Sperrschichtzellen beträchtlich, deren Empfindlichkeitsverteilung sich mehr dem Zäsium als dem Kalium nähert und ihr Maximum zum Teil im Infrarot hat.

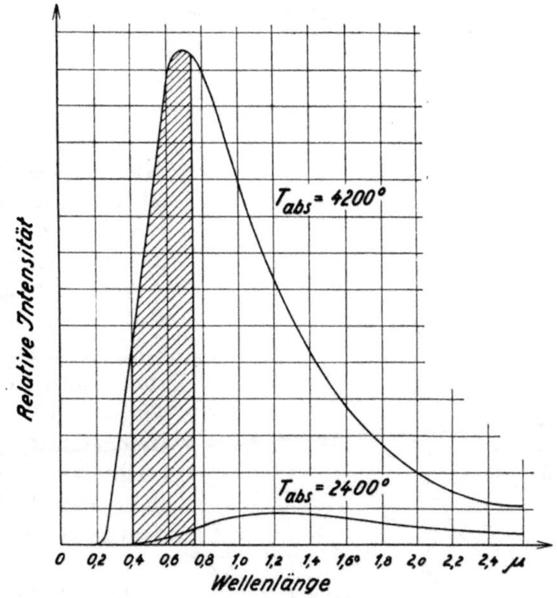

Abb. 102. Spektrale Energieverteilung von schwarzen Temperaturstrahlern. Bogenlampe, K = 4200°, und Glühlampe, K = 2400°. Schraffierte Fläche: Gebiet des sichtbaren Lichtes.

Absolute Werte für die Reihe der Alkalimetalle zu geben, ist bei dem heutigen Stande der Photozellentechnik noch nicht möglich. Die Höhe der selektiven Maxima schwankt bei gleichem Kathodenmaterial mit der Art der Sensibilisierung, mit dem Alter, mit der Vorbelichtung und vielen anderen Faktoren. Aber innerhalb gewisser Grenzen bleibt der beschriebene gesetzmäßige Gang doch bestehen. Zäsium darf daher als das geeignetste Element gelten. Der Verfasser hat unter gleichen Bedingungen (Nitralampe) mit Zäsiumschichten im Hochvakuum 4mal soviel Sättigungsstrom erhalten wie mit Kaliumschichten. Die folgende Tabelle gibt einige Erfahrungswerte, sämtlich auf völlig evakuierte Zellen bezüglich. Bei Gasfüllung ist ein Vergleich nicht ohne weiteres möglich, da die verschiedenen Zellenarten in Anbetracht der individuellen Haltbarkeitseigenschaften ihrer lichtempfindlichen Fläche die Verstärkung durch Ionisation in sehr unterschiedlichem Maße zulassen und ferner die Messung leicht unter Bedingungen erfolgt, die in der Praxis nicht aufrechterhalten werden können[1].

[1] Dies scheint z. B. der Fall zu sein bei den Erdalkalimetallzellen, über die Th. W. Case bei der Tagung der Britischen Optischen und Physikalischen Gesellschaften, Juni 1930, berichtet hat. Case verwendet eine durch Zerstäubung erzeugte Bariumoxydschicht, die durch Glimmentladung in Wasserstoff zum Teil in Suboxyd verwandelt, zum Teil hydriert wird. Außer dem selektiven Effekt des Bariums im Ultraviolett bildet sich hierbei ein

Tabelle 9.

Zellentype	A/Lumen im Hochvakuum	
1. Kalium, hydriert	$0{,}7 \times 10^{-6}$	sämtlich bei Glühlampenlicht
2. Zäsium, hydriert	$3{,}1 \times 10^{-6}$	
3. Zäsium, Einatomschicht auf Silberoxyd	10×10^{-6}	
4. Zäsium, Einatomschicht auf Zäsiumoxyd	12×10^{-6}	
5. Zäsium, Einatomschicht auf Silberoxyd nach Sewig (Osram), mit 2. Silberschicht[1]	40×10^{-6}	
6. Kalium, Einatomschicht auf Silberoxyd	3×10^{-6}	
7. Halbleiter-Sperrschichtzelle (Vorderwand)	2 bis 10 $\times 10^{-5}$	

Eine weitere Eigenart des Zäsiums, die (abgesehen von einem speziellen Nachteil bei der Personenabtastung mit sehr hellem Lichtpunkt, vgl. S. 84) für Fernsehen interessant erscheint, ist die gute Übereinstimmung der Kurve seines selektiven Effektes mit der Empfindlichkeitsverteilung des menschlichen Auges im Farbspektrum (Abb. 103, *K* Kalium, *C* Zäsium, *A* Auge). Ausgenutzt wird dieser Zufall bei der objektiven Photometrie von Glühlampen. Vorausgesetzt, daß die Charakteristik der abtastenden Fernsehzelle sich mit der Kurve C der Abb. 103 hinreichend deckt, wird die Helligkeitsabtönung auf dem unfarbig beleuchteten Empfangsschirm im Verhältnis zum naturfarbigen Original gefühlsmäßig richtig wiedergegeben werden.

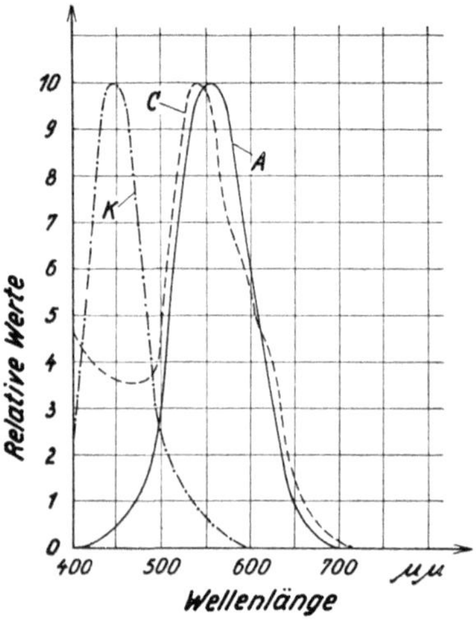

Abb. 103. Empfindlichkeit des menschlichen Auges für die Spektralfarben (Kurve *A*); selektiver Effekt von Kalium (Kurve *K*) und Zäsium (Kurve *C*). Jede Kurve gilt für ein Spektrum konstanter Intensität bei allen Wellenlängen. Der Ordinatenmaßstab für diese Kurven ist nicht derselbe.

C. Statische Charakteristik.

Die Merkmale der bei Dauerlicht gemessenen „statischen" Kennlinien verschiedener Zellentypen sind bereits im Abschnitt 1 dieses Kapitels besprochen worden. Wie Elster und Geitel für das ganze Intervall von $6 \cdot 10^{-4}$ Lux bis $3 \cdot 10^{4}$ Lux nachgewiesen haben, herrscht im Hochvakuum strenge Proportionalität zwischen Sättigungsstromstärke und Lumenzahl. Voraussetzung ist hierfür natürlich die Vermeidung von Raumladungen und gitterartig sperrenden Wandladungen durch genügend hohe Saugspannung und Ausdehnung des Anodennetzes über die ganze emittierende Fläche, zum Zwecke, die Gefäßwandung gegen Elektronen abzuschirmen. Auch bei den ohne Vorspannung

breites Maximum im Gelb aus. Bei Wasserstoffüllung wurden mit 160 V Saugspannung $98 \cdot 10^{-6}$ A/Lumen erreicht. Die Zellen dürften aber in diesem Zustande schwer zu reproduzieren sein und haben außerdem den Nachteil, daß ihre Empfindlichkeit in der Dunkelheit reversibel zurückgeht. Über ihre Benutzung für Bildübertragung ist nichts bekannt; für Tonfilmwiedergabe sollen sie sich bewährt haben.

[1] Diese Zelle wird hergestellt, indem auf eine dünne Zäsiumschicht mit Silberoxydunterlage nachträglich ein äußerst feiner Überzug von metallischem Silber aufgebracht wird, vgl. Asao, S. und M. Suzuki: Proc. Inst. Radio Eng. Bd. 19 (1931) S. 655—658.

arbeitenden Halbleiterschichtzellen ist nach Abb. 93 die Beziehung zwischen Photostrom und Lichtstrom ideal geradlinig.

Bei den gasgefüllten Alkalimetallzellen dagegen, in denen sich dem primären Effekt eine Ionenbewegung überlagert, ist das lineare Gesetz nur innerhalb gewisser Grenzen erfüllt. Der Saugspannung ist durch das Minimumpotential der Glimmentladung eine Grenze gesetzt, die sich mit steigender Belichtung nach unten verschiebt. Hierdurch sowie durch Geschwindigkeitsverluste der Elektronen vor der Anode können Raumladungen zur Ausbildung kommen, die sich bei Schwankungen der Helligkeit ändern und zugleich die Proportionalität von Photostrom und Lichtstrom in bestimmten Intensitätsbereichen merklich

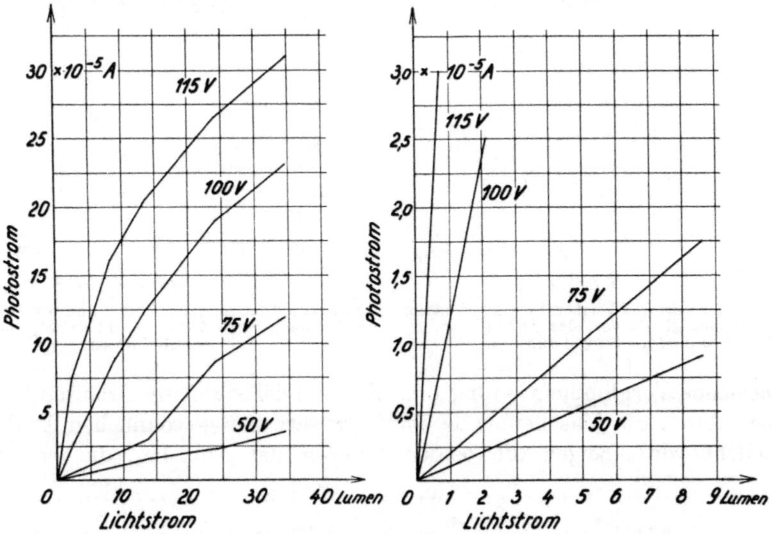

Abb. 104. Gasgefüllte Photozelle. Photostrom in Abhängigkeit von der Belichtung, Parameter: Saugspannung.

stören. Als Beispiel seien einige ältere Messungen von J. Richter wiedergegeben (Abb. 104). Während bei starker Beleuchtung (10 Lumen bis 40 Lumen) erhebliche Abweichungen vorliegen (in die für höhere Voltzahlen gefundenen Kurven geht bereits der Spannungsabfall im äußeren Widerstande des Zellenkreises ein), ist zwischen 10^{-2} Lumen und 10 Lumen praktisch vollständige Geradlinigkeit aller Charakteristiken erreicht. Die Reflexionsbildabtastung arbeitet aber beim Fernsehen nicht selten mit noch kleineren Beleuchtungsstärken. Hierauf beziehen sich die Kurven der Abb. 105, deren Charakter sich demjenigen nach Abb. 91 nähert.

In Anbetracht der stets schwachen photoelektrischen Ströme sucht man die Verstärkerwirkung der Gasionisation möglichst weitgehend durch Anwendung hoher Saugspannungen auszunutzen. Die in dem praktischen Arbeitsbereich unterhalb des Durchbruches der selbständigen Entladung geltende vollständige Charakteristik $[J = f\,(E, L)]$ läßt sich nach F. Schröter und W. Ilberg[1] durch die empirische Gleichung:

$$J = \frac{a \cdot E}{G - E} \cdot L$$

[1] Schröter, F. u. W. Ilberg: Phys. ZS. Bd. 30 (1929) S. 803.

recht gut darstellen (Abb. 106). Hierin bedeutet I die Stromstärke, L die Beleuchtungsstärke und E die zwischen Anode und Kathode herrschende Saugspannung; a und G sind zwei jeder Photozelle eigentümliche individuelle Konstanten. $G > E$ entspricht fast genau der Glimmspannung. Bei vorsichtiger Annäherung von E an den Wert von G und bei geeigneter Form und Ausdehnung der Saugelektrode, wie in Abb. 96, tritt die bereits auf S. 164

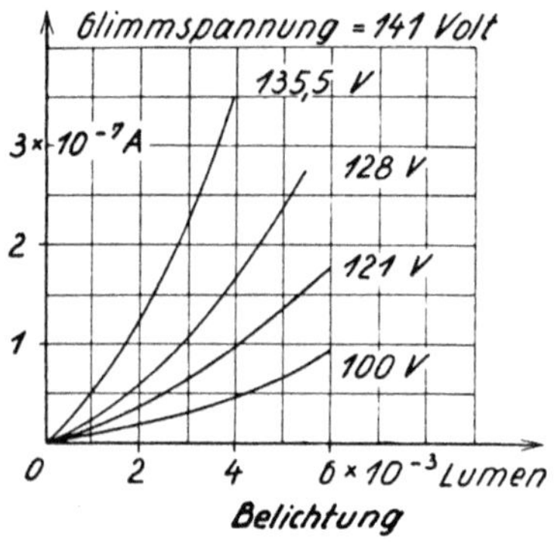

Abb. 105. Gasgefüllte Photozelle. Photostrom in Abhängigkeit von der Belichtung, Parameter: Saugspannung.

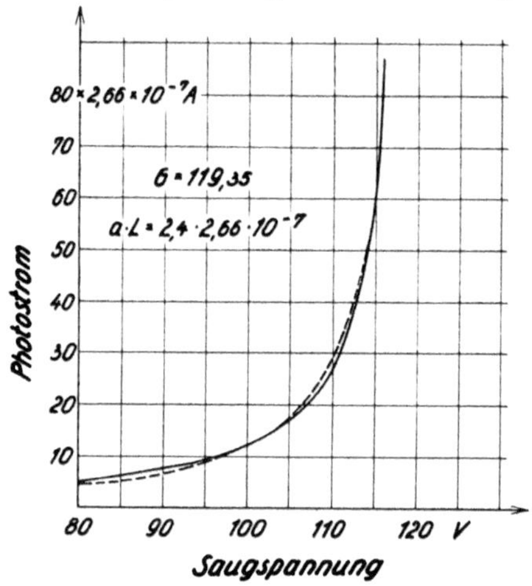

Abb. 106. Charakteristik einer gasgefüllten Photozelle (nach Schröter und Ilberg); Lichtstrom = 0,7 Lumen.

beschriebene Vorglimmentladung ein. Ein wieviel stabileres Arbeiten in diesem Gebiete durch die Maschenanode im Gegensatz zur gewöhnlichen Drahtspitze ermöglicht wird, zeigen die beiden Kurven der Abb. 107, die bei gleicher

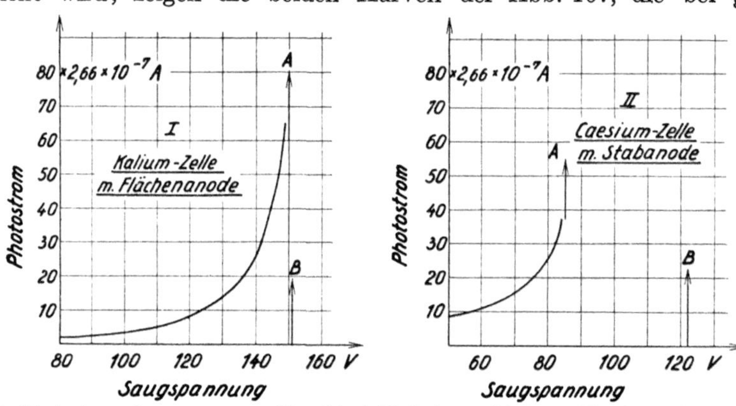

Abb. 107. Photostrom-Saugspannungs-Charakteristik bei verschiedenen Elektrodenformen. Durch die Pfeile A ist der Glimmeinsatz bei Belichtung, durch die Pfeile B der Durchbruch der selbständigen Glimmentladung ohne Belichtung angedeutet. Lichtstrom = 0,7 Lumen.

Beleuchtungsstärke aufgenommen sind. Während der Unterschied des Glimmpotentials im dunklen und im belichteten Zustande bei der flächenhaften Anode (Kurve I) nur 2 V bis 3 V ausmacht, beträgt er bei der stabförmigen Anode (Kurve II) infolge ihrer Spitzenwirkung fast 40 V. Obwohl die Zelle II das lichtelektrisch wirksamere Material enthält, bleibt sie in der Ausnutzbarkeit hinter der Zelle I zurück. Infolge der ungünstigen Verteilung der elektrischen Kraftlinien kommt bei ihr eine Vorglimmentladung überhaupt nicht zur Ausbildung.

Für die Lage der statischen Stromspannungscharakteristik sind bei diesen Photozellen noch der Abstand zwischen Anode und Kathode (a) und der Druck der Gasfüllung (p) maßgebend. Als optimale Elektrodenentfernung gibt L. R. Koller[1] 10 mm bis 15 mm an. Verfasser benutzt auf Grund älterer, nicht veröffentlichter Messungen von J. Richter in den Zellen mit Maschenanode einen Abstand von ungefähr 8 mm bis 9 mm. Bei konstanter Beleuchtung ist dann die Lage der Charakteristik in eigentümlicher Weise vom Gasdruck abhängig (Abb. 108). Wird dieser fortgesetzt vermindert, so wandert der steile Anstieg der Stromkurve und mit ihm der Einsatzpunkt der Glimmentladung zu geringeren Saugspannungen, um von einem Wendepunkt ab sich wieder zu höheren Saugspannungen zu verlagern. Die größten Verstärkungen des primären Photostromes sind daher in der Nähe des Umkehrdruckes zu erreichen, in Sonderfällen könnten aber sehr kleine p und a als Glimmhindernis zu abnorm hohen, stabilen E und J führen.

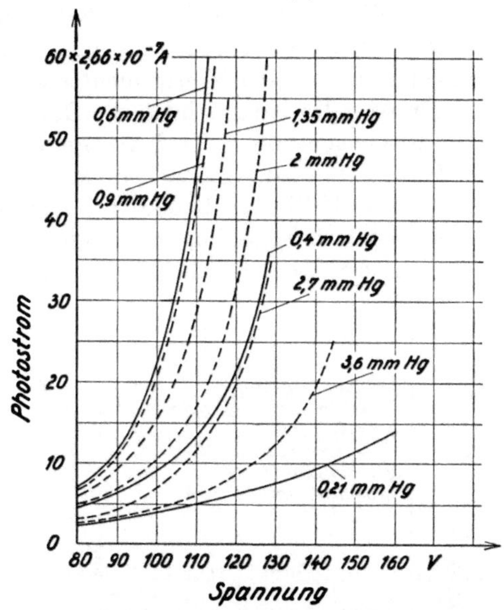

Abb. 108. Strom - Spannungs - Charakteristik in Abhängigkeit vom Druck des Füllgases (Argon); Lichtstrom = 0,7 Lumen.

D. Dynamische Charakteristik.

Die bisher betrachteten Beziehungen der Arbeitsgrößen kennzeichnen einen Gleichgewichtszustand, der sich bei Dauerbelichtung einstellt. Bei der Bildübertragung aber hat die Photozelle die Aufgabe, Schwankungen der Helligkeit, und zwar bis zu sehr hoher Frequenz, unverzerrt und unverzögert wiederzugeben. Wir fragen daher, was sich in diesem Falle an den Eigenschaften des Generators ändert und welche dynamischen Gesetze demnach für seine Leistungsabgabe gelten.

Die Ursachen solcher Änderungen liegen teils in der Eigenkapazität der Zelle, teils in ihrem materiellen, in der Natur des benutzten Stoffsystems begründeten Unvermögen, die statischen Werte auf- und abwärts schnell genug zu erreichen, mit anderen Worten in ihrer Trägheit (vgl. Abb. 85). In bezug auf den erstgenannten Einfluß erscheint es zweckmäßig, seine Behandlung auf den folgenden Unterabschnitt zu verschieben, wo die Kapazität des Generators als Teil des äußeren Scheinwiderstandes, auf den er arbeitet, mitberücksichtigt ist.

Die Trägheit der Selenzelle, die wir schon im Abschnitt 1 kurz berührt haben, ist von so hoher Größenordnung, daß sie für schnelle Bildübertragung selbst bei Anwendung von Kompensationsschaltungen[2] als prohibitiv angesehen

[1] Koller, L. R.: Journ. Opt. Soc. Amer. Bd. 19 (1929) S. 140. Die Anordnung der Elektroden ist nicht näher beschrieben.

[2] Korn - Glatzel: S. 278f.

werden muß. Sie scheint veranlaßt zu sein durch die langsame Rückbildung einer im Lichte rasch entstehenden neuen Modifikation des Metalloides. Einflüsse ähnlicher Art sind bei den Selentellur- und bei den Thallofidezellen vorhanden, nicht aber, soweit man dies heute übersieht, bei dem kristallinischen Halbleitermaterial der Sperrschichtzellen. Die Ablösung der Elektronen und ihr quantitativer Durchtritt durch die Grenzfläche, der primäre Photoeffekt, erfolgt nach Messungen von E. O. Lawrence und J. W. Beams[1] innerhalb weniger als 10^{-8} s. Hochvakuumzellen mit Alkalimetallelektroden sind daher, wie G. F. Metcalf[2] bis zu 10 000 Hz hinauf experimentell bestätigte, frei von jedweder praktisch bemerkbaren Trägheit. Diese wird bei Gasfüllung erst durch die Zeitkonstante der Entionisierung hineingebracht, für welche auf S. 165 hauptsächlich die metastabilen Edelgasatome verantwortlich gemacht wurden. Im Hinblick auf die Aufgabenstellung des Fernsehens ist die Wirkung jenes Zustandes in den letzten Jahren bei Telefunken genauer erforscht worden[3]. Die Versuchsphotozellen wurden von Herrn G. Lubszynski von der Reichs-Rundfunk-Gesellschaft mit Hilfe der Lichtsirene nach W. Schäffer[4] durchgemessen. Dieses Gerät ist ein Generator, der nach der Methode der Unterbrechung eines Strahlenkegels durch eine rotierende Lochscheibe rein sinusförmige photoelektrische Wechselströme von verschiedener Frequenz, aber konstanter Spannung liefert. Er dient zur Aufnahme der Übertragungscharakteristik von Verstärkern oder Kabeln. Die nur durch Lichtintensität und Zellenempfindlichkeit gegebene Wechselamplitude der Lichtsirene wird durch einen verzerrungsfrei arbeitenden Gegentaktverstärker auf meßbare Höhe gebracht. Hat man dessen Verstärkungsgrad mit bekannten Frequenzen einmal ermittelt, so ist es mit Hilfe der Eichkurve möglich, ein zuverlässiges und genaues Bild von der Frequenzabhängigkeit der Photozelle selbst zu gewinnen, d. h. ihre dynamische Charakteristik zu erhalten. Der Ohmsche Belastungswiderstand R_a, über den der lichtelektrische Strom fließt, muß natürlich so gering sein, daß die Eigenkapazität der Zelle sowie die übrige Schaltkapazität für das ganze Schwingungsintervall zu vernachlässigen ist. R_a betrug bei den

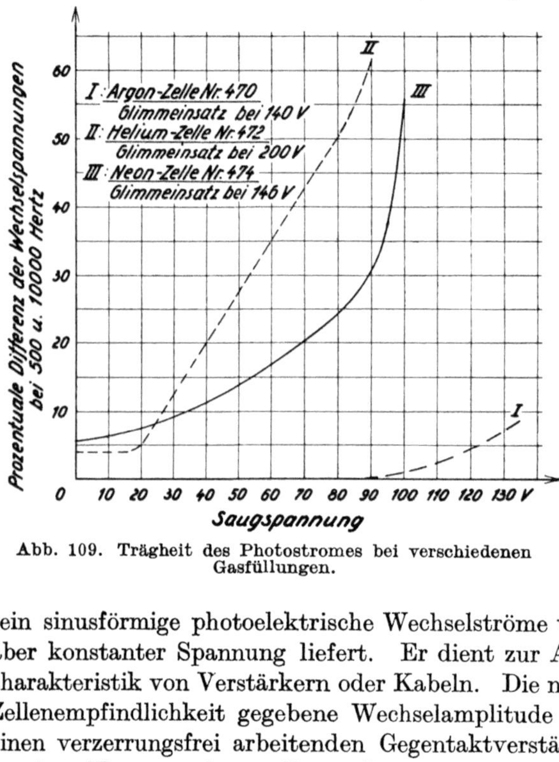

Abb. 109. Trägheit des Photostromes bei verschiedenen Gasfüllungen.

[1] Lawrence, E. O. u. J. W. Beams: Phys. Rev. Bd. 29 (1927) S. 903 und Bd. 32 (1930) S. 478.

[2] Metcalf, G. F.: Proc. Inst. Radio Eng. Bd. 17 (1929) S. 2064.

[3] Schröter, F. u. G. Lubszynski: Phys. ZS. Bd. 31 (1930) S. 897—904.

[4] Schäffer, W. u. G. Lubszynski: Elektr. Nachr.-Techn. Bd. 8 (1931) S. 213—217.

genannten Untersuchungen nur 40 000 Ω. Da bei 50 Hz und 500 Hz kein Unterschied in der Amplitude der Zellen festzustellen war, wurden die am Verstärkerausgang auftretenden Wechselspannungen bei 500 Hz und bei 10 000 Hz miteinander verglichen und der prozentuale Abfall für verschiedene Saugspannungen berechnet. In allen Fällen war die Kathode hydriertes Kalium.

Hochvakuumzellen zeigen bei dieser Messung naturgemäß keine Trägheit. Dagegen wird bei Verwendung des handelsüblichen Neon-Heliumgemisches bezw. seiner Einzelbestandteile als Gasfüllung die prozentuale Abnahme der Wechselamplitude zwischen 50 Hz und 10 000 Hz mit zunehmender Saugspannung immer größer und erreicht schon weit unterhalb der Glimmspannung Beträge von 50% und mehr (Abb. 109). Die stärkste dynamische Trägheit ist kurz vor dem Durchbruch vorhanden; aber selbst bei nur ganz geringer Überschreitung der Ionisierungsspannung zeigt sich bereits die in der Langlebigkeit bestimmter Ladungsträger begründete Frequenzabhängigkeit der Zelle. Sehr gering ist diese Abhängigkeit jedoch, im Gegensatz zu Helium und Neon, bei Argon. Auch dicht unterhalb des Glimmens beträgt der Abfall zwischen 500 Hz und 10 000 Hz in Argon kaum erst 10%[1]. Bei Wasserstoff konnte bisher gar keine Trägheit beobachtet werden. Voraussetzung für seine Anwendung ist aber die völlige Sättigung der Alkalimetallschicht mit dem Gase, damit dessen freier Rest in der Zelle nicht alsbald durch Absorption verschwindet[2].

Bei Edelgasen tritt eine Vergrößerung der Trägheit, wenn überhaupt, nur nach dem Durchgang des leuchtenden Glimmstromes ein, vermutlich ein Zeichen dafür, daß die Füllung dabei durch von der Wand und von den Elektroden abgelöste Fremdgasspuren verändert worden ist. Bei Wasserstoff hat jedoch Lubszynski im gleichen Falle keine Anzeichen von Trägheit beobachten können[3].

Ähnliche Messungen beschreibt F. Kirschstein[4]. Auch er findet, daß Photozellen mit Neon-Helium bei den für größere Stromstärken nötigen hohen Saugspannungen eine bedeutende Trägheit aufweisen, während an einem vom Verfasser hergestellten Exemplar, das mit Wasserstoff von etwa 1 mm Druck gefüllt war, selbst bei 15000 Hz und dicht unterhalb des Glimmeinsatzes (ca. 260 V) nur „eine kaum nennenswerte Verminderung der Nutzspannung" eintrat.

E. Anpassung.

Der allgemein gültige Satz, daß ein Generator seine maximale Leistung bei Gleichheit des inneren und des äußeren Widerstandes ($R_i = R_a$) abgibt, gilt auch für die mit Wirkwiderstand belastete lichtelektrische Zelle. Es besteht

---

[1] Ähnliche Unterschiede, jedoch ohne Angabe der physikalischen Ursachen, beschrieben N. R. Campbell und L. G. Stoodley in einem Bericht für die Junitagung der Britischen Optischen und Physikalischen Gesellschaften, London 1930.

[2] Dtsch. Patentanmeldung 21g T 2930 vom 13. I. 1930, Erf. F. Michelssen und F. Schröter.

[3] Bisweilen wird für diese Erscheinungen das noch wenig geklärte Auftreten bezw. Nichtauftreten von elektrischen Doppelschichten an der Kathodenoberfläche verantwortlich gemacht.

[4] Kirschstein, F.: Über die Trägheit der Photozelle. Ferns. Bd. 1 (1930) S. 145 bis 152; ferner Schröter, F.: Ferns. Bd. 1 (1930) S. 226. Diese Versuche bestätigen die zuerst von F. Schröter ausgesprochene Vermutung, daß zur Erzielung weitgehender Trägheitslosigkeit in Zellen mit Ionenverstärkung ein Gas erforderlich ist, welches keine metastabilen Moleküle von höherer Lebensdauer bildet.

daher die Notwendigkeit möglichst guter Anpassung, d. h. Angleichung von R_a an R_i. Hier stößt man aber auf Schwierigkeiten, da der innere Widerstand der Zellen sich mit der Belichtung ändert. Welches sind dann die günstigsten Arbeitsbedingungen? Wir gehen von dem quasistatischen Zustande aus, d. h. die Beleuchtungsstärke sei nur langsam veränderlich. Die Dunkelleitfähigkeit der Selenzelle nimmt im Lichte nach dem auf S. 158 angegebenen Gesetz zu. Für einen Beleuchtungszuwachs $\triangle L \ll L$, der ein $\triangle R_i \ll R_i$ hervorruft, kann ohne weiteres die richtige Anpassung $R_i = R_a$ durchgeführt werden. Wie F. Schröter und W. Ilberg[1] gezeigt haben, ist in diesem Falle die Steuerempfindlichkeit des Verstärkers, an dessen Eingangsgitter die Ruhespannung E_g liegen möge, gegeben durch:

$$\sigma_S = \frac{d\,E_g}{d\,L} = 0{,}125 \cdot \frac{E_0}{L},$$

wenn E_0 die äußere E.M.K. des Zellenkreises bedeutet.

Größere Anpassungsschwierigkeiten bereitet im analogen Falle die Alkalimetallphotozelle. Dem normalerweise unendlich großen Dunkelwiderstand ihres Entladungsweges ist stets ein endlicher Isolationswiderstand parallelgeschaltet. Ferner ist der zwischen Gitter und Kathode des Verstärkerrohres liegende äußere Widerstand, R in Abb. 71, nach oben begrenzt durch den Nebenschluß der nicht zu vernachlässigenden Leitfähigkeit im Inneren der Röhre. Aus diesen Umständen resultiert ein tatsächliches R_a, welches gegenüber dem R_i der unbelichteten Zelle klein ist. Um für die Messung oder Registrierung ganz geringer, langsam veränderlicher Helligkeitswerte R_a und damit die Steuerempfindlichkeit so groß wie möglich zu machen, muß man also Zellen und Elektronenröhren mit besonders guter Isolierung benutzen und letztere gitterstromfrei betreiben[2]. Bessere Anpassung könnte bei konstanter Vorbelichtung der Alkalimetallfläche erwartet werden, weil hierbei R_i auf endliche Beträge absinkt. Doch ist dies ein Trugschluß. Für kleine Änderungen von B haben nämlich Schröter und Ilberg die optimale Steuerempfindlichkeit:

$$\sigma_P = \frac{d\,E_g}{d\,L} = 0{,}172 \cdot \frac{E_0}{L}$$

gefunden. Die Vorbelichtung setzt also den Quotienten σ_P herab.

Die beiden vorstehenden Gleichungen für $d\,E_g/d\,L$ zeigen folgendes:

1. Die quasistatische Empfindlichkeit ist bei der Alkalimetallphotozelle nicht, wie vielfach angenommen wird, geringer, sondern größer als bei der Selenzelle.

2. σ_S bezw. σ_P ist unabhängig von den Konstanten der Zellencharakteristik. Die quantitativen Unterschiede, die auf der Verschiedenheit jener Konstanten beruhen, verschwinden, falls die Anpassung optimal gemacht wird.

Gehen wir nun von der quasistatischen zur intermittierenden Belichtung über, so ändern sich die Verhältnisse vollkommen. Man kann dann bei den beiden verglichenen Zellenarten immer nur weit ab von der Anpassung arbeiten. Die Ursachen hierfür sind 1. die bereits unter D behandelte Trägheit der inneren Umwandlungen, 2. die störende Gesamtkapazität der Schaltung. In die elek-

[1] Schröter, F. u. W. Ilberg: Phys. ZS. Bd. 30 (1929) S. 801—804.

[2] Eine Verstärkerröhre mit hochisoliertem Gitter beschreiben Hausser, Jäger und Vahle: Wiss. Veröff. a. d. Siemenskonzern Bd. 2 (1922) S. 325.

trische Sprache der Anpassungslehre übersetzt, bedeutet das Auftreten von Trägheit im Ablauf der Leitfähigkeitsänderung, daß der Wechselstromwiderstand des Generators zunimmt, d. h. im belasteten Zustande ein mit steigender Frequenz wachsendes Abfallen der an seinen Klemmen verfügbaren Nutzspannung eintritt (Abb. 85). Dieses Abfallen ist bei der Selenzelle von einigen 1000 Hz an schon groß gegenüber der reinen Wirkung der zwischen 50 $\mu\mu$F und 250 $\mu\mu$F schwankenden Störkapazität C, die in diesem Bereich noch einen ziemlich beträchtlichen scheinbaren Außenwiderstand $\mathfrak{R}_a = R_a/\sqrt{1 + (\omega C R_a)^2}$ zuläßt. Bei der Alkalimetallphotozelle dagegen beginnt die Trägheit der Leitfähigkeitsänderung erst bei viel höheren Frequenzen; die Anpassung wird bei ihr im wesentlichen dadurch unmöglich, daß ihr R_i das effektive $\mathfrak{R}_a$ schon bei relativ niedrigen Periodenzahlen weit übersteigt. Denkt man sich z. B. eine der Kurve in Abb. 106 entsprechende Zelle, die von einer 50kerzigen Glühlampe aus etwa 25 cm Abstand konstant beleuchtet wird, so würde der maximale Wert von $d E_g/d L$ bei $R_a =$ 170 MΩ und $R_i = 117$ MΩ erreicht werden[1]. Schätzt man die Mindestgröße der schädlichen Kapazität im Zellenkreise auf 33 $\mu\mu$F, so würde bei einer Lichtfrequenz von 500 Hz der Scheinwiderstand $\mathfrak{R}_a$ nur noch $\sim$ 9,5 MΩ betragen.

Der Ohmsche Widerstand R der Schaltung nach Abb. 71 hat ein Optimum, welches durch die auf S. 94 angeführte Bedingung gegeben ist. Hinreichend kleine Schwankungen des Übertragungsmaßes mit ω lassen sich, wie auf S. 107 auseinandergesetzt wurde, nur durch Einführung einer Hilfsträgerfrequenz erzielen, welche das durch die Bildabtastung entstehende Spektrum relativ stark einengt. In der Tabelle 10, S. 190, sind für verschiedene Zellen die Kapazitäten, die Innenwiderstände und die Ohmschen Widerstände für die günstigste Kopplung mit der Gitterkathodenstrecke der Verstärkereingangsröhre zusammengestellt.

Bei den Sperrschichtphotozellen ist R_i gering und daher der Übertragungsfaktor für ein weites Intervall von Frequenzen bedeutend konstanter, als bei den hochohmigen Zellen, weil eben der Blindwiderstand $1/\omega C$ zunächst groß bleibt gegenüber R_i. In der Tat haben sich die Vorderwandzellen für Fernbildschrift mit Lochscheibenmodulation des Abtastlichtes bis zu 6000 Hz gut bewährt. Im Frequenzbereich des Fernsehens dürfte aber ihre große Eigenkapazität die Anwendung ausschließen.

F. Die Kopplung der lichtelektrischen Zelle mit dem Verstärker.

Die für die Verstärkung von Photoströmen wesentlichen betriebstechnischen Gesichtspunkte sind im Kap. VII behandelt. Hier sollen nur die aus den elektrischen Daten der Zelle resultierenden Kopplungsmöglichkeiten erörtert werden.

Für alle Zellen mit hohem inneren Widerstande erfolgt die Kopplung mit der Gitterkathodenstrecke des Verstärkereingangs über einen Ohmschen Widerstand, R in Abb. 71. Transformatoren oder Drosselspulen scheiden hierbei als Übertragungsorgane aus, da sie hohe Windungszahlen und infolgedessen sehr viel störende Kapazität besitzen müßten. Bei den Sperrschichtphotozellen dagegen ermöglicht der geringe innere Widerstand die Kopplung über einen Transformator und dadurch eine günstige Übersetzung der Spannung.

[1] Schröter, F. u. W. Ilberg: l. c.

Tabelle 10. **Kopplungswiderstände verschiedener Zellentypen.**
(Die Kapazität des Verstärkereinganges ist die Summe der Zellen-, der Gitterkathoden- und der Schaltungskapazität.)

Type	Kapazität in $\mu\mu F$		Innerer Widerstand in $M\Omega$ bei Belichtung mit Nitralampe			Kopplungswiderstand in $M\Omega$ bei Hilfsträgerfrequenz (in Hz)			
	Zelle	Verst.-Eingang	0 Lumen	10^{-2} Lumen	1 Lumen	1000	5000	20000	100000
Selen, aufgetragen, 7 cm² Oberfl.	~ 200	~ 230	1,5	0,8	0,2	0,35	0,07	—	—
Selen, aufgedampft, 3,8 cm² Oberfl.	~ 20	~ 50	40	1	0,1	1,6	0,32	—	—
Selen, aufgestäubt, 1 cm² Oberfl. (Gripenberg, Rot II)	~ 40	~ 70	30	10	2	1,2	0,24	—	—
Zäsium, Hochvakuum, bei 100 V Saugspg. („Zäsopreß“)	8	38	∞	~ 500	~ 5	2,1	0,42	0,11	0,021
Zäsium, Gasfüllung, bei 100 V Saugspg. („Zäsopreß“)	8	38	∞	~ 100	~ 1	2,1	0,42	0,11	0,021
Kalium, Gasfüllung, bei 116 V Saugspg., hydriert	5	35	∞	~ 400	~ 4	2,3	0,46	0,12	0,023
Sperrschicht, Vorderwandtype (Cu_2O/Au)	~ 3000	—	Einige 1000 Ω			Transformator 1:4 bis 1:5		—	—

Die einfachsten Verstärkerschaltungen für Alkalimetallphotozellen stammen von J. Kunz[1] und Chr. Ries[2]. Es ist entweder die Anode oder die Kathode der Photozelle direkt mit dem Gitter der Verstärkerröhre verbunden (Abb. 110); die bei Belichtung erfolgende positive oder negative Aufladung der Elektrode ändert das steuernde Potential und beeinflußt so den Anodenstrom. Liegt die Kathode am Gitter, so wirkt die Zelle als variabler, lichtabhängiger Ableitungswiderstand für den Gitterstrom. Diese Schaltung ermöglicht hohe Verstärkungsgrade sowohl bei einem reinen Gleichstromverstärker als auch bei einem Schwingverstärker, bei dem die Zelle als Modulator in Gittergleichstromschaltung (Kap. VIII) arbeitet. Vorauszusetzen sind aber eine sehr hohe und konstante Gitterisolation und ein einwandfreies Vakuum der Verstärkerröhre. Der Gitterruhestrom muß

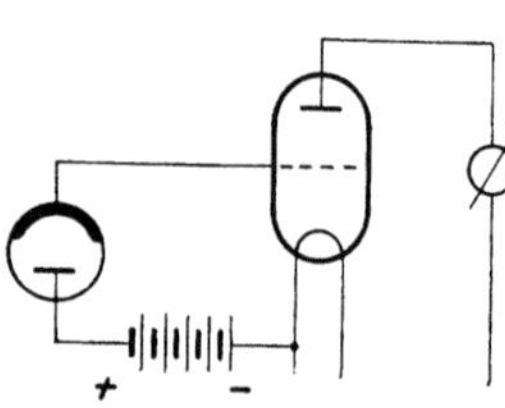

Abb. 110. Verstärkerschaltung nach Ries und Kunz.

[1] Kunz, J.: Phys. Rev. Bd. 10 (1917) S. 205—206.
[2] D.R.P. Nr. 401 387 vom 17. IX. 1921, Erf. Chr. Ries.

praktisch Null sein[1]. Durch diese Anforderungen ist die Anwendung der Schaltung auf wissenschaftliche Zwecke, Strahlungsmessungen u. dergl., beschränkt.

Auch die direkte Gleichstromverstärkung (Abb. 111) und die Mischrohrmethode, bei denen die am Belastungswiderstand der Photozelle auftretenden Gleichspannungen als solche auf das Gitter der Eingangsröhre wirken, haben für die Verstärkung von Bildphotoströmen keine praktische Bedeutung erlangt. (Näheres s. Kap. VII.)

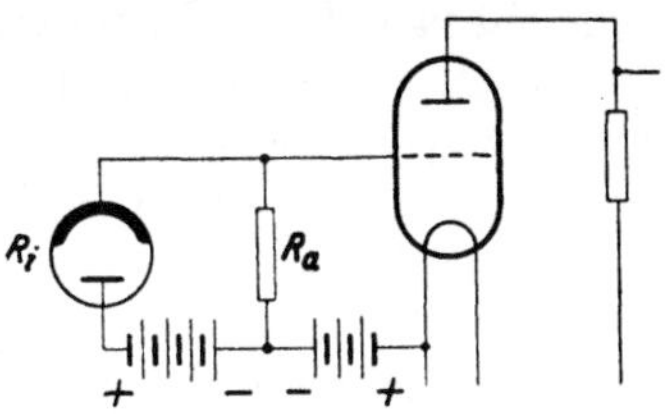

Abb. 111. Gleichstromverstärkerschaltung.

Dagegen hat sich die sog. Lochscheibenmodulation heute fast allgemein im Betriebe eingebürgert (vgl. S. 85). Die durch die Lichtunterbrechungen erzeugten periodischen Schwankungen des Photostromes erfolgen hierbei nicht um einen Mittelwert herum, d. h. als reine Wechselströme, sondern als Änderungen eines Gleichstromes. Wie bereits auf S. 93 gezeigt wurde, beträgt dann bei sinusförmiger Änderung der effektive Wechselstrom $\mathfrak{J} = \frac{\bar{J}}{4} \cdot \sqrt{2}$, wenn $\bar{J}$ der Scheitelwert beim Belichtungsmaximum ist. Die Kopplung der Röhrenkaskade mit der Photozelle geschieht über einen Ohmschen Widerstand, während die weiteren Stufen nach dem Schema eines Wechselstromverstärkers geschaltet sind. Zweckmäßig sperrt man, um von etwaiger Inkonstanz der Zellendaten unabhängig zu werden, die Gleichspannung vom Gitter des Eingangsrohres durch einen Kondensator ab, dessen Kapazität für alle zu übertragenden Frequenzen eine genügend kleine Impedanz besitzt. Es ist dann natürlich ein besonderer Gitterableitungswiderstand erforderlich.

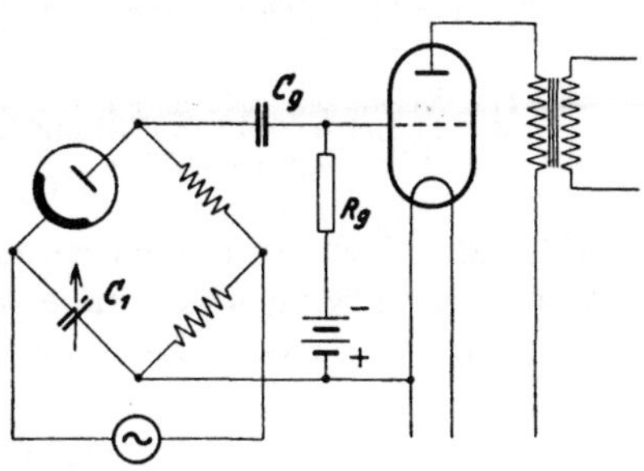

Abb. 112. Brückenschaltung einer mit Wechselspannung betriebenen Photozelle.

Ein anderes Verfahren, um durch die Spannungsschwankungen der Photozelle eine Trägerfrequenz zu modulieren, welche hernach bis auf die zur Sendersteuerung nötige Amplitude verstärkt wird, besteht darin, daß man die Zelle nicht mit reiner Gleichspannung, sondern mit zusätzlicher Wechselspannung betreibt, die man der konstanten E.M.K. der Batterie überlagert. Hierbei tritt jedoch eine neue Bedingung auf. Bei Dunkelheit entsteht zwar kein Photoelektronenstrom; aber der über die Elektrodenkapazität der Zelle fließende Blindstrom ruft, unabhängig von der Belichtung, am Eingangsrohr des Verstärkers eine konstante, ungesteuerte Wechselspannung hervor. Diese Störspannung wird am einfachsten durch die in Abb. 112 dargestellte Brückenschaltung neutralisiert[2], die sie durch die regelbare Kompensationskapazität C_1 zwischen Gitter und Kathode nach Phase und Amplitude aufzuheben gestattet.

Die elektrische Einführung der Hilfsträgerfrequenz durch ein in die Zelle eingebautes Gitter wurde schon auf S. 177 erwähnt[3]. Auch hierbei stören im

[1] Vgl. hierzu Barkhausen, H.: Elektronenröhren Bd. 1, S. 90—93.
[2] D.R.P. Nr. 457 902 vom 30. IX. 1926, Erf. A. Karolus.
[3] Dtsch. Patentanmeldung T 32 502 VIII/21a vom 15. X. 1926, Erf. O. Schriever.

verdunkelten Zustande die durch die innere Zellenkapazität bedingten Wechselspannungen. Man beseitigt sie in gleicher Weise wie im Falle der Abb. 112 durch die in der Hochfrequenztechnik weit verbreitete Neutrodyneschaltung. Abb. 113 zeigt die Anwendung derselben auf die Steuergitterphotozelle. Der Anode wird über den Kompensationskondensator C_N eine ebenso große, aber gegenphasige Wechselspannung zugeführt, wie über die Gitteranodenkapazität.

Zwischen der optischen und der elektrischen Einführung der Hilfsträgerfrequenz ν_h besteht ein beachtenswerter Unterschied hinsichtlich der resultierenden Stromkurve. Ändert sich in der Gleichung (S. 183):

$$J = \frac{a \cdot E}{G - E} \cdot L$$

die Beleuchtungsstärke L durch Lochscheibenunterbrechung des abtastenden Lichtkegels sinusförmig, so ist auch der Photostrom J mit sehr großer Annäherung eine reine Sinusfunktion, da E, die an den Klemmen der Zelle wirksame Spannung, mit L nur äußerst wenig schwankt. Man muß nämlich bedenken, daß unter den tatsächlichen Arbeitsbedingungen von der E.M.K. des Kreises ein ganz unwesentlicher Bruchteil am Außenwiderstande $\mathfrak{R}_a$ liegt (vgl. S. 188). Daher bleibt E, gleichviel, ob Maximum oder Minimum der Beleuchtung herrscht, wenig von der Batteriespannung verschieden, d. h. der Faktor $\frac{a \cdot E}{G - E}$ praktisch konstant. Man kann dies auch so ausdrücken: Die Wechselspannung im Kreise ist zu vernachlässigen gegenüber der Gleichspannung.

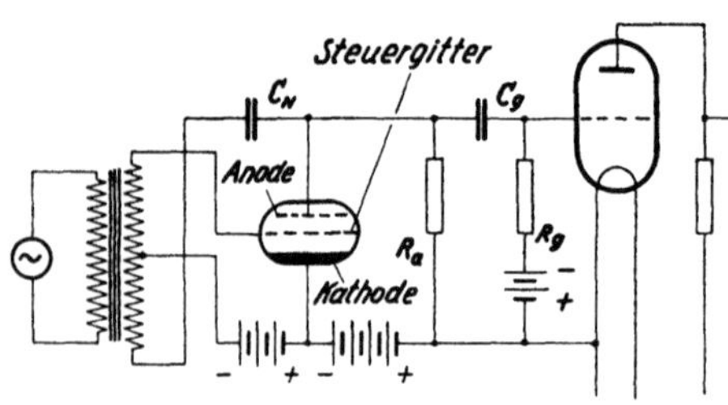

Abb. 113. Verstärkerschaltung einer Photozelle mit Steuergitter; Neutralisierung der Gitteranodenkapazität.

Ändern wir dagegen die treibende E.M.K. bei gleichbleibendem L nach dem Gesetz:

$$E_k \cdot (1 + \vartheta \cdot \sin 2\pi \nu_h \cdot t)\,, \tag{1}$$

wo E_k eine Gleichspannung, ϑ den Aussteuerungsgrad und ν_h die Hilfsträgerfrequenz bedeutet, so gilt im Zellenkreise die Gleichung:

$$E_k \cdot (1 + \vartheta \cdot \sin 2\pi \nu_h \cdot t) = J_{(t)} \cdot \mathfrak{R}_a + E_{(t)}\,, \tag{2}$$

in welcher J und E periodische Funktionen der Zeit sein müssen. Da aber aus den soeben genannten Gründen $J_{(t)} \cdot \mathfrak{R}_a$ wiederum außer Betracht bleiben darf, so liegt praktisch die ganze, durch den Modulationsgrad ϑ bestimmte Schwankung an den Elektroden der Zelle selbst, und wir erhalten:

$$J = \frac{a \cdot E_k \cdot (1 + \vartheta \cdot \sin 2\pi \nu_h \cdot t)}{G - E_k \cdot (1 + \vartheta \cdot \sin 2\pi \nu_h \cdot t)} \cdot L\,. \tag{3}$$

J ändert sich jetzt nicht mehr rein sinusförmig, sondern, wie aus der Krümmung der Kurve in Abb. 106 unmittelbar zu folgern ist, erheblich verzerrt; es treten Harmonische von ν_h auf. In Abb. 114 ist der Verlauf des Photostromes nach der umgeformten Gleichung:

$$J = a \cdot L \cdot \frac{E_k/G}{(1 + \vartheta \cdot \sin 2\pi \nu_h \cdot t)^{-1} - E_k/G} \tag{4}$$

dargestellt. E_k ist für $\vartheta = 0{,}2$ so gewählt, daß $E_k \cdot (1 + \vartheta) = 0{,}9 \cdot G$ wird,

d. h. der Scheitelwert der pulsierenden E.M.K. 90% der Glimmspannung erreicht. Demnach ist $E_k/G = 0{,}75$.

Abgesehen davon, daß bei höheren Frequenzen das Nacheilen der Rekombination im Füllgase der Zelle („Hysterese") die Stromkurve in Wirklichkeit noch zusätzlich deformiert, läßt schon der berechnete Verlauf in Abb. 114 die starke Beimengung von Harmonischen erkennen. Diese müssen zur Vermeidung störender Seitenbänder vor der Modulation des Senders ausgesiebt werden. Will man die Grundfrequenz ν_h mit ausstrahlen, was z. B. mit Rücksicht auf die Niederfrequenzverstärkung beim Empfänger erwünscht sein kann, so geht in den abgefilterten Oberschwingungen von ν_h ein nicht geringer Teil der Photozellenleistung verloren. Dies wird vermieden, indem man den Hilfsträger vor der Beeinflussung der Senderamplitude durch Gleichrichtung völlig unterdrückt. Die Wahl von ϑ und E_k ist für die Praxis wichtig; da sie in hohem Maße von den individuellen Konstanten der Zellen abhängt, kann eine universelle Regel dafür nicht gegeben werden. Unter allen Umständen ist eine zu enge Annäherung an die Glimmspannung zu vermeiden; andererseits ist zur Reduktion der aus Abb. 114 ersichtlichen nutzlosen Gleichstromkomponente ϑ groß genug zu machen.

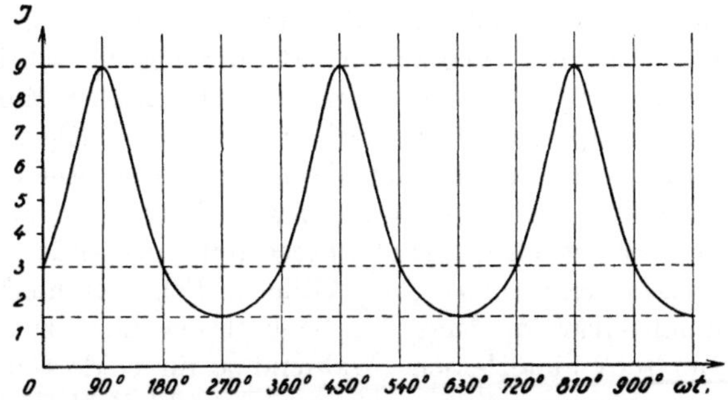

Abb. 114. Kurvenform des Photostromes bei elektrisch eingeführter Hilfsträgerfrequenz.

Bei allen derartigen Schaltungen besteht zugleich die Notwendigkeit guter Isolation in der Zelle. Allgemein läßt sich sagen, daß die störenden Isolationsströme erheblich kleiner sein müssen als die Photoströme, welche das von den dunkelsten Tönungsstufen des Bildes zurückgestrahlte Licht auslöst. Da das Reflexionsvermögen „schwarzen" Papiers noch etwa 10% beträgt und die gasgefüllte Zelle bei einer Saugspannung von etwa 130 V unter den Verhältnissen der Praxis kaum mehr als $5 \cdot 10^{-7}$ A liefert, ist ein Isolationswiderstand von mindestens $10^{10}\ \Omega$ erforderlich. Bei Wechselspannungsbetrieb ist eine noch geringere Größenordnung des leitenden Nebenschlusses wünschenswert mit Rücksicht auf die Schwierigkeiten, welche sonst der einwandfreien Kompensierung der Elektrodenkapazität entgegenständen. Man sucht die Isolation in der Zelle durch Ausbildung langer Kriechstrecken zu verbessern, indem man z. B. die metallischen Elektrodenzuführungen mit isolierenden Glasschutzhülsen versieht. Äußere Feuchtigkeitshäute auf der Wand des Glaskolbens können ebenfalls störende Nebenschlüsse entstehen lassen und die Neutralisierung instabil machen. Man vermeidet sie durch Einbau der Zelle in einen geschlossenen, mit Fenster versehenen Behälter und Anbringung von Trockenmitteln in seinem Inneren[1].

[1] D.R.P. Nr. 546810 vom 2. VI. 1929, Erf. A. Karolus.

Fünftes Kapitel.

Bildaufzeichnung und Lichtsteuerung.

Von

Waldemar Ilberg.

Auf der Empfangsseite einer Bildübertragungsanlage spielt neben dem in Kap. I und II behandelten Bildpunktverteiler diejenige Einrichtung die wichtigste Rolle, welche den Rasterelementen die von der Sendevorlage geforderten Helligkeitswerte zuteilt. Bei der Fernbildschrift soll diese Funktion in der Herstellung von mehr oder weniger dunklen Markierungen bestehen, die auf einem Papierblatt oder auf einem durchsichtigen, photographisch kopierbaren Film fixiert werden und die in ihrer Gesamtheit das Empfangsbild aufbauen. Beim Fernsehen hingegen wird verlangt, daß eine solche Einrichtung Lichtimpulse jeweils passend abgestufter Intensität erzeugt, die durch den Bildpunktverteiler in rascher zeitlicher Folge flächenhaft ausgebreitet werden und unmittelbar im Auge des Beobachters einen zusammenhängenden, bildhaften Eindruck hinterlassen. Während so für beide Gebiete zunächst ganz getrennte Aufgaben vorzuliegen scheinen, besteht doch in Wirklichkeit eine enge Verbundenheit zwischen ihnen, da die beim Fernsehen anwendbaren Mittel der Helligkeitssteuerung stets auch für die Zeichenmarkierung beim Bildschreibempfang verwertbar sind, wenn man ein photographisch empfindliches Material benutzt, auf dem das Fernbild durch die Einwirkung der in ihrer Intensität beeinflußten Lichtstrahlen zustande kommt. Mit Rücksicht auf die vielfache Übereinstimmung der verwendeten Mittel läßt es dieser Zusammenhang zwischen den Verfahren der okularen Helligkeitsmodulation beim Fernsehempfang und den photographischen Methoden der objektiven Aufzeichnung ruhender Bilder für die vorliegende Darstellung geraten erscheinen, zunächst die Werkzeuge der registrierenden Bildschrift in den Kreis der Betrachtungen zu ziehen, soweit sie in der Technik Bedeutung erlangt haben. In einem anschließenden Abschnitt soll dann untersucht werden, welche Anforderungen beim Fernsehen an die empfangsseitigen Lichtsteuerorgane zu stellen sind und welche schon von der Bildtelegraphie her bekannten Mittel in zweckmäßiger Anpassung und Umgestaltung hierfür übernommen werden können.

1. Die Methoden der bildtelegraphischen Zeichenmarkierung.

A. Unmittelbare Zeichenniederschrift.

Die im Gegensatz zur photographischen Aufzeichnung unmittelbar wirkenden Bildschreibverfahren bedienen sich entweder solcher Einrichtungen, die einen im Vorrat vorhandenen, festen oder flüssigen Farbstoff nach Maßgabe der Empfangsstromstärke auf den Bildträger aufbringen (elektromechanische Methoden), oder einer elektrochemischen Reaktion, die in einer geeignet vorbereiteten Papierfläche an den vom Strome beeinflußten Stellen eine Farbabscheidung zustande kommen läßt (elektrochemisches Verfahren).

a) Elektromechanische Schreibmethoden.

Die primitivste und nächstliegende Methode, auf einem Papierblatt Zeichen hervorzubringen, besteht darin, einen Farbstift, etwa eine Graphitspitze, durch Vermittlung eines von den Empfangsströmen erregten Elektromagneten mehr oder weniger kräftig gegen die relativ zu ihm bewegte Schreibfläche anzudrücken (Abb. 115). Die rasche Abnutzung der Substanz des Stiftes und der benötigte große Schreibdruck bereiten jedoch der praktischen Ausführung Schwierigkeiten. Ein wesentlicher Fortschritt wurde daher durch die Anordnung Lenoirs (1866) erzielt, der die direkt auftragende Graphitspitze durch einen Metallstift ersetzte, mit dem ein zwischengelegtes Blatt Kohlepapier schon unter schwachem Druck zum Abfärben auf die Bildfläche gebracht werden konnte. Ein ähnliches, weiter verbessertes Verfahren wurde in neuerer Zeit von Dieckmann für die Konstruktion eines Amateurbildschreibers benutzt; an die Stelle des Kohlepapiers trat eine dünne Folie, die mit einer leicht schmelzbaren, wachsartigen Farbschicht bedeckt war[1]. Infolge elektrischer Heizung durch eine kleine Widerstandsspirale läßt der Metallstift schon bei sehr schwachem Aufdrücken eine genügende Menge Farbstoff von der Folie auf die Papierunterlage übergehen. Auch der Empfänger von Carbonelle (1906) verwendete zur sichtbaren Bildschrift abfärbendes Kohlepapier, jedoch sollte auch eine solche Arbeitsweise möglich sein, bei welcher ein stichelartiger Stift die Zeichen in eine weiche, um die Bildtrommel herumgelegte Metallfolie eingraviert. Das so erhaltene Relief konnte dann unmittelbar als Vorlage für einen Druckstock dienen. Bemerkenswert erscheint bei diesem Gerät die besonders einfache Vorrichtung zur Bewegung der Schreibspitze; sie bestand in einer Telephonmembran, etwa wie in Abb. 116 angedeutet. Hierdurch wurde die Massenträgheit gegenüber den früheren Hebelanordnungen stark herabgesetzt, so daß mit dem Apparat von Carbonelle wohl einige Hundert Bildzeichen in der Sekunde registriert werden konnten. Die gleiche Einrichtung wird in einer Patentschrift der C. Lorenz A.G. vorgeschlagen[2], mit dem Unterschied, daß der Bildträger ein mit einer dünnen, weißen Wachsschicht auf farbigem Untergrunde versehenes Papier ist. Entsprechend den ankommenden Zeichenströmen wird der deckende Überzug durch das gravierende Magnetsystem weggeschabt, so daß an diesen Stellen die gefärbte Grundfläche zutage tritt. Das letztgenannte Verfahren dürfte in der praktischen Ausführung auf große Schwierigkeiten stoßen, da es eine sehr genau rund laufende Bildtrommel und völlig

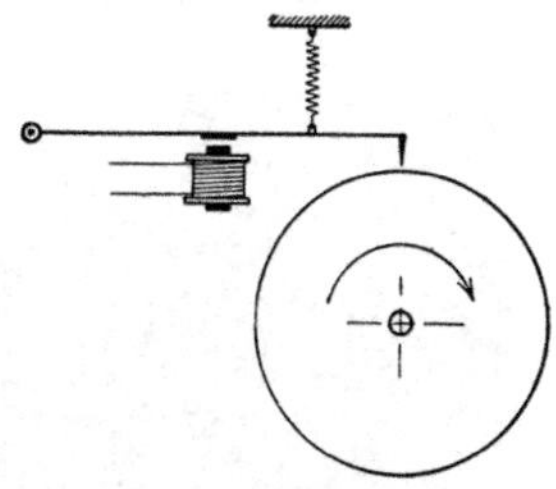

Abb. 115. Einfacher elektromagnetischer Schreiber mit Farbstift.

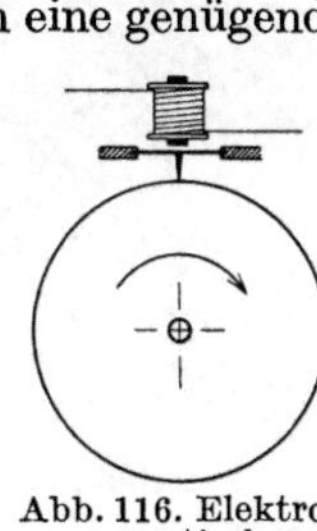

Abb. 116. Elektromagnetischer Schreiber mit Antrieb durch eine Telephonmembran.

[1] D.R.P. Nr. 426 779 vom 3. III. 1925. [2] D.R.P. Nr. 467 977 vom 6. IV. 1927.

faltenlos aufgelegtes Papier voraussetzt, falls der Stichel die Schreibfläche nicht verletzen oder gar zerreißen soll. Daß die Wiedergabe von Halbtönen auf diese Weise überhaupt nicht möglich ist, bedarf kaum der Erwähnung.

Von allen diesen Bildschreibern hat heute wohl nur der von Dieckmann angegebene noch einige Bedeutung. Seine Verwendung empfiehlt sich dort, wo man mit den einfachsten und billigsten Mitteln auskommen muß und die Nachteile begrenzten Arbeitstempos, geringer Zeichenschärfe und mangelhafter Halbtonwiedergabe in Kauf nehmen kann (Amateurbildfunk, Übertragung grober Skizzen usw.).

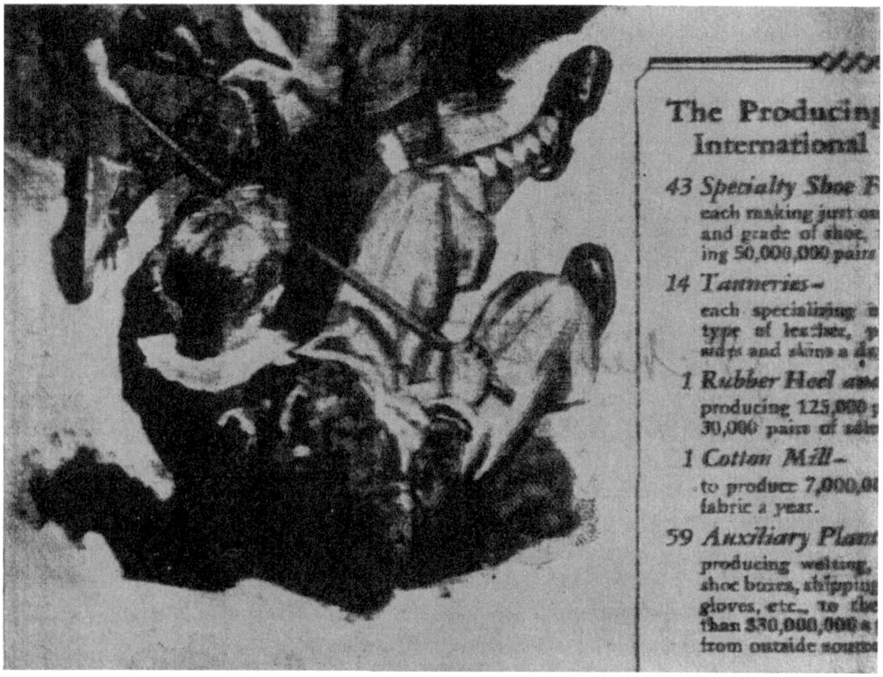

Abb. 117. Übertragungsprobe des Kopiertelegraphen von Ch. J. Young (1930).

In anderer Weise suchten diejenigen Konstruktionen das Problem möglichst großer Schreibgeschwindigkeit bei kleinem Energieverbrauch zu lösen, die zur Bildpunktmarkierung einen flüssigen Farbstoff verwenden. Hier ist in erster Linie das Gerät von B. Meyer (1864) zu nennen, das auch für den Bildaufbau eine neuartige Lösung darstellte[1]. Statt des Schreibstiftes besitzt dieser Empfänger eine spiralförmige, rotierende Schneide, die in einem Umgang über die ebene Registrierfläche hinweggeht und somit bei jeder vollständigen Drehung eine Bildzeile beschreibt. Nach erfolgtem Umlauf wird das endlose Papierband um eine Zeilenbreite weitergezogen. Die Erzeugung der Bildpunkte erfolgte nun bei Meyer derart, daß das Papier durch ein darunterliegendes, bewegliches Lineal stets im richtigen Augenblick gegen die am Umfang mit Farbstoff benetzte

[1] Vgl. auch Kap. I, S. 12. Einzelheiten über diese und andere, heute überlebte Konstruktionen bei Korn - Glatzel: Handbuch der Phototelegraphie und Telautographie. Leipzig 1911.

Spiralschneide angedrückt wurde. Dieser Schreiber leistete dank seiner sorgfältigen Ausführung für damalige Zeiten Vorzügliches; neuerdings diente seine Konstruktion in wenig veränderter Form als Grundlage für den elektromechanischen Kopiertelegraphen von Charles J. Young. Abb. 117 zeigt eine mit dem Youngschen Apparat (anscheinend im Laboratorium) erhaltene Übertragungsprobe, die auch kleine Druckschrift deutlich erkennen läßt.

Für Empfangsapparate, die nach dem Trommelprinzip arbeiten, wurden schon von Hipp (1851), Greenwood u. a. Ausführungen des Tintenschreibers angegeben; sie bedienen sich zumeist einer mit der Farblösung gefüllten Kapillare, welche elektromagnetisch auf die Bildfläche aufgesetzt und wieder abgehoben wird. Auch R. H. Ranger (Radio Corporation of America) hat um 1924 dieses Verfahren versuchsweise wieder aufgenommen, wobei er den Kunstgriff anwendete, die etwas unsicher arbeitende Schreibkapillare durch eine Art Füllfeder zu ersetzen, welcher die Tinte vermittels einer kleinen Förderpumpe in erfahrungsgemäß dosierter, konstant bleibender Menge unter Druck zugeführt wird [1]. Hierdurch sollte das Eintrocknen der Flüssigkeit an der Schreibspitze vermieden werden, doch hat Ranger späterhin das ganze Verfahren zugunsten der weitaus leistungsfähigeren photographischen Bildschrift wieder aufgegeben.

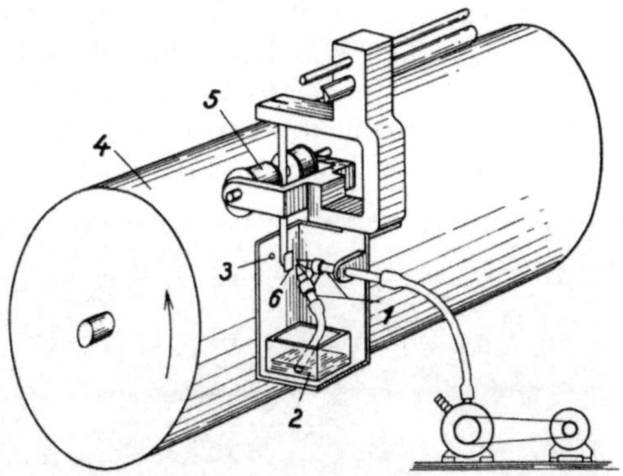

Abb. 118. Tintenstrahlschreiber nach M. Dieckmann.

Einen wesentlichen Fortschritt in der Entwicklung der elektromechanischen Verfahren stellen diejenigen Anordnungen dar, welche auf die Verwendung bewegter Schreibfedern oder Kapillaren verzichten und an deren Stelle die Steuerung eines feinen, freien Strahles der Farblösung setzen. Der erste Vorschlag dieser Art stammt von Dieckmann, dessen diesbezügliche Patentzeichnung wir in Abb. 118 wiedergeben [2]. Mit Hilfe eines Zerstäubers 1 wird ein sehr dünner Strahl der im Vorratsgefäß 2 vorhandenen Tinte durch eine Lochblende 3 gegen das um die Bildtrommel 4 herumgelegte Empfangspapier geblasen, so daß auf diesem eine genügend deckende Anfärbung entsteht. Zwischen der Öffnung des Zerstäubers und der Blende ist eine kleine, durch ein Magnetsystem 5 bewegte Lamelle 6 angeordnet, die je nach ihrer Stellung einen mehr oder weniger großen Querschnitt des Flüssigkeitsfadens von der Blende 3 abschirmt und so die auf die Bildfläche gelangende Farbstoffmenge quantitativ steuert. Da hierfür schon ganz geringe Ausschläge der Lamelle hinreichen (etwa 1 mm), ist der zur Betätigung dieser Schreibvorrichtung erforderliche Leistungsaufwand unbedeutend. Eine ähnliche Ausführung rührt von R. H. Ranger (R.C.A.) her.

Eine weitgehende Erhöhung der Registriergeschwindigkeit des Tintenstrahlschreibers dürfte durch eine Anordnung möglich sein, die von F. Schröter angegeben worden ist [3]. Ein sehr feiner, daher äußerst massearmer und leicht

[1] D.R.P. Nr. 464 954 vom 16. XII. 1925 (R.C.A.).
[2] D.R.P. Nr. 454 765 vom 31. X. 1926. [3] D.R.P. Nr. 509 413 vom 21. X. 1928.

beweglicher Strahl der Schreibflüssigkeit soll durch elektrostatische, elektromagnetische oder elektrodynamische Wirkung der Empfangsströme seitlich abgelenkt werden, so daß durch eine Lochblende jeweils verschieden große Anteile desselben auf die Empfangsfläche fallen. Eine Erprobung der Leistungsfähigkeit dieser Anordnung hat indes noch nicht stattgefunden.

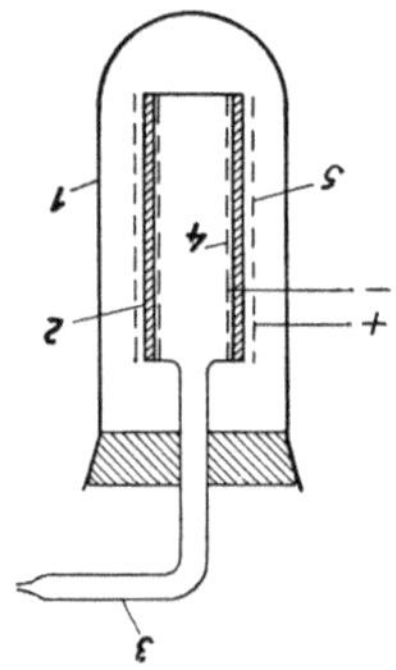

Abb. 119. Elektroosmotische Zelle des Tintenschreibers von M. Volmer.

Eine besonders interessante Form ist dem Tintenschreiber von M. Volmer gegeben worden[1]. Dieser benutzt die Erscheinung der Elektroosmose[2] in folgender Art (Abb. 119): Innerhalb eines Glasgefäßes 1 (Länge etwa 10 cm, Durchmesser 2,5 cm) befindet sich ein Tonzylinder 2, der sich nach oben hin in eine am Ende spitz auslaufende Glasröhre 3 fortsetzt. Diese „elektroosmotische Zelle" ist vollkommen mit Farbstofflösung gefüllt (kein Elektrolyt!); innere und äußere Wandung des Tonzylinders sind mit zwei voneinander isolierten Drahtnetzelektroden 4 und 5 bedeckt. Beim Durchgang eines schwachen elektrischen Gleichstromes (einige mA) durch die poröse Schicht zwischen 4 und 5 findet ein Flüssigkeitstransport in der Stromrichtung statt, der einen Überdruck im Innern der Tonzelle und den Austritt eines Tintentropfens aus der Schreibspitze 3 zur Folge hat. Der Tropfen wird nun entweder durch den Einfluß eines starken elektrostatischen Feldes oder auch durch einen feinen Luftstrahl auf das Empfangspapier befördert. Versuche haben ergeben, daß mit dieser Anordnung 500 Bildimpulse/s aufgezeichnet werden können. Die Wiedergabe litt allerdings vorläufig noch an einer gewissen Verbreiterung der Konturen, die jedoch durch Anwendung einer Blende zu beseitigen sein dürfte.

Abb. 120. Mit dem Heißluftschreiber erhaltenes Empfangsbild (R.C.A.).

Zuletzt sei an dieser Stelle noch ein Prinzip der Bildschrift erwähnt, das die Einwirkung eines von den Bildströmen gesteuerten Heißluftstrahles auf eine wärmeempfindliche Empfangsfläche ausnutzt[3]. Als solche kann beispielsweise Papier verwendet werden, das

[1] D.R.P. Nr. 509 944 vom 25. I. 1929; vgl. ZS. f. wiss. Photogr. Bd. 29 (1930) S. 160.

[2] Vgl. z. B. Riecke-Lecher: Lehrbuch der Physik II, 7. Aufl., S. 157. Berlin und Leipzig 1928.

[3] U.S.A.-Patentanmeldung Nr. 158 406 vom 31. XII. 1926, Erf. R. H. Ranger.

mit einer sich in der Hitze unter Farbstoffbildung zersetzenden Schicht versehen ist. Für diese Präparation wird folgende Lösung empfohlen:

Wasser	100	ccm
Nickelnitrat	5	g
Natriumthiosulfat	3	g
Natriumnitrit	3,6	g
1% Gelatinelösung	5	ccm.

Während ein derartiges Empfangspapier im unbenutzten Zustand eine nahezu weiße Oberfläche besitzt, verfärbt es sich rasch, wenn es von einem heißen Luftstrom von ca. 250° bis 270° C getroffen wird. Die Steuerung dieses Strahles erfolgt entweder durch Sperrung mittels eines kleinen, elektromagnetisch betätigten Ventils oder durch seitliches Wegblasen mit Hilfe eines zweiten, jedoch kalten Luftstromes[1]. Als Empfangsfläche kann nach R. H. Ranger[2] auch gewachstes Papier dienen, dessen Oberfläche durch die Wärmeeinwirkung derart beeinflußt wird, daß bei einem späteren Einfärbeprozeß nur von den exponierten Stellen Farbstoff angenommen wird. Abb. 120 zeigt ein nach diesem Verfahren übertragenes Bild, dessen Halbtöne mit der Methode der Zeitmodulation erzeugt wurden (vgl. Kap. VIII, S. 339).

b) Elektrochemische Schreibmethoden[3].

Das Verfahren der elektrochemischen Registrierung finden wir als älteste Methode der Bildschrift schon in den ersten Vorschlägen von Bain (1843) und Bakewell (1847) für Kopiertelegraphen benutzt. Zur Wiedergabe der Bildzeichen sollte bei diesen Apparaten ein mit einer geeigneten Lösung getränktes Papierblatt dienen, das durch Vermittlung des darüber schleifenden Elektrodenstiftes vom Empfangsstrome durchflossen wird und in dem durch elektrolytische Zersetzung den einwirkenden Stromimpulsen entsprechende Farbstoffablagerungen entstehen. Als Beispiel eines solchen imprägnierten Papieres kann das bekannte Polreagenspapier dienen; dieses enthält neben einem neutralen Salz als „Leitelektrolyten" (z. B. Glaubersalz Na_2SO_4) noch einen auf freies Alkali oder auf freie Säure mit Farbänderung ansprechenden Indikator (z. B. Phenol- oder Thymolphthalein). Beim Durchgang des Stromes durch das angefeuchtete Papier erleidet zunächst der Elektrolyt primär eine Zersetzung; an der Anode entsteht im angeführten Beispiel Schwefelsäure, während an der Kathode Natronlauge frei wird. Diese bewirkt sekundär den Farbumschlag des Indikators, so daß an der Stromaustrittsstelle (am Schreibstift) eine intensive Rötung des Papieres erfolgt. Das geschilderte Verfahren ist in der Praxis allerdings unbrauchbar, da die so erzeugten Bilder nicht haltbar sind; schon nach sehr kurzer Zeit, unter Umständen bereits während einer Umdrehung der Trommel, diffundiert die anodisch gebildete Säure durch die Papierschicht hindurch und zerstört infolge der eintretenden Neutralisation des Alkalis den an der Kathode entstandenen Farbstoff wiederum vollständig. Man erkennt aus diesem Beispiel, daß derartige, auf dem Farbumschlag eines Indikators beruhende Reaktionen für bildtelegraphische Zwecke im Prinzip unverwendbar sind. Es kommen also nur solche Vorgänge in Frage, die nach dem Aufhören der Stromeinwirkung nicht von selbst rückläufig werden.

[1] U.S.A.-Pat. Nr. 1765448 und 1770493 vom 12. VIII. 1926, sowie D.R.P. Nr. 533667 vom 25. II. 1927, Erf. R. H. Ranger.

[2] U.S.A.-Pat. Nr. 1819264 vom 7. XII. 1928.

[3] Der Verfasser verdankt viele für die Abfassung dieses Abschnittes wertvolle Hinweise freundlichen Mitteilungen des Herrn Dipl.-Ing. Viktor Bausch (Firma Schoeller & Bausch, Berlin und Neu Kaliß).

In allgemeiner Betrachtung sind nun zwei grundsätzlich verschiedene Fälle denkbar: 1. Das Material der Schreibelektrode ist an der eintretenden chemischen Reaktion wesentlich beteiligt; 2. das Material der Schreibelektrode ist unbeteiligt, sämtliche miteinander reagierenden Stoffe sind also von vornherein im Empfangspapier vorhanden.

Als Beispiel für die erstgenannte Arbeitsweise möge das historische Eisenblauverfahren dienen. Zur Tränkung des Rohpapieres dient hierbei eine Lösung von gelbem Blutlaugensalz, dem zur Verbesserung des Leitvermögens noch ein stark dissoziationsfähiger Elektrolyt zugefügt werden kann (z. B. Ammoniumchlorid). Die Schreibelektrode (Anode) besteht aus weichem Eisen. Beim Stromdurchgang wird das Blutlaugensalz $K_4Fe(CN)_6$ elektrolysiert; das Ferrozyanion wandert zur Anode und tritt dort mit dem vom Anodenmaterial in Lösung gehenden Ferriion zu Berlinerblau zusammen nach der Gleichung:

$$3\,[Fe(CN)_6]'''' + 4\,Fe^{\cdots} = Fe_4[Fe(CN)_6]_3.$$

Das auf dieser Reaktion beruhende Verfahren leidet freilich an dem Übelstand relativ großer Trägheit und bedeutenden Strombedarfes. Der größte Nachteil jedoch, der jeder Art von Bildschrift mit chemisch aktiver Elektrode anhaftet, besteht in deren rascher Abnutzung, die weniger eine Folge des chemisch bedingten Materialverbrauches als eine solche des mechanischen Abschleifens des oberflächlich angegriffenen und notwendig weichen Elektrodenmetalles ist[1]. Bei Trommelapparaten mit ruhendem Taststift könnte dieser Mangel allenfalls noch in Kauf genommen werden, wenn man beispielsweise nach jedem Bilde die Schreibelektrode erneuerte; aber für Empfänger mit endlosem Papierbande, deren Schreiborgane stets eine sorgfältige Justierung erfordern, würde die Notwendigkeit häufigen Ersatzes derselben geradezu prohibitiv wirken.

Die in der bildtelegraphischen Praxis verwendbaren Schreibverfahren bleiben daher auf die zweite Arbeitsweise beschränkt, bei der sämtliche miteinander reagierenden Stoffe im Papier selbst vorhanden sind und keinerlei chemische Beteiligung des Elektrodenmaterials vonnöten ist. Allerdings hat man bei der Auswahl unter den vielen theoretisch möglichen Prozessen zu bedenken, daß diese Papiere ihrer Natur nach mehr dem Verderben ausgesetzt sind als die erstgenannten, da beim Lagern (etwa durch Oxydation) leicht von selbst schon jene Reaktion vor sich geht, die eigentlich erst durch den elektrischen Strom verursacht werden soll. Gegebenenfalls müssen dem Papier Konservierungsmittel als „Stabilisatoren" zugesetzt werden, die geeignet sind, solche unerwünschten Umsetzungen hintanzuhalten.

Zunächst können Farbstoffbildungen in Betracht gezogen werden, die auf anodischen Oxydationsvorgängen beruhen. Beispiele hierfür sind die Entstehung von Anilinschwarz bezw. Emeraldin aus Anilin sowie die Oxydation von Leukobasen zu den ihnen entsprechenden Farbstoffen, etwa von Leukomalachitgrün zu Malachitgrün. Solche Papiere zeigen zwar zum Teil sehr intensive Färbungen, aber sie leiden unter mangelnder Luftbeständigkeit sowie unter hohem Strombedarf.

---

[1] Beispiele anderer solcher Verfahren, die auf der Bildung gefärbter organischer Metallverbindungen beruhen, sind im D.R.P. Nr. 498 740 vom 15. VI. 1928 aufgeführt (Rudolf Horn, Erf. Josef Mokroß), so z. B. die Kombination von Dimethylglyoximpapier mit einer Nickelanode.

Den Gegensatz hierzu bildet die Ausnutzung kathodischer Reduktionen. Hierfür sind z. B. im Deutschen Patent Nr. 388724[1] vom 24. VIII. 1922 Wege angegeben. Das Rohpapier kann beispielsweise mit kolloidaler Schwefellösung unter Hinzufügung eines Leitelektrolyten (Kalziumnitrat) getränkt werden, während außerdem noch ein ungefärbtes, in Wasser unlösliches Schwermetallsalz, wie Bleisulfat oder Quecksilberchlorür, in der Papiermasse untergebracht wird. Beim Stromdurchgang wird nun an der Kathode der vorhandene Schwefel zu Schwefelwasserstoff reduziert, der die Verbindung des Schwermetalles sekundär in dessen stark gefärbtes Sulfid überführt. An anderer Stelle[2] wird eine Modifizierung dieses Verfahrens vorgeschlagen, bei der ein einziger Imprägnierungsprozeß des Rohpapieres stattfindet und besonders beständige Bilder resultieren sollen. Die Tränkungslösung setzt sich zusammen aus:

Kupferchlorür . . .	3 g
Silberrhodanid . .	0,5—1 g
Natriumthiosulfat . .	30 g
Wasser	60 g.

An der Kathode entstehen hierbei zunächst Bildzeichen aus Schwefelkupfer, welches sich noch im feuchten Zustande schnell in das nicht oxydierbare und beständigere Schwefelsilber umsetzt. Dieses Papier dürfte zwar in bezug auf Haltbarkeit, sowohl vor dem Gebrauch als auch nach der Beschriftung, alle Anforderungen erfüllen; für bildtelegraphische Zwecke kommt es aber deshalb nicht in Frage, weil bei den dort zu erreichenden Schreibgeschwindigkeiten der zur Schwärzung benötigte Strombedarf zu groß wird (Größenordnung 100 mA).

Besonders erwähnenswert erscheint jedoch in dieser Gruppe ein interessantes, von M. Volmer angegebenes Schreibverfahren[3]. Die Papierfläche ist mit einer Silbernitrat enthaltenen Lösung getränkt; geschrieben wird kathodisch mit einer chemisch indifferenten Graphitelektrode. An dieser werden beim Stromdurchgang Spuren von Silber in Freiheit gesetzt, die, als solche zunächst unsichtbar, bei einem anschließenden Entwicklungsprozeß, ähnlich wie bei einer photographischen Platte, die Keime für einen makroskopisch dichten Silberniederschlag darstellen. Nachteilig ist natürlich der Umstand, daß das aufgenommene Bild nicht schon während seines Entstehens beobachtet werden kann; dem steht indes der große Vorzug eines äußerst geringen Strombedarfes gegenüber (einige Hundertstel mA). Das Volmersche Silberkeimverfahren kann daher sicherlich für manche Anwendungsgebiete Bedeutung erlangen, sofern es gelingt, gewisse ihm jetzt noch anhaftende Mängel zu beheben.

Schließlich muß an dieser Stelle eine Art von kathodischer Bildschrift genannt werden, die nach Mitteilung ihres Erfinders V. Bausch bisherigen Versuchen zufolge als sehr aussichtsreich bezeichnet werden kann. Das neue Verfahren beruht auf der Kupplung zweier Azofarbstoffkomponenten, die unter der Einwirkung des bei der Elektrolyse entstehenden Alkalis zustande kommt. Dementsprechend wird das Rohpapier außer mit einem Leitelektrolyten (Kochsalz) mit einem geeignet ausgewählten Diazoniumsalz sowie mit Phenol, Naphthol oder einem ähnlichen Azofarbstoffbildner getränkt. Im Interesse erhöhter Lagerfähigkeit des unbenutzten Papiervorrates ist es jedoch empfehlenswert, die eine der Komponenten zunächst aus der Vorpräparation herauszulassen und sie erst kurz vor der Bildniederschrift gleichzeitig mit dem stets erforderlichen

[1] Allgemeine Elektricitäts-Gesellschaft, Erf. W. Meyer.
[2] Zusatzpatent Nr. 469 517 vom 1. IV. 1928 zu dem vorgenannten Patent.
[3] D.R.P. Nr. 531 163 vom 7. VII. 1929 und Zusatzpatent Nr. 536 366 vom 16. VII. 1929.

Befeuchtungsprozeß einzubringen. Dies ist besonders deshalb leicht möglich, weil man schon mit stark verdünnten und infolgedessen auch sehr billigen Lösungen auskommt. Für kontrastreiche Schrift genügten bei einem Versuchspapier etwa 7 mA bis 10 mA; an der Kathode entsteht ein sehr intensiver Farbstoff, der die Zellulosefaser äußerst haltbar anfärbt. Um nun das erzeugte Bild auch an den vom Strome unbeeinflußten (weißen) Stellen zu fixieren, wird ein besonderer Kunstgriff angewandt: Zur Präparation des Papieres dient ein Diazoniumsalz, das bei Belichtung in nicht mehr reaktionsfähige Komponenten zerfällt. Das unbenutzte Papier muß daher im Dunkeln aufbewahrt werden; nach der Beschriftung wird es einige Minuten lang hellem Tages- oder Lampenlicht ausgesetzt und ist dann unbegrenzt haltbar. Die entstandenen Zeichen sind scharf, die Halbtöne kommen ebenso gut heraus, wie bei der im folgenden behandelten Jodmethode, ohne wie bei letzterer in den lichteren Partien langsam zu verblassen.

Bis heute sind in der Praxis die verschiedensten Modifikationen der soeben erwähnten Jodschrift noch überwiegend in Gebrauch. Ihr Prinzip ist schon recht alt: Gut saugfähiges Rohpapier wird mit einer wässerigen Lösung von Jodkalium und Stärke getränkt. Bei der Elektrolyse des feuchten Papieres entsteht an der Kathode Kalilauge, während sich an der Anode (Schreibstift) elementares Jod abscheidet, welches mit der Stärke den bekannten, in nassem Zustande blauen Jodstärkekomplex bildet. Dieser nimmt beim Trockenwerden unter dem Einfluß des freien Alkalis die braune Farbe des Jods an. Die so erzeugten Chemogramme sind nun leider recht unbeständig, sie verblassen schon nach kurzer Zeit. Dies hat einen doppelten Grund: erstens werden die Bildzeichen durch die kathodisch entstandene Kalilauge bald zerstört, da diese Jodstärke zersetzt unter Überführung in Kaliumjodid und -jodat; andererseits scheint aber auch eine rein physikalische Verdampfung der Jodabscheidungen stattzufinden. Hier ließe sich zwar Abhilfe schaffen durch Baden des fertigen Bildes in einer verdünnten Säure (Essig- oder Borsäure[1]) und durch darauffolgendes Überziehen mit Zaponlack, doch ist eine solche Nachbehandlung natürlich umständlich und unerwünscht. Weiterhin zeigt Jodkaliumpapier leider eine geringe Haltbarkeit im unverarbeiteten Zustande, die sich in freiwilliger Bräunung (Jodabscheidung) unter dem Einfluß kohlensäurehaltiger Luft äußert, entsprechend den Umsetzungen

$$2\,KJ + H_2O + CO_2 \rightarrow K_2CO_3 + 2\,HJ$$
$$2\,HJ + O \rightarrow 2\,J + H_2O.$$

Bis zu einem gewissen Grade läßt sich diese Autoxydation verhindern durch die stabilisierende Beimengung eines Reduktionsmittels; natürlich darf ein solcher Zusatz nur in sehr geringer Quantität stattfinden, damit nicht auch das elektrolytisch abgeschiedene Jodbild reduziert wird. Nach V. Bausch ist hierfür Rongalit (Natriumhydrosulfitformaldehyd) geeignet in der Dosis einiger Promille der Gewichtsmenge des Jodkaliums[2]. Auch Zusätze von Alkalien zur Papiermasse sollen die Haltbarkeit günstig beeinflussen[3]. So hergestellte Papiere benötigen eine relativ geringe Stromstärke; bei einer Schreibgeschwin-

---

[1] Brit. Pat. Nr. 316 784 vom 16. VIII. 1928, Erf. L. H. Maskell.

[2] D.R.P. Nr. 511 164 vom 2. XII. 1927.

[3] D.R.P. Nr. 511 165 vom 19. I. 1928 (Zusatz zu dem vorgenannten Patent).

digkeit von 80 cm/s genügen 8 mA bis 10 mA, der zwischen den Elektroden liegende Widerstand beträgt etwa 2000 Ω.

Recht hohe Beständigkeit des Chemogrammes ohne jede Nachbehandlung wird erzielt, wenn man als Elektrolyten nicht Jodkalium, sondern Jodkadmium wählt [1]. Man erhält dann auch ohne Stärkezusatz sehr angenehm tintenartig getönte Bilder, die in weit geringerem Maße als die vorerwähnten zum Verblassen neigen. Das Kadmiumjodid bildet Komplexe vom Typus $Cd_2\,J_4$ und dissoziiert nach dem Schema

$$Cd_2\,J_4 \rightarrow Cd + Cd\,J_4\,.$$

Letzteres ist im Gegensatz zum molekularen Jod von schwarzblauer bis violetter Farbe und beständiger als dieses. Eine Verbesserung der Halbtöne (Gradation) erreicht man durch Hinzufügen von Kalium- und Zinkjodid [2]. Für eine solche Tränkungslösung wird folgendes Rezept angegeben:

Wasser	100 g
Zinkjodid	10 g
Kadmiumjodid	5 g
Kaliumjodid	15 g.

Der zunächst relativ hohe Widerstand der Jodkadmiumpapiere macht die Beigabe eines Leitelektrolyten (Bromkalium) empfehlenswert. Jedoch sei ein Mangel der Jodkadmiumpräparation nicht verschwiegen: Kathodisch scheidet sich bei der Elektrolyse metallisches Kadmium ab. Bei Trommelapparaten schadet dies nicht viel, da die Bildwalze dort ohne weiteres hin und wieder gereinigt werden kann; bei Bandschreibern jedoch mit schneidenförmiger, schwer zugänglicher Gegenelektrode sammelt sich an dieser sehr bald Kadmiumstaub in störender Menge an, der leicht auf dem Bilde häßliche Streifen verursacht. Durch Anbringung einer geeigneten Putzvorrichtung (rotierende Bürste) muß also für dauernde Reinigung der Kathode gesorgt werden. Jedenfalls dürfte es angebracht sein, die Gegenelektrode aus einem edlen Metall zu verfertigen, auf dem das abgeschiedene Kadmium nicht zu fest haftet; hierfür wird Tantal empfohlen.

Für die Herstellung sämtlicher elektrolytischen Registrierpapiere ist die Wahl eines geeigneten Rohpapieres von größter Bedeutung. Dieses muß zunächst chemisch absolut indifferent sein, d. h. die außer der eigentlichen Zellulosefaser in ihm vorhandenen Stoffe dürfen den Ablauf der gewollten elektrochemischen Reaktion in keiner Weise störend beeinflussen. Weiterhin ist eine völlig homogene Saugfähigkeit notwendig; das Rohmaterial darf daher keine im kolloidchemischen Sinne hydrophoben Substanzen enthalten (Harze, mineralische Füllstoffe). Schließlich wird noch erhebliche Festigkeit und Widerstandsfähigkeit gegen Verletzungen der Oberfläche auch im nassen Zustande verlangt. Das sind allerdings Forderungen, die sich bis zu einem gewissen Grade widersprechen.

Es liegt im Wesen des elektrolytischen Prozesses, daß dieser nur in Gegenwart von Wasser vor sich geht. Sämtliche elektrochemische Schreibpapiere müssen daher vor dem Gebrauch angefeuchtet werden, sei es, indem man sie vor dem Einlegen in den Bildapparat für kurze Zeit in ein Wasserbad bringt, sei es, indem die Papierbahn im Gerät selbst an geeigneter Stelle eine Benetzungszone durchläuft. Es kann jedoch auch der gesamte Papiervorrat von der Fabrikation her noch feucht angeliefert und aufbewahrt werden, wobei er vorteilhaft gegen Austrocknen durch passende hygroskopische Zusätze (etwa

[1] D.R.P. Nr. 502 394 vom 17. III. 1929, Erf. V. Bausch und F. Schoeller & Bausch.
[2] D.R.P. Nr. 512 381 vom 1. IX. 1929, Erf. V. Bausch.

Glyzerin) geschützt wird. Für den praktischen Betrieb ist dies ein besonders einfaches Verfahren. Es hat beim Siemens-Bandchemographen Anwendung gefunden (Kapitel XI, S. 418). Die für den gleichen Tönungsgrad der Bildzeichen erforderliche Schreibstromstärke ist in der Regel der Papiergeschwindigkeit relativ zur wirksamen Elektrode direkt proportional, da die an irgendeinem Punkte abgeschiedene Farbstoffmenge vom Zeitintegral des Stromes, der Zahl der hindurchgegangenen Coulomb, abhängt.

B. Photographische Methoden.

Die bisher besprochenen Methoden der Bildpunktmarkierung lassen mit Ausnahme der Silberkeimmethode von Volmer sofort sichtbare Bilder entstehen. Dieser Vorteil ist in allen den Fällen hoch einzuschätzen, wo es auf möglichst große Einfachheit der Bedienung und auf fortwährende Empfangs- und Synchronismuskontrolle auch während des Ablaufes der Übertragung ankommt, also z. B. für Bildschreiber, die sich an Bord von See- oder Luftfahrzeugen befinden. Sofern jedoch möglichst große Rasterfeinheit und getreue Wiedergabe der Halbtöne bei hoher Übermittlungsgeschwindigkeit angestrebt werden, verdient bei dem heutigen Stande der Technik die photographische Niederschrift den Vorzug. Bei diesem Verfahren müssen die Empfangsströme die Intensität eines Lichtstrahles verändern, der in Form eines scharfen, dem Rasterelement entsprechenden Punktes auf den lichtempfindlichen Bildträger (Bromsilberpapier oder Film) mehr oder weniger schwärzend einwirkt. Für kommerziellen Verkehr ist dabei besonders wertvoll, daß ein so aufgenommenes Filmnegativ mehrfach kopiert werden kann. Natürlich muß schon bei der Niederschrift des Fernbildes darauf Rücksicht genommen werden, ob diese auf Papier oder auf Film erfolgt, da sich beim Kopierprozeß die Tonwerte umkehren und im allgemeinen eine positive Wiedergabe des Sendedokumentes erwünscht ist. Eine etwa nötige Schwarz-Weiß-Vertauschung ist durch geeignete, im Kap. VII (S. 312) erörterte Maßnahmen am Geber oder am Empfänger stets zu erreichen.

Die bei der photographischen Methode auftretenden Komplikationen des Entwicklungs- und Fixierprozesses müssen leider als unvermeidlich in Kauf genommen werden; sie ließen sich für die Anforderungen eines Dauerbetriebes allerdings durch automatische Einrichtungen weitgehend mildern. Bisher haben zwar solche Einrichtungen, wie sie z. B. bei den Schnelltelegraphen von Pollak und Virág oder von Siemens & Halske seinerzeit in Anwendung waren, noch keinen Eingang in die fernphotographische Praxis finden können, doch werden sie zweifellos mit einer in Zukunft zu erwartenden Steigerung des Bildverkehrs auf festen Linien an Bedeutung gewinnen.

Da alle anderen Vorgänge aus der hochentwickelten Lichtbildtechnik übernommen werden können, besteht das beim photographischen Bildempfang neu auftretende Problem im wesentlichen in der Aufgabe, die Intensität eines Lichtstrahlenbündels durch die ankommenden Ströme zu beeinflussen oder zu „steuern“. Die hierzu dienenden Vorrichtungen können in zwei grundsätzlich wesensverschiedene Gruppen eingeteilt werden. Zu der ersteren sind alle Lichtquellen zu rechnen, die unmittelbar von den — im allgemeinen vorher verstärkten — Empfangsströmen gespeist werden, und deren Helligkeit somit direkt von diesen geändert wird. Zu der zweiten Gruppe hingegen gehören diejenigen Vorrichtungen, die ein von einer konstant leuchtenden Lampe herrührendes Strahlenbündel, von den Empfangsströmen gesteuert, mehr oder weniger abblenden oder abdunkeln. Während bei den unmittelbar beeinflußten Lichtquellen die gesamte zur Wirkung gelangende Lichtleistung von der Endstufe des Bildstromverstärkers gedeckt werden muß, besteht bei der zweiten Art von Helligkeitsmodulatoren, für die sich infolge der nur auslösenden Funktion der Bildströme die Bezeichnung „Lichtrelais" eingebürgert hat, prinzipiell keine direkte Beziehung zwischen der zur Steuerung notwendigen Leistung und der gesteuerten Lichtmenge. Durch Wahl einer hinreichend intensiven Strahlenquelle kann daher der wirksame Lichtstrom im Bedarfsfalle sehr groß gemacht werden. Für Fernbildschrift spielt allerdings dieser Umstand keine so wichtige Rolle wie für den Empfang beim Fernsehen, denn die zur Schwärzung der Bromsilberemulsion genügenden Lichtintensitäten sind selbst bei der maximal erreichbaren Übertragungsgeschwindigkeit recht gering. Sie können durch die Sammlung der Strahlen auf den stets kleinen Bildpunkt leicht gewonnen werden. Die Größe der Lichtmenge, die zu voller Schwärzung einer hochempfindlichen photographischen Schicht notwendig ist, beträgt ungefähr 1 bis 10 Luxsekunden. Natürlich spielt hier neben der Empfindlichkeit der Bromsilberemulsion auch die spektrale Zusammensetzung der Strahlung eine wesentliche Rolle; obige Angabe bezieht sich auf eine normal geheizte Metallfadenlampe als Lichtquelle. Falls eine solche in Verbindung mit einem Lichtrelais verwendet wird, läßt sich mit Hilfe der genannten Zahl bei gegebener Bildpunktgröße und Filmgeschwindigkeit der zu steuernde Lichtstrom angenähert im Voraus bestimmen. Erfolgt aber die photographische Niederschrift beispielsweise durch eine unmittelbar beeinflußte Glimmlampe, deren spektrale Intensitätsverteilung von der eines thermischen Strahlers stark abweicht, so ist obige, auf visuelle Helligkeiten bezogene Angabe ohne Wert. Die aktinische Wirkung muß dann fallweise experimentell ermittelt werden [1].

a) Unmittelbar gesteuerte Lichtquellen (Glimmlampen).

Die Betrachtung der unmittelbar von den empfangenen Bildströmen beeinflußten Lichtquellen kann sich ganz auf solche elektrischer Natur beschränken. Es hat zwar nicht an Vorschlägen gefehlt, beispielsweise auch Gasflammen, etwa nach Art der früher zu akustischen Untersuchungen gern benutzten Königschen Flammenkapsel, elektrisch zu modulieren, doch kann solchen Anordnungen ihrer Trägheit und anderer erheblicher Nachteile wegen keine ernstliche Bedeutung beigelegt werden. Von den elektrischen Lichtquellen wiederum müssen alle thermischen Strahler, wie Glüh- oder Bogenlampen, gleichfalls ihrer Trägheit halber ausscheiden, die durch die Wärmekapazität des Glühfadens oder der glühenden Elektroden bedingt ist und raschen Änderungen des Speisestromes

[1] Für die getreue Wiedergabe von Halbtonbildern muß außer den Kennlinien des photoelektrischen Abtastorganes am Sender, der Verstärkereinrichtungen und des optischen Empfangsteiles auch der Verlauf der Schwärzungskurve des lichtempfindlichen Materials („Gradation") berücksichtigt werden. Näheres hierüber bei Ives: Some Photographic Problems usw. Journ. Opt. Soc. Amer. Bd. 12 (1926) S. 173f. Die Verhältnisse gleichen durchaus denen, die bei der Aufnahme von Tonfilmen eine Rolle spielen. Hierzu vgl. z. B. Fischer-Lichte: Tonfilm. Leipzig: S. Hirzel 1931.

gegenüber zur Wirkung kommt. Anders verhält es sich jedoch mit den Leuchterscheinungen, die bei elektrischen Entladungen in verdünnten Gasen auftreten. Von diesen ist schon lange Zeit bekannt, daß sie auch sehr schnellen Stromstärkeschwankungen trägheitslos folgen. Der erste Hinweis auf ihre Verwendbarkeit zur photographischen Registrierung findet sich in einer Patentschrift von Wilson[1] aus dem Jahre 1900; praktisch ausgeführt wurde eine solche auf Gasentladung beruhende Empfangseinrichtung erstmalig von A. Korn (1902). Dieser ließ von den ankommenden Zeichenströmen unter Vermittlung eines besonders eingerichteten mechanischen Relais die Einschaltung einer lokalen Hochspannungsquelle auf eine Geißlersche Röhre bewirken, deren Strahlung durch eine kleine Blende unmittelbar auf den dicht an ihr vorbeibewegten Empfangsfilm fiel[2]. Später gab Korn diese etwas verwickelte Anordnung zugunsten des Saitengalvanometers wieder auf, das den Vorzug besaß, ohne Zwischenschaltung eines Relais direkt auf die Bildströme anzusprechen. Die Weiterentwicklung des von Wilson angegebenen Prinzips zur Zeichenregistrierung erschien erst aussichtsreich, als die Einführung der Elektronenröhre eine fast unbegrenzte, trägheitslose und quantitative Verstärkung der Empfangsströme gestattete, und als andererseits durch fortgeschrittene Erforschung der elektrischen Gasentladungen die Möglichkeit gegeben war, die zum Betriebe von Leuchtröhren nötigen Spannungen weitgehend abzubauen und die Ausbeute an aktinisch wirksamen Strahlen zu erhöhen.

Zum Verständnis der Resultate dieser Entwicklung wird ein gedrängter Überblick über die im einzelnen recht verwickelten Erscheinungen der elektrischen Gasentladung vorausgeschickt, soweit sie für das hier zu besprechende Anwendungsgebiet wesentlich sind[3].

Ähnlich wie in Flüssigkeiten beruht auch die Elektrizitätsleitung in Gasen auf dem Transport positiv und negativ geladener Ionen. Im Gegensatz zu der unselbständigen Entladung, bei der die Träger des Stromes durch äußere Einflüsse aus den ursprünglich neutralen Atomen geschaffen werden (z. B. durch Erhitzung oder durch Absorption radioaktiver Strahlung), sind die hier allein interessierenden Formen der selbständigen Entladung (Glimm- und Bogenentladung) durch den Vorgang der Stoßionisation gekennzeichnet. Dieser tritt dann ein, wenn Ionen oder Elektronen mit neutralen Gasatomen unelastisch, d. h. unter Energieabgabe, zusammenprallen, so daß ein sekundäres Elektron aus dem Atomverband abgespalten wird und somit ein neues Ionenpaar entsteht. Die hierfür nötige Mindestenergie des stoßenden primären Elektrons ist eine für jedes Gas verschiedene und wohldefinierte Größe; sie pflegt in Voltgeschwindigkeit (vgl. Fußnote S. 164) angegeben zu werden und wird als Ionisierungsspannung bezeichnet. Diese liegt etwa zwischen den Grenzen 3 V und 25 V; am geringsten ist sie für die Dämpfe der Alkalimetalle, am höchsten für die Edelgase (Helium). Zusammenstöße geringerer Energie, als der Ionisierungsspannung entspricht, vermögen keine vollkommene Abtrennung eines Elektrons

[1] D.R.P. Nr. 126 271 vom 6. VI. 1900.

[2] Korn-Glatzel: Handbuch der Phototelegraphie und Telautographie. Leipzig 1911, S. 132; D.R.P. Nr. 136 876 vom 4. I. 1902.

[3] Eine ausführliche Darstellung findet sich z. B. in G. Gehlhoffs Lehrbuch der Technischen Physik, Bd. II, Kap. 10. Leipzig 1926. Man vgl. auch Güntherschulze: Der Mechanismus der Glimmentladung. ZS. f. techn. Phys. Bd. 6 (1925) S. 446.

zu vollbringen; sie sind jedoch oberhalb einer gewissen Spannungsschwelle (Resonanzpotential) imstande, ein solches auf ein höheres Energieniveau zu heben und dadurch das Gasteilchen in einen „angeregten Zustand" zu versetzen, aus dem es im allgemeinen[1] merklich momentan (mit einer Verzögerung $< 10^{-8}$ s) unter Emission einer charakteristischen Spektrallinie auf ein niedrigeres Niveau bezw. in seinen Normalzustand zurückkehrt. Aus diesem Sachverhalt ergibt sich, daß ionisierende Stöße stets auch emissionsauslösend wirken können, d. h. mit dem Vorgang der Stoßionisation ist immer eine Leuchterregung verbunden.

Der Mechanismus einer selbständigen Glimmentladung kann nun wie folgt beschrieben werden: In einem mit verdünntem[2] Gase gefüllten Gefäß mögen sich zwei Elektroden als Anode und Kathode gegenüberstehen. Da in jedem Raume immer Ionen, wenn auch in sehr geringer Anzahl, vorhanden sind, werden sich diese beim Vorhandensein eines Potentialgefälles in Richtung der Anode bezw. der Kathode bewegen und, genügende Geschwindigkeit vorausgesetzt, unterwegs neutrale Moleküle durch Stoß ionisieren. Dadurch wächst die Zahl der Träger lawinenartig an (vgl. S. 164). Die negativen Ionen (Elektronen) dringen in die Anode ein, während die positiven Gasionen auf die Kathode aufprallen und bei hinreichender Stoßenergie dort neue Elektronen heraussplittern, die nun teils selber die Stromleitung im Gase übernehmen, teils mit den positiven Resten unter Leuchterscheinung wiederum neutrale Atome bilden. Die Entladung erhält sich dann mit einer bestimmten Stromstärke von selbst solange aufrecht, als das nötige Spannungsgefälle unterhalten wird. Leuchterscheinungen zeigen sich dabei überall dort, wo Stoßionisation eine Rolle spielt oder wo durch Rekombination wieder neutrale Atome entstehen; sie treten hauptsächlich in einer Schicht unmittelbar vor der Kathode auf (kathodisches Glimmlicht), sowie in einem meist ausgedehnteren, an die Anode anschließenden Bereich längs der Entladungsbahn, der vom Kathodenglimmlicht durch den sog. Faradayschen Dunkelraum getrennt ist (positive Lichtsäule). Bei genauerer Betrachtung erweisen sich die beschriebenen Erscheinungen allerdings als weit differenzierter, und in ihren Einzelheiten hängen sie sehr von den speziellen Entladungsbedingungen ab.

Für das Wesen der selbständigen Entladungen wichtig ist die Erkenntnis, daß der Entladungsstrom sich die Leitfähigkeit des Gases selbst schafft. Dies hat zur Folge, daß der Widerstand der Gasstrecke mit wachsender Dichte der Träger abnimmt, und zwar in einem solchen Maße, daß der Spannungsabfall mit steigender Stromstärke konstant bleibt oder sogar geringer wird („fallende

[1] Eine Ausnahme bilden die „metastabilen Zustände", die unter Umständen mehrere Tausendstel s bestehen und so für die Anwendungen störende Trägheiten verursachen können. Vgl. auch Kap. IV, S. 165.

[2] Verdünnt deshalb, damit die freie Weglänge der Ionen einen gewissen, nicht zu kleinen Wert erreicht. Anderenfalls wäre Stoßionisation nur bei sehr hohen Feldstärken möglich, da ein Elektron im dichten Gase schon vor Erlangung der zur Ionisation nötigen Fallgeschwindigkeit durch fortgesetzte unelastische Stöße, die nutzlos in translatorische (Wärme-) Energie umgewandelt werden, abgebremst würde. Dies gilt besonders für die unedlen Gase; bei den Edelgasen kann infolge ihrer viel kleineren „dielektrischen Kohäsion" auch bei vergleichsweise hohem Druck eine Entladung mit geringem Potentialgefälle unterhalten werden. Hierin kommt zum Ausdruck, daß die Elektronen in Edelgasen unterhalb der Anregungsspannung elastisch, d. h. bei den gegebenen Massenverhältnissen praktisch verlustlos, stoßen.

Charakteristik"). In reiner Form tritt diese Erscheinung in der positiven Säule auf; nach außen hin wird sie allerdings oft durch das Hinzukommen der „Elektrodenfälle" verdeckt. Die Gesamtspannungsdifferenz an den Klemmen einer Glimmröhre setzt sich nämlich zusammen aus 1. einem zumeist relativ hohen Potentialgefälle in der Nähe der Kathode (Kathodenfall), 2. dem stark stromabhängigen Spannungsbedarf der positiven Säule und 3. einem relativ kleinen Potentialsprung dicht vor der Anode. Der zuletzt genannte „Anodenfall" spielt meist keine wesentliche Rolle; unter normalen Verhältnissen liegt er bei genügender Elektrodengröße in der Nähe von 20 V. Anders der Kathodenfall: dieser variiert beträchtlich mit dem Kathodenmaterial und mit der Natur des Gases; außerdem hat auf ihn auch die Form der Kathode einigen Einfluß[1]. Die physikalische Bedeutung des Kathodenfalles besteht darin, daß in ihm die positiven Träger die nötige Beschleunigung erhalten, die sie zur Elektronenablösung aus dem Kathodenmaterial befähigt. Es erhellt hieraus, daß den stark elektropositiven Alkalimetallen ein besonders geringer Kathodenfall zukommt, da diese, wie sich auch beim lichtelektrischen Effekt offenbart, ausgeprägt zur Abgabe von Elektronen neigen. Unter den Gasen sind die Edelgase in der gleichen Weise ausgezeichnet; wir geben im folgenden eine Übersicht über die Größe einiger Kathodenfälle (in Volt):

Tabelle 11.

	N_2	H_2	He	Ne	Ar
Kalium . .	170	94	69	68	64
Barium . .	157	—	86	—	93
Magnesium	188	153	125	94	119
Aluminium	179	171	141	120	100
Platin . . .	216	276	168	152	131

Diese Werte des „normalen Kathodenfalles" gelten sämtlich nur bei geringer Strombelastung, solange die Kathodenoberfläche noch nicht restlos mit Glimmlicht überzogen ist. Dieses letztere nimmt nämlich dann proportional mit der Stromstärke an Ausdehnung zu[2], und nur im so definierten Gebiet unvollständiger Bedeckung erweisen sich der Kathodenfall und die kathodische Stromdichte als völlig konstant. Ist jedoch einmal die gesamte Kathode vom Glimmlicht bezogen, so kann dieses naturgemäß nicht weiter an Ausdehnung, sondern nur noch an Dicke gewinnen; gleichzeitig beginnt der Kathodenfall zu wachsen und wird dann als „anomal" bezeichnet. In diesem Bereich besteht zwischen der Stromstärke i, dem normalen und anomalen Kathodenfall K_n bezw. K_a, dem Gasdruck p und der Kathodenfläche F die von Stark gefundene Beziehung

$$K_a = K_n + \frac{k}{p \cdot F^{1/2}} \cdot (i - \varkappa \cdot p \cdot F)^{1/2},$$

wobei k und $\varkappa$ dem Gase eigentümliche Konstanten sind. Außerdem ist die Stromstärke bei unverändert gehaltenem Kathodenfall sowohl im normalen wie im anomalen Gebiete dem Quadrate des Gasdruckes proportional.

[1] Einen vergleichsweise besonders geringen Kathodenfall zeigt eine Hohlkathode, wie sie z. B. durch ein außen isoliertes und nur auf seiner inneren Oberfläche wirksames, dünnes Metallröhrchen gebildet wird. Diese Erscheinung wird offenbar durch die häufigen, im Innern des Röhrchens stattfindenden Reflexionen der Gasatome verursacht; auch spielt hierbei wohl das Auftreten eines photoelektrischen Effektes mit.

[2] Diese Erscheinung wird in der von Gehrcke angegebenen Glimmlichtröhre zur Konstruktion eines Oszillographen verwendet; eine ähnliche Anordnung zur photographischen Zeichenregistrierung bei Tonfilmaufnahmen (Amplitudenschrift) findet sich im D.R.P. Nr. 413 437 vom 25. I. 1922, Erf. G. Seibt.

Zwischen der soeben in großen Umrissen beschriebenen Glimmentladung und der Bogenentladung besteht ein Unterschied nur in den Vorgängen an der Kathode. Während die Glimmentladung sich durch eine relativ kalte Kathode und durch das Vorhandensein eines beträchtlichen Kathodenfalles auszeichnet, ist bei der Bogenentladung die negative Elektrode infolge des Ionenaufpralles so stark erhitzt, daß aus ihr ein konzentrierter Strahl von Thermoelektronen austreten kann und so der Kathodenfall bis auf wenige Volt herabsinkt. Das gleiche kann nach dem Vorgange von Wehnelt auch bei Glimmröhren dadurch herbeigeführt werden, daß man eine geheizte Oxydkathode verwendet.

Zum Zwecke der photographischen Zeichenregistrierung können prinzipiell sowohl Glimm- als auch Bogenentladungen dienen. Gegen die Anwendung der letztgenannten spricht die gerade bei der Fernbildschrift und beim Fernsehen nicht erfüllbare Bedingung, daß im Verlaufe der Modulation geringe Stromwerte immer nur während sehr kurzer Zeit zugelassen werden könnten. Anderenfalls würde zeitweilig eine zu starke Abkühlung der Kathode und mithin ein Erlöschen des Bogens eintreten[1].

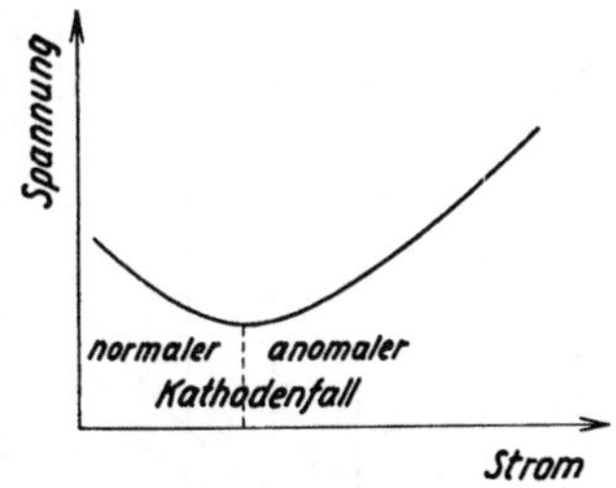

Abb. 121. Kennlinie einer Glimmentladungsröhre.

Zur Bildniederschrift erweisen sich demnach nur Glimmentladungen als brauchbar, wobei entweder die kathodische Lichthaut oder das Leuchten der positiven Säule ausgenutzt werden kann. Vor der Betrachtung der sich hieraus für die „Schreibglimmlampen" ergebenden Konstruktionsprinzipien ist es jedoch nötig, noch auf die wesentlichen elektrischen Eigenheiten der Glimmentladungen einzugehen.

Das Bestehen einer fallenden Charakteristik wurde schon erwähnt. Da der gesamte Spannungsabfall an einer Glimmröhre sich in der besprochenen Weise aus einzelnen, in verschiedenem Maße und Sinne stromabhängigen Teilspannungen zusammensetzt[2], zeigen in dieser Beziehung durchaus nicht alle Lampenkonstruktionen ein übereinstimmendes Verhalten. Im allgemeinen tritt ein fallender Verlauf der Kennlinie nur bei kleinen Stromstärken im Gebiete des normalen Kathodenfalles in Erscheinung; eine entsprechende, für die meisten Glimmlampen typische Stromspannungsabhängigkeit gibt die Abb. 121 wieder. Man erkennt, daß beim Überschreiten der Grenze zwischen normalem und anomalem Kathodenfall die Spannung mit wachsendem Strome zu steigen beginnt; in diesem Bereiche würde die zunehmende Leitfähigkeit einer kurzen positiven Säule durch den stärker zunehmenden Spannungsverlust an der Kathode mehr als wettgemacht werden. Immerhin besteht auch dort längst keine Proportionalität zwischen Strom und Spannung; d. h. der Glimmlampenwiderstand verringert sich mit wachsender Belastung immer mehr. Dieses Verhalten geht deutlich aus der folgenden Tabelle hervor, welche die an einer

[1] Für Tonfilmaufnahmen, wo infolge der raschen Modulation um einen genügend großen Mittelwert des Speisestromes dieses Bedenken nicht besteht, wurde von L. de Forest die gesteuerte, mit Argon und Stickstoff gefüllte Wolframbogenlampe als Lichtquelle vorgeschlagen, deren Entladung sich durch besonderen Reichtum an photographisch wirksamen Strahlen auszeichnet; vgl. Loebe und Ledig: ZS. f. techn. Phys. Bd. 6 (1925) S. 325.

[2] Vgl. z. B. Schröter, F.: ZS. f. Beleuchtungswesen 1920 S. 44.

später zu beschreibenden Registrierglimmlampe gemessenen Strom-, Spannungs- und Widerstandswerte wiedergibt:

Tabelle 12.

Strom I (mA)	Spannung E (V)	Widerstand R (Ω)	Strom I (mA)	Spannung E (V)	Widerstand R (Ω)
0,75	204,0	272 000	5	210,3	42 000
1	204,2	204 000	6	212,3	35 400
2	205,0	102 500	7	213,9	30 600
3	206,1	68 700	8	215,0	26 900
4	208,0	52 000			

Die Stromspannungskennlinie dieser Lampe zeigt die Abb. 122; der fallende Teil der Charakteristik liegt infolge der sehr kleinen Kathodenfläche bei so geringen Stromstärken (unter 0,5 mA), daß er in der Kurve nicht zum Ausdruck kommt. Wie man erkennt, kann der Zusammenhang zwischen Strom und Spannung annähernd durch eine lineare Funktion der Form $E = a + b\,I$ dargestellt werden [1]; hieraus ergibt sich $R = \frac{a}{I} + b$.

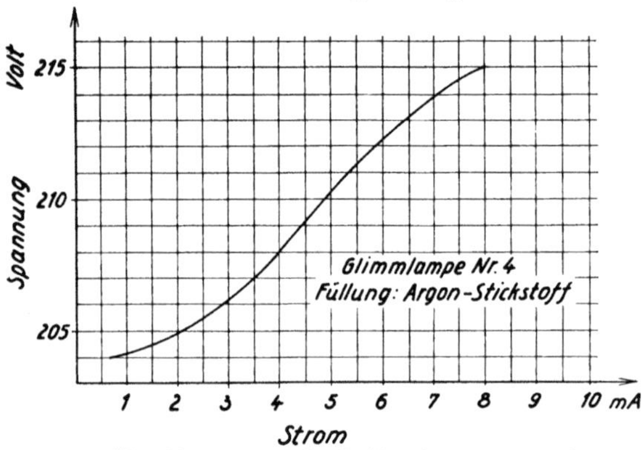

Abb. 122. Kennlinie einer Schreibglimmlampe (Gasfüllung: Argon-Stickstoff-Gemisch.)

Außer dieser von der metallischen Leitung stark abweichenden Widerstandscharakteristik kommt den Glimmentladungen noch die Eigentümlichkeit des Vorhandenseins ausgezeichneter Spannungswerte zu. Steigert man nämlich, bei kleinen Werten beginnend, die an einer Glimmlampe liegende Potentialdifferenz immer mehr, so findet man, daß die Entladung erst bei einer ganz bestimmten Spannungsschwelle, der „Zündspannung", einsetzt. Geht man umgekehrt vom gezündeten Zustand aus und verringert man die Brennspannung stetig, so reißt die Entladung an einem anderen, tiefer gelegenen Punkte, bei der „Löschspannung", ab. Der Differenzbetrag Zündspannung — Löschspannung ist wesentlich von der Anordnung und dem Abstande der Elektroden, wie auch vom Gasdruck abhängig. In den gebräuchlichen Neon-Glimmlampen erreicht er etwa 10 V bis 20 V, kann aber unter besonderen Verhältnissen (lange und eng zusammengeschnürte positive Säule) bis zu einigen 100 V ansteigen [2].

In der Praxis pflegen Glimmlichtröhren unter Vorschaltung eines Widerstandes benutzt zu werden, der im speziellen Falle auch aus einer Verstärkerröhre bestehen kann. Ohne eine solche Begrenzung bestünde die Gefahr, daß die Stromstärke infolge der abfallenden Widerstandscharakteristik unzulässig

[1] Für die vorliegende Glimmlampe wird $a = 202{,}3$ und $b = 1660$, falls I in Ampere eingesetzt wird.

[2] Bei sehr reinen Edelgasen setzt zuweilen die Entladung auch bei außerordentlich hohen Spannungen nicht ein („Pseudohochvakuum"). Dieser Störung kann durch geringe Beimengung von Wasserstoff zum Füllgase entgegengetreten werden.

wächst und — insbesondere, falls etwa die Glimmentladung in eine Bogenentladung umschlägt — die Lampe der Zerstörung anheimfällt. Die unter diesen Verhältnissen resultierenden stabilen Strom- und Spannungswerte lassen sich am besten an Hand einer graphischen Darstellung erkennen (Abb. 123). In dieser ist zunächst die statische Stromspannungscharakteristik eingezeichnet. Die Glimmröhre (Elektrodenspannung E) sei aus einer Batterie (Spannung E_1) unter Vorschaltung eines Widerstandes R betrieben. Gefragt wird nach der sich einstellenden Stromstärke I. Wegen der Beziehung $E + RI = E_1$ findet man die möglichen Werte als Schnittpunkte der Charakteristik mit der „Widerstandsgeraden", die vom Punkte E_1 auf der Ordinatenachse ausgeht und mit der I-Achse den Winkel α bildet, wobei $\operatorname{tg} \alpha = R$*. Hierbei ergeben sich im allgemeinen zwei Schnittpunkte; wie jedoch Kaufmann[1] gezeigt hat, entspricht nur derjenige Punkt einem stabilen Betriebszustand, für den gilt $\frac{dE}{dI} + R > 0$. Dies ist allgemein der dem höheren Stromwert zugeordnete Punkt (b_1, b_2 in der Abbildung), während die durch a_1 und a_2 gekennzeichneten Einstellungen nicht realisierbar sind. Vergrößert man R immer mehr, so tangiert schließlich die Widerstandsgerade die Charakteristik (Punkt a_3); bei weiterer Erhöhung reißt plötzlich die Entladung mit endlichem Strome ab. Dies letztere gilt, solange E_1 kleiner ist als die Zündspannung E_Z; falls $E_1 > E_Z$ bleibt ein Entladestrom bei beliebig hohem R bestehen, da dann stets ein Schnittpunkt beider Kurven existiert. Die Löschspannung E_L ist definiert durch den kleinsten Spannungswert, mit dem eine Entladung noch selbständig unterhalten werden kann; offenbar ergibt sich dieser Wert beim äußeren Widerstande Null als Ordinate des tiefsten Punktes der Charakteristik.

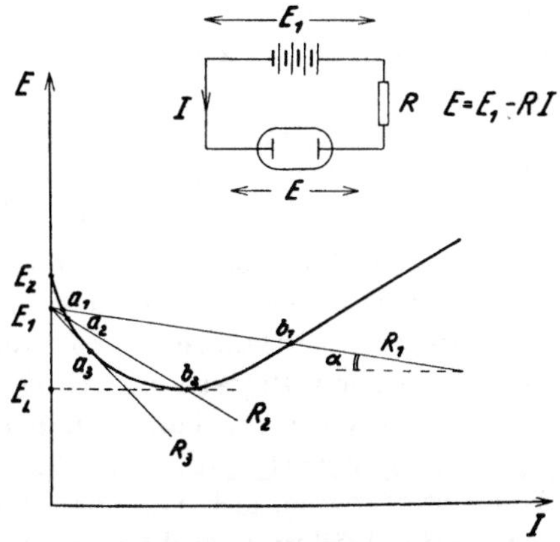

Abb. 123. Spannungsbilanz und Betriebszustände einer mit Vorschaltwiderstand betriebenen Glimmlampe.

In gleicher Weise wie andere elektrische Gebilde, deren Klemmenspannung mit steigendem Strome abfällt (Dynatron, Negatron, Lichtbogen) kann auch eine Glimmröhre unter Umständen Kreise, die aus Kapazität und Induktivität aufgebaut sind, zu ungedämpften Schwingungen anregen[2]. Selbst die bloße Kombination eines Ohmschen Widerstandes mit einem Kondensator, zu dem die Entladungsstrecke parallel geschaltet ist, genügt zur Entstehung von periodischen Intermittenzen, deren Auftreten für die Anwendungen der Glimmlampe zur Zeichenregistrierung natürlich unerwünscht ist. Sie lassen sich vermeiden entweder durch passende Schaltungen (s. später) oder durch geeignete Formgebung der Leuchtröhre (Betrieb im Gebiete anomalen Kathodenfalles, d. h. bei hoher kathodischer Stromdichte).

* Sofern I wie üblich in mA aufgetragen wird, ist hierbei der Widerstand in $10^3\ \Omega$ zu messen.

[1] Kaufmann, W.: Ann. d. Phys. (4) Bd. 2 (1900) S. 158.

[2] Eine eingehende Darlegung dieser Vorgänge findet sich bei Schröter, F.: ZS. f. techn. Phys. Bd. 6 (1925) S. 404.

Bei allen zur Lichtsteuerung in Frage kommenden Gasentladungen, insbesondere bei Glimmlampen für Fernsehzwecke, interessiert neben der statischen die dynamische Stromspannungskennlinie; sie gibt die einer definierten Wechselspannung entsprechende Wechselstromstärke an, der die letzten Endes maßgebende Wechselhelligkeit proportional ist. In einem Frequenzbereich, dessen Periodendauern noch groß sind gegenüber den Rekombinations- und Entionisationszeiten des Gases, kann auf den Aussteuerungsgrad der Lichtintensität aus der statischen Charakteristik geschlossen werden. Bei höheren Schwingungszahlen tritt jedoch die Trägheit des Entladungsvorganges in Erscheinung; hier liefert dann die dynamische Kennlinie ein Maß für die resultierende Verflachung der Lichtwechsel, indem sie zeigt, wie die von einer bestimmten Steuerwechselspannung erzwungene Wechselstromstärke mit wachsender Frequenz hinter dem statisch zu erwartenden Betrage zurückbleibt, d. h. der Wechselstromwiderstand der Lampe zunimmt. Man kann die dynamische Charakteristik von der statischen vollkommen trennen, indem man nur die Wechselstromgrößen mißt bezw. berechnet; diesbezügliche Untersuchungen an Fernsehglimmröhren hat F. Kirschstein[1] veröffentlicht.

In Neonröhren ist die Zunahme des Wechselstromwiderstandes schon von wenigen kHz ab bemerkbar, aber bis zu weit höheren Frequenzen hinauf noch nicht störend. Erfahrungsgemäß sind derartige Lampen für die Wiedergabe von Bildern mit Rastern der Größenordnung $\varrho = 5000$ bei 20 Bildwechseln/s durchaus geeignet; es läßt sich nachweisen, daß die Helligkeit hierbei noch voll durchgesteuert wird. Ein Zusatz von wenigen Hundertstel Volumenteilen Wasserstoff erweist sich besonders bei Anwendung höherer Fülldrucke als nützlich. Seine Wirkung beruht vermutlich auf der beschleunigten Zerstörung der metastabilen Neonatome, die eine der Ursachen der Rekombinationsträgheit in Edelgasen sind.

Die Wahl des Gases für die Füllung der Schreibglimmlampen wird im wesentlichen durch zwei Forderungen bedingt. Zunächst ist im Interesse eines geringen Aufwandes an Verstärkung eine möglichst niedrige Betriebspannung erwünscht; weiterhin wird eine gute Ausbeute an photographisch wirksamen Strahlen angestrebt. Systematische Untersuchungen des Telefunken-Laboratoriums haben ergeben, daß beiden Ansprüchen bei Anwendung einer Hohlkathode und hoher Stromdichte in hervorragendem Maße durch ein Gasgemisch Genüge geleistet wird, welches aus 84% bis 95% Argon oder Neon-Helium und 16% bis 5% Stickstoff besteht, wobei der Gasdruck vorteilhaft zu 6 mm bis 8 mm Hg bemessen wird. Dieses Gemisch ergibt eine besonders im violetten und ultravioletten Spektrum reiche Lichtemission, die hauptsächlich den Stickstoffbanden zwischen 2900 und 4000 ÅE zuzuschreiben ist; gleichzeitig zeigt sie infolge der Abwesenheit bezw. Unterdrückung von metastabilen Zuständen keinerlei Trägheit selbst bei sehr hohen Steuerfrequenzen[2]. In Abb. 124 bedeuten 1 und 2 die Stromspannungscharakteristiken zweier Neon-Stickstofflampen, sinngemäß 1′ und 2′ die Schwärzungskurven (linker Ordinatenmaßstab), bezogen auf gleiche Expositionsdauer von 1/12000 s. Der Film (Agfa-Pankinefilm) besaß

[1] Kirschstein, F.: Ferns. Bd. 1 (1930) S. 495–501.

[2] Im rotierenden Drehspiegel konnten bei einer Steuerfrequenz von 15000 Hz noch keine Anzeichen beginnender Trägheit beobachtet werden.

Empfindlichkeitsmaxima bei 470 $\mu\mu$ und im Gebiet von 600 $\mu\mu$ bis 650 $\mu\mu$. Kurven 1 und 1′ beziehen sich auf 10%, 2 und 2′ auf 16% Stickstoff.

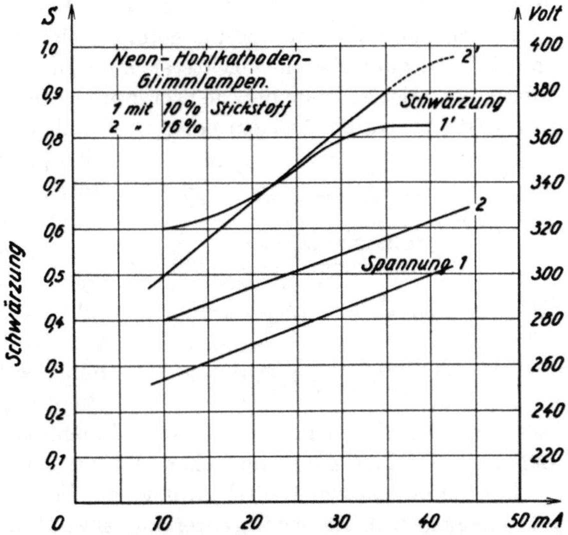

Abb. 124. Kennlinien und photographische Schwärzungskurven zweier Hohlkathodenglimmlampen.

Im Gegensatz zu anderen Anwendungsgebieten der Registrierglimmlampe (Tonfilm, Oszillograph usw.) verlangt die Bildtelegraphie eine Konzentration der ausgestrahlten Lichtenergie auf ein sehr kleines Flächenelement von beispielsweise 0,2 mm Durchmesser. Dies geschieht im allgemeinen durch ein abbildendes System; im einfachsten Falle also durch eine Sammellinse[1]. Um hierbei allzu starke Verkleinerungsgrade zu vermeiden, die infolge der nur begrenzt steigerungsfähigen Öffnung der optischen Anordnung vom Standpunkte der Lichtökonomie aus ungünstig sind, empfiehlt es sich, die abzubildende leuchtende Fläche in der Glimmlampe selbst schon recht klein zu machen und auf diese einen möglichst großen Anteil der gesamten Entladungsenergie zu konzentrieren. Im Verfolg dieser Forderung bieten sich zwei Wege, insofern als entweder das Licht der positiven Säule oder das kathodische Glimmlicht zur Ausnutzung gelangen kann. Im ersten Falle muß die Entladung wenigstens auf eine gewisse Länge eingeschnürt werden, um eine örtlich vergrößerte Stromdichte und eine hierdurch verursachte Erhöhung der Leuchtdichte zu erzielen. Die emittierte Strahlung summiert sich längs der Achse der Entladungsbahn nahezu verlustlos[2] und kann so zur Erzeugung

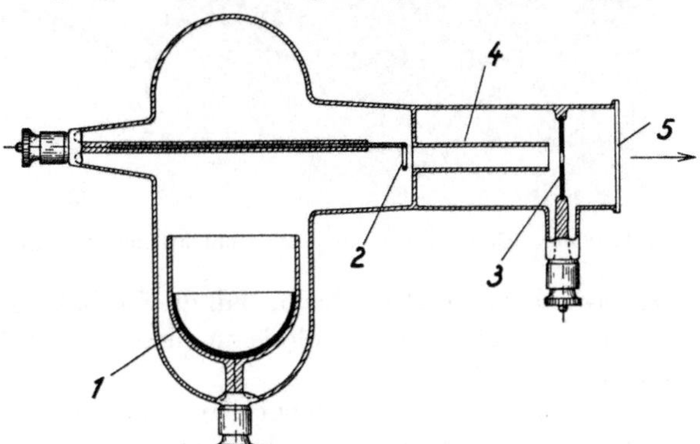

Abb. 125. Glimmröhre mit eingeschnürter positiver Säule und Alkalikathode.

[1] Die primitive Form der „Schleifblende“, bei der die leuchtende Fläche der Glimmlampe bis auf die Größe eines Rasterelementes durch eine Lochblende abgedeckt ist, in deren unmittelbarer Nähe sich der zu belichtende Empfangsfilm vorbeibewegt, besitzt infolge wesentlicher Nachteile keine praktische Bedeutung.

[2] Entgegen dem nur für thermisch strahlende Gasmassen gültigen Kirchhoffschen Gesetz absorbiert z. B. elektrisch zum Leuchten angeregter Stickstoff nur einen unmeßbar kleinen Betrag seiner eigenen Strahlung; vgl. Jungjohann: ZS. f. wiss. Photogr. Bd. 9 (1910) S. 110.

eines sehr intensiven Lichtpunktes dienen. Eine entsprechende Ausführungsform, die allerdings nicht für Bildtelegraphie, sondern für Lichtsteuerung beim Fernsehempfang bestimmt ist, zeigt Abb. 125.

Ein mit metallischem Kalium gefülltes Gefäß 1 dient als negative Elektrode, von der aus zum Zwecke leichterer Zündung zunächst eine ionisierende Entladung nach der Hilfsanode 2 hervorgerufen werden kann, die aus einem Drahtring besteht. Durch Anlegen einer noch höheren Spannung an die gleichzeitig als optische Blende wirkende Betriebsanode 3 gelingt es dann leicht, die Entladung auf diese überzuleiten, wobei sie gezwungen ist, durch ein enges Glasrohr 4 hindurchzugehen. In diesem bildet sich eine intensiv leuchtende positive Säule aus, deren nutzbare Strahlung die Lampe durch ein Fenster 5 in Richtung des eingezeichneten Pfeiles verläßt. In der beschriebenen Lampe ist als Füllgas Neon verwendet, dessen feuerrote Lumineszenz einen guten optischen Wirkungsgrad im sichtbaren Gebiet besitzt.

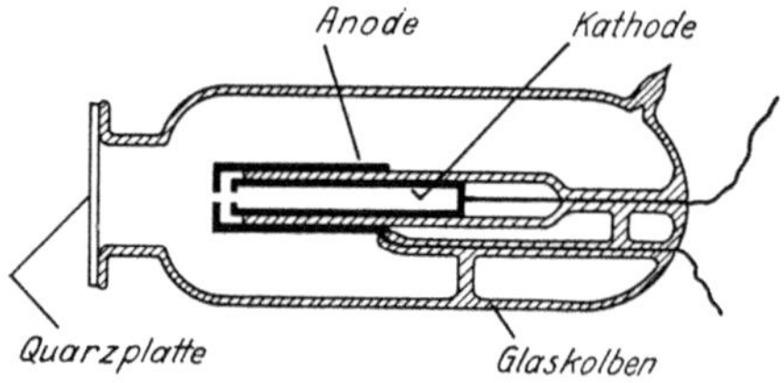

Abb. 126 a. Schreibglimmlampe mit Hohlkathode, Schnitt.

Für die Zwecke der Bildtelegraphie, wo die höchsterreichbaren Leuchtdichten im allgemeinen nicht benötigt werden, sind Glimmlampen mit langer positiver Säule unzweckmäßig, denn die Zusammendrängung der Entladung in eine enge Kapillare bringt stets den Übelstand hoher Zünd- und Betriebsspannungen mit sich, die eine Stromquelle von unverhältnismäßig großer Voltzahl erfordern. So hat die oben beschriebene Lampe eine Zündspannung von etwa 240 V, während der Potentialabfall in der 3,5 cm langen Leuchtsäule von 0,4 cm Durchmesser bei 75 mA Betriebsstrom rund 58 V beträgt, also ca. 16,5 V/cm[1]. Die Löschspannung liegt bei 160 V. Ein weiterer Mangel besteht darin, daß die Entladung bei schwachen Stromstärken infolge der fallenden Kennlinie in diesem Bereiche leicht labil wird und womöglich abreißt.

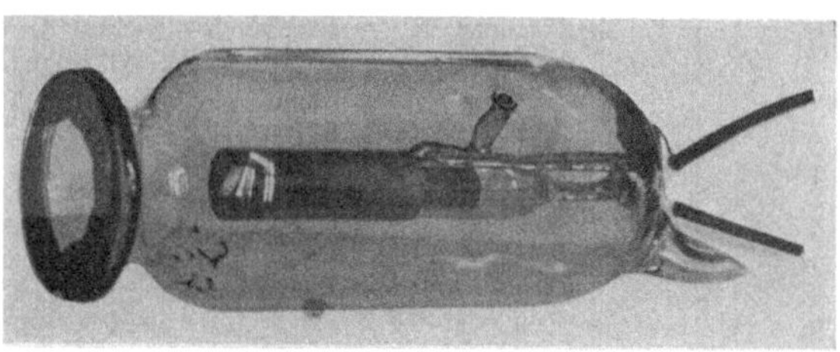
Abb. 126 b. Schreibglimmlampe mit Hohlkathode, Ansicht.

Im Gegensatz hierzu gelangt man bei Ausnutzung des negativen Glimmlichtes zu recht brauchbaren Konstruktionen, sofern man die Kathodenfläche sehr klein und dementsprechend ihre Leuchtdichte groß macht. Eine nach diesem Grundsatz von der Telefunken-Gesellschaft nach Angaben von F. Schröter durchgebildete Schreibglimmlampe zeigen die Abb. 126 a und 126 b im Schnitt und in der Ansicht. Kathode und Anode sind dünne, koaxial angeordnete Eisenzylinder[2], die durch ein Glas- oder Steatitrohr voneinander isoliert und gleich-

[1] Annähernd gilt bei gleichbleibender Stromstärke $d \cdot V = \text{const.}$ (d Rohrweite, V Spannung) im Gegensatz zu metallischen Leitern, wo $d^2 \cdot V$ konstant bleibt.

[2] Die Verwendung von Eisen als Kathodenmaterial ist deshalb geboten, weil es im Gegensatz zu den meisten anderen Metallen durch die Glimmentladung nur wenig zerstäubt wird. Eine solche Zerstäubung würde das optische Fenster der Glimmlampe schon nach kurzdauerndem Brennen beschlagen und diese so bald unbrauchbar machen.

zeitig zentrisch gehaltert werden. Die Glimmentladung ist somit gezwungen, sich auf der Innenfläche des Kathodenrohres anzusetzen; hierdurch wird der schon erwähnte Hohlkathodeneffekt (niedriger Kathodenfall) nutzbar gemacht. Außerdem entsteht am Ausgang des Röhrchens ein besonders intensiv leuchtender Lichtknoten (sog. sekundäre Kathode). Das als Anode dienende Rohr ist auf seiner vorderen Seite gleichzeitig als optische Blende von etwa 1 mm Durchmesser ausgebildet[1]. Die im Innern der Kathode erzeugte, längs ihrer Achse summierte Strahlung verläßt den Glaskörper der Lampe durch ein aufgekittetes Quarzfenster, das auch dem ultravioletten Anteil des Lichtes den Durchtritt

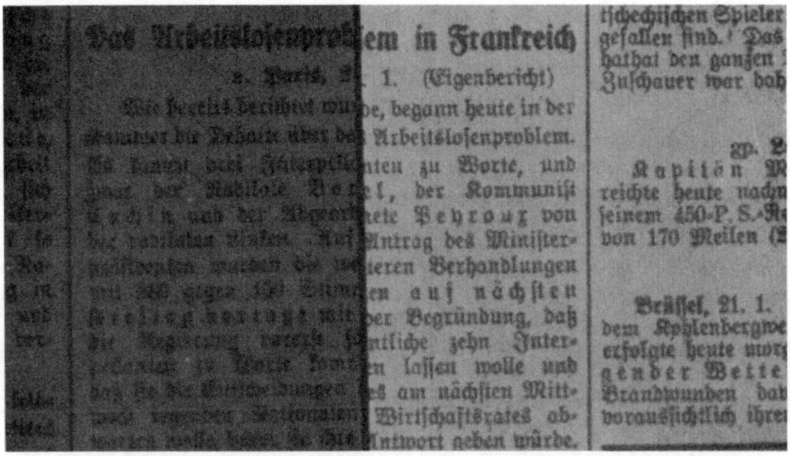
em in Frankreich
1. (Eigenbericht)
e, begann heute in der
Arbeitslosenproblem.
ten zu Worte, und
l, der Kommunist
ete Peyroux von
Antrag des Minister-
teren Verhandlungen
en auf nächsten
er Begründung, daß
ntliche zehn Inter-
n lassen wolle und
s am nächsten Mitt-
Wirtschaftsrates ab-
Antwort geben würde.

tschechischen Spieler
gefallen sind. Das
hat den ganzen
Zuschauer war dab
Kapitän
reichte heute nach
seinem 450-P.S.-
von 170 Meilen
Brüssel, 21. 1.
dem Kohlenbergwe
erfolgte heute morg
gender Wette
Brandwunden ba
voraussichtlich ihre

Abb. 127. Übertragungsprobe mit Argon-Stickstoff-Schreibglimmlampe. Linke Hälfte Glas-, rechte Quarzoptik. Schreibgeschwindigkeit 100 cm/s, Glimmstrom 5 mA.

gestattet[2]. Natürlich kann dieser nur dann auf das photographische Material einwirken, wenn auch das abbildende Objektiv aus Quarz hergestellt ist; dies empfiehlt sich wegen des großen Schwärzungsbeitrages, den das ultraviolette Spektrum liefert. Eine in Abb. 127 wiedergegebene Übertragungsprobe, deren linker Teil mit Glas- und deren rechter mit Quarzoptik unter sonst gleichen Verhältnissen geschrieben wurde, läßt den hieraus resultierenden Unterschied deutlich hervortreten.

Die Kennlinie dieser Glimmlampe wurde schon in der Abb. 122 dargestellt. Selbst bei einer Schreibgeschwindigkeit von 80 cm/s, die im Kurzwellenbetriebe über große Entfernungen nicht erreicht zu werden pflegt, ergibt die Lampe bei nur 6 mA Belastung einen kräftigen Schwärzungseindruck auf Bromsilberpapier. Wie man aus der Kurve entnimmt, wird zur vollen Aussteuerung zwischen etwa 0,5 mA und 6 mA eine Spannungsdifferenz von (212 — 204) V = 8 V benötigt; die von der Endstufe des Verstärkers aufzubringende Leistung ergibt sich so zu 44 mW.

Im Anschluß an die Beschreibung dieser im allgemeinen gut bewährten Registrierglimmlampe, die in ähnlicher Ausführung auch von der Radio

[1] D.R.P. Nr. 534532 vom 28. XI. 1926 (Telefunken, Erf. O. Schriever).

[2] Neuerdings ersetzt durch ein planparalleles Fenster aus ultraviolett-durchlässigem Glase, das mit dem übrigen Teil des Gefäßes verschmolzen ist.

Corporation of America (Ranger) zum Bildtelegraphieempfang benutzt wird, sei noch ein hiervon abweichendes Konstruktionsprinzip angeführt, das eine sog. Außenelektrode verwendet. Sofern man nämlich zum Betriebe einer Glimmröhre Wechselströme hoher Frequenz zur Verfügung hat, ist es nicht nötig, daß sich die Elektroden innerhalb des Gasraumes befinden. Es genügt vielmehr, beide oder auch nur eine von ihnen als metallischen Beleg außen auf der Gefäßwand anzubringen, wobei dann der Stromdurchgang kapazitiv durch das Glas hindurch erfolgt. Abb. 128 zeigt die Versuchsausführung einer solchen Glimmlampe, bei der die eine Elektrode als Stanniolbelag um die sehr dünne Leuchtkapillare herumgelegt wurde, während die andere, im Röhreninneren befindliche soweit in den hinteren Teil zurückgesetzt ist, daß eine dort auftretende Zerstäubung keine Schwärzung des Quarzfensters verursachen kann[1]. In diesem Umstande, der eine hohe Lebensdauer der Lampe gewährleistet, ist ein Vorteil der Außenelektrodenkonstruktion zu erblicken; nachteilig ist jedoch der bedeutende Spannungsbedarf (ca. 800 V eff.) sowie die Notwendigkeit einer Wechselspannung von genügender Frequenz (mindestens 6000 Hz). Sofern nicht schon eine derart hohe Trägerfrequenz zur Übertragung benutzt wird oder eine solche durch Überlagerung am Empfänger hergestellt werden kann, muß daher ein kleiner Hilfssender vorgesehen werden, der von den eintreffenden Bildzeichen getastet wird.

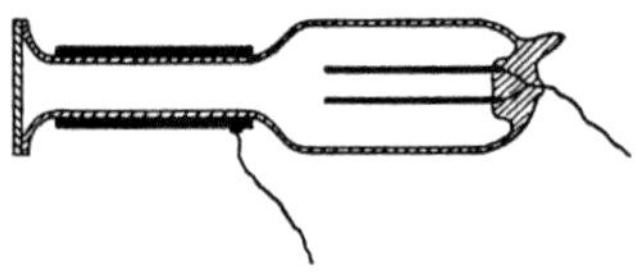

Abb. 128. Schreibglimmlampe mit Außensteuerelektrode.

Bei der Verwendung von Schreibglimmlampen für Bildtelegraphie ist die Wahl einer geeigneten Schaltung sehr wichtig, mittels derer sie an die Endstufe des Empfangsverstärkers angeschlossen werden. Besonders gilt dies dann, wenn die proportionale Wiedergabe von Halbtönen gefordert wird. Da die Bildzeichen niemals als solche, sondern stets nur als Modulation einer Tonfrequenz übertragen oder doch wenigstens verstärkt werden (vgl. Kap. VII), muß allgemein in der letzten Verstärkerstufe eine Gleichrichtung stattfinden, um nur bei ankommendem Wechselstrom die Glimmlampe aufleuchten zu lassen. Prinzipiell wäre es zwar auch möglich, diese Gleichrichtung in die Lampe selbst zu verlegen, indem letztere unmittelbar oder über eine unterhalb der Löschspannung liegende Gleichstromvorspannung an den Ausgangstransformator des Verstärkers angeschlossen wird (Abb. 129a und b). In diesem Falle würden jedoch infolge des Unterschiedes zwischen Lösch- und Zündspannung kleine Amplituden überhaupt nicht und größere nur unproportional registriert werden; außerdem bestünde infolge der stoßweisen Gleichstrombelastung des Transformators die Gefahr des Auftretens von „Plastik".

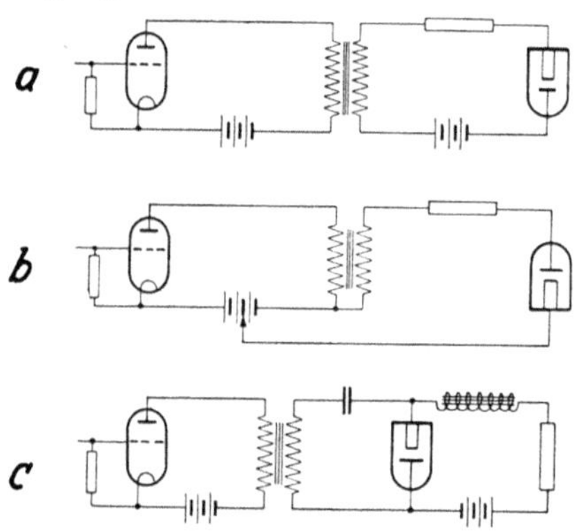

Abb. 129. Glimmlampenschaltungen. Endröhre als Verstärker geschaltet.

[1] Die innere Elektrode besteht aus zwei im Betriebe parallel geschalteten Eisenstiften, die zum Zwecke einer einwandfreien Entgasung während des Pumpprozesses der Lampe zu gegenpoligen Elektroden einer kräftigen Glimmentladung gemacht werden.

Günstiger erscheint schon die Schaltung c der Abb. 129, bei der die Glimmlampe dauernd von einem schwachen Hilfsgleichstrom durchflossen wird, der vom Transformator durch einen Blockkondensator abgetrennt ist und seinerseits gegen das Eindringen der Steuerwechselspannung durch eine Drosselspule geschützt ist. Die E.M.K. der Batterie des Hilfstromkreises muß oberhalb der Zündspannung der Glimmstrecke liegen und der in diesen Kreis eingeschaltete Widerstand so hoch gewählt sein, daß der fließende Dauerstrom nur eine unmerkliche Vorbelichtung der photographischen Registrierfläche bewirkt. Aber auch diese Schaltung neigt noch zu Störungen, da die Glimmlampe unter Umständen selbsterregte Schwingungen des aus Transformator und Kondensator gebildeten Kreises unterhält; denn die Anordnung ist im Prinzip die bekannte des tönenden Lichtbogens von Duddell.

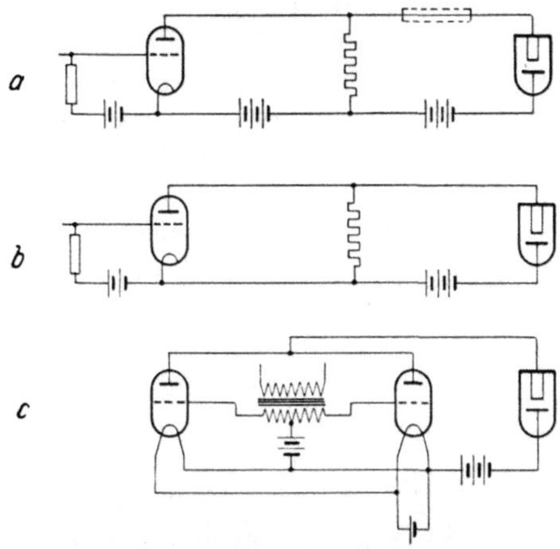

Abb. 130. Glimmlampenschaltungen. Endröhre als Gleichrichter geschaltet.

Die sichersten und störungsfreiesten Schaltungen ergeben sich, wenn die letzte Verstärkerstufe selbst zur Gleichrichtung benutzt wird. Beispiele hierfür zeigen die Abb. 130a und b in ohne weiteres verständlicher Weise; im Schema c ist eine Gegentaktanordnung dargestellt, die beide Halbwechsel der vom Bilde modulierten Tonfrequenz auszunutzen gestattet. Dem gleichen Zwecke kann auch eine Glimmlampe dienen, die außer einer gemeinsamen Kathode zwei im Gegentakt von der Trägerwechselspannung erregte Anoden enthält[1].

Zum Schluß sei noch darauf hingewiesen, daß auch Vorschläge gemacht worden sind, zur Steuerung innerhalb der Glimmröhre selbst eine dritte Elektrode vorzusehen, die ähnlich wie das Gitter einer Verstärkerröhre wirken und die Entladung mit minimalem Energieaufwande steuern soll[2]. Die Möglichkeit einer praktischen Durchführung dieses Gedankens erscheint jedoch angesichts der bei merklichen Gasdrucken bestehenden Verhältnisse fraglich.

b) Lichtrelais.

Die Wirkungsweise der unter der Bezeichnung „Lichtrelais" zusammengefaßten Vorrichtungen besteht in einer graduellen, von den Empfangsströmen hervorgerufenen Abblendung oder Abdunkelung einer konstant leuchtenden Lichtquelle. Je nachdem, ob eine solche Intensitätsbeeinflussung mit Hilfe mechanisch bewegter Teile oder durch Vermittlung verzögerungsfrei auftretender elektrooptischer Erscheinungen erfolgt, können diese Vorrichtungen in träge oder trägheitslose Systeme unterschieden werden. Bei den ersten muß durch möglichst weitgehende Verminderung der bewegten Massen und ihrer

[1] Telefunken-Patentanmeldung T 35 382 VIII/21a vom 4. VII. 1928, Erf. F. Schröter.

[2] D.R.P. Nr. 392 897 vom 27. III. 1920 (Triergon); in Verbindung mit Glühkathode von Telefunken angemeldet unter T 33 752 VIII/21g am 8. VII. 1927, Erf. F. Schröter und O. Schriever.

Beschleunigungen dafür gesorgt werden, daß keine unzulässig großen Amplitudendämpfungen der höchsten vorkommenden Bildfrequenzen und keine störenden Resonanzlagen auftreten; bei den letztgenannten sind diese Forderungen von selbst erfüllt, solange nicht durch unzweckmäßige Bemessung der Schaltelemente (Kapazitäten, Induktivitäten, Widerstände) wesensfremde Zeitkonstanten vorgetäuscht werden.

Als konstante Strahlenquelle wurde früher vielfach der Nernststift verwendet; heute ist man mit Rücksicht auf die einfachere Bedienung durchweg zur hochbelasteten, gasgefüllten Glühlampe übergegangen. Eine gut geeignete Type ist die unter der Bezeichnung „Kinoxlampe" von der Osram-Kommanditgesellschaft m. b. H. in den Handel gebrachte Niedervoltglühlampe (6 V, 4,5 A, ca. 40 HK). Eine Spezialausführung mit den gleichen elektrischen Daten, bei der sich aber der Leuchtkörper nicht wie üblich in der Mitte der kugelförmigen Glasglocke befindet, sondern seitlich ganz nahe an der Wandung steht, verwendet die Telefunken-Gesellschaft für ihre Bildtelegraphiegeräte (Abb. 131). Diese Formgebung gestattet, nötigenfalls mit einer Lochblende sehr nahe an die Leuchtwendel heranzugehen und so einen Strahlenkegel großer Öffnung auszunutzen.

Abb. 131. Niedervoltglühlampe mit exzentrisch angeordneter Leuchtwendel.

Zur Erzielung besonders hoher Lichtstärken wären auch Bogenlampen in Anbetracht der unerreicht hohen Leuchtdichte des positiven Kraters recht geeignet, doch verbietet sich ihre Anwendung in der bildtelegraphischen Praxis mit Rücksicht auf die Unbequemlichkeit des Kohlenwechsels und auf die Neigung des Lichtbogens, bei unregelmäßigem Abbrand gelegentlich zu zischen und zu tönen. Solche Schwingungen äußern sich optisch in einer mehr oder weniger raschen und unregelmäßigen Modulation der Leuchtintensität, die eine sehr störende Maserung des Empfangsbildes zur Folge hat. Bei der Wolframbogenlampe (Punktlichtlampe) läßt sich zwar ein stabiles Brennen leichter erreichen als bei der Kohlebogenlampe; sie besitzt jedoch keine wesentlich höhere Leuchtdichte als eine mit mäßiger Überspannung brennende Kinoxlampe, und ihre Anwendung bringt daher kaum Vorteile.

α) Träge Systeme. Für eine durch mechanisch bewegte Teile erfolgende Lichtsteuerung bieten sich im wesentlichen zwei Wege dar, die sich durch die Kombinationen: 1. fester Lichtstrahl, bewegte Blende; 2. bewegter Lichtstrahl, feste Blende, kennzeichnen lassen. Einige aus dieser Systematik herausfallende Konstruktionen, die auf optischen Interferenzerscheinungen beruhen, sollen am Ende des vorliegenden Abschnittes behandelt werden.

1. Fester Lichtstrahl, bewegte Blende. Das durch diese Verbindung gegebene Steuerprinzip besteht darin, den Querschnitt eines Lichtbündels durch eine beispielsweise elektromagnetisch bewegte Blende mehr oder weniger zu verengen und somit die auf den Empfangsfilm einwirkende Gesamtlichtmenge zu beeinflussen. Um dabei mit kleinen Verschiebungen der Blende auszukommen, wie das zur Bewältigung hoher Frequenzen nötig ist, wird man die Steuerung an eine möglichst schmale Stelle des Strahlenkegels verlegen. Es ergibt sich so die prinzipielle Anordnung der Abb. 132 a. Eine von der Licht-

quelle 1 ausgeleuchtete Lochblende 2 wird durch ein Objektiv 3 in die Ebene der schneidenförmigen Steuerblende 4 abgebildet, welche, durch ein Telephonsystem bewegt, einen mehr oder weniger großen Teil des Lochbildes abdeckt. Dieses wird wiederum durch ein zweites Objektiv 5 scharf auf die Bildtrommel 6 entworfen. Man erkennt, daß bei einer solchen optischen Anordnung jedes Rasterelement zwar eine konstante Beleuchtungsstärke beibehält, aber je nach der Bewegungsrichtung der Steuerblende in der einen oder in der anderen Koordinate vergrößert und verkleinert wird. Geschieht die Ausdehnung oder Zusammenziehung in Richtung der Abtastung, so erhält man in der integralen Wirkung, genau wie etwa bei der Glimmlampe, ein Photogramm, das aus Zeilen gleichbleibender Breite, aber örtlich variabler Schwärzung aufgebaut ist (Abb. 133). Anders bei einer Größenänderung des Rasterelementes, die senkrecht zur Abtastrichtung erfolgt: hier behält jede Zeile ihre volle Schwärzung bei, aber die Breite der Lichtspur ist von Stelle zu Stelle verschieden (Abb. 134; vgl. auch Abb. 20 auf S. 19). Bei genügend kleinem Trommelvorschub dürften beide Registriermethoden etwa gleichwertig sein; zugunsten der zweitgenannten läßt sich anführen, daß eine drucktechnische Vervielfältigung der so erhaltenen Empfangskopie auf dem einfachen Wege der Strichätzung möglich ist, während echte Halbtonbilder nur mittels Autotypie wiedergegeben werden können[1].

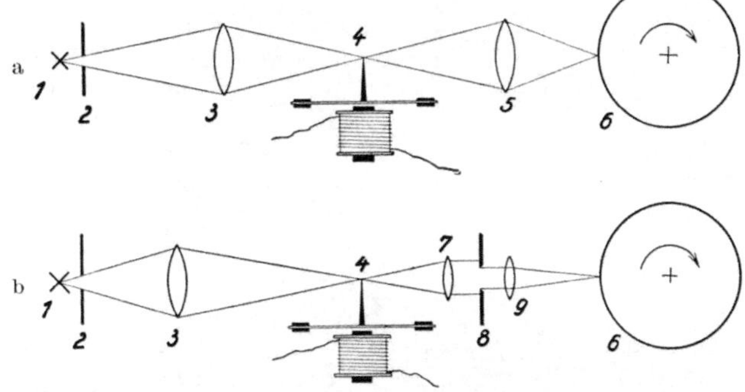

Abb. 132. Prinzipielle optische Anordnungen für Lichtsteuerung mittels bewegter Steuerblende.

Abb. 133. Bild konstanter Zeilenbreite.

[1] Hierbei entstehen Schwierigkeiten, wenn die Größe des verwendeten Autotypierasters annähernd mit derjenigen des Bildrasters übereinstimmt, da dann sehr störende „Schwebungen“ auftreten können (Moirébildung).

Eine Niederschrift mit gleichbleibender Zeilenbreite, aber variabler Intensität läßt sich in jedem Falle auch durch eine kleine Änderung des optischen Aufbaues erzielen (Abb. 132 b). Hier wird das hinter der Ebene der Steuerblende 4 divergierende Strahlenbündel durch eine Linse 7 wieder parallel gemacht und zur Ausleuchtung einer festen, die Größe des Rasterelementes definierenden Lochblende 8 benutzt, die durch ein Objektiv 9 verkleinert auf die Trommel abgebildet wird.

Abb. 134. Bild variabler Zeilenbreite.

Die im vorangehenden angenommene Blendenverschiebung vermittels einer Telephonmembrane dürfte praktisch infolge der nur sehr geringen erreichbaren Amplituden kaum zweckmäßig sein. Ebenso erscheinen mit Rücksicht auf den Energiebedarf und auf die Wiedergabe der hohen Frequenzen alle solche Anordnungen als undurchführbar, bei denen merkliche Massen in Bewegung gesetzt werden müssen. Dies gilt z. B. von dem Vorschlag, die Abblendung eines Lichtbündels durch einen Quecksilberfaden zu bewirken, der in einer engen Glasröhre mit verdünnter Schwefelsäure als Elektrolyt in Verbindung steht und beim Durchgang eines schwachen Stromes infolge Änderung der Kapillarspannung mehr oder weniger ansteigt (Kapillarelektrometer, Lippmann 1873[1]). Am vollkommensten wird die Forderung nach einem möglichst massearmen beweglichen System durch das Saitengalvanometer erfüllt. Dieses besteht im wesentlichen aus einem feinen Metalldraht oder aus einem versilberten Quarzfaden 1 (Abb. 135), der zwischen den Polschuhen 2, 2′ eines kräftigen Elektromagneten ausgespannt ist und unter dem Einfluß eines ihn durchfließenden Stromes eine Ausbiegung senkrecht zu den Kraftlinien erfährt. Der holländische Physiologe Einthoven benutzte dieses Prinzip zur Konstruktion eines äußerst empfindlichen Meßgerätes, wobei die Fadenausschläge durch ein Mikroskop beobachtet und abgelesen wurden[2]. Schon

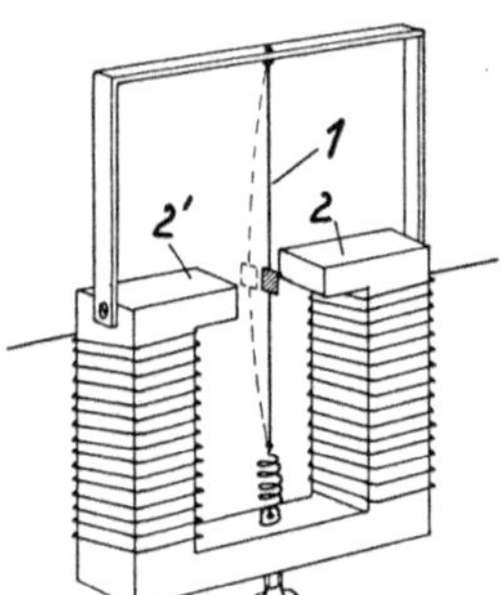

Abb. 135. Prinzip des Saitengalvanometers.

[1] Zur Lichtsteuerung vorgeschlagen von Armstrong und Orling 1905.
[2] Einthoven, W.: Ann. d. Phys. (4) Bd. 12 (1903) S. 1059.

vorher (1895) war von Ader[1] vorgeschlagen worden, eine solche Einrichtung zur photographischen Registrierung von Telegraphierzeichen zu verwerten; zu diesem Zwecke sollten die Fadenbewegungen vergrößert auf einen photographischen Film projiziert werden. Als Lichtsteuerorgan für bildtelegraphischen Empfang wurde das Saitengalvanometer erstmalig von A. Korn (1906) verwendet; in verbesserter Form dient es diesem Zwecke heute noch bei den Systemen von Lorenz-Korn und der Bell-Telephone-Co. (A. T. T. Co.) (vgl. Kap. XI). Das ursprüngliche Modell von Korn besaß zwei in geringem

Abb. 136. Mit Saitengalvanometer aufgenommenes Fernbild (A. Korn, 1926).

Abstande voneinander parallel ausgespannte Silberfäden, die etwa in der Mitte eine leichte, quadratische Aluminiumblende trugen[2]. Durch die seitlichen Ausschläge derselben wurde ein Lichtstrahl mehr oder weniger abgeblendet, der durch passend angebrachte Durchbohrungen der Magnetpole hindurchtrat. Da die Ablenkung der Saiten dem durchfließenden Strome nur in einem kleinen Bereich proportional ist, verbesserte Korn die Linearität der Tönungswiedergabe durch die Anwendung einer dreieckigen oder einer mit geschweifter Begrenzung versehenen festen Blende. Mit seiner damaligen Anordnung konnte er bei einem Stromaufwand von nur 1 mA etwa 100 getönte

[1] Franz. Pat. Nr. 246669 vom 16. IV. 1895; vgl. auch Edelmann, M.: Phys. ZS. Bd. 7 (1906) S. 115.

[2] Näheres hierüber bei Korn-Glatzel, S. 135 u. 385f.

Rasterelemente in der Sekunde einwandfrei aufzeichnen[1]. Als es späterhin gelang, die auf der Empfangsseite zur Verfügung stehenden Ströme zu vergrößern (zunächst durch Einführung der Kontaktabtastung am Sender, dann durch Anwendung von Verstärkern), konnte die Schreibgeschwindigkeit auf Kosten der Empfindlichkeit wesentlich gesteigert werden. Hierzu verließ Korn das Zweifadensystem und kehrte zum einfachen Silberfaden zurück, dessen Schatten durch ein vergrößerndes Objektiv auf eine spaltförmige Blende geworfen wurde. Da jedoch ein dünner Draht von rundem Querschnitt infolge von Beugungserscheinungen nur ein diffuses Schattenbild erzeugt, wird dieser an der wirksamen Stelle vorteilhaft durch Flachpressen verbreitert[2]. Gegenüber einem bandförmigen Leiter (Bell-Laboratorium) wird so eine größere Biegsamkeit erreicht. Die Fadenstärke beträgt etwa 0,03 mm bis 0,05 mm, die Fadenlänge 6 cm. Die Spannung der Saite läßt sich so weit treiben, daß diese eine Eigenfrequenz von etwa 5000 Hz erhält; zum Betriebe sind dann 15 mA erforderlich. Als vorteilhaft hat sich erwiesen, parallel zu der Saite einen regelbaren Widerstand zu schalten, der ihre Dämpfung passend einzustellen gestattet. Die mit der Kornschen Ausführung des Instrumentes erzielte Registriergeschwindigkeit von rund 5000 Bildzeichen/s dürfte etwa das maximal Mögliche darstellen; für drahtlose und Kabelübertragungen auf größere Entfernungen ist sie bei dem heutigen Stande der Technik völlig ausreichend. Als Empfangsprobe möge das in Abb. 136 wiedergegebene Halbtonbild (1926) dienen; es wurde mit 2,7 Zeilen/mm innerhalb von $4^1/_2$ min aufgezeichnet.

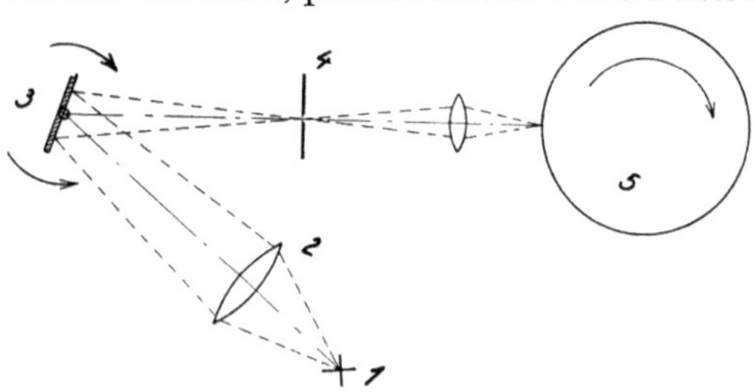

Abb. 137. Lichtsteuerung mit dem Oszillographen.

2. Bewegter Lichtstrahl, feste Blende. Sofern man von einigen nicht lebensfähigen Vorschlägen absieht, wird diese Kombination nur durch Oszillographenanordnungen verwirklicht. Unter einem Oszillographen versteht man jede Vorrichtung, die, durch elektrische Ströme gesteuert, räumliche Ablenkungen eines Lichtstrahlenbündels hervorruft, welche diesen proportional sind. Die Bewegung des Lichtstrahles erfolgt dabei in der Regel durch einen kleinen Plan- oder Hohlspiegel, auf den der Strom eine Drehwirkung ausübt. Ein derartiges System befindet sich z. B. in allen Spiegelgalvanometern. Zum Zwecke der Helligkeitssteuerung ist es nur nötig, den von einer konstant leuchtenden Lichtquelle 1 (Abb. 137) ausgehenden, mittels einer Linse 2 konzentrierten und an dem drehbaren Spiegel 3 reflektierten Strahl auf eine feststehende Lochblende 4 zu werfen, deren Öffnung als Rasterelement auf die Empfangstrommel 5 verkleinert abgebildet wird. Es genügt dann ein sehr geringer Winkelausschlag des Oszillographenspiegels, um die Blende 4 teilweise oder ganz zu verdunkeln und somit die Helligkeit bezw. die Größe des auf die Bildtrommel fallenden Schreiblichtpunktes zu beeinflussen.

Für vollkommenere Wiedergabe der Halbtöne kann eine etwas andere

[1] Diese und die folgenden Zahlenangaben über das Saitengalvanometer verdankt der Verfasser einer Mitteilung des Herrn Prof. Korn und der C. Lorenz A.G.

[2] D.R.P. Nr. 496 456 vom 13. X. 1928 (C. Lorenz A.G.).

optische Anordnung vorteilhaft sein[1]. Hierbei wird die Lichtquelle 1 (Abb. 138) scharf auf den Oszillographenspiegel 3 abgebildet. Von diesem wird das Strahlenbündel auf ein hinreichend großes Objektiv 6 geworfen, das es in der Tangentialebene der Bildtrommel 5 auf die Größe eines Rasterelementes zusammenzieht. Zwischen Oszillographenspiegel und Objektiv 6 ist noch ein Graukeil 7 eingeschaltet. Dieser bewirkt, je nach der augenblicklichen Stellung des Drehspiegels, eine mehr oder weniger starke Schwächung des Strahlenbündels, ohne daß dabei der schreibende Lichtpunkt auf der Bildtrommel seine Lage ändert. Abb. 139 gibt ein mit diesem System übertragenes Fernbild wieder (1926, Paris—Wien).

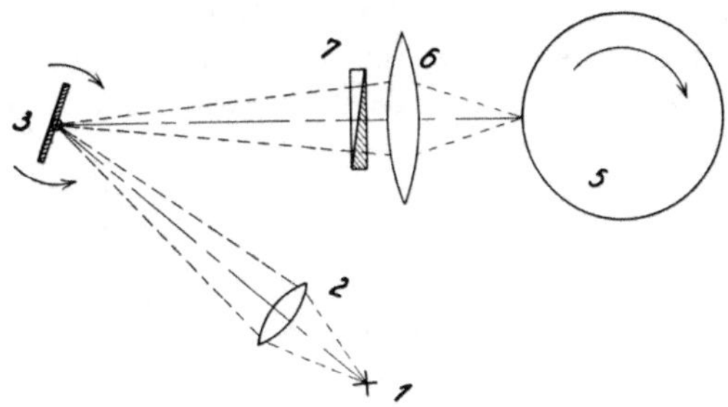

Abb. 138. Lichtsteuerung mit dem Oszillographen nach Belin.

Der Antrieb des Oszillographenspiegels, der ihm die notwendige Drehung erteilt, kann in sehr vielseitiger Weise ausgeführt werden. So kann z. B. der Spiegel einseitig drehbar gelagert und an seinem freien Ende durch ein direkt oder über einen Hebelarm angreifendes Magnetsystem in Bewegung gesetzt werden[2]. Das geringste Trägheitsmoment wird jedoch erreicht, wenn der Spiegel auf eine stromführende, bifilare Drahtschleife aufgesetzt wird, die sich im Felde eines kräftigen permanenten oder Elektromagneten befindet, wie dies bei den bekannten, zu Meßzwecken dienenden Schleifenoszillographen der Fall ist. Der die Schleife durchfließende Steuerstrom hat eine kleine Bewegung jeder Schleifenhälfte senkrecht zu den Kraftlinien zur Folge, und zwar entsprechend dem verschiedenen Sinn der Strömung in jeder Hälfte in entgegengesetzter Richtung, so daß sich ein Drehmoment ergibt, welches dem Spiegel einen gewissen Ausschlag erteilt. Durch Wahl eines recht geringen Abstandes der Schleifendrähte kann die Stromempfindlichkeit des Oszillographen weitgehend erhöht werden, doch ist man in dieser Maßnahme durch eintretende Justierungs-

Abb. 139. Mit Saitengalvanometer aufgenommenes Fernbild (Belin, Paris—Wien drahtlos 1926).

[1] Belin, E.: D.R.P. Nr. 227 560 vom 21. I. 1908.

[2] Ein derartiges Empfangslichtrelais wurde von Ribbe vorgeschlagen (D.R.P. Nr. 170 402 vom 9. XII. 1903).

schwierigkeiten beschränkt[1]. Im Interesse einer stärkeren Dämpfung des bewegten Spiegelsystemes ist es oft zweckmäßig, dieses in ein mit farblosem Öl gefülltes Glasgefäß einzusetzen; natürlich wird hierdurch der Energieverbrauch erhöht. Im allgemeinen dürfte dem Oszillographen als Lichtrelais heute keine große Bedeutung mehr zukommen, da unter den mechanisch-optischen Vorrichtungen das Saitengalvanometer in einfacherer Weise mindestens das Gleiche leistet.

3. Auf Interferenzerscheinungen beruhende mechanische Lichtsteuerorgane. Derartige von verschiedenen Seiten vorgeschlagene Anordnungen sollen hier nur kurz erwähnt werden, da die ihnen sämtlich innewohnenden Mängel einer praktischen Verwendung hindernd im Wege stehen. Prinzipiell hat der Gedanke etwas Bestechendes, ein System von Interferenzstreifen oder -ringen, welches etwa durch Teilung eines Lichtbündels und durch Reflexion an zwei verschiedenen Spiegeln oder auf ähnlichem Wege entsteht, durch minimale, von einem elektrischen Steuerstrom bewirkte Verschiebungen oder Verbiegungen der einen Reflexionsfläche zu verlagern und so durch ein geeignet geformtes Blendensystem Licht hindurchtreten zu lassen, das vorher abgedeckt war[2]. Dergleichen Anordnungen lassen sich zwar in mannigfaltiger Weise ersinnen, doch leiden sie alle an dem Übelstand einer außerordentlichen mechanischen und thermischen Empfindlichkeit, die allenfalls eine Verwirklichung im Laboratorium, nicht aber im praktischen Betriebe zuläßt. Auch dürfte die Anwendung einer monochromatischen Lichtquelle kaum zu umgehen sein.

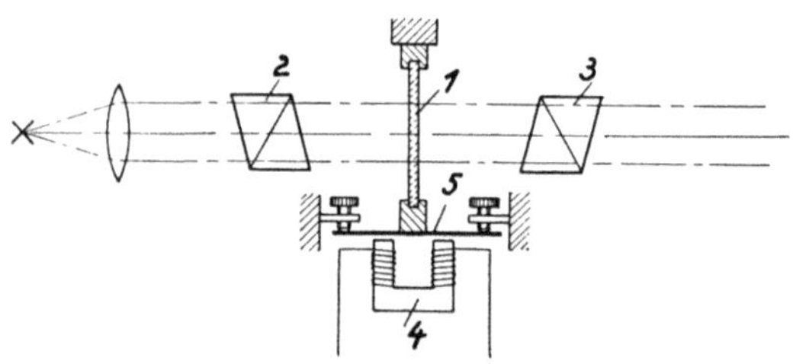

Abb. 140. Deformationslichtrelais.

Aussichtsreicher erscheint es für den vorliegenden Zweck, solche Interferenzerscheinungen auszunutzen, die im polarisierten Lichte auftreten, da man es hier mit einem einzigen und nicht mit getrennten Strahlenwegen zu tun hat. Unvermeidbare kleine mechanische Verlagerungen des optischen Systems sowie Temperaturschwankungen bleiben dann ohne Einfluß auf den Interferenzeffekt. Ein Phänomen, das sich für den gedachten Zweck auswerten läßt, ist z. B. die akzidentelle Doppelbrechung in homogenen, durchsichtigen Substanzen wie etwa Glas oder Zelluloid. Bringt man wie in Abb. 140 eine Platte oder einen Streifen 1 aus solchem Material in den optischen Strahlengang zwischen zwei gegeneinander gekreuzte Nikolsche Prismen 2 und 3, so bleibt zunächst die Auslöschung des Lichtes durch den Analysatornikol bestehen. Sobald man jedoch einen Druck oder einen Zug auf den Streifen 1 ausübt, und zwar derart, daß die Achse der Deformation mit der Ebene des polarisierten Lichtes einen Winkel von 45° einschließt, hellt sich das Gesichtsfeld der Anordnung auf. Die ursprünglich isotrope Substanz hat unter dem Einfluß der einseitigen

[1] Eine zweckmäßige mechanische Ausführung der Schleifenhalterung beschreibt v. Mihály im D.R.P. Nr. 348 295 vom 6. XI. 1920.

[2] Vgl. z. B. D.R.P. Nr. 439 845 vom 10. I. 1926 (Telefunken); ähnlich mit piezoelektrischer Erregung im D.R.P. Nr. 489 659 vom 5. V. 1928 (Tonbild-Syndikat A.G.).

mechanischen Beanspruchung die optischen Eigenschaften eines doppelbrechenden Kristalles angenommen; die Fortpflanzungsgeschwindigkeit für senkrecht und parallel zur Deformationsrichtung polarisierte Lichtstrahlen ist nicht mehr die gleiche. Dieser Geschwindigkeitsunterschied hat nach dem Durchlaufen der Materialschicht des Streifens 1 eine Phasendifferenz der beiden in jene Richtungen fallenden Schwingungskomponenten des Lichtes zur Folge; in der Ebene des Analysators werden die genannten Komponenten nicht mehr wie vordem zu Null interferieren, sondern es wird sich im allgemeinen eine endliche durchgelassene Amplitude ergeben[1]. Sie ist in komplizierter Weise von der auf das beeinflußte Material einwirkenden Kraft abhängig; auch zeigt diese Funktion für verschiedene Stoffe einen ungleichartigen Verlauf. Im Falle der Abb. 140 wurde angenommen, daß der auf den Glasstreifen 1 ausgeübte Zug durch ein Magnetsystem 4 hervorgerufen wird, dessen Anziehung an einem passend geformten Anker 5 angreift. Bei der praktischen Ausführung eines solchen Lichtrelais, wie es z. B. von F. Tuczek angegeben wurde[2], macht sich leider der Umstand unangenehm bemerkbar, daß auf den Dehnungsstreifen sehr erhebliche Kräfte und Steuerleistungen einwirken müssen, wenn ein ausreichender optischer Effekt erzielt werden soll; dabei wird das Material fast bis zur Grenze der mechanischen Festigkeit beansprucht. Vom Verfasser vorgenommene Versuche haben ergeben, daß mit diesem „Deformations-Lichtrelais" menschliche Sprache auf dem Wege der Lichttelephonie zwar noch leidlich verständlich übertragen werden kann, doch treten dabei infolge der relativ großen in Bewegung versetzten Massen leicht störende Resonanzlagen auf. Dieser Nachteile wegen erscheint die auf mechanischer Doppelbrechung beruhende Lichtsteuerung für Bildtelegraphie als unbrauchbar. Das Gleiche muß von denjenigen Vorschlägen gelten, die auf piezoelektrische Erregung von Quarzplatten oder -klötzen abzielen[3]. Hier ist eine merkliche optische Wirkung nur dann zu erwarten, wenn die Eigenfrequenz des Quarzstückes angeregt wird, doch vermag deren Amplitude einer aufgeprägten niederfrequenten Modulation nur sehr träge zu folgen, da bei der geringen Dämpfung der piezoelektrischen Kristalle sehr große An- und Abschwingzeiten bestehen.

β) Trägheitslose Systeme. Die Einsicht, daß zur Erzielung hoher Registriergeschwindigkeiten mechanisch wirkende Lichtrelais unzulänglich sind, oder daß doch ihre Anwendung nur durch Verringerung der Dimensionen und einen damit verbundenen Lichtstärkeverlust erkauft werden kann, hat schon frühzeitig dazu Veranlassung gegeben, nach trägheitslos arbeitenden Lichtsteuereinrichtungen Umschau zu halten. Wenn auch die Entwicklung der Kurzwellentechnik gelehrt hat, daß derartig große Schreibgeschwindigkeiten, wie man sie früher erstrebte, infolge der Ausbreitungsphänomene im praktischen Betriebe nicht erreicht werden können, so wurde doch die Entwicklung der Lichtrelais in dieser Unkenntnis der im Telegraphierkanal gegebenen Grenzen soweit gefördert,

---

[1] Eingehendere Betrachtungen über die quantitativen Verhältnisse bei künstlich hervorgerufener Doppelbrechung werden später bei der Besprechung der Kerr-Zelle angestellt.

[2] D.R.P. Nr. 466 581 vom 2. XI. 1926 (Siemens & Halske).

[3] Z. B. U.S.A.-Pat. Nr. 1 565 566 vom 25. VI. 1923, Erf. R. V. L. Hartley; D.R.P. Nr. 471 160 vom 24. III. 1926 (Telefunken, Erf. F. Michelssen) mit Kompensation der im Quarz auftretenden Rotationspolarisation.

daß ihre Benutzung auch bei den heute verminderten Ansprüchen an die bildtelegraphischen Übermittlungszeiten zweckdienlich erscheint. Für das Fernsehen vollends ist man infolge der hohen dabei auftretenden Zeichenfrequenzen durchaus auf trägheitslose Systeme angewiesen; bei der Beschränkung auf Nahübertragungen können sich die Anomalien der Kurzwellenausbreitung dort noch nicht störend auswirken.

Zur Konstruktion eines trägheitsfreien Lichtrelais können nur solche Erscheinungen in Betracht gezogen werden, die eine unmittelbare Beziehung zwischen elektrischen bezw. elektromagnetischen Vorgängen einerseits und optischen Vorgängen andererseits herstellen[1]. Derartige „Effekte" finden sich sehr zahlreich in der Physik; die bekanntesten sind

1. die Drehung der Polarisationsebene im Magnetfelde (Faraday 1845);
2. die Doppelbrechung im elektrostatischen Felde (Kerr 1875);
3. die Doppelbrechung im magnetischen Felde (Voigt 1898, Cotton und Mouton 1907);
4. die Drehung der Polarisationsebene bei der Reflexion des Lichtes an einem magnetischen Spiegel (Kerr 1876);
5. verschiedene Formen der Aufspaltung von Spektrallinien im magnetischen und elektrischen Felde (Zeemann 1896, Stark 1913).

Die unter 3—5 genannten Erscheinungen müssen ihrer Geringfügigkeit wegen für die technische Anwendung zur Lichtsteuerung von vornherein ausscheiden; sie können nur unter Aufbietung bedeutender Mittel im Laboratorium nachgewiesen werden. Der unter 1 angegebene Faraday-Effekt jedoch ist des öfteren als Grundlage zu einem Lichtrelais vorgeschlagen worden[2]. Das hierzu dienende optische System ist in Abb. 141 dargestellt. Die von einer Lichtquelle 1 ausgehenden, durch eine Kondensorlinse 2 gesammelten und parallel gemachten Strahlen durchsetzen eine aus zwei Nikolschen Prismen 3 und 4 bestehende Polarisationsoptik, in die beispielsweise eine mit Schwefelkohlenstoff gefüllte Röhre 5 eingefügt ist. Diese befindet sich im Innern einer kräftigen Magnetspule 6, deren Kraftlinien parallel zu den Lichtstrahlen verlaufen. Die beiden Nikols sind gegeneinander gekreuzt, so daß das Gesichtsfeld der Anordnung verdunkelt ist. Wie Faraday entdeckte, tritt nun bei der Erregung des Magnetfeldes eine Drehung der Polarisationsebene innerhalb des

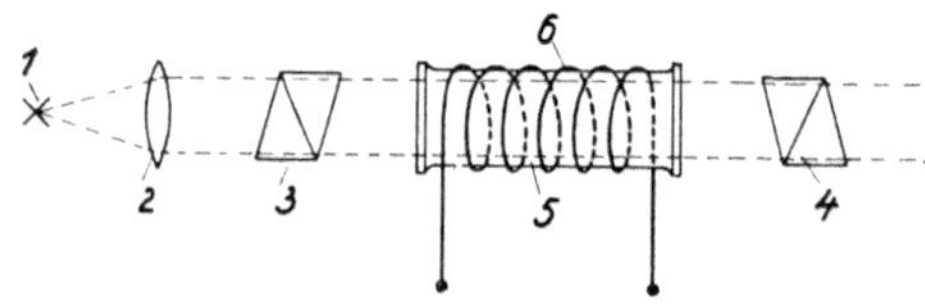

Abb. 141. Anordnung zur Demonstration des Faraday-Effektes.

[1] Eine im strengen Sinne unmittelbare Beeinflussung der Lichtausbreitung durch elektromagnetische Felder gibt es allerdings nicht, da im materielosen Raume das Superpositionsgesetz der Ätherschwingungen gilt. Hier sind als „unmittelbar" solche Vorgänge bezeichnet, bei denen es sich um materielle Einwirkungen in atomaren und molekularen Dimensionen handelt. Dementsprechend sind diese Erscheinungen nur insoweit „trägheitslos", als ihre Zeitkonstante in der Größenordnung molekularer Eigenfrequenzen, also im infraroten Gebiete liegt; solche Verzögerungen sind praktisch natürlich völlig bedeutungslos.

[2] Nipkow: D.R.P. Nr. 30 105 vom 6. I. 1884; Hochstetter: Brit. Pat. Nr. 13 924 vom 18. VI. 1906; Stephan: D.R.P. Nr. 214 473 vom 27. II. 1908; Massolle, Engl u. Vogt: D.R.P. Nr. 362 028 vom 23. XI. 1920 (die dort angegebene optische Anordnung muß allerdings als gänzlich verfehlt angesprochen werden).

beeinflußten Mediums ein, die der Feldstärke proportional ist und eine Aufhellung zur Folge hat. Die Größe des Effektes ist in hohem Maße von der magnetooptisch wirksamen Substanz abhängig und wird durch die Verdetsche Konstante charakterisiert, die besonders große Werte für spezielle Glasflüsse (Faradaysches Glas) und für manche organische Flüssigkeiten annimmt[1]. Leider werden jedoch selbst bei Wahl der günstigsten Verhältnisse immer noch sehr erhebliche Feldstärken — oder richtiger, da es auf das Produkt aus Feldstärke und Länge der durchstrahlten Schicht ankommt, magnetische Spannungen — benötigt, um genügende Aufhellung zu erzielen. Hieraus ergibt sich wiederum die Notwendigkeit eines sehr hohen Magnetisierungsstromes, der verstärkertechnisch nicht mehr beherrscht werden kann und der infolge der auftretenden Jouleschen Verlustwärme einen bedeutenden Energieaufwand erfordert[2]. Bis zu einem gewissen Grade könnte hier allerdings nach einem Vorschlage Aigners[3] durch Speisung mit modulierter Hochfrequenz und durch Kompensation des induktiven Blindstromes mittels einer Parallelkapazität Abhilfe geschaffen werden. Aber selbst bei Inkaufnahme dieser schaltungstechnischen Komplikation liegt die für das Lichtrelais aufzuwendende Steuerleistung in der Größenordnung von 10 W[4]. Aus den hier dargelegten Gründen hat die Lichtmodulation mit Hilfe des Faraday-Effektes keinerlei praktische Bedeutung erlangen können, obwohl die optische Erscheinung als solche zur Steuerung keine meßbare Leistung erfordert und auch weitgehend trägheitslos arbeiten würde.

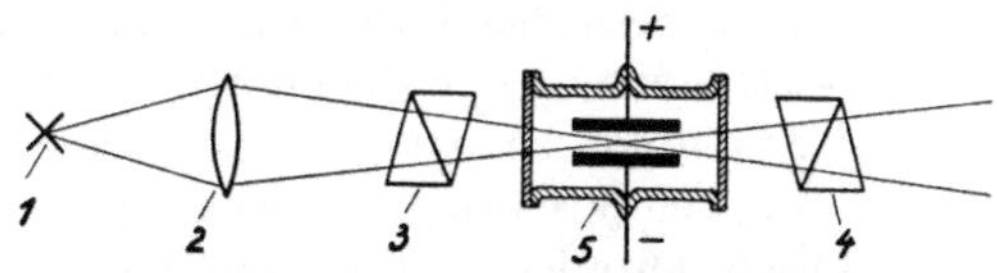

Abb. 142. Anordnung zur Demonstration des Kerr-Effektes.

Wesentlich günstiger liegen die Verhältnisse bei dem oben an zweiter Stelle genannten elektrooptischen Kerr-Effekt. Äußerlich ähnlich der früher besprochenen Erscheinung der durch mechanische Deformation in festen, durchsichtigen Körpern hervorgerufenen akzidentellen Doppelbrechung, beruht dieser 1875 von John Kerr aufgefundene Effekt auf einer künstlichen Anisotropie, die vornehmlich Flüssigkeiten[5] unter dem Einfluß eines elektrostatischen Feldes zeigen[6]. Eine Anordnung zur Demonstration des Kerr-Effektes gibt Abb. 142

[1] Die klassische Substanz zur Demonstration des Faraday-Effektes ist der Schwefelkohlenstoff, doch finden sich auch Stoffe mit zum Teil wesentlich höherer Verdetscher Konstante, z. B. Phenanthren und Dimethyl-β-naphthylamin; vgl. Physical Critical Tables Bd. 6. Wegen Einzelheiten sei auf die umfassende Darstellung von Voigt über „Magnetooptik" in Graetz: Handbuch der Elektrizität und des Magnetismus Bd. 4 S. 393f. verwiesen.

[2] Diese Verhältnisse hat der Verfasser etwas ausführlicher in Ferns. Bd. 1 (1930) S. 98f. besprochen.

[3] Aigner, F.: ZS. f. Hochfrequenztechn. Bd. 21 (1923) S. 101f.; Österr. Pat. Nr. 92 360 vom 19. VI. 1922, D.R.P. Nr. 394 810 vom 17. VI. 1923.

[4] Aigner: a. a. O. Die dort angestellte Berechnung bezieht sich allerdings auf Schallaufzeichnung für Tonfilme; sie hat aber für Bildtelegraphie annähernd ebenfalls Gültigkeit.

[5] Der Kerr-Effekt ist zwar auch an festen Körpern nachweisbar, doch wird er dort meist durch störende Striktionserscheinungen verdeckt bezw. verfälscht.

[6] Näheres über Kerr-Effekt und Literaturangaben bei Voigt: Elektrooptik (Graetz: Handbuch der Elektrizität und des Magnetismus Bd. 1 S. 289f.) und bei Szivessy: Jahrb. d. Radioakt. u. Elektronik Bd. 16 (1920) S. 241f. Vgl. auch Geiger-Scheel: Handbuch der Physik Bd. 21 S. 724f.

wieder. Ein Strahlenbündel, das von der Lichtquelle 1 ausgeht und mit Hilfe eines Kondensors 2 zu einem gestreckten Kegel zusammengefaßt wird, durchsetzt zwei gegeneinander gekreuzte Polarisationsprismen 3 und 4, zwischen denen sich die „Kerr-Zelle“ 5 befindet. Diese besteht aus einem Glasgefäß, das mit einer geeigneten Flüssigkeit (etwa Nitrobenzol) gefüllt ist und zwei in geringem Abstand voneinander befindliche parallele Kondensatorplatten enthält. Die räumliche Orientierung ist dabei so gewählt, daß die Ebene des polarisierten Lichtes mit der Richtung der elektrischen Feldlinien des Kondensators einen Winkel von 45^0 bildet. Es zeigt sich nun, daß beim Anlegen einer hohen elektrostatischen Spannung an die Platten eine Aufhellung des Gesichtsfeldes erfolgt, die auf eine innerhalb der durchstrahlten Flüssigkeitsschicht hervorgerufene Doppelbrechung zurückzuführen ist[1]. Es bestehen demzufolge nach dem Einschalten des Feldes verschiedene Brechungsindizes und mithin auch verschiedene Fortpflanzungsgeschwindigkeiten für Lichtstrahlen, die in der Feldrichtung und für solche, die senkrecht zu ihr polarisiert sind. Da die Schwingungsebene des in die Kerr-Zelle eintretenden Lichtes als unter 45^0 gegen die Feldrichtung geneigt vorausgesetzt war, kann dieser Vektor in zwei gleichphasige Komponenten gleicher Amplitude zerlegt gedacht werden, die aufeinander senkrecht stehen und in die Hauptschwingungsrichtungen der unter dem Einfluß des Feldes kristallinisch gewordenen Flüssigkeit fallen. Dem Unterschiede der Ausbreitungsgeschwindigkeiten entsprechend erlangen beide Strahlen beim Durchgang durch die Zelle eine mit deren Länge proportional zunehmende Phasendifferenz; ihre vektorielle Zusammensetzung beim Austritt aus dem doppelbrechenden Medium ergibt daher im allgemeinen polarisiertes Licht elliptischer Schwingungsbahn. Von diesem läßt der Analysatornikol diejenige Komponente hindurchgelangen, die in seine Durchlaßebene fällt. Hierbei besteht zwischen der Intensität des in die Kerr-Optik eintretenden Lichtstromes Φ_0 und der des durchgelassenen Φ die Beziehung

$$\Phi = \frac{\Phi_0}{4}(1 - \cos 2\pi\varphi),$$

wenn φ die in der Kerr-Zelle entstandene Phasendifferenz in Wellenlängen bezeichnet[2]. Für φ selbst, das ein unmittelbares Maß für die Doppelbrechung darstellt, gilt das schon von Kerr gefundene Gesetz

$$\varphi = B\,l\,\mathfrak{E}^2,$$

wenn unter $\mathfrak{E}$ die elektrische Feldstärke in absoluten elektrostatischen Einheiten[3], unter l die Länge des Feldes in Richtung des Lichtstrahles (gemessen in Zentimeter) und unter B eine Materialkonstante, die Kerr-Konstante, verstanden wird. Die Größe dieser Konstante ist für verschiedene Stoffe sehr unterschiedlich; auch hängt sie in hohem Grade von der Wellenlänge λ des Lichtes und von der Temperatur Θ ab, und zwar in dem Sinne, daß sie mit wachsenden λ und Θ kleiner wird. Für ein mittleres Spektralbereich (gelb bezw. weiß) und für Zimmertemperatur können etwa folgende Werte angegeben werden:

---

[1] Kerr: Phil. Mag. (4) Bd. 50 (1875) S. 337f.

[2] Vgl. Ilberg: Phys. ZS. Bd. 29 (1928) S. 671. Der durch Absorption in der Flüssigkeitsschicht auftretende Lichtverlust ist in dieser Formel nicht berücksichtigt.

[3] 1 Feldstärkeeinheit in c. g. s. = 300 V/cm.

Nitrobenzol[1]	$B \sim 30$	$\cdot 10^{-6}$
Schwefelkohlenstoff	0,32	
Methylalkohol	0,1	
Benzol	0,04	
Paraldehyd[2]	— 2,3	

Infolge seiner bevorzugten Stellung wird das Nitrobenzol heute ausschließlich für die technischen Anwendungen des Kerr-Effektes benutzt. Da in einer Kerr-Zelle relativ hohe Feldstärken auftreten (Größenordnung 50 kV/cm), muß auf gutes Isolationsvermögen des Nitrobenzols geachtet werden, um die Leistungsaufnahme der Zelle so gering wie nur möglich zu halten und einer schädlichen Erwärmung derselben vorzubeugen. Handelsübliches Nitrobenzol zeigt einen spezifischen Widerstand von etwa $10^8\ \Omega/\text{cm}^3$, der sich durch sorgfältige chemische Reinigung und durch Destillation im Vakuum noch um zwei Größenordnungen erhöhen läßt[3]. Eine sehr wirksame Befreiung des Präparates von leitenden Beimischungen, die zum überwiegenden Teile von der Nitrierung herrühren dürften, läßt sich durch einen elektrischen Reinigungsprozeß erreichen[4]. Legt man nämlich an eine mit käuflichem Nitrobenzol frisch gefüllte Kerr-Zelle eine hohe Gleichspannung, so fließt zunächst ein beträchtlicher Strom von einigen Milliampere hindurch, der jedoch innerhalb einiger Minuten ungefähr exponentiell auf weniger als $^1/_{100}$ seines Anfangswertes abfällt, um dann konstant zu bleiben (Abb. 143). Dieser Vorgang ist offenbar durch eine elektrolytische Abscheidung der dissoziierten Verunreinigungen an den Elektroden der Zelle verursacht; eine Erklärung, die sich auf die Beobachtung stützen läßt, daß die Umkehrung der Polarität der anliegenden Spannung zunächst wieder erhöhte Leitfähigkeit hervorruft und daß der beschriebene Reinigungseffekt bei Verwendung von Wechselspannung auch sehr niedriger Periodenzahl ausbleibt. Parallel zu dieser Erscheinung zeigt sich das Auftreten von elektrodenparallelen Schichtungen verschiedener Feldstärke, die zwar bei den technischen Anwendungen der Kerr-Zelle keine wesentliche Rolle spielen, Messungen der Kerr-Konstante aber stark fälschen können[5].

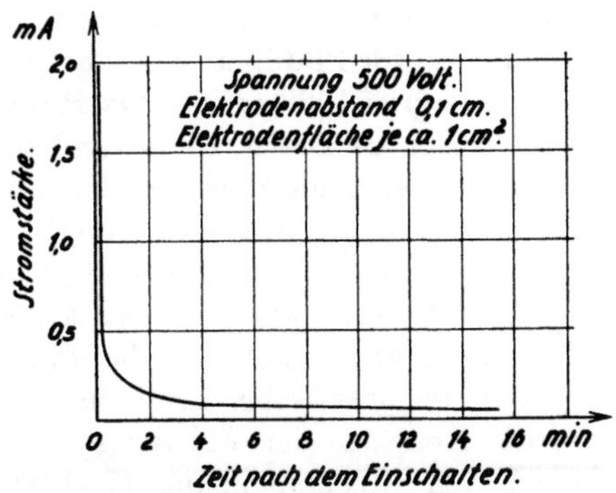

Abb. 143. Leitfähigkeitsverminderung einer mit Nitrobenzol gefüllten Kerr-Zelle durch elektrolytische Reinigung.

---

[1] Über den genauen Wert der Kerr-Konstante des Nitrobenzols besteht infolge gewisser Fehlerquellen bei der Messung in der Literatur noch keine Einigung; vgl. Ilberg, a. a. O.; Möller: Phys. ZS. Bd. 30 (1929) S. 20 und ebenda Bd. 32 (1931) S. 697; Hehlgans: Phys. ZS. Bd. 32 (1931) S. 718f., S. 803f., S. 951f., S. 971f.

[2] Das negative Vorzeichen besagt, daß hier im Gegensatz zu der Mehrzahl der untersuchten Stoffe der außerordentliche Strahl gegen den ordentlichen beschleunigt wird. Die Kerr-Konstante des Paraldehyds wird infolge eines Druckfehlers leider vielfach um den Faktor 100 zu groß angegeben.

[3] Hehlgans: ZS. f. techn. Phys. Bd. 10 (1929) S. 634. Für die meisten Zwecke dürfte die Verwendung des von der Firma Kahlbaum in Berlin-Adlershof unter der Bezeichnung „Nitrobenzol aus kryst. Benzol D. Ap. V.“ in den Handel gebrachten Präparates ohne weitere Reinigung ausreichend sein.

[4] Ilberg: Diss. Leipzig 1925 sowie Phys. ZS. Bd. 26 (1925) S. 907 und Bd. 29 (1928) S. 670.

[5] Ilberg: a. a. O.; Lohaus: Phys. ZS. Bd. 27 (1926) S. 217; Möller: a. a. O.; Ilberg: ZS. f. techn. Phys. Bd. 11 (1930) S. 283.

Die durch den elektrolytischen Reinigungsprozeß erzielte Isolationsverbesserung einer mit Nitrobenzol gefüllten Kerr-Zelle macht man sich bei der praktischen Benutzung derselben als Lichtsteuervorrichtung vorteilhaft dadurch zunutze, daß man die Steuerwechselspannung einer Gleichspannung überlagert, so daß wenigstens im Mittel über eine Periode nur Spannung eines Vorzeichens an den Elektroden liegt[1]. Im Hinblick auf die Vermeidung einer unzulässigen Erwärmung der Flüssigkeit ist der Betrieb mit reiner Wechselspannung nur dann angängig, wenn sehr sorgfältig gereinigtes Nitrobenzol zur Füllung dient.

Der erste Vorschlag zur Verwertung des Kerr-Effektes für ein trägheitsloses Lichtrelais stammt von Sutton (1890), ohne daß jedoch damals an eine wirkliche Ausführung des Planes hätte gedacht werden können. Im Gegenteil schienen zunächst die durch die hohen Spannungen verursachten Schwierigkeiten so groß zu sein, daß Korn und Glatzel noch im Jahre 1911 diesen Effekt als „für Bildübertragungen gänzlich unverwendbar" bezeichneten[2]. Erst Karolus griff 1923 erneut das Problem auf und erzielte durch Benutzung von Nitrobenzol als Dielektrikum und durch geeignete Formgebung der Zelle eine derartige Verminderung des Spannungsbedarfes, daß die Aussteuerung selbst sehr großer Lichtmengen mit relativ kleiner Verstärkerleistung möglich wurde. Auch die Frage der Trägheitslosigkeit wurde in der Folgezeit eingehend untersucht, mit dem Ergebnis, daß selbst bei den höchsten herstellbaren Steuerfrequenzen kein Nacheilen des optischen Effektes gefunden werden konnte[3].

Für die praktische Anwendung der Kerr-Zelle als trägheitsloses Lichtrelais ist die Kenntnis der Abhängigkeit des durchgelassenen Lichtstromes von der angelegten Steuerspannung (Lichtspannungscharakteristik) sehr wichtig. Sie ergibt sich aus der Kombination der schon weiter oben mitgeteilten Formeln zu

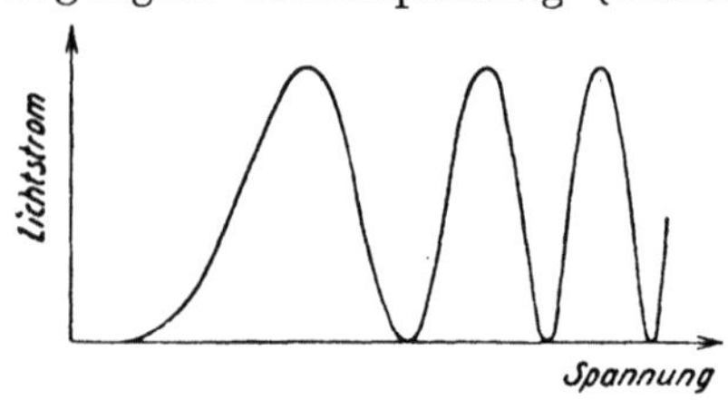

Abb. 144. Lichtspannungscharakteristik der Kerr-Zelle.

$$\Phi = \frac{\Phi_0}{4}(1 - \cos 2\pi B l \mathfrak{E}^2)$$

und ist in der Abb. 144 graphisch dargestellt. Man erkennt aus ihr, daß der Lichtstrom mit zunehmender Spannung zunächst bis zu einem Maximalwert $= \frac{\Phi_0}{2}$ anwächst („volle Aufhellung" entsprechend der „Hellspannung") und dann in immer kleiner werdenden Intervallen stets wieder Null und Maximum erreicht. Infolge der großen Dispersion des Kerr-Effektes gilt dieser Verlauf allerdings nur für monochromatisches Licht, und auch dann sind des eintretenden Durchschlages wegen nur die Auslöschungen etwa bis zur 5. Ordnung beobachtbar. Für die Lichtsteuerung kommt praktisch nur der erste ansteigende Teil der Kurve in Betracht, der in Abb. 145 nochmals in größerem Maßstabe wiedergegeben ist. Um diese Kennlinie für Kerr-Zellen beliebiger Dimension und beliebiger

[1] Karolus, A.: D.R.P. Nr. 471720 vom 21. VI. 1924.

[2] Korn - Glatzel: S. 446.

[3] Hierzu diente zunächst der vom Verfasser angegebene „Schwebungsversuch": zwei in einem Strahlengang hintereinander angeordnete Kerr-Zellen ergeben optische Schwebungen, wenn die Steuerfrequenzen sehr nahe gleich sind; durchgeführt bis zu $5 \cdot 10^6$ Hz. Weitere Nachweise ergeben sich aus der Lichtgeschwindigkeitsmessung von Karolus und Mittelstaedt: Phys. ZS. Bd. 29 (1928) S. 698 und aus den Arbeiten von Rupp: ZS. f. Phys. Bd. 47 (1928) S. 72.

Flüssigkeitsfüllung verwendbar zu machen, wurden als Abszissen nicht absolute Spannungen, sondern nur Hundertteile der Hellspannung eingetragen; diese selbst wird aus der Bedingung $\varphi = 0{,}5$ durch folgende Beziehung gefunden:

$$\text{Hellspannung} = a \sqrt{\frac{0{,}5}{B\,l}}\,.$$

(a = Elektrodenabstand in Zentimeter).

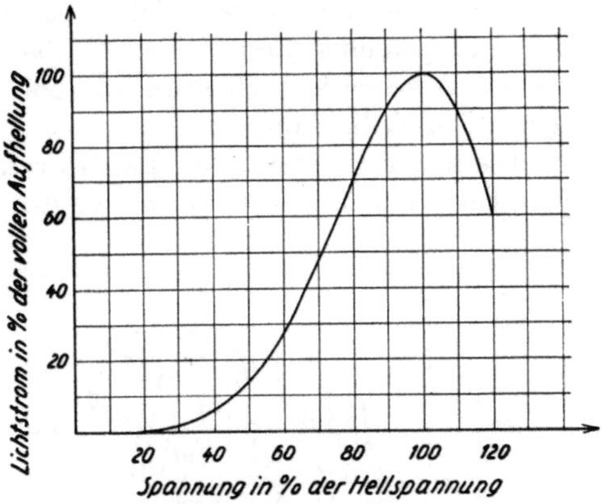

Abb. 145. Für beliebige Kerr-Zellenform und beliebiges Dielektrikum gültige Lichtspannungskennlinie.

Aus den angeführten Formeln geht hervor, daß die Größe der durch den Kerr-Effekt hervorgerufenen Doppelbrechung linear mit der Länge der Zelle und quadratisch mit der Feldstärke zunimmt. Um nun mit kleinen Spannungen eine möglichst große Wirkung zu erzielen, muß es zunächst vorteilhaft erscheinen, recht lange Zellen mit geringem Elektrodenabstand zu verwenden. Hieraus resultiert jedoch eine sehr ungünstige Apertur der optischen Anordnung, die nur eine ungenügende Lichtausnutzung zuläßt. Der richtige Weg ist vielmehr, die Kerr-Zelle in Richtung der hindurchtretenden Lichtstrahlen sehr kurz zu halten und die sich hieraus ergebende Einbuße an Doppelbrechung durch weitere Annäherung der Elektroden wieder wettzumachen, die in Anbetracht des quadratischen Einflusses der Feldstärke verhältnismäßig nur geringfügig zu sein braucht. Begrenzt wird man in diesem Vorgehen erstens durch die Durchschlagsfestigkeit des Dielektrikums und zweitens durch die Schwierigkeit, sehr kleine Elektrodenabstände im Betriebe mit der nötigen Genauigkeit einzuhalten. Auch wirken in diesem Falle Staubteilchen und Metallflitter sehr störend, die bei hohen Feldstärken leicht aus der Elektrodenoberfläche herausgerissen werden[1]. Für die in der Bildtelegraphie benutzten Kerr-Zellen dürfte das Optimum des Plattenabstandes etwa bei 0,015 cm und das der Länge etwa bei 0,4 cm liegen; der ausnutzbare Winkel des Strahlenkegels beträgt dann etwas über 4°. Eine wesentliche Vergrößerung des optischen Querschnittes läßt sich nach Karolus dadurch erzielen, daß man die Elektroden als Mehrplattensystem abwechselnder Polarität ausbildet, ähnlich wie in den bekannten Luftkondensatoren. Eine solche, von der Telefunken-Gesellschaft für Bildtelegraphie verwendete Mehrfachzelle zeigt Abb. 146; sie enthält innerhalb eines Metalltroges zwei senkrecht stehende Elektrodensysteme

Abb. 146. Mehrfach-Kerr-Zelle für Bildtelegraphie.

[1] Wie eine kleine Rechnung zeigt, genießt man mit der Verminderung der Plattenlänge und entsprechender Verkleinerung des Abstandes gleichzeitig den Vorteil geringerer Kapazität und Wattaufnahme durch den Isolationsstrom; auch wird die optische Absorption wesentlich kleiner.

von unten 4, oben 5 Platten, die zum Schutz gegen chemischen Angriff vergoldet und beide an dem aus Elfenbein bestehenden Deckel der Zelle befestigt sind. Der Querschnitt der nutzbaren Blendenöffnung beträgt etwa 2 mm². Zwei spannungsfrei aufgebördelte Glasfenster dienen dem Durchtritt des Lichtes. Die Hellspannung dieser Zelle wird bei 970 V erreicht; der geradlinige Teil der Kennlinie erstreckt sich etwa von 500 V bis 900 V entsprechend 16% bis 94% der vollen Aufhellung.

Die zur Polarisation des Lichtes erforderlichen Nikols werden in möglichst geringem Abstande vor und hinter der Kerr-Zelle angebracht, um sie an enge Stellen des Strahlenquerschnittes zu bringen und dadurch mit kleinen und relativ billigen Stücken auszukommen. Die ursprüngliche rautenförmige Ausführung der Nikolschen Prismen ist infolge ihrer im Verhältnis zur Seite erheblichen Länge (etwa wie 1 : 3) wenig geeignet; vorteilhafter sind die fast würfelförmigen Polarisatoren mit Luftkittung nach Thompson-Glan (Nachteil: nur für Strahlenkegel $< 8^0$ brauchbar) und am empfehlenswertesten die aus drei keilförmigen Kalkspatstücken zusammengesetzten Prismen nach Ahrens[1]. Die für das optische Zustandekommen des Kerr-Effektes geltende Bedingung, daß Polarisationsebene und Elektrodensystem einen Winkel von 45^0 miteinander bilden, braucht nur näherungsweise erfüllt zu sein; zu beachten ist, daß bei den an erster und dritter Stelle genannten Polarisatoren die Schwingungsebene des Lichtes in der Diagonalen des Gesichtsfeldes liegt, während sie bei dem Nikol nach Thompson-Glan parallel mit zwei Kanten verläuft. Andere zur Polarisation gelegentlich vorgeschlagene Mittel (Linsenpolarisatoren nach Schulz[2], Turmaline, Glasplattensätze) haben sich bei Versuchen nicht bewährt.

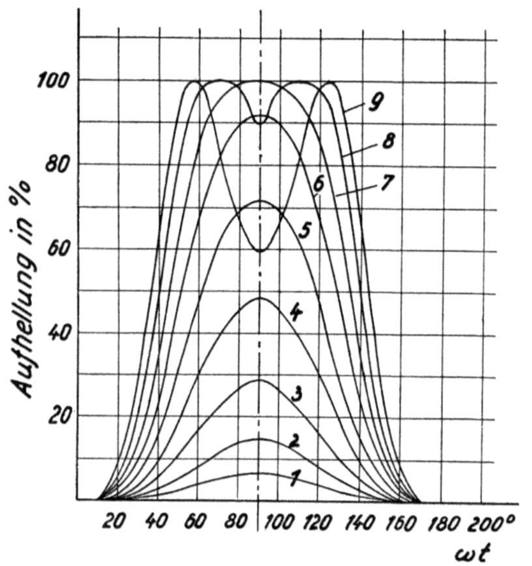

Abb. 147. Lichtverlauf während einer Halbphase bei reiner, sinusförmiger Wechselspannung.

Kurve	Scheitelwert	Kurve	Scheitelwert
1	0,4 Hellspannung	6	0,9 Hellspannung
2	0,5 ,,	7	1,0 ,,
3	0,6 ,,	8	1,1 ,,
4	0,7 ,,	9	1,2 ,,
5	0,8 ,,		

Die für die Kerr-Zelle anwendbaren Schaltungen unterscheiden sich ebenso wie bei der Glimmlampe, je nachdem, ob die für die Bildstromverstärkung heute allgemein angewendete Hilfsträgerfrequenz (vgl. Kap. VII) durch eine besondere Röhre oder durch die Zelle selbst gleichgerichtet wird. Die letztere Methode ist besonders einfach und beruht darauf, daß eine Aufhellung der Kerr-Optik sowohl in der positiven wie in der negativen Halbwelle einer zugeführten Wechselspannung stattfindet. Diese Arbeitsweise gestattet die

[1] Vgl. z. B. Halle, B.: Handbuch der praktischen Optik, S. 112. Berlin 1921.
[2] Schulz: ZS. f. techn. Phys. Bd. 6 (1925) S. 614.

Anpassung der Kerr-Zelle an die Ausgangsstufe des Verstärkers durch einen Spannungstransformator (Übersetzungsverhältnis etwa 1 : 5), wodurch auch mit geringer Anodenspannung ausreichende Steuerung erzielt werden kann. Für die Anpassung ist in erster Linie der kapazitive Zellenwiderstand maßgebend; denn der Scheinwiderstand hat infolge des geringen Isolationsstromes nur eine sehr kleine Wirkkomponente. Da das Nitrobenzol die ungewöhnlich hohe Dielektrizitätskonstante 36 besitzt, ist die Kapazität der Kerr-Zelle hierbei durchaus nicht zu vernachlässigen; die Mehrfachzelle nach Abb. 146 weist eine solche von etwa 165 $\mu\mu$F auf.

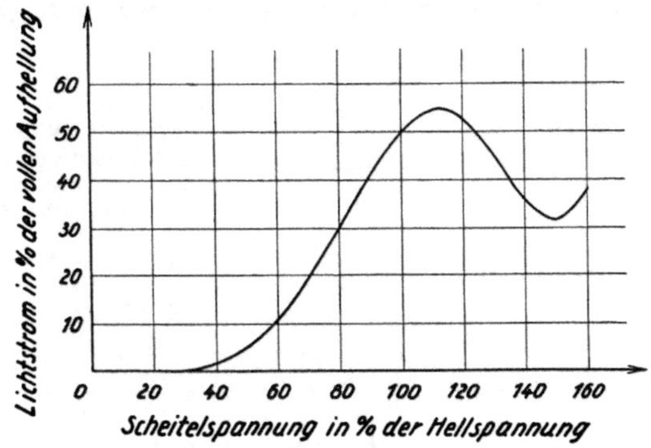

Abb. 148. Zeitliche Mittelwerte der Lichtintensität beim Betriebe einer Kerr-Zelle mit reiner Wechselspannung.

Beim Betriebe einer Kerr-Zelle mit reiner, sinusförmiger Wechselspannung ergibt sich aus ihrer Kennlinie für jeden Scheitelwert e_0 der Spannung ein anderer zeitlicher Lichtverlauf zufolge der Beziehung

$$\Phi = \frac{\Phi_0}{4}\left[1 - \cos\left(\frac{2\pi B l}{a^2} e_0^2 \sin^2 \omega t\right)\right].$$

Abb. 147 zeigt eine solche Kurvenschar; man erkennt, daß für die Kurven 8 und 9, bei denen e_0 größer als die Hellspannung ist, in der Nähe des Scheitelwertes ein Absinken der Lichtintensität stattfindet. In dieser Abbildung wurde der Kurvenverlauf für Phasenwinkel nur bis zu 180° wiedergegeben; er wiederholt sich in gleicher Weise für jede Halbperiode. Die für die Anwendungen hauptsächlich interessierende zeitlich mittlere Lichtintensität findet man durch Integration der obigen Gleichung; es ergibt sich

$$\Phi_{\text{mittel}} = \frac{\Phi_0}{4}\left[1 - J_0(m)\cos m\right],$$

wobei $m = \frac{\pi B l}{a^2} e_0^2$ gesetzt ist. J_0 bezeichnet die Besselsche Zylinderfunktion reellen Argumentes nullter Ordnung[1]. Abb. 148 läßt diese Abhängigkeit als Schaubild erkennen.

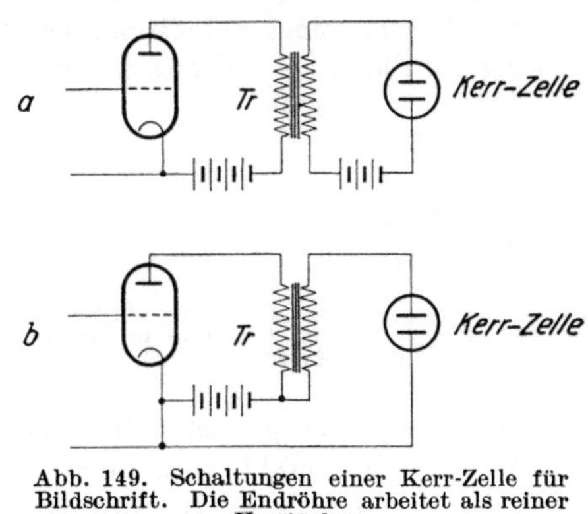

Abb. 149. Schaltungen einer Kerr-Zelle für Bildschrift. Die Endröhre arbeitet als reiner Verstärker.

Wie schon erwähnt, ist der Betrieb einer Kerr-Zelle mit reiner Wechselspannung an die Voraussetzung der Verwendung äußerst sorgfältig gereinigten Nitrobenzols geknüpft. Zur sicheren Aufrechterhaltung des Isolationszustandes ist es empfehlenswert, die Zelle nach der Füllung zu evakuieren und luftdicht abzuschließen (Ausführung von Siemens & Halske, vgl. Abb. 294, S. 400). Diese Maßnahme erübrigt sich, wenn man nach dem Vorgang von Karolus[2] den

[1] Tafel bei Jahnke-Emde: Funktionentafeln, S. 111. Leipzig: B. G. Teubner 1923.
[2] D.R.P. Nr. 471 720 vom 21. VI. 1924.

Kondensatorplatten eine zusätzliche Gleichstromvorspannung von einer solchen Höhe erteilt, daß sie allein noch keine merkliche Aufhellung des Lichtrelais zu bewirken vermag (etwa 30% der Hellspannung, entsprechend 2% Aufhellung). Es ergeben sich so die ohne weiteres verständlichen Schaltungen der Abb. 149; in b wird die E.M.K. der Anodenbatterie gleichzeitig als Zellenvorspannung benutzt. Stets empfiehlt es sich, vor die Kerr-Zelle noch einen Schutzwiderstand von $\sim 10^5\,\Omega$ zu schalten, um im Falle eines Durchschlages, zu dem etwa eine Überspannung Veranlassung geben könnte, den auftretenden Kurzschlußstrom zu begrenzen. In Abb. 150 ist der zeitliche Lichtverlauf einer Kerr-Zellen-Optik gezeichnet unter der Annahme, daß die Zelle mit 30% der Hellspannung vorgespannt ist und die Gesamtspannung im Scheitel gerade volle Aufhellung hervorruft. Man sieht, daß unter diesen Verhältnissen die Lichtausbeute im wesentlichen nur auf der Wirkung einer Halbphase der Wechselspannung beruht.

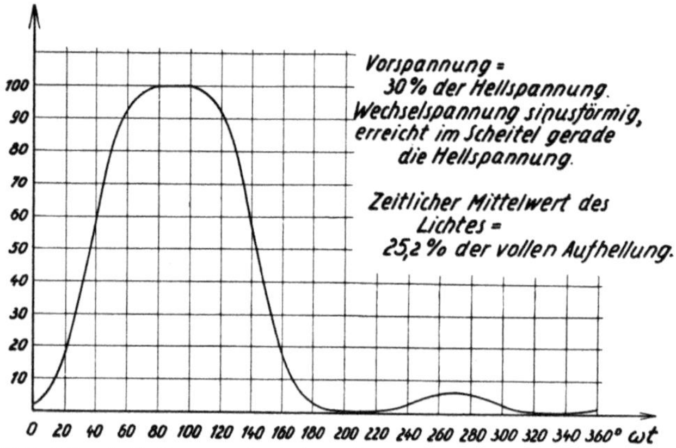

Abb. 150. Aufhellungsverlauf einer Kerr-Zelle, die mit Gleichstromvorspannung betrieben wird. Gleichspannung = 30%, Scheitel der Wechselspannung = 70% der Hellspannung.

Das Beispiel einer Schaltung, bei der die Gleichrichtung der Hilfsträgerschwingung durch eine Verstärkerröhre erfolgt, zeigt Abb. 151. Hier liegt die Kerr-Zelle parallel zum Anodenwiderstande R des Rohres, dessen Ohmzahl nicht größer gewählt werden soll als der kapazitive Zellenwiderstand bei der höchsten auftretenden Modulationsfrequenz. Auch in dieser Anordnung ist es vorteilhaft, zwecks Ersparnis von Steuerspannung die Elektroden der Zelle getrennt vorzuspannen. In leicht ersichtlicher Weise kann die gleiche Schaltung im Gegentakt ausgeführt werden, wodurch bei Parallelverbindung der Röhrenanoden beide Halbwechsel ausgenutzt werden.

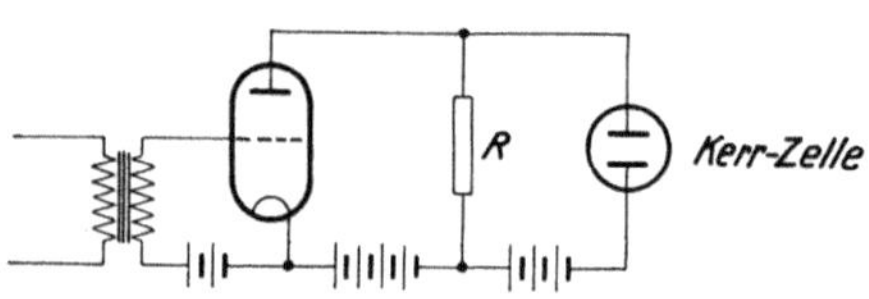

Abb. 151. Kerr-Zellenschaltung für Bildschrift oder für Fernsehempfang. Die Endröhre arbeitet als Richtverstärker.

2. Lichtsteuerung beim Fernsehempfang.

Die Ansprüche, die beim Fernsehen an die Eigenschaften der empfangsseitig verwendeten Lichtsteuereinrichtung gestellt werden, sind in erster Linie durch die Forderung nach weitgehender Trägheitslosigkeit bedingt. Man erkennt dies aus einer Berechnung der höchsten Frequenz, deren einigermaßen amplitudenrichtige Wiedergabe für das Zustandekommen des Empfangsbildes noch wesentlich ist; es gilt annähernd $\nu_{\max} = \frac{1}{2}$ (Zahl der Rasterelemente × Bildwechselzahl). Man erhält so beispielsweise schon für eine primitive Fernsehübertragung[1] eine Grenzfrequenz von etwa 7500 Hz, während besser detaillierte und flimmerfreie Bilder eine solche von mindestens 20000 Hz ergeben. Als weitere Forderung tritt große Leuchtdichte hinzu; sie ist dann besonders wichtig, wenn zur Bildzusammensetzung die vom Standpunkt der Lichtökonomie aus gesehen sehr ungünstige Nipkow-Scheibe als Verteilerorgan benutzt werden soll oder wenn auf die Erzielung eines größeren Projektionsbildes Wert gelegt wird. Schließlich spielt auch noch die Frage der leichten Bedienbarkeit und die des Preises eine erhebliche Rolle, da das Hauptanwendungsgebiet des Fernsehens zunächst im Rundfunk zu suchen ist.

Die zuerst genannte Bedingung der Trägheitslosigkeit, zusammen mit der Notwendigkeit genügender Leuchtintensität, bringt es mit sich, daß Lichtsteuerorgane, die irgendwelche mechanisch bewegten Teile enthalten, für den vorliegenden Zweck nicht in Betracht kommen können. Von mancher Seite ist zwar viel Mühe darauf verschwendet worden, beispielsweise Saitengalvanometer und Oszillographen mit sehr hoher Eigenschwingungszahl durchzubilden[2], doch haben solche Anordnungen zu keinen brauchbaren Resultaten geführt; sie sind deshalb sämtlich zugunsten der masselos gesteuerten Lichtquellen (Glimmlampen) oder der trägheitsfreien Lichtrelais (Kerr-Zelle) wieder aufgegeben worden. In der Tat haben sich bisher diese beiden letztgenannten Einrichtungen als allein verwendbar für den Fernsehempfang erwiesen. Auf die recht aussichtsreich erscheinenden Versuche, an ihrer Stelle die Braunsche Kathodenstrahlröhre zu benutzen, soll hier nur kurz hingewiesen werden, da deren Behandlung in einem anderen Kapitel dieses Buches erfolgt (Kap. II, S. 63).

A. Glimmlampen.

Die Konstruktion der zum Fernsehempfang geeigneten Glimmlampen ist wesentlich abhängig von der Eigenart der verwendeten Bildzerlegereinrichtung. So setzt z. B. eine Spiegelrad- oder eine Oszillographenanordnung eine nahezu punktförmige Lichtquelle voraus, während für einen nach Art der Nipkow-Scheibe wirkenden Bildpunktverteiler vorzüglich solche flächenhafter, der Bildfeldgröße entsprechender Ausdehnung benutzt werden. Schließlich sind auch optische Zerleger vorgeschlagen worden, die von einer linienförmigen Glimmröhre Gebrauch machen[3]. In allen diesen Fällen kann ebenso wie bei den Schreibglimmlampen der Bildtelegraphie entweder das kathodische Glimmlicht oder das Leuchten der positiven Säule verwertet werden. Als Gasfüllung kommt vorzugsweise Neon oder ein Neon-Heliumgemisch in Betracht, das den Vorteil niedrigen Kathodenfalles mit dem einer hohen Lichtausbeute im sichtbaren Gebiet vereinigt. Abb. 152 zeigt die wesentlichsten Linien des Neon-Spektrums zusammen mit der spektralen Verteilungskurve der subjektiven Helligkeitsempfindung des menschlichen Auges. Die hellrote Farbe des Lichtes ist kaum von Nachteil, sondern pflegt zumeist sogar angenehm zu wirken. Zur

---

[1] Vgl. z. B. Kirschstein: Ferns. Bd. 1 (1930) S. 76f.

[2] Vgl. z. B.: v. Mihály: Das elektrische Fernsehen und das Telehor. Berlin: M. Krayn 1926.

[3] Vgl. Kap. II, S. 35, Bildpunktverteiler von F. Schröter, D.R.P. Nr. 490 578 vom 23. XI. 1928 (Telefunken). Ebenso erfordert die Spiegelschraube nach F. v. Okolicsányi eine lineare Lichtquelle (Kap. II, S. 43).

Vermeidung von Pseudohochvakuum (vgl. S. 210) und zur Erniedrigung des Zündpotentials ist ein geringer Zusatz von Wasserstoff (2% bis 5%) zum Füllgas empfehlenswert. Auf die in jüngster Zeit entstandene, hellgelb leuchtende Natriumdampflampe soll im Teil b dieses Abschnittes eingegangen werden.

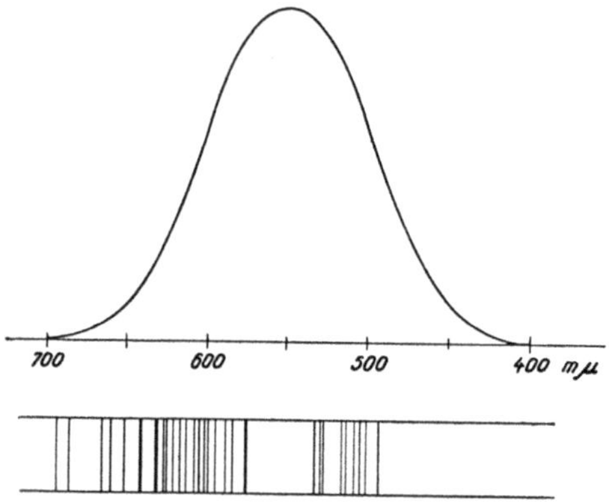

Abb. 152. Neon-Spektrum und spektrale Empfindlichkeitsverteilung des Auges.

a) Glimmlampen mit Ausnutzung des Kathodenlichtes.

Die klassische Lichtquelle für Fernsehempfänger mit Nipkow-Scheiben-Bildzerleger ist die Glimmlampe mit flächenförmiger Kathode, wie sie in Abb. 153 wiedergegeben und in fast übereinstimmender konstruktiver Ausführung von verschiedenen Firmen in den Handel gebracht wird. Die einzelnen Fabrikate unterscheiden sich fast nur durch die mehr oder weniger sorgfältige Herstellung[1] sowie durch die spezielle Wahl des Gasdruckes, der Gaszusammensetzung und des Kathodenmaterials. Die negative Elektrode ist eine rechteckige Platte, deren Größe (meist 40 mm × 50 mm) etwa der des Bildfensters der Nipkow-Scheibe entspricht. Die Anode besteht aus einem in geringem Abstande um den Rand des Kathodenbleches herumgebogenen Draht; die Rückseite der Kathode ist mit einem dünnen Glimmerblatt isoliert abgedeckt, damit sich auf ihr kein unnütz energieverzehrendes Glimmlicht ansetzt. Der Betrieb einer solchen Lampe kann natürlich nur im Gebiet des anomalen Kathodenfalles stattfinden, um zu sichern, daß stets die gesamte Kathodenfläche mit dem leuchtenden Überzuge bedeckt bleibt und im Gesichtsfelde keine lichtlosen Stellen entstehen. Im Verlaufe der Steuerung darf daher eine gewisse „kritische Stromstärke" niemals unterschritten werden, die dem Grenzgebiet zwischen normalem und anomalem Kathodenfall entspricht. Für die Erzielung kontrastreicher Bilder ist es günstig, wenn diese Stromstärke möglichst niedrig liegt, da dann die ihr entsprechende „Grundhelligkeit" ebenfalls gering sein wird. Außerdem spielt für die Beurteilung der Güte von Fernsehglimmlampen noch die bei einer mittleren Strombelastung (beispielsweise 30 mA für 20 cm² Fläche) erzielte **absolute** Helligkeit eine wesentliche Rolle, ebenso der Wattverbrauch pro HK, der Verlauf der Stromspannungskennlinie und die höchstzulässige Betriebsstromstärke.

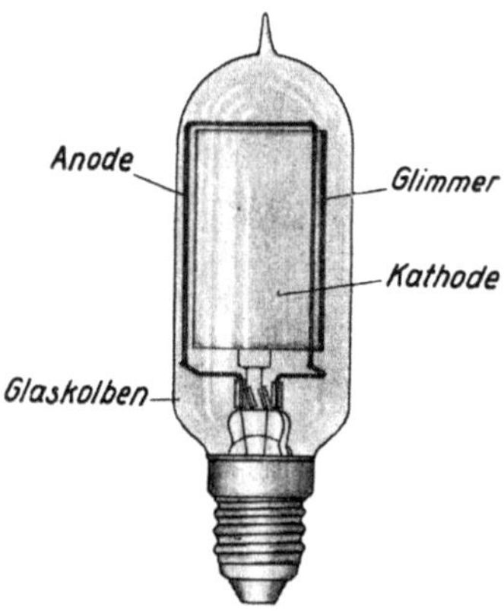

Abb. 153. Flächenglimmlampe.

[1] Diese spielt besonders hinsichtlich der Sauberkeit des Elektrodenmaterials sowie der Abwesenheit von störenden Fremdgasen für das erzielte Resultat eine entscheidende Rolle.

Die folgende Tabelle enthält einige Daten, die an Flächenglimmlampen verschiedener Herkunft gemessen wurden:

Tabelle 13.

Lampe Nr.	Kritische Stromdichte mA/cm²	Grund-helligkeit HK/cm²	Helligkeit bei 30 mA HK	Spezifischer Verbrauch W/HK bei 30 mA
1	0,6	0,017	0,68	6,5
4	1,3	0,015	0,35	11,4
28	0,38	0,010	0,65	7,2
O P II	0,25	0,006	0,51	10,5
3004/155	0,13	0,003	0,52	10,4
3500/VII	0,29	0,0013	0,14	71,5

Die optischen und elektrischen Kennlinien der erstgenannten beiden Lampen (Studiengesellschaft für elektrische Beleuchtung) sind in Abb. 154 wiedergegeben; man erkennt, daß Nr. 1 weit besser geeignet ist als Nr. 4.

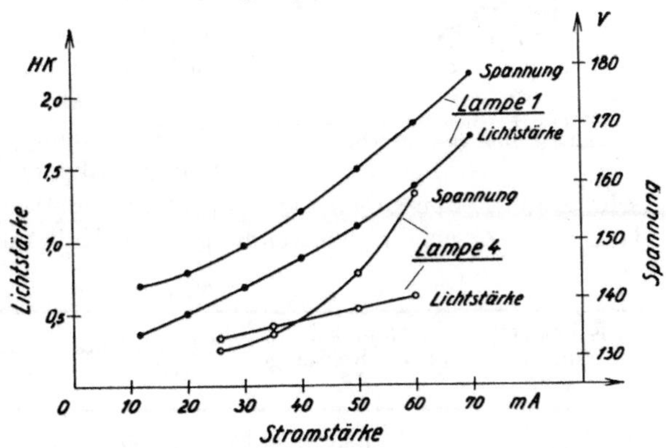

Abb. 154. Stromspannungscharakteristik und Lichtstärken zweier Fernsehglimmlampen mit Flächenkathode ($F = 20$ cm²).

Als Kathodenmaterial ist nach H. Ewest hochglanzpoliertes Molybdänblech besonders brauchbar; es bietet den Vorteil, eine bedeutende spezifische Strombelastung zuzulassen (bis etwa 3 mA/cm²), ohne daß plötzliche Lichtbogenbildung und dadurch verursachter Kurzschluß in der Lampe zu befürchten wäre. Für extreme Kathodenstromdichten verwendet das Bell-Laboratorium Wasserkühlung.

Punktlichtglimmlampen für Spiegelradempfänger können in gleicher Weise wie die Schreibglimmlampen der Bildtelegraphie nach dem schon beschriebenen Hohlkathodenprinzip ausgeführt werden (vgl. S. 214, Abb. 126 a und b). Der erwünschten höheren Belastbarkeit ist dabei durch Vergrößerung des Gasvolumens Rechnung zu tragen, das die Wärmeableitung erleichtert und durch Verdünnung der in der Wärme freiwerdenden Fremdgasreste konstante Betriebsdaten schafft. Eine solche von der Telefunken-Gesellschaft hergestellte Lampe mit Neon-Heliumfüllung zeigte bei 3 mm Durchmesser und 15 mm Länge des Kathodenröhrchens folgende Werte:

Mittlere Betriebsstromstärke . .	15	mA
Brennspannung dabei	225	V
Lichtstärke	0,11	HK
Leuchtdichte	1,6	HK/cm²
Spez. Verbrauch	30	W/HK.

Der beleuchtungstechnische Wirkungsgrad ist also zugunsten der Punktförmigkeit der Lichtquelle verschlechtert gegenüber der Flächenglimmlampe. Wesentlich größer als 1,6 HK/cm² scheint die Leuchtdichte bei einer neuerdings von der Firma O. Preßler in Leipzig in den Handel gebrachten Punktlampe zu sein, was vermutlich auf den höheren Fülldruck sowie auf eine etwas günstigere optische Apertur der Hohlkathode zurückzuführen ist.

b) Glimmlampen mit Ausnutzung des Lichtes der positiven Säule.

Wie schon an früherer Stelle auseinandergesetzt wurde, erhält man bei genügendem Elektrodenabstande der Glimmröhre und bei Einschnürung des Entladungsweges eine sehr stark leuchtende „positive Säule", im Vergleich zu deren Helligkeit die Intensität des Kathodenlichtes völlig zurücktritt. Soll diese Erscheinung zur Konstruktion einer Leuchtfläche ausgenutzt werden, so kann man die Glimmröhre schlangenförmig in engen Windungen hin- und herführen (G. Leithäuser, Reichspostzentralamt; Abb. 155). Das von den Windungen ausgehende Licht muß indes noch durch eine streuende Mattscheibe ganz gleichmäßig verteilt werden, um die Konturen der Rohrschlange nicht im Bilde sichtbar werden zu lassen. Von F. Michelssen gemeinsam mit dem Verfasser angestellte Versuche ergaben, daß für derartige Glimmröhren ein Gasdruck von ungefähr 6 mm am vorteilhaftesten ist (Ne-He-Füllung); die erreichbare Helligkeit und die Ökonomie sind dabei vergleichsweise sehr groß. So ergaben sich für 50 mA Betriebsstrom und für eine Rohrlänge von 25 cm bei Verwendung einer Kaliumkathode folgende Werte:

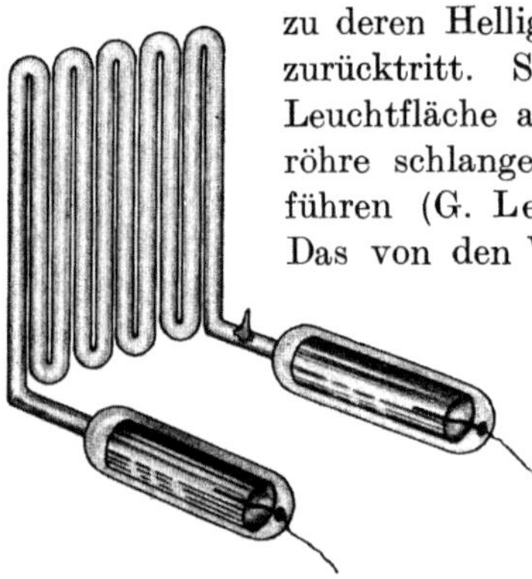

Abb. 155. Flächenglimmlampe mit schlangenförmiger Leuchtröhre.

Tabelle 14.

Rohrweite (innen) mm	Helligkeit pro cm Rohrlänge HK	Leuchtdichte HK/cm²	Wattverbrauch [1] pro HK	Spannungsabfall an der Lampe V
2,4	1,35	5,60	0,75	488
4,9	1,00	2,04	0,70	350
9,6	0,46	0,48	1,22	276

Den günstigen optischen Daten stehen als schwerwiegende Nachteile eine stark fallende Charakteristik, Labilität der Entladung bei geringen Stromstärken und eine hierdurch bedingte hohe „Grundhelligkeit" gegenüber. Besonders unangenehm ist die Größe der erforderlichen Zündspannung ($>$ 1000 V), die zur Anwendung einer besonderen Induktorzündung oder zur Speisung mit hochgespannten Hochfrequenzströmen zwingt (F. Banneitz).

In neuester Zeit ist auf dieser Grundlage von M. Pirani und H. Ewest eine besonders leistungsfähige Flächenleuchte entwickelt worden, bei welcher die intensive Lichtemission angeregten Natriumdampfes nutzbar gemacht wird[2]. Eine für Nipkow-Scheiben-Fernseher geeignete Ausführungsform derselben besteht aus einem U-förmig gebogenen, ca. 12 mm weiten und ca. 110 mm langen Entladungsrohr, das aus einem vom Natriumdampf auch in der Hitze

[1] Einschließlich des Kathodenverlustes. Bei längeren Glimmröhren würden sich also noch günstigere Werte ergeben.

[2] Pirani, M.: ZS. f. techn. Phys. Bd. 11 (1930) S. 482; Ewest, H.: Ferns. Bd. 3 (1932) S. 7; Schubert, G.: Ferns. Bd. 3 (1932) S. 9.

nicht angreifbaren Spezialglas gefertigt ist, und welches die beiden, Anode und Kathode enthaltenden Elektrodenräume (Glaskölbchen) miteinander verbindet. Zur Herabsetzung des Spannungsabfalles ist die Kathode als Oxydglühkathode ausgebildet (Heizleistung etwa 8 W). In die Lampe ist neben einigen Gramm metallischen Natriums zum Zwecke erleichterter Zündung Helium eingebracht. Während des Betriebes muß das Entladungsrohr durch Einbau in einen elektrisch heizbaren, durch eine Glasscheibe auf seiner Vorderwand abgedeckten Kasten auf die Temperatur von etwa 180° C gebracht werden, um den notwendigen Dampfdruck des Natriums zu erzeugen und aufrechtzuerhalten. Während beim Einschalten im kalten Zustande zunächst nur das wenig kräftige, matt gelbrote Leuchten der Heliumgrundfüllung sichtbar wird, kommt mit der Erwärmung der Lampe das intensiv strohgelbe Natriumlicht zum Vorschein, welches infolge seiner günstigeren Anregungsbedingungen das Heliumspektrum fast völlig verdrängt. Der elektrisch-optische Wirkungsgrad der Natriumdampflampe ist außerordentlich hoch und wird zu 80% angegeben[1]. Bei dem erwähnten Modell beträgt die normale Stromaufnahme 100 mA, der Spannungsabfall 100 V und die Gesamtlichtstärke 126 HK. Aus diesen Angaben berechnet man den spezifischen Verbrauch zu 0,08 W/HK und die Leuchtdichte zu etwa 10 HK/cm². Wenn man eine solche Lampe als Lichtquelle für einen Nipkow-Scheiben-Empfänger verwenden will, muß man sich, wie oben erwähnt, zur Egalisierung des Lichtes einer streuenden Mattglasscheibe bedienen. Die Leuchtdichte der so homogen gemachten Leuchtfläche beträgt nach den Messungen von G. Schubert[2] etwa 3,55 HK/cm².

An dieser Stelle ist noch auf eine merkwürdige Erscheinung hinzuweisen, die gelegentlich in Leuchtröhren auftritt und die sich dann oft störend bemerkbar macht. Unter bestimmten Umständen, deren Bedingungen noch nicht hinreichend erforscht zu sein scheinen, entwickeln sich nämlich helle und dunkle Schichtungen der positiven Lichtsäule, die mit großer Geschwindigkeit (einige 100 m/s) längs der Entladungsbahn wandern[3]. Infolge ihrer raschen Bewegung sind diese Unstetigkeiten für gewöhnlich nicht sichtbar; im Zusammenwirken mit einem Bildpunktverteiler äußern sie sich jedoch als schachbrett- oder streifenförmige Maserung der hellen Bildpartien. Besonders Neon neigt zur Ausbildung solcher Schichten, während Argon und Metalldämpfe nach den bisherigen Erfahrungen davon frei sind.

Die geringe optische Absorption verdünnter Gase oder Dämpfe kann auch zur Herstellung mäßig großer Leuchtflächen benutzt werden, wobei die Einrichtung so getroffen wird, daß eine positive Lichtsäule von ziemlicher Länge in Richtung ihrer Längsachse anvisiert wird bezw. ausstrahlt. Man kann auf diese Weise in Röhren von passendem Querschnitt gleichmäßig und intensiv helle Felder von einigen Quadratzentimetern Ausdehnung erhalten, die für Nipkow-Scheiben mit stark reduzierter Bildfläche ausreichen.

Für Punktlampen mit positivem Glimmlicht ergeben sich weit günstigere Verhältnisse als für Flächenlampen. Eine prinzipiell geeignete Bauweise wurde schon an früherer Stelle besprochen (S. 213, Abb. 125); in wesentlich verbesserter Form wurde dieser Lampentyp auf Veranlassung von F. Schröter von H. Ewest

[1] Ewest, H.: l. c. Diesem Aufsatz sind alle hier genannten Daten entnommen.
[2] Schubert, G.: l. c., S. 16.
[3] Samson, C.: ZS. f. techn. Phys. Bd. 6 (1925) S. 281.

(Studiengesellschaft für elektrische Beleuchtung) durchgebildet[1] („Lichtspritze", Abb. 156). Als Elektronenquelle dient hierbei eine geheizte Oxydkathode, die sich im Innern eines senkrecht stehenden Nickelzylinders befindet. Dieser ist allseitig abgeschlossen mit Ausnahme eines seitlich angesetzten, etwa 10 mm langen und 2 mm weiten Röhrchens, durch welches die Glimmentladung bei hoher Stromdichte in den äußeren Anodenraum hindurchzutreten gezwungen ist. Die Anode selbst ist als Ring oder als durchlochtes Blech außen um das Leuchtröhrchen herumgelegt, welches in Richtung seiner Längsachse eine äußerst intensive Strahlung aussendet. Dank der Glühkathode (Heizleistung

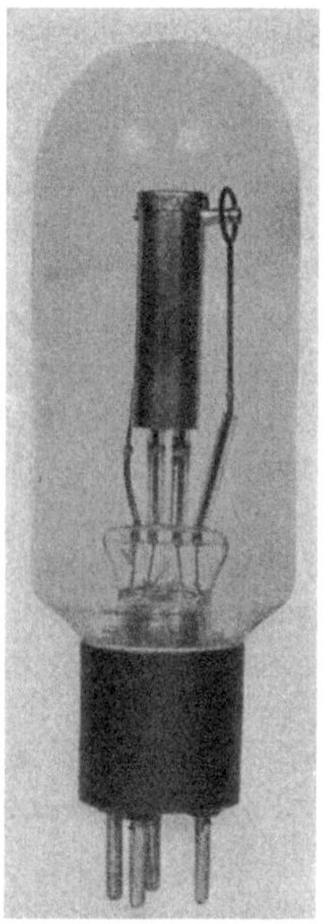

Abb. 156. Punktlichtglimmlampe der Studiengesellschaft für elektrische Beleuchtung.

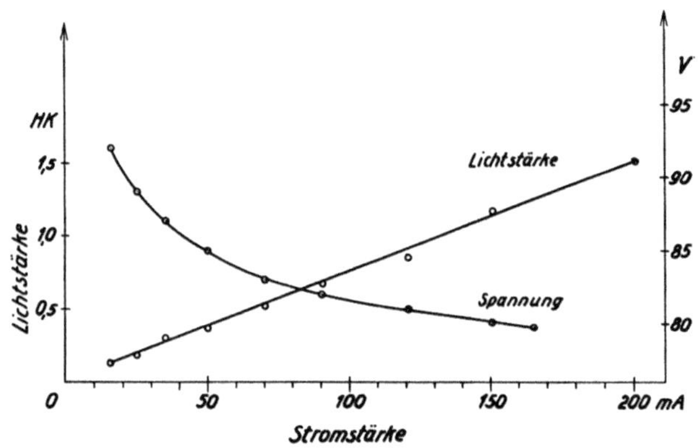

Abb. 157. Kennlinien einer Punktlichtglimmlampe mit geheizter Oxydkathode (Studiengesellschaft für elektrische Beleuchtung).

15 W), die den Kathodenfall fast völlig beseitigt, beträgt die Brennspannung dieser Lampe bei Neon-Heliumfüllung von ca. 10 mm Druck nur etwa 80 V bis 90 V. Die Zündspannung liegt zwar wesentlich höher (bei etwa 200 V), doch kann die Entladung auch durch einen Induktionsstoß leicht eingeleitet werden. Die Grenze der Strombelastbarkeit ist durch die zulässige Glut des Leuchtröhrchens gezogen und liegt bei dem hier beschriebenen Modell in der Nähe von 200 mA. Abb. 157 zeigt die elektrische und die optische Kennlinie; bei der im Dauerbetriebe maximal erlaubten Stromstärke von 200 mA wurden gemessen:

Helligkeit	1,5	HK
Leuchtdichte	48	HK/cm²
Spez. Verbrauch . .	10	W/HK.

Diese einfach gebaute Punktglimmlampe stellt heute den leistungsfähigsten Typus dar, der gestattet, in Verbindung mit einem kleinen Spiegelrade lichtstarke Fernsehbilder von mehreren Quadratdezimeter Größe zu erzielen.

c) Schaltungen.

Die Schaltungen, mit denen Flächen- oder Punktglimmlampen an die Endstufe des Empfangsverstärkers angeschlossen werden können, sind beim Fernsehen im Prinzip die gleichen wie bei der Fernbildschrift. Am zweckmäßigsten

[1] D.R.P. Nr. 531171 vom 30. XI. 1929 (Erf. H. Ewest und G. Gaidies). Vgl. auch ZS. f. techn. Phys. Bd. 12 (1931) S. 645f. sowie Ferns. Bd. 3 (1932) S. 7f.

ist es auch hier, die Glimmlampe unmittelbar in den Anodenkreis der Endröhre einzufügen, wodurch frequenzabhängige Kopplungsglieder (Transformatoren, Drosselspulen) vermieden sind; eventuell kann über die Entladungsstrecke noch ein getrennter schwacher Hilfsgleichstrom geleitet werden, der ein zeitweiliges Erlöschen ausschließt. Demselben Zweck dient eine besondere, in der Lampe selbst angebrachte Hilfsanode, zu der unabhängig vom Steuerstrom stets ein schwacher Gleichstrom fließt, um die Ionisation im Gase dauernd aufrechtzuerhalten[1]. Auch eine dauernde, schwache Hochfrequenzanregung der Lampe, die durch einen besonderen, zweckmäßig kapazitiv an den Gasraum angekoppelten Röhrengenerator bewirkt wird, bewährt sich hierfür[2]. Natürlich muß die Endröhre des Verstärkers in bezug auf ihre Leistung stets ausreichend dimensioniert sein, da sich im Fernsehbilde Übersteuerungen unliebsam bemerkbar machen; zur Erzielung der optimalen Widerstandsanpassung sind nötigenfalls mehrere Endröhren parallel zu schalten.

B. Lichtrelais (Kerr-Zelle).

Die hervorragenden Eigenschaften der Kerr-Zelle, die in völliger Trägheitslosigkeit, hoher optischer Leistung und verschwindendem Bedarf an Steuerenergie bestehen, machen diese für Fernsehempfang besonders geeignet. Als nachteilig sind allerdings die Notwendigkeit von Hochspannung als Anodenstromquelle der Endverstärkerstufe und der relativ beträchtliche Preis der erforderlichen Polarisatoren zu verzeichnen. Diese Umstände schließen die Anwendung der Kerr-Zelle in Amateurgeräten im allgemeinen aus, doch ist sie für Demonstrationsapparate mit großer Empfangsbildfläche schlechthin unersetzlich (Karolus-Telefunken, E. F. W. Alexanderson, British Grammophone Co.).

Für nicht zu ausgedehnte Projektionsflächen (bis etwa 2 dm^2) können mit Erfolg die gleichen Kerr-Zellen verwendet werden, wie sie schon bei der Bildtelegraphie (S. 231) besprochen wurden. In Verbindung mit einer 25 W-Metallfadenlampe wird so ein genügend helles Bildfeld bei mäßigem Spannungsbedarf erzielt. Zur hinreichend intensiven Ausleuchtung größerer Flächen (einige Quadratmeter) ist die Anwendung einer Bogenlampe als Strahlenquelle nötig, deren Lichtstrom durch eine Mehrfach-Kerr-Zelle großen optischen Querschnittes möglichst weitgehend nutzbar gemacht wird[3]. Im Interesse einer geringen Zellenkapazität, die gerade bei den hohen Steuerfrequenzen einer Fernsehübertragung angestrebt werden muß, darf der Elektrodenabstand nicht zu klein gewählt werden. Folgende Maße haben sich für eine Hochleistungszelle bewährt (Telefunken-Gesellschaft):

Zahl der Feldplatten: oben 3, unten 2.
Plattenabstand: 1,5 mm.
Länge des Feldes in Richtung der optischen Achse: 8 mm.
Nutzbarer Querschnitt: ca. 7×7 mm^2.
Kapazität (mit Nitrobenzol gefüllt): ca. 66 $\mu\mu$F.
Hellspannung: ca. 6900 V.

[1] Vgl. z. B. D.R.P. Nr. 406 267 vom 7. VIII. 1920 (Philips).
[2] Schubert, G.: Ferns. Bd. 3 (1932) S. 12f.
[3] Bei Verwendung einer Bogenlampe empfiehlt es sich, in den optischen Strahlengang einen Wassertrog einzuschalten, um einer übermäßigen Erwärmung des Polarisatornikols vorzubeugen.

Die Gesamtansicht dieser Zelle zeigt Abb. 158, das herausgenommene Elektrodensystem Abb. 159.

In Abb. 160 ist das optische Schema eines mit Kerr-Zelle und Spiegelrad arbeitenden Projektionsfernsehers dargestellt. Die allein bewährte Anordnung besteht darin, den Leuchtkrater der Bogenlampe mittels eines Kondensors auf eine quadratische oder runde Lochblende abzubilden, die ihrerseits durch ein Objektiv

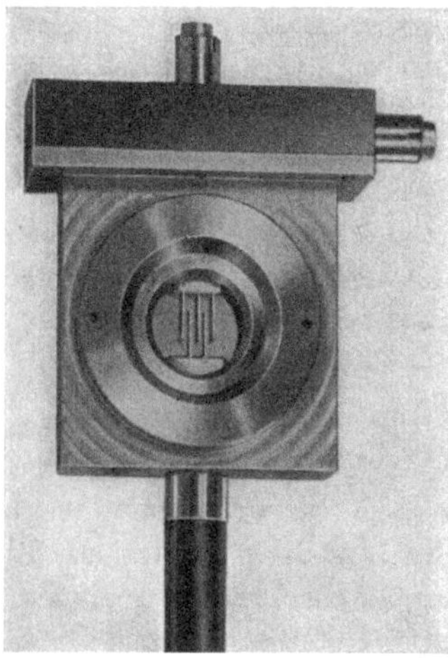

Abb. 158. Mehrfach-Kerr-Zelle für Fernsehempfänger.

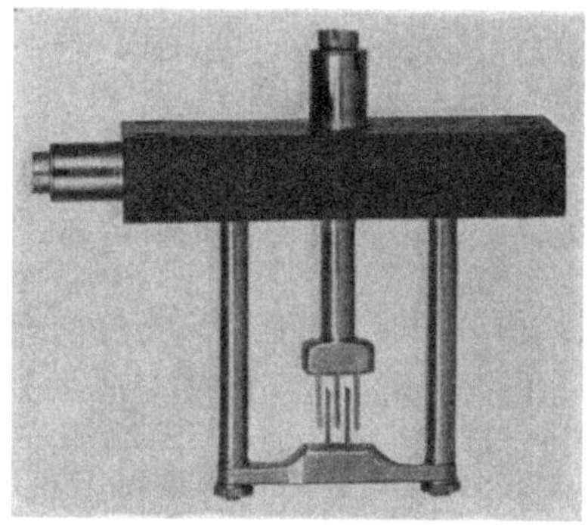

Abb. 159. Platteneinsatz der Mehrfach-Kerr-Zelle.

über das Spiegelrad in meist mäßiger Vergrößerung auf den Schirm projiziert wird. In der Nähe der Blende werden die Kerr-Zelle und die Nikols untergebracht, da nur dort der Querschnitt des Lichtbündels genügend klein ist.

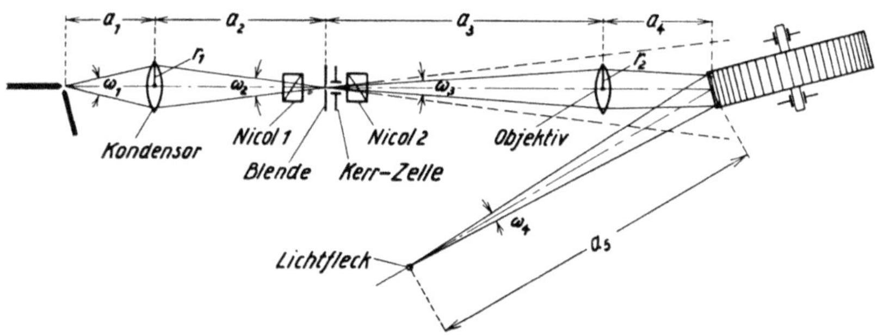

Abb. 160. Optisches Schema eines mit Kerr-Zelle und Spiegelrad arbeitenden Projektionsempfängers.

Es seien an Hand der Abb. 160 zunächst einige Betrachtungen über die mit einem solchen Projektionsfernseher erreichbare Beleuchtungsstärke des Bildschirmes angestellt. Wir bedienen uns dabei der dort eingetragenen Längen- und Winkelbezeichnungen; außerdem sei

P^2 die Fläche des quadratisch gedachten Schirmes,
f^2 die Fläche eines Rasterelementes auf dem Schirm,
q^2 die Fläche der Blende,
g^2 der in die Blende abgebildete Anteil der Kraterfläche,
k die Zeilenzahl des Bildes gleich der Anzahl der Spiegel auf dem Spiegelrade,
D der Durchmesser des Spiegelrades,

b die Breite des Spiegelrades,
B die Leuchtdichte des positiven Kraters in Stilb.

Auf dem Spiegelrade sei durch das abbildende Objektiv ein Kreis vom Radius R ausgeleuchtet. Dann gilt zunächst

$$\omega_4 = \frac{2R}{a_5}, \tag{1}$$

sofern man hier wie im folgenden Tangens und Winkel einander gleichsetzt. Für das Spiegelrad besteht nun stets die Beziehung (vgl. Kap. II, S. 91):

$$a_5 = \frac{P}{2\,tg\left(\frac{360}{k}\right)^{\circ}} \sim \frac{Pk}{4\pi}; \tag{2}$$

also wird

$$\omega_4 = \frac{8\pi R}{Pk}. \tag{3}$$

Aus den allgemeinen Linsengesetzen folgt dann

$$f^2\omega_4^2 = q^2\omega_3^2 \tag{4}$$

und ebenso

$$q^2\omega_2^2 = g^2\omega_1^2. \tag{5}$$

Wir können hier $\omega_2 = \omega_3$ annehmen; denn wenn $\omega_3 < \omega_2$ wäre (wie in der Abbildung gezeichnet), würde offenbar ein Lichtverlust entstehen; andererseits wäre bei $\omega_2 < \omega_3$ das Objektiv bezw. das Spiegelrad nicht voll ausgeleuchtet. Also wird

$$f^2\omega_4^2 = g^2\omega_1^2. \tag{6}$$

Sieht man nun den Krater der Bogenlampe als kleine, zur optischen Achse senkrechte, nach dem Lambertschen Gesetz strahlende Fläche an, so ergibt sich der vom Kondensor erfaßte Eingangslichtstrom zu

$$\Phi_0 = \frac{\pi}{4} B g^2 \omega_1^2 \,*. \tag{7}$$

Unter Hinzuziehung von (6) und (3) folgt hieraus

$$\Phi_0 = \frac{16\pi^3 B f^2 R^2}{P^2 k^2} \tag{8}$$

und, wegen $f \cdot k = P$:

$$\Phi_0 = \frac{16\pi^3 B R^2}{k^4}. \tag{9}$$

Dieser Lichtstrom gelangt nun nicht vollständig auf den Bildschirm; neben Absorptionsverlusten, die durch einen noch zu bestimmenden Faktor a berücksichtigt seien, findet am Spiegelrade in Anbetracht der notwendigen gleichzeitigen Ausleuchtung zweier Spiegel eine geometrisch bedingte Lichteinbuße statt. Sie ergibt sich aus dem Verhältnis Spiegelfläche : Leuchtkreisfläche zu

$$\frac{\pi D b}{k} : R^2\pi = \frac{Db}{kR^2}.$$

Also wird der zur Bilderzeugung nutzbar gemachte Lichtstrom

$$\Phi_1 = \Phi_0 \frac{Db}{kR^2} a = \frac{16\pi^3 B D b a}{k^5}.$$

Dieser Lichtstrom wird bei der Rotation des Spiegelrades im zeitlichen Mittel auf die Fläche P^2 des Bildschirmes ausgebreitet und erzeugt dort die Beleuchtung

$$E = \frac{\Phi_1}{P^2} \cdot 10^4 = \frac{16\pi^3 B D b a}{P^2 k^5} \cdot 10^4 \text{ Lux}.$$

* Herleitung dieser Beziehung bei Gehrcke, E.: Handbuch der physikalischen Optik Bd. 2 2. Hälfte 2. Teil S. 815 (F. Schröter).

Die Gesamtschwächung a setzt sich etwa wie folgt aus einzelnen Faktoren zusammen:

Kondensor, Durchlässigkeit	$\sim 0{,}85$
1. Nikol	$\sim 0{,}42$
Kerr-Zelle	$\sim 0{,}5$
2. Nikol	$\sim 0{,}85$
Objektiv	$\sim 0{,}5$
Reflexion am Spiegelrad	$\sim 0{,}85$
Produkt	$\sim 0{,}1.$

Als Berechnungsbeispiel seien folgende Werte angenommen: $P = 30$ cm, $D = 50$ cm, $b = 7$ cm, $k = 48$ cm, $B = 18\,000$ (Reinkohlenbogenlampe).

Für die Beleuchtungsstärke ergibt sich dann

$$E = 13{,}6 \text{ Lux}.$$

Zum Vergleich seien folgende Erfahrungswerte der Beleuchtungsstärke angeführt:

Kleines Heimkino	20—30 Lux
Großes Heimkino	25—40 „
Lichtspieltheater	40—100 „

Die Helligkeit eines kleinen Heimkinos wird also unter den angegebenen Verhältnissen nahezu erreicht.

Es lassen sich nun leicht auch die übrigen Daten der in Abb. 160 skizzierten optischen Anordnung festlegen. Zunächst wird in unserem Zahlenbeispiel zufolge von (2): $a_5 = \frac{30 \cdot 48}{4\pi} = 114{,}6$ cm. Aus verschiedenen Gründen wird man a_4 so klein wie nur möglich wählen. Bei einem Winkel von 20°, den die Ebene des Spiegelrades mit der Achse der Kerr-Optik bildet, ist die kleinste zulässige Entfernung des Objektives vom Spiegelrade etwa $a_4 = 3\, r_2$ (r_2 Halbmesser des Objektives), um ein Abschneiden des reflektierten Lichtkegels zu verhüten. Man findet dann leicht die Beziehungen

$$r_2 = \frac{R}{1 - \frac{12\,\pi R}{P k}}$$

und

$$R = \sqrt{\frac{D^2 \pi^2}{k^2} + \frac{b^2}{4}},$$

woraus sich im betrachteten Falle ergibt

$$r_2 = 5{,}48 \text{ cm}$$

und

$$a_4 = 3\, r_2 = 16{,}44 \text{ cm}.$$

Man hat jetzt noch freie Wahl der Brennweite F_2 des Objektives, wobei jedoch ein $F_2 > 80$ cm erfahrungsgemäß zu vermeiden ist. Die Spiegel des Spiegelrades sind nämlich nie genau eben, sondern sie besitzen einen endlichen positiven oder negativen Krümmungsradius und wirken daher als Hohlspiegel. Hierdurch wird die Gesamtbrennweite des abbildenden Systems unregelmäßig von Spiegel zu Spiegel verändert, und zwar wird die so erzeugte wechselnde Unschärfe der Rasterelemente um so größer, je länger die Objektivbrennweite ist. Im vorliegenden Falle wird man etwa wählen $F_2 = 40$ cm bei einer relativen Öffnung $\frac{2\, r_2}{F_2} \sim 1 : 3{,}6$. Jetzt können wir a_3 bestimmen; nach der Linsenformel wird

$$a_3 = \frac{F_2\,(a_4 + a_5)}{a_4 + a_5 - F_2} = 57{,}6 \text{ cm}.$$

Weiterhin interessiert die anzuwendende Blendenweite. Offenbar wird die durch das Objektiv erzeugte Flächenvergrößerung

$$\frac{q^2}{f^2} = \frac{a_3^2}{(a_4 + a_5)^2}, \text{ also wegen } f = \frac{P}{k}: q^2 = \frac{P^2 a_3^2}{k^2 (a_4 + a_5)^2} = 0{,}0755 \text{ cm}^2,$$

entsprechend einer Seitenlänge der quadratisch gedachten Blende von $q =$ 0,275 cm.

Es bleibt noch übrig, die Kondensoroptik festzulegen. Auch hier hat man zunächst freie Hand in bezug auf die Wahl der Kondensorbrennweite; die einzige Bedingung ist die, daß der Winkel $\omega_3 = \omega_2$ voll ausgeleuchtet wird. Eine zu große Brennweite ist unpraktisch, weil dadurch die Baulänge der Optik unnötig vergrößert wird; eine zu kleine Brennweite hingegen verbietet sich deshalb, weil die Kondensorlinse dann zu nahe an den Lichtbogen heranrückt und infolge der Wärmestrahlung des Kraters der Gefahr einer Beschädigung ausgesetzt ist. Gut bewährt hat sich erfahrungsgemäß eine Brennweite von etwa $F_1 = 6$ cm (aplanatischer Zeiß-Kondensor mit der relativen Öffnung 1 : 1,3). Wie eine einfache Rechnung ergibt, wird dann $a_1 = 8{,}0$ cm und $a_2 = 24{,}3$ cm.

Über die beim Fernsehen anwendbaren Kerr-Zellen-Schaltungen ist nichts Wesentliches zu dem bereits bei der Fernbildschrift Gesagten hinzuzufügen. Da die Verwendung von Transformatoren hier mit Rücksicht auf das ausgedehnte Frequenzband im allgemeinen nicht angängig ist, kommt nur die unmittelbare Parallelschaltung der Kerr-Zelle zum Anodenwiderstande des Ausgangsrohres in Betracht, wobei die Zellenplatten vorteilhaft noch eine besondere Vorspannung erhalten (bei dem zuletzt beschriebenen Modell etwa 1200 V). Diese Spannung wird ebenso wie die Anodenspannung der Endröhre am einfachsten durch einen kleinen Hochvakuumgleichrichter erzeugt, dessen Stromergiebigkeit nur sehr gering zu sein braucht.

Sechstes Kapitel.

Der Gleichlauf bei Fernbildgeräten.

Von

Friedrich Biedermann.

1. Allgemeines.

Unter „Synchronismus“ oder „Gleichlauf“ versteht man den Zustand dauernder Frequenzübereinstimmung zweier oder mehrerer, periodisch sich wiederholender Vorgänge. So sind zwei rotierende Achsen dann miteinander synchron, wenn ihre Drehzahlen übereinstimmen; sie können sich dabei nur noch in ihrer gegenseitigen Bewegungsphase um einen konstanten Betrag unterscheiden.

Gleichlauf mehrerer Apparate ist in der Fernmeldetechnik häufig erforderlich; so müssen Geber und Empfänger eines Drucktelegraphen synchronen Gang aufweisen, wenn der am Sender getastete Buchstabe auch am Empfänger richtig wiedergegeben werden soll. Auch Bildtelegraphen und Fernseher erfordern stets Gleichlauf der sender- und empfangsseitigen Bildzerleger, denn nur dann ist die koordinatengetreue Zuordnung der Empfangsbildfläche zu der Sendervorlage gewährleistet. Allerdings wäre zwar, wie in Kap. I gezeigt wurde, ein Fernseher denkbar, bei welchem jedem einzelnen Bildelement am Sender eine Photozelle, am Empfänger eine Glimmlampe zugeteilt ist, die miteinander durch getrennte Übertragungskanäle in Verbindung stehen. Eine solche Anordnung, die ganz ohne bewegte Teile auskommt, würde keiner Synchronisierung bedürfen. Indessen ist dieses Verfahren so unwirtschaftlich, daß es nie praktische Bedeutung erlangen wird. Die notwendige Beschränkung auf die Verwendung eines einzigen Übertragungskanals zwingt dazu, die Rasterelemente des Bildes einzeln nacheinander zum Empfänger zu übermitteln. Diese Aufgabe kann nur mit Hilfe gleichlaufender Bildpunktverteiler gelöst werden.

Welche Abweichungen vom vollkommenen Synchronismus erforderlichenfalls zugelassen werden können, erkennt man aus der folgenden Betrachtung, die sich auf Bildtelegraphen mit schraubenförmig abgetasteter Bildtrommel bezieht[1]. Der Umfang der Trommel sei U, ihre Länge l. Auf die Längeneinheit mögen k Bildzeilen entfallen. Dann beträgt die abgewickelte Länge der Abtastschraube $U \cdot k \cdot l$. Die Zulassung eines Synchronismusfehlers σ (in Bruchteilen der Einheit) bedeutet nun bei gleichzeitigem Start von Sender und Empfänger, daß bei Beendigung der Bildübertragung auf der Sendeseite der Abtastweg $U \cdot k \cdot l$, auf der Empfangsseite aber ein solcher $U \cdot k \cdot l\ (1 + \sigma)$ zurückgelegt wurde. Anfangs- und Endpunkt einer auf dem Original zur Trommelachse

[1] Der Einfluß einer konstanten Phasenabweichung braucht nicht untersucht zu werden, da diese stets beliebig klein gemacht werden kann. Zudem wirkt sich eine solche bei verschiedenen Bildzerlegern in verschiedener, im Einzelfall leicht zu übersehender Weise aus.

parallelen Geraden weichen daher am Empfänger um die Strecke $U \cdot k \cdot l \cdot \sigma$ voneinander ab. Ihr übertragenes Bild stellt zwar wiederum eine Gerade dar, jedoch schließt diese mit ihrer Sollage einen Winkel ε ein, wobei gilt[1]

$$tg\, \varepsilon = U \cdot k \cdot \sigma .$$

Man bemerkt erstens, daß die so entstehende „Bildschiefe“ von der Übertragungsdauer unabhängig ist, und zweitens, daß eine um so größere Synchronismusabweichung zugelassen werden kann, je kleiner der Durchmesser der Bildtrommel gewählt wird. Ein schmales und langes Bildformat, das parallel zur kürzeren Seite abgetastet wird, wäre also besonders günstig.

In der Praxis wird man eine maximale Bildschiefe von etwa 1^0 als eben merklich zumeist unbedenklich zulassen können. Unter dieser Annahme ergibt

Abb. 161. Bei starker Synchronismusabweichung aufgenommenes Empfangsbild.

sich für die Bildtelegraphenapparate des Systems Telefunken-Karolus-Siemens ($U = 22$ cm, $k = 50$) eine erforderliche Genauigkeit des Gleichlaufes $|\sigma| < 1{,}5 \cdot 10^{-5}$. Abb. 161 zeigt ein Bild, bei dessen Übertragung diese zulässige Grenze wesentlich überschritten wurde ($\varepsilon = 17^0$, $\sigma = 5{,}7 \cdot 10^{-4}$). Es muß noch darauf hingewiesen werden, daß anders geartete Bildzerleger zum Teil wesentlich höhere Genauigkeiten der Synchronisierung erfordern. Dies trifft z. B. im Falle der Zeilensprungzerlegermethode zu, bei der räumlich benachbarte Bildelemente in großem zeitlichen Abstand abgetastet werden.

Bei Fernsehern kann man die Anforderungen an den Synchronismus nicht allgemein zahlenmäßig festlegen, da hier die Übermittlung nach erfolgter Abtastung eines Bildes nicht beendet ist, sondern ein kontinuierlicher Betrieb vorliegt, so daß sich eine vorhandene Synchronismusabweichung laufend zu immer größeren Phasenfehlern summiert. Das Problem erfährt jedoch eine wesentliche Vereinfachung dadurch, daß das Empfangsbild sofort sichtbar ist und daß infolgedessen Korrekturen der Phase jederzeit von Hand leicht vorgenommen werden können.

[1] In extremen Fällen ($k \cdot l \cdot \sigma > 1$) kann sich das Geradenbild mehrmals um die Bildtrommel herumwinden.

Für Versuche im Laboratorium kann der notwendige Gleichlauf häufig in einfacher Weise dadurch erreicht werden, daß man die der Bildzerlegung dienenden Organe am Sender und am Empfänger mechanisch miteinander kuppelt. Dieses Verfahren benutzt man gern bei den sog. Schleifenversuchen, die das Verhalten einer langen Draht- oder Kabelstrecke klären sollen, wobei sich aber Sender und Empfänger unmittelbar nebeneinander befinden.

Beim wirklichen Fernbetrieb scheidet natürlich dieses primitive Hilfsmittel der Synchronisierung aus; es können dann zwei grundsätzlich verschiedene Wege eingeschlagen werden. Entweder ersetzt man die fehlende mechanische Verbindung durch eine gleichwertige elektrischer Art („übertragene Synchronisierung"), oder man sorgt auf beiden Seiten ohne Verbindung mit der Gegenstation mit Hilfe lokaler Regler für möglichst gute Übereinstimmung und Konstanz der Abtastgeschwindigkeiten („örtliche Synchronisierung"). Schließlich ist noch eine dritte Lösung möglich, die eine Zwischenstellung einnimmt: während die Abtastgeschwindigkeit der Bildzerleger im wesentlichen durch örtliche Hilfsmittel konstant gehalten wird, findet in gewissen Zeitabständen ein Vergleich der Zerlegungsphasen zwischen Sender und Empfänger und nötigenfalls eine Korrektur des aufgelaufenen Fehlers statt („gemischte Synchronisierung").

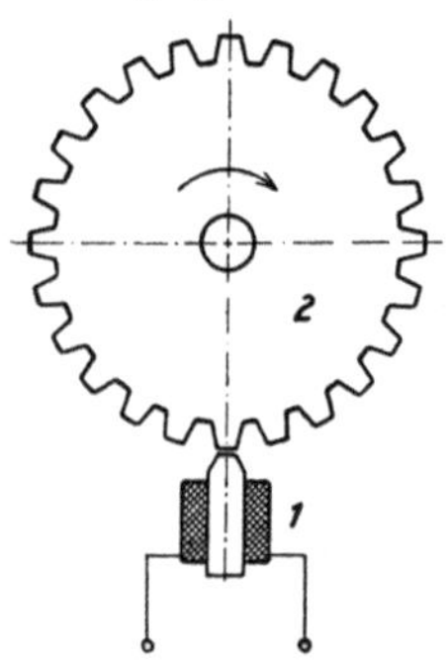

Abb. 162. Phonisches Rad von La Cour.

Unabhängig von der Art der verwendeten Gleichlaufregelung bedarf jeder Bildzerleger einer geeigneten Antriebsvorrichtung[1]. Während man bei den ersten, schon um die Mitte des 19. Jahrhunderts entstandenen Bildtelegraphen ausschließlich auf Uhrwerks- oder Gewichtsantriebe angewiesen war, wurde später der viel brauchbarere Elektromotor hierzu herangezogen (Sawyer 1875, Edison 1878). Dieser bildet heute sowohl als Gleichstrom- wie als Wechselstrommotor einen wesentlichen Bestandteil fast jedes Bildtelegraphen und Fernsehers; nur für Spezialzwecke (einfache elektrochemische Schreiber, Amateurgeräte) finden hier und da noch Uhrwerke Verwendung.

Eine besonders wichtige Rolle spielt in diesem Zusammenhang der Synchronmotor. Als solcher wird jeder Wechselstrommotor bezeichnet, dessen Drehzahl in einer festen, durch seine Konstruktion bedingten Beziehung zur Frequenz der ihn speisenden Stromquelle steht. Seine große Bedeutung für Fernbildschrift und für Fernsehen besteht in der hierdurch gegebenen Möglichkeit, das Problem der Gleichlaufregelung rotierender Achsen auf das einfachere der Beschaffung synchroner Wechselströme am Sender und am Empfänger zurückzuführen. Die älteste Ausführung eines Synchronmotors stammt von dem dänischen Physiker La Cour und ist unter dem Namen des „phonischen Rades" bekannt. Den Kern eines Elektromagneten 1 steht ein Rad 2 mit Zähnen aus weichem Eisen gegenüber (Abb. 162). Erregt man den Elektromagneten mit rhythmisch unterbrochenem Gleichstrom oder mit Wechselstrom, so zeigt sich, daß das Zahnrad vermöge der periodisch auf seine Zähne ausgeübten Kraft dauernd mit einer ganz bestimmten Drehzahl in Rotation erhalten bleibt, sofern es auf irgendeine Weise (beispielsweise durch „Anwerfen" mit der Hand) einmal

[1] Lediglich die Braunsche Kathodenstrahlröhre kann hier als Ausnahme angesehen werden, da sie einen Bildzerleger ohne bewegliche Teile darstellt.

auf diese „synchrone Drehzahl“ gebracht wurde. Die Rotationsgeschwindigkeit ergibt sich dabei aus der Bedingung, daß in der Zeit, die zwischen zwei Stromimpulsen liegt, gerade ein Zahn an die Stelle des vorhergehenden getreten ist. Bis zu einer gewissen Grenze vermögen weder Änderungen der mechanischen Belastung noch solche der Speisespannung die Drehzahl eines Synchronmotors zu beeinflussen. Lediglich in seiner Phase bleibt das rotierende Polrad unter Last verglichen mit dem unbelasteten Zustand etwas zurück, und gerade dieser Umstand ist es, der als Reaktion zu der größeren mechanischen Leistungsabgabe auch ein vergrößertes Drehmoment und eine entsprechend erhöhte elektrische Leistungsaufnahme verursacht. Erst wenn die Belastung des Motors und mithin die Phasennacheilung des Polrades einen gewissen Betrag überschritten hat, nimmt das Drehmoment wieder ab; der Motor „fällt aus dem Tritt“ und bleibt stehen.

Abb. 163. Gleichstrommotor mit verbessertem La Courschen Rad zum Antrieb eines Weillerschen Spiegelrades.

Alle Synchronmotoren gehen von dem Grundgedanken des phonischen Rades aus, der in der Verbindung eines magnetischen Wechselfeldes mit einem Polrad besteht. Um den Wirkungsgrad zu verbessern, wird man zunächst bestrebt sein, zur Verminderung der Streuung einen möglichst guten Schluß der magnetischen Kraftlinien herbeizuführen. Weiterhin bringt man vorteilhaft eine zusätzliche Gleichstromerregung entweder des Polrades oder des Stators an, die das Drehmoment erhöht und mit der in bekannter Weise auch der Leistungsfaktor ($\cos \varphi$) auf Eins gebracht werden kann. Eine so verbesserte Konstruktion, die vor allem auch den Vorzug großer Billigkeit aufweist, zeigt Abb. 163. Der dort wiedergegebene einfache Synchronmotor dient zur Synchronisierung eines Weillerschen Spiegelrades; er besteht aus einem festen, aus einzelnen Blechen aufgebauten Magnetgestell, das die Wechselstromwicklung trägt, und aus einer Pertinaxscheibe als Rotor, an deren Umfang 16 Eisenstifte eingelassen sind. Spiegelrad und Synchronantrieb sind auf der Achse eines kleinen Gleichstrommotors angebracht, der das Anlaufen ermöglicht und der auch nach dem Erreichen des Synchronzustandes eingeschaltet bleibt, um die durch Lager- und Luftreibung verursachten Leerlaufverluste zu decken. Diese Kombination eines Hauptmotors für die Grundlast mit einem Synchronzusatzmotor zum Ausgleich zufälliger Belastungs- und Antriebsschwankungen ist immer dann sehr wertvoll, wenn es sich darum handelt, mit einer möglichst geringen Wechselstrom-Synchronisierleistung auszukommen[1]. Ein solcher Fall ist insbesondere gegeben, wenn diese von einem Röhrenverstärker

[1] Wie hier ohne Beweis mitgeteilt sei, eignen sich für das Zusammenwirken eines Gleichstrom- und eines Wechselstrom-Synchronmotors auf die gleiche Achse Hauptschluß- und Nebenschlußmaschinen in gleicher Weise (W. Ilberg).

geliefert werden muß, der dann entsprechend kleiner dimensioniert werden kann. Sofern man jedoch größere Wechselstromleistungen zur Verfügung hat (Synchronisierung aus dem Netz), kann man den Gleichstrommotor dadurch ersparen, daß man als alleinigen Antrieb einen selbstanlaufenden Synchronmotor wählt. Ein solcher besitzt entweder noch eine Kollektorwicklung oder einen stark phasenverschobenen Hilfsstromkreis, unter dessen Mitwirkung ein Drehfeld erzeugt wird. Der Motor läuft dann als Induktionsmotor an, falls der Läufer neben ausgeprägten Polen noch eine kurzgeschlossene Käfigwicklung erhält.

Als weiteres Ausführungsbeispiel eines Synchronmotors sei die „Wechselstromsirene" der Fa. Siemens & Halske aufgeführt (Abb. 164). Diese ist eigentlich als Tonfrequenzgenerator für Meßzwecke gedacht; sie eignet sich aber umgekehrt auch als Synchronmotor für kleine Leistungen. Ähnlich wie beim La Courschen Rade dreht sich ein aus Blechen aufgebautes Zahnrad, das auf der Welle eines Gleichstrommotors sitzt, vor den schneidenförmigen Polen eines zweischenkeligen, ebenfalls geblätterten Magnetgestelles vorbei, das neben einer mit Gleichstrom gespeisten Erregerwicklung zwei in Reihe oder parallel geschaltete Wechselstromwicklungen trägt. Bei der Rotation finden periodische Flußschwankungen statt, die im Wechselstromteil Spannungen induzieren. Offenbar wird bei der Weiterbewegung um einen Zahnabstand gerade eine vollständige Wechselspannungsperiode erzeugt; die vom Generator abgegebene Frequenz berechnet sich mithin als Produkt aus der sekundlichen Drehzahl und der Anzahl der Zähne am Radumfang. Wird die Maschine umgekehrt mit Wechselstrom dieser Frequenz gespeist, so fällt sie bei der gleichen Umdrehungszahl in Synchronismus. Allerdings beträgt die vom Synchronteil mechanisch abgegebene Leistung maximal nur wenige Watt.

Abb. 164. Wechselstromsirene von Siemens & Halske.

Höhere Leistungen und günstigere Wirkungsgrade erhält man mit Maschinentypen, die den in der Starkstromtechnik gebräuchlichen nachgebildet sind [1]. Hier ist zunächst die normale Wechselpoltype zu nennen: Im Inneren eines mit einer Einphasenwicklung versehenen Stators rotiert der über Schleifringe mit Gleichstrom erregte Rotor, der eine gerade Anzahl abwechselnder Magnetpole trägt. Für kleinere Maschinen mittlerer Polzahl (gebräuchlich z. B. 16) eignet sich die Abart der Klauenpoltype, bei welcher nur eine einzige Erregerwicklung für sämtliche Pole benötigt wird. Bei diesen Maschinen verstreicht eine vollständige Wechselstromperiode, während ein Polpaar, d. h. zwei aufeinanderfolgende Einzelpole, unter einer Statornut vorübergegangen sind; die 16polige Type liefert daher bei jeder Umdrehung 8 Perioden. Da man für Synchronisierungszwecke wegen der nie ganz zu vermeidenden Pendelungen (vgl. später)

[1] Vgl. Schmidt, K.: Die Maschinen für drahtlose Telegraphie. E T Z Bd. 42 (1921) S. 245f. u. 280f.

nach Möglichkeit hohe Frequenzen anzuwenden sucht, ist man oft genötigt, entsprechend große Polzahlen vorzusehen. Maschinen der Wechselpoltype werden dann wegen der geringen Polbreite magnetisch und konstruktiv ungünstig, so daß man in diesen Fällen die Gleichpoltype bevorzugt. Abb. 165 zeigt schematisch den Aufbau einer solchen Maschine. Der Stator trägt eine ringförmige, zur Rotorwelle koaxiale Erregerwicklung 1. Zu beiden Seiten dieser Wicklung befinden sich in ihrem Kraftfluß zwei Kränze von Blechpaketen 2 und 2′, in deren Nuten die Wechselstromwicklung 3 mäanderförmig eingebettet liegt. Der Rotor besteht aus einem massiven Eisenrad 4, das auf beiden Seiten der Erregerwicklung mit Zähnen versehen ist, deren Anzahl der halben Nutenzahl des Stators gleichkommt. Dieser Maschinentyp, der bis zu den höchsten überhaupt unmittelbar erreichbaren Frequenzen gebaut werden kann (Hochfrequenzmaschine von E. F. W. Alexanderson), weist u. a. den Vorteil auf, daß der rotierende Teil keinerlei Stromzuführung über Schleifringe bedarf. Ein speziell zur Synchronisierung von Bildtelegraphen entwickeltes Modell (Siemens & Halske) zeigen die Abb. 166 a und b. Diese Maschine besitzt 52 Polpaare und benötigt demzufolge bei 30 Umdrehungen/s eine Synchronisierfrequenz von 1560 Hz; die abgegebene mechanische Leistung beträgt etwa 30 W. Wie man aus Abb. 166a erkennt, ist der Stator dieser Maschine mit Zahnkranz und Ritzel drehbar gelagert, um die Einstellung der Bildphase zu ermöglichen. Ebenso bemerkt man links auf der Motorwelle eine mit 52 Aussparungen versehene Trommel, die mit einer von der Synchronisierfrequenz gespeisten Glimmlampe während des Betriebes beleuchtet werden kann. Infolge des stroboskopischen Effektes scheinen die eingefrästen Schlitze still zu stehen, wenn die synchrone Drehzahl des Motors erreicht wird.

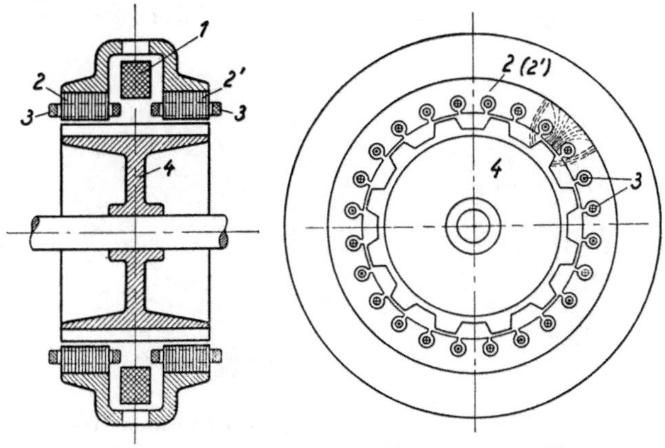

Abb. 165. Aufbau einer Gleichpol-Synchronmaschine.

Abb. 166a. Mittelfrequenz-Synchronmotor von Siemens & Halske (Gleichpoltype).

Die Beobachtung der Schlitztrommel gestattet so eine dauernde Kontrolle des Synchronzustandes.

Aus Gründen der Raumersparnis und der Verbilligung empfiehlt es sich, nach Möglichkeit Synchron- und Antriebsmotor konstruktiv zu vereinigen. So lassen sich z. B. Gleichstrom- und Wechselstromanker auf derselben Achse im gleichen Gehäuse unterbringen, wobei die Erregerwicklung beiden Teilen gemeinsam sein kann. Eine noch weitergehende Kombination zeigt Abb. 167. Die dort dargestellte Maschine besteht aus einem Gleichstrom-Nebenschlußmotor, dessen Anker 16 ausgeprägte Pole besitzt. Die Feldmagnete sind mit einer entsprechenden Anzahl von Nuten versehen, in denen die Wechselstromwicklung liegt[1].

Abb. 166 b. Mittelfrequenz-Synchronmotor der Gleichpoltype, geöffnet.

An dieser Stelle muß noch einer oftmals recht unangenehmen Eigenschaft aller Synchronmaschinen gedacht werden, die aus der Starkstromtechnik her

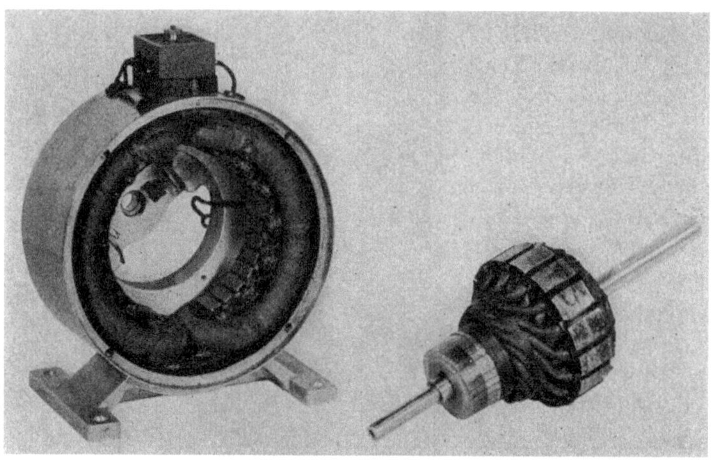

Abb. 167. Kombinierte Gleichstrom-Wechselstrom-Maschine.

bekannt ist und die als das „Pendeln" bezeichnet wird. Es zeigt sich nämlich, daß ein Synchronmotor auch bei konstanter Netzfrequenz nur selten völlig gleichförmig läuft, vielmehr ist seine Drehzahl zumeist mehr oder weniger großen, periodischen Schwankungen um den durch Netzfrequenz und Polzahl

[1] Die abgebildete Maschine wurde von A. Karolus gemeinsam mit der Firma Gebr. Kaiser A.G. in Leipzig entwickelt. Das Prinzip wurde von E. F. W. Alexanderson angegeben; vgl. E T Z Bd. 33 (1912) S. 659, sowie auch D.R.P. Nr. 318 697 vom 5. VII. 1912 (Allgemeine Elektricitäts-Gesellschaft).

bedingten Mittelwert unterworfen. Diese Pendelungen können z. B. durch periodisch auftretende Belastungsschwankungen verursacht sein; besonders häufig treten sie auf, wenn zum Zwecke der Gleichlaufregelung zwei Synchronmaschinen unmittelbar miteinander verbunden werden. Da wie bei jeder mechanischen Schwingung auch die Pendelungsfrequenz durch die Wurzel des Quotienten aus dem Trägheitsmoment des Rotors und der Direktionskraft (der „synchronisierenden Kraft") bestimmt ist, kann man durch Veränderung dieser Größen die Eigenschwingungszahl beeinflussen und insbesondere den gefährlichen Fall der Resonanz mit der Periode der Antriebs- oder Belastungsschwankungen vermeiden. Ein wirksames Mittel zur Verringerung der Pendelungen besteht in ihrer künstlichen Dämpfung durch eine kurzgeschlossene Käfigwicklung, die in geeignete Nuten der Polschuhe eingelegt ist; doch scheint diese Maßnahme für kleine Synchronisiermaschinen bisher noch nicht angewandt worden zu sein. Oftmals wird schon eine gewisse Verbesserung durch zusätzliche konstante Belastung des Maschinenaggregates erreicht, z. B. durch eine Wirbelstrombremse; zufällige Belastungsschwankungen fallen dann prozentual weniger ins Gewicht.

Die größtmögliche Amplitude der Pendelungen beträgt einen gewissen Bruchteil des Polabstandes, der erst aus der Bauart der Maschine, dem Luftspalt usw. näher bestimmt werden kann. Jedenfalls aber ist sie dem Polabstand proportional, woraus folgt, daß bei gleicher Drehzahl vielpolige Maschinen nur um kleinere Beträge pendeln können als wenigpolige. Da auch die schon erwähnte, bei veränderter Belastung oder bei verändertem Antrieb auftretende Nach- oder Voreilung des Polrades, welche einen unbestimmten Phasenfehler des Gleichlaufes zur Folge hat, mit zunehmender Polzahl kleiner wird, empfiehlt sich immer die Wahl einer hohen Synchronisierfrequenz; für die Gleichlaufregelung von Bildtelegraphen sind solche zwischen 1000 Hz und 2000 Hz gebräuchlich[1].

Sowohl bei übertragener wie bei örtlicher Synchronisierung ist es oftmals erforderlich, einen Synchronmotor von einem Röhrenverstärker aus zu betreiben. Nur in seltenen Fällen kann man dessen Wechselstromwicklung unmittelbar in den Anodenkreis der Endröhre legen, da dann im allgemeinen nur schlechte Anpassung erreicht sein wird und gelegentlich wohl auch die durch den Anodenruhestrom verursachte Gleichstromvormagnetisierung stört. So verlangt z. B. die in den Abb. 166 a und b dargestellte Synchronmaschine infolge ihres sehr kleinen Innenwiderstandes (die Nuten sind nur mit einem einzigen fortlaufenden Leiter bewickelt!) eine Anpassung auf etwa 0,2 Ω bei einer Betriebsstromstärke von 15 A. Es muß also zwischen Verstärkerröhre und Motor ein geeigneter Transformator eingeschaltet werden. Ausführliche Rechnungen über die bei diesem Anpassungsproblem zu beachtenden Gesichtspunkte sind von H. Bartels angestellt worden[2]; er findet, daß die Leistung der Synchronmaschine als Generator betrachtet vorteilhaft ein Vielfaches der Verstärkerleistung betragen soll.

2. Übertragene Synchronisierung.

Die Methode der übertragenen Synchronisierung besitzt den Vorteil absoluter Genauigkeit. Sende- und Empfangseinrichtung stimmen in ihren Drehzahlen

[1] System Telefunken-Karolus-Siemens für drahtlosen Betrieb 1560 Hz, für Kabelbetrieb 1020 Hz.

[2] Wissenschaftliche Veröffentlichungen aus dem Siemens-Konzern Bd. 8 Heft 2 S. 1.

dann zwangsläufig überein, wenn zwischen ihnen eine Drahtleitung oder eine drahtlose Verbindung besteht, durch die eine Synchronisierfrequenz oder einzelne Synchronisierimpulse zur Gleichlaufregelung übertragen werden. Von diesem Vorteil wird man immer dann Gebrauch machen, wenn sich Sender und Empfänger räumlich nahe beieinander befinden, so daß eine besondere Synchronisierungsleitung ohne Schwierigkeiten und Kosten gelegt werden kann: Im Laboratorium, bei Demonstrationen usw. werden die Synchronmaschinen der Sende- und Empfangsseite miteinander verbunden und halten sich so gegenseitig synchron. Bei einer solchen Zusammenschaltung zweier Synchronmaschinen, von denen jede noch mit einem besonderen Gleichstromantrieb versehen ist, ist es ungewiß, welche als Generator und welche als Motor wirkt; beide können ihre Rolle im Laufe der Zeit wechseln. Offenbar wird die jeweils stärker angetriebene Maschine an die andere, welche das Bestreben hat, zurückzubleiben, Energie abgeben. Durch Einstellung der Erregungen auf Spannungsgleichheit vor dem Zusammenschalten wird man zweckmäßig dafür sorgen, daß keine wattlosen Ausgleichsströme fließen. Das Zusammenschalten selbst findet, wie in der Starkstromtechnik üblich, unter Beachtung von Frequenz- und Phasengleichheit mittels einer den Schalter überbrückenden Glühlampe oder eines Voltmeters statt, auch die schon erwähnte stroboskopische Beleuchtung durch eine Glimmlampe leistet oft gute Dienste. Nur ganz kleine Maschinen mit großem inneren Widerstand und großer Streuung kann man schadlos bei beliebiger Frequenz und Phase zusammenschalten; sie fallen dann bei gleichgewordener Drehzahl von selbst in Tritt.

Mit wachsender Entfernung zwischen Sender und Empfänger steigt die Schwierigkeit unmittelbar übertragener Synchronisierung. Die Verwendung einer besonderen Drahtleitung verbietet sich meist wegen der zu hohen Kosten. In manchen Fällen wird der Anschluß von Sender und Empfänger an das gleiche Wechselstromkraftnetz möglich sein; eine Lösung, die wegen ihrer Einfachheit vielleicht einmal für den Fernsehrundfunk bedeutsam werden kann[1]. Indessen ist selbst für ein beschränktes Versorgungsgebiet, wie z. B. für Groß-Berlin, die Voraussetzung absoluter Frequenzgleichheit heute noch nicht überall erfüllt, da die einzelnen Bezirke zum Teil von verschiedenen, nicht miteinander synchronen Generatoren gespeist werden. Auch können selbst zwischen Entnahmestellen, die unmittelbar miteinander verbundenen Netzteilen angehören, bei Lastverschiebungen im Netz erhebliche und zeitlich rasch veränderliche Phasenunterschiede auftreten, wie durch vergleichende Messungen im mitteldeutschen Versorgungsgebiet dargetan wurde[2]. Diese Phasenänderungen bewirken ein mehr oder weniger plötzliches, störendes Wandern oder Pendeln des Empfangsbildes im Bildfenster. Dem bei Netzsynchronisierung vorhandenen, schon erwähnten Nachteil einer zu niedrigen Synchronisierfrequenz könnte man durch Benutzung geeignet ausgewählter Oberschwingungen entgehen[3].

Leichter ausführbar erscheint die drahtlose Übertragung der Synchronisierfrequenz. Geschieht diese durch einen Sender ausreichender Leistung und geeigneter Wellenlänge, so steht sie an Betriebssicherheit einer Leitungsübertragung nur wenig nach. Die Notwendigkeit der Erstellung einer besonderen

[1] D.R.P. Nr. 498 415 vom 9. XII. 1924 (P. Nipkow).
[2] Vgl. Schubert, G.: Ferns. Bd. 2 (1931) S. 105f.
[3] D.R.P. Nr. 484 088 vom 14. VI. 1928 (A. Karolus).

Sende- und Empfangsanlage für die Gleichlaufregelung ist jedoch für die Praxis unbedingt hinderlich. Dies gilt auch für den Kornschen Vorschlag des „Weltsynchronismus", der ein drahtloses Analogon zum Anschluß an ein gemeinsames Kraftnetz bilden würde. Eine normierte Mittelfrequenz (z. B. 1000 Hz) sollte von einem oder von mehreren starken Sendern als Modulation dauernd oder wenigstens zu gewissen Zeiten ausgestrahlt werden, um als Grundlage für die Synchronisierung sämtlicher auf der Welt im Gange befindlichen Bildtelegraphen und Fernsehapparate zu dienen.

Aus wirtschaftlichen Gründen kann die drahtlose Synchronismusübertragung nur dann ernstlich in Erwägung gezogen werden, wenn es gelingt, hierfür die gleiche Welle und die gleichen Betriebseinrichtungen zu verwenden, wie für die Übermittlung der Bildzeichen. Grundsätzlich sind folgende Möglichkeiten denkbar:

1. Die Frequenz der hochfrequenten Trägerwelle selbst wird zur Synchronisierung benutzt.

2. Die Frequenz einer genügend hohen Tonmodulation, die ihrerseits Trägerfrequenz der Bildzeichen ist, dient zur Synchronisierung.

3. Die hochfrequente Trägerwelle selbst oder ein zwischenfrequenter Hilfsträger ist gleichzeitig sowohl mit den Bildzeichen als auch mit der Synchronisierungsfrequenz moduliert, wobei auf der Empfangsseite eine Trennung entweder auf Grund von Amplituden- oder von Frequenzbereichunterschieden beider Modulationen stattfinden kann.

4. Bild- und Synchronzeichen werden nicht gleichzeitig, sondern abwechselnd ausgesandt; beispielsweise kann die Synchronfrequenz jedesmal während des „toten Bildwinkels", d. h. bei Trommelapparaten während des Durchganges der Stoßstelle des Bildes durch die Abtastzone, zum Empfänger übermittelt werden.

Es ist selbstverständlich, daß mit Ausnahme der Methode 1 sämtliche angegebenen Verfahren prinzipiell auch bei Leitungs- oder Kabelübertragungen Verwendung finden können, sofern nur auf die begrenzte Frequenzdurchlässigkeit gebührende Rücksicht genommen wird.

Das zuerst genannte Verfahren, die vom Sender ausgestrahlte hochfrequente Trägerwelle der Synchronisierung nutzbar zu machen, wurde von A. Karolus angegeben[1]. Seine Durchführung kann auf folgende Weise geschehen. Am Sender befindet sich ein möglichst gut konstant gehaltener Mittelfrequenzgenerator, von dem aus einerseits die Bildzerlegereinrichtung synchron gehalten wird, dessen Frequenz aber andererseits auch bis zur gewünschten Hochfrequenzwelle vervielfacht wird und dann zur Fremdsteuerung des Senders dient. Am Empfänger kann entweder ein so weit gehender Frequenzabbau der aufgenommenen Schwingung erfolgen, bis der Betrieb eines Synchronmotors möglich wird (A. Meißner), oder aber man benutzt auch dort eine passende Oberschwingung eines mit dem Zerlegerantrieb verbundenen Generators zum Vergleich mit der empfangenen Hochfrequenz. Aus der entstehenden Schwebungsfrequenz kann dann eine geeignete, die Drehzahl des empfangsseitigen Antriebsmotors automatisch beeinflussende Korrekturgröße gewonnen werden. Die gesamte Anordnung ist recht kompliziert und wäre in der Praxis, wie alle ausschließlich

[1] D.R.P. Nr. 447 307 vom 20. I. 1926. Wegen aller Einzelheiten des Vorschlages sei auf diese Patentschrift verwiesen.

mit drahtlos übertragener Synchronisierung arbeitenden Verfahren, gelegentlichen Störungen durch atmosphärische Einflüsse und durch Empfangsschwund unterworfen. Natürlich ist die beschriebene Anordnung auch nur dann unmittelbar zu verwenden, wenn unabhängig von den Tastzuständen „hell“ und „dunkel“ die Trägerwelle wirklich jederzeit vorhanden ist, also bei Telephoniemodulation des Senders (vgl. Kap. VIII).

Entsprechendes gilt für die unter 2 genannte Methode. Der Gedanke liegt nahe, die zum Zwecke verzerrungsfreier Bildzeichenverstärkung gebräuchlicherweise eingeführte Hilfsträgerfrequenz (die z. B. durch eine im optischen Strahlengange rotierende Lochscheibe erzeugt wird, vgl. Kap. VII) gleichzeitig auch als Synchronisierfrequenz zu benutzen. Da aber der Hilfsträger „von unten aus“ gesteuert zu werden pflegt (bei „dunkel“ im Sendebild ist seine Amplitude Null, bei „hell“ ein Maximum), müßte an den dunklen Bildstellen mit dem Ausfallen der Synchronisierung gerechnet werden. Das Verfahren wäre also nur zur zeitweiligen Korrektur einer örtlichen Gleichlaufregelung anwendbar (vgl. Abschnitt 4).

Das unter 3 genannte Verfahren läßt eine vielseitige Ausgestaltung zu, je nachdem, ob für die Bild- und Synchronzeichen noch etwa zwischenfrequente Hilfsträger benutzt werden oder nicht. Grundsätzlich muß bemerkt werden, daß jede Modulation mit neuen Hilfsfrequenzen eine vergrößerte Bandbreite des Senders und eine unerwünschte Zersplitterung seiner Gesamtenergie in die einzelnen Seitenbänder bedingt. Die einfachste Methode besteht daher darin, die hochfrequente Trägerwelle unmittelbar gleichzeitig mit Bild- und Synchronzeichen zu modulieren, wobei am Empfänger Vorsorge getroffen werden muß, daß keine störende Beeinflussung der Bildaufzeichnung durch die Synchronisierungsimpulse und umgekehrt keine Schädigung der Gleichlaufregelung durch die Bildzeichen erfolgt. Das kann z. B. auf Grund von Amplitudenunterschieden beider Zeichenarten geschehen. So kann man die Synchronzeichen in ihrer Amplitude beispielsweise nur $^1/_4$ so groß halten wie die Bildzeichen; der Bildschreiber am Empfänger wird dabei so eingestellt, daß er auf diese noch nicht anspricht[1]. Die Synchronisierfrequenz wird mit Siebkreisen dem ankommenden Frequenzgemisch entnommen und nach gehöriger Verstärkung dem Synchronmotor zugeführt. Diese Arbeitsweise mag für reine Schwarz-Weiß-Übertragungen auf Drahtleitungen oder auf kurzen drahtlosen Strecken mit langer Welle allenfalls brauchbar sein, offenbar müssen aber Halbtonbilder durch die auf die Bildzeichen aufgesetzten Synchronimpulse zerstört werden. Gänzlich versagen muß das beschriebene Verfahren im transozeanischen Kurzwellenverkehr, da dort Amplitudenunterschiede infolge des erforderlichen Fadingausgleiches nicht übertragen werden können (vgl. Kap. VIII und IX). Ebenso ungünstig erscheint die umgekehrte Arbeitsweise, die Synchronzeichen mit voller und die Bildzeichen mit verringerter Amplitude auszusenden[2]. Hier dürfte es wohl überhaupt kaum möglich sein, die Zerstörung des Empfangsbildes durch die Gleichlaufzeichen zu vermeiden.

Als wesentlich vorteilhafter muß angesehen werden, die Sendung in 2 getrennte Frequenzkanäle aufzuteilen. Man kann dann so verfahren, daß die übertragene

---

[1] D.R.P. Nr. 479 233 vom 22. II. 1928 (C. Lorenz A.G., Erf. M. Kagelmann und A. Eulenhöfer); vgl. auch Elektr. Nachr.-Techn. Bd. 5 (1928) S. 373 f.

[2] D.R.P. Nr. 471 669 vom 24. IV. 1927 (C. Lorenz A.G.).

Hochfrequenzträgerwelle mit zwei Niederfrequenzen moduliert wird, von denen die eine, und zwar im allgemeinen die höhere, den Träger der Zeichenfrequenzen bildet, während die andere ihrerseits unmoduliert zur Synchronisierung dient. Zweckmäßig richtet man die Verhältnisse so ein, daß die Synchronisierungsfrequenz die Trägerwelle nur in geringem Maße aussteuert, da dann ein größerer Energieanteil für die Bildzeichen verbleibt[1]. In anderer Weise soll schließlich das Problem der Synchronismusübertragung auf der gleichen Welle durch den Vorschlag gelöst werden, das eine Seitenband der Trägerhochfrequenz ausschließlich den Bildzeichen, das andere nur den Gleichlaufzeichen zuzuordnen[2]. Eine solche Trennung ist aber nicht leicht und nur mit großem Aufwand an Mitteln durchführbar.

Das in unserer Zusammenstellung an vierter Stelle genannte Verfahren abwechselnder Übertragung von Bild- und Synchronzeichen könnte man sich etwa durch eine Anordnung verwirklicht denken, bei der die Bildimpulse vor ihrer Aussendung in sehr rascher Folge unterteilt und deren Lücken mit Synchronzeichen ausgefüllt werden[3]. In sehr einfacher Weise könnte diese rasche Umschaltung durch die am Sender meist ohnehin vorhandene Lochscheibe erfolgen, während am Empfänger eine Trennung durch Frequenzfilter stattfinden müßte. Gegenüber der Methode der gleichzeitigen Modulation würde sich als Vorteil ergeben, daß die Trägerfrequenz beide Male stets voll ausgesteuert werden kann.

In der Praxis haben bisher nur solche Verfahren Anwendung gefunden, bei denen der Wechsel zwischen Bild- und Synchronzeichen in wesentlich längeren Zeitintervallen vor sich geht. Hier ist in erster Linie das sog. Zeilenstoßverfahren[4] zu nennen, dem eine besondere Bedeutung für die Gleichlaufregelung von Fernsehempfängern zukommt. Dieses Verfahren gründet sich auf die Feststellung, daß bei Fernsehübertragungen die durch den Bildrand verursachte „Zeilenfrequenz" besonders ausgeprägt zu sein pflegt. Nötigenfalls kann sie durch einen absichtlich eingeführten Helligkeitssprung am Rande noch besonders betont werden; bei einem Fernseher mit 30 Bildzeilen und einer Bildwechselzahl von 12,5 s beträgt sie z. B. $30 \cdot 12{,}5 = 375$ Hz. Am Empfänger wird diese Frequenz durch Resonanzmittel abgetrennt und dem Synchronmotor zugeführt. In dem angeführten Beispiel müßte dieser 30 Pole besitzen, um ohne Zwischengetriebe unmittelbar die richtige Drehzahl des Bildzerlegers zu ergeben.

Die Zeilenstoßsynchronisierung ist zwar sehr einfach, doch arbeitet sie nicht immer zuverlässig. Es kann nämlich vorkommen, daß im Fernsehbilde zufällig eine Frequenz mit großer Amplitude auftritt, die der Zeilenfrequenz ganz oder nahezu gleichkommt und eine andere Phasenlage aufweist. Durch deren Hinzukommen kann der Synchronmotor leicht aus dem Tritt geworfen werden, wie angestellte Versuche gezeigt haben. Eine Verbesserung könnte wahrscheinlich dadurch erzielt werden, daß man die Zeilenfrequenz nicht unmittelbar dem Synchronmotor zuführt, sondern sie zuerst auf ein schwach gedämpftes Resonanzsystem, etwa auf eine Stimmgabel oder auf einen rückgekoppelten, im Mitnahmebereich arbeitenden Röhrengenerator, einwirken läßt, dem dann seinerseits die Synchronisierfrequenz entnommen wird. Eine solche Anordnung

[1] D.R.P. Nr. 518 091 vom 25. XI. 1926 (Telefunken, Erf. F. Schröter).
[2] D.R.P. Nr. 475 831 vom 24. XII. 1927 (C. Lorenz A.G., Erf. A. Eulenhöfer).
[3] Vorschlag von H. Lux, bisher unveröffentlicht. [4] Herrührend von J. L. Baird.

arbeitet dann nicht mehr auf der Grundlage rein übertragener Synchronisierung, denn man kann das genannte Resonanzsystem als örtlichen Taktgeber auffassen, der in regelmäßigen Abständen immer wieder vom Sender her in richtiger Phase neu erregt wird. Wir haben so ein Beispiel der in der einleitenden Übersicht schon erwähnten „gemischten Synchronisierung" vor uns, die im Abschnitt 4 des näheren besprochen werden soll. Auch die übrigen auf abwechselnder Zeichen- und Synchronismusübertragung beruhenden Verfahren, zu denen insbesondere die sog. Start-Stop-Methoden zu rechnen sind, sollen dort ihre Behandlung erfahren.

3. Örtliche Synchronisierung.

Die Methode der „örtlichen" oder „lokalen" Synchronisierung verzichtet auf jede Verbindung zwischen Sender und Empfänger zum Zwecke der Gleichlaufregelung. Sie wird dadurch frei von allen störenden Einflüssen, denen eine Übertragung — besonders die drahtlose — ausgesetzt ist und gewährleistet so betriebssicheres Arbeiten selbst bei den unsicheren atmosphärischen Bedingungen des transozeanischen Verkehrs.

Das Wesen der örtlichen Synchronisierung besteht in der voneinander unabhängigen Geschwindigkeitsregelung der sende- und empfangsseitigen Bildzerlegereinrichtungen auf möglichst gleiche Beträge, die sich, wie früher gezeigt, bei Bildgeräten mit Trommelabtastung nicht mehr als etwa ein Hundertstel Promille voneinander unterscheiden dürfen. Diese Forderung setzt sowohl sehr empfindliche Einstellmöglichkeit der Regelorgane als auch hohe Konstanz des eingestellten Wertes voraus. Zum Vergleich sei angeführt, daß auf die Dauer die verlangte Genauigkeit von 10^{-5} von sehr guten Taschenchronometern gerade erreicht wird, während astronomische Pendeluhren noch ein bis höchstens zwei Größenordnungen mehr leisten, falls alle störenden äußeren Beeinflussungen sorgfältig ferngehalten werden. Es sei an dieser Stelle bemerkt, daß bei allen Angaben über Frequenzkonstanz sehr darauf zu achten ist, ob es sich um Konstanz über kurze oder über lange Zeit (Dauerkonstanz) handelt. Oftmals ist es verhältnismäßig leicht, zwei Vorgänge kurze Zeit lang in guter Übereinstimmung zu halten, während unkontrollierbare Störeinflüsse (Temperatur- und Luftdruckschwankungen, Alterungserscheinungen, Änderung von Batteriespannungen usw.) sich erst nach längerer Zeit auswirken. Für die Beurteilung der Taktgeber für örtliche Gleichlaufregelung kann nur deren Dauerkonstanz maßgebend sein, da häufige Abgleichung der Frequenz weder stattfinden soll noch kann.

Für die Verwirklichung einer örtlichen Synchronisierung scheint sich zunächst die Verwendung eines der bekannten Drehzahlregler zu empfehlen, wie sie z. B. von Schmidt, Giebe, Dornig u. a. angegeben worden sind und gelegentlich zur Tourenregelung von Hochfrequenzmaschinen und neuerdings auch von Telegraphenapparaten dienen. Diese Regler beruhen auf der Wechselwirkung von Zentrifugal- und Schwerkraft, der eine federnd befestigte, mit der Motorachse umlaufende Masse ausgesetzt ist, und welche einen in den Motorstromkreis passend eingefügten Kontakt sich abwechselnd, der jeweiligen Drehzahl entsprechend für kürzere oder längere Zeit, öffnen und schließen läßt. Kennzeichnend für alle Fliehkraftregler ist, daß ihr Regeleinfluß sich nur so lange geltend macht, als tatsächlich eine Drehzahlabweichung besteht. Ihre Wirkung kann sich deshalb nur darauf beschränken, den entstehenden Fehler kleiner zu halten, als er ohne das Vorhandensein einer Regeleinrichtung wäre. Ganz anders verhält sich ein mit konstanter Frequenz gespeister Synchronmotor, bei dem die Änderung der Leistungsabgabe schon durch eine geringfügige Nach- oder Voreilung der Phase des Rotors ausgelöst wird, während seine Drehzahl unabhängig von Belastungsschwankungen im stationären Zustand stets genau die gleiche ist.

Die Dauerkonstanz einer Fliehkraftregelung vermag den Ansprüchen der Bildtelegraphie und des Fernsehens allein nicht zu genügen. Man kann eine solche Einrichtung daher nur zur Grobregelung von Antrieben benutzen, wobei zur Feinregelung zusätzlich noch andere Mittel herangezogen werden müssen. Als solche kommen z. B. vom Sender übertragene Korrekturimpulse in Betracht (vgl. Abschnitt 4).

Auf der Suche nach frequenzkonstanten Taktgebern, die mit genügend genauer Übereinstimmung dem voneinander unabhängigen Antrieb der sende- und empfangsseitigen Bildzerlegerorgane dienen können, begegnet uns in der Natur eine große Anzahl jener periodischen Vorgänge, die wir als „Schwingungen" bezeichnen. In allgemeiner Betrachtung ist eine Schwingung gekennzeichnet durch den fortwährenden Wechsel zweier Erscheinungsformen eines gegebenen Energievorrates. Bei mechanischen und akustischen Schwingungen stehen die potentielle und die kinetische Energie in der Wechselwirkung, bei elektrischen und optischen sind es die elektrostatische und die elektromagnetische Energieform, die sich ineinander umsetzen. Infolge der unvermeidlichen Verluste (Reibung, Joulesche Wärme, Strahlung) nehmen die Amplituden einer freien Schwingung mit der Zeit ab. Das Verhältnis zweier um eine ganze Periode auseinanderliegenden Amplituden ist entweder genau oder doch wenigstens angenähert konstant; sein natürlicher Logarithmus heißt „logarithmisches Dekrement" d. Im idealisierten Falle, d. h. bei Abwesenheit von Störeinflüssen, benötigt eine Schwingung für jede Periode genau die gleiche Zeitdauer, doch ist diese oftmals in geringem Maße amplitudenabhängig. So ist die Schwingungsdauer eines Pendels oder einer Stimmgabel für große Amplituden größer als für kleine, während bei elektrischen Schwingungen eine solche Abhängigkeit im allgemeinen nicht besteht.

Sollen Schwingungsvorgänge irgendwelcher Art als Taktgeber für Gleichlaufanordnungen benutzt werden, so muß dafür gesorgt sein, daß sie trotz ihrer natürlichen Dämpfung dauernd mit konstanter Amplitude aufrechterhalten werden. Die hierzu nötige Energiezufuhr erfolgt in bekannter Weise durch „Rückkopplung" des schwingungsfähigen Systems, wobei diese durch die vorhandene Schwingung selbst im richtigen Takte gesteuert wird. Man kann nun zeigen, daß sich bei einer solchen Selbsterregung nur dann genau die Eigenfrequenz der freien Schwingung einstellt, wenn die Rückkopplung „phasenrein" ist, d. h. wenn zwischen der anzufachenden Schwingung und ihrer Erregung eine Phasenverschiebung von genau 90° besteht. Ist diese Bedingung nicht erfüllt, so erregt sich eine tiefere oder eine höhere Frequenz, wobei die maximal mögliche Abweichung von der Eigenfrequenz dem Dämpfungsdekrement proportional ist. Da man den Fall phasenreiner Rückkopplung in der Praxis nicht immer streng realisieren kann, besonders dann nicht, wenn der Schwingungsgenerator einer variablen Belastung ausgesetzt wird, ist es im Interesse der Frequenzkonstanz vorteilhaft, ein möglichst schwach gedämpftes System als Taktgeber zu verwenden.

Auch eine andere Überlegung läßt die Bevorzugung von Systemen geringer Dämpfung geraten erscheinen. Die Eigenfrequenz ist nämlich ihrerseits schon von der Dämpfung abhängig. Da im Betriebe nun stets mit unvermeidlichen Dämpfungsänderungen gerechnet werden muß, ergeben sich auch hieraus Schwankungen der Frequenz. Für die resultierende Schwingungsdauer gilt die Beziehung[1]

$$T = T_0 \sqrt{1 + \frac{d^2}{4\pi^2}},$$

wobei T_0 die Schwingungsdauer ohne Dämpfung bezeichnet. Setzt man voraus, daß sich die Dämpfung des betrachteten Schwingers infolge unkontrollierbarer Einflüsse um einen gewissen prozentualen Betrag $\frac{\Delta d}{d}$ ändere, so errechnet sich aus obigem eine prozentuale Änderung der Schwingungsdauer von annähernd

$$\frac{\Delta T}{T} = \text{const.}\ d^2 \frac{\Delta d}{d}.$$

Der Einfluß einer Dämpfungsänderung auf die Frequenz wird also sogar mit dem Quadrat der ursprünglichen Dämpfung geringer.

Sekundenpendel im Vakuum[2]	$d \sim 2 \cdot 10^{-5}$
Piezoquarz im Vakuum	$d \sim 2 \cdot 10^{-5}$
Piezoquarz in Luft	$d \sim 5 \cdot 10^{-5}$
Stimmgabel[3]	$d \sim 1 \cdot 10^{-4}$
Elektrischer Hochfrequenzkreis	$d \sim 1 \cdot 10^{-2}$
Elektrischer Mittelfrequenzkreis (1800 Hz, eisenfrei)	$d \sim 3 \cdot 10^{-2}$

Nebenstehend geben wir eine Zusammenstellung der größenordnungsmäßigen Dämpfung verschiedener Schwinger.

Für die Beurteilung der Eignung eines Schwingers zur Erzeugung konstanter Frequenzen kann natürlich die Dämpfung allein nicht maßgebend sein. Es müssen vielmehr noch alle die anderen Veränderungen in Betracht gezogen werden, denen die frequenzbestimmenden Konstanten des Schwingers durch äußere Beeinflussungen (z. B. Temperaturschwankungen) unterliegen. Soweit angängig, wird man diese entweder durch geeignete Maßnahmen fernzuhalten bestrebt sein (Einbau in einen Thermostaten, Luftabschluß) oder durch passende Einrichtungen zu kompensieren suchen.

A. Das Pendel.

Das Pendel spielt in der Geschichte der elektrischen Bildübertragung eine besondere Rolle. Da es seit Jahrhunderten als Frequenzstandard schlechthin gelten konnte, war es fast selbstverständlich, daß es als erstes vor allen anderen Hilfsmitteln zur lokalen Synchronisierung herangezogen wurde. Wir finden es schon bei den Kopiertelegraphen von Bain (1843), Bakewell (1848) und Caselli (1855) verwendet. Bei diesen Konstruktionen wurden teils der Taststift oder die Bildunterlage unmittelbar durch das schwingende Pendel hin- und herbewegt, teils wurde bei jedem Pendelschlag ein Stromschluß hervorgerufen, durch dessen Vermittlung die Regelung des Bildtrommelumlaufes stattfand[4]. Soweit diese Apparate überhaupt ausgeführt wurden, war jedoch die erzielte Genauigkeit des Gleichlaufes noch nicht ausreichend, was darin begründet gewesen sein mag, daß dem Pendel eine viel zu große

---

[1] Für elektrische Schwingungen findet sich eine Ableitung dieser Formel z. B. in Geiger-Scheel: Handbuch der Physik Bd. 15 S. 456 (Berlin 1927).

[2] Berechnet nach Schuler, M.: ZS. f. techn. Phys. Bd. 10 (1929) S. 392f.

[3] Biedermann, F.: Diss. Leipzig 1930. [4] Start-Stop-Prinzip, vgl. Abschnitt 4.

Belastung zugemutet wurde und auch keine Vorkehrungen gegen Störeinflüsse getroffen waren. Es mußte daher öfters eine Korrektur der Pendelschwingungen von Hand vorgenommen werden, deren Sinn und Größe aus der Neigung einer mitübertragenen, zur Trommelachse parallelen „Führungslinie" (guide-line) beurteilt wurde[1].

Seither sind die Pendel sehr vervollkommnet worden. Da man die meisten Ursachen der noch vorhandenen Frequenzabweichungen erkannte und beherrschen lernte, konnte die Konstanz um ein beträchtliches gesteigert werden. Besonders gute Gangresultate werden erzielt mit Präzisionspendeln, deren Pendelstange aus Nickelstahl besteht. Dieses Material zeichnet sich durch einen besonders kleinen thermischen Ausdehnungskoeffizienten aus; der noch vorhandene Rest wird durch ein Messing- oder Aluminiumrohr kompensiert, welches die Pendellinse trägt (C. Riefler). Zum weiteren Schutz gegen Temperaturschwankungen wird man das Pendel vorteilhaft in einem Raum konstanter Temperatur oder in einem temperaturgeregelten Behälter unterbringen, der zum Schutze gegen Luftdruckschwankungen vorteilhaft luftdicht verschlossen, eventuell auch luftleer gepumpt wird. Der wohl immer elektromagnetisch ausgelöste Antrieb erfolgt am besten, während das Pendel durch seine Ruhelage hindurchschwingt. Auch für die Rückkopplung und für die Ankopplung zur Abnahme der Frequenz vermeidet man nach Möglichkeit jeden Kontakt mit dem Pendel. Beides geschieht z. B. bei den von Schuler[2] verwendeten Präzisionsuhren optisch mit Hilfe einer Photozelle. Ein solches Pendel, dessen Konstanz den Betrag von $1 \cdot 10^{-7}$ erreicht, ist zur Zeit das genaueste Frequenznormal. Das Pendel ist damit um eine Größenordnung frequenzkonstanter als alle anderen bekannten Frequenzgeber, wie etwa die Stimmgabel. Für die Zwecke der Synchronisierung besitzt es jedoch einen großen Nachteil: seine Frequenz (1 Hz bis 5 Hz) ist zu niedrig und kann daher unmittelbar zum Antrieb eines Synchronmotors nicht verwendet werden.

Es sind mehrere Wege gangbar, um die tiefe Pendelfrequenz für unseren Zweck zu verwerten. So kann man auf den kontinuierlichen Lauf des Bildzerlegers verzichten, indem man die Achse beispielsweise der Bildtrommel nach jeder Umdrehung durch eine mechanische Sperrung festhält, die erst durch jeden Pendelimpuls kurze Zeit darauf wieder ausgelöst wird. Man erkennt, daß bei dieser „Start-Stop-Methode" schon eine unvollkommene Regelung des Achsantriebes ausreicht, da die Phase der Bildtrommel nach Beendigung jeder Bildzeile durch das Pendel wieder korrigiert wird. Ein Nachteil des Verfahrens liegt auf der Hand: Da zumeist beträchtliche Massen fortwährend beschleunigt und wieder stillgesetzt werden müssen, kann die Arbeitsgeschwindigkeit nur gering sein. Für Fernsehbildzerleger, die mit Spiegelrad oder mit Nipkow-Scheibe arbeiten, ist das Start-Stop-Prinzip deshalb überhaupt unverwendbar. Eine gewisse Rolle spielt es jedoch für einfache, vorzugsweise elektrochemische Bildempfänger, bei denen der Startimpuls jedesmal vom Sender her übertragen wird. Hier fällt auch der Vorzug ins Gewicht, daß eine besondere Phaseneinstellung auf der Empfangsseite unnötig wird.

---

[1] Bei örtlicher Gleichlaufregelung ist die Korrektur des Taktgebers aus der „Bildschiefe" auch heute noch das einfachste Verfahren; es setzt allerdings voraus, daß eine angenäherte Abgleichung schon erfolgt ist.

[2] Schuler, M.: l. c.

Ein anderer Weg zur Ausnutzung der vom Pendel erzeugten Stromstöße zeigt sich in der Anwendung einer hinreichend weitgehenden Frequenzvervielfachung. Die am aussichtsreichsten erscheinende Methode hierfür besteht in der Zwischenschaltung eines niederfrequenten Resonanzgliedes, das durch die vom Pendel ausgelösten Stromimpulse eine Stoßerregung erfährt, und von dem seinerseits die eigentliche Synchronisierfrequenz abgenommen wird. Die Dämpfung dieses Zwischengliedes darf natürlich nur sehr gering sein, damit zwischen zwei Erregungsimpulsen keine zu große Amplitudenabnahme auftritt. Andere vorgeschlagene Verfahren, die auf optischem Wege eine Vervielfachung der Pendelschwingung herbeiführen sollten, haben sich in der Praxis als unausführbar erwiesen [1].

Schließlich wäre es möglich, auch noch in anderer Weise als beim Start-Stop-Verfahren das Pendel zur Korrektur eines zweiten, weniger konstanten, aber in seiner Frequenz einstellbaren Gleichlaufreglers heranzuziehen. Es könnte dies auf dem Wege des Phasenvergleiches z. B. in folgender Weise geschehen. Auf der Achse des Antriebsmotors befindet sich eine Kontaktscheibe mit drei nahe beieinander befindlichen Segmenten, über die mit Hilfe einer Schleifbürste die vom Pendel ausgelösten Stromimpulse geleitet werden. Im Normalfalle, d. h. wenn die zu synchronisierende Achse genau die richtige Geschwindigkeit und Phase besitzt, trifft der sehr kurz gedachte Pendelimpuls stets gerade dann ein, wenn sich das mittlere Segment unter der Schleifbürste befindet; es wird dann keine Korrekturwirkung ausgelöst. Beim Nachbleiben oder beim Voreilen der rotierenden Achse jedoch erhält bei jedem Pendelschlag das eine oder das andere der beiden äußeren Segmente Strom, und es müssen nun Vorkehrungen getroffen sein, daß hierdurch eine Korrektur des Antriebsreglers im richtigen Sinne eingeleitet wird. Die praktische Ausführung dieses Grundgedankens, der sich an das Regelprinzip des Siemens-Schnelltelegraphen anlehnt, läßt mannigfaltige Abwandlungen zu, je nach der Art der vorgesehenen Grobregelung. Als Beispiele für diese seien durch Zusatzkondensatoren leicht veränderbare elektrische Schwingungskreise [2] oder elektromagnetisch beeinflußte Fliehkraftregler [3] genannt.

Das Pendel wird wegen der geschilderten mit seiner Anwendung verbundenen Komplikationen zur Zeit bei keinem Bildübertragungs- oder Fernsehverfahren zur Synchronisierung benutzt. Es hat seine Rolle einfacheren und billigeren, wenn auch weniger konstanten Frequenzgebern abtreten müssen. Es ist jedoch denkbar, daß es später gelegentlich wieder als Taktgeber zur Gleichlaufregelung von Fernsehsendern herangezogen wird, wenn mit zunehmender Bildrasterzahl die Ansprüche an Konstanz ebenfalls gesteigert werden müssen. In diesem Falle kann der erzielte Vorteil erhöhter Präzision einen vergrößerten Aufwand an Mitteln rechtfertigen.

B. Die Stimmgabel.

Die rückgekoppelte Stimmgabel hat als örtlicher Taktgeber zur Synchronisierung den großen Vorzug, unmittelbar die Frequenz einer zum pendelungsschwachen Betrieb von Synchronmotoren geeigneten Höhe liefern zu können.

---

[1] Vgl. z. B. D.R.P. Nr. 496 843 vom 4. X. 1925 (A. Karolus).

[2] D.R.P. Nr. 471 928 vom 20. I. 1926 (A. Karolus).

[3] D.R.P. Nr. 507 929 vom 17. I. 1929 (Siemens & Halske A.G.).

Als erster benutzte d'Arlincourt, der übrigens auch als Erfinder des Start-Stop-Prinzips Erwähnung verdient, im Jahre 1869 zur Gleichlaufregelung eine Stimmgabel, wobei diese allerdings noch rein mechanisch in den Bewegungsmechanismus eingriff. Eine wesentliche Verbesserung erfuhr dieses Regelprinzip durch La Cour (1878), der die Stimmgabel vom eigentlichen Apparateantrieb abtrennte und sie nur elektrisch mit ihm in Verbindung brachte. Er erkannte offenbar richtig, daß nur hierdurch Rückwirkungen auf die Frequenz der Stimmgabel ausgeschlossen werden können. Die Stimmgabel selbst versah er, wie es schon damals bekannt war, mit einem elektrischen Antrieb, indem er ihren Zinken einen Elektromagneten gegenüberstellte, dessen Erregerstrom durch einen an der Gabel angebrachten Kontakt rhythmisch geöffnet und geschlossen wurde. Die Stimmgabel erregte sich dann selbst nach Art des Wagnerschen Hammers. Aus dem so erzeugten, in der Stimmgabelfrequenz unterbrochenen Gleichstrom leitete er mit Hilfe des schon besprochenen phonischen Rades die zum Apparateantrieb notwendige rotierende Bewegung ab. Dieser Ausführung hafteten nun freilich noch einige Mängel an. Hauptsächlich verhinderten Unsicherheiten der Kontaktgabe ein gleichmäßig exaktes Arbeiten der Anordnung, denn jede Funkenbildung am Kontakt und jede Verschmutzung desselben mußte sich in einer Änderung des Antriebsstromes und damit der Frequenz äußern. Außerdem war die Stimmgabel durch den angebrachten Kontakt selbst mehr oder weniger am freien Schwingen gehindert.

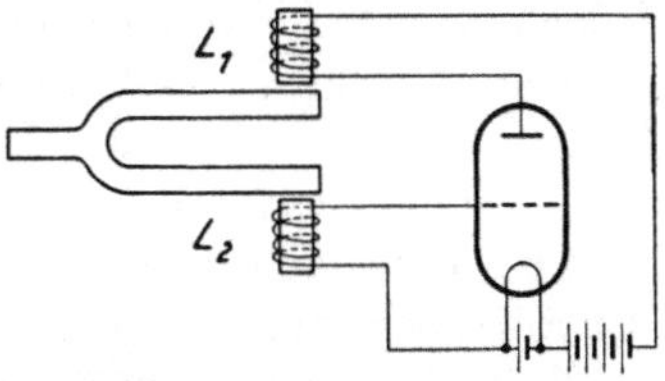

Abb. 168. Prinzipielle Stimmgabelschaltung.

Ein einwandfreier Stimmgabelgenerator konnte erst mit Hilfe der Elektronenröhre geschaffen werden. Abb. 168 zeigt eine solche Röhrenschaltung, wie sie 1919 von Eccles und Jordan angegeben wurde. Den beiden Zinken der Stimmgabel stehen zwei gleich starke, permanente Magnete gegenüber, die mit den Wicklungen L_1 und L_2 versehen sind. L_1 befindet sich im Anodenkreis, L_2 im Gitterkreis einer Verstärkerröhre. Bringt man nun die Stimmgabel durch Anstoßen ins Schwingen, so wird in der Gitterspule eine Wechselspannung induziert, die über die Verstärkerröhre einen Wechselstrom gleicher Frequenz in der Anodenspule hervorruft. Bei richtiger Polarität der Spulen erfährt die Stimmgabel durch diese Rückkopplung einen dauernden Antrieb; sie schaukelt sich von selbst bis zu einer solchen Amplitude auf, bei der Antriebs- und Verlustenergie im Gleichgewicht stehen. Parallel zur Gitter- oder zur Anodenspule kann die erzeugte Wechselspannung zu weiterer Verwendung entnommen werden. Über solche „Röhrenstimmgabeln" wurden eingehende Versuche von Dadourian, Dye und Butterworth angestellt[1]; die letzten Untersuchungen stammen von Hensel[2] und von Biedermann[3], deren Ergebnisse im folgenden hauptsächlich benutzt werden.

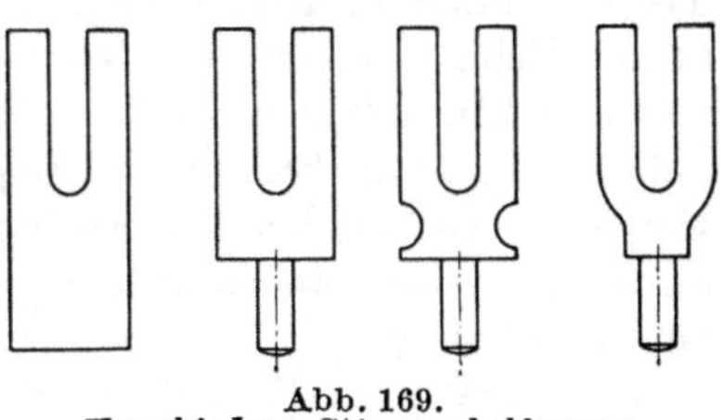

Abb. 169. Verschiedene Stimmgabelformen.

[1] Literatur s. Scheibe, A.: ZS. f. Hochfrequenztechn. Bd. 29 (1927) S. 120f. u. 158f.
[2] Hensel: Diss. Leipzig 1928. [3] Biedermann: Diss. Leipzig 1930.

Der Ton einer Stimmgabel, wie sie in verschiedenen Formen in Abb. 169 dargestellt ist, scheint dem Ohr von stets gleichbleibender Höhe zu sein. Die Frequenz ergibt sich mit einiger Annäherung aus der Beziehung

$$N = \frac{m^2}{4\pi\sqrt{3}} \cdot \frac{a}{l^2} \sqrt{\frac{E}{s}},$$

wobei m eine Konstante, a die Zinkenstärke und l die Zinkenlänge, von den Schwingungsknoten aus gerechnet, bedeutet[1]. E ist der Elastizitätsmodul, s die Dichte des verwendeten Materials. Bei genauer Nachprüfung zeigt sich jedoch, daß die Frequenz der Stimmgabel ebenso wie die des Pendels Schwankungen unterliegt. Die Ursachen hierfür kann man in äußere und innere trennen. Zu den äußeren gehört der Einfluß der Schaltung, in der die Stimmgabel eigenerregt schwingt, ferner der Einfluß ihrer Befestigung, sowie Temperatur- und Luftdruckschwankungen. Als innere Ursachen seien hauptsächlich Änderungen der Eigenschaften des Stimmgabelmaterials genannt.

Besonders ausschlaggebend ist der Einfluß der Temperatur auf die Frequenz einer Stimmgabel. Es geht dies aus der oben mitgeteilten Formel hervor, wenn man bedenkt, daß die in ihr vorkommenden Größen a, l, E und s selbst schon temperaturabhängig sind. Berücksichtigt man dies, so kann man für die Frequenz bei der Temperatur Θ annähernd setzen

$$N_\Theta = N_0 (1 + \beta\,\Theta) = N_0 \sqrt{(1 + \alpha\,\Theta)\,(1 + \varepsilon\,\Theta)},$$

falls β den Temperaturkoeffizienten der Frequenz, α den linearen Ausdehnungskoeffizienten des Stimmgabelmaterials und ε dessen thermoelastischen Koeffizienten bezeichnet. Unter Verzicht auf Glieder, die klein von zweiter Ordnung sind, ergibt sich weiter

$$\beta = \frac{\alpha + \varepsilon}{2}.$$

α ist fast immer positiv, während ε sowohl positive wie negative Werte annehmen kann. Beim gewöhnlichen Werkzeugstahl z. B. ist ε so stark negativ (etwa $-3{,}1 \cdot 10^{-4}$), daß sich für β ungefähr der Wert $-1{,}5 \cdot 10^{-4}$ ergibt. In diesem Falle wird also die Stimmgabelfrequenz mit zunehmender Temperatur niedriger. Um den Genauigkeitsansprüchen bildtelegraphischer Synchronisierung zu genügen, müßte man eine solche Stimmgabel auf mindestens $0{,}06^0$ C temperaturkonstant halten.

Die abgeleitete Formel für β gibt indes einen Weg an, den Temperaturkoeffizienten zum Verschwinden zu bringen oder ihn doch wenigstens stark herabzusetzen. Falls es gelingt, einen Werkstoff zu finden, bei dem α und ε von verschiedenen Vorzeichen und von gleichem absoluten Betrage sind, müßte offenbar dieses Ziel erreicht werden, weil dann $\beta = 0$ würde. Auf Veranlassung von A. Karolus hat W. Hensel[2] systematische Untersuchungen in dieser Richtung angestellt, die diese Voraussage voll bestätigen. Es gelang ihm, eine Chromnickelstahllegierung (54% *Fe*, 36% *Ni*, 10% *Cr*) ausfindig zu machen, deren Temperaturkoeffizient $4 \cdot 10^{-6}$ nur etwa den vierzigsten Teil von dem gewöhnlichen Werkzeugstahles ausmacht. Dieses Stimmgabelmaterial wird seitdem für die Synchronisierung beim Bildtelegraphiesystem Telefunken-Karolus-Siemens benutzt[3]. Abb. 170 zeigt, in welcher Weise der Gesamttemperaturkoeffizient

[1] Vgl. Kielhauser: Die Stimmgabel. Leipzig: B. G. Teubner 1907.
[2] Hensel: l. c. [3] D.R.P. Nr. 464 491 vom 15. XII. 1926 (A. Karolus).

einer Chromnickelstahl-Stimmgabel (36% *Ni*) vom Chromgehalt abhängt; man sieht, daß dieser bei etwa 10% *Cr*-Gehalt sein Vorzeichen wechselt. Aus gußtechnischen Gründen gelingt jedoch die gewünschte Zusammensetzung immer nur mit einer gewissen Näherung, so daß absolute Temperaturunabhängigkeit nicht erreicht werden kann. In der bildtelegraphischen Praxis ist es deshalb notwendig, auch eine Kompensations-Stimmgabel in einem temperaturgeregelten Behälter unterzubringen, in dem keine größeren Schwankungen als etwa ± 2° C auftreten dürfen.

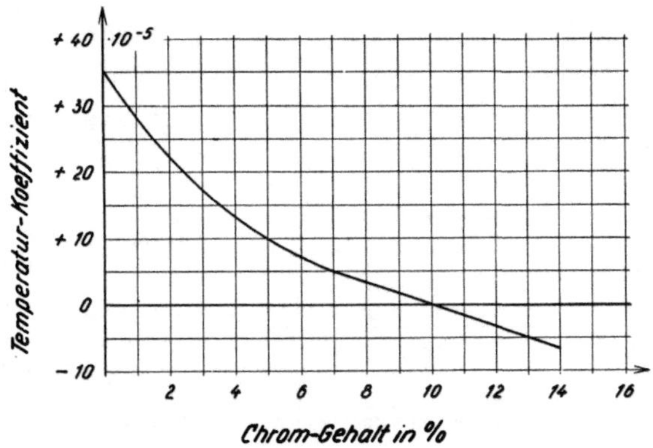

Abb. 170. Temperaturkoeffizient der Frequenz von Stimmgabeln aus Nickelstahl (36% *Ni*) in Abhängigkeit vom Chromgehalt.

Ein zweiter Grund für Frequenzänderungen der Stimmgabel ist in den Schwankungen des Luftdruckes zu suchen. Diese beeinflussen die Dämpfung und die Amplitude des schwingenden Systems; wie schon früher bemerkt, ist eine Änderung der selbsterregten Frequenz die notwendige Folge hiervon. Messungen an einer Stimmgabel der üblichen Form und der Frequenz 1560 Hz haben ergeben, daß dieser Einfluß für 1 mm Hg Luftdruckerhöhung $3 \cdot 10^{-7}$ Frequenzerniedrigung ausmacht, und zwar gleichmäßig in einem ausgedehnten Bereich bis zu fast 100 Atmosphären Überdruck. Da im praktischen Betriebe Schwankungen des Luftdruckes von 30 mm leicht vorkommen können, die Ungenauigkeiten des Gleichlaufes im Betrage von rund $1 \cdot 10^{-5}$ zur Folge hätten, ist es jedenfalls empfehlenswert, die schwingende Stimmgabel luftdicht nach außen hin abzuschließen.

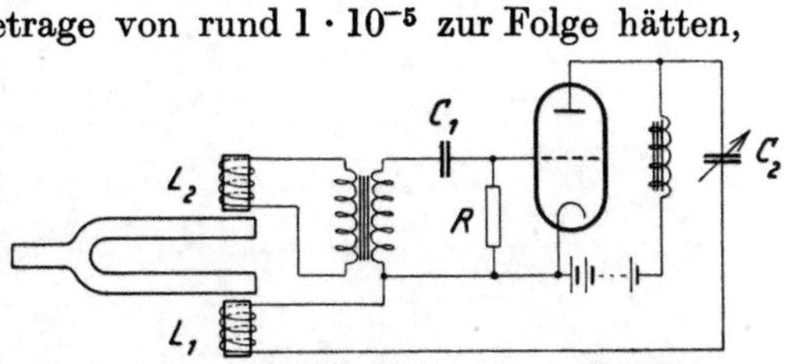

Abb. 171. Verbesserte Stimmgabelschaltung.

Ein beträchtlicher Frequenzeinfluß wird weiterhin von der Seite des elektrischen Antriebes auf die Stimmgabel ausgeübt. Dieser macht sich hauptsächlich über eine veränderte Schwingungsamplitude der Stimmgabel geltend; wir bemerkten an früherer Stelle schon, daß allgemein die Frequenz mechanischer Schwinger mit wachsender Schwingungsweite abnimmt. Es muß also dafür gesorgt werden, daß die Stimmgabel trotz aller im Betriebe auftretenden Änderungen der elektrischen Werte nach Möglichkeit stets die gleiche Amplitude beibehält. Die in der Abb. 168 dargestellte prinzipielle Schaltung erweist sich hierfür als ungeeignet, da Änderungen der Heiz- und Anodenspannung, die entsprechende Änderungen des Emissionsstromes nach sich ziehen, mit einem großen Betrag in die Stimmgabelamplitude eingehen. Bei weitem vorzuziehen ist die Schaltung nach Abb. 171. Bei dieser ist zunächst das Gitter der Röhre nach Art eines Audions durch einen Kondensator C_1 blockiert und über einen hohen Widerstand R (einige Megohm) zur Kathode abgeleitet. Hierdurch tritt eine gewisse Selbstregelung der Amplitude ein, da sich der Arbeitspunkt auf der

Röhrencharakteristik mit zunehmender Gitterspannung weiter ins Negative in ein Gebiet geringerer Steilheit verschiebt. Weiterhin wurde der Anodengleichstrom durch einen Blockierungskondensator C_2 vom Antriebssystem ferngehalten; es wird dadurch eine veränderliche Vormagnetisierung des Antriebsmagneten vermieden. Sehr vorteilhaft ist es, an dieser Stelle einen Drehkondensator zu verwenden, durch dessen Veränderung man die Amplitude der Stimmgabel in weiten Grenzen einstellen kann; es gelingt so, willkürliche Frequenzänderungen bis zu etwa 0,3‰ vorzunehmen. Dieser Umstand ist für die Feineinstellung der Gleichlaufregelung sehr wichtig. Die Heizstromstärke der Röhre wird man durch einen Eisenwasserstoffwiderstand konstant zu halten suchen. Abb. 172 zeigt in zwei experimentell aufgenommenen Kurven, welche Frequenzeinflüsse durch veränderliche Batteriespannungen bei der besprochenen Schaltung noch verbleiben. Man sieht, daß diese Abhängigkeiten als praktisch vollkommen ausgeschaltet gelten können, denn selbst bei 20% Anodenspannungsänderung entsteht nur ein Frequenzfehler von rund $1 \cdot 10^{-6}$.

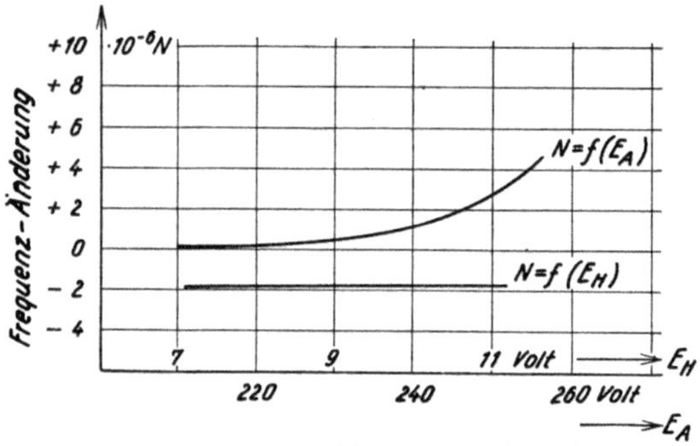

Abb. 172. Einfluß variabler Heiz- und Anodenspannung auf die Frequenz der eigenerregten Stimmgabel.

Als weiterer Punkt verdient die Ankopplung der folgenden Verstärkungsstufen an die Röhrenstimmgabel Beachtung. Um die Konstanz nicht zu beeinträchtigen, muß der hierdurch verursachte Energieentzug sehr klein und unveränderlich gehalten werden; es dürfen auch keine Rückwirkungen vom Verstärkerausgang bezw. vom Synchronmotor her stattfinden. Eine schwache kapazitive Ankopplung der zweiten Stufe bewährt sich am besten.

Abb. 173. Stimmgabel für 375 Hz, auf Grundplatte montiert.

Nach den früher angestellten Überlegungen muß es das Ziel experimenteller Forschung sein, die Dämpfung der Stimmgabel auf ein Mindestmaß zu bringen. Die nähere Untersuchung zeigt, daß die durch Luftreibung, durch Schallstrahlung und durch elektrische Wirbelströme in den Zinken verursachten Dämpfungsbeiträge sehr klein sind und praktisch vernachlässigt werden können. Größeren Einfluß hat die innere Reibung des Materials und vor allem eine etwa vorhandene Unsymmetrie der Stimmgabelform, die Transversalschwingungen des Stieles und vermehrte Energieabgabe an die Unterlage zur Folge hat. Vollständig kann das Mitschwingen der Unterlage nie vermieden werden; es ist daher vorteilhaft, diese recht schwer und massiv zu gestalten. Unter Umständen kann es sich auch empfehlen, die Stimmgabel mit einer Gummizwischenlage auf ihrer Unterlage zu befestigen.

Abb. 173 zeigt die praktische Ausführung einer elektrisch angetriebenen Stimmgabel für relativ niedrige Frequenz (375 Hz), die auf einer soliden Eisengrundplatte montiert ist. Als Magnetsysteme für den Antrieb und für die Rückkopplung dienen Hufeisenmagnete mit geschlitzten Polschuhen aus weichem

Abb. 174 a. Stimmgabel für 1560 Hz in druckdichtem Gehäuse, geöffnet.

Eisen, welche mit hochohmigen Wicklungen versehen sind. Eine andere Ausführungsform für höhere Frequenz (1560 Hz) ist in den Abb. 174 a und b dargestellt. Bei dieser ist die Stimmgabel senkrecht stehend in einem zylindrischen Eisengehäuse untergebracht, das mit Überwurfring und einer mit einem Gummiring abgedichteten Pertinaxscheibe luftdicht verschlossen werden kann. Bei diesem Modell dienen normale Kopfhörersysteme zur Erregung und zur Rückkopplung.

Abb. 174 b. Stimmgabel für 1560 Hz in druckdichtem Gehäuse.

Eine nach den besprochenen Gesichtspunkten aufgebaute und geschaltete Röhrenstimmgabel stellt ein sehr zuverlässiges und brauchbares Frequenznormal dar. Ihre Dauerkonstanz, d. h. der Bereich, innerhalb dessen bei einer Beobachtung über längere Zeit, etwa über mehrere Wochen, Frequenzschwankungen auftreten, kann zu $5 \cdot 10^{-6}$ angegeben werden; in kürzeren Zeitabschnitten ist die Konstanz noch höher. Alterungserscheinungen sind bei passend ausgewähltem Material nicht zu befürchten, falls die Schwingungsamplitude nicht übermäßig groß gewählt wird. Die praktisch herstellbaren Frequenzen liegen in einem Bereich mit etwa den Grenzen 50 Hz und 8000 Hz; die Abgleichung auf eine vorgegebene Schwingungszahl kann nach oben hin durch möglichst gleichmäßiges Abfeilen oder Anbohren der Zinkenenden, nach unten hin durch Ausfeilen der zwischen den Zinken befindlichen Ausfräsung leicht erfolgen. Das gelegentlich empfohlene Aufsetzen von verschiebbaren Reitern oder die Anbringung zweier mehr oder weniger weit versenkbarer Regulierschrauben an den Zinkenenden ist untunlich, da hierdurch die Dämpfung der Stimmgabel außerordentlich stark zunimmt.

C. Der elektrische Schwingungskreis.

Für viele Zwecke ist ein Frequenznormal erwünscht, das mit dem Vorteil einer hohen Konstanz den einer leichten und schnellen Einstellbarkeit verbindet. Hierfür kommen in erster Linie über Röhren rückgekoppelte elektrische Schwingungskreise in Frage, und man wird ihnen — annähernd gleich hohe Konstanz vorausgesetzt — oft den Vorzug geben, da sie sich meist durch leichte Bedienbarkeit, geringen Platzbedarf und wohl auch durch niedrigeren Preis vor anderen Frequenzgebern auszeichnen. Wenn man freilich einen gewöhnlichen Röhrensender in einer seiner bekannten Schaltungen auf Frequenzkonstanz hin prüft, wie es Eccles und Vincent 1920 taten, so bemerkt man außerordentlich hohe Spannungsabhängigkeiten, und man würde daraufhin wahrscheinlich den Röhrensender zunächst für ein ungeeignetes Frequenznormal ansehen. So beobachteten die genannten Autoren bei einer Heizspannungsänderung von 10% eine Frequenzänderung von $3 \cdot 10^{-3}$, während eine Anodenspannungsänderung von 7% eine Frequenzänderung von $2 \cdot 10^{-3}$ zur Folge hatte. Im Laufe der Zeit wurden jedoch von verschiedenen Forschern die für die Schwankungen verantwortlichen Fehlerquellen erkannt und durch geeignete Maßnahmen weitgehend behoben. Hierzu gehört die von Grüneisen und Merkel[1] angegebene Schaltung. Das Charakteristische an ihr ist der vor das Gitter geschaltete Blockkondensator mit parallel liegendem Hochohmwiderstand. Er verhindert ein zu starkes Anwachsen des Gitterstromes und verringert dadurch wesentlich die Heizungsabhängigkeit. Weiterhin erweist sich die Verwendung von Eisen in den Schwingkreisspulen als nachteilig, weil sich deren Induktivität mit der Stromstärke ändert und die erregte Frequenz daher stark emissionsabhängig wird. Der Temperaturkoeffizient der Schaltelemente muß ebenfalls berücksichtigt werden. Da dieser selbst für einen guten Luftkondensator[2] von der Größe 2 bis $3 \cdot 10^{-5}$ und für eine normale Spule von der gleichen Größenordnung ist, wird die Anordnung der Schwingkreiselemente in einem temperaturgeregelten Behälter erforderlich. Langsame Schwankungen und Unterschiede der Frequenz können durch Nachregeln an einem Feinkondensator leicht ausgeglichen werden. Ein Röhrentongenerator solcher Art wurde von Telefunken bei den ersten drahtlosen Bildübertragungsversuchen von Berlin nach Leipzig, Wien, Rom und Rio de Janeiro zur örtlichen Synchronisierung verwendet[3]. Die Frequenz betrug dabei 1800 Hz; der Schwingkreis bestand aus einer Luftspule von 0,26 H Induktivität und einem Luftkondensator mit Quarzdistanzierung (nach Giebe) von 30000 $\mu\mu$F Kapazität. Die notwendige Frequenzkonstanz von $1 \cdot 10^{-5}$ wurde von diesem Röhrengenerator während der Dauer von vielen Stunden innegehalten. Allerdings mußten noch verschiedene Vorsichtsmaßregeln getroffen werden. So lag der Heizfaden der Schwingröhre (Doppelgitterröhre mit Wolframkathode) in einer Brückenschaltung, die seine Temperatur und damit seine Emission fortlaufend zu kontrollieren und nachzuregeln gestattete. Als Anodenstromquelle diente eine Akkumulatorenbatterie von 16 Volt Spannung.

---

[1] ZS. f. Phys. Bd. 2 (1920) S. 277f.; vgl. auch Scheibe, A.: ZS. f. Hochfrequenztechn. Bd. 29 (1927) S. 120f. u. 158f.

[2] Vgl. z. B. Geiger-Scheel: Handbuch der Physik Bd. 16 (Berlin 1927) S. 478. Der Temperaturkoeffizient von Glimmerkondensatoren ist etwa zehnmal größer.

[3] D.R.P. Nr. 466456 vom 19. I. 1926 (A. Karolus).

Abb. 175 zeigt eine symmetrische Zweiröhren-Gegentakt-Schaltung, die sich durch besondere Frequenzkonstanz auszeichnet. Vorgenommene Versuche ergaben bei 10% Heizspannungsänderung etwa $6 \cdot 10^{-6}$ Frequenzänderung; eine Änderung der Anodenspannung um 10% verlagerte die Frequenz um rund $2 \cdot 10^{-5}$ ihres Betrages. Die w. o. angestellte Überlegung, wonach hohe Frequenzkonstanz mit kleinem Dämpfungsdekrement Hand in Hand geht, zeigte sich auch bei diesem Gegentaktsender experimentell bestätigt.

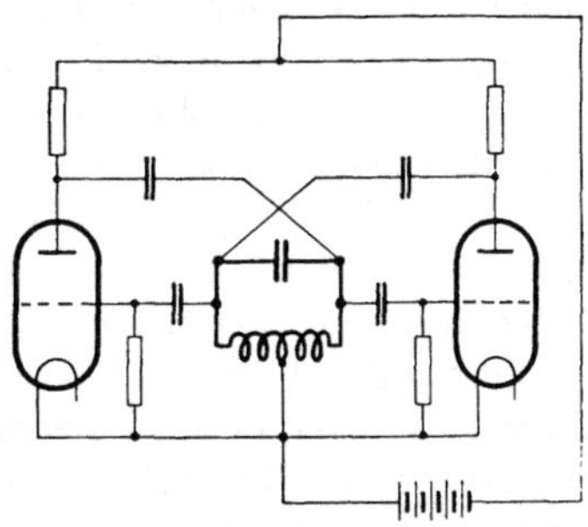

Abb. 175. Frequenzkonstante Schaltung eines Tonfrequenzgenerators.

Obwohl die Abhängigkeitsdaten eines Röhrensenders denen eines Stimmgabelgenerators etwas nachstehen, erweist sich seine Frequenzkonstanz zur Synchronisierung von Fernsehempfängern als ausreichend, wenn man eine gelegentliche Korrektur der Bildphase in Kauf nimmt, die im Abstande von einigen Minuten erforderlich wird. Dieser Nachteil dürfte durch die größere Einfachheit, verglichen mit anderen Taktgebern (z. B. der Stimmgabel), zumeist aufgewogen werden.

Es ist gelegentlich vorgeschlagen worden, an Stelle eines niederfrequenten Röhrengenerators die Schwebungsfrequenz zweier hochfrequent schwingender Kreise zur Synchronisierung zu benutzen. Vom Standpunkt der Frequenzkonstanz aus betrachtet muß dieses Verfahren als höchst unzweckmäßig erscheinen, da sich jeder Frequenzfehler einer der beiden Hochfrequenzgeneratoren mit seinem vollen Absolutbetrag auf die Schwebungsfrequenz überträgt, prozentual also stark vergrößert wird.

D. Der piezoelektrische Quarz.

Zu den Frequenznormalen für Mittel- und Hochfrequenz ist in letzter Zeit der über eine Elektronenröhre rückgekoppelte piezoelektrische Quarz getreten. Besonders als hochfrequenter Generator ist er wegen seiner Präzision zur Sendersteuerung und für die Meßtechnik von großem Wert. Seine große Frequenzkonstanz beruht auf einem äußerst kleinen Dämpfungsdekrement, das zu etwa $5 \cdot 10^{-5}$ angegeben werden kann. Doch ist der Temperaturkoeffizient der Frequenz normalerweise recht hoch; er beträgt rund $2 \cdot 10^{-5}$. Auch ein Quarzoszillator muß daher in einem gut geregelten Thermostaten untergebracht werden. Es ist zwar neuerdings gelungen, den Temperaturkoeffizienten des Quarzes durch geeignete Formgebung und durch geeigneten Schnitt aus dem Kristallmaterial noch um etwa eine Größenordnung herabzusetzen (Marrison, Scheibe), doch bedeutet die Innehaltung der als theoretisch richtig erkannten Dimensions- und Achsenverhältnisse eine gewisse praktische Komplikation. Die größte Schwierigkeit, die bisher der Verwendung des Quarzoszillators für Synchronisierzwecke hindernd im Wege stand, besteht in seiner gewöhnlich viel zu hohen Frequenz. Erst in letzter Zeit wurden von Giebe und Scheibe[1] auch transversal erregte Quarzstäbe für relativ niedrige Frequenzen und mit sehr kleinen Temperaturkoeffizienten hergestellt (bis zu 1000 Hz); es ist denkbar, daß man späterhin solche Oszillatoren auch zur Synchronisierung mit Erfolg verwenden wird.

[1] ZS. f. Hochfrequenztechn. Bd. 35 (1930) S. 165f.

4. Gemischte Synchronisierung.

In der im ersten Abschnitt gegebenen allgemeinen Übersicht wurden unter der Bezeichnung der „gemischten Synchronisierung" alle Verfahren zusammengefaßt, bei denen auf der Empfangsseite zur Gleichlaufregelung zunächst irgendeine unabhängige Antriebseinrichtung des Bildzerlegers vorgesehen ist, die jedoch in gewissen, regelmäßig wiederkehrenden Zeitabschnitten durch vom Sender her übertragene Zeichen in ihrer Bewegungsphase korrigiert wird. Bei einem solchen Verfahren genügen sehr geringe Anforderungen an die Konstanz des Zerlegerantriebes, da sich bei hinreichend rascher Folge der Korrekturimpulse selbst bei prozentual relativ starken Abweichungen der Abtastgeschwindigkeiten niemals große absolute Phasenfehler aufsummieren können. Gegenüber der rein übertragenen Synchronisierung bringt das gemischte Verfahren weiterhin den Vorteil mit sich, daß mit der Übermittlung der Korrekturzeichen kein besonderer Telegraphierkanal belegt zu werden braucht, da diese im gleichen Kanal wie die Bildzeichen befördert werden können, wenn man den „toten Bildwinkel" hierfür ausnutzt. Andererseits sind auch Zeichenausfälle und Pseudozeichen wenig zu befürchten, weil ja in dem grob geregelten Antrieb stets eine gewisse Reserve vorhanden ist.

Das wichtigste der gemischten Synchronisierverfahren haben wir im Start-Stop-Prinzip grundsätzlich schon kennen gelernt. Bei der Bildtelegraphie findet es in folgender Weise Verwendung: Die Bildzerlegereinrichtung des Senders, die wohl ausschließlich aus einer rotierenden Bildtrommel besteht, wird mit einigermaßen konstanter Geschwindigkeit angetrieben, was etwa durch einen mit Fliehkraftregler ausgestatteten Nebenschlußmotor oder durch synchronen Antrieb aus einem größeren 50 Hz-Netz geschehen kann. Ebenso wird die Empfangstrommel annähernd gleichförmig angetrieben, jedoch mit einer etwas größeren Geschwindigkeit als am Sender, so daß hier eine Bildzeile schon in kürzerer Zeit zurückgelegt wird. Durch eine sich selbsttätig ausrückende Kupplung wird der Empfangszylinder nach jeder Umdrehung zunächst angehalten und erst dann wieder vom Antrieb mitgenommen, wenn die Sendetrommel ebenfalls eine Umdrehung beendet hat. Diese Auslösung geschieht durch einen vom Sender betätigten Kontakt, der ein Synchronisierzeichen als „Startimpuls" zum Empfänger gelangen läßt. Beide Apparate beginnen somit zwangsläufig jede Zeile zu gleicher Zeit. Um eine Bildverzerrung zu vermeiden, die durch den schnelleren Lauf des Antriebes auf der Empfangsseite hervorgerufen würde, wählt man zweckmäßig dort den Trommeldurchmesser um einen entsprechenden Betrag geringer als am Sender.

Abb. 176 stellt schematisch eine für Start-Stop-Synchronisierung geeignete Empfangsschaltung dar, wie sie ähnlich z. B. beim „Fultograph"-Amateurgerät mit elektrochemischer Bildschrift Verwendung findet[1]. Die auf der rechten Seite gezeichnete, dauernd rotierende Antriebsachse steht durch eine Magnetkupplung mit der Achse der Bildtrommel in Verbindung. Die Trommelachse trägt eine Scheibe 1, welche am Umfang eine schmale Aussparung besitzt, in die am Ende jeder Bildzeile durch Federkraft eine Sperrklinke 2 einfällt. Die Apparatur wird hierdurch in der gezeichneten Stopstellung angehalten und befindet sich nun in Erwartung des Startimpulses. Das Eintreffen desselben

[1] Einzelheiten z. B. bei Bucek, H.: Elektrot. u. Maschinenb. Bd 47 (1929) S. 830f.

entriegelt die als Gleichrichter geschaltete Endröhre 3 des Empfangsverstärkers, deren Anodenstrom von + A über die Wicklung des Relais 4 und über den Schreibstift 5 durch die Trommelachse zur Röhrenanode fließt. Das Relais schließt einen Kontakt und hebt über einen Elektromagneten die eingefallene Sperrklinke 2 aus. Hierbei erfolgt wiederum am Kontakt 6 ein Stromschluß, der die Magnetkupplung einrücken läßt; die Bildtrommel beginnt nunmehr ihre Drehung. Nach einem vollständigen Umlauf fällt die Klinke 2 ein und öffnet damit gleichzeitig den Kupplungsstrom, so daß die Trommel wieder angehalten wird und die Bereitschaftsstellung wieder hergestellt ist. Auf der Trommelachse befindet sich noch eine weitere Kontaktvorrichtung 7, die während des Umlaufes die Relaiswicklung 4 kurzschließt. Der für den Schreibstrom störende Einfluß ihrer Induktivität wird hierdurch ausgeschaltet.

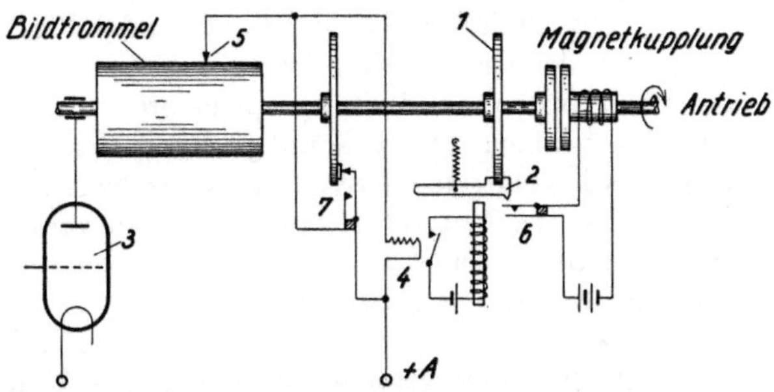

Abb. 176. Prinzipschema eines Start-Stop-Bildempfängers.

Das geschilderte Synchronisierungsverfahren zeichnet sich durch Einfachheit aus und findet daher besonders bei Amateurbildgeräten Anwendung. Einmal richtig eingestellt, erfordert eine solche Einrichtung keinerlei Bedienung oder Überwachung. Für hochwertige, kommerzielle Apparate ist jedoch die Start-Stop-Methode zumeist nicht brauchbar, da das Übertragungstempo infolge der großen, fortwährend zu beschleunigenden und anzuhaltenden Massen begrenzt ist. Auch arbeitet das Verfahren nur dann zuverlässig, wenn mit störungsfreier Zeichenübermittelung gerechnet werden kann; andernfalls wäre gelegentlich ausbleibender oder fehlzeitiger Start der Empfangstrommel zu befürchten. Bis zu einem gewissen Grade könnte die Sicherheit der Auslösung dadurch erhöht werden, daß man den Startimpulsen ein charakteristisches Merkmal erteilt, das sie von atmosphärischen Störungen und von den Bildzeichen unterscheidet. Ein solches könnte z. B. in einer Tonmodulation bestehen, deren Frequenz im Spektrum der Bildzeichen nicht vorkommt und die am Empfänger auf ein Frequenzrelais einwirkt. Ebenso ist vorgeschlagen worden, die Auslösung der Bildtrommel erst durch eine ganz bestimmte Konfiguration von Stromstößen herbeizuführen, deren Vorkommen unter den Bildzeichen äußerst unwahrscheinlich ist[1]. Einem ähnlichen Vorschlag zufolge soll das eigentliche Startzeichen erst durch ein besonderes, ausgedehntes Signal vorbereitet werden, durch welches ein Verzögerungsrelais zum Ansprechen gebracht wird[2]. Praktische Anwendung haben diese komplizierteren Anordnungen bisher wohl nirgends gefunden.

Nicht brauchbar bleibt natürlich das Start-Stop-Prinzip für alle Fernsehverfahren, die mit mechanischen, rotierenden Bildzerlegern (Nipkow-Scheibe, Spiegelrad) ausgerüstet sind. Bei der für Fernseher erforderlichen raschen Abtastfolge von mindestens 15 Bildern/s wäre eine Start-Stop-Anordnung mechanisch nicht ausführbar. Für Fernsehzerleger mit Braunscher Röhre jedoch

[1] D.R.P. Nr. 469 012 vom 28. XI. 1926 (M. Dieckmann und R. Hell).
[2] D.R.P. Nr. 439 263 vom 29. XII. 1925 (A. Korn).

ergibt sich eine wichtige Anwendung der Start-Stop-Methode mit Hilfe der gesteuerten Kippschwingungen (vgl. später).

Für die übrigen Verfahren der gemischten Synchronisierung kommen grundsätzlich die gleichen Wege und Hilfsmittel in Betracht, die wir zum Teil schon bei der Synchronisierung vom Pendel aus erwähnt hatten (Abschnitt 3). Denn für die empfangsseitige Gleichlaufregelung ist es offenbar nebensächlich, ob die notwendigen Korrekturimpulse an Ort und Stelle durch konstante Taktgeber gewonnen werden, oder ob sie vom Sender her (vorzüglich zur Zeit des toten Bildwinkels) in Abhängigkeit von der augenblicklichen Lage des Bildabtasters übertragen werden. Zunächst wäre hier die Methode der Führungslinie zu nennen. Diese stellt zweifellos das einfachste und billigste, allerdings auch primitivste Verfahren der Gleichlaufregelung überhaupt dar, das natürlich außer für Fernseher nur für solche Bildtelegraphen brauchbar ist, bei denen sofort sichtbare Bilder entstehen. Durch ständige Beobachtung des Empfangsbildes mit dem Auge werden eintretende Synchronismusabweichungen sofort erkannt und durch Nachstellen des Motorantriebes oder durch veränderte Bremsung behoben. An Stelle des Bildes selbst kann man ebenso eine auf der Antriebsachse befindliche Lochscheibe oder ein Zahnrad mit Hilfe einer Glimmlampe stroboskopisch beobachten, die durch eine vom Sender gelieferte Frequenz gespeist wird. Bekanntlich scheint dann bei der synchronen Umlaufszahl das Zahnrad oder die Lochscheibe still zu stehen, während bei Abweichungen vom Synchronismus ein scheinbares Wandern nach der einen oder der anderen Seite hin stattfindet. In diesem Falle hat die Regelung von Hand aus einzusetzen.

Natürlich lassen sich die beschriebenen Anordnungen auch in geeigneter Weise automatisieren. Ein solches Verfahren, das man als verallgemeinerte Führungslinienmethode bezeichnen könnte, wurde bereits von Schöffler 1896 vorgeschlagen[1]. An einer bestimmten Stelle des Bildes, beispielsweise in einer Ecke, sollte ein dunkler Fleck mitübertragen werden. An der entsprechenden Stelle des Empfangsbildes befinden sich dicht nebeneinander zwei Selenzellen, die bei synchronem und phasenrichtigem Lauf des Empfängers durch das Abbild des dunklen Fleckes verdeckt werden. Bei einer auftretenden Synchronismusabweichung beginnt dieser Fleck zu wandern, wobei je nach dem Sinne der Abweichung die eine oder die andere der beiden Zellen belichtet wird. Der hierdurch ausgelöste Strom kann nun eine entsprechende Korrektur der Drehzahl des Empfängers bewirken. Ähnliche Vorschläge stammen von D. v. Mihály[2] und von C. F. Jenkins[3].

Die eben beschriebene optische Methode der Gleichlaufkorrektur läßt sich mit vielen Variationen auch mit mechanischen und elektrischen Hilfsmitteln durchführen. Die Beschreibung derartiger Anordnungen nimmt besonders in der Patentliteratur einen breiten Raum ein. Da sie in der Praxis kaum eine Rolle spielen, sei hier nur das Wesentlichste darüber mitgeteilt.

Im Prinzip handelt es sich stets um einen Phasenvergleich. Die vom Sender in geeigneten Zwischenräumen eintreffenden Stromimpulse werden empfangsseitig je nach der augenblicklichen Lage, d. h. Phase des Empfangsbildzerlegers

---

[1] Brit. Pat. Nr. 29 227 vom 19. XII. 1896. Vgl. auch Korn - Glatzel S. 342.
[2] Vgl. z. B. ZS. d. Ver. d. Ing. Bd. 69 (1925) S. 1507f.
[3] U.S.A.-Pat. Nr. 17 221 vom 21. V. 1927.

zur Regelung seines Antriebes im einen oder im anderen Sinne nutzbar gemacht. Schon bei der Besprechung der örtlichen Synchronisierung vom Pendel aus hatten wir eine Anordnung kennengelernt, bei der die Korrekturimpulse entsprechend der Phase ihres Eintreffens auf drei Segmente einer umlaufenden Kontaktscheibe verteilt werden; es entspricht dieses Verfahren offenbar ganz der Selenzellen-Anordnung Schöfflers. In welcher Weise man diese Methode auch für eine kontinuierliche (örtliche oder übertragene) Synchronisierung weiterbilden kann, geht aus der Abb. 177 hervor. Hier wird der Phasenvergleich durch einen auf der Antriebswelle angebrachten und mit ihr umlaufenden Kollektor durchgeführt, über den der synchronisierende Wechselstrom geleitet wird [1]. Dieser wird so abwechselnd gleiche Zeit geschlossen und unterbrochen; die ausgeschnittenen Teile dienen zur zusätzlichen Magnetisierung einer mit Gleichstrom erregten Wirbelstrombremse, welche auf die Motorachse einwirkt. Um den Regelvorgang zu verstehen, wollen wir annehmen, daß Synchronismus zwischen der Motordrehzahl und der Frequenz des Wechselstromes solcher Art herrsche, daß genau eine Periode verstreicht, während sich ein Kollektorsegment und eine isolierende Lücke unter der Kontaktbürste vorbeibewegen. Offenbar wird es dann von der Phasenlage des Synchronisier-Wechselstromes relativ zur Unterbrechungsfrequenz des Kollektors abhängen, ob in den ausgeschnittenen Halbperioden des Wechselstromes die positiven oder die negativen Anteile überwiegen, ob also die Bremswirkung der Wirbelstrombremse durch die Zusatzwicklung vermindert oder verstärkt wird.

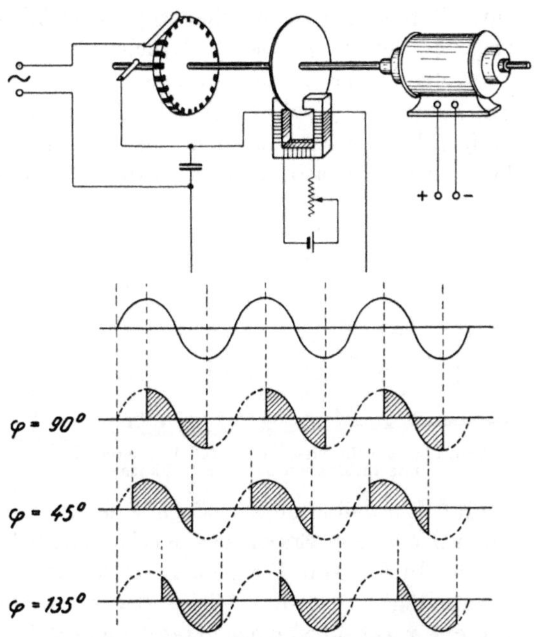

Abb. 177. Synchronisierung durch Phasenvergleich mit rotierendem Unterbrecher und mit Wirbelstrombremse.

Im unteren Teile der Abb. 177 sind diese Verhältnisse für drei verschiedene Phasenlagen dargestellt. Der Phasenwinkel der neutralen Lage, bei der positiver und negativer Anteil gleich groß sind und demnach im Mittel keine Beeinflussung der Bremsung stattfindet, wurde willkürlich mit $\varphi = 90^0$ bezeichnet; um diesen mittleren Wert herum soll die Regelung erfolgen. Beginnt die Antriebsachse aus irgendeinem Grunde langsamer zu laufen, so bleibt sie dem Wechselstrom gegenüber in der Phase zurück, es überwiegen dann die positiven Stromanteile in der magnetisierenden Zusatzwicklung, so daß bei richtigem Windungssinne die Gesamtmagnetisierung geschwächt wird (gezeichnet für $\varphi = 45^0$). Im entgegengesetzten Falle des Voreilens der Antriebsachse ($\varphi = 135^0$) wird entsprechend umgekehrt die Bremsleistung vergrößert, so daß bis zu einem gewissen Grade (solange nämlich $0 < \varphi < 180^0$ bleibt) die

[1] D.R.P. Nr. 473 656 vom 26. IX. 1924 (C. Lorenz A.G., Erf. J. Vopel).

synchrone Drehzahl erhalten bleibt. Wie eine kleine Rechnung zeigt, ergibt sich als mittlere Bremsleistung der Wirbelstrombremse der Wert $L_0 + c\,I \cos\varphi$, wobei L_0 und c Konstanten sind und I den Hilfsgleichstrom bezeichnet[1].

An Stelle der Wirbelstrombremse lassen sich natürlich auch noch andere, gleichwertige Anordnungen treffen; z. B. kann man durch die teilweise gleichgerichteten Wechselstromimpulse die Felderregung des Antriebsmotors zusätzlich beeinflussen[2]. Man erkennt, daß alle diese Systeme nicht nur als örtliche Taktgeber aufzufassen sind, die durch Korrektionsströme geregelt werden, sondern daß sie auch einfach als besondere Abart eines Synchronmotors gelten können. Ihre Verwendung kann daher in gleicher Weise für rein örtliche, für rein übertragene oder für gemischte Synchronisierung erfolgen.

Weitere Modifikationen ergeben sich aus der Art der benutzten Phasenvergleichsanordnung. So kann der taktgebende Wechselstrom mit einem solchen in Beziehung gesetzt werden, der von einem mit der zu regelnden Achse verbundenen Generator erzeugt wird. Die Momentanwerte beider Spannungen werden durch ein Phasenrelais miteinander verglichen, das in passender Weise einen Regelstrom auslöst. Als Phasenindikator kommt z. B. ein mechanisches Differentialrelais in Betracht, das je nach seiner Stellung auf der einen oder der anderen Seite beschleunigend oder verzögernd auf den Antrieb einwirkt[3]. Vorteilhafter ist jedoch eine quantitativ arbeitende Einrichtung, wie sie sich aus dem Ersatz des mechanischen Relais durch eine Elektronenröhre ergibt. In der Abb. 178 geben wir das grundsätzliche Schaltbild einer solchen Anordnung[4]. Auf das Gitter der als Gleichrichter geschalteten Verstärkerröhre 1 wirkt über einen Transformator 2 sowohl die taktgebende Wechselspannung $\mathfrak{E}_1$ wie die vom Generator 3 örtlich erzeugte Spannung $\mathfrak{E}_2$ ein. Der resultierende Anodenstrom dient zur Erregung einer Wirbelstrombremse 4, deren Wicklung zweckmäßig durch einen Kondensator 5 überbrückt wird. Man erkennt leicht, daß der Regelvorgang in ganz ähnlicher Weise verläuft, wie an Hand der Abb. 177 dargelegt wurde. In der Praxis zeigt sich allerdings, daß solche Anordnungen stark zu Pendelungen neigen, falls keine besonderen Vorkehrungen hiergegen getroffen sind.

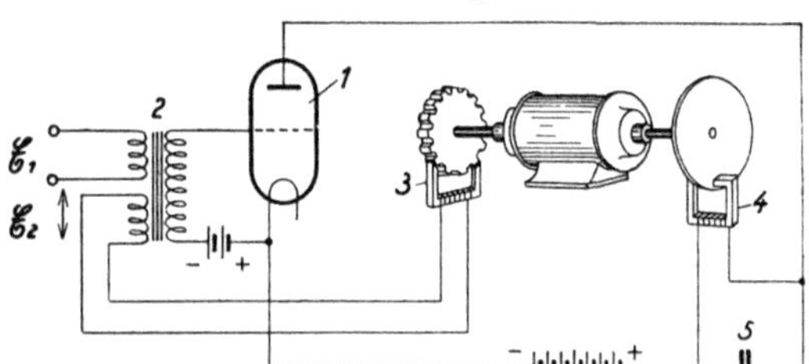

Abb. 178. Synchronisierung durch Phasenvergleich mit Elektronenröhre als Indikator.

Anstatt beide zu vergleichende Wechselspannungen dem Gitter der Verstärkerröhre zuzuführen, kann man auch die eine von ihnen, und zwar zweckmäßig die vom lokalen Generator gelieferte, als Anodenspannung verwenden. Auf die Anodengleichspannungsquelle kann dann der Einfachheit halber ver-

[1] Diese Formel gilt nur dann, wenn die Magnetisierung des Bremsmagneten hinreichend weit von der Sättigung entfernt ist.

[2] Eine solche Synchronisierungseinrichtung findet sich im U.S.A.-Pat. Nr. 1537088 vom 19. II. 1923 beschrieben (C. F. Jenkins).

[3] Grundsätzliches über Frequenzrelais bei Boedeker und H. Riegger: Wiss. Veröffentl. a. d. Siemens-Konz. Bd. 1 Heft 1 (1920) S. 126f.

[4] Ähnlich im D.R.P. Nr. 482797 vom 12. XII. 1926 (C. Lorenz A.G., Erf. W. Bock).

zichtet werden[1]; ja man kann sogar noch weiter gehen und auch die Wirbelstrombremse wegfallen lassen, da oftmals schon durch die variable Belastung des auf der zu regelnden Achse angebrachten Generators eine ausreichende Bremswirkung verursacht wird.

Es erübrigt noch, an dieser Stelle eine Anwendung des gemischten Synchronisierungsverfahrens zu besprechen, die sich auf die Braunsche Kathodenstrahlröhre für Fernseh-Sender oder -Empfänger bezieht. Das Synchronisierungsproblem weicht bei diesem Bildzerleger wesentlich von dem bei mechanischen Abtastern auftretenden ab, da nicht die Erzeugung irgendeiner gleichförmigen Rotationsbewegung gefordert wird, sondern da für die Strahlablenkungen in vertikaler und in horizontaler Richtung zwei Wechselspannungen verschiedener Frequenz beschafft werden müssen. Das Frequenzverhältnis definiert die Zeilenzahl des Bildes und ist daher als unveränderlich gegeben anzunehmen; die eine der Wechselspannungen kann somit stets aus der anderen durch Vervielfachung abgeleitet werden. Besonders wichtig ist die Beachtung der Kurvenform. Ein sinusförmiger Spannungsverlauf kommt praktisch nicht in Betracht, da die ungleichförmige Abtastgeschwindigkeit eine ungleich verteilte Bildhelligkeit zur Folge hätte. Außerdem ist es zweckmäßiger, eine Art der Abtastung zu verwenden, die stets nur in einer Richtung erfolgt, weil andernfalls schon bei der geringsten Phasenabweichung zwischen Sender und Empfänger gebrochene Linienzüge entstehen würden. Man gelangt so für beide Ablenkungskoordinaten zwangsläufig zu sägeblattähnlichen Spannungskurven, die sich aus kongruenten, linear ansteigenden Teilen mit darauf folgendem, möglichst raschem Abfall zusammensetzen (Abb. 179).

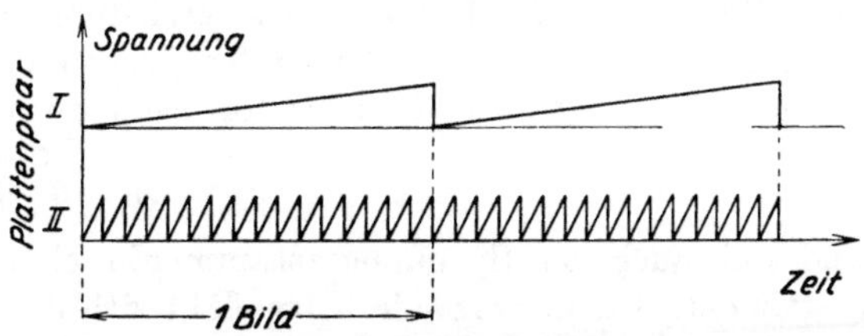

Abb. 179. Ideale Spannungskurven für die Zeitablenkung des Kathodenstrahls einer Braunschen Röhre bei Abtastung in parallelen Bildzeilen.

Eine prinzipiell sehr einfache Methode, um beide Spannungskurven mit einem hohen Grade der Genauigkeit zu erhalten, wurde von A. Karolus angegeben[2]. Seinem Vorschlage gemäß sollen die Ablenkungsspannungen durch intermittierende Beleuchtung zweier lichtempfindlicher Zellen gewonnen werden, wobei durch entsprechende Wahl der Lichtanstiegskurve leicht jede gewünschte Frequenz und Kurvenform erhalten werden kann. Die periodische Helligkeitsbeeinflussung erfolgt am einfachsten durch eine einzige, mit konstanter Geschwindigkeit rotierende Lochscheibe, die durch einen Synchronmotor angetrieben wird und die am Umfange zwei Lochkränze mit passend geformten Lochblenden besitzt. Da man zur Belichtung der Zellen eine kräftige Lichtquelle vorsehen kann, dürften Verstärkerröhren entbehrt werden können.

Durch eine solche Einrichtung geht allerdings ein wesentlicher Vorzug der Braunschen Röhre verloren, der im Fehlen rotierender Teile besteht. Die übrigen bekannten Methoden zur Koordinatenablenkung des Elektronenstrahles innerhalb einer Braunschen Röhre arbeiten rein elektrisch; sie beruhen sämtlich

[1] Dtsch. Patentanmeldung VIIIa/21a^1 T 37 238 vom 9. VII. 1929 (Telefunken, Erf. W. Ilberg, A. Karolus und F. Schröter).

[2] Dtsch. Patentanmeldung 21a^1 K 273/30 vom 15. VII. 1930.

auf der Benutzung sog. Kippschwingungen (auch Intermittenz- oder Relaxationsschwingungen genannt).

Zu Kippschwingungen sind viele Anordnungen fähig, die aus Kapazitäten und Widerständen aufgebaut sind, wenn sie außerdem noch ein geeignetes Gebilde mit fallender Charakteristik enthalten und wenn gewisse Stabilitätsbedingungen erfüllt sind. In der Abb. 50 (S. 76) findet sich das einfachste Beispiel einer solchen Schaltung. Ein Kondensator (C) wird von einer Stromquelle der Spannung E über einen hohen Widerstand (R) aufgeladen. Parallel zu C liegt eine Glimmlampe, deren Stromdurchgang erst einsetzt, wenn die Kondensatorspannung ihr Zündpotential E_z erreicht hat (vgl. hierzu auch Kap. V, S. 211). Hierdurch wird der Kondensator rasch bis zur Löschspannung der Glimmlampe entladen, und wenn R genügend groß gewählt ist, reißt die Entladung plötzlich ab, da die über den Widerstand erfolgende Stromnachlieferung zu ihrer Aufrechterhaltung nicht ausreicht. Das Spiel abwechselnder Ladung und Entladung von C wiederholt sich nunmehr von neuem; die entstehende Frequenz ist außer von den Daten der Glimmlampe noch von E und von dem Produkt $R \cdot C$ abhängig. Die erzielte Spannungskurve entspricht allerdings nur genähert dem in Abb. 179 skizzierten Idealfalle, weil der Spannungsanstieg $V = V(t)$ am Kondensator nach einer Exponentialfunktion erfolgt:

$$V = E\left(1 - e^{-\frac{t}{RC}}\right)$$

und weil auch der Spannungszusammenbruch nicht in unendlich kurzer Zeit stattfindet. Die ansteigende Kurve läßt sich der Geraden annähern, wenn man nur einen kleinen Teil des Exponentialverlaufes ausnutzt, wenn also E wesentlich höher als E_z gewählt wird und wenn, um die gleiche Frequenz zu erhalten, auch R entsprechend vergrößert wird[1]. Ein streng linearer Spannungsanstieg ergibt sich, wenn man an Stelle des Widerstandes R eine Elektronenröhre in die Schaltung einfügt, die im Sättigungsgebiet arbeitet. Der Ladestrom des Kondensators wird hierdurch zeitlich unveränderlich gehalten; außerdem geht dann die Batteriespannung E nicht mehr in die Frequenz ein, so daß diese schadlos starken Schwankungen unterworfen sein darf (Netzanschluß). Allerdings muß dann auf Konstanz der Heizspannung besonderer Wert gelegt werden.

Die Frequenzkonstanz der beschriebenen Kippschwingungen ist für die Steuerung synchroner Bildpunktverteiler bei weitem nicht ausreichend. Allein schon die sich im Betriebe ergebenden unvermeidlichen Änderungen der Daten einer Glimmröhre würden die selbsterregte Frequenz in viel zu hohem Maße beeinflussen. Glücklicherweise zeigt sich jedoch, daß Kippschwingungen durch eine zusätzlich von außen her eingeführte Wechselspannung innerhalb weiter Grenzen in ihrer Frequenz mitgenommen werden können; ja, diese Mitnahme erfolgt sogar noch dann, wenn die Kippfrequenz einen ganzzahligen Bruchteil der Steuerfrequenz bildet[2]. Es ergibt sich so die Möglichkeit, die Kippschal-

---

[1] Man erkennt dies aus der Reihenentwicklung von $V(t)$; es ist nämlich $V \sim \frac{Et}{RC}$, falls $\frac{Et^2}{2R^2C^2}$ daneben vernachlässigt werden kann.

[2] Vgl. hierzu Hudec: Arch. f. Elektrot. Bd. 22 (1929) S. 459f. sowie Ferns. Bd. 2 (1931) S. 14f. Eine vereinfachte Anordnung und weitere Literaturangaben finden sich bei Kammerloher: ETZ Bd. 52 (1931) S. 78f. Die Beschreibung einer Fernseh-Apparatur mit Braunscher Röhre gibt von Ardenne: Ferns. Bd. 2 (1931) S. 65f.

tungen für beide benötigte Ablenkspannungen sowohl miteinander als auch von konstanten örtlichen Taktgebern aus oder auch durch übertragene Impulsgruppen zwangsläufig zu synchronisieren. Praktische Erfahrungen über die zweckmäßigste Anordnung liegen jedoch noch nicht vor, da die Braunsche Röhre als Fernseher bisher stets nur zu Laboratoriumsversuchen gedient hat, bei denen das Synchronisierungsproblem durch eine Drahtverbindung zwischen Sender und Empfänger in einfachster Weise gelöst werden konnte.

5. Phaseneinstellung.

Neben der Notwendigkeit des Synchronlaufes besteht bei allen Bildtelegraphen und Fernsehern die Forderung nach Übereinstimmung der Phase zwischen sende- und empfangsseitigem Bildzerleger, denn nur bei deren phasengleicher Bewegung findet eine koordinatengetreue Zuordnung der Rasterelemente statt. In welchem Maße Phasenungleichheiten zugelassen werden können, hängt von der Art der benutzten Bildzerlegereinrichtung ab. So ist z. B. eine Anordnung, bei der parallele Zeilen in hin- und hergehender Bewegung abgetastet werden, wie dies etwa durch einen schwingenden Oszillographenspiegel bewirkt wird, außerordentlich empfindlich gegen kleine Phasendifferenzen zwischen Sender und Empfänger; wie man sich leicht klarmacht, würde eine senkrecht zur Abtastrichtung verlaufende Gerade in zwei ebensolche aufgespalten werden. Auch bei der Codellischen Spiralabtastung würden sich sehr störende Erscheinungen ergeben, da Partien des Bildrandes in die Nähe des Bildmittelpunktes oder umgekehrt abgebildet werden würden. Bei einer Bildzerlegung mit Spiegelrad oder mit Nipkow-Scheibe hat eine kleine Phasenabweichung zunächst nur eine Verschiebung des Empfangsbildes im Bildfenster zur Folge, während eine größere, beispielsweise um eine halbe Umdrehung des Zerlegerorganes, eine Aufteilung des Bildes solcher Art bewirkt, daß mitten im Gesichtsfeld eine Trennlinie erscheint, zu deren beiden Seiten zwei gegen ihre natürliche Lage miteinander vertauschte Bildhälften sichtbar werden.

Bei Bildtelegraphen wird heute vorzugsweise das Trommelsystem benutzt. Ein Phasenfehler zwischen Sender und Empfänger macht sich hier dadurch bemerkbar, daß die Trennfuge der um die Sendetrommel herumgelegten Bildvorlage nicht wiederum auf die Stoßstelle des Empfangsfilmes abgebildet wird. Das übertragene und von der Empfangstrommel abgenommene Bild erscheint daher an falscher Stelle zerschnitten. Ein ähnlicher Fehler tritt bei Empfängern auf, die nach dem Bandschreibersystem arbeiten.

Prinzipiell wäre genau gleichzeitiger, also auch konphaser Start von Sender und Empfänger stets nötig, um die Übertragung der gesamten Bildfläche zu gewährleisten, ohne daß also durch zu frühzeitigen oder durch verspäteten Beginn der Bildaufnahme Teile der Vorlage wegfallen. Diese Bedingung wird zwangsläufig zunächst nur bei Start-Stop-Synchronisierung erfüllt; es wäre aber auch möglich, bei Empfängern mit rein örtlicher Synchronisierung etwa eine Magnetkupplung zwischen Antrieb und Bildtrommel anzubringen, die durch ein besonderes, vom Sender ausgelöstes Telegraphierzeichen beim Beginn einer Bildübertragung automatisch eingerückt wird. In der Praxis pflegt man auf diese Komplikation zu verzichten. Die Ankupplung der Bildtrommel an die dauernd umlaufende Getriebeachse findet vielmehr zumeist von Hand aus statt auf

Grund eines vereinbarten, über den Bildsender abgegebenen und akustisch abgehörten Morsesignals. Um einen plötzlichen Belastungsstoß zu vermeiden, der den Synchronmotor besonders bei raschem Arbeitstempo leicht aus dem Tritt fallen lassen würde, verwendet man hierzu eine zunächst sanft einrückende Reibungskupplung, die aber nach kurzem Schlupf alsbald in definierter gegenseitiger Lage der Kupplungselemente eine starre Verbindung zwischen den Achsen herstellt (Telefunken-Karolus-Siemens). Sende- und Empfangsbildtrommel laufen dann trotz ihrer jeweiligen, zum Auswechseln der Vorlage bezw. des Bildträgers notwendigen Stillsetzung stets in richtiger Phase, falls die Phasenübereinstimmung der Getriebeachsen zu Beginn der Übertragungsperiode einmal hergestellt wurde. Dieser Aufgabe können verschiedene Phaseneinstellvorrichtungen dienen. Als solche kommt z. B. ein Planetengetriebe in Betracht, das zwischen der Motorachse und dem dauernd umlaufenden Kupplungsteil angeordnet ist. Es muß aber darauf hingewiesen werden, daß man alle nicht unbedingt notwendigen Zahnradübersetzungen bei Bildapparaten besser vermeidet, da diese bei nicht sehr präziser Ausführung eine ungleichmäßige Trommeldrehung zur Folge haben, die sich in einem periodisch auftretenden Stör-Raster äußert. Vorzuziehen ist es daher, zwecks Phaseneinstellung den Stator des Synchronmotors mit Zahnkranz und Ritzel drehbar zu lagern, wie schon an früherer Stelle erwähnt wurde (S. 251, Abb. 166 a). Auch auf rein elektrischem Wege gelingt es, eine willkürliche Phasenverstellung vorzunehmen, indem man nämlich den nötigenfalls zuvor in Mehrphasenstrom verwandelten Synchronisierwechselstrom zunächst dem Primäranker eines Drehtransformators zuführt, dessen Sekundäranker mit dem Synchronmotor in Verbindung steht [1]. Bei örtlicher Synchronisierung von einem elektrischen Tongenerator aus besteht schließlich noch die Möglichkeit, durch vorübergehende Frequenzänderung mit Hilfe eines kurzzeitig zugeschalteten Zusatzkondensators oder durch ähnliche Mittel die Phasenlage zu beeinflussen. Diesen einfachen Weg wird man z. B. bei der örtlichen Synchronisierung von Fernsehempfängern gelegentlich mit Vorteil beschreiten.

Die erwähnten Methoden der Phaseneinstellung, die nur einen kleinen Ausschnitt aus vielen sich darbietenden Möglichkeiten bilden, ließen sich zum Teil natürlich auch automatisieren, so daß jeder besonderen Bedienung entraten werden könnte. In der einschlägigen Patentliteratur finden sich auch verschiedene Vorschläge hierfür. Da sie jedoch bisher nirgends in die Praxis umgesetzt worden sind, soll eine nähere Auseinandersetzung an dieser Stelle unterbleiben.

Schließlich bleibt noch zu erwähnen, in welcher Weise denn beim Vorgang der Phaseneinstellung die richtige Phase als solche erkannt werden kann. Bei Fernsehempfängern ergibt sich diese Beurteilung von selbst aus der Beobachtung des empfangenen Bildes. Dieses Verfahren bleibt für Bildempfänger nur bei elektrochemischer und elektromechanischer Bildschrift anwendbar, da nur dort sofort sichtbare Bildeindrücke entstehen.

Bei photographischem Empfang muß man einen besonderen Phasenindikator vorsehen, der z. B. auf folgendem Prinzip beruhen kann. Die Antriebsachse der Sendebildtrommel trägt eine Kontaktvorrichtung, die vor Beginn der eigentlichen Bildübertragung jedesmal während einer Umdrehung über den

---

[1] Brit. Pat. Nr. 328020 vom 15. I. 1929, Erf. G. M. Wright.

Sender einen kurzzeitigen Impuls („Phasenstoß") zum Empfänger gelangen läßt. Dort wird dieser einer kleinen Glimmlampe zugeführt, die mit der Getriebeachse umläuft und die mithin bei Synchronismus der beiden Apparate stets an der gleichen Stelle aufblitzt (System Telefunken-Karolus-Siemens, vgl. Kap. XI). Durch Phasenverstellung des Synchronmotors muß nun dafür gesorgt werden, daß dieses jedesmalige Aufleuchten an einer bestimmten, am Umfange des Drehkreises angebrachten Marke stattfindet, welche die richtige Phasenlage anzeigt. Die Einrichtung wird zweckmäßig so getroffen, daß am Sender beim Ausrücken der phasenrichtigen Trommelkupplung durch den gleichen Handgriff auch die Umschaltung von Bildsendung auf Phasenstoß erfolgt und daß ebenso am Empfänger hierdurch an Stelle des Lichtschreibers die Phasenglimmlampe eingeschaltet wird. Es ist so möglich, ohne weiteres auch während der Übertragungspausen die Richtigkeit der Phase zu kontrollieren und im Falle einer Synchronismusabweichung eventuell eine Nachstellung vorzunehmen.

Beim Duplex-Bildverkehr über große, etwa transozeanische Entfernungen tritt übrigens noch die bemerkenswerte Erscheinung auf, daß die für den Verkehr in der einen Richtung als „richtig" ermittelte Phase beim Betrieb in der Gegenrichtung erheblich falsch sein kann. Es liegt dies an der endlichen Laufzeit der drahtlosen Signale. Für die Strecke Berlin—Buenos Aires (12000 km) z. B. beträgt diese $^1/_{25}$ s, d. h. um diese Zeitspanne muß jeweils die Empfangstrommel der Sendetrommel nacheilen (verglichen mit „absoluter Zeit", also der Uhrzeit). Bei einem Arbeitstempo von 1 Trommelumdrehung/s entspricht diese Verzögerung einem Verdrehungswinkel der Trommeln gegeneinander um $\frac{360^0}{25} = 14{,}4^0$. Wird nun während des Betriebes von „Empfang" auf „Senden" übergegangen, so muß ein Phasenwinkel von $-14{,}4^0$ hergestellt, also im ganzen eine Änderung um $28{,}8^0$ vorgenommen werden. Bei gleichzeitigem Senden und Empfangen mit Hilfe eines kombinierten Apparatesatzes ist es deshalb notwendig, mindestens bei einem Apparat die Sendetrommel gegenüber der Empfangstrommel in der Phase verstellbar vorzusehen. Beim System Telefunken-Siemens-Karolus wurde diese Aufgabe durch einen drehbaren Konus gelöst, mit Hilfe dessen die auswechselbare Empfangskassette auf die Apparatachse aufgesteckt wird (vgl. Kap. XI). Der Drehwinkel muß natürlich sowohl der zu überbrückenden Entfernung als auch dem Arbeitstempo entsprechend eingestellt werden, was in einfacher Weise auf Grund einer Tabelle geschieht.

6. Schlußbetrachtungen.

Die im vorstehenden gegebene Übersicht enthält eine große Zahl möglicher Synchronisierungsverfahren. Wenn man am Schlusse die naheliegende Frage aufwirft, welchem davon heute und für die Zukunft die größte praktische Bedeutung zukommt, so wird man eine allgemein gültige Antwort nicht erwarten können. Nur eines kann bestimmt gesagt werden, daß nämlich das Problem der Synchronisierung im großen und ganzen als gelöst anzusehen ist; daß es in dem umfangreichen Gebiet der elektrischen Bildübertragung und des Fernsehens eines der Teilgebiete ist, dessen Verwirklichung und Einführung in die Praxis im Vergleich zu den anderen heute die geringsten technischen Schwierigkeiten bietet; und daß für jeden besonderen Fall eine brauchbare Lösung des Synchronisierungsproblems vorhanden ist. Welche Lösung das sein wird, darüber kann man nur unter Berücksichtigung aller mitbestimmenden Faktoren eine Entscheidung fällen. Dabei kann gelegentlich sogar der Fall eintreten, daß die technisch beste Lösung zugunsten einer anderen ausscheidet, wenn sich diese z. B. durch leichtere Bedienbarkeit oder durch einen niedrigeren Preis vor ihr auszeichnet. Beim Fernsehen besteht gerade in der Kostenfrage ein prinzipieller Unterschied zwischen Sender und Empfänger. Der Empfänger muß so einfach und so billig wie nur möglich sein, ohne daß seine Leistungsfähigkeit beschränkt wird. Vom Sender verlangt man hingegen die höchste jeweils erreichbare Vollkommenheit, während die aufgewendeten Kosten eine mehr untergeordnete Rolle spielen. Für Fernseher kommt daher in erster Linie Synchronisierung durch Zeilenstoß oder durch einfache örtliche Taktgeber (Tongeneratoren) in Frage, wobei die Drehzahl des Senders durch Stimmgabelsteuerung möglichst konstant zu halten ist. Die wegen ihrer Einfachheit zunächst bestechend erscheinende Synchronisierung aus dem gemeinsamen Wechselstromnetz ist, wie an früherer Stelle erwähnt, praktisch nur unter bestimmten Voraussetzungen verwendbar.

Für die Synchronisierung von Bildgeräten hat die Praxis zugunsten der rein örtlichen, durch Stimmgabelgeneratoren bewirkten Gleichlaufregelung entschieden. Die Unabhängigkeit von Vorgängen im Übertragungsmedium gewährleistet eine außerordentlich hohe Betriebssicherheit, wie durch jahrelang ausgedehnte Verkehrsversuche erwiesen wurde. Sämtliche kommerziell verwendeten Bildtelegraphie-Systeme benutzen heute nicht nur im drahtlosen, sondern auch im Kabelbetrieb diese Methode der Gleichlaufregelung.

Siebentes Kapitel.

Die Bildverstärker.

Von

Heinz Lux.

1. Einleitung.

Die Verstärker haben bei der elektrischen Bildübertragung eine doppelte Aufgabe zu erfüllen. Beim Geber sollen sie die von dem Abtastorgan gelieferten Spannungsimpulse soweit vergrößern, daß die erhaltenen Amplituden zur Modulation eines Hochfrequenzsenders ausreichen oder über Kabel fortgeleitet werden können. Beim Empfänger sollen sie die Intensität der eintreffenden Signale derart erhöhen, daß diese mit Hilfe geeigneter Indikatoren optische Effekte auszulösen vermögen. Die Verstärkung soll in dem ganzen Frequenz- und Amplitudenbereiche der bei der Abtastung entstehenden Stromschwankungen völlig gleichmäßig, verzerrungs- und störungsfrei erfolgen. Für die Bemessung eines Verstärkers sind neben der Frequenzdurchlaßweite die Leistungsverhältnisse und die Anpassungsbedingungen maßgebend; in dieser Beziehung liegen bei der Bildübertragung vielfach andere Voraussetzungen vor als bei der Verstärkung von Sprache, Musik oder Telegraphierzeichen.

2. Die Bemessungsgrundlagen.

A. Der Frequenzbereich.

Je nachdem von der Abtasteinrichtung Bildstellen unterschiedlicher Helligkeit erfaßt werden, nimmt der von der lichtelektrischen Zelle gelieferte unipolare Elektronenstrom verschiedene Werte zwischen Null und einem positiven Maximum an (pulsierender Gleichstrom). Die Häufigkeit dieser Stromschwankungen ist sowohl von der Helligkeitsverteilung auf dem Objekte als auch von der Zerlegungsgeschwindigkeit abhängig. Mit Rücksicht auf die durch den Abtastvorgang hervorgerufene Unschärfe (vgl. Kap. III) ist nur mit der erkennbaren Wiedergabe solcher Bildeinzelheiten zu rechnen, welche die Ausdehnung eines durch den Tasterquerschnitt gegebenen Rasterelementes nicht unterschreiten. Bezeichnet v die Zerlegungsgeschwindigkeit in mm/s und f die Abmessung des Rasterelementes in der Abtastrichtung in mm, so nennt man den Wert $\nu_{\mathrm{pkt}} = \frac{v}{f}$ die Bildpunktfrequenz. Unter der Voraussetzung, daß je ein helles und ein dunkles Rasterelement aufeinander folgen, erhält man die größtmögliche Anzahl von Helligkeitswechseln $\nu_{\max} = \frac{v}{2f} = {}^1/_2\,\nu_{\mathrm{pkt}}$ in ganzen Perioden/s. Infolge des endlichen Tasterquerschnittes deckt der Verlauf des Photostromes sich nicht mit der Helligkeitsverteilung auf der Vorlage, sondern weist eine Verflachung der Übergänge auf. Seine Kurvenform wird im allgemeinen nicht der Sinusfunktion gehorchen, und daher treten neben der aus der Tönungsvariation errechenbaren Grundfrequenz höhere Harmonische auf, die man mittels Fourierscher Reihen darstellen kann. Auf die Übertragung sämtlicher Oberschwingungen von höherer Ordnung als ν_{max} darf verzichtet werden, da deren zahlenmäßiger energetischer Anteil gering ist und in seiner Wirkung gegen die mit der Entstehung des Empfangsbildes verbundene Verflauung zurücktritt[1]. Diese Beschränkungsmöglichkeit ist von großer Bedeutung im Interesse der wirtschaftlichen Ausnutzung eines gegebenen Frequenzbereiches durch Unterbringung möglichst vieler Telegraphierkanäle. Aus dieser Rücksicht werden Oberschwingungen nötigenfalls sogar durch besondere Filter abgeschnitten, ohne daß dadurch der Güte des Empfangsbildes sichtbar Abbruch getan würde.

Während die obere Grenze des Durchlaßbereiches der Verstärker für vorgeschriebene Übertragungsbedingungen auf diese Weise leicht zu ermitteln ist, bedarf die Festlegung eines unteren Grenzwertes weiterer Überlegungen. Beim Fernsehen muß das Bildfeld aus physiologischen Gründen auch bei der Darstellung ruhender Objekte $n = 10$ bis 25mal in der Sekunde abgetastet werden, und ebenso oft wiederholt sich der entsprechende Verlauf des Photozellenstromes. Die Stromkurve bildet demnach eine periodische Funktion, wobei die Bildwechselfrequenz n als Grundfrequenz auftritt, welcher sich harmonische Oberschwingungen überlagern. Diese Auffassung darf angenähert auch für die Übertragung von bewegten Objekten Anwendung finden, da die Änderungen von Bild zu Bild nur geringfügig sind. Bei der fernschreibenden Bildtelegraphie liegt im allgemeinen am Rande jeder Vorlage, wo sie mittels der Aufspannleiste auf der Trommel befestigt ist, eine Unstetigkeit in der Helligkeitsverteilung vor. Da dieser Rand bei der Abtastung jeder Zeile gestreift wird, ergibt sich ein periodisch wiederkehrender Impuls, der als „Zeilenstoß“ bezeichnet wird. Abgesehen davon ist der Amplitudenverlauf des Photozellenstromes unregelmäßig und ändert sich von Zeile zu Zeile. Man kann jedoch den durch zwei Zeilenstoßimpulse begrenzten Abschnitt als volle Periode einer Zeitfunktion auffassen, deren Grundschwingung eben durch die Zeilenstoßfrequenz gegeben ist und deren Harmonische mittels Fourierscher Reihenentwicklung gefunden werden können. Diese Betrachtungsweise trifft in vollem Umfange zu, wenn man durch einen am Zeilenende künstlich hervorgebrachten Stromstoß geeigneter Stärke das Zeitintegral des Stromes über eine Zeile auf Null ausgleicht[2]. In diesem Falle stellt die Zeilenstoßfrequenz tatsächlich die tiefste bei der Bildabtastung auftretende Frequenz dar. Der Oberwellengehalt ist von Zeile zu Zeile veränderlich zu denken. Wenn man für eine regelmäßige Form des Zeilenstoßes sorgt, kann man diesen beim Fernsehen zur Synchronisierung, bei der Bildtelegraphie zum Phasenvergleich der Bildträger nutzbar machen (vgl. Kap. VI). Die Zeilenstoßfrequenz ist vom Übertragungstempo und außerdem vom Format bezw. vom Seitenverhältnis des Bildfeldes abhängig. Setzt man dieses als rechteckig voraus und enthält seine Ausdehnung in der Abtastrichtung l/f und senkrecht dazu $\varkappa$ Rasterelemente, bezeichnet man ferner die zur einmaligen Abtastung

[1] Vgl. Schröter, F.: Elektr. Nachr.-Techn. Bd. 6 (1929) S. 439f.

[2] Vgl. Dtsch. Patentanmeldung I. 42621 vom 18. IX. 1931, Erf. A. V. Bedford (Int. Gen. El. Co.).

des ganzen Bildfeldes erforderliche Zeit mit T, so ermittelt sich die Zeilenstoßfrequenz aus der früher errechneten Höchstfrequenz $\nu_{\max}$ durch die Beziehung: $\nu_0 = \frac{\varkappa}{T} = \frac{2\,f\,\nu_{\max}}{l}$. Die vorstehend gegebene Definition einer Mindestperiodenzahl dürfte für die Mehrzahl der in der Praxis vorkommenden Fälle zutreffen. Es lassen sich jedoch auch Beispiele finden, etwa die Übertragung einer gleichmäßig getönten Fläche unter sorgfältiger Vermeidung jeder Randunstetigkeit, bei denen der Begriff einer Frequenz überhaupt verschwindet.

Als Maß für die Übertragungsgeschwindigkeit, aus welchem die entstehenden Modulationsfrequenzen $\nu_{\max}$ entnommen werden können, pflegt man bei der Bildtelegraphie die Feinheit des Rasters und die in der Zeiteinheit übermittelte Fläche anzugeben. Für einige Grenzwerte, welche als solche sowohl bezüglich der Rasterung als auch des Tempos aufzufassen sind, gibt die nachstehende Tabelle 15 Auskunft über die dabei in Betracht kommenden Größen von $\nu_{\max}$.

Tabelle 15. Bildmodulationsfrequenzen bei der Bildtelegraphie.

Linien/mm	Rasterbreite in mm	Bildpunktgröße in mm²	Geschwindigkeit		
			30 s/dm² $\nu_{\max}$ =	2 min/dm² $\nu_{\max}$ =	4 min/dm² $\nu_{\max}$ =
$2^1/_2$	0,4	0,16	1042	260	130
5	0,2	0,04	4167	1042	521

Beim Fernsehen ist es üblich, die Übertragungsleistung durch die Angabe der Punktzahl ϱ, in welche ein Bild aufgelöst werden soll, sowie der Bildwechselfrequenz n zu charakterisieren. Die Forderungen, einerseits das Frequenzband eng zu halten und andererseits die Qualität der Wiedergabe durch Steigerung von ϱ und n zu verbessern, stehen in schroffem Widerspruch zueinander. Tabelle 16 bringt einige Angaben über Modulationsfrequenzen beim Fernsehen, welche dem gegenwärtigen Stande der Technik angepaßt sind.

Tabelle 16. Bildmodulationsfrequenzen beim Fernsehen.

Zahl der Bildpunkte	Zahl der Bilder/s	
	10 $\nu_{\max}$ =	20 $\nu_{\max}$ =
1 000	5 000	10 000
5 000	25 000	50 000
10 000	50 000	100 000

Es ist zu beachten, daß die in den vorstehenden Tabellen errechneten Höchstfrequenzen nur in Ausnahmefällen auftreten werden, z. B. bei Rastervorlagen, welche die gleiche Auflösungsfeinheit besitzen wie die Bildzerlegung selbst. Bei Übertragung von Schrift oder ungerasterten Bildern kann man annehmen, daß die Zahl der tatsächlichen Helligkeitsänderungen/s im Maximum nur etwa halb so groß ist und oft nicht einmal diesen Betrag erreicht.

In der Verstärkertechnik pflegt man die Breite des zu übertragenden Frequenzbereiches in Oktaven auszudrücken, da dies anschaulichere Vergleiche erlaubt. Um auch für die in den Tabelle 15 und 16 gewählten Beispiele den Oktavenumfang angeben zu können, ist die Festsetzung der unteren Grenzfrequenz nötig. Als solche soll im Sinne der früheren Ausführungen beim Fernsehen die Bildwechselzahl n gelten, während für die Fernbildschrift die Zeilenstoßfrequenz ν_0 unter Annahme eines quadratischen Bildfeldes eingesetzt wurde. Auf diesem Wege gelangt man zu einem Frequenzumfange von 7 bis 8 Oktaven bei der Fernbildschrift und von 9 bis 12 Oktaven beim Fernsehen.

B. Die Leistungsverhältnisse.

Im allgemeinen handelt es sich bei Bildverstärkern darum, auf der Geberseite mit den Bildzeichen einen Sender zu modulieren oder eine Leitung zu beschicken; empfängerseitig müssen die ankommenden Impulse soweit verstärkt werden, daß sie zur Steuerung der Bildpunkthelligkeit ausreichen. Aus dieser Teilung der Funktion ergibt sich von selbst eine Gliederung in Sende- und Empfangsverstärker.

Um die Wirksamkeit einer Verstärkerstufe zu erfassen, vergleicht man die dem Gitter der betreffenden Dreielektrodenröhre zugeführte Wechselspannung E_1 mit der an das folgende Gitter abgegebenen Spannung E_2 und bezeichnet das Verhältnis $v_{sp} = \frac{E_2}{E_1}$ als lineare oder Spannungsverstärkung. Es ist vielfach üblich, diese Verstärkung in logarithmischem Maße auszudrücken; für die Einheit im natürlichen logarithmischen System wurde die Benennung „Neper" gewählt[1]. Wenn man mehrere Stufen hintereinanderschaltet, findet man die Gesamtverstärkung als Produkt der Verstärkungsziffern der einzelnen Stufen bezw. als Summe bei der logarithmischen Darstellung, sofern man von Änderungen des Scheinwiderstandes von Resonanzkreisen durch die angeschlossenen Röhrenstufen absehen kann. Will man statt der Spannungserhöhung die im Verstärker erzielte Leistungssteigerung angeben, so hat man aus der Überlegung heraus, daß eine Leistung dem Quadrat der sie erzeugenden Spannung proportional ist, die Leistungsverstärkung gleich dem Quadrat der Spannungsverstärkung zu setzen. Der erreichbare Verstärkungsgrad hängt von den Eigenschaften der Röhren sowie von der richtigen Anpassung und verlustarmen Ausführung der Schaltungsglieder ab[2].

Die Eingangsenergie wird auf der Senderseite von der lichtelektrischen Zelle geliefert. Für die Verstärkung sind nicht die absoluten Beträge der von der Zelle abgegebenen Ströme maßgebend, sondern lediglich die bei einem Beleuchtungswechsel zustandekommenden Stromschwankungen. Wie durch theoretische Überlegung nachgewiesen werden kann, sind in dieser Beziehung die Empfindlichkeiten der beiden Hauptgattungen von lichtelektrischen Zellen, nämlich der Alkalimetall- und der Selenzelle, innerhalb gewisser, durch die Kapazität einerseits, die Trägheit andererseits bedingter Frequenzgrenzen gleichwertig, und daher ist unter gleichen Arbeitsbedingungen auch dieselbe Verstärkung nötig[3]. Die Stromausbeute hängt von der aufgefangenen Lichtmenge ab und wird sowohl durch die Stärke der Beleuchtung als auch durch die Fläche des Tasterquerschnittes beeinflußt. Daraus folgt, daß die Verstärkung um so größer sein muß und damit um so schwieriger wird, je feiner die Rasterung des Bildes ist und je rascher die Übertragung vor sich geht. Bei der Bildtelegraphie erzielt man maximale Stromänderungen von 10^{-7} A bis 10^{-5} A, während eine Photozelle im Fernseher bei Reflexionsabtastung eine um 1 bis 2 Größenordnungen kleinere Schwankung gibt. Der Grad der Verstärkung muß den angeschlossenen Übertragungsmitteln hinsichtlich Leistung und Spannung angepaßt werden. Während man auf Freileitungen (Fernsprechleitungen) Spannungen bis zu 60 V aufdrücken

---

[1] Vgl. Elektr. Nachr.-Techn. Bd. 4 (1927) S. 196.

[2] Vgl. Barkhausen, H.: Elektronenröhren Bd. 1, 2. Aufl. S. 101f.; Runge, W.: Telef.-Ztg. Nr. 47 (1927) S. 50f.

[3] Vgl. Schröter, F. u. W. Ilberg: Phys. ZS. Bd. 30 (1929) S. 801f.

darf[1], ist beim Kabel mit Rücksicht auf das Übersprechen schon bei 1 V bis 2 V eine Grenze gezogen[2]. Die erforderliche Ausgangsleistung richtet sich bei gegebener Spannungsamplitude nach dem Wellenwiderstande der Übertragungsstrecke, welcher für die Frequenz 800 Hz bei Freileitungen mit 600 Ω bis 800 Ω angegeben wird und bei den üblichen Kabelarten zwischen 500 Ω und 2000 Ω schwankt[3]. Diese Berechnung stellt nur eine Näherung dar, da der Wellenwiderstand nicht immer ein reiner Wirkwiderstand ist und sich auch mit der Frequenz ändert.

Auf der Empfangsseite stehen bei Kabelübertragung Eingangsspannungen von einigen Zehntel Volt zur Verfügung, während man vom Hochfrequenzempfänger mehrere Volt erwarten darf. Soweit es sich um drahtlosen Bildempfang handelt, empfiehlt es sich, einen möglichst großen Anteil der Verstärkung in die Hoch- bezw. Zwischenfrequenzstufen zu verlegen, da Verzerrungen dort leichter zu vermeiden sind (vgl. Kap. IX). Als Bildverstärker im engeren Sinne sollen hier nur die niederfrequent gesteuerten Röhrenschaltungen gelten, die sich an den Demodulator (Audion) anschließen.

Der auf der Empfangsseite notwendige Verstärkungsgrad richtet sich nach der Art des nachfolgenden Umwandlungsorganes, welches die Umsetzung der elektrischen Bildimpulse in optische Zeichen besorgt. Da diese Vorrichtungen an anderer Stelle (Kap. V) eingehend behandelt wurden, soll hier nur darauf hingewiesen werden, daß man grundsätzlich zwischen zwei Gruppen solcher Indikatoren zu unterscheiden hat. Die eine Gruppe arbeitet nach Art eines Relais, indem das ankommende Signal nur die Auslösung eines Registriervorganges bewirkt, dessen Energieverbrauch aus einer örtlichen Quelle gedeckt wird; dem Verstärker wird lediglich die Steuerspannung und eine meist unbedeutende Verlustleistung entnommen. In diese Gruppe sind die Kerr-Zelle, das Saitengalvanometer und der Oszillograph einzureihen. Der anderen Gruppe ist das gemeinsame Merkmal eines Energietransformators eigentümlich, da der Fernimpuls auch die Leistung für die Zeichenregistrierung zu liefern hat, welche also durch hinreichende Verstärkung aufgebracht werden muß. In dieser Gruppe sind vor allem die Glimmlampe und die elektrochemischen Bildschreiber zu nennen[4].

C. Die Anpassung.

Unter Anpassung versteht man die Wahl eines zweckmäßigen Verhältnisses zwischen dem inneren Widerstande einer Energiequelle R_i und dem Widerstande des Verbrauchers R_a. Der Leistungsumsatz erreicht einen Höchstwert, wenn $R_a = R_i$ gemacht wird. Es kommt jedoch nicht auf genaue Einhaltung dieser Bedingung an, da Abweichungen der Wahl von R_a im Verhältnis 1 : 2 die Leistungsabgabe nur unwesentlich verschlechtern. Wenn beide Widerstände komplex sind, also induktive oder kapazitive Komponenten besitzen, sollen ihre

---

[1] Vgl. Banneitz, F.: Taschenbuch der drahtlosen Telegraphie und Telephonie S. 581.

[2] Vgl. Strecker, K.: Hilfsbuch für die Elektrotechnik, 10. Aufl., Schwachstromausgabe S. 320.

[3] Vgl. Banneitz, F.: a. a. O. S. 139f; Strecker, K.: a. a. O. S. 363f.

[4] Der hier betonte Unterschied wird hinsichtlich der aufzubringenden Verstärkerleistung verwischt, ja in manchen Fällen in das Gegenteil verkehrt, wenn das Lichtrelais zum Zwecke hinreichender Dämpfung (Saitengalvanometer) oder zweckmäßiger Kopplung (Fernseher-Kerr-Zelle) parallel zu einem Wirkwiderstande liegt.

absoluten Beträge übereinstimmen. Bei Verstärkern kommt, abgesehen vom Eingange, für jede Stufe eine Elektronenröhre als Energiequelle in Frage. Deren innerer Widerstand ist durch die Beziehung $R_i = \frac{1}{S D}$ gegeben, worin S die Steilheit der Kennlinie im Arbeitspunkte, gemessen in A/V, und D den Durchgriff, eine Röhrenkonstante, bedeuten. Für besondere Röhrenkonstruktionen gelten Ausnahmen von dieser Anpassungsregel. Beispielsweise ist bei Schirmgitterröhren der Außenwiderstand von der Batteriespannung abhängig[1].

Die Anpassungsbedingungen ändern sich, wenn dem Verbraucher, also etwa dem Gitterkreise der folgenden Verstärkerstufe, ein Maximum an Spannung aufgedrückt werden soll. Dieses ist durch die Leerlaufspannung der Quelle gegeben und kann nur dann aufrechterhalten werden, wenn der Verbraucherwiderstand $R_a = \infty$ ist. Es zeigt sich jedoch, daß eine Anpassung $R_a = (4...6) \cdot R_i$ dem Bestwerte sehr nahe kommt, so daß eine weitere Erhöhung von R_a angesichts der gleichzeitigen Notwendigkeit, auch die Anodenspannung hinaufzusetzen, unwirtschaftlich wäre.

Falls eine Änderung von R_a zwecks Herstellung des erforderlichen Widerstandsverhältnisses undurchführbar ist, kann die Anpassung mit Hilfe von Übertragern (Transformatoren) erreicht werden. Diese bestehen im allgemeinen aus 2 Wicklungen, deren Scheinwiderstände Z_1 und Z_2 auf die angeschlossenen Widerstände R_i und R_a abzugleichen sind. Unter dem Übersetzungsverhältnis $ü$ versteht man den Quotienten aus den Windungszahlen n_1 und n_2 beider Wicklungen; dieser gibt angenähert auch das Verhältnis der auftretenden Klemmenspannungen an. Der Scheinwiderstand einer Spule hängt hauptsächlich von ihrer Induktivität ab und ist dem Quadrat der Windungszahl proportional. Diese Beziehungen lassen sich übersichtlich in folgenden Gleichungen zusammenfassen: $ü = \frac{n_2}{n_1} = \frac{E_2}{E_1} = \sqrt{\frac{Z_2}{Z_1}}$. Für Spannungsübertrager ist ein möglichst hohes Übersetzungsverhältnis erwünscht, doch ist hier eine praktische Grenze durch den Fassungsraum und die Eigenkapazität der hochohmigen Seite gezogen.

Besondere Aufmerksamkeit ist der Anpassung der Photozelle an den Gitterkreis der ersten Verstärkerstufe zuzuwenden. Der innere Widerstand einer Photozelle ist ein reiner Wirkwiderstand von der Größenordnung $10^8\ \Omega$. Die übliche Verbindung mit dem Gitterkreise der ersten Verstärkerröhre ist aus Abb. 71 ersichtlich[2]. Um am Gitter eine möglichst hohe Steuerspannung zu erzielen, wäre es naheliegend, den koppelnden Widerstand R als Wirkwiderstand von derselben Größenordnung wie bei der Zelle auszuführen. Dies stellt sich aber mit Rücksicht auf die Kapazität der Schaltung als untunlich heraus. Aus optischen und konstruktiven Gründen erscheint es nämlich bei Bildtelegraphiegeräten zweckmäßig, die Photozelle dicht bei der Abtasttrommel anzuordnen, während der Bildverstärker in einigem Abstande davon aufgestellt wird. Durch die erforderlichen Verbindungsleitungen wird stets eine Parallelkapazität gebildet, welche sich erfahrungsgemäß nicht unter 50 $\mu\mu$F bis 100 $\mu\mu$F erniedrigen läßt[3]. Zusammen mit der Gitterkathodekapazität der Röhre und der Eigenkapazität der Zelle ergibt sich insgesamt eine störende Parallelkapazität C,

[1] Vgl. Bartels, H.: Elektr. Nachr.-Techn. Bd. 6 (1929) S. 182f.

[2] Vgl. U.S.A.-Pat. Nr. 1273627 vom 23. VII. 1918, Erf. I. Langmuir (General Electric Co.).

[3] Vgl. Schriever, O.: Telef.-Ztg. Nr. 44 (1926) S. 38.

welche in Abb. 71 gestrichelt eingetragen ist. Dadurch aber wird der Widerstand des Eingangskreises frequenzabhängig[1]. Bei sinusförmig schwankender Beleuchtung $L = L_0 \cdot (1 + \vartheta \sin \omega t)$ liefert die Photozelle gemäß der auf S. 183 aufgestellten Beziehung und unter Vernachlässigung der praktisch sehr geringen Rückwirkung des Außenwiderstandes einen Photostrom

$$i = \frac{a\,E}{G - E} L_0 (1 + \vartheta \sin \omega t)\,. \tag{1}$$

Bei Betrachtung der Frequenzabhängigkeit interessiert nur der Wechselstromanteil

$$i' = \frac{a\,E}{G - E} L_0 \vartheta \sin \omega t = Q \cdot e^{j \omega t}\,. \tag{2}$$

Der im Photozellenkreise liegende Ohmsche Widerstand R bildet mit der parallelgeschalteten Störkapazität C einen Scheinwiderstand

$$\mathfrak{R} = \frac{R}{\sqrt{1 + R^2 \omega^2 C^2}} e^{j \varphi}, \tag{3}$$

dessen Phasenwinkel φ durch die Gleichung: $\operatorname{tg} \varphi = \omega C R$ gegeben ist. Für den am Gitter der Verstärkerröhre wirksamen Spannungsabfall e_g gilt:

$$e_g = i' \cdot \mathfrak{R} = Q \cdot \frac{R}{\sqrt{1 + R^2 \omega^2 C^2}} e^{j (\omega t - \operatorname{arc\,tg} \omega C R)}\,. \tag{4}$$

Man ersieht hieraus, daß zwischen dem Verlaufe des Photostromes und der ihn erzeugenden Beleuchtung eine frequenzabhängige Phasenverschiebung besteht; diese ist bei den unter 6. erörterten Einrichtungen zur Bildumkehr von Belang. Außerdem besagt die Formel, daß die Spannungsamplituden mit steigender Frequenz abnehmen, und zwar wird der Abfall bei um so tieferen Frequenzen fühlbar, je größer R ist. Die Abb. 180 a zeigt eine Reihe von Kurven, welche diesen Einfluß für verschiedene Werte von R unter Annahme einer Störkapazität von 30 $\mu\mu$F darstellen. Die Größe von R hängt in einem bestimmten Falle davon ab, welche prozentuale Spannungsabnahme man innerhalb des benützten Schwingungsbereiches für zulässig erklärt. Wenn das Arbeitsintervall des Verstärkers durch die Kreisfrequenzen ω_1 und ω_2 gegeben ist und der Verlust an der oberen Grenze ω_2 nur p% betragen darf, so gilt bei Einführung von $\varkappa = \frac{100 - p}{100}$:

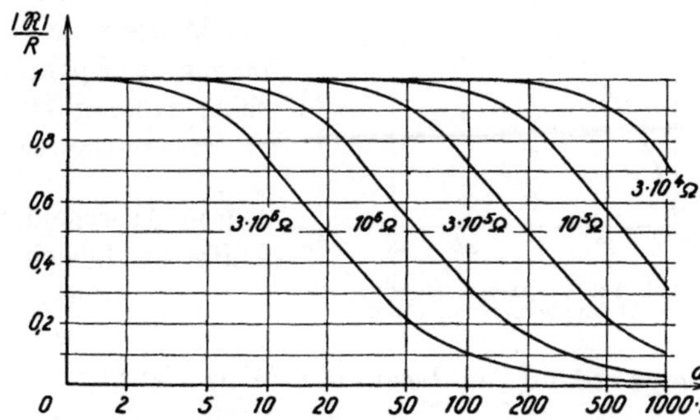

Abb. 180 a. Einfluß des Außenwiderstandes R auf die Frequenzabhängigkeit des Photozellenkreises.

$$\varkappa = \frac{|\mathfrak{R}_2|}{|\mathfrak{R}_1|} = \sqrt{\frac{1 + R^2 \omega_1^2 C^2}{1 + R^2 \omega_2^2 C^2}}\,. \tag{5}$$

Hieraus folgt:

$$R = \frac{1}{C} \sqrt{\frac{1 - \varkappa^2}{\varkappa^2 \omega_2^2 - \omega_1^2}}\,. \tag{6}$$

[1] Vgl. Lux, H.: Ferns. Bd. 2 (1931) S. 253—260.

Soll beispielsweise der Arbeitsbereich sich von 0 Hz bis $\nu_{max} = 5000$ Hz erstrecken und unter Annahme einer Kapazität $C = 100\ \mu\mu$F ein Abfall von 10% erlaubt sein, so folgt $R = 154\,000\ \Omega$. Von einer Anpassung an den inneren Widerstand der Photozelle kann also nicht mehr die Rede sein. Will man größere Toleranzen als im vorstehenden Beispiel zulassen, so hat man durch passende Wahl der Kopplungsglieder in den nachfolgenden Verstärkerstufen dafür Sorge zu tragen, daß die im Photozellenkreise auftretende Benachteiligung der höheren Frequenzen ausgeglichen wird. In Abb. 180 b bringt die voll ausgezogene Kurve den prozentualen Spannungsabfall p in Abhängigkeit von der Größe $R\,\omega_2\,C$ zum Ausdruck, wobei $\omega_1 = 0$ angenommen wurde.

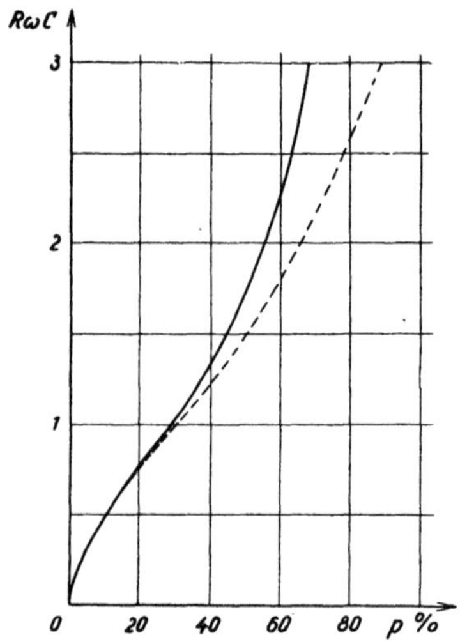

Abb. 180b. Spannungsverlust in Abhängigkeit von $R\,\omega\,C$.

Eine weitere Folge der Störkapazität besteht in dem Anwachsen der Zeitkonstante dieses Kreises. Ihrem Einflusse ist es zuzuschreiben, daß die Steuerspannung erst nach Ablauf einer bestimmten Einschwingzeit ihren stationären Amplitudenwert erreicht. Wenn wir wieder die in Abb. 71 gezeichnete Schaltung zugrundelegen, so verteilt sich der Photostrom i auf 2 Stromzweige: der Anteil i_1 fließt in die Kapazität C, während der Rest $i_2 = i - i_1$ seinen Weg durch den Widerstand R nimmt. Die in beiden Zweigen erzeugten Spannungen müssen jederzeit gleich sein; daher gilt:

$$i_2 R = \frac{1}{C}\int i_1\,dt\,. \qquad (7)$$

Durch Ausscheidung von i_1 gelangt man zu der Differentialgleichung

$$\frac{d i_2}{dt} + \frac{1}{RC}\,i_2 = \frac{1}{RC}\,i\,, \qquad (8)$$

deren Lösung in bekannter Weise lautet:

$$i_2 \cdot e^{\int \frac{1}{RC}\,dt} = \int \frac{1}{RC}\,i \cdot e^{\int \frac{1}{RC}\,dt} \cdot dt + K\,. \qquad (9)$$

Für den zeitlichen Verlauf des Photostromes i sei wieder die Beziehung $i = I\,(1 - \cos\omega\,t)$ maßgebend. Wenn wir diesen Wert in Gleichung (9) einführen und die Integrationskonstante K aus der Anfangsbedingung, daß für $t = 0$ auch $i_2 = 0$ sein soll, errechnen, folgt schließlich:

$$i_2 = I\left\{\left[1 - \sin^2\varphi \cdot e^{-\frac{t}{RC}}\right] - \cos\varphi \cdot \cos(\omega\,t - \varphi)\right\}. \qquad (10)$$

Der Phasenwinkel φ ist wieder durch den Ansatz $\operatorname{tg}\varphi = R\,\omega\,C$ gegeben. Die Steuerspannung e_g am Gitter der ersten Röhre beträgt dann:

$$e_g = i_2 R = I\,R\left\{\left[1 - \sin^2\varphi \cdot e^{-\frac{t}{RC}}\right] - \cos\varphi \cdot \cos(\omega\,t - \varphi)\right\}. \qquad (11)$$

Für $t = \infty$ verschwindet das Glied $\sin^2\varphi \cdot e^{-\frac{t}{RC}}$, und wir erhalten den in Gleichung (4) angegebenen Amplitudenbetrag, da $\cos\varphi = \frac{1}{\sqrt{1 + (R\,\omega\,C)^2}}$. Um die Größe des ersten Scheitelwertes zu bestimmen, welcher durch den Einschwingvorgang am stärksten verkleinert wird, suchen wir zunächst den Zeitpunkt auf, in welchem dieser auftritt. Durch die Operation $\frac{d}{dt} e_g = 0$ erhalten wir die transzendente Gleichung

$$e^{-\frac{\omega t}{R \omega C}} \cdot \sin \varphi \doteq -\sin(\omega t - \varphi). \tag{12}$$

Die Auflösung derselben läßt sich auf graphischem Wege bewerkstelligen und liefert, entsprechend dem periodischen Verlauf von $\sin(\omega t - \varphi)$ unendlich viele Schnittpunkte; die erste Wurzel werde mit $\omega t'$ bezeichnet. Mit dieser ergibt sich für den zugehörigen Scheitelwert die einfache Beziehung:

$$e'_g = I R (1 - \cos \omega t'). \tag{13}$$

Wenn wir diese Rechnung für verschiedene Werte von $R \omega C$ wiederholen und daraus den Spannungsverlust p in Prozent ermitteln, finden wir die in Abb. 180 b gestrichelt eingetragene Kurve. Daraus ist ohne weiteres abzulesen, daß bis etwa $R \omega C = 0{,}5$ ($p = 10\%$) ein Einfluß des Einschwingvorganges nicht fühlbar wird; für höhere Werte von $R \omega C$ hingegen nimmt der Spannungsverlust erheblich zu, so daß für die Bemessung des Photozellenwiderstandes R die zweite Kurve heranzuziehen ist.

Man hat mehrfach versucht, die durch die Zeitkonstante hervorgerufene Verflachung der Amplitudenübergänge durch Hinzufügung einer passenden Ausgleichsspannung aufzuheben. Diese muß proportional der Änderungsgeschwindigkeit des Zeichenanstieges sein und läßt sich mit Hilfe von Transformatoren oder Brückenschaltungen herstellen[1]. Eine gleichzeitige Beseitigung der Frequenzabhängigkeit ist auf diesem Wege nicht zu erreichen.

Von besonderer Wichtigkeit sind die voraufgehenden Überlegungen für Fernsehverstärker, da dort unter Umständen wesentlich höhere Schwingungszahlen als die bisher betrachteten auftreten. Man muß dann um so mehr bestrebt sein, die Störkapazität möglichst klein zu halten. Um zu kürzesten Gitterleitungen zu kommen, baut man die Photozelle im Verstärker ein. Die dadurch gewonnene Kapazitätsverminderung wird jedoch durch die höheren Bildmodulationsfrequenzen wettgemacht, so daß sich im Endergebnis die Anpassungsverhältnisse wesentlich ungünstiger gestalten. Als erschwerender Umstand tritt noch hinzu, daß bei diesen Periodenzahlen die Ionenträgheit in der Photozelle sich bereits störend bemerkbar macht; man ist daher gezwungen, entweder den Gasdruck zu verringern oder auf die Gasfüllung ganz zu verzichten. Hochvakuumzellen liefern aber nicht nur schwächere Photoströme und bedingen dadurch eine größere Verstärkung, sondern sie besitzen auch einen höheren inneren Widerstand, so daß die Anpassungsbedingungen wiederum noch schlechter erfüllbar sind.

Für Drahtübertragung ist der Ausgang der Sendeverstärker und der Eingang der Empfangsverstärker an Kabel oder Freileitungen angeschlossen. Ein Leitungsgebilde setzt der Fortpflanzung von Wechselströmen einen Widerstand entgegen, dessen Größe durch die Beziehung $Z^2 = \sqrt{\frac{R^2 + \omega^2 L^2}{G^2 + \omega^2 C^2}}$ gegeben ist (G = Ableitung in Siemens) und „Wellenwiderstand" oder „Charakteristik" genannt wird. Mit steigender Frequenz überwiegt der Einfluß von L und C,

[1] Vgl. Brit. Pat. Nr. 270 222 vom 21. X. 1925, Erf. J. L. Baird und Brit. Pat. Nr. 290 367 vom 14. II. 1927, Erf. G. M. Wright.

so daß Z sich dem Werte $\sqrt{\frac{L}{C}}$ nähert[1]. In Anpassungsfragen ist Z wie ein Ohmscher Widerstand zu behandeln. Zur Vermeidung von Reflexionen und zum Zwecke der größten Leistungsaufnahme ist der Widerstand R des angeschlossenen Apparates gleich Z zu machen. Diese Angleichung geschieht wieder mit Hilfe von Übertragern.

Die Geräte für drahtlose Bildtelegraphie pflegen in einer Betriebszentrale aufgestellt zu sein, welche mit der Sende- und der Empfangsstelle durch Kabel oder Freileitungen verbunden ist. Daher gelten dann bezüglich der Anpassung der Bildverstärker die gleichen Gesichtspunkte wie für reine Leitungsübermittlung.

Für die Verbindung zwischen dem Verstärker und dem Organ zur Steuerung der Bildpunktintensität finden sich mannigfache Lösungen. Die Ankopplung der Kerr-Zelle kann man mittels eines Übertragers vornehmen, falls der Frequenzbereich es erlaubt (Abb. 149); dadurch läßt sich zugleich eine Spannungserhöhung erzielen. Andernfalls wird die Zelle parallel zum Anodenwiderstande der letzten Röhre gelegt (Abb. 151). Die zur Einstellung des richtigen Arbeitspunktes auf der Lichtspannungscharakteristik erforderliche Vorspannung (vgl. Kap. V) wird entweder einer besonderen Spannungsquelle entnommen oder durch eine vom Sender dauernd ausgehende Restamplitude gebildet. Die Schreibvorrichtung für die elektrochemische Bildaufzeichnung kann direkt in den Anodenkreis der letzten, als Gleichrichter wirkenden Röhrenstufe geschaltet werden. Auch Glimmlampen werden im einfachsten Falle als Anodenwiderstand des gleichrichtenden Ausgangsrohres verwendet. Eine Reihe von weiteren Ankopplungsmöglichkeiten für Glimmlampen wurde bereits in Kap. V beschrieben.

3. Arten der Verstärkung.

A. Die unmittelbare Verstärkung.

Für die Übertragung der tiefsten Frequenzen ist, abgesehen von speziellen Transformatorkonstruktionen, nur die Kopplung der einzelnen Verstärkerstufen durch Ohmsche Widerstände mit unmittelbarem Abgriff der Gitterspannung am Anodenwiderstande der vorhergehenden Röhre verwendbar. Diese Schaltung ist auch als Autokopplung bekannt; da sie selbst statische Zustandsänderungen zu übertragen vermag, wird sie oft als Gleichstromverstärkung bezeichnet. Wenn man durch Wahl kapazitätsarmer Röhren und durch geschickte Leitungsführung die Betriebskapazitäten klein hält, ist die Verstärkung über einen weiten Frequenzbereich gleichmäßig und einwandfrei. Eine grundsätzliche Schaltung solcher „Gleichstromverstärker" zeigt Abb. 181. Daraus ist ersichtlich, daß jede Stufe eine getrennte Anodenspannung und, sofern man nicht indirekt geheizte Röhren verwendet, auch eine eigene

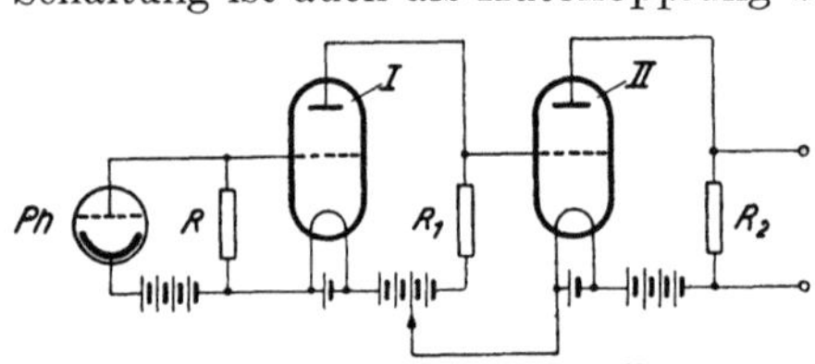

Abb. 181. Zweistufiger Photozellen-Gleichstromverstärker.

[1] Vgl. Breisig, F.: Theoretische Telegraphie, S. 347. Braunschweig: F. Vieweg u. Sohn 1924.

Heizbatterie erfordert. Zur Einstellung des richtigen Arbeitspunktes ist ferner für jedes Gitter noch eine Kompensationsspannung nötig, welche den Einfluß der Anodengleichspannung der Vorstufe aufzuheben hat. Es hat nicht an Vorschlägen, die auf eine Verringerung des lästigen und teueren Aufwandes an Stromquellen abzielten, gefehlt, aber nur wenige von diesen Kunstschaltungen haben sich als brauchbar erwiesen[1]. Zudem bleibt bei allen der Nachteil bestehen, daß der Betriebszustand einer Stufe den der nachfolgenden beeinflußt. Daher reichen geringfügige Änderungen der Spannungen oder der Emission in den Anfangsstufen hin, um insbesondere die Endröhre aus dem richtigen Arbeitsbereiche herauszudrücken. Diese Umstände erklären, warum der Gleichstromverstärker trotz seiner guten Übertragungsqualität bisher im praktischen Betriebe keine Verbreitung gefunden hat.

Um die bei der Bildabtastung entstehenden Schwankungen des Photozellenstromes zu vergrößern, wurde der Vorschlag gemacht, die an der Zelle liegende Saugspannung in gleichem Sinne wie die Bildhelligkeit zu ändern[2]. Hierfür wurde die in Abb. 182 dargestellte Schaltung angegeben, bei welcher ein Teil des Anodenwiderstandes der zweiten Verstärkerstufe im Photozellenkreise liegt. Sobald der Photostrom steigt, führt der am Widerstande entstehende Spannungsabfall bei richtiger Polung eine Erhöhung des Saugpotentiales herbei und bewirkt dadurch eine weitere Zunahme des von der Zelle abgegebenen Stromes; es handelt sich also um eine Art von Widerstandsrückkopplung[3]. Bei dieser Schaltung darf allerdings die Bildung schädlicher Kapazitäten und daraus resultierender Zeitkonstanten nicht außer Acht gelassen werden. Außerdem ist die Saugspannung bei gasgefüllten Photozellen wegen des Einsetzens der Glimmentladung begrenzt, und an diesen Punkt pflegt man von vornherein möglichst nahe heranzugehen. Die Hinzunahme der vorerwähnten Schaltung würde dann nur die Labilität des Betriebes vergrößern.

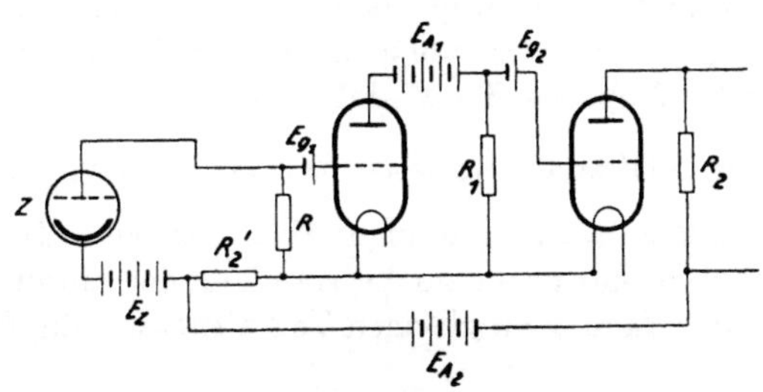

Abb. 182. Photozellenschaltung mit Widerstandsrückkopplung.

Für einfache Fernsehübertragungen werden in beschränktem Umfange auch Widerstandsverstärker mit kapazitiver Gitterkopplung benützt[4]. Die tiefste durchgelassene Frequenz ist dabei durch den Kopplungskondensator gegeben, wobei die Zeitkonstante des Gitterkomplexes zu beachten ist; die obere Durchlaßgrenze wird durch die schädlichen Kapazitäten der Schaltung bestimmt[5]. Für Fernsehbilder mit feinerer Rasterung und für die langsamen Impulse der Bildtelegraphie kommt die unmittelbare Verstärkung mit derartigen Anordnungen nicht in Frage.

[1] Vgl. Zenneck - Rukop: Lehrbuch der drahtlosen Telegraphie, 5. Aufl. S. 751f. Stuttgart: F. Enke 1925.
[2] Vgl. U.S.A.-Pat. Nr. 1692904 vom 27. XI. 1928, Erf. R. K. Potter.
[3] Vgl. Turner - Glitsch: Drahtlose Telegraphie und Telephonie, S. 169. Berlin: Julius Springer 1925.
[4] Vgl. Kirschstein, F.: Ferns. Bd. 1 (1930) S. 289—296.
[5] Vgl. Lane, H. M.: Proc. Inst. Radio Eng. Bd. 20 (1932) S. 722.

B. Die Verstärkung mit Trägerfrequenz.

Die geschilderten Schwierigkeiten der unmittelbaren Verstärkung des Bildstromes können durch die Einführung einer Trägerschwingung (Hilfsträger) umgangen werden. Diese Methode ist auch für den Kabelbetrieb wichtig, ja unerläßlich, weil dort die tiefsten Frequenzen benachteiligt und insbesondere von den üblichen Zwischenverstärkern nicht übertragen werden (vgl. Kap. X).

Moduliert man die Amplitude einer konstanten Trägerschwingung ν_t mit den bei der Bildabtastung entstehenden Frequenzen, welche sich von Null bis $\nu_{\max}$ erstrecken, so erhält man neben ν_t selbst zwei symmetrisch dazu gelagerte Seitenbänder[1]. Die weitere Übermittlung der Bildsignale spielt sich dann allein in dem Intervall zwischen $\nu_t - \nu_{\max}$ und $\nu_t + \nu_{\max}$ ab. Durch die Verlegung des Arbeitsgebietes in den Bereich rascherer Schwingungen wird ein doppelter Erfolg erzielt: die tiefen Frequenzen, deren Verstärkung Schwierigkeiten verursacht, sind ausgeschaltet, und außerdem wird die relative Bandbreite eingeengt, und zwar um so mehr, je höher die Trägerschwingung ν_t gewählt worden ist. Während die Modulationsfrequenzen in früher angeführten Beispielen bis zu 12 Oktaven umfassen, beträgt jetzt die relative Bandbreite $\frac{\nu_t + \nu_{\max}}{\nu_t - \nu_{\max}}$ schon im Falle $\nu_t = 2\,\nu_{\max}$ weniger als 2 Oktaven. Der Vorteil für die amplitudengetreue Verstärkung liegt auf der Hand, da der Einfluß frequenzabhängiger Glieder auf die Übertragung im gleichen Verhältnis wie die Bandbreite selbst herabgesetzt wird.

a) Die Höhe der Trägerfrequenz.

Im Falle der Telephonie gilt als Regel, daß die Schwingungszahl ihres Trägers wenigstens das Zehnfache der höchsten akustischen Modulationsfrequenz betragen soll, damit der niederfrequente Amplitudenverlauf hinreichend sauber wiedergegeben wird[2]. Bei der Bildtelegraphie und noch mehr beim Fernsehen ist man bestrebt, den Hilfsträger in seiner Periodenzahl so niedrig wie möglich zu halten, um die Seitenbandbreite bei hochfrequenter Ausstrahlung des Frequenzgemisches nicht unnötig zu vergrößern; bei Kabelübertragung muß auf die Lage der oberen Grenzfrequenz Rücksicht genommen werden.

Will man es vermeiden, den Hilfsträger vor der optischen Aufzeichnung auszusieben, so muß selbstverständlich dessen Frequenz ν_t so hoch gewählt werden, daß sie im Empfangsbilde nicht mehr wahrgenommen wird. Da die höchste Modulationsfrequenz $\nu_{\max}$ gemäß ihrer Definition eine erkennbare Rasterung liefert, muß $\nu_t > \nu_{\max}$ gemacht werden. Durch praktischen Versuch wurde ermittelt, daß man mit einer Trägerschwingung, welche gleich dem Doppelten von $\nu_{\max}$ ist, eine durchaus befriedigende Bildqualität erzielt, wobei die Wirkung von ν_t für das Auge völlig zurücktritt. Dieses Verschwinden wird durch die bei der Entstehung des Empfangsbildes infolge der Lichtpunktbreite in Erscheinung tretende Verflauung der Kontraste begünstigt[3]. Bei genauer Einhaltung des Verhältnisses $\nu_t = 2\,\nu_{\max}$ resultiert überhaupt keine Helligkeits-

---

[1] ν_t ist in Kap. III vorwiegend als ν_h (Hilfsträger) bezeichnet, der seinerseits die ausgestrahlte Welle moduliert.

[2] Vgl. Barkhausen, H.: Elektronenröhren Bd. 3 S. 48f. Leipzig: S. Hirzel 1929.

[3] Vgl. Schröter, F.: Elektr. Nachr.-Techn. Bd. 6 (1929) S. 445.

schwankung innerhalb einer im Original gleichmäßig getönten Fläche[1]. Bei Abweichungen von diesem Werte beträgt der örtliche Unterschied der Intensität nur wenige Prozent und bleibt dadurch unauffällig. In Abb. 183 ist die Auswirkung verschiedener Hilfsträgerfrequenzen auf das Aussehen des Empfangsbildes veranschaulicht, wobei q das Verhältnis $\frac{\nu_t}{\nu_{\max}}$ angibt. Eine Überschreitung des Wertes $q = 2$ ist offenbar nicht erforderlich[2]. Manchmal ist die Aussiebung der Trägerschwingung bereits vor der Modulation des Senders erwünscht, um das von diesem ausgestrahlte Seitenband zu verengern (vgl. Kap. VIII). Hierbei erleichtert die Wahl einer höheren Frequenz die quantitative Ausscheidung durch Wellenfilter infolge des günstigeren Verlaufes der Resonanzkurven.

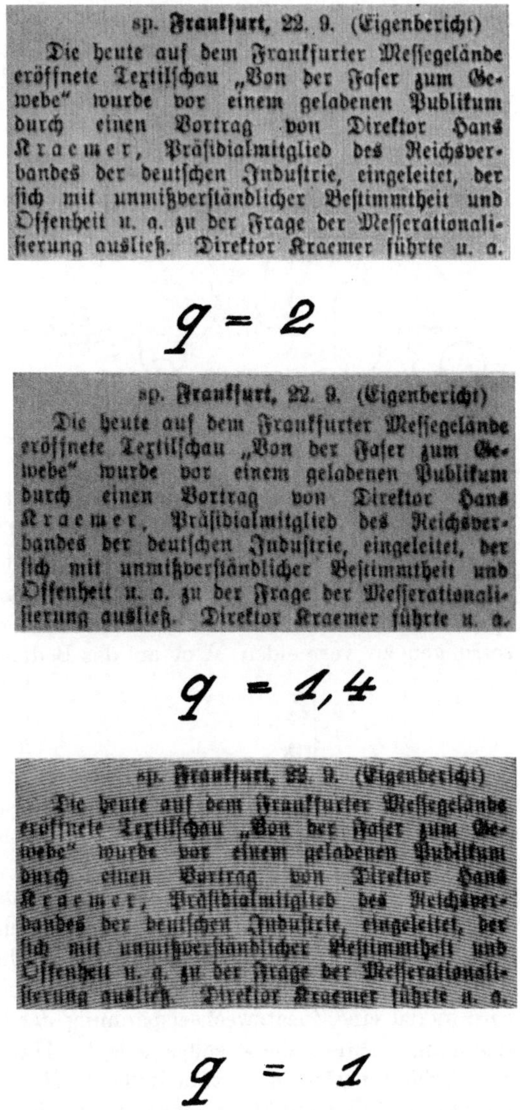
sp. Frankfurt, 22. 9. (Eigenbericht)
Die heute auf dem Frankfurter Messegelände eröffnete Textilschau „Von der Faser zum Gewebe" wurde vor einem geladenen Publikum durch einen Vortrag von Direktor Hans Kraemer, Präsidialmitglied des Reichsverbandes der deutschen Industrie, eingeleitet, der sich mit unmißverständlicher Bestimmtheit und Offenheit u. a. zu der Frage der Messerationalisierung ausließ. Direktor Kraemer führte u. a.

sp. Frankfurt, 22. 9. (Eigenbericht)
Die heute auf dem Frankfurter Messegelände eröffnete Textilschau „Von der Faser zum Gewebe" wurde vor einem geladenen Publikum durch einen Vortrag von Direktor Hans Kraemer, Präsidialmitglied des Reichsverbandes der deutschen Industrie, eingeleitet, der sich mit unmißverständlicher Bestimmtheit und Offenheit u. a. zu der Frage der Messerationalisierung ausließ. Direktor Kraemer führte u. a.

sp. Frankfurt, 22. 9. (Eigenbericht)
Die heute auf dem Frankfurter Messegelände eröffnete Textilschau „Von der Faser zum Gewebe" wurde vor einem geladenen Publikum durch einen Vortrag von Direktor Hans Kraemer, Präsidialmitglied des Reichsverbandes der deutschen Industrie, eingeleitet, der sich mit unmißverständlicher Bestimmtheit und Offenheit u. a. zu der Frage der Messerationalisierung ausließ. Direktor Kraemer führte u. a.

Abb. 183. Einfluß der Trägerfrequenz auf die Bildgüte.

b) Die Erzeugung und Einführung der Trägerfrequenz.

Die Trägerfrequenz der zu verstärkenden Bildzeichen kann elektrisch, mechanisch oder optisch erzeugt werden (vgl. Kap. II, S. 85)[3]. Der Modulationsvorgang wird entweder in den Photozellenkreis oder in eine anschließende Verstärkerstufe verlegt.

Zur Herstellung der Trägerfrequenz auf elektrischem Wege bedient man sich fast allgemein selbsterregter Röhrenschaltungen; es können aber auch rotierende Generatoren dazu benutzt werden. Da die entnommenen Spannungen und Leistungen sehr gering sind, genügen kleinste Einheiten. Die Beeinflussung der Trägerschwingungsamplitude durch die von der Photozelle ausgehenden Impulse

---

[1] Vgl. Dtsch. Patentanmeldung T 38 539 VIIIa, 21a[1] vom 14. III. 1931, Erf. F. Schröter (Telefunken).

[2] Vgl. Schriever, O.: Telef.-Ztg. Nr. 44 (1926) S. 35.

[3] Vgl. D.R.P. Nr. 244746 vom 2. III. 1911, Erf. B. Rosing.

kann im Verstärker grundsätzlich nach jeder der bekannten Modulationsmethoden erfolgen. Zu beachten ist dabei die Forderung, daß auf dem Empfangsbilde nur dann eine Aufhellung bezw. Schwärzung zustande kommen soll, wenn die Photozelle Strom liefert. Will man also die Trägerfrequenz als Zeichenvermittler im Zuge der ganzen Übertragung beibehalten, so darf die Modulation nicht um einen Mittelwert herum erfolgen, sondern muß von Null ausgehen. Man gelangt auf diese Weise zu einem quantitativen Aus- und Eintasten des Hilfsträgers gemäß der vom Photozellenkreise gelieferten Steuerspannung.

Eine geeignete Anordnung hierfür bildet die sog. Mischrohrschaltung; eine Ausführungsform davon ist in Abb. 184 wiedergegeben. Die Gittervorspannung der „Mischröhre" ist dabei so eingestellt, daß die Trägerfrequenz bei stromlosem Photozellenkreise abgeriegelt wird[1]. Diese Schaltung ist in verschiedener Weise abänderungsfähig, da eine der beiden Wechselspannungen auch im Anodenkreise eingebracht werden kann[2]. Infolge der geringen Amplitude des Photostromes ist eine Verstärkung desselben vor der Mischröhre mit Hilfe eines Gleichstromverstärkers unumgänglich. Damit treten wiederum die Nachteile des letzteren in Erscheinung, auch muß man die Amplitudenverhältnisse in der Mischröhre ständig überwachen, um den richtigen Modulationsgrad einzuhalten und so das Entstehen von Verzerrungen zu vermeiden. Um an das Bedienungspersonal nicht so große Anforderungen hinsichtlich der Handhabung der Verstärker stellen zu müssen, wird man deshalb solchen Schaltungen den Vorzug geben, bei denen der Modulationsgrad von selbst konstant bleibt.

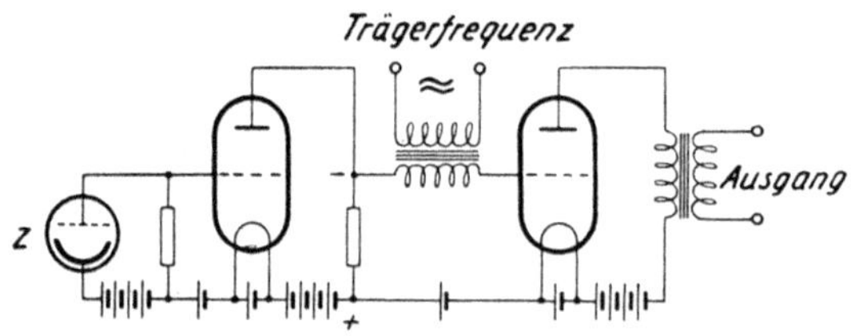

Abb. 184. Mischrohrschaltung.

Der Grundgedanke der Mischmethode läßt sich auch auf die Einführung der Trägerfrequenz in den Photozellenkreis sinngemäß anwenden. Wie aus Abb. 185 hervorgeht, wird hierzu eine Zusatzwechselspannung der betr. Schwingungszahl ν_t als Saugspannung an die Zelle Z selbst gelegt. Diese bildet nun aber zusammen mit den Verbindungsleitungen zum Widerstande R die bereits betrachtete schädliche Kapazität C, die punktiert eingezeichnet ist. Infolge der geringen Dunkelleitfähigkeit der Photozelle fließt stets ein relativ erheblicher Zweigstrom über die Kapazität C und ruft an dem Widerstande R einen Spannungsabfall hervor, welcher empfangsseitig wie eine Belichtung angezeigt wird. Deshalb erscheint es notwendig, die Wirkung des kapazitiven Nebenschlusses dadurch aufzuheben, daß man nach Art einer Neutrodyneschaltung einen gegenphasigen Wechsel-

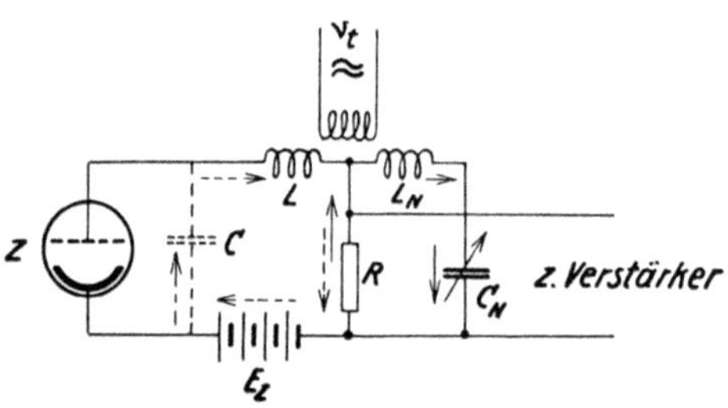

Abb. 185. Einführung der Trägerfrequenz in den Photozellenkreis über einen Transformator.

[1] Vgl. Schriever, O.: Telef.-Ztg. Nr. 47 (1927) S. 78.
[2] Vgl. Muth, H.: Telef.-Ztg. Nr. 34 (1924) S. 39.

strom gleicher Frequenz und Amplitude durch R schickt. Dies geschieht in der aus Abb. 185 ersichtlichen Weise mit Hilfe der Kopplungsspule L_n und des variablen Kondensators C_n [1]. Der richtige Abgleich kann unter Benutzung eines am Verstärkerausgange angelegten Wechselspannungsanzeigers in der Weise geschehen, daß man bei abgedunkelter Photozelle auf ein Minimum einstellt. Soll die beschriebene Anordnung bei Selen- oder Sperrschichtzellen, die eine erheblich größere Dunkelleitfähigkeit besitzen (vgl. Kap. IV), Anwendung finden, so muß zwecks Herstellung der exakten Phasenlage des Kompensationsstromes auch ein entsprechender Ohmscher Widerstand im Ausgleichszweige liegen. Eine andere Brückenschaltung wurde bereits im Kap. IV (Abb. 112) beschrieben.

Es wäre denkbar, dem Trägerfrequenzgenerator die volle für die Photozelle notwendige Saugspannung zu entnehmen, welche gewöhnlich zwischen 100 V und 200 V beträgt. Da aber in diesem Falle der über die schädliche Kapazität fließende Strom sehr große Werte erreichen und die Kompensation recht heikel machen würde, ist es vorzuziehen, als Saugpotential eine Gleichspannung zu verwenden und dieser nur eine kleine Wechselspannungsamplitude zu überlagern. Die Wirksamkeit dieser Maßnahme erhellt aus der in Abb. 106 wiedergegebenen Photozellencharakteristik, welche den Verlauf des lichtelektrischen Stromes bei konstanter Beleuchtung der Zelle und veränderlicher Saugspannung darstellt; in der Nähe der Glimmgrenze bringt eine Zu- oder Abnahme der Spannung von wenigen Volt bereits beträchtliche Stromschwankungen hervor. Da bei unbelichteter Zelle der Strom praktisch verschwindet, ist die Trägerfrequenz immer voll ausgesteuert.

Die Photozelle kann als hochohmiger Widerstand aufgefaßt werden, dessen Betrag sich mit der einfallenden Lichtintensität ändert. Infolge dieser Eigenschaft läßt sie sich zur Beeinflussung des Schwingungszustandes einer Elektronenröhre, welche die Trägerfrequenz liefert, heranziehen. Abb. 186 zeigt eine

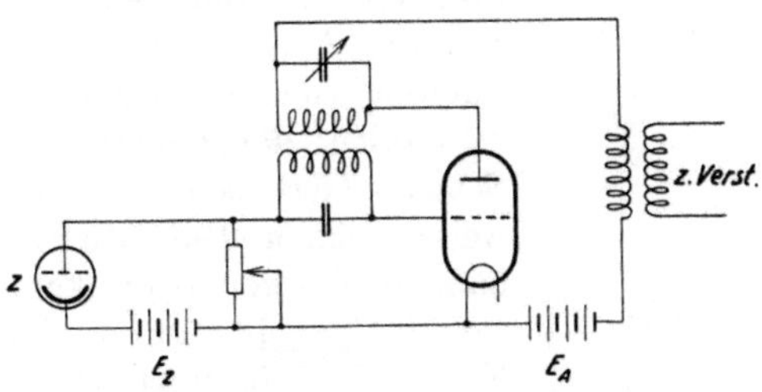

Abb. 186. Beeinflussung des Trägerfrequenzgenerators durch eine Photozelle.

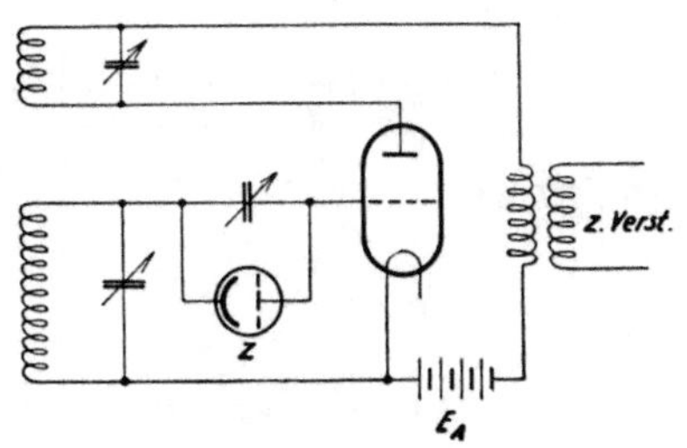

Abb. 187. Beeinflussung des Trägerfrequenzgenerators durch eine Photozelle.

Schaltung, bei welcher die Schwingung aussetzt, wenn die Zelle belichtet wird, während bei der in Abb. 187 dargestellten Anordnung das Gegenteil der Fall ist [2]. Einer in ähnlicher Weise von einer Röhre erzeugten und durch eine Photozelle modulierten Schwingung kann man weiter eine konstante Frequenz überlagern und erst die so erhaltene Schwebung verstärken [3]. Der Vollständigkeit wegen sei auch noch der Möglichkeit gedacht, nicht die Schwingröhre selbst durch die

---

[1] Vgl. U.S.A.-Pat. Nr. 1688292 vom 7. III. 1925, Erf. A. Weaver.

[2] Vgl. U.S.A.-Pat. Nr. 1667384 und Nr. 1667383 vom 22. X. 1924, Erf. C. F. Jenkins.

[3] Vgl. D.R.P. Nr. 452445 vom 21. VIII. 1926, Erf. E. Belin.

Photozelle zu beeinflussen, sondern letztere parallel zu einem angekoppelten Resonanzkreise zu legen, dessen Dämpfung und Abstimmung mit der Beleuchtung variiert wird; die dadurch erzielbaren Energieänderungen dürften allerdings gering sein[1].

Der Modulationsvorgang kann sogar in der Zelle selbst erfolgen, wenn man diese mit einer weiteren gitterförmigen Elektrode ausstattet und zwischen Kathode und Steuergitter eine Wechselspannung anlegt (vgl. S. 177).

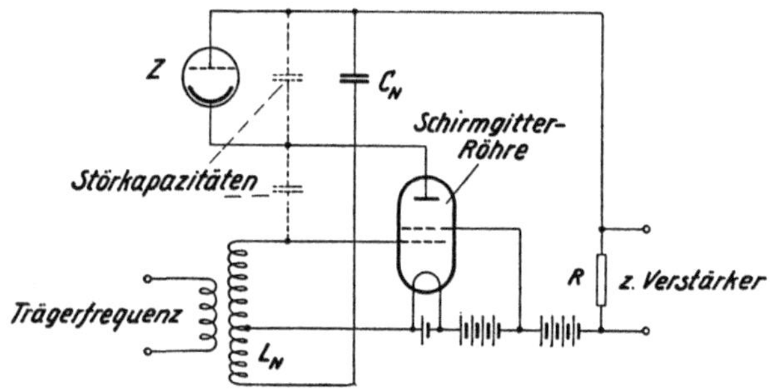

Abb. 188. Modulation durch eine Unterbrecherröhre.

Die Trägerfrequenz kann statt durch Einführung einer Wechselspannung in den Photozellenkreis auch durch periodische Unterbrechung oder Schwächung des lichtelektrischen Stromes gewonnen werden. In einfachster Weise geschieht dies durch einen mit konstanter Drehzahl umlaufenden Kollektor, welcher zwischen Zelle und erster Verstärkerstufe eingeschaltet wird; mit der Zahl der Segmente und der Umdrehungen/s kann die Unterbrechungsperiode festgelegt bezw. leicht geändert werden. In eleganterer Form läßt sich derselbe Grundgedanke mit Hilfe einer Elektronenröhre ausführen. Diese wirkt in der Schaltung, welche Abb. 188 zeigt, als gesteuerter Widerstand. Die Trägerfrequenz wird in einem gesonderten Generator erzeugt und dem Gitter der Unterbrecherröhre aufgedrückt. Für diese Schaltung sind Röhren mit kleiner Elektrodenkapazität, großer Steilheit und scharfem Einsatz des Anodenstromes am unteren Knick der Kennlinie zu wählen; daher erscheinen Schirmgittertypen vorzugsweise geeignet. Die noch vorhandene Störkapazität kann gemäß Abb. 188 durch eine Neutrodyneschaltung (Kondensator C_N) unschädlich gemacht werden. Die Unterbrecherröhre läßt sich durch eine zweite Photozelle ersetzen, welche mit der Abtastzelle in Reihe geschaltet und periodisch belichtet wird[2].

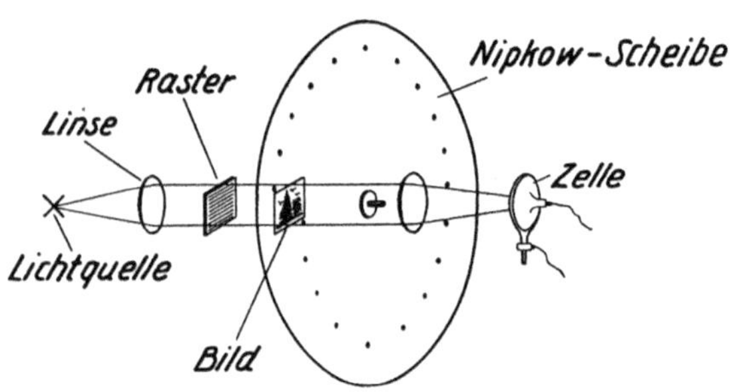

Abb. 189. Erzeugung einer Trägerfrequenz durch Unterbrechung mittels Rasters.

Von großer praktischer Bedeutung sind jene Methoden, bei denen die Trägerfrequenz schon im Abtastlichtbündel enthalten ist. Dies wird entweder in der Weise ermöglicht, daß die Strahlenquelle selbst eine periodisch veränderliche Helligkeit besitzt oder derart, daß der Lichtstrom einer gleichmäßig brennenden Lampe vor dem Auftreffen auf die Vorlage moduliert wird. Diese Verfahren bieten insbesondere beim Fernsehen den Vorteil, daß die Übertragung nicht in

[1] Vgl. D.R.P. Nr. 350 506 vom 8. IV. 1919, Erf. Massolle, Engl und Vogt.
[2] Vgl. Dtsch. Patentanmeldung T 36455 VIII/21a[1] vom 19. II. 1929, Erf. A. Karolus.

einem abgedunkelten Raume vorsichgehen muß, sondern auch bei mäßiger Allgemeinbeleuchtung stattfinden kann; letztere liefert eine gleichbleibende zusätzliche Aufhellung, deren Wirkung leicht aufzuheben oder auszugleichen ist. Diese Vorbelichtung der Photozelle kann unter Umständen wegen der Verschiebung des Arbeitspunktes auf der Licht-Strom-Charakteristik sogar erwünscht sein (vgl. S. 301).

Bei der erstgenannten Methode scheiden alle Lichtquellen mit großer Wärmeträgheit (Glühlampen, Reinkohlebogenlampen) von vornherein aus, wenigstens für die Forderung einer vollen Aussteuerung; hingegen erscheinen Flammenbogen- und Dampflampen sowie Glimmentladungsröhren wohl geeignet (vgl. Kap. II)[1]. Diese können entweder aus einer Wechselstromquelle passender Frequenz gespeist werden oder in selbstschwingendem Zustande an einem Gleichstromnetz arbeiten. Die Verstärker sind in diesem Falle besonders sorgfältig abzuschirmen, damit keine direkte Induktion der Trägerfrequenz in den Eingangskreis erfolgt.

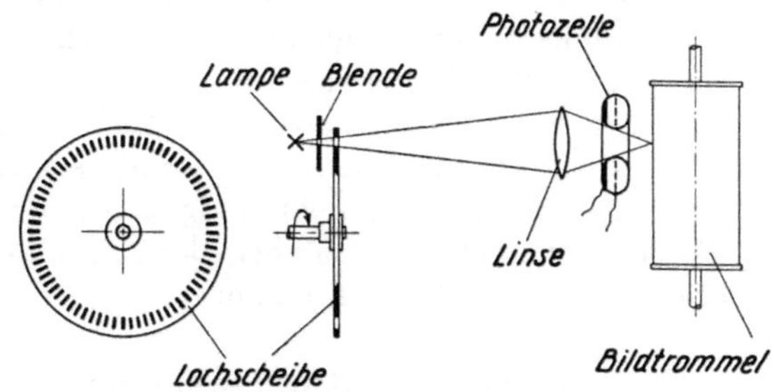

Abb. 190. Erzeugung einer Trägerfrequenz mittels Lochscheibe.

Bei der zweiten Methode geschieht die Unterbrechung des von einer Quelle gleichbleibender Helligkeit ausgehenden Abtaststrahles, je nachdem, ob dieser selbst beweglich ist oder stillsteht, entweder durch einen festliegenden Raster oder durch eine in ihrem Querschnitt periodisch veränderliche Blende (vgl. Kap. II). Wandernde Lichtpunkte sind jenen Fernsehzerlegern eigentümlich, welche das Übertragungsobjekt mit Hilfe einer Lochscheibe oder eines Spiegelrades ableuchten. Hier genügt es, in den Strahlengang eine ruhend orientierte Rasterplatte zu bringen, wie dies in Abb. 189 für den Fall eines Diapositivabtasters dargestellt ist.

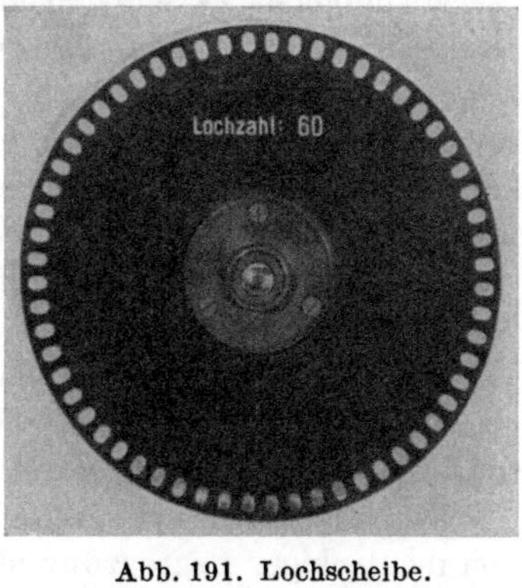

Abb. 191. Lochscheibe.

Insbesondere bei der Bildtelegraphie haben sich rotierende Lochscheiben zur Erzeugung der Trägerfrequenz durchgesetzt. Beim Fernsehen bereitet zwar die Herstellung der dort benötigten hohen Trägerfrequenz erhebliche Schwierigkeiten, doch ist es bereits gelungen, Frequenzen in der Größenordnung 10^5 Hz zu erzeugen. Die prinzipielle Anordnung ist in Abb. 190 veranschaulicht, während Abb. 191 ein Ausführungsbeispiel bringt. Durch Wahl verschiedener Lochzahlen sowie durch Änderung der Umlaufgeschwindigkeit kann die Trägerfrequenz beliebig geregelt und dem Übertragungstempo angepaßt werden. Von großer Wichtigkeit für die Erzielung einer sauberen Modulation ist die exakte Anfertigung der Scheibe, da sowohl Ungenauigkeiten in der Lochteilung als auch

---

[1] Vgl. D.R.P. Nr. 503 210 vom 21. XI. 1928, Erf. F. Schröter (Telefunken).

Verbiegungen der Scheibenfläche („Schlagen“) zur Entstehung tiefer Schwingungen Anlaß geben, welche sich auf dem Empfangsbilde als störende Periodizitäten bemerkbar machen. Für hohe Drehzahlen nimmt man gern Scheiben aus dünnem, aber festem Material, die sich durch die Wirkung der Fliehkraft von selbst ausrichten. Besonders hohe Unterbrechungsfrequenzen kann man durch Verwendung von zwei gegeneinander rotierenden Lochscheiben erreichen. Statt Kreisplatten oder -bleche aus undurchsichtigem Material mit Durchbrechungen zu versehen, verwendet man auch Scheiben aus transparenten Stoffen (Glas, Zellon), welche entsprechend abgedeckt werden.

An Stelle von rotierenden Lochblenden lassen sich auch andere Vorrichtungen zum periodischen Verdunkeln des Lichtstrahles heranziehen, z. B. Saitengalvanometer und Schleifenoszillographen[1]. Auch die Kerr-Zelle kann zu diesem Zwecke in Betracht kommen, sofern der durch sie verursachte Lichtverlust in Kauf genommen wird[2]. Die Betätigung dieser Steuerorgane geschieht durch eine Wechselspannung, die man entweder einem Röhrengenerator oder einer kleinen Hochfrequenzmaschine entnimmt.

c) Der Amplitudenverlauf der Trägerfrequenz.

Der Amplitudenverlauf der Trägerfrequenz hängt bei selbstschwingenden Lichtquellen und bei Röhrengeneratoren von den elektrischen Größen der Schwingungskreise und vom Betriebszustande ab und läßt sich bei richtiger Einstellung sinusförmig gestalten.

Bei allen Verfahren, die auf periodischer Unterbrechung des abtastenden Strahlenbündels beruhen, wird der Amplitudenverlauf durch den Querschnitt des Lichtstromes, die geometrische Begrenzung der Blende und die relative Geschwindigkeit zwischen beiden bestimmt. Um mit einem definierten Querschnitt arbeiten zu können, setzt man eine Blende vor die Strahlenquelle, und zwar möglichst nahe an die Lochscheibe heran. Im allgemeinen strebt man eine reine Sinusform der Amplitudenkurve an, um keine Oberwellen entstehen zu lassen, welche das Frequenzband unnötig verbreitern würden. Da der Momentanwert des Photostromes der jeweils durchgelassenen Lichtmenge genau entspricht, genügt es, den zeitlichen Verlauf der letzteren zu verfolgen.

Bei Oszillographen und Saitengalvanometern, welche von einer sinusförmigen Wechselspannung gesteuert werden, gehorcht die Relativbewegung der Blende ebenfalls einem Sinusgesetz. Um den Lichtstrom Φ in gleicher Weise zu beeinflussen, muß der freigegebene Querschnitt des Strahlenbündels proportional zur Lagenkoordinate der Blende sein. Dies ist beispielsweise bei einem Bündel von rechteckiger Begrenzung mit Hilfe einer geradkantigen Blende zu erreichen, welche sich parallel zu einer Rechteckseite verschiebt.

Die Winkelgeschwindigkeit einer rotierenden Lochscheibe ist als konstant anzunehmen. Um auch in diesem Falle einen sinusförmigen Verlauf der Lichtintensität zu erhalten, sind bestimmte Voraussetzungen über die geometrische Begrenzung der Schlitze in der Lochscheibe und der feststehenden Blende, welche den Strahlenquerschnitt angibt, zu erfüllen. Bei der Wahl der Blendenformen muß auf die werkstattmäßige Anfertigung Rücksicht genommen werden.

---

[1] Vgl. D.R.P. Nr. 482 798 vom 16. II. 1928, Erf. W. Scheppmann (C. Lorenz A.G.).

[2] Vgl. Mittelstaedt, O.: Ann. d. Phys. (5) Bd. 2 (1929) S. 285.

Am einfachsten und genauesten können die Durchbrechungen der Scheibe in Gestalt von Kreislöchern gebohrt oder in Form von Schlitzen mit parallelen Rändern gefräst werden. Im Interesse eines symmetrischen Amplitudenverlaufes muß darauf geachtet werden, daß Steg und Lücke, zumindest auf dem Halbmesser, in welchem der Lichtstrahl hindurchtritt, gleich groß sind.

Der Entwurf einer Anordnung, welche genau sinusförmige Amplituden liefern soll, kann durch eine einfache Rechnung geklärt werden. Der Lichtstrom Φ soll zwischen Null und dem Höchstwerte $\Phi_{\max}$ schwanken. Dies läßt sich durch die Beziehung

$$\Phi = \frac{1}{2}\,\Phi_{\max}\left(1 - \cos\frac{\pi}{b}\,x\right) \tag{14}$$

ausdrücken; den entsprechenden Kurvenverlauf zeigt Abb. 192. Aus dieser ist zu entnehmen, daß die Lochscheibe mit parallelkantigen Schlitzen versehen werden soll und b die halbe Lochteilung bedeutet. Wenn der Durchmesser des Teilkreises der Schlitze groß ist gegenüber der Schlitzbreite, darf angenommen werden, daß die Kanten sich parallel zu sich selbst verschieben. Bezeichnet ferner Φ_0 den auf die Flächeneinheit entfallenden Lichtstrom und $F_{\max}$ die volle Blendenöffnung, so kann man schreiben:

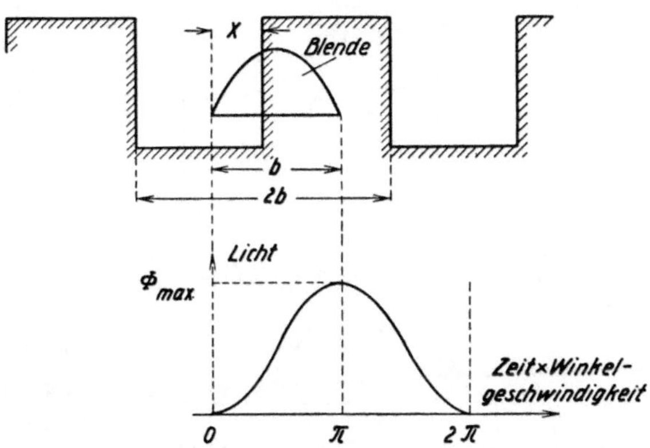

Abb. 192. Exakte Blendenform für rein sinusförmige Modulation.

$$\Phi = \Phi_0 \cdot \frac{1}{2} F_{\max}\left(1 - \cos\frac{\pi}{b}\,x\right) = \Phi_0 \cdot F'. \tag{15}$$

Der freigegebene Teil F' der Blendenfläche läßt sich als Flächenintegral der Begrenzungslinie $y = \varphi\,(x)$ darstellen:

$$F' = \int \varphi\,(x) \cdot d\,x\,; \tag{16}$$

umgekehrt erhält man durch Differenzieren von F' die gesuchte Randlinie:

$$y = \frac{d\,F'}{d\,x} = \frac{1}{2}\,F_{\max} \cdot \frac{\pi}{b}\,\sin\frac{\pi}{b}\,x\,. \tag{17}$$

Die Blende ist also einerseits durch eine Sinuslinie und anderseits durch eine Gerade (die Abszissenachse) begrenzt. Da man insbesondere bei Bildtelegraphiegeräten mit sehr kleinen Lichtquerschnitten arbeitet, bereitet die genaue Herstellung der Blendenform erhebliche Schwierigkeiten. Man hat daher zu dem Behelfsmittel gegriffen, die Blende in einem vergrößerten Maßstabe auszuschneiden und auf die Lochscheibenebene in gewünschter Größe abzubilden[1].

Im allgemeinen kommt es jedoch auf Abweichungen von der Sinuslinie nicht so sehr an, weshalb man einfacher geformte Durchbrechungen als in Abb. 192 bevorzugt. Für die feststehenden Blenden eignet sich am besten die Gestalt eines Rechteckes oder Kreises, während die Öffnungen in der Lochscheibe als Parallelschlitze oder ebenfalls als Kreise ausgeführt zu werden pflegen.

[1] Vgl. Möller, R.: Ferns. Bd. 1 (1930) S. 127.

Damit sind vier Zusammenstellungen möglich, für welche der Amplitudenverlauf auf einfache Weise zu ermitteln ist.

Eine rechteckige Blende liefert in Verbindung mit radialen Schlitzen in der Lochscheibe unter Voraussetzung großer Teilkreisdurchmesser trapezförmige Stromkurven, welche in dem Sonderfalle, daß Schlitz und Blende gleich breit sind, in dreieckige Gestalt übergehen. Die Zerlegung in Fouriersche Reihen zeigt in beiden Fällen einen Gehalt an ungeradzahligen Harmonischen.

Häufig verwendet man die Zusammenstellung: Kreisblende und radiale Schlitze in der Lochscheibe. Setzt man den Blendendurchmesser $2r$ gleich der Schlitzbreite s, so findet man für die Variation des Lichtstromes Φ die Beziehung:

$$\Phi = \Phi_0 \cdot r^2 \left[\arc\cos\left(1 - \frac{x}{r}\right) - \frac{1}{r}\left(1 - \frac{x}{r}\right)\sqrt{2xr - x^2}\,\right]. \tag{18}$$

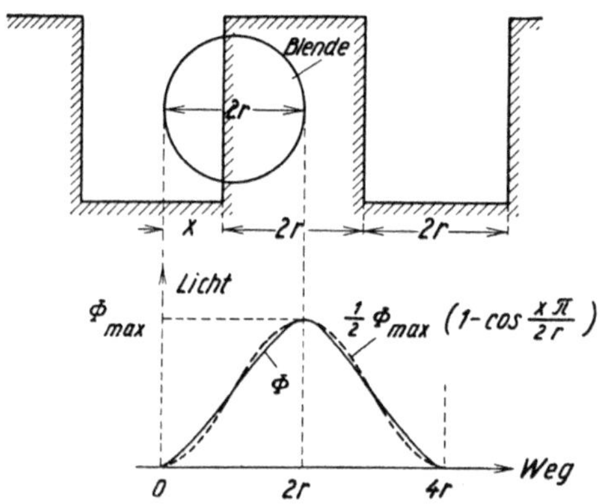

Abb. 193. Intensitätsverlauf des Lichtes bei Verwendung einer Kreisblende.

In Abb. 193 ist dieser Amplitudenverlauf in Kurvenform dargestellt; die gleichfalls eingetragene Sinuslinie macht die gute Annäherung an diese anschaulich. Die Übereinstimmung kann noch verbessert werden, indem s etwas größer als $2r$ gewählt wird, wodurch eine Abflachung der Spitze eintritt[1].

Kreisförmige Öffnungen in Blende und Lochscheibe erzeugen zusammen eine ähnliche Funktion wie im vorhergehenden Beispiele. Schließlich wäre noch der Fall zu erwähnen, in welchem die Scheibe wiederum kreisrunde Durchbrechungen besitzt, die Blende aber die Gestalt eines Rechteckes hat; auch diese Zusammenstellung läßt sich auf die vorstehend gefundenen Formen zurückführen.

Alle im vorhergehenden Abschnitte beschriebenen Arten, eine Trägerfrequenz einzuführen, haben die Eigenschaft gemein, daß die Modulation derselben durch das Bild nicht um einen Mittelwert, sondern von Null aus erfolgt. Bei völliger Abdunkelung der Photozelle wird auch die Amplitude der Trägerschwingung zu Null, während sie bei maximaler Aufhellung ihren größten Betrag erreicht. Infolgedessen kann man von einer vollkommenen Durchsteuerung sprechen, welche dauernd von selbst eingehalten wird.

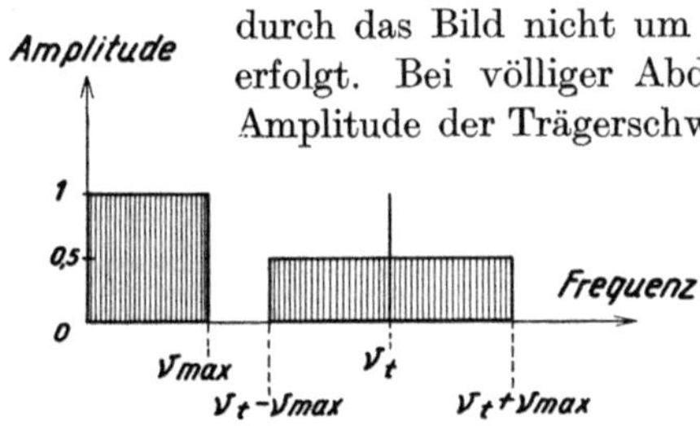

Abb. 194. Frequenzspektrum bei Modulation von Null aus.

Die mathematische Darstellung dieses Modulationsvorganges ergibt sich aus folgendem Ansatz: Wenn i den Augenblickswert und I den Scheitelwert des Photostromes, $f(t)$ den zeitlichen Verlauf der Bildhelligkeit und $F(t)$ jenen der Trägerfrequenz bedeuten, so besteht die Beziehung:

$$i = I \cdot f(t) \cdot F(t)\,.$$

[1] Vgl. Möller, R.: a. a. O., Schäffer, W. u. G. Lubszynski: Elektr. Nachr.-Techn. Bd. 8 (1931) S. 213—217 und 315.

Die Zeitabhängigkeit sei in beiden Fällen der Einfachheit wegen als einfache Sinusfunktion angenommen, also:

$$\left.\begin{aligned} f(t) &= \frac{1}{2}(1+\sin\omega t) \\ F(t) &= \frac{1}{2}(1+\sin\Omega t) \end{aligned}\right\} \quad \begin{aligned} &\text{wobei } \omega = 2\pi\nu \text{ und} \\ &\quad\ \Omega = 2\pi\nu_t \\ &\text{die betr. Kreisfrequenzen sind.} \end{aligned}$$

Durch geeignete Umformung findet man für den Photostrom den Ausdruck:

$$i = \frac{1}{4} I \left[1 + \sin\omega t + \sin\Omega t + \frac{1}{2}\cos(\Omega - \omega)t - \frac{1}{2}\cos(\Omega + \omega)t\right]. \quad (19)$$

Diese Gleichung besagt, daß außer zwei symmetrisch zur Trägerfrequenz Ω gelagerten Seitenbändern auch Ω selbst und die niederfrequente Modulationsschwingung ω allein in dem resultierenden Frequenzspektrum erscheinen. Letzteres zeigt den in Abb. 194 eingezeichneten Umfang; dort ist auch die Größe der Teilamplituden verhältnisrichtig eingetragen. In der Praxis tritt an die Stelle einer einzigen Modulationsfrequenz ω ein Frequenzgemisch; der modulierte Photostrom enthält das entsprechende Schwingungsband in drei verschiedenen Lagen. Im allgemeinen können die Bereiche ineinander übergehen und dann bei nichtlinearer Verzerrung in den Verstärkern zum Auftreten von Kombinationstönen führen. Es ist leicht einzusehen, daß dies vermieden werden kann, wenn die Trägerfrequenz größer als die doppelte Bildmodulationsfrequenz ν_{max} gewählt wird. Hierdurch ist eine weitere Begründung für diese früher an Hand anderer Überlegungen aufgestellte Bedingung erbracht. Da das niederfrequente Band zur Übertragung nicht benötigt wird, kann es durch geeignete Kondensatorleitungen abgeschnitten oder auch durch Begrenzung des Durchlaßbereiches des Verstärkers unterdrückt werden.

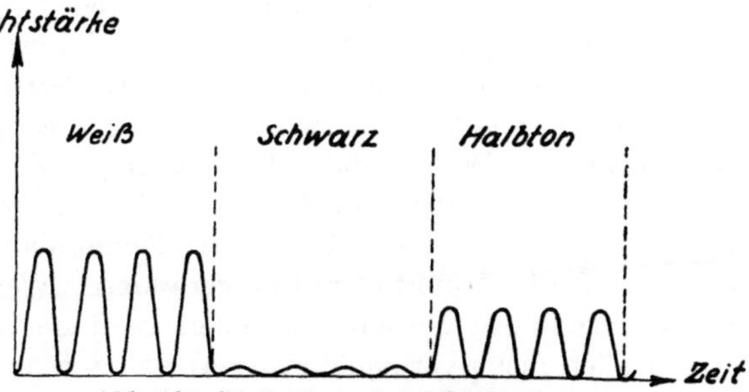

Abb. 195. Photostrom bei Bildabtastung mit unterbrochenem Licht.

Der Verlauf des modulierten Photozellenstromes ist in Abb. 195 wiedergegeben. Voraussetzungsgemäß sollen die Amplitudenwerte der Bildhelligkeit durchaus proportional sein. Wie jedoch ein Blick auf die Zellencharakteristik (Abb. 105) lehrt, ist diese am unteren Knick nicht geradlinig, so daß die Proportionalität nur für sehr kleine Helligkeitsänderungen unterstellt werden darf. Der Arbeitspunkt läßt sich durch eine konstante Dauerbelichtung in den geradlinigen Teil der Kennlinie verschieben[1]. Diese Maßnahme ist ohne weiteres allerdings bloß für jene Methoden zulässig, welche mit moduliertem Lichte arbeiten, und bei solchen Verstärkern, welche lediglich auf Wechselströme ansprechen. Bei der einfachen Gleichstromverstärkung muß der Einfluß der Zusatzbelichtung entweder durch eine Gleichspannung kompensiert oder durch Brückenschaltungen eliminiert werden, welche dem Verstärker nur die Änderungen des Photostromes zuführen.

[1] Vgl. D.R.P. Nr. 350 507 vom 9. X. 1919, Erf. Engl, Vogt u. Massolle.

4. Die Verzerrungen.

Wenn das Empfangsbild eine getreue Abbildung des Originales darstellen soll, ist es nötig, daß die Ströme und Spannungen, welche seine Aufzeichnung steuern, den vom Abtastorgan gelieferten Werten völlig proportional sind. Um dieses konstante Verhältnis für alle Amplituden und über den ganzen Periodenbereich einhalten zu können, ist es erforderlich, daß die Kette der Übertragungsglieder zumindest in ihrer Gesamtwirkung nicht frequenz- und spannungsabhängig ist. In welchem Ausmaße Abweichungen von dieser Forderung zulässig sind, ist weniger durch theoretische Überlegung als durch den praktischen Versuch zu ermitteln, denn das letzte Kriterium kann immer nur die Güte des übertragenen Bildes sein.

Unter dem Begriffe der „Verzerrung" sollen alle Abweichungen von der proportionalen Übertragung der Bildzeichen verstanden werden. In bezug auf ihre Entstehung können wir von drei verschiedenen Arten sprechen: 1. Verzerrung durch spannungsabhängige Glieder, 2. Verzerrung durch frequenzabhängige Organe und 3. Verzerrung durch Einschwingvorgänge.

Als spannungsabhängig sind solche Widerstände aufzufassen, bei denen zwischen Strom und Spannung keine lineare Beziehung besteht. Hierher gehören vor allem eisenhaltige, bis zur Sättigung beanspruchte Induktivitäten sowie nichtmetallische Widerstände, deren Betrag sich mit der angelegten Spannung merklich ändert (wie es bei Silitstäben häufig der Fall ist), ferner Röhren, die außerhalb des geradlinigen Teiles ihrer Kennlinie arbeiten. Infolge dieser Eigenschaft wird die Amplitudenform verändert. Wenn man die neu entstandene Stromkurve in ihre Harmonischen zerlegt, findet man dabei Frequenzen, welche ursprünglich nicht vorhanden waren; daher rührt auch die Bezeichnung „Frequenzverzerrung". Da man sich im allgemeinen mit der Übertragung der Grundfrequenz zufrieden gibt und damit eine gewisse Vernachlässigung begeht, spielt eine geringe Verzerrung bei unmittelbarer Verstärkung der Bildzeichen hinsichtlich der Güte der Wiedergabe keine wesentliche Rolle. Sobald man jedoch mit einer Trägerfrequenz arbeitet, bewirkt eine nichtlineare Verstärkung stets Gleichrichtung und zumindest teilweise Demodulation. Durch das Nebeneinanderbestehen von Niederfrequenz und moduliertem Träger ist aber nicht nur die Möglichkeit zur Ausbildung von Kombinationsschwingungen gegeben, sondern es können bei der Übertragung eines bestimmten Zeichens in mehreren Frequenzlagen auch Phasenunterschiede eintreten. Auf diese Weise kommt eine mehrfache Aufzeichnung von Konturen zustande (vgl. S. 393). Die Untersuchung der Verstärker nach dieser Richtung gestaltet sich sehr einfach. Man verändert die Eingangsspannung bei konstantgehaltener Frequenz und mißt die am Ausgange auftretenden Werte; in einem rechtwinkligen Koordinatensystem aufgetragen, muß die Verbindungslinie durch die Meßpunkte eine Gerade werden.

Im drahtlosen Betriebe muß mit schwankender Zeichenstärke gerechnet werden, die durch die atmosphärischen Verhältnisse bedingt ist. Der Verstärkungsgrad ist daher auf der Empfangsseite so reichlich zu bemessen, daß auch beim Lautstärkeminimum noch eine Aufzeichnung erfolgt. Dies hätte aber zur Folge, daß große Signalamplituden die Röhren übersteuern und Verzerrungen verursachen würden. Daher verwendet man besondere Regeleinrichtungen, welche zumeist im Hoch- oder Zwischenfrequenzteil eingebaut sind und die Verstärkung den jeweiligen Dämpfungsverhältnissen der Übertragung anpassen (vgl. Kap. IX).

Eine Frequenzabhängigkeit äußert sich darin, daß gleiche Amplituden verschiedener Frequenz nicht in demselben Maße verstärkt werden. Jeder beliebige Strom- oder Spannungsverlauf kann durch Zerlegung mittels Fourierscher Reihen in Sinusglieder aufgelöst werden, welchen unterschiedliche Übertragungsbedingungen zugeordnet sind. Durch die verschiedene Verstärkung der einzelnen Komponenten tritt eine Änderung der Kurvenform ein; daher spricht man auch von „Amplitudenverzerrung". Die Ursache liegt hierbei in frequenzabhängigen Widerständen, also Kapazitäten und Selbstinduktionen. Auf dem Empfangsbilde macht sich diese Erscheinung dadurch bemerkbar, daß der Lichtwert einer Bildpartie von der Feinheit der Auflösung an der betreffenden Stelle beeinflußt wird. Bei dieser Gelegenheit tritt wieder der Vorteil der Trägerfrequenzmethode hervor, der darin besteht, daß die relative Bandbreite wesentlich verengert und dadurch der Unterschied der für das ganze Schwingungsintervall geltenden Übertragungsbedingungen herabgesetzt wird. Die Untersuchung der Verstärker auf Frequenzabhängigkeit vollzieht sich in der Weise, daß Spannungen verschiedener Frequenz, aber gleicher Amplitude am Eingange angelegt und die Ausgangsspannungen ermittelt werden (vgl. Abb. 205). Im Idealfalle muß sich als Meßkurve in einem rechtwinkligen Koordinatensystem eine Parallele zur Frequenzachse ergeben. Auch hier sind Abweichungen, insbesondere in der Nähe der Grenzen des Durchlaßbereiches, zulässig.

Der befriedigende Verlauf der Frequenz- und Amplitudenabhängigkeit ist eine notwendige, aber keineswegs hinreichende Bedingung für das einwandfreie Arbeiten der Verstärker; er sagt nämlich nichts aus über die Einschwingvorgänge, welche nur mit Hilfe eines Oszillographen oder, wenigstens qualitativ, auch durch das übertragene Bild erkannt werden können. Auf diesen Umstand ist es oftmals zurückzuführen, daß ein Verstärker, dessen Frequenzkurve verschiedene Unregelmäßigkeiten aufweist, bessere Bilder liefert als ein anderer, dessen Charakteristik günstiger zu verlaufen scheint.

Unter Einschwingvorgängen versteht man allgemein die auch in den Verstärkern auftretende Erscheinung, daß sich die stationären Betriebszustände von Strom und Spannung in einem elektrischen Kreise, welcher eine Kapazität oder eine Selbstinduktion enthält, erst nach Ablauf einer bestimmten Zeit einstellen. Während dieser Amplitudenübergang theoretisch eine unendlich lange Dauer benötigt, erfolgt eine praktisch vollkommene Annäherung an den Endzustand schon in endlicher Zeit; als Maß für diese kann die „Zeitkonstante" (vgl. S. 104) betrachtet werden, welche angibt, nach wieviel Sekunden die betr. Größe das 0,63fache der ganzen vorgeschriebenen Änderung zurückgelegt hat. Wenn die Amplitudenänderung langsam ist im Vergleich zu der Zeitkonstante des betreffenden Stromkreises, so erfolgt der Übergang nach den für stationäre Verhältnisse gültigen Gesetzen. In allen anderen Fällen entsteht ein allmählich abklingender Ausgleichsvorgang, welcher vom ursprünglichen in den neuen Zustand hinüberleitet. Seine Anfangsamplitude ist durch den Unterschied der Betriebsgrößen vor und nach der Änderung bestimmt und diesem entgegengesetzt gleich, der zeitliche Verlauf wird durch die Eigenschaften des Stromkreises festgelegt.

Während in einem Stromkreise, welcher neben einer Kapazität nur Wirkwiderstände enthält, die Zeitkonstante durch das Produkt $R \cdot C$ ausgedrückt werden kann (vgl. S. 105), gilt für eine Induktivität in Verbindung mit Wirkwiderständen das Verhältnis $\frac{L}{R}$; die Einschwingdauer wird in diesem Falle um so länger, je kleiner R ist. Daher verzögert eine Entdämpfung durch Rückkopplung den Übergang zwischen verschiedenen Werten einer Amplitude. Der Ausgleichsvorgang hat in beiden Fällen die Form einer gedämpft abnehmenden **Gleichspannung**.

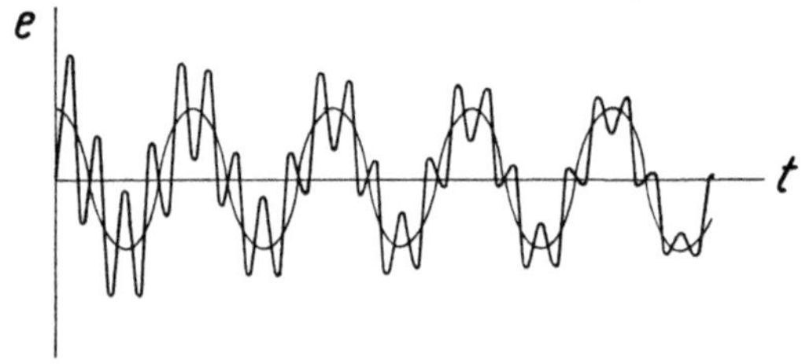

Abb. 196. Einschwingvorgang außerhalb der Resonanzlage.

Jeder Stromkreis, welcher aus Kapazität und Induktivität besteht, ist bei hinreichend kleiner Dämpfung schwingungsfähig und durch eine Eigenfrequenz ausgezeichnet, mit welcher entweder eine Selbsterregung eintreten kann oder eine aufgespeicherte Energiemenge abklingt. In solchen Kreisen verlaufen die Ausgleichsvorgänge **oszillatorisch**. Bei der Bildzerlegung ergeben sich Amplitudenänderungen, wenn der Taster Flächen verschiedener Helligkeit überstreicht. Man muß hierbei bestrebt sein, die Zeitkonstanten aller Kreise kleiner als die zum Auswerten eines Bildpunktes benötigte Zeit $t = \frac{1}{2\,\nu_{\max}}$ zu machen, einerseits um Ausgleichsvorgänge, welche die vorlagengetreue Wiedergabe stören, zu vermeiden, und andererseits, um zu erreichen, daß sich die volle Amplitude entwickeln kann, bevor die nächste Änderung erfolgt. Bei rascherem Zeichenanstieg entstehen durch die Ausgleichsschwingungen Amplitudenverfälschungen.

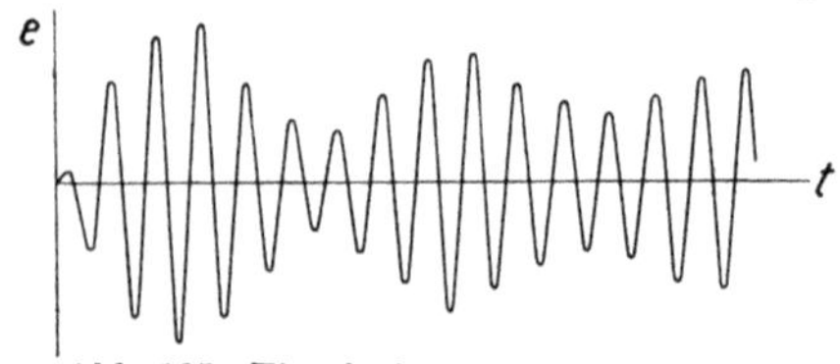

Abb. 197. Einschwingvorgang in der Nähe der Resonanzlage.

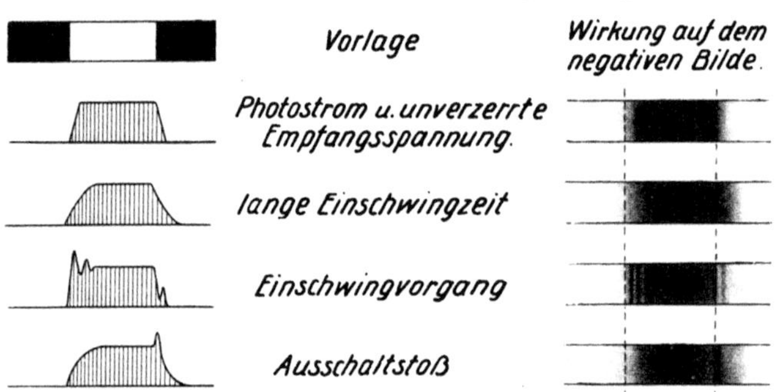

Abb. 198. Durch Einschwingvorgänge im Verstärker verursachte Bildfehler.

Liegt beispielsweise die Eigenfrequenz weitab von der Periodenzahl der aufgedrückten Spannung, so bildet sich entsprechend Abb. 196 eine Summenkurve aus beiden Vorgängen, deren Scheitelwert unter Umständen das Doppelte der Zeichenspannung erreicht. Wenn die beiden Schwingungszahlen aber wenig voneinander abweichen, kommen Schwebungen zustande, wie Abb. 197 zeigt, wobei die Höhe der Daueramplitude periodisch über- und unterschritten wird[1]. Maßgebend für den effektiven Helligkeitsverlauf ist stets die Umhüllende dieser Kurven. Bei einem plötzlichen Aussetzen oder einer raschen Schwächung des Bildzeichens treten ebenfalls oszillatorische Ausgleichserscheinungen auf, welche im Falle kleiner Schwingkreiskapazitäten beträchtliche Überspannungen zur Folge haben können.

Es gelingt zwar durch solche einfachen Überlegungen, die Verzerrungen, welche durch die Zeitkonstante und die Resonanzeigenschaften der Verstärker verursacht werden, qualitativ zu erklären, eine quantitative rechnerische Erfassung ist aber in den seltensten Fällen möglich, da die verteilten Kapazitäten

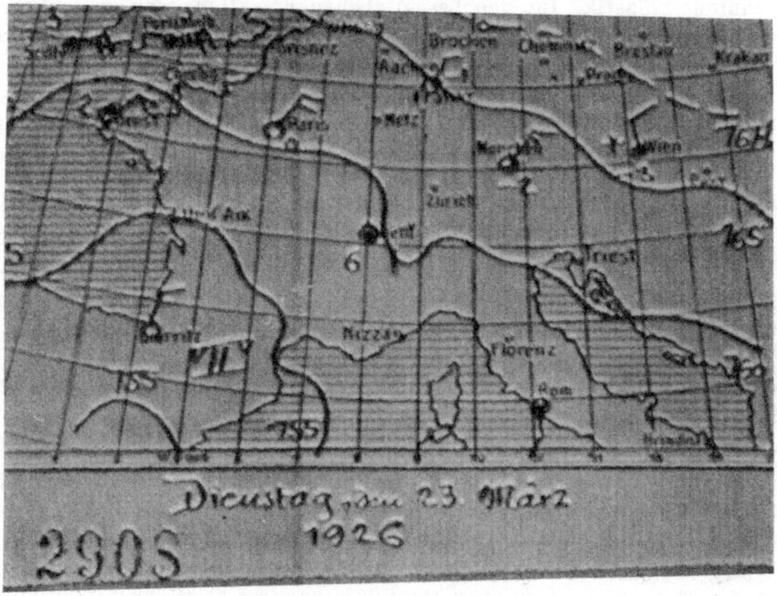

Abb. 199. Fernbild mit Plastik.

der Übertrager und der Schaltung hierbei eine wichtige Rolle spielen. Beispielsweise zieht häufig eine Umpolung von Transformatoren infolge der Änderung der kapazitiven Kopplungen eine wesentliche Verschiebung der Resonanzlage nach sich. Verhältnismäßig einfach läßt sich bei Widerstandsverstärkern die Zeitkonstante des Gitterkomplexes ermitteln, da sich diese aus der Größe des Kopplungskondensators C in Farad und des Gitterableitwiderstandes R in Ohm zu $\tau = R \cdot C$ Sekunden ergibt (vgl. S. 105). Hinsichtlich der Einschaltvorgänge verhält sich eine ganze Stufe eines R-C-gekoppelten Verstärkers wie ein aus L, C und R gebildeter Ersatzkreis[2]. Ein Signal wird erst nach Ablauf einer gewissen Frist (Latenzzeit) überhaupt weitergeleitet, seine volle Stärke tritt nach einer weiteren Einschaltzeit auf. Daß infolgedessen rasche Vorgänge mangelhaft wiedergegeben werden, liegt auf der Hand.

Die w. o. geschilderten Einschwingvorgänge kommen naturgemäß auf dem Empfangsbilde zum Ausdruck, so daß aus diesem Rückschlüsse gezogen werden

[1] Vgl. Rüdenberg, R.: Elektrische Schaltvorgänge, S. 40f. Berlin: Julius Springer 1923.
[2] Vgl. Schlesinger, K.: Elektr. Nachr.-Techn. Bd. 8 (1931) S. 437.

können[1]. In Abb. 198 sind an einem einfachen Beispiele, der Übertragung eines dunklen Streifens auf hellem Grunde, einige typische Fälle von derartigen Verzerrungen analysiert. Wenn man ein Verfahren zur Aufzeichnung wählt, bei welchem ein negatives Bild entsteht, entspricht größeren Signalamplituden eine tiefere Schwärzung. Daher erscheinen in der Registrierung Überspannungen, die beim Einsetzen oder Aufhören des betr. Stromstoßes auftreten, als ein- oder mehrmalige Wiederholung der Umrißlinien, welche sich dunkler als der Hintergrund markiert (vgl. Abb. 199). Solche Fernbilder sehen aus wie Darstellungen halberhabener Gegenstände, die in der Abtastrichtung beleuchtet werden und in diese Richtung einen Schatten werfen; daher hat sich in Fachkreisen die Bezeichnung „Plastik" für den beschriebenen Effekt vielfach eingebürgert.

Eine besondere Form von Schwingungskreisen bilden die Siebketten oder Wellenfilter, welche oftmals benutzt werden, um das zur Wiedergabe der Bildzeichen notwendige Frequenzband von benachbarten Schwingungen zu trennen (vgl. Kap. VIII und X). Die Zeitkonstante τ solcher Filter steigt mit zunehmender Gliederzahl und nimmt mit wachsender Siebbreite $\Delta\nu$ nach der Beziehung $\tau = \frac{0{,}8}{\Delta\nu}$ ab[2]. Da man sich den steilen Anstieg und Abfall eines Zeichens durch Entwicklung des Fourierschen Integrales aus allen Frequenzen zwischen 0 und ∞ aufgebaut denken kann, von denen nur ein Teil von der Siebkette durchgelassen wird, erleidet der Helligkeitsübergang eine Umformung und Abflachung.

Abb. 200. Fernsehbild mit 1200 Punkten.

Während durch Einschwingvorgänge nur die Wiedergabe der Unstetigkeitsstellen der ursprünglichen Helligkeitsverteilung verfälscht wird, kann eine Selbsterregung des Verstärkers die Abbildung bis zur Unkenntlichkeit entstellen. Dieser Aufschaukelprozeß kommt durch Rückkopplung über eine oder mehrere Stufen zustande. Reicht die Rückkopplung zur Selbsterregung nicht aus, sondern bewirkt sie bloß eine weitgehende Entdämpfung für die betreffende Eigenfrequenz, so klingen angestoßene Schwingungen sehr langsam ab oder werden durch eine kleine Energiezufuhr von außen sogar aufrechterhalten. Ist die Periodenzahl der Störschwingung niedriger als $\nu_{\max}$, die höchste Bildmodulationsfrequenz, so erscheint sie im Empfangsbilde analysiert. Die Selbsterregung eines Verstärkers muß daher sorgsam vermieden werden; dies geschieht durch Entkopplung und Abschirmung der einzelnen Stufen und durch genügende Restdämpfung der Kreise.

Jedem Verstärker ist ein Frequenzdurchlaßbereich eigentümlich, welcher von der Bemessung der Kopplungsglieder abhängt; Schwingungen, deren Periodenzahlen außerhalb dieses Bereiches liegen, werden nicht oder nur schwach verstärkt. Sofern durch diese Eigenschaft Frequenzen, die zum Aufbau des Bildes notwendig sind, unterdrückt werden, ändert sich das Aussehen desselben merklich. Dies soll an zwei Beispielen gezeigt werden[3]. Mit einem Widerstandsverstärker, dessen Stufen durch Kondensatoren gekoppelt sind (R-C-Kopplung), werde ein Fernsehbild von 1200 Punkten ohne Benutzung einer Trägerfrequenz übertragen. Die erreichbare Güte bringt Abb. 200 zum Ausdruck.

[1] Vgl. Schmakow, P.: Telef.-Ztg. Nr. 51 (1929) S. 3.
[2] Vgl. Küpfmüller, K.: Elektr. Nachr.-Techn. Bd. 1 (1924) S. 141.
[3] Vgl. Kirschstein, F.: Ferns. Bd. 1 (1930) S. 286.

Wenn die tiefen Frequenzen benachteiligt werden, etwa durch Wahl einer zu kleinen Kopplungskapazität, so ist der Verstärker nicht imstande einen unveränderlichen Zustand für längere Dauer richtig wiederzugeben, sondern kehrt vorzeitig in eine neutrale Einstellung zurück, welche durch das Ruhegitterpotential der Röhren festgelegt ist. Aus Abb. 201 ist ersichtlich, daß größere Flächen, die im Original gleichmäßig getönt sind, im Empfangsbilde in einen neutralen Ton verlaufen, welcher dem Abklingen der Kondensatoraufladung bis zum Ruhezustand des Verstärkers entspricht. Im Gegensatz hierzu bewirkt die Abdrosselung der hohen Bildmodulationsfrequenzen eine verschwommene Wiedergabe kleinerer Einzelheiten (vgl. Abb. 202). Sofern man mit Trägerfrequenz arbeitet, muß man bei deren Wahl auch auf den Durchlaßbereich der Verstärker Rücksicht nehmen.

Abb. 201. Fernsehbild ohne die tiefen Frequenzen.

Das Auftreten der bisher besprochenen Bildverzerrungen ist von den physikalischen Eigenschaften der Verstärkerschaltung abhängig. In ähnlicher Weise können sich jedoch auch Bedienungsfehler störend bemerkbar machen. Zu den häufigsten Verstößen zählt die Übersteuerung der Röhren. Wenn die Gitterwechselspannungen so groß werden, daß sie über den geradlinigen Teil der Charakteristik hinausgehen, treten Verzerrungen durch nichtlineare Verstärkung und Gleichrichtung auf (vgl. S. 302). Bei weiterer Zunahme der Steuerspannung wird das Gitter zeitweilig positiv und gibt dadurch Anlaß zum Einsetzen eines Gitterstromes. Falls dieser die Wicklung eines Übertragers durchfließt, bewirkt er infolge der Verschiebung des Arbeitspunktes in Richtung der Eisensättigung eine weitere Verzerrung der Amplitudenform. Manche Röhrentypen, die zur Elektronenabgabe des Gitters beim Auftreffen der primären, von der Kathode kommenden Elektronen, zur sog. „Sekundäremission" neigen, werden durch Übersteuerung zum „Durchstoßen" gebracht, worunter man ein plötzliches Anschwellen des Anodenstromes versteht, welches die Steuerfähigkeit der Röhre aufhebt und unter Umständen zur Zerstörung durch Überlastung führt. Nach alledem muß eine Übersteuerung unbedingt vermieden werden. Deshalb ist eine ständige Kontrolle der Verstärker unerläßlich. Als Anzeigeinstrument dient zweckmäßig ein dem Verstärkerausgange parallel geschaltetes Röhrenvoltmeter oder ein Spannungszeiger mit eingebautem Gleichrichter; in vielen Fällen genügt auch die Beobachtung der Anodenstromzeiger, an denen sich eine Überschreitung des geradlinigen Arbeitsbereiches durch Schwankungen bemerkbar macht.

Abb. 202. Fernsehbild ohne die hohen Frequenzen.

Weitere Ursachen von Bildverzerrungen liegen oft außerhalb der Verstärker, z. B. in unausgeglichenen Phasenlaufzeiten der Kabel oder in besonderen Ausbreitungserscheinungen bei Kurzwellenübertragung. Diese Effekte sollen in anderem Zusammenhange behandelt werden (vgl. Kap. VIII bis X). Als solche äußeren Störungen haben auch alle Verunstaltungen des Empfangsbildes durch Luftstörungen, Übersprechen von Leitungen und Beeinflussung der Verstärker durch fremde Felder zu gelten. Wenn es sich im letzteren Falle um die Einwirkung von Wechselspannungen konstanter oder langsam veränderlicher Frequenz

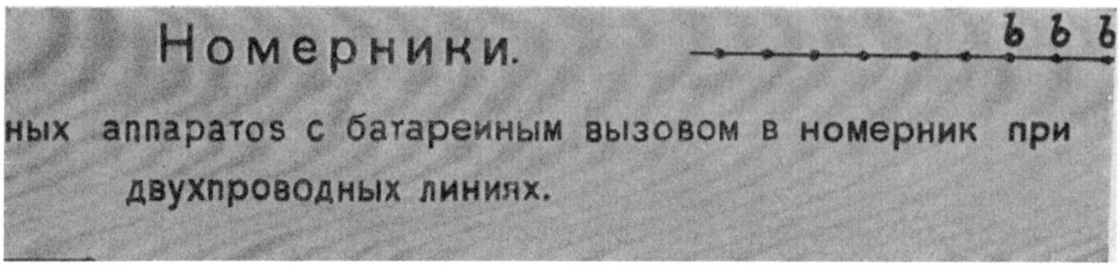

Abb. 203. Fernbild mit Störfrequenz und Plastik.

handelt (z. B. Induktion durch das Lichtnetz oder durch den Synchronisierungston), so kann man die Fehlerquellen oft dadurch erkennen, daß man die Störfrequenz auf dem Bilde durch Auszählen der durch sie verursachten Streifen feststellt (vgl. Abb. 203).

5. Der Aufbau der Verstärker.

A. Die elektrische Ausführung.

Durch die im Abschnitt 2 dieses Kapitels umrissenen Anforderungen ist auch der elektrische Aufbau der Bildverstärker bestimmt. Die Art der Kopplung zwischen den einzelnen Röhrenstufen richtet sich nach der Breite und Lage des zu übertragenden Frequenzbereiches. Für eine Bildtelegraphieanlage, die mit fest gegebener Geschwindigkeit arbeitet, wie es bei den stets gleichbleibenden Betriebsbedingungen auf Kabeln möglich ist, kommt man bei Benutzung einer Trägerfrequenz mit einer Bandbreite von etwa 2 Oktaven aus. Hierfür erweist sich die Widerstandskapazitätskopplung von Stufe zu Stufe als völlig ausreichend; am Ein- und Ausgang des Verstärkers verwendet man aus Anpassungs-

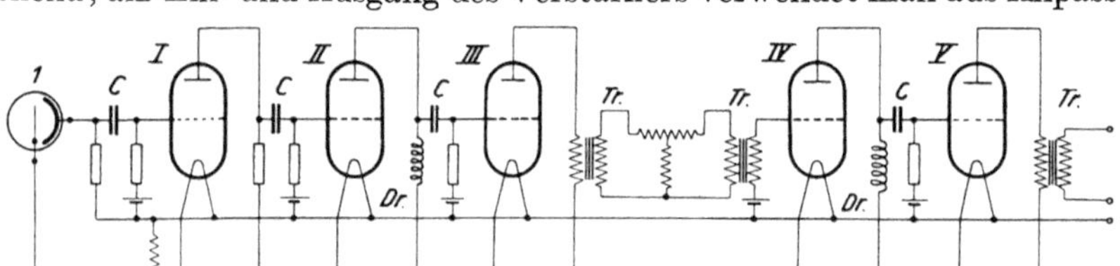

Abb. 204. Photostromverstärker für 1000 bis 20 000 Hz.

gründen (vgl. S. 286) Übertrager. Anders liegen die Verhältnisse beim drahtlosen Betriebe (vgl. Kap. VIII); den wechselnden Empfangsmöglichkeiten hat man hier durch Wahl einer günstigen Abtastgeschwindigkeit Rechnung zu tragen. Der Frequenzdurchlaßbereich muß daher insbesondere für solche Verstärker erheblich erweitert werden, welche für verschiedene Ausnutzungen, also für Kabel-, Freileitungs- oder Funkverkehr, in gleicher Weise geeignet sein sollen. In diesem Falle führt die Zusammenfassung verschiedener Kopplungsarten zum Ziele. Die Resonanzlagen der einzelnen Stufen müssen dann so verteilt werden, daß sie alle zusammen eine gleichmäßige Verstärkung ergeben. Als Beispiel sei die aus Abb. 204 ersichtliche Schaltung erwähnt, mit welcher durch gleichzeitige Anwendung von Widerstands-, Drossel- und Transformatorkopplung die in Abb. 205 gezeichnete Frequenzkurve erzielt werden konnte. Unterläßt man es, jeden Verstärker, sender- wie empfängerseits, für sich auszugleichen, so müssen wenigstens die in der Kette der Übertragung zusammenwirkenden Geräte als Endprodukt eine gleichmäßige Wiedergabe des ganzen Frequenzbereiches liefern.

Der Grundsatz, eine bestehende Frequenzabhängigkeit durch eine gegenläufige unwirksam zu machen, läßt sich auch auf die schädliche Parallelkapazität im Photozellenkreise anwenden[1]. Diesem Zwecke dient beispielsweise eine in Abb. 206 dargestellte Anordnung, bei welcher der Kondensator C mit dem Ohmschen Widerstande R einen Spannungsteiler bildet; der kapazitive Widerstand des ersteren, $R_c = \frac{1}{\omega C}$, nimmt mit steigender Frequenz ab, wodurch die an R liegende, dem Gitter der folgenden Röhre zugeführte Teilspannung wächst[2].

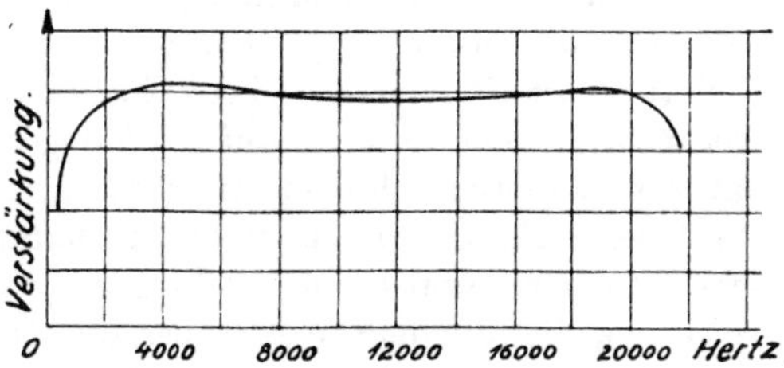

Abb. 205. Charakteristik des Photostromverstärkers nach Abb. 204.

Bei Fernsehübertragungen auf Rundfunkwellen ist nur ein verhältnismäßig enger Bereich für die Bildmodulationsfrequenz erlaubt ($\nu_{max} = 5$ kHz bis 10 kHz); in diesem Falle genügen Verstärker mit R-C-Kopplung, ohne Benutzung einer Trägerfrequenz, wenngleich dabei die niedrigen Periodenzahlen benachteiligt erscheinen[3]. Sobald man auf kurze ($\lambda < 100$ m) oder sehr kurze Wellen ($\lambda < 10$ m) übergeht, kann die Zahl der Bildpunkte erhöht werden; dadurch nimmt naturgemäß auch das in Anspruch genommene Frequenzband zu, und die Einführung einer Trägerfrequenz läßt sich nicht mehr umgehen. Nach Tabelle 16 in Abschnitt 2 ist eine Bandbreite bis zu 100 kHz (entsprechend $\lambda = 3000$ m) zu erwarten; wenn man ν_t wieder gleich $2\,\nu_{max}$ wählt, kommt hauptsächlich eine Kopplung der Verstärkerstufen durch Ohmsche Widerstände oder nicht abgestimmte Drosseln in Frage. Resonanzkreise lassen sich mit Vorteil erst bei wesentlich höheren Trägerfrequenzen, bei denen die relative Bandbreite $\frac{\nu_{max}}{\nu_t}$ kleiner wird, verwenden; die Schaltung unterscheidet sich dann nicht von einem normalen Hochfrequenzverstärker.

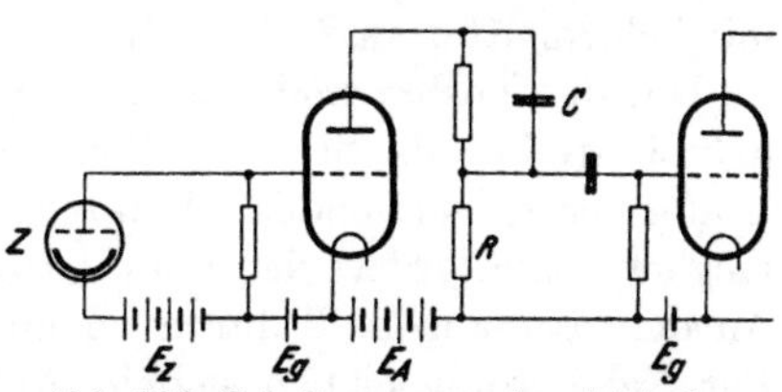

Abb. 206. Schaltung zum Ausgleich der Störkapazität im Photozellenkreise.

Besondere Sorgfalt ist der Auswahl der Röhrentypen zu widmen. Über den geradlinigen Arbeitsbereich, die Verstärkungsziffer und die Leistungsabgabe

[1] Vgl. Schweiz. Pat. Nr. 112886 vom 13. IX. 1924, Erf. A. Poulsen und A. C. G. Petersen, Dtsch. Patentanmeldung S. 527. 30, 21a[1] vom 21. X. 1930, Erf. R. Rüdenberg (SSW).

[2] Vgl. U.S.A.-Patentanmeldung Ser. Nr. 320 701 vom 20. XI. 1928, Erf. A. V. Bedford (Int. General Electric Co.), ferner Öst. Patentanmeldung A 6720—30/21a vom 3. IX. 1930 (AEG).

[3] Vgl. Kirschstein, F.: Ferns. Bd. 1 (1930) S. 286.

geben die üblichen Kennlinienblätter Aufschluß. In Anbetracht der sehr geringen Eingangsenergie des Photostromverstärkers muß dort jedes Nebengeräusch sorgsam ferngehalten werden, da die Störung sonst leicht die Größe der Nutzamplitude erreicht. Darum sind Röhren, denen ein starkes „Rauschen" eigentümlich ist, in den Anfangsstufen zu vermeiden. Dieses Rauschen führt zum Teil von dem sog. Schroteffekt her, welcher damit erklärt wird, daß die Elektronenabgabe des Heizfadens nicht stetig, sondern quantenhaft erfolgt; der auf die Anode auftreffende Hagel von einzelnen Elementarladungen ruft dann ein Prasseln hervor[1]. Neben dem Schroteffekt, der in der diskontinuierlichen Natur der kathodischen Emission begründet ist, findet man eine stärker wirksame Quelle von Störgeräuschen in Gasresten, die in der Röhre anwesend sind; diese werden beim Zusammenprall mit den zur Anode fliegenden Elektronen unter Ionisation zertrümmert und beeinflussen die Leitfähigkeit des Raumes zwischen Gitter und Glühdraht in unregelmäßiger Weise. Als besonders geräuschfrei haben sich thorierte Kathoden erwiesen. Außerdem ist die „Klingempfindlichkeit" der Röhren, vor allem bei mehrstufigen Verstärkern, zu beachten: Erschütterungen können die Elektrodensysteme in mechanische Schwingungen versetzen, die auf dem Wege über die damit verbundenen Kapazitätsschwankungen wiederum elektrische Schwingungen erzeugen. Durch geeignete Halterungen wird dieser Erscheinung vorgebeugt.

Im allgemeinen verwendet man in jeder Stufe nur eine Röhre. Gegentaktschaltungen sind dagegen in Endstufen und bei höheren Wechselspannungen am Platze, da sie größere Amplituden verzerrungsfrei wiederzugeben erlauben. In Gleichrichterstufen ermöglicht die Gegentaktanordnung die Nutzbarmachung beider Halbwellen des Wechselstromes (Abb. 213). Ihrer hohen Verstärkung wegen sind neben den gewöhnlichen Dreielektrodenröhren vielfach auch solche mit Schirmgitter in Gebrauch.

Um die Kosten und die Wartung einer Verstärkeranlage zu verringern, ist man bestrebt, als Stromquellen an Stelle von Batterien das Lichtnetz oder Umformer zu verwenden. Während dies bei den Endstufen ohne Schwierigkeit möglich ist, erfordert der Photostromverstärker wieder besondere Sorgfalt. Die Anodenspannung muß durch reichlich bemessene Filterkreise geglättet werden. Für Netzheizung eignen sich in Anfangsstufen nur die bekannten Röhren mit indirekt erhitzter Kathode, deren emittierende Schicht auf einem keramischen Körper aufgebracht ist, welcher von innen durch einen Glühdraht erwärmt wird. Um die Kathodentemperatur von Spannungsschwankungen des Netzes unabhängig zu machen, ist im Heizkreise die Vorschaltung von automatisch auf konstanten Strom regelnden Widerständen ratsam; hierfür haben sich die sog. Nernstschen Variatoren bewährt, bestehend aus einem Eisendraht, der sich in einer Wasserstoffatmosphäre befindet.

Zum Aufbau der Bildverstärker können im übrigen Schaltelemente in der allgemein üblichen Ausführung verwendet werden, wobei jedoch insbesondere wieder beim Photostromverstärker auf vorzügliche Beschaffenheit Wert zu legen ist. Wo immer hochohmige Widerstände eingeschaltet werden, ist auf deren Beständigkeit und Unabhängigkeit von der Belastung zu achten, da sonst Prasselgeräusche, Verzerrungen und Veränderungen der Verstärkungseigen-

[1] Vgl. Schottky, W. u. H. Rothe in Wien - Harms: Handbuch der Experimentalphysik Bd. 13 2. Teil (1928) S. 270.

schaften die Folge sind. Bewährt haben sich Widerstände, welche aus einer dünnen Schicht von Kohlenstoff oder Metalloxyden auf einer Unterlage aus Glas oder keramischem Material bestehen.

Die Verstärker müssen so reichlich bemessen werden, daß sie eine gewisse Leistungsreserve für ungünstige Übertragungsbedingungen enthalten. Daraus ergibt sich der Bedarf nach Regelvorrichtungen, welche von Hand aus eingestellt werden können und unter normalen Verhältnissen den Verstärkungsgrad herabsetzen müssen. Diese Anordnungen sind dort einzubauen, wo eine Überschreitung einer zulässigen Amplitude zu Übersteuerungen oder Überlastungen führen kann. Es ist zu beachten, daß die Regelung keine merkliche Änderung der Anpassung oder der Belastung von Röhren bewirken darf und bei stufenweisem Übergang ohne Unterbrechungen vor sich gehen muß. Erprobte Ausführungsformen sind Spannungsteiler aus Ohmschen Widerständen, welche zweckmäßig durch Blockkondensatoren von Gleichströmen entlastet werden, oder Nebenschlußwiderstände zur Primärseite eines Transformators [1]. Bei Widerstandsverstärkern besteht auch die Möglichkeit, einen Teil des Anodenwiderstandes durch eine große Kapazität für den Wechselstrom kurzzuschließen und so die Steuerspannung für die folgende Stufe zu verkleinern [2].

Zur leichteren Überwachung der Verstärker empfiehlt sich der Einbau von Meßinstrumenten; nützlich sind vor allem die bereits erwähnten Anodenstromzeiger, da sie nicht nur eine Übersteuerung, sondern auch Änderungen in den Betriebsspannungen oder in den Eigenschaften der Röhren erkennen lassen.

B. Die mechanische Ausführung.

Beim konstruktiven Aufbau der Verstärker muß man für eine rückwirkungsfreie Anordnung der einzelnen Stufen sorgen; dies ist durch Einfügen metallischer Zwischenwände weitgehend möglich. Ferner sind alle von außen kommenden Störungen, die entweder elektrischer oder mechanischer Natur sein können, abzuschirmen. Vor allem ist der Photostromverstärker in Anbetracht der kleinen Nutzamplituden für Beeinflussungen jeder Art sehr anfällig. Gegen Erschütterungen schützt man ihn am besten durch federnde Aufstellung; die Benutzung elastisch gehalterter Röhrensockel und das Überziehen der Glaskolben der Röhren mit Hüllen aus Gummischwamm hilft das Klingen bekämpfen. Elektrische Störungen rühren in der Mehrzahl von Motoren her, in der Nähe von Sendern auch von deren hochfrequenter Strahlung. Eine wirksame Sicherung dagegen findet man im Einbau des Verstärkers in ein allseitig geschlossenes Metallgehäuse und in einer zuverlässigen Erdung desselben. Um das Eindringen von Störungen durch die Batterieleitungen zu verhindern, sind diese im Bedarfsfalle als Panzerkabel oder in geerdeten Metallrohren zu verlegen.

Den empfindlichsten Teil des Photostromverstärkers bilden die Photozelle selbst und die zum Gitter der ersten Röhre führenden Leitungen. Wenn die Zelle außerhalb des Verstärkers angeordnet werden muß, so ergeben sich für die Verbindung mit diesem die Forderungen völliger Abschirmung sowie, aus den früher erläuterten Gründen, möglichst geringer Kapazität und vorzüglicher

---

[1] Vgl. Ziegler, H.: Telef.-Ztg. Nr. 50 (1928) S. 21.

[2] Vgl. Brit. Patentanmeldung Nr. 4848 vom 16. II. 1931, Erf. O. E. Keall (Marconi Wireless Co.).

Isolation. Eine befriedigende konstruktive Lösung hierfür besteht in einem System zweier koaxialer Leiter, von welchen der äußere als geerdetes Metallrohr ausgeführt wird. Auch dieser Teil muß erschütterungsfrei befestigt werden, da eine Verlagerung der Leiter Kapazitätsänderungen zur Folge hat und die Stromverteilung beeinflußt. Der Einbau der Photozelle in den Verstärker ist bei den Fernsehgeräten eine Notwendigkeit, weil nur so die erforderliche Verminderung der Schaltungs- und Leitungskapazität zu erzielen ist. Die Isolation der Zelle wird durch Feuchtigkeitsniederschläge auf dem Glaskörper erheblich verschlechtert, da diese einen äußeren Nebenschluß zwischen den Elektrodeneinführungen bilden. Es empfiehlt sich deshalb, zur Vermeidung solcher Störungen die Zelle in ein luftdicht abgeschlossenes Gehäuse einzubauen, welches gleichzeitig zur Abschirmung dient. Um alle Feuchtigkeitsspuren zu entfernen, kann man überdies hygroskopische Chemikalien (z. B. Phosphorpentoxyd oder Chlorkalzium) in dem Schutzkasten unterbringen. Die für den Durchtritt des Lichtes zur Zelle nötige Öffnung wird durch eine Glasscheibe mit aufgelegtem Drahtnetz abgedichtet[1].

6. Die Bildumkehr.

Der von der Photozelle gelieferte Strom ist der Bildhelligkeit direkt proportional. Wenn man diese Abhängigkeit auf dem ganzen Übertragungswege aufrecht erhält und auf der Empfangsseite „schwärzende" Registriermethoden anwendet, bei denen eine Niederschrift erzeugt wird, welche dunkler als der Untergrund ist, so wird das Fernbild negativ. Soweit dessen Aufnahme auf photographischem Film erfolgt, um davon Kontaktkopien anfertigen zu können, ist dieser Umkehreffekt gerade erwünscht. Benutzt man jedoch für den Empfang Entwicklungspapiere oder ein elektrochemisches Verfahren, so sind zur unmittelbaren Aufzeichnung positiver Bilder besondere Maßnahmen erforderlich.

Bedeutet A die Maximalamplitude, welche, von der Abtastung einer weißen Stelle auf der Vorlage herrührend, im Empfangsbilde die intensivste Schwärzung hervorbringen würde, und a den einem bestimmten Halbton entsprechenden Wert, so muß zwecks Erzielung einer positiven Wiedergabe mit Hilfe einer Gegenspannung die Differenz $(A-a)$ hergestellt werden. Es ist ohne weiteres klar, daß das subtraktive Glied a für Schwarz ein Minimum wird, bei hellem Weiß hingegen die gedachte Gegenspannung völlig aufheben muß. Dieser Vorgang soll in der Folge als „Bildumkehr" bezeichnet werden.

A. Die Bildumkehr am Sender.

Senderseitig läßt sich der Umkehrprozeß entweder schon im Photozellenkreise oder erst im Verstärker einschalten. Eine weitere Möglichkeit seiner Durchführung findet sich in einer besonderen Tastmethode des Senders.

Bei Gleichstromverstärkern, welche mit den von der Photozelle gelieferten Bildimpulsen ohne Trägerfrequenz arbeiten, läßt sich die Zuordnung eines bestimmten Tastungssinnes, d. h. die Vorschrift, ob einer Belichtungsänderung eine Zu- oder Abnahme des Anodenstromes entsprechen soll, durch die Anzahl der Stufen festlegen und diese Bestimmung durch Umpolen der Steuerspannung

[1] D.R.P. Nr. 546810 vom 2. VI. 1929, Erf. A. Karolus.

an einem Gitter umkehren. Ähnlich verfährt man bei der Mischrohrschaltung (vgl. S. 294). Dort kann man den Anschluß der Gleichstromverstärkerstufe wahlweise derart ausführen, daß die Bildimpulse die Trägerfrequenz entweder abriegeln oder durchlassen.

Wenn dagegen die Trägerfrequenz schon im Photozellenkreise eingebracht wird, muß die Gegenspannung eine Wechselspannung gleicher Frequenz und Amplitudenform sein, aber eine Phasenverschiebung von 180^0 besitzen, wie dies durch das Diagramm in Abb. 207 veranschaulicht wird. Nur bei genauer Erfüllung dieser drei Bedingungen ist eine Kompensation der Spannungen möglich.

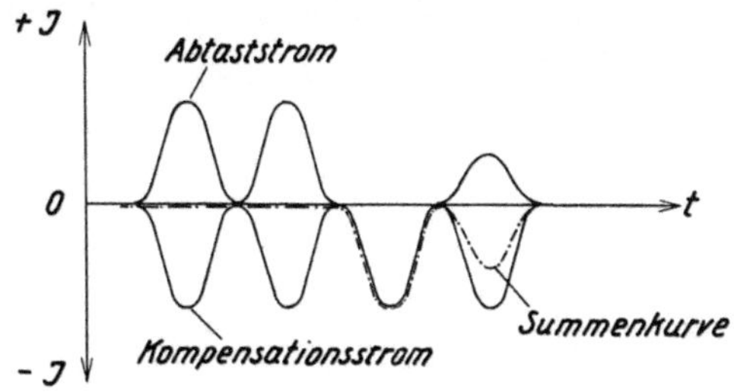

Abb. 207. Abtast- und Kompensationsstrom bei der Bildumkehr mit zweiter Photozelle.

Bei Verwendung der Lochscheibenmethode zur Erzeugung der Trägerfrequenz (vgl. S. 297) läßt sich die Gegenspannung durch eine zweite Photozelle herstellen. Beide Zellen erhalten das intermittierende Licht von der gleichen Lampe; während nun die eine derselben, die Arbeitszelle, indirekt über die Vorlage beleuchtet wird und Ströme mit veränderlichen Amplituden liefert, wird die andere, die Kompensationszelle, direkt bestrahlt und ergibt demnach konstante Scheitelwerte. Die Zusammenschaltung beider Zellen kann in verschiedener Weise erfolgen. Eine geeignete Brückenanordnung zeigt Abb. 208. Die Brücke wird so abgeglichen, daß man auf die Arbeitszelle Z_1 das von dem hellsten Weiß der Vorlage reflektierte Licht fallen läßt und die Kompensationszelle Z_2 mit den weiter unten genannten Mitteln derart einregelt, daß sich die an den Widerständen R_1 und R_2 entstehenden Spannungen gerade aufheben. Dies läßt sich mit Hilfe eines Telephons oder eines am Verstärkerausgange angelegten Röhrenvoltmeters sehr genau feststellen. Erhält Z_1 durch eine dunklere Stelle der Vorlage weniger Licht, so wird das Brückengleichgewicht gestört und dem Verstärker eine Spannung aufgedrückt, welche der Differenz der Photoströme entspricht[1]. Eine Abänderung dieser Schaltung ist in Abb. 209 wiedergegeben. Hier wirken sich die Ströme i_1 und i_2 der beiden Zellen Z_1 und Z_2 an einem einzigen Widerstande R, von welchem die Gitterspannung abgegriffen wird, entgegen. Die Einregelung der Kompensationszelle kann entweder durch Änderung des Saugpotentials geschehen oder durch Dosierung der auf sie fallenden Lichtmenge mittels eines verschiebbaren Graukeiles bezw. einer verstellbaren Irisblende. Zu beachten ist ferner folgendes: Die Kompensationszelle

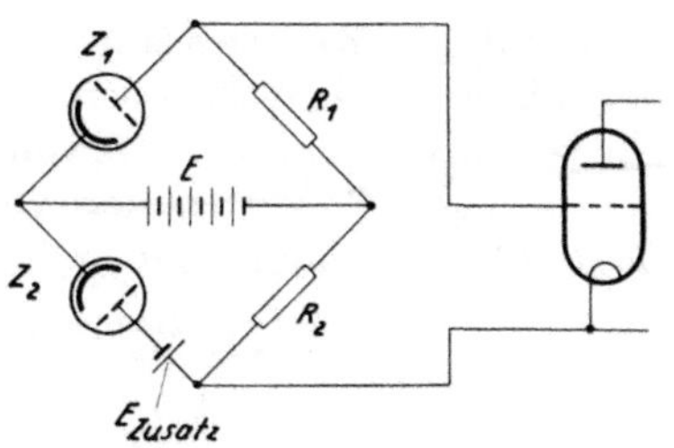

Abb. 208. Brückenschaltung mit zwei Photozellen.

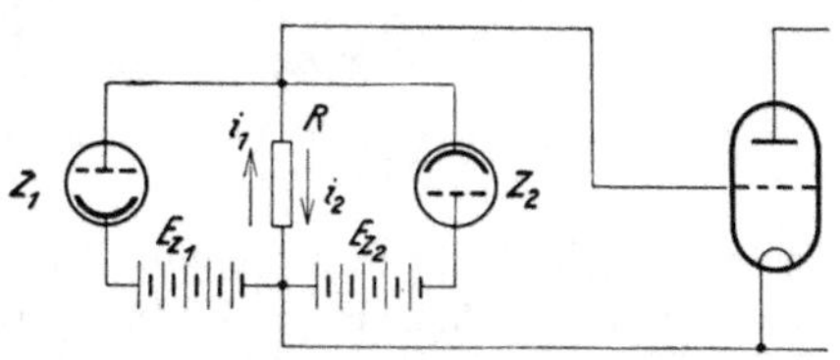

Abb. 209. Abgeänderte Brückenschaltung mit zwei Photozellen.

[1] Vgl. D.R.P. Nr. 489 290 vom 27. III. 1927, Erf. F. Schröter (Telefunken).

muß so angeordnet werden, daß der zeitliche Verlauf der Belichtung möglichst genau mit jenem der Arbeitszelle übereinstimmt, da sich anderenfalls größere unkompensierbare Restamplituden ergeben. Diese lassen sich bei richtiger Ausführung auf etwa 2% bis 3% der Maximalamplitude herabdrücken. Falls die Parallelkapazitäten zu den beiden Zellen verschieden sind, weichen auch die Phasenverschiebungen zwischen den Beleuchtungen und den Photoströmen (vgl. S. 287) voneinander ab, so daß keine völlige Aufhebung zu erzielen ist.

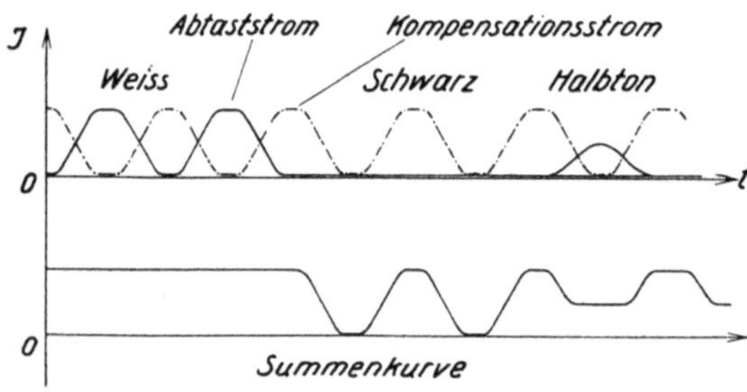

Abb. 210. Photostrom bei der Bildumkehr mit einer Photozelle.

In sinngemäßer Abwandlung des vorstehend beschriebenen Weges ist auch die Entnahme der Gegenspannung aus einem besonderen, synchron mit der Lochscheibe umlaufenden Wechselstromgenerator (Zahnsirene, vgl. Abb. 164, Kap. VI) versucht worden. Der richtige Amplitudenverlauf muß in diesem Falle durch entsprechende Formgebung der Pole erreicht werden, während die Einstellung der Phase durch Verschiebung des Stators erfolgt.

Deckt die Kurvengestalt der Gegenspannung sich nicht ganz genau mit derjenigen der Trägerfrequenz, so bleibt immer eine Anzahl von Oberschwingungen unausgeglichen. Obwohl es sich dabei nur um einen kleinen Anteil von wenigen Prozenten der vollen Aussteuerung handelt, kann sich dieser doch störend äußern. Zur völligen Beseitigung der Restspannungen empfiehlt sich im Betriebe die Verwendung von Siebanordnungen, auf welche in Kap. VIII näher eingegangen wird.

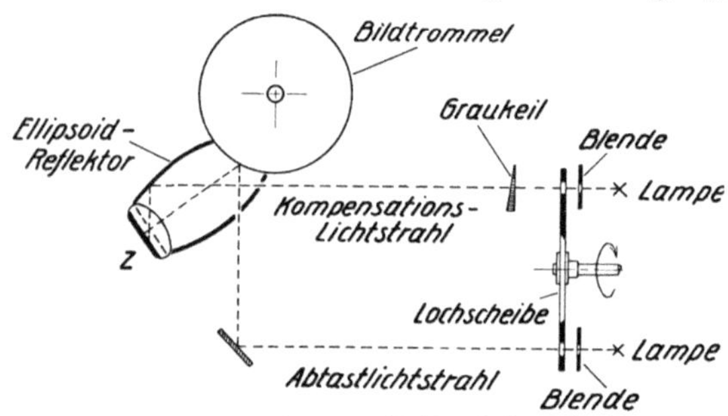

Abb. 211. Einrichtung zur Bildumkehr mit einer Photozelle.

Eine Bildumkehr läßt sich auch nach folgender Erwägung bewerkstelligen[1]. Bei Beleuchtung eines hellen Bildpunktes mit intermittierendem Lichte zeigt der Photostrom die in Abb. 210 gezeichnete Kurvenform. Läßt man nun einen zweiten Lichtstrahl von gleicher Intensität und identischem zeitlichen Verlauf, aber mit einer Phasenverschiebung von 180^0 auf die Zelle fallen, so ergibt sich als Summenwirkung ein Gleichstrom, welcher einen nur für Wechselspannungen gebauten Verstärker nicht beeinflußt. Geht dann bei Abtastung eines dunkleren Bildpunktes die Intensität des von der Vorlage reflektierten Lichtes zurück, während der Zusatzlichtstrahl unverändert bleibt, so fließt ein pulsierender Photostrom, welcher nach Abb. 210 der Differenz der alternierenden Beleuchtungen entspricht und vom Verstärker weitergeleitet wird. Der Aufbau einer

[1] Vgl. Lux, H.: ZS. f. techn. Phys. Bd. 11 (1930) S. 160 und Dtsch. Patentanmeldung T 36 832 vom 30. IV. 1929, Erf. H. Lux (Telefunken).

solchen Anordnung ist in Abb. 211 schematisch dargestellt. Die Photozelle Z ist in einem Ellipsoidreflektor eingebaut (vgl. S. 23), welcher den Kompensationsstrahl durch eine seitliche Öffnung auf die lichtempfindliche Schicht der Zelle fallen läßt. Der besagte Strahl geht von einer getrennten oder von derselben Lichtquelle aus wie der Abtaststrahl und wird an einer anderen Stelle der Lochscheibe unterbrochen; zur Regelung der Helligkeit dient ein verschiebbarer Graukeil. Da bei diesem Verfahren nur eine einzige Photozelle zur Verwendung gelangt, ist die Gefahr einer elektrischen Phasenverschiebung zwischen Bild- und Kompensationsstrom vermieden.

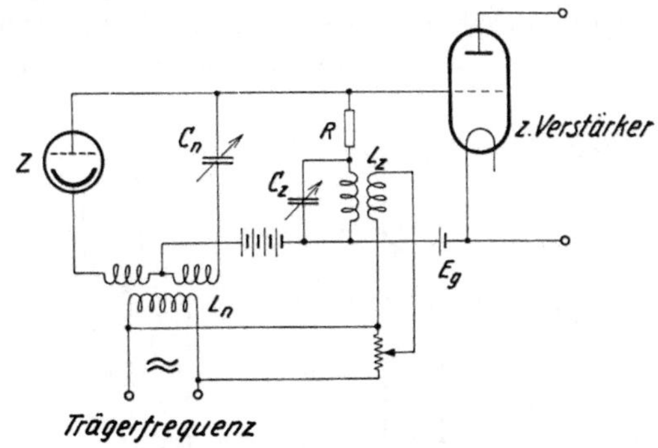

Abb. 212. Bildumkehr durch Zusatz der gegenphasigen Trägerfrequenz.

Wenn man die Trägerfrequenz auf elektrischem Wege in den Photozellenkreis einführt, ist es ein Leichtes, gleichzeitig eine in Gegenphase befindliche Spannung für die Bildumkehr zu erhalten. Die in Abb. 212 gezeichnete Schaltung entspricht der Anordnung von Abb. 185 mit der Änderung, daß über die Induktivität L_z die Kompensationsspannung eingebracht wird. Ein Potentiometer gestattet die Amplitudenregelung, während die Phasenlage durch eine Parallelkapazität auf den richtigen Wert geschoben werden kann[1].

Bei Bildtelegraphiegeräten, welche mit Kontaktabtastung und meist ohne Verstärker arbeiten, läßt sich die Bildumkehr mit einer einfachen Brückenanordnung durchführen, deren Zweige durch Ohmsche Widerstände gebildet werden; in der einen Diagonale liegt eine Spannungsquelle, während die Zeichenströme von den beiden anderen Eckpunkten abgenommen werden. Die Abtastvorrichtung ist in einem Brückenzweig eingeschaltet und bewirkt, daß bei Unterbrechung des Kontaktes das Gleichgewicht gestört und Strom in die Leitung gesendet wird[2].

Eine einfache Bildumkehr erzielt man schließlich auch durch folgende besondere Tastmethode des Senders. Läßt man diesen dauernd auf Oberstrich arbeiten und durch die lichtelektrischen Zeichen verriegeln, so strahlt er gleichsam das Negativ des abgetasteten Bildes aus. Bei Vorlagen, in denen ein heller Untergrund überwiegt, ist die Bildumkehr mit einer Ersparnis an abgegebener Hochfrequenzleistung verknüpft.

B. Die Bildumkehr am Empfänger.

Wenn man die Bildumkehr erst auf der Empfangsseite vornimmt, hat dies den Vorteil, daß es im Belieben des Empfängers liegt, ohne vorherige Verständigung mit der Sendestelle positiv oder negativ aufzunehmen, je nachdem, ob Film oder Papier zur Registrierung benutzt werden soll. Bei Übertragung von Schwarz-Weiß-Vorlagen wird diesem Verfahren der weitere Vorzug zugeschrieben,

[1] Vgl. U.S.A.-Pat. Nr. 1688292 vom 7. III. 1925, Erf. A. Weaver (A. T. T. Co.).
[2] Vgl. D.R.P. Nr. 533915 vom 3. III. 1929, Erf. H. Rudolf (Siemens & Halske A.G.).

daß es die Möglichkeit gewährt, atmosphärische Störungen bezw. die von ihnen auf der ganzen Fläche hervorgebrachten parasitären Markierungen in geringerem Maße hervortreten zu lassen. Im allgemeinen herrscht in einem solchen Bilde der weiße Hintergrund vor. Der Sender strahle bei Weiß seine volle Leistung aus. Man kann dann auf der Empfangsseite eine Begrenzungseinrichtung schaffen, welche die von den Luftstörungen herrührende Amplitudenvergrößerung unwirksam macht. Der gegenteilige Fall, daß derartige Pseudosignale in Gegenphase zum Senderfelde wirken, dessen Stärke also mindern, ist erfahrungsgemäß sehr selten. Nach erfolgter Umkehr der Steuerung des Schreiborganes erhält man so einen ungesprenkelten, gleichmäßig hellen Hintergrund, welcher viel zum guten Aussehen des Fernbildes beiträgt.

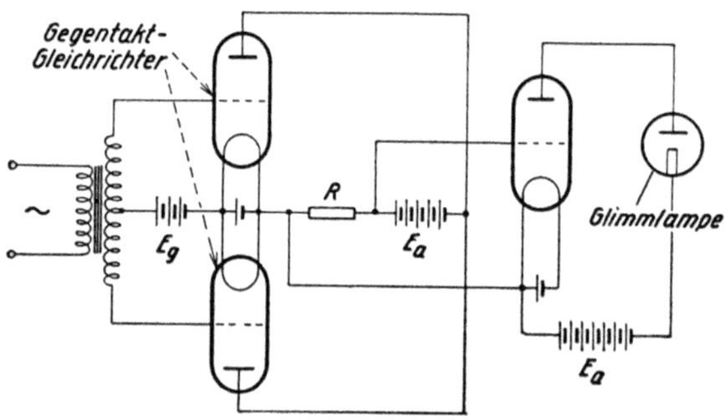

Abb. 213. Schaltung zur Bildumkehr auf der Empfangsseite.

Schaltungsbeispiele für eine solche Umdrehung des Steuersinnes sind die zur Schwundbeseitigung dienenden Empfangsanordnungen für Kurzwellenbildübertragung, von denen in Kap. IX ausführlicher die Rede sein wird. Die Möglichkeiten und Grenzen ihrer Anwendung sind dort gleichfalls erörtert. In analoger Weise arbeitet die Einrichtung nach Abb. 213[1]. Solange keine Sendeenergie ankommt, entsprechend einer schwarzen Stelle der Vorlage, ist der Anodenkreis des Gleichrichters stromlos; am Widerstande R entsteht demzufolge auch kein Spannungsabfall. Die Endröhre erhält dann keine negative Gittervorspannung, und durch die Glimmlampe kann eine bestimmte Entladungsstromstärke fließen. Die lichtempfindliche Schicht des Papieres wird also geschwärzt, das betr. Bildzeichen positiv übertragen. Dagegen liefert die Empfangsamplitude, welche dem weißen Hintergrunde der Vorlage oder aber einer Störung zugeordnet ist, am Widerstande R eine Potentialdifferenz, die bei richtiger Wahl von R und bei geeigneten Röhren die Endstufe verriegelt, so daß die Glimmlampe entweder erlischt oder nur noch einen schwachen, zur Schwärzung nicht mehr ausreichenden Strom hindurchläßt. Eine mit dem Aussetzen des Senders zusammenfallende Störung unterbricht natürlich den Markierungsvorgang, die photographische Zeichnung erscheint an einer solchen Stelle lückenhaft; da es sich dabei aber stets nur um kurze Punkte oder Striche handelt und die Wahrscheinlichkeit des gedachten Zusammentreffens bei der großen Überzahl weißer Flächenelemente gering ist, spielt dieser Einwand in der Praxis keine Rolle.

Der beabsichtigte Nutzen derartiger Verfahren kann jedoch höchstens bei Langwellenbildübertragung eintreten; im Bereiche der für den Überseeverkehr zur Anwendung kommenden kurzen Wellen sind die atmosphärischen Störungen abgesehen von besonders ungünstig gelegenen Empfangsplätzen zu normalen Zeiten weder so häufig, noch so stark, daß sie an sich die Qualität der Wieder-

[1] Vgl. Zworykin, V. K.: Proc. Inst. Radio Eng. Bd. 17 (1929) S. 536.

gabe ernstlich beeinträchtigen könnten. Hier besteht die Hauptaufgabe in der Beseitigung der Fadings (s. Kap. IX).

In einfachster Weise ist die Bildumkehr beim Saitengalvanometer (vgl. Kap. V) herbeizuführen, indem man die Ruhelage so einstellt, daß das Licht ungehindert durch den Spalt treten kann, und durch die Zeichenströme eine Abblendung des Strahles bewirken läßt.

Wenn ein Schleifenoszillograph (vgl. Kap. V) zur Registrierung benutzt wird, ergibt sich eine Möglichkeit zur wahlweisen positiven oder negativen Bildaufzeichnung durch Verwendung verschiedener Blenden[1]. Setzt man eine schmale Spaltblende derart in den Weg des Lichtzeigers, daß das Strahlenbündel in der Ruhelage ungehindert hindurchtreten kann, so wird dieser im Falle einer periodischen Bewegung durch die einer Trägerfrequenz überlagerten Bildzeichen während eines um so größeren Teiles einer Periode abgeblendet, je größer der Ausschlag ist. Auf diese Weise kommt eine positive Aufzeichnung zustande, da hellen Stellen der Vorlage eine große Zeichenamplitude, also geringe Schwärzung der lichtempfindlichen Schicht entspricht. Verwendet man hingegen eine Blende, welche zwei parallele Schlitze enthält und durch den dazwischen befindlichen Steg den Lichtzeiger in seiner Ruhelage abblendet, so tritt die umgekehrte Wirkung ein: der Film wird während eines um so größeren Teiles einer Periode belichtet, je größer die Schwingungsweite ist; das geschwärzte Bild stellt daher ein Negativ der Vorlage dar. Die Auswahl eines geeigneten Querschnittes des Strahlenbündels (z. B. rhombenförmig) verbessert die Wiedergabe von Halbtönen.

Die steuernde Potentialdifferenz für die Kerr-Zelle wird vielfach vom Anodenwiderstande der letzten Röhre abgegriffen (vgl. S. 234). Da die Werte des Spannungsabfalles an diesem Widerstande und an den Elektroden der Röhre sich stets zur konstanten E.M.K. der Anodenspannungsquelle ergänzen, findet man einen einfachen Weg zur Bildumkehr durch Entnahme der Steueramplitude zwischen Kathode und Anode des Endrohres. Hierbei muß aber der Trägerwechselstrom der Bildzeichen zuvor durch Gleichrichtung eliminiert sein (ebenso wie dies im Falle der Abb. 213 nötig wäre).

Der Vollständigkeit halber sei noch erwähnt, daß die Verwandlung eines negativen, auf lichtempfindlichem Papier aufgenommenen Bildes in ein Positiv auch auf chemischem Wege möglich ist. Dieser Prozeß ist in der Kleinfilmtechnik üblich und beruht darauf, daß das an den schwarzen Stellen abgeschiedene Silber gebleicht und ausfixiert und der bei der Exposition nicht beeinflußte Teil der Emulsion nachgeschwärzt wird.

[1] Vgl. Niwa, Y.: Elektr. Nachrichtenwesen Bd. 8 (1930) S. 283.

Achtes Kapitel.

Drahtlose Bildsendung.

Von

Otto Schriever.

1. Einfluß der Sendewelle auf das Übertragungstempo.

Nachdem im vorhergehenden Teile die Methoden und apparativen Hilfsmittel zur Umwandlung eines Bildes in telegraphierbare Stromzeichen diskutiert worden sind, wenden wir uns im vorliegenden Kapitel der drahtlosen Aussendung derartiger Signale zu.

Die moderne Hochfrequenztechnik verfügt in den Sender- und Empfängerröhren über Steuerorgane von äußerster Trägheitslosigkeit, eine Eigenschaft, die auch die heutigen optisch-elektrischen Wandler der Bildübertragung in hohem Maße auszeichnet. Die drahtlose Telegraphie erscheint daher berufen, die rasch wechselnden Impulse der Bildzerlegung ohne Schwierigkeiten zu bewältigen und so der Fernbildschrift von vornherein eine wirtschaftliche Basis zu geben. Allerdings ist dabei die Wahl der Wellenlänge nicht ganz belanglos, denn die Zeitkonstante derjenigen Resonanzkreise, die der Tastung unterworfen sind, setzt der Temposteigerung schließlich eine obere Grenze — die einzige Beschränkung übrigens, die in den Apparaturen selbst begründet ist.

Um eine praktische Regel zu nennen, kann man sagen, ein Sender läßt sich im allgemeinen so schnell tasten, bis die resultierende Bandbreite etwa 5% der Sendefrequenz ausmacht. Auf die zeitliche Länge des einzelnen Zeichens, wie auch der Zeichenpause, entfallen dann je 20 Schwingungen der hochfrequenten Trägerwelle λ. Die pro Rasterelement benötigte Mindestdauer t wäre demnach proportional der Wellenlänge:

$$t = 20\ \lambda/c \quad (c \text{ Lichtgeschwindigkeit})\,.$$

Größenordnungsmäßig anschaulicher ist es, den für 100 000 Rasterelemente benötigten Zeitaufwand anzugeben. Dieser beträgt:

$$T = {}^1/_{150} \cdot \lambda \text{ Sekunden,}$$

wenn λ in Meter ausgedrückt wird. Die gerade Linie a der Abb. 214 veranschaulicht diese Abhängigkeit. Sie soll weniger Anspruch auf Genauigkeit erheben, als vielmehr einen ungefähren Anhaltspunkt dafür geben, wieweit das Tempo einer Bildübertragung überhaupt gesteigert werden kann. Es versteht sich von selbst, daß für den Empfang von Wellen, die bis zu dieser äußersten Grenze moduliert sind, ein Empfänger von genügender Durchlaßbreite zur Verfügung stehen muß. Das läßt sich aber immer einrichten, da ein durch verminderte Selektion verursachter Lautstärkenverlust wieder ausgeglichen werden kann durch vermehrte Verstärkung.

Ganz so einfach, wie dargestellt, ist nun freilich die Abhängigkeit der Tastgeschwindigkeit von der Wellenlänge in Wirklichkeit nicht. Allenfalls bei sog. drahtlosen Kurzschlußversuchen, bei denen der Empfänger in unmittelbarer Nähe des Senders aufgestellt ist, kann die angenommene Linearität beobachtet werden. Im praktischen Betriebe jedoch zeigen einzelne Wellengebiete, und zwar vor allem gerade diejenigen, die für den Weitverkehr in Frage kommen, erhebliche Abweichungen von der aufgestellten Regel. Zur Vervollständigung des Überblickes wenden wir uns kurz den verschiedenen Teilen des drahtlosen Spektrums zu.

Bei sehr langwelligen Sendern, etwa oberhalb $\lambda = 10$ km, ist es aus baulichen Gründen unmöglich, Strahlungswiderstände größer als wenige Zehntel Ohm zu erzielen. Das zwingt dazu, auch die übrigen Antennenverluste nach Möglichkeit herabzusetzen, weil andernfalls der ohnehin schlechte Antennenwirkungsgrad zu ungünstig ausfallen würde. So ist man z. B. in Nauen bei der 18 km-Welle auf einen Gesamtantennenwiderstand ΣR von 1,1 Ω, bei $\lambda = 13$ km auf 1,2 Ω und bei $\lambda = 4{,}9$ km auf 4,5 Ω gekommen. Setzt man noch die Kenntnis der Kapazitätswerte der betreffenden Antennen voraus, die zu 55 500 $\mu\mu$F, 28 700 $\mu\mu$F und 3900 $\mu\mu$ F gemessen wurden, so ergeben sich aus ΣR und C die bezüglichen Bandbreiten nach bekannter Formel zu 0,6%, 0,5% und 0,67%. Die erzielbare Tastgeschwindigkeit ist also tatsächlich um eine Größenordnung geringer, als sie sein würde, wenn beispielsweise beim Kurzschlußversuch der Sender auf eine künstliche Antenne genügender Dämpfung arbeitete. Das Kurvenstück *b* trägt diesen Verhältnissen Rechnung. Wir vermerken, daß bei den genannten drei Sendern 1 dm² Bildfläche, bestehend aus 250 000 Rasterelementen, 42, bezw. 36, bezw. 10 min Übertragungsdauer erfordern würde. Solch lange Zeiten sind aber wirtschaftlich nicht tragbar; die Langwellen scheiden daher für die Bildtelegraphie ein für allemal aus. Und dies um so mehr, als bei Textübermittlung die Faksimilemethode in keiner Weise mit der gewöhnlichen Morsetelegraphie konkurrieren kann: 120 Worte — so viele lassen sich in Schreibmaschinenschrift ungefähr auf 1 dm² unterbringen — können in Morsezeichen über die gleichen Sender in etwa 1 min durchgegeben werden.

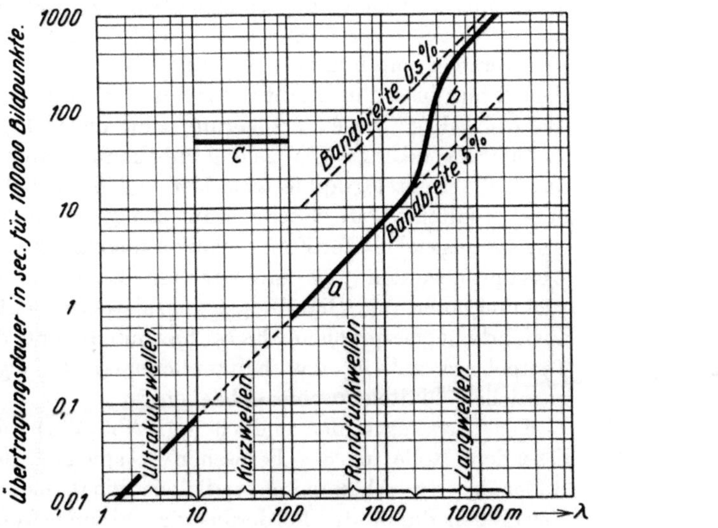

Abb. 214. Übertragungsdauer in Abhängigkeit von der Wellenlänge.

Die Rundfunkwellen hingegen erlauben recht brauchbare Übertragungsgeschwindigkeiten, wie sie etwa der Linie *a* entsprechen. So wurden im Jahre 1927 über den großen Röhrensender (Deutschlandsender) in Königswusterhausen, $\lambda = 1250$ m, während eines ausgedehnten Versuchsbetriebes mit der Gegenstation Wien durchschnittliche Geschwindigkeiten von 2 dm²/min erzielt. Da aber für kommerzielle Zwecke auf so kurze Entfernungen die Kabelverbindung vorgezogen wird und unter den Rundfunkhörern die Niederschrift starrer Bilder zu geringem Interesse begegnet, haben auch diese mittleren Wellen keine größere Bedeutung für die Bildtelegraphie erlangen können. Lediglich für gelegentliche militärische und polizeiliche Zwecke sind sie in den Dienst der Fernphotographie gestellt worden.

So werden wir denn zwangläufig auf das Gebiet der Kurzwellen verwiesen, die der Schnelltastung keine Schwierigkeiten bereiten und infolge ihrer erstaunlich großen Reichweiten ohnehin eine bevorzugte Stellung im modernen transozeanischen Funkdienst erlangt haben. Die ursprünglich auf diese Grundlagen gestützten Hoffnungen wurden jedoch, wenn sie sich auch beim Arbeiten auf mäßige Entfernungen durchaus erfüllt haben, im eigentlichen überseeischen Fernverkehr empfindlich enttäuscht, denn nicht einige wenige Sekunden, sondern 2 min bis 4 min mußten für 1 dm^2 Bildfläche aufgewendet werden (Linie *c* der Abb. 214). Diese Verzögerung wird durch Eigentümlichkeiten der Wellenausbreitung bedingt, die bislang unbekannt waren und deren Erforschung erst durch die Bildtelegraphie ausgelöst und ermöglicht wurde. Die Tragweite der dabei erhaltenen Aufschlüsse ist für das ganze im vorliegenden Buche behandelte Anwendungsgebiet der Funktechnik außerordentlich groß gewesen. Im folgenden Abschnitt werden jene interessanten Erscheinungen, die den weiteren Entwicklungsgang der Bildübertragungsmethoden entscheidend beeinflußt haben, ausführlicher besprochen. Es sei hier nur betont, daß trotz der naturgegebenen Tempobeschränkung das Kurzwellenband die eigentliche Domäne der kommerziellen Bildtelegraphie geblieben ist.

Die Ultrakurzwellen endlich (vgl. Abb. 214) scheinen berufen zu sein, eine besondere Rolle für das Fernsehen zu spielen. Bei der Übertragung lebender Bilder ist die Abtastgeschwindigkeit nicht mehr beliebig wählbar, sondern vorgegeben durch die Forderung der Flimmerfreiheit des empfängerseits entstehenden Gesichtseindruckes, die dazu zwingt, die Wiedergabe jedes Einzelbildes in der kurzen Zeit von ungefähr $^1/_{20}$ s zu vollenden. Bei einer Unterteilung der Fläche in 250 000 Elemente, wie sie oben für das starre Bild zugrunde gelegt wurde, würden 5 Millionen Punkte/s zu übermitteln sein. Mit Wellen von 1 m bis 2 m Länge wird es vielleicht eines Tages gelingen, auch dieses Problem zu lösen. Vorläufig jedoch beherrscht weder die Sendetechnik die Erzeugung jener äußerst kurzen Wellen in genügendem Maße, noch ist die Fernsehtechnik bis zu einem solchen Grade der Bilddetaillierung vorangekommen. Für die nächste Zukunft werden vielmehr einige 100 000 Punkte/s die äußerste Forderung sein, die das Rundfunk-Fernsehbild an den drahtlosen Sender stellen wird. Und diese Aufgabe läßt sich mit Wellen von 5 m bis 10 m schon heute mühelos bewältigen. Da überdies die Ultrakurzwellen ihre Brauchbarkeit für einen örtlich beschränkten Rundfunk bereits erwiesen haben, wird sich das programmäßige Fernsehen zunächst aller Voraussicht nach in dem genannten Wellenbereich unterhalb 10 m abspielen.

2. Ausbreitungserscheinungen.

Ihre besondere Eignung für den Weitverkehr verdanken die Kurzwellen dem Vorhandensein der Kennelly-Heaviside-Schicht, einer durch die Sonnenbestrahlung erzeugten Ionenregion in der oberen Atmosphäre, angenommenermaßen etwa $^1/_{100}$ Erdradius hoch, die auf elektromagnetische Wellen der Länge 10 m bis 100 m durch Reflexion und Brechung eine Art Spiegelwirkung ausübt. Dadurch werden diese Wellen befähigt, der Erdkrümmung zu folgen, ja unter Umständen rings um die Erde herum zu ihrem Ausgangspunkt zurückzugelangen, oder sie sogar mehrmals zu umkreisen. H. Lassen[1] und K. Försterling[2] haben eine recht anschauliche Theorie für den Mechanismus der Heaviside-Schicht gegeben, auf die hier kurz eingegangen werde.

Die ultravioletten Strahlen der Sonne finden bei ihrem Eintritt in die irdische Atmosphäre zunächst ein äußerst verdünntes Gas vor, in dem sie nur schwach absorbiert werden. Bei weiterem Vordringen nimmt mit der Gasdichte auch die Absorption zu, die sich in einer teilweisen Ionisierung der Gasmoleküle äußert. In einer gewissen Höhe — die Autoren geben 112 km über dem Erdboden an — erreicht die Bildung von Ionen und Elektronen ein Maximum, um nach unten hin schnell abzunehmen, weil die Energie der Sonnenstrahlen verbraucht ist. Auf solche Art hat man sich die Entstehung der Heaviside-Schicht zu denken. Folgende ihrer Eigenschaften interessieren uns besonders: 1. Der stetige Abfall der Ionenkonzentration vom Maximum bis auf praktisch Null erstreckt sich auf die Region zwischen 112 und 95 km Höhe. 2. Nachts geht die Ionenkonzentration infolge von Wiedervereinigung auf etwa den vierten Teil zurück. 3. Die freie Weglänge der Ionen muß, entsprechend der geringen Gasdichte, zu einigen Dezimetern angenommen werden. — Was geschieht nun, wenn eine elektrische Welle von der Erde her in diese leitende Schicht einfällt? Unter dem Einfluß des elektromagnetischen Wechselfeldes geraten die Ionen in Schwingungen und legen dabei Amplituden zurück, die dem Quadrat seiner Schwingungszahl umgekehrt proportional sind. Bei genügend hoher Frequenz bleibt daher der Ausschlag klein im Verhältnis zur freien Weglänge, so daß mit der Hin- und Herbewegung der Ionen nicht auch eine Wiedervereinigung, folglich auch keine Dämpfung verbunden ist, sondern lediglich eine Änderung der Fortpflanzungsgeschwindigkeit, also eine Brechung. Dieser Fall liegt nun in der Tat vor, wenn es sich bei dem besagten Wechselfeld um eine Kurzwelle handelt. Dringt eine solche von unten her in die Ionenschicht ein, so erleidet sie eine stetig zunehmende Richtungsänderung und wird, unter der Bedingung genügend schräger Inzidenz, schließlich zur Erde hin zurückgebrochen[3]. Je kürzer die Welle, desto weniger

---

[1] Lassen, H.: ZS. f. Hochfrequenztechn. Bd. 28 (1926) S. 109; Elektr. Nachr.-Techn. Bd. 4 (1927) S. 175; Bd. 5 (1927) S. 324.

[2] Försterling, K.: Elektr. Nachr.-Techn. Bd. 5 (1928) S. 530.

[3] Leitfähigkeit und Dielektrizitätskonstante, die beide von der Schwingungszahl der einfallenden Strahlung und von der Ionendichte abhängen, bestimmen für jeden Punkt der Heaviside-Schicht den Brechungsindex, der also gleichfalls eine Funktion der Frequenz ist. Er ist immer kleiner als im nicht ionisierten Medium. Ein von unten her in die Heaviside-Schicht eintretender Strahl erfährt eine zur Erdoberfläche neigende Krümmung. Genügt für die betreffende Frequenz die vorhandene Ionendichte, so wird der Strahl parallel der Schichtgrenze verlaufen. Bei einer gewissen Konzentration der Träger, die mit der Frequenz wächst, erfolgt Totalreflexion, der Strahl gelangt wieder in Gebiete mit zunehmendem Brechungsindex und wird auf die Erde zurückgebeugt. Hieraus erhellt weiter, daß zu jeder Kurzwellenlänge ein kritischer Abgangswinkel der Ausstrahlung gehört, oberhalb dessen sie überhaupt nicht mehr zum Boden wiederkehrt, da ihre Bahnkrümmung in der Heaviside-Schicht dazu nicht ausreicht (Grenzwinkel). Diesem Grenzwinkel entspricht ein ganz bestimmter Abstand vom Sender, wo die Welle herunterkommt (Sprungentfernung, Skipdistanz). Die Sprungentfernung vergrößert sich um so mehr, je flacher der Abstrahlwinkel wird. Diese Darstellung ergibt natürlich nur in großen Zügen ein richtiges Bild der Verhältnisse.

wird sie bei gegebener Ionenkonzentration von ihrer Bahn abgelenkt, bezw. desto stärker muß die Ionenkonzentration sein, damit eine bestimmte Krümmung des Strahlenverlaufes erzielt wird. Dieses Ergebnis der Theorie steht im Einklang mit der Erfahrungstatsache, daß für den Tagesverkehr auf weite Entfernungen Wellenlängen unterhalb 20 m, für den Nachtverkehr dagegen Wellenlängen oberhalb 20 m am besten geeignet sind. Die Schlußfolgerung jedoch, daß der Weg derjenigen Strahlen, die rings um die Erde gelangen, ausschließlich innerhalb der Heaviside-Schicht zu suchen sei, vermögen wir uns nicht zu eigen zu machen; die neueren Versuchsresultate der Bildtelegraphie deuten vielmehr mit großer Wahrscheinlichkeit darauf hin, daß neben der Atmosphäre wesentlich auch die Erdoberfläche an dem Ausbreitungsvorgange beteiligt ist.

Abb. 215. Strahlenverlauf zwischen Heaviside-Schicht H und Erde E. (S_0 tangentieller Hauptstrahl, S_1 einer von mehreren Nebenstrahlen.)

Es hat sich nämlich gezeigt, daß sehr kurzdauernde Sendeimpulse am Empfangsort echoartig mehrmals anlangen, und zwar in Zeitabständen von der Größenordnung $^1/_{1000}$ s. Diese Erscheinung, die wohl zuerst von H. Rukop[1] erkannt wurde, ist nicht zu verwechseln mit den auch in der Morsetelegraphie beobachteten „Doppelzeichen", die entweder den rückwärtigen Weg um die Erde genommen haben oder nach voller Umkreisung derselben zum zweitenmal von vorn einfallen; sie konnte auch erst mit Hilfe der Bildübertragung entdeckt werden, weil die Tastzeichen der Morsetelegraphie zu lang sind, als daß ein hinterherkommendes Echo von wenigen Millisekunden Dauer hätte auffallen können.

Zur Erklärung dieses Phänomens nehmen wir zunächst an, daß der Strahl nicht durch einfaches Entlanggleiten längs der Heaviside-Schicht der Erdkrümmung folgt, sondern daß er in der beschriebenen Weise mehr oder weniger unverzüglich zum Boden zurückgebrochen wird, um von dort durch Reflexion wieder nach oben zu gelangen, und so fort, bis die elektromagnetische Energie an der Erde, bezw. in der unteren Atmosphäre vollkommen absorbiert ist. Ferner behalten wir im Auge, daß der von der Sendeantenne ausgehende Strahlenkegel, trotz der mit modernen Richtantennen erzielten engen Bündelung, die Ionenschicht keineswegs in einem definierten Punkte, sondern in einer ziemlich ausgedehnten Region trifft, von der man wiederum nicht annehmen kann, daß sie in ihrem elektrischen Verhalten vollkommen einheitlich sei. Die Folge wird sein, daß die Reflexionsrichtung in den verschiedenen Teilen der Einfallszone Differenzen aufweist. Diese werden sich bei jeder weiteren Zurückwerfung vergrößern, so daß mit der Zeit der ursprünglich einfache Wellenkegel in mehrere divergierende Einzelstrahlen zerfällt. Entsprechend ihren verschieden langen Wegen werden die Teilstrahlen am Empfangsort nacheinander ankommen und so den beschriebenen Nachhall hervorrufen. Es wurde die Aufspaltung von Punktzeichen in bis zu 5 diskrete Impulse beobachtet, von denen der zuerst eintreffende in der Regel der intensivste ist. Von diesem wollen wir daher annehmen, daß er im allgemeinen gar nicht mit der Erde in Berührung kommt, sondern tangentiell streifend an ihr

[1] Rukop, H.: Elektr. Nachr.-Techn. Bd. 3 (1926) S. 316.

vorbeigeht. Eine bildliche Darstellung des gedachten Strahlenverlaufs ist in Abb. 215 gegeben, und zwar im natürlichen Verhältnis der Dimensionen.

Nach der w. o. angezogenen Theorie soll die Möglichkeit bestehen, daß mehrere Strahlen auch ohne Zwischenreflexion am Erdboden, und zwar durch Benutzung verschieden hoher Wege in der Heaviside-Schicht, vom Sender zum Empfänger gelangen. Es ist aber schwer einzusehen, wie bei nur etwa 15 km Schichtdicke auf Grund eines derartigen Strahlungsmechanismus die nachgewiesenen Wegdifferenzen von 1500 km, entsprechend 5 ms gemessener Verzögerung, zustande kommen sollten.

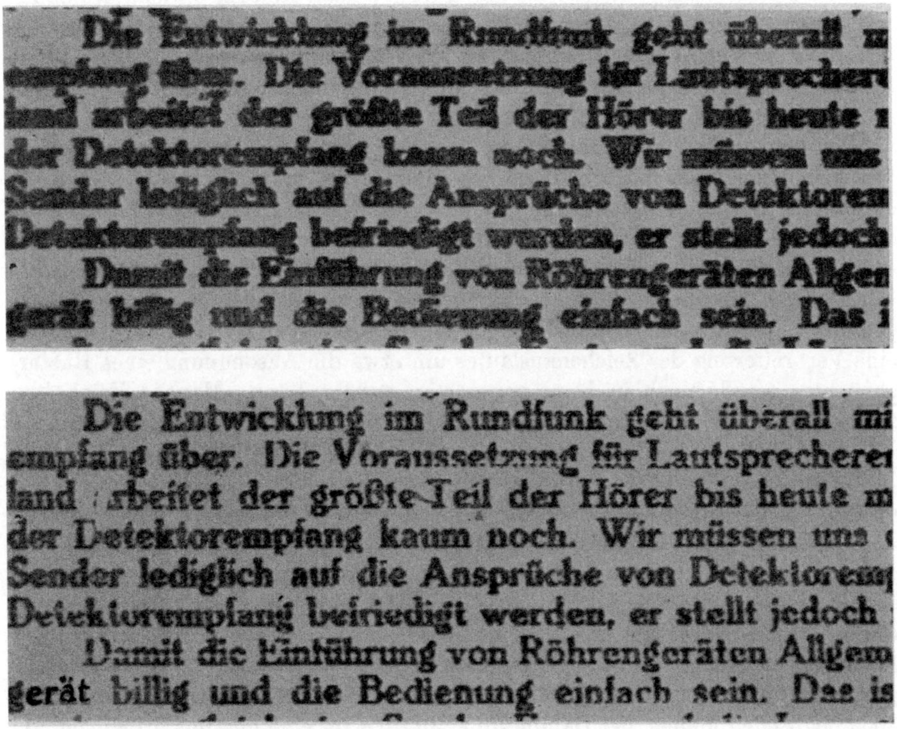
Die Entwicklung im Rundfunk geht überall
empfang über. Die Voraussetzung für Lautsprecherer
land arbeitet der größte Teil der Hörer bis heute
der Detektorempfang kaum noch. Wir müssen uns
Sender lediglich auf die Ansprüche von Detektorem
Detektorempfang befriedigt werden, er stellt jedoch
Damit die Einführung von Röhrengeräten Allgem
gerät billig und die Bedienung einfach sein. Das is

Abb. 216. Vorwärtsempfang (oben) und Rückwärtsempfang (unten) in Buenos Aires von Berlin.

Die Vorstellung von der Mitbeteiligung des Erdbodens findet eine Bekräftigung in der Erfahrungstatsache, daß auch die geographische Beschaffenheit des Gebietes zwischen Sende- und Empfangsort von Einfluß auf die Empfangsqualität ist. So wurde auf der Linie Berlin—Nanking im Bilde ein erheblich geringerer Nachhalleffekt beobachtet als auf der Strecke Berlin—Buenos Aires. Vergegenwärtigt man sich, daß das Festland als Reflexionswand einen größeren Absorptionskoeffizienten besitzt als die Meeresoberfläche, so hat diese Erscheinung eine zwanglose Aufklärung gefunden. In gleichem Sinne kann auch die Feststellung[1] gewertet werden, daß in Buenos Aires immer dann, wenn der Bildsender Nauen gleichzeitig von vorwärts und von rückwärts her zu hören war, der über beträchtliche Landstriche hinweg gewanderte rückwärtige Strahl

[1] S. Böhm, O.: Telef.-Ztg. Nr. 53 (1929) S. 16.

sichtlich weniger Nachhallen aufwies als der von der Ozeanseite her empfangene direkte Strahl (vgl. Abb. 216), obgleich die letztgenannte Strecke weniger als halb so lang ist. An sich werden nämlich mit abnehmender Entfernung naturgemäß auch die Weglängendifferenzen, und damit die Nachhallzeiten, ihrem absoluten Betrage nach kürzer. Bei Versuchen zwischen Berlin und Moskau z. B. — also auf einen Abstand von nur 1600 km — wurden keinerlei Echos wahrgenommen. Wenn nun gelegentlich dieses Entfernungsgesetz durchbrochen wird, so kann dafür mit guter Überzeugung die Bodenbeschaffenheit der Zwischenstrecke verantwortlich gemacht werden. — Für die Annahme der Mitbeteiligung der Erdoberfläche als Reflektor bei der Kurzwellenausbreitung spricht schließlich auch der w. o. erwähnte Umstand, daß die das Echo ausmachenden Teilstrahlen im Mittel eine geringere Intensität besitzen als der Hauptstrahl. Dies dürfte aus ihrer häufigeren Berührung mit dem absorbierenden Erdboden zu erklären sein [1].

Für den praktischen Bildverkehr ist nun gerade der Nachhall das tempobeschränkende Moment. Denn um den Betrag des Nachhallens erscheinen die empfangenen Impulse gegenüber den ausgesendeten verlängert; soll aber trotz dieser Verlängerung ein Ineinanderlaufen der Zeichen vermieden werden, wie es zur Erzielung einer brauchbaren Bildqualität notwendig ist, so bleibt nichts weiter übrig, als den Sender genügend langsam zu tasten und am Empfänger entsprechend langsam zu registrieren. Es hat sich in der Praxis ergeben, daß eine Verbreiterung des Zeichenauslaufes um etwa die Ausdehnung eines Rasterelementes gerade noch in Kauf genommen werden kann. Manche Feinheiten aber gehen dabei im empfangenen Bilde natürlich doch schon verloren.

Auf der Strecke Berlin—Buenos Aires hat sich das 4 Minutentempo, d. h. 1 dm^2 in 4 min bei 5 Abtastlinien/mm Fortschub, unter den durchschnittlich obwaltenden Verhältnissen als betriebssicher erwiesen, während zwischen Berlin und Nanking normalerweise etwa doppelt so schnell verkehrt werden kann. Bei noch kürzeren Entfernungen steigt das zulässige Arbeitstempo weiter an; so war zwischen Berlin und Moskau das 1 Minutentempo ohne Schwierigkeiten durchführbar. Natürlich ist die Echolänge keine konstante Größe, sie variiert vielmehr sowohl mit der Tages- als auch mit der Jahreszeit. C. E. Rickard [2] gibt z. B. an, daß bei einer Welle von 22 m und einem Stationsabstande von 3000 englischen Meilen bei Dämmerung und Nacht eine maximale Lichtpunktgeschwindigkeit von 3,61 Zoll/s zulässig ist, bei Tage dagegen der doppelte und unter besonders günstigen Tagesbedingungen der dreifache Wert.

Es hat sich als zweckmäßig erwiesen, stets, wenn mit Nachhallen gerechnet werden muß, von dem Verfahren des Positivsendens Gebrauch zu machen (näheres darüber s. Kap. VII), da das Negativsenden mit einer Verjüngung und gar zu leicht mit einer vollständigen Überdeckung der Schriftzeichen durch das Echo verbunden ist; einer entsprechenden Verdickung der Zeichen wird demgegenüber als kleinerem Übel der Vorzug gegeben.

Bisweilen werden Nachhallerscheinungen auch bei Nahempfang beobachtet, in welchem Falle man von „Nahechos" zu sprechen pflegt. So gibt O. Böhm [3]

[1] Während der Drucklegung dieses Buches erschien ein weiterer Aufsatz von K. Försterling und H. Lassen: ZS. f. techn. Phys. Bd. 12 (1931) S. 453, in dem die Verfasser ihre Ausbreitungstheorie auf Zwischenreflexionen am Erdboden erweitert haben. Dort auch ausführliches Literaturverzeichnis.

[2] Rickard, C. E.: The Marconi Review 1930 Nr. 27. [3] Böhm, O.: a. a. O.

Oszillogramme eines Nauener Senders bekannt (Abb. 217), die in Geltow, also in nur 32 km Entfernung, aufgenommen wurden und trotz dieser geringen Distanz neben dem durch die Bodenwelle übertragenen direkten Zeichen (*a*) deutlich bis zu 7 Nahechos (1 bis 7) erkennen lassen, die in Abständen von etwa $^1/_{100}$ s aufeinander folgen. Daraus ergeben sich Wegdifferenzen von 3000 km, so daß man auf eine reflektierende Fläche in etwa 1500 km Höhe über dem Erdboden schließen müßte. Über die Natur dieser spiegelnden Wand, die mit der Heaviside-Schicht kaum identisch sein kann, fehlt uns vorläufig eine konkrete Vorstellung. Jedenfalls aber lassen derartige Rückstrahlungen aus dem Raume oberhalb des Senderortes die Benutzung von Kurzwellen für Rundfunkzwecke problematisch erscheinen (vgl. Kap. III, S. 140). Nach Beobachtungen von Eckersley[1] können solche in beträchtlicher Höhe über dem Empfangsort lagernden Ionenbänke auch die Strahlen weit entfernter Sender auffangen und in steilem Winkel zur Erde zurückschicken.

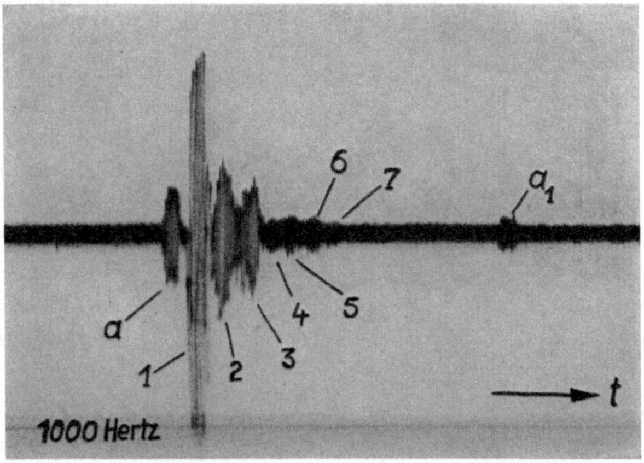

Abb. 217. Oszillographierte Nahechos (*a* direktes Zeichen, 1 bis 7 Nahechos, a_1 Rückwärtszeichen).

Ein weiteres, die Kurzwellenübertragung komplizierendes und erschwerendes Phänomen ist das „Fading", das unregelmäßige, bald schnellere, bald langsamere An- und Abschwellen der Zeichenintensität am Empfangsort. Als Ursache für diese Störerscheinung kommen hauptsächlich Absorptionsschwankungen und Interferenzen in Frage. Die ersteren erstrecken sich meist gleichzeitig über ein ziemlich weites Frequenzband, während die Interferenzfadings, hervorgerufen durch die Superposition gangunterschiedlicher Wellenzüge, ihrem Wesen nach als eine selektive Eigenschaft bestimmter Einzelfrequenzen anzusprechen sind. Es liegen genügend Beobachtungsergebnisse vor[2], die diese Unterscheidung rechtfertigen. Macht man sich die w. o. vertretene Vorstellung, daß der Hauptstrahl in der Regel an der Erdkugel vorbeigleitet, zu eigen, so kann man sich das Zustandekommen eines Fadings auch so erklären, daß der gedachte Strahl infolge von Schwankungen des Brechungsindex der Heaviside-Schicht aus seiner tangentiellen Ruhelage nach unten abgelenkt und veranlaßt wird, den Erdkörper zu streifen, wodurch der Empfangsort mehr oder weniger in den entstehenden Schatten eintritt, bezw. erst auf dem Umwege über Erdreflexionen erreicht wird, die natürlich mit vermehrter Absorption verbunden sind. Man könnte solche Schwunderscheinungen auch als „Erdschattenfadings" bezeichnen. Mit ihnen müßte eine Weglängenschwankung, also eine Art Doppler-Effekt, einhergehen. An dem Vorliegen dieses Effektes kann nach den ausgedehnten Versuchen

---

[1] Eckersley, T. L.: Journ. Inst. Electr. Eng. Bd. 67 (1929) S. 992.

[2] Vgl. z. B. Küpfmüller, K.: Telef.-Ztg. Nr. 53 (1929) S. 22.

Telefunkens auf der Linie Berlin—Buenos Aires kein Zweifel mehr bestehen[1]. Und bei genauer Untersuchung kann man auch feststellen, daß Doppler-Effekt und Fading wie zwei Unzertrennliche immer im gleichen Augenblick auftreten. Besonders sinnfällig wird diese Erscheinung, wenn man am Empfangsort einen vom fernen Sender ausgeschickten unveränderlichen Ton beobachtet. Man bekommt dann schon durch das Gehör den Eindruck, daß mit den Fadings auch die Tonhöhe variiert. Schaltet man nun den übertragenen Ton auf die Schreibvorrichtung eines Bildempfängers, der mit gleichem, lokal erzeugten, konstanten Ton (Stimmgabel) synchronisiert wird, so sind die zeitlichen Verschiebungen der Scheitelwerte der registrierten Frequenz während der Schwundperioden deutlich erkennbar (Abb. 218). Unter ganz schwankungsfreien Übertragungsverhältnissen müßten die Punkte maximaler Schwärzung von Abtastzeile zu Abtastzeile genau untereinander zu liegen kommen, sich also zu vertikalen Geraden zusammenreihen. Statt dessen nehmen die tatsächlich entstehenden Linien in den Fadingstreifen eine schräge Richtung ein, als Folge des Doppler-Effektes. An manchen Stellen ist die Aufzeichnung durch die Echostrahlen getrübt, besonders in Augenblicken, wo deren Intensität diejenige des Hauptstrahles überwiegt. Auch die Nachhallimpulse können natürlich Wegänderungen erfahren und daher gleichfalls mit Doppler-Effekt behaftet sein.

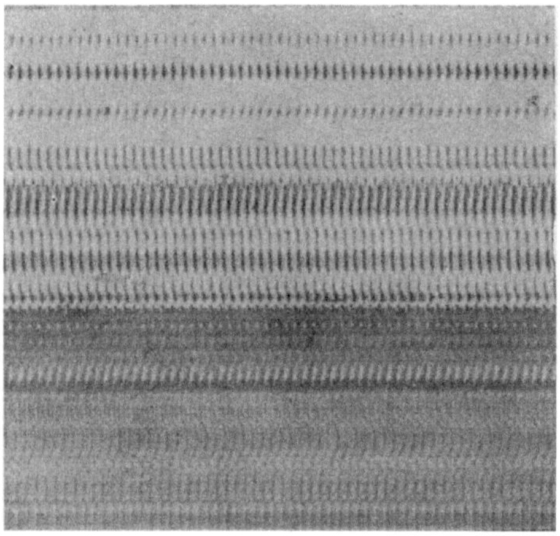

Abb. 218. Doppler-Effekt. Der ausgesendete konstante Ton (1560 Hz) zeigt am Empfangsort Frequenzschwankungen. (Abtastbewegung waagerecht.)

Auf übertragenen Bildern (Abb. 219) macht sich der Doppler-Effekt in analoger Weise durch Schrägstellungen bemerkbar. Wenn, wie hier geschehen, die Fadings durch ein entsprechendes Empfangsgerät ausgeglichen wurden, ist die Gleichzeitigkeit von Fading und Doppler-Effekt natürlich nicht mehr zu erkennen. Die Uneinheitlichkeit der Schräglage während einer und derselben Zeile hängt vermutlich damit zusammen, daß der Hauptstrahl während seines Ausbleibens bald durch den einen, bald durch den anderen der Echostrahlen abgelöst wird.

Das sehr häufige Auftreten des Doppler-Effektes bringt es mit sich, daß bei Kurzwellenbildtelegraphie weder eine Fernsynchronisierung durch Übertragung der Gleichlauffrequenz, noch ein Synchronismusvergleich mit Hilfe des stroboskopischen Phänomens durchgeführt werden kann. Vielmehr ist man auf die etwas mehr Zeit erfordernde „Phasenstoßmethode" angewiesen, bei der während einer Leerlaufperiode ein zu Anfang jeder Bildzeile ausgesandter kurzer Impuls mit Bezug auf seine Lage relativ zur umlaufenden Empfangstrommel der Gegenstation beobachtet wird (z. B. durch Lichtblitze, s. Kap. VI). Stimmen die Tourenzahlen beiderseits überein, so behält der Kontrollimpuls stets die gleiche Phasenlage bei. Andernfalls wird die Synchronisierfrequenz des Empfängers entsprechend nachreguliert.

[1] Vgl. z. B. Böhm, O.: a. a. O.

Die Beeinträchtigung der Bildgüte durch die Schwunderscheinungen ist, wie Abb. 220 zeigt, ganz katastrophal. An eine kommerzielle Verwendung der

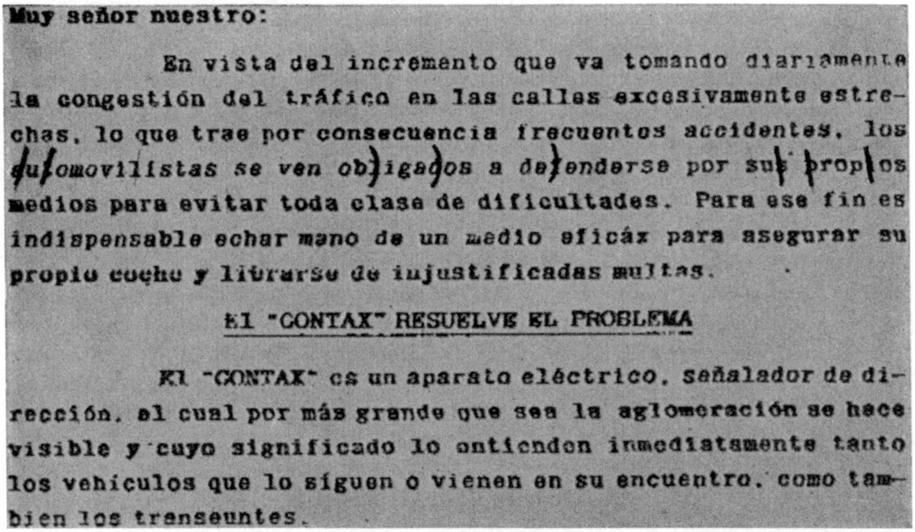

Muy señor nuestro:

En vista del incremento que va tomando diariamente la congestión del tráfico en las calles excesivamente estrechas, lo que trae por consecuencia frecuentes accidentes, los automovilistas se ven obligados a defenderse por sus propios medios para evitar toda clase de dificultades. Para ese fin es indispensable echar mano de un medio eficáz para asegurar su propio coche y librarse de injustificadas multas.

El "CONTAX" RESUELVE EL PROBLEMA

El "CONTAX" es un aparato eléctrico, señalador de dirección, el cual por más grande que sea la aglomeración se hace visible y cuyo significado lo entienden inmediatamente tanto los vehículos que lo siguen o vienen en su encuentro, como también los transeuntes.

Abb. 219. Wirkung des Doppler-Effektes im Bilde. Im Original gerade stehende Buchstaben erscheinen schräg gestellt.

Bildtelegraphie wäre gar nicht zu denken, wenn es nicht gelänge, diesem Übel in irgendeiner Weise zu begegnen. Die Maßnahmen, durch die man dies zu

Abb. 220. Schwunderscheinungen stören das Bild.

erreichen sucht, erstrecken sich sowohl auf die Empfänger-, als auch auf die Senderseite. Was letztere betrifft, so haben die vorstehend geschilderten Verhältnisse zur Entwicklung besonderer Tastmethoden und spezieller Antennenkonstruktionen geführt, auf die wir in den folgenden Abschnitten eingehen.

Erwähnung verdienen in diesem Zusammenhange noch die Ultrakurzwellen ($\lambda < 10$ m). Sie haben die bemerkenswerte Eigenschaft, daß sie, abgesehen von äußerst seltenen Ausnahmen, infolge ihrer hohen Frequenz nicht mehr durch die Heaviside-Schicht zurückgebrochen werden. Daher fallen bei ihnen alle für Kurzwellen charakteristischen Störerscheinungen, wie Nachhallen, Mehrfachzeichen, Fading, Doppler-Effekt, gänzlich fort. Gleichzeitig fehlt ihnen aber auch die große Reichweite, da nichts der Heaviside-Schicht Ebenbürtiges im Spiele ist, um sie zur Überwindung der Erdkrümmung zu befähigen[1]. Vielmehr gehorcht ihre Ausbreitung, wie F. Schröter[2] wohl als Erster vorausgesehen hat, quasioptischen Gesetzen. Hinzukommt, daß Störgeräusche jeglicher Art mit abnehmender Wellenlänge immer seltener und, gleiche Signalfeldstärke vorausgesetzt, auch schwächer werden, so daß sie z. B. auf der 7 m-Welle in Großstadtwohnungen praktisch meist kaum noch zu bemerken sind. Alle diese Umstände lassen die ultrakurzen Wellen für einen örtlich begrenzten Rundfunk wie geschaffen erscheinen, während das Fernsehen in zusagender Qualität überhaupt erst mit ihrer Hilfe denkbar ist, da nur auf den ultrakurzen Trägern die großen notwendigen Bandbreiten untergebracht werden können.

3. Sendermodulation.

A. Amplitudenmodulation.

Die für akustische Darbietungen allgemein angenommene Modulationsmethode besteht bekanntlich darin, daß der zur Verbreitung der Nachricht ausgestrahlte hochfrequente „Träger“ ω_r

$$I = I_0 \cdot \cos \omega_r t \tag{1}$$

gezwungen wird, seine Amplitude im Rhythmus der Modulationsfrequenz ω_n zu ändern:

$$I = (I_0 + K \cdot \sin \omega_n t) \cdot \cos \omega_r t\,. \tag{2}$$

Dieser Ausdruck läßt sich auflösen in:

$$I_0 \cdot \cos \omega_r t + K/2 \cdot \cos (\omega_r + \omega_n)\, t + K/2 \cdot \cos (\omega_r - \omega_n)\, t\,. \tag{3}$$

Das erste Glied ist die Trägerfrequenz ω_r, das zweite und dritte Glied sind die „Seitenbänder“ $(\omega_r + \omega_n)$ und $(\omega_r - \omega_n)$, K/I_0 ist der „Modulationsgrad“ oder „Aussteuerungsgrad“. Man kann demnach die modulierte Welle auffassen als das Ergebnis der Überlagerung dreier Frequenzen, ω_r, $(\omega_r + \omega_n)$ und $(\omega_r - \omega_n)$, die sämtlich konstante Amplitude besitzen. Den gegenseitigen Abstand der beiden Seitenbänder, also $2\,\omega_n$, bezeichnet man als die Bandbreite des Senders.

Im praktischen Falle wird man es bei der Beeinflussung des Trägers weniger mit einer einzigen, unveränderlichen Modulationsfrequenz, als vielmehr mit einem Frequenzgemisch wechselnder Zusammensetzung zu tun haben. Die höchste in diesem Gemisch vorkommende Schwingungszahl bestimmt dann die Bandbreite. In Kapitel VII dieses Buches wurde bereits dargetan, wie ein solches Frequenzspektrum aussieht, wenn es von einem abgetasteten Bilde

---

[1] Abgesehen von der Fortpflanzung der Bodenwelle über dem gut leitenden Meerwasser, wodurch mit den längeren Ultrakurzwellen einige 100 km überbrückt werden können.

[2] Schröter, F.: D.R.P. Nr. 459 660 vom 9. I. 1926, Elektr. Nachr.-Techn. Bd. 7 (1930) S. 1—14.

herrührt. Auch wurde dort schon auseinandergesetzt, daß man aus verstärker- und kabeltechnischen Gründen die Bildsignale von der Betriebszentrale aus in Form von gesteuerten Tonimpulsen (meist mittels Lochscheibe erzeugt) zum Sender durchzugeben pflegt und daß mit dieser Einführung eines seinerseits modulierten Hilfsträgers eine Vergrößerung der Bandbreite auf mindestens den dreifachen Betrag verbunden ist.

Es fragt sich nun, ob es zweckmäßig ist, das so ankommende Frequenzgemisch unverändert auf den Sender wirken zu lassen, also „tonmoduliert" zu geben, oder ob „tonloses" Senden vorzuziehen ist. Ferner bleibt noch die Wahl zu treffen zwischen telephoniemäßiger, d. h. um den Mittelwert herum erfolgender Steuerung des Antennenstromes und telegraphiemäßiger Arbeitsweise, bei welcher der Antennenstrom von Null aus getastet wird.

Auf den ersten Blick wird man zur tonmodulierten Telephoniesteuerung neigen, weil sie für Halbtonbilder und Schwarz-Weiß-Vorlagen in gleicher Weise geeignet ist, und weil sie zum Senden und zum Empfangen nichts weiter als normale Telephoniegeräte erfordert, deren Bandbreite nur dem besonderen Zweck angepaßt sein muß. Für Wellen, die keine Schwunderscheinungen zeigen, dürfte diese Methode auch wirklich das Gegebene sein. Sind jedoch, wie bei Kurzwellen, die Übertragungsverhältnisse nicht konstant, so muß unbedingt der Telegraphietastung der Vorzug gegeben werden. Denn die Fadingbekämpfung durch empfängerseitige Maßnahmen ist zwar auch für die Zwecke der Telephonie so weit gediehen, daß unter normalen Bedingungen stets eine gute Verständigung möglich ist; aber es kommt dabei der Technik sehr wesentlich die Anpassungsfähigkeit des menschlichen Ohres zu Hilfe, die bewirkt, daß Lautstärkeschwankungen im Verhältnis 1 : 2 subjektiv kaum wahrgenommen, geschweige denn als störend empfunden werden. Anders jedoch verhält sich der Bildschreiber; er reagiert objektiv auf die kleinsten Änderungen der Empfangsintensität und hält sie im Bilde als störende Streifigkeit fest. Trotz umfangreicher Versuche auf diesem Gebiete, über die in Kapitel IX ausführlich berichtet wird, ist eine restlose Fadingbeseitigung bei der telephoniemäßig gesteuerten Fernbildschrift bisher nicht gelungen. Das liegt zum Teil in der Natur der Sache, da ja das Fading selbst eine Art Trägerwellenmodulation ist, die es zu eliminieren gilt, ohne daß dabei die zu übertragende Nutzmodulation in Mitleidenschaft gezogen werden soll. Und dies ist für Bildempfang weit schwieriger als für Sprach- oder Musikübermittlung, weil die Fadings und die abgetastete Helligkeitsverteilung oft von gleicher Größenordnung der Periode sind.

Bedeutend günstiger steht es dagegen um den Empfang von Telegraphiezeichen. Hier kommt es lediglich darauf an, die aufgenommenen Signale bis auf ein bestimmtes, auch während der Schwundperioden nicht zu unterschreitendes Amplitudenniveau zu verstärken und alle darüber hinausragenden Erhebungen effektiv abzuschneiden. Dies gelingt mit verhältnismäßig einfachen Mitteln. Nach dem Passieren eines solchen Begrenzers haben wieder alle Zeichen, wie ursprünglich, die gleiche Intensität, so daß von einer Einwirkung des Übertragungskanals an ihnen nichts mehr zu spüren ist, abgesehen allerdings von dem Doppler-Effekt, gegen den es vorerst keine Abhilfe gibt.

Aus diesen Gründen gewinnen für die Kurzwellen-Bildübertragung die Telegraphiemethoden mehr und mehr an Bedeutung. Ja, als aktuellstes Problem auf dem ganzen Gebiete der drahtlosen Fernphotographie gilt die Aufgabe, auch die Halbtonbilder, die ihrem Wesen nach eigentlich telephonieähnliche Nachrichten sind, durch reine Telegraphiezeichen wiederzugeben. Dahingehende Vorschläge werden in einem besonderen Abschnitt erörtert.

Was nun die Frage betrifft, ob tönend oder tonlos gesendet werden soll, so können wir uns auch darin den Erfahrungen der kommerziellen Telegraphie anschließen. Und diese besagen, daß ein Kurzwellensignal um so sicherer durchkommt, je umfangreicher das hochfrequente Band ist, aus dem es sich aufbaut. Die Erklärung ist einfach: eine vollständige Auslöschung durch Interferenz oder eine totale Bahnverlegung durch Brechungsschwankungen werden um so seltener, je mehr Wellen gleichzeitig laufen. Die meisten der großen Betriebsgesellschaften sind auf Grund dieser Erkenntnis nach und nach, dem Vorgehen Telefunkens[1] folgend, von der anfangs üblichen tonlosen Signalgebung zur tönenden Telegraphie übergegangen, bei der die Erweiterung des Wellenspektrums durch das Auftreten der Seitenbänder gegeben ist. Ebenso hat sich das Tönendsenden in der Bildtelegraphie als sehr nützlich erwiesen, wenn es auch Zeiten gibt, in denen die Übertragungsverhältnisse so günstig sind, daß kein Bedarf dafür vorliegt. Die Güte des verwendeten Empfängers spielt dabei natürlich auch eine Rolle.

a) Relaistastung.

Die bequemste Methode, einen Telegraphiesender vom Bilde aus zu steuern, besteht zweifellos darin, ihn in dem Zustande zu belassen, wie er beim Morsebetrieb arbeitet, indem die Bildimpulse — nach vorheriger Gleichrichtung, falls es sich um Wechselstromzeichen handelt — einfach auf das Tastrelais des Senders gegeben werden. Dieser Weg ist auch tatsächlich von R. H. Ranger[2] auf der Linie New York—London beschritten worden. Voraussetzung für ein solches Verfahren ist natürlich das Vorhandensein eines sehr zuverlässigen Relais. Da aber die unterste, mit einem mechanischen Relais bester Konstruktion betriebsmäßig erreichbare Impulsgrenze bei etwa 5 ms liegt, bringt ein derartiges träges Zwischenglied auf jeden Fall eine erhebliche Tempobeschränkung mit sich.

b) Gittergleichstrommodulation.

Von den für die Röhrensender[3] des Rundfunks gebräuchlichen Modulationsschaltungen, der Heising- und der Schäffer-Schaltung, hat die erstere für die Bildtelegraphie keine große Bedeutung erlangt, weil sie zu einseitig auf reine Wechselstrom-Mittelwertsteuerung zugeschnitten ist. Die Schäffersche Gittergleichstrommethode jedoch, deren bekanntes Schema in Abb. 221 wiedergegeben ist, besitzt eine viel allgemeinere Verwendbarkeit, weil man durch

---

[1] Die Anregung hierfür stammt von A. Ellerbrock (Dienstbericht an Telefunken vom 31. III. 1927), dem es nicht entging, daß die Signale des ersten Nauener Kurzwellensenders bedeutend besser in Buenos Aires ankamen, als eines Tages die Tonbeseitigungsmittel am Hochspannungsgleichrichter des Senders versehentlich nicht eingeschaltet waren.

[2] Ranger, R. H.: Proc. Inst. Radio Eng. Bd. 17 (1929) S. 966.

[3] Für Maschinensender kommt hauptsächlich die Drosselmodulation in Frage, darin bestehend, daß die Modulationsströme den Sättigungsgrad einer Eisendrossel und damit ihren Hochfrequenzwiderstand beeinflussen. Vgl. z. B. Pungs, L.: ETZ Bd. 44 (1923) S. 78. Auch diese Methode ist für Bildtelegraphie durchgebildet worden, und zwar seitens der C. Lorenz A.G., Berlin.

Vorspannungsänderung am Modulationsrohr den Arbeitspunkt des Schwingungsgenerators beliebig verschieben kann. Sie ist bei vielen Telegraphie- und Telephoniesendern der Firma Telefunken in Gebrauch und läßt sich auch in unveränderter Form für die Bildübertragung benutzen. Allerdings mit einer Einschränkung. Ein wesentlicher Bestandteil dieser Schaltung ist nämlich die transformatorische Eingangskopplung zum Modulationsrohr, die ausschließlich Wechselstromimpulse unverzerrt hindurchläßt. Um die Anordnung trotzdem auch für tonlose Bildsignalgebung nach der Telegraphiemethode verwenden zu können, braucht man nur nach einem von O. Schriever[1] gemachten Vorschlage in die Verbindungsleitung zwischen Modulator- und Senderöhre eine Spulenleitung zu schalten, die so bemessen ist, daß die Bildfrequenzen hindurchgelassen werden, die Frequenz des Trägertones (Lochscheibentones) dagegen unterdrückt wird. Dabei wirkt das Modulationsrohr gleichzeitig als Demodulator des Trägertones und erspart so für letzteren Zweck einen besonderen Gleichrichter. In dem endgültigen Gerät werden gemäß dem Schema Abb. 222 zwei Modulationsröhren verwendet, die gitterseitig in Gegentakt, anodenseitig parallel geschaltet sind. In dem gemeinsamen Teile der Anodenzuführung fließt dann ein aus dem Trägerton entstandener Strom von doppelter Frequenz, dessen Aussiebung durch das Wellenfilter eine gründlichere ist, als wenn die Frequenzverdopplung unterblieben wäre. Es ist ein Umschalter vorgesehen, durch den die Spulenleitung außer Betrieb gesetzt werden kann. So ist es möglich, mittels eines einzigen Handgriffes vom tonlosen zum tönenden Senden überzugehen.

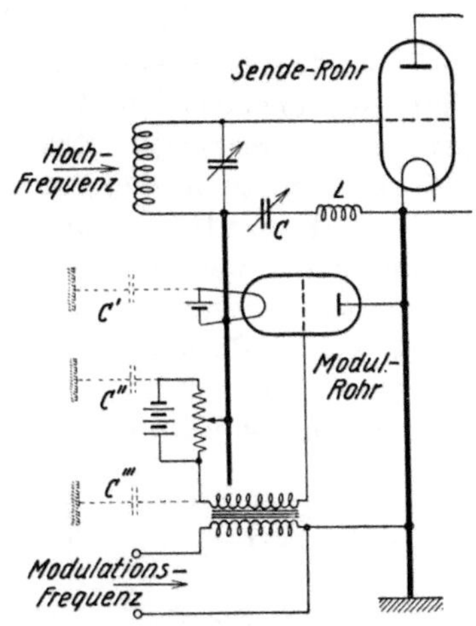

Abb. 221. Gittergleichstrommodulation nach Schäffer.

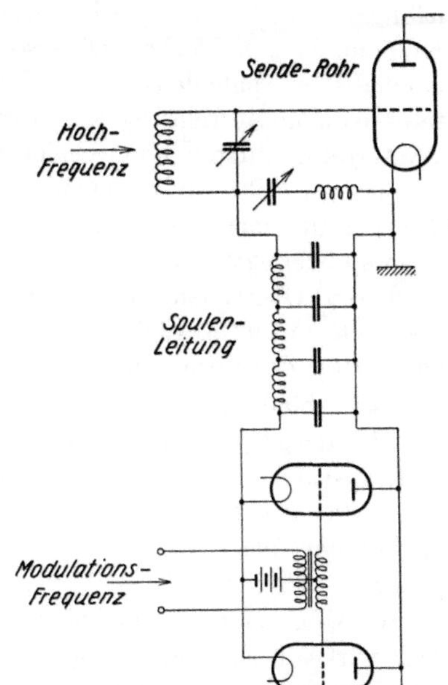

Abb. 222. Gittergleichstrommodulation für Bildtelegraphie.

Bei der Telegraphietastung ist es sehr wesentlich, daß die Antenne während der Zeichenpausen nicht nur angenähert, sondern exakt stromlos wird. Eine noch so geringe Restschwingung kann während günstiger Übertragungszeiten die Begrenzereinrichtung des Empfängers zum vollen Ansprechen bringen. Die Folge wäre ein störender geschwärzter Untergrund im Fernbilde. Zur Verhütung dieses Fehlers muß gefordert werden, daß die zu den Eingangsklemmen des Modulationstransformators führende Leitung während der Zeichenpausen

[1] D.R.P. Nr. 478 381 vom 15. X. 1927.

vollkommen tonlos, die Amplitude des steuernden Trägers also Null ist. Ein solcher Zustand ist durchaus nicht immer leicht zu erreichen. Es gibt verschiedene Ursachen für das Vorhandensein eines Resttones. Einmal sind die Photozellen und anschließenden Verstärkerröhren dauernden mechanischen Erschütterungen durch die umlaufenden Maschinen ausgesetzt, so daß ein mehr oder weniger starkes „Röhrenklingen" kaum zu vermeiden ist. Sodann tritt bei der Photozellenkompensation, die sich für das Positivsenden als sehr nützlich erwiesen hat (vgl. Kap. VII, S. 313), meistens ein nicht unerheblicher Amplitudenrest deswegen auf, weil es schwierig ist, die Ströme beider Zellen vollständig kongruent zu machen; fast immer wird ein von nicht kompensierten Obertönen herrührender Rückstand verbleiben. Da die Intensität dieses Störspiegels keineswegs konstant ist, sondern z. B. sogar von der Papiersorte der abgetasteten Vorlage abhängt[1], würde seine Unterdrückung am Modulationsrohr selbst, etwa durch entsprechende Einregulierung der negativen Vorspannung, eine beträchtliche Erschwerung der Senderbedienung bedeuten. Es hat sich als zuverlässiger

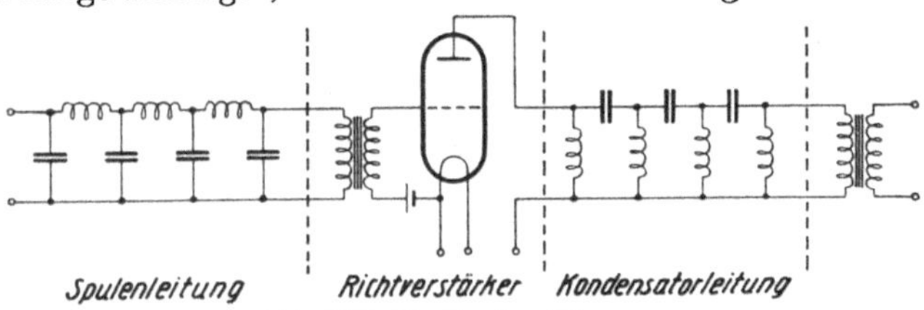

Abb. 223. Resttonbeseitigung.

und bequemer erwiesen, die Resttonbeseitigung bereits beim Bildgerät vorzunehmen. Eine Schaltung, die diesem Zwecke dient, ist in Abb. 223 wiedergegeben. Es handelt sich hierbei im wesentlichen um ein Richtverstärkerrohr mit vorgeschalteter Spulenleitung zur Aussiebung der Obertöne und dahinter geschalteter Kondensatorleitung zur Absperrung der bei der demodulierenden Richtverstärkung entstehenden Gleichstromimpulse[2]. Alle in den Bereich der Bildfrequenzen selbst, d. h. des modulierten Grundtones, fallenden Störgeräusche, deren Pegel meist sehr gering ist, werden vermöge des Gittervorspannungsreglers abgeriegelt. Wollte man aber in gleicher Weise mit den intensitätsmäßig stärkeren Obertönen verfahren, so würden dabei auch die Nutzfrequenzen merklich mitunterdrückt werden. Daher wurde für die Obertonbeseitigung das Mittel der vorherigen selektiven Filterung gewählt.

In Verbindung mit diesem Zusatzgerät arbeitet die Gittergleichstrommethode für Bildtelegraphie recht befriedigend. Die Grenzen ihrer Leistungsfähigkeit zeigen sich erst, wenn die Modulationsströme selbst einen hochfrequenten Charakter annehmen, wie es beim Fernsehen der Fall ist. Es erscheint daher angebracht, die Schaltung in dieser Hinsicht einer näheren Kritik zu unterziehen.

In Abb. 221 sind die beiden Leiterteile, zwischen denen das Modulationsrohr wirksam ist, stark ausgezeichnet. Jede kapazitive Brücke zwischen ihnen ist als schädlich für die Fernsehfrequenzen anzusehen. Der Kondensator C allerdings ist unentbehrlich als Durchlaß für die hochfrequente Trägerschwingung. Man muß bestrebt sein, ihn möglichst klein zu halten, und erreicht dies

[1] Das auf die Abtastphotozelle gelangende Licht ändert seine spektrale Zusammensetzung mit der Papiersorte.

[2] Die Kondensatorleitung darf fehlen, wenn die Richtverstärkerstufe als Gegentaktschaltung ausgebildet ist.

am besten, indem man ihn mit einer Spule L zu einem Resonanzkreise kombiniert. Es kommen aber noch die verteilten Kapazitäten gegen Erde hinzu. Und diese sind bei der Gittergleichstromsteuerung besonders groß, weil die Anode des Modulationsrohres an der geerdeten Seite, sämtliche Schaltungselemente des Gerätes dagegen, wie Heizquelle, Gittervorspannungsquelle nebst Potentiometer, Modulationstransformator, an der Spannungsseite liegen. Ihre und ihrer Zuleitungen Kapazitäten gegen Erde — sie sind in der Abbildung mit C', C'' und C''' benannt und punktiert eingetragen — kann man in Summa praktisch kaum kleiner als einige tausend $\mu\mu$F halten. Für 150000 Hz bedeutet das aber einen kapazitiven Nebenschluß von einigen hundert Ohm parallel zum inneren Widerstande des Modulationsrohres, welcher zwischen etwa 1000 Ω und dem Werte ∞ variiert. Die Fernsehfrequenzen würden also durchweg verloren gehen, ohne den Sender auszusteuern. Die obere Modulationsgrenze, bis zu welcher die Gittergleichstromschaltung bei sorgfältigstem Aufbau anwendbar ist, dürfte bei ungefähr 20000 Hz liegen.

c) Gitterspannungsmodulation.

Nach dem soeben Gesagten besteht beim Fernsehen Bedarf für eine möglichst kapazitätsarme Modulationsschaltung. Eine solche ist uns in der Gitterspannungsbeeinflussung nach W. Zeletzki[1] gegeben, mit der die Telefunken-Fernsehsender, sowohl für Kurzwellenversuche als auch für Ultrakurzwellenbetrieb, bisher erfolgreich gearbeitet haben. Die Schaltung zeigt Abb. 224. Ihr wesentlicher Vorzug besteht darin, daß nicht die Anode, sondern die Kathode des Modulationsrohres, und mit ihr auch sämtliche Einzelteile der Eingangsseite, am Erdpotential liegt. Als parasitäre Kapazität kommt nur noch diejenige des Rotors der Anodenspannungsmaschine M gegen Erde in Betracht, die aber durch geeignete Verdrosselung leicht auf etwa 100 $\mu\mu$F begrenzt werden kann.

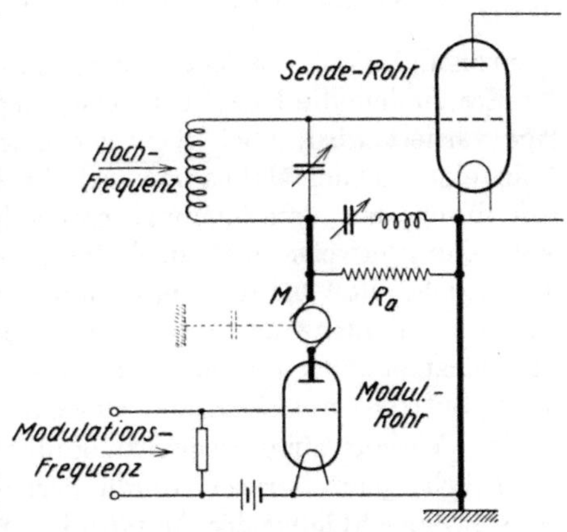

Abb. 224. Gitterspannungsmodulation nach Zeletzki.

Im übrigen ist die Wirkungsweise der Anordnung gleich derjenigen einer direkt gekoppelten Verstärkerstufe. Die am Belastungswiderstande R_a auftretenden Spannungsschwankungen gelangen unmittelbar auf das Gitter der Senderöhre. R_a wird so bemessen, daß für das ganze in Betracht kommende Frequenzband durchweg R_a kleiner ist als der kapazitive Parallelwiderstand. Da zudem R_a konstant ist, bleiben, trotz variierenden Röhrenwiderstandes, auch die kapazitiven Verluste unveränderlich. Hieraus resultiert für die Bildqualität die Wirkung, daß der Detailreichtum unabhängig ist von der Helligkeit, im Gegensatz zur vorherigen Schaltung, bei der bei telegraphiemäßiger Arbeitsweise die kapazitive Schwächung hoher Modulationsfrequenzen um so stärker hervortritt, je kleiner die Amplituden sind.

[1] Dienstbericht an Telefunken vom 4. VI. 1926. Dtsch. Patentanmeldung T 37 989 VIIIa/21a vom 11. XII. 1929.

Ein nicht zu unterschätzender Vorteil der beschriebenen Gitterspannungsmethode ist ferner darin zu erblicken, daß die Ankopplung des Verstärkers an das Modulationsrohr keinerlei einschränkende Bedingung zu erfüllen braucht, während, wie wir sahen, bei der Gittergleichstromschaltung allein der Anschluß über einen Transformator in Frage kommt. Gerade für das Fernsehen ist dieser Umstand von Bedeutung, da für so hohe Frequenzen, wie sie dort auftreten, die *R*-*C*-Kopplung oft die bequemste Lösung darstellt. Der Vollständigkeit halber sei erwähnt, daß sich die Zeletzki-Schaltung auch bereits für Telephonie ausgezeichnet bewährt hat[1].

B. Frequenzmodulation.

Wie wir auf S. 330 gesehen haben, kann die Bekämpfung der Fadings von der Sendeseite aus dadurch gefördert werden, daß statt einer Einzelfrequenz ein Frequenz band ausgestrahlt wird. Ein Mittel hierfür erkannten wir in der Tontastung des Senders. Dem Zwecke der weiteren Vergrößerung der ausgestrahlten Wellenvielheit dient nun das Verfahren der „Frequenzmodulation", welches darin besteht, daß die Abstimmung desjenigen Kreises, in dem die Hochfrequenz erzeugt wird, periodisch um eine stabile Mittellage variiert wird. Bei flüchtiger Betrachtung könnte man glauben, daß als Folge einer solchen Maßnahme auch die entstandene Schwingungszahl kontinuierlich durch den Verstimmungsbereich hindurchwandern müßte; eine derartige Vorstellung erweist sich jedoch bei näherer Prüfung als ebenso irrig, wie etwa die Ansicht, daß bei der Amplitudenmodulation lediglich die Intensität, nicht aber die Frequenz des Senders eine Modifikation erfahre. Da der Begriff der Frequenzmodulation noch verhältnismäßig wenig bekannt ist, sei hier etwas näher auf diesen Gegenstand eingegangen.

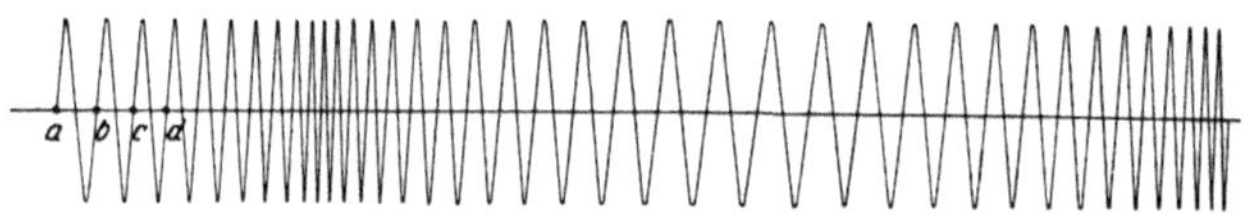

Abb. 225. Frequenzmodulierter Wellenzug.

Der Verlauf eines frequenzmodulierten Wellenzuges ist, wie aus Abb. 225 ersichtlich, charakterisiert durch periodische Kontraktionen und Dilatationen bei stets gleichbleibender Amplitude. Es fragt sich nun, wie sieht der mathematische Ausdruck für eine derartige Kurve aus, und in welche einfachen sinusförmigen Bestandteile läßt er sich zerlegen?

Es wäre unrichtig, in der Formel für die ungedämpfte Schwingung:

$$J = J_0 \cos(\omega_r t + \varphi)$$

die bisher als konstant betrachtete Frequenz ω_r einfach durch eine periodische Funktion der Zeit:

$$\omega_r = \omega_0 + m \cdot \sin \omega_n t$$

ersetzen zu wollen. Wohl durchläuft bei kontinuierlicher Variation des L oder C eines Generatorkreises seine „Eigenfrequenz" $\omega_r = \frac{1}{\sqrt{L \cdot C}}$ ebenfalls eine

[1] Auch G. Lubszynski hat eine Schaltung für Gitterspannungsmodulation angegeben (D.R.P. Nr. 509528 vom 15. V. 1928), die aber ausschließlich für reine Wechselstrombesprechung bestimmt ist und wegen dieser Beschränkung für das Fernsehen weniger in Betracht kommt.

stetige Folge. Dieses ω_r ist aber zunächst lediglich eine Rechengröße, die zur Kennzeichnung der elektrischen Dimensionen des Kreises dient. Die physikalische Bedeutung einer tatsächlich ausgebildet vorhandenen Schwingung kommt ihr im vorliegenden Falle jedoch keineswegs zu, da die dynamische Eigenfrequenz wegen des unaufhörlichen Fortschreitens der vorgenommenen Verstimmung in keinem Augenblick die Zeit findet, sich einschwingen zu können. Bereits das Oszillogramm der Abb. 225 zeigt uns, daß die Strecken *ab*, *bc*, *cd* . . . . ., die man noch am ehesten als Wellenlängen der Kurventeile ansprechen könnte, verschiedene diskrete Werte besitzen, zwischen denen es gar keinen stetigen Übergang gibt. Aber nicht einmal diese Strecken sind in Wirklichkeit eigentliche „Wellenlängen", denn ihre beiden Halbperioden sind ungleich lang, und sogar im Verlaufe jeder Halbperiode ist eine allmählich größer werdende Abweichung von der Sinusform wahrzunehmen, wie es Abb. 226 noch einmal besonders deutlich veranschaulicht. Wir kommen somit zu der Erkenntnis, daß eine Schwingung mit stetig variierender Frequenz eine physikalische Unmöglichkeit ist und daß nicht die Frequenz, sondern die Phase der Schwingung dasjenige Bestimmungsstück darstellt, welches der kontinuierlichen Veränderung unterliegt. An Stelle obigen Ansatzes für ω_r schreiben wir also:

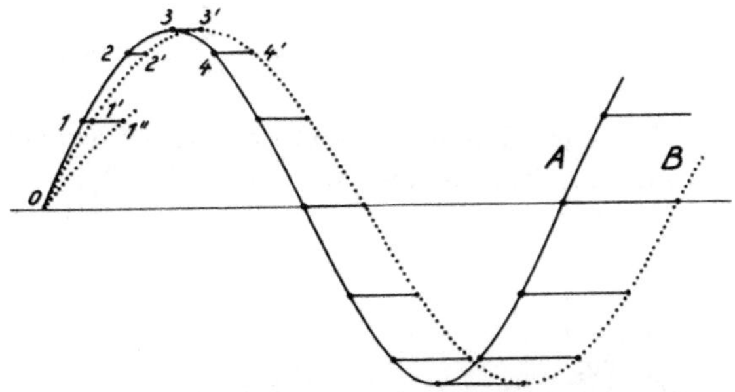

Abb. 226. Vergleich zwischen Sinuslinie (*A*) und frequenzmodulierter Welle (*B*).

$$\varphi = \varphi_0 + B \cdot \sin \mu t\,. \tag{4}$$

Der gesamte Schwingungsvorgang läßt sich somit ausdrücken durch die Gleichung:

$$J = J_0 \cdot \cos(\omega_r \cdot t + \varphi_0 + B \cdot \sin \mu t)\,. \tag{5}$$

Eine nähere Angabe über den Faktor B, den Betrag der maximalen Phasenänderung, ist ebenfalls leicht zu gewinnen. Zunächst liegt auf der Hand, daß die Abweichungen von der Sinuslinie (1—1′, 2—2′, 3—3′, ...) um so größer sind (1—1″, ...), je stärker die ursächliche Maßnahme der Verstimmung des Kreises ist. Wir können somit B erstens proportional der „prozentualen Verstimmung" b setzen. Sodann ist zu beachten, daß der Phasenunterschied von Periode zu Periode immer mehr anwächst, solange die Verstimmung im gleichen Sinne fortschreitet, und daß sein Endwert folglich um so größer sein wird, je mehr Hochfrequenzperioden auf die Verstimmungsperiode entfallen. B ist also zweitens proportional dem Verhältnis ω_r/μ. Weitere Faktoren, die auf die Phasenvariation Einfluß haben könnten, sind nicht vorhanden. Folglich können wir setzen:

$$B = b \cdot \frac{\omega_r}{\mu}$$

und erhalten damit als endgültige Gleichung für den Schwingungsvorgang:

$$J = J_0 \cdot \cos\left(\omega_r t + \varphi_0 + b \cdot \frac{\omega_r}{\mu} \sin \mu t\right). \tag{6}$$

Eine exakte mathematische Herleitung dieser Beziehung, die wir hier lediglich auf Grund physikalischer Überlegungen aufgestellt haben, findet sich bei I. R. Carson[1].

Wie jetzt bereits erkennbar, ist die übliche Bezeichnung „Frequenzmodulation" für einen derartigen Vorgang keineswegs korrekt. Der Ausdruck „Phasenmodulation" wäre weit zutreffender. Und daß von einer kontinuierlichen Frequenzschwankung innerhalb des Verstimmungsbereiches wirklich nicht die Rede sein kann, wird zur vollen Gewißheit, wenn man die Stromkurve mittels Fourierscher Reihenentwicklung in ihre rein sinusförmigen Bestandteile auflöst. Die etwas umständliche Rechnung, auf deren Wiedergabe wir hier verzichten, ergibt:

$$J = J_0 \cdot \sum_{n=o}^{\infty} a_n \cdot \cos(\omega_r \pm n \cdot \mu)\, t \tag{7}$$

und besagt, daß beiderseits der Trägerfrequenz ω_r eine Anzahl von n Seitenbändern auftaucht, im Abstande μ, $2\,\mu$, $3\,\mu$, ..., ähnlich wie bei Amplitudenmodulation, wenn der Sender stark übersteuert wird. Die Konstanten a_0, a_1, a_2, ..., welche die Amplituden der einzelnen Seitenbandfrequenzen bestimmen, sind nur von der Modulationskonstanten B abhängig:

$$a_n = J_n(B) \tag{8}$$

(Besselsche Funktion n-ter Ordnung).

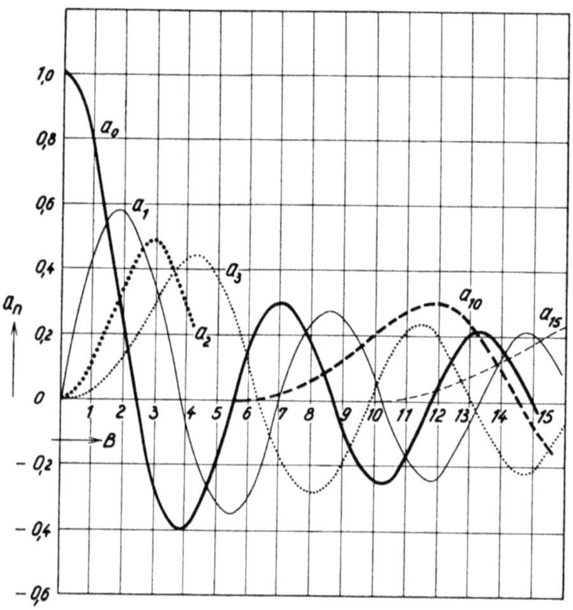

Abb. 227. Frequenzmodulation. Amplituden des Trägers (a_0) und der Seitenbänder (a_1, a_2 . . .) in Abhängigkeit von der Modulationskonstante (B).

Ihre Werte können aus der Kurvenschar der Abb. 227 entnommen werden. Der Verlauf dieser Kurven zeigt, daß bei sehr schwachem Modulationsgrade, etwa unterhalb $B = 0{,}1$, außer der Trägerwelle (a_0) praktisch nur ein einziges Seitenband (a_1) symmetrisch zu ihr vorhanden ist. Bei größer werdendem B entstehen immer mehr Seitenbänder. Bei etwa $B = 2{,}5$ tritt sogar der Fall ein, daß ausschließlich Seitenfrequenzen da sind, während die Trägerfrequenz ganz verschwindet ($a_0 = 0$). Von da ab wird a_0 negativ, d. h. der Träger nimmt entgegengesetzte Phase wie vorher an, bezogen auf diejenige der Seitenbänder. Bei $B = 3{,}9$ fehlt das erste Seitenband zugunsten der höheren Harmonischen usw.

Zusammenfassend können wir sagen, daß die Lage der Seitenbandfrequenzen ausschließlich durch die Modulationsfrequenz, d. h. die Periode der Ver-

[1] Carson, I. R.: Proc. Inst. Radio Eng. Bd. 10 (1922) S. 57. Deutsches Referat von Roder, H.: Telef.-Ztg. Nr. 53 (1929) S. 48.

stimmung, gegeben ist, dagegen nicht abhängt von dem Betrage der Verstimmung, der seinerseits die Intensität und Phase der Seitenbänder bedingt. Im großen und ganzen ist also die beschriebene Modulationsart keineswegs grundverschieden von der „Amplitudenmodulation“, sie weist nur im allgemeinen mehr Seitenbänder sowie einige Eigentümlichkeiten hinsichtlich deren Phasen auf.

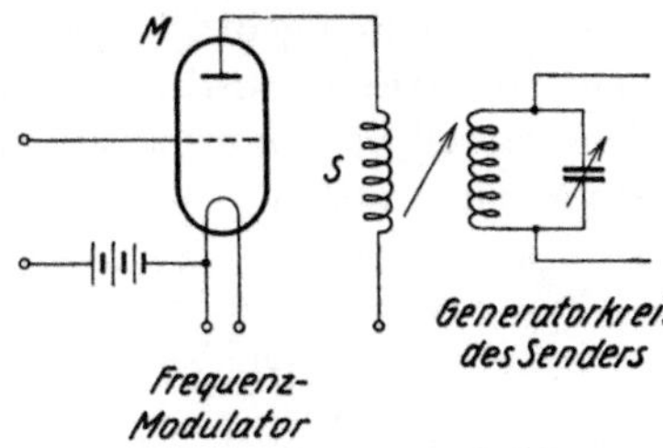

Abb. 228. Frequenzmodulation. Beispiel einer geeigneten Schaltung.

Das Auftreten dieser Vielheit von Seitenbändern wird durch den empfängerseitigen Demodulationsvorgang nicht rückgängig gemacht, sondern hat eine ebenso große Reihe von Oberschwingungen der ursprünglichen Modulationsfrequenz zur Folge. Der „Klirrfaktor“ einer solchen Übertragungsmethode ist also sehr beträchtlich, aus welchem Grunde die Frequenzmodulation beispielsweise für die Zwecke der Telephonie nicht empfohlen werden kann. Wenn es jedoch, wie bei Zeichentelegraphie und Bildtelegraphie, auf die naturgetreue Erhaltung des ursprünglich auf den Sender gegebenen Tones oder Tongemisches nicht ankommt, bietet das

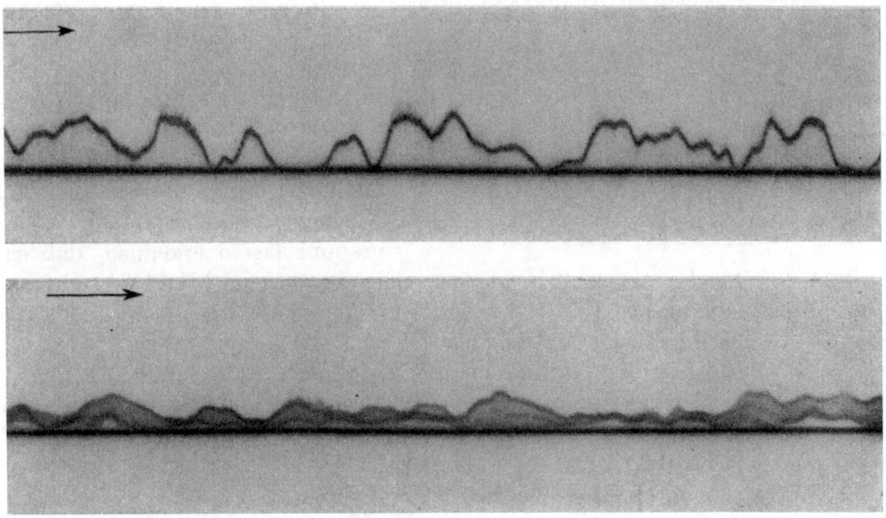

Abb. 229. Oszillogramme eines ungetasteten Senders, aufgenommen in Geltow von Buenos Aires ($\lambda = 15{,}03$ m). Oben: ungewobbelt; unten: gewobbelt (B ca. 1).

Verfahren, eben dank der Vielheit der ausgestrahlten Wellen, bemerkenswerte Vorteile für die Bekämpfung der Schwunderscheinungen.

Eine Schaltung[1], mit deren Hilfe die Frequenzmodulation praktisch durchgeführt werden kann, zeigt Abb. 228. Die Verstimmung des Generatorkreises geschieht durch die angekoppelte Spule S, die über das Modulationsrohr M, je nach dessen Gitterpotential, mehr oder weniger geschlossen ist. Das Gitter von M wird durch die modulierenden Frequenzen gesteuert. Der Verstimmungsgrad wird durch die Festigkeit der Ankopplung eingestellt.

[1] D.R.P. Nr. 470 384 vom 6. III. 1925, Erf. G. M. Wright (Marconi).

Je nach der Anwendung dieser neuen Übertragungsart pflegt man noch gewisse terminologische Unterscheidungen zu machen: 1. bei der eigentlichen „Frequenzmodulation" wird die aus Signalen von beliebigem Stromverlauf bestehende Nachricht (Tontelegraphie, Bild) dem Sender über das Frequenzmodulationsrohr aufgedrückt; es handelt sich also um eine Übermittlung des betr. Bandes auf einem bestimmten Träger; 2. werden statt der Wechselimpulse Gleichstromzeichen konstanter Amplitude verwendet, so spricht man von „Verstimmungstasten", d. h. Aussendung zweier verschiedener Wellen für Zeichen und Pause bezw. für Schwarz und Weiß; auf den Wert, den das Verstimmungstasten als Mittel zur Verbesserung des Bildempfanges haben kann, ist besonders von F. Schröter und von E. F. W. Alexanderson hingewiesen worden[1]; 3. beim „Wobbeln" endlich — der Ausdruck stammt aus Amerika, er ist ebenso inkorrekt wie „Frequenzmodulation" — wird die Nachricht in normaler Weise über das Amplitudenmodulationsrohr auf den Sender gegeben, der zusätzlich durch einen konstanten Ton frequenzmoduliert wird; die in Abb. 229 wiedergegebenen Empfangsoszillogramme lassen erkennen, daß ein gewobbelter Sender tatsächlich weniger tiefe Fadings mitbringt als ein ungewobbelter; die gleiche Wirkung zeigt sich auch beim Bildempfang (Abb. 230 zur Hälfte gewobbelt, zur Hälfte ungewobbelt).

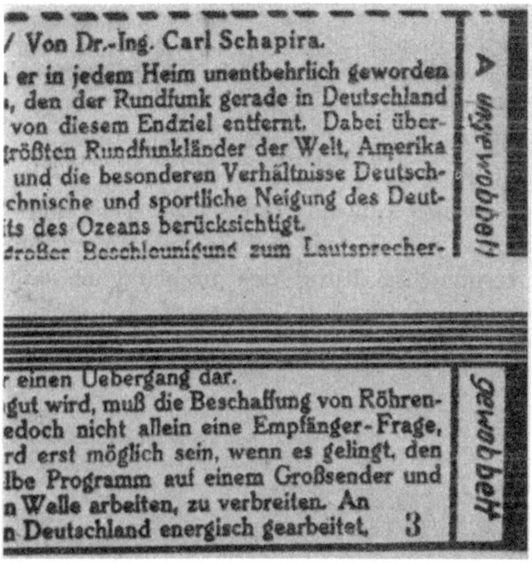

Abb. 230. Wobbeln. Das gewobbelte Bild hat weniger Fadings als das ungewobbelte.

W. Runge[2] hält eine Unterscheidung zwischen den Begriffen „Frequenzmodulation" und „Phasenmodulation" für notwendig und glaubt, hierzu auf Grund von Meßergebnissen berechtigt zu sein. Diese Auffassung bedarf wohl noch weiterer Klärung.

4. Darstellung von Halbtönen durch Telegraphierzeichen.

Da die Kurzwellenlinien im Hinblick auf die Schwunderscheinungen für amplitudengerechte Übertragungen ungeeignet sind, hat man nach Mitteln und Wegen gesucht, Halbtoneindrücke durch bloße telegraphiemäßige Ein- und Austastung des Senders von Null auf Oberstrich zu erzeugen, um dabei am Empfänger das Verfahren der Amplitudenbegrenzung als Mittel gegen das Absinken der Zeichenintensität anwenden zu können. Es ist zwar noch keine Lösung bekannt geworden, die als praktisch bewährt und voll befriedigend

[1] Vgl. Dtsch. Patentanmeldung T 37 231 VIIIa/21a vom 6. VII. 1929, Erf. F. Schröter; U.S.A.-Patentanmeldung Ser.-Nr. 128 267 vom 9. VIII. 1926, Erf. E. F. W. Alexanderson.

[2] Runge, W.: Elektr. Nachr.-Techn. Bd. 7 (1930) S. 488.

anzusprechen wäre; aber gerade deshalb erscheint eine kritische Betrachtung möglichst aller bisherigen Vorschläge sehr nützlich, und dies um so mehr, als heute schon mit einiger Bestimmtheit vorausgesagt werden kann, welche Ideen eine bleibende Bedeutung für die künftige Entwicklung behalten werden.

A. Methode der Zeitmodulation.

Das Problem, welches uns hier beschäftigt, bestand in ähnlicher Weise auch in der Buchdruckerkunst. Beim Telegraphieempfang eines Bildes wie beim Druck können direkt nur die Extremwerte Schwarz und Weiß dargestellt werden, eigentliche Zwischenwerte dagegen nicht ohne weiteres. Man half sich in der Klischeetechnik bekanntlich durch Einführung des Rasterverfahrens, bei dem das Bild aus einem Mosaik von winzigen Punkten zusammengesetzt ist und der Eindruck von Halbtönen durch Variation des Verhältnisses von Punktbreite zu Zwischenraum hervorgerufen wird. Man braucht nur die Wiedergabe eines Photos im Buch- oder Zeitungsdruck mit der Lupe zu betrachten, um diese Struktur sofort zu erkennen. Die Herstellung von Rasterbildern geschieht in der Weise, daß von der Originalvorlage unter Zwischenschaltung eines geeigneten Glasplattengitters eine photographische Kopie angefertigt wird. Von der Anzahl der Gittermarkierungen je Längeneinheit hängt die Feinheit der Reproduktion ab. Unterwirft man nun ein Rasterbild der lichtelektrischen Abtastung, so entstehen Stromimpulse von veränderlicher Zeitdauer, aber konstanter Amplitude, also regelrechte Telegraphiezeichen, in deren Konfiguration die jeweilige Bildtönung durch das Verhältnis von Strich- zu Pausendauer bestimmt ist.

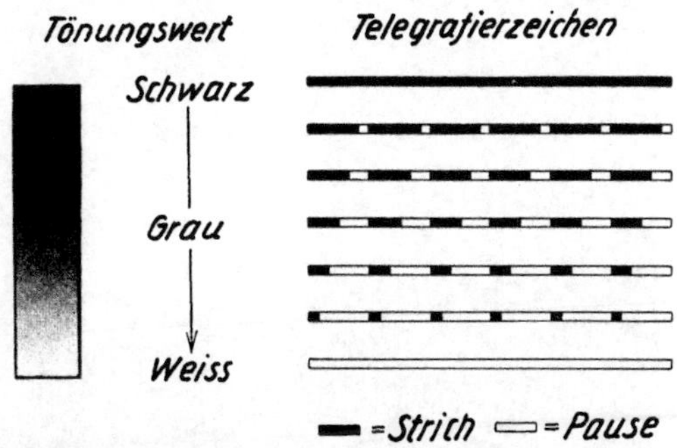

Abb. 231. Erläuterung des Begriffes der Zeitmodulation.

Für derartige Sendeverfahren, bei denen Amplitudenwerte durch Zeitwerte ausgedrückt werden, hat sich in der Bildtelegraphie die Bezeichnung „Zeitmodulation" eingebürgert. Eine symbolische Darstellung dieses Begriffes, die nach dem Gesagten ohne weiteres verständlich sein wird, zeigt Abb. 231.

Die Geschichte der Bildtelegraphie lehrt uns, daß die auf photographischem Wege vorgenommene Rasterung überhaupt das erste Hilfsmittel zur Halbtonübertragung gewesen ist, bis es im Jahre **1906** A. Korn gelang, die Grauskala durch einfache Amplitudenvariation mittels leidlich quantitativ arbeitender Wandler wiederzugeben[1]. Für die Radiotechnik liegt heute der Fall umgekehrt: wir besitzen amplitudengerechte Sende- und Empfangseinrichtungen von großer Vollkommenheit, der Kurzwellenkanal jedoch läßt ihre restlose Ausnutzung infolge seiner amplitudenverzerrenden Einwirkung nicht zu und zwingt uns, auf die alte „Phototelegraphie" zurückzugreifen, obwohl der Natur der Sache nach eine „Phototelephonie" das Gegebene wäre.

Was die Gestalt des Rasters betrifft, so pflegt man in der Drucktechnik die Unterteilung nach zwei Koordinaten zu orientieren, woraus sich dann ein

[1] Vgl. Korn-Glatzel: a. a. O., S. 34.

„Punktraster" ergibt. Für die Zwecke der Bildtelegraphie benötigen wir lediglich eine Rasterung quer zur Abtastrichtung, also ein „Strichraster" (Abb. 232), da es uns bei der zeilenförmigen Zusammensetzung des Fernbildes einzig und allein auf eine Modulation des Lichtpunktes längs der Zeitachse ankommen kann. — Wenn auch die praktischen Ergebnisse, die mit Hilfe der photographischen Rasterung im Wege eines besonderen Abtastklischees erzielt worden sind, als recht gut bezeichnet werden dürfen, so wird doch der Umweg über ein Zwischenbild, das immer erst für die eigentliche Übertragung angefertigt werden muß, im Betriebe als lästig empfunden. Zur Ersparung dieses Arbeitsaufwandes sind von verschiedenen Seiten Vorschläge gemacht worden, die darauf hinaus laufen, die Prozedur der Rasterung automatisch mit dem Vorgang der Abtastung zu verknüpfen.

Abb. 232. Strichraster.

Die erste Lösung dieser Art scheint von B. Freund[1] zu stammen, der eine elektrooptische Umformungseinrichtung gemäß Abb. 233 zu Hilfe nimmt. Die primären Photoströme schwankender Amplitude regulieren über ein Saitengalvanometer die Breite eines Strahlenkegels, in dessen Bereich die Öffnungen einer umlaufenden Schlitztrommel mehr oder weniger lange verweilen. Das hindurchgelassene Licht konstanter Intensität fällt wiederum auf eine lichtelektrische Zelle und erzeugt in dieser die zeitmodulierten Telegraphiezeichen.

Alexanderson[2] bringt vor der Abtastphotozelle eine aus mehreren Sektoren verschiedenen Halbmessers zusammengesetzte Stufenblende an (Abb. 234), die in so schnelle Rotation versetzt wird, daß sie während eines Zeitelementes gerade einmal umläuft. Die Photozelle selbst arbeitet auf ein Tastgerät, welches erst von einer gewissen Belichtungsschwelle an in Funktion tritt und während

[1] Freund, B.: Umschau, Febr. 1925. ZS. d. Ver. d. Ing. Bd. 69 (1925) S. 1267.
[2] U.S.A.-Patentanmeldung Ser.-Nr. 128 266 vom 9. VIII. 1926.

der Dauer seiner Betätigung eine konstante Stromstärke hergibt. Ist nun die momentane Bildhelligkeit groß (weißer Bildpunkt), so spricht das Tastgerät noch bei jeder Ausblendstufe an; bei Zwischentönungen jedoch wird von einem gewissen Sektor ab die Schwellenintensität unterschritten, und zwar um so früher, je dunkler der abgetastete Grauwert ist. Auf diese Weise wird die Ansprechdauer automatisch durch die Bildpunkthelligkeit geregelt. Die Schwierigkeit des Verfahrens scheint in der notwendigen hohen Tourenzahl der Blendvorrichtung zu liegen.

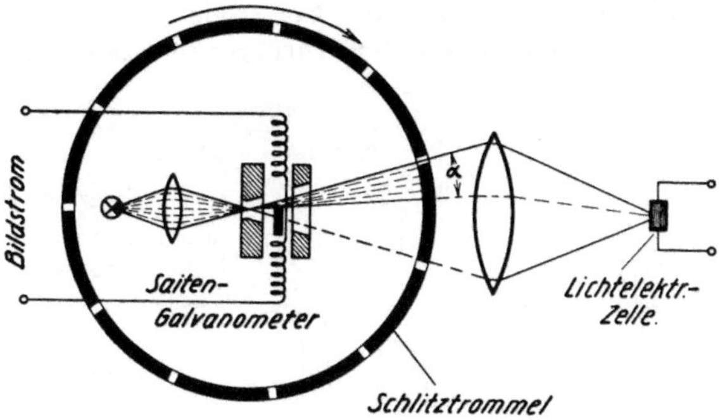

Abb. 233. Zeitmodulation nach Freund.

Alexanderson[1] hat noch eine zweite Methode angegeben, deren Wirkungsweise aus den Abb. 235 und 236 hervorgeht. In einer Mischrohrstufe wird dem Bildstrom eine Hilfsfrequenz von möglichst angenäherter Dreieckform additiv hinzugesetzt. Der resultierende Amplitudenverlauf wird dazu verwendet, um den Arbeitspunkt des mit der hochfrequenten Sendewelle beschickten Tastrohres wie folgt zu regulieren: Die negative Gittervorspannung dieses Rohres wird so gewählt, daß bei Weiß die Summe sämtlicher Gitterpotentiale gerade an den Schwellwert des Anodenstromeinsatzes heranreicht. Bei Hellgrau wird er dann kurz, bei Dunkelgrau länger und bei Schwarz dauernd überschritten. Das Tastrohr liefert also bereits zeitmodulierte

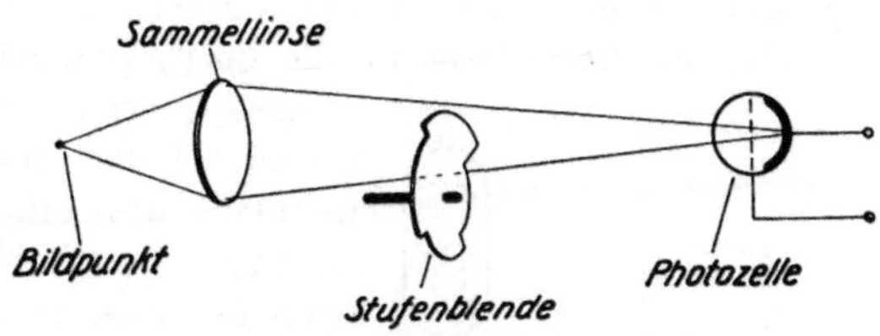

Abb. 234. Zeitmodulation nach Alexanderson (Methode I).

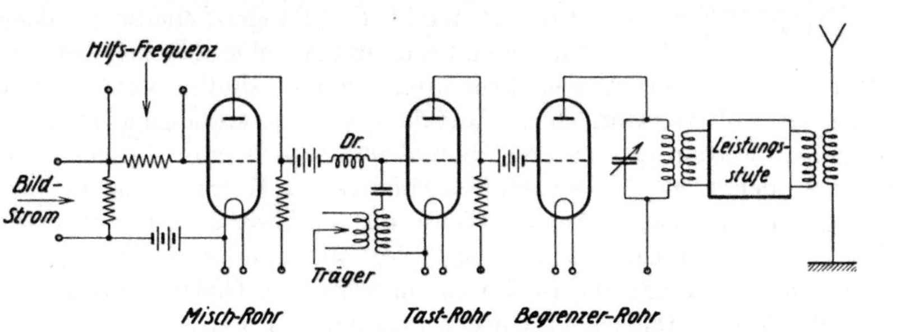

Abb. 235. Zeitmodulation nach Alexanderson (Methode II).

Impulse. Noch vorhandene Stromstärkenunterschiede werden in dem anschließenden Begrenzerrohr ausgeglichen, so daß die Leistungsstufe des Senders bereits unmittelbar nach Überschreiten der Tastschwelle mit voller Amplitude anspricht.

[1] U.S.A.-Patentanmeldung Ser.-Nr. 285 927 vom 16. VI. 1928.

Die Fultograph-Gesellschaft[1] legt parallel zur abtastenden Photozelle (*Ph* in Abb. 237) einen Kondensator *C*, der über den Unterbrecher *U* intermittierend mit einer Batterie verbunden wird. Zwischen den so bewirkten einzelnen Aufladungen erfolgen die Entladungen von *C* über die Photozelle mit einer Geschwindigkeit, die dem variierenden Leitwert derselben, d. h. der jeweiligen Bildhelligkeit entspricht. Ein Verstärkerrohr wird während der Dauer der Kondensatorladung durch diese verriegelt.

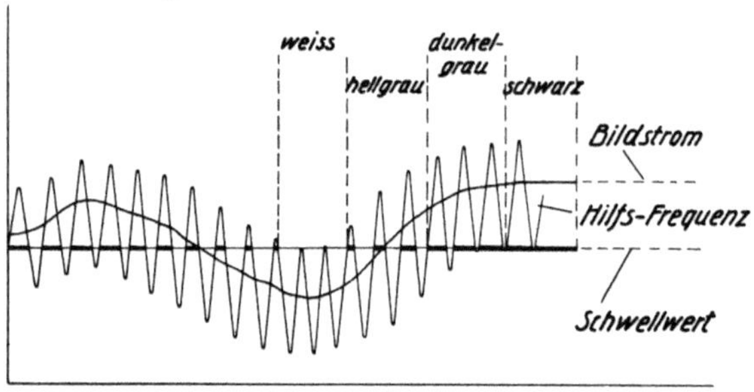

Abb. 236. Wirkungsweise der Alexanderson-Methode II.

Ein gemeinsames Kennzeichen aller vorstehend erörterten Methoden kann darin erblickt werden, daß die Grundfrequenz der Tastungen, unabhängig von dem gerade vorhandenen Tönungswert, konstant ist. Bei der photographischen Rasterung ist dies ohne weiteres einleuchtend. Aber auch die beschriebenen elektrischen Verfahren sind durch eine gewisse Regelmäßigkeit, nämlich die gegebene Periode der Blendendurchläufe, des Hilfstones oder der Unterbrechungen, charakterisiert, die im Empfangsbilde als mehr oder weniger lotrechtes Quermuster in Erscheinung tritt. Wird nun, wie es bei der illustrierten Presse, dem wichtigsten Benutzer des Bilderdienstes, üblich ist, zur Herstellung von Klischees eine nochmalige Rasterung vorgenommen, so kommt eine Moiréwirkung, eine Art Schwebungserscheinung, zustande, die den Gesamteindruck des Bildes stark herabsetzt.

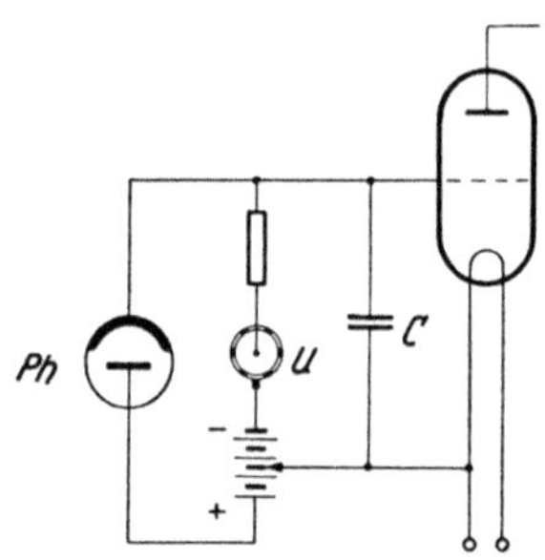

Abb. 237. Zeitmodulation nach Fulton.

Ein Verfahren, das diese Störung bis zu einem gewissen Grade vermeidet, indem es mit ungeordneter Rasterung arbeitet, stammt von R. H. Ranger[2]. Den Kernpunkt der Ranger-Schaltung bilden Ladungen und Entladungen eines Kondensators, welche mit Hilfe eines symmetrischen Zweiröhrensystems, ähnlich dem Abraham-Blochschen Multivibrator, durch Rückkopplung in ständigem Wechsel aufrechterhalten werden. Dauer und Häufigkeit der erzeugten Impulse sind abhängig von der Lage des Steuermittelpunktes der Röhren, eine Eigenschaft, die Ranger in der nachfolgenden Weise für die Zwecke der Zeitmodulation nutzbar macht: Auf beide Gitter (vgl. Abb. 238) läßt er gleichzeitig, aber in entgegengesetztem Sinne, die Bildströme in Form von Gleichspannungsschwankungen einwirken. Die festen Gittervorspannungen werden so gewählt, daß beim Tönungswerte Grau beide Arbeitspunkte ungefähr auf die Mitte der Charakteristik zu liegen kommen. Ferner wird die Vorverstärkung des Photostromes so einreguliert, daß durch Weiß das eine Rohr eben voll verriegelt, das andere voll geöffnet, und durch Schwarz der umgekehrte Zustand herbei-

[1] Österr. Patentanmeldung a 5576/28 vom 22 VIII. 1928, Erf. H. Bucek.

[2] Ranger, R. H.: Proc. Inst. Radio Eng. Bd. 14 (1926) S. 161; D.R.P. Nr. 458133 vom 26. II. 1924 und Nr. 464569 vom 16. VII. 1924.

geführt wird. Unter diesen Bedingungen, deren Innehaltung übrigens erhebliche Geschicklichkeit und Erfahrung erfordert, werden die Röhren während der Bildabtastung von Stromstößen konstanter Amplitude und variierender Länge durchflossen, deren Rhythmus nun aber nicht, wie bei den vorhergehenden Methoden, unveränderlich ist, sondern mit der Helligkeit der Vorlage variiert. Abb. 239 läßt den zeitlichen Verlauf der Impulse in Abhängigkeit von der Bildtönung erkennen. Beim Vergleich mit Abb. 231 tritt der Unterschied zwischen geordneter und ungeordneter Rasterung anschaulich hervor. — Die Anodenströme beider Röhren haben entgegengesetzte Phase; dadurch ergibt sich die Möglichkeit, den Sender wahlweise über das eine Rohr positiv oder über das andere negativ zu tasten. — Eine vollkommene Vermeidung der Moirébildung bei nachträglicher Klischierung wird aber auch mit dieser Methode nicht erreicht, vielmehr stellt sich auch hier über Zonen des Bildes, innerhalb deren die Tönung keinen Schwankungen unterliegt, automatisch eine geordnete Rasterstruktur ein.

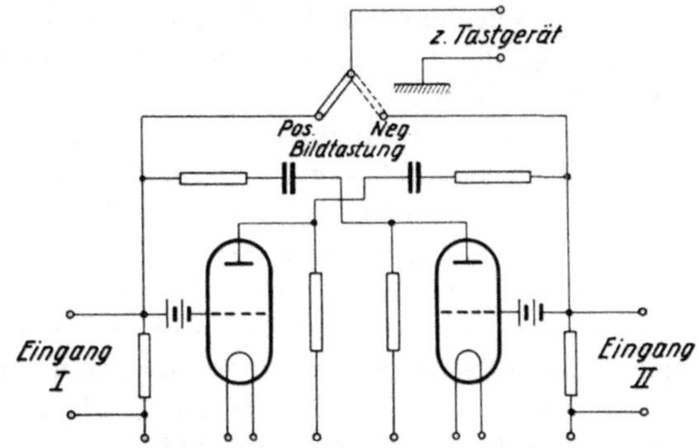

Abb. 238. Zeitmodulation nach Ranger.

Unwirtschaftlichkeit der Zeitmodulation. Jede irgendwie geartete Sendermodulation kann offenbar nur dann eine bleibende praktische Bedeutung erlangen, wenn sie den bei der Bildabtastung erzielten Detaillierungsgrad nicht nachträglich verschlechtert. Die Zeitmodulation insbesondere muß so eingerichtet sein, daß jedes einzelne, einen bestimmten Tönungswert charakterisierende Zeichen keinesfalls länger andauert, als das bestrichene Rasterelement selbst. Andernfalls würden die Impulslängen ineinander laufen, die feineren Einzelheiten des Bildes verloren gehen. Es erscheint notwendig, auf diesen Sachverhalt besonders hinzuweisen, weil in der Literatur bisweilen die Ansicht vertreten wird (z. B. von Ranger), als ließe sich die Tönungswiedergabe auch durch variable Punktdichte (Häufigkeit der Punktgebung) erzielen, indem Schwarz dargestellt wird durch lückenlose Markierung aller aufeinander folgenden Flächenelemente, Grauwerte dagegen durch mehr oder weniger häufige Auslassungen unter ihnen. Das hieße aber gerade, für die Charakterisierung der Helligkeit eines einzelnen Bildpunktes das ihm zukommende Zeitmaß überschreiten, mit der Konsequenz, daß es nunmehr erforderlich wird, eine ganze Serie von benachbarten Elementen gleichartig abzufertigen. Bei größeren, einheitlich grauen Zonen erscheint dies allenfalls zulässig; solche Abstufungen jedoch, deren Ausdehnung nur über ein einziges Rasterelement reicht, z. B. feine Querschattierungen auf anders getöntem Grunde, werden bei einem derartigen Vorgehen von der Wiedergabe ausgeschlossen. Das Empfangsbild

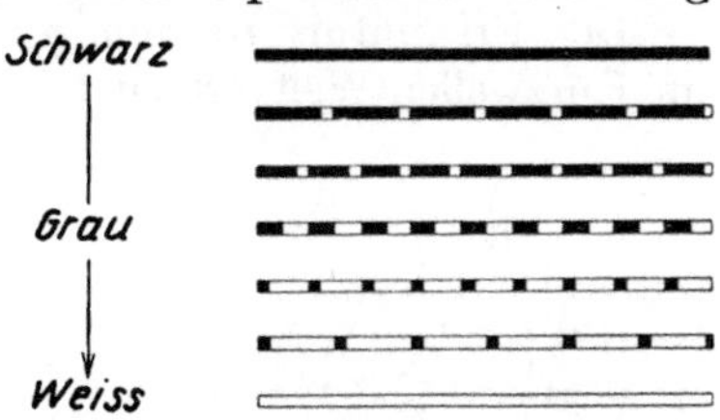

Abb. 239. Zeitmodulation nach Ranger; ungeordnete Rasterung.

sieht, gegenüber dem gesendeten Original, hart und inhaltslos aus. — Wir kommen also zu dem Schluß, daß bei der Zeitmodulation, wie sie auch ausgeführt werden möge, die Schwärzungsskala lediglich durch variable Verkürzung der maximalen Strichlänge, die der Abtastdauer des Bildpunktes entspricht, zum Ausdruck gebracht werden darf[1]. Um dann aber nicht mit dem Kurzwellenkanal in Konflikt zu geraten, für den, bei wirtschaftlichster Ausnutzung, das ungetönte Rasterelement einer Schwarz-Weiß-Vorlage bereits den kürzesten übertragbaren Impuls darstellt, bleibt nichts weiter übrig, als das auf den einzelnen Bildpunkt entfallende Zeitelement nach Maßgabe der beabsichtigten Strichverkürzung von vornherein länger zu wählen, oder, was dasselbe ist, das Arbeitstempo entsprechend zu verlangsamen, verglichen mit dem bei Schwarz-Weiß-Übertragungen möglichen. Wieweit man in dieser Beziehung zu gehen hat, hängt allein von der zu erzielenden Bildgüte ab. Sollen beispielsweise außer den Extremwerten noch 2 Zwischentönungen, also im ganzen 3 eigentliche Schwärzungsstufen, wiedergegeben werden, so nimmt die Sendung bereits 3mal so viel Zeit in Anspruch, wie die einer einfachen Schwarz-Weiß-Vorlage, bei der ja nur mit Grenzimpulsen gearbeitet zu werden braucht. Aus 4 min für 1 dm^2 werden auf diese Weise 12 min, ein Bild des Formates 13 cm × 18 cm erfordert ca. $^1/_2$ Stunde. Ein derartiger Zeitbedarf ist aber gleichbedeutend mit Unwirtschaftlichkeit. Daher muß jegliches Sendeverfahren, das auf dem Prinzip der Zeitmodulation beruht, als ein Notbehelf betrachtet werden, den es möglichst bald durch eine schneller übertragende Methode zu ersetzen gilt.

B. Kanalwechselmethode (Telefunken).

Der Erkenntnis Rechnung tragend, daß die Methode der Zeitmodulation im Kurzwellen-Weitverkehr nur unter erheblichem Aufwand an Übertragungsdauer durchführbar ist, hat Telefunken ein Halbtonbildverfahren geschaffen, das ebenfalls mit Telegraphierimpulsen arbeitet, ohne aber im Tempo gegenüber der ungetönten Übermittlung irgendwie benachteiligt zu sein.

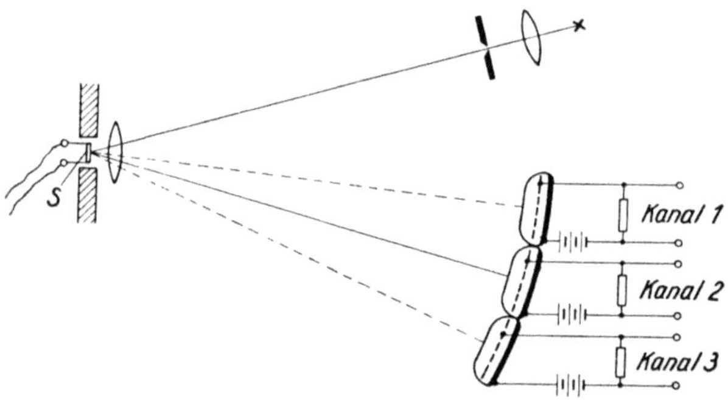

Abb. 240. Kanalwechselmethode (Telefunken); Sendeprinzip.

Der Grundgedanke der neuen Methode ist kurz der, daß die einzelnen Tönungsstufen durch Träger verschiedener Schwingungszahlen — hochfrequenter oder niederfrequenter Art — charakterisiert werden. Jedem Schwärzungswert wird damit ein eigener Telegraphiekanal zugeordnet, und der Übergang von einer Tönung zur anderen vollzieht sich in der Weise, daß die Sendeenergie von dem einen Kanal in den entsprechenden anderen hinüberwechselt. Man kann somit von einer „Kanalwechselmethode“ sprechen. Innerhalb eines jeden Kanals kann die maximale Telegraphiergeschwindigkeit voll ausgenutzt werden, die Übertragungsdauer für

[1] „Strichlänge“ ist als Einschaltzeit des Telegraphierstromes zu verstehen.

das getönte Bild ist also identisch mit derjenigen für ein schwarz-weißes gleicher Feinheit und Größe. Der Sendeeinrichtung, die für diesen speziellen Zweck benötigt wird, fällt die Aufgabe zu, die einzelnen Bildimpulse ihrer Helligkeitsstufe entsprechend in die richtigen Kanäle zu leiten, während die Empfangseinrichtung dafür zu sorgen hat, daß die über die verschiedenen Kanäle ankommenden telegraphischen Signale wieder tönungsgetreu dosiert werden.

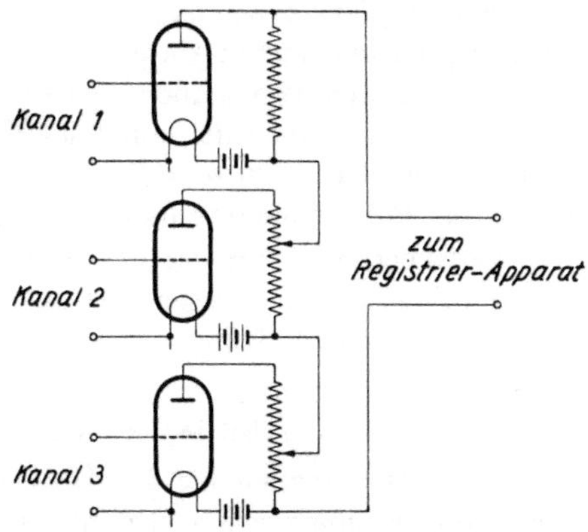

Abb. 241. Kanalwechselmethode (Telefunken); Empfangsprinzip.

Nach einem Vorschlage von F. Schröter[1] wird zur Durchführung dieses Verfahrens die senderseitige Kanaltastung mit Hilfe einer Oszillographenanordnung, wie sie in Abb. 240 skizziert ist, bewerkstelligt. Die Bildströme variabler Amplitude, durch die Schleife S hindurchgeschickt, lassen den Lichtzeiger auf einer lückenlosen Front von Photozellen spielen. Jede derselben repräsentiert das Tastrelais eines gesonderten Übertragungskanals, und jeweils derjenige Kanal ist eingetastet, auf dessen Photozelle der Strahl gerade verweilt. Die Kanäle selber können

Abb. 242. Nach der Kanalwechselmethode erzeugtes Halbtonbild.

abgestufte Tonfrequenzbänder oder auch dicht beieinanderliegende hochfrequente Trägerwellen sein. Im einen wie im anderen Falle muß für jeden Kanal nach beiden Seiten hin eine Bandbreite gleich der höchsten vorkommenden Bildfrequenz zur Verfügung stehen. Aus Sicherheitsgründen jedoch wird man den Abstand der Trägerschwingungen noch etwas größer wählen. Die auf

[1] Schröter, F.: Dtsch. Patentanmeldung 21a[1] T 135.30 vom 8. IV. 1930.

jede Photozelle folgende Verstärkeranordnung muß so eingerichtet sein, daß während der Dauer des Ansprechens der Zelle stets die volle Amplitude ausgesendet wird[1].

Beim Empfänger werden die Bänder der einzelnen Kanäle, nachdem sie den Hochfrequenzteil gemeinsam passiert haben, hinter dem demodulierenden Rohre durch Siebketten voneinander getrennt, sodann, jedes für sich, dem Fadingausgleich unterworfen, um schließlich mit richtig abgestuften Amplituden wieder zusammengeschaltet zu werden. Dies geschieht nach einer von W. Ilberg[2] angegebenen Potentiometerschaltung, wie sie in Abb. 241 wiedergegeben ist.

Das Experiment hat ergeben, daß zu einer befriedigenden Darstellung von Halbtonbildern nach dieser Methode praktisch 4 Kanäle ausreichend sind, wovon man sich an Hand der Übertragungsprobe Abb. 242 überzeugen kann.

C. Lochstreifenmethode (Bartlane).

Eine dritte Möglichkeit der Übermittlung von abgestuften Tönungswerten durch Telegraphierzeichen besteht darin, sie durch einen Code auszudrücken. Dies ist so zu verstehen, daß die kontinuierliche Folge zwischen Schwarz und Weiß aufgeteilt wird in eine an sich beliebig vielfältige Skala von diskreten Tönungsstufen, deren jeder eine bestimmte Zahl oder ein bestimmter Buchstabe des Alphabets zugeordnet ist. Jedes Rasterelement wird, je nach seinem Grauwert, durch eines dieser Symbole wiedergegeben. Es besteht also die Aufgabe, das Bild vor seiner Aussendung in eine Ziffern- oder Buchstabenreihe zu übersetzen, und diese nach dem Empfang in richtig getönte und gruppierte Bildpunkte zurückzuverwandeln. Für beide Funktionen kommt in Anbetracht der großen Anzahl der zu telegraphierenden Zeichen selbstverständlich nur eine automatische Transformierungseinrichtung sowie die Anwendung maschineller Lochstreifengeber und -empfänger in Frage.

Die Anfänge dieser Entwicklungsrichtung reichen bis in das Jahr 1897 zurück und sind mit dem Namen des Erfinders J. Walter[3] verbunden. Praktische Erfolge jedoch blieben den älteren Forschern, wie auf manchen Gebieten, so auch hier, versagt, weil die ihnen zur Verfügung stehenden Hilfsmittel viel zu primitiv waren.

Erst in neuerer Zeit ist es Bartholomew und McFarlane gelungen, in ihrem „Bartlane-System" ein zuverlässiges Codierungsverfahren für Bildtelegraphie zu schaffen. Hierbei wird 1 dm^2 in etwa 60000 Rasterelemente zerlegt. Zur Umformung der Vorlage in den Lochstreifen dient neuerdings, nach Verlassen eines umständlichen Reliefverfahrens, die direkte photoelektrische Methode. Das auf eine Trommel gespannte Bild wird in der üblichen Schraubenlinienabtastung ausgewertet; es beeinflußt dabei, je nach der vom beleuchteten Bildpunkt zur Photozelle gelangenden Helligkeit, 0 bis 5 Übersetzerrelais, die für die Einstanzung des resultierenden Buchstabentextes in das zwangsläufig mitbewegte Papierband sorgen. Der so hergestellte Lochstreifen wird auf dem

[1] Die beschriebene Anordnung wurde vom Verfasser weiter durchgebildet mit Hilfe einer einzigen Photozelle und mehrerer rotierender Lochkränze verschiedener Teilung, über welche der Lichtzeiger geführt wird, vgl. Dtsch. Patentanmeldung T 38269 VIIIa/21a vom 30. I. 1931, Erf. O. Schriever.

[2] Dtsch. Patentanmeldungen 21a[1] T 5.30 vom 4. I. 1930 und 21a[4] T 6.30 vom 3. I. 1930.

[3] Vgl. Korn-Glatzel: a. a. O., S. 301.

Ozeankabel bei Inanspruchnahme nur eines der vorhandenen 5 Kanäle in rund 100 min, bei Aufteilung auf mehrere Kanäle entsprechend schneller übertragen. Im Funkwege ergeben sich in Anbetracht der geringeren durchschnittlichen Tastgeschwindigkeit entsprechend längere Übermittlungszeiten. Der beim Empfänger identisch reproduzierte Lochstreifen steuert schließlich einen sehr einfachen optischen Rückübersetzer mit Filmtrommel; durch Zahl und Anordnung der Löcher wird unmittelbar die hindurchgelassene, im photographischen Lichtpunkt gesammelte Intensität geregelt. Dieser letzte Teil der Übertragung dauert nur 2 min.

Die Lochstreifenmethode dürfte bei der Bildtelegraphie die einzig brauchbare Form des Zwischenempfanges ohne Qualitätsminderung des Bildes beim Weitersenden darstellen. Wertvoll ist die Möglichkeit, den Telegrammstreifen für den Zweck der Weiterübertragung beliebig zu unterteilen. Als besonderer Vorteil ist ferner zu erwähnen, daß mit Hilfe eines derartigen Verfahrens sofort jede beliebige Telegraphielinie in den Dienst der Bildsendung gestellt werden kann. Die bekannt gewordenen Übertragungen sind von recht guter Qualität, erfordern aber vorläufig eben einen sehr erheblichen Zeit- und damit Kostenaufwand. Das Bartlane-Verfahren erscheint noch entwicklungsfähig (vgl. Vorwort des Herausgebers).

5. Mehrfachausnutzung eines Senders.

Die überseeischen Kurzwellenlinien haben vor den Langwellenverbindungen den Vorteil, daß sie mit erheblich geringeren Kapitalinvestierungen und Betriebsunkosten belastet sind. Daher sind die Inhaber dieser Linien in der Lage, zwecks Belebung des Telegrammverkehrs die Tarife verhältnismäßig niedrig zu gestalten. Dies war aber nicht die einzige Umwälzung, die das Aufkommen der Kurzwellen in verkehrstechnischer Hinsicht mit sich brachte. Zahlreiche Konkurrenzunternehmungen wurden in der ganzen Welt auf den Plan gerufen, die Kurzwellenstationen schossen wie Pilze aus der Erde, und die Gebührensätze wurden weiter gedrückt. Zugleich aber entstand im Äther ein bedenklicher Raummangel, der wiederum durch die Erkenntnis, daß zu den verschiedenen Tageszeiten nur ganz beschränkte Wellengebiete betriebsicher zu gebrauchen sind, noch außerordentlich verstärkt wurde.

Was nun die Bildtelegraphie betrifft, die unter solchen Umständen gerade zur Einführung gelangen sollte, so hat sich die durch die atmosphärischen Erscheinungen bedingte Tempobeschränkung als schwerwiegend genug erwiesen, um angesichts der niedrigen Tarife für gewöhnliche Telegramme die Wettbewerbsfähigkeit dieses neuen Betriebszweiges als Fernschreibmethode von vornherein in Frage zu stellen.

Auch die kommerzielle Kurzwellentelephonie leidet unter dem Druck zu hoher Betriebsunkosten, und zwar besonders deshalb, weil einerseits der Telephonie als solcher Begriff und Zielsetzung der Temposteigerung vollkommen wesensfremd sind, und weil andererseits mit der Herstellung der Verbindungen auf beiden Seiten viel kostbare Zeit verloren geht, während welcher der Sender lediglich mit Leerlaufarbeit belastet ist.

Alle angeführten Momente zusammen, Wellenknappheit, beschränktes Bildtempo und Brachliegen des Senders während der Telephoniepausen, haben die

Hochfrequenztechnik vor die Aufgabe gestellt, die Übertragungsmethoden so zu gestalten, daß über einen einzigen Kurzwellensender gleichzeitig mehrere Nachrichten befördert werden können, ähnlich der Mehrfach-, Unterlagerungs- oder Überlagerungstelegraphie auf Drahtleitungen. Die Bandbreite des betreffenden Senders wird dabei zwar eine gewisse Vergrößerung erfahren, es braucht aber zwischen den einzelnen Frequenzabschnitten nicht ein so großer Sicherheitsabstand gewahrt zu werden, wie er unter den Verhältnissen der Praxis bei Verwendung gesonderter Sender für jede einzelne Nachricht notwendig ist.

Bereits auf verschiedenen Linien sind Erfahrungen mit der Mehrfachausnutzung von Sendern gemacht worden, so auf den Strecken Berlin—Buenos Aires und London—Montreal. Erfreulicherweise hat sich die Aufteilung der ausgestrahlten Energie unter mehrere Kanäle keinesfalls als nachteilig für die Betriebssicherheit erwiesen, und zwar wohl hauptsächlich deshalb nicht, weil Hand in Hand mit den Entwicklungsarbeiten am Mehrfachsystem große Fortschritte im Empfänger- und Antennenbau erzielt wurden, die diesen Energieverlust mehr als wettmachten.

In beiden genannten Fällen handelt es sich zunächst um einen Telephoniekanal neben zwei Telegraphiekanälen. Die Einbeziehung der Faksimileübertragung in dieses System steht nahe bevor. Und zwar gehen die Betriebserfordernisse dahin, entweder neben einem Kanal für Bildfunk einen oder zwei für gewöhnliche Telegraphie zu schaffen, oder die verschiedenen Kanäle zur gleichzeitigen Beförderung mehrerer Bilder oder Bildteile, etwa nach der Methode der Mehrfachzeilenabtastung (vgl. Kap. III), auszunutzen. Eine Reduktion der auf das einzelne Bild entfallenden Betriebsunkosten wird in beiden Fällen erzielt. Wir wenden uns nunmehr den wichtigsten bekannt gewordenen Schaltungen zu.

A. Das Multiplexsystem R.C.A.-Ranger.

In den Anfangsstufen des Senders wird in bekannter Weise, ausgehend von einem schwingenden Quarzkristall, durch wiederholte Verstärkung und Frequenzvervielfachung die Kurzwelle erzeugt und auf eine mittlere Leistung gebracht. Dann wird, gemäß dem Schema Abb. 243, die Hochfrequenz ω_0 durch drei nahe beieinander liegende Zwischenfrequenzen ω_1, ω_2, ω_3 in einer unlinearen Röhrenstufe, dem Hauptmodulator, moduliert, so daß neben ω_0 zwei Gruppen von Seitenbändern erhalten werden, $\omega_0 + \omega_1$, $\omega_0 + \omega_2$, $\omega_0 + \omega_3$ und $\omega_0 - \omega_1$, $\omega_0 - \omega_2$, $\omega_0 - \omega_3$. Die Zwischenfrequenzen werden dabei so hoch gewählt, daß nach der Modulation die Unterdrückung der Trägerwelle und einer von beiden Seitenbandgruppen durch einfache Abstimmung auf die andere Gruppe möglich ist. Auf solche Weise werden aus dem ursprünglich allein vorhandenen ω_0 drei dicht beieinander liegende Trägerschwingungen $\omega_0 + \omega_1$, $\omega_0 + \omega_2$, $\omega_0 + \omega_3$ gewonnen. Die verschiedenen Nachrichten werden nun den einzelnen Zwischenfrequenzen vor deren Einwirkung auf die Hochfrequenz ω_0 aufmoduliert, sei es durch einfache Tastung, tönende Tastung, Telephoniebesprechung, Bildmodulation, oder wie auch immer. Der Endeffekt ist der, daß jeder der drei so hergestellten Kanäle seinen eigenen Träger hat, dessen Bandbreite gleich dem niederfrequenten Umfange der betreffenden Nachricht ist. Das gesamte ausgestrahlte Hochfrequenzspektrum hat dann das Aussehen von Abb. 244.

Die Energie des Senders wird unter die einzelnen Kanäle durch passende Bemessung der auf den Hauptmodulator gegebenen Zwischenfrequenzamplituden aufgeteilt. Es ist darauf zu achten, daß die Senderendkaskaden, die auf die Modulationsstufe folgen, sämtlich linear arbeiten, da andernfalls durch die Krümmung der Röhrencharakteristik eine gegenseitige Modulation, also ein Übersprechen von Kanal zu Kanal, stattfinden würde. Die Aussteuerung der Senderleistung über den geradlinigen Kennlinienbereich der Endstufe hinaus ist daher nach Möglichkeit zu vermeiden.

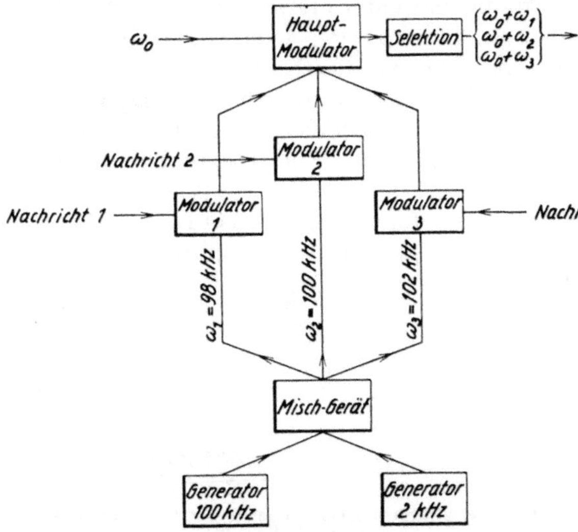

Abb. 243. Multiplexverfahren R.C.A.-Ranger.

Noch eine weitere Vorsichtsmaßnahme ist vonnöten. Damit im Empfänger nicht die Differenzfrequenzen je zweier benachbarter Träger wieder interferieren und Veranlassung zu einem störenden Brummton geben, ist Vorsorge zu treffen, daß diese Schwebungsfrequenz zweiten Grades stets exakt gleich Null ist. Dies erreicht Ranger für den Fall dreier Kanäle in der Weise, daß er zwei der Zwischenfrequenzen auf dem Wege der niederfrequenten Modulation aus einer dritten, d. h. als deren Seitenbänder, erzeugt, so daß sie immer symmetrisch zu jener liegen müssen. Als Beispiel zeigt Abb. 243 im unteren Teile das Schema zur Gewinnung der drei Frequenzen 98, 100, 102 kHz durch Mischung von 100 und 2 kHz.

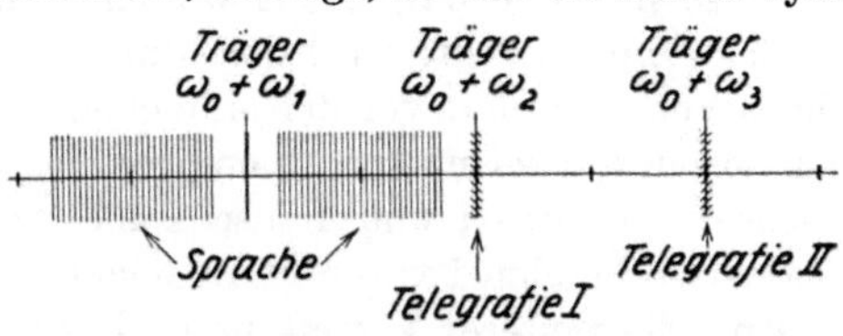

Abb. 244. Ausgestrahltes Hochfrequenzspektrum bei der Multiplexmethode der R.C.A.

Das Aussenden eines eigenen Trägers für jeden Kanal kann insofern von Nutzen sein, als dadurch gleichzeitiger Signalschwund in allen Kanälen sich weitgehend vermeiden läßt. Dieser Gesichtspunkt ist besonders für die Multiplex-Bildabtastung mit mehreren benachbarten Lichtpunkten von Bedeutung, da Ungleichzeitigkeit der Fadings längs aneinander anschließender Zeilen den Gesamteindruck des Bildes wesentlich verbessert.

Für den Empfang der drei Wellen werden bei Ranger drei getrennte Empfänger benutzt, deren Selektivität durch das Mittel der Rückkopplung so gesteigert wird, daß jeder von ihnen nur das Wellenband eines einzigen Kanales passieren läßt.

B. Das Mehrfachsystem Telefunken-Siemens[1].

Im Gegensatz zum amerikanischen System wird hier mit nur einer Trägerwelle gearbeitet, während die Sonderung der Kanäle durch Aufteilung des

[1] S. z. B. auch Böhm, O. u. F. Schröter: ZS. f. Hochfrequenztechn. Bd. 38 (1931) S. 45.

niederfrequenten Modulationsspektrums erfolgt. Der Gefahr des gleichzeitigen Signalausfalls auf sämtlichen Kanälen infolge Schwundes des allen gemeinsamen Trägers sucht man auf der Empfangsseite zu begegnen, indem man auf die Mitwirkung des in schwankender Intensität ankommenden Trägers bei der Demodulation überhaupt verzichtet, ihn vielmehr vorher ausscheidet und durch einen lokal in konstanter Stärke erzeugten ersetzt. Neben der Vermeidung von gleichzeitigen Fadings erreicht man dadurch eine wesentliche Verminderung der Schwunderscheinungen überhaupt.

Auf der Geberseite wird lediglich eine niederfrequente Zusatzeinrichtung benötigt, die auf der Betriebszentrale untergebracht werden kann, während am Kurzwellensender selbst keine Abänderung vorgenommen zu werden braucht. Er arbeitet in Telephonie-Mittelwertschaltung. Den Frequenzumfang der drei Kanäle hat man fürs erste auf 300 Hz bis 2400 Hz für den Telephoniekanal, 2700 Hz bis 2800 Hz für den 1. Telegraphiekanal und 5550 Hz bis 5650 Hz für den

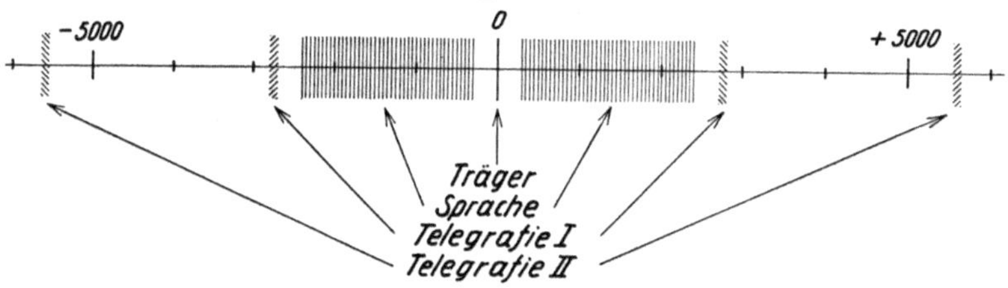

Abb. 245. Ausgestrahltes Hochfrequenzspektrum beim Mehrfachsystem Telefunken-Siemens.

2. Telegraphiekanal bemessen. Abb. 245 veranschaulicht das ausgestrahlte Hochfrequenzspektrum.

Die Tastung der Telegraphiekanäle erfolgt durch Tonhöhenwechsel, und zwar in der Weise, daß Zeichen- und Trennstrom durch zwei um etwa 100 Hz verschiedene Töne dargestellt werden. Ihre bestimmungsgemäße Verwendung auf der Empfangsseite wird dort durch entsprechende Siebketten gewährleistet. Dieses Verfahren hat vor der einfachen Ein- und Austastung einer Tonfrequenz den Vorteil des geringeren Übersprechens auf die anderen Kanäle, weil mit dem Wechsel von Strich und Pause keine Änderung des Aussteuerungsgrades des Senders verbunden ist, die Morsezeichen also die Trägeramplitude nicht beeinflussen. Ein weiterer Vorteil dieser Tastweise ergibt sich daraus, daß aus jedem Telegraphiekanal durch Gleichrichtung eine zeichenfreie Gleichstromkomponente gewonnen werden kann, die sich für die Fadingregelung ausnutzen läßt. Über die Methoden einer solchen Regelung findet sich Näheres in Kap. IX.

C. Das Mehrfachsystem Marconi-Mathieu[1].

Das englische System arbeitet nach dem gleichen Grundprinzip wie das soeben beschriebene deutsche, wenn auch gewisse Unterscheidungsmerkmale vorhanden sind. So sind bei Marconi drei Telegraphiekanäle vorgesehen, auf 1000, 7000 und 9000 Hz, von denen der erstgenannte auch durch einen Sprechkanal ersetzt werden kann. Der Abstand zwischen dem unteren und den beiden oberen Bändern wurde absichtlich so groß gewählt, damit die niederen Harmonischen des 1000 Hz-Kanals, wenn die Übertragungsbedingungen für sie

[1] Marconi Review Bd. 7 (1929); QST. Francais Bd. 64 (1929).

günstig sind, am Empfänger nicht in die anderen Kanäle hineinschlagen. Die Oberschwingungen von 7000 Hz und 9000 Hz dagegen bedeuten keine Gefahr, da sie weit außerhalb des gesamten Empfängerbereiches zu liegen kommen. Allerdings bilden sie möglicherweise eine Störung für benachbarte Wellen. — Auf jeden Kanal entfällt ein Sendermodulationsgrad von 30%. Als Sicherheit gegen zu große Sprachamplituden, die diesen Wert überschreiten würden, dient ein Glimmlampenbegrenzer, der infolge seiner Gasentladungscharakteristik (vgl. Kap. V) das Auftreten übermäßiger Spannungen verhindert.

6. Kurzwellen-Antennen.

Als ein sehr wichtiger Faktor der modernen Kurzwellentechnik, ohne den eine drahtlose Bildverbindung nach Übersee kaum denkbar erscheint, ist die Konzentrierung der ausgestrahlten Sendeenergie auf einen engen, zum Empfangsort weisenden Raumwinkel anzusehen, wie sie praktisch durch die Kombination mehrerer Einzelantennen zu einer Richtantenne erzielt wird. Wenn dieses Prinzip in der Funktelegraphie auch keineswegs neu ist, so konnte es doch aus Dimensionierungsgründen erst mit dem Aufkommen der kurzen Wellen eine erfolgreiche technische Durchentwicklung erfahren. Die verschiedenen Ausführungsformen der Kurzwellen-Strahlwerfer unterscheiden sich lediglich in bezug auf die Art der Kombination und der Speisung der Einzelantennen, während das Grundelement, aus dem sich das Antennengebilde zusammensetzt, allgemein das gleiche ist.

A. Der einfache Dipol.

Als Baustein für Kurzwellenantennen pflegt man den in seiner Eigenfrequenz erregten geraden Draht zu verwenden, weil er derjenige Schwingungskreis ist, welcher den größtmöglichen Strahlungswiderstand besitzt. Die von ihm ausgehende Welle hat eine Länge gleich der doppelten Drahtlänge, entsprechend dem Umstande, daß zu einer vollen Schwingung eine Hin- und eine Rückpendelung der elektrischen Ladung längs des Leiters gehören. An seinen Enden befinden sich die einzigen vorhandenen Spannungsbäuche; sie weisen stets entgegengesetzte Polarität auf. Aus diesem Grunde wird der $\lambda/2$-Draht allgemein als Dipol-Antenne bezeichnet. In Abb. 246 ist das Feldstärkendiagramm eines solchen einfachen Dipols wiedergegeben. Es gehorcht, abgesehen von einem konstanten Amplitudenfaktor, der Formel:

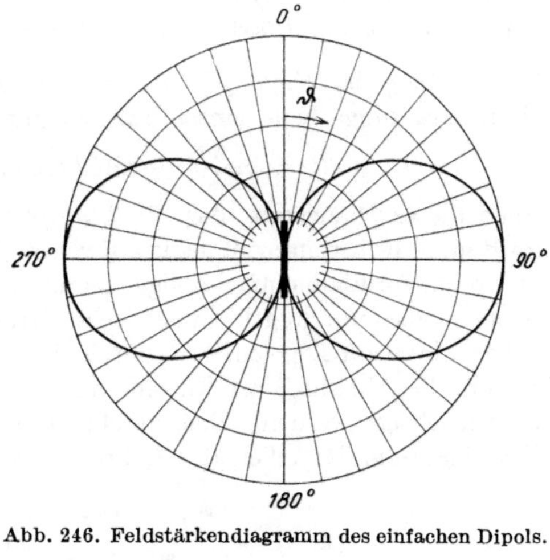

Abb. 246. Feldstärkendiagramm des einfachen Dipols.

$$D = \frac{\cos\left(\frac{\pi}{2}\cdot\cos\vartheta\right)}{\sin\vartheta} \qquad \text{(Dipolterm)},$$

wenn unter ϑ der Winkel, den der Radiusvektor mit der Längsrichtung des Dipols einschließt, verstanden wird. Als Zeichenebene kann jede beliebige durch den Draht gelegte Ebene gewählt werden, das räumliche Diagramm ist eine Rotationsfläche mit dem Dipol als Achse. Man erkennt, daß bereits dieses Antennenelement ein gewisses Richtvermögen besitzt, indem die Ausstrahlung in Richtung der Pole gleich Null ist, während sie in der Äquatorebene ihr Maximum erreicht. In letzterer selbst ist jedoch keine Richtung ausgezeichnet, die Energieströmung allerseits dieselbe.

B. Dipol mit Reflektor.

Eine Richtwirkung läßt sich nun auch in die Äquatorebene hineinverlegen, wenn hinter dem Dipol, parallel zu ihm, ein ebensolcher Strahler als Reflektor aufgestellt wird. Dabei ist die Spiegelwirkung eine vollständige, wenn beide Leiter den Abstand $\lambda/4$ voneinander haben und der Reflektorstrom dem Antennenstrom amplitudengleich, aber um $\pi/2$ voreilend ist. Unter dieser Bedingung hat nämlich das Reflektorfeld mit dem Antennenfeld nach vorwärts gleiche Phase ($\pi/2$ Voreilung — $\lambda/4$ Gangunterschied $= 0^0$ Phasendifferenz), so daß sich beide ihrem Betrage nach addieren, während sie nach rückwärts entgegengesetzte Phase besitzen ($\pi/2$ Voreilung $+ \lambda/4$ Gangunterschied $= 180^0$ Phasendifferenz), sich also gegenseitig aufheben.

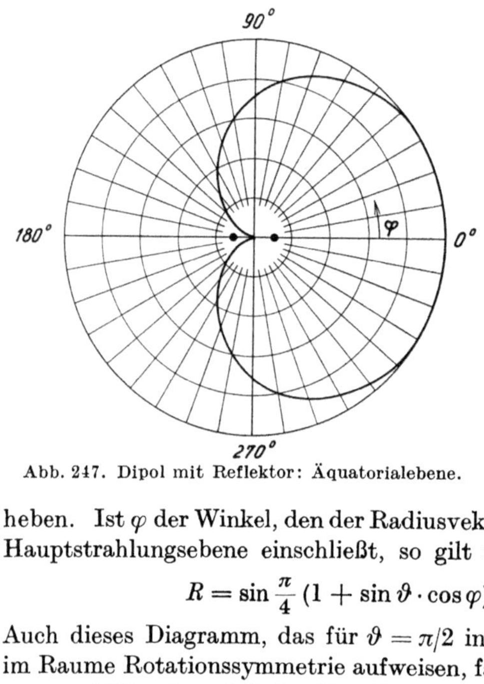

Abb. 247. Dipol mit Reflektor: Äquatorialebene.

Ist φ der Winkel, den der Radiusvektor mit der beide Dipole enthaltenden Hauptstrahlungsebene einschließt, so gilt für eine beliebige Richtung:

$$R = \sin\frac{\pi}{4}(1 + \sin\vartheta\cdot\cos\varphi) \qquad \text{(Reflektorterm)}.$$

Auch dieses Diagramm, das für $\vartheta = \pi/2$ in Abb. 247 wiedergegeben ist, würde im Raume Rotationssymmetrie aufweisen, falls es sich in Antenne und Reflektor um punktförmige einfachpolige Ladungen mit periodisch wechselndem Vorzeichen, also um kugelsymmetrische Strahler handelte. In Wirklichkeit aber haben wir es mit Dipolen, d. h. durch eine endliche Strecke getrennten Ladungen, zu tun, die Abnahme der Einzelfelder mit dem Elevationswinkel muß also noch berücksichtigt werden. Dies geschieht, indem wir das vollständige räumliche Felddiagramm darstellen als das Produkt aus „Dipolterm" und „Reflektorterm":

$$D\cdot R = \frac{\cos\left(\frac{\pi}{2}\cdot\cos\vartheta\right)}{\sin\vartheta}\cdot\sin\frac{\pi}{4}(1 + \sin\vartheta\cdot\cos\varphi), \tag{9}$$

das in Abb. 248 für $\varphi = 0$ graphisch wiedergegeben ist. Was die Amplitude dieses Ausdruckes, also die Feldstärke in der Hauptstrahlungsrichtung, betrifft, so ist zu bedenken, daß sich die gesamte Senderleistung jetzt je zur Hälfte auf Antenne und Reflektor verteilt; die Einzelfelder haben mithin, entsprechend den in beiden Leitern fließenden Strömen, den $\sqrt{1/2}$fachen Wert des einfachen Dipolfeldes, und ihre Addition ergibt für das kombinierte Gebilde eine Zunahme der Feldstärke auf den $\sqrt{2}$fachen, bezw. der Energiedichte auf den 2fachen Betrag.

Dieser Energiegewinn ist aber nicht der einzige Zweck, den der Reflektor in der Kurzwellentechnik zu erfüllen hat. Fast ebenso wichtig ist die Unterdrückung der rückwärtigen Ausstrahlung, die ohne eine derartige Gegenmaßnahme zu gewissen, keineswegs seltenen Zeiten ebenfalls um die Erde herum bis zum Empfänger gelangt, wo sie die etwas früher ankommenden direkten Zeichen überdeckt und oft ganz unleserlich macht. Zur Behebung dieser Störerscheinung hat sich der Empfangsreflektor eigentlich noch wirksamer erwiesen als der Sendereflektor. Es versteht sich von selbst, daß er überdies alle sonstigen aus der abgeschirmten Richtung einfallenden Störungen von der Registrierung fernzuhalten geeignet ist.

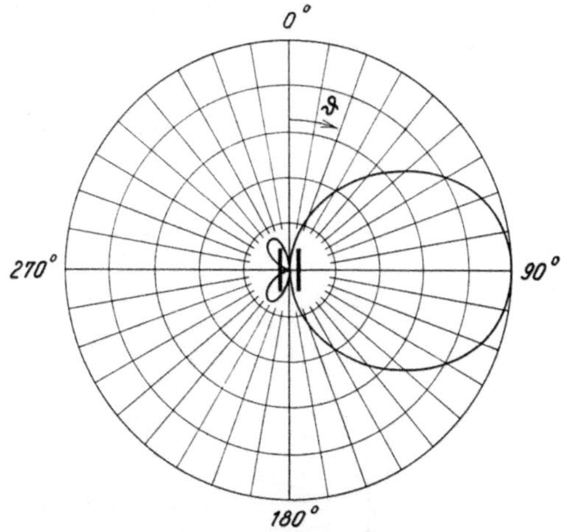

Abb. 248. Dipol mit Reflektor: Hauptlängsschnitt (beide Strahler enthaltend).

Die Herstellung der richtigen Amplituden- und Phasenverhältnisse geschieht mit Hilfe einer besonderen Kopplungseinrichtung; siehe z. B. Abb. 253.

Die in Abb. 248 erkennbaren Nebenzipfel der Strahlungsverteilung haben weiter keine praktische Bedeutung; in den folgenden Diagrammen sind sie daher unberücksichtigt geblieben.

C. Die Dipolzeile.

Eine weitere Energiebündelung läßt sich durch Anordnen von mehreren Dipolen zu einer Geraden erzielen. Ist dabei der Abstand von Mitte zu Mitte je zweier Drähte gleich $\lambda/2$, so spricht man von einer Dipolreihe oder -zeile. In den Kurzwellenstrahlwerfern finden vornehmlich gleichphasig erregte Dipolreihen Verwendung. Einer ausführlichen theoretischen Abhandlung über Antennensysteme von R. Bechmann[1] entnehmen wir, daß das Felddiagramm einer solchen Ngliedrigen Reihe aus demjenigen des Einzeldipols durch Multiplikation mit:

$$Z = \frac{\sin\left(N\,\frac{\pi}{2}\cdot\cos\vartheta\right)}{\sin\left(\frac{\pi}{2}\cdot\cos\vartheta\right)} \qquad \text{(Zeilenterm)}$$

erhalten wird. Für $\vartheta = 90^0$, also für Fahrstrahlen in der Äquatorebene der Geraden, nähert sich dieser Ausdruck dem Werte N. Die Dipolzeile erzeugt mithin in der Hauptsenderichtung ein Nmal so starkes Feld bezw. eine N^2mal so große Energiedichte wie jeder einzelne der beteiligten Dipole. Da nun jeder

[1] Bechmann, R.: Telef.-Ztg. Nr. 53 (1929) S. 54; ZS. f. Hochfrequenztechn. Bd. 36 (1930) S. 182 u. 201. Diesen Arbeiten sind auch die nachfolgenden Formeln entnommen.

derselben nur $1/N$ der Senderleistung führt, ist die erzielte Konzentration im gedachten Falle Nfach im Verhältnis zur Ausstrahlung der ganzen Leistung durch einen einzigen Dipol. Auch hier gilt also, wie bei der Reflektoranordnung, der Satz, daß die zum Empfangsort gelangende Energie proportional mit der in der Sendeantenne enthaltenen Anzahl von Dipolen ansteigt. — Für $\vartheta \neq 90^0$ tritt der Dipolterm als Multiplikator in die Erscheinung, und bei einer Dipolzeile mit Reflektoren außerdem der Reflektorterm. Für letztere Anordnung können wir also schreiben:

$$D \cdot R \cdot Z = \frac{\cos\left(\frac{\pi}{2} \cdot \cos\vartheta\right)}{\sin\vartheta} \cdot \sin\frac{\pi}{4}\,(1 + \sin\vartheta \cdot \cos\varphi) \cdot \frac{\sin\left(N\frac{\pi}{2} \cdot \cos\vartheta\right)}{\sin\left(\frac{\pi}{2} \cdot \cos\vartheta\right)}. \qquad (10)$$

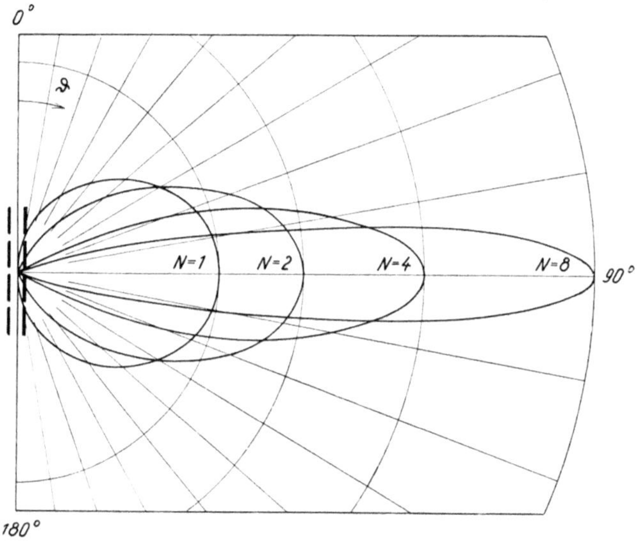

Abb. 249. Dipolzeile mit Reflektor (je N Dipole enthaltend).

Der Äquatorialschnitt dieses Raumdiagramms ($\vartheta = 90^0$) ist identisch mit dem einfachen Reflektordiagramm der Abb. 247, während der Hauptlängsschnitt in der gemeinsamen Ebene von Antenne und Reflektor ($\varphi = 0$) der Abb. 249 entspricht. Man sieht, daß die Energiekonzentration, von den Polrichtungen fort zur Äquatorebene hin, mit wachsendem N allmählich zunimmt und bei genügender Länge der Dipolreihe, z. B. für $N = 8$, einen hohen Grad der Vollkommenheit erreicht. Demgegenüber ist die Intensitätsverteilung im Äquatorialschnitt noch recht verschwenderisch zu nennen.

D. Die Dipolebene.

In der „Dipolebene" bietet sich uns nun ein Mittel, die Bündelung auch im Äquatorialschnitt zu verbessern. Wir verstehen darunter ein System von mehreren, parallel zueinander in einer Planfläche angeordneten Dipolreihen, die einen gegenseitigen Abstand von $\lambda/2$ haben und mit gleicher Phase erregt werden. Die dadurch erzielbare Konzentration läßt sich wiederum durch einen Faktor ausdrücken:

$$E = \frac{\sin\left(M\frac{\pi}{2}\cdot\sin\vartheta\cdot\sin\varphi\right)}{\sin\left(\frac{\pi}{2}\cdot\sin\vartheta\cdot\sin\varphi\right)} \qquad \text{(Ebenenterm)}\,,$$

in dem M die Anzahl der Zeilen innerhalb der Fläche bedeutet. Eine analoge Überlegung wie oben ergibt, daß auch durch diese Maßnahme die Energiedichte

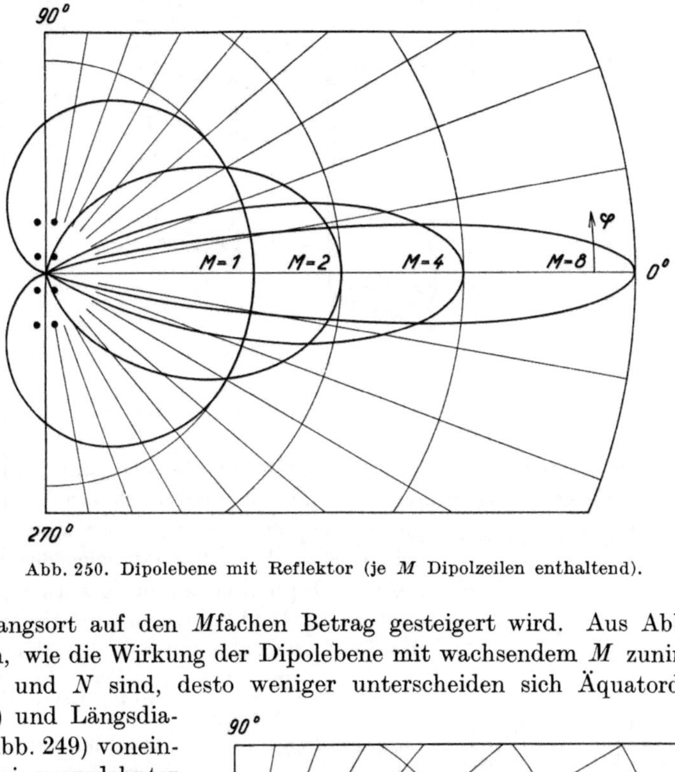

Abb. 250. Dipolebene mit Reflektor (je M Dipolzeilen enthaltend).

am Empfangsort auf den Mfachen Betrag gesteigert wird. Aus Abb. 250 ist zu ersehen, wie die Wirkung der Dipolebene mit wachsendem M zunimmt. Je größer M und N sind, desto weniger unterscheiden sich Äquatordiagramm (Abb. 250) und Längsdiagramm (Abb. 249) voneinander, d. h. je ausgedehnter die Antennenfläche in beiden Dimensionen gemacht wird, desto mehr nimmt das räumliche Diagramm die Form eines schmalen, länglichen Rotationskörpers an. Wir haben es dann mit einer ausgesprochenen Analogie der Scheinwerferwirkung zu tun.

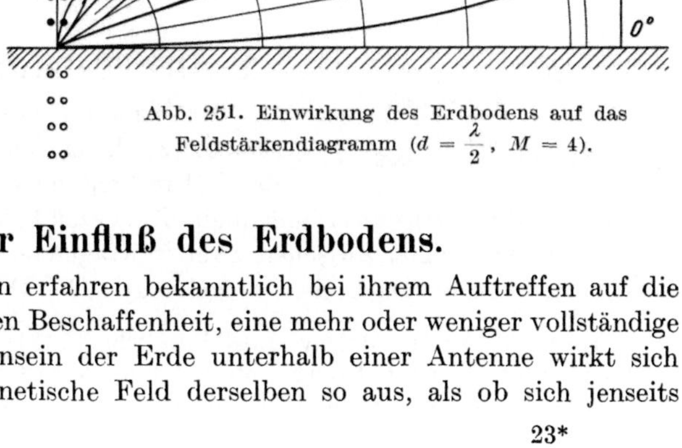

Abb. 251. Einwirkung des Erdbodens auf das Feldstärkendiagramm ($d = \frac{\lambda}{2}$, $M = 4$).

E. Der Einfluß des Erdbodens.

Die elektrischen Wellen erfahren bekanntlich bei ihrem Auftreffen auf die Erdoberfläche, je nach deren Beschaffenheit, eine mehr oder weniger vollständige Reflexion. Das Vorhandensein der Erde unterhalb einer Antenne wirkt sich daher auf das elektromagnetische Feld derselben so aus, als ob sich jenseits der Bodenfläche, also unter ihr, ein ebenfalls strahlendes Spiegelbild der Antenne befände. Wie experimentelle Untersuchungen[1] des näheren ergeben haben,

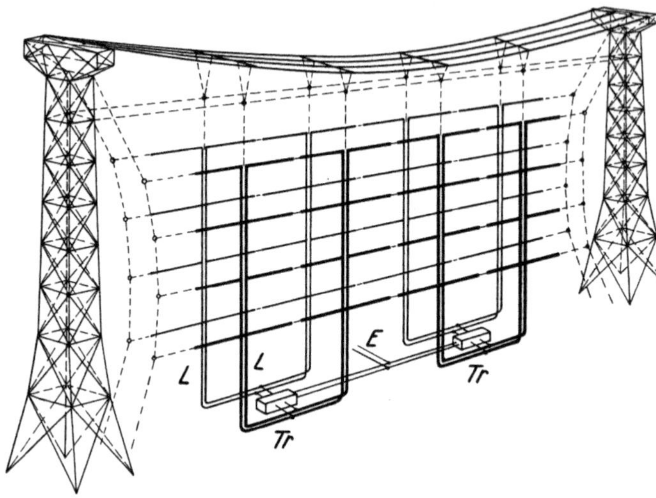

Abb. 252. Aufbauskizze des Telefunken-Strahlwerfers.

ist unter Verhältnissen, wie sie praktisch meist erfüllt sind, mit einer fast vollkommenen Zurückwerfung zu rechnen. Macht man noch die Voraussetzung, daß die Dipole des Antennensystems horizontal orientiert sind, so hat man sich das Spiegelbild als zum Original gegenphasig schwingend vorzustellen. Im Felddiagramm wird die Anwesenheit des Erdbodens dann durch den Faktor:

$$B = \sin\left[\pi \cdot \left(\frac{2d}{\lambda} + \frac{M-1}{2}\right)\sin\vartheta \cdot \sin\varphi\right] \text{ (Bodenterm)}$$

berücksichtigt (d = Abstand der untersten Dipolreihe von der Erde, M, wie oben, Anzahl der Dipolreihen). Er äußert sich darin, daß die ursprünglich waagerechte Abstrahlung einer senkrechten Antennenfläche eine gewisse, von d und M abhängige Elevation erhält. In dem Feldstärkendiagramm Abb. 251 ist dies zu erkennen.

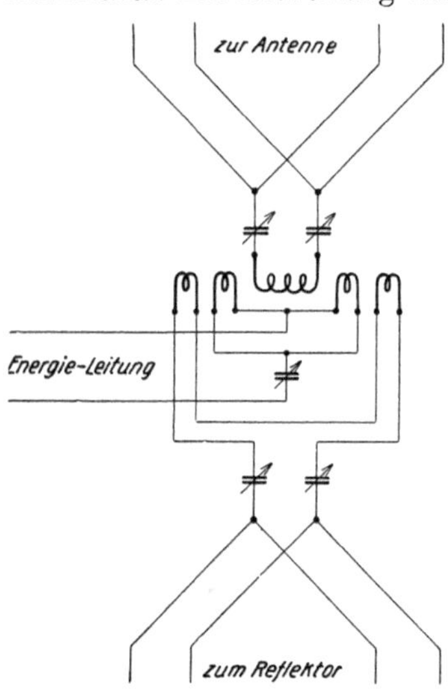

Abb. 253. Ankopplung von Antenne und Reflektor an die Energieleitung.

F. Der Telefunken-Strahlwerfer.

Als Beispiel einer technischen Ausführungsform von Kurzwellenantennen sei der unter Leitung von O. Böhm[2] entwickelte Telefunken-Strahlwerfer angeführt (Abb. 252), der Einfachheit, Zweckmäßigkeit und technische Schönheit in sich vereinigt. Zwischen zwei freitragenden Eisengittermasten ist das Antennengebilde an Dachseilen aufgehängt. Die Dipole selber sind horizontal

[1] Strutt, M. O.: Ann. d. Phys. (5) Bd. 1 (1929) S. 721; Naturwissensch. Bd. 17 (1929) S. 727; Krüger, K. u. H. Plendl: ZS. f. Hochfrequenztechn. Bd. 36 (1930) S. 5.

[2] Böhm, O.: Elektr. Nachr.-Techn. Bd. 5 (1928) S. 413; Telef.-Ztg. Nr. 52 (1929) S. 26.

orientiert, die Antennen- und die Reflektorebene vertikal. Zur Speisung beider Systeme dienen senkrecht aufsteigende Lecherleitungen L, in deren Spannungsbäuchen die Dipole mit ihrem einen Ende angeschlossen werden. Die Polung wird dabei von Etage zu Etage gewechselt, zwecks Innehaltung der Bedingung, daß alle Drähte einer Ebene gleichphasig zu erregen sind. Je zwei benachbarte Lecherleitungen werden unten parallel verbunden und zu einem Transformator Tr geführt, durch den sie an die vom Hochfrequenzgenerator kommende Energieleitung E angekoppelt werden. Der Transformator (Abb. 253) besitzt zwei Sekundärwicklungen zum Anschluß von Antenne und Reflektor. Regelbare Kondensatoren gestatten, Antenne und Energieleitung aneinander anzupassen sowie dem Reflektorstrom die erforderliche Voreilung von 90^0 gegen den Antennenstrom zu geben. — Die Energieleitung selbst pflegt man in Form einer Freileitung oder einer konzentrischen Rohrleitung auszubilden.

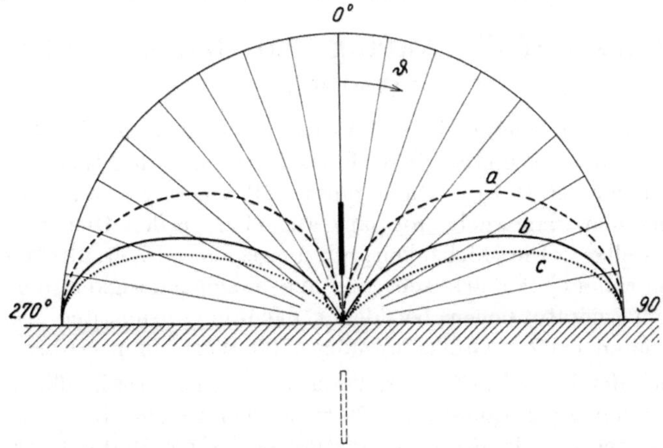

Abb. 254. Vertikale $\lambda/4$-Antenne in verschiedenen Höhen über dem Erdboden. (a) $d = 0$; (b) $d = \lambda/6$; (c) $d = \lambda/4$.

G. Antenne für besondere Zwecke.

Wenn Kurzwellen im Nahverkehr verwendet werden sollen — es sei z. B. auf die im folgenden Kapitel beschriebenen Fernsehversuche zwischen Nauen und Geltow hingewiesen — ist, zwecks möglichster Vermeidung von Nahechos, eine Sendeantenne mit verminderter Raumstrahlung und bevorzugter Bodenwelle am Platze. Ein Strahler mit dieser Eigenschaft ist uns in der vertikalen, etwas oberhalb des Erdbodens angebrachten $\lambda/4$-Antenne gegeben. Sein Diagramm entspricht der Formel:

$$E = \frac{\cos\left\{\left(\frac{\pi}{2} + 2\pi\frac{d}{\lambda}\right)\cos\vartheta\right\} + \cos\vartheta\cdot\sin\left(2\pi\frac{d}{\lambda}\cdot\cos\vartheta\right)}{\sin\vartheta}, \qquad (11)$$

(d = Höhe des Fußpunktes über Erde). Es ist für $d = 0$, $\lambda/6$ und $\lambda/4$ in Abb. 254 wiedergegeben. Man erkennt, daß der Elevationswinkel, innerhalb dessen nennenswerte Amplituden zur Aussendung gelangen, mit wachsendem d kleiner und kleiner wird. Allerdings bezieht sich das nur auf den Hauptbereich der Charakteristik; von $d = \lambda/4$ ab jedoch tauchen im Diagramm Nebenzipfel auf, die bei noch größerer Höhe rasch an Ausdehnung zunehmen. Die günstigste Höhe über dem Boden, die auch bei den erwähnten Versuchen innegehalten wurde, liegt bei etwa $d = \lambda/6$.

Neuntes Kapitel.

Drahtloser Bildempfang.

Von

Herbert Muth.

1. Fernbildschriftempfang.

A. Rückblick auf die Anfänge mit langen und mittleren Wellen.

Bei Beginn der Anwendung kurzer Wellen für die überseeischen Großstationsverbindungen schienen unabsehbare Fortschritte der drahtlosen Schnelltelegraphie in Aussicht zu stehen. Diese günstige Prognose galt auch für den Bildfunk und rief den Plan wach, ihn ganz allgemein in den Dienst des Schreibverkehrs zu stellen. Die Möglichkeit, mit ausgedehnten Seitenfrequenzbändern der Trägerschwingung zu arbeiten, und die Trägheitslosigkeit der modernen Bildübertragungsgeräte ließen bei der gedachten Ausnutzung Telegraphiergeschwindigkeiten bis zur Größenordnung 1000 Wörter/min erwarten.

Im Bereich der bis dahin für den Transozeandienst ausschließlich benutzten langen Wellen hatte der Einsatz der Stationen bereits eine Dichte erreicht, die eine immer weitergehende Beschränkung der zulässigen Modulationsfrequenzen bedingte. Diese Notwendigkeit stand im Widerspruch mit den Voraussetzungen einer Faksimileschnelltelegraphie und einer wirtschaftlichen Bildübertragung überhaupt. Man braucht nur zu bedenken, daß das genannte Intervall von 6 km bis 20 km insgesamt nicht mehr als 35000 Hz umfaßt, während eine einzige bildtelegraphische Verbindung bei 1000 Wörtern/min bereits ein Seitenband von 10000 Hz erfordern würde. Im Gebiete der Langwellen war also von vornherein schon aus Raummangel eine Entwicklung der Faksimiletelegraphie zu einem Nachrichtenmittel von Bedeutung undenkbar. Dazu kamen die hohen Zeitkonstanten der Sendertastung und vor allem das sehr ungünstige Verhältnis der Signallautstärke zum mittleren Pegel der atmosphärischen Empfangsstörungen. Dieser Umstand verlangte die Anwendung äußerst scharf abgestimmter Empfänger mit entsprechend engem Durchlaßbereich und damit die Beschränkung der Fernbildschrift auf untragbar geringe Transmissionsgeschwindigkeiten. Die vorübergehend auf ca. 15 km Wellenlänge betriebene Bildtelegraphenlinie New York—London erforderte für die leidlich störungsfreie Übermittlung einer Fläche von etwa 13 cm × 18 cm bei ziemlich grobem Raster ca. 45 min. Zur Aufnahme dienten bei derartigen, an verschiedenen Stellen der Welt versuchten Übertragungen die normalen, mit mehreren hochfrequenten Selektionskreisen und einseitigem Richtempfang (Rahmenkardioide, Beverage-Antenne) arbeitenden Großstationsempfänger.

Mittlere Wellenlängen sind in der Fernbildschrift mehrmals versuchsweise eingesetzt worden, so z. B. bei den Übertragungen Telefunkens zwischen Berlin und Wien, 1926 bis 1928, und anschließend zwischen Berlin und Moskau; beide Male auf der Welle 1250 m. Zur Zeit laufen einige feste behördliche Dienste, wie z. B. Polizeibildfunk, in diesem stark benutzten und von fremden Sendern gestörten Bande. Bei Entfernungen bis zur Größenordnung 1500 km[1] scheint hier der Empfang praktisch frei von Echozeichen und Schwunderscheinungen zu sein, so daß der Anwendung großer Abtastgeschwindigkeiten nichts im Wege steht. Brauchbare Empfängerschaltungen umfassen 1 oder 2 Stufen abgestimmter neutralisierter Hochfrequenzverstärkung, ein Richtverstärkerrohr als Demodulator, welches am unteren Knick der Anodenstromcharakteristik arbeitet, und 2 bis 3 R-C-gekoppelte Niederfrequenzstufen, je nach dem Spannungsbedarf des Schreibindikators. Da Besonderheiten der Schaltung nicht vonnöten sind, können viele vorhandene Rundfunkgeräte in ihrem obersten Wellenbereich Verwendung finden, wenn das Audion und etwaige Transformatorkopplungen durch die vorstehend angegebenen Mittel ersetzt werden.

B. Übergang zu Kurzwellen.

Nachdem die Entwicklung der Kurzwellenanlagen einen Stand erreicht hatte, der bei gewöhnlicher Telegraphie ausgezeichnete, regelmäßige Betriebsleistungen nach Übersee ermöglichte, ging man mit großen Erwartungen daran, diese Mittel für die Bildtelegraphie einzusetzen (Telefunken: Nauen—Buenos Aires; R. C. A.: New York—London; Marconi Co.: England—Kanada). Wie bereits im voraufgehenden Kapitel betont wurde, haben die weitgespannten Hoffnungen sich bisher nur zu einem geringen Teile erfüllt. Es traten auf der Empfangsseite die in diesem Buche schon mehrfach erwähnten Schwierigkeiten ein, die aus der Eigenart der Ausbreitung kurzer Wellen resultieren und durch die bekannten Erscheinungen des Zeichenschwundes oder „Fading“ und des Nachhallens oder „Echos“ charakterisiert sind. Mit diesen Anomalien hat sich daher die Technik eingehend befassen müssen, um die von ihnen herrührenden Störungen der exakten Wiedergabe des Bildsignals durch den Empfänger so weit wie möglich zu beseitigen.

Da die Ausbreitungseigentümlichkeiten der kurzen Wellen, soweit sie die Gestaltung der Sendeverfahren beeinflussen, bereits im Kap. VIII behandelt sind, können wir uns hier mit wenigen Ergänzungen in knapper Form begnügen. Es ist dafür beachtlich, daß die einzige, bisher als daseinsfähig geltende und deshalb in einem gewissen Umfange entwickelte Anwendung der drahtlosen Bildtelegraphie im Überseeverkehr[2] liegt. Für den Empfang sind dann folgende Gesichtspunkte maßgebend:

1. Es wird praktisch nur Raumstrahlung aufgenommen, da die Entfernung vom Sender stets sehr groß ist, der Empfangsort also von der rasch abklingenden Bodenwelle nicht erreicht wird.

---

[1] Für größere Reichweiten kommt dieses Wellenlängengebiet nicht in Betracht.

[2] Anwendungen im Nahverkehr, z. B. für die Bildübertragung von einem Flugzeuge nach einer Bodenstation, sind bisher selten und nur unter günstigen Verhältnissen erfolgreich gewesen; man hat sich dafür vorzugsweise des längerwelligen Gebietes, etwa zwischen 70 m und 100 m, bedient. Fading und Echos wirkten hierbei meist sehr störend.

2. Die Zeichen kommen auf mehreren, etwas verschiedenen Wegen an und rufen daher einen die Impulslänge vergrößernden Nachhall (Echo) hervor.

3. Eine weitere Quelle des Nachhalls ist die auch im Nahempfang (Fernsehversuche Nauen—Geltow) beobachtete diffuse Zerstreuung der Wellen an der Heaviside-Schicht; sie ist auf Unstetigkeiten des Gradienten der Ionisierungsdichte zurückzuführen.

4. Die Gangunterschiede der Einzelstrahlen liefern durch Interferenz phasenverschobener Komponenten die typische Form des Fading, wobei die Amplitudenänderung in ihrer Stärke und Häufigkeit mit den wechselnden Zuständen der Heaviside-Schicht zusammenhängt. Man unterscheidet Fading auf der Trägerwelle und im Seitenbande; infolge der dauernden Schwankungen des Mediums wandert die Auslöschung in dem ganzen Frequenzbereich fortgesetzt hin und her, da die entsprechende Phasenbedingung für die verschiedenen Schwingungszahlen zu verschiedenen Zeiten eintritt („Selektivfading“).

5. Auch die Variationen des erdmagnetischen Feldes können Änderungen der elektrischen Feldstärke durch Beeinflussung der Polarisation eines Strahles verursachen. Da bei den gewöhnlich benutzten Empfangsantennen immer ein bestimmter Vektor bevorzugt ist, schwankt mit der Polarisationsrichtung des ankommenden Wellenzuges auch die Empfangslautstärke.

6. Wenn gelegentlich die Dämpfung der kurzen Wellen in der Heaviside-Schicht sehr gering ist, pflanzen die Zeichen sich mehrmals um die Erde herum fort, wobei sie — allerdings nicht oft — durch wiederholtes Eintreffen im Zeitabstande von ca. $^1/_7$ s die Lesbarkeit der Bildschrift beeinträchtigen („Erdumlaufzeichen“).

7. Störungen der Registrierung durch das von rückwärts einfallende, auf dem längeren Bogen des Großkreises laufende Signal können durch Anwendung exakt abschirmender Reflektoren (Kap. VIII) bei Sender und Empfänger praktisch eliminiert werden, selbst in Augenblicken, wo der Schwund des direkten Zeichens zu extremer Verstärkung zwingt.

Im Hinblick auf die ungewöhnliche Bedeutung aller dieser Erscheinungen für die Entwicklung der mit hochperiodischen Modulationen arbeitenden Formen der Kurzwellenübertragung, insbesondere der Fernbildschrift und des Fernsehens, wird nachstehend eine Übersicht über die wichtigsten Veröffentlichungen der Ausbreitungsforschung gegeben:

A. Zusammenfassende Darstellungen und Literaturnachweise.

Rukop, H.: Transozeanische drahtlose Telegraphie mit kurzen Wellen. Naturwissensch. Bd. 16 (1928) S. 878—892.

Sacklowski, A.: Die Ausbreitung der elektromagnetischen Wellen. Berlin: Weidmannsche Buchhandlung.

Pedersen, P. O.: The Propagation of Radio Waves. Kopenhagen: G. E. C. Gad 1927.

Kenrick, G. W. and G. W. Pickard: Summary of Progresses in the Study of Radio Wave Propagation Phenomena. Proc. Inst. Radio Eng. Bd. 18 (1930) S. 649—668.

B. Physik der Heaviside-Schicht, Bestimmung der Schichthöhe.

Hulburt, E. O.: Ions and Electrical Currents in the Upper Atmosphere of the Earth. Phys. Rev. Bd. 31 (1928) S. 1018—1039; Bd. 32 (1929) S. 1167—1183.

Eckersley, T. L.: An Investigation of Short Waves. Journ. Inst. Electr. Eng. Bd. 67 (1929) S. 992—1032.

Hafstad, L. R. and M. A. Tuve: An Echo Interference Method for the Study of Radio Wave Paths. Proc. Inst. Radio Eng. Bd. 17 (1929) S. 1786—1792.

Kenrick, G. W. and C. K. Jen: Measurements of the Height of the Kennelly-Heaviside Layer. Proc. Inst. Radio Eng. Bd. 17 (1929) S. 711—733.

C. Echos.

Böhm, O.: Telef.-Ztg. Nr. 53 (1929) S. 9—22.

Eckersley, T. L.: Multiple Signals in Short Wave Transmission. Proc. Inst. Radio Eng. Bd. 18 (1930) S. 106—122.

D. Umlaufzeichen.

Quäck, E. und H. Mögel: Doppel- und Mehrfachzeichen bei Kurzwellen. Elektr. Nachr.-Techn. Bd. 6 (1929) S. 45—79.

Watson, G. N.: The Transmission of Electric Waves round the Earth. Proc. Roy. Soc. London Bd. 95 (1918/19) S. 546—563.

E. Selektivfading.

Potter, R. K.: Transmission Characteristics of a Short Wave Telephone Circuit. Proc. Inst. Radio Eng. Bd. 18 (1930) S. 581—648.

C. Prinzipielles über Kurzwellenbildempfang.

Die Kurzwellenempfänger für Fernbildschrift unterscheiden sich, abgesehen von einigen später zu behandelnden speziellen Einrichtungen zur Bekämpfung des Schwund- und des Nachhalleffektes, von normalen Telegraphieempfängern nur durch eine an ihrem Scheitel stark verbreiterte Selektionskurve zur verzerrungsfreien Aufnahme der ausgedehnten Seitenbänder. Während man für die Zwecke der gewöhnlichen Schnelltelegraphie mit einer Durchlässigkeit von wenigen 100 Hz auskommt, werden in der Faksimile-Schriftübertragung beim höchsten, vom Kurzwellenkanal über große Entfernungen zugelassenen Tempo bis zu 6000 Hz (für beide Seitenbänder zusammen) gefordert. Über den Zusammenhang zwischen Bandbreite und Übertragungsgeschwindigkeit geben die Kap. III (S. 124 f.) und VII Auskunft, vgl. auch die Tabellen 15 (S. 283) und 18 (S. 425).

Grundsätzlich sind aber alle für Schnelltelegraphie verwendbaren Empfänger auch für Bildübermittlung geeignet. Die Grenze ihrer Brauchbarkeit liegt in der Frequenzdurchlässigkeit oder „Lochbreite", die sich mit der betreffenden Schaltung herstellen läßt.

Wie in Kap. VIII ausgeführt wurde, können am Sender die Schwarz-Weiß-Unterschiede des Bildes nach zwei wesentlich verschiedenen Methoden in Schwankungen des Antennenstromes umgesetzt werden:

1. Telephonietastung: Bei Schwarz oder Weiß wird, je nach Übereinkunft (s. Kap. VII und VIII), ein den Sender modulierender Ton, gewöhnlich die Lochscheibenfrequenz, in maximaler Stärke erzeugt. Halbtöne werden durch Zwischenwerte der Amplitude dieses Tones und demnach durch den Aussteuerungsgrad des Senders übertragen. Der Empfänger arbeitet wie ein gewöhnlicher Telephonieempfänger, indem er die Trägerwelle und beide Seitenfrequenzbänder aufnimmt und sie nach gehöriger Verstärkung gleichrichtet. Der hierbei durch Demodulation zurückgebildete Lochscheibenton wird niederfrequent weiterverstärkt und schließlich dem Schreiborgan zugeführt. Seine Amplitude gibt den Tönungsgrad unmittelbar wieder. Die Ausgangsintensität des Empfängers ist proportional dem Quadrat der Feldstärke.

2. Telegraphietastung: Bei Schwarz oder Weiß wird der Träger von Null auf Oberstrich getastet. In diesem Falle arbeitet der Empfänger wie ein Telegraphieempfänger, d. h. die von der Antenne aufgenommene Frequenz wird durch einen Überlagerer in Schwebungen von einigen Kilohertz umgesetzt, niederfrequent verstärkt und dem Bildschreiber zugeleitet. Für Halbtonübertragung ist diese Schaltung anwendbar entweder in der bereits in Kap. VIII erörterten Weise, daß man die Helligkeitsskala durch optische bezw. elektrische Verfahren in eine Zeit- oder Frequenzmodulation umwandelt, oder aber in der

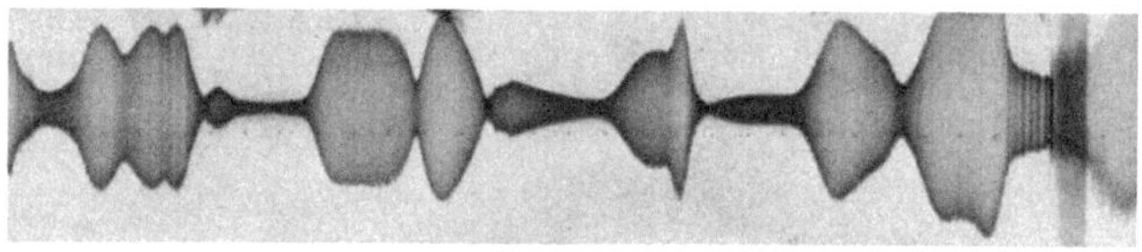

Abb. 255. Fading bei Telephonieschaltung des Empfängers.

Form, daß die Trägerwelle auf abgestufte, mittlere Antennenstromstärken getastet wird. Die Ausgangsintensität des Empfängers ist proportional der Feldstärke.

Die Praxis hat mit Bezug auf den störenden Einfluß der Fadings eine große Überlegenheit der Telegraphiemethode ergeben[1]. Die beiden Oszillogramme der Abb. 255 u. 256 demonstrieren diese Tatsache in augenfälliger Weise. Gesendet wurde von Buenos Aires mit $\lambda = 14{,}97$ m, empfangen in Geltow. Im Falle der Abb. 255 wurde die Trägerwelle mit 1500 Hz moduliert und dieser Ton vom Ausgang eines in Telephonieschaltung arbeitenden Empfängers der Registrierschleife zugeführt. Eine Minute später wurde der Sender unmoduliert gelassen

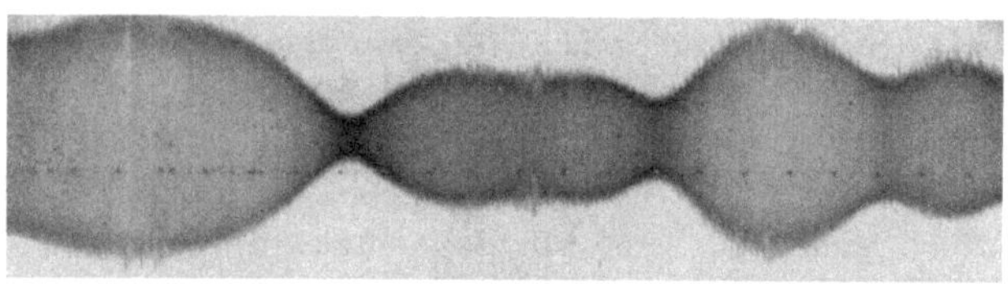

Abb. 256. Fading bei Telegraphieschaltung des Empfängers.

und die empfangene Trägerwelle mit einer passend gewählten Frequenz zu einem Schwebungston von 1500 Hz überlagert. Den nunmehr erhaltenen Lautstärkenverlauf zeigt Abb. 256.

In Abb. 255 schwankt die Amplitude der registrierten Frequenz infolge der quadratischen Empfindlichkeit des Empfängers stärker; ferner sind diese Schwankungen häufiger. Die Ursache für letzteres liegt in den Selektivfadings. Die durch den Demodulationsvorgang erhaltene niederfrequente Schwingung erleidet einen Amplitudenabfall nicht nur durch zeitweilige Schwächung der Trägerwelle, sondern auch durch Phasendrehung der beiden zusammengehörigen Seitenbandfrequenzen gegeneinander. Durch diese Erscheinung können die niederfrequenten Teileffekte mehr oder weniger ausgelöscht werden. Die Möglichkeit der Phasendrehung entspringt dem Umstande, daß die Brechungen in der

[1] Insbesondere, wenn der Sender zusätzlich moduliert ist (gewöhnlich mit der unausgesiebten Lochscheibenfrequenz); s. später.

Heaviside-Schicht frequenzabhängig sind (vgl. Kap. VIII), wodurch sich für die zum Träger symmetrisch gelegenen Signalkomponenten verschieden lange Übertragungswege ergeben.

In solchen Fällen also, in denen es darauf ankommt, die von einem modulierten Sender übermittelten Töne nach der Demodulation weiter zu verwerten, ist stets mit Extrafadings zu rechnen, hervorgerufen durch Interferenz der aus den beiden Seitenbändern zurückgewonnenen Niederfrequenzen. Bei Sprechverbindungen über Kurzwellenlinien bildet diese Erscheinung eine der wichtigsten Störungsursachen; ebenso spricht sie gegen die telephoniemäßige Übertragung von Bildern. Bei Telegraphie dagegen, einschließlich telegraphiemäßiger Bildsendung, ist man in der glücklichen Lage, auf die Tonrückgewinnung verzichten zu können, also niederfrequente Interferenzen im Empfänger zu vermeiden, und trotzdem von dem modulierten Senden als Mittel gegen hochfrequente Interferenzauslöschung im Raume (vgl. Kap. VIII) Gebrauch zu machen. Es ist für diesen Zweck nur nötig, zwischen Demodulatorrohr und Verbraucherwiderstand eine Spulenleitung (*C* in Abb. 277) zu schalten, die den Modulationston abdrosselt, die Tastzeichen dagegen ungehindert durchläßt.

Das Oszillogramm in Abb. 256 vermittelt einen Eindruck von dem wechselvollen Verlauf der Feldstärke, wie er normalerweise bei der Kurzwellenübertragung vorliegt. Die Änderungen der Amplitude erreichen Beträge wie etwa 1 : 5. Diese relativ geringen Schwankungen werden allerdings nur erzielt durch Anwendung von ausgedehnten Richtantennen auf der Sende- und auf der Empfangsseite.

Die Ausführung und die bündelnde Wirkung derartiger Dipolkombinationen sind bereits im Kap. VIII beschrieben. Für den Empfangszweck sind sie grundsätzlich von gleicher Anordnung. Die Verbindung zwischen der Antenne und dem Gerät erfolgt durch eine meist zweidrähtig ausgeführte Energieleitung. Zum Verständnis der Wirkung der Dipolebene auf der Empfängerseite sei noch darauf hingewiesen, daß der Bündelung der Ausstrahlung beim Senden hier die Bündelung der Einstrahlung entspricht. Die Antenne nimmt daher aus der Richtung der Gegenstation bevorzugt Energie auf, wodurch die aus den anderen Richtungen des Raumes einfallende Störenergie in ihrer Intensität relativ zum gewünschten Signal weitgehend geschwächt wird.

Wenn man bei Feldstärkeschwankungen im Verhältnis 1 : 5, wie sie Abb. 256 zeigt, in Telegraphieempfangsschaltung arbeitet und den durch den Überlagerer gebildeten Schwebungston zur Steuerung einer Kerr-Zelle verwendet, erhält man unbrauchbare Bildübertragungen. Abb. 257 gibt hierfür ein Beispiel. In den hellen Streifen (es wurde direkt auf lichtempfindlichem Papier registriert) ist infolge der Abnahme der Ausgangsspannung die photographische Schreibintensität soweit vermindert worden, daß die Lesbarkeit zum Teil fehlt. Hierbei haben zwei Umstände fördernd mitgewirkt: Sowohl die Kerr-Lichtsteuerung als auch die Schwärzung der Bromsilberschicht gehorchen keinem linearen Gesetz; die Kennlinien beider Vorgänge verlaufen vielmehr so, daß fallenden Amplituden eine beschleunigt abnehmende Empfindlichkeit entspricht und daher die Wirkung des Fading gesteigert wird. Die Glimmlampe verhält sich in dieser Hinsicht dank ihrer geradlinigen Arbeitskurve etwas günstiger.

Eine bekannte Methode zur Verminderung der Schwunderscheinungen ist die Unterdrückung der Trägerwelle, die entweder schon vor der Ausstrahlung durch den Sender oder erst durch Selektion im Empfänger erfolgt. Da für den Demodulationsvorgang die Trägerfrequenz und mindestens ein Seitenband erforderlich sind, genügt die Schwächung einer von beiden Komponenten im Übertragungswege zum Hervorrufen eines Fading. Beseitigt man also, wie vorstehend, den unmodulierten Träger und setzt dafür eine beim Empfänger erzeugte konstante Schwingung dieser Wellenlänge vor der Gleichrichtung hinzu, so werden alle diejenigen Zeichenausfälle vermieden, welche sonst durch Schwund der Trägerfrequenz selbst entstehen könnten. Will man bei dieser Maßnahme den auslöschenden Effekt der relativen Phasendrehung beider Seitenbänder vermeiden, so gibt es neben dem gewöhnlich gewählten Wege der Ausfilterung des einen noch den weiteren, komplizierteren, jedes Seitenband für sich zu empfangen und getrennt zur Demodulation heranzuziehen. In der Telephonie

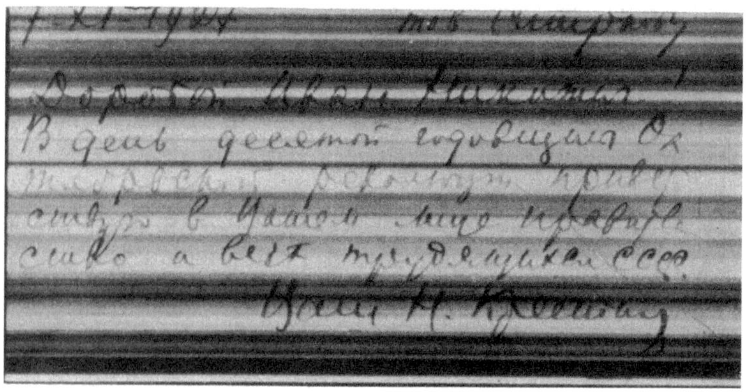

Abb. 257. Steigerung der Fadingwirkung durch nichtlineare Charakteristik der Registrierung.

haben sich diese Verfahren bereits bis zu einem gewissen Grade bewährt; für Bildtelegraphie in Telephonieschaltung werden sie vielleicht aussichtsreich sein, sobald es gelingt, die durch Fading des oder der Seitenbänder noch möglichen Spannungsschwankungen durch kompensierende Röhrencharakteristiken genügend zu nivellieren.

D. Begrenzerschaltungen.

Für die Übertragung reiner Schwarz-Weiß-Bilder, in erster Linie also von schriftlichen und gedruckten Dokumenten, war es im Zuge der Entwicklung naheliegend, die trotz Richtantennen und sonstiger Kunstgriffe immer noch veränderliche Signalstärke durch einfache Begrenzung der Zeichenamplitude auszugleichen. Die Niederfrequenzverstärker sind hierfür in der Regel nicht verwendbar, weil bei ihnen infolge der die Begrenzung bewirkenden Übersteuerung des geradlinigen Teiles der Röhrenkennlinie Störeffekte im Bilde auftreten (vgl. Kap. VII). Aus diesem Grunde arbeitet man in den Hoch- und Zwischenfrequenzstufen, die bei der stoßartigen Übersteuerung zeitlich viel schneller ablaufende und daher harmlose An- und Abschwingvorgänge liefern. Man ist so zu Anordnungen gelangt, deren Prinzip durch Abb. 258 veranschaulicht wird.

Die Ausgangswechselspannung des den Hoch- und den Zwischenfrequenzverstärker enthaltenden Empfängers wird dem Gitter des Gleichrichterrohres *I* zugeführt. Dessen Anodenstrom J_{aI} erzeugt beim Eintreffen eines Zeichens am Widerstande R_1 einen negativen Spannungsabfall für das Gitter der Verstärkerröhre *II* und vermindert so deren Durchlaß. Bei Zeichenpause fließt dagegen im Anodenkreise von *II* ein bestimmter Ruhestrom J_{aII}; dieser ruft am Widerstande R_2 eine Potentialdifferenz hervor, durch welche die Lichtquelle des Bildschreibers in beliebigem Sinne gesteuert werden kann. Erreicht das Produkt $J_{aI} \cdot R_1$ während eines ankommenden Signals einen gewissen Wert, der zur völligen Blockierung der Röhre *II* genügt, so wird der Spannungsunterschied an den Enden des Widerstandes R_2 von $J_{aII} \cdot R_2$ auf Null sinken. Die Begrenzerwirkung beruht also darauf, daß stärkere Anodenströme des Gleichrichters *I* als der Sperrwert, nichts ausrichten können, weil die Röhre *II* nicht mehr als vollständig verriegelt werden kann. Damit der Mindeststrom J_{aI} auch bei tiefem Fading zur Verfügung steht, bedarf es natürlich einer hinlänglichen Vorverstärkung im Empfänger.

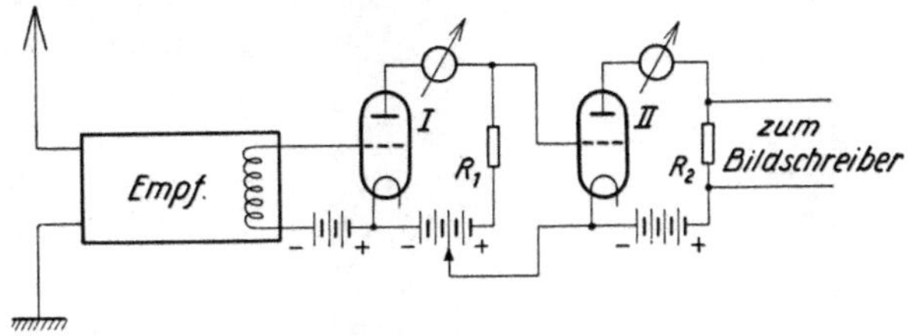

Abb. 258. Prinzip des Fadingausgleiches.

Da es aus praktischen Gründen, z. B. mit Rücksicht auf eine Kabelübertragung zwischen der drahtlosen Empfangsstation und dem in einer Betriebszentrale aufgestellten Bildschreiber, technisch unvorteilhaft wäre, das Lichtrelais mit dem Gleichspannungsabfall an R_2 nach Abb. 258 zu steuern, wird meist mit einer Anordnung gearbeitet, deren grundsätzlichen Aufbau Abb. 259 zeigt („Tastgerät"). Ein Tongenerator von einigen 1000 Hz liefert dauernd eine Wechselspannung an die Gitter der Röhren R_I und R_{II}. Diese Wechselspannung kann aber nur dann auf der Anodenseite auftreten, wenn J_{aI} Null ist, da schon ein geringer Wert von $J_{aI} \cdot R$ ausreicht, um die Übertragung des Tones durch Herabdrücken der Gitterspannung an R_I und R_{II} zu verriegeln. Bei Zeichenpause ruft also die konstante Amplitude des Tongenerators am Ausgange des Gerätes eine gleichbleibende Steuerintensität hervor, wohingegen diese beim Eintasten des Senders verschwindet, sofern J_{aI} infolge gehöriger Vorverstärkung auch im tiefsten Fading noch groß genug ist. Die erhaltenen negativen Wechselstromzeichen können nun ohne weiteres über eine Leitung gesendet und an deren Ende nach Belieben umgekehrt werden.

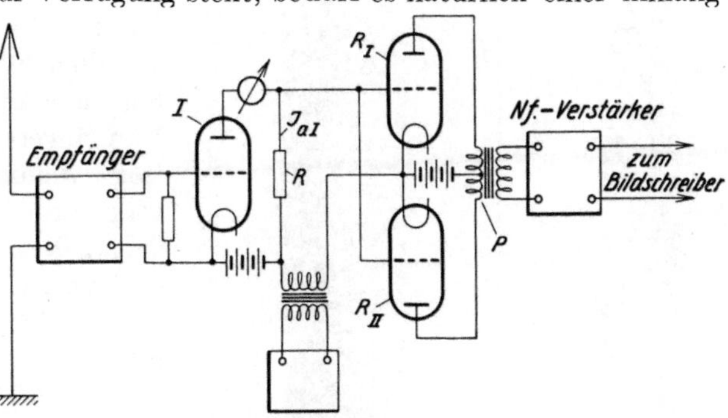

Abb. 259. Schaltung des Tastgerätes zum Fadingausgleich.

Die Notwendigkeit der Gegentaktschaltung der Röhren R_I und R_{II} ergibt sich daraus, daß die Gleichstromänderung des entriegelten Rohres sich ohne eine solche jedesmal dem Wechselstrom des Tongenerators überlagern würde.

Dieser stoßartige Anstieg würde zu störender Plastik im Bilde führen, da er in den anschließenden, niederfrequent arbeitenden Endverstärkerstufen Ausgleichsvorgänge hervorruft, wie sie im Kap. VII, S. 303f. erläutert wurden. Bei Gegentaktsteuerung zweier Röhren heben sich jedoch die Gleichstromstöße in der Primärwicklung des Anodenübertragers auf, da sie gegenphasig und gleich groß sind.

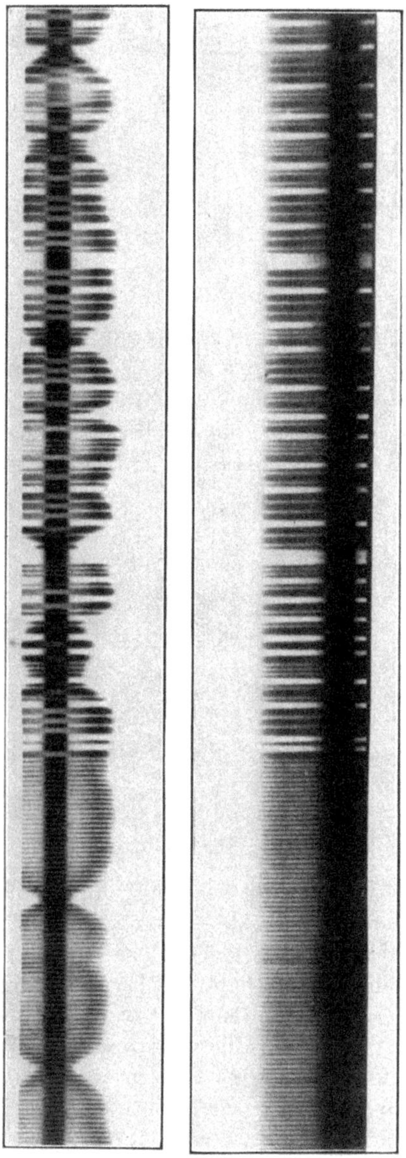

Abb. 260. Ausgleichende Wirkung der Begrenzung bei Fading; Zeichenform vor und hinter dem Tastgerät.

Die bei der Schaltung nach Abb. 259 angewandte Methode der Verriegelung eines Steuertonübertragers durch das schwächste noch registrierbare Zeichen liefert, wenn der Sender bei Weiß ein- und bei Schwarz ausgetastet wird und der Lichtschreiber in normaler Weise bei elektrischer Energiezufuhr mit Aufhellung anspricht (Glimmlampe, Kerr-Zelle), unmittelbar ein Positiv auf lichtempfindlichem Papier. Naturgemäß entsteht dabei an allen Stellen, wo bei Fading die Signalstärke unter die Reizschwelle des Empfängers sinkt, volle Schwärzung (sog. ,,Fadingstreifen"), während etwaige atmosphärische Störungen sich, gemäß den Ausführungen im Kap. VII, 6, B über die Wirkung des Ausgleichsgerätes, im weißen Bildhintergrunde nicht markieren können. Für die Aufnahme auf Negativfilm muß man die Lichtsteuerung vorher umkehren; Beispiele für diese Maßnahme sind gleichfalls im Kap. VII, 6, B angegeben.

Tastet man dagegen unter Benutzung einer Kompensationsschaltung (Kap. VII, 6, A) den Sender bei Schwarz ein und bei Weiß aus, so erhält man mit der unveränderten Anordnung nach Abb. 259 auf dem Wege über das photographische Negativ eine positive Kopie, in welcher unausgeglichene Fadings durch weiße, zeichenlose Streifen gekennzeichnet und nunmehr alle Störungen, deren Amplitude über der Ansprechgrenze des Empfängers lag, als schwarze Maserungen mitregistriert sind; das Gleiche ergibt sich, wenn man zunächst den Steuersinn des Tastgerätes elektrisch umkehrt und dann das Bild unmittelbar auf lichtempfindlichem Papier niederschreibt.

Die Wirkung einer Begrenzerschaltung der vorstehend beschriebenen Art zeigt Abb. 260. Die Zeichen eines fernen Senders wurden gleichzeitig vor und hinter der Anordnung oszillographiert. Man sieht, wie die ohne Begrenzung stark schwankende Zeichenstärke vollkommen ausgeglichen wird.

Die Übertragung von Halbtonbildern ist natürlich bei Anwendung derartiger Methoden nur auf indirektem Wege möglich. Entweder bedient man sich hierfür mehrerer Frequenzkanäle (Kanalwechsel, vgl. Kap. VIII), um die einzelnen Stufen der Grauleiter zum Ausdruck zu bringen, wobei empfängerseits jedem derartigen Kanal zum Ausgleich der Amplitudenschwankungen durch Fading ein eigenes Begrenzergerät zugeordnet ist, das hinter der betr. Siebkette eingeschaltet wird. Oder aber, man eliminiert die Dosierung einer bestimmten Amplitude am Empfängerausgang gänzlich durch Rasterung der Sendevorlage, so daß bei deren Abtastung der Antennenstrom stets auf Oberstrich gesteuert wird und die Variation der Tönung durch verschiedene Strich*dauer* für den einzelnen Bildpunkt definiert ist. Näheres über die dafür bestehenden Möglichkeiten findet sich im Kap. VIII. Prinzipiell ist die photographische Rasterung der Vorlage von der elektrischen auf der Empfangsseite durch nichts zu unterscheiden. Die Verwendbarkeit derartiger Fernbilder, wie sie Abb. 261 am Beispiel einer Übertragung von Buenos Aires nach Berlin zeigt, scheitert jedoch oft daran, daß sie für den Zweck der Reproduktion im Druckverfahren nochmals gerastert werden müssen, wobei leicht ein störender Moiréeffekt auftritt.

Abb. 261. Übertragung einer gerasterten Vorlage, Empfang mittels Tastgerätes (Buenos Aires—Berlin 1929).

E. Halbtonbildempfang durch Verstärkerregulierung.

Will man trotz der Häufigkeit des Fading kurzer Wellen Halbtonbilder auf dem Wege der Amplitudenmodulation übertragen, so müssen, wie bei der Telephonie, selbsttätige Einrichtungen zur fortgesetzten Regulierung der Gesamtverstärkung im Empfänger vorgesehen werden. Bei Anwendung von Trommelbildgeräten bietet sich hierzu eine besonders vorteilhafte Möglichkeit durch Ausnutzung des von Bildzeichen freien Zeitintervalls während des Durchganges der zur Befestigung des Blattes dienenden Aufspannleiste durch den Abtast- bezw. Schreiblichtpunkt. In allgemeiner Form ist dieser Gedanke, die

Leerlaufperiode zwischen je zwei Bildzeilen zur Anpassung des Verstärkungsgrades an die mittlerweile veränderte Dämpfung des Übertragungsmediums zu verwerten, im D.R.P. Nr. 510213 (International Standard Electric Corporation) vom 6. XII. 1925 ausgesprochen.

Die prinzipielle Wirkungsweise einer derartigen Anordnung ist folgende: Der Sender arbeitet in Telegraphietastung mit Steuerung der Amplitude von Null aus auf Antennenstromstärken, die den Halbtönen proportional veränderlich sind. Während der Übertragungsdauer einer Bildzeile, die bei normalem Tempo höchstens 1 s beträgt, darf man die Dämpfung des ganzen Fernwirkungssystems als konstant ansehen. Sendet man daher bei Beginn jeder Trommelumdrehung ein kurzes Zeichen gleichbleibender Stärke, dessen Intensität dem photoelektrischen Äquivalent eines der Extremwerte Schwarz oder Weiß der Bildvorlage entspricht, so kann mit Hilfe dieser Normalamplitude eine mit dem Empfänger verbundene selbsttätige Einrichtung gesteuert werden, die für die betr. Zeile den Verstärkungsgrad jeweils so einstellt, daß ein Ausgleich der zeitlich schwankenden Dämpfungen des Übertragungskanals stattfindet.

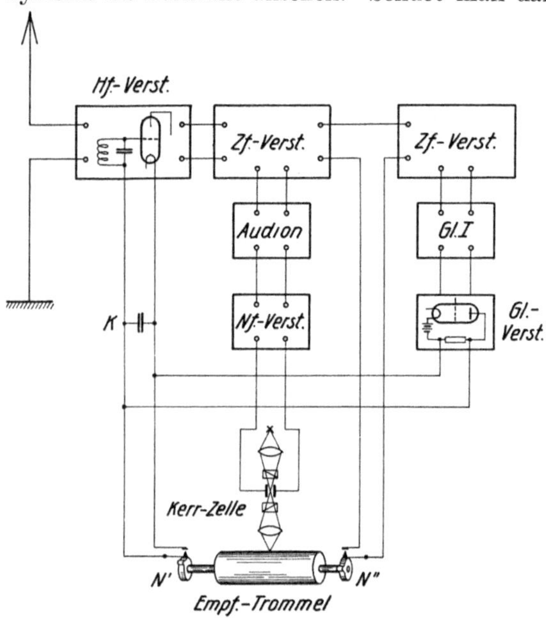

Abb. 262. Halbtonübertragung mit Verstärkungsregulierung im bildfreien Trommelintervall.

Obwohl überwiegend die Ansicht bestand, daß die im Kap. VIII beschriebenen Verfahren zur Halbtonübermittlung im Wege der Rasterung, der Zeitmodulation oder des Kanalwechsels bei Anwendung der Fadingbegrenzung im Empfänger vorteilhafter seien, wurden dennoch von Telefunken gelegentlich Versuche unternommen, um zum Vergleich die Brauchbarkeit der Amplitudenmodulation in Kombination mit der geschilderten Verstärkungsregulierung zu erproben. Abb. 262 zeigt das Prinzip des vom Verfasser hierzu benutzten Aufbaues. Der eigentliche Empfänger besteht aus den später in G. beschriebenen Hoch- und Zwischenfrequenzverstärkerstufen und schließt mit einem selbstschwingenden Audion ab, durch welches die Zwischenfrequenzwelle zu einem niederfrequenten Schwebungston überlagert wird. Dahinter ist ein Endverstärker geschaltet, der die Kerr-Zelle steuert. Die Wechselspannung an den Elektroden der Zelle ist in diesem Falle proportional der Feldstärke der eintreffenden Zeichen. Ein zweiter Ausgang des Empfängers führt über weitere Zwischenfrequenzstufen mit schmalem Durchlaßbereich zu einem Gleichrichter *Gl I*, der seinerseits auf eine Gleichstromverstärkerkaskade arbeitet. Die Endstufe dieser letzteren erzeugt an ihrem sehr hoch gewählten Anodenwiderstande einen Spannungsabfall, der einen Kondensator K von 4 μF auflädt, und zwar nach obigem in einzelnen, während der Leerlaufperiode der Bildabtastung erfolgenden Stößen. Die zwischen diesen Stößen über den Widerstand stattfindende Entladung von K geht so langsam vor sich, daß während der Abwicklung der Bildzeile die Kondensatorspannung als praktisch konstant gelten kann. Sie wirkt als Vorspannung auf die Steuergitter der Röhren des Hochfrequenzverstärkers zurück und regelt durch Hin- und Herschieben des durchlaufenen Kennlinienbereiches auf Gebiete verschiedener Steilheit die jeweilige Gesamtverstärkung.

Abb. 263. Halbtonbild, mit Verstärkungsregler empfangen (Versuche Buenos Aires—Berlin 1929).

Mit wachsender bezw. abnehmender Feldstärke in der Empfangsantenne wird also das Gitterpotential in den Hochfrequenzstufen immer soweit im gegenteiligen Sinne geändert, daß sich hinter dem Audion für Weiß oder Schwarz eine bestimmte konstante Ausgangsintensität ergibt. Damit ist auch die Schreibamplitude für alle Halbtöne geregelt.

Das stoßartige Arbeiten des Regulierungsverstärkers in der Zeit des bildfreien Trommelintervalles wird nun wie folgt erzielt: Jedesmal, wenn beim Sendeapparat die weiß lackierte Aufspannleiste der Trommel unter dem Abtastlichtpunkt hindurchwandert und demzufolge ein photoelektrischer Stromfluß ausgelöst wird, der die Trägerwelle unmoduliert auf die Normalamplitude für Weiß tastet, schließt beim Empfänger ein mit gleicher Phase auf der Achse der Schreibtrommel umlaufender Kontakt N'', wie aus Abb. 262 ersichtlich, den zusätzlichen Zwischenfrequenzverstärker für die Dauer jenes Durchganges an die Vorstufen an. Der Kondensator K kann sich daher, entsprechend der momentanen Feldstärke des Trägers, auf die für die nächste Trommelumdrehung richtige Vorspannung aufladen, nachdem er kurz zuvor über einen Schalter, dessen Schließung durch eine zweite mitrotierende Nockenscheibe N' bewirkt wird, vollständig entladen worden ist. Gleich darauf wird bei Beginn der neuen Bildzeile der Anschluß des Zwischenfrequenzverstärkers durch den Kontakt N'' aufgehoben, und der Empfänger arbeitet jetzt wieder ausschließlich auf die Kerr-Zelle[1].

[1] An Stelle der beschriebenen Einrichtung hat Verfasser bei seinen Versuchen von der zufälligen Tatsache Gebrauch gemacht, daß bei dem zur Verfügung stehenden Telefunken-

Eine nach dem Prinzip der Abb. 262 durchgeführte Halbtonübertragung von Buenos Aires nach Berlin zeigt die Abb. 263. Die Grauskala ist als solche befriedigend wiedergegeben. Die in dem Bilde stark ausgeprägte Streifung hatte ihre Ursache nicht etwa in grundsätzlichen Mängeln der Methode, sondern in widrigen Nebenumständen, die sich bei Weiterverfolgung dieser Versuche hätten beseitigen lassen. In erster Linie beruhte die Störung auf geringen Frequenzschwankungen des Senders, dessen Kristallsteuerstufe durch laufende Maschinenaggregate erschüttert wurde. Die ausgestrahlte Trägerschwingung änderte sich periodisch etwa 10- bis 100mal in 1 s um 20 Hz bis 30 Hz. Dieser Umstand ist durchaus nicht harmlos, wenn man die ausgesprochene Frequenzabhängigkeit der Durchlässigkeit des Übertragungsweges (Selektivfading) bedenkt, er kann vielmehr im Empfänger die Wirkung einer starken Amplitudenschwankung auslösen! So zeigt z. B. Abb. 264 den sehr unterschiedlichen Dämpfungsverlauf zweier nur um 300 Hz verschiedener Frequenzen auf der Strecke Buenos Aires—Berlin ($\lambda \sim 15{,}1$ m). Beide Wellen wurden abwechselnd etwa 0,1 s getastet.

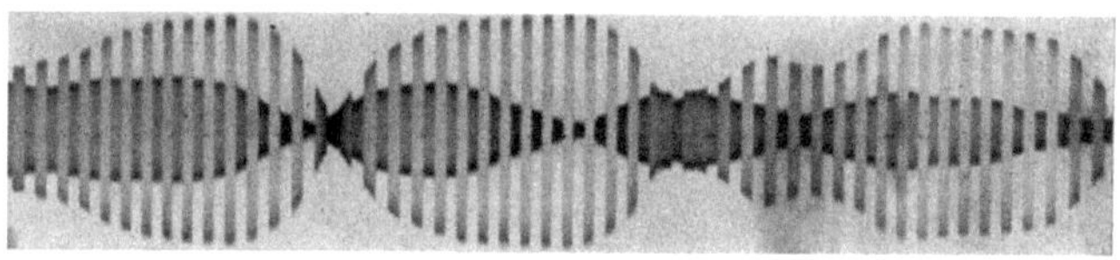

Abb. 264. Verschiedenheit des Dämpfungsverlaufes zweier kurzen Wellen bei nur 300 Hz Frequenzunterschied.

Bei der Übertragungsprobe Abb. 263 war die Dauer des Sendeimpulses für die Regelung der Verstärkung von gleicher Größenordnung wie die Periode der unbeabsichtigten Frequenzänderung des Trägers. Daher wurde, je nach der Phase des Impulses, der Verstärkungsgrad des Empfängers zeilenweise ganz falsch eingestellt. Erst dieser Umstand kann das Hervortreten der Streifen im Bilde erklären. Zum Teil ersieht man den Takt der Frequenzänderungen des Senders aus der den Streifen überlagerten Rasterung.

Neben dem beschriebenen Regulierverfahren gibt es eine ganze Anzahl weiterer Vorschläge, die sich mit der direkten Übertragung von Halbtonbildern im Wege der Amplitudenmodulation beschäftigen. Ganz allgemein wird dabei zum Zwecke selbsttätiger Einstellung der Empfangsverstärkung in Anpassung an die jeweiligen Dämpfungsverhältnisse des Mediums ein vom Sender übermittelter Bezugswert angewendet. So wurde z. B. von Siemens & Halske eine Methode angegeben, welche für den hier vorliegenden Fall darin besteht, daß ein Hilfston, der oberhalb oder unterhalb des für die Bildpunktfrequenzen erforderlichen Seitenbandes liegt, die ausgestrahlte Trägerwelle mitmoduliert[1].

Duplexgerät nach Abb. 307 neben der Empfangstrommel eine Gebertrommel auf der gleichen Achse vorgesehen ist. Da Sendungen von diesem Apparat aus nicht stattfanden, war es möglich, die Gebertrommel durch Bewickeln mit weißem Papier und Schwarzfärben der Aufspannleiste in Verbindung mit der lichtelektrischen Abtastoptik und dem vorhandenen Photoverstärker zu einem lichtgesteuerten, phasenrichtigen Ein- und Ausschalter umzumodeln, der die Funktion des Kontaktes N'' in der Abb. 262 mit ausgezeichneter Präzision versah und so den nachträglichen Anbau eines mechanischen Schalters am fertigen Gerät ersparte.

[1] Küpfmüller, K.: Telephonie und Mehrfachtelegraphie auf kurzen Wellen. Telef.-Ztg. Nr. 53 (1929) S. 22.

Dieser Hilfston wird beim Empfänger durch Filter von dem übrigen Frequenzgemisch getrennt, gesondert verstärkt und gleichgerichtet. Die dadurch gewonnene Gleichspannung, deren Größe von der Übertragungsdämpfung abhängt, dient zur Verlagerung des Arbeitspunktes der Niederfrequenzverstärkerröhren, ähnlich wie dies bei der Anordnung nach Abb. 262 in den Hochfrequenzstufen geschieht. Es wird hierbei angenommen, daß der Fadingverlauf für den Hilfston und für das übrige Bildfrequenzband identisch ist, was erfahrungsgemäß nicht immer zutrifft. Ohne praktische Erprobung (zu der sich bisher keine Gelegenheit

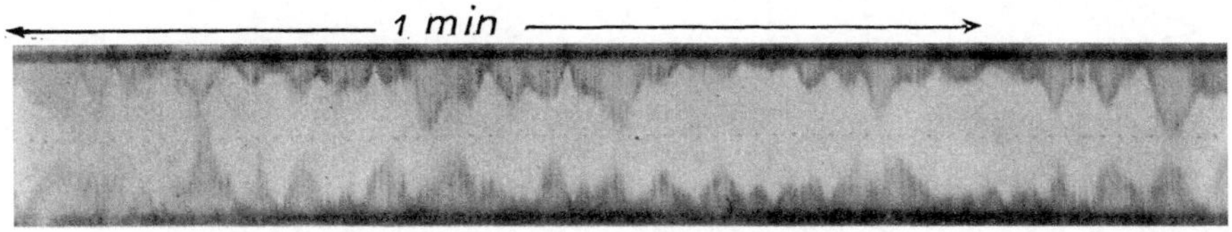

Abb. 265. Gleichzeitiger Empfang von Indien (λ = 16 m) in Berlin mit zwei gleichen Antennen in 300 m Abstand.

gefunden hat) läßt sich über die Bedeutung dieses Verfahrens für die Fernbildschrift mit kurzen Wellen schwer etwas aussagen.

Abgesehen von Maßnahmen im Empfänger selbst kann auch die Verwendung besonderer Empfangsantennen zum Ausgleich von Feldstärkeschwankungen führen. Die durch die Vielwegigkeit des Strahlenganges entstehenden Einzelimpulse, aus denen sich das registrierte Zeichen zusammensetzt, haben willkürlich verteilte relative Phasen. Da jedes dieser diskreten Signale unter einem etwas

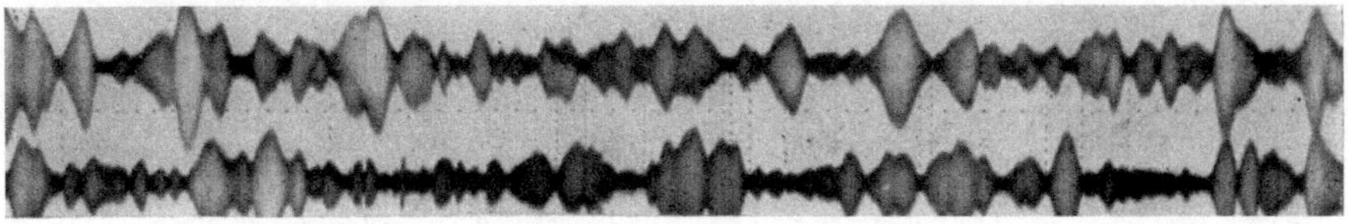

Abb. 266. Gleichzeitiger Empfang von Buenos Aires (λ = 15,03 m) mit 4 Horizontal- und 4 Vertikal-Dipolen.

verschiedenen Winkel einfällt, muß ihre Phasenlage auch vom Orte der Empfangsantenne abhängen. Sieht man deren zwei im Abstande weniger Wellenlängen vor, so werden die Interferenzbedingungen für die zeitlich verschobenen Wellenzüge an diesen beiden Punkten selten identisch sein, d. h. es wird das Fading im allgemeinen nicht gleichzeitig an beiden Antennen auftreten.

In der Praxis werden gewöhnlich drei Antennen mit je einem Empfänger angewendet. Hinter den Gleichrichterstufen können die Geräte zusammengeschaltet werden, da durch die bei der Gleichrichtung stattfindende Quadrierung die Wirkung der verschiedenen Phasen der niederfrequenten Modulation eliminiert ist. Man bezeichnet eine solche Anordnung in Amerika als „Diversity-System"[1]. Der hiermit erreichbare Ausgleich der Feldstärkeschwankungen ist nicht so radikal, daß Begrenzungsmittel wegfallen könnten, wohl aber liegt ein beachtenswerter Vorteil der Kombination darin, daß im wesentlichen die tiefsten Fadings

[1] Beverage, H. H. u. H. O. Peterson: Proc. Inst. Radio Eng. Bd. 19 (1931) S. 531; Peterson, H. O., H. H. Beverage u. J. B. Moore: Proc. Inst. Radio Eng. Bd. 19 (1931) S. 562.

aufgefüllt werden und damit der Bedarf an Gesamtverstärkung verringert sowie im Durchschnitt ein größerer Überschuß der Zeichenintensität über den Störspiegel gerade in Zeiten ausgeprägten Schwundes gewonnen wird. Durch selbsttätige gegenseitige Gitterblockierungen ist beim Diversity-System dafür gesorgt, daß immer nur derjenige Empfänger, welcher die stärksten Signale erhält, auf den Bildschreiber arbeitet. Dadurch wird vermieden,

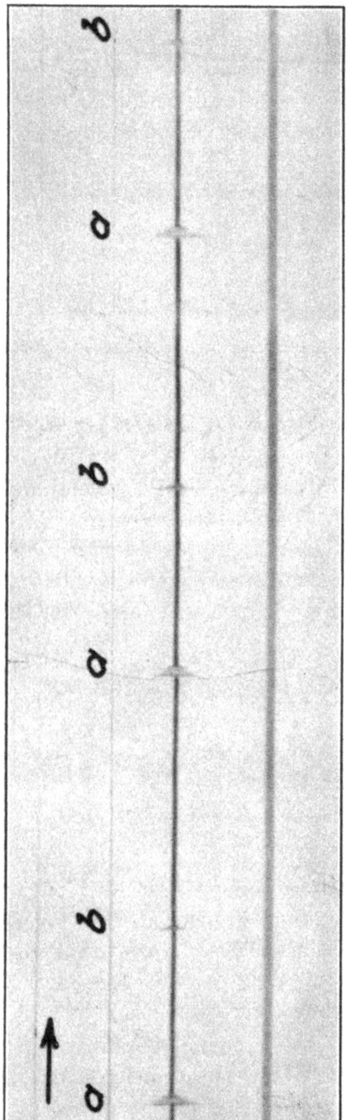

Abb. 267. Impulsverbreiterung. Gleichzeitige Aufnahme a) der verbreiterten Vorwärts-Impulse, b) der unverbreiterten Rückwärts-Impulse.

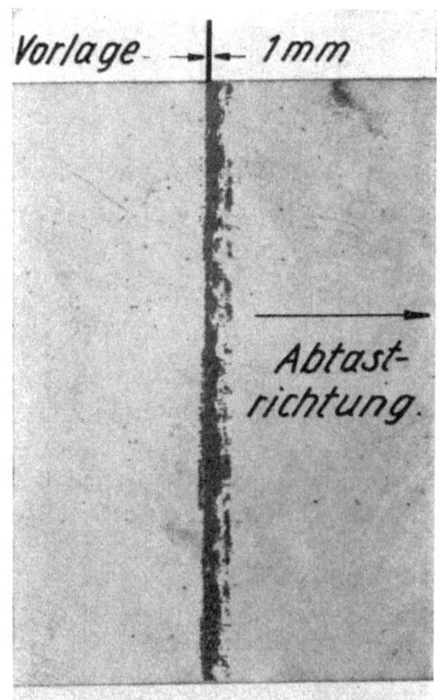

Abb. 268. Verbreiterung einer Strichvorlage durch den Nachhall.

daß der Störspiegel von drei Empfängern sich in der Registrierung summiert.

Abb. 265 zeigt eine oszillographische Aufnahme des resultierenden Lautstärkenverlaufes von zwei gleichen, zusammengefaßten Antennen in 300 m Abstand. Da ein Teil der Fadingerscheinungen auf Drehung der Polarisationsebene beruht, sind mit Erfolg auch senkrecht aufeinander stehende Luftleiterkombinationen versucht worden, die in diesem Falle natürlich in geringerer Entfernung voneinander angebracht werden konnten. Abb. 266 gibt ein Bild von den Amplitudenschwankungen an einer horizontalen und einer vertikalen Dipolanordnung[1]; es läßt die große Verschiedenheit der zeitlichen Änderungen beider Vektoren erkennen.

[1] Derartige Antennenkombinationen können vorteilhaft auch auf der Senderseite benutzt werden; s. Krüger, K. u. H. Plendl: Über ein Verfahren zum Ausgleich von Schwunderscheinungen bei kurzen Wellen. ZS. f. Hochfrequenztechn. Bd. 35 (1930) S. 191.

F. Mittel gegen den Verbreiterungseffekt.

Mit den bisher beschriebenen Maßnahmen, die ausschließlich der Beseitigung störender Schwunderscheinungen gelten, ist ein befriedigender Betriebszustand erreicht worden, der die für den Überseeverkehr zur Verfügung stehenden Kurzwellenanlagen zur Bildübertragung zu benutzen gestattet, ohne daß eine fühl-

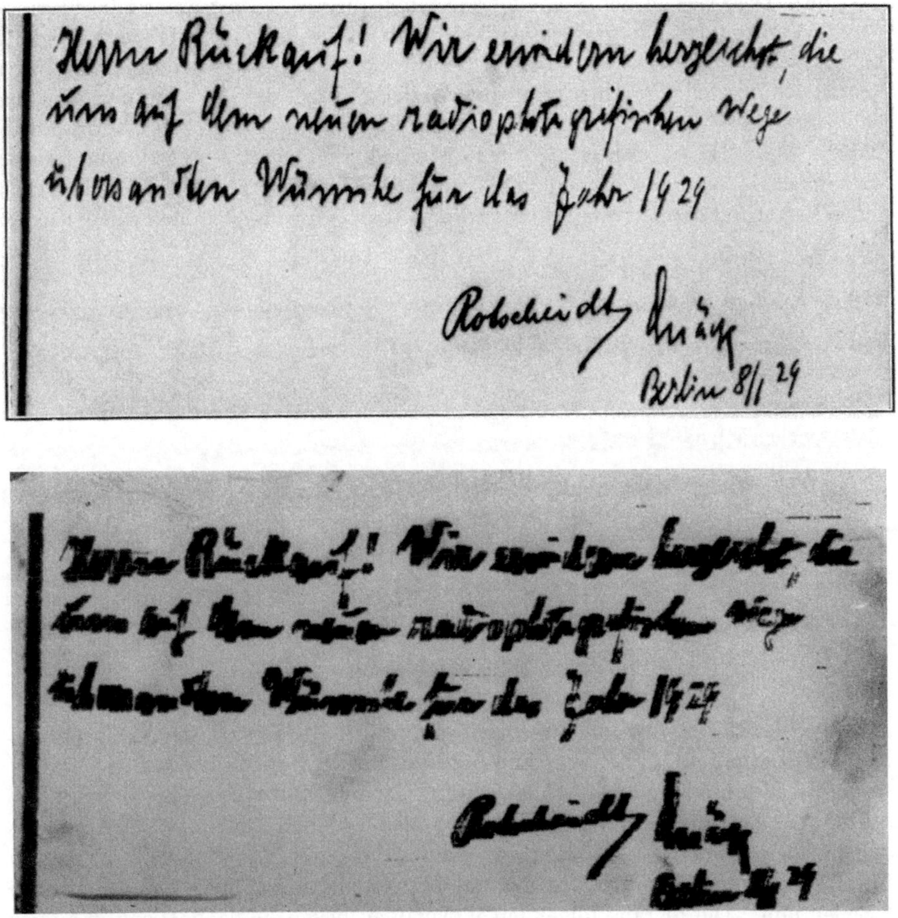

Abb. 269. Verbreiterungseffekt bei Handschrift. Oben 1 dm^2 in 4 min, unten 1 dm^2 in 1 min übertragen.

bare Beeinträchtigung der Fernphotogramme durch den Fadingeffekt zu konstatieren wäre. Unvergleichlich schwieriger hat sich die Entwicklung von Mitteln zur Bekämpfung der durch die Vielwegigkeit des Strahlenganges bedingten zeitlichen Verzerrungen der Impulslänge gestaltet. Auf eine systematische Analyse der verschiedenen Erscheinungsformen des Nachhalls oder Echos muß im Rahmen dieses Buches verzichtet werden. Die durch Zerstreuung im Medium bewirkten mehrfachen Umwege von Teilen der Sendeenergie gegenüber dem auf der kürzesten Strecke zum Empfänger gelangenden Einsatzimpuls sind von der Größenordnung 300 km bis 1500 km und ergeben daher Zeitdifferenzen von 1 ms bis 5 ms. Abb. 267 zeigt die oszillographische Aufnahme kurzer Signale von

0,6 ms Dauer, die von einem Sender in Buenos Aires auf $\lambda = 15{,}1$ m ausgestrahlt und in Geltow empfangen wurden. Diejenigen Zeichen, welche den Erdball auf dem größeren Kugelkreise umlaufen haben, sind gegenüber den direkten Zeichen zufällig wenig verbreitert.

Abb. 268 ist das Fernbild eines senkrecht zur Abtastung verlaufenden Striches. Dieser ist in der Sendevorlage 1 mm dick. Bei langsamer Übertragung ist die Verbreiterung kaum zu merken, während sie bei großer Geschwindigkeit bis zur fünffachen Dicke des Originals anwächst. Bei ganz schnellem Tempo wird der Strich bisweilen in mehrere Einzelstriche aufgelöst. Die für den Umweg benötigte Laufdauer ist dann größer als die zeitliche Länge des Tastimpulses selbst. Man erkennt ferner deutlich, wie sich die Übertragungsdämpfung für die einzelnen Strahlenwege von Zeile zu Zeile ändert. Abb. 269 zeigt den Einfluß dieser Effekte auf Handschrift, Abb. 270 die Wirkung bei Maschinenschrift.

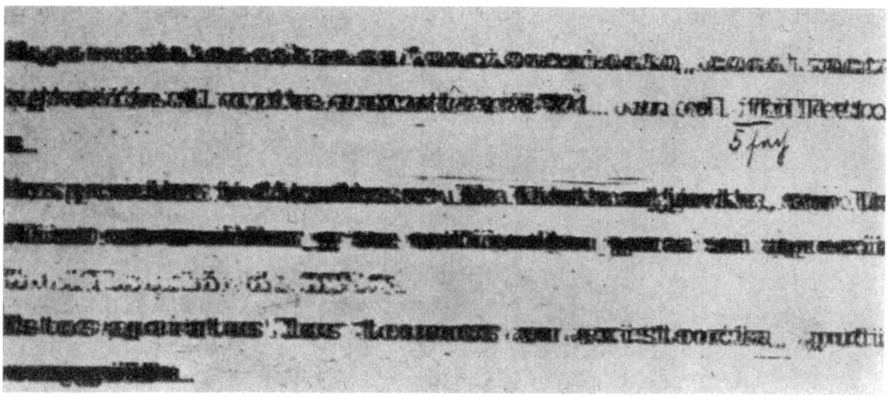

Abb. 270. Verbreiterungseffekt bei Maschinenschrift.

Es wird hierbei klar, welche Umstände die praktische Grenze der Telegraphierleistung bestimmen. Im allgemeinen gilt das Buchstabenbild noch als lesbar, wenn die Verdickung die Größenordnung einer Bildpunktbreite nicht überschreitet. Dementsprechend ist man auf überseeischen Linien durch die nachstehend beschriebenen Maßnahmen dazu gelangt, 1 dm² in etwa 4 min zu übertragen, wenn 5 Zeilen/mm abgetastet werden, bezw. in etwa 2,5 min bei 3 Zeilen/mm. Die hieraus folgenden Wortzahlen liegen, je nach Ausnutzung der Fläche, zwischen 30/min und 50/min; die Bildtelegraphie kann daher in der Übermittlung von Texten mit der normalen Morsetelegraphie nicht konkurrieren, obwohl sie dieser durch die stark verminderte Störanfälligkeit überlegen ist (vgl. Kap. XI, Teil I).

Empfangsoszillogramme von kurzen Impulsen eines fernen Kurzwellensenders ließen erkennen, daß die Amplituden des Nachhalls meist kleiner sind als das Hauptzeichen und daß sich etwa der in Abb. 271 dargestellte Aufbau des gesamten Signals ergibt. Es lag daher nahe, die Verstärkung des Empfängers so zu regeln, daß unter Einführung eines Schwellwertes, wie ihn die w. v. unter D. beschriebenen Begrenzeranordnungen liefern, nur der erste Wellenzug zur Wirkung kommt, während alle nacheilenden Teile, da sie jenen Schwellwert unterschreiten, von der Registrierung ausgeschlossen sind. Die praktische Durchführung dieses

Gedankens scheiterte bei Handeinstellung an den dauernden und raschen Schwankungen der Empfangsintensität. Man erhielt während der Fadings unbeschriebene Streifen; stieg dann mit dem Aufhören des Schwundes die Feldstärke an, so wuchsen oftmals die Nachhallamplituden sämtlich über die Reizschwelle des Schreibers hinaus und erzeugten eine bedeutende Verbreiterung. Nur bei Mittelwerten war ein Erfolg der getroffenen Maßnahme zu erkennen. Diese Erfahrungen führten dann zur Entwicklung einer selbsttätigen Regelvorrichtung, welche die Verstärkung ohne weiteres stets so einstellt, daß alle unter der Amplitude des Hauptzeichens bleibenden Teile des Signals abgeschnitten werden. Es ist also jeweils nur gerade so viel Verstärkung im Empfänger vorhanden, als dazu benötigt wird, das Tastgerät auf das Hauptzeichen eben noch ansprechen zu lassen.

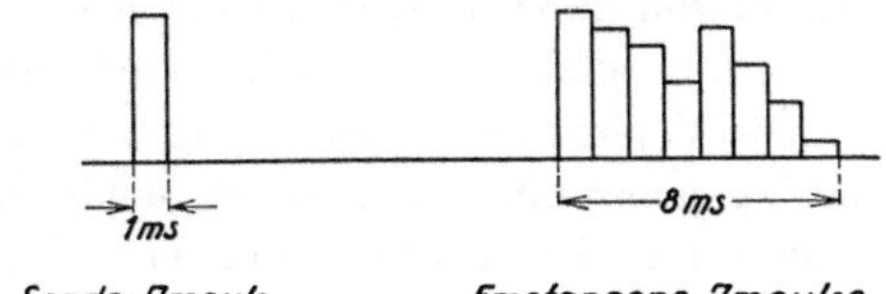

Abb. 271. Aufbau eines Echos (schematisch).

In Abb. 272 ist das Grundsätzliche einer Schaltung für diese Art von Regulierung angegeben. Empfangszeichen, die über den Hochfrequenz- und den

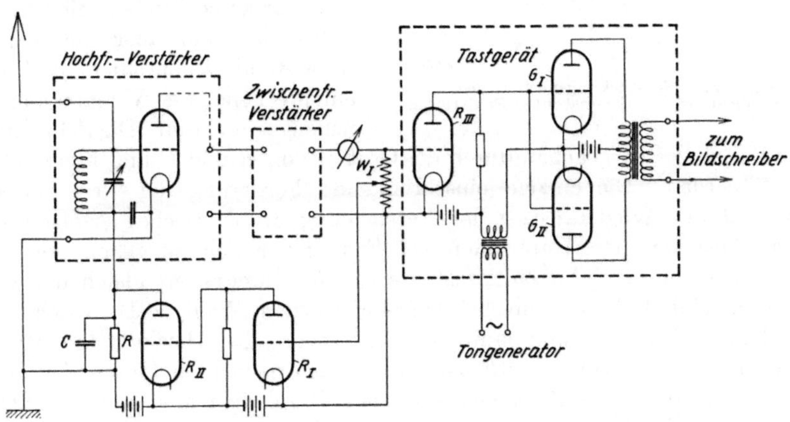

Abb. 272. Schaltung zur Nachhallbegrenzung.

Zwischenfrequenzverstärker gelangen, werden, je nach ihrer Amplitude, verschieden starke Gleichströme im Anodenwiderstande W_I des Zwischenfrequenzgleichrichters verursachen. Der Spannungsabfall an W_I soll jetzt außer der Begrenzerschaltung für den Fadingausgleich noch die beschriebene Regulierung der Gesamtverstärkung steuern. Hierzu ist einerseits die Röhre R_I mittels Gleitkontaktes an W_I angeschlossen, so daß ihrem Gitter ein einstellbarer Bruchteil der negativen Gleichspannung zugeführt werden kann, andererseits wird auch das Tastgerät an die Klemmen von W_I gelegt. Dies geschieht über eine Vorröhre R_{III}, da es mit Rücksicht auf die Funktion des Regelverstärkers unzulässig wäre, den Wechselstrom des Tongenerators unmittelbar über den Anodenwiderstand des Zwischenfrequenzgleichrichters zu schicken, wie dies in Abb. 259 der Fall ist. Infolgedessen steuert das Tastgerät nunmehr im entgegengesetzten Sinne: Liefert die Sendeenergie am Empfänger eine gewisse Mindestamplitude, so wird jetzt die Tonübertragung zum Bildschreiber durch die Verriegelung von R_{III} und die dadurch bedingte Entriegelung der Gitter G_I,

G_{II} der Gegentaktstufe freigegeben. Um daher unmittelbar ein Positiv auf lichtempfindlichem Papier zu erhalten, arbeitet man in diesem Falle mit Bildumkehr am Sender (vgl. Kap. VII, 6, A). Dies ist auch deswegen wünschenswert, weil die Verbreiterung der schwarzen Bildzeichen für die Lesbarkeit weniger schädlich ist, als die Verbreiterung des Hintergrundes auf Kosten der Zeichen. Wir halten dabei fest, daß es sich um reine Schwarz-Weiß-Vorlagen, und zwar meist um solche mit Schrift oder Druck handelt.

Die Verstärkungsregulierung arbeitet nun folgendermaßen: Nehmen wir an, daß zunächst ein sehr starker Senderimpuls einfalle, so wird R_I aus- und R_{II} eingetastet. Die Entriegelung von R_{II} verursacht eine kräftige Aufladung des Kondensators C, der seinerseits den Gittern der Hochfrequenzstufen eine höhere negative Vorspannung erteilt. Damit wird der Arbeitspunkt in den unteren, weniger steilen Bereich der Röhrenkennlinie verlegt und die Verstärkung des Empfängers herabgesetzt. Infolge des geringen Innenwiderstandes von R_{II} erfolgt die Aufladung von C fast momentan. Treffen jetzt schwächere oder gar keine Zeichen ein, so wird sich C langsam über den Parallelwiderstand R entladen und dementsprechend die Verstärkung von neuem anwachsen. Die Schnelligkeit dieses Vorganges ist gegeben durch die Größen von R und C und kann beliebig variiert werden. Die einzige einschränkende Forderung der Praxis besteht darin, daß der Wiederanstieg der Verstärkung etwas rascher erfolgen muß, als das Absinken der Amplituden bei Fading vor sich zu gehen pflegt. In der Regel wählt man die Zeitkonstante $t = RC$ mindestens gleich der Dauer der Trommelumdrehung, um bei kontinuierlichem Weiß, z. B. zwischen den parallel zur Abtastrichtung laufenden Textzeilen, das Hervortreten etwaiger Luftstörungen zu verhüten. Da nämlich in den gedachten Zeiten der Sender nicht strahlt, also keine Zeichenenergie beim Empfänger ankommt, könnte die Verstärkung alsbald auf ihren Maximalwert wachsen und dann eine Registrierung auch noch von sehr schwachen Störungen erfolgen. Um dies zu verhindern, wird die Entladedauer des Kondensators C durch passende Bemessung so groß gemacht, daß bis zum nächsten Durchgang der geschwärzten Aufspannleiste des Gebers durch den Abtastlichtpunkt, d. h. bis zur Übermittlung eines neuen herunterregulierenden Impulses, kein erheblicher Wiederanstieg der Verstärkung eintreten kann.

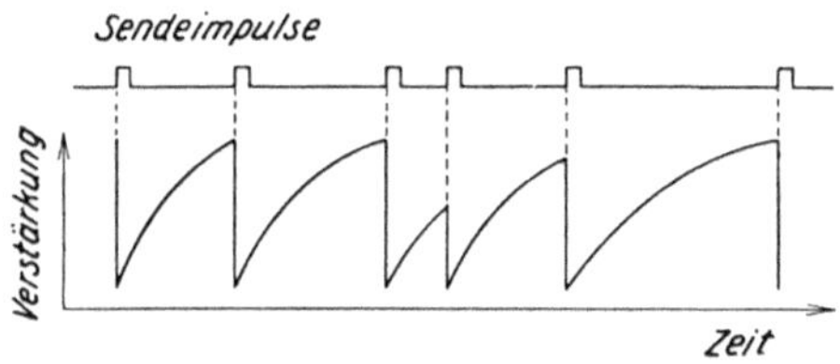

Abb. 273. Verstärkungsverlauf des Nachhallbegrenzers bei konstanter Feldstärke.

Graphisch dargestellt, hat der Regelungsvorgang den in Abb. 273 angedeuteten Verlauf, wobei vorausgesetzt ist, daß der Sender seine Zeichen mit größerem Zeitabstande gibt und die Empfangsfeldstärke die gleiche bleibt. Das hier ersichtliche starke Anschwellen der Verstärkung in den Zeichenpausen tritt jedoch im wirklichen Betriebe nicht ein, da die hinabdrückenden Bildimpulse stets genügend rasch aufeinander folgen. Innerhalb der kurzen Zwischenräume kann dann der Verstärkungsgrad als konstant angesehen werden. Schwankt nun die übertragene Amplitude durch Fading in langsamerem Rhythmus und in unregelmäßiger Weise, so ergibt sich ein automatisch kompensierender Gang der Regulierungsgröße, wie dies Abb. 274 veranschaulicht. Da jedes neue starke

Zeichen die Verstärkung fast momentan auf den richtigen Wert hinabdrückt, bleibt der Strom in W_I unterhalb gewisser Grenzen, die durch den Betrag der für die Steuerung von R_I abgegriffenen Teilspannung bedingt und einstellbar sind. Wählt man nun die Ohmzahl von W_I so, daß die Vorröhre R_{III} eine Gitterspannung erhält, die beim Hauptimpuls eines durch Echo verbreiterten Zeichens die Gegentaktstufe gerade noch entriegelt, so werden die schwächeren Nachhallimpulse nicht mitregistriert. Durch geschickte Wahl der Röhrentypen, Anodenwiderstände und Spannungen ist es gelungen, den Schwellwert des Tastgerätes so einzustellen, daß bereits Amplituden von 75% der Höhe des Hauptzeichens unterdrückt werden. Dabei kann der Schwellwert durch den Gleitkontakt an W_I während des Betriebes jederzeit den Umständen entsprechend verlegt und auch kontrolliert werden.

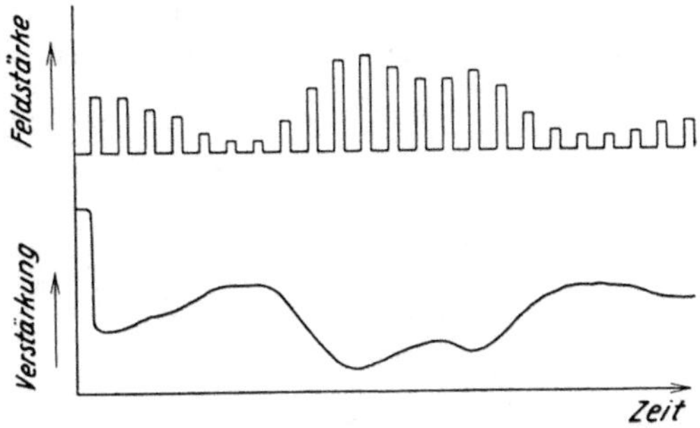

Abb. 274. Verstärkungsverlauf des Nachhallbegrenzers bei Fading.

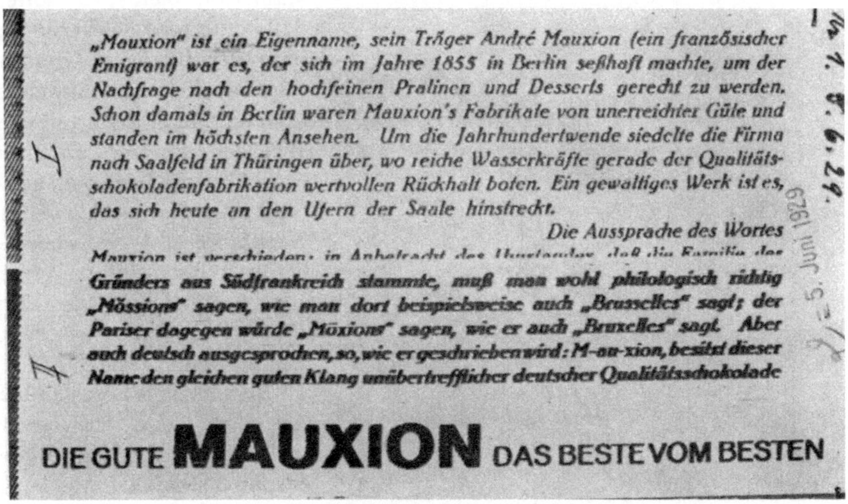

„Mauxion" ist ein Eigenname, sein Träger André Mauxion (ein französischer Emigrant) war es, der sich im Jahre 1855 in Berlin seßhaft machte, um der Nachfrage nach den hochfeinen Pralinen und Desserts gerecht zu werden. Schon damals in Berlin waren Mauxion's Fabrikate von unerreichter Güte und standen im höchsten Ansehen. Um die Jahrhundertwende siedelte die Firma nach Saalfeld in Thüringen über, wo reiche Wasserkräfte gerade der Qualitätsschokoladenfabrikation wertvollen Rückhalt boten. Ein gewaltiges Werk ist es, das sich heute an den Ufern der Saale hinstreckt.

Die Aussprache des Wortes Mauxion ist verschieden; in Anbetracht des Umstandes, daß die Familie des Gründers aus Südfrankreich stammte, muß man wohl philologisch richtig „Mössions" sagen, wie man dort beispielsweise auch „Brusselles" sagt; der Pariser dagegen würde „Möxions" sagen, wie er auch „Bruxelles" sagt. Aber auch deutsch ausgesprochen, so, wie er geschrieben wird: M-au-xion, besitzt dieser Name den gleichen guten Klang unübertrefflicher deutscher Qualitätsschokolade

DIE GUTE MAUXION DAS BESTE VOM BESTEN

Abb. 275. Übertragung mit und ohne Nachhallbegrenzung. I mit, II ohne Begrenzer geschrieben.

Trotz der Vollkommenheit der beschriebenen Einrichtungen, die noch bei Feldstärkeschwankungen im Verhältnis 1 : 1000 betriebsicher arbeiten, bedeutet das ihnen zugrundeliegende Prinzip doch keine radikale Abhilfe gegen die Echostörungen. Praktisch verbleibt eine, wenn auch sichtlich verminderte Verbreiterung. In Abb. 275 wurde im oberen Teile mit, im unteren Teile ohne Verstärkungsregelung geschrieben (Buenos Aires—Geltow). Man erkennt deutlich eine Verbesserung.

Der Wunsch, die Echos vollständiger zu eliminieren, führte weiterhin zu dem Vorschlage, nur die Zeicheneinsätze für die Steuerung des Bildschreibers auszunutzen. Würde man nämlich den Anfang eines Striches durch einen

Startimpuls mit der Frequenz ω_1, sein Ende durch einen Stopimpuls mit der Frequenz ω_2 übermitteln und einen Empfänger ausbilden, welcher unter Anwendung von Sperrschaltungen nur auf den Beginn der Signalenergie beider Wellenlängen und nicht auf ihr Aufhören anspricht, so würde es innerhalb gewisser Grenzen gleichgültig sein, wie lange jeder Wellenzug fortdauert und in welcher Form er abklingt[1]. Da aber erfahrungsgemäß die Laufzeiten für die beiden verschiedenen Frequenzen merklich ungleich sind und auch in ihrem Verhältnis schwanken, und da man ferner mit Rücksicht auf die bei der Schnelltastung auftretenden breiten Seitenbänder die Werte ω_1, ω_2 nicht beliebig dicht aneinanderlegen kann, so dürften auch die Aussichten dieses Verfahrens beschränkt sein. Immerhin bleibt zu hoffen, daß wenigstens eine Verdoppelung der heutigen Grenzgeschwindigkeit erreicht werden könnte, zumal wenn mit dem Wachsen unserer Erkenntnisse über die Kurzwellenausbreitung sich noch weitere Nachhilfen als anwendbar herausstellen sollten (z. B. engere Bündelung des Aufnahmediagramms der Empfangsantenne).

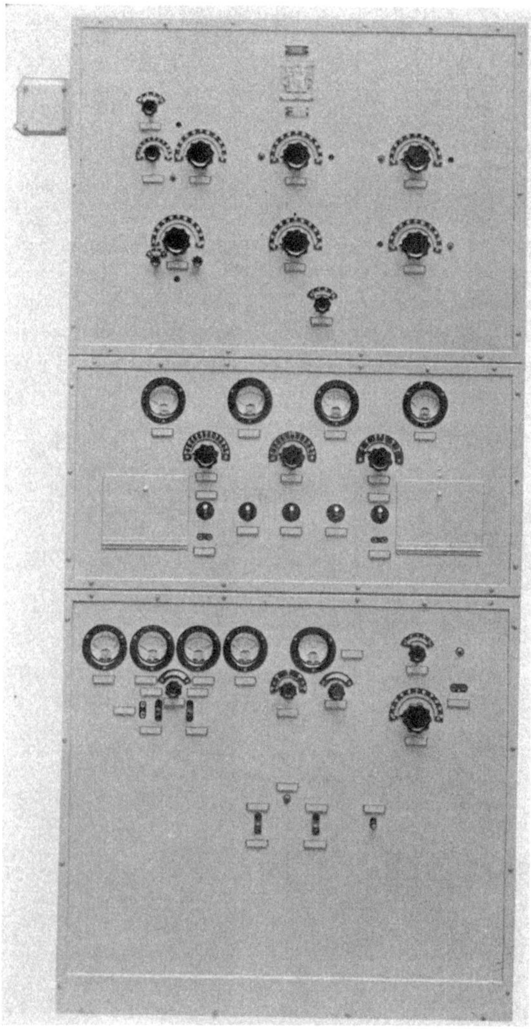

Abb. 276a. Vorderansicht des Großstations-Kurzwellenempfängers von Telefunken.

Regelmäßige Fernsehübertragungen sind, wie bereits an anderen Stellen dieses Buches ausgeführt wurde, in Anbetracht der Größe der Kurzwellenechos ausgeschlossen, da sich der Nachhall eines Punktzeichens hierbei auf mehrere ganze Zeilen ausdehnen kann. Nur sehr selten werden die Echoamplituden relativ so schwach, daß eine leidliche Schärfe bei gröberen Darstellungen erhältlich ist. Die Möglichkeiten zur Umgehung der durch den Nachhall gebotenen Tempobegrenzung in Form einer Mehrkanalmethode wurden bereits in Kap. III und Kap. VIII behandelt.

[1] D. R. P. Nr. 537382 vom 7. VII. 1929, Erf. F. Schröter, und D. R. P. Nr. 542163 vom 27. VII. 1929, Erf. W. Runge.

G. Ausführungsbeispiel einer Kurzwellenbildtelegraphie-Empfangsanlage.

Die Firma Telefunken benutzt bei den von ihr errichteten überseeischen Kurzwellenverbindungen, auf denen vor einiger Zeit auch die Bildtelegraphie zwischen Berlin und Buenos Aires für den öffentlichen Verkehr freigegeben wurde, die im folgenden in großen Zügen beschriebene Anordnung.

Zum Empfang dient eine aus 96 Horizontaldipolen zusammengesetzte Richtantenne. Sie ist zur Abhaltung der den Erdball auf dem größeren Kugelkreise umlaufenden Zeichen nach der Rückseite durch einen Reflektor, gebildet aus weiteren 96 Horizontaldipolen, abgeschirmt. Durch diese Kombination wird dem Empfänger im Vergleich mit einer einzelnen Antenne etwa die 96fache Energie zugeführt und die Eingangsspannung des Hochfrequenzverstärkers demgemäß auf etwa den 10fachen Betrag gesteigert (Kennlinien von Richtantennen s. Kap. VIII). Die erreichte Schärfe der Richtwirkung verbessert zugleich das Verhältnis der Zeichenstärke zum Störspiegel wesentlich.

Abb. 276 b. Rückansicht des Großstations-Kurzwellenempfängers von Telefunken.

Abb. 276 stellt die Vorder- und die Rückansicht des für Großstationsbetrieb konstruierten Kurzwellenempfängers dar. Er ist nach dem Prinzip des Aufbaues aus Einzelstufen ausgeführt, d. h. jede Röhre bildet mit ihrem Eingangs- und Ausgangskreise ein geschlossenes Ganzes und ist in einem besonderen, elektrische Störfelder vollkommen abschirmenden Metallgehäuse untergebracht. Ferner enthält die Anordnung Möglichkeiten zur weitgehenden Kontrolle der Betriebsdaten ohne Störung der Funktion des Gerätes (Messung von Heiz- und Anodenspannungen usw.).

Die Schaltung dieses Empfängers ist in Abb. 277 schematisch wiedergegeben. Die dem Eingang von der Antenne über eine Energieleitung zugeführten Zeichen werden zunächst in den Hochfrequenzstufen *AI* bis *AV* verstärkt. Unmittelbar auf der Übertragungswelle, d. h. ohne vorherige Frequenztransformation, arbeitend, liefert jede einzelne dieser 5 Stufen bei $\lambda = 15$ m eine 5fache, die ganze Kaskade zusammen eine ca. 1500fache Amplitudenverstärkung. Bei längeren Wellen, bis hinauf zu $\lambda = 60$ m, wächst der Wirkungsgrad, so daß eine 10000fache hochfrequente Gesamtverstärkung erhältlich ist.

Hinter den ersten vier Hochfrequenzstufen wird in *AV* durch den Überlagerer *A VI* eine Zwischenfrequenz von 300 kHz gebildet. Diese wird in *BI* bis *BV* weiter verstärkt, sodann in *BV* gleichgerichtet. Die maximal erreichbare Amplitudensteigerung bis einschließlich *BV* kann auf $5 \cdot 10^6$ beziffert

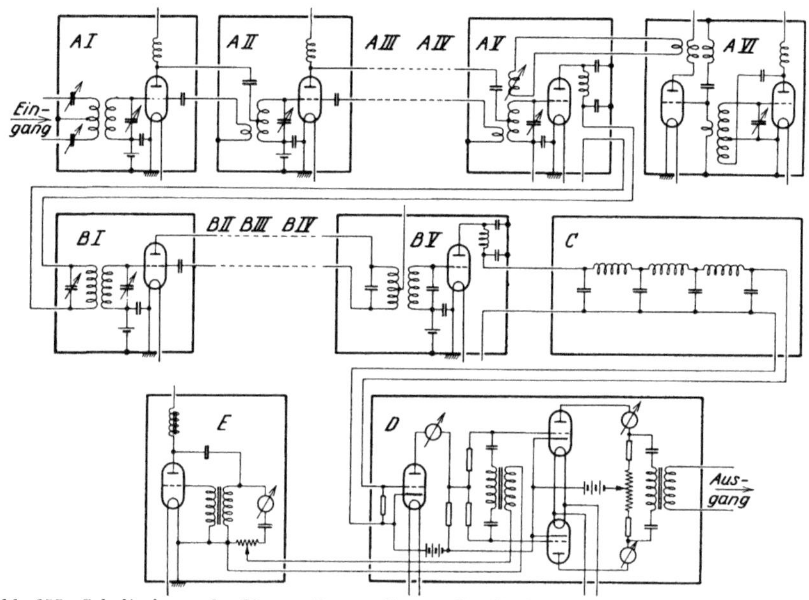

Abb. 277. Schaltschema des Kurzwellenempfängers für Großstationsbetrieb von Telefunken.

werden, einen Grenzwert, der durch die Eigengeräusche der Apparatur gegeben ist. Es ist damit möglich, eine gerade noch über dem Störspiegel der Röhren und Kreise liegende Zeichenintensität auf die für die Steuerung des Tastgerätes notwendige Mindesthöhe zu bringen. Die bei den größeren Bildübertragungsgeschwindigkeiten erforderliche breitere Frequenzdurchlässigkeit wird durch Ausführung des Zwischenfrequenzverstärkers als Siebverstärker erzielt. Weiterhin enthält *D* die Begrenzungsanordnung, d. h. das Tastgerät, mit dem Tongenerator in *E*. Zwischen *BV* und *D* ist eine Spulenleitung (im Kasten *C*) eingeschaltet, die zur Reinigung der von *BV* gelieferten Gleichstromstöße von der Tonfrequenz des Senders dient, falls letzterer im tonmodulierten Zustande arbeitet. Schließlich ist noch ein selbstschwingendes Audion mit der Welle des Zwischenfrequenzverstärkers vorgesehen (nicht gezeichnet), das zur Erzeugung einer niederfrequenten Schwebung zwecks Einstellung des Empfängers mittels Kopfhörer bestimmt ist. Die w. v. beschriebene Vorrichtung zur Regelung des Schwellwertes für die Nachhallbegrenzung bildet ein besonderes, nur für Bildübertragung notwendiges Zusatzgerät, das in der Abb. 276 nicht mit aufgenommen wurde.

2. Fernsehempfang.

A. Einleitung.

Auf dem Gebiete des Fernsehempfanges hat es sich bisher nur um orientierende Versuche gehandelt, die weniger der gründlichen Durchbildung von Spezialempfängern, als vielmehr der Prüfung verschiedener Wellenlängen auf ihre Brauchbarkeit für einwandfreie Übertragung dienen sollten. Es kann daher auch im Rahmen dieses Buches lediglich über die bei solchen Versuchen verwendeten laboratoriumsmäßigen Empfangsanordnungen berichtet werden. Die hieraus hervorgehenden endgültigen Ausführungsformen werden sich von den ursprünglichen um so mehr unterscheiden — insbesondere hinsichtlich des Röhrenaufwandes — je größer man die Leistung künftiger Fernsehsender bemessen wird.

Auf die große Frequenzbandbreite, die bei der Fernsehübertragung aufzunehmen ist, wurde bereits an anderen Stellen hingewiesen. Der Durchlaßbereich des Empfängers muß dieser Bandbreite angepaßt sein. Anderenfalls würden die höheren Modulationsfrequenzen und damit die Übergangsschärfen, d. h. die Feinheiten des Bildes, verlorengehen. Auf das Mittel der Dämpfungsreduktion wird man aus diesem Grunde bei höheren Anforderungen an die Wiedergabe stets verzichten müssen. Soll dann aber das Fernsehen noch mit verhältnismäßig einfachen Empfängern durchgeführt werden können, wie es für eine wirtschaftliche Verwertung im Rundfunk nötig ist, so bleibt eben nichts weiter übrig, als die Senderleistung von vornherein so groß wie irgend möglich zu dimensionieren, um ausgedehnte Gebiete mit hinreichender Feldstärke zu erfüllen.

B. Versuche auf Rundfunkwellen.

Der deutschen Reichspostverwaltung gebührt das Verdienst, als erste Behörde versuchsweise regelmäßige drahtlose Fernsehsendungen mit den besten verfügbaren Mitteln eingeleitet zu haben (September 1929). Diese Versuche sollten zeigen, ob bei dem gegebenen Stande der Technik das Fernsehen für den Rundfunk reif sei. Es wurde dafür der Sender Berlin-Witzleben, Welle 468 m (641 kHz), später 419 m (716 kHz), ausgewählt und ausgerüstet. Kurze Zeit darauf stellte auch die englische Rundfunkbehörde (British Broadcasting Co.) der Baird Television Co. eine ihrer Stationen auf Welle 356,3 m (842 kHz) für ähnliche Versuche zur Verfügung. Die deutschen Fernsehsendungen wurden später auf die längere Welle des Königswusterhausener Deutschlandsenders, 1635 m (183,5 kHz), ausgedehnt. In den U. S. A. liefen damals inoffiziell schon eine ganze Reihe von Amateurstationen im Bereiche der kürzeren Rundfunkwellen.

Durch internationale Vereinbarungen ist den Rundfunkwellen bekanntlich eine Bandbreite von 9000 Hz, oder 4500 Hz nach jeder Seite hin, zugestanden worden. Demnach dürften maximal nur 9000 Bildpunkte/s übertragen werden. Da nun aber mit einer so geringen Punktzahl kaum etwas anzufangen ist, wurde sie beim Witzlebener Sender versuchsweise zu 15000 gewählt ($12^1/_2$ Bilder/s, 1200 Rasterelemente). Trotz dieser Überschreitung der erlaubten Senderbandbreite sind derartige Fernsehdarbietungen noch so primitiv, daß ihnen kaum eine werbende Kraft zugesprochen werden kann.

Die Aufnahme sollte nach Möglichkeit mit normalen Rundfunkempfängern erfolgen. Dazu wäre allerdings, mit Rücksicht auf die üblichen Niederfrequenzverstärker, die Aussendung von Wechselstromimpulsen, also die Verwendung eines Trägertones für die Bildzeichen, erforderlich gewesen. Da hierbei jedoch die an sich schon zu große Bandbreite noch auf den dreifachen Betrag gestiegen wäre, wurde auf die Einführung des Hilfsträgers verzichtet. Das hatte wiederum zur Folge, daß zur Vermeidung von plastikartigen Bildverzerrungen die in den Empfängern eingebauten Niederfrequenzverstärker durch Gleichstromimpulsverstärker ersetzt werden mußten.

Nach Vornahme derartiger Umbauten konnten die von den genannten Sendern verbreiteten Fernsehbilder originalgetreu aufgenommen werden. Bei Fernempfang machten sich die Fadings, die ja im Verhältnis zur Dauer des Einzelbildes, zumal bei Rundfunkwellen, recht langsam verlaufen, in einem zeitlichen An- und Abschwellen der Helligkeit der ganzen Bildfläche bemerkbar, im Gegensatz zur Fernbildschrift, wo sie infolge der viel größeren Übertragungszeit der Vorlage eine streifenartige Intensitätsverteilung über die Empfangskopie hervorrufen.

Alles in allem kann den Fernsehsendungen auf Rundfunkwellen kaum mehr als ein historischer Wert zuerkannt werden.

C. Versuche auf Kurzwellen.

Einen guten Schritt vorwärts bedeuten die Übertragungen, die im Jahre 1930 Telefunken auf der Kurzwelle $\lambda = 70$ m (4286 kHz) zwischen Nauen und Geltow durchführte (vgl. Kap. III, S. 138). Diese Versuche[1] erbrachten vor allen Dingen den Nachweis, daß auf Wellen der genannten Größenordnung einwandfrei 50000 Bildpunkte/s (20 Bilder/s, 2500 Rasterelemente) übermittelt werden können. Der erzielte Gewinn an Schärfe der Wiedergabe ist bereits recht beachtenswert, konnten doch schon Einzelköpfe, die von der lebenden Person oder vom Diapositiv aus abgetastet wurden, auf der Empfangsstelle wiedererkannt sowie einfache Filmszenen gut verfolgt werden. Allerdings muß man eingestehen, daß dieser Fortschritt durch einen übermäßig großen Aufwand beim Empfänger erkauft wurde.

Einmal störten zunächst in erheblichem Maße die Nahechos. Die Verwendung einer vertikalen $\lambda/4$-Antenne am Sender, die, wie im Kap. VIII ausgeführt wurde, die horizontale Abstrahlung stark begünstigt, brachte zwar eine merkliche Ausmerzung von unerwünschten Raumstrahlen, aber doch noch keine restlose Bereinigung des Fernbildes von jeglichen Echozeichen. Erst die Anbringung eines Reflektors hinter der Empfangsantenne, wodurch ihrem Diagramm eine kardioidenartige Form gegeben werden konnte (R in Abb. 278), bewirkte, daß auch die in flachem Winkel über den Empfangsort hinausgehende und durch Reflexion und Zerstreuung an atmosphärischen Ionenbänken zu ihm zurückgelangende, also von rückwärts einfallende Strahlung ausgeschaltet wurde. Zeitweilig zwar konnte diese Maßnahme entbehrt werden, oft aber war sie doch durchaus erforderlich. Dabei hatten Antenne und Reflektor eine Länge und einen gegenseitigen Abstand von $\lambda/4$. Wenn auch auf solche verhältnismäßig einfache Weise erreicht wurde, daß ausschließlich die Bodenwelle

[1] Einzelheiten bei Federmann, W.: Ferns. Bd. 2 (1931) S. 179.

in den Empfänger gelangte, so ist doch allein die Tatsache, daß überhaupt ein spezieller Antennenaufbau für den Empfang benötigt wird, Grund genug, um die praktische Brauchbarkeit der gegen Echoeffekte anfälligen Kurzwellen für den Fernsehrundfunk mindestens stark zu bezweifeln.

Ein zweiter Punkt, der nur geeignet ist, diese Stellungnahme noch zu bekräftigen, betrifft den Umfang des Empfängers. Bei der gegebenen Senderleistung von ungefähr $^1/_4$ kW in der Antenne und bei Beschränkung der Durchlaßbreite des Empfängers auf das eine Seitenband waren erforderlich: 2 Stufen Hochfrequenzverstärkung, Gleichrichter (2 Röhren im Gegentakt), Überlagerer und 5 Stufen Niederfrequenzverstärkung. Die zu bewältigende Bandbreite trägt die Hauptschuld an diesem großen Aufwande. Sie umfaßt 25000 Hz, entsprechend 0,6% der Trägerfrequenz, so daß die Dämpfung des Hochfrequenzteiles des Empfängers ca. 2% nicht unterschreiten darf. Wenn, wie hier, 3 Abstimmkreise zu passieren sind, muß jeder einzelne rund den $\sqrt{3}$fachen Wert an Dämpfung,

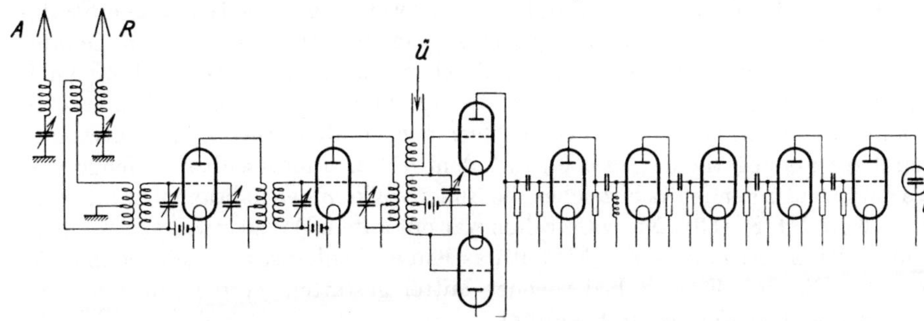

Abb. 278. Kurzwellenempfänger mit Reflektorantenne für Fernsehversuche Nauen—Geltow.

das sind ungefähr $3^1/_2$%, besitzen. So stark gedämpfte Kreise setzen aber den Nutzeffekt eines Hochfrequenzverstärkers schon beträchtlich herab. Das Mittel der Fremdüberlagerung ist notwendig, um die Signalstärke so weit zu heben, daß 5 Stufen Niederfrequenzverstärkung (im wesentlichen *R*-*C*-gekoppelt) hinter dem Gleichrichter ausreichen, um die registrierende Glimmlampe zum lichtstarken Ansprechen zu bringen. Daneben dient die Überlagerung zur Umwandlung der empfangenen Gleichstromimpulse in Wechselstromimpulse, um die Signale für die wechselstrommäßige Niederfrequenzverstärkung geeignet zu machen. Abb. 278 zeigt das Aufbauschema der Empfangsanlage (*A* Antenne, *R* Reflektor, *Ü* Überlagerer, *G* Glimmlampe). Durch Vergrößerung der Senderleistung könnte man etwa 1 Rohr einsparen. Auf keinen Fall aber kann man in diesem Wellengebiet den Überlagerer entbehren. Denn bei direkter Aussendung von Wechselstromimpulsen würde das Frequenzband mindestens 3mal so breit, die Gesamtdämpfung des Empfängers müßte 6% bezw. diejenige der Einzelkreise 10% betragen, die Hochfrequenzverstärkung würde entsprechend unwirksamer, und die Signalstärke sänke infolge des gleichzeitigen Fehlens der Überlagerung auf einen geringen Bruchteil der bei den Versuchen tatsächlich erreichten herab. Es leuchtet ein, daß der zur Kompensation dieser Einbuße nötige Aufwand für Rundfunkzwecke kaum diskutabel ist.

Dem vorstehend erwähnten ähnliche Versuche hat das Reichspostzentralamt unter Benutzung eines Senders in Döberitz bei Berlin mit einer etwas längeren Welle aufgenommen (142,9 m = 2100 kHz). Es werden hierbei Bilder mit

48 Zeilen und einer Bildwechselfrequenz 25/s übertragen. Die Sendeleistung wird mit 5 kW angegeben. Die hohe Zahl von Bildern/s bezweckt, einen vollkommen flimmerfreien Eindruck zu erhalten, um festzustellen, welche Rückwirkung das Wegfallen des durch die Zerlegungsbewegung bedingten Adaptionszwanges für das Auge auf die Güte des noch verhältnismäßig grob gerasterten Bildes ausübt. Der Aufbau des Empfängers entspricht dem bei den Versuchen zwischen Nauen und Geltow benutzten, wobei jedoch infolge der größeren Senderleistung und des geringeren Feldstärkeabfalls der Bodenwelle mit der Entfernung die Zahl der Niederfrequenzstufen vermindert werden konnte. Die Versuche sind während der Abfassung dieses Buches noch im Gange.

Weitere Fernsehübertragungen auf Kurzwellen wurden zwischen den U. S. A. und Deutschland vorgenommen. Gesendet wurde von E. F. W. Alexanderson in Schenectady auf Welle 26 m (11540 kHz); die Aufnahme geschah auf der Transradio-Empfangsstation Beelitz mittels eines kommerziellen Kurzwellenempfängers (Großstationstype) und unter Verwendung eines Telefunken-Strahlwerfers als Antenne; bisweilen gleichzeitig mittels eines einfacheren Gerätes und eines einzelnen Luftdrahtes im Reichspostzentralamt, Berlin-Tempelhof, unter Inkaufnahme starker Fadings, die nur mangelhaft ausgeglichen werden konnten. Das Resultat ist trotz des zuerst genannten erheblichen Aufwandes durchaus als negativ zu bezeichnen, indem die in unübersehbarer Menge und Variation auftretenden Echozeichen die Bilder vollkommen unbrauchbar machten (vgl. Kap. III, S. 139). Nur ganz selten war mit gutem Willen etwas zu erkennen. Auf große Entfernungen also kommt das Kurzwellenfernsehen nicht einmal für Zwecke, die den Einsatz bedeutender Mittel gestatten würden, in Betracht, geschweige denn für einen Rundfunk.

D. Aussichten für Ultrakurzwellen.

So kommen wir zur Überzeugung, daß die Durchführbarkeit des Fernsehens steht und fällt mit der Existenz von Wellen, die erstens keine Echozeichen aufweisen, also nicht der Rückstrahlung aus dem Raume unterliegen, und zweitens so hochfrequent sind, daß trotz der großen absoluten Bandbreite des Fernsehspektrums die relative Bandbreite des mit ihm modulierten Trägers und damit die erforderliche Dämpfung der Abstimmkreise klein genug bleibt. Nach den bisherigen Versuchen genügen die für örtlich begrenzten Rundfunk geeigneten Ultrakurzwellen diesen Anforderungen[1]. Ihr Freisein von Schwund- und Echoeffekten im Nahbereich des Senders ist bereits erwiesen.

Ein für die Anwendung der Ultrakurzwellen günstiger Umstand ist der geringe Störspiegel, bedingt durch die Kleinheit der Empfangsantennen und durch die Armut der natürlichen Störfrequenzspektren an Komponenten, die in diesen Schwingungsbereich hineinfallen. Bei den längeren Wellen würde die für das Fernsehen notwendige große Durchlaßbreite des Empfängers durch das ihr entsprechende Anwachsen der Störintensität zu extremen Forderungen bezüglich des Überschusses der Signalfeldstärke und damit des Aufwandes an Sendeenergie führen. Allerdings wird der Vorteil, den die ultrakurzen Wellen

[1] Vgl. Telef.-Ztg. Nr. 57 (1931) S. 46—49. Auf die Anwendbarkeit der ultrakurzen Wellen für den lokalen Fernsehrundfunk wurde bereits in der Einleitung des D.R.P. Nr. 459 660 vom 9. I. 1926, Erf. F. Schröter, hingewiesen.

in dieser Beziehung gewähren, zum Teil wettgemacht durch die außerordentlich starke Absorption, welche sie bei der Ausbreitung im Häusermeer der großen Städte erfahren; dies bedingt wiederum in Anbetracht des raschen Abfalls der Empfangsfeldstärke eine bedeutende Heraufsetzung der ausgestrahlten Leistung.

Wie F. Schröter gezeigt hat[1], kann man in dem in Frage kommenden Abstandsbereich (bis zu 10 km und mehr) die an einem $\lambda/2$-Dipol erhältliche Hochfrequenzspannung roh angenähert darstellen durch die Formel:

$$|V| = \frac{60\,\lambda}{\pi} \cdot \frac{|J|}{r} \cdot e^{-\varkappa \cdot r \cdot \frac{d-h}{H-h}},$$

worin J die Antennenstromstärke des Senders, H die Höhe des ausstrahlenden Dipols über der Erde, r die horizontale Entfernung vom Sender, d die mittlere Haushöhe der gleichmäßig bebaut gedachten Stadt, $\varkappa$ den Absorptionskoeffizienten der von der Welle durchlaufenen, metalldurchsetzten Steinschichten und h die Höhe des empfangenden Dipols über dem Erdboden bedeutet. $\varkappa$ wurde auf Grund empirischer Feststellungen zu $0{,}002\,\text{m}^{-1}$ geschätzt; 500 m absorbierende Strecke ergeben also die Dämpfung 1 Neper. Man erkennt aus der vorstehenden Gleichung den maßgebenden Einfluß der Überhöhung $H - d$ des Strahlers, insbesondere aber die entscheidende Bedeutung der Aufhängungshöhe h der Empfangsantenne. Je näher man die letztere an das freie Strahlungsfeld oberhalb der Häuserschicht heranbringt, desto größer wird, wie auch aus der Formel ohne weiteres ersichtlich ist, die Signalintensität. Man wird daher für Fernsehen vermutlich zu einer Art einfacher Hochantenne (Dipol mit abgeschirmter, möglichst verlustfrei niedergeführter Energieleitung zum Empfangsgerät) zurückkehren. Abb. 279 zeigt den mit Hilfe des geschätzten Absorptionskoeffizienten $\varkappa$ berechneten Abfall der Feldstärke $\mathfrak{E}_2$ relativ zu der in 1 km Entfernung herrschenden Feldstärke $\mathfrak{E}_1$, die gleich 100 gesetzt wurde. Es gilt hierfür:

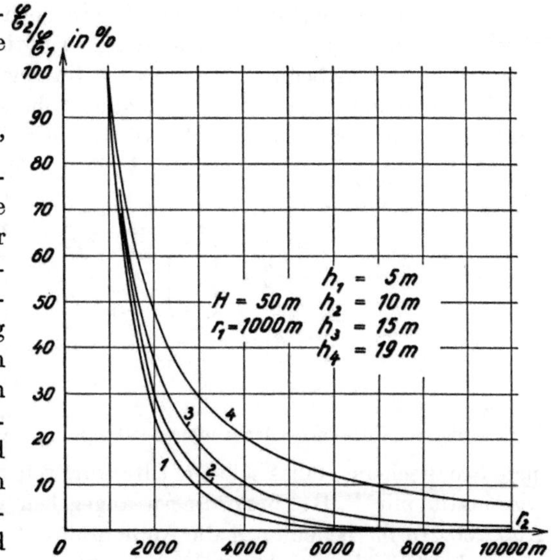

Abb. 279. Relativer Abfall der Feldstärke bei ultrakurzen Wellen in Großstädten.

$$\frac{\mathfrak{E}_1}{\mathfrak{E}_2} = \frac{r_2}{r_1} \cdot e^{-\varkappa \cdot \frac{d-h}{H-h} \cdot (r_1 - r_2)}.$$

Die Kurven beziehen sich sämtlich auf eine Höhe des ausstrahlenden Dipols von 50 m; die Aufhängungshöhe h des Empfangsdipols variiert zwischen 5 m und 19 m. Man ersieht, wie stark der Quotient bei Annäherung an das Gebiet der freien Strahlung wächst. Dies gilt natürlich nur für den Durchschnittsfall; lokale Einflüsse, insbesondere größere vertikale Leitergebilde, können zu erheblichen Abweichungen von dem aufgestellten Ausbreitungsgesetz führen.

[1] Schröter, F.: Elektr. Nachr.-Techn. Bd. 8 (1931) S. 431.

Die obige Gleichung läßt die Erdkrümmung unberücksichtigt. Zieht man diese in Betracht, so ergibt sich noch klarer die Bedeutung der Größe H. Andererseits gilt natürlich die Annahme der quasioptischen Natur der Ultrakurzwellen in dem Gebiet oberhalb $\lambda = 3$ m nicht mehr exakt; die Reichweite überschreitet vielmehr den geometrischen Horizont des Strahlers infolge des Beugungseffektes der Oberflächenwelle, der sie befähigt, der Erdkrümmung, wenn auch mit starken Absorptionsverlusten, zu folgen. Über Salzwasser und gut leitendem Boden können immerhin auf diese Weise noch Abstände überbrückt werden, die ein Mehrfaches, ja ein Vielfaches der quasioptischen Empfangsgrenze betragen. Oberhalb $\lambda \sim 7$ m beginnt überdies die Raumstrahlung merklich mitzuwirken.

Die Feldverstärkung durch möglichst hohe Lage der Empfangsantenne erscheint beim Fernsehen auch wünschenswert in Anbetracht des geringen Maßes an Entdämpfung des Eingangskreises, das für die Erzielung scharfer Konturen im Fernbilde erforderlich ist. Im Telephonieempfang mittels Rückkopplungsaudions kann man noch weitgehende Dämpfungsreduktion anwenden, da ein mehr als 10mal schmaleres Frequenzband aufzunehmen ist. Das normale Schaltschema eines solchen Ultrakurzwellenaudions, wie es vom Verfasser gemeinsam mit P. Hermanspann angegeben und entwickelt wurde, zeigt die Abb. 280. In ihr bedeuten A die Audionröhre, C einen Ankopplungskondensator von ca. $1\,\mu\mu$F, U den möglichst dämpfungsfreien, völlig abgeschirmten Gitterkreis, C' seine Abstimmkapazität von ca. $5\,\mu\mu$F, R, R', R'' eine Widerstandsverzweigung in der Antenne zur Verringerung störender Rückwirkungen, T den Ausgangsübertrager, P das Potentiometer zur Regelung der Rückkopplung durch Veränderung der Anodengleichspannung. Ein Gerät dieser Art lieferte bei Verwendung einer Röhre REN 904 (Steilheit 3,5 mA/V, Verstärkungsziffer 25) mit anschließender dreifacher Niederfrequenzverstärkung guten Lautsprecherempfang in 5 km Abstand vom Sender. Nimmt man die hierzu notwendige Hochfrequenzspannung am Gitter des Audions zu $20 \cdot 10^{-3}$ V und das logarithmische Dekrement d bei dem benutzten Rückkopplungsgrade zu $3 \cdot 10^{-4}$ an, so ergibt eine einfache Berechnung unter Berücksichtigung der Verluste durch die Widerstandsverzweigung R, R', R'' in Abb. 280 eine Spannungsübersetzung zwischen Empfangsdipol und Gitterkreis von etwa 1 : 10. (Ohne Verluste etwa 1 : 30.)

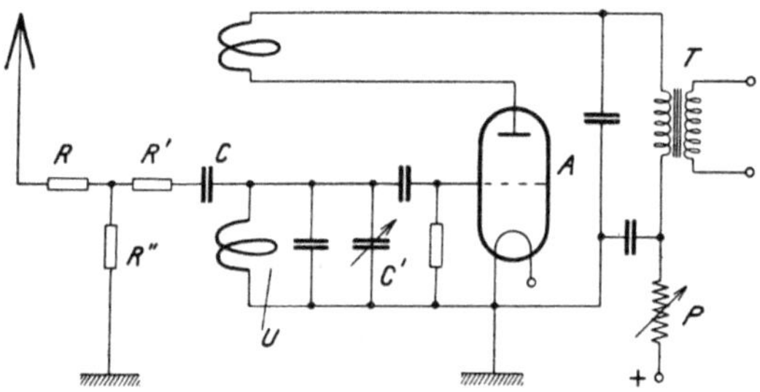

Abb. 280. Ultrakurzwellen-Audionschaltung.

Beim Fernsehen hat man nicht annähernd so hohe Transformationswerte zu erwarten, da, wie gesagt, die Entdämpfung des Schwingkreises ihre Grenzen in der Bedingung genügender Durchlässigkeit für das gesamte breite Schwingungsspektrum findet. Wie Abb. 80b zeigt, müssen auch im Ultrakurzwellenbereich, selbst bei relativ groben Bildrastern ($\varrho = 2000$), die logarithmischen Dekremente möglichst größer als 0,01 sein. Wir wollen hier für $\lambda = 7$ m mit $d = 0{,}01$ rechnen. Es sei ferner angenommen, daß die für hinreichende Aufhellung des Fernbildes am Gitter der Eingangsröhre erforderliche Spannung wiederum, wie beim Lautsprecherempfang, $20 \cdot 10^{-3}$ V beträgt. Diese Größenordnung erscheint plausibel, wenn man an die Steuerung einer Glimmlampe oder einer Braunschen Röhre als Bilderzeuger denkt. Man würde dann nämlich mit einer drei- bis vierstufigen Niederfrequenzverstärkung auskommen.

Der Schwungradwiderstand des abgestimmten Gitterkreises ist bei Annahme einer Kapazität $C_s = 100\ \mu\mu$F, bei $\lambda = 7$ m und $d = 0{,}01$:

$$R_p = \frac{\pi}{d} \cdot \frac{1}{\omega C_s} = 1{,}17 \cdot 10^4\ \Omega\,.$$

Er überträgt sich über die Ankopplung in den Antennenkreis mit dem Bruchteil:

$$R_{\ddot u} = \frac{R_p}{\ddot u^2}\,,$$

worin $\ddot u$ das Spannungsübersetzungsverhältnis der Kopplung ist. $R_{\ddot u}$ ist bei optimaler Anpassung gleich dem Strahlungswiderstande R_d des $\lambda/2$-Empfangsdipols, d. h. gleich 73 Ω. Also gilt:

$$\ddot u = \sqrt{\frac{R_p}{R_d}} = \sqrt{\frac{1{,}17 \cdot 10^4}{73}} = \sim 13\,.$$

Da die Gesamtspannung je zur Hälfte in R_d und $R_{\ddot u}$ aufgebraucht wird, übersetzt sich die im Dipol induzierte E.M.K. etwa mit dem Faktor 6,5. Wir wollen jedoch auch hier im Hinblick auf zusätzliche Verluste mit einem kleineren Faktor, zweckmäßig mit dem Wert 2, rechnen. Um also wiederum, wie bei der Telephonie, $20 \cdot 10^{-3}$ V am Gitter des Audions aufzubringen, müßten wir den Strom in der Sendeantenne im Verhältnis 10 : 2 und somit die ausgestrahlte Wattzahl auf das 25fache steigern. Dies würde einer effektiven Stromstärke von 10 A, also etwa 7 kW modulierter Leistung, entsprechen.

Man erkennt, daß die Ultrakurzwellen-Fernsehübertragung, trotz der Beschränkung ihrer Reichweite auf ziemlich eng begrenzte Gebiete, sehr bedeutende Anforderungen an den Leistungsaufwand beim Sender stellt. Dies gilt im verstärkten Maße, wenn feinere Raster gewünscht werden, als das in Abb. 80b zugrunde gelegte von $\varrho = 2000$. Man müßte dafür nämlich noch höhere Dekremente als 0,01 anwenden. Aus dem dann gebotenen vollständigen Verzicht auf Dämpfungsreduktion ergibt sich als weitere Folgerung die Einführung von Hochfrequenzverstärkung in 1 oder 2 Stufen. Nach den bisherigen Erfahrungen ist dieser Weg bei $\lambda = 7$ m trotz der großen Bandbreite der Fernsehübertragung mit befriedigendem Wirkungsgrade gangbar. Hierzu bedarf es allerdings möglichst verlustfrei arbeitender Röhrentypen und einer sorgfältig neutralisierten Hochfrequenzkaskade mit vollständiger Abschirmung der Abstimmkreise, wobei sich Verstärkungsziffern von etwa 5 erzielen lassen.

Ein nach diesen Gesichtspunkten bei Telefunken in Entwicklung befindlicher Ultrakurzwellen-Fernsehempfänger, der beim Erscheinen dieses Buches voraussichtlich schon erprobt sein wird, soll 2 Stufen Hochfrequenzverstärkung, Audion und 4 Stufen Niederfrequenzverstärkung enthalten. Als Alternativlösung wird ein mit Überlagerung arbeitendes Gerät (Superheterodyne-Empfänger) durchgebildet, das eine Mischrohrstufe, 3 Stufen Zwischenfrequenzverstärkung und 1 bis 2 Stufen Niederfrequenzverstärkung umfaßt. Dieser Apparat liefert nach den bisherigen Vorversuchen eine zur Steuerung der Braunschen Röhre ausreichende Amplitude.

Zehntes Kapitel.

Leitungsbildübertragung.

Von

Franz Tuczek.

A. Anforderungen an die Leitung.

a) Die Übertragungsvorgänge.

In den voraufgehenden Kapiteln sind die Beziehungen zwischen der Rasterfeinheit, der Übermittlungsgeschwindigkeit und dem Zeitbedarf für die Wiedergabe des kürzesten Zeichens bereits klargestellt worden. Selbst wenn die Endapparate einer bildtelegraphischen Anlage ihrem physikalischen Aufbau nach ein bestimmtes Übertragungstempo bei gegebener Schärfe der Auflösung gestatten, zwingen in vielen Fällen die Eigenschaften des elektrischen Verbindungskanals, also für die Betrachtungen dieses Kapitels der Leitungen, dazu, entweder die Geschwindigkeit oder die Feinheit der Abtastung herabzusetzen. Bei der Einrichtung einer Fernbildlinie können heute nur in den seltensten Fällen besondere Forderungen an die elektrischen Daten der Leitungen gestellt werden. Vielmehr besteht meist die Notwendigkeit, vorhandene Telephoniekanäle zu übernehmen und die Betriebsweise der Bildübertragung den gegebenen Eigenschaften dieser Kanäle anzupassen. Ja, in der Regel werden die verfügbaren Telephonieleitungen nur im Bedarfsfalle zum Senden von Bildern in Anspruch genommen, während sie im übrigen ihrem eigentlichen Zwecke dienen müssen, da anderenfalls der Bildverkehr mit untragbaren Kosten belastet würde.

Während nun die Aufteilung des Bildes in Abtastzeilen durch den Vorschub pro Umdrehung der Trommel vorgegeben und zahlenmäßig genau bestimmt ist, bestehen für die Differenzierung der Zeilen in ,,Bildpunkte" gewisse Schwierigkeiten und Willkürlichkeiten der Definition, die eben durch die Eigenschaften des Übertragungskanals bedingt sind. Immerhin ist es für die folgenden Betrachtungen zweckmäßig, die Bildfläche gedanklich in eine bestimmte Anzahl von ,,Punkten" (Rasterelementen) aufzulösen, deren Länge, gemessen in der Abtastrichtung, durchweg die gleiche ist. Es leuchtet ohne weiteres ein, daß die Zeit, in der die Gesamtheit der gedachten Bildpunkte übermittelt werden kann, um so kürzer ist, ein je breiterer Frequenzbereich zur Verfügung steht.

Dieser Bereich hängt ab von der Art der Leitung, außerdem von auf derselben etwa noch vorhandenen weiteren Übertragungskanälen für Telegraphie oder Telephonie. Wir wollen im folgenden die quantitativen Größen, Feinheit und Geschwindigkeit, mit den Eigenschaften des Fortleitungskanals in Beziehung setzen[1]. Dazu betrachten wir einen plötzlichen Übergang von Schwarz zu Weiß,

[1] Die hier folgenden Betrachtungen stammen im wesentlichen aus den Arbeiten der Herren K. Küpfmüller und H. F. Mayer im Zentrallaboratorium der Siemens & Halske A.G.

dem ein Sprung des photoelektrisch erzeugten Fernbildstromes von Null bis zu seinem Maximalwert J_0 entsprechen möge (Abb. 281, a). Wir sehen dabei von der Abflachung des Anstieges ab, die durch die endliche Ausdehnung des abtastenden Lichtfleckes bewirkt wird. Einen solchen Stromstoß pflegt man mathematisch darzustellen durch ein Fourierintegral von der Form[1]:

$$J_{(t)} = \frac{J_0}{2\pi j} \int\limits_{-\infty}^{+\infty} \frac{d\omega}{\omega} e^{j\omega t}. \quad (1)$$

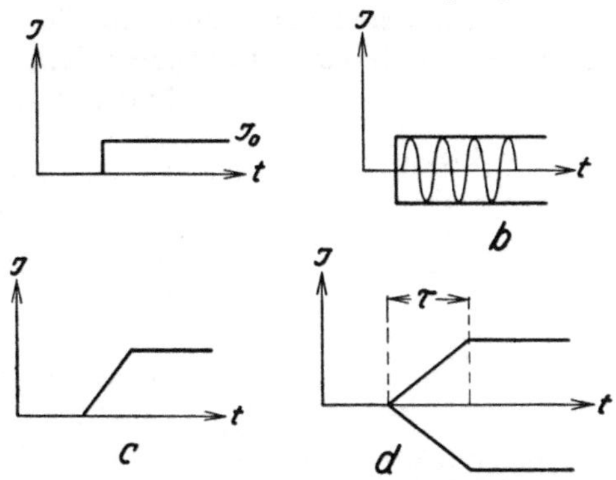

Abb. 281. Photostromstoß ohne und mit Begrenzung des Frequenzbereiches.

Dieses Integral kann so gedeutet werden, daß die Funktion $J_{(t)}$ sich additiv zusammensetzt aus unendlich vielen Teilschwingungen mit der Amplitude $\frac{J_0 d\omega}{2\pi j \omega}$ und der Frequenz ω. Es wäre also zur Wiedergabe eines derartigen Stromsprunges ein unendlich weiter Frequenzkanal erforderlich.

Werden die Bildströme nicht als Gleichströme wechselnder Amplitude auf die Leitung gegeben, sondern als Modulationen eines Trägers, so ist die Kurve der Abb. 281, a als Hüllkurve der Trägerschwingungen, Abb. 281, b, anzusprechen. Ist nun die Frequenzdurchlässigkeit begrenzt, so tritt an die Stelle des rechtwinkligen Verlaufes eine kompliziertere Form (Abb. 282), die aber immer einer Abflachung gleichkommt und durch eine zweimal geknickte Gerade nach Abb. 281c und d angenähert werden kann. Der Strom steigt also nicht mehr plötzlich auf den Wert J_0 an, sondern er braucht dazu eine gewisse Zeit τ_1, die man als **Einschwingzeit** bezeichnet.

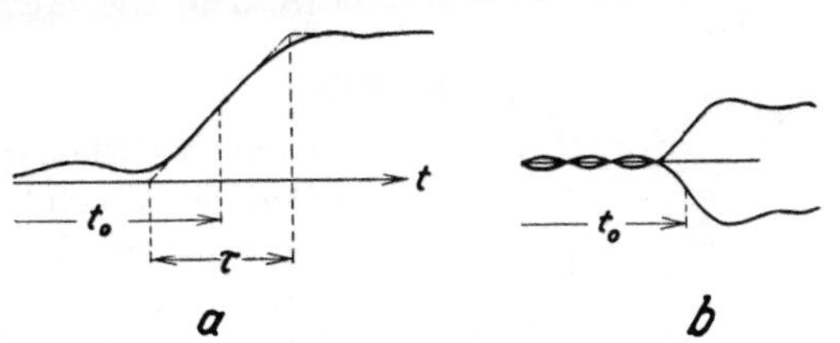

Abb. 282. Einschwingvorgang durch Frequenzbegrenzung.

Eine ähnliche Erscheinung, die aber nicht in einer Frequenzbegrenzung ihre Ursache hat, sondern in den Fortpflanzungseigenschaften homogener Leitungen mit verteilter Kapazität und Induktivität, machte sich schon bei den ersten Bildübertragungsversuchen Casellis und in allen späteren Fällen bemerkbar, in denen Gleichstromstöße über einen Draht in die Ferne gesandt wurden. Wie Abb. 283 zeigt, werden nämlich rechteckige Spannungsimpulse, auf den Anfang einer Leitung gegeben, am Ende abgeflacht empfangen, aber in einer von Abb. 282 abweichenden Form. Es sei bereits hier darauf hingewiesen, daß diese Art der Zeichenverzerrung[2] auch nichts zu tun hat mit den weiter unten behandelten Erscheinungen der Phasenverzerrung. Schon Caselli hat von einem einfachen Mittel Gebrauch gemacht, um die mit der soeben erwähnten Abflachung des Stromanstieges verbundene Verlängerung von Gleichstromzeichen zu verhindern. Er schaltete auf der Empfangseite eine Gegenbatterie ein. Deren Gegen-E.M.K. erteilte dem chemographischen Bildschreiber, der nur auf eine Stromrichtung

[1] S. z. B. Küpfmüller, K.: Elektr. Nachr.-Techn. Bd. 5 (1928) S. 18—32.
[2] Küpfmüller, K.: Telegraphen- und Fernsprechtechnik Bd. 12 (1923) S. 53—60.

anspricht, gewissermaßen einen Schwellwert der Empfindlichkeit und schnitt so den unteren Teil der Stromkurve ab. Natürlich wurde dadurch die Langsamkeit des Anstieges selbst nicht behoben, aber für die Wiedergabe von reinen Schwarz-Weiß-Bildern war diese Maßnahme erfolgreich.

Bei der weiteren Behandlung des Problems wollen wir uns auf den praktisch wichtigsten, weil vorherrschenden Fall, die Übermittlung auf einer Trägerfrequenz, beschränken. Eine Bildübertragung ohne Verstärker kommt heute nicht mehr in Frage, der Betrieb eines Gleichstromverstärkers ist aber mit mancherlei Unzuträglichkeiten verbunden. Sonach hat nur die Trägerfrequenzmethode wirkliche Bedeutung. Zudem sind die in den Telephoniekanälen vorhandenen Zwischenverstärker nicht für Gleichstromübertragung eingerichtet.

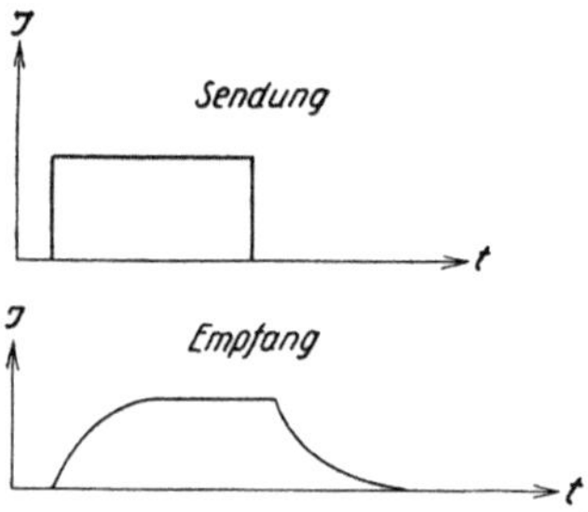

Abb. 283. Gleichstromzeichen auf homogener Leitung.

Wir nehmen im folgenden an, daß irgendwo im Übertragungskanal, z. B. am Anfang der Leitung, ein elektrisches Frequenzfilter eingeschaltet ist. Dieses hat einen bestimmten Durchlässigkeitsbereich, in dessen Mitte die Trägerfrequenz ν liegen möge. Wir betrachten den Stromverlauf hinter dem so definierten Wellensieb. Der Anstieg der Trägerstromamplitude beim Übergang von Schwarz zu Weiß erfolgt um so schneller, je breiter das hindurchgelassene Schwingungsband $\Delta\nu$ ist, und zwar besteht für τ_1 (S. 389) die einfache Beziehung[1]:

$$\tau_1 = \frac{1}{\Delta\nu}, \tag{2}$$

wenn $\Delta\nu$ kleiner als $0{,}2\,\nu$ ist. Je weniger diese Bedingung erfüllt ist, um so kürzer wird die Einschwingzeit. Wenn $\Delta\nu$ in Hertz gemessen wird, erhält man den Wert von τ_1 in Sekunden. Die gleiche Zeit wird gebraucht für den Abfall des Stromes von der Amplitude J_0 auf Null beim umgekehrten Helligkeitsübergange. Liegt also die Breite eines quer überfahrenen weißen Striches unter einer gewissen Grenze, so wird der Strom überhaupt nicht auf den der vollen Helligkeit entsprechenden Wert J_0 anwachsen können. Wir wollen nun die Festsetzung treffen, daß wir als die Länge des kleinsten übertragenen „Bildpunktes" diejenige ansehen, bei welcher der Träger hinter dem Wellensieb die Stärke J_0 gerade noch erreicht. Ist v die Abtastgeschwindigkeit, so gilt für diese Bildpunktlänge die Beziehung:

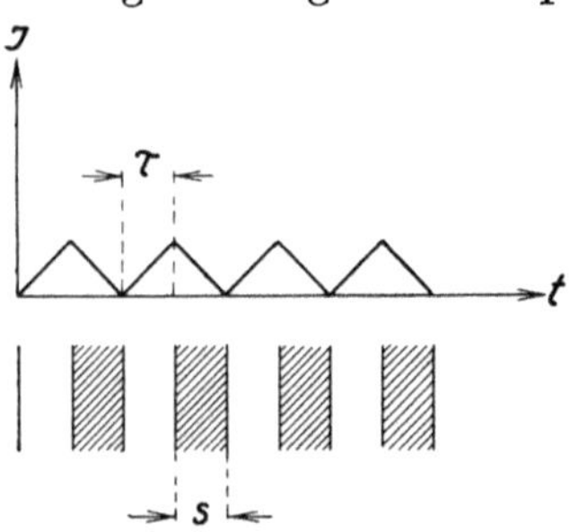

Abb. 284. Einschwingzeit und Bildpunktlänge.

$$s = v \cdot \tau_1 = \frac{v}{\Delta\nu}. \tag{3}$$

Die Rückkehr des Stromes und der von ihm hervorgerufenen Schwärzung des Empfangsfilmes auf den Nullwert fällt in das nächstfolgende Rasterelement, so daß sich die in Abb. 284 dargestellte Verteilung ergibt. Sie ist für den Spezialfall gezeichnet, daß ein Raster von lauter gleich dicken weißen und schwarzen Strichen der kleinsten noch zu übertragenden Breite quer zu deren Richtung

[1] Küpfmüller, K.: Elektr. Nachr.-Techn. Bd. 1 (1924) S. 141—151 u. Bd. 5 (1928) S. 18—32.

abgetastet wird (vgl. Abb. 62 und 63, aus denen die Übereinstimmung der hier definierten Bildpunktlänge s mit der dort zugrundegelegten Weite f des abtastenden Lichtfleckes hervorgeht).

Sind die Bildpunktlänge s und die Abtastgeschwindigkeit v vorgegeben, so muß also ein Kanal mit einem Frequenzbereich $\Delta\nu \geqq \frac{v}{s}$ bereitgestellt werden. Dabei kann $\frac{v}{s}$ als die Anzahl der in der Zeiteinheit übertragenen Bildpunkte gedeutet werden. Entfallen N solcher Punkte auf die Flächeneinheit und ist T deren Übermittlungszeit, so können wir auch schreiben:

$$\Delta\nu \geqq \frac{N}{T}, \tag{4}$$

wobei dem Gleichheitszeichen das schnellste Tempo entspricht. Ferner gilt:

$$N = \frac{1}{s \cdot d}, \tag{5}$$

wenn d den Abstand zweier Bildzeilen mißt.

Die Formel (3) kann auch auf einem anderen Wege erhalten werden, der der Anschaulichkeit halber ebenfalls mitgeteilt werden soll. Wird das Strichsystem der Abb. 284 mit der Geschwindigkeit v abgetastet, so entsteht ein periodischer Strom von der Grundfrequenz $\nu_b = \frac{v}{2s}$. Denken wir uns alle höheren Harmonischen durch ein Sieb abgeschnitten und die Trägerschwingung ν_1 mit der Frequenz ν_b moduliert, so treten nach der Theorie dieses Vorganges neben ν_1 die beiden Seitenbandfrequenzen $\nu_1 + \nu_b$ und $\nu_1 - \nu_b$ auf. Der umfaßte Gesamtbereich ist:

$$\Delta\nu = 2\nu_b = \frac{v}{s}. \tag{6}$$

Die erste Ableitung der Formel (3) ist aber die allgemeinere, weil sie nicht von dem speziellen Falle des Strichrasters ausgeht und erweitert werden kann auf die überaus wichtigen Fälle, in denen die Einschwingzeit durch andere Ursachen verlängert wird.

Während die bisher betrachtete Art von Einschwingvorgang bei allen Anwendungen der Bildübertragung vorhanden ist, eben weil alle Kanäle, auch die drahtlosen, mit abgestimmten Empfängern arbeitenden, praktisch nur einen begrenzten Frequenzbereich hindurchlassen, sind die im folgenden behandelten besonderen Einschwingvorgänge eine spezifische Eigentümlichkeit der pupinisierten Leitungen, insbesondere der Pupinkabel, die heute die Freileitungen als Träger des Telephonieverkehrs immer mehr ablösen. Infolge ihrer großen Kapazität dämpfen die Kabel die höheren Frequenzen stärker als die tiefen. Um diesen Dämpfungsanstieg zu verringern und um ferner das Verhältnis von Spannung zu Strom in der Leitung zu vergrößern und damit den Energieverlust durch den Kupferwiderstand herabzusetzen, schaltet man bekanntlich nach dem Vorschlage von Pupin in gleichmäßigen Abständen Spulen in die Fernkabel ein. Mit den Eigenschaften solcher Leitergebilde müssen wir uns nunmehr etwas eingehender beschäftigen.

Ein sinusförmiger Strom $J_a = J_0 \cdot \sin \omega t$, der in den Eingang eines Übertragungssystems geschickt wird, hat am Ausgange desselben im eingeschwungenen Zustande einen ebenfalls sinusförmigen Strom zur Folge:

$$J_e = \frac{1}{c} J_o \cdot \sin(\omega t - \varphi). \tag{7}$$

Es ist in der Fernmeldetechnik üblich, statt des Verhältnisses c der Amplituden am Anfang und am Ende einer Leitung dessen natürlichen Logarithmus:

$$b = \ln c \tag{8}$$

als Maß für die Dämpfung des Systems zu benutzen. Diese logarithmische Größe bietet den Vorteil, daß die Dämpfungswerte einzelner zusammengesetzter Abschnitte gleichartiger Leitungen addiert die Gesamtdämpfung der ganzen Strecke ergeben. Die Einheit des Dämpfungsmaßes hat die Bezeichnung „Neper". Ist b frequenzabhängig, so hat das Übertragungssystem „Dämpfungsverzerrung".

Nun ist es eine der wesentlichsten Eigenschaften des Pupinkabels, daß seine Dämpfung mit wachsender Frequenz ansteigt und von einer bestimmten „Grenzfrequenz" ν_0 an sehr groß wird. Dadurch ist der Übertragungsbereich nach oben hin beschränkt. Die wirkliche Grenze liegt noch unter ν_0, und zwar bei einer Frequenz ν_3, bis zu welcher der Dämpfungsgang des Kabels durch einen entgegengesetzt verlaufenden der Zwischenverstärker entzerrt ist. Es erhebt sich dann die Frage: Wie muß man die untere Grenze des Übertragungsbereiches ν_2 und die Trägerfrequenz ν_1 wählen, um die höchste Ausnutzung des Kanals zu erhalten? Das Bild liefert zunächst von der Frequenz Null beginnend, ein gewisses Amplitudenspektrum, etwa wie in Abb. 285 gezeichnet. Hinter dem Modulator, mag es sich um eine durch eine rotierende Lochscheibe hindurch beleuchtete Photozelle oder um eine Röhrenanordnung handeln, treten dann neben jenem ursprünglichen Spektrum noch die Trägerfrequenz ν_1 und deren beide Seitenbänder hinzu. Um Störungen durch das primäre Spektrum zu verhüten, muß es durch Siebmittel unterdrückt werden. Wie man leicht einsieht, wird der Übertragungsbereich $\nu_3 - \nu_2$, mit dem die Übertragungsgeschwindigkeit proportional ist, ein Maximum, wenn

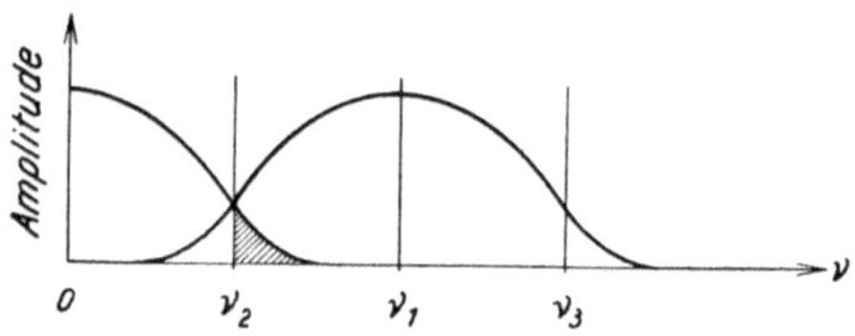

Abb. 285. Amplitudenspektrum bei Modulation einer Trägerfrequenz durch das Bild.

$$\nu_1 = \Delta\,\nu = \nu_3 - \nu_2 \tag{9}$$

ist. Nach den Gleichungen (4) und (5) kann man dafür auch schreiben:

$$\nu_1 = \frac{N}{T} = \frac{1}{T \cdot s \cdot d}. \tag{10}$$

Eine Überlappung der Frequenzbereiche kann durch Einschalten eines weiteren Siebes zwischen Photozelle und Modulationsrohr oder auch durch geeignete Form des abtastenden Lichtfleckes vermieden werden.

Indem wir in Gleichung (7) das Phasenmaß φ hinzufügen, tragen wir der Möglichkeit Rechnung, daß zu irgendeinem beliebigen Zeitpunkt t die Ströme am Anfang und am Ende der Leitung verschiedene Phasen haben. Wir knüpfen jetzt wieder an die der Gleichung (1) zugrunde liegende Vorstellung an, nach der das zu übertragende Stromzeichen durch Überlagerung einer großen Zahl fortwährend mit gleicher Amplitude schwingender Sinusfrequenzen aufgebaut wird, deren Amplituden und Phasendifferenzen so gewählt sind, daß die Addition aller die darzustellende Zeitfunktion des Stromes ergibt. Dadurch werden die Einschwingvorgänge des Übertragungssystems auf sein Verhalten gegenüber andauernden Sinusschwingungen zurückgeführt. Das empfangene Stromzeichen wird nur dann mit dem gesendeten übereinstimmen, wenn 1. keine Dämpfungsverzerrung besteht, und wenn 2. die Phasendifferenzen aller Teilschwingungen am Anfang und am Ende der Leitung dieselben sind. Die Phasenbeziehungen bleiben nun erhalten, falls die Bedingung:

$$\frac{\varphi}{\omega} = \mathrm{const} = t_0 \quad (11)$$

erfüllt ist. Dadurch wird nämlich aus (7):

$$J_e = J_0 \cdot e^{-b} \cdot \sin \omega (t - t_0) \,. \quad (12)$$

J_e ist identisch mit J_a, nur versehen mit einem durch die Leitungsdämpfung bestimmten Faktor und verschoben um die Zeitgröße t_0, die man als Laufzeit des Übertragungssystems bezeichnet. Nimmt man eine Stromkurvenform an, die durch einen sehr schmalen Frequenzbereich dargestellt werden kann, etwa $\pm \Delta \nu_1$ zu beiden Seiten einer Trägerfrequenz ν_1, so wird dadurch für die Laufzeit eine bestimmte Frequenz wesentlich, und man erhält als Forderung für die Freiheit von Phasenverzerrung die Bedingung, daß die Laufzeit im gesamten Frequenzbereich $2 \Delta \nu_1$ konstant sein soll.

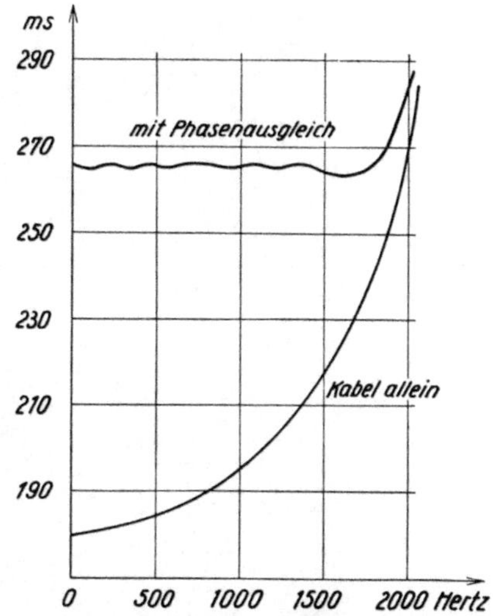

Abb. 286. Laufzeit verschiedener Frequenzen in einem Normalkabel von 3000 km Länge.

Diese Annahme ist für homogene Leitungen sehr angenähert erfüllt, dagegen nicht für Pupinleitungen. Die untere Kurve der Abb. 286 gibt die Laufzeit eines 3000 km langen Pupinkabels mit der Grenzfrequenz $\nu_0 = 2750$ Hz wieder, Abb. 287 die Wirkung der Phasenverzerrung auf den Einschwingvorgang einer Sinusfrequenz. Durch die Phasenverzerrung wird das Stromzeichen notwendig verlängert. Wie die unterste Kurve der Abb. 287 zeigt, kann unter Umständen eine Beschneidung des Frequenzbandes dieser Verlängerung entgegenwirken.

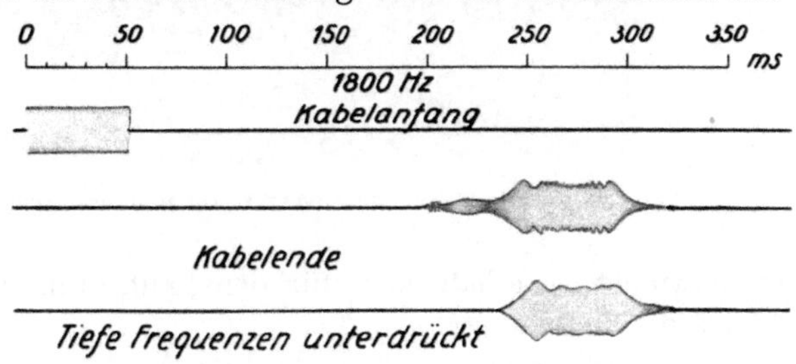

Abb. 287. Einschwingvorgang bei einem 3000 km-Normalkabel.

In der Definition für die Länge des Bildpunktes $s = v \cdot \tau_1$ ist also statt τ_1 ein anderer Wert τ_2 zu setzen, der im allgemeinen in komplizierter Weise durch das Zusammenwirken von Frequenzbandbeschränkung und Phasenverzerrung bestimmt ist. Um s zu begrenzen, muß man gegebenenfalls v, d. h. das Sendetempo, vermindern. Erfahrungsgemäß stört übrigens eine geringe Verlängerung der Bildpunkte weniger als die gleiche Erhöhung ihrer Breite.

In der auf S. 390 zur Ableitung der Formel (3) benutzten Betrachtungsweise ergibt sich aus den Laufzeitunterschieden am Ende der Leitung eine Phasenverschiebung beider Seitenbänder, als deren Folge hinter dem Gleichrichter die Amplitude der Grundfrequenz kleiner wird und deren Harmonische auftreten[1].

[1] Bartels, H.: Wissenschaftliche Veröffentlichungen aus dem Siemens-Konzern Bd. 7 Heft 1.

Läßt man nun mit Rücksicht darauf, daß ein regelmäßiger Wechsel von Schwarz und Weiß in der Folge des feinsten übertragbaren Rasters höchst selten vorkommt, als größte Verzerrung diejenige zu, bei der die Grundfrequenz selbst

Abb. 288. Einfluß der Phasenverzerrung und des Phasenausgleichs im Bilde.

verschwindet, so erhält man für den Laufzeitunterschied Δ des Fernleitungskanals die Beziehung[1]:

$$\Delta \leqq \frac{N}{T} \,. \tag{13}$$

Es bedeutet einen großen Gewinn für die Übertragungsgeschwindigkeit, wenn ein Kabel mit hoher Grenzfrequenz benutzt werden kann. Deshalb bedient man sich für weitere Entfernungen ausschließlich schwach pupinisierter Kabel, möglichst sogar der sog. Phantomkreise, bei denen durch Verwendung je eines Drahtpaares für Hin- und Rückleitung ein dritter Übertragungsstromkreis gebildet wird, dessen Grenzfrequenz besonders hoch ist. Stehen solche Verbindungen nicht zur Verfügung oder würde infolge großer Länge der Linie trotzdem die Einschwingzeit zu einer unerwünscht geringen Übermittlungsgeschwindigkeit zwingen, so bleibt noch das Mittel der Phasenausgleichketten.

[1] Mayer und Tuczek: Proc. World Eng. Congr. Tokyo (1929) Part. 1, S. 295—303.

Dies sind Netzwerke aus Kapazitäten, Induktivitäten und Gegeninduktivitäten, welche die entgegengesetzte Laufzeitabhängigkeit haben wie das betreffende Kabel und an einer beliebigen Stelle der Leitung eingeschaltet werden können. Aus den Abb. 286 und 288 ist die günstige Wirkung einer solchen Kette zu ersehen.

Während für das Netz der europäischen Bildtelegraphie im allgemeinen vorhandene Fernsprechkabel benutzt werden müssen, konnten bei der Projektierung der beiden neu verlegten, die Überseefunkanlagen in Nauen und Beelitz mit der Berliner Betriebszentrale verbindenden Kabel einige Aderpaare aufgenommen werden, die auch den Erfordernissen einer mit höchstem Tempo arbeitenden Bildübertragung gerecht werden. In der folgenden Tabelle sind die wichtigsten Daten dieser Kreise denen des deutschen Normalfernkabels gegenübergestellt.

Tabelle 17.

Kabel	Belastungsart	Leiterdurchmesser mm	Leitungsart	Spulenabstand km	Kilometrische Leitungsdämpfung Neper	Grenzfrequenz Hz
Deutsches Normalfernkabel	Mittelstark	0,9	Stamm	1,700	($\nu = 800$) 0,02	3500
			Phantom		0,02	4300
		1,4	Stamm		0,02	3500
			Phantom		0,02	4300
	Leicht	0,9	Stamm	1,700	0,04	7400
			Phantom		0,04	9100
Bildfunkkabel	Leicht	0,9	Stamm	0,50	($\nu = 3000$) 0,0284	16500
	Extraleicht	1,9	Stamm	0,50	($\nu = 9000$) 0,0190	36000

b) Fehlerquellen.

Im folgenden seien kurz noch einige weitere Fehlerquellen besprochen, die der Betrieb von Fernsprechkabeln mit sich bringt. Ist die Spannung am Ende der Leitung nicht proportional derjenigen am Anfang, so hat man es mit einer sog. nichtlinearen Verzerrung zu tun. Die Ursache derselben kann in dem nicht ganz geradlinigen Verlauf der Röhrenkennlinien sowie in den magnetischen Eigenschaften der Eisenkerne von Übertragern und Pupinspulen liegen. Sie äußert sich in einer Amplitudenabhängigkeit der Dämpfung, ferner in dem Auftreten von Oberschwingungen und, wenn mehrere Frequenzen über die Leitung gegeben werden, von Summen- und Differenzschwingungen. Bei der Bildtelegraphie kann vor allem die Interferenz von Trägerstrom und Seitenbändern zur vorzeitigen Rückbildung der ursprünglichen Bildfrequenzen führen, was den bekannten „Plastikeffekt“ zur Folge hat. Durch Einschalten eines geeigneten Siebes vor dem Empfänger werden jene schädlichen Frequenzen unterdrückt. Wird außer dem mit den Bildzeichen gesteuerten Träger noch der Synchronisierton übertragen, so entstehen durch die gegenseitige Modulation beider Ströme weitere

Frequenzen, die im allgemeinen nicht durch Filter beseitigt werden können, weil sie in die benutzten Frequenzbänder hineinfallen. Es ist ein außerordentlicher Vorteil der lokalen Synchronisierung (Kap. VI), daß bei ihrer Anwendung diese Störungsursache von vornherein ausgeschaltet ist.

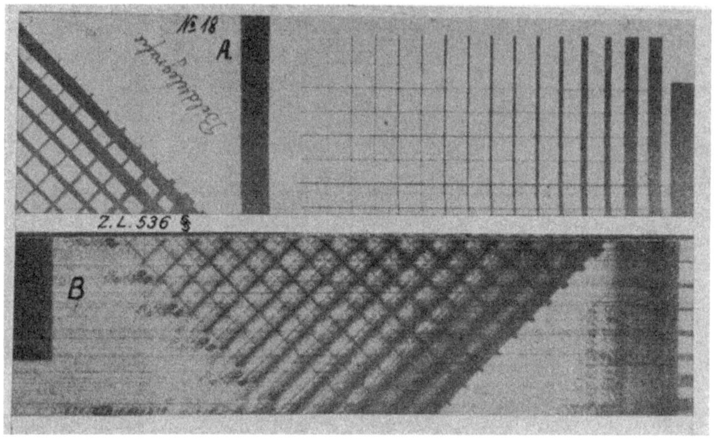

Abb. 289. Reflexionen in einem Zweidrahtkabel.

Eine andere Störerscheinung, die sich im Bildtelegraphiebetriebe weit stärker bemerkbar macht als beim Fernsprechen, sind die **Echos**. Die über die Leitung laufenden Wellen werden durch Ungleichmäßigkeiten im Aufbau des Leitersystems, an Stoßstellen verschiedener Leitungstypen, an den Enden der Linie, vor allem durch Nachbildungsungenauigkeiten in den Gabelschaltungen reflektiert und gelangen so mehrmals nacheinander, allmählich immer schwächer werdend, zum Empfänger. Die untere Hälfte der Abb. 289 zeigt die Übermittlung über ein Zweidrahtkabel mit zahlreichen Reflexionen, während die obere einen anderen Teil derselben Vorlage wiedergibt, der über eine echofreie Kunstleitung übertragen wurde. Die Versetzung beider Teile gegeneinander ist durch die Laufzeit des Kabels hervorgerufen.

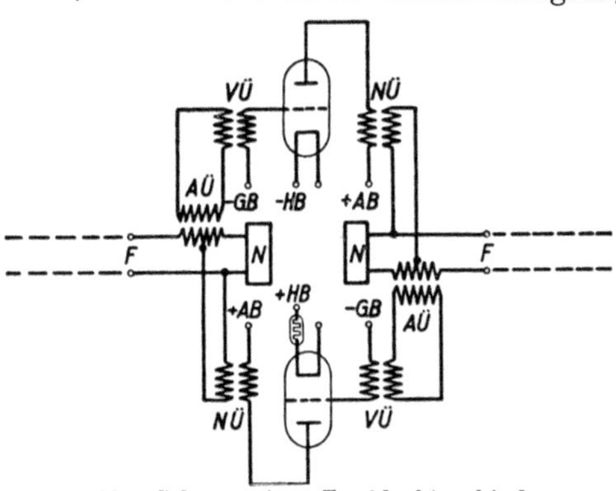

Abb. 290. Schema einer Zweidrahtverbindung.

Bekanntlich fließen die Ströme in den Teilnehmerleitungen und in den Fernleitungen ohne Zwischenverstärker beim Hin- und Rücksprechen im gleichen Aderpaar. An den Punkten, wo Verstärker liegen, die ja nur einseitig wirken, müssen diese „Zweidrahtleitungen“ in eine „Vierdrahtleitung“ aufgespalten werden (Abb. 290). Damit in einem solchen Doppelrohr-Zwischenverstärker keine Rückkopplung eintritt, sind der Ausgang der einen Röhre und der Eingang der anderen über eine Brückenschaltung mit der ankommenden bezw. abgehenden Leitung verbunden. Die gegenseitige Beeinflussung der beiden Wege ist aber nur dann vollkommen ausgeschlossen, wenn der

Scheinwiderstand der Nachbildungen N mit demjenigen der Leitungen im ganzen Frequenzdurchlaßbereich der Verstärker übereinstimmt. Anderenfalls entstehen neben Dämpfungsverzerrungen Echos. Da die Nachbildungen sehr schwer mit so großer Genauigkeit herzustellen sind, werden bei längeren Linien Vierdrahtleitungen nach Abb. 291 benutzt, die nur an beiden Enden je eine Gabel aufweisen. Für Bildübertragung sind Zweidrahtleitungen unbrauchbar, ja es empfiehlt sich dringend, auch bei den Vierdrahtverbindungen die Endgabeln zu entfernen. Dies macht natürlich in den betr. Ämtern besondere Einrichtungen notwendig. Außerdem müssen doppelte Teilnehmerkabel zwischen Bildstelle und Endamt zur Verfügung stehen. Die in sehr langen Vierdrahtleitungen vorgesehenen Echosperren, die beim Sprechen in einer Richtung automatisch die Gegenrichtung blockieren, werden dann zweckmäßig außer Betrieb gesetzt, damit gleichzeitig in beiden Richtungen übertragen werden oder aber im Falle einer Störung die sendende Station von der empfangenden aus angerufen werden kann.

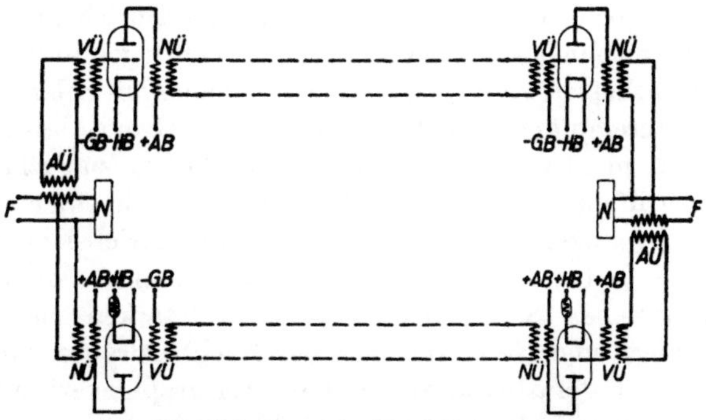

Abb. 291. Schema einer Vierdrahtverbindung.

Versuche haben ergeben, daß Störungen, die von außen in eine Bildtelegraphieverbindung hineinkommen, sei es durch Starkstromleitungen, durch Nebensprechen benachbarter Telephonie- oder Telegraphieadern oder durch die Stromversorgungsanlagen, unschädlich sind, wenn ihre Wirkung im Empfänger gegenüber den Nutzströmen um mindestens 4 Neper geringer ist. Dementsprechend müssen auch die Echos in Fällen, wo etwa Gabelschaltungen nicht vermieden werden können, um 4 Neper geschwächt sein.

Bezüglich der Sendeleistung und der Restdämpfung müssen im Fernkabel naturgemäß dieselben Bedingungen wie im Telephoniebetriebe eingehalten werden. Wenn auf Freileitungen mit Frequenzen oberhalb des Sprechbandes gearbeitet wird, ist es zweckmäßig, die Energie zu steigern, um Störungen, vor allem durch Funkstationen, auszuschließen.

An die Freiheit von Dämpfungsverzerrung werden keine besonderen Anforderungen gestellt. Es genügt, wenn die Dämpfungsunterschiede im Übertragungsbereich 1 Neper nicht übersteigen. Gegebenenfalls müssen Entzerrer eingebaut werden. Dagegen ist auch die kürzeste Unterbrechung der Verbindung, etwa durch Umschalten der Amtsbatterien oder zum Messen der Leitung, streng zu vermeiden. Plötzliche Dämpfungsschwankungen von nur 0,1 Neper machen sich in den Bildern bereits störend bemerkbar. Daher ist es notwendig, das Einstecken eines Mithörstöpsels an eine Bildtelegraphenleitung entweder zu verbieten oder durch Vorschalten eines großen Widerstandes unschädlich zu machen.

B. Die Bildtelegraphieverbindungen.

Die ersten bildtelegraphischen Verbindungen, die nach dem damaligen Stande der Fernmeldetechnik über Telegraphierfreileitungen arbeiteten, wurden von Caselli zwischen Paris und einigen Provinzstädten etwa 1865 errichtet. Es wurden mit dem Pendelapparat[1], auf dem eine mit nichtleitender Tinte beschriebene Metallfolie aufgespannt war, in der Sekunde 150 bis 200 Stromstöße von etwa 30 mA gesandt und empfängerseits auf einem mit Ferrocyankalium getränkten Papier elektrochemisch aufgezeichnet (vgl. Kap. V). So konnten in der Stunde etwa 600 Wörter übertragen werden. Der Betrieb hielt aber der Konkurrenz des Morsetelegraphen nicht stand und wurde nach einigen Jahren wieder eingestellt. Ebensowenig konnte sich der elektromagnetisch betätigte Meyersche Schraubenempfänger durchsetzen (vgl. Kap. V). Auch die in den neunziger Jahren in Amerika mit elektromagnetischen Bildschreibern unternommenen Fernversuche führten nicht zu einer dauernden Verwendung derselben. Es folgte 1907 bis 1908 die Einrichtung des ersten europäischen Bildtelegraphienetzes einiger führender Zeitungen in Berlin, München, Paris, London, Manchester, Kopenhagen und Stockholm mit Selenzellengeber und Saitengalvanometerempfänger nach A. Korn. Der Grund dafür, daß auch dieses verzweigte Netz nicht von Bestand war, ist wohl darin zu suchen, daß das erst im Entstehen begriffene Bedürfnis der Tagespresse nach einem Bilderschnelldienst zunächst nicht ausreichte, um den Mangel an Betriebsicherheit der damaligen Apparate und Leitungen aufzuwiegen. Da man noch keine Mittel besaß, um die sehr schwachen Selenzellenströme zu verstärken, hatte man viel mit Isolationsfehlern und Nebensprechen der Nachbardrähte, vor allem der mit relativ kräftigen Stromstößen arbeitenden Telegraphieverbindungen, zu kämpfen.

Wirklich betriebsicherer Bildverkehr ist erst möglich geworden durch Einführung der Elektronenröhrenverstärker an den Enden und im Zuge der Fernleitungen. Außerdem kam dem neueren Aufschwunge der Bildtelegraphie der bereits weitgehend fortgeschrittene Ersatz der allen Witterungseinflüssen ausgesetzten Freileitungen durch Kabel mit konstanten Betriebsbedingungen sehr zustatten.

Die American Telegraph and Telephone Company begann im Jahre 1924 mit der Anlage eines den ganzen nordamerikanischen Kontinent überquerenden Bildtelegraphienetzes, das seit 1927 folgende Städte umfaßt: New York, Boston, Atlanta, Cleveland, Chicago, St. Louis, San Francisco, Los Angeles. Die von den Bell-Laboratorien entwickelten Endapparate[2] waren hierbei zum ersten Male auf die Verwendung vorhandener Telephonleitungen mit Zwischenverstärkern zugeschnitten. Mit den von einer Alkalimetallphotozelle gelieferten, in einer zweistufigen Gleichstromkaskade vorverstärkten Strömen wird eine Trägerfrequenz von 1300 Hz moduliert. Diese wird im Empfänger einem Saitengalvanometer (Kap. V) zugeführt. Zur Gleichlaufregelung dient ein La Coursches Rad (Kap. VI), das von einer 60periodigen Stimmgabel über Kontakte gesteuert wird, und zwar wird der Stimmgabelton als Modulation einer zweiten Trägerfrequenz (400 Hz) mit über den Bildträgerkanal zur Empfangsseite gesandt, wo er deren Stimmgabel in Tritt hält. Neuerdings geht das Bell-System zu örtlicher Synchronisierung über, wobei die soeben erwähnte Unterbrecherstimmgabel von einer sehr genau konstant gehaltenen lokalen Normalgabel kontrolliert wird. Der phasenrichtige Gang der Apparate wird dadurch erzielt, daß Gebe- und Empfangstrommel vom Sender aus gleich-

[1] Vgl. Korn-Glatzel: l. c., S. 55f.
[2] Bell Syst. Techn. Journ. Bd. 4 (1925) S. 187.

zeitig eingekuppelt werden. Die Bildgröße beträgt 12,5 cm × 17,5 cm, der Vorschub etwa $^1/_4$ mm, so daß sich die Zahl der Rasterelemente zu 350000 ergibt. Diese werden in etwa 7 min übertragen. Dabei ist die Breite des Frequenzbereiches mit 1800 Hz doppelt so groß, als der Gleichung $\Delta\nu = \frac{N}{T}$ entspricht. Die Bildtrommeln werden auf einem Schlitten transportiert, während die Optik völlig ruht. Von der zu sendenden Vorlage muß zunächst ein transparentes

Abb. 292. Fernübertragung der American Telegraph and Telephone Co.

Positiv angefertigt werden, das beim Abtasten durchleuchtet wird (vgl. Kap. I, S. 20). Der Empfangsfilm braucht nicht durch eine Kassette geschützt zu werden, da der ganze Bildschreiber in einer Dunkelkammer steht. Abb. 292 zeigt eine Übertragungsprobe.

Schon frühzeitig hat sich E. Belin in Frankreich mit der Bildtelegraphie beschäftigt und zunächst den Reliefsender[1] zu einer beachtenswerten Höhe entwickelt. Erst in der neuesten Zeit hat er ihn durch einen optischen Sender mit Reflexionsabtastung ersetzt. Seine Apparate laufen heute mit lokaler Stimmgabelsynchronisierung und Einkuppeln der Empfangswalze vom Sender aus durch Unterbrechen des Trägerstromes. Zur Erzeugung dieses Trägerstromes von

[1] Korn-Glatzel: l. c., S. 309f. Die Helligkeitsverteilung wird durch ein photochemisches Quellverfahren in ein Relief verwandelt und dieses durch einen Mikrophonkontakt abgetastet.

800 Hz bis 900 Hz verwendet Belin nach dem Vorgange des Systems Siemens-Karolus-Telefunken eine rotierende Lochscheibe, die den Strahlengang periodisch abblendet. Damit ist der sehr bedeutende Vorteil gewonnen, daß ein Gleichstromverstärker umgangen wird. Auf der Empfangsseite werden die modulierten Ströme verstärkt, gleichgerichtet und durch einen Oszillographen mit Graukeil (Kap. V, S. 223) wieder in Lichtwerte umgewandelt. Die Trommeln können Bilder von der Größe 9,5 cm × 15,5 cm aufnehmen und werden in horizontaler Lage an der Optik vorbeitransportiert. Der Vorschub beträgt normalerweise $^1/_4$ mm. Die gesamte Bildfläche erfordert über Kabel 3 min Übertragungszeit. Die als Ganzes auf ihren Antrieb aufsteckbare Empfangstrommel wird in einer lichtdichten Kassette eingeschleust. Belin fertigt auch einen chemographischen Bildschreiber an, der auf einigen Stationen in Frankreich im Betriebe ist. Außer in dem dortigen Postnetz, das die Städte Paris, Lyon, Bordeaux, Marseille, Nizza und Straßburg umfaßt, werden die photographisch arbeitenden Apparate von Belin von einer Reihe Zeitungen in Paris, London, Manchester, Liverpool, Glasgow und Newcastle benutzt. Ferner sind solche Geräte in Peking und Mukden aufgestellt.

Abb. 293. Photoelektrische Zelle mit und ohne Fassung.

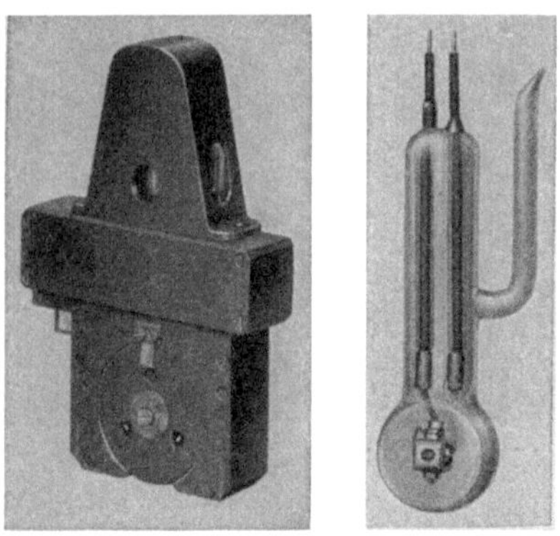

Abb. 294. Kerr-Zelle mit und ohne Fassung.

Bei weitem der größte Anteil der phototelegraphischen Stationen ist mit dem Siemens-Karolus-Telefunken-System ausgerüstet, das man wohl als das am meisten durchgebildete ansprechen darf. Der Entwicklung dieses Systems lag der Gedanke zugrunde, ein leicht bedienbares und im drahtlosen wie im Leitungsbetriebe vielseitig verwendbares Gerät zu schaffen, mit dem auch große Übermittlungsgeschwindigkeiten überall dort erreicht werden können, wo der Telegraphierkanal es zuläßt. So wurde hier zum ersten Male die Reflexionsabtastung eingeführt, die es ermöglicht, ohne irgendwelche Vorbereitung jede beliebige Vorlage, eine Photographie, Autotypie, Zeichnung, Handschrift, Druck- oder Maschinenschrift zu übertragen. Abb. 293 zeigt die hierfür benutzte ringförmige Kaliumphotozelle. Durch die Verwendung der auf rein molekularer Wirkung beruhenden, trägheitslosen Kerr-Zelle (Abb. 294) als Empfangslichtrelais werden bewegte Massen vermieden und alle praktisch in Frage kommenden Geschwindigkeiten gewährleistet. Der Trägerton wird durch eine über die Trommelachse angetriebene Lochscheibe erzeugt, so daß ein festes Verhältnis zwischen Übertragungsgeschwindigkeit und Höhe der Trägerfrequenz besteht. Will man dieses Verhältnis ändern, so kann die Lochscheibe leicht gegen eine solche mit zweckentsprechender Teilung ausgewechselt werden. Außer der Abtastzelle ist im Sender noch eine zweite Photozelle vorgesehen, die gleichfalls intermittierendes, aber nicht vom Bilde moduliertes Licht erhält. Dadurch ist die Möglichkeit gegeben, die Steuerung umzukehren, so daß je nach Wunsch positive oder negative Bilder empfangen werden können (vgl. Kap. VII).

Abb. 295. Bildtelegraph System Siemens-Karolus-Telefunken. Links Sender, rechts Empfänger.

Die Gleichlaufregelung geschieht rein örtlich. Zum Antrieb der Apparate dient ein Gleichstrommotor, Last- und Netzschwankungen werden von einem mit ersterem kombinierten Synchronmotor aufgenommen, der seinerseits durch einen Stimmgabelröhrensummer (Kap. VI) in Tritt gehalten wird. Die Stimmgabeln sind in Thermostaten eingebaut, deren Temperatur sich selbsttätig auf einen konstanten Wert reguliert. Ihre Frequenz, mit dem Sollwert 1020 Hz, kann in gewissen Grenzen durch Verändern der Rückkopplung variiert werden. Um vor Beginn der Übertragung eine genaue Abstimmung des Gleichlaufes vorzunehmen, wird der Ton der Senderstimmgabel zu dem oder den Empfängern durchgegeben und einer Glimmlampe zugeführt, die eine stroboskopische Scheibe beleuchtet (Verfahren s. Kap. VI). Die außerdem erforderliche Phasenrichtigkeit der Trommeln wird durch Statordrehung des Synchronmotors erzielt. Dabei dient als Anzeigemittel ein Stromstoß, der bei jedem Umlauf der Sendertrommel einmal über die Leitung geschickt wird und eine mit der Empfängertrommel gleich schnell rotierende zweite Glimmlampe aufleuchten läßt (vgl. S. 278). Das Einstellen von Synchronismus und Phase und das Einregulieren der Verstärker nimmt etwa 5 min in Anspruch. Das Phasenzeichen wird automatisch gegeben und indiziert, solange keine Bildübertragung stattfindet. Man kann daher mit dieser Einrichtung ohne jeden Zeitverlust prüfen, ob die Synchronisierfrequenzen noch genau übereinstimmen; tun sie es nicht, so bemerkt man dies sofort an der Verschiebung des Aufleuchtpunktes der Phasenglimmlampe. Die Anordnung der letzteren ähnelt Teil 11 in Abb. 307.

Es ist nicht nötig, Synchronismus und Phase vor jeder einzelnen Übertragung neu abzugleichen, vielmehr werden die Trommeln beim Auswechseln von selbst in richtiger Relativlage auf die inzwischen weiterlaufende Achse wieder aufgesetzt. Eine besondere Rutschkupplung sorgt durch stoßfreie Beschleunigung der Trommelmasse dafür, daß auch bei großer Drehzahl der Gleichlauf beim Anfahren nicht gefährdet wird. Die Empfangstrommel wird in einem lichtdichten Behälter in den Apparat eingebracht. Als größtes Nutzformat wurde die Fläche eines Schreibmaschinenbogens nach Abzug des Randes, also 18 cm × 26 cm, gewählt, zugleich das Doppelte des häufig benutzten photographischen Bildformates 13 cm × 18 cm. Es lassen sich aber ohne weiteres auch kleinere Bilder aufspannen. Der Vorschub kann der Feinheit der Vorlagen angepaßt werden, indem durch mechanische Umschaltung 3, 4 oder 5 Abtastzeilen auf 1 mm einstellbar sind. Auch die Drehzahl der Trommeln ist in weiten Grenzen veränderlich, und zwar so, daß beim Fünflinienraster die Übertragungsdauer für 1 dm², also für 250000 Bildpunkte, zwischen 0,25 min und 4 min liegt. Die letztere Geschwindigkeit wird gewöhnlich beim Kabelbetriebe angewandt, wobei die Trägerfrequenz 1125 Hz beträgt (vgl. Tab. S. 427).

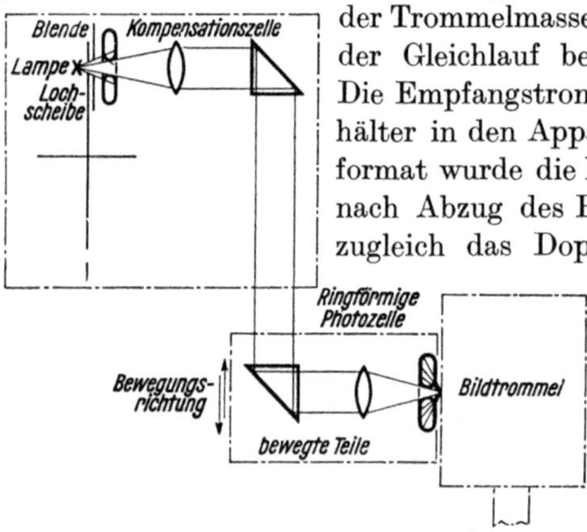

Abb. 296. Strahlengang im Sender des Systems Siemens-Karolus-Telefunken.

Die Apparate zeichnen sich durch einen sehr gedrängten Zusammenbau aus (Abb. 295), der wesentlich durch die vertikale Achsenstellung ermöglicht wurde. Die Trommeln werden während des Abtast- bezw. Schreibvorganges nicht verschoben, sondern nur Teile der Optik, wie aus Abb. 296 zu ersehen ist.

Die Verstärker sind in ihrem äußeren Aufbau den in der Kabelverstärkertechnik gebräuchlichen nachgebildet, sie sind in halben und ganzen Normalplatten auf Gestellen zusammengefaßt (Abb. 295), die außer Sende-, Empfangs- und Synchronismusverstärker nebst Siebketten die Stimmgabel, Dämpfungsentzerrer, eine Verständigungseinrichtung und ein Röhrenvoltmeter zum Messen der Ausgangsspannung am Sender und der Steuerspannung an der Kerr-Zelle enthalten. Zum Anrufen über Fernkabel wird ein auch im Telephoniebetriebe übliches Gerät benutzt, das mit 25 Hz modulierten Wechselstrom von 500 Hz abgibt, aber nicht, wie beim Fernsprechen, im Verstärkeramt, sondern in den Bildstellen selber angebracht ist, so daß diese sich gegenseitig unmittelbar anrufen können. Die Verständigung der Stationen wird zwischen den Übertragungen auf den gleichen Leitungen telephonisch abgewickelt.

In Abb. 297 ist das mit Apparaten nach dem System Siemens-Karolus-Telefunken ausgestattete europäische Netz ersichtlich, das 1931 insgesamt 25 Bildstellen umfaßte und bis auf eine etwa 400 km lange Strecke in Schweden, die über eine Zweidrahtfreileitung geführt ist, ganz über Vierdrahtfernkabel verläuft. Der bei weitem größte Teil der hierfür benutzten Linien ist schwach pupinisiert. Die dem öffentlichen Verkehr dienenden Poststationen sind mit Po bezeichnet, während die mit der Abkürzung Pr versehenen Anlagen sich im

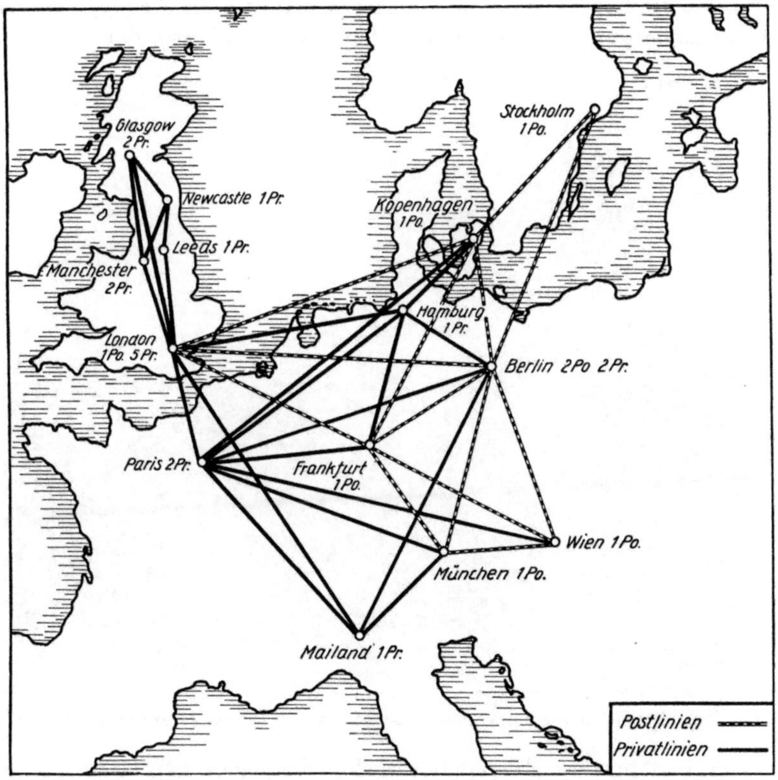

Abb. 297. Bildtelegraphennetz in Europa (System Siemens-Karolus-Telefunken).

Privatbesitz von Zeitungsunternehmen befinden. Ein Teil dieser Unternehmen ist zu einem Pressering zusammengefaßt, der in regelmäßigem Bilderaustausch steht; andere Zeitungen beteiligen sich gelegentlich daran. Es stehen auch Post- und Privatstationen in gegenseitigem Verkehr. Häufig kommt es vor, daß ein und dasselbe Bild gleichzeitig an mehrere Empfänger gesendet wird. Dazu sind in den Bildstellen besondere Verteilerplatten vorgesehen, an denen durch Umlegen von Kippschaltern die gewünschten Verbindungen vorgenommen werden. Eine solche Anlage ist u. a. für die australische Postbehörde zwischen den Städten Sidney und Melbourne installiert worden, arbeitet hier aber nicht über Kabel, sondern in einem normalen Hochfrequenz-Mehrfachtelephoniekanal der Standard Electric Co. auf einer Freileitung. Da dieser Kanal weitgehend frei von Phasenverzerrung ist, konnte unter Verwendung einer Trägerfrequenz von 1500 Hz die Übertragungszeit für 1 dm^2 auf 3 min herabgesetzt werden. Zwei Anlagen bestehen ferner in Japan. Die eine, im Besitze einer Zeitung, verbindet die Städte Tokio und Osaka über ein Fernsprechkabel. Die andere, im Dienste einer Nachrichtenagentur, umfaßt je einen Sender und Empfänger, ebenfalls in Tokio und Osaka, außerdem aber Empfänger allein zwischen diesen beiden Orten in Nagoya und Kioto und jenseits von Osaka in den drei Städten Okayama, Hiroshima und Fukuoka. Jeder der beiden Sender kann gleichzeitig auf sämtliche Empfänger arbeiten. Die Entfernung von Tokio nach Fukuoka beträgt 1200 km. Zu ihrer Überbrückung mußten Zwischenverstärker in Nagoya, Osaka und Hiroshima aufgestellt werden. Hier lautete die Aufgabe so, daß der Bildkanal

Abb. 298. Kabelübertragung Mailand — Berlin (System Siemens-Karolus-Telefunken).

dem schon bestehenden Telephonieverkehr überlagert werden sollte. Da es sich um eine Freileitung handelt, konnte eine beträchtliche Geschwindigkeit gewählt und erreicht werden. Bei 5 Linien/mm wird unter Benutzung einer Trägerfrequenz von 6500 Hz 1 dm^2 in 40 s einwandfrei übertragen. Da der Sprechkanal für unabhängigen Gebrauch frei gehalten werden mußte, ist zur Verständigung der Bildstellen untereinander Simultantelegraphie vorgesehen.

Schließlich sei noch kurz das japanische System erwähnt, das sich eng an das Siemens-Karolus-Telefunken-System anlehnt und in einer Postverbindung, ebenfalls zwischen Tokio und Osaka, eingebaut ist.

Die Abb. 298 bis 301 zeigen Übertragungen, die auf verschiedenen Linien im normalen Betriebe erhalten wurden.

C. Betriebserfahrungen.

Man kann heute das Problem der Bildtelegraphie über Drahtlinien als technisch gelöst ansprechen. Bei sachverständiger Überwachung der Fernleitungen, einschließlich der Zwischenverstärker, können auf jede praktisch vorkommende

Entfernung Bilder in einer für alle Anwendungen genügenden Qualität übertragen werden. Insbesondere ist in der örtlichen Synchronisierung des Siemens-Karolus-Telefunken-Systems eine Gleichlaufeinrichtung geschaffen worden, die selbst in weit verzweigten Netzen nie versagt und auch für große Geschwindigkeiten ausreicht. Über die Ziffern des zweckmäßigsten Bildformates und -rasters gehen die Meinungen noch etwas auseinander. Seit dem Juni 1929 sind diese Gesichtspunkte neben anderen Normalisierungsfragen in das Programm des zwischenstaatlichen beratenden Ausschusses für das Fernmeldewesen (C.C.I.T.) aufgenommen worden. Die Erfahrung hat gezeigt, daß die Größe der aufgelieferten Bilder sehr verschieden ist, schon allein im Zeitungsbetriebe. Manche Zeitungen bespannen die Trommel mit mehreren kleinen Vorlagen, andere ziehen es vor, jedes Original vor der Übertragung auf das volle Trommelformat zu vergrößern, damit die Bildfläche in möglichst viele Rasterelemente zerlegt wird. Denn hierauf kommt es letzten Endes ja entscheidend an. Es hat sich ergeben, daß eine Auflösung in etwa 750 000 Punkte für alle Fälle genügt (vgl. Kap. III, S. 102).

Abb. 299. Fernphotographie-Übertragung London—Glasgow (System Siemens - Karolus - Telefunken).

Der Positivempfang auf Papier hat sich bisher nur bei der japanischen Zeitungsagentur eingeführt, wo er zur Übermittlung der Börsennachrichten an Stelle der früher gebrauchten, aber weniger sicheren telephonischen Ansage verwendet wird. Die Presse benötigt in der Regel mehrere Exemplare für Redaktion, Druckerei, Archiv; man will hier im allgemeinen auch das Format des Bildes dem zur Verfügung stehenden Platz entsprechend ändern. Aber selbst da, wo diese Bedingungen nicht zutreffen, ist es vorzuziehen, negativ zu empfangen und durch Wahl eines geeigneten Kopierpapieres bezw. Kopierverfahrens etwaige Fehler der Übertragung auszugleichen. Ein in derartigen Arbeiten gut geschultes Personal ist sehr wesentlich; freilich eine Bedingung, die für die Postverwaltungen nicht ganz leicht zu erfüllen ist, vor allem unter Berücksichtigung des meist spärlichen Verkehrs auf den öffentlichen Linien, der das Einstellen erfahrener Photographen wirtschaftlich kaum rechtfertigen würde.

Für die Benutzung einer Bildtelegraphieanlage spielen natürlich die Kosten eine ausschlaggebende Rolle. Dabei treten die Ausgaben für die Endapparate zurück hinter den Leitungskosten. Für ein Bildtelegramm von New York nach Chikago (1160 km Luftlinie) werden 20 Dollar berechnet, von New York nach San Francisco (4100 km) 45 Dollar. Auf der Strecke Berlin—London (960 km) ist der Tarif 21 Rpf. für jeden Quadratzentimeter bei einer Mindestgebühr von 21 RM, für Frankfurt a. M.—Wien (660 km) sind die entsprechenden Werte 10 Rpf. und 10 RM. In Frankreich verlangt die Post für ein Bild von 9,5 cm × 13,5 cm 22 Fr. Umgerechnet auf 1 dm² und 1 km sind die Gebühren in Amerika und im mitteleuropäischen Netz etwa gleich groß, während sie in Frankreich nur rund den vierten Teil betragen. Die gesamte Laufzeit von der Einlieferung beim Postamt bis zur Auslieferung an den Adressaten ist z. B. zwischen Berlin und London 2 Stunden.

Fragt man sich, warum die Zeitungen sich nicht scheuen, die außerordentlich hohen Kosten für Anlage und Betrieb von Bildstationen aufzubringen — einige

Abb. 300. Fernphotographische Übertragung Sidney—Melbourne (System Siemens-Karolus-Telefunken).

englische Presseunternehmen haben die nötigen Kabelverbindungen dauernd gemietet —, so lautet die Antwort, daß sie in dem Bilderschnelldienst ein überaus wirksames Propagandamittel sehen. Wurde doch vor Einführung der Phototelegraphie gelegentlich zur Eilbeförderung eines sehr aktuellen Bildes ein Flugzeug gechartert. Besonderen Wert hat die rasche Übermittlung dort, wo eine Zeitung nach telegraphischer Weitergabe in mehreren Städten gleichzeitig gedruckt wird und nun mit Hilfe der Bildübertragung die zugehörigen Illustrationen im Text erscheinen können. Auch unter den Benutzern der öffentlichen Verbindungen stehen die Zeitungen bei weitem an erster Stelle, und zwar werden von ihnen fast ausschließlich Bilder, nicht Texte, zur Übersendung aufgegeben. Die Anlagen des europäischen Netzes werden nur gelegentlich für andere Dokumente in Anspruch genommen. Abweichende Erfahrungen scheint man in Amerika, wenigstens in den ersten Betriebsjahren, gemacht zu haben. Hier werden häufiger auch längere Worttexte übermittelt. Während im allgemeinen der gewöhnliche Telegraph für diesen Zweck billiger arbeitet, kann der bildtelegraphische Weg dadurch rentabel werden, daß in der Nähe des Ortes, an dem der Empfänger steht, mehrere Adressaten vorhanden sind, die Kopien derselben Übertragung erhalten, oder auch dadurch, daß es sich um kodierte Telegramme handelt, bei denen es auf fehlerfreie Wiedergabe besonders ankommt. Solche Fälle liegen öfters im Verkehr von Bankinstituten vor, die Zeitungsinserate, wie z. B. Aufforderungen zur Beteiligung an einem Syndikat

Abb. 301. Fernphotographische Übertragung Sidney—Melbourne (System Siemens-Karolus-Telefunken).

vor der Ausgabe von Wertpapieren, an eine größere Anzahl von Bestimmungsanstalten aufliefern. Auch bei Prozessen ist schon von der Bildübertragung Gebrauch gemacht worden. Eine gewisse Rolle scheint in Amerika die fernphotographische Verbreitung von Modebildern zu spielen. Für Glückwunschtelegramme gibt es dort einen ermäßigten Tarif.

Die Erwartung, daß Länder, die kein Buchstabenalphabet besitzen, wie Japan und China, den Bildapparat allgemein als Ersatz für den Morse- und den Schnelltelegraphen einführen würden, scheint sich nur sehr langsam zu erfüllen.

In den übrigen Ländern, die über hochwertige Anlagen verfügen, ist eine allmähliche Zunahme des Bildverkehrs zu bemerken. Ohne Zweifel wird der

Gebrauch dieses Nachrichtenmittels sich um so allgemeiner gestalten, je mehr das Publikum durch zweckmäßige Propaganda angeregt und durch eigene Erfahrung mit den Anwendungsmöglichkeiten und Vorzügen bildtelegraphischer Übermittlung bekannt wird und je ausgedehntere Netze ihm zur Verfügung gestellt werden. In dieser Hinsicht wäre von großem Werte eine baldige Durchführung der Normalisierungsbestrebungen, die darauf hinzielen, daß auch Apparate verschiedenen Systems miteinander in unmittelbaren Verkehr treten können (vgl. Kap. XI, S. 436). Durch Umtelegraphieren, wie es heutzutage des öfteren mit den drahtlos von New York nach London gesendeten Bildern bei der Weitergabe an das europäische Kabelnetz geschieht, wird naturgemäß sowohl die Güte als auch die Übertragungsgeschwindigkeit herabgesetzt.

D. Der Druckrasterempfang.

Während normale Bildtelegramme sich aus lauter gleich großen „Punkten" mit verschiedener Schwärzung zusammensetzen, kommen die Eindrücke von Tonwertunterschieden bei den in der Reproduktionstechnik benutzten Autotypien für Hoch- oder Flachdruckverfahren dadurch zustande, daß die einzelnen „Punkte" zwar gleichmäßig schwarz sind, aber ungleiche Ausdehnung haben, so daß weitere oder engere Zwischenräume als weißer Untergrund durchleuchten. Die zum Druck erforderlichen „Klischees" werden aus getönten Bildern gewonnen, indem man das Original durch eine Rasterplatte hindurch auf eine Metallfläche photographiert und diese nachher anätzt, wobei die Form der entstehenden Erhabenheiten in sehr komplizierter Weise abhängt von dem Grauwert der Vorlage, der Blendengröße des Aufnahmeobjektivs, dem Abstande der Rasterplatte und der Gradationskurve des lichtempfindlichen Materials. Um gute Reproduktionen zu erzielen, muß man daher nicht nur mehrere Aufnahmen unter veränderten Verhältnissen übereinander machen, sondern auch die erhaltene Druckplatte noch durch umständliche Ätzretuschen korrigieren.

Bei der großen Bedeutung der Bildtelegraphie für das Zeitungswesen lag es nahe, den Empfang mittels Lichtschreibers so einzurichten, daß auf der photographischen Schicht unmittelbar Punkte gleicher Schwärzung, aber proportional veränderlicher Größe zustandekommen. Damit können 3 Vorteile erreicht werden:

1. eine beträchtliche Zeitersparnis,
2. eine automatisch richtige Tonwertwiedergabe, darauf beruhend, daß Photozelle, Verstärker und Lichtrelais linear arbeiten, und
3. die Vermeidung der sog. Moirébildung.

Sind nämlich Klischeeraster und bildtelegraphischer Empfangsraster von nahezu identischer Teilung pro Flächeneinheit, so entstehen durch Interferenz beider sehr leicht Streifungen, die überaus störend wirken. Deswegen muß für den Zweck nachträglicher Herstellung eines Druckstockes die Zerlegung (ϱ) in dem fernübertragenen Punktmosaik wesentlich feiner gewählt werden als die beabsichtigte Rasterung des Klischees.

Es darf nicht übersehen werden, daß die Forderung des Zeitungsbetriebes, die empfangenen Bilder beliebig vergrößern oder verkleinern zu können, sich beim phototelegraphischen Druckrasterempfang nur in sehr beschränktem Maße erfüllen läßt, weil die für Zeitungen geeignete Rasterteilung an recht enge

Grenzen gebunden ist. Aber auch abgesehen von der Verwirklichung für die Zwecke der Bildfernübertragung kommt der gedachten Rastererzeugung als rein lokalem Prozeß eine Bedeutung zu, vor allem für den Farbdruck, eben wegen der Möglichkeit einer streng tonwertrichtigen Wiedergabe. Bereits um das Jahr 1913 wurde deshalb von J. M. Schmierer eine sehr originelle Methode des Druckrasterempfanges angegeben, bei welcher eine Eigentümlichkeit des Glimmlichtes in Gasentladungsröhren ausgenutzt wird. Wie aus Kap. V, S. 208 hervorgeht, dehnt sich im Bereich des normalen Kathodenfalles die helle, auf der Kathode sitzende Lichthaut mit zunehmendem Strome mehr und mehr aus, wobei ihre Leuchtdichte konstant bleibt und die bedeckte Fläche in jedem Augenblick der Stromstärke proportional ist. Mit Hilfe dieser Erscheinung läßt sich durch verkleinerte Abbildung der Lichtquelle auf den in normaler Schraubenlinienführung bewegten Film der gewünschte Effekt schon bis zu einem gewissen Grade erreichen. Später hat dann H. E. Ives in Amerika das Problem weitgehend gelöst[1]. Stellt man nämlich die Saite eines Saitengalvanometers parallel zur Bewegungsrichtung des Filmes und bildet die Öffnung scharf ab, so erhält man einen Linienraster, wie ihn die Abb. 134 zeigt. Die Tönung kommt hierin als veränderliche Zeilenbreite zum Ausdruck. Diese Art Rasterung kann aber noch durch Einschaltung einer Lochscheibe zwischen Blende und Film in einen nach beiden Koordinaten diskontinuierlichen Rechteckraster übergeführt werden. Zu diesem Zwecke müssen allerdings die Leitungsströme vor ihrer Einwirkung auf das Lichtrelais gleichgerichtet werden, um Moirébildung zwischen Trägerfrequenz und Lochscheibenfrequenz zu verhüten (arbeitet man mit dem Bildschreiber des Bell-Systems nach der Methode konstanter Strichbreite und variabler Schwärzung, so wird das Saitengalvanometer unmittelbar mit dem modulierten Wechselstrom des Trägers beschickt). Um den in der Drucktechnik gebräuchlichen Rastern näherzukommen, kann man durch eine bestimmte Gestaltung der Blende auch Punkte in Form von Quadraten erzeugen, deren Seiten, je nach der Stellung der Galvanometersaite, parallel oder unter 45° geneigt zu den Bildrändern verlaufen. Durch besondere Vorrichtungen werden diese Punkte von Zeile zu Zeile um ihre halbe Breite versetzt, so daß die normalen Klischeeraster entstehen.

E. Die Fernsehversuche des Bell-Laboratoriums.

Im Frühjahr 1927 trat die Bell Telephone Co. mit Fernsehversuchen großen Maßstabes an die Öffentlichkeit[2]. Auf diese Vorführungen soll hier kurz eingegangen werden, soweit sie vom Standpunkt der Leitungsübertragung interessieren. Die elektrisch-optischen Endapparate sind in anderen Kapiteln (vorzugsweise II und XI, 2. Teil) behandelt und in ihrem Aufbau und ihrer Funktion durch die Abb. 41, 54, 350 und 351 veranschaulicht.

Die Sendestelle in Washington und die Empfangsstelle in New York waren durch eine etwa 330 km lange Freileitung mit einigen Kabelzwischenstücken verbunden. Diese Zwischenstücke, die Einführungen in Städte und die Überquerungen von Wasserläufen waren nach dem in der Hochfrequenzmehrfachtelephonie gebräuchlichen System für eine Grenzfrequenz von 45000 Hz bei

[1] Ives, H. E.: Journ. Opt. Soc. Amer. Bd. 15 (1927) S. 96 (Bell-Laboratorium).
[2] Vgl. Bell Syst. Techn. Journ. Bd. 6 (1927) S. 551—652.

etwa 300 m Spulenabstand pupinisiert. Da in der Sekunde $n = 17{,}7$ Bilder mit $\varrho = 2500$ Rasterelementen abzutasten waren, ergab sich als höchste Modulationsfrequenz $\nu_{max} \sim 22\,000$ Hz. Durch Versuche im Laboratorium wurde festgestellt, daß es beim Fernsehen unschädlich ist, alle Schwingungszahlen unterhalb n wegzulassen. Dadurch war die Möglichkeit einer Übermittlung der Bildzeichen ohne Trägerfrequenz gegeben. Hiervon wurde denn auch im Interesse der Einfachheit der Schaltung, trotz größerer Amplitude der Störungen auf der Leitung gerade bei den tiefen Frequenzen, Gebrauch gemacht, zumal es gelang, Transformatoren zu entwickeln, die den ganzen Bereich von 10 Hz bis 20000 Hz mit gutem Wirkungsgrade übertragen.

Da bei den vorstehend angenommenen Daten die Abtastung des einzelnen Bildpunktes nur 0,025 ms währt, dürfen die Unterschiede der Laufzeiten diese Dauer nicht wesentlich überschreiten. Nur im Gebiet unter 400 Hz, in dem vorzugsweise diejenigen Frequenzen liegen, welche durch die Auflösung des Bildes in Zeilen entstehen, während das Band über 400 Hz durch die Zerlegung der Zeilen in Punkte gegeben ist, kann eine 50mal größere Toleranz zugelassen werden. Die Dämpfungsschwankungen bleiben in dem ganzen Frequenzintervall innerhalb von 0,4 Neper, sofern bei den hohen Periodenzahlen die für das Freileitungssystem geltende Abhängigkeit seiner Dämpfung vom Wetter berücksichtigt wird. Um alle diese Bedingungen zu erfüllen, wurde für die tieferen Frequenzen ein Entzerrer vorgesehen, der Phasengang und Dämpfung gemeinsam ausgleicht und für alle Feuchtigkeitsgrade genügt, während für die höheren Frequenzen getrennte Entzerrer eingeschaltet werden mußten, die für trockenes Wetter bemessen waren und bei wachsender Ableitung mit 1 bis 3 Zusatzgliedern versehen werden konnten.

Bezüglich Außenstörungen und Echos bestehen beim Fernsehen bedeutend weniger scharfe Anforderungen, als bei der einmalig registrierenden Fernbildschrift, weil bei den zahlreichen aufeinander folgenden Übertragungen die Fehler im allgemeinen an verschiedene Stellen des Bildes fallen und das Auge im Gesamteindruck stark mittelt. Es genügt hier ein Abstand von 2,5 Neper zwischen Nutz- und Störamplitude.

Außer der beschriebenen eigentlichen Fernsehverbindung über die Freileitung waren weitere 3 Kanäle in einem normalen Fernsprechkabel bereitgestellt worden, von denen einer zur Übertragung der Synchronisierströme, und zwar in der Richtung vom Empfänger zum Sender, der zweite zum Gegensprechen mit der ferngesehenen Person und der dritte zur Verständigung der Bedienungsingenieure benutzt wurde. Alle diese zusätzlichen Verbindungen hätten ohne prinzipielle Schwierigkeit den Fernsehströmen auf der gleichen Freileitung überlagert werden können; man sah aber der Einfachheit halber davon ab.

Elftes Kapitel.

Die Formen und Anwendungen der Geräte.

I. Die Bildtelegraphen.

Von

Fritz Schröter.

1. Die Entwicklungstendenzen in neuerer Zeit.

A. Die Verstärkertechnik als Grundlage.

Vor Abschluß der Durchbildung des Elektronenröhrenverstärkers konnte es für die Gestaltung des kommerziellen Bildtelegraphen keine festen Richtlinien geben, da seine Leistungsfähigkeit und folglich auch seine Anwendungsmöglichkeiten unübersehbar waren. Die Entwicklung beschränkte sich auf die laboratoriumsmäßige Zusammenstellung von Apparaten für Versuche, die zumeist auf normalen Fernleitungen stattfanden und bei denen, gemessen an der außerordentlichen Schwierigkeit der Aufgabe, Bewundernswertes geleistet wurde (Übertragungen von Korn, Belin, Thorne Baker, Tschörner u. a.). Die raschen Fortschritte der Verstärkertechnik kamen im postalischen Nachrichtenwesen erst nach dem Weltkriege und ganz allmählich zur Auswirkung, indem sich eine Umgestaltung sowohl der Leitungs- und Funknetze als auch der über sie verkehrenden Geräte anbahnte und die Reichweite der Verbindungen, insbesondere der Telephonie, in ungeahntem Maße zunahm. Die hierdurch bedingte Inanspruchnahme aller Kräfte währte eine Reihe von Jahren. Dann konnte, auf einer bereits sehr hohen Entwicklungsstufe der Nachrichtenkanäle fußend, von neuem an Spezialaufgaben herangegangen werden. So wurde, fast gleichzeitig an mehreren Stellen der Welt, auch die Frage der Anwendung und Formgebung des Bildtelegraphen wieder aufgegriffen. Das Ziel war dabei aber durchaus verschieden.

B. Divergenz der Anwendungszwecke.

In Amerika ließ die American Telephone and Telegraph Company durch das Bell-Laboratorium ein für den Betrieb über Fernsprechlinien gedachtes Trommelbildgerät entwickeln, dessen Einsatz in den Verkehr etwa 1924 erfolgte (Chikago—New York, Cleveland—New York)[1]. Heute besteht in den U.S.A. ein weitverzweigtes Netz von hochwertigen fernphotographischen Anlagen, die

[1] Vgl. Ives, H. E. und J. W. Horton, R. D. Parker und A. B. Clark: The Transmission of Pictures over Telephone Lines. Bell Syst. Techn. Journ. Bd. 4 (1925) S. 187—214.

ausschließlich zur Übermittlung von eigentlichen Bildern, hauptsächlich Pressephotos, Faksimilereproduktionen usw. herangezogen werden. Um die genannte Zeit begann die Radio Corporation of America in New York mit der Konstruktion und Erprobung eines für drahtlose Langwellenübertragung zwischen Großfunkstationen geeigneten Fernbildschreibers (System R. H. Ranger)[1], der ebenfalls in erster Linie den Illustrationsbedürfnissen der Zeitungen dienen sollte. An der technischen Verfeinerung der gleichen Aufgabe arbeitete bereits in Deutschland B. Freund[2], während Spezialisten in Europa und Amerika (M. Dieckmann, F. Jenkins u. a.) im Entwurf einfacher Bildtelegraphen für die Verbreitung von Wetterkarten, hauptsächlich auf See- und Luftverkehrswegen, wetteiferten.

Ganz im Gegensatz zu den Zielen all dieser Bestrebungen begann die Telefunken-Gesellschaft für drahtlose Telegraphie m. b. H. im Verein mit Professor Dr. A. Karolus Anfang 1925 das phototelegraphische Verfahren als Grundlage einer neuen Schnelltelegraphie zu entwickeln. Mit Hilfe der trägheitslosen optisch-elektrischen Wandler, Photozelle und Kerr-Zelle, und gestützt auf die damals anbrechende Ära der Kurzwellen mit ihren erdumspannenden Reichweiten, ihrer grundsätzlichen Eignung für höchste Tastfrequenzen und ihren neuen Möglichkeiten zur Unterbringung breiter Modulationsbänder im Äther, hoffte man das Problem einer universellen Telegraphie — ganz im Sinne der alten Casellischen Pantelegraphie — vom Standpunkte der Übertragungsgeschwindigkeit und der Gebührenfrage so durchgreifend lösen zu können, daß der Gebrauch der Geräte sich auch für die Faksimilierung von Wort und Schrift in weitestem Ausmaße lohnen mußte. Nachdem die im Vorwort des Herausgebers erwähnten Versuche auf mittleren Wellen bei voller Ausnutzung der dafür gebauten schnellaufenden Trommelapparate[3] die Möglichkeit extremer Wortleistungen bestätigt und unterdessen die transozeanischen Kurzwellenanlagen beträchtlich an Betriebsicherheit gewonnen hatten, konnte in den Jahren 1928/29 der Einsatz des neuen Mittels auf der Transradiolinie Nauen—Buenos Aires gewagt werden. Das Ergebnis war bekanntlich nicht das erwartete, und das Scheitern langer Bemühungen, die Beschränkung des Schreibtempos durch die Mehrwegeffekte der Kurzwellen (s. Kap. VIII) unter das von der Natur gegebene Maß hinabzudrücken, brachte einen vollständigen Umschwung in der Bewertung und in den Entwicklungszielen des Faksimiletelegraphen.

C. Anpassung der Entwicklung an die Grenzen.

Bis zur Zeit der Erkenntnis der für die Kurzwellenübertragung bestehenden Geschwindigkeitsgrenzen hatte die Leitungsbildtelegraphie auch in Europa

[1] Der Aufbau entsprach beim Sender dem Schema der Abb. 7 (Durchleuchtungsabtastung mittels Photozelle), beim Empfänger dem Schema der Abb. 8 (Bandschreiber mit elektromagnetisch aufgesetzter und abgehobener Tintenfeder). Zum Ausdruck der Halbtöne diente die Variation der Punktdichte.

[2] B. Freund konstruierte als erster sinnreiche Apparate zur Umwandlung der primär amplitudenmodulierten Photoströme in Impulse von maximaler Stärke, aber veränderlicher Schrittlänge (sog. Zeitmodulation), um Halbtonbilder auf dem Funkwege in gewöhnlicher Telegraphietastung zu übertragen.

[3] Vgl. Schröter, F.: Die Fortschritte der Bildtelegraphie Telefunken-Karolus-Siemens. Telef.-Ztg. Nr. 44 (1926) S. 5f. u. Folgenummern. Eine besonders eingehende Beschreibung unter Voranstellung der bei Versuchen zwischen Moskau und Berlin erzielten Ergebnisse findet sich bei Schmakow, P. W.: Bildfunk Moskau—Berlin. Telef.-Ztg. Nr. 51 (1929) S. 5f. Einzelne Daten der Geräte haben sich seither etwas geändert.

große Fortschritte in bezug auf die Güte und die Sicherheit der Funktion gemacht. Die Vorherrschaft gewann hier das System Siemens-Karolus-Telefunken[1], das in seinen Elementen mit den im voraufgehenden Absatz erwähnten Versuchsgeräten von Telefunken identisch ist (vgl. Vorwort des Herausgebers). Die durch die elektrischen Konstanten längerer Fernkabelstrecken bestimmte Maximalgeschwindigkeit, etwa 0,22 dm^2/min bei 5 Linien/mm, hatte sich zufällig auch auf der Kurzwellenlinie Europa—Südamerika als das im Hinblick auf die Strichverdickungen höchstzulässige Tempo herausgestellt. Die drahtlose Übertragung, außerstande, mit den vorhandenen Mitteln mehr zu leisten als das Fernkabel, dessen offenkundige Frequenzgrenzen niemals den Gedanken an eine konkurrenzfähige Worttelegraphie nach dem Faksimileverfahren hatten aufkommen lassen, mußte ihre hochgespannten Ziele einstweilen zurückstecken und sich auf einen ungleich bescheideneren Rahmen, die Übermittlung von Bildern als Selbstzweck, beschränken. Hier fand sie eine Lage vor, die von der erfolgreicheren Kabelbildtelegraphie beherrscht wurde, Normalisierungsbestrebungen, die auf jene zugeschnitten waren, Ausbaupläne, die auf festgelegten Erweiterungen und Verknüpfungen der kontinentalen Fernsprechnetze beruhten. Daraus ergab sich als neue, dringendste Aufgabe die schon im Vorwort des Herausgebers skizzierte Anpassung des Kurzwellenkanals: Seine Einschaltung als Brücke zwischen den festländischen Netzen zur Ermöglichung eines unmittelbaren durchgehenden Verkehrs zwischen beliebigen Bildstationen getrennter Kontinente. Nur dadurch konnte den verbleibenden Anwendungen des Faksimiletelegraphen eine noch genügend breite wirtschaftliche Grundlage gesichert werden. Die drahtlose Verbindung war nun aber nicht mehr unter dem Gesichtspunkt höchster Übertragungsgeschwindigkeit, bei Hintansetzung der Qualität, weiter zu entwickeln, sondern es mußte danach gestrebt werden, bei dem für den Kabelweg gegebenen, mäßigen Normaltempo die Vollkommenheit des Fernbildes, insbesondere die einwandfreie Wiedergabe der Halbtöne, trotz des schädlichen Einflusses der Schwunderscheinungen kurzer Wellen zu wahren. Hierfür hat sich die Benutzung stufenweise oder kontinuierlich veränderlicher Frequenzen zur Übertragung der Grauskala bei Laboratoriumsversuchen Telefunkens als aussichtsreich erwiesen.

Solange die drahtlose Bildverbindung als völlig selbständige Linie und nicht als bloßes Zwischenglied zwischen kontinentalen Netzen arbeitet, eine Betriebsart, wie sie heute noch von der R. C. A. und von der Marconi Company mit Geräten eigenen Systems, ferner von der Deutschen Reichspost mit Telefunkengeräten durchgeführt wird, besteht keine zwingende Vorschrift hinsichtlich des Sendetempos. Es ist dann zur Wiedergabe von Halbtönen möglich, besondere Modulationsmethoden anzuwenden, die das Zustandekommen richtig abgestufter Tonwerte durch bedeutende Zugeständnisse an die Übermittlungsdauer zu erreichen gestatten (Zeitmodulation nach Ranger, Strichrasterverfahren nach Korn usw.).

Der vorstehend beschriebene Entwicklungsgang hat die Gestaltung der Bildtelegraphen entscheidend beeinflußt. Daß wir heute noch überwiegend die Trommelform finden, obgleich dieser der unverkennbare Nachteil einer langen

[1] Vgl. Kap. X; ferner Arendt, P.: Bildtelegraphenbetrieb über Leitungen. Telef.-Ztg. Nr. 51 (1929) S. 30f.

Laufzeit des Telegrammes anhaftet[1], erklärt sich hauptsächlich wohl aus der bisher recht geringen Inanspruchnahme der Anlagen. Die Durchbildung kontinuierlich arbeitender Geräte hätte viel schnellere Fortschritte gemacht, wenn es gelungen wäre, die Faksimile-Worttelegraphie im Sinne der Bestrebungen Telefunkens zu verwirklichen. Sie erschien aber angesichts der zu überwindenden optischen und mechanischen Schwierigkeiten nicht lohnend für den jetzigen lückenhaften Verkehr, der mit durchschnittlich sehr großen Pausen abgewickelt wird.

2. Die heutigen Formen und Leistungen der Geräte.

A. Apparate für fortlaufenden Betrieb.

Trotz des am Ende von 1, C. Gesagten bleibt die Lösung eines kontinuierlichen Abtasters auch bei Beschränkung auf eigentliche Bilder wünschenswert für Stationen, wo die Möglichkeit plötzlicher hoher Beanspruchungen gegeben ist. In welcher Richtung die Konstruktionsarbeit sich hier bisher bewegt hat, zeigen die Abb. 302 und 303, die der U.S.A.-Patentanmeldung von E. F. W. Alexanderson, Nr. 264714 vom 26. III. 1928, entnommen sind.

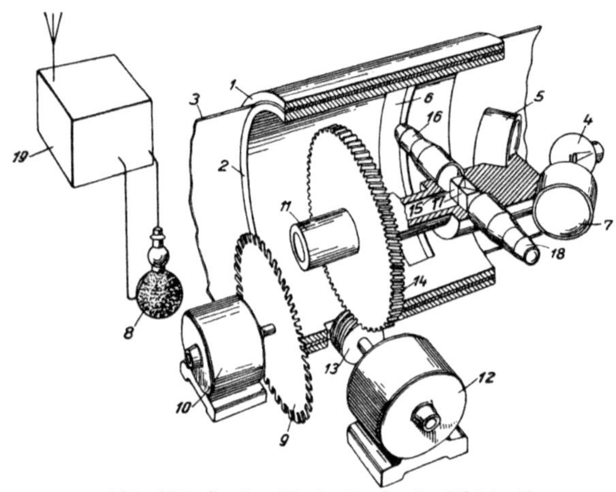

Abb. 302. Sender für fortlaufende Bildstreifen.

Das Prinzip dieses Gerätes entspricht demjenigen der Abb. 6. Beim Geber wird der fortlaufende Bildstreifen 3 zwischen den ihn halbzylindrisch krümmenden Führungsblechen 1 und 2 parallel zur Drehachse der Zerlegeroptik langsam verschoben. Eine schlitzartige Durchbrechung 6 gibt die vom Bilde eingenommene Breite des Streifens für die Reflexionsabtastung frei. Diese erfolgt epidiaskopisch: Der Glühkörper der feststehenden Lampe 4 wird abwechselnd durch eine der beiden, in diametraler Stellung rotierenden Sammellinsen 5, 7 unscharf auf die Vorlage 3 abgebildet, wo er eine mit der Winkelgeschwindigkeit der Optik umlaufende, intensiv erhellte Zone hervorruft. Der von dem Synchronmotor 12 über die Schnecke 13 und das Zahnrad 14 angetriebene Teil (dessen Lagerung nicht gezeichnet ist) trägt außer den Linsen 5 und 7 die mit diesen korrespondierenden Tubusrohre 16, 18, deren Objektive alternierend die belichtete Stelle über das umlenkende Doppelprisma 15, 17 und durch den Kanal der Hohlachse 11 hindurch auf die Unterbrecherscheibe 9 projizieren. Dieser ist noch eine (hier weggelassene) Blende vorgeschaltet,

[1] Nach H. Stahl, Europäischer Fernsprechdienst, Heft 21, S. 47—60 (Januar 1931) beträgt für einen Trommelapparat mit photographischer Bildschrift die mittlere Laufzeit bei kontinuierlichem Betriebe:

$$L = 2\,T + Ph + 2\,A\,,$$

(T Ablaufdauer der Trommel, Ph Gesamtdauer des Dunkelkammerverfahrens, A Zeitbedarf für das Auswechseln der Bildflächen).

welche die Größe des ausgewerteten Rasterelementes bestimmt. Die am Umfange von 9 befindlichen Schlitze bewirken bei rascher Drehung das periodische Abblenden des Lichtes im Rhythmus der Hilfsträgerfrequenz. Das hindurchfallende Strahlenbündel trifft die Photozelle 8. Der Motor der Unterbrecherscheibe ist mit 10, der drahtlose Sender mit 19 bezeichnet. In Abb. 303 sehen wir das gleiche Prinzip auf den Empfänger angewandt. Das punktförmig zu belichtende Filmband 22 verschiebt sich, analog zu 3 in Abb. 302, zwischen den halbzylindrischen Führungen 23, 34. Der photographische Lichtfleck läuft bei der Drehung der Optik längs der Aussparung 28 um. Er wird erzeugt durch die von dem drahtlosen Aufnahmegerät 20 gesteuerte Glimmlampe 21, deren ausgenutzte Fläche durch die Blende 24 gegeben ist. Die in ihrer Helligkeit entsprechend den ankommenden Bildströmen veränderliche Blendenöffnung wird durch die hohle Welle 25 hindurch über das Doppelprisma 26, 29 und die beiden, abwechselnd wirksamen Mikrooptiken 27, 30 stark verkleinert auf den Film abgebildet. Zum Antriebe dient wiederum ein Synchronmotor 31 mit Schnecke 32 und Zahnrad 33.

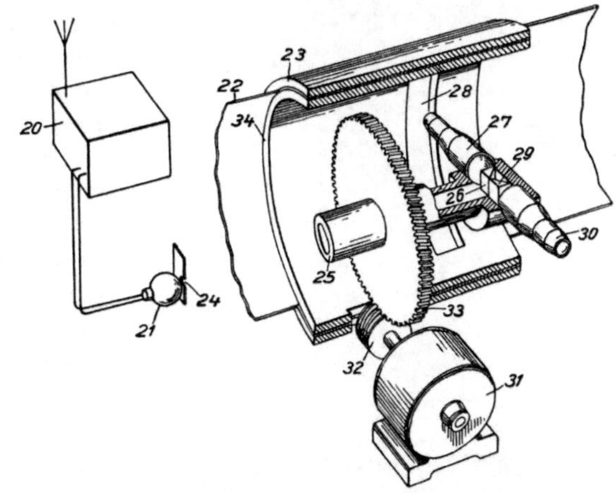

Abb. 303. Empfänger für fortlaufende Bildstreifen.

Ein Gerät dieser Art ist 1928 auf der Kurzwellenlinie New York—San Francisco erprobt worden; ferner haben 1929 Übertragungsversuche von Schenectady (U.S.A.) nach Geltow (bei Berlin) stattgefunden, bei denen der mit dem endlosen Bildstreifen beschickte Geber und ein synchron rotierender Trommelempfänger von Telefunken hinsichtlich der Güte der Wiedergabe befriedigend zusammenarbeiteten. Dennoch kann die geschilderte Konstruktion von Alexanderson wohl kaum als eine endgültige Lösung angesehen werden, da die Krümmung des Bildstreifens leicht mechanische Transportschwierigkeiten mit sich bringt.

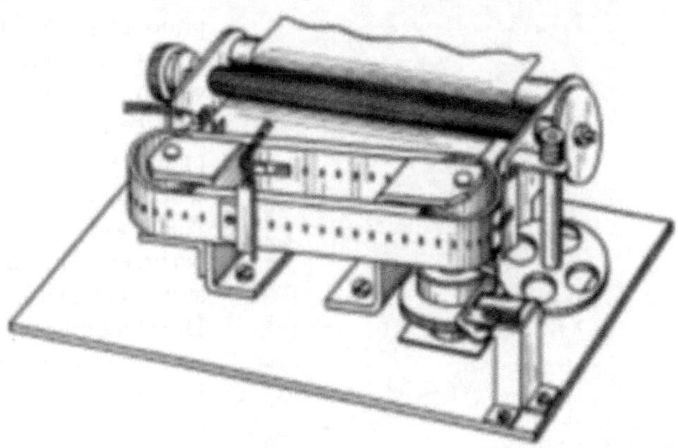

Abb. 304. Bandchemograph von Siemens & Halske, Schreibteil.

Eine andere Ausführung, die dem Prinzip der Abb. 9 entspricht, wurde von H. Petersen in Oslo 1927 für Bildrundfunkversuche benutzt[1]. Als Geber dient

[1] Eingehend beschrieben und illustriert im D.R.P. Nr. 462 156 vom 17. II. 1921; Erf. M. H. Petersen. Die International Telephone and Telegraph Co. hat neuerdings ein Gerät

ein Gerät mit vier in zyklischer Vertauschung arbeitenden, über die plane Vorlage kreisenden Kontaktstiften. Hierzu muß ein Abtastklischee des Urbildes nach dem Chromgelatineverfahren hergestellt werden (S. 19). Der Empfänger schreibt photographisch mit Hilfe von einander ablösenden Lichtpunkten, deren Intensität durch einen Spiegeloszillographen (Kap. V) gesteuert wird. Das von diesem kommende, schwach konvergent gemachte Strahlenbündel läuft etwas seitlich von der Drehachse des vierarmigen Verteilers an dieser entlang und wird durch eine mitrotierende Vierkantpyramide aus versilbertem Glas, die als optischer Umschalter wirkt, in den der jeweils getroffenen Pyramidenfläche zugeordneten Verteilerarm hineingelenkt. Jeder Arm enthält einen Spiegel, der den Lichtkegel als scharfen Fleck auf den Film wirft.

Abb. 305. Vollständiger Bandchemograph von Siemens & Halske.

Diese Konstruktion ist anscheinend wieder aufgegeben worden; sie wäre ohne Zweifel für den gedachten Anwendungszweck, selbst bei Ersatz der indiskutablen photographischen Methode durch elektrochemische Aufzeichnung, zu teuer gewesen. Die durchschnittliche Kaufkraft der Teilnehmer läßt im Rundfunk nur primitivste Trommelschreiber wirtschaftlich möglich erscheinen (Fultograph). Aber auch diese sind bisher an dem geringen Aktualitätswert starrer Bilder stets gescheitert, trotz bisweilen guter Übertragungsergebnisse.

Eine vielfach versuchte Zwischenlösung stellen Systeme dar, bei denen ein Trommelgeber mit normaler schraubenförmiger Lichtpunktabtastung und ein kontinuierlicher elektrochemischer Schreibempfänger nach dem Prinzip der Abb. 10, 11 oder 12 zusammenarbeiten. Ein voller Schraubengang (Trommelumlauf) beim Sender entspricht dann der Länge der Querzeile auf dem Empfangspapierbande, dessen Vorschub während

gleicher Bauart für Lichtabtastung entwickelt [Electrician, Bd. 106 (1931) S. 511 und 585]. Es ist für Schnellbildschrift unter Beschränkung auf Schwarz-Weiß-Übertragung gedacht; Sender und Empfänger arbeiten mit planen, endlosen Bildstreifen.

dieser Zeitdauer der Ganghöhe der Abtastschraubenlinie gleich ist. Auf diese Art kann geberseits die Hochwertigkeit der Zerlegung mittels Licht, empfänger-

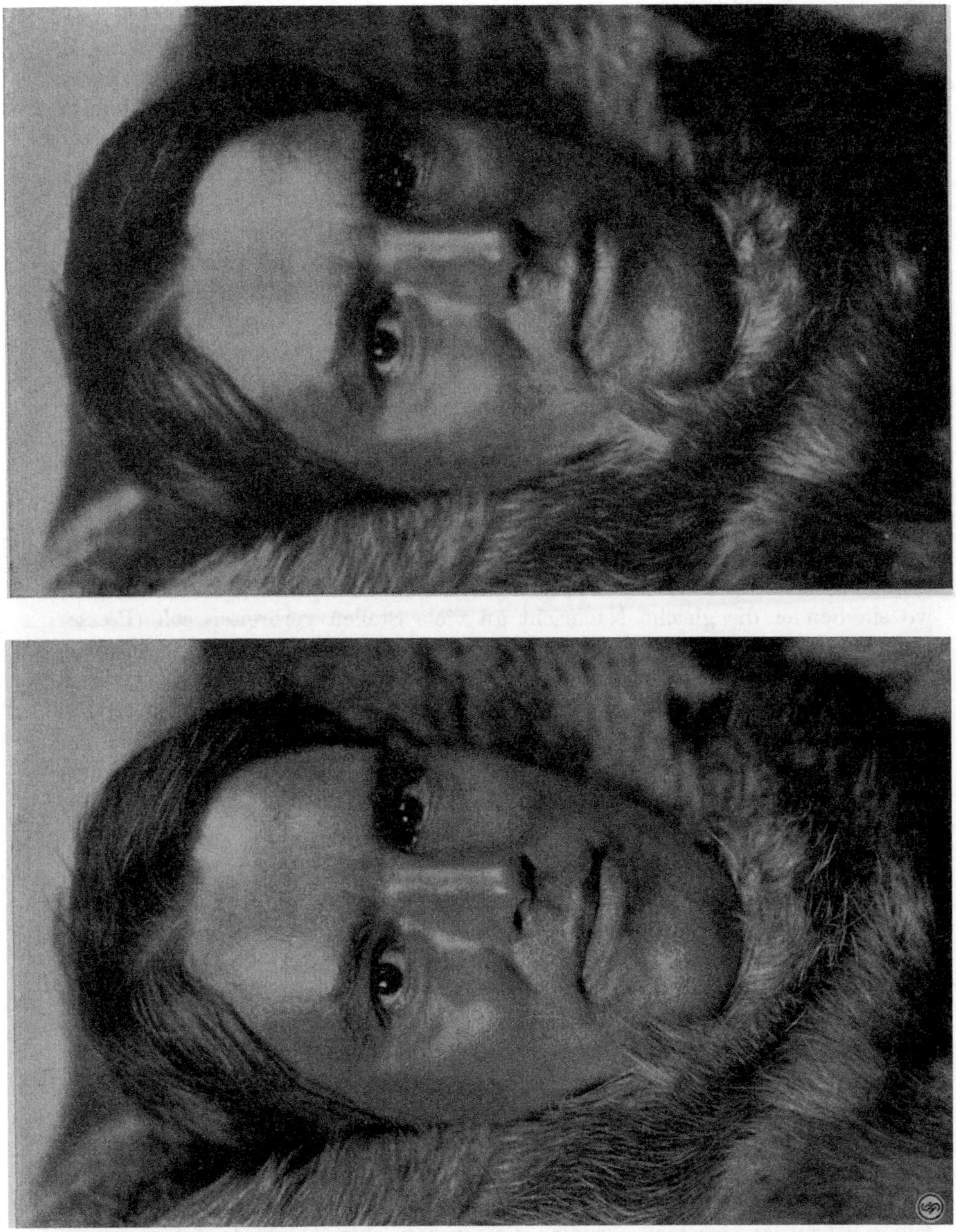

Abb. 306. Original (links) und Fernbild (rechts) einer Bandchemographie von Siemens & Halske.

seits die Bedienungseinfachheit des fortlaufenden Bildstreifens gewahrt werden. Sorgt man für leichtes und schnelles Auswechseln der Trommel oder sieht man deren zwei vor, von denen umschichtig die eine läuft, während die andere neu beschickt wird (ein solches Doppeltrommelgerät mit gemeinschaftlicher, umlegbarer Abtastoptik wurde von P. Schnitzeler, Telefunken, durchgebildet), so kann ein praktisch kontinuierlicher Betrieb durchgeführt werden. Dies ist z. B. der Fall bei dem Bandchemographen von Siemens & Halske, dessen Sender eine mit einem einzigen Handgriff herausnehmbare bezw. aufsetzbare Trommel besitzt. Die gemäß Abb. 18 bewegliche Abtastoptik, bestehend aus Umlenkprisma, Sammellinse, Ellipsoidreflektor (vgl. S. 23) und Photozelle wird durch Spindelantrieb parallel zur Rotationsachse verschoben[1]. Den der Abb. 12 entsprechenden konstruktiven Aufbau des Bildschreibers zeigt Abb. 304, die Form des vollständigen Apparates Abb. 305. Er wird sowohl für Start-Stop-Synchronisierung als auch für kontinuierliche Gleichlaufregelung durch ein stimmgabelgesteuertes Tonrad ausgeführt. Besondere Befeuchtung des Papierbandes ist überflüssig, da die Vorratsrolle als Ganzes mit Wasser getränkt in einem geschlossenen Gehäuse untergebracht ist, aus welchem der Streifen mäßig feucht durch einen engen Schlitz heraustritt. Eine rückseitig mitrotierende Schleifbürste sorgt für die Befreiung der abwechselnd in Funktion tretenden Schneidenelektroden von mitgeschleppten Reaktionsprodukten. In Abb. 306 ist ein mit diesem Gerät fernübertragenes Bild wiedergegeben, dessen Raster $3^1/_3$ Zeilen/mm beträgt. Die normale Leistung ist bei Start-Stop-Betrieb 0,28 dm^2/min; bei Stimmgabelsynchronisierung 0,83 dm^2/min; die nutzbare Breite des Papieres 148 mm, die maximale Bildhöhe = Länge der Sendertrommel 210 mm (Din-Format A 5).

Dieser Chemograph von Siemens & Halske eignet sich für den Verkehr sowohl auf Drahtlinien als auch auf dem Funkwege, insbesondere in allen Fällen, wo ein Sender die gleiche Nachricht an viele Stellen verbreiten soll (Presse- und Wirtschaftsdienste, Wetterkartenübertragung und zentrale Befehlsübermittlung). Seine ununterbrochene Funktion und die große Einfachheit seiner Bedienung geben ihm den Vorzug gegenüber allen im Raster gleichwertigen Trommelschreibern. Zum Zwecke des vollautomatischen Leitungsbetriebes kann die Start-Stop-Ausführung für selbsttätiges Anlaufenlassen und Wiederabstellen vom Geber aus eingerichtet werden. Für Rundfunkbildempfang läge der Preis des Gerätes jedoch zu hoch.

B. Trommelapparate.

Unter 1, C wurden die Gründe genannt, aus denen die Anwendung der hergebrachten Bildtrommel heute noch vorherrscht. Alle kommerziellen über das Versuchsstadium hinaus gediehenen Systeme bedienen sich ihrer. Dieses durch die praktischen Erfahrungen gerechtfertigte Beharrungsvermögen der Technik hat es mit sich gebracht, daß die konstruktive Entwicklung der Trommelbildgeräte allmählich einen hohen Stand erreichen konnte.

Seitdem feststeht, daß nicht die Trägheit der optisch-elektrischen Wandler, sondern die Eigenarten des Telegraphierkanals das maximale Übermittlungstempo bestimmen und daß für dieses eine nicht geringe Auswahl von Lichtsteuerorganen brauchbar erscheint, sind neben den individuellen physikalischen Kennzeichen der einzelnen Systeme die mechanischen Qualitäten stärker aus-

[1] Das Ellipsoid wird zweckmäßig nicht aus versilbertem Metall, sondern aus einem formgerecht geblasenen Glashohlkörper hergestellt, der rückseitig verspiegelt ist und in einem Schutzgehäuse sitzt. Auf diese Weise werden hohes Reflexionsvermögen und mechanische Unangreifbarkeit dauernd gesichert.

schlaggebend geworden. Im Vordergrunde stehen als Merkmale der Güte und Leistungsfähigkeit die Präzision der Zerlegerbewegung, die frei von störenden, im Fernbilde als Muster hervortretenden Periodizitäten sein muß, der erschütterungsfreie Gang, ein möglichst kleiner Leistungsbedarf für Antrieb und Synchronisierung, das übersichtliche Zusammenwirken aller Einzelteile und dergl. Eigenschaften mehr, die vorwiegend von der Verwendung zweckmäßiger Konstruktionselemente und von der Geschicklichkeit des Aufbaues abhängen.

Dies alles gilt nun in besonderem Maße von den Trommelbildgeräten, seitdem diese Form sich durch den w. o. geschilderten Verlauf der Entwicklung hat konsolidieren können. Hier wird die mechanische Ausführung hauptsächlich charakterisiert durch die Anordnung und Antriebsweise des Bildträgers, ferner durch die Art, auf welche die Relativbewegung von Lichtpunkt und Bildfläche zustandekommt. Wichtig ist besonders die Frage der leichten Auswechslung der Trommeln und ihrer möglichst stoßfreien Kupplung mit dem Antriebe. Im folgenden sind zunächst die allgemeinen Merkmale für den konstruktiven Aufbau von Trommelbildgeräten aufgezählt und anschließend die individuellen Daten der einzelnen Systeme in einer Übersichtstafel zusammengestellt. Wir bedienen uns dabei der nachstehenden Abkürzungen:

System oder Gerät	Abkürzung
1. Telefunken-Karolus-Siemens (Duplexgerät)	TKS
2. Siemens-Karolus-Telefunken (endgültige Ausführung)	SKT
3. Korn-Lorenz	KL
4. Belin	B
5. Westinghouse Manuf. Co. (V. K. Zworykin)	WZ
6. Radio Corporation of America (neue Ausführung von R. H. Ranger)	RCA
7. Marconi's Wireless Tel. Co. (M. Wright)	MW
8. American Telephone and Telegraph Co. (Bell-Laboratorium)	ATT
9. Fultograph	F
10. Dieckmann	D

1. Stellung der Zylinderachse: Überwiegend horizontal; vertikal nur bei SKT, siehe S. 402.

2. Zerlegereinrichtung: Meist nach Abb. 2, Modus 1 (ATT, TKS, KL, B, WZ u. a.); seltener nach Abb. 2, Modus 2 (SKT, RCA, F, D).

3. Anordnung der Sendetrommel: Meist auswechselbar, d. h. fertig beschickt auf einen Wellenkonus aufzustecken. Bei TKS (Teil 1 in Abb. 307) und RCA fest eingebaut. Das Aufwickeln der Bildfläche besorgt bei letzterem Gerät an Stelle der Hand eine der Druckmaschinentechnik entlehnte selbsttätige Vorrichtung, welche das auf einer Führungstafel herangeschobene Papierblatt mittels Greifern zu erfassen, um die Walze herumzulegen, straff anliegend festzuklemmen und nach vollendeter Abtastung wieder von ihr abzurollen gestattet (vgl. Abb. 313 und 315).

4. Ansetzen der Empfängertrommel: Auswechselbarer, meist auf einen Konus aufsteckbarer Zylinder, der in der Dunkelkammer mit dem Film bespannt und in einer Lichtschutzhülse (Teil 3 in Abb. 307) an den freien Wellenstumpf des Gerätes herangebracht wird. Hier rotiert der Film im Inneren eines geschwärzten, allseitig abgedichteten Rohres (Teil 2 in Abb. 307). Nach vollendeter Beschriftung der Fläche wird der Zylinder wieder in die Kassette aufgenommen und in ihr beim Abziehen vom Bildapparat lichtdicht festgehalten. Bei RCA (Abb. 315)

ist die Kassettenkonstruktion dadurch umgangen, daß der ganze Empfänger in einer rot beleuchteten Dunkelkammer aufgestellt wird; zum Auf- und Abwickeln des Filmes dient die unter 3. erwähnte selbsttätige Vorrichtung. Auch beim ATT- und beim MW-System arbeitet der Bildschreiber mit offenliegender, jedoch handbeschickter Filmtrommel.

5. Mitnahme der Trommeln durch die Antriebswelle: Meist mit Hilfe einer magnetischen Kupplung oder einer Reibungskupplung (Friktionskupplung 10 in Abb. 307). Eine Rast, Nut oder dergl., in die ein Stift eingreift, sichert die richtige Winkellage relativ zum Gegenapparat (Phasenübereinstimmung der

Abb. 307. Duplex-Bildübertragungsgerät Telefunken-Karolus-Siemens.

Stoßstellen beider Bildflächen), sofern die Antriebswellen beiderseits konphas geblieben sind. Dies wird durch die nachstehend unter 8. genannten Mittel gewährleistet. Bei rotierender Optik und feststehender Trommel (MW-Gerät) besteht die Möglichkeit des synchronen und phasenrichtigen Weiterlaufens beider Lichtpunkte, da hier zwecks Neubeschickung des Bildträgers lediglich der Vorschub desselben abgeschaltet zu werden braucht. Seine Wiedereinrückung wirkt in bezug auf die Belastung des Antriebsmotors praktisch stoßfrei, im Gegensatz zur Ankupplung bei Apparaten mit drehbarer und daher rasch zu beschleunigender Trommel; daher ist eine Gefährdung des Gleichlaufes oder mindestens der Gleichphasigkeit beim MW-System in vollkommenster Weise vermieden. Erfahrungsgemäß ist aber das Herausfallen aus dem Synchronismus auch bei Trommelgeräten nicht zu befürchten, falls eine genügende Wattleistung der Tonsirene und eine gut konstruierte Friktionskupplung vorgesehen werden.

6. Geschwindigkeitsübersetzung und Vorschubsteuerung: Die Synchrondrehzahl der Motorwelle liegt gewöhnlich in der Größenordnung 30/s. Es ist also für den Antrieb der Bildtrommel notwendig, die Winkelgeschwindigkeit stark herabzusetzen. Hierfür dienen Untersetzungsgetriebe, bei denen es vor allem auf Vermeidung toten Ganges und auf höchste Gleichmäßigkeit der

Abwälzung ankommt, um periodische Änderungen des Belastungswiderstandes und damit das Auftreten von störenden Mustern im empfangenen Bilde zu verhüten. Beim TKS-Gerät werden schräg verzahnte Kammräder (Stahl gegen Vulkanfiber) benutzt. Früher erschienen nur solche Bildtelegraphen universell anwendbar, die eine große Zahl von verschiedenen Übersetzungen zwischen Motorwelle und Bildtrommel besaßen. Seitdem in neuerer Zeit die praktischen Grenzen der Arbeitsgeschwindigkeit feststehen, begnügt man sich mit wenigen Stufen. Die unter C. zu besprechenden Normungsbestimmungen gehen aus von 1 Umdrehung/s, und die kommerziellen Apparate erscheinen heute für alle denkbaren Betriebsverhältnisse gerüstet, wenn die nachstehenden Multipla dieser

Abb. 308. Eine der ersten Leitungsbildübertragungen des Systems Telefunken-Karolus-Siemens, Berlin—Leipzig 1925.

normierten Umlaufzahl einstellbar sind: 2, 1, 2/3, 1/2 (RCA und MW). Vielfach ist überhaupt nur eine einzige Geschwindigkeitsstufe vorhanden.

Außer der Übersetzung der Rotation ist noch eine weitere erforderlich, um die axiale Relativbewegung von Bildtrommel und Optik zu erhalten. Die hierzu gehörenden Zahnräder (2 Stufen, wählbar für 3 Linien/mm und 5 Linien/mm) sind in Abbildung 307 mit 4 bezeichnet. Ihre Welle setzt sich in einer Schraubenspindel fort. Die durch eine Taste mit dem Gewinde in Eingriff zu bringende Spindelmutter überträgt ihren Vorschub durch einen Mitnehmer auf die Trommel (bei anderen Geräten auf die Optik). Ist das Ende des Vorschubes erreicht, so sorgt eine besondere Vorkehrung für die automatische Auskupplung des Antriebes, und zwar dadurch, daß die Spindelmutter entweder von selbst, auf rein mechanischem Wege, wieder außer Eingriff kommt oder einen Unterbrecher für den Motorstromkreis auslöst.

Bei dem Gerät nach Abb. 307 ist das Getriebe für die Übersetzung von der Motorwelle auf die Bildtrommel unsichtbar unterhalb der Grundplatte eingebaut, ebenso der Gleichstrommotor und das synchronisierende Tonrad.

7. Kontrolle des Gleichlaufes: Bei der heute fast allgemein eingeführten Intritthaltung der Achsen durch beiderseits unabhängige Taktgeber (Stimm-

gabeln) muß ein Indikator vorhanden sein, der den Synchronismus der Antriebswelle in bezug auf die eigene und auf die fremde Steuerfrequenz zu erkennen gestattet. Man bedient sich hierzu allgemein der in Kap. VI erwähnten stroboskopischen Anordnung. Der von der Neonglimmlampe zu beleuchtende, mit dem Zahnkranz der Tonsirene gleichzahlig geteilte Rotor sitzt an einer dem Auge leicht zugänglichen Stelle des Gerätes (Teil 6 in Abb. 307).

8. Funktionen des Phasenanzeigers: Im drahtlosen Fernverkehr hat es sich in Anbetracht der mit gewissen Schwunderscheinungen einhergehenden Frequenzschwankungen als zweckmäßig erwiesen, die Schwingungszahlen der Taktgeber durch längeres Beobachten des Phasenwinkels der von ihnen gesteuerten Triebwellen zu vergleichen. Hierzu wird der stets notwendige Phasenanzeiger benutzt, der dann wie folgt arbeitet: Die sendende Station strahlt in den Betriebspausen einmal bei jeder Umdrehung des weiterlaufenden Antriebsschaftes für kurze Zeit ihre Trägerwelle aus (mit Hilfe eines rotierenden Kontaktes). Dieser periodische Stromimpuls bringt beim Empfänger die kreisende Phasenglimmlampe (vgl. Kap. VI) an irgendeinem Punkte zum Aufblitzen (Teil 11 in Abb. 307). Bleibt die Leuchterscheinung dauernd ortsfest, so sind die Antriebe synchron. Ist dies nicht der Fall, so liefert die Beobachtung des Schlupfes ein Maß für die notwendige Veränderung der Abstimmung des örtlichen Taktgebers.

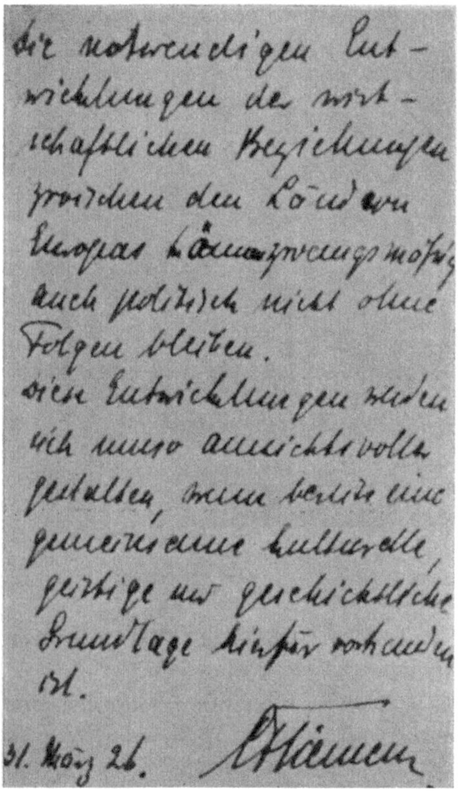
die notwendigen Entwicklungen der wirtschaftlichen Beziehungen zwischen den Ländern Europas kann zwangsmäßig auch politisch nicht ohne Folgen bleiben.
Diese Entwicklungen werden sich umso aussichtsvoller gestalten, wenn beide eine gemeinsame kulturelle, geistige und geschichtliche Grundlage hierfür vorhanden ist.
31. März 26.

Abb. 309. Mit TKS-Apparat drahtlos übertragene Handschrift, Berlin—Wien 1926.

Zum Zwecke des phasenrichtigen Ganges der angekuppelten Trommeln, d. h. des gleichzeitigen Eintauchens ihrer Aufspannleisten in den abtastenden bezw. schreibenden Lichtkegel, muß a) der Aufleuchtpunkt der rotierenden Glimmlampe an einer bestimmten Stelle gehalten werden und b) die Trommel gemäß 5. nur in einer eindeutigen Relativlage mitgenommen werden können. Letzteres gilt natürlich auch für die Geberseite. Um der Forderung a) zu genügen, macht man den Antriebsschaft während des Laufens relativ zu demjenigen der Gegenstation verdrehbar und dadurch die Phase nachstellbar. Hierfür haben sich aus zahlreichen Vorschlägen in der Praxis zwei Mittel herauskristallisiert[1]:

[1] Man könnte z. B. auch die schreibende Elektroden- oder Lichtspitze um die Bildtrommel herumschwenken, was bei einem elektrochemischen oder bei einem Glimmlampenempfänger leicht auszuführen wäre.

a) Der Stator des Synchronmotors (Zahnsirene) ist in einem Ringe oder in einem besonderen Lager drehbar. Er wird durch einen Handgriff (Teil 5 in Abb. 307) langsam verstellt, bis die Glimmlampe wieder am alten Punkte aufleuchtet;

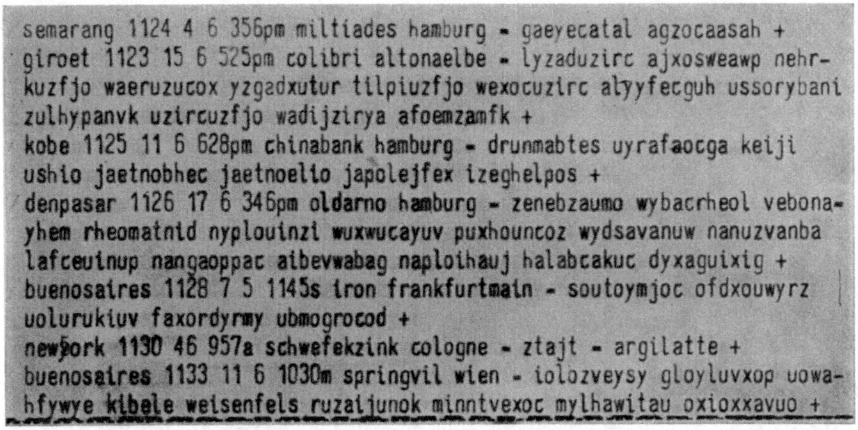
semarang 1124 4 6 356pm miltiades hamburg - gaeyecatal agzocaasah +
giroet 1123 15 6 525pm colibri altonaelbe - lyzaduzirc ajxosweawp nehr-
kuzfjo waeruzucox yzgadxutur tilpiuzfjo wexocuzirc alyyfecguh ussorybani
zulhypanvk uzircuzfjo wadijzirya afoemzamfk +
kobe 1125 11 6 628pm chinabank hamburg - drunmabtes uyrafaocga keiji
ushio jaetnobhec jaetnoelio japolejfex izeghelpos +
denpasar 1126 17 6 346pm oldarno hamburg - zenebzaumo wybacrheol vebona-
yhem rheomatnid nyplouinzi wuxwucayuv puxhouncoz wydsavanuw nanuzvanba
lafceuinup nangaoppac aibevwabag naploihauj halabcakuc dyxaguixig +
buenosaires 1128 7 5 1145s iron frankfurtmain - soutoymjoc ofdxouwyrz
uolurukiuv faxordyrmy ubmogrocod +
newyork 1130 46 957a schwefekzink cologne - ztajt - argilatte +
buenosaires 1133 11 6 1030m springvil wien - iolozveysy gloyluvxop uowa-
hfywye kibele weisenfels ruzaijunok minntvexoc mylhawitau oxioxxavuo +

Abb. 310. TKS-Telegraphierversuche, drahtlos, Berlin—Wien 1928. 5 Linien/mm, 1 min/dm².

b) In die Achse ist ein Differentialvorgelege eingeschaltet, welches durch Drehung des Planetenrades die Phase zwischen antreibendem und angetriebenem Teil zu verändern gestattet.

Abb. 311. TKS-Übertragung auf kurzer Welle, Buenos Aires—Berlin 1930. 5 Linien/mm, 4 min/dm².

Bei dem in Abb. 307 wiedergegebenen Einheitsmodell TKS sind Sender und Empfänger auf der Grundplatte vereinigt; Abtast- und Schreibtrommel sitzen auf einer durchgehenden Welle mit gemeinsamem Synchronmotor (sog. „Duplexgerät"). Dieser Aufbau ermöglicht nicht nur die leichtere Durchführung eines Gegenverkehrs, sondern bietet zugleich bei Betriebsversuchen den Vorteil, daß jede Station vor der Ingangsetzung ihre Bereitschaft unabhängig von der Gegenstation prüfen kann, indem eine örtliche „Kurzschlußübertragung" von der Sende- auf die Empfangsseite vorgenommen wird. Hierbei macht die starre Verbindung der Trommeln jede Vorsorge für ihre Intritthaltung überflüssig. Soll die Anlage bei einer Funkverbindung nur als Geber arbeiten, so kann der übrige Teil gleichwohl nützliche Verwendung finden, um Kontrollbilder zur Überwachung der Modulation der ausgestrahlten Hochfrequenz mitzuschreiben. Die in beiden Richtungen zwangsweise gleiche Telegraphiergeschwindigkeit des Duplexgerätes dürfte kaum als Nachteil anzusehen sein, da erfahrungsgemäß die Innehaltung eines festgelegten Arbeitstempos zweckmäßig ist. Die besprochene Anordnung kommt natürlich nicht in Frage für solche Fälle, in denen ein

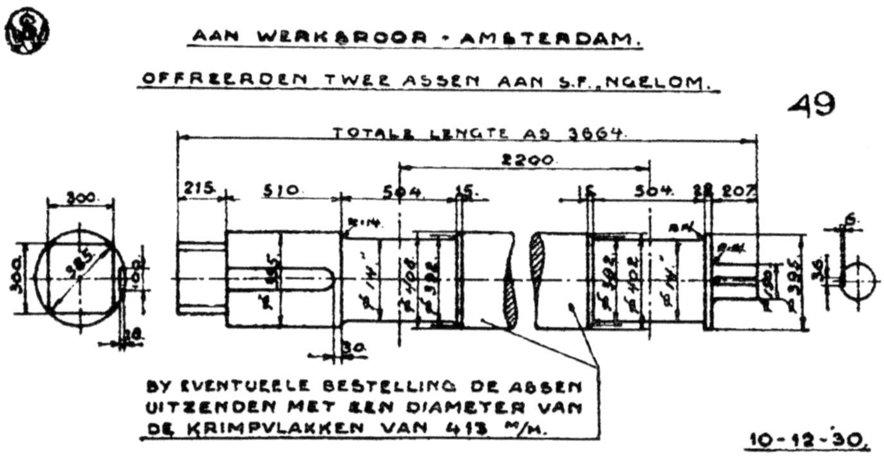

Abb. 312. TKS-Übertragung auf kurzer Welle, Niederländisch-Indien—Haag 1931. 5 Linien/mm, 4 min/dm².

zentraler Sender zahlreiche, ausschließlich für Empfang bestimmte Apparate bedient (Bildrundfunk).

Beim Verkehr über große Entfernungen muß die endliche Geschwindigkeit des Signals berücksichtigt werden. Die Gebertrommel soll daher der Empfängertrommel um einen Winkel vorauseilen, der der Fortpflanzungsdauer der Welle entspricht. Stehen also die Aufspannleisten für die Bildflächen bei dem einen Duplexgerät gleich, so daß sie den abtastenden und den schreibenden Lichtkegel im selben Augenblick passieren, so müssen sie auf der Gegenstation um das Bogenmaß der doppelten Laufzeit des Signals gegeneinander verdreht sein (vgl. Kap. VI, S. 279).

In der Abb. 307 sind außer den bereits erklärten Teilen[1] noch folgende erwähnenswert: Das Gehäuse 7 der Lochscheibe für die Lichtmodulation, der Tourenzähler 15 ihres Antriebsmotors, der Behälter 8 der Kompensations-Ringphotozelle für Bildumkehr (Kap. VIII), die Abtastoptik 9 mit Ellipsoid-

---

[1] Eine interessante Neuerung hat an diesem Gerät W. F. Einthoven angegeben. Zur scharfen Einstellung des Abtastlichtpunktes auf den Solldurchmesser 0,2 mm versieht Einthoven eine schmale Anlaufzone der Trommel mit einem Muster von 0,2 mm breiten schwarzen und weißen Strichen parallel zur Drehachse. Der bei der Rotation mit Normalgeschwindigkeit in der Photozelle entstehende hörfrequente Wechselstrom wird hinter einer nur die Grundfrequenz durchlassenden Siebkette telephonisch beobachtet. Das Abbildungsobjektiv wird verschoben, bis die Lautstärke ein Maximum hat, was bei genau 0,2 mm Weite des Lichtpunktes eintritt (Fall stärkster Aussteuerung des Grundtones).

reflektor und gewöhnlicher Photozelle (Kap. I), die Kerr-Zelle 12, das Umlenkprisma 13 für die Belichtung des Filmes, das Lampengehäuse 14 für die Kerr-Optik, das Tachometer 16 des Synchronmotoraggregates. Tabelle 18 gibt eine Übersicht über die wichtigsten Betriebsdaten dieses Gerätes; die Abb. 308 bis 312 zeigen damit gemachte Übertragungen, und zwar wurde übermittelt:

Abb. 308: 1925, auf einer normal pupinisierten Sprechleitung von Berlin nach Leipzig (eine der ersten Fernphotographien nach diesem System);

Abb. 309: 1926, drahtlos auf Wellenlänge 1250 m von Berlin nach Wien;

Abb. 310: 1928, desgl. (Sammeltelegramm, ca. 1 dm^2/min);

Abb. 311: 1930, drahtlos auf Wellenlänge 15 m von Buenos Aires nach Berlin;

Abb. 312: 1931, drahtlos auf Wellenlänge 17 m von Niederländisch-Indien nach dem Haag.

Tabelle 18. Duplex-Bildübertragungsapparat Telefunken-Karolus-Siemens. Normale Betriebsdaten.

Stimmgabel 1560 Hz. Synchronmotor $N = 30$ Umläufe/s.
Normale Lochscheiben: 180, 120, 60 Löcher.
Der Photozellen- und der Empfangsverstärker sind angepaßt einem Wellenwiderstand der Leitung $Z = 600\ \Omega$.

Gesamtübersetzung Motorwelle: Bildtrommel		1 : 4	1 : 8	1 : 12	1 : 16	1 : 32	1 : 48
Drehzahl/s der Bildtrommel:		15/2	15/4	5/2	15/8	15/16	5/8
Übertragungsdauer in s für ein Bild							
bei 3 Linien/mm		40	80	120	160	320	480
„ 5 Linien/mm		67	133	200	267	533	800
Mindestbetrag der Lochscheibenfrequenz							
bei 3 Linien/mm		4950	2475	1650	1240	620	415
„ 5 Linien/mm		8250	4125	2750	2065	1030	690
Frequenzband bei 3 Linien/mm . .	von	2475	1240	825	620	310	210
	bis	7425	3715	2475	1860	930	625
Frequenzband bei 5 Linien/mm . .	von	4125	2065	1375	1030	515	345
	bis	12375	6190	4125	3100	1545	1035

In der nachstehenden Zusammenstellung sind die wichtigsten neuzeitlichen Trommelbildgeräte mit allen wesentlichen Betriebsdaten enthalten. Die unterscheidenden physikalischen Kennzeichen sind hauptsächlich die Arten der Abtastung, der Bildschrift und der Gleichlaufregelung, ferner das Verfahren zur Modulation der Hochfrequenz und gegebenenfalls die Anwendung und Einführungsweise einer Hilfsträgerfrequenz.

Tabelle 19. Vergleich von Trommelbild-

System	Trommelachse steht h horizontal v vertikal	Abtastung mittels D Durchleuchtg. R Reflexion	Synchronisierung ö örtlich ü übertragen	Modus der Relativbewegung von Taster und Bildfläche entspricht:	Abmessungen der Bildtrommel: L = Länge D = Durchmesser H = nutzbarer Umfang		Anzahl der Bildzeilen (Trommelumläufe).		Vorgesehene Drehzahlen in 1 Minute
					in cm	in Zoll	je cm	je Zoll	
SKT	v	R	ö	Abb. 2 Mod. 2	L = 18 D = 8,8 H = 26	—	50 40 30	—	46,96 × 1 × 5/4 × 5/3
RCA	h	R	ö	Abb. 2 Mod. 2	—	L = 12 D = 3 H = 8,5	—	75 60 50 40 } × 1 × 2 × 4	20 × 1 × 1,5 × 2 × 3
KL	h	R	ö	Abb. 2 Mod. 1	L = 13 D = 6,5 H = 18	—	40	—	60 × 1 × 3
B	h	R	ö	Abb. 2 Mod. 1	L = 10 D = 5,33 H = 15,5	—	40	—	ca. 130
MW	h	R	ö	Abb. 3 Abb. 16	D = 8,8	L = 8 H = 10	—	80 100 120 140	20 30 × 1 × 1 × 2 × 2 × 4 × 4 × 5
ATT	h	D	ü	Abb. 2 Mod. 1	L = 20 D = 4,45 H ∼ 12,5	—	—	100	90
WZ	h	R	ö	Abb. 2 Mod. 1	L = 12,5 D = ? H = 20	—	25	—	ca. 400 (?)
F	h	D	ü	Abb. 2 Mod. 2	L = 10,5 D = 5 H = 14,5	—	25	—	ca. 50

Von den in der Tabelle 19 berücksichtigten Geräten sind SKT, B und ATT bereits in Kap. X, S. 400f. eingehender behandelt worden. Abb. 313 zeigt den Sender des RCA-Gerätes, Abb. 314 den längs der Bildtrommel beweglichen Teil der Abtastoptik mit Lochscheibe, einstellbarem Doppelspalt, Prismen und metallischen Gehäusen für die Photozellen. Abb. 313 läßt die in Abschnitt 2, B erwähnte Einrichtung zum selbsttätigen Aufwickeln des Bildes auf die Trommel erkennen, ferner die Spindel zur Mitnahme der Abtastoptik, von der außerhalb des Photozellenkastens je 2 Lampen und Sammellinsen zur Beleuchtung der abgetasteten Bildzone und der dazwischen liegende Tubus der epidiaskopischen Abbildungsvorrichtung zu sehen sind[1]. Mit diesem Kasten ist ein zweiter, der

[1] D.R.P. Nr. 518528 vom 26. XI. 1928, Erf. R. H. Ranger (Radio Corporation of America).

geräten verschiedener Systeme.

Abtastoptik und Art der Einführung der Hilfsträgerfrequenz f. d. Photostromverstärkung L. Lochscheibe	Methode der Bildschrift p. photographisch	Methode der Gleichlaufregelung	Zum Empfänger übertragene Bildmodulation	Besondere Kennzeichen
Ringförmige Photozelle L. gekuppelt m. Trommel	p. Kerr-Zelle (Vielfach-Elektrodentyp).	Stimmgabel im Thermostat, Gleichstrommotor + Tonrad.	Amplituden-Modulation Träger 1125 Hz.	Kompensations-Photozelle, zur Bildumkehr oder zur Kontrastregelung dienend.
Epidiaskop. Abbildung auf Blende vor der Photozelle. L., unabhängig angetrieben.	p. Neon-Helium-Punktglimmlampe.	do.	Zeit-Modulation, hergestellt durch Multivibrator.	Filmtrommel offen in Rotlichtkammer laufend. Gerät umstellbar auf Simultanübertragung von 2 Zeilen.
Sammellinse u. normale Photozelle. Hilfsträgerfr. elektrisch im Verstärker eingef.	p. Saitengalvanometer, für pos. u. negat. Schrift einstellbar.	do. Gleichstrommotor und Tonrad getrennt.	Amplitud.-M. Drahtlos mit Strichraster und reiner Telegraphietastung.	Phasenrichtige Ankupplung der Empfangstrommel erfolgt selbsttätig.
Spezial-Sammeloptik u. normale Photozelle. L.	p. Oszillograph oder Saitengalvanometer.	Stimmgabel-Unterbrecher; neuerdings wie SKT.	Amplitud.-M.	do. (durch Unterbrechung der Trägerfrequenz.)
Rotierend. Optik, umlaufender Lichtpunkt; reflekt. Licht fällt auf feste Photozelle. L.	p. Kerr-Zelle oder Neon-Helium-Punktglimmlampe.	Stimmgabel usw. wie bei SKT.	Amplitud.-M. oder Frequenz-M.	Filmtrommel offen in Rotlichtkammer laufend.
Negativfilm auf durchsicht. Zylinder. Innen Photozelle. Hilfsträgereinf. wie bei KL.	p. Saitengalvanometer mit Metallband, wechselstromerregt.	Stimmgabel-Unterbrecher betreibt phonisches Rad. Mitübertragung dieser Freq. z. Empf.	Amplitud.-M. Träger 1300 Hz. Ein zweiter Träger v. 400 Hz f. Synchron.-Freq.	do. Bildschrift mit variabler Schwärzung oder Strichbreite. Phasenrichtige Empf.-Kupplg. selbsttätig.
Rückstrahlung des Bildpunktes mit Paraboloidspiegel auf Photozelle gesammelt. L.	p. Helium-Punktglimmlampe, aufwärts oder abwärts steuerbar.	Stimmgabel. Zeilen-Anfangskorrektur durch Magnetkupplg.	Amplitud.-M. Träger 2000 Hz bis 4000 Hz.	Empf.-Kupplg. selbsttätig durch autom. am Sender erzeugten Stromstoß.
Ähnlich wie bei ATT. Hilfsfreq. im Verstärker elektrisch eingef.	Elektrochemisch, Schreibstift.	Norm. Start-Stop-Methode.	Zeit-Modulation. Träger ca. 1000 Hz.	Uhrwerksantrieb.

die erste Röhren-Gegentaktstufe enthält, starr verbunden und verschiebbar. Im Hintergrunde sieht man die Gehäuse für Vorgelege und Spindelantrieb sowie den Motor.

Die doppelte Teilung der Lochscheibe in Abb. 314 bezweckt, bei der Simultanübertragung zweier Bildzeilen die um etwa 800 Hz verschiedenen Hilfsträgerfrequenzen zu erzeugen. Hierzu werden die Lichtströme der beiden gleichzeitig abgetasteten benachbarten Rasterelemente durch einen zweiteiligen Spalt getrennt und weiterhin so geführt, daß auf jeden Lochkranz ein Spaltbild fällt. Der Vorschub pro Trommelumdrehung ist in diesem Falle zu verdoppeln; daher die große Zahl der beim RCA-Gerät vorgesehenen Transportstufen (vgl. Tab. 19). Im normalen Betriebe wird immer nur 1 Zeile zerlegt. Die zweite Photozelle dient zur Ausnutzung beider Halbwellen einer vollen Hell-Dunkel-Periode der Lochscheibe. Zu diesem Zweck besteht letztere aus Glas, das auf der Einfall-

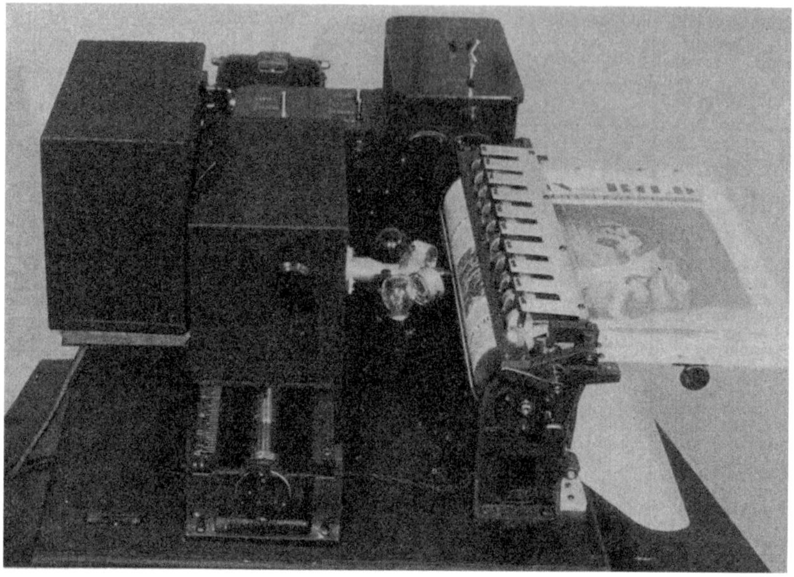

Abb. 313. Bildsender von Ranger (RCA).

seite des Abtastlichtes spiegelnd versilbert und nach Auflegen einer Lochkranzschablone an den unbedeckten Stellen wieder freigeätzt ist. Beim Rotieren der so hergestellten Scheibe wird dann jedes Strahlenbündel abwechselnd zur Zelle 1 durchgelassen und zur Zelle 2 reflektiert, so daß man durch Gegentaktschaltung beider Zellen einen symmetrischen Wechselstrom erhält.

Abb. 314. Abtastoptik des Ranger-Bildgerätes (RCA).

Abb. 315 zeigt den Empfangsteil des RCA-Systems (das aufgelegte fertige Bild dient nur zur Verdeutlichung seiner Stellung). Die durch die Schraubenspindel parallel mit sich selbst vor der Trommel verschiebbare, in einem Metallrohr eingebaute Optik enthält die Schreibglimmlampe und das einstellbare Objektiv zur scharfen, stark verkleinerten Abbildung der Glimmkathode auf den Film. Bei gleichzeitiger Übertragung von 2 Zeilen tritt an die Stelle dieses Systems ein zweiteiliges mit Doppelprisma, das die Lichtströme der beiden Glimmlampen in Form zweier benachbarter Punkte auf der Bildfläche zusammenführt. Der ganze Apparat ist in einem rot beleuchteten Raume aufgebaut, so daß der Film offen auf die Trommel aufgewickelt und darauf exponiert werden kann. Abb. 316 stellt ein Fernbild dar, welches mit den beschriebenen RCA-Geräten Anfang 1931 von New York (Sendestation Rocky Point) nach Berlin (Empfangsstation Beelitz) auf kurzer Welle innerhalb von ca. 20 min übertragen wurde. In jüngster Zeit hat Ranger einen neuen Weg beschritten, um die photographische Methode ohne wesentliche Qualitätseinbuße durch sofort sichtbare Niederschrift des Bildes zu ersetzen. Er bedient sich hierzu eines feinen, elektromagnetisch abgeblendeten oder freigegebenen Tintenstrahles (vgl. Kap. V). Dieses trägheitslose Verfahren ist dem zuerst angewandten, auf der elektromechanischen Bewegung einer Schreibfeder beruhenden, bedeutend überlegen.

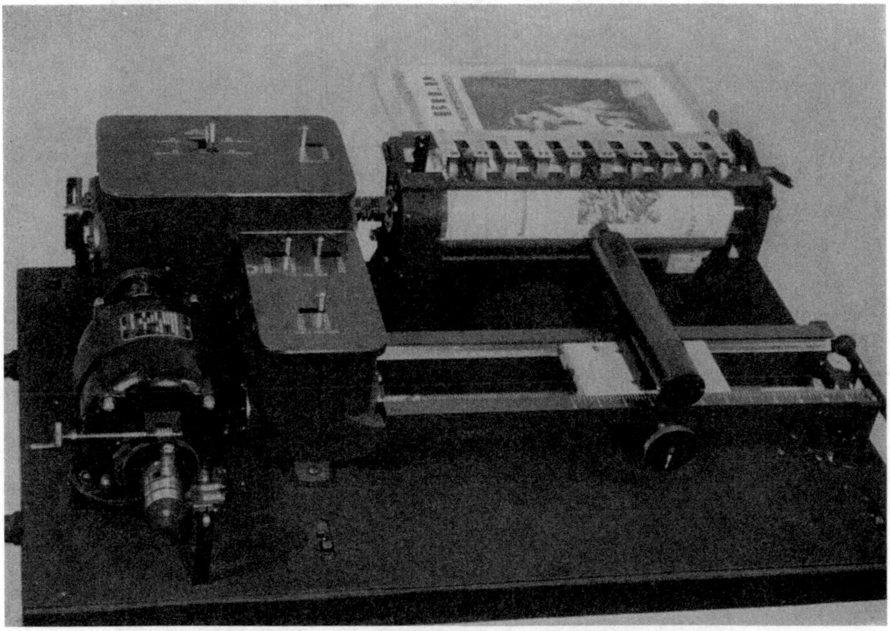

Abb. 315. Bildempfänger von Ranger (RCA).

Zum Vergleich mögen die Abb. 317 (neue Methode) und 318 (alte Methode) dienen. Die Halbtöne sind in beiden Fällen durch veränderliche Punktdichte ausgedrückt.

An den KL-Geräten, Sender Abb. 319, Empfänger Abb. 320, erkennt man die zweckmäßige tischartige Anordnung. Das Antriebsaggregat ist, wie bei TKS, getrennt in Gleichstrom-Nebenschlußmotor und auf durchgehender Welle sitzenden Synchronmotor, der durch die verstärkte Wechselspannung der Stimmgabel in Tritt gehalten wird. Die Sendetrommel läuft in einem geschlossenen Kasten, um störendes Nebenlicht bei der Abtastung fernzuhalten. Das von der punktförmig belichteten Vorlage reflektierte Strahlenbündel wird durch eine besondere, seitlich stehende Linse gesammelt und der durch ein Metallrohr geschützten Photozelle zugeführt. Der Empfänger zeigt ganz rechts die Kassette mit dem Handgriff für das Aufsetzen der in der Dunkelkammer beschickten Filmtrommel auf den Wellenstumpf, ferner den Aufbau des zur Lichtsteuerung dienenden Saitengalvanometers. Ein mit diesen Geräten nach dem Rasterverfahren übertragenes Halbtonbild ist in Kap. V, Abb. 136, wiedergegeben.

Die Abb. 321 bis 324 beziehen sich auf die von M. **Wright** angegebene Konstruktion der Marconi's Wireless Telegraph Company in London (MW)[1]. Abb. 321 zeigt einen Teil des Bildgebers, Abb. 322 den Bildschreiber, Abb. 323

Abb. 316. Kurzwellen-Bildübertragung nach dem RCA-System, New York—Berlin 1931 (Doppelmodulation).

den Stimmgabelthermostaten, Abb. 324 das neueste Modell für Senden und Empfangen mit optischer Umschaltung und Autokollimations-Abtastung. Bei diesem System kreist der Lichtpunkt gemäß Abb. 16 in einem die glatte Zylinder-

[1] D.R.P.Nr. 535262 vom 21. IV. 1926.

fläche unterbrechenden Schlitz, über den die aufgelegte Vorlage bezw. der Film mit Hilfe der in Abb. 321 links erkennbaren Transportvorrichtung parallel zur Achse langsam hinweggeschoben wird. Ein Druckbügel und ein elastisches

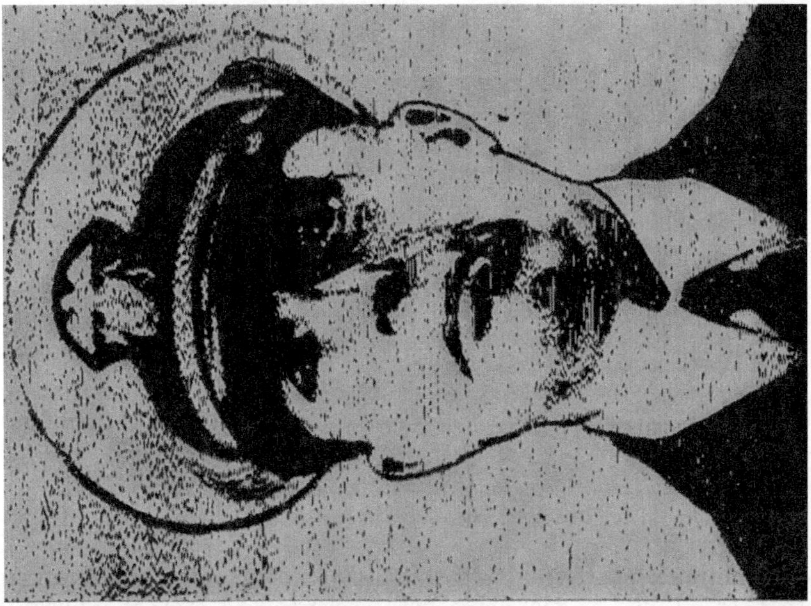

Abb. 318. Bildübertragung mittels elektromechanisch gesteuerter Schreibfeder nach Ranger (RCA), 1925.

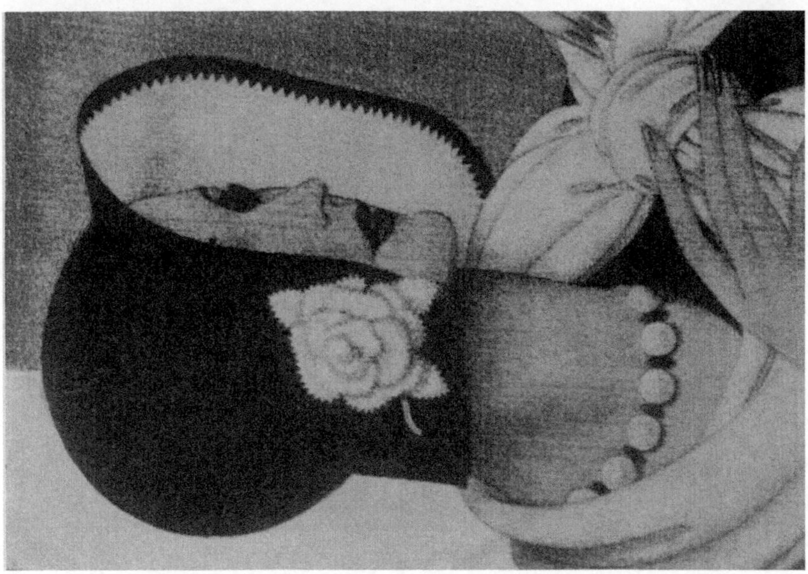

Abb. 317. Bildübertragung mit dem Tintenschreiber nach Ranger (RCA), 1930.

Spannband dienen zum straffen Anlegen und zur reibenden Mitführung des Bildes. Der Abtastlichtstrom gelangt von einer feststehenden Lampenblende aus durch eine Lochscheibe und durch die hohle Welle des Gerätes hindurch zu einem rotierenden, unter 45⁰ gegen die Achse geneigten Spiegel, der das

Blendenbild innerhalb des Kreisschlitzes auf die Papierfläche wirft. Das von der Auftreffstelle des umlaufenden Lichtpunktes reflektierte Strahlenbündel wird

Abb. 319. Bildsender von Lorenz-Korn.

durch eine mitrotierende Optik, bestehend aus Sammellinse und schiefem Prismenkörper, erfaßt und in die Achse zurückgelenkt. Es erreicht schließlich

Abb. 320. Bildempfänger von Lorenz-Korn.

durch das aus Abb. 321 ersichtliche Verbindungsrohr die Photozelle, die in dem rechts befindlichen Metallkasten mitsamt der ersten Verstärkerstufe untergebracht ist. Der Antriebsmotor und die Lochscheibe sind in Abb. 321 links anschließend zu denken. Die Ausführung des ersteren entspricht der Abb. 322.

Abb. 321. Bildsender von M. Wright (Marconi Co.)

Abb. 322. Bildempfänger von M. Wright (Marconi Co.).

In dieser sehen wir wieder ganz links den Auflagezylinder für den Film und mehr nach der Mitte zu das Motoraggregat, durch dessen hohle Welle hindurch das Licht der rechts angebauten Kerr-Optik auf den Film geleitet wird. Neuerdings ist die Kerr-Zelle durch eine punktförmig strahlende Neon-Helium-Glimmlampe ersetzt worden. Zur Heizung des Stimmgabelthermostaten nach Abb. 323 dienen Kohlefadenglühlampen, deren Ein- und Ausschaltung durch ein Toluolthermometer gesteuert wird. Abb. 325 zeigt ein mit den vorstehend beschriebenen Apparaten im September 1928 durch den Sender WAJ ($\lambda \sim 22$ m) zwischen Rocky Point (U.S.A.) und Somerton (England) übertragenes Fernbild. Ein günstiger Zustand der Atmosphäre ließ hierbei die Anwendung einer erheblichen

Abb. 323. Stimmgabelthermostat des Bildgerätes von M. Wright (Marconi Co.).

Abtastgeschwindigkeit zu, so daß 114 cm^2/min bei 40 Zeilen/cm erzielt werden konnten. Unter normalen Empfangsbedingungen ist aber ein so hohes Tempo mit Rücksicht auf die Strichverdickungen nicht aufrechtzuerhalten[1]. Abb. 326

[1] Nach Rickard, C. E.: The Marconi Review Nr. 27 (Dezember 1930), erreicht man bei $\lambda \sim 22$ m und einer Entfernung von 3000 englischen Meilen folgende maximalen Lichtpunktgeschwindigkeiten in ''/s: 3,61 bei Zwielicht und Nacht, 7,22 am Tage, 10,83 unter besonders günstigen Tagesverhältnissen. Die entsprechenden Telegraphierleistungen wären in normaler Schreibmaschinenschrift 20, 40 und 60 Wörter/min. Diese Zahlen entsprechen den von Telefunken auf der Kurzwellenlinie Nauen—Buenos Aires gemachten Erfahrungen. Rickard glaubt, daß folgende Möglichkeiten der Tempobeschleunigung bestehen: 1. Schärfere Bündelung der Sendewelle in der Vertikalebene, um die Anzahl der verschiedene Wege einschlagenden Strahlen zu verringern, 2. Anwendung kürzerer Wellen, bei denen ein rascher abklingender Nachhalleffekt zu erwarten sei. Bei Versuchen mit $\lambda \sim 16$ m zwischen England und Kanada betrug die Nachhalldauer nur $^1/_5$ derjenigen mit $\lambda \sim 22$ m. (Diese Beobachtung konnte auf der Strecke Nauen—Buenos Aires leider nicht bestätigt werden. Der Verf.)

stellt ein Photogramm dar, das auf der genannten Linie im Januar 1929 unter Durchschnittsverhältnissen übermittelt wurde. Die Leistung des MW-Gerätes betrug hierbei 38 cm^2/min bei gleichfalls 40 Zeilen/cm.

Über das WZ-Gerät ist bisher wenig bekannt geworden. Die hohe Abtastgeschwindigkeit (vgl. Tab. 19), die in der diesbezüglichen Veröffentlichung von V. K. Zworykin[1] angegeben wird, erscheint nur auf besonders hochwertigen Leitungen durchführbar. Zu den wesentlichen Zügen der Apparatur gehört am Bildgeber die Anwendung einer Abtastoptik, die dem auf S. 23 beschriebenen Ellipsoid ähnelt. Die von dem scharf belichteten Bildpunkt zerstreuten Strahlen werden durch ein reflektierendes Paraboloid, in dessen Brennpunkt die Streustelle liegt, parallel gemacht und sodann durch einen unter 45° geneigten Spiegel auf die seitlich angeordnete Photozelle geworfen. Der dem Bilde zugeführte Lichtkegel durchsetzt eine Aussparung des schrägen Ablenkspiegels. Beim Empfänger wird eine Heliumglimmlampe verwendet. Diese kann durch die ankommenden Zeichen im positiven oder negativen Sinne gesteuert und so nach Belieben zur Umkehrung des gesendeten Bildes ausgenutzt werden, so daß bei normaler Reflexionsabtastung ohne Kompensation unmittelbar ein Positiv auf lichtempfindlichem Papier erhältlich ist. Zur örtlichen Synchronisierung dienen Stimmgabeln von 70 Hz. Die langsamen Abweichungen ihrer Frequenz werden beim Empfänger durch eine vom Sender gesteuerte magnetische Kupplung ausgeglichen, die während des Durchganges der Aufspannleiste durch die Belichtungszone den Anfang der neuen Zeile korrigiert. Die von Zworykin verwendete Photozelle besitzt eine Einatomschicht von Zäsium auf Magnesium und ist mit Argon gefüllt. Die Glimmlampe benötigt 15 mA bei 400 V.

Abb. 324. Neues Sende-Empfangs-Bildgerät von M. Wright (Marconi Co.).

Das F-Gerät ist hauptsächlich für Bildrundfunk gedacht und daher in sehr einfacher und billiger Weise ausgeführt (Uhrwerksantrieb). Am Sender wird Durchleuchtungsabtastung eines transparenten Negativs benutzt, wobei die optische Anordnung an diejenige des ATT-Systems erinnert. Der Empfänger schreibt mit Hilfe eines leicht auf die Trommel gedrückten Stiftes elektrochemisch auf Fließpapier, das mit Jodstärkelösung durchfeuchtet ist. Zu seiner phasenrichtigen Intritthaltung dient eine durch ein Vorrelais in Tätigkeit gesetzte Magnetkupplung, die durch ein Zeichen vom Sender her bei jeder Umdrehung

[1] Zworykin, V. K.: Proc. Inst. Radio Eng. Bd. 17 (1929) S. 536—550.

neu erregt wird und die Schreibtrommel in einer bestimmten Lage starr mit dem weiterlaufenden Friktionsantrieb verbindet (Start-Stop-Methode, vgl. Kap. VI, S. 270). Der Fultograph kann als eine Fortbildung des von Thorne Baker entwickelten Systems angesehen werden, dessen mechanischer Aufbau, ähnlich demjenigen des Bildtelegraphen von M. Dieckmann, gleichfalls mit den primitivsten Mitteln erfolgte. Dieses Vorläufergerät arbeitete, wie anfänglich auch der Fultograph, noch mit Kontaktabtastung einer nach dem Chromgelatineverfahren hergestellten Kupferfolie. Zur Synchronisierung der Bildtrommeln dienten beiderseits Sekundenpendel, die durch Berühren eines Kontaktes bei jedem Ausschlage den neuen Umlauf auslösten. Ein mit solchen Apparaten im Rundfunk übertragenes Fernbild zeigt Abb. 327. Die Qualität ist der mit dem Fultographen erhältlichen nicht wesentlich unterlegen. Sie würde dem gedachten Anwendungszweck genügt haben; jedoch sind bisher alle Versuche in dieser Richtung wirtschaftlich fehlgeschlagen, da sie kein bleibendes Interesse an der Rundfunkverbreitung unbelebter Bilder zu erwecken vermochten.

Abb. 325. Bildübertragung mit dem Marconi-Gerät, Rocky Point—Somerton, 1928. 4 Linien/mm, 53 s/dm².

C. Die Normalisierung für Trommelbildgeräte.

Eine konstruktive Schwäche, die das Zusammenarbeiten von Geräten verschiedener Herkunft bisher meist verhindert hat, ist die Unähnlichkeit der in ihnen vorgesehenen Formate. Bei Kurzwellenbetrieb erscheint es sachlich begründet, möglichst kleine Durchmesser und große Längen der Bildtrommel anzuwenden, um die durch langsame Laufzeitänderungen des Signals bewirkte Schrägstellung der im Urbilde achsenparallelen Striche herabzumindern. Man würde sich dadurch aber zu weit von den gebräuchlichen Maßverhältnissen entfernen. Soweit es sich um die Übertragung von Photographien handelt, wurde die Festlegung von 13 cm × 18 cm oder eines Multiplums dieser Fläche seit jeher als zweckmäßige Anpassung an ein eingebürgertes Format angesehen. Bautechnische Kompromisse führten jedoch stets zu so erheblichen Abweichungen und Willkürlichkeiten, daß es schließlich angezeigt schien, eine internationale Normalisierung anzubahnen. Diese ist dank der Initiative der deutschen Reichspost bereits weit vorgeschritten.

Die Normungsbestimmungen sollen, ohne zwangsweise eine Gleichmachung der absoluten Flächenmaße zu fordern, die Möglichkeit verzerrungsfreien

Zusammenarbeitens von Bildtelegraphen verschiedener Herkunft gewährleisten. Es bedurfte hierzu der Festlegung eines Formatverhältnisses, das durch die Größe 13 cm × 18 cm gegeben ist. Eine gewisse Freiheit gewährt nun den Konstrukteuren der von H. Stahl gemachte Vorschlag, das Gerät hinsichtlich seiner Eignung zum unmittelbaren Verkehr mit genormten Apparaten durch eine einzige Zahl zu kennzeichnen. Wie nämlich eine einfache Überlegung zeigt, genügt es, unter der selbstverständlichen Bedingung synchronen Antriebes der Trommeln, einen konstanten Quotienten von Länge und Breite der Bildzeile vorzuschreiben. Diese Forderung ist erfüllt, wenn der Arbeitsmodul, das Produkt aus dem Trommeldurchmesser d und der Zahl der Zeilen pro Millimeter, unverändert aufrechterhalten wird. Für hochwertige Bildgeräte wurde der Arbeitsmodul 352 angenommen. Dies entspricht bei $d = 66$ mm $5^1/_3$ Zeilen/mm, bei $d = 88$ mm 4 Zeilen/mm. Es ist dann gemäß der oben gemachten Voraussetzung:

$$\frac{88 \cdot \pi}{1/4} = \frac{66 \cdot \pi}{1/5{,}333}.$$

Geräte mit gleichem Arbeitsmodul können also, sofern ihre Umdrehungszahlen exakt übereinstimmen, ohne weiteres miteinander in Verkehr treten, unabhängig vom absoluten Inhalt der Trommelflächen. D. h., das Bild kann beliebig vergrößert oder verkleinert übertragen werden, ohne daß Verzerrungen des Formatverhältnisses entstehen, und die Feinheit der Rasterung bleibt konstant.

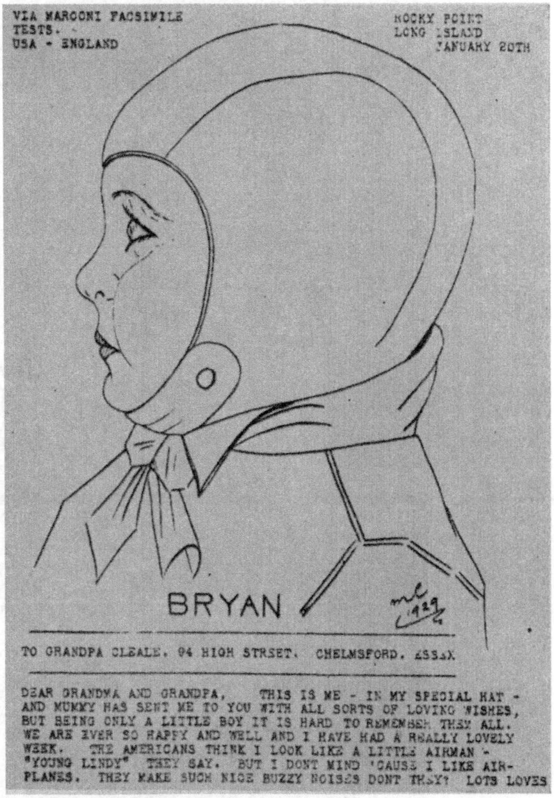

Abb. 326. Bildübertragung mit dem Marconi-Gerät, Rocky Point—Somerton, 1928. 4 Linien/mm, 2,7 min/dm².

Im folgenden sind die wichtigsten Bestimmungen der dem CCIT (Comité Consultatif International des Communications Télégraphiques) vorgeschlagenen Normen wiedergegeben, mit deren baldiger allgemeiner Annahme zu rechnen ist.

1. Bildgröße.

Die Kommission einigt sich über die Annahme der Bildgröße 13 cm × 18 cm, entsprechend einem Zylinderdurchmesser von 66 mm. Die Trommellänge ist wenigstens gleich 2 × 66 mm. Die Breite der Haltefedern darf 15 mm nicht überschreiten.

2. Rasterfeinheit.

Für eine Trommel von 66 mm Durchmesser schlägt die Kommission eine Rasterfeinheit von $5^1/_3$ Linien je Millimeter vor.

Abb. 327. Bildübertragung mit elektrochemischer Schrift, System Thorne Baker, Wien 1927.

3. Umdrehungsgeschwindigkeit des Zylinders.

Die Kommission schlägt eine Umlaufgeschwindigkeit von genau 1 Umdr./s vor; dieser entspricht eine Bildübertragungsgeschwindigkeit von 0,233 dm^2/min.

4. Bestimmung der Trägerfrequenz.

Vorgeschlagen wird eine Trägerfrequenz in der Nähe von 1300 Hz. Diese Frequenz ergibt bei Bildübertragungen auf schwach belasteten Leitungen für ein Frequenzband von $\nu = 1100$ die geringste Phasenverzerrung.

5. Frequenz zum Vergleich des Gleichlaufs der Zylinder.

Die Kommission schlägt die Verwendung eines stroboskopischen Verfahrens vor und die Benutzung einer Vergleichsfrequenz von 1020 Hz. Die Wahl der Synchronisierfrequenzen selbst bleibt frei.

3. Spezialformen für Schnelltelegraphie.

A. Die statistische Natur der Bildmethode.

Lange bevor die durch den Verbreiterungseffekt der kurzen Wellen gezogenen Grenzen der Abtastgeschwindigkeit bekannt wurden, hatte ein Seitenzweig der Entwicklung, abseits von denjenigen Formen der Geräte, bei deren Anwendung die figürlich getreue Wiedergabe bildlicher Vorlagen Selbstzweck ist, sich einer weitgehenden Spezialisierung für reine Buchstabenschnelltelegraphie unter Benutzung der Methode und der trägheitslosen Mittel der Bildübertragung zugewandt.

Hierbei kam es nicht auf vollkommene Reproduktion des senderseits gegebenen Originals, sondern auf die Ausnutzung folgender Vorteile an, die im Wesen der kopiertelegraphischen Abtastweise begründet sind: Im Gegensatz zu den normalen Alphabettelegraphen ist die drahtlose Faksimilierung in bezug auf die Sicherheit der Übermittlung eines Buchstabens bei atmosphärischen Störungen und Schwunderscheinungen nicht vom Ansprechen eines empfindlichen elektromagnetischen Empfangsrelais abhängig. Die als Pseudosignale wirkenden Störungen werden zwar mitgeschrieben, verteilen sich aber über die ganze Abbildungsfläche und können das leserliche Hervortreten des Textes erst bei sehr großer Dichte der parasitären Markierungen gefährden. Das zeitweilige Absinken der Feldstärke unter die Mindestamplitude, dessen Häufigkeit und Länge durch die Verbesserungen der Kurzwellenanlagen allmählich bedeutend reduziert werden konnten, läßt einzelne Zeilen oder Zeilenteile unbeschriftet; erstreckt sich jedoch der Buchstabe über die Breite vieler Schraubengänge der Abtastung, so wird seine Erkennbarkeit durch die entstandenen Lücken kaum beeinträchtigt. Unter gleichen Verhältnissen würde im Morse- oder Fünferalphabet eine der Schwunddauer entsprechende Reihe von Zeichen vollständig ausfallen, da ihre Elemente einmalig als Kombination von unmittelbar aufeinander folgenden Stromschritten gesendet werden.

Bei den vorstehenden Überlegungen zeigt sich der statistische Charakter der Bildtelegraphie. Auf diese Eigenart hat der Verfasser zum erstenmal in der Festschrift „25 Jahre Telefunken", S. 85f. (Berlin 1928) hingewiesen[1]. Der Vorläufer des heute immer mehr an Bedeutung gewinnenden statistischen Prinzips in der drahtlosen Sendung war das Wiederholen des Telegrammes zum Zwecke, Verstümmelungen durch okularen Vergleich der betreffenden Abschnitte aufklären zu können. Dieses primitive Verfahren ist von dem französischen Ingenieur Verdan in geistvoller Weise automatisiert und mit Hilfe des Baudot-Apparates in den Funkverkehr eingeführt worden. Es hat sich außerordentlich bewährt.

Verdan speichert die Stromschritte des 2- oder 3mal mit konstanten Zeitintervallen getasteten Buchstabens, indem er die dem gleichen Element

[1] Vgl. auch Schröter, F.: Elektr. Nachr.-Techn. Bd. 5 (1928) S. 455.

entsprechenden zeitverschobenen Impulse sukzessive eine Kette von 2 bezw. 3 Kontakten herstellen läßt, über die erst die Einstellung des Druckzeichens erfolgt. Am Baudot-Verteiler mögen nun die irgendeinem Stromschritt der Fünferkombination zugeordneten Schließungszeiten von der Dauer Δt in den Augenblicken $0, t, 2t$ beginnen. t ist $\gg \Delta t$. Ist das Element in der Zeichenkonfiguration besetzt, so wird 3mal Arbeitsstrom gegeben, den der Empfänger, unabhängig von etwa hinzukommender Störenergie, richtig auswertet. Ist das Element jedoch unbesetzt (Trennstrom), so könnte die Kette der Kontakte nur geschlossen werden, falls ausreichend starke Störimpulse gerade in den Intervallen von 0 bis Δt, von t bis $(t + \Delta t)$ und von $2t$ bis $(2t + \Delta t)$ aufträten. Dies entspricht der 3. Potenz eines gegen 1 kleinen Wertes der Wahrscheinlichkeit. Die Wahl eines Fehlzeichens ist also äußerst unwahrscheinlich. Die auf verschiedenen Funklinien angestellten Versuche haben die Richtigkeit der vorstehenden Überlegungen bestätigt[1].

Das Verfahren von Verdan ist statistisch, weil es die Gesetze der Wahrscheinlichkeitstheorie benutzt, um die zeitlich ungeordneten Pseudosignale unschädlich zu machen. Was nun zu diesem Zwecke bei dem Baudot-Telegraphen oder äquivalenten Apparaten nur durch Zuhilfenahme vielgliedriger elektromechanischer Zusatzeinrichtungen für die selbsttätige Wiederholung und Speicherung der Stromschrittkombinationen erreicht werden kann, bewirkt die Schraubenlinienabtastung einer Bildvorlage in denkbar einfachster Weise von selbst. Die Flächenelemente einer Buchstabenfigur werden nicht sämtlich nacheinander, sondern gruppenweise mit längeren Zwischenpausen übertragen, wobei die Periode dieser von der Zeichengestalt abhängigen Gruppen durch die regelmäßige Wiederkehr des Geberlichtpunktes an dem betreffenden Orte der Trommel bestimmt ist. Mit dieser Wiederholung ist ein photographisch resultierender Speicherungseffekt verbunden: Die Störungen rufen im Empfangsbilde einen geringeren Mittelwert der Schwärzung hervor, als eine wirkliche, bei jedem Durchgang durch die Abtastzone Impulse liefernde Dunkelstelle der Sendevorlage. Hierauf beruht die Selektion der Buchstabenform durch das Auge.

Eine Erweiterung des statistischen Prinzips hat der Verfasser in Gestalt des „Zeilensprunges“ vorgeschlagen[2]. Wie bereits bemerkt, dürfen durch Absinken der Signalstärke im Bildphotogramm 1 oder 2 benachbarte Lichtpunktbahnen ohne Nachteil für die Lesbarkeit ausfallen. Wir denken uns die Zeilen in ihrer natürlichen Folge nummeriert mit 1, 2, 3f. Es sollen nun mit Hilfe einer in gleichmäßigen Intervallen springenden Repetierabtastung, etwa in der Folge $1, 4, 7 \ldots p$; $2, 5, 8 \ldots (p+1)$; $3, 6, 9 \ldots (p+2)$, nebeneinander liegende Zeilen nicht unmittelbar nacheinander übertragen werden, sondern in Zeitabständen, die [im gewählten Beispiel bestimmt durch die Dauer von

[1] Vgl. Schröter, F.: Das statistische Prinzip in der drahtlosen Telegraphie. Telef.-Ztg. Nr. 54 (1930) S. 28f. Sind positive und negative Störungen vorhanden, d. h. sowohl Arbeits- als auch Trennstrom vortäuschbar, so versagt das ursprüngliche Prinzip von Verdan. Negative Störungen atmosphärischer Herkunft sind bei langen Wellen beobachtet worden; bei kurzen Wellen bilden ihr Äquivalent die Schwunderscheinungen. Eine Abhilfe bietet im Falle beider Störungsarten das in der vorstehenden Veröffentlichung beschriebene erweiterte Wiederholungsverfahren (D.R.P. Nr. 537380 vom 9. VI. 1928; Erf. F. Schröter).

[2] D.R.P. Nr. 484 765 vom 22. V. 1927 und Zusatzpatent Nr. 514 896 vom 14. XII. 1927; Erf. F. Schröter.

(p—1)/3 Trommelumläufen] größer sind als die mittlere Schwundperiode. Dann wird es selten vorkommen, daß im Empfang mehr als eine von 2 oder 3 aneinander grenzenden Bahnen ausbleiben. Der Zeilensprung führt gewissermaßen einen Ausgleich, eine Mittelung der Schwärzung herbei, die zwar den Tönungskontrast vermindert, aber trotzdem die Erkennbarkeit der Zeichenfiguren auf der ganzen Bildfläche verbessert. Da jede Zeile nur einmal abgetastet wird, bleibt die Frequenzbandbreite ungeändert.

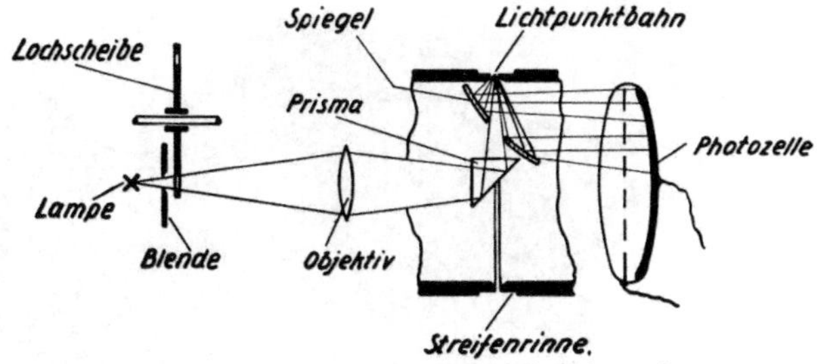

Abb. 328. Prinzip des Faksimile-Streifentelegraphen, Versuchsmodell I.

B. Faksimile-Schnelltelegraph für endlose Schmalstreifen.

Die zweckmäßigste Verkörperung des der Bildtelegraphie innewohnenden Wiederholungsprinzips erschien möglich in der Gestalt eines Faksimiletelegraphen mit fortlaufendem, einzeilig beschrifteten Buchstabenstreifen, wie er seit langem bei den elektromechanischen Drucktelegraphen gebräuchlich ist. Diese Ausführung gestattet nämlich einen völlig kontinuierlichen Betrieb, der bei Trommelbildgeräten naturgemäß nicht zu erreichen ist, und beseitigt damit den stärksten Einwand, der vom Standpunkt der Laufzeit des Telegrammes gegen die Faksimilemethode geltend gemacht werden kann. Die Schmalstreifenform erlaubt ferner aus optischen und mechanischen Gründen die Verwirklichung des Zeilensprunges in bequemerer Weise, als eine geschlossene Trommelfläche. Bei Anwendung eines relativ groben Rasters sind bedeutende Übertragungsleistungen erhältlich.

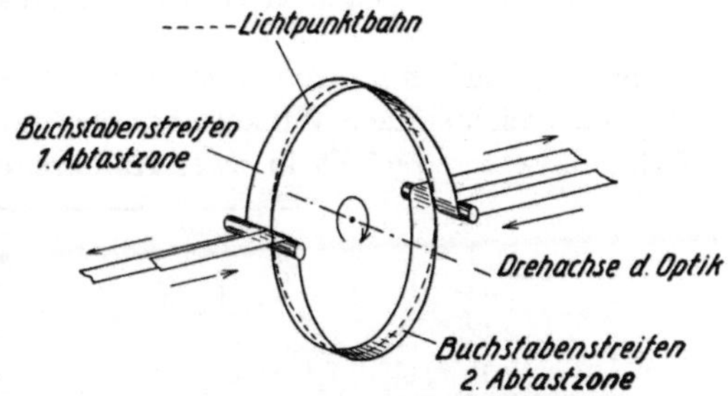

Abb. 329. Prinzip des Schmalbandschreibers mit Zeilensprung, Versuchsmodell I.

Aus mehreren Vorstufen hat sich im Telefunken-Laboratorium zuerst die in den Abb. 328 bis 332 dargestellte Versuchsausführung entwickelt. Synchron rotierende Lichtzeiger beschreiben bei Geber und Empfänger gleichphasige Kreise, indem ein axial zutretender Strahlenkegel (wie in Abb. 328) durch ein auf der Drehwelle befestigtes Reflexionsprisma unter 90° abgelenkt wird und mit seiner Spitze auf die Innenseite eines Zylinders fällt, wo er in einem rundherum eingefrästen Schlitz entlang fährt. Das vom Sendestreifen zurückgeworfene Strahlenbündel wird durch einen mitumlaufenden Hohlspiegel auf die feststehende Photozelle geleitet. Der zum

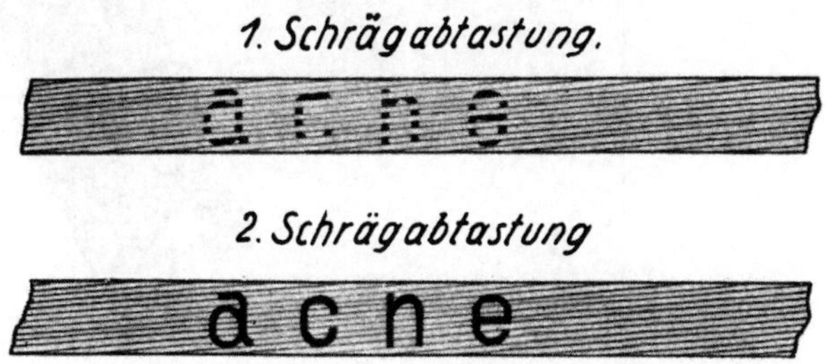

Abb. 330. Prinzip der Zeilensprungabtastung.

Empfänger übertragene Bildstrom steuert die Helligkeit des photographischen Schreiblichtpunktes mittels Kerr-Zelle. Längs einer Rinne geführt, schraubt das

Abb. 331. Sendeapparatur des Faksimile-Streifentelegraphen, Versuchsmodell I.

Papierband sich mit nach innen gekehrter Schrift bezw. Bromsilberschicht in einem ziemlich spitzen Winkel über den umlaufenden Lichtpunkt hinweg[1]. Die Bahn desselben zerfällt in zwei Halbkreise, die verschiedene Abschnitte des

Abb. 332. Empfangsapparatur des Faksimile-Streifentelegraphen, Versuchsmodell I.

Streifens bestreichen. Abb. 329 zeigt das Zustandekommen, Abb. 330 den Erfolg dieser beiden Zeilensprungabtastungen, zwischen denen eine beliebig wählbare Zeitdauer liegt. Die im oberen Teile ausgelassenen Linien werden beim Passieren der zweiten Halbkreiszone nachgeholt. Die schräge Zeilenrichtung wirkt stark verteilend auf die Mitregistrierung von atmosphärischen Störungen. In Abb. 331

[1] D.R.P. Nr. 514 897 vom 7. II. 1928, Erf. F. Schröter.

und 332 sieht man die fertigen Versuchsmodelle für Senden und Empfangen. Man erkennt vorn die Schleife des Telegrammstreifens, deren einstellbare Länge den Zeilensprung bestimmt.

Abb. 333. Faksimile-Streifentelegraph. Prinzip der Zerlegung mit Zeilensprung. 1 Telegrammstreifen. 2 Lichtschlitz. 3 Schrägspalt.

In Anbetracht der Komplikation der hierzu notwendigen Papierführung wurde bei einer Neukonstruktion hauptsächlich die Vermeidung störender Verwindungen und Reibungsflächen angestrebt. Abb. 333 veranschaulicht das diesem Zwecke angepaßte Zerlegungsverfahren. Beim Sender wird ein durchscheinender, lichtundurchlässig bedruckter Streifen 1 vorausgesetzt. Quer über diesen erstreckt sich ein intensiv erhellter Spalt 2. Ein davor verschobener schräger Schlitz 3 gibt, als Blende wirkend, Punkt für Punkt der beleuchteten Zeile nacheinander für den Strahlendurchtritt zur Photozelle frei, während der Streifen unterdessen um die Breite des Spaltes 2 weiterwandert. Abb. 334 zeigt die Ausführung des Gerätes für zweimaligen Zeilensprung. Im Mittelpunkt des umlaufenden Zerlegers sitzt eine Glühlampe mit zur Drehachse parallelem Faden 1, der durch Zylinderlinsen 2, 3, 4 an drei Stellen gleichen Abstandes (a, b, c) der Peripherie als Lichtband abgebildet wird, entsprechend dem Spalt 2 in Abb. 333. Dicht vor dem Telegrammstreifen 5 rotiert in der Ebene des Fadenbildes die Schrägschlitztrommel 6, der die in der Abb. 333 schematisch dargestellte Auflösung der beleuchteten Querzeilen obliegt. Die Gesamtzahl der auf 360° verteilten Schlitze ist ein Vielfaches von 3, und ihr Abstand (vgl. Abb. 333) sowie die Lage der Zerlegerzonen sind so gewählt, daß die Abtastung in zyklischer Vertauschung bei a, b, c abwechselt. Während eines solchen Zyklus schreitet der Streifen um die Breite dreier Querzeilen fort. Die Ströme der alternierend vom durchfallenden Lichte getroffenen Photozellen 7, 8, 9 werden einem gemeinschaftlichen Verstärker zugeleitet und zur Sendersteuerung benutzt. Beim Empfänger wird nicht mehr photographisch

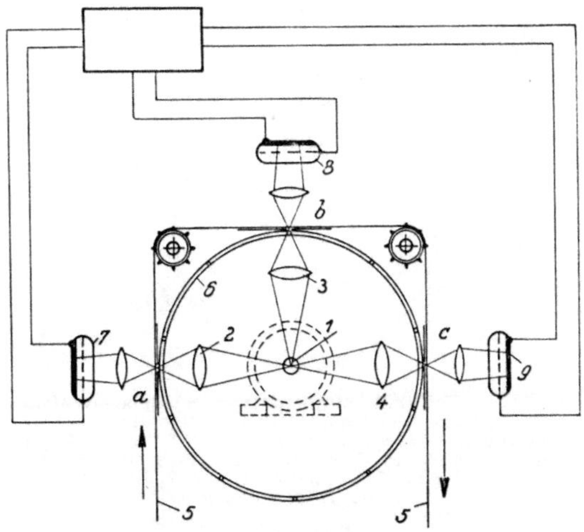

Abb. 334. Faksimile-Streifentelegraph. Geber mit zweimaligem Zeilensprung, Versuchsmodell II. 1 Faden-Glühlampe. 2—4 Zylinderlinsen. a, b, c Abtastzonen. 5 Telegrammstreifen. 6 Schrägspalttrommel. 7—9 Photozellen.

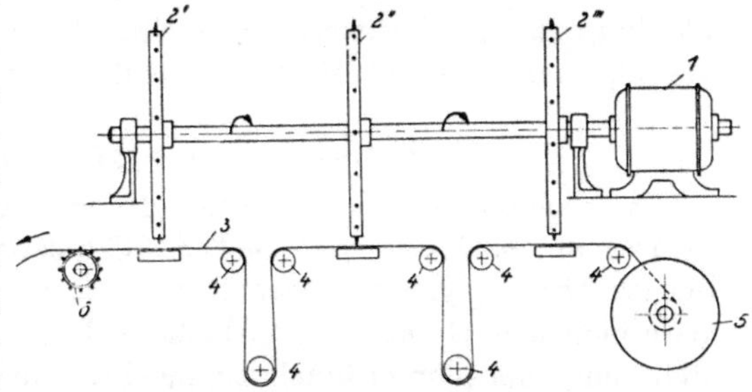

Abb. 335. Faksimile-Streifentelegraph. Elektrochemischer Schreibempfänger. 1 Motor für Synchronantrieb. 2′, 2″, 2‴ Spitzenräder. 3 Telegrammstreifen. 4 Führungsrollen. 5 Vorratsrolle. 6 Vorwickelrolle.

gearbeitet, sondern es werden drei synchron und in Phase laufende Räder 2′, 2″, 2‴ mit Spitzen am Umfange quer über einen elektrochemischen Registrierstreifen 3 aus widerstandsfähigem Spezialpapier hinweggeführt (Abb. 335, Verfahren von W. Ludenia). Die als Schreibkontakte dienenden Spitzen sind so gegeneinander versetzt und die Räder durch solche Abstände getrennt, daß der Zeilensprung mit demjenigen am Geber räumlich und zeitlich übereinstimmt. Zu diesem Zwecke müssen die beiden Papierbänder ebenso genau im Gleichschritt bewegt werden wie die rotierenden Organe, was durch eine Randperforation gesichert wird. In Abb. 335 bedeuten noch: 1 den Synchronmotor, 4 die Führungsrollen, 5 die Vorrats-, 6 die Vorwickeltrommel für den Empfangsstreifen.

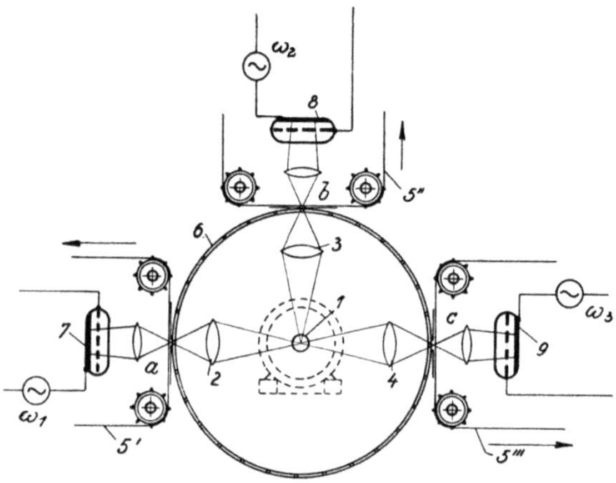

Abb. 336. Faksimile-Streifentelegraph. Geber in Mehrfachtelegraphie-Schaltung. 1 Fadenglühlampe. 2–4 Zylinderlinsen. *a*, *b*, *c* Abtastzonen. 5′ 5″ 5‴ unabhängige Telegrammstreifen. 6 Schrägspalttrommel mit verdreifachter Spaltzahl. 7–9 Photozellen. 1, 2, 3 Generatoren für die Trägerfrequenzen.

Wir haben hier Modelle eines Schnelltelegraphen für Leistungen bis zu 500 Wörter/min vor uns, der den Vorgang der Fernabbildung einer Buchstabenreihe im Wege der Schraubenlinienabtastung nicht als eigentlichen Zweck, sondern als statistisches Übertragungsprinzip zur Unschädlichmachung von Störungen und Schwundperioden benutzt. Seine einzigen Nachteile sind die außerordentlich hohen Anforderungen an den Synchronismus der Stationen, bedingt durch die beim Zeilensprungverfahren bedeutend gesteigerte Auswirkung von Abweichungen der Taktgeber, und die Inanspruchnahme eines wesentlich breiteren Frequenzbandes im Vergleich mit den üblichen Drucktelegraphen. Denn selbst die gröbste bildliche Wiedergabe des Buchstabens verlangt 5- bis 15mal mehr Impulse als ein mit Fünferzeichen arbeitendes System. Dieser Umstand schien allerdings im Funkbetriebe angesichts der verfügbaren ausgedehnten Kurzwellenbänder seinerzeit nicht entscheidend zu sein.

C. Umstellung auf Parallelbetrieb.

Ehe noch die Durchkonstruktion des in Abb. 334 und 335 veranschaulichten Gerätes abgeschlossen war, ließen Bildübertragungen zwischen Nauen und Buenos Aires (Tageswelle etwa 15 m, Nachtwelle etwa 26 m) die zunächst unüberwindlichen Grenzen der Abtastgeschwindigkeit erkennen. Um den Verbreiterungseffekt unschädlich zu machen, durfte der schreibende Lichtpunkt während der Dauer des elektrischen Nachhalls (z. B. 0,6 ms) höchstens etwa die Länge eines Rasterelementes (z. B. 0,2 mm) durchmessen. Da nun der geschilderte Faksimile-Streifentelegraph zur Erreichung der genannten Wortleistungen oder auch nur von Bruchteilen derselben eine viel rascher fortschreitende Zerlegung der Punktfolge erfordert, schien die Grundlage seiner ursprünglich gedachten Verwendung durch das Mehrwegphänomen der kurzen Wellen erschüttert. Die

Weiterentwicklung des Gerätes wurde daher vertagt, bis geklärt sein wird, ob die heutige Höchstfrequenz der Tastung wesentlich überboten werden kann.

Selbst aber, wenn die Erfolge in dieser Richtung gering sein sollten, wäre ein Apparat nach Abb. 334 und 335 durch seine Anpassungsfähigkeit von bleibendem Werte. Die Entdeckung des Verbreiterungseffektes hat nämlich, wie auf S. 139 ausgeführt wurde, die Aufgabe gezeitigt, zur langsamen Simultanübertragung mehrerer Bildzeilen oder Bilder auf gleicher Trägerwelle nach den Methoden der mit getrennten Niederfrequenzkanälen arbeitenden Tontelegraphie überzugehen. Prinzipiell können dadurch, unter Voraussetzung genügender Sendeleistung, die als Rentabilitätsgrundlage einer Faksimileschnelltelegraphie anzunehmenden Wörterzahlen (als Summe der übermittelten Teilzahlen) wieder eingebracht werden. (Was selbstverständlich nichts an dem für gleiche Telegraphierleistung konstant gegebenen Frequenzbandverhältnis der Bild- und der Codemethode ändert.) Wir denken uns in Abb. 334 die Zerlegertrommel 6 mit verdreifachter Schlitzzahl versehen. Durch die Zonen *a*, *b*, *c* (Abb. 336) werden nunmehr drei voneinander unabhängige Telegrammstreifen gesandt, die ebenso wie 6 mit einem Drittel der früheren Geschwindigkeit laufen. Entsprechend wird die Benutzung des Empfangsschreibers nach Abb. 335 modifiziert. Damit ist die Anpassung an die neue Aufgabe vollzogen. Für jede der drei gleichzeitig stattfindenden Übertragungen ist dann natürlich ein besonderer Niederfrequenzkanal erforderlich. Hierzu kann man z. B. hinreichend verschiedene Frequenzen ω_1, ω_2, ω_3 als Saugspannungen an die Photozellen 7, 8, 9 legen.

II. Die Fernseher.

Von

Fritz Banneitz.

1. Übersicht der ausgeführten und bekannt gewordenen Fernsehapparaturen.

Vielfach findet man die Anordnungen für Fernsehen nach dem Namen ihrer Erfinder oder Konstrukteure als „Systeme" bezeichnet, obgleich sie häufig sowohl in der grundsätzlichen Wirkungsweise als auch in der Verwendung einzelner Bauelemente weitgehend übereinstimmen. Zur Bildzerlegung und -zusammensetzung dienen meist Nipkow-Scheiben oder Spiegelräder, zur Umwandlung der Helligkeitstönungen in Stromwerte auf der Sendeseite allgemein die Photozelle. Als Lichtquelle auf der Empfangsseite sehen wir in Verbindung mit der Nipkow-Scheibe die Flächenglimmlampe angewendet, während im Zusammenwirken mit dem Spiegelrad zumeist eine Punktglimmlampe, bei Telefunken-Karolus und bei E. F. W. Alexanderson auch die Kerr-Zelle benutzt wird. Der Gleichlauf zwischen Sender und Empfänger wird entweder durch Anschluß an ein gemeinsames Wechselstromnetz oder durch örtliche Synchronisierung erreicht. Im letzteren Falle findet häufig noch eine Korrektur des Gleichlaufes durch die Zeilenfrequenz des Bildstromes statt (vgl. Kap. VI). Grundsätzlich abweichend hiervon sind nur die Anordnungen mit Braunscher Röhre aufgebaut.

Im folgenden sind die Hauptmerkmale der von den einzelnen Firmen bezw. Erfindern in letzter Zeit vorgeführten Fernsehapparaturen zusammengestellt.

A. Anordnungen mit mechanischen Bildzerlegern.

a) Denes v. Mihály und Telehor A. G. (Tekade, Nürnberg).

Auf der 5. Großen Deutschen Funkausstellung im Herbst 1928 zeigte D. v. Mihály[1] zum ersten Male öffentlich seinen Fernseher im Betriebe. Es wurden damit Schattenbilder einfacher Gegenstände und Diapositive einzelner Köpfe leidlich erkennbar wiedergegeben; das Bild bestand aus 900 Rasterelementen, die Bildfolge betrug etwa 10/s. Zur Zerlegung dienten bei diesem und bei den späterhin gemeinsam mit der Telehor A. G. entwickelten Geräten Nipkow-Scheiben mit quadratisch ausgestanzten Löchern; auf der Empfangsseite wurde dementsprechend als Lichtquelle eine Glimmlampe mit flächenförmiger Kathode benutzt.

[1] Über die Vorarbeiten zur Schaffung seiner Apparatur berichtet v. Mihály in seinem Buche: Das elektrische Fernsehen und das Telehor. Berlin: M. Krayn 1926.

Zur Aufnahme der vom deutschen Reichspostzentralamt (R.P.Z.) über den Berliner und den Zeesener Rundfunksender ausgestrahlten Fernsehdarbietungen wurde der in Abb. 337 dargestellte Amateurempfänger durchgebildet, der entsprechend einer vorläufigen Normung für 1200 Rasterelemente und 12,5 Bildwechsel/s eingerichtet ist (Bildhöhe : Bildbreite wie 3 : 4, Zeilen horizontal). Diese Empfängertype ist mit automatischer Synchronisierung ausgerüstet, d. h. der Gleichlauf wird durch ein phonisches Rad aufrechterhalten, das von einem Röhrengenerator (375 Hz) betrieben wird. Letzterer wird wiederum durch die im Bildstrom enthaltene Zeilenfrequenz (ebenfalls 375 Hz) mitgenommen. Der gesamte Strombedarf des Gerätes wird von einem Wechselstrom-Netzanschlußgerät geliefert.

Abb. 337. Rundfunk- und Fernsehempfänger der Telehor A.G.

Weiterhin wurden von der Telehor A.G. Linsenkranzempfänger und Apparaturen mit höherer Rasterzahl ($\varrho \sim 2000$) hergestellt[1]. Ebenso wurden Versuche ausgeführt mit der von F. v. Okolicsányi[2] angegebenen Spiegelschraube als Bildzerleger; einen solchen Empfangsapparat zeigt Abb. 338. In letzter Zeit sind diese mit Spiegelschraube arbeitenden Apparate durch die Firma Tekade (Süddeutsche Telefon-Apparate-, Kabel- und Drahtwerke A.G., Nürnberg) weitgehend verbessert worden.

b) J. L. Baird und Baird Television Limited.

Die ersten Vorführungen[3] sehr primitiver Fernsehbilder von J. L. Baird fanden 1926 statt. Aus diesen Anfängen heraus wurden in den folgenden Jahren die Apparaturen entwickelt, mit denen seit 1930 regelmäßige Übertragungen durch den Londoner Rundfunksender erfolgen.

Die fernzusehenden Objekte (Personen) werden mittels eines durch eine Nipkow-Scheibe bewegten Lichtstrahles abgetastet. Das von ihnen reflektierte Licht gelangt auf mehrere Photozellen, von denen aus der drahtlose Sender über einen mehrstufigen Verstärker moduliert wird. Für den Empfang werden wiederum Nipkow-Scheiben in Verbindung mit Flächenglimmlampen benutzt. Die Synchronisierung der Empfängerscheibe geschieht durch die Zeilenfrequenz mit Hilfe eines phonischen Rades. Die Abtastrichtung ist vertikal, Bildhöhe: Bildbreite $= 7 : 3$; die Zeilenzahl beträgt 30 und die Rasterzahl $\varrho = 2100$.

Weiterhin wurden von der Baird-Gesellschaft Fernsehsender mit Abtastung durch infrarote Strahlen (Noctovision) sowie ein Tageslichtsender durchgebildet.

[1] Ferns. Bd. 1 (1930) S. 442. [2] Ferns. Bd. 1 (1930) S. 448.

[3] Über die Entwicklung der Fernsehapparate von J. L. Baird vgl. Moseley and Chapple: Television To-Day and To-Morrow. London: Pitman & Sons 1930; ferner die Zeitschrift „Television“.

Letzterer fand gelegentlich auch zur Durchführung von Reportagen Verwendung[1] (Funktionsschema Abb. 53).

Abb. 338. Bildempfänger mit Spiegelschrauben-Zerleger nach F. v. Okolicsányi für 30 Bildzeilen (Tekade).

Zur Erzeugung eines Fernsehbildes, das auch für eine größere Zahl von Zuschauern weithin sichtbar ist, hat Baird einen besonderen Demonstrationsempfänger entwickelt, der im Jahre 1930 verschiedentlich in europäischen Theatern vorgeführt wurde[2]. Dieser Empfänger beruht auf dem Prinzip des Glühlampentableaus (vgl. Kap. II, S. 55, Fußnote 2) und besteht dementsprechend aus einem Feld von 2100 einzelnen kleinen Glühlampen, die durch einen rotierenden Umschalter in rascher zyklischer Folge mit dem Ausgang des Empfangsverstärkers verbunden werden. Abb. 339 zeigt die hierzu benutzte, mit dem Bildzerleger des Senders synchron umlaufende Kommutierungsvorrichtung. Die Glühlampen befinden sich hinter einer Mattglasscheibe, die den diffusen Ausgleich der sonst zu harten Konturen bewirken soll.

Abb. 339. Kommutator zur Umschaltung des Zellenrasters bei einem Glühlampentableau-Empfänger der Baird-Gesellschaft.

c) Fernseh A. G.

In Anlehnung an die von der Baird - Gesellschaft hergestellten

[1] Television Bd. 4 (1931) S. 124 u. 164. [2] Rosen, H.: Ferns. Bd. 1 (1930) S. 457.

Geräte wurden von der Fernseh A. G. gleichfalls Nipkow-Scheiben-Empfänger durchgebildet[1], die für die Aufnahme der von der Deutschen Reichspost ausgeführten Versuchssendungen geeignet sind (vgl. Abb. 340). Diese Apparate zeichnen sich durch besonders sorgfältig gearbeitete Scheiben aus, deren Löchern zur Vermeidung des Hervortretens der Zeilenstruktur sechseckförmige Begrenzung gegeben wurde (vgl. Kap. III, S. 113). Die Synchronisierung erfolgt selbsttätig durch die Zeilenfrequenz.

Abb. 340. Nipkow-Scheiben-Empfänger mit automatischer Synchronisiereinrichtung der Fernseh A. G.

Ferner wurde ein Projektionsempfänger entwickelt[2], der ebenfalls den von der Deutschen Reichspost veranstalteten Fernsehsendungen angepaßt ist. Hierbei wird ein Spiegelrad von 160 mm Durchmesser und 350 g Gewicht verwendet; als Lichtquelle dient eine Punktglimmlampe mit geheizter Oxydkathode der Studiengesellschaft für elektrische Beleuchtung (vgl. Kap. V, S. 240). Die Größe des auf einer Mattscheibe erzeugten Bildes ist 90 mm × 120 mm. In Abb. 341 ist ein ähnlicher Spiegelradempfänger für 60 Zeilen wiedergegeben.

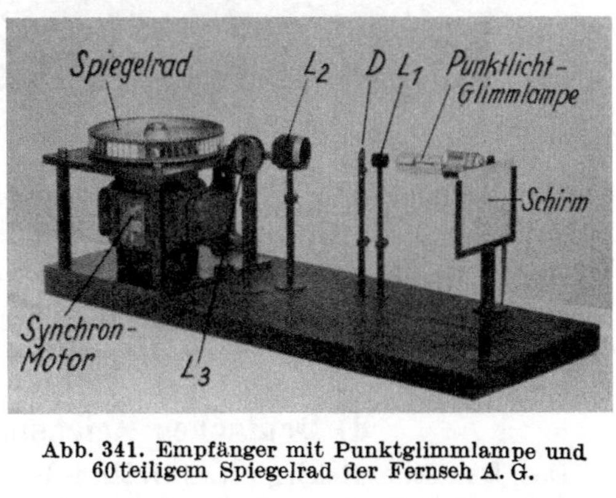

Abb. 341. Empfänger mit Punktglimmlampe und 60teiligem Spiegelrad der Fernseh A. G.

Weiterhin hat die Fernseh A. G. in Übereinstimmung mit den Normen einen Lichtstrahl-Abtastsender[3] zur unmittelbaren Übertragung von Personen durchgebildet, der zeitweise zu Fernsehversuchen über den Rundfunksender Berlin-Witzleben diente (Abb. 342). Der zugehörige Photozellenverstärker besitzt 9 Stufen, die aus einem Netzanschlußgerät gespeist werden.

Schließlich wurden noch Versuche mit einer Apparatur für 10800 Rasterelemente unternommen[4]. Der Bildsender war ein normaler Filmprojektor mit Malteserkreuzgetriebe, durch den das Kinobild auf eine besonders sorgfältig

[1] Ausführliche Angaben bei Schubert, G.: Ferns. Bd. 1 (1930) S. 502.
[2] Ferns. Bd. 1 (1930) S. 444. [3] Ferns. Bd. 1 (1930) S. 438.
[4] Ferns. Bd. 2 (1931) S. 182.

hergestellte Nipkow-Scheibe projiziert wurde (90 Bildzeilen, Bildhöhe : Bildbreite wie 3 : 4; 25 Bildwechsel/s). Auch auf der Empfangsseite wurde mit Nipkow-Scheibe gearbeitet (495 mm Durchmesser), während als gesteuerte Lichtquelle die in Kap. V (S. 238) beschriebene Natriumdampflampe Anwendung fand. Dank deren bedeutender Flächenhelligkeit gelang es, trotz der sich ergebenden sehr kleinen Blendenlöcher von nur 0,135 mm Seitenlänge (auf das quadratische Loch bezogen, während in Wirklichkeit auch hier sechseckige Blenden benutzt

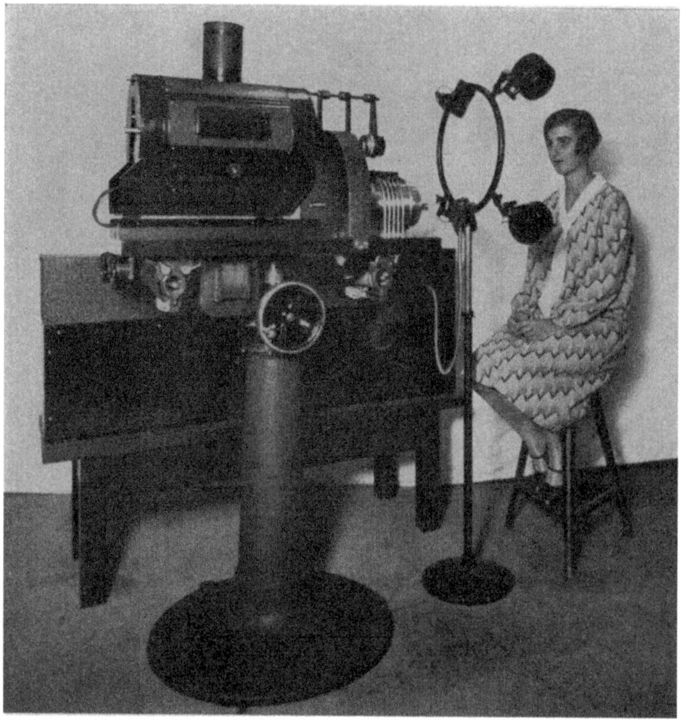

Abb. 342. Personenabtaster der Fernseh A. G.

wurden), genügend lichtstarke Bilder zu erzielen. Entsprechend der hohen Rasterzahl war die Qualität der „im Kurzschluß" übertragenen Darbietungen hervorragend gut, so daß zur Sendung normale Theater-Spielfilme erfolgreich verwendet werden konnten. Neuerdings wurde die Bildgüte durch Steigerung der Rasterzahl auf 19200 (120 Bildzeilen) noch weiter verbessert[1].

d) Deutsches Reichspostzentralamt.

Das Deutsche Reichspostzentralamt beschäftigt sich seit dem Jahre 1926 unter Leitung des Verfassers mit dem Problem des Fernsehens, um über den Entwicklungsstand auf dem laufenden zu bleiben und durch Anregungen und durch regelmäßige Übertragungen den Fortschritt zu fördern. Zu diesem Zwecke wurden Fernkino-Abtastgeräte zusammengestellt, mit denen regelmäßig Versuchssendungen über die Rundfunksender Berlin-Witzleben (seit 1929) und Zeesen

[1] Ferns. Bd. 3 (1932) S. 119.

(Deutschlandsender Königswusterhausen, seit 1930) durchgeführt werden. Diesen Sendungen sind die vorläufigen Normen des Reichspostzentralamtes (vgl. S. 30) zugrunde gelegt, deren Hauptdaten folgende sind: 30 Bildzeilen, 1200 Rasterelemente, 12,5 Bildwechsel/s, Verhältnis von Bildhöhe : Bildbreite wie 3 : 4, Abtastbewegung von links oben nach rechts unten. Den für Berlin-Witzleben benutzten Fernsehgeber zeigt Abb. 343[1].

Weiterhin wurde eine Apparatur für gegenseitiges Fernsehen („Gegensehen") entwickelt, deren technische Daten ebenfalls den erwähnten Normen

Abb. 343. Teilansicht des Fernsehgebers beim Sender Berlin-Witzleben (Deutsches Reichspostzentralamt).

entsprechen (Bildwechselzahl jedoch 20/s). Diese Einrichtung wurde auf der 6. Großen Deutschen Funkausstellung 1929 vorgeführt; späterhin fand sie im Deutschen Museum in München Aufstellung[2]. Abb. 344 läßt den Aufbau einer der beiden Stationen erkennen.

Letzthin wurde mit Übertragungen durch einen Kurzwellensender in Döberitz bei Berlin (Wellenlänge 142,9 m, Strahlungsleistung 5 kW), und zwar mit 48 Zeilen ($\varrho = 3072$) und 25 Bildwechseln/s begonnen. Gleichzeitig gelangte ein zweiter Sender zur Aufstellung, der auf einer anderen Welle den das Bild begleitenden Klang ausstrahlen soll, so daß von dieser Station auch Tonfilme übermittelt werden können. Die Empfangsergebnisse werden hierbei jedoch stark beeinträchtigt durch die bekannten Schwierigkeiten im Empfang kurzer Wellen (Fadings und Interferenzen). Ähnlich geartete Versuche mit einem Ultrakurzwellensender (Wellenlänge 6,75 m) und mit noch weiter erhöhter Zeilenzahl sind in Angriff genommen. Die auf diesem Wege in Berlin bisher erzielten

[1] Eingehende Beschreibung s. Ferns. Bd. 1 (1930) S. 385.
[2] Ferns. Bd. 1 (1930) S. 249.

Übertragungen 60zeiliger Bilder sind recht günstig ausgefallen, weitere Versuche mit 90 Bildzeilen sind in Vorbereitung[1].

Über die im Reichspostzentralamt durchgeführten Untersuchungen des Einflusses der Rasterung auf die Qualität der resultierenden Bilder vgl. S. 465.

e) Karolus-Telefunken.

Die von A. Karolus zusammen mit Telefunken entwickelten Fernsehapparate verwenden vorzugsweise Weillersche Spiegelräder einer besonderen

Abb. 344. Eine der beiden Gegenseher-Stationen im Deutschen Museum zu München (Deutsches Reichspostzentralamt).

Konstruktion als Zerlegerorgane, nachdem anfangs einige prinzipielle Versuche mit Mehrfachlochspiralen unternommen worden waren (vgl. Kap. II, Abb. 30 u. 31). Im Gegensatz zu den Arbeiten der meisten anderen Forscher ging das Bestreben von Karolus von vornherein dahin, eine möglichst hohe Bildgüte zu erzielen, d. h. Bilder mit großer Rasterzahl zu übertragen. Es wurden daher neben Apparaten mit 30 und 48 Zeilen auch solche für 60 und 100 Zeilen erprobt. Als gesteuerte Lichtquelle dient für kleine Empfänger mit beschränktem Bildfeld (etwa 10 cm × 10 cm) die Punktglimmlampe, während für Projektionsempfänger mit größerer Schirmfläche (bis zu 70 cm × 70 cm) die von Karolus entwickelte Optik mit Mehrplatten-Kerr-Zelle (vgl. Kap. V, S. 241) allein in Frage kommt. Ferner wird im Gegensatz zu anderen Anordnungen die Photostromverstärkung nicht unmittelbar bewirkt, sondern es wird hierzu eine Hilfsträgerfrequenz benutzt. Die Verstärkung ist nach diesem Verfahren auch bei hoher Bildrasterzahl, also bei breiten Frequenzbändern, leichter verzerrungsfrei durch-

[1] Krawinkel, G. u. K. Ziebig; Ferns. Bd. 3 (1932) S. 65.

zuführen (vgl. Kap. III und VII). Abb. 345 zeigt den Aufbau einer Sendeapparatur für die unmittelbare Abtastung von Personen. Der von einer Wolframbogenlampe (Leistungsaufnahme ca. 100 W) ausgehende Lichtstrahl wird durch

Abb. 345. Fernsehabtaster mit Spiegelrad und Unterbrecher-Schlitzscheibe zur Erzeugung einer Trägerfrequenz (Karolus-Telefunken).

eine rasch umlaufende Schlitzblendenscheibe zunächst mit hoher Periodenzahl unterbrochen. Hierdurch wird die erwähnte Hilfsträgerfrequenz erzeugt. Der Lichtstrahl gelangt sodann über einen in der Abbildung sichtbaren umlenkenden Planspiegel auf das Weillersche Spiegelrad, von dem aus er reflektiert und über die abzutastende Person hinweggeführt wird. Diese befindet sich auf der im Bilde rechten Seite vor einem Rahmen, der 4 Photozellen enthält, die sämtlich auf einen gemeinsamen Verstärker arbeiten. Abb. 346 gibt einen kleinen Spiegelradempfänger mit Punktglimmlampe wieder, dessen Bildgröße etwa 10 cm × 10 cm beträgt. Einen Projektionsempfänger für eine Schirmfläche von ca. 60 cm × 60 cm zeigt Abb. 347. Bei diesem dient zur Lichtsteuerung die erwähnte Mehrplatten-Kerr-Zelle in Verbindung mit einer kleinen Bogenlampe als Strahlenquelle.

Abb. 346. Kleiner Fernsehempfänger mit Punktglimmlampe und Spiegelrad (Karolus-Telefunken).

f) Jenkins-Television-Corporation.

Die von C. F. Jenkins konstruierten Fernseh-Empfangsapparate[1] verwenden als gesteuerte Lichtquelle eine mit Flächenkathode versehene Glimm-

[1] Vgl. Replogle, D. E.: Radio News Bd. 11 (1930) S. 629; Ref. Ferns. Bd. 1 (1930) S. 83.

lampe und als Zerleger eine zur rotierenden Trommel umgebildete Nipkow-Scheibe mit 4 übereinander liegenden Lochspiralen, von denen jeweils nur eine

Abb. 347. Projektionsempfänger mit Bogenlampe, Kerr-Zelle und Spiegelrad für 48 Bildzeilen (Karolus-Telefunken).

bei jeder Umdrehung freigegeben wird. Zu dieser Umschaltung diente früher (vgl. Kap. II, S. 34) die Kommutierung mehrerer Glimmkathoden in einer Neonlampe; bei dem in Abb. 348 gezeigten neueren Gerät ist für den gleichen Zweck eine rotierende Grobblende mit spiralförmigen Schlitzen vorgesehen. Das Bild besteht aus 48 Zeilen. Zur Zeit sind mehrere zu diesem Zerlegungsschema passende Sender im Betriebe, bei denen die Abtastung durch normale Nipkow-Scheiben erfolgt.

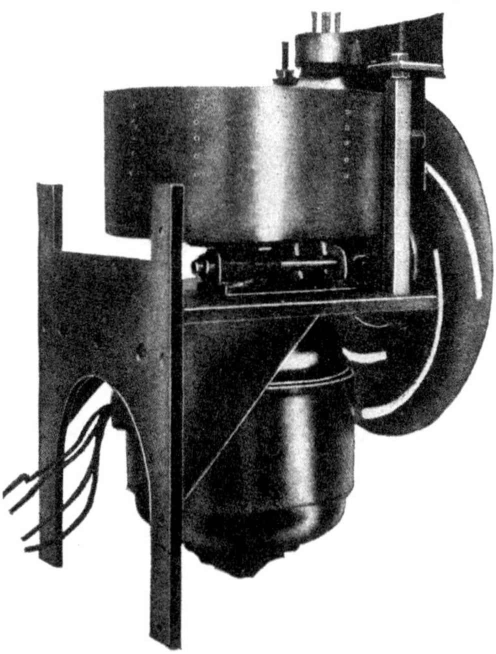

Abb. 348. Fernsehempfänger von Jenkins mit Blendentrommel und Grobzerlegung.

g) Bell-Laboratorium der American Telegraph and Telephone Company.

Unter großem Aufwand an Mitteln hat die Bell-Gesellschaft verschiedene Fernsehapparate im besonderen Hinblick auf Leitungsübertragung und auf das Sehen des Partners beim Gegenfernsprechen durchgebildet. Es werden auch hierbei als die charakteristischen Elemente des Systems Nipkow-Scheiben und Neonglimmlampen mit Flächenkathode benutzt. Um eine starke Belastung der letzteren zu ermöglichen und so eine gesteigerte Leuchtdichte des Empfangsbildes zu erreichen, ist bei den Lampen zum Teil Wasserkühlung der Elektroden vorgesehen. Die Vorführung eines solchen Fernsehers (in

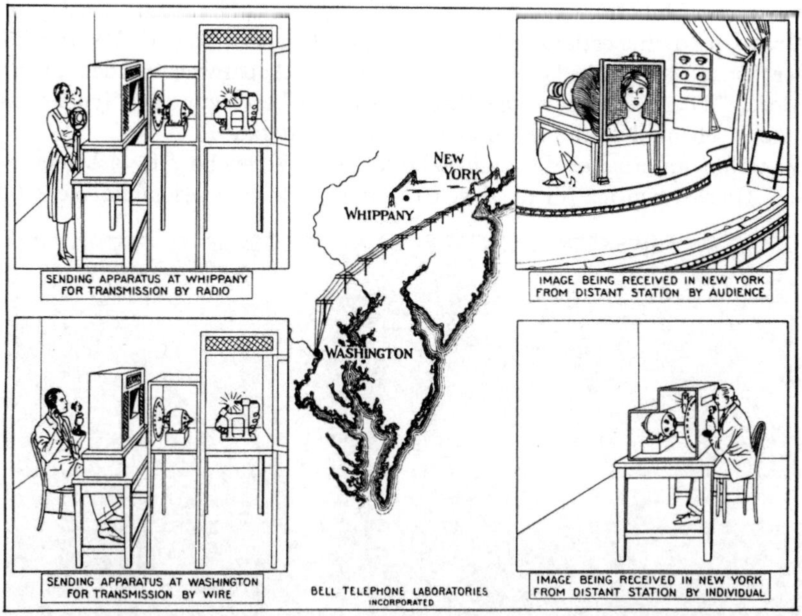

Abb. 349. Schema einer zwischen Washington und New York über eine Drahtleitung durchgeführten Fernsehübertragung. (Mit freundlicher Genehmigung des Bell-Laboratoriums.)

Abb. 350. Kommutator mit Synchronantrieb zur Umschaltung des Glimmzellentableaus eines Demonstrations-Empfängers. (Mit freundlicher Genehmigung des Bell-Laboratoriums.)

einer Richtung) fand schon im Jahre 1927 über eine Freileitung zwischen New York und Washington statt[1]. Hierbei wurden 2500 Bildpunkte 17,7 mal/s übertragen, so daß das Frequenzband eine maximale Breite von 22 kHz besaß. Das Objekt wurde auf der Sendeseite mittels eines bewegten Lichtstrahles abgetastet (Funktionsschema Abb. 54); das reflektierte Licht fiel auf 3 besonders große Photozellen. Abweichend von allen anderen Anordnungen erfolgte die Synchronisierung mit Hilfe von zwei getrennten und besonders übertragenen Frequenzen, von denen die eine der sekundlich übermittelten Bildzahl entsprach (17,7 Hz), während die andere wesentlich höher war (2125 Hz). Hierdurch sollten die Pendelungen des Gleichlaufes besonders klein gehalten werden.

[1] Ausführliche Beschreibung s. Bell Syst. Techn. Journ. Bd. 6 (1927) S. 551.

Außer diesem mit Flächenglimmlampe und Nipkow-Scheibe arbeitenden Fernseher wurde ein Empfänger mit Glimmzellentableau (vgl. Abb. 41 auf S. 55 sowie Abb. 349) und Kommutatorschaltung (Abb. 350) durchgebildet. Die Größe der damit erzielten Bilder betrug ca. 60 cm × 75 cm. Der zugehörige Sender ist in Abb. 351 dargestellt. Mit diesen Apparaten wurden auch auf drahtlosem Wege Versuche ausgeführt, wobei die Übertragung der Synchronisierfrequenzen ebenfalls auf besonderen Kanälen stattfand.

Weiterhin unternahm das Bell-Laboratorium Versuche mit farbigem Fernsehen[1]. Hierbei wurden für die drei Grundfarben je eine besondere Welle bezw.

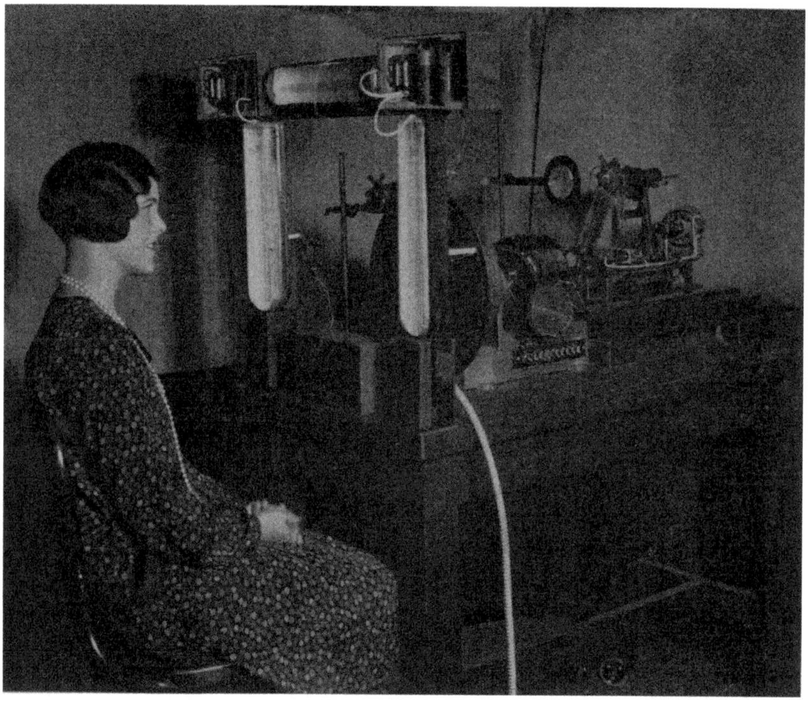

Abb. 351. Fernsehsender für Personenabtastung. (Mit freundlicher Genehmigung des Bell-Laboratoriums.) Man beachte die drei großen zylindrischen Photozellen.

eine besondere Leitung benutzt (vgl. Kap. II, S. 88). Die Trennung der Komponenten auf der Sendeseite geschah mit Farbfiltern und selektiven Photozellen, ihre Zusammensetzung auf der Empfangsseite wurde durch optische Mischung des Lichtes dreier verschiedenfarbiger Glimmlampen mit passenden Edelgasfüllungen unter Zuhilfenahme von vorgeschalteten Korrektionsfiltern bewirkt (Abb. 352; vgl. Kap. II, S. 89).

Seit dem Jahre 1930 wurden Apparate für gegenseitiges Fernsehen mit gleichzeitiger Sprachübertragung durchgebildet, die unter Erhöhung der Bildrasterzahl bis in die jüngste Zeit hinein vervollkommnet worden sind[2]. Mit diesen Apparaten werden Bilder von 5000 Rasterelementen mit 18 Wechseln/s übertragen. Zum Senden und zum Empfangen dienen getrennte Nipkow-

[1] Journ. Opt. Soc. Amer. Bd. 21 (1931) S. 2.
[2] Bell Syst. Techn. Journ. Bd. 9 (1930) S. 448, 470 u. 478.

Scheiben. Vor den Photozellen befinden sich passend abgestimmte Farbgläser, die eine zusätzliche Gelblichtbeleuchtung im Senderaum ermöglichen. Dem Abtaststrahlenbündel ist ein Purpurfilter vorgeschaltet, welches nur blaue und tiefrote Strahlen hindurchläßt, die nicht blenden, aber lichtelektrisch wirksam sind. Dementsprechend werden sowohl Kalium- wie Zäsiumphotozellen verwendet, die sich in größerer Anzahl auf den Wänden der Sprechzelle verteilt befinden. Besonders bemerkenswert erscheint bei diesem Gegenseher, daß in jeder der beiden Kabinen zur Übertragung der Sprache je ein Mikrophon und ein Lautsprecher in solcher räumlichen Anordnung angebracht sind, daß keinerlei akustische Rückkopplung einsetzen kann. Es wird so eine vollkommen ungezwungene Unterhaltung der sich fernsehenden Partner erreicht.

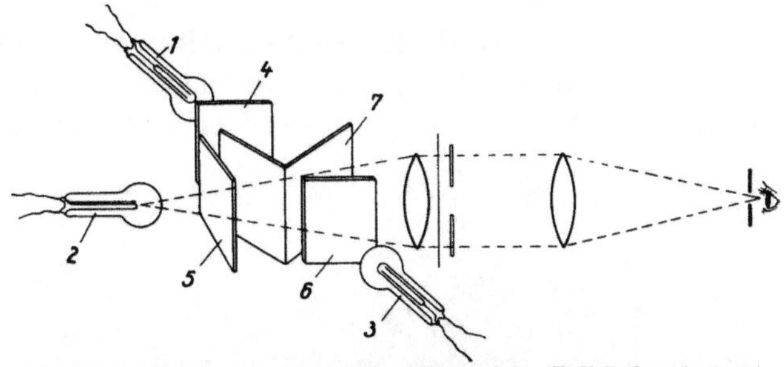

Abb. 352. Empfänger für farbiges Fernsehen (Bell-Laboratorium). 1, 2, 3 Glimmlampen; 4, 5, 6 Farbfilter; 7 halbdurchsichtiger Spiegel.

h) E. F. W. Alexanderson und General Electric Company.

Von E. F. W. Alexanderson sind bei der General Electric Co. verschiedene Fernsehapparaturen mit Nipkow-Scheiben für zumeist 48zeilige Bilder entwickelt worden. Senderseitig wird, analog der Einrichtung des Bell-Laboratoriums, mit Hilfe der Nipkow-Scheibe ein Abtastlichtstrahl über das Objekt bewegt; auf der Empfangsseite wird eine Flächenglimmlampe benutzt. Außerdem wurde von Alexanderson ein großer Projektionsempfänger konstruiert, der als Lichtrelais die Kerr-Zelle nach Karolus und als Zerleger ein Linsenrad

Abb. 353. Projektionsfernseher von Alexanderson mit Kerr-Zelle und Linsenscheibe.

aufweist. Die Größe des erzeugten Bildes ist etwa 2 m × 3 m. Die Übertragung der Bildzeichen fand bei einer Vorführung auf drahtlosem Wege statt (Wellenlänge 139,5 m), wobei die akustische Begleitung ebenfalls drahtlos übermittelt wurde[1]. Abb. 353 zeigt den in einem Theater aufgestellten Demonstrationsapparat.

i) Radio Corporation of America.

Auch die von der R. C. A. durchgebildeten Fernsehgeräte machen zur Bildzerlegung vielfach von der Nipkow-Scheibe Gebrauch. Die Ausführung eines

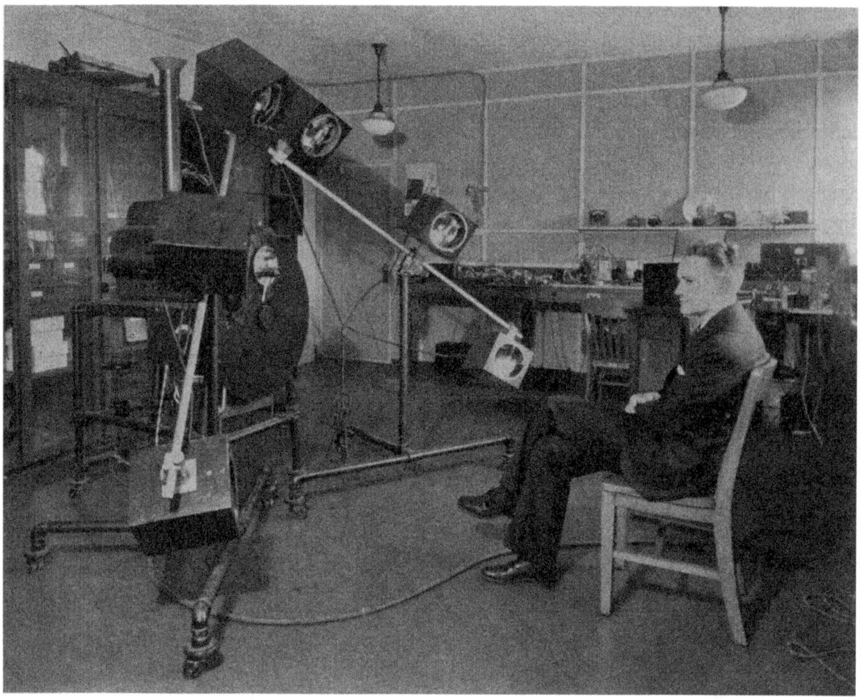

Abb. 354. Abtastsender der Radio Corporation of America.

Personen-Abtastsenders zeigt Abb. 354, die eines Fernkinosenders Abb. 355. Besonders kennzeichnend ist die Verwendung sehr kleiner Photozellen mit monoatomarer Zäsiumschicht, die im Brennpunkt eines sammelnden Hohlspiegels sitzen. Eine größere Anzahl solcher Zellen ist an einem schwenkbaren Gestell befestigt, so daß diese leicht in die jeweils günstigste Lage gebracht werden können. Zum Empfang dienen außer Nipkow-Scheiben auch Spiegelräder besonderer Konstruktion; bevorzugt werden Übertragungen mit 60 Bildzeilen und 20 Bildwechseln/s. Umfangreiche Untersuchungen wurden bezüglich der zur drahtlosen Verbreitung geeignetsten Wellenlängen vorgenommen. Der Plan von D. Sarnoff, in New York zwei Ultrakurzwellen-Fernsehsender in Betrieb zu nehmen, die von dem Dache eines hohen Gebäudes strahlen, ist neuerdings durchgeführt worden. Hierdurch wird eine große Höhe der Antenne erreicht, was für die Erzielung der notwendigen Empfangsfeldstärken auch nach Ansicht der R.C.A. geboten ist. Diese Sender, von denen der eine für

[1] Ferns. Bd. 1 (1930) S. 460.

das Bild, der andere für den Ton benutzt werden soll, sind in dem 420 m hohen Empire State Building (102 Stockwerke) der National Broadcasting Co. aufgestellt. Die Räume für die Fernsehanlagen und für die Maschinen befinden sich im 86. Stock, während die Hochfrequenzteile der beiden Sender im Dachgeschoß untergebracht sind. Die Antennen sind als zwei übereinander angeordnete Dipole an einem auf dem Dache errichteten Mast befestigt. Die Zuführung der Hochfrequenz zu den Dipolen geschieht in einer 60 m langen Kupferrohrleitung von 15 cm Durchmesser. Die Antennenleistung beträgt je 5 kW. Die Wellenlängen beider Sender liegen um 200000 Hz auseinander bei $\lambda \sim 5{,}5$ m. Die Fernsehapparatur arbeitet mit Nipkow-Scheibe und ist für 120 Bildzeilen bei 24 Bildwechseln/s eingerichtet. Als Empfänger sollen hauptsächlich solche mit Braunscher Röhre verwendet werden.

Abb. 355. Fernkinosender der Radio Corporation of America.

k) Short Wave and Television Corporation, Boston.

Diese Gesellschaft hat unter Leitung von Hollis Semple Baird Fernsehapparaturen geschaffen, mit denen bereits regelmäßige Sendungen durchgeführt werden[1]. Als Zerlegerorgan wird ein endloses Stahlband benutzt, in welches die den Zeilen entsprechenden Löcher eingestanzt sind. Die Bildwechselzahl beträgt 20/s, die Bildrasterzahl 4320.

U. A. Sanabria, Chikago, der neuerdings mit der Short Wave and Television Corporation in Interessengemeinschaft arbeitet, hat mit Hilfe einer neuen Intensiv-Glimmlampe eine Apparatur zur Erzeugung größerer Projektionsbilder entwickelt, bei der die Überlappung der Bildzeilen ausgenutzt wird[2].

B. Fernsehgeräte mit Braunscher Kathodenstrahlröhre.

Die Braunsche Kathodenstrahlröhre schien schon seit jeher als Empfänger für Fernsehzwecke besonders geeignet zu sein, da sie die Eigenschaften eines Bildpunktverteilers und eines Lichtsteuerorganes in einfacher Weise in sich vereinigt. Das Fehlen aller mechanisch bewegten Teile und die hierdurch bedingte Lautlosigkeit des Betriebes muß als großer Vorzug gelten. Zudem gestattet die Trägheitslosigkeit des Elektronenbündels ohne weiteres die Verwendung hoher Bildrasterzahlen, wobei nur durch die technisch ausführbare Schirmgröße und durch die bestenfalls erreichbare Striktion des Lumineszenzfleckes eine Grenze gesetzt ist. Die erste wirklich betriebsfähige Fernsehapparatur mit Braunscher Röhre wurde von Dauvillier 1924 zusammengestellt; etwas später (1926) wurde eine solche auch von M. Dieckmann auf der Verkehrsausstellung in München vorgeführt. Es gelang damals, mit dieser Anordnung einfache unbewegte Bilder und geometrische Figuren zu übertragen. In den letzten Jahren ist die Braunsche Röhre von verschiedenen Seiten erfolgreich vervollkommnet worden.

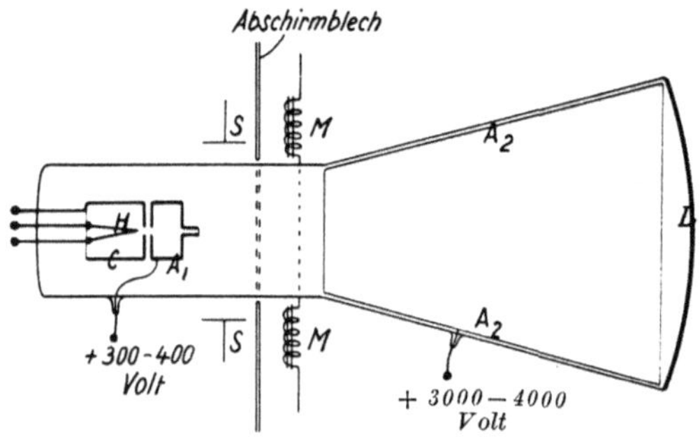

Abb. 356. Empfangsröhre nach Zworykin.

a) Zworykin-Westinghouse-Electr.-Man. Co.

Abgesehen von seinem unausgeführten Vorschlage, das Elektronenbündel auch für die Bildabtastung auf der Sendeseite zu benutzen (Kap. II, S. 61), hat V. K. Zworykin sich um die praktische Durchbildung des Kathodenstrahloszillographen als Fernsehempfänger verdient gemacht. Als Geber wird bei seiner jetzigen Anordnung unter Beschränkung auf Filmübertragung ein Oszillographenspiegel verwendet (vgl. S. 51). Synchron mit dessen Schwingungsfrequenz pendelt der Kathodenstrahl in der Empfängerröhre, während die Fortschaltung der Zeilen durch eine zweite Frequenz mit dem Filmtransport in Tritt gehalten wird (periodische Aufladung eines Querablenkungskondensators). Die Röhre selbst ist in Abb. 356 dargestellt; ihre Funktion findet sich auf S. 65 näher beschrieben[3].

[1] Ferns. Bd. 3 (1932) S. 120.
[2] Ferns. Bd. 2 (1931) S. 270 und Bd. 3 (1932) S. 75.
[3] Ferns. Bd. 1 (1930) S. 175.

b) M. v. Ardenne — S. Loewe.

Das System M. v. Ardenne ist bisher nur in lokaler Übertragung („im Kurzschluß") vorgeführt worden. Die Braunsche Röhre dient sowohl zum Senden wie zum Empfangen. Zwei Kippschwingungen von nahezu rechtwinklig-dreieckiger Kurvenform steuern gleichzeitig und daher notwendig synchron die

Abb. 357. Sendeanordnung für Kinofilme nach M. von Ardenne.

Strahlablenkungen für den beiderseitigen Zerlegungsvorgang. Der Lichtfleck der Senderöhre wird mit Hilfe eines Objektivs verkleinert auf den als Vorlage dienenden Kinofilm abgebildet, hinter dem sich die Photozelle befindet[1]. Der

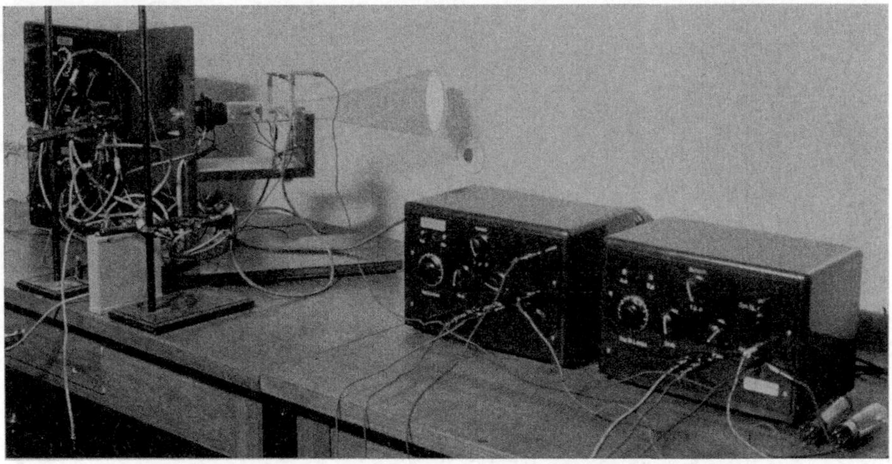

Abb. 358. Empfänger mit Braunscher Röhre nach M. von Ardenne.

verstärkte Photostrom moduliert in der Empfangsröhre die Punkthelligkeit, indem er der die Glühkathode umgebenden Wehnelt-Elektrode zugeführt wird (Konzentrationssteuerung; vgl. Kap. II, S. 72). Den Aufbau der Sendeapparatur zeigt Abb. 357, den der Empfangsapparatur Abb. 358. Die Intensität des leuchtenden Bildfeldes hat sich als so bedeutend herausgestellt, daß auch

[1] Ferns. Bd. 2 (1931) S. 65.

eine Projektion desselben auf einen weißen Schirm oder auf eine Mattscheibe in begrenztem Vergrößerungsverhältnis möglich ist. Abb. 359 zeigt die Photographie eines Empfangsbildes mit etwa 9000 Punkten.

Auch das von R. Thun vorgeschlagene Verfahren der Liniensteuerung (vgl. S. 74 und 147) ist von M. v. Ardenne praktisch erprobt worden. Bei konstanter Intensität des Kathodenstrahles wird hierbei die Abtastgeschwindigkeit derart verändert, daß die dem Bilde entsprechenden Helligkeitstönungen entstehen. In Abb. 360 ist die Versuchsanordnung schematisch dargestellt. Der Kathodenstrahl der Braunschen Röhre B wird durch zwei Kippschaltungsgeräte K_1 und K_2 in bekannter Weise über die Fläche des Fluoreszenzschirmes geführt. Der entstehende Lichtpunkt wird mit Hilfe einer Linse L_1 auf den zu übermittelnden Filmstreifen F abgebildet, den ein Malteserkreuzgetriebe ruckweise fortbewegt. Das durch den Film gelangende Licht wird durch eine Linse L_2 auf die Photozelle Ph gesammelt. Die dort ausgelösten Stromimpulse werden verstärkt und in passender Weise den Kippschwingungsgeräten K_1 und K_2 derart zugeleitet, daß eine der jeweils abgetasteten Bildpunkt-

Abb. 359. Photographiertes Empfangsbild der Braunschen Röhre nach M. von Ardenne.

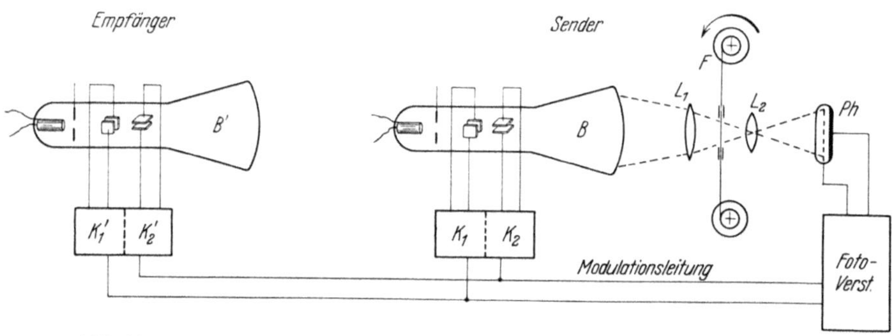

Abb. 360. Prinzipschaltbild einer Kinofilmübertragung mit Liniensteuerung nach R. Thun und M. v. Ardenne.

helligkeit entsprechende Modulation der Ablenkungsfrequenzen resultiert. Die Geschwindigkeit des analysierenden Kathodenstrahles entspricht so stets den Tönungswerten der überlaufenen Rasterelemente, und auf dem Fluoreszenzschirm der Senderöhre wird ebenfalls das abgetastete Bild sichtbar. Die Kippgeräte K_1', K_2' der Empfängerröhre B' werden entweder über eine Drahtleitung oder auch drahtlos denjenigen der Senderröhre parallel geschaltet. Die mit einer solchen Anordnung von M. von Ardenne im Laboratorium erhaltenen Bilder entsprechen in ihrer Güte annähernd solchen, die auf dem klassischen Wege der Helligkeitssteuerung erzielt werden (vgl. Abb. 359). Das Verfahren bleibt jedoch zunächst auf Kinofilmübertragungen beschränkt.

c) Karolus — Telefunken.

A. Karolus und Telefunken befassen sich seit dem Jahre 1926 mit dem Problem der Braunschen Röhre als Fernsehempfänger. Ein wesentlicher Teil dieser Forschung bezieht sich auf die Auffindung einer geeigneten Schirmsubstanz, die trotz hoher optischer Ausbeute genügende Lebensdauer aufweist (A. Schleede und F. Schröter). Die Entwicklung des Steuerverfahrens ist besonders auf die praktischen Verhältnisse der Kurzwellen-Fernübertragung zugeschnitten. Als Sender wird der schon früher beschriebene Spiegelradabtaster verwendet (vgl. S. 453). Die Erzeugung des Zeilenrasters erfolgt entweder nach dem in Kap. II (S. 75) erwähnten Verfahren mit Hilfe einer rotierenden Lochscheibe besonderer Art oder neuerdings durch die Aufladung von Kondensatoren mit dem Sättigungsstrom einer Elektronenröhre bezw. über einen hohen Widerstand. Um stets einen definierten Zeilenanfang zu gewährleisten, wird durch einen streng synchron mit dem Spiegelwechsel am Sender in Tätigkeit tretenden Kontakt oder durch einen eigens hierzu übertragenen Stromimpuls die Kurzschließung des aufgeladenen Kondensators bewirkt. Die Lichtsteuerung geschieht durch elektrostatische Beeinflussung des Elektronenaustritts aus der Kathode. Die bisher angestellten Versuche zeigen die Erreichbarkeit einer Bildrasterung von $\varrho \sim 10\,000$; vorläufig bestehen jedoch noch folgende Nachteile: 1. Vermehrtes Flimmern des Empfangsbildes infolge der großen Helligkeit des (nicht nachleuchtenden!) Schirmmaterials, 2. zu geringe Nutzdauer der Entladungsröhre, bedingt in erster Linie durch Abnahme der Emission der Glühkathode und durch Änderung des Druckes der Gasfüllung, was eine Inkonstanz der Striktion zur Folge hat. Versuche, hierin Abhilfe zu schaffen, sind erfolgreich im Gange.

d) Deutsches Reichspostzentralamt.

Versuche zur Erforschung der Verwendbarkeit der Braunschen Röhre als Fernsehempfänger wurden vom Reichspostzentralamt im Jahre 1931 aufgenommen. Sie erstreckten sich zunächst auf die Entwicklung zuverlässiger Kippschwingschaltungen für die Bewegung des Kathodenstrahles und auf eine Helligkeitssteuerung, welche die Strahlablenkung nicht beeinflußt. Als Sender dienen die üblichen Anordnungen mit Nipkow-Scheibe. Dem Bildstrom werden jedoch noch verstärkte Stromimpulse zwischen den Zeilen aufgedrückt, durch welche die Kippgeräte am Empfänger ausgelöst werden (ausgeprägte Zeilenfrequenz)[1]. Es konnten bereits Fernsehbilder vorgeführt werden, die bei 60 Zeilen angenähert von der gleichen Güte waren, wie solche, die mit mechanischen Bildpunktverteilern erhalten werden.

2. Erfahrungen mit dem elektrischen Fernsehen.

A. Bildformat.

Das Bildformat des Fernsehers paßt man zweckmäßig den zu übertragenden Objekten an, und zwar derart, daß das Bildfeld möglichst ganz von den wichtigsten Teilen des Darbietungsgegenstandes ausgefüllt wird.

[1] Hudec, E. u. E. Perchermeier: Ferns. Bd. 2 (1931) S. 244.

Soll nur das Bild einzelner Köpfe ferngesehen werden, so wählt man am besten ein Hochformat, etwa 3 : 2. Bei zwei Köpfen nebeneinander ist dagegen das Querformat 2 : 3 vorzuziehen. Für die Sendung von Kinobildstreifen ist die Verwendung des normalen Filmformates 3 : 4 am geeignetsten, auch wenn nur Ausschnitte, z. B. der mittlere Teil des Feldes, wiedergegeben werden sollen. Da jedoch für das Fernsehen in Verbindung mit der Übertragung des dazu gehörenden Klanges auch Tonfilme in Frage kommen, dürfte das für diese allgemein eingeführte Verhältnis 5 : 6 die universellste Festsetzung sein, die einerseits dem Bedürfnis nach vorteilhaften Proportionen, andererseits der technischen Entwicklung, die im Fernsehen zur weitgehenden Heranziehung des Tonfilmes drängt, am meisten Rechnung trägt.

B. Bildgüte.

Für die Güte eines Fernsehbildes haben wir kein bestimmtes Maß. Wir beurteilen sie nur relativ zu der eines anderen Bildes. Nach R. Thun[1] wird sie durch drei Größen: Auflösungsvermögen, Helligkeit und Flimmerfreiheit definiert. Jede dieser Größen muß einen bestimmten Mindestwert besitzen, um die Bezeichnungen: gut, erträglich oder erkennbar zu rechtfertigen (vgl. Tab. 3 des Anhanges). Natürlich spielen auch die Abmessungen des Bildfeldes eine wesentliche Rolle.

C. Bildwechsel.

Die Zahl der in 1 s erfolgenden Abtastungen nennt man die Bilderzahl/s oder Bildwechselfrequenz. Sie ist in den voraufgehenden Darstellungen dieses Buches mit n benannt. Der Mindestwert von n, bei dem der Beobachter noch den Eindruck einer zusammenhängenden Bildfläche und der Kontinuität des Sehens hat, ist 10. Hierbei erscheint jedoch das Flimmern unerträglich, während es bei $n = 12{,}5$ noch sehr störend, bei $n = 16$ auffallend, bei $n = 20$ eben bemerkbar und bei $n = 25$ unmerklich ist, sofern die Helligkeit des Bildes gering bleibt (Näheres S. 28). Mit wachsender Helligkeit steigt auch der untere Grenzwert von n. Man ist daher in Deutschland neuerdings zu $n = 25$ übergegangen.

Für diese Entscheidung ist ferner die gebräuchliche Periodenzahl der Starkstromnetze maßgebend, und zwar im Hinblick darauf, daß die Intritthaltung der Zerleger sender- und empfängerseits am einfachsten im Wege des Antriebes durch Synchronmotore geschieht, die an das gleiche Wechselstromnetz angeschlossen sind. Näheres hierüber s. Kap. VI, S. 254. Für ein 50-Hz-Netz (Deutschland) und ein 60-Hz-Netz (Amerika) ergeben sich die mit Synchronmotoren erzielbaren Drehzahlen aus folgender Zusammenstellung:

Polzahl	50 Hz		60 Hz	
	Drehzahl in 1 min	Drehzahl in 1 s	Drehzahl in 1 min	Drehzahl in 1 s
4	1500	25	1800	30
6	1000	$16^2/_3$	1200	20
8	750	$12^1/_2$	900	15

[1] Thun, R.: Ferns. Bd. 1 (1930) S. 452.

D. Bildpunktzahl, Bildgröße und Abstand des Beobachters.

Den Einfluß der Rasterzahl ϱ auf die Güte des Fernsehbildes illustrieren die Abb. 361 bis 365, in denen ein und dieselbe Vorlage in 1200, 2500, 5000, 10000 und 30000 Rasterelemente zerlegt ist. Hierzu wurde eine besondere optische Übertragungseinrichtung konstruiert, die das transparente Originalbild mittels Nipkow-Scheibe so abtastet, daß das vom jeweils wirksamen Lochspalt durchgelassene Licht auf eine Fläche von der Größe des Abbildungsfeldes diffus

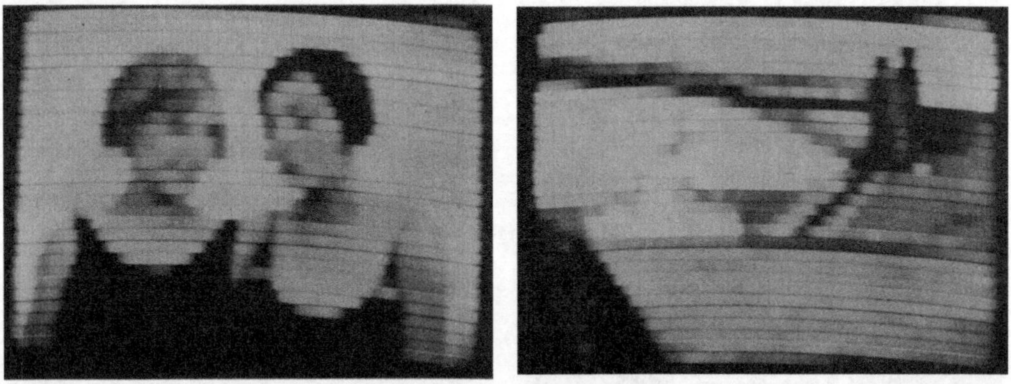

Abb. 361. Fernsehrasterbild, $\varrho = 1200$.

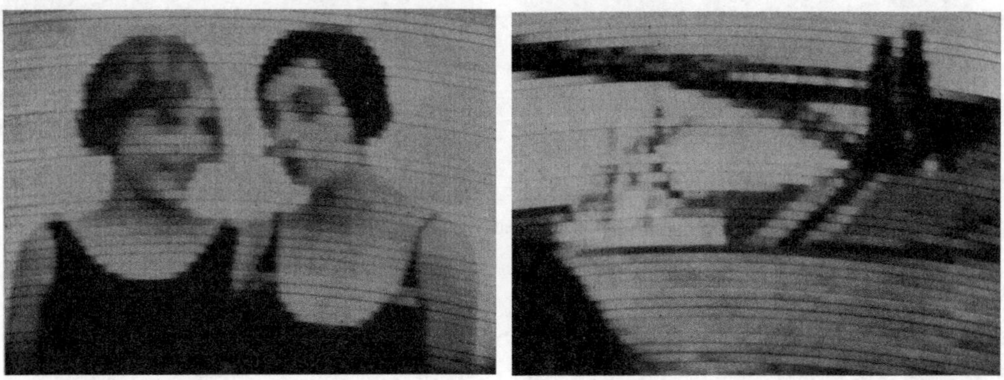

Abb. 362. Fernsehrasterbild, $\varrho = 2500$.

verteilt wird[1]. Die so gewonnene zerstreute Helligkeit kann — wie bei einer Flächenglimmlampe — in einem zweiten gleichartigen Zerlegungsvorgang zum visuellen oder photographischen Aufbau des gewünschten Rasterbildes benutzt werden. Es sind hierbei also die Bedingungen des Fernsehens im optischen Teile nachgeahmt, dagegen die Einflüsse der elektrischen Fortleitung mit ihren Zeitkonstanten eliminiert.

Man würde bei der Betrachtung der Abb. 361 bis 365 geneigt sein, die Auflösung mit 10000 Punkten als ausreichend zu bezeichnen, besonders im Hinblick auf bewegte Darbietungen (vgl. S. 111). Für die Beurteilung sind jedoch außer der Zahl der Rasterelemente noch die Bildfeldgröße und der Abstand des Auges

[1] Vgl. Ferns. Bd. 1 (1930) S. 481.

zu berücksichtigen. Sieht man z. B. die in jenen Abbildungen wiedergegebenen Fernsehbilder aus weiterer Entfernung, so wirken sie gleichwertig; erst beim

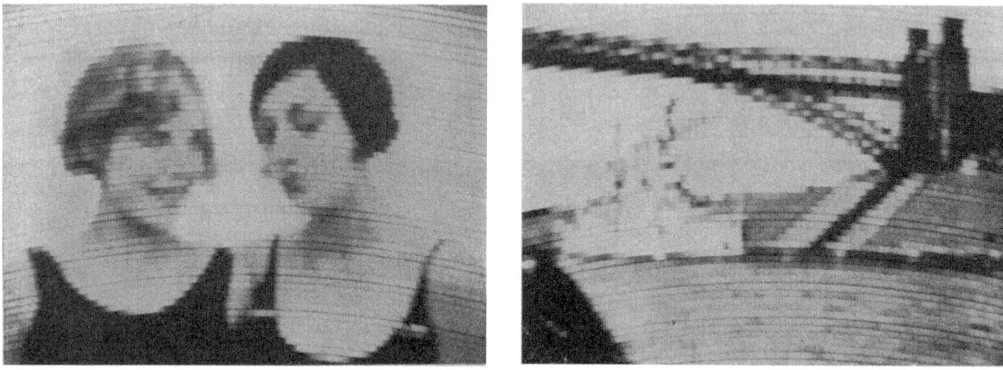

Abb. 363. Fernsehrasterbild, $\varrho = 5000$.

Abb. 364. Fernsehrasterbild, $\varrho = 10000$.

Abb. 365. Fernsehrasterbild, $\varrho = 30000$.

Nähertreten machen sich Unterschiede bemerkbar. Es ist also für jeden Auflösungsgrad eine ganz bestimmte Distanz des Beobachters vom Bildschirm erforderlich, um den optimalen Eindruck zu erhalten. Ist der Abstand zu gering, so stört die Rasterung, ist er zu groß, so entgeht ein Teil der objektiv vorhandenen Einzelheiten der subjektiven Wahrnehmung. Ähnlich verhält es sich mit den absoluten Bildmaßen. Je größer ein Feld bei gleichbleibender Punktzahl ist, desto mehr wächst auch die günstigste Entfernung des Betrachters. Der Zusammenhang dieser Größen läßt sich nach F. Wiedemann[1] durch folgende Gleichung ausdrücken:

$$r = 750 \cdot \left(\frac{q}{k}\right) \cdot \sqrt[6]{E},$$

wobei r den Abstand des Beobachters von der Bildfläche in Meter, k die Zeilenzahl, q die Höhe des Bildes in Meter und E die Beleuchtungsstärke in Lux bedeuten.

E. Bildzerlegung und Abtastrichtung.

Die Zerlegung durch oszillierende Bewegung eines Lichtpunktes (z. B. mit Hilfe schwingender Spiegel oder in der Braunschen Röhre durch Einwirkung einer sinusförmigen Wechselspannung auf den Kathodenstrahl) hat keine praktische Bedeutung erlangt, weil infolge der ungleichmäßigen Geschwindigkeit des leuchtenden Flächenelementes nur der mittlere Teil der von ihm überstrichenen Bildbreite, und zwar unter sehr geringer Ausnutzung der aufgewendeten Lichtintensität, für die Betrachtung brauchbar wäre. Die Steuerung der Zerlegerbewegung durch dreieckförmige Spannungen oder Ströme (vgl. Kap. II, S. 50) ist bisher nicht durchgeführt worden. Ebensowenig haben sich die Vorschläge betreffs Spirallinienabtastung bewährt (Kap. II, S. 52).

Allgemeine Anwendung hat, schon im Hinblick auf den geringsten Störeinfluß von Phasenfehlern, die gleichsinnige Abtastung gefunden, wobei die Bewegungsrichtung meist von links nach rechts und von oben nach unten weist und die einzelnen Zeilen in fortlaufender Zählung aneinander gereiht werden. Versuche, durch ungleichmäßige Zeilenfolge (Zeilensprung) das Flimmern zu verringern[2], hatten keinen Erfolg, im Gegenteil, es traten neue physiologische und psychologische Störwirkungen hinzu (vgl. Kap. III, S. 145). Bei niedriger Bildpunktzahl erhält man eine, wenn auch geringe Verbesserung der Schärfe, wenn die Abtastrichtung senkrecht zu den häufigsten Bewegungen des Darbietungsobjektes steht[3], die in der Horizontalen verlaufen.

Durch teilweise Überlappung der Bildzeilen läßt sich bis zu einem gewissen Grade eine Bildverbesserung erzielen. Hierdurch wird sowohl der störende Eindruck des Zeilenrasters herabgesetzt (vgl. S. 113) als auch die Helligkeit des Empfangsbildes vergrößert. Nach Vorschlägen von E. Hudec[4] und von Sanabria[5] soll eine Erhöhung der Bildgüte auch durch alternierende oder zyklische Verschiebung des Abtastrasters erreicht werden.

F. Synchronisierung.

Für die mechanischen Bildzerleger ist ein motorisch hergestellter Gleichlauf zwischen Sender und Empfänger notwendig. Geringe Pendelungen bis zu

[1] Wiedemann, F.: Ferns. Bd. 2 (1931) S. 12.
[2] Perchermeier, E.: Ferns. Bd. 1 (1930) S. 515.
[3] Schröter, F.: Elektr. Nachr.-Techn. Bd. 6 (1929) S. 442.
[4] Hudec, E.: Elektr. Nachr.-Techn. Bd. 8 (1931) S. 544.
[5] Vgl. Kirschstein, F.: Ferns. Bd. 3 (1932) S. 75.

einigen Prozent der Bildbreite sind noch erträglich. Die im folgenden aufgeführten Synchronisiermethoden haben sich sämtlich bis zu einem gewissen Grade als durchführbar bezw. entwicklungsfähig erwiesen.

a) Synchronisierung am Wechselstromnetz.

Diese Art der Intritthaltung ist entschieden die einfachste und sicherste. Sie kann auch in ausgedehnten Netzen verwendet werden, jedoch machen sich die unvermeidbaren Pendelungen zwischen Sende- und Empfangsmotor um so unangenehmer bemerkbar, je größer die Bildpunktzahl ist. Nach Untersuchungen von G. Schubert[1] kann als Grenze $\varrho = 5000$ angesehen werden; bei höheren Rasterzahlen sind zur Beseitigung des Störeffektes besondere Maßnahmen für den Ausgleich der Pendelungen erforderlich.

b) Örtliche Synchronisierung.

Hierbei muß die Zerlegereinrichtung des Gebers mit möglichst gleichförmiger Geschwindigkeit rotieren. Speist man den Synchronmotor ihres Antriebes aus einer sehr genau geregelten Wechselstromquelle, z. B. aus einem stimmgabelgesteuerten Röhrengenerator (im Prinzip ist auch die Heranziehung von schwingenden Piezoquarzen denkbar), so wird eine Konstanz der Drehzahl von $\pm$ 0,001 % erreicht (vgl. Kap. VI, S. 258f.). Auf der Empfangsseite kann man nun den Synchronlauf auf gleiche Art wie beim Sender herstellen; erfahrungsgemäß sind aber auch primitivere Mittel anwendbar, sofern die Möglichkeit einer von Zeit zu Zeit erfolgenden Nachregulierung gegeben ist. Karolus-Telefunken haben bei ihren Kurzwellen-Fernsehübertragungen Nauen—Geltow zur Intritthaltung des Empfängerspiegelrades einen kleinen selbsterregten Röhrengenerator in erprobter Schaltung benutzt (vgl. Kap. VI, Abb. 175 auf S. 269). Die Gleichförmigkeit der Frequenz dieses verhältnismäßig einfach gebauten Gerätes genügte für den gedachten Zweck bei zeitweiliger Korrektur durch Verstellung der Abstimmkapazität.

c) Synchronisierung durch Zeilenfrequenz.

Die bei der Abtastung des Bildes entstehende, in der übertragenen Stromkurve ausgeprägte Zeilenfrequenz kann empfängerseits dazu dienen, einen örtlichen Röhrengenerator innerhalb seines Mitnahmebereiches mit dem Takte des senderseitigen Zerlegers in Tritt zu halten. Das Fernbild bleibt dann, einmal eingestellt, dauernd in Phase mit dem Urbilde. Es ist vorteilhaft, die Zeilenfrequenz durch ein Filter auszusieben, doch setzt diese Maßnahme die unter b) erwähnte sehr genaue Konstanthaltung der Senderdrehzahl voraus.

Der Ausnutzung der Zeilenfrequenz zur Gleichlaufregelung haftet der Nachteil an, daß starke Bewegungen im Bilde sie in ihrer Kurvenform und Phase sehr verändern, so daß am Empfänger entsprechende Schwankungen eintreten, die das Bildfeld verschieben oder unter Umständen sogar den Synchronismus der Zerleger völlig aufheben. Jedoch besteht noch Aussicht, diesen Mangel durch Maßnahmen zur ständigen, vom Bilde nicht beeinflußten Durchsteuerung der Zeilenfrequenz zu beseitigen. Da die hauptsächlichen Bewegungen, insbesondere bei der Abtastung von lebenden Personen, horizontal verlaufen, ist

[1] Schubert, G.: Ferns. Bd. 2 (1931) S. 105.

in Anbetracht der resultierenden Photostromkurve zu erwarten, daß die Synchronisierung mittels Zeilenfrequenz eine größere Stabilität bei denjenigen Systemen zeigen müßte, welche mit vertikaler Abtastrichtung arbeiten.

G. Übertragbare Bilder.

Mit 1200 Rasterelementen lassen sich die Bilder von Köpfen einzelner Personen gut erkennbar übertragen. Mienenspiel und Ausdruck werden befriedigend wiedergegeben. Der gleiche Auflösungsgrad genügt auch noch für besonders hergestellte Filme, die wenig Einzelheiten enthalten, eine einfache Handlung haben und hauptsächlich aus Großaufnahmen bestehen. Obwohl in Zukunft grundsätzlich ein Entwicklungszustand zu erstreben ist, der die Übertragung jedes normalen Filmes gestatten würde, muß man sich doch darüber im klaren sein, daß eine Bildgüte, wie sie etwa die heutigen Heimkinoapparate liefern, niemals auch nur annähernd erreicht werden kann. Man wird sich daher im Kinorundfunk damit begnügen müssen, die Handlung des Films mühelos verfolgen zu können. Bei 5000 Rasterelementen ist dies noch nicht möglich, die Beobachtung der Geschehnisse auf dem Bildschirme vielmehr immer noch ermüdend; Titel sind hingegen schon gut lesbar. Bei $\varrho = 10000$ dürften die Verhältnisse bereits wesentlich gebessert und die Betrachtung des Fernbildes weniger anstrengend sein.

H. Die Normungsbestrebungen im Fernsehen.

In der nachstehenden Tabelle sind die wichtigsten Angaben über die im Betriebe befindlichen Fernseh-Versuchssender zusammengestellt. Man ersieht daraus, welche Daten sich im Verlaufe der bisherigen Entwicklung für die Praxis ergeben haben. Für die Anzahl der Zeilen sind die Werte 30, 48, 60, 90 und 120 bevorzugt, für die Bildwechselfrequenz in Deutschland $12^1/_2$ und 25, in Amerika 15 und 20, entsprechend der Periodenzahl der städtischen Wechselstromnetze. Für das Bildfeld hat sich das Format des Tonfilmes, 5 : 6, fast allgemein durchgesetzt. Nahezu einheitlich verläuft auch die Abtastrichtung von links nach rechts und von oben nach unten. Von amerikanischer Seite[1] sind für Bildformat und Zerlegungssinn die gleichen Daten wie vorstehend bei 60 Zeilen und 20 Wechseln/s als Normalien vorgeschlagen worden.

In Deutschland dürften sich folgende Normen durchsetzen: 30, 60 oder 90 Zeilen, je nach der Art der Sendung und nach der Wellenlänge des Trägers, 25 Bildwechsel/s, Bildhöhe : Bildbreite wie 5 : 6, Abtastung von links nach rechts und von oben nach unten, Modulation positiv, d. h. die ausgestrahlte Hochfrequenzamplitude hat ihr Maximum bei den hellsten Bildpunkten.

I. Die Anwendungen des Fernsehens.

Das Hauptanwendungsgebiet des Fernsehens liegt im Rundfunk. Hier besteht seit Anbeginn der Wunsch nach Ergänzung der rein akustischen Übertragungen durch optische Eindrücke. Diese Aufgabe konnte durch Verbreitung unbewegter Bilder mit Hilfe einfacher telegraphischer Bildschreiber (Fultograph)

[1] Weinberger, Smith u. Rodwin: Proc. Inst. Radio Eng. Bd. 17 (1929) S. 1584. Referat in Ferns. Bd. 1 (1930) S. 38.

Tabelle 20. Zusammenstellung der Ende 1931 im

Station	Betrieben durch	Zeilenzahl	Bildwechselzahl	Format	Bildrasterzahl[1]
Berlin-Witzleben . .	RPZ	30	12,5	3 : 4	1200
Deutschlandsender Königswusterhausen	RPZ	30	12,5	3 : 4	1200
Berlin-Döberitz . . .	RPZ	48	25	5 : 6	2765
Berlin-RPZ	RPZ	60	25	5 : 6	4320
	RPZ	90	25	5 : 6	9720
London	Baird-Television-Ltd.	30	12,5	7 : 3	2100
Boston, Mass.. . . .	Short Wave and Telev. Co.	60	20	5 : 6	4320
New York, Times Square	Nat. Broadcasting Co.	60	20	5 : 6	4320
New York, Empire State	Nat. Broadcasting Co.	120	24	5 : 6	17300
New York	Columbia Broadcasting System	60	20	5 : 6	4320
Passaic, New Jersey .	Jenkins-De Forest Radio Co.	60	20	5 : 6	4320
Schenectady, N. Y. .	General Electric Co.	48	20	—	—
		30	12,5	3 : 4	1200
Chikago (W9 XAO) .	Western Telev. Co.	45	15	1 : 1	2025
W. Lafayette Ind. .	Purdue Univ.	—	15	5 : 6	—

nicht in einer den Bedürfnissen der Rundfunkteilnehmer gerecht werdenden Form gelöst werden. Allein das Fernsehen vermag diesem Mangel abzuhelfen durch die lebendige Wirkung und durch die unmittelbare visuelle Verfolgbarkeit der Geschehnisse.

Obwohl die Bildgüte des Kinos meist als Vergleichsbasis dient, muß doch auf die Unterschiede in der Anwendung und Zielsetzung der Kinematographie einerseits, des Fernsehens andererseits hingewiesen werden. Das Kinobild soll dem Auge Vollendetes bieten; dies liegt in seiner Entwicklung begründet, die ohne Zuhilfenahme eines zweiten Sinnes erfolgte. Beim Fernsehen ist der Werdegang der umgekehrte. Im Rundfunk dürfen wir heute höchste Qualität der Hörübertragung fordern, und das Fernsehen erscheint als Helfer, um das Unzureichende der nur akustischen Vermittlung durch ein Mehr an Erfassungsmöglichkeiten, welches eben durch den optischen Eindruck geboten werden soll, bis zu einem gewissen Grade zu kompensieren. Es wird hierfür notwendig sein, auf spezialisierte Bildeffekte hinzuarbeiten, die durch die Hörprogramme bedingt sind, zum Teil auch bewußt auf optische Illusionen. Daneben werden kürzere Filme, hauptsächlich als Reportage aktueller Ereignisse, gesendet werden können und gelegentlich auch die Köpfe und kleinere Zusammenspiele lebender Personen. Der Film erscheint als Zwischenklischee für das Fernsehen besonders deswegen wertvoll, weil er geeignet ist, einen Teil der Übertragungs-

[1] Die Rasterzahlen ϱ sind unter Annahme quadratischer Rasterelemente nach der Formel berechnet: $\varrho = k^2 \frac{l}{q}$ (k Zeilenzahl, l Bildfeldausdehnung in der Abtastrichtung, q Bildfeldausdehnung senkrecht zur Abtastrichtung).

Betriebe befindlichen Fernseh-Versuchssender.

Abtastung[1]	Modulation	Wellenlänge		Leistung	Tonbegleitung		
					Wellenlänge		Leistung
		in kHz	in m	in kW	in kHz	in m	in kW
R	Pos.	716	419,0	1,7	—	—	—
R	Pos.	183,5	1635	35	—	—	—
R	Pos.	2100	142,9	5	3250	92,3	2,5
R	Pos.	44400	6,75	1	—	—	—
R	Pos.	44400	6,75	1	—	—	—
O	Neg.	842	356,3	45	1148	261,3	67
R	—	2870	104,5	0,5	—	—	—
R	—	2150	139,5	5	—	—	—
R	Pos.	50000 bis 60000	5 bis 6	5	50000 bis 60000	5 bis 6	5
R	Pos.	1500 bis 2000	150 bis 200	0,5	789	380	50
R	—	2035	147,4	5	1604	187,0	—
R	—	—	—	20	—	—	—
R	Pos.	17640	17	—	—	—	—
R	—	2050	146,3	0,5	560	535,7	—
R	—	2800	107,1	1,5	—	—	—

schwierigkeiten, die in den Beleuchtungsverhältnissen wurzeln, schon bei der photographischen Aufnahme zu eliminieren und dadurch die Schwierigkeiten auf der elektrischen Seite zu vermindern.

Auf die Bedeutung der Kurzwellen (soweit das Empfangsgebiet auf die von Raumstrahlung freie Nahzone des Senders beschränkt wird) und vor allem der Ultrakurzwellen weisen die Kap. III, VIII und IX hin. Wenn auch bei der Anwendung dieser Wellen die Reichweite der Sendestationen örtlich begrenzt ist, so erfaßt diese Art von Rundfunk in den großen Städten doch eine erhebliche Zahl von Teilnehmern. Die Daseinsberechtigung eines solchen Fernsehens liegt in der Möglichkeit, programmäßige Sendungen zu gewährleisten. Bei überseeischen Fernsehübertragungen wäre der Anreiz zum Kauf von Empfängern für das Publikum deswegen kaum ausreichend, weil die notwendigen Bedingungen eines aktuellen Ereignisses einerseits, der Aufnahmebereitschaft andererseits und zudem brauchbarer Empfangsqualität selten zeitlich zusammentreffen.

Die Versorgung großer Menschenansiedlungen mit Fernsehsendungen muß nicht für alle Zeit ein Problem der drahtlosen Übermittlung bleiben. Gerade angesichts der bewußten Begrenzung der Reichweite erscheint es denkbar, in Zukunft auch den Drahtweg zu benutzen, sobald es gelungen sein wird, die Dämpfungsschwierigkeiten und Verzerrungen normaler Kabel durch geschickte

[1] Es bedeuten:

R: Abtastung von links nach rechts und von oben nach unten, Zeilenrichtung horizontal.

O: Abtastung von oben nach unten und von links nach rechts, Zeilenrichtung vertikal.

Ausbildung der Netze und durch geeignete Zwischen- und Endverstärker zu überwinden. Hierbei wird sich dann vermutlich das Prinzip der Aufteilung des Bildes auf 2 bis 3 getrennte Frequenzkanäle (vgl. Kap. III, S. 137) bewähren, um die Anforderungen hinsichtlich der Pupinisierung und der Grenzfrequenz der ringartig geführten Anschlußleitungen herabsetzen zu können.

Von den sonstigen Anwendungen des Fernsehens dürfte das Gegensehen beim Telephonieverkehr unter den wirtschaftlichen und technischen Bedingungen der Gegenwart wohl kaum über den Rahmen von Versuchen und Demonstrationen hinaus gedeihen. Ganz spezielle Möglichkeiten zur Ausnutzung des Prinzips synchroner Zerlegung und Wiederzusammensetzung wurden bereits im Vorwort des Herausgebers erwähnt.

Anhang.

Tabelle 1. Leuchtdichte intensiver Lichtquellen.

Lichtquelle	Betriebs-temperatur (K)	Leuchtdichte (Stilb)
Wolframglühlampe (1 W/HK), luftleer	2440	200
Wolframglühlampe, gasgefüllt	2700 bis 3000	620 bis 1850
Wolframbogenlampe (Punktlampe)	3050 bis 3200	2000 bis 3000
Reinkohlebogenlampe, positiver Krater	4200	18000
Goerz-Beck-Bogenlampe, hochbelastet	5100	126000
Druckbogenlampe nach Lummer	7600	280000
Hochdruck-Quecksilberdampflichtbogen, eingeschnürt	—	200 bis 300
Eingeschnürter Neonlichtbogen („Lichtspritze")	—	600 bis 800
Mittagsonne	6100 (schwarze Temp.)	220000

Tabelle 2. Optische Verluste zusammengesetzter Abbildungssysteme. [Nach O. Reeb, Die Kinotechnik, Bd. 12 (1930) S. 61—65 u. 92—96.]

Anzahl der benutzten Glaskörper	1	2	3	4	5	6	7	8
Verlustfaktor	0,92	0,85	0,78	0,71	0,66	0,60	0,56	0,51

Tabelle 3. Gütegrade des Fernsehers. (Nach R. Thun.)

Helligkeit des Bildes			Bilder/s			Bildpunktzahl (Rasterzahl)			
Güte	Beispiel	Lux	Flimmerfrei	Erträglich	Ermüdend	Sehr scharf	Scharf	Gut erkennbar	Erkennbar
Reichlich	Großes Kino	200	53	30	12	500000	100000	15000	1000
Gut	Kleines Kino	40	45	22	11	400000	80000	13000	900
Ausreichend	Heimkino	8	37	16	10	300000	60000	10000	800
Mäßig	Fernseher mit Flächenglimmlampe	1,5	28	13	9	150000	30000	5000	700
Erkennbar	Etwas über Grenze des Dunkelsehens	0,3	19	12	8	50000	8000	1000	500

Die Angaben der Lux in Spalte 3 bezeichnen die Beleuchtungsstärke des Bildschirmes; die Leuchtdichte, mit welcher die Fläche dem Beschauer erscheint, ergibt sich daraus in Stilb (HK/cm²) durch Multiplikation mit dem Faktor $\frac{0{,}8}{10000\,\pi}$, wenn 0,8 das diffuse Reflexionsvermögen des Schirmmateriales ist. Für die Gütebezeichnungen in Spalte 4 bis 10 waren Versuche von M. A. Porter (Lehmann, Die Kinematographie) und von R. Thun maßgebend.

Tabelle 4. Erforderliche scheinbare Leuchtdichte für die Projektion von Fernsehbildern. [Bearbeitet von R. Thun; vgl. Ferns. Bd. 1 (1930) S. 452 und 488.]

Dem Projektionsbilde ist ein erzeugendes Bild zugeordnet, in welchem die tatsächliche Leuchtdichte der Lichtquelle auf einen von der Bildpunktzahl und von den optischen

Verlusten abhängigen Betrag verdünnt ist. Zwischen dieser „scheinbaren" Leuchtdichte (die man z. B. beim Spiegelradfernseher wahrnimmt, wenn man die Austrittsblende über die umlaufende Spiegelfolge anvisiert) und der Beleuchtungsstärke des Bildfeldes auf dem Schirme bestehen die gleichen quantitativen Beziehungen wie zwischen der unverdünnten Leuchtdichte B (Stilb) der Lichtquelle und der in ihrer Abbildung als Lichtpunkt auf die Projektionsfläche herrschenden Beleuchtungsstärke E (HK/cm²). Ist d der ausgenutzte Durchmesser des Objektivs und a der Abstand zwischen diesem und der Lichtquelle, so strahlt 1 cm² derselben den Lichtstrom:

$$\text{Leuchtdichte} \times \text{Fläche} \times \text{Raumwinkel} = B \cdot \frac{d^2 \pi}{4} \cdot \frac{1}{a^2} \qquad [\text{HK/cm}^2]$$

auf den Schirm. Dieser Lichtstrom trifft hier ein im Verhältnis $\left(\frac{r}{a}\right)^2$ vergrößertes Feld, wenn r die Bildweite bedeutet; es entsteht also die Beleuchtungsstärke:

$$E = B \cdot \frac{d^2 \pi}{4} \cdot \frac{1}{r^2} \qquad [\text{HK/cm}^2].$$

Ist ferner F die Brennweite des Objektivs, so gilt:

$$m = \frac{r}{a} = \frac{r}{F} - 1 \text{ und nach Einsetzen von } r = (m + 1) \cdot F\text{:}$$

$$B = 1{,}275 \cdot \frac{E}{\left(\frac{d}{F}\right)^2} \cdot (m + 1)^2 \qquad [\text{HK/cm}^2].$$

Nach dieser Gleichung ist unter Annahme eines voll ausgenutzten Objektivs mit dem Öffnungsverhältnis $d : F = 1 : 1{,}2$ die nachstehende Tabelle berechnet.

Helligkeit des projizierten Bildes		Erforderliche scheinbare Leuchtdichte in Stilb · 10000 des erzeugenden Bildes als Lichtquelle bei einem Vergrößerungsverhältnis m =					
Gütegrad	Lux	1	2	5	10	20	100
Reichlich	200	1470	3300	1 3000	4 4000	16 0000	374 0000
Gut	40	300	660	2640	8100	3 2400	75 0000
Ausreichend	8	59	133	530	1780	6500	15 0000
Mäßig	1,5	11	25	99	332	1210	2 8000
Erkennbar	0,3	2,2	5	20	66	243	5610

Tabelle 5. Scheinbare Leuchtdichte und Abmessungen verschiedener Bildzerleger.

Nach R. Thun [Ferns. Bd. 1 (1930) S. 452] ist das Verhältnis der scheinbaren Leuchtdichte B_s zur tatsächlichen B_L:

$$B_s / B_L = \frac{1}{\varrho} \cdot \varkappa_f \cdot v_o \cdot v_s \cdot \sqrt{g}\,. \qquad (1)$$

Hierin bedeuten:

B_s die scheinbare Leuchtdichte des unmittelbar betrachteten Fernsehbildes (das als Lichtquelle für die Projektion auf einen Bildschirm dienen kann);

B_L die tatsächliche Leuchtdichte der gesteuerten Lichtquelle selbst (die durch die Wirkung des Bildpunktverteilers zu einer Fläche mit der scheinbaren Leuchtdichte B_s auseinandergezogen ist);

ϱ die Rasterzahl = Bildfläche dividiert durch das Quadrat des Zeilenabstandes;

$\varkappa_f$ den von Thun eingeführten „Flächenfaktor", das Verhältnis der Fläche des bewegten Lichtfleckes zu dem durch ϱ definierten Rasterelement (auf Grund der Erkenntnis, daß mehr Einzelheiten im Fernbilde wahrnehmbar sind, als der Quotient Bildfeld/Lichtfleckgröße erwarten läßt);

v_o den Verlustfaktor des optischen Strahlenweges;

v_s den Verlustfaktor des Lichtsteuerorganes;

g den Gleichmäßigkeitsfaktor, d. h. das Verhältnis der im einzelnen Bilde vorkommenden größten Zerlegungsgeschwindigkeit zur kleinsten (nur im Falle der Liniensteuerung von 1 verschieden).

A. Scheinbare Leuchtdichte der Spirallochscheibe (Nipkow).

$\varkappa_f = 4$, $v_o = 0{,}85$ (2 Glaskörper), $v_s = 1$, $g = 1$.

Lichtquelle	Leuchtdichte in Stilb	Scheinbare Leuchtdichte in Stilb 10000 für $\varrho =$					
		1200	2400	5000	8000	15000	30000
Flächenglimmlampe	0,04	1,13	0,566	0,272	0,17	0,091	0,045
Glimmlampe mit pos. Säule	0,25	7,1	3,54	1,7	1,06	0,57	0,28
Quecksilberdampf-lampe	3	85	42,5	20,4	12,8	6,8	3,4

Für die Abmessungen der Nipkow-Scheibe gelten folgende Gleichungen:

$$k = \sqrt{\frac{q}{l} \cdot \varrho} \quad (2)\,; \qquad f = \frac{D \cdot \pi}{\varrho} \cdot \sqrt{\varkappa_f} \quad (3)\,; \qquad l = \frac{D \cdot \pi}{k}. \quad (4)$$

Die Bedeutung der noch nicht erklärten Bezeichnungen ist folgende:

k die Lochzahl der Spirale = Zahl der Bildzeilen;
q die Bildhöhe (Abmessung in Richtung des Scheibenradius);
l die Bildbreite (Abmessung in Richtung des Scheibenumfanges);
f die Seitenlänge des quadratischen Loches;
D der Durchmesser des äußersten Lochkreises.

B. Abmessungen von Nipkow-Scheiben.

$D = 500$ mm, $\varkappa_f = 4$.

	Rasterzahl $\varrho =$					
	1200	2400	5000	8000	15000	30000
Lochzahl k	30	42	61	77	106	150
Lochweite f	2,62	1,31	0,63	0,39	0,21	0,105
Bildbreite l	52	37,4	25,8	20,4	14,8	10,5
Bildhöhe q	39	28	19	15,3	10	8

f, l und q in Millimeter.

C. Scheinbare Leuchtdichte des Weillerschen Spiegelrades.

(Einfacher Spiegelkranz, 1 Lichtquelle.)

$\varkappa_f = 4$, $v_o = 0{,}71$ (4 Glaskörper), $v_s = 1$ für die Glimmlampe bezw. $= 0{,}15$ für Kerr-Optik und Bogenlampe, $g = 1$.

Lichtquelle	Leucht-dichte in Stilb	Scheinbare Leuchtdichte in Stilb · 10000 für $\varrho =$					
		1200	2400	5000	8000	15000	30000
Punktglimmlampe . . .	25	585	290	140	88	47	23
Reinkohle-Bogenlampe .	18000	8 5000	4 3000	2 0500	1 2800	6850	3400
Beck-Bogenlampe . . .	120000	68 0000	28 5000	13 7000	8 5500	4 5500	2 3000

D. Abmessungen des Weillerschen Spiegelrades.
(Einfacher Spiegelkranz, 1 Lichtquelle.)

Für ein Weillersches Rad von 250 mm Durchmesser mit Spiegeln von 60 mm Breite (Abmessung parallel zur Drehachse) berechnet R. Thun bei Annahme von $R = 1000$ mm Abstand zwischen dem Bildschirm und dem wirksamen Spiegel die folgende Tabelle. Der Flächenfaktor ist wiederum mit $\varkappa_f = 4$ eingesetzt, der mittlere Winkel zwischen den Spiegelebenen und der Projektionsachse mit $\beta = 70^0$. Der Faktor M in der untersten Reihe gibt an, mit welchem Betrage die scheinbaren Leuchtdichten in der voraufgehenden Tabelle C zu multiplizieren sind, um die Beleuchtungsstärke des Bildschirmes zu erhalten (in Lux). Längenmaße in Millimeter.

	Rasterzahl ϱ =					
	1200	2400	5000	8000	15000	30000
Spiegelzahl k	30	42	61	77	106	150
Spiegellänge, senkrecht zur -breite	26	19	13	10	7,4	5,3
Bildwinkel	24⁰	17⁰	12⁰	9,5⁰	6,8⁰	4,8⁰
Lichtfleckbreite f	28	14	7	4	2	1,1
Bildhöhe q	425	301	207	164	120	84
Bildbreite l (Zeilenlänge)	565	400	275	220	160	112
Öffnungsverhältnis	1/22	1/27	1/32	1/37	1/42	1/50
Faktor M	1/336	1/500	1/710	1/950	1/1200	1/1750

Wird die w. o. definierte Spiegelbreite mit b, die senkrecht dazu gemessene Spiegellänge mit u bezeichnet, so folgt unter Beachtung der für die richtige Funktion des Zerlegers notwendigen vollen Ausleuchtung zweier Spiegel das Öffnungsverhältnis:

$$o = \frac{1}{R} \cdot \sqrt{\frac{4\,b\,u}{\pi}} \cdot \sin\beta\,.$$

Der Faktor M ist dann bei der relativen Öffnung 1:1,2 des Objektivs nach Thun gegeben durch:

$$M = \left(\frac{o}{1/1{,}2}\right)^2.$$

E. Scheinbare Leuchtdichte der Braunschen Röhre.

Tatsächliche Leuchtdichte B_L des Lichtfleckes 40 Stilb[1]. $\varkappa_f = 4$, v_0 ohne Optik = 1, mit dreilinsigem Objektiv = 0,78. g ist im Falle der Helligkeitssteuerung = 1, im Falle der Thunschen Liniensteuerung = 25, d. h. $\sqrt{g} = 5$.

Steuerung	Optik	Scheinbare Leuchtdichte in Stilb · 10000 für ϱ =					
		1200	2400	5000	8000	15000	30000
Helligkeitssteuerung	ohne	1330	666	330	200	110	53
Helligkeitssteuerung	mit	1030	517	247	153	83	42
Liniensteuerung	ohne	6660	3330	1633	1000	533	270
Liniensteuerung	mit	5166	2583	1233	767	410	207

[1] Reduziert nach Berichtigung früherer Angaben durch M. von Ardenne, Ferns. Bd. 1 (1930) S. 196 und Bd. 2 (1931) S. 66.

Tabelle 6. **Zusammenstellung einiger Objektive, die für den Bau von Bildtelegraphen und von Fernsehapparaten Verwendung finden können.**

Die nachstehenden Aufstellungen enthalten einige Angaben über handelsübliche Objektive, die als abbildende Systeme bei Bildtelegraphen und bei Fernsehern benutzt werden können. Naturgemäß konnte bei der Aufzählung nur eine beschränkte Auswahl getroffen werden; es sind daher nur die für den vorliegenden Zweck wichtigsten Objektive der bekannteren deutschen Firmen in den am häufigsten gebrauchten Brennweiten aufgenommen worden. Diese Beschränkung schließt nicht aus, daß auch die Objektive nicht genannter, kleinerer Firmen für den gedachten Zweck gut geeignet sein können; die Erzeugnisse der deutschen optischen Industrie sind sämtlich hochwertig. Unter den bekannten Objektivtypen bestehen zwar gewisse kleine Unterschiede in der Sorgfalt der Materialauswahl und in der mehr oder weniger weitgehenden Korrektion der optischen Abbildungsfehler (sphärische und chromatische Aberration, Koma, Astigmatismus), aber diese Unterschiede, die für rein photographische Anwendungen wohl hin und wieder ins Gewicht fallen mögen, sind bei den vergleichsweise recht groben Rastern der Bildtelegraphie und noch mehr des Fernsehens gänzlich belanglos. Die Anforderungen an den Korrektionszustand brauchen oftmals schon deshalb nur gering zu sein, weil es sich lediglich um die Vereinigung von achsensymmetrischen Strahlenbüscheln geringen Öffnungswinkels handelt. Für Fernseher genügen daher fast stets einfache achromatische Linsen, die bis zu den größten Brennweiten mit hoher Lichtstärke zu niedrigem Preise hergestellt werden können. Für die Konstruktion von Bildtelegraphen lohnt sich jedoch die Berechnung und Anfertigung von Spezialobjektiven nicht, da immer nur geringe Stückzahlen in Frage kommen. Man wird somit vorteilhaft unter denjenigen photographischen, kinematographischen und Projektionsobjektiven auswählen, die listenmäßig in allen benötigten Brennweiten und Öffnungsverhältnissen im Handel erhältlich sind.

Die folgende Zusammenstellung berücksichtigt nur die lichtstärksten Erzeugnisse der betr. Firmen. Den Angaben der relativen Öffnung (Lichtstärke) und der listenmäßig lieferbaren Brennweiten ist jeweils ein Schema des optischen Aufbaues beigefügt. Aus diesem kann die Zahl der freien Glasflächen gegen Luft, welche ein Maß für die auftretenden Reflexionsverluste abgibt, sowie die Zahl der evtl. vorhandenen Kittflächen entnommen werden. Es ist darauf zu achten, daß verkittete Systeme nur an solchen Stellen verwendet werden dürfen, die keiner zu starken Erwärmung durch Strahlung ausgesetzt sind.

Firma und Objektivtype	Relative Öffnung	Erhältlich in den Brennweiten (mm)	
Astro G. m. b. H., Berlin-Neukölln:			
R. K.-Objektiv	1:1,25	25, 40, 50, 75	
Tachar	1:1,5	35, 50	
Pantachar	1:1,8	25, 28, 35, 40, 50, 75, 100, 125, 150	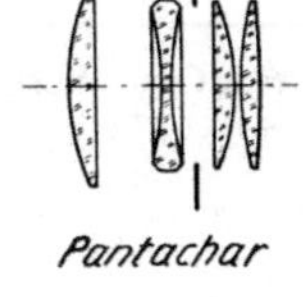 Pantachar
	1:1,9	155	
	1:2,3	28, 35, 40, 50, 75, 100, 125, 150, 200, 255	

Firma und Objektivtype	Relative Öffnung	Erhältlich in den Brennweiten (mm)	
Emil Busch A.G., Rathenow:			
Glaukar-Anastigmat . .	1:3,1	40, 45, 50, 55, 60, 65, 70, 75, 80, 85, 90, 95, 105, 115, 120, 125, 130, 140	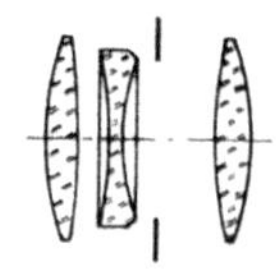 Glaukar
	1:3,3	150	
	1:3,5	165, 290	
	1:3,8	180	
	1:4	400	
	1:4,5	210	
Ernst Leitz G. m. b. H., Wetzlar:			
Dreilinsige Epidiaskop-Objektive	1:3,6	325, 400	keine Kittfläche 6 Flächen gegen Luft
	1:4	400	
	1:4,3	200, 250, 300, 500	
	1:4,5	600	
	1:4,8	800	
Vierlinsige Epidiaskop-Objektive	1:3,6	400	1 Kittfläche 6 Flächen gegen Luft
	1:4	400	
	1:4,5	600	
Hugo Meyer & Co., Görlitz:			
Plasmat	1:1,5	15, 20, 25, 35, 42, 50, 75, 90	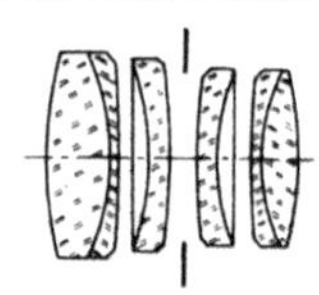 Plasmat
	1:2	22, 35, 42, 50, 60, 75, 90, 100, 125	
Trioplan	1:3	15, 20, 25, 30, 35, 40, 45, 50, 55, 60, 65, 70, 75, 80, 85, 90, 100, 110, 120, 135, 150, 180, 210	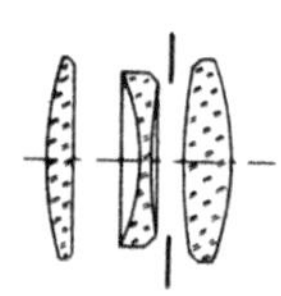 Trioplan
Rüdersdorfer Opt. Werke, Rüdersdorf (Mark):			
Caleinar	1:1,5	15, 25, 35, 40, 50	
	1:1,8	15, 20, 25, 35, 40, 50, 80, 120, 160, 180, 250	
	1:2	20, 25, 35, 40, 50, 80, 120, 160, 180, 250	
	1:2,5	35, 40, 50, 75, 80, 100, 120, 160, 180, 250	

Firma und Objektivtype	Relative Öffnung	Erhältlich in den Brennweiten (mm)	
Jos. Schneider u. Co., Kreuznach:			
Xenon	1:1,3	20, 25	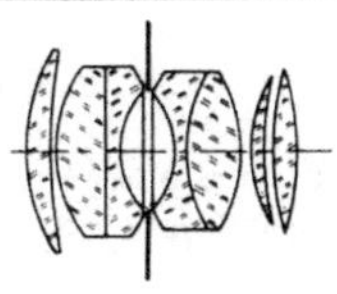 Xenon 1:1,3 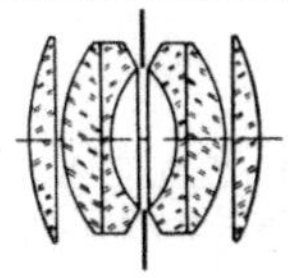 Xenon 1:1,8 1:2
	1:1,8	75, 105	
	1:2	20, 25, 35, 50	
Xenar	1:2,9	50, 75, 105	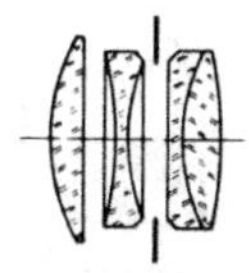 Xenar 1:2,9 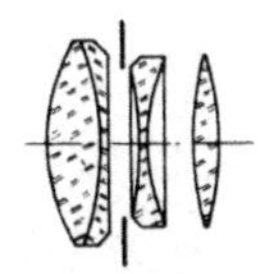 Xenar 1:3,5
	1:3,5	75, 105, 120, 135, 150, 165, 180, 210, 240, 300	
Kinoplan	1:3	20, 25	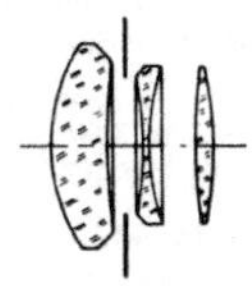 Kinoplan
	1:3,5	35, 50	
C. A. Steinheil Söhne, München:			
Quinar	1:2	35, 50, 75	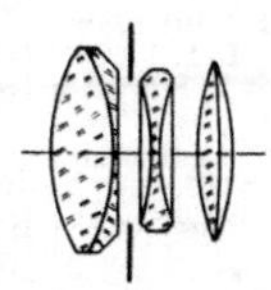 Quinar 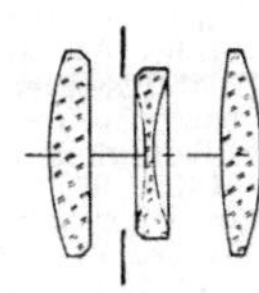
Cassar.	1:2,5	35, 50, 75	
	1:3,5	25, 35, 50, 54, 75, 105, 120, 135, 150, 165, 180, 210, 250, 300	
Voigtländer u. Sohn A.G., Braunschweig:			
Heliar	1:3,5	105, 135	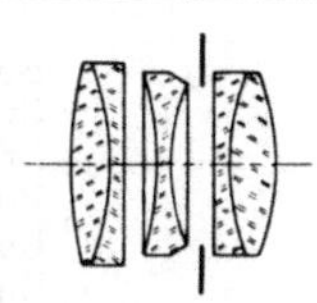 Heliar 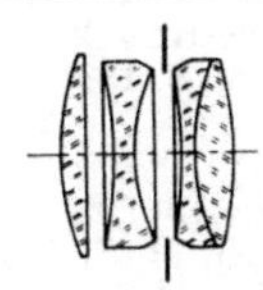 Skopar
	1:4,5	105, 120, 135, 150, 165, 180	
Skopar	1:4,5	105, 120, 135, 165	
Carl Zeiß, Jena (Zeiß-Ikon):			
Biotar.	1:1,4	20, 25, 40, 50, 70	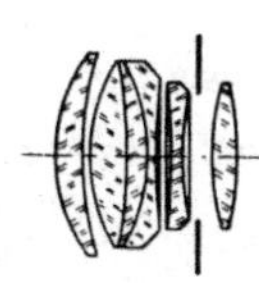 Ernostar 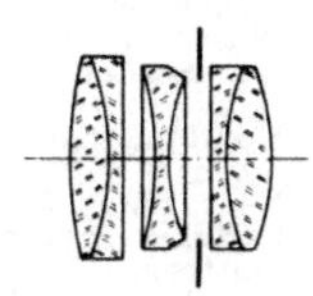 Heliar
Ernostar	1:1,9	50	
Biotessar	1:2,8	135, 165	
Tessar.	1:2,7	15, 25, 35, 40, 50	
	1:3,5	28, 35, 40, 50, 75, 105, 120, 135, 150, 165, 210, 250, 300	
	1:4,5	40, 55, 65, 75, 80, 90, 105, 120, 135, 150, 165, 180, 210, 250, 300, 360, 400, 500	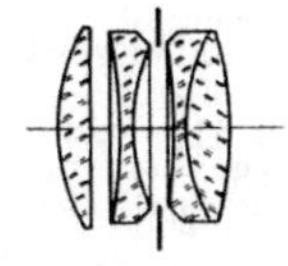 Tessar
Triotar	1:3	25	
	1:3,5	35, 40, 50, 75, 100, 120, 150, 180, 210	

Namenverzeichnis.

Die Zahlen bedeuten die Seiten. Sofern ein Autor nur in einer Fußnote genannt ist, wurde die Nummer derselben neben der Seitenzahl durch eine hochgestellte Ziffer kenntlich gemacht.

Sachverzeichnis.

GPSR Compliance

The European Union's (EU) General Product Safety Regulation (GPSR) is a set of rules that requires consumer products to be safe and our obligations to ensure this.

If you have any concerns about our products, you can contact us on ProductSafety@springernature.com

In case Publisher is established outside the EU, the EU authorized representative is:

Springer Nature Customer Service Center GmbH
Europaplatz 3
69115 Heidelberg, Germany

Batch number: 10683525

Printed by Printforce, the Netherlands